本书出版得到国家社科基金重大项目（项目编号14ZDA071）支持

中国水制度研究

ZHONGGUO SHUIZHIDU YANJIU

（下）

沈满洪　谢慧明　李玉文　等　著

人民出版社

第四篇　仿真模拟篇

——基于系统动力学方法的水制度耦合生态经济效应仿真研究

制度仿真是决策科学化的重要方法。早期的水资源和水环境政策往往是直接根据感性判断出台政策，现行的水资源和水环境政策往往是基于理论研究直接制定政策，未来的水资源和水环境政策应该是先理论研究、再仿真模拟、最后才确定政策。如果没有仿真模拟研究而出台的政策，可能会出现方向性错误或政策强度上的偏差。因此，本篇在分析水资源开发过程的基础上，引入系统动力学方法，构建水制度耦合机制下水资源系统动力学（SD）模型，来分析水资源制度的生态经济效应。将我国划分为三种类型区域（少水地区、多水地区和中间地区），进行五种水制度（水资源有偿使用制度、水权交易制度、水污染权交易制度、水生态保护补偿制度、水环境损害赔偿制度）的耦合制度仿真实证研究，在此基础上提出我国水资源制度设计和改革对策，为制定更符合我国区域现实的水制度提供科学参考，有助于健全我国水资源有偿使用和生态补偿制度。

本篇以我国水制度耦合设计为目标，通过模型构建、制度仿真和制度设计三个步骤，进行不同水制度耦合的生态经济效应仿真研究，提出水制度耦合设计原则和方案，主要得到以下结论：

第一，在相同的社会经济环境下，不同的水制度耦合生态经济效果不同。以少水地区为例，单一的有偿使用制度效果要好于单一的水权制度效果和单一的水污染权交易制度效果。有偿使用制度和水权制度组合效果要好于有偿使用制度效果本身，有偿使用制度和水污染权制度组合效果要好于水污染权制度效果。有偿使用制度和水权制度组合效果要好于单一的有偿使用制度和单一的水污染权制度。

第二，在相同的水制度耦合下，对于不同区域也有不一样的生态经济效果。水权交易制度和有偿使用制度耦合效果在水资源量短缺地区（少水地区）要比水污染问题突出的地区（多水地区）更明显，而水污染权交易制度和有偿使用制度耦合效果在水污染问题突出地区（多水地区）更明显。而产权制度和有偿使用制度组合效果在水资源短缺和水污染并存地区（中间地区）则更明显。

第三，无论在什么样的社会经济条件下，耦合水制度效果要好于单一水制度。但不同区域背景下，最佳水资源制度组合不同。在少水地区，水权制度和有偿使用制度组合效果要比有偿使用制度和水污染权制度效果更显著；在多水地区则是有偿使用制度和水污染权制度效果更显著；而中间地区则是有偿使用制度、水权制度和水污染权制度组合效果最佳。

第四，在设计我国水制度方案时需要遵循以下原则：坚持政府主导，即明确各级政府主体地位，调动全社会力量共同治水兴水。坚持部门协调，即注重部门间的协调沟通，提高水效率。坚持以人为本，即维护和保障人民利益，提高供水保证率、重视生态安全供水。坚持科学用水，即科学确定用水次序、用水规模，做到以水定需、量水而行、因水制宜。坚持依法管水，即依法进行水资源和涉水事务的统一管理，统筹生活、生产、生态用水。坚持改革创新，即创新管理方式和手段，提高水资源管理水平。

第五，在不同区域设计不同的水制度耦合政策。在少水地区，实施水资源总量控制的有偿使用—水权交易的耦合制度，以及水资源质量控制的水生态保护补偿—水环境损害赔偿的耦合制度。在中间地区水量短缺和水污染并存，实施水量、水质双控制的有偿使用—水权交易—水污染权有偿使用的耦合制度，以及水量、水质双控制的有偿使用—生态保护补偿—水环境损害赔偿耦合制度。在多水地区，实施基于政府管制的“双有偿使用”和“双补偿”的耦合制度，以及基于市场机制的水权交易—水污染权交易的耦合制度。

第十六章　水制度耦合的生态经济效应系统动力学模型构建

制度政策仿真研究是决策科学化的重要方法。本章节引入系统动力学方法，在分析水资源开发利用和水资源制度基础上，建立水资源有偿使用和生态补偿制度耦合的一系列系统动力学模型，包括单一制度、两制度及多制度耦合，为水制度耦合仿真模拟奠定基础；同时构建水资源有偿使用和生态补偿制度的生态经济效应评估指标体系，为进一步定量分析水制度耦合的生态经济效应提供条件。

第一节　水资源有偿使用和生态补偿制度的一般系统动力学模型

一、系统动力学方法在水资源研究中的应用

（一）系统动力学方法简介

系统动力学（System Dynamics，SD）是美国福里斯特（J. W. Forrester）1956 年提出的理论方法，系统动力学理论是把系统论、信息论、控制论以及计算机模拟技术等学科知识融合为一体而研制开发出来的一种系统分析方法。[1] 此理论提出伊始，常常被用于分析工业生产的系统管理问题以及仓库存储管理问题，因此人们称为工业动力（态）学，是用于分析生产管理及库存管理等企业问题的系统仿真方法。1961 年，福瑞斯特发表《工业

① Ogata, Katsuhiko, *System Dynamics*, Englewood Cliffs, N. J.: Prentice-Hall, 1978, p. 31.

动力学》（*Industrial Dynamics*），系统动力学被广泛应用于企业管理、工业生产。系统动力学方法具备处理非线性、信息反馈、时间滞延、动态复制等问题的能力，再加上方法实施简单、效应优秀，因而逐渐被广泛应用于企业管理、工业生产、环境保护、生态建设等诸多领域，成为一门分析研究信息反馈系统、认知和解决系统问题的交叉学科。①

系统动力学方法"本质上是基于系统思维的一种计算机模型方法"。②在系统思维方式下，现实当中很多事物都可看作是由多个组成部分的系统，这些组成部分之间不是孤立存在，而是相互作用、相互影响，形成众多复杂因果关系，存在很多反馈结构。系统动力学用信息理论和计算机技术来描述这些反馈，形成因果关系图和系统流程图。系统动力学区别于一般系统思维建模的是，它根据反馈给定初始值，通过系统流量和流速的变化来得出仿真结果。

在系统动力学中，系统可以被划分成若干个（p 个）相互关联的子系统，即 $S=\{S_i \mid S_i \in S\}$，$i=1, 2, \cdots, p$，依据系统结构流程图和构造方程实施系统动力学建模。流程图用于描述系统中各变量间因果关系和反馈控制机制；构造方程是变量间定量关系的数学表达式，可以根据真实数据构造拟合方程，或者由流程图直接确定。这里的构造方程是数理方程，可以是线性或非线性的微分方程，其一般表达式如下：

$$\frac{\partial x}{\partial t}=f(x_i, a_i, r_i, p_i) \tag{16-1}$$

其差分形式如：

$$X(t+\Delta t)=X(t)+\Delta t \cdot f(x_i, a_i, r_i, p_i) \tag{16-2}$$

式中，X 为状态变量，a_i 为辅助变量，r_i 为流率变量，p_i 为转移参数，t 为仿真时间，Δt 为仿真步长。

这里的状态变量可以是一个子系统的宏观表达量。

---

① 陈永霞、薛惠锋、王媛媛等：《基于系统动力学的环境承载力仿真与调控》，《计算机仿真》2010 年第 2 期。

② 许光清、邹骥：《系统动力学方法：原理、特点与最新进展》，《哈尔滨工业大学学报》（社会科学版）2006 年第 4 期。

该方程亦可扩展为矩阵形式：

$$X = PR \tag{16-3}$$

其中，P 为转移矩阵，R 为流率变量向量。

同时还需满足：

$$\begin{bmatrix} R \\ A \end{bmatrix} = W \begin{bmatrix} V \\ A \end{bmatrix} \tag{16-4}$$

其中，A 为辅助变量向量，W 为关系矩阵，V 为仅与时间 t 有关的纯速率变量向量。

系统动力学认为，系统的行为模式与特性主要取决于其内部的动态结构与反馈机制。它认为信息反馈的控制原理受因果关系的逻辑分析影响。该方法在面对复杂的实际问题时，从系统的微观结构入手，依据数理方程建立系统的仿真模型，并对模型实施各种不同的“模拟政策试验”，寻求解决问题的有效途径。现在系统动力学主要利用计算机技术对真实系统构建仿真模型，可以研究系统的结构、功能和行为之间的动态关系，进而理解和控制系统的行为。系统动力学的诸多特性决定了它非常适用于水资源、水环境、水政策的相关研究。

1. 系统动力学研究的是开放系统

系统既具有整体性，又具有层次性。系统存在子系统，整体和局部之间有着紧密的联系。而水环境的系统与外界诸多因素存在交互作用，水环境内部也存在城乡用水、产业用水、供水系统等诸多子系统。

2. 系统动力学研究的是多变量、线性与非线性反馈叠合的复杂系统

在解决问题时采用计算机仿真模拟真实系统，将线性与非线性叠合的动态过程转化成多次仿真拟合求解的问题，避开了数学工具的局限。与真实的实验相比，大大降低了风险、控制了成本、提高了效率。

（二）系统动力学在水资源开发利用政策研究中的应用

计算机技术的快速发展和人们日益认识到水资源开发利用的复杂性和系统性，系统动力学仿真日益频繁地应用于水资源开发利用政策研究。早在 20 世纪 80 年代学者就提出了城市水环境政策仿真模型，将工业划分为

六大部门，构建了人口、生产、工业废水、生活污水、自来水、污染物和污染治理七个子模型。[1] 此模型主要关注人口政策和经济政策对城市主要污染物排放的影响以及污染治理费用投入。90 年代研究者视野扩大，运用系统动力学模型，进行区域水资源开发利用研究。1994 年，韩德林和陈正江研究了以水为开发纽带的绿洲经济—生态系统，水资源作为子模型，模拟了不同水资源开发投资对经济的影响；[2] 1996 年，高彦春和刘昌明以汉中盆地平坝区为研究区，构建了水资源开发的系统动力学模型，将整个研究区水资源系统划分为三个层次，研究区整体为一级系统，五个功能区为二级子系统，每个二级子系统下面又划分五个三级子系统：水源开发系统，生活用水系统，工业用水系统，农业用水系统，污水处理系统；从而仿真不同发展强度下水的供需平衡。[3] 以上这些研究以水开发和水供需平衡为主线。进入 21 世纪，研究者视角从开发到保护，主要运用系统动力学模型进行水资源利用结构优化和水资源承载力以及由此带来的水安全问题研究。2002 年，张雪花、郭怀成等运用系统动力学模型进行秦皇岛水资源开发利用结构优化研究。[4] 2004 年，郭怀成等采用系统动力学仿真手段对城市水资源的政策效应进行了定量评估。[5] 2005 年，范英英等用动态仿真模拟了北京市的五种水资源的政策如何影响北京市水资源的承载力，这五项水资源政策为："应急的供水工程、再生水的利用、工业产业的结构调整、农业的节水灌溉技术以及用水价格的提高。"[6] 研究表明第一种政策即

① 达利庆、徐南荣、何建敏等：《城市水环境政策仿真模型及其应用》，《系统工程理论与实践》1987 年第 2 期。

② 韩德林、陈正江：《运用系统动力学方法研究绿洲经济—生态系统——以玛纳斯绿洲为例》，《地理学报》1994 年第 4 期。

③ 高彦春、刘昌明：《区域水资源系统仿真预测及优化决策研究——以汉中盆地平坝区为例》，《自然资源学报》1996 年第 1 期。

④ 张雪花、郭怀成、张宝安：《系统动力学——多目标规划整合模型在秦皇岛市水资源规划中的应用》，《水科学进展》2002 年第 133 期。

⑤ 郭怀成、戴永立、王丹等：《城市水资源政策实施效果的定量化评估》，《地理研究》2004 年第 236 期。

⑥ 范英英、刘永、郭怀成等：《北京市水资源政策对水资源承载力的影响研究》，《资源科学》2005 年第 5 期。

应急的供水工程是影响城市水资源承载力的首要因素。由此可以看出，具体的水资源开发利用政策对城市水资源系统有较大影响，此时优化用水结构是动态仿真模拟方案中的较多选择。地区水资源的承载力研究也是当前研究的热点，主要是干旱背景下和经济压力下的城市水资源承载力研究以及流域水资源承载力研究。[①] 水安全预警也是研究者关心的问题。[②] 而此时研究者较少关注水资源制度的模拟仿真，仅在人水系统研究中有研究者提出应该嵌入水资源管理专业模块，和自然水循环耦合才能全面研究人水系统演变的关系，但实证研究尚有欠缺。[③]

水资源系统的划分是研究水资源制度仿真的基础。王建华等在研究城市水资源承载力时，划分了投资、水资源分配、农业节水、灌溉、生活用水、人口、工业节水和循环用水八个子系统。[④] 韩俊丽等则将城市水资源承载力划分为城市水资源子系统、工业子系统、农业子系统和人口子系统四个子系统。[⑤] 冯海燕等将水资源系统划分为可利用水资源、农业用水、工业用水、大生活用水、污水处理及其回用五个子系统。[⑥] 这些研究虽然将水资源系统划分为不同的子系统，但总结起来无外乎四个部分：人口及用水、经济用水、生态以及地区水资源供应，这些研究为水资源制度仿真提供了基础。

综上所述，水资源政策模拟的研究多是进行地区水资源承载力和水资

① 王薇、雷学东、余新晓等：《基于 SD 模型的水资源承载力计算理论研究——以青海共和盆地水资源承载力研究为例》，《水资源与水工程学报》2005 年第 3 期。李同升、徐冬平：《基于 SD 模型下的流域水资源社会经济系统时空协同分析——以渭河流域关中段为例》，《地理科学》2006 年第 5 期。

② 邵金花、刘贤赵、李德一：《烟台水资源与社会经济可持续发展协调度分析》，《经济地理》2007 年第 4 期。李同升、徐冬平：《基于 SD 模型下的流域水资源社会经济系统时空协同分析——以渭河流域关中段为例》，《地理科学》2006 年第 5 期。

③ 左其亭：《人水系统演变模拟的嵌入式系统动力学模型》，《自然资源学报》2007 年第 2 期。

④ 王建华、江东、顾定法等：《基于 SD 模型的少水地区城市水资源承载力预测研究》，《地理学与国土研究》1999 年第 2 期。

⑤ 韩俊丽、段文阁、李百岁：《基于 SD 模型的少水地区城市水资源承载力模拟与预测——以包头市为例》，《少水地区资源与环境》2005 年第 4 期。

⑥ 冯海燕、张昕、李光永等：《北京市水资源承载力系统动力学模拟》，《中国农业大学学报》2006 年第 6 期。

源可持续发展政策方面的研究，而专门针对水资源制度的模拟还较少。制定合理的水资源制度是地区水资源可持续发展的关键，而在了解水资源制度的地区生态经济效应的基础上制定合理的水资源制度是急需解决的问题。因此，进行水制度模拟研究是水资源政策研究的趋势。

二、水资源开发利用和水制度分析

构建水资源制度的生态经济效应系统动力学模型，就是寻找水资源开发利用和管理系统内部结构和因果关系的过程。要明晰水资源系统内部结构，必须明晰水资源开发利用过程和水资源制度。

（一）水资源开发利用过程

水资源是人类依赖程度最高的资源之一，是区域生态环境的“血液”，是一个国家或地区社会经济发展的“命脉”。自从人类出现以后就有对水资源的利用，随着社会文明的进步和科学技术水平的发展，为获得更多的物质产品，开始了对水资源有目的的开发。在人类欲望不断膨胀下，水资源被过度开发利用，导致了水环境污染、水资源短缺等危机，人类生存和社会文明发展受到威胁。为解除水资源危机，必须从人类对水资源开发利用着手，寻找水资源问题根源。下面从水循环视角分析水资源开发利用过程。

自然界中的水，通过自身蒸发、降水和径流等过程持续循环，达到自身净化，从而为地球提供洁净的水。而一旦人类开始开发利用水资源，“以‘降水—坡面—河道—地下’为基本过程的自然水循环结构和进程被打破，以‘供水—用水—排水’为基本过程的社会经济系统水循环的通量、路径和结构不断成长演变”①，也就是说水资源开发利用是人类对水资源自然过程施加的影响，具有独特的过程。主要包括以下五个过程（见图16-1）：第一个过程是从自然界取水。这是人类对水资源开发利用的第一步，最初主要针对地表水，如河流、湖泊、泉等。随着科学技术发展和水需求增

① 王浩、龙爱华、于福亮等:《社会水循环理论基础探析Ⅰ：定义内涵与动力机制》,《水利学报》2011年第4期。

加，地下水、海洋水等都成为开发对象。第二个过程是输水。这往往和第一个过程同时进行，由于用途、距离等不同，采用的输水工程也不同，如渠道、工程管道等。第三个过程是用水。这是水资源开发利用的核心过程，主要有居民维持日常生活的用水、生产（包括第一产业、第二产业和第三产业）、公共部门用水（既包括公共部门自身运转，还包括公共事业用水如生态环境改善等），在不同水资源禀赋、不同经济特征的地区用水分配情况不同，用水过程涉及水的配置、循环重复使用、人工再生水等过程。第四个过程是排水。排水过程是和用水过程紧密相连的，用水过程就如同一个排水槽，从自然界输入新鲜水，经过不同的使用过程，扣掉消耗的水量，剩余水量以不同的水质排放出来。排水过程分为两种：一种是经过废水处理，达到排放标准的水；另一种是没有经过处理或者经过简单处理而不能达标的污水。第五个是回水过程。它是指排水过程中的水进入自然循环的过程。达标水可以进入自然界，通过自然循环而成为自然水资源一部分；污水如果排放的量在自然净化阈值内，那么这些废水也会通过自然循环而成为自然水资源一部分。但如果排放量超过阈值，这些污水将会通过污染迁移使更多的水成为污水；同时，污水还会使污染物积累导致水体环境质量恶化，进而会使自然界中可用水资源量减少，如此持续下去，整个水环境将会走向崩溃。[①] 图 16-1 是水资源一般开发利用过程的示意图。从水资源开发利用角度分为五个过程，从人类对水的使用角度，可以分为供水、用水和排水三个环节。供水包括取水和输水，排水包括排水和回水两个过程。

以上是人类对水资源开发利用的一般过程，现实中不同地区水资源开发过程有着各自的特点。这是因为区域自然环境不同，水资源禀赋也不同；经济特征不同，用水分配也不同；居民用水意识和政府管理水平不同，供水、用水和排水特征也不同。

---

① 陈庆秋、薛建枫、周永章：《城市水系统环境可持续性评价框架》，《中国水利》2004 年第 3 期。

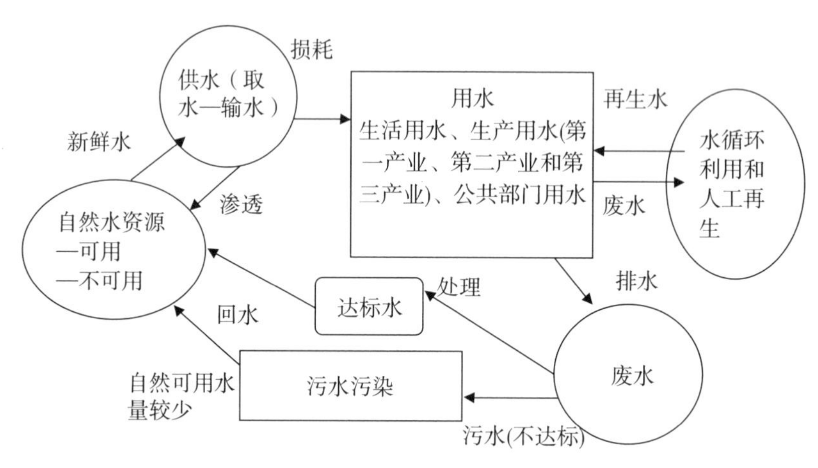

图 16-1　水资源开发利用过程示意图

（二）水资源制度

水是生命之源泉，生产之要素，生态之基石。长期以来，水资源被看作是一种大自然的恩赐，认为其是取之不尽的。随着世界人口和经济的不断增长，水资源开始逐渐被认为是有价物品，但价格是很低的。当外部性理论和公共物品理论的不断发展，“水资源逐渐被认为是一种具有极强的外部效应的公共物品，由此要求政府管制”。[①]人类开始有意识地管理水资源之后，随着水资源问题的不断出现，水资源管理理论和水资源制度不断向前发展。

水资源政策路径的选择上有两种截然不同的政策路径：财税路径和产权路径。财税路径通过政府征税和补贴，把私人收益与社会收益的背离或私人成本与社会成本的背离所引起的外部性影响进行内部化。产权路径强调通过市场交易或自愿协商的方式解决外部性，前提是产权界定清晰。财税制度主要是以“庇古税”理论为基础的资源税、环境税、生态补偿、补贴制度等。环境保护领域采用“谁污染，谁治理”的政策，资源开发领域的“谁收益，谁补偿”的政策，都是“庇古税”理论的具体应用。环境税、资源税等税费制度已经成为世界各国环境保护的重要经济手段。而在

① 沈满洪主编:《水资源经济学》，中国环境科学出版社 2008 年版，第 2 页。

水资源管理制度中形成两大典型的水资源财税制度："水资源有偿使用制度"和"水生态保护补偿制度"。水资源有偿使用制度是通过资源价格政策来实现，水生态保护补偿制度是通过生态补偿政策来实现。[1] 产权制度主要是应用"科斯理论"进行解决外部性，世界上排污权制度、水权制度、碳权制度等制度创新都是科斯理论的重要应用。产权制度在水资源管理中形成三大典型的水资源管理产权制度："水权交易制度""水排污权交易制度""水环境损害赔偿制度"，这三大水资源制度都必须是以产权清晰界定为前提的。

三、研究分区

（一）我国水资源分布及开发特征

我国水资源总量丰富，2013 年水资源总量为 27957.9 亿立方米，地下水与地表水资源不重复量为 1118.4 亿立方米（见表 16-1），占全球水资源的 6%，仅次于巴西、俄罗斯和加拿大，名列世界第四位。由于我国国土面积辽阔，气候多样，各地区之间自然条件存在很大差异，水资源分布不均衡。一方面表现为水资源的时空分布不均。由于受到地形地貌、大气环流、海陆位置等多方面自然因素的影响，我国水资源时间分布特征是夏秋多、冬春少，每年七八两月的水资源占全年总量的 80%；在空间分布上，东南多、西北少，西北诸河及黄河上游降雨量较少，而珠江流域、长江流域降雨量丰富。[2] 从表 16-1 可以看出，南方四区的水资源总量是北方六区的四倍还多，在东南部省份年降水量高达 1400—1600 毫米之间，而西部少水地区的降水量仅为 200 毫米左右，相差 7—8 倍。另一方面是水与土地、人口等社会经济不协调。长江、珠江、西南诸河和东南诸河四流域，国土面积和人口分布占全国的 36.5% 和 54.4%，但水资源总量却占到全国的 81%，亩均耕地水资源量是全国的 2.3 倍；而辽河、海河、黄河和淮河四

① 沈满洪主编：《水资源经济学》，中国环境科学出版社 2008 年版，第 161 页。

② 于万春、姜世强、贺如泓：《水资源管理概论》，化学工业出版社 2007 年版，第 38 页。

流域面积为全国的18.7%，水资源总量却仅为全国的10%。[①]

我国水资源短缺，开发利用总体上程度较高，但各地区开发特征有差异。从表16-2可以看出，我国水资源开发率达22%，在全国的十大区中有六大区高于全国平均的开发水平。国际上一般认为，对一条河流的开发利用不能超过其水资源量的40%，但是我国十大区中有四大区超过40%，海河和淮河甚至高达104%和95%。各地区地下水开发程度高于地表水。从表16-2可以看出，全国地表水开发率为18.7%，而地下水开发率则高达100.7%。从各个分区来看，除淮河区和太湖流域外，流域地下水开发率均远大于地表水，辽河区地下水开发率是地表水的6倍多。地下水资源开发超载。如果按照不重复地下水资源计算，绝大部分地区地下水开发量都超过80%，从全国水平来看，地下水开发量大于100，同时北方六大区的地下水开发率也大于100；从全国十大区来看，有四大区地下水开发率大于100：辽河区、海河区、黄河区、珠江区。

我国各地区水资源开发利用差异较大。首先开发程度差异大。北方开发率总体大于南方，北方六区开发达到43.4%，已经超过了国际标准40%，南方四区总体上开发率不算太高，为15.7%。从各个地区来看，水资源总体开发程度最高的是海河区为104.1%，最低的是西南诸河区为1.9%，相差近10倍；地表水开发程度最高的是淮河区为101.5%，最低的是西南诸河区为1.9%，相差也近10倍；地下水开发程度最高的是珠江区为208.7%，最低的是长江区为64.1%，相差144.6个百分点。从表16-1地区供水量一栏中可以看出，地区对于地表水和地下水利用情况不同。从地区供水量来源看，在绝对数量上，南方四区的水资源供应主要集中在地表水上，而北方六区则是地下水和地表水同时开发利用。

① 于万春、姜世强、贺如泓：《水资源管理概论》，化学工业出版社2007年版，第38页。

表 16-1　2013 年全国一级区水资源量及供水和用水情况①

单位：亿立方米

地区	水资源量		供水量			用水量						
	地表水	地下水※	总量	地表水	地下水	其他	总量	生活	工业	农业	生态※	总量
全国	26839.5	1118.4	27957.9	5007.3	1126.2	49.9	6183.4	750.1	1406.4	3921.5	105.4	6183.4
北方六区	5538.2	969.8	6508.0	1384.1	1000.8	37.1	2822.0	253.9	337.7	2161.3	69.1	2822.0
南方四区	21301.3	148.6	21449.9	3223.2	125.4	12.8	3361.4	496.2	1068.7	1360.2	36.3	3361.4
松花江区	2459.1	266.2	2725.2	290.2	218.8	0.9	509.9	28.6	60.4	407.1	13.8	509.9
辽河区	539.4	93.4	632.7	97.3	102.7	3.9	203.9	29.3	33.6	134.9	6.0	203.9
海河区	136.2	180.1	356.3	129.9	224.6	16.4	370.9	58.1	55.5	242.3	15.0	370.9
黄河区	578.3	104.7	683.0	259.8	128.5	8.9	397.2	42.1	62.4	282.2	10.5	397.2
淮河区	451.6	219.7	671.2	458.4	136.2	5.7	640.3	80.6	104.2	445.2	10.2	640.3
长江区	8674.6	122.6	8797.1	1970.4	78.6	8.3	2057.3	275.0	742.7	1019.7	19.9	2057.3
其中：太湖流域	139.9	20.6	160.5	363.7	0.2	0.4	364.3	53.1	213.3	90.8	3.0	364.3
东南诸河区	1902.1	9.9	1912.0	329.1	8.6	1.4	339.1	62.7	113.3	152.0	7.1	339.1
珠江区	5287.0	16.1	5303.2	822.8	33.6	2.9	859.3	149.1	198.9	502.6	8.8	859.3
西南诸河区	5437.6	0.0	5437.6	100.9	4.6	0.2	105.7	9.4	9.8	86.0	0.4	105.7
西北诸河区	1333.7	105.7	1439.4	548.4	150.0	1.5	699.9	15.2	21.5	649.5	13.6	699.9

注：地下水水资源量是指与地表水不重复量；生态用水量不包括浙江环境配水、引江济太，以及新疆的塔里木河向大西海子以下河道输送生态水、向塔里木河沿线胡杨林生态供水、阿勒泰地区向乌伦古湖及科克苏湿地补水。

① 资料来源：中华人民共和国水利部：《2013 年中国水资源公报》，2014 年 11 月 20 日，见 http://www.mwr.gov.cn/zwzc/hygb/szygb/。

表 16-2 2013 年全国一级水分区水资源的开发利用程度①

	水资源总体开发率	地表水开发率※	地下水开发率
全国	22.1%	18.7%	100.7%
北方六区	43.4%	32.2%	103.2%
南方四区	15.7%	15.1%	84.4%
松花江区	18.7%	11.8%	82.2%
辽河区	32.2%	18.0%	110.0%
海河区	104.1%	73.7%	124.7%
黄河区	58.2%	44.9%	122.7%
淮河区	95.4%	101.5%	80.2%
长江区	23.4%	22.7%	64.1%
其中：太湖流域	227.0%	260.0%	1.0%
东南诸河区	13.7%	13.3%	86.9%
珠江区	16.2%	15.6%	208.7%
西南诸河区	1.9%	1.9%	0%
西北诸河区	48.6%	41.1%	141.9%

其次是社会经济用水差异大。从表 16-1 可以看出，不同地区在生活、工业、农业等社会经济用水分布上有很大差异。从地区绝对用水量上看，各地区农业用水量都占最大比例，大于工业用水量和生活用水量。从经济用水比例来看，南方四区农业和工业用水比例相差不大，为 1.3∶1；而北方六区农业和工业用水比例相差较大，为 5.5∶1，其中西南诸河比例最大为 31∶1。从地区用水比例可以看出，南方地区工业相对发达，同时意味着工业用水带给地区环境污染压力较大；而西北地区农业为主，意味着农业灌溉用水短缺压力大；北方六区则是农业灌溉和工业相对平衡，意味着既有农业灌溉压力又有工业用水带来的污染压力。

① 资料来源：中华人民共和国水利部：《2013 年中国水资源公报》，2014 年 11 月 20 日，见 http://www.mwr.gov.cn/zwzc/hygb/szygb/。水资源开发利用率是指流域或区域用水量占水资源总量的比率，此表数据是根据表 13-1 计算得出，其中地下水开发率是用地表水不重复的地下水量来计算的。

（二）研究区划分

由于不同地区水资源开发过程有着各自的特点，水资源管理制度也会有所侧重，因此，本书在进行水资源制度模拟时进行了研究区划分。中华人民共和国水利部将我国划分十大水资源一级区：松花江区、辽河区、海河区、黄河区、淮河区、长江区、珠江区、东南诸河、西南诸河区、西北诸河。本书在十大分区基础上，根据地区径流深度、降水量等要素，参照以往水资源分布研究成果，同时考虑地区用水和水资源主要问题等情况，将我国划分三大研究区：多水地区，少水地区，中间地区。具体分析如下：焦得生等人在《中国水资源评价概述》一文中，提出水资源的年降水、径流量等要素分带，将我国划分了五种类型的径流分带（降水带）：丰水带（十分湿润带）、多水带（湿润带）、过渡带（半湿润带）、少水带（半干旱带）和干涸带（十分干旱带）。[①] 根据文中提供径流资料，珠江、东南诸河处于丰水带，西南诸河区、长江区、淮河处于多水带，松花江区、辽河区、海河区、黄河区处于过渡带，西北诸河处于少水带。本书将此标准进行合并，形成三个带：多水带、少水带和过渡带，即丰水带和多水带合并统称为多水带，少水带和干涸带合并为少水带。考虑我国水资源实际分布情况，淮河区径流深度仅为 225.1 米。[②] 相对其他处于多水带地区相差较多，其水资源分布更接近处于过渡带的地区，因此将其划入过渡带。那么此时我国十大水资源一级区中，珠江、东南诸河、西南诸河区、长江区处于多水带，而淮河区、松花江区、辽河区、海河区、黄河区处于过渡带，西北诸河处于少水带。同时考虑到降水量的影响，黄河流域从西到东降水量差异较大，将黄河上游地区归为少水带。根据以上分析，本书将处于多水带地区归为多水地区，处于少水带地区归为少水地区，处于过渡带地区归为中间地区，从而将我国分为三种类地区。多水地区包括东南

① 年降水量大于 1600 毫米为十分湿润带，800—1600 毫米之间为湿润带，400—600 毫米之间为半湿润带，200—400 毫米之间为半干旱带，小于 200 毫米为十分干旱带；年径流深度大于 800 毫米为丰水带，200—800 毫米之间为多水带，50—200 毫米之间为过渡带，10—50 毫米为少水带，小于 10 毫米为干涸带。

② 焦得生、杨景斌、贺伟程等：《中国水资源评价概述》，《水文》1986 年第 5 期。

诸河区、珠江区、西南诸河区、长江区四大区，其中浙江省选为典型区域；少水地区包括西北诸河区和黄河上游地区，其中甘肃省选为典型区域；中间地区包括松花江区、辽河区、海河区、黄河中下游地区、淮河区，其中天津市选为典型区域。

四、我国水资源制度一般系统动力学建模

（一）水资源系统划分

将水资源开发利用看作是一个复杂系统即水资源系统。它是水资源开发利用及管理过程中形成的一个复杂的循环系统，包括自然—社会二元循环系统。根据水资源开发利用特点划分为四个子系统：水资源子系统、人口子系统、经济子系统、生态环境子系统；同时将水资源管理制度嵌入水资源系统结构中，最终形成包括水资源制度子系统在内的五个子系统。

水资源子系统是基础系统。水资源是人类生存、发展的基础资源，人类生活、生产都离不开水；水资源子系统为其他系统提供必需的水，是整个系统中的基础。一个地区的地表水与地下水及其他水源组成了地区水资源，地区降水、河流及地下水特征影响地区的水资源量。再生水、调水、海水淡化等途径为地区水资源增添活力。一个地区水资源主要有水资源量、可供水量、自然生态环境水量，还有再生水量、从外地调水量等。人口子系统是核心子系统。人类的活动是利用水的开端，水资源开发利用都是基于人类的活动，地区人口的多少会直接影响地区用水量，因此是整个系统的核心。水资源是不可替代的人类生存资源，地区人口数量直接决定了地区生活用水量，人口的迅速增加，可导致地区水资源供需矛盾加大。常住人口包括城市人口和农村人口，生活总用水量是由城镇生活用水量和农村生活用水量组成；同时，市政公用事业用水也是由于一定人口存在而必须的，是人口子系统的一部分，这部分用水也与人口有关。经济子系统是重要的子系统。地区经济增长必须依靠水资源的支撑。经济子系统主要涉及第一产业（农业）、第二产业（工业）和第三产业（服务业）三大产业。经济用水会产生污水，特别是工业，一些地区工业污水成为水生态环境的噩梦。因而，经济子系统既影响水资源使用量，又影响水环境质量，它是水资源系统

中的重要部分。第一、第二、第三产业用水构成了主要的经济用水量，同时为了维护正常的绿化环境，人工环境配水是必需的。水生态环境子系统是承载子系统。生态环境是人类发展的载体，生态环境质量直接影响人类生存环境与地区可持续发展。水环境是生态系统中的重要组成部分，水环境质量直接决定整个地区生态环境质量。水生态环境子系统承载了人类经济活动，是水资源系统的承载系统。按照自然规律，水经过使用后最终回流到河道、湖泊、海洋、地下水层等自然水体中。生活用水、市政用水和经济用水等都会以不同的水质回流到自然水体中，生活污水排放、市政用水退水量、第一产业污水排放、第二产业污水排放、第三产业污水排放构成了整个回水，它们的污染浓度决定了治污的成本投入和最终排放到自然水体中的污水量。水资源制度子系统是调控系统。水资源问题的根源在于人类活动，如何规范调控经济活动是治理水资源问题的关键，水资源制度即是为了规范水资源开发利用而制定，它可以对整个水资源系统进行调节，制定科学合理的水资源制度是解决水资源问题的关键。不同水资源开发利用特征应该需要不同的水资源制度来调节控制。本书主要涉及水资源有偿使用和生态补偿制度。

（二）水资源开发一般系统动力学模型

在水资源系统分析基础上，明晰各子系统之间的关系，确定各子系统状态变量、辅助变量和速率变量，根据变量之间关系构建系统流程关系图。根据社会经济发展状况建立变量关系的数学方程式，从而形成水资源开发的一般系统动力学模型。由于篇幅有限，下面主要给出系统变量分析和系统流程图，模型变量和变量关系的数学方程式见附录 16-1 和附录16-2。

1. 系统主要变量分析

根据人类经济活动对水资源的影响即水资源开发利用过程，设计各个子系统的变量，具体见附录 16-1。以下是对其简单地分析。

自然水资源子系统涉及的主要变量是水资源总量、水资源可用量、不可用水量、区域外调水量、其他来源水量①，自来水公司取水量，供水量，总用水量等。

① 主要指本区域自然淡水资源之外的水量，如海水淡化、高科技合成水或分解水等。

人口子系统中描述人口数量的变量是地区总人口，地区总人口又分为城镇人口和农村人口，地区总人口是随着自然出生率和死亡率变化而变化；描述用水的变量是总生活用水量①，它是由城镇生活用水量和农村生活用水量组成；城镇（农村）人均生活用水量和城镇（农村）人口决定了城镇生活用水量，城镇（农村）生活用水量重复率会导致在实际城镇人均用水量不变的情况下，城镇（农村）人均用水量的减少。

经济系统中GDP主要是第一产业GDP、第二产业GDP、第三产业GDP；用水包括第一、第二、第三产业用水和市政公用事业用水；第一产业主要分雨养农业、灌溉农业以及养殖业，灌溉农业用水②和养殖业用水是主要用水来源；第二产业按照污染程度分轻污染工业和重污染工业；第三产业指服务业。

水生态环境系统中主要涉及生态环境水量、废水排放量、污染物③积累量、污染物去除量、污水量、达标回流水量。在人口和经济系统中的用水都会产生相应的废水。生活用水会排放生活废水，养殖业、工业和服务业会排放废水，种植业会因农药化肥使用而向环境排放污染物，不考虑灌溉用水的废水，市政公用事业用水会产生市政公用事业废水。通过污水治理投资，进行污染物去除处理，一部分废水得到了清洁化处理，将会形成达标回流水量，不经过清洁处理的污水将会形成自然界中不可用水资源量的一部分；还有一部分废水通过处理形成再生水进入经济系统，进行循环使用，这将替代自然界新鲜水。如果每年污染物处理不完全，将会产生污染物积累量，水环境将会持续恶化。

2. 系统流程图

根据变量之间的关系，以及变量本身的特征，采用Vensim软件建立了系统流程图（见图16-2）；并构建出代表各个变量之间关系的基本模拟方程式（见附录16-2）。

① 是指新鲜水量。

② 研究假定灌溉农业用水来自于自然水体，不是自来水公司供应。

③ 本章节模型假定污水中仅有一种污染物化学需氧量，治污成本、排污收费等都以此污染物为例。

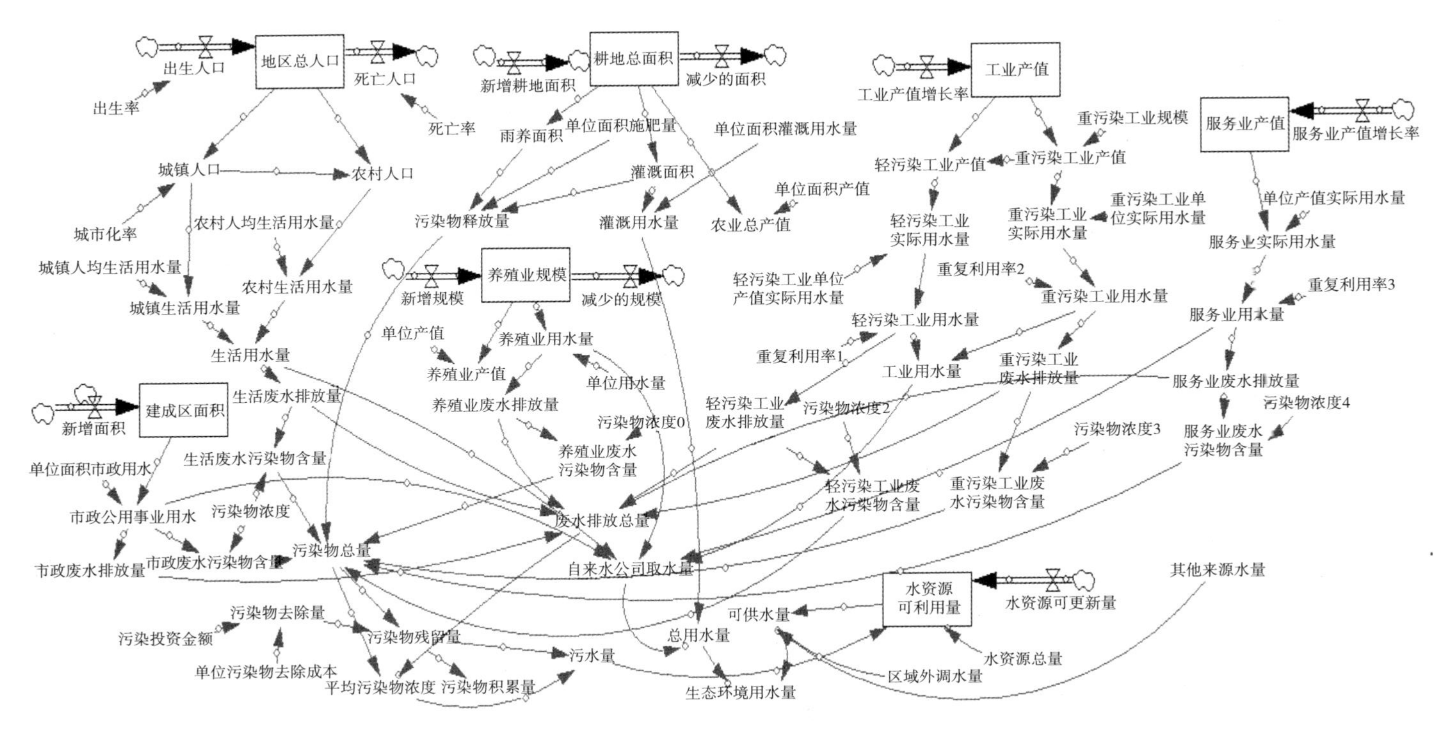

图16-2　水资源开发利用系统流程图

3. 系统参数确定

系统动力学模型参数确定过程中需要涉及三种类型：状态变量的初始值、常数即整个模型过程中不变的量，还有就是表函数即反映其非线性关系变化的参数。在进行参数确定时，本书针对三类地区分布选取典型地区作为参数确定参考数值；初始值多是根据典型区域2012年数据，表函数多是采用2006—2012年统计数据，模拟期末数据则是根据历史规律推算或直接采用典型地区规划数据。下面以多水地区典型区域（以下称多水地区）的人口子系统为例介绍系统参数的确定。数据来源于2007—2014年的浙江省统计年鉴、2006—2013年浙江省水资源公报、2006—2013年中国城市年鉴。表16-3、表16-4和表16-5分别给出了三种类型参数的最终确定值。初始年份数据主要是以2009年相关数据为基础，地区人口数量为0.5477亿人，建成区面积为1500平方公里，农村人均生活用水量为43立方米/年，城镇人均生活用水量为55立方米/年，单位面积市政用水量为0.0093亿立方米/平方公里。根据2006—2013年统计数据，将以下变量设为常数：出生率（‰）、死亡率（‰）、新增面积（平方公里）、市政废水排放系数、生活废水排放系数，具体数据见表16-4。而城市化率是用表函数来表示，期初数据为60%，根据2006—2013年的城市化率变化趋势，将期末年份设为70%。多水地区的其他子系统用相同的方法进行确定，形成多水地区水资源开发系统一般动力学模型。而少水地区以甘肃省为典型区域确定参数，中间地区以天津市为典型区域确定参数。

表16-3 多水地区人口子系统初始值

参数（单位）	数据
地区人口（亿人）	0.5477
建成区面积（平方公里）	1500
农村人均生活用水量（立方米/年）	43
城镇人均生活用水量（立方米/年）	55
单位面积市政用水（亿立方米/平方公里）	0.0093

表 16-4　多水地区人口子系统常数取值

参数	数据
出生率（‰）	10
死亡率（‰）	5
新增面积（平方公里）	20
市政废水排放系数	0.6
生活废水排放系数	0.6

表 16-5　多水地区人口子系统表函数

表函数	初始年份	模拟期末年份（第 10 年）
城镇化率（%）	60	70

（三）我国水资源制度建模原理

在水资源开发利用基础上，水资源制度作为一个子系统，其变量是通过嵌入其他各个系统，通过影响不同的系统变量来实现水资源开发利用的生态经济效益，使其达到水资源开发利用预期效应。用不同的政策变量来表征不同的水资源制度，本书仅关注前面所述的五种水制度，水资源价格表征水资源有偿使用制度，水资源价格通过影响供水和用水以及污水处理情况来实现水资源开发利用的生态经济效益。水污染权交易制度中本书仅关注了政府与企业的交易，用污染权价格来表征水污染权交易制度，在环境容量允许范围内通过水污染权的交易达到效益最大化，从而达到保护地区生态环境。水权交易制度则用地区之间水交易量和水交易价格作为标准。水生态环境补偿制度通过征收水资源受益区（者）的税收来补充水资源保护区（者）的方式实现。水环境损害赔偿制度是拥有水资源产权者向损害其水资源者索要的环境损害赔偿，赔偿的标准则用因水资源污染而损害的经济损失来计算。

将以上五种水制度指标嵌入水资源开发一般系统动力学模型当中，就形成包括五个子系统的水制度效应的仿真模型，在三类不同类型的地区即多水地区、少水地区和中间地区，嵌入相同的水制度或水制度组合，可能会得到不同的效应；同一个地区嵌入不同的水制度或不同水制度组合，也可能会得到不同的效应。本章是以基本的水资源开发利用系统为基础，嵌入不同的水资源制度而构建不同的仿真模型，并进行根据现实典型区域特征，进行多种方案的“虚拟”仿真研究，从而得到不同地区的最佳水制度组合，以此为政府制定水制度政策提供科学参考价值。[①]

第二节　单一水资源有偿使用和生态补偿制度模型

一、水资源有偿使用制度

随着世界经济发展和人口的增加，水资源需求量增大；同时，水污染严重，引起了水资源的供需矛盾，人们逐渐认识到水资源的经济价值和生态价值。当人们认识到水资源价值，特别是稀缺导致的经济价值以及作为环境一部分的生态功能价值之后；同时认为通过市场机制来配置水资源将使得水资源的利用率和水利工程的运行效率，并缓解水资源危机。因此，水资源不再是免费的资源，而需要有偿使用，从而不断形成当今的水资源有偿使用制度。国外一些发达国家水资源有偿使用制度比较完善，制定了详细系统的收费标准，还构建了水交易市场，运用市场化机制达到水资源配置的最大效率，比较典型的有澳大利亚、美国部分地区、英国等。我国水资源有偿使用制度虽然已开始实施30多年，但从收费标准到收费范围等都不十分完善。

新中国成立初期我国水资源是免费供给，不征收水资源费，作为福利供给居民，免费供应生产等。《水法》颁布之前，一些地区已开始征收水资源费，“1980年，沈阳市开始对城市地下水资源征收水资源费，这是最早征收水资源费的地区”。[②] 随后一些水资源压力较大城市或地区也开始征收

---

① 本章节选用三种类型区域的典型地区作为参考制订基础数据，构建相对独立理想的区域，进行水制度政策的仿真研究，因此称为“虚拟”仿真；虽是虚拟却是基于现实，因而具有重要的制度参考价值。

② 王海锋、张旺、庞靖鹏等：《水资源费征收管理历程及存在的问题》，《价格月刊》2011年第8期。

不同标准的水资源费，比如北京、山东。1988年我国颁布《水法》才开始有统一的水资源费征收的规章制度，但当时的定价较低，很难反映水资源价值。《水法》颁布之后，虽然我国开始征收水资源费，但并没有真正意义上实施水资源有偿使用制度。1995年，国务院办公厅出台的《关于征收水资源费有关问题的通知》(以下简称《通知》) 明确指出："对中央直属水电厂的发电用水和火电厂的循环冷却水暂不征收水资源费，对在农村收取的水资源费缓收5年，即除中央电厂以外的城市工业用水和城市居民生活用水均应缴纳水资源费。"[①]《通知》出台后，地方水资源费工作按照地方规定执行，全国各省级单位都纷纷出台相关规定，我国水资源有偿使用制度在全国普遍展开。2002年修订了《水法》，从城市用水转向关注自然江河湖海等自然水体，先要申请许可，才可以取水，2008年出台了《水资源费征收使用管理办法》，我国水资源有偿使用制度迈向一个新台阶。但是水资源费作为《水法》规定的一项行政收费制度，没有对收费管理进行统一规定，各地方在制定管理办法时赋予了不同的含义。现实中的水费可称为工程水费，计收标准的核定仅考虑工程运行、维护、管理的费用，没有考虑使用水资源的收益以及行政规费，是不全面的水价政策。不管是水资源费还是水费，都没有体现水资源的有偿使用。[②] 水资源的紧缺固然与自然条件有关，但水资源的浪费绝大部分是由价格机制的不合理性、水资源的外部不经济性、工农业生产与运作方式的落后性等人为因素造成的。[③]因此，我国水资源有偿使用制度还有待完善。

（一）制度变量分析

水资源有偿使用制度在现实当中是以征收“水费”为手段，实现水资

① 王海锋、张旺、庞靖鹏等：《水资源费征收管理历程及存在的问题》，《价格月刊》2011年第8期。

② 吴国平、洪一平：《建立水资源有偿使用机制和补偿机制的探讨》，《中国水利》2005年第11期。

③ 杜荣江、张钧：《水资源浪费的经济学分析与控制对策》，《河海大学学报》(自然科学版) 2007年第6期。

源有偿使用的目的。[1] 虽然由于自然条件、社会经济条件等差异性，我国各地的“水资源价格”并不是统一的标准，但征收水费是水资源有偿使用制度的实现形式。因此，把不同的水费作为表征水资源有偿使用制度的变量。水资源有偿使用制度变量是以水费为核心构建起来的，包括农村生活水费、农村生活用水价格，城镇生活水费、城镇生活用水价格，市政水费、市政用水价格，农业水费、农业水价，轻污染工业水费、轻污染工业水价，重污染工业水费、重污染工业水价，服务业水费、服务业水价，总水费、自来水公司总成本。

（二）相关方程式[2]

除基本的方程式外，与本模型相关的新增方程式如下：

农村生活水费=农村生活用水价格×农村生活用水量

城镇生活水费=城镇生活用水价格×城镇生活用水量

市政水费=市政用水价格×市政公用事业用水量

农业水费=农业水价×灌溉用水量

轻污染工业水费=轻污染工业水价×轻污染工业用水量

重污染工业水费=重污染工业水价×重污染工业用水量

服务业水费=服务业水价×服务业用水量

总水费=农村生活水费+城镇生活水费+市政水费+农业水费+轻污染工业水费+重污染工业水费+服务业水费

自来水公司总成本=自来水单位运营成本×自来水公司取水量

污染治理投资金额=总水费-自来水公司总成本

单位面积灌溉用水量=初始值×（水价/初始年份水价）$^{-0.2}$

城镇人均生活用水量=初始值×（水价/初始年份水价）$^{-0.12}$

单位面积市政用水量=初始值×（水价/初始年份水价）$^{-0.12}$

农村人均生活用水量=初始值×（水价/初始年份水价）$^{-0.12}$

---

① 水费包括工程成本费、水资源费和污水处理费三部分，除成本费之外其他两量都体现了水资源有偿使用，单位水费称为“水价”。

② 见附录16-2。

单位用水量=初始值×（水价/初始年份水价）$^{-0.2}$

重复利用率1=初始值+（水价-初始年份水价）×0.1

重复利用率2=初始值+（水价-初始年份水价）×0.1

重复利用率3=初始值+（水价-初始年份水价）×0.1

单位面积施肥量=初始值-（水价-初始年份水价）×0.1

（三）模拟方案

所有的用水价格都包括水资源费、供水成本费和污水处理费，但价格在不同时期征收的金额不同（见表16-6至表16-8），某项也可能为0元，比如，农业用水价格当中的少水地区模拟方案中初始值水资源费为0元。由于不同类型地区，经济发展水平不同，水资源价格也不同，因此在模拟方案中区分了不同类型地区，即在各类用水价格设置过程中，不同地区的水资源价格设置也不同。方案设置过程中考虑现实当中水资源价格，参考了三类典型区域的2006—2012年的价格水平，同时考虑到完善水资源有偿使用制度的目标。

1. 少水地区水资源价格设置（见表16-6）

初始年份，水资源费是在国家规定下，象征性征收水资源费，除农业用水之外，其他用水认为通过自来水公司供应，因此统一水资源费0.09元/立方米，而农业用水不征收水资源费；污水处理费也没有开始征收；而成本费也是处于政府管制范围内征收，除农业用水外，统一征收1.41元/立方米。初始年份除农业水价为0.04元/立方米，其余都为1.5元/立方米。第二阶段是水资源有偿使用制度开始迈向新台阶，实施不同用途的水，价格也不同，在保障居民饮水安全的情况下，针对生产者开始实施有区分的价格制度。除农业用水外，其他用水的水资源费从0.09元/立方米调整到0.2元/立方米，由于地区水量短缺，农业水价也开始征收水资源费，但是考虑到农业生产的特殊性，设置较低价格为0.08元/立方米。由于之前供水很多情况下是政府补贴，即所收水费低于成本，现在除居民生活用水之外都提高了供给成本，特别是针对不同用途调整的幅度也不同，一共分为四类：生活用水、市政用水、工业用水和经营性用水。城镇生活用水价格和农村生活用水价格中供水成本调整为 1. 55 元/立方米；市政用水价格中供水成本调整为 2. 3 元/立方米；轻污染工业水价和重污染工业水价中的供水成本调整为 2. 33 元/立方米；将养殖业用水[①]和服务业用水归为经营性用水，其供水成本调整为 2. 6 元/立方米；农业水价调整为 0. 5 元/立方米。除农业和农村用水外，其余都征收污水处理费，城镇生活用水价格中的污水处理费为 0. 8 元/立方米，其余为 1. 2 元/立方米。因此，在第二阶段农村生活用水价格、城镇生活用水价格、市政用水价格、养殖业水价格、农业水价、轻污染工业水价、重污染工业水价、服务业水价分别为：1. 75 元/立方米、1. 83 元/立方米、3. 7 元/立方米、4 元/立方米、0. 58 元/立方米、3. 73 元/立方米、3. 73 元/立方米、4 元/立方米。第三阶段是水资源有偿使用制度较完善阶段，全面征收水资源费和污水处理费；同时，保证自来水厂供水成本，即政府强调的是监督作用，弱化管理作用，在保障居民生活情况下将水资源配置一部分交给市场。生活用水价格中水资源费调整幅度小，与农业用水价格中水资源费相同，都为 0. 5 元/立方米；市政用水价格中水资源费调整为 1 元/立方米；其余工业生产用水和服务经营性用水都为 1. 5 元/立方米。除农业水价外，其余水价中的供水成本都调整为实际供水成本 3 元/立方米，农业供水成本没有调整；污水处理费全面征收，而且是针对不同污染程度来征收；同时考虑生活保障，农村生活用水价格中污水处理费为 0. 8 元/立方米、城镇生活用水价格中污水处理费为 1. 2 元/立方米、市政用水价格中污水处理费为 1. 5 元/立方米、养殖业水价格中污水处理费为 4 元/立方米、农业水价[②]中污水处理费为 2 元/立方米、轻污染工业水价中污水处理费为 0. 5 元/立方米、重污染工业水价中污水处理费为 5 元/立方米、服务业水价中污水处理费为 3 元/立方米。因此，在第三阶段中农村生活用水价格、城镇生活用水价格、市政用水价格、养殖业用水价格、农业水价、轻污染工业水价、重污染工业水价、服务业水价分别为：4. 3 元/立方米、4. 7 元/立方米、5. 5 元/立方米、

① 现实当中养殖业用水有一些可能执行的是居民用水水价。

② 按照化石农业来征收，实际实施时如果是有机农业可以免征收。

8.5 元/立方米、3 元/立方米、5 元/立方米、9.5 元/立方米、7.5 元/立方米。

2. 中间地区方案设置（见表 16-7）

中间地区面临水资源短缺和水污染双重压力，水资源自然条件欠佳；同时经济发展速度较快，城镇化水平也较高，在初始年份，水资源费已经不是国家最初规定收费标准，而除不征收农村生活用水和农业用水的水资源费之外，已调整到 0.2 元/立方米；由于此地区经济发展水平较高，因而水污染情况凸显，已开始征收污水处理费，除农业用水和农村生活用水不征收之外，其余都开始征收水污染处理费，城镇生活用水价格中污水处理费为 0.4 元/立方米；其余市政用水生产性用水价格中污水处理费为 0.6 元/立方米；供水成本费也是处于政府管制范围内征收，除农业用水外，也有较小区分，生活用水成本为 1.6 元/立方米，其余市政用水和养殖生产性用水的工程成本费统一征收 2.2 元/立方米；初始年份农业水价为 0.5 元/立方米，农村生活用水价格为 1.6 元/立方米，城镇生活用水价格为 2.2 元/立方米，其余都为 3 元/立方米。第二阶段中间地区水资源有偿使用制度既体现地区水资源自然稀缺价值，又体现水污染外部性成本内部化，因此提高了水资源费和供水成本费，征收市政和经济用水的污水处理费。除农业用水和农村生活用水外，其他用水的水资源费从 0.2 元/立方米调整到 1 元/立方米，体现了水资源自然和经济稀缺价值。由于之前供水很多情况下是政府补贴，即所收水费低于成本，现在提高了供给成本，特别是针对不同用途调整的幅度也不同，一共分为四类：农村生活用水、城镇生活用水、农业用水和其他用途用水如“市政用水、工业用水和经营性用水”。考虑农村收入水平，供水价格低于城镇，城镇生活用水价格和农村生活用水价格中供水成本分别调整为 2 元/立方米和 2.1 元/立方米；农业用水为 2 元/立方米；其余市政用水价格、养殖业用水价格、轻污染工业水价、重污染工业水价、服务业用水中供水成本统一调整为 4.45 元/立方米。除农业和农村用水外，其余都征收污水处理费，城镇生活用水价格中的污水处理费为 0.9 元/立方米，其余为 1.2 元/立方米。因此，在第二阶段农村生活用水价格、城镇生活用水价格、市政用水价格、养殖业水价格、农业水价、轻污染工业水价、重污染工业水价、服务业水价分别为2元/立方米、4元/立方米、6.65元/立方米、6.65元/立方米、2元/立方米、6.65元/立方米、6.65元/立方米、6.65元/立方米。第三阶段中间地区水资源有偿使用制度进入较完善阶段，不但要全面征收水资源费，而且要提高水资源费的金额；增加污水处理费，初步实现水污染外部成本内部化。此地区虽然水量上并不十分短缺，但由于人口增长和经济用水量大，造成水资源供需矛盾非常突出，需要强调水资源价值和污染处理。为保障农业和农村居民权益，农村生活用水和农业用水征收水资源费为1元/立方米，属于相对较低水平；城镇生活用水价格中水资源费提高到2元/立方米；市政用水价格中水资源费调整为3元/立方米；其余工业生产用水和服务经营性用水都为4元/立方米。除农村生活用水价格和农业水价（为2元/立方米）外，其余水价中的供水成本都调整为实际供水成本5元/立方米；污水处理费全面征收，而且是针对不同污染程度来征收；同时考虑生活保障，农村生活用水价格中污水处理费为0.8元/立方米、城镇生活用水价格中污水处理费为1.5元/立方米、市政用水价格中污水处理费为1.5元/立方米、养殖业水价格中污水处理费为4元/立方米、农业水价[①]中污水处理费为2元/立方米、轻污染工业水价中污水处理费为0.5元/立方米、重污染工业水价中污水处理费为5元/立方米、服务业水价中污水处理费为3元/立方米。因此，在第三阶段中农村生活用水价格、城镇生活用水价格、市政用水价格、养殖业水价格、农业水价、轻污染工业水价、重污染工业水价、服务业水价分别为3.8元/立方米、8.5元/立方米、9.5元/立方米、13元/立方米、5元/立方米、9.5元/立方米、14元/立方米、12元/立方米。

3. 多水地区方案设置（见表16-8）

初始年份，水资源费是在国家规定下，象征性征收水资源费，除农业用水和农村生活用水之外，其他用水征收统一水资源费0.08元/立方米，

① 按照化石农业来征收，实际实施时如果是有机农业可以免征收。

而农业用水和农村生活用水明确规定不征收水资源费；由于此地区经济发展水平较高，因而水污染情况凸显，已开始征收污水处理费，除农业用水和农村生活用水不征收之外，其余都开始征收水污染处理费；养殖业用水执行标准和城镇生活用水相同，污水处理费为0.5元/立方米；而市政用水价格中污水处理费为1.1元/立方米；其余生产性用水价格中污水处理费为1.2元/立方米；供水成本费也是处于政府管制范围内征收，除农业用水外，也有较小区分，养殖业用水执行生活用水标准，因而农村生活用水价格、城镇生活用水价格和养殖业用水价格中工程成本费统一征收1.27元/立方米；而市政用水价格、轻污染工业水价、重污染工业水价和服务业水价中供水成本费统一为1.67元/立方米。初始年份农业水价为0.5元/立方米，农村生活用水价格为1.27元/立方米，城镇生活用水价格为1.85元/立方米，其余都为3元/立方米。第二阶段在多水地区水资源有偿使用制度更关注水资源稀缺价值，全面提高经济用水价格；更注重污染防治，提高了污水处理费。除农业用水和农村生活用水外，其他用水的水资源费从0.08元/立方米调整到1元/立方米，体现了水资源自然和经济稀缺价值。多水地区、少水地区供水与中间地区类似，针对不同用途调整的幅度也不同，相同类型用水价格设置相同。在第二阶段多水地区农村生活用水价格、城镇生活用水价格、市政用水价格、养殖业水价格、农业水价、轻污染工业水价、重污染工业水价、服务业水价分别为2元/立方米、4元/立方米、6.65元/立方米、6.65元/立方米、2元/立方米、6.65元/立方米、6.65元/立方米、6.65元/立方米。第三阶段多水地区水资源有偿使用制度已经比较完善，政府强调的是监督作用，弱化管理作用，充分利用好市场机制。此地区虽然水量丰富，但由于快速城镇化和较高工业水平，致使污染严重，地区重视水资源价值，严格水资源管理，全面提高水资源费。水资源价格设置一方面要充分保障生活用水，考虑价格承受能力；另一方面要充分体现供水成本，考虑用水污染处理费用。农村地区水资源费和供水成本将低于城镇，农业用水的水资源费和供水成本将低于其他经济用水；农村生活用水水资源费为1元/立方米，城镇生活用水水资源费为2

元/立方米。农村生活用水污水处理费低于重污染行业的污水处理费远高于其他行业；重污染工业污水处理费为5元/立方米，而轻污染工业污水处理费仅为0.5元/立方米。基于以上原则在第三阶段中多水地区各类用水价格设置情况如下：农村生活用水价格、城镇生活用水价格、市政用水价格、养殖业水价格、农业水价、轻污染工业水价、重污染工业水价、服务业水价分别为3.8元/立方米、8.5元/立方米、9.5元/立方米、13元/立方米、5元/立方米、9.5元/立方米、14元/立方米、12元/立方米。

4. 总方案设置（见表16-9）

通过以上分析，可以看出总体方案设置思路是：初始年份是我国开始实施水资源有偿使用制度情形，仅是象征性征收水费，除农业用水外，所有的水资源价格都是一样，水资源价格1.5元包括水资源费0.09元、成本费1.41元，农业用水价格基本是取水时用电成本，设为不收污水处理费；第5年度是初步改革时情景：意识到污水处理的重要性，要进行污水处理，所以增收污水费，并区分不同污水行业，同时意识到农业水资源稀缺性，相应征收水资源费0.08元；为减轻政府负担，改善供水公司亏损现状，供水成本的征收区分不同行业，生产性用水价格相对调高；到第10年为设置情景，要全面实施水资源有偿使用制度，增加水资源费，实施污水处理，区分不同用途和行业的水资源价格，同时兼顾社会公平，保障生活用水。在第三阶段所有用水价格都大幅度提高，基本能体现水资源有偿使用，这势必导致生活用水节约、节水技术发展、规模生产。在自来水单位运营成本设置中考虑到不同地区水资源自然条件不同而设置不同的成本价格，如地表水成本比地下水低，清洁程度越高成本越低等。

表16-6、表16-7、表16-8、表16-9这四个表的水资源价格主要根据是甘肃省、天津市和浙江省三个地区的水资源价格生成的，初始年份是2009年的数据，第5年是2014年的数据，而第10年的数据是根据每个地区的水资源价格趋势及相关规划文件设置的。

表 16-6　少水地区水资源有偿制度中各类价格设置

单位：元/立方米

少水地区	初始年				5 年				10 年			
	水资源费	工程成本费	污水处理费	价格	水资源费	工程成本费	污水处理费	价格	水资源费	工程成本费	污水处理费	价格
农村生活用水价格	0.09	1.41	0	1.5	0.2	1.35	0	1.55	0.5	3	0.8	4.3
城镇生活用水价格	0.09	1.41	0	1.5	0.2	1.35	0.8	1.63	0.5	3	1.2	4.7
市政用水价格	0.09	1.41	0	1.5	0.2	2.3	1.2	3.7	1	3	1.5	5.5
养殖业水价格	0.09	1.41	0	1.5	0.2	2.6	1.2	4	1.5	3	4	8.5
农业水价	0	0.04	0	0.04	0.08	0.5	0	0.58	0.5	0.5	2	3
轻污染工业水价	0.09	1.41	0	1.5	0.2	2.33	1.2	3.73	1.5	3	0.5	5
重污染工业水价	0.09	1.41	0	1.5	0.2	2.33	1.2	3.73	1.5	3	5	9.5
服务业水价	0.09	1.41	0	1.5	0.2	2.6	1.2	4	1.5	3	3	7.5

资料来源：中国水网，见 http://price.h2o-china.com。

表 16-7　中间地区水资源有偿制度中各类价格设置

单位：元/立方米

中间地区	初始年				5 年				10 年			
	水资源费	工程成本费	污水处理费	价格	水资源费	工程成本费	污水处理费	价格	水资源费	工程成本费	污水处理费	价格
农村生活用水价格	0	1.6	0	1.6	0	2	0	2	1	2	0.8	3.8
城镇生活用水价格	0.2	1.6	0.4	2.2	1	2.1	0.9	4	2	5	1.5	8.5

续表

中间地区	初始年				5 年				10 年			
	水资源费	工程成本费	污水处理费	价格	水资源费	工程成本费	污水处理费	价格	水资源费	工程成本费	污水处理费	价格
市政用水价格	0.2	2.2	0.6	3	1	4.45	1.2	6.65	3	5	1.5	9.5
养殖业水价格	0.2	2.2	0.6	3	1	4.45	1.2	6.65	4	5	4	13
农业水价	0	0.5	0	0.5	0	2	0	2	1	2	2	5
轻污染工业水价	0.2	2.2	0.6	3	1	4.45	1.2	6.65	4	5	0.5	9.5
重污染工业水价	0.2	2.2	0.6	3	1	4.45	1.2	6.65	4	5	5	14
服务业水价	0.2	2.2	0.6	3	1	4.45	1.2	6.65	4	5	3	12

资料来源：中国水网，见 http://price.h2o-china.com。

表 16-8 多水地区水资源有偿制度中各类价格设置

单位：元/立方米

多水地区	初始年				5 年				10 年			
	水资源费	工程成本费	污水处理费	价格	水资源费	工程成本费	污水处理费	价格	水资源费	工程成本费	污水处理费	价格
农村生活用水价格	0	1.27	0	1.27	0	2	0	2	1	2	0.8	3.8
城镇生活用水价格	0.08	1.27	0.5	1.85	1	2.1	0.9	4	2	5	1.5	8.5
市政用水价格	0.08	1.67	1.1	3	1	4.45	1.2	6.65	3	5	1.5	9.5
养殖业水价格	0.08	1.27	0.5	3	1	4.45	1.2	6.65	4	5	4	13
农业水价	0	0.5	0	0.5	0	2	0	2	1	2	2	5

续表

多水地区	初始年				5年				10年			
	水资源费	工程成本费	污水处理费	价格	水资源费	工程成本费	污水处理费	价格	水资源费	工程成本费	污水处理费	价格
轻污染工业水价	0.08	1.67	1.2	3	1	4.45	1.2	6.65	4	5	0.5	9.5
重污染工业水价	0.08	1.67	1.2	3	1	4.45	1.2	6.65	4	5	5	14
服务业水价	0.08	1.67	1.2	3	1	4.45	1.2	6.65	4	5	3	12

资料来源：中国水网，见 http://price.h2o-china.com。

表 16-9　三类地区的水资源有偿使用制度模拟方案

单位：元/立方米

	少水地区			中间地区			多水地区		
	初始年	5年	10年	初始年	5年	10年	初始年	5年	10年
农村生活用水价格	1.5	1.55	4.3	1.6	1.75	4.3	1.5	2	3.8
城镇生活用水价格	1.5	1.63	4.7	2.2	1.83	4.7	1.5	4	8.5
市政用水价格	1.5	3.7	5	3	3.7	5.5	1.5	6.65	9.5
养殖业水价格	1.5	4	7.5	3	4	8.5	1.5	6.65	13
农业水价	0.4	0.58	3	0.5	0.58	3	0.5	2	5
轻污染工业水价	1.5	3.73	4	3	3.73	5	1.5	6.65	9.5
重污染工业水价	1.5	3.73	8.5	3	3.73	9.5	1.5	6.65	14
服务业水价	1.5	4	6.5	3	4	7.5	1.5	6.65	12
自来水单位运营成本	3	3	3	3.5	5	5	2.5	5	5

资料来源：中国水网，见 http://price.h2o-china.com。

二、水污染权交易制度

我国最初对于污染排放是采用环境税政策即征收排污费，是基于庇古税理论。我国 1993 年开征了针对水污染物排放的排污费，是依据污染物排放浓度，没有考虑污染物质总量，是不全面的。作为排污费的征收应考虑污染物的数量和浓度以及污染物对水资源的致害性。[①] 为了进一步控制水体污染，控制水污染排放总量，将科斯定理的产权制度创新性地应用到水污染排放中，形成水污染权交易制度。水污染权是指在区域允许排污总量由环境容量决定的前提下，排污单位按照排污许可所取得的排污指标向环境排放污染物的权利，是排污单位对环境容量资源的使用权。[②]

（一）制度变量分析

水污染权制度是在承认排污者有向环境排放污染物的权利基础上，在污染物总量控制的情况下，通过市场化手段将使得生产达到最小污染进而得到最大效益。一般排污权是根据允许的污染量向企业分配或出售污染许可证，污染许可证可以在市场上买卖，从而让生产效益更高者得到排污许可，以此达到水污染排污制度设计目的，即在相同污染排放下效益最大化。本模型中水污染权交易制度仅涉及政府与企业之间的交易，主要针对养殖业、工业和服务业这些生产性行业；排污权交易的过程中征收水污染权有偿使用的费用主要用于水资源污染治理。

在总量控制基础上，水污染权分配给企业之后，在水污染权预期收入的情况下，企业会采取清洁生产设备，以减少污水排放和污染物浓度。本模型认为不同产业排放的污染浓度不同，排污权价格也不同，根据排污浓度越大、排污越多的行业，排污权价格越高。排污权价格是根据排污的污染物数量来进行设置。

根据以上分析，本模型新增的变量有养殖业单位排污权价格、养殖业排污权费、轻污染工业单位排污权价格、轻污染工业排污权费、重污染工业单位排污权价格、重污染工业排污权费、服务业单位排污权价格、服务

① 吴国平、洪一平：《建立水资源有偿使用机制和补偿机制的探讨》，《中国水利》2005年第11期。

② 沈满洪、谢慧明：《生态经济化的实证与规范分析——以嘉兴市排污权有偿使用案为例》，《中国地质大学学报》（社会科学版）2010年第6期。

业排污权费。

（二）相关方程式

在原有的模型基础上，通过向生产企业出售排污权实现排污权有偿使用，构建排污权制度模型。新增方程如下：

养殖业排污权费 = 养殖业单位排污权价格×养殖业废水污染物含量 $\times 10^{-4}$

轻污染工业排污权费 = 轻污染工业单位排污权价格×轻污染工业废水污染物含量 $\times 10^{-4}$

重污染工业排污权费 = 重污染工业单位排污权价格×重污染工业废水污染物含量 $\times 10^{-4}$

服务业排污权费 = 服务业单位排污权价格×服务业废水污染物含量 $\times 10^{-4}$

污染治理投资金额 = 养殖业排污权费+重污染工业排污权费+重污染工业排污权费+服务业排污权费

养殖业废水污染浓度 1 = 初始值−（养殖业单位排放价格−初始年份价格）×0.02（吨/元）×（万吨/亿立方米）

轻污染工业废水污染浓度 2 = 初始值×（轻污染工业单位排放价格/初始年份价格）$^{-0.1}$

重污染工业废水污染浓度 3 = 初始值×（重污染工业单位排放价格/初始年份价格）$^{-0.2}$（少水地区）

重污染工业废水污染浓度 3 = 初始值×（重污染工业单位排放价格/初始年份价格）$^{-0.5}$（中间地区）

重污染工业废水污染浓度 3 = 初始值×（重污染工业单位排放价格/初始年份价格）$^{-1}$（多水地区）

服务业废水污染浓度 4 = 初始值−（服务业单位排放价格−初始年份价格）×0.01（吨/元）×（万吨/亿立方米）

养殖业废水排放系数 = 初始值−（养殖业单位排放价格−初始年份价格）×0.02

轻污染工业废水排放系数=初始值×（轻污染工业单位排放价格/初始年份价格）$^{-0.1}$

重污染工业废水排放系数=初始值×（重污染工业单位排放价格/初始年份价格）$^{-0.2}$（少水地区）

重污染工业废水排放系数=初始值×（重污染工业单位排放价格/初始年份价格）$^{-0.5}$（中间地区）

重污染工业废水排放系数=初始值×（重污染工业单位排放价格/初始年份价格）$^{-1}$（多水地区）

服务业废水排放系数=初始值-（服务业单位排放价格-初始年份价格）×0.01

（三）方案设置

在模型中仅考虑政府与企业之间的排污权交易，排污权有偿使用价格收费标准区分不同行业。污染浓度较大行业（在排污费制度情形下超标越大行业）的排污权有偿使用价格预期越高。污染权价格参照现行的排污费制度价格标准，即根据污染当量折算。[①] 本方案分为三个阶段：第一个阶段仅分配了工业的水排污权，根据按照国家初定的标准，每当量 0.7 元，根据污染物折算比例，折算为每千克污染物收费为 0.7 元；第二阶段是开始分配服务业和养殖业的水排污权，同时由于污染容量减少，价格增加，重污染工业排污权价格增加幅度最大，为 0.8 元/千克，而养殖业、服务业和轻污染工业则增加为 7.5 元/千克；第三阶段是增加各行业单位排污权价格，轻污染工业排污权价格为 0.8 元/千克，重污染工业排污权价格为 1.4 元/千克，而养殖业和服务业排污权价格为 0.8 元/千克，此时可能迫使企业采用环保技术或进行污水处理工程，减少总的污染排放，同时增加政府的污染治理投资金额。具体见表 16-10。

① 安蓓、赵超：《污水废气排污费征收标准将翻番》，2014 年 9 月 6 日，见 http://news.xinhuanet.com/mrdx/2014-09/06/c_ 133625185.htm。

表 16-10　水污染权交易制度模型变量的初始值和表函数

模型变量	少水地区			中间地区			多水地区		
	初始年份	5年	10年	初始年份	5年	10年	初始年份	5年	10年
养殖业单位排污权价格（元/千克）	0	7	8	0	7	8	0	7	8
轻污染工业单位排污权价格（元/千克）	7	7.5	8	7	7.5	8	7	7.5	8
重污染工业单位排污权价格（元/千克）	7	8	14	7	8	14	7	8	14
服务业单位排污权价格（元/千克）	0	7	8	0	7	8	0	7	8

三、水权交易制度

水权是指“水资源稀缺条件下人们对有关水资源的权利的总和（包括自己或他人受益或受损的权利），其最终可以归结为水资源的所有权、经营权和使用权”。[①]我国水权中的三种权益是分离的。本章节讨论的水权制度是关于水资源使用权的买卖或交易的制度。

（一）制度变量分析

我国水资源使用权（水权）的取得主要分为两种情况：第一种是直接从自然界取水，第二种是通过供水厂商取水。第一种是直接申请水权许可；第二种是首先供水厂商要向地方政府取得使用权，一般是通过水权购买的方式，然后供水厂商会将水权成本包含在水价中卖给用水企业和单位，这时用水企业和单位就会取得使用权。在首次取得水权许可时要缴纳相应的水权许可费，这部分资金要用于水环境改善和维护。同时用水企业和单位在取得水权之后，可以根据市场行情和自己的生产情况，进行水权的买卖，以达到水资源利用效率最大化；一般是利用效率低单位水权流向

① 姜文来：《水权及作用探讨》，《中国水利》2000年第12期。

利用效率高的单位。在现实当中我国居民用水、市政公用事业用水具有保障性质，同时服务业用水零散，供水管网往往和生活及市政很难分开，且很难纳入交易系统；因此本模型主要模拟基本水权许可取得和生产性行业之间（即灌溉农业、养殖业和工业之间）的水权交易。

根据以上分析，本模型在基础模型上增加了一些变量，用来标准水权交易，这些变量主要有：单方水权价格、水权许可费、灌溉用水交易量、灌溉面积变化量、养殖业用水交易量、养殖业规模变化量、工业用水交易量、单位工业用水 GDP、工业用水 GDP 变化量、工业用水 GDP 变化率。

（二）相关方程式

污染治理投资金额=水权许可费

水权许可费=单方水权价格×（农业灌溉用水量+工业用水量+养殖业用水量+服务业用水量）

灌溉面积变化量=灌溉用水交易量/单位面积灌溉用水量

减少面积=初始常数值+灌溉面积变化量

养殖业规模变化量=养殖业用水交易量/单位用水量

新增规模=初始常数值-养殖业规模变化量

工业用水交易量=灌溉用水交易量+养殖业用水交易量

单方水工业 GDP =工业 GDP/工业用水量

工业用水 GDP 变化量=工业用水交易量×单位方水工业 GDP

工业 GDP 增长量=工业 GDP×工业 GDP 增长率+工业用水 GDP 变化量

（三）方案设置

水权交易制度是指在初始水权分配的情况下，通过市场机制进行买卖，使得水资源配置从使用效率低的单位或行业流向使用效率高的单位或行业，进而实现更有效率地水资源配置结果。我国水权交易案例实践开始起步，但水权交易并没有形成较完善的市场，各种案例中水权价格迥异，比如浙江省东阳—义乌是 4 元/立方米、石羊河流域灌区则是 0. 12 元/立方米。本书认为水权价格是对水资源利用收益的预期，其价格不能低于其水资源经济价值；在初始水权价格设置过程中，参考了相关水资源经济价值研究的文献，将单方水权价格初始值设置为 0.76 元/立方米。[①] 随着市场化机制进一步完善和水资源稀缺增加，单方水权价格呈现上升趋势，第 5 年和第 10 年分别为 1 元/立方米、1.2 元/立方米。在用水行业之间的水权交易是根据用水效率决定用水方向的流动方向，根据可以交易的三种行业的用水量和用水效率（见表 16-11），判断出三种类型地区水权交易方向都是从农业和养殖业到工业，因此本模型设定工业用水交易量是灌溉用水交易量和养殖业用水交易量之和。根据不同地区特点进行设置相关表函数，在少水地区，农业灌溉用水量最大，工业用水量较小，在水权交易实施初期，在利益的驱使下，将会有较多的水流向工业，那么随着时间推移，农业和养殖业也会提高用水效率，同时工业用水需求也会减弱，交易会有减少的趋势，根据农业灌溉和养殖业实际用水量，设置了灌溉用水交易量和养殖业用水交易量的表函数（见表 16-11）。中间地区水资源供需矛盾突出，养殖业用水量较少，同时用水效率也较高，因此仅设置农业灌溉用水流向工业用水。由于考虑到保障农业粮食安全等现实问题，从用水效益出发，水权交易呈现逐渐减少，并最终稳定不再交易，因此初始年份、第 5 年和第 10 年数值分别设为 0.5 亿立方米、0.2 亿立方米和 0；多水地区水资源丰富，经济发达，市场基础较好，可以很快形成较好的水权市场，从而将会不断发生水权交易情况，在一定交易量上保持稳定，同时根据实际用水情况，灌溉用水交易量的初始年份、第 5 年和第 10 年数值分别为 10 亿立方米、5 亿立方米、5 亿立方米，养殖业用水交易量分别为 1 亿立方米、2 亿立方米、3 亿立方米（见表 16-12）。

表 16-11　初始年份各地区行业用水及用水效率

行业指标		少水地区	中间地区	多水地区
农业	用水量（亿立方米）	140	11	100
	用水效率（元/立方米）	31.4	72	12

① 孙静、阮本清、张春玲：《新安江流域上游地区水资源价值计算与分析》，《中国水利水电科学研究院学报》2007 年第 2 期。

续表

行业指标		少水地区	中间地区	多水地区
养殖业	用水量（亿立方米）	5	0.56	14.4
	用水效率（元/立方米）	40	100	44.4
工业	用水效率（元/立方米）	161	122	214

表 16-12　三类地区水权交易制度模型的方案设置

	少水地区			中间地区			多水地区		
	初始年	5 年	10 年	初始年	5 年	10 年	初始年	5 年	10 年
单方水权价格（元/立方米）	0.76	1	2	0.76	1	2	0.76	1	2
灌溉用水交易量（亿立方米）	10	5	1	0.5	0.2	0	10	5	5
养殖业用水交易量（亿立方米）	1	0.2	0.1	0	0	0	1	2	3

四、水生态保护补偿制度

生态补偿概念与生态服务付费概念在本质上是一致的，即运用经济手段，达到激励人们对生态系统服务进行维护和保育，解决由于市场机制失灵造成的生态效益外部性。① 这一概念在内涵上可以分为两个层面：一是自然属性，以自然中心主义为理念，强调生态系统对外界压力的缓冲和适应能力，以及人类对生态系统服务的购买和补偿；二是社会属性，强调的是人与人之间的补偿，其目的是通过补偿消除外部性，鼓励参与者提供更多的生态系统服务。② 现实中实施的生态补偿大部分是基于其社会属性，通过政府财政转移、企业或单位支付途径来对环境保护地区的人们进行经

---

① Cuperus R., Canters K. J., Piepers A. A., "Ecological Compensation of the Impacts of a Road: Preliminary Method for the A 50 Road Link", *Ecological Engineering*, No. 7, 1996. 李文华、刘某承：《关于中国生态补偿机制建设的几点思考》，《资源科学》2010 年第 5 期。

② 赖力、黄贤金、刘伟良：《生态补偿理论、方法研究进展》，《生态学报》2008 年第 6 期。徐中民、钟方雷、赵雪雁：《生态补偿研究进展综述》，《财会研究》2008 年第 23 期。

济补偿。我国的水生态补偿基本都是以政府支出为主，针对水源地或江河源头地区进行经济补偿。

（一）制度变量分析

本模型中将水生态补偿制度理解为“得到清洁水源地区支付给牺牲自我经济利益而保护水源清洁的人们”，它在内涵上属于社会属性，是地区与地区之间的补偿，其目的是通过补偿鼓励被补偿地区更好地保护水生态环境，提供更多的水生态系统服务。当对某个地区实施生态补偿制度时，意味着这个地区减少生产规模，从而进行水生态环境保护，而与此同时会得到相应的经济补偿，这些经济补偿一般会有相应的比例进行污染治理的投资，其余部分可以作为其他社会福利，进而提升整个地区的发展水平。本模型通过改变行业产值增长率或规模的增长率来实现生态环境保护目的，同时从相关地区获得相应的生态补偿金额，并用于污染治理投资或民生改善项目。本模型新增的变量为减少规模、养殖业产值变化量、工业产值变量、服务业产值变化量、水生态补偿金额、地区经济补偿收入。

（二）相关方程式

在基础模型上，新增方程为：

养殖业产值变化量=－ 2×减少规模×单位规模产值

工业产值变量=−2×工业产值×工业产值增长率

服务业产值变化量=−2×服务业产值增长值

水生态补偿金额=养殖业产值变化量+工业产值变量+服务业产值变化量

污染治理投资金额=污染物总量×单位污染物去除成本

地区经济补偿收入=水生态补偿金额−污染治理投资金额

污染物总量=污染物去除量

（三）方案设置

养殖业的减少规模是根据三类地区的初始规模和初始新增规模设置的，分别是逐渐增加的趋势，也就是说养殖业规模是减少趋势，变生产性用水为生态用水，同时减少了污染排放量。工业 GDP 增长率和服务业

GDP 增长率都设为负值，数据根据初始年份增长率来设置。而地区得到的水生态保护补偿金额作为地区经济收入纳入政府财政，首先用于地区的污染治理，随着环境的逐年改善，剩余部分用来改善民生项目，实现非经济增长下的居民生活幸福水平的提高。

表 16-13 三类地区水生态保护补偿制度的方案设置

	少水地区			中间地区			多水地区		
	初始年	5 年	10 年	初始年	5 年	10 年	初始年	5 年	10 年
减少规模（万头）	10	20	30	9	10	20	30	60	90
工业 GDP 增长率（%）	-10	-10	-10	-10	-10	-10	-10	-10	-10
服务业 GDP 增长率（%）	-5	-5	-5	-10	-10	-10	-6.5	-6.5	-6.5

五、水环境损害赔偿制度

环境损害是指行为人因污染和破坏环境等行为而导致他人的人身和财产权益等遭受损害的现象。[①] 水环境损害是指行为人因污染水环境和破坏水环境致使他人财产权益、人身权益等遭受损害的现象。水环境损害赔偿是指加害人的水环境损害行为给他人造成人身、财产和环境权益的损害时，依法以自己的财产赔偿受害人损失的民事责任承担方式。环境污染损害赔偿是实现环境损害外部性内部化、保障经济主体的环境权益的重要手段之一。

（一）制度变量分析

水环境损害制度是要在地区内或地区间构建环境污染责任，通过经济手段让损害水环境一方给予被损害者一方相应补偿，以达到消除污染外部性和环境公平的目的。本模型涉及的水环境损害制度是指地区间的环境赔偿，是一个地区针对因污水流入另一个地区而导致的环境损害，而对受损害的一方进行的赔偿。模型假定模拟区上游地区会有污水进入境内，致使

① 朱莹：《我国环境损害赔偿问题研究》，吉林大学，硕士学位论文，2012 年，第 12—13 页。

模拟区利益遭到损害；上游区域根据污染水量和污染物总量进行一定金额的环境赔偿，由于环境污染对地区人的健康和生态健康的影响非常复杂，不仅仅是污染处理成本问题，因此假定环境赔偿金额是处理成本的 2 倍；模拟区会将这些赔偿金额用于环境污染治理，从而改善地区水生态环境，进而保障地区人和生态的健康。

根据以上分析，模型除基本的变量①之外，代表水环境损害制度变量如下：上游污水量（亿立方米），上游污水浓度（万吨/亿立方米），上游污水污染物含量（万吨），单位污染赔偿金额（亿元/万吨），本区域环境赔偿金额（亿元）。

（二）相关方程式

除基本方程式②外，需要新增或更新的方程式为：

上游污水污染物含量=上游污水量×上游污水浓度

本区域环境赔偿金额=单位污染赔偿金额×上游污水污染物含量

污染治理投资金额=本区域环境赔偿金额

单位污染赔偿金额=2×单位污染物去除成本

（三）模拟方案

本模型中水环境损害赔偿并非是地区内部的，而是来自地区外部的环境损害赔偿，假定有来自地区上游的污染，污染情景设置（见表 16-14）：在少水地区经济水平相对不高，在实施水环境损害赔偿制度后，上游地区因经济负担而会采取措施自行降低流向下游的排放污水量；因此方案设置为逐渐降低趋势。在中间地区水量比较短缺，用水稳定，上游污水量相对较稳定，因此设为常数。在多水地区由于水量相对丰富，经济用水量大，在制度实施初期，污水量不会一下子呈现降低趋势，而是增长幅度会减少，但随着自身污染治理的加强，在后期污水量才会减少，进而稳定在可接受的范围。而污染物浓度设为本地区期初的平均浓度水平。制度评价效果是由实施此制度前后的指标值对比刻画。

① 见附录 16-1。
② 见附录 16-2。

表 16-14 模型相关初始值和表函数以及方案的设定

	少水地区			中间地区			多水地区		
	初始值	5 年	10 年	初始值	5 年	10 年	初始值	5 年	10 年
上游污水量(亿立方米)	10	8	5	5	5	5	50	15	5
上游污染浓度	6			10			20		

第三节 两个及多个水资源有偿使用和生态补偿制度耦合模型

从五种制度的比较研究来看，水资源有偿使用制度是关键，适用普通地区；水污染权交易制度可以控制水污染，减少水污染排放或污染物总量，将外部成本内部化；水权交易制度可以让水资源进入准市场，使得市场机制发挥作用，提高水效率；水生态补偿制度是受益清洁水资源地区补偿给水源保护地区，水环境损害赔偿制度是排放污染地区赔偿给环境受损害地区，这两种制度都是具有选择性的，通常是发生在包括多个行政单位的大区域范围，在一个行政单位内很难同时发生，本章节模型构建的对象是同一个单位。因此，在两个制度耦合模型构建中，选择了两种典型的耦合制度：水资源有偿使用制度和水污染权交易制度，水资源有偿使用制度和水权交易制度。

一、水资源有偿使用制度和水污染权交易制度

根据第一节中水资源有偿使用制度和水污染权交易制度模型描述，将两者制度变量和方程式组合叠加起来。水资源有偿使用制度是用征收水费作为实现形式，水费是根据水量来征收，包括三个部分：水资源费、工程成本费、污水处理费；水污染权制度是用征收排污费作为其实现形式，排污费是根据污染物的数量来征收，水污染权交易仅涉及政府与企业之间的交易。

（一）模型变量

水资源有偿使用制度和水污染权交易制度的组合模型，是通过对用水量和污水污染物含量来征收不同的费用，利用经济手段解决地区水资源问题，模型在基本的模型变量之外（见附录 16-1），新增变量有：农村生活水费，农村生活用水价格，城镇生活水费，城镇生活用水价格，市政水费，市政用水价格，农业水费，农业水价，轻污染工业水费，轻污染工业水价，重污染工业水费，重污染工业水价，服务业水费，服务业水价，总水费，自来水公司总成本；养殖业单位排污价格、养殖业排污费、轻污染工业单位排放价格、轻污染工业排污费、重污染工业单位排放价格、重污染工业排污费、服务业单位排放价格、服务业排污费。

（二）相关方程式

除基本的方程式①外，与本模型相关的新增方程式如下：

农村生活水费=农村生活用水价格×农村生活用水量

城镇生活水费=城镇生活用水价格×城镇生活用水量

市政水费=市政用水价格×市政公用事业用水量

农业水费=农业水价×灌溉用水量

轻污染工业水费=轻污染工业水价×轻污染工业用水量

重污染工业水费=重污染工业水价×重污染工业用水量

服务业水费=服务业水价×服务业用水量

总水费=农村生活水费+城镇生活水费+市政水费+农业水费+轻污染工业水费+重污染工业水费+服务业水费

自来水公司总成本=自来水单位运营成本×自来水公司取水量

单位面积灌溉用水量=初始值×（水价/初始年份水价）$^{-0.2}$

城镇人均生活用水量=初始值×（水价/初始年份水价）$^{-0.12}$

单位面积市政用水量=初始值×（水价/初始年份水价）$^{-0.12}$

农村人均生活用水量=初始值×（水价/初始年份水价）$^{-0.12}$

① 见附录 16-2。

单位用水量=初始值×（水价/初始年份水价）$^{-0.2}$

重复利用率 1=初始值+（水价-初始年份水价）×0.1

重复利用率 2=初始值+（水价-初始年份水价）×0.1

重复利用率 3=初始值+（水价-初始年份水价）×0.1

单位面积施肥量=初始值-（水价-初始年份水价）×0.1

养殖业排污费=养殖业单位排放价格×养殖业废水污染物含量×10^{-4}

轻污染工业排污费=轻污染工业单位价格×轻污染工业废水污染物含量×10^{-4}

重污染工业排污费=重污染工业单位价格×重污染工业废水污染物含量×10^{-4}

服务业排放费=服务业单位价格×服务业废水污染物含量×10^{-4}

污染治理投资金额=养殖业排污费+重污染工业排污费+重污染工业排污费+服务业排放费+总水量-自来水公司总成本

养殖业废水污染浓度 1=初始值-（养殖业单位排放价格-初始年份价格）×0.02（吨/元）×（万吨/亿立方米）

轻污染工业废水污染浓度 2=初始值×（轻污染工业单位排放价格/初始年份价格）-0.1

重污染工业废水污染浓度 3=初始值×（重污染工业单位排放价格/初始年份价格）-0.2（少水地区）

重污染工业废水污染浓度 3=初始值×（重污染工业单位排放价格/初始年份价格）-0.5（中间地区）

重污染工业废水污染浓度 3=初始值×（重污染工业单位排放价格/初始年份价格）-1（多水地区）

服务业废水污染浓度 4=初始值-（服务业单位排放价格-初始年份价格）×0.01（吨/元）×（万吨/亿立方米）

养殖业废水排放系数=初始值-（养殖业单位排放价格-初始年份价格）×0.02

轻污染工业废水排放系数=初始值×（轻污染工业单位排放价格/初始

年份价格）$^{-0.1}$

重污染工业废水排放系数＝初始值×（重污染工业单位排放价格/初始年份价格）$^{-0.2}$（少水地区）

重污染工业废水排放系数＝初始值×（重污染工业单位排放价格/初始年份价格）$^{-0.5}$（中间地区）

重污染工业废水排放系数＝初始值×（重污染工业单位排放价格/初始年份价格）$^{-1}$（多水地区）

服务业废水排放系数＝初始值－（服务业单位排放价格－初始年份价格）×0.01

（三）方案设置

在模型变量的初始值和表函数设置时，参考第一节的水资源有偿使用制度和水污染权交易制度两模型的方案设置，总体思路是水价向着更能体现水资源价值的方向发展，而排污费则是向着更能体现水污染权稀缺程度方向发展；具体数据见表16-15。

表16-15　水资源有偿使用和水污染权交易耦合制度模型变量的初始值和表函数

模型变量	少水地区			中间地区			多水地区		
	初始年份	5年	10年	初始年份	5年	10年	初始年份	5年	10年
农村生活用水价格（元/立方米）	1.5	1.55	4.3	1.6	1.75	4.3	1.5	2	3.8
城镇生活用水价格（元/立方米）	1.5	1.63	4.7	2.2	1.83	4.7	1.5	4	8.5
市政用水价格（元/立方米）	1.5	3.7	5	3	3.7	5.5	1.5	6.65	9.5
养殖业水价格（元/立方米）	1.5	4	7.5	3	4	8.5	1.5	6.65	13
农业水价（元/立方米）	0.4	0.58	3	0.5	0.58	3	0.5	2	5

续表

模型变量	少水地区			中间地区			多水地区		
	初始年份	5年	10年	初始年份	5年	10年	初始年份	5年	10年
轻污染工业水价（元/立方米）	1.5	3.73	4	3	3.73	5	1.5	6.65	9.5
重污染工业水价（元/立方米）	1.5	3.73	8.5	3	3.73	9.5	1.5	6.65	14
服务业水价（元/立方米）	1.5	4	6.5	3	4	7.5	1.5	6.65	12
自来水单位运营成本（元/立方米）	3	3	3	3.5	5	5	2.5	5	5
养殖业单位排放价格（元/千克）	0	7	8	0	7	8	0	7	8
轻污染工业单位排放价格（元/千克）	7	7.5	8	7	7.5	8	7	7.5	8
重污染工业单位排放价格（元/千克）	7	8	14	7	8	14	7	8	14
服务业单位排放价格（元/千克）	0	7	8	0	7	8	0	7	8

二、水资源有偿使用制度和水权交易制度

根据第一节中水资源有偿使用制度和水权交易制度模型描述，将两者制度变量和方程式组合叠加起来。水资源有偿使用制度是用征收水费作为实现形式，水费是根据水量来征收，包括三个部分：水资源费、工程成本费、污水处理费。水权交易制度分为两个部分：第一是通过对生产用水征收水权许可费，从而模拟水权初始价格；第二是通过生产用水在不同行业间交易，从而模拟水权交易，分别用水权许可费和用水量交易量来模拟。在现实当中我国居民用水、市政公用事业用水具有保障性质；同时，服务

业用水零散，供水管网往往和生活及市政很难分开，且很难纳入交易系统。因此，本模型主要模拟基本水权许可取得和生产性行业之间（即灌溉农业、养殖业和工业之间）的水权交易。

（一）模型变量

水资源有偿使用制度和水权交易制度的组合模型，是通过对用水量征收不同的费用，模拟水量交易过程，利用经济手段解决地区水资源问题，模型在基本的模型变量之外（见本章附录），新增变量如下：农村生活水费，农村生活用水价格，城镇生活水费，城镇生活用水价格，市政水费，市政用水价格，农业水费，农业水价，轻污染工业水费，轻污染工业水价，重污染工业水费，重污染工业水价，服务业水费，服务业水价，总水费，自来水公司总成本；单方水权价格、水权许可费、灌溉用水交易量、灌溉面积变化量、养殖业用水交易量、养殖业规模变化量、工业用水交易量、单位工业用水 GDP、工业用水 GDP 变化量、工业用水 GDP 变化率。

（二）模型方程式

农村生活水费=农村生活用水价格×农村生活用水量

城镇生活水费=城镇生活用水价格×城镇生活用水量

市政水费=市政用水价格×市政公用事业用水量

农业水费=农业水价×灌溉用水量

轻污染工业水费=轻污染工业水价×轻污染工业用水量

重污染工业水费=重污染工业水价×重污染工业用水量

服务业水费=服务业水价×服务业用水量

总水费=农村生活水费+城镇生活水费+市政水费+农业水费+轻污染工业水费+重污染工业水费+服务业水费

自来水公司总成本=自来水单位运营成本×自来水公司取水量

污染治理投资金额=总水费-自来水公司总成本+水权许可费

单位面积灌溉用水量=初始值×（水价/初始年份水价）$^{-0.2}$

城镇人均生活用水量=初始值×（水价/初始年份水价）$^{-0.12}$

单位面积市政用水量=初始值×（水价/初始年份水价）$^{-0.12}$

农村人均生活用水量=初始值×（水价/初始年份水价）$^{-0.12}$

单位用水量=初始值×（水价/初始年份水价）$^{-0.2}$

重复利用率1=初始值+（水价−初始年份水价）×0.1

重复利用率2=初始值+（水价−初始年份水价）×0.1

重复利用率3=初始值+（水价−初始年份水价）×0.1

单位面积施肥量=初始值−（水价−初始年份水价）×0.1

水权许可费=单方水权价格×（农业灌溉用水量+工业用水量+养殖业用水量+服务业用水量）

灌溉面积变化量=灌溉用水交易量/单位面积灌溉用水量

减少面积=初始常数值+灌溉面积变化量

养殖业规模变化量=养殖业用水交易量/单位用水量

新增规模=初始常数值−养殖业规模变化量

工业用水交易量=灌溉用水交易量+养殖业用水交易量

单方水工业 GDP ＝工业 GDP/工业用水量

工业用水 GDP 变化量=工业用水交易量×单位方水工业 GDP

工业 GDP 增长量=工业 GDP×工业 GDP 增长率+工业用水 GDP 变化量

（三）方案设置

在模型变量的初始值和表函数设置时，参考第一节的水资源有偿使用制度和水污染权交易制度两模型的方案设置，总体思路是水价向着更能体现水资源价值的方向发展，而排污费则是向着更能体现水污染权稀缺程度方向发展；具体数据见表16−16。

表16−16 水资源有偿使用和水权交易耦合制度模型变量的初始值和表函数

模型变量	少水地区			中间地区			多水地区		
	初始年份	5年	10年	初始年份	5年	10年	初始年份	5年	10年
农村生活用水价格（元/立方米）	1.5	1.55	4.3	1.6	1.75	4.3	1.5	2	3.8

续表

模型变量	少水地区			中间地区			多水地区		
	初始年份	5年	10年	初始年份	5年	10年	初始年份	5年	10年
城镇生活用水价格（元/立方米）	1.5	1.63	4.7	2.2	1.83	4.7	1.5	4	8.5
市政用水价格（元/立方米）	1.5	3.7	5	3	3.7	5.5	1.5	6.65	9.5
养殖业水价格（元/立方米）	1.5	4	7.5	3	4	8.5	1.5	6.65	13
农业水价（元/立方米）	0.4	0.58	3	0.5	0.58	3	0.5	2	5
轻污染工业水价（元/立方米）	1.5	3.73	4	3	3.73	5	1.5	6.65	9.5
重污染工业水价（元/立方米）	1.5	3.73	8.5	3	3.73	9.5	1.5	6.65	14
服务业水价（元/立方米）	1.5	4	6.5	3	4	7.5	1.5	6.65	12
自来水单位运营成本（元/立方米）	3	3	3	3.5	5	5	2.5	5	5
单方水权价格（元/立方米）	0.76	1	2	0.76	1	2	0.76	1	2
灌溉用水交易量（亿立方米）	10	5	1	3	3	3	10	5	5
养殖业用水交易量（亿立方米）	1	0.2	0.1	0	0	0	1	2	3

三、水资源有偿使用、水污染权交易、水生态保护补偿耦合模型

从上一节的两个水资源制度模型及仿真结果来看，水资源制度耦合可

以更好地解决地区水资源问题，但在区域需要保护水源或考虑到以流域为单位的水管理时，必须耦合三个或以上的多个水资源制度。本节以这三种制度耦合为例，进行多个水制度耦合研究。

根据第一节中单一制度模型的描述，将水资源有偿使用制度、水污染权交易制度、水生态保护补偿制度这三种制度耦合，叠加三种制度的变量、方程式和方案设置。水资源有偿使用制度是用征收水费作为实现形式，水费是根据水量来征收，包括三个部分：水资源费、工程成本费、污水处理费；水污染权制度是用征收排污费作为其实现形式，排污费是根据污染物的数量来征收，水污染权交易仅涉及政府与企业之间的交易；水生态保护补偿则是通过减少污染性生产规模，减少污染排放并进行污染治理保护地区水环境，受益单位会给予相应补偿资金，为发展地区民生提供支持。

（一）模型变量

水资源有偿使用制度、水污染权交易制度和水生态保护补偿制度的耦合模型，是通过对用水量和污水污染物含量来征收不同的费用及降低生产规模接受生态补偿资金支持，从而利用经济手段解决大区域水资源问题，模型在基本的模型变量之外（见本章附录），新增变量如下：农村生活水费，农村生活用水价格，城镇生活水费，城镇生活用水价格，市政水费，市政用水价格，农业水费，农业水价，轻污染工业水费，轻污染工业水价，重污染工业水费，重污染工业水价，服务业水费，服务业水价，总水费，自来水公司总成本；养殖业单位排污权价格、养殖业排污权费、轻污染工业单位排污权价格、轻污染工业排污权费、重污染工业单位排污权价格、重污染工业排污权费、服务业单位排污权价格、服务业排污权费；减少规模、养殖业产值变化量、工业产值变量、服务业产值变化量、水生态补偿金额。

（二）相关方程式

除基本的方程式[①]外，与本模型相关的新增方程式如下：

① 见附录16-2。

农村生活水费=农村生活用水价格×农村生活用水量

城镇生活水费=城镇生活用水价格×城镇生活用水量

市政水费=市政用水价格×市政公用事业用水量

农业水费=农业水价×灌溉用水量

轻污染工业水费=轻污染工业水价×轻污染工业用水量

重污染工业水费=重污染工业水价×重污染工业用水量

服务业水费=服务业水价×服务业用水量

总水费=农村生活水费+城镇生活水费+市政水费+农业水费+轻污染工业水费+重污染工业水费+服务业水费

自来水公司总成本=自来水单位运营成本×自来水公司取水量

单位面积灌溉用水量=初始值×（水价/初始年份水价）$^{-0.2}$

城镇人均生活用水量=初始值×（水价/初始年份水价）$^{-0.12}$

单位面积市政用水量=初始值×（水价/初始年份水价）$^{-0.12}$

农村人均生活用水量=初始值×（水价/初始年份水价）$^{-0.12}$

单位用水量=初始值×（水价/初始年份水价）$^{-0.2}$

重复利用率 1=初始值+（水价-初始年份水价）×0.1

重复利用率 2=初始值+（水价-初始年份水价）×0.1

重复利用率 3=初始值+（水价-初始年份水价）×0.1

单位面积施肥量=初始值-（水价-初始年份水价）×0.1

养殖业排污权费=养殖业单位排污权价格×养殖业废水污染物含量×10^{-4}

轻污染工业排污权费=轻污染工业单位排污权价格×轻污染工业废水污染物含量×10^{-4}

重污染工业排污权费=重污染工业单位排污权价格×重污染工业废水污染物含量×10^{-4}

服务业排污权费=服务业单位排污权价格×服务业废水污染物含量×10^{-4}

污染治理投资金额=养殖业排污权费+重污染工业排污权费+重污染工

业排污权费+服务业排污权费+总水量-自来水公司总成本+水生态补偿金额

养殖业废水污染浓度 1=初始值-（养殖业单位排污权价格-初始年份价格）×0.02（吨/元）×（万吨/亿立方米）

轻污染工业废水污染浓度 2=初始值×（轻污染工业单位排污权价格/初始年份价格）$^{-0.1}$

重污染工业废水污染浓度 3=初始值×（重污染工业单位排污权价格/初始年份价格）$^{-0.2}$（少水地区）

重污染工业废水污染浓度 3=初始值×（重污染工业单位排污权价格/初始年份价格）$^{-0.5}$（中间地区）

重污染工业废水污染浓度 3=初始值×（重污染工业单位排污权价格/初始年份价格）$^{-1}$（多水地区）

服务业废水污染浓度 4=初始值-（服务业单位排污权价格-初始年份价格）×0.01（吨/元）×（万吨/亿立方米）

养殖业废水排放系数=初始值-（养殖业单位排污权价格-初始年份价格）×0.02

轻污染工业废水排放系数=初始值×（轻污染工业单位排污权价格/初始年份价格）$^{-0.1}$

重污染工业废水排放系数=初始值×（重污染工业单位排污权价格/初始年份价格）$^{-0.2}$（少水地区）

重污染工业废水排放系数=初始值×（重污染工业单位排污权价格/初始年份价格）$^{-0.5}$（中间地区）

重污染工业废水排放系数=初始值×（重污染工业单位排污权价格/初始年份价格）$^{-1}$（多水地区）

服务业废水排放系数=初始值-（服务业单位排污权价格-初始年份价格）×0.01

养殖业产值变化量=- 2×减少规模×单位规模产值

工业产值变量=-2×工业产值×工业产值增长率

服务业产值变化量=-2×服务业产值增长值

水生态补偿金额=养殖业产值变化量+工业产值变量+服务业产值变化量

（三）方案设置

在模型变量的初始值和表函数设置时，参考第一节的水资源有偿使用制度和水污染权交易制度两模型的方案设置，总体思路是水价向着更能体现水资源价值的方向发展，而排污权费则是向着更能体现水污染权稀缺程度方向发展；水生态补偿则是通过生产规模缩小而促进地区水生态保护；具体数据见表16-17。

表16-17　多制度耦合模型变量的初始值和表函数

模型变量	少水地区			中间地区			多水地区		
	初始年份	5年	10年	初始年份	5年	10年	初始年份	5年	10年
农村生活用水价格（元/立方米）	1.5	1.55	4.3	1.6	1.75	4.3	1.5	2	3.8
城镇生活用水价格（元/立方米）	1.5	1.63	4.7	2.2	1.83	4.7	1.5	4	8.5
市政用水价格（元/立方米）	1.5	3.7	5	3	3.7	5.5	1.5	6.65	9.5
养殖业水价格（元/立方米）	1.5	4	7.5	3	4	8.5	1.5	6.65	13
农业水价（元/立方米）	0.4	0.58	3	0.5	0.58	3	0.5	2	5
轻污染工业水价（元/立方米）	1.5	3.73	4	3	3.73	5	1.5	6.65	9.5
重污染工业水价（元/立方米）	1.5	3.73	8.5	3	3.73	9.5	1.5	6.65	14
服务业水价（元/立方米）	1.5	4	6.5	3	4	7.5	1.5	6.65	12

续表

模型变量	少水地区			中间地区			多水地区		
	初始年份	5年	10年	初始年份	5年	10年	初始年份	5年	10年
自来水单位运营成本（元/立方米）	3	3	3	3.5	5	5	2.5	5	5
养殖业单位排污权价格（元/千克）	0	7	8	0	7	8	0	7	8
轻污染工业单位排放污权价格（元/千克）	7	7.5	8	7	7.5	8	7	7.5	8
重污染工业单位排污权价格（元/千克）	7	8	14	7	8	14	7	8	14
服务业单位排污权价格（元/千克）	0	7	8	0	7	8	0	7	8
减少规模（万头）	10	20	30	9	10	20	30	60	90
工业 GDP 增长率(%)	-10	-10	-10	-10	-10	-10	-10	-10	-10
服务业 GDP 增长率(%)	-5	-5	-5	-10	-10	-10	-6.5	-6.5	-6.5

附录 16-1 水制度系统动力学基础模型中的变量

水资源系统：水资源总量，水资源可用量，生态环境用水量，水资源可更新量，可供水量，区域外调水量，其他来源水量，(地区) 开发系数。

人口系统：地区总人口，出生人口，死亡人口，出生率，死亡率，城镇人口，城市化率，农村人口，城镇生活用水量，城镇人均生活用水量，(城镇) 生活水平系数 1，农村生活用水量，农村人均生活用水量，(农村) 生活水平系数 2，生活用水量，生活废水排放量，生活废水排放系数，生活废水污染物含量，(生活和市政废水) 污染浓度，建成区面积，(建成区) 新增面积，市政公用事业用水量，单位面积市政用水量，市政废水排放量，市政废水排放系数，市政废水污染物含量。

经济系统：总水量，自来水公司取水量，种植业灌溉用水量，单位耕地灌溉用水量，耕地面积，种植业 GDP，单位灌溉耕地 GDP，灌溉面积，单位雨养耕地 GDP，雨养耕地面积，污染物释放量，单位面积施肥量，淋溶系数，养殖业规模，（养殖业）新增规模，（养殖业）减少规模，单位规模用水量，养殖业用水量，养殖业 GDP，单位（规模）GDP，养殖业废水排放量，养殖业废水系数，养殖业废水污染物含量，污染物浓度 0（养殖业废水污染物浓度），工业 GDP，（工业）GDP 增长率，重污染工业 GDP，重污染工业规模，轻污染工业 GDP，轻污染工业用水量，轻污染工业实际用水量，轻污染工业单位实际用水量，重复利用率 1（轻污染工业用水重复率），轻污染工业废水排放量，轻污染工业废水排放系数，轻污染工业废水污染物含量，污染浓度 2（轻污染工业废水污染浓度），重污染工业实际用水量，重污染工业单位实际用水量，重复利用率 2（重污染工业用水重复率），重污染工业用水量，重污染工业废水排放量，重污染工业废水排放系数,，重污染工业废水污染物含量，污染浓度 3（重污染工业废水污染浓度），服务业用水量，服务业 GDP，服务业 GDP 增长率，服务业实际用水量，重复利用率 3（服务业用水重复率），服务业用水量，服务业废水排放量，服务业废水排放系数，服务业废水污染物含量，污染浓度 4（服务业废水污染浓度）。

生态系统①：污水量，生态环境用水量，废水排放总量，生活废水排放量，轻污染工业废水排放量，重污染工业排放量，养殖业废水排放量，服务业废水排放量，种植业废水排放量，污染物总量，生活废水污染含量，养殖业废水污染物含量，污染物释放量，轻污染工业废水污染物含量，重污染工业废水污染物含量，服务业废水污染物含量，市政公用事业废水污染物含量，平均污染物浓度，污水量，污染物残留量，污染物积累量。

制度系统：污染物去除量，污染治理投资金额，单位治污成本。

① 生态系统中的变量有一些是和自然、人口和经济系统共用。

附录16-2 水制度系统动力学基础模型方程式

基础方程式：

水资源可用量=水资源总量-污水量+水资源可更新量

可供水量=区域外调水量+其他来源水量+水资源可用量×开发系数①

生态环境用水量=可供水量-总水量

总水量=种植业灌溉用水量+自来水公司取水量

农业灌溉用水量=单位耕地灌溉用水量×耕地面积

种植业 GDP=单位灌溉耕地 GDP×耕地面积+单位雨养耕地 GDP×雨养种植业面积

污染物释放量=单位面积施肥量×淋溶系数×（雨养面积+灌溉面积）

自来水公司取水量=生活用水量+轻污染工业用水量+重污染工业用水量 +养殖业用水量+服务业用水量+市政公用事业用水量

地区总人口= INTEG（出生人口-死亡人口，初始值）

出生人口=出生率×地区总人口

死亡人口=死亡率×地区总人口

城镇人口=地区总人口×城市化率

农村人口=地区总人口-城镇人口

城镇生活用水量=城镇人均生活用水量×城镇人口

城镇人均生活用水量=INTEG（初始值×生活水平系数 1）②

农村生活用水量=农村人均生活用水量×农村人口

农村人均生活用水量=INTEG（初始值×生活水平系数 2）

生活用水量=城镇生活用水量+农村生活用水量

生活废水排放量=生活用水量×生活废水排放系数

---

① 一定经济技术水平下能开发利用水资源量占地区水资源总量的比例。

② 生活用水量与生活水平紧密相关，本研究设定生活质量越高生活用水量越多，将生活用水量随生活水平提高而增加率定义为生活水平系数。

生活废水污染物含量=生活废水排放量×污染浓度

建成区面积=INTEG（初始值+新增面积）

市政工业事业用水量=建成区面积×单位面积市政用水量

市政废水排放量=市政公用事业用水×市政废水排放系数

市政废水污染物含量=市政废水排放量×污染物浓度

养殖业规模= INTEG（新增规模-减少规模，初始值）

养殖业用水量=单位用水量×养殖业用水量

养殖业 GDP=单位 GDP×养殖业规模

养殖业废水排放量=养殖业用水量×0.5

养殖业废水污染物含量=养殖业废水排放量×污染物浓度 0

工业 GDP= INTEG（初始值×GDP 增长率）

重污染工业 GDP= 工业 GDP×重污染工业规模

轻污染工业 GDP=工业 GDP-重污染工业 GDP

轻污染工业实际用水量= 轻污染工业单位实际用水量×轻污染工业 GDP

轻污染工业用水量=轻污染工业实际用水量×重复利用率 1

轻污染工业废水排放量=轻污染工业用水量×轻污染工业废水排放系数

轻污染工业废水污染物含量=轻污染工业废水排放量×污染浓度 3

重污染工业实际用水量=重污染工业单位实际用水量×重污染工业 GDP

重污染工业用水量=重污染工业实际用水量×重复利用率 2

重污染工业废水排放量=重污染工业用水量×0.3

重污染工业废水污染物含量=重污染工业废水排放量×污染浓度 3

服务业 GDP= INTEG（初始值×服务业 GDP 增长率）

服务业实际用水量=单位 GDP 实际用水量×服务业 GDP

服务业用水量=服务业实际用水量×重复利用率 3

服务业废水排放量=服务业用水量×服务业废水排放系数

服务业废水污染物含量=服务业废水排放量×污染浓度 4

废水排放总量=生活废水排放量+轻污染工业废水排放量+重污染工业排放量 +养殖业废水排放量+服务业废水排放量+种植业废水排放量

污染物总量=生活废水污染含量+养殖业废水污染物含量+污染物释放量+轻污染工业废水污染物含量+重污染工业废水污染物含量 +服务业废水污染物含量+市政公用事业废水污染物含量

平均污染物浓度=污染物总量/废水排放总量

污染物去除量=污染治理投资金额 /单位治污成本

污水量= 污染物残留量/平均污染物浓度

污染物积累量= INTEG（污染物总量-污染物去除量，初始年份）

第十七章 水制度耦合的生态经济效应仿真结果分析

本章根据现实典型地区特征，针对水资源有偿使用和生态补偿制度的五种制度——水资源有偿使用制度、水污染权交易制度、水权交易制度、水生态保护补偿制度、水环境损害赔偿制度，进行多种方案的水制度耦合的“虚拟”仿真，按照从单一水制度到多种水制度的顺序进行仿真结果分析，并进行生态经济效应对比分析，从而得到不同地区的最佳水制度组合，以此为政府制定水制度政策提供科学参考价值。[①]

第一节 单一水制度效应的仿真结果

一、水资源有偿使用制度

（一）指标分析

1. 地区总用水量

从图 17-1 中可以看出，水资源有偿使用制度模拟仿真结果中，三种类型区的地区总用水量趋势不同。在少水地区呈现大幅度下降趋势，总用水量从原来的 113 亿立方米减少到 57.7 亿立方米。在中间地区呈现小幅度下降趋势，虽然总体上用水量是减少了，但下降的速度较慢，幅度较小。

① 为方便表示，在结果分析的图表名称中水资源有偿使用制度、水污染权交易制度、水权交易制度、水生态保护补偿制度、水环境损害赔偿制度五种水制度分别简称为有偿制度、污染权制度、水权制度、补偿制度、赔偿制度。本章节选用三种类型地区的典型地区数据为基础，构建相对独立的地区，模拟单一和多种制度组合的水政策结果，是一种基于现实的虚拟情景仿真，模型参数是根据典型地区社会经济和水资源开发利用趋势进行设置，因而具有重要的制度参考价值。

总用水量在初始年份约为 18 亿立方米，模拟期末年份约为 16 亿立方米，总体上减少了 2 亿立方米（见图 17-1）。而在多水地区总用水量变化趋势却得到相反的结果，即是呈现逐年增加趋势。从初始年份的 155.7 亿立方米增加到 220.7 亿立方米，整个模拟期内增加了 65 亿立方米（见图 17-1）。三种类型区的水资源条件及开发利用特点不同，使得水资源有偿使用制度效果不同。

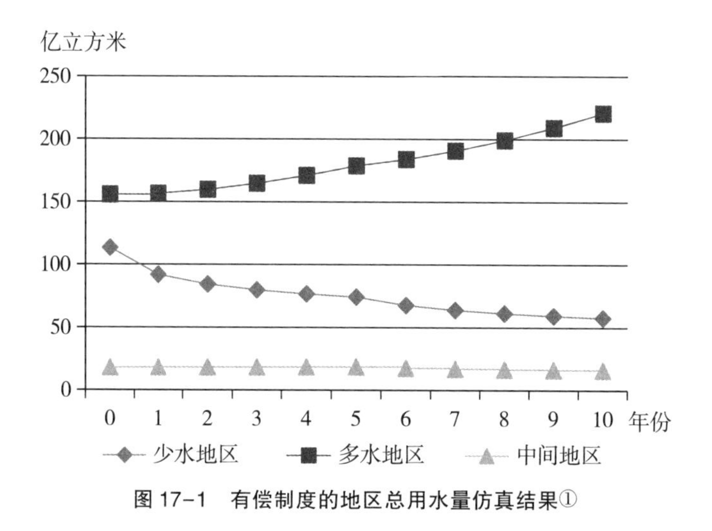

图 17-1　有偿制度的地区总用水量仿真结果①

少水地区水资源先天条件不足，数量短缺一直是此类地区面临的主要水资源问题，同时水资源开发利用除满足维持一定数量上人口的生存之外，主要以农业灌溉为主。从资源经济学角度来看，在水资源是纯公共物品时，很容易产生数量上过度地开发和利用。而当承认水资源价值并将水资源作为一种商品时，实施水资源有偿使用制度，就会在一定程度上迫使水资源使用者采取相应措施如节水技术，让水资源利用数量逐渐达到均衡点。因而在相同的收益情况下，水资源利用数量会减少。

多水地区水资源先天条件好，水资源量上比较丰富，地区经济发展条件相对优越。除维持相对密集的人口生存之外，工业用水量比重较高。经

① 0 代表初始年份，1—10 分别代表第 1 年至第 10 年（下同）。

济发展会使人口规模不断扩大，从而使用水量增加。而工业用水效益较高，实施水资源有偿使用制度，水价格上涨对其生产成本影响较小，并不能起到很好的节水动力。实施水资源有偿使用制度后，地区总水量仍会随着人口和经济规模扩大而呈现上升趋势。

中间地区水资源条件处于前两者之间，但与少水地区比较，城市化程度较高、人口密集程度较高、经济密集程度也较高，使得中间地区面临数量短缺和污染双重压力。此类地区水资源开发利用中工业用水和农业用水比例相差不大，同时生活用水也是地区水资源压力来源之一。当实施有偿使用制度之后，生活用水变化不大，农业用水效益低于工业用水，对于水价敏感程度较高，会产生用水量下降，而工业用水效应较高，反而随着经济规模扩大而增加，从而出现上述仿真结果。

地区总用水量这一指标的模拟仿真结果表明，在我国不同类型区实施水资源有偿使用制度的生态经济效应并不相同。在少水地区可以缓解当前最严重的水资源短缺问题；但在多水地区对地区总用水量的增加并没有抑制作用；而在中间地区，地区总用水量也没有得到较大幅度改善。说明了实施水资源有偿使用制度带来的节水效果对于少水地区最为明显，而没有解决其他两种类型区的主要水资源问题。

2. 地区各项用水量分析

在少水地区，主要从用水量和用水趋势两个方面进行分析。模拟仿真结果表明在少水地区生活用水数量受到水价和人口数量的直接限制。农村地区在前五年内考虑到农村生活用水保障，水价提升幅度较小，在后五年全面实施水资源有偿制度，全面征收水资源费，同时水供应进入准市场，供水成本要用户全面承担，因此节水意识加强，用水量减少。城镇生活用水价格设置也考虑到居民生活用水保障的问题，相对其他生产性用水，水资源价格增加的幅度并不是特别大。前 5 年城市化进程致使人口规模不断增加，是影响城市生活用水量的主导作用，后 5 年进入水资源有偿使用的稳定阶段，水资源价格对城镇生活用水量影响占主导地位，因此呈现减少趋势。而总体上来看，农村生活用水量处于减少趋势，城镇生活用水量处于上升趋势，这符合地区城市化进程规律，城镇人口规模不断扩大，用水量不断增加；但农村和城镇生活用水量变化规模不大，波动不大、比较稳定，这将有利于社会稳定。

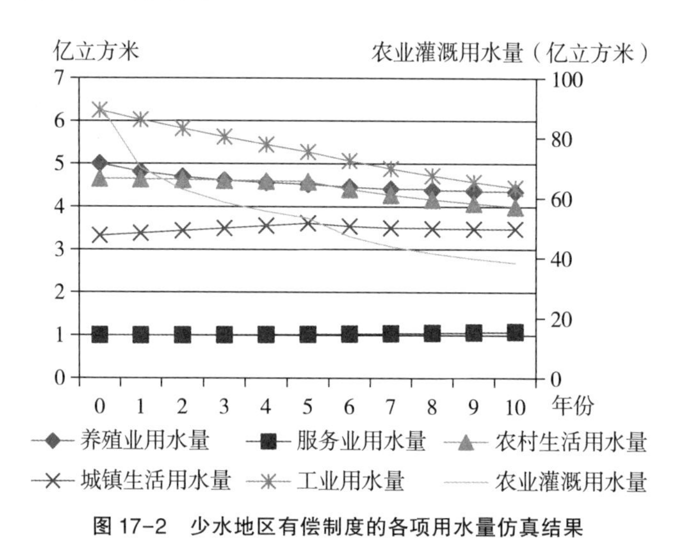

图 17-2 少水地区有偿制度的各项用水量仿真结果

模拟仿真结果表明，少水地区经济用水量变化趋势受到资源效率的影响。在少水地区经济用水从总量上看，基本以灌溉用水为主，工业、养殖业次之，服务业最少。现阶段农业灌溉用水效率较低、工业用水效率相对发达地区效率也较低，养殖业也是如此，因此在实施有偿使用制度之后，水资源的纯公共物品性转化为商品性，从而使得用水效率提高，在相同的经济发展规模下用水量减少。而服务业用水量效率较高，随着西北大开发等战略展开，在此地区服务业得到发展，服务业产值从期初 100 亿元到期末增加到 163 亿元。水资源有偿使用制度可以促使水资源流向用水效率高的产业，实现水资源的优化配置。

多水地区的制度模拟仿真结果，主要从生活用水和经济用水两方面来分析。在模拟期内，城镇生活用水量是呈现曲线式上升趋势（见图 17-3），先是呈现减少趋势，在第 3 年呈现上升趋势，在第 5 年出现下降拐点，在第 8 年又开始上升；从用水绝对值上来看，增加的量并不是特别大，从期初年份的 17.6 亿立方米到期末的 18 亿立方米，仅增加了 0.4 亿立方米，对于多水地区来说并不存在很大压力。多水地区城镇生活用水量变化趋势，是由水价和城镇化两种要素决定。最初随水价的上涨城镇生活用水量会有所减少，但快速城镇化使得人口增长，因而生活用水量又呈上升趋势。随着高水价的出现，使得人们对生活用水更加敏感，但用水量又因城镇人口规模的扩大而呈现上升趋势。水对于居民来说是一样必需品，所以弹性是有限的，在人口规模增加的情况下，总用水量仍是呈增加趋势。而农村居民生活用水量则是呈现下降趋势（见图 17-3），从 9.6 亿立方米减少到 6.6 亿立方米，一共减少了 3 亿立方米。这说明农村居民对水价具有敏感性，在水价上涨时会采取节水措施。

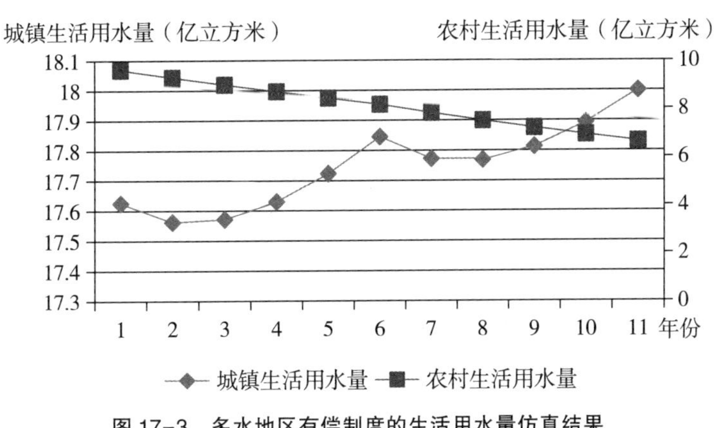

图 17-3 多水地区有偿制度的生活用水量仿真结果

在模拟期内，多水地区工业用水量和服务业用水量在整个模拟期是不断增加的，而农业灌溉用水量和养殖业用水量则是呈下降趋势（见图 17-4）。这说明水资源价格对于工业和服务业并不敏感，而对于农业灌溉和养殖业则有一定的价格敏感性。在多水地区的工业经济发展势头很好，水资源价格的提高不能抑制工业用水量。工业用水量在期初是 55 亿立方米，到期末年为 139 亿立方米，一共增加了 2.5 倍多。服务业也是本地区发展势头较高的产业，水资源价格的提高也不能抑制其用水量，服务业期初用水量是 2.71 亿立方米，而期末增加到 5.16 亿立方米，增加了近 2 倍。农业用水效率较低，对水价相对敏感，在水价提高的时候会造成灌溉用水量的减少，产生种植结构和种植类型的变化，种植结构变化主要是以耗水量少的作物代替耗水量大的作物，种植类型的变化是指从灌溉农业转向雨养农业，特别是发展自然有机农业或生态农业是今后这个地区的转化重点。而养殖业用水量减少的趋势相对较小，养殖业效益相对比农业好，同时由于生活水平的提高而需求市场较大，在高水价的情况下，相关企业会改变之前粗放式用水同时采用节水设备，致使用水量减少。以上分析表明，水资源有偿使用制度在多水地区会促使农业节水或转型、促进养殖业节水，但对于工业和服务业用水并没有起到很大节水作用。

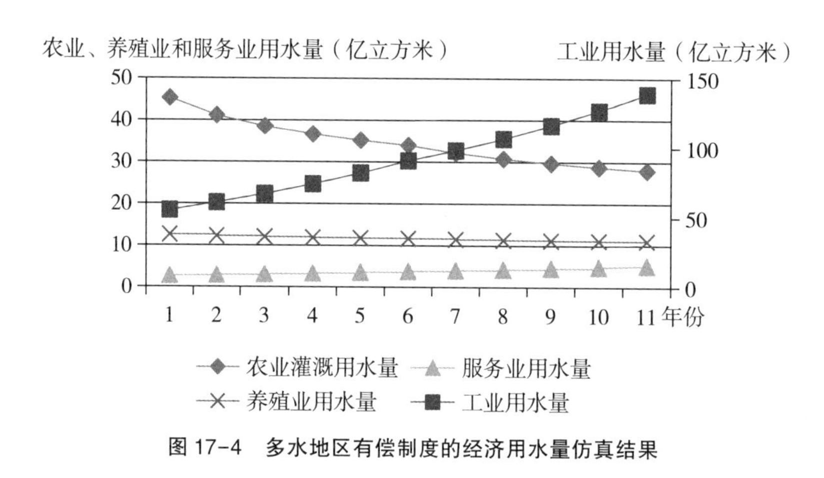

图 17-4　多水地区有偿制度的经济用水量仿真结果

在中间地区实施水资源有偿使用制度时，农村生活用水量呈现缓慢下降趋势，城镇生活用水量则是呈现先上升后下降趋势（见图 17-5）。两种生活用水量变化主要有两种因素：第一是城镇化因素，第二是价格敏感性。快速的城镇化进程使得农村居民迁入城市或就地城镇化，农村人口减少；农村居民收入相对较低，对水资源价格比较敏感，因此农村居民节水意识会因水价上涨而增强。城镇人口则处于不断增加状态，虽然随着水价格的提高，人均用水量减少，但总体用水量并没有减少。

在水资源有偿使用制度实施过程中，工业用水量和灌溉用水量是呈现相同的趋势，先缓慢减少，在第 5 年减少速度加快。工业用水量从初始年的 5 亿立方米到模拟期末年份的 3. 86 亿立方米，灌溉用水从期初年份的

6.63 亿立方米减少到 4.63 亿立方米，第 5 年仅减少了 0.09 亿立方米。在水资源价格不断上升的情况下，企业才会大规模增加循环用水投入，提高用水重复率，这也给工业企业带来巨大的成本负担，一些用水量大的小型企业将会面临破产危机。但全面征收水资源费、提高农业用水价格时，农业用水价格敏感性增加，节水效应明显增大；由于地区水量并不是很多，因此从节水数量来看，空间并不是很大，节约了 2 亿立方米。中间地区的服务业用水量是呈现逐年上升趋势（见图 17-5），从初始年份的 0.97 亿立方米到期末年份的 1.9 亿立方米，增加了近 2 倍。此地区服务业用水效率是所有行业中最高的，用水量通过准备市场配置机制流向用水效率高的行业。在严格的水资源有偿使用制度下，服务业逐渐占主导地位，和 2014 年国家颁布严格水管制制度倒逼经济转型的现实现象吻合。

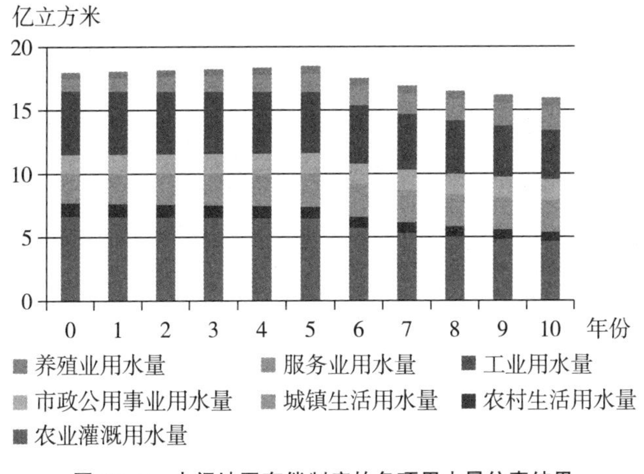

图 17-5　中间地区有偿制度的各项用水量仿真结果

3. 地区废水排放总量

图 17-6 给出了三种类型区废水排放总量指标的仿真结果，多水地区呈现上升趋势，而少水地区呈现下降趋势，中间地区则是呈现先上升后下降趋势。在多水地区，废水排放总量从初始年份的 47.1 亿立方米，期末年份增加到 71.4 亿立方米，增加了近 2 倍；污染物总量从初始年份的 950 万吨到期末年份的 2066 万吨，增加了 1116 万吨。在少水地区废水总排放量

是逐渐减少的，从初始年份的8.05亿立方米到期末年份的7.06亿立方米，减少了12.3%，中间地区废水总排放量趋势是先增加后减少，但从绝对数值上来看，是增加的。初始年份废水排放总量为6.36亿立方米，到第5年增加到6.8亿立方米，而期末年份则下降为6.43亿立方米，总体上增加了0.07亿立方米。

模拟仿真结果表明，有偿使用制度对于不同地区的水污染排放影响不同。在多水地区，有偿使用制度并不能很有效的控制污染。在少水地区则是能通过控制用水量来减少污染排放。而在中间地区可以抑制高污染单位废水排放。

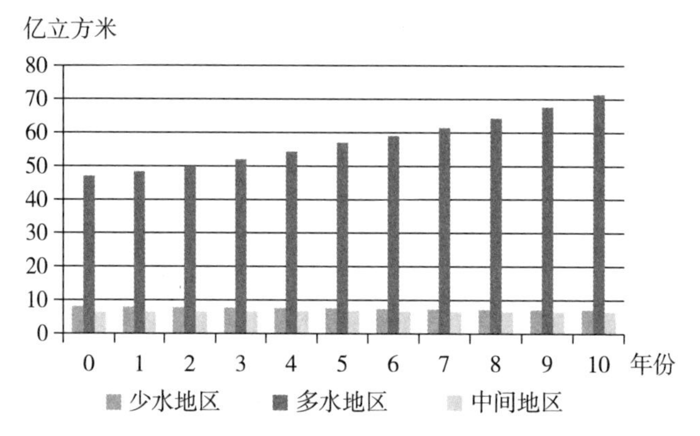

图17-6 三种类型地区有偿制度的废水排放总量仿真结果

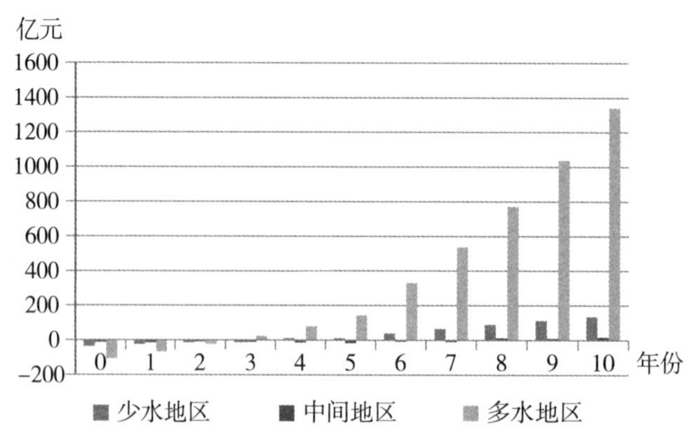

图17-7 三种类型地区有偿制度的污染治理投资仿真结果

4. 污染治理投资金额和污染物积累量

图 17-7 和图 17-8 给出了三种类型区的污染治理投资和污染物积累仿真结果。从图 17-7 可以看出，污染治理投资金额在三种类型区有一个明显的趋势，就是先是负值后变为正；但在绝对数值上相差较大。多水地区的投资金额在第 5 年之后快速上升，与其他两种类型区拉开很大距离。相对应地，污染物积累量变化趋势是从上升到下降，到最后污染物为 0；但在数量上和无污染的时间点不同（见图 17-8）。

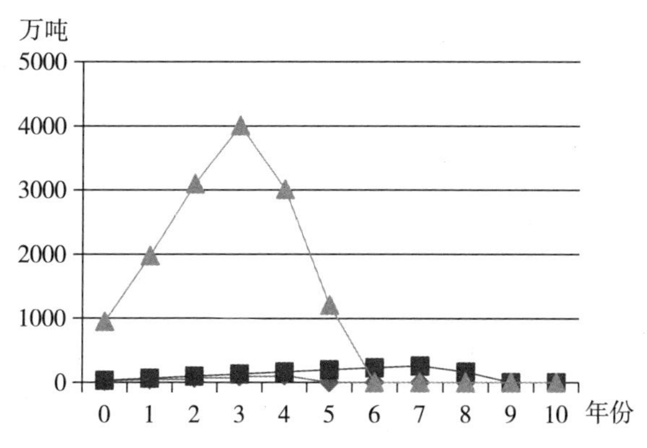

图 17-8　三种类型地区有偿制度的污染积累量仿真结果

仿真结果说明我国地区水资源有偿使用制度的实施过程是需要一段时间的，在刚开始实施到最严格的水制度，政策制定者需要给用水者一定的时间。同时说明真正实施有偿使用制度之后，并且可以保证水费财政除了供水厂商的成本之外，都用于污染治理的话，长期来看可以缓解水污染现状。但实际上这样是走向了先污染后治理再污染的循环路径，这种情况是不符合我国的发展模式，因此必须耦合其他制度才能解决地区的问题。

（二）综合分析

从不同类型区实施效果来看，在少水地区，水资源有偿使用制度主要是对于农业灌溉用水量有很大的抑制作用，整个模拟期内减少了 50%多的农业灌溉用水量。这些节约的水量将成为生态环境用水，对于地区生态环境保护和恢复具有重要意义。在多水地区，水资源有偿使用制度可以促使低效率的农业灌溉用水量减少，而工业用水量增加，从而提高了用水效率；同时污染治理投资加强了污染治理，但抑制不了用水规模的扩大和污染排放。中间地区，在严格水资源有偿使用制度下，促使采用先进技术提高效率，农业和工业用水量有所减少。从水资源有偿使用制度本身效果来看，此制度可以促使水资源流向用水效率高的产业，实现水资源的优化配置。特别是对于农业灌溉用水量有较大的影响；而对工业用水量则在不同地区影响方向不同。

从仿真结果分析单一水资源有偿使用制度的局限性。首先在少水地区期初农业经济占主导地区，如果在保持产值和灌溉规模不变的情况下，要实现有偿使用制度政策效应，必须单位面积灌溉用水量要大幅度减少和农业灌溉用水效率的大幅度提高。这就意味着政策效应背后需要节水农业的大力投资，在确保农业用水能达到国际前沿水平（比如以色列国家农业用水水平），那么政策效应才能有保障实现，否则简单地仅在水资源价格制度上改革是不能解决少水地区的问题。在多水地区水资源有偿使用制度有利于水资源流向高效率行业，有利于污染治理投入和改善供水行业的财政状况。但实际上并不能从根本上解决污染问题，容易走入先污染后治理再污染的循环路径，损害当地居民和生态环境健康；因此必须耦合其他制度才能解决地区的问题。在中间地区，实施水资源有偿使用制度对缓解水资源短缺和水污染效果并不十分明显，同时还可能增加居民生活负担；水资源开发率水平已经很高，经济发展水平决定了用水规模不会有大幅度地减少；地区需要解决的问题是如何有效合理地配置资源，而不单纯是行业用水效率；同时还存在地下水超载和地表水污染的问题，水污染也比较严重，此模型中在第 8 年污染积累量才开始下降，即在没有实施第三阶段最严格地水资源有偿制度之前，污染一直是恶化状态。因此本地区单纯使用此制度并不能解决全部的水资源问题，需要耦合其他类型制度。

二、水污染权交易制度

从图 17-9 可以看出仅实施单一的水污染权制度时，三种类型区的地区总用水量都呈现不断增加趋势。而水污染权交易制度的作用主要体现在水污染防治方面。

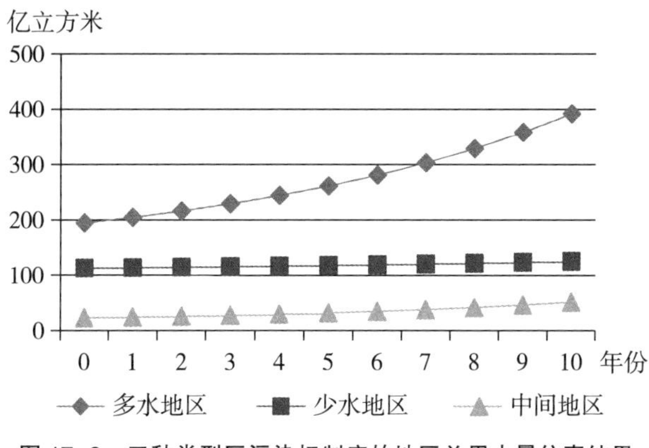

图 17-9　三种类型区污染权制度的地区总用水量仿真结果

（一）少水地区结果分析

从水污染权交易制度模拟仿真结果来看，少水地区工业废水排放量呈现波动形式，而污染物总量是减少的。从期初到第 5 年之间，工业废水排放量是增加的，而之后开始出现减少趋势，到第 9 年又出现增加趋势。期初企业重点进行污染物排放浓度的整顿，进行清洁生产和污水处理，之后才重点采用节水技术，减少废水排放。当污染物浓度达到一定排放标准时，生产规模开始扩大，用水量增加，废水排放量也会随之增加。当污染物处理成本小于污染权收费时，生产单位将会进行自行处理，进行污染成本内部化，随着污染权收费标准的提高，生产单位内部化程度也会提高。但由于允许在一定范围内排放污染，模拟又没有涉及生活污染和农业污染，所以污染物总量不会为 0。因此本模型只能对生产性单位排放污染有抑制作用，而要治理整个地区的污染问题，需要耦合其他制度。

模型假设征收的所有排污权费都用于污染治理投资。模拟结果显示，整个模拟期内污染治理投资金额是逐年增加的，从期初的 4800 万元，增加到 23900 万元，增加了 4 倍多。污染物逐年得到治理，污染物去除量也是逐年增加的，从期初的 5. 94 万吨，增加到 29. 93 万吨（见表 17-1）。同时

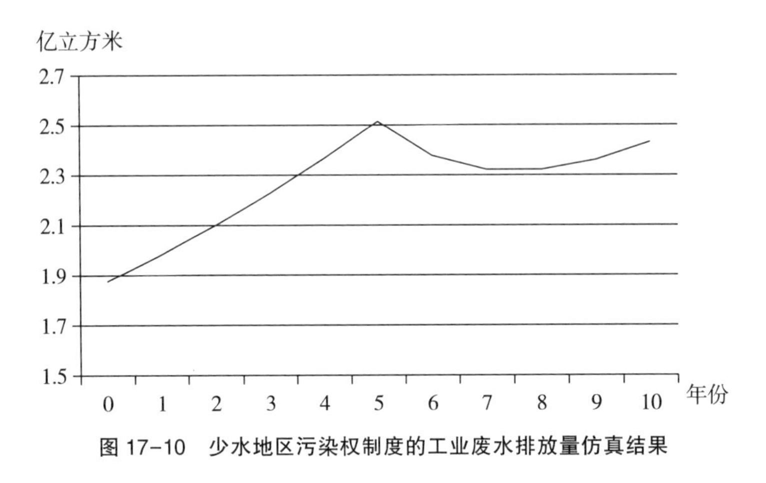

图 17-10　少水地区污染权制度的工业废水排放量仿真结果

流入自然水体的污水量也逐渐减少，到期末减少了近 5 倍。这对于地区水污染防治来讲具有积极的作用，可避免水在极端短缺背景下污染而导致的相对利用数量的减少。但是对于生活污染和农业污染，如果不进行其他财政来源治理投资的话，整个地区的污染积累量是逐渐增加的，也就是说如果仅实施针对生产用水的水污染权交易制度的话，不能根治污染问题。因此必须耦合其他制度，才能规避少水地区水在极端短缺下的污染，否则就会造成很大的水安全问题。

表 17-1　水污染权交易制度在少水地区污染治理的仿真结果

年份	污染治理投资金额（万元）	污染物去除量（万吨）	污水量（亿立方米）	污染物积累量（万吨）
初始年	0. 48	5. 94	6. 08	18. 22
第 1 年	0. 67	8. 43	5. 35	34. 22
第 2 年	0. 87	10. 85	4. 66	48. 07
第 3 年	1. 05	13. 14	3. 99	59. 84
第 4 年	1. 22	15. 30	3. 37	69. 68
第 5 年	1. 38	17. 28	2. 79	77. 75
第 6 年	1. 54	19. 31	2. 24	84. 06
第 7 年	1. 72	21. 55	1. 59	88. 46

续表

年份	污染治理投资余额（万元）	污染物去除量（万吨）	污水量（亿立方米）	污染物积累量（万吨）
第 8 年	1.92	24.04	0.86	90.78
第 9 年	2.15	26.82	0.00	90.79
第 10 年	2.39	29.93	0.00	78.77

总体来看，水污染权交易制度对于少水地区来说，既有正面作用也有不足的地方。主要正面作用是：一是增加地区污染治理投入，缓解政府财政紧张问题；二是减少地区污染，从废水排放到污染物总量都有所减少，为避免水污染问题提供了良好的制度保障。不足的地方有：一是仅实施水污染权交易制度，虽然可以控制污染总量，但是对于用水总量没有抑制作用，也就是说不能完全解决少水地区水短缺的问题；二是仅实施水污染权交易制度，不能抑制农业污染和生活及市政污染。如果要完全治理污染，需要地方政府进行大量的资金投入，这对于少水地区经济欠发达地区来说是很困难的。因此，在少水地区水污染权交易制度这一单一制度不能解决地区水资源问题，需要耦合其他制度才能起到事半功倍的作用。

（二）多水地区结果分析

模拟仿真结果显示在多水地区仅实施水污染权交易制度时，废水总排放量呈现增加趋势而污染物总量则是先增加后下降（见图 17-11 和图17-12）。水污染权交易制度仅对工业、养殖业和服务业废水起减少作用。在生活、市政等废水排放是不断增加的，导致地区废水排放呈现增加趋势。在水污染权价格控制下，污染物浓度不断减少，污染物总量会最终减少。在水污染权交易制度模拟过程中虽然工业废水排放系数和污染物浓度都在不断减少，但由于地区经济特别是工业规模允许不断扩大的话，废水排放量仍会大幅度增加；同时其他非生产性用水污染排放得不到治理，导致废水量和污染物不断增加。由此可以看出，单一的水污染权交易制度不能解决地区全部的水资源问题，必须耦合其他的财税制度，才能够缓解地区水污染压力。

在水污染权交易制度实施过程中，污染治理投资金额呈现迅速增加趋

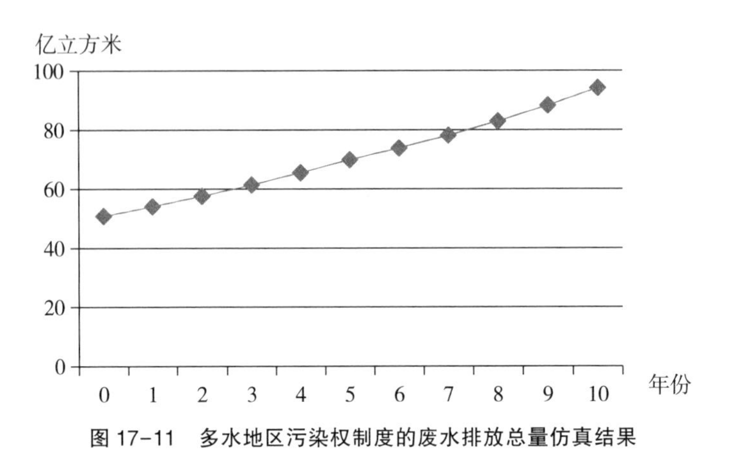

图 17-11　多水地区污染权制度的废水排放总量仿真结果

势，从 61 亿元增加到 130 亿元；污水量是不断减少的，从期初的高污染状态，到第 6 年开始为 0，即当年的污染物能够全部处理；污染积累量是先增加后减少的趋势，在第 5 年达到顶点，也就是说自第 5 年之后不再有积累量，同时开始有剩余的资金治理之前积累的污染，并且从第 10 年开始积累量为 0，即此污染物全部得到处理，同时还有一些剩余资金可以缓解治理水污染的政府财政负担，也可以有效地将污染外部成本内部化。

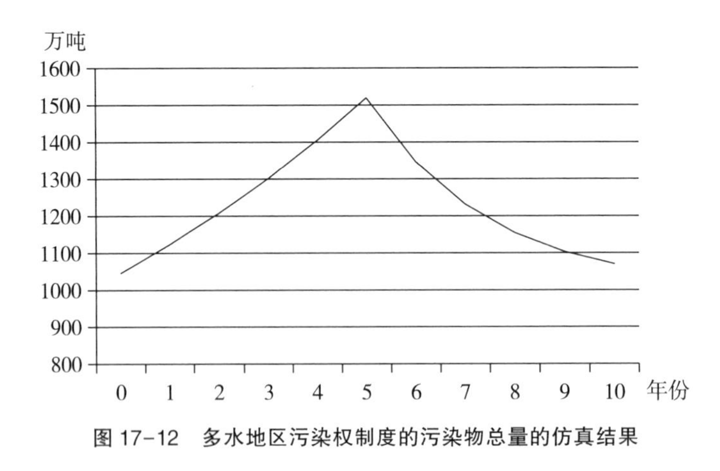

图 17-12　多水地区污染权制度的污染物总量的仿真结果

由以上分析可知，在多水地区实行水污染权交易制度，对地区污染治理和水生态环境恢复有积极的作用，并且能在一定程度上减少污染治理的社会成本，缓解政府污染治理财政紧张问题。但是此制度对地区生活用水量和农业用水量没有抑制作用，因此需要耦合其他制度比如有偿使用制度。

（三）中间地区结果分析

在中间地区，水污染权交易制度实施过程中，对丁地区废水排放总量并没有抑制作用，废水排放总量一直处于增加状态（见表 17-2），主要是工业废水排放的贡献。虽然各行业废水排放系数在水污染权交易制度实施下是不断降低的，但是由于用水量的增加幅度过大，导致废水排放总量不断增加。同时由于废水排放总量的增加幅度较大，特别是重污染工业废水排放量的增加，从而导致地区污染总量的不断增加。

模型假定所有的污染权费都将用于政府治理污染，这将使得污染外部性进行内部化。模拟仿真结果显示，污染治理投资金额随着征收标准提高而逐渐增加，从期初的 1. 83 亿元增加到 12. 4 亿元；污染物去除量从 22. 83 万吨到 155. 98 万吨，增加了 6 倍多；同时流入地区自然水体的污水量逐渐减少，并在第 6 年为 0，即能将本年度污染物全部进行污水处理；污染物积累量从增加到减少，在假设期初污染积累为 0 的情况下，至第 10 年全部进行了治理，自然水体污染物积累量为 0，即能保证水体清洁（见表 17-2）。

表 17-2　中间地区污染权制度的污染排放和治理仿真结果

年份	废水排放总量（亿立方米）	重污染工业废水污染物浓度（千克/立方米）	服务业废水污染物浓度（千克/立方米）	污染物总量（万吨）	污染治理投资金额（亿元）	污染物去除量（万吨）	排入水体中的污水量（亿立方米）	污染物积累量（万吨）
初始年	6. 87	100. 00	40. 00	35. 42	1. 83	22. 83	2. 44	12. 59
第 1 年	7. 57	98. 60	40. 00	39. 95	2. 24	28. 13	2. 26	24. 58
第 2 年	8. 37	97. 26	39. 72	45. 13	2. 73	34. 43	2. 04	35. 67
第 3 年	9. 30	95. 97	39. 16	51. 06	3. 30	41. 89	1. 78	45. 52
第 4 年	10. 38	94. 73	38. 32	57. 87	3. 98	50. 69	1. 45	53. 73
第 5 年	11. 63	93. 54	37. 20	65. 70	4. 77	61. 06	1. 07	59. 84
第 6 年	12. 70	87. 23	35. 80	67. 84	5. 62	73. 89	0. 00	56. 96
第 7 年	13. 96	82. 04	34. 36	71. 04	6. 63	89. 24	0. 00	43. 65

续表

年份	废水排放总量（亿立方米）	重污染工业废水污染物浓度（千克/立方米）	服务业废水污染物浓度（千克/立方米）	污染物总量（万吨）	污染治理投资金额（亿元）	污染物去除量（万吨）	排入水体中的污水量（亿立方米）	污染物积累量（万吨）
第8年	15.45	77.68	32.88	75.23	7.83	107.61	0.00	17.99
第9年	17.18	73.95	31.36	80.40	9.25	129.62	0.00	0.00
第10年	19.21	70.71	29.80	86.58	10.93	155.98	0.00	0.00

总体上看，水污染权交易制度的实施可以解决中间地区水体污染问题，但是不能缓解水资源短缺问题。因此，要解决地区水资源问题，需要耦合其他的水制度。

三、水权交易制度

（一）水资源利用的仿真结果分析

三种类型区用水的仿真结果分析。模拟仿真结果表明，在水权交易制度的实施下，低效率的用水行业会流向高效率的用水行业。在经济利益导向下灌溉用水一般会流向工业用水，三种类型地区的经济用水趋势都是工业用水逐渐增加，灌溉用水逐渐减少（见图17-13至图17-15）。

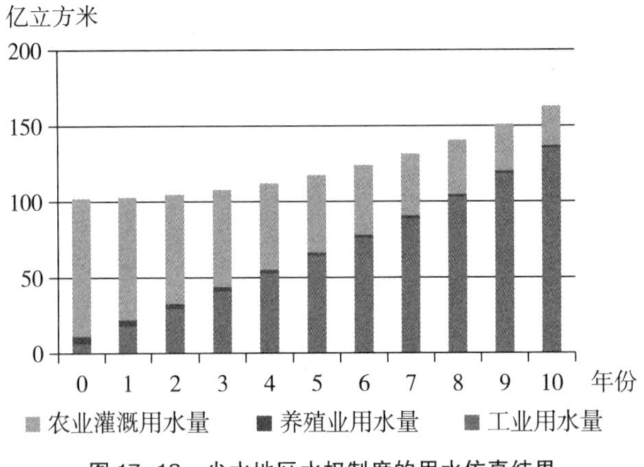

图17-13 少水地区水权制度的用水仿真结果

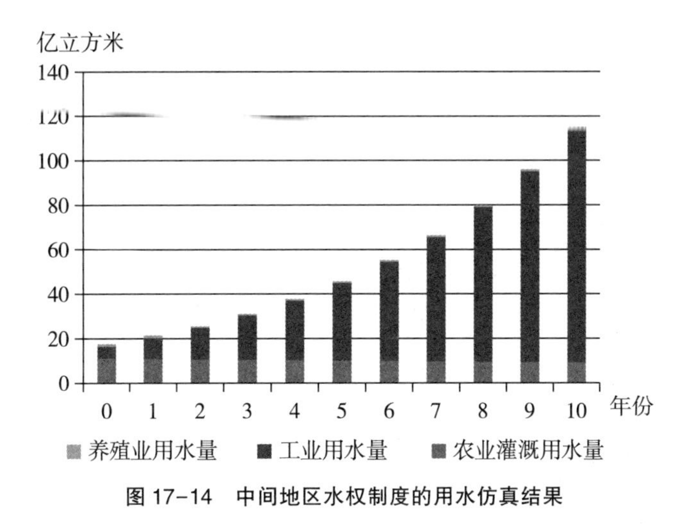

图 17-14　中间地区水权制度的用水仿真结果

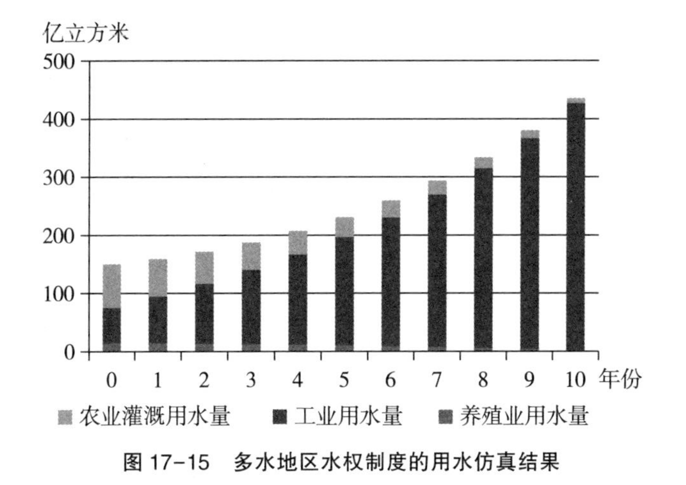

图 17-15　多水地区水权制度的用水仿真结果

在少水地区，农业灌溉用水和养殖业用水都呈现减少趋势，而工业用水量快速增加。灌溉用水从初始年份的 90 多亿立方米，减到 25 亿立方米，减少了近四分之一。养殖业用水也从期初年份的 5 亿立方米减少到 1.8 亿立方米，减少了 3.2 亿立方米。而工业用水量从期初年份的 6 亿立方米，增加到 135 亿立方米，增加了 20 多倍。在水权交易的情况下，在少水地区工业用水经济效益最大，工业用水会在经济手段的鼓励下不断攀升。少水地区经济用水量的变化趋势，特别是工业用水量，不但会使得生态用水量减少，还可能会带来水环境污染，走向“先污染，后治理”的老路，对于地区水资源具有很大的压力。也就是说，在少水地区不能实施以经济效益为导向的行业间水权交易。但是如果在行业内比如农业，实施水权（使用权）交易的话可以促进用水者的节水动力。事实上，我国西部黑河流域中游甘州区实施的水权交易即是行业内的水权交易。

在中间地区实施水权交易制度，地区经济用水整体上随着经济规模扩大而增加，同时经济用水会从低效率行业进入高经济效益行业；地区单方水产出从期初的 740 元，到期末的 1218 元，增加了近 2 倍。经济用水量增加效果更明显，其中工业用水增加趋势最大，从初始年份的 5 亿立方米增加到 105 亿立方米，增加了 21 倍；灌溉用水量则由于流向更高效率的行业而减少；服务业用水和养殖业用水呈现增加趋势，但是绝对数量较少，分别为 1.7 亿立方米和 0.4 亿立方米，对比工业用水来说是很少的。

在多水地区经济用水量总体上是增加的，但各个行业的变化规律不同。工业用水是呈现快速增加趋势，水权交易制度使得水资源使用以经济效益为导向，工业用水经济效应最大，地区工业本身就具有区位优势，在不控制用水总量的情况下，工业用水量急速上升，从初始年份的 60 亿立方米增加到 666 亿立方米，增加了 10 倍之多。灌溉用水和养殖业用水则会在水权交易制度下流向工业用水，因此呈现下降趋势；服务业用水随着其规模扩大而增加。

以上分析可知，仅通过水权交易制度完全让市场机制配置水资源在现实当中是行不通的，这会导致水资源短缺压力更大。因此必须耦合其他制度才能缓解地区水资源压力。

（二）地区污染排放和治理分析

1. 地区污染排放的仿真结果分析

从表 17-3 中可以看出，实施水权交易制度的整个模拟期内，废水排放总量和污染物排放总量都是不断增加的。在少水地区废水总排放量从期初年份的 8.1 亿立方米增加到了 45.7 亿立方米，增加了 5 倍多；污染物总量增加了 6 倍多。中间地区废水总排放量从期初年份的 6.9 亿立方米增加到 68. 3 亿立方米，增加了近 10 倍；而多水地区的废水排放总量从期初的 50. 8 亿立方米增加到 159. 3 亿立方米，增加了 3 倍；污染物总量增加。出现这种仿真结果的原因是水权交易制度让水资源进入市场，在市场机制下分配水资源到更高效率行业上去，导致用水规模不断扩大，废水排放总量也不断增加。同时由于没有污染防治制度，污水中污染物总量不断增加。

表 17-3　水权交易制度中地区污染排放仿真结果

年份	地区废水排放总量仿真结果（亿立方米）			地区污染总量仿真结果（万吨）		
	少水地区	中间地区	多水地区	少水地区	中间地区	多水地区
初始年	8. 1	6. 9	50. 8	24. 2	35. 4	1046. 2
第 1 年	11. 1	9. 4	57. 0	35. 1	55. 2	1335. 9
第 2 年	14. 3	12. 4	63. 8	46. 3	78. 7	1656. 9
第 3 年	17. 6	16. 0	71. 2	57. 9	106. 6	2014. 2
第 4 年	20. 9	20. 2	79. 5	69. 8	139. 8	2413. 1
第 5 年	24. 3	25. 2	88. 8	82. 0	179. 2	2860. 2
第 6 年	27. 8	31. 2	99. 1	94. 5	226. 0	3362. 7
第 7 年	31. 6	38. 2	111. 1	108. 4	281. 7	3943. 4
第 8 年	35. 9	46. 6	124. 9	123. 6	347. 8	4614. 2
第 9 年	40. 5	56. 5	140. 9	140. 4	426. 5	5388. 8
第 10 年	45. 7	68. 3	159. 3	158. 9	520. 0	6282. 7

2. 地区污染治理的仿真结果分析

虽然在水权交易制度实施过程中，污染物排放没有得到控制，但如果假定水权许可费用必须用于污水治理，则污染治理效果明显。同时可能还有剩余金额进行其他污染物或水资源保护工程等方面的投资。这在很大程度上缓解了地方政府治理污染的财政紧张问题。少水地区污染治理投资金额从期初年份的 78. 5 亿元增加到 197. 6 亿元，污染治理投资剩余金额从 76 亿元增加到 184 亿元，其间累积了 1311 亿元的资金。中间地区污染治理投资金额从期初年份的 14 亿元增加到 141 亿元，增加了 10 倍；污染治理投资剩余金额从 10 亿元增加到 99 亿元，其间累积了 458 个亿的资金。多水地区整个模拟期内，污染治理投资金额不断攀升，从期初年份的116亿元增加到833亿元。

模拟仿真结果显示，实施水权交易制度可以让水资源进入准市场，在市场机制下进行水资源配置，使得水资源配置到更高效率的行业，同时水权许可费可以帮助地方政府取得较多污染治理的投资，缓解地方财政紧张问题。但是如果仅单纯实施水权交易，而不配合其他制度进行用水和污染控制的话，将会出现以下问题：第一是用水总量的增加，使得地区水资源短缺的情况更加严重，威胁到地区水安全，甚至少水地区会因严重沙漠化让生态环境系统走向崩溃。第二是生态环境问题，在少水和中间地区，水资源短缺压力很大，如果仅使用经济手段配置水资源，可能会出现过度开发水资源，从而导致生态环境用水的缺失。第三是污染治理问题，仿真结果表明如果将水权许可费用来治理污染是可以消除污染，但这种“先污染，后治理”的道路并不可持续。从财政数据来看，污染可以得到处理，但是在现实当中如果出现一些投机行为，污染得不到治理的话，将会给地区带来极大的灾难。由此可见，不能实施单一的水制度，必须耦合其他制度才能全面解决地区水资源问题。

四、水生态保护补偿制度

（一）地区水资源仿真结果分析

水生态保护补偿制度模拟仿真结果中，三种类型区的地区总用水量都是逐年降低的（见图17-16）。少水地区总用水量从期初年份的114亿立方米，到期末减少到97.5亿立方米；中间类型地区总用水量从期初年份的23亿立方米，到期末减少到19亿立方米；多水类型地区总用水量从期初年份的194亿立方米，到期末减少到150亿立方米，减少了44亿立方米。这说明生态保护补偿制度可以通过经济手段让地区更有动力保护水资源，不但对于水资源受益地区有利，同时也有助于缓解本地区用水压力，可以更好地保护水生态环境。水生态补偿制度的实施让水保护地区居民得到应有的经济补偿，增加其水资源保护动力，同时减少了整个社会成本，避免发生水资源的“公共地悲剧”。

在实施水生态保护补偿制度时，地区为更好地保护水资源，从而减少污染行业用水规模，一些耗水量大、污染严重企业会被整顿、甚至关闭，因而工业用水量呈现减少趋势；养殖业中小规模养殖将会被停止，可能鼓励大规模清洁生态化养殖，或者采用贸易手段解决当地肉食供应，因而其用水量也会逐渐减少；服务业也存在相同的情况。

此制度的实施对不同类型区的意义不同，在少水地区总用水量的减少意味着地区生态环境用水量的增多，有利于整个地区生态环境修复；既减少了用水量又治理了污染，对于水资源短缺和水污染双重压力的中间地区来说，具有非常重要的意义；而在多水地区，经济发达，经济用水往往产生很强污染，经济用水量的减少将带来污染排放量的减少，更能体现水污染外部性内化。

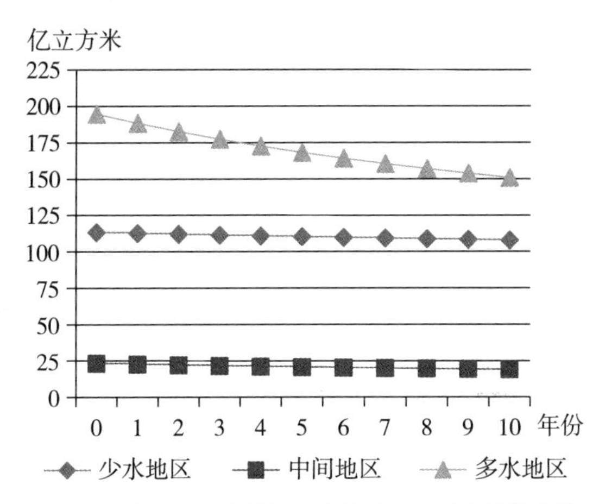

图 17-16　三种类型区生态补偿制度的地区总用水量仿真结果对比

（二）地区污水排放和治理分析

实施水生态保护补偿制度，地区在减少污染时还可以得到污染治理资金，用于环境治理，同时还有剩余资金作为地方水财政收入进行其他水生态保护项目投入或改善地区民生；这可以说此制度将污染外部化转化为生态保护的外部化，让整个社会成本降低，有利于整个大地区的生态环境和居民健康。在实施水生态保护补偿制度过程中，水污染从期初到期末一直都得到很好的治理，没有污染积累，即水生态补偿金额远大于污染治理费用。

从表 17-4 可以看出，地区废水排放总量和污染物总量都是不断减少的。在少水地区实施水生态补偿制度的模拟期内，废水总排放量呈现下降趋势，期初年份为 8.06 亿立方米，期末年份为 6.08 立方米，减少了近 2 亿立方米，减少了原来的四分之一。污染物总量也由期初年份的 24.15 万吨，减少到 16.33 万吨，减少了近三分之一；这不但使污染企业减少，同时也提高企业入驻门槛，允许更清洁地生产线进入地区，即废水排放的污染物浓度也在不断降低，从而导致污染物总量比废水总量减少趋势更明显。中间类型地区废水总排放量急速下降，从期初年份的 6.87 亿立方米，到期末年份减少至 4.28 亿立方米；污染物总量也呈现相同趋势，从期初年份的 35.42 万吨，减少到 16.01 万吨，减少了一半以上。多水地区从期初年份的近 50.83 亿立方米，到期末年份减少至 37.15 亿立方米；污染物总量也呈现相同趋势，从期初年份的 1046.24 万吨，减少到 453.93 万吨，减少了一半以上。

表 17-4　水生态保护补偿制度中地区污染排放仿真结果

年份	地区废水排放总量（亿立方米）			地区污染总量（万吨）		
	少水地区	中间地区	多水地区	少水地区	中间地区	多水地区
初始年	8.06	6.87	50.83	24.15	35.42	1046.24
第 1 年	7.84	6.48	48.94	23.31	32.48	957.46
第 2 年	7.62	6.12	47.21	22.49	29.84	877.23
第 3 年	7.42	5.80	45.61	21.70	27.45	804.65
第 4 年	7.22	5.52	44.14	20.92	25.30	738.96
第 5 年	7.03	5.26	42.78	20.15	23.36	679.43
第 6 年	6.84	5.03	41.51	19.39	21.61	625.42
第 7 年	6.65	4.82	40.33	18.63	20.02	576.36
第 8 年	6.46	4.62	39.21	17.87	18.56	531.73
第 9 年	6.27	4.44	38.15	17.11	17.23	491.06
第 10 年	6.08	4.28	37.15	16.33	16.01	453.93

水生态补偿资金是呈现逐年减少趋势（见图 17-17），这是由于地区开始保护水生态环境时，需要关停很多生产企业，经济损失较大，补偿金额也会较大，随着地区经济转型并稳定发展，本地区经济足以支撑，污染也会减少，补偿金额就会减少，与现实情况符合。

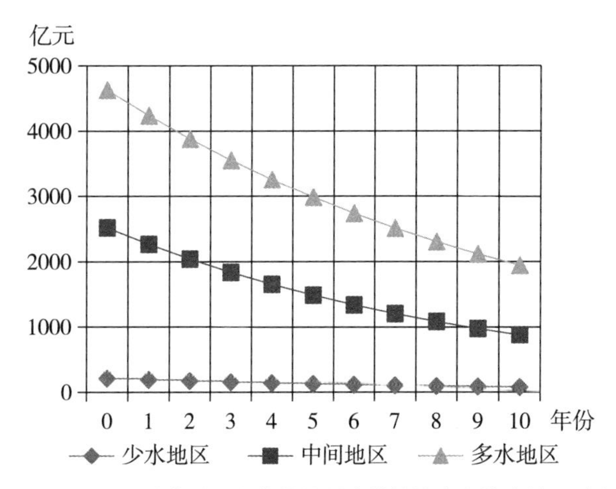

图 17-17　三种类型区生态补偿制度的补偿资金仿真结果对比

从水生态保护补偿制度模拟仿真结果分析来看，水生态补偿制度在经济发达地区实施将生态保护行为外部性进行内部化，进而减少整个社会成本，对于水短缺和生态环境保护都具有重要意义。但是这背后需要有足够发达的相邻地区作为假设，如果相邻地区经济不够发达，就不能诱使本地区减少生产进行生态保护，也就是说在实际当中并不适合所有地区，因为如果经济不够发达，根本无法实施这一制度。在一些经济欠发达地区就无法实施，而在经济发达地区，必须牺牲经济规模，在现实当中可能实施起来具有一定困难，必须做好协商，或者说大范围的水生态保护补偿措施需要更高层面上的协商和推进。因此水生态补偿制度对于不同地区来说是具有选择性的。

五、水环境损害赔偿制度

水环境损害赔偿制度关注的是污染损害外部性，主要是对地区污染的影响，因此主要分析地区污染排放和治理方面的仿真结果。

（一）少水地区仿真结果分析

模拟仿真结果显示，少水地区废水总排放量呈现增加趋势（见图 17-18），初始年份是 8 亿立方米，期末年份增加到约 12 亿立方米。而污染物总量是呈现逐年减少趋势，初始年份为 84 万吨，期末年份为 68 万吨，减少了 16 万吨。这说明地区污染物的减少主要是来自上游污水排放量减少的贡献，而水环境赔偿制度本身对于受偿地区的废水排放量没有抑制作用。在除水环境赔偿资金之外地方财政完全不投入治污的情况下，污染治理资金是逐渐减少的，污染区去除量也呈现减少趋势，但是污染去除量在绝对数量上足够大，以致污染积累量在整个模拟期内都为 0，同时污染残留量虽然在最后两年当中的资金不足以治理，但动用往年剩余资金进行完全治理是没有问题的。污染残留量的趋势意味着，政府不能单一依赖赔偿资金进行治理污染，同时要采取其他途径，或者增大治理投资，或减少污染排放，才能维持本地区的生态环境健康。这也说明单一的水环境赔偿制度对于地区具有局部性，不能全面解决地区水问题，要耦合其他制度。如果未实施水环境赔偿制度，那么污染残留量和积累量将是另一种情形（见图 17-19 和图 17-20）。污染物积累量都呈现明显增加趋势；同时，从绝对数量上看是远远大于实施制度时，在最大距离上增加了上百倍。每年污染物

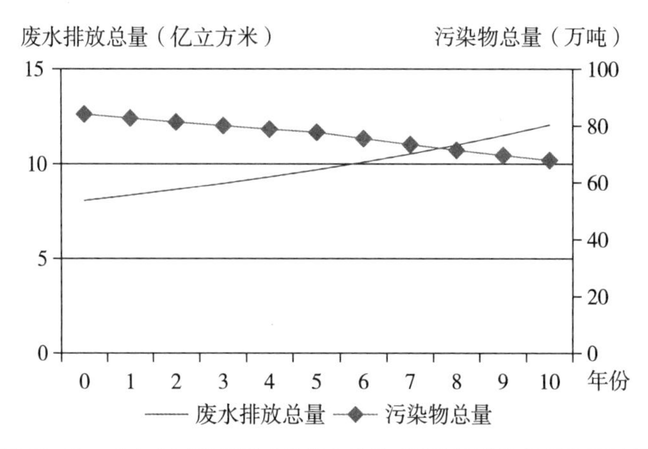

图 17-18 少水地区赔偿制度的废水排放总量和污染物总量仿真结果

残留量是呈现减少趋势，但绝对值远远大于实施制度时，即使在最短距离时也相差7—8倍。这意味着，如果不实施环境赔偿制度对于被损害地区来说，水生态环境和地区居民健康都会受到很大损失。

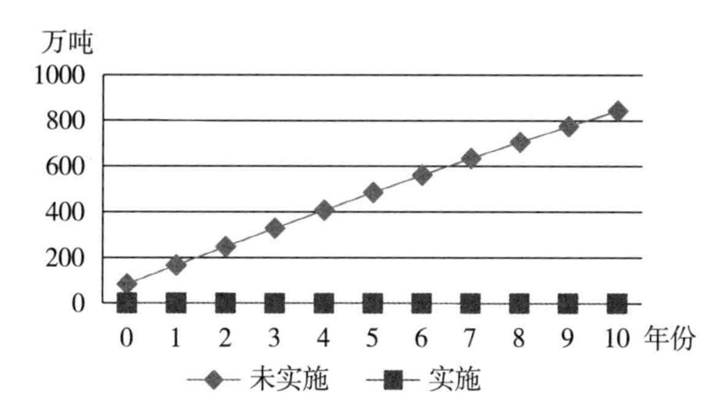

图 17-19　少水地区实施和未实施赔偿制度的污染物累积量对比

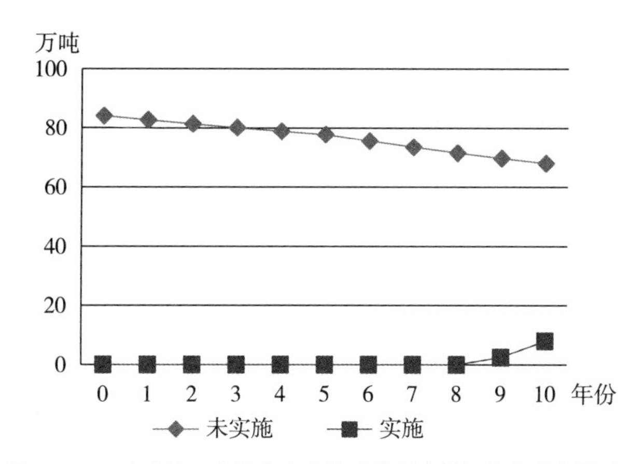

图 17-20　少水地区实施和未实施赔偿制度的污染物残留量对比

（二）中间地区仿真结果分析

在中间地区模拟实施水环境赔偿制度过程中，废水总排放量和污染物总量呈现增加趋势（见图 17-21）。这种模拟仿真结果说明，水环境赔偿制度对于受偿地区的废水排放量和污染排放量影响不大。也就意味着单一的水环境赔偿不能解决地区水污染和水资源短缺的压力。在除水环境赔偿资金之外地方财政完全不投入治污的情况下，污染治理资金是不变的，污染物去除量也保持不变；虽然每年都有污染治理，但由于地区污染物排放

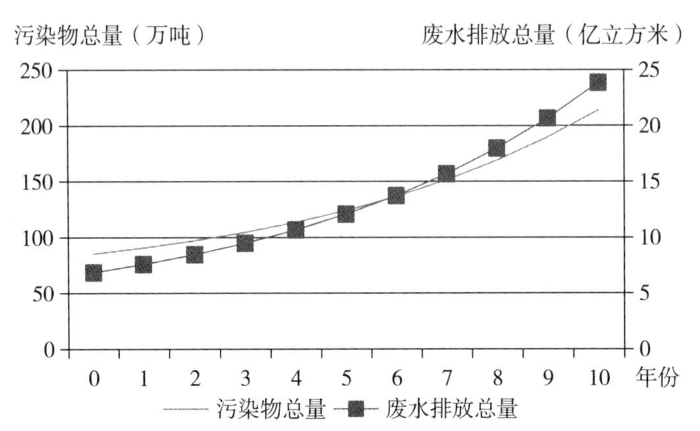

图 17-21 中间地区赔偿制度的废水排放总量和污染物总量仿真结果

不断增加，致使污染物残留量和累积量都是不断增加的。这也说明政府不能单一依赖赔偿资金进行治理污染，同时要采取其他途径，或者增大治理投资，或减少污染排放，才能维持本地区的生态环境健康。这也说明单一的水环境赔偿制度对于地区具有局部性，不能全面解决地区水问题，要耦合其他制度。如果未实施水环境赔偿制度，那么污染残留量和积累量将是另一种情形，都呈现明显增加趋势（见图 17-22），这对于地区水生态环境和地区居民健康都具有极大的威胁。

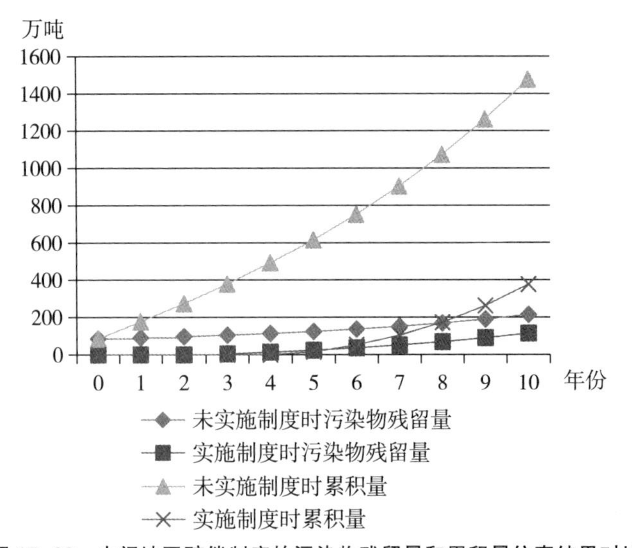

图 17-22 中间地区赔偿制度的污染物残留量和累积量仿真结果对比

（三）多水地区仿真结果分析

在废水排放方面，水环境损害赔偿制度在多水地区的模拟仿真结果，更加验证了此制度对于受偿地区污染排放影响不大这一结果。在多水地区实施水环境赔偿制度过程中，废水总排放量和污染物总量也都呈现增加趋势。废水排放总量初始年份是 50 亿立方米，期末年份增加到约 114 亿立方米，增加了 64 亿立方米；污染物总量初始年份为 1046 万吨，期末年份为 3764 万吨，增加了 2718 万吨（见图 17-23）。

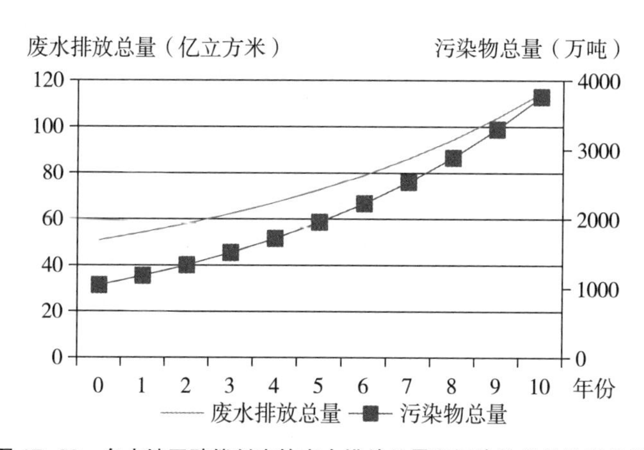

图 17-23 多水地区赔偿制度的废水排放总量和污染物总量仿真结果

在污染治理效果方面，水环境损害赔偿制度在多水地区模拟仿真结果却和其他两个类型区有所差异。无论是实施和未实施水环境损害赔偿制度，污染残留量和积累量都呈现快速增加趋势，实施水环境损害赔偿制度时污染残留量和积累量比未实施时有所减少（见图 17-24 和图 17-25），但和其他两类地区相比相差并不是很大。仿真结果表明实施水环境损害赔偿制度对于地区水环境质量具有正面作用，但地区自身污染也不能忽视。政府不能单一依赖赔偿资金进行地区治理污染，同时要采取其他途径，或者增大治理投资，或减少污染排放，才能维持本地区的生态环境健康。这也说明单一的水环境赔偿制度对于地区具有局部性，不能全面解决地区水问题，需要耦合其他制度。

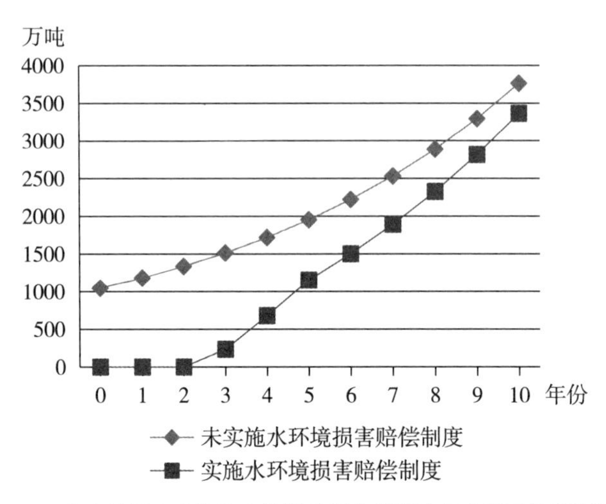

图 17-24 多水地区未实施和实施赔偿制度的污染物残留量仿真结果对比

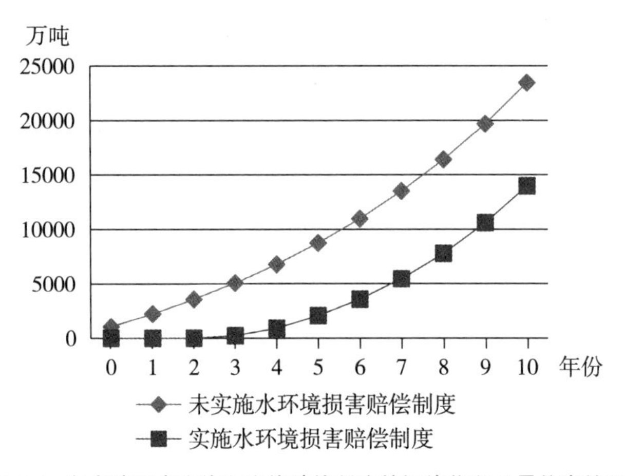

图 17-25 多水地区未实施和实施赔偿制度的污染物积累量仿真结果对比

第二节 多种水制度耦合效应的仿真结果分析

一、水资源有偿使用和水污染权交易耦合制度效应仿真

(一) 地区用水量仿真结果分析

1. 少水地区

水资源有偿使用和水污染权交易耦合制度模拟结果显示，在少水地区

总水量是呈现下降趋势，前面两年内下降比较明显，随着速度减慢，在第5年有一些波动，最后趋于稳定（见图17-26）。初始年份总用水量为113亿立方米，到了期末年份仅为53亿立方米，比单独实施水污染权交易制度减少了64亿立方米，说明两种制度耦合在一起，比单一的水污染权交易制度更能缓解地区水资源短缺的压力。

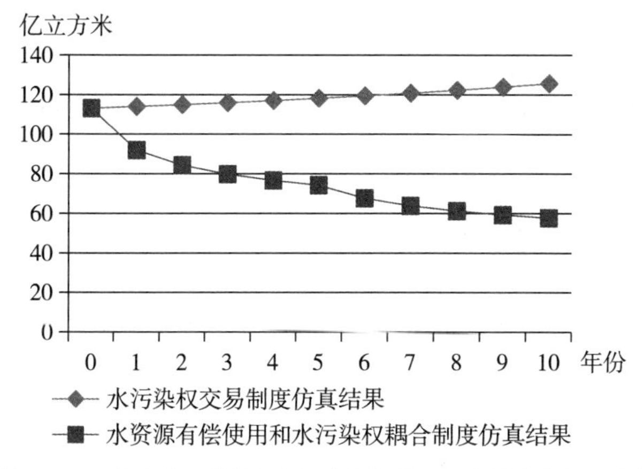

图17-26　少水地区单制度和耦合制度的总用水量仿真结果对比

水资源有偿使用制度和水污染权交易制度两种制度耦合，对当地缓解水资源短缺压力明显，在不考虑经济、地区间水污染和水保护的外部性，增加了地区生态环境用水量，减少了污染物排放，避免了水短缺下的水污染造成的生态系统崩溃局面；对于整个流域生态环境恢复都有重要作用。在少水地区水资源量的短缺是主要的水资源问题，但随着地区城镇化和工业化，水污染也不容忽视，因此需要耦合水制度才能真正意义上缓解地区水资源的压力。如果考虑地区用水的经济效率和地区间水污染和水保护的外部性，就需要分别耦合水权交易制度、水环境赔偿制度和水生态保护补偿制度，才能更好地解决地区水资源问题，使地区水资源开发利用可持续地进行。

在少水地区，此耦合制度实施过程中，生活用水和经济用水规律基本是由水资源有偿使用制度控制，和单一制度的趋势很相似，不再赘述。

2. 中间地区

在中间地区实施有偿使用和水污染权交易耦合制度，总用水量是先小有增加然后下降，总体上是减少的（见图17-27），而单一实施水污染权制度时，用水量是增加的，说明耦合制度之后对缓解地区水资源短缺的压力有重要正面意义。总用水量从初始年份的17.97亿立方米，到第5年增加到18.26亿立方米，之后开始减少，到期末减少到15.72亿立方米；这是在制度实施前面几年，很多行业还没有进行全面征收费用，到第5年开始，实施比较全面严格的征收标准，使得工业、养殖业和灌溉用水都减少，从而总量开始减少。

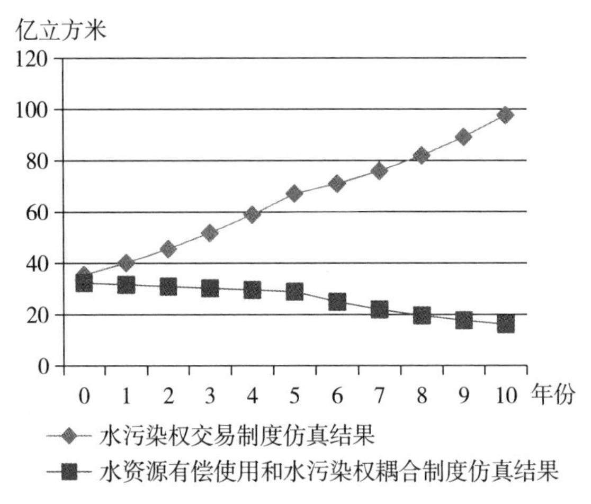

图17-27 中间地区单制度和耦合制度的总用水量仿真结果对比

3. 多水地区

在多水地区实施有偿使用和水污染权交易耦合制度的过程中，地区用水量的趋势和其他两种类型地区的情况不同，是呈现上升趋势（见图17-28），说明在多水地区对用水量并不敏感，可能还需要耦合其他水制度。总用水量的增加主要是来源于工业生产用水的贡献，工业用水量在整个模拟期内增加了近50亿立方米，是原来的2倍，在两种制度的耦合下，工业用水的敏感性并不大，说明工业用水的经济效率较大，超过征收的费用。总用水量的增加会导致生态用水量的减少，或过度开发水资源，在这种情况下，还需要配合总量控制、水权制度等来进行控制总体用水量。

在多水地区，工业用水量是逐渐增加的，说明耦合制度不能抑制地区工业用水量。地区工业依然在经济中占重要地位，工业发展的利润空间较大，如果在不进行环境管制的情况下，仅使用经济手段，地区工业用水量依然会在生产规模扩大的情况下增加。服务业用水量在模拟期内也是不断增加的，说明服务业对水费和污染权费并不是很敏感，服务业是本地区发展势头较高的产业，不但是它的利润空间比较大，也是因为它是污染较轻、在用水量上占比例也不是很大。灌溉用水和养殖业用水则是呈下降趋势，说明灌溉农业和养殖业对于水费和污染权费有一定的价格敏感性，这些传统行业是非资源节约型的，在资源稀缺的背景下，它们多半进行转型或者逐渐衰弱，进而可能有其他的新型产业代替他们。比如粗放式灌溉农业可能被雨养农业或生态有机农业而替代；养殖业则会由规模小的传统养殖发展为生态循环型或规模集约型。

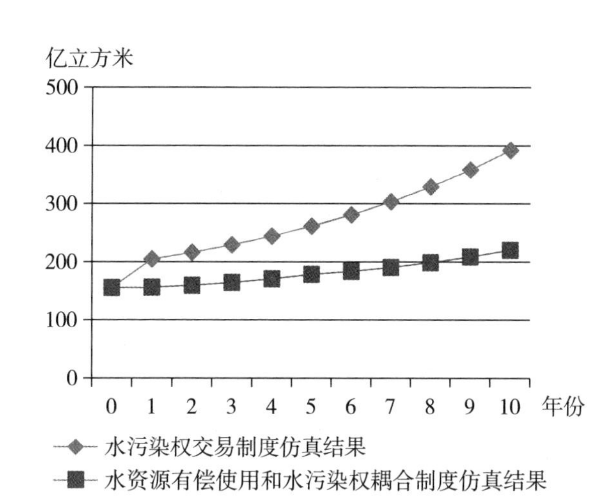

图 17-28　多水地区单制度和耦合制度的总用水量仿真结果对比

（二）地区污染排放仿真结果分析

1. 少水地区

在此耦合制度实施过程中，少水地区废水总排放量是逐渐减少的（见图 17-29），从初始年份的 8.05 亿立方米到期末年份的 6.18 亿立方米，期末年份的废水总量比单一实施水资源有偿使用制度（7.06亿立方米）和水污染权交易制度（7.99亿立方米）分别减少了8800万立方米和18100万立方米；污染物总量也呈现缓慢减少趋势，从24.1万吨减少到13.9万吨，减少了11万吨；期末年份的污染物总量比单一实施水资源有偿使用制度（19.5万吨）和水污染权交易制度（19万吨）分别减少了56000吨和49000吨（见图17-30）；说明对于地区污染排放方面，耦合制度的效应要

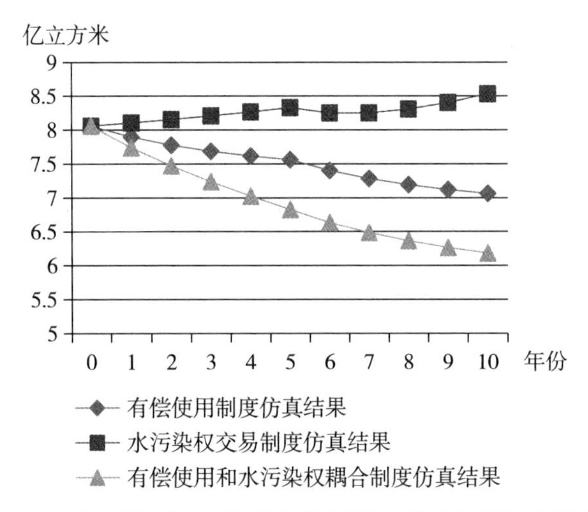

图17-29 少水地区单制度和耦合制度的废水排放总量仿真结果对比

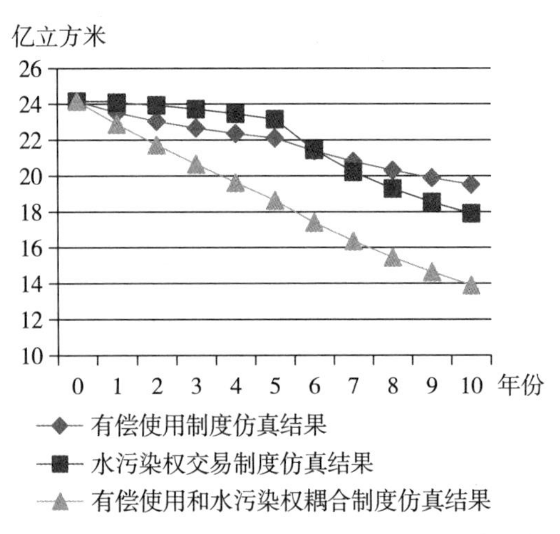

图17-30 少水地区单制度和耦合制度的污染物总量的仿真结果对比

比单一的制度效应更好。水资源有偿使用和水污染权交易耦合制度实施后，同时征收水费和污染权费，生产企业会通过节水和污染处理技术投入，既使得用水量有所控制也控制了污染排放浓度，从而减少了废水和污染物的排放。

2. 中间地区

在实施耦合制度过程中，中间地区的废水总量是呈现下降趋势，特别是在第5年之后呈现明显的下降趋势（见图17-31）。而单一实施水污染权交易制度时，废水总排放量是不断增加的，说明耦合制度对于地区减排具有重要的作用。同时污染物总量也是不断减少的，从期初年份的32万吨，减少到16万吨，减少了近一半；而单一实施有偿使用制度时，仅减少了4.35万吨（见图17-32），说明耦合制度的生态效应更好。

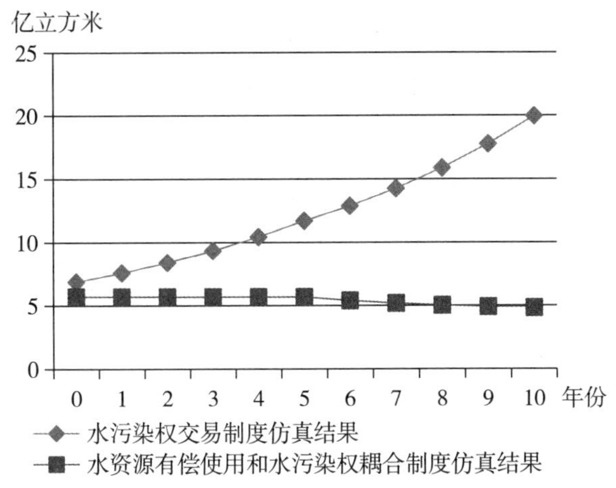

图17-31　中间地区单制度和耦合制度的废水排放总量仿真结果对比

3. 多水地区

在有水资源有偿使用和水污染权交易制度耦合下，多水地区的废水总排放量并没有减少，而是呈现增加趋势（见图17-33），说明此耦合制度并不能抑制废水排放量，主要是因为工业是废水排放主要来源，而工业用水量是增加的。也从侧面说明要控制用水量和废水总排放量可能还需要政府的环境规制或耦合总量控制下的水权交易制度。污染物总量的变化趋势

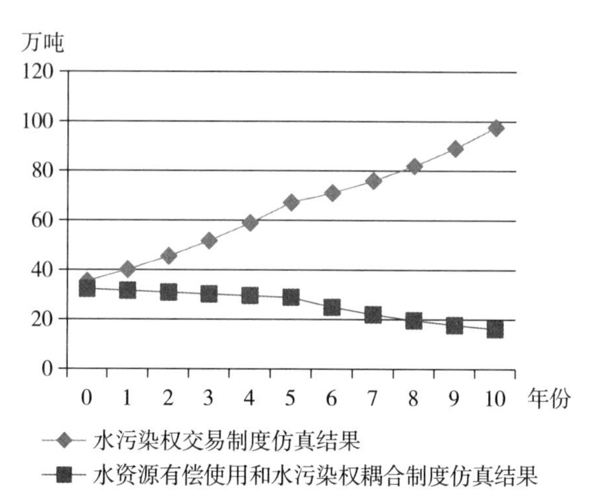

图 17-32 中间地区单制度和耦合制度的污染物总量仿真结果对比

是先上升后下降，但是数量上是减少的（见图 17-34），说明两种制度耦合对污染物排放起到了抑制作用。多水地区的污染治理投资和其他两个类型地区的情况并不相同，它在初始年份就已经是正值了，说明已经开始进行污染治理投资，同时它增加的速度非常快，从 4 亿元增加到 1486 亿元，在模拟期内增加了 300 多倍；这对于污染严重的多水地区的污染治理是具有非常重要财政意义的。但地区污染物累积量在第 3 年之前都是不断增加的，第 4 年开始下降，第 7 年才开始为 0；说明地区污染物总量比较大，如果不实施耦合制度，那么污染会非常严重，会让很多地方陷入水质性水短缺，威胁地区水安全。

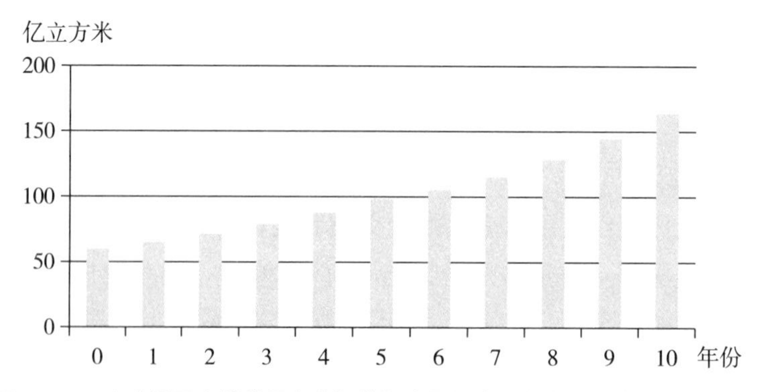

图 17-33 多水地区有偿使用和水污染权交易耦合制度废水排放总量仿真结果

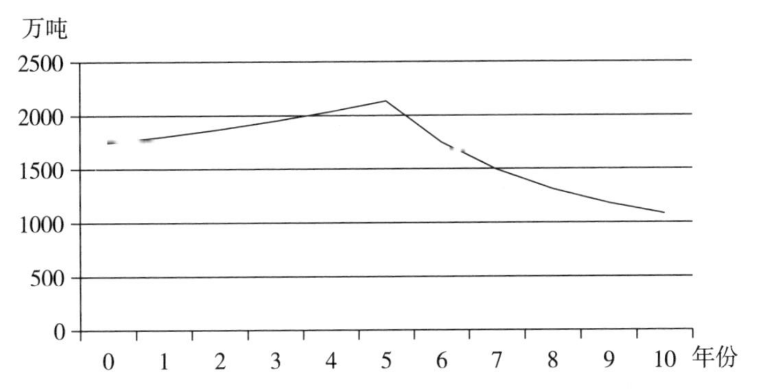

图 17-34　多水地区有偿使用和水污染权交易耦合制度污染物总量仿真结果

（三）地区污染治理仿真结果分析

1. 少水地区

在少水地区征收的所有水费和污染权费，除去基本的供水成本之外，都用于污染治理投资，整个模拟期内污染治理投资金额是逐年增加的，但从初始年到第 3 年，污染治理投资金额是负值，从第 4 年开始污染治理金额为正，到期末年份污染治理金额已经达到 136 亿元（见图 17-35）。模拟仿真结果表明，在最初的阶段，供水公司是亏损的，需要财政补贴；从第 4 年开始已经实现盈余，开始能将这些财政收入用于污染治理。污染物累积量在第三年时达到顶点，到第 5 年开始为 0。此结果表明前面几年污染治理基

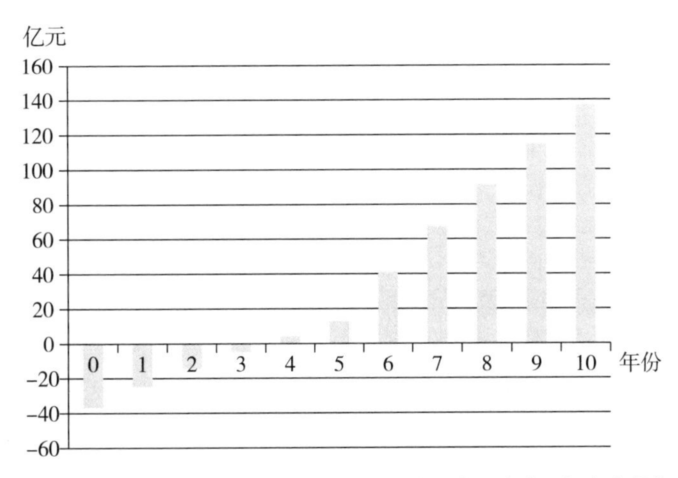

图 17-35　少水地区有偿使用和水污染权交易耦合制度污染治理投资金额仿真结果

金不足，得不到完全治理，还有污染物残留；到第 5 年之后，污染治理投资金额每年都能够治理好当年的污染，污染物不再残留。当然这是理想状态，现实中一旦污水进入自然水体，它的治理费用可能就会超过污水处理厂的治理费用，所以在现实中不能像模型中“先污染，后治理”那样的效果，必须在之前避免污染排放，或及时完全治理污染，才能达到最好的效果。

2. 中间地区

在实施耦合制度过程中，中间地区污染治理投资金额的变化趋势是先下降再上升；从期初到第 5 年是呈现下降趋势，第 5 年之后开始上升，但从初期到第 6 年一直为负值，再第 6 年开始为正，第 7 年开始出现减少趋势，第 9 年为 0。模拟仿真结果表明，前面 5 年供水成本的增加幅度比总体征收的费用更多，在假定治污财政全部从水费和污染权费中支出的话，污染根本得不到治理。从第 6 年开始有盈余投入污染治理，这意味着前面 7 年的污染治理投资需要政府从其他财政渠道支出（见图 17-36）。污染物积累量从初始年份到第 6 年一直处于积累状态，从第 7 年开始有了治理效果，第 9 年才得到全面治理。剩余资金第 9 年为 15. 76 亿元、第 10 年为 29. 67 亿元，共计 45. 43 亿元。这说明如果这些水费和污染权费都能进入水环境治理的话，可以缓解地区水污染问题。

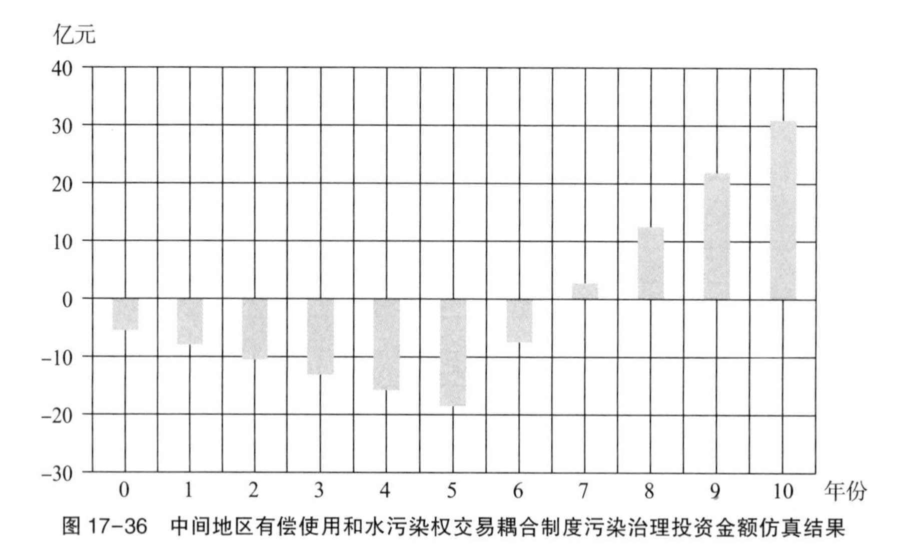

图 17-36　中间地区有偿使用和水污染权交易耦合制度污染治理投资金额仿真结果

总体上看，耦合制度发挥了两种制度的优势，既控制了用水总量，又控制了水污染，说明两种制度结合可以缓解中间地区的水资源短缺和水污染问题。但如果要提高经济效应的话，可能还要耦合其他制度。

3. 多水地区

多水地区的污染治理投资和其他两个类型地区的情况并不相同，它在初始年份就已经是正值了，说明已经开始进行污染治理投资，同时它增加的速度非常快，从4亿元增加到1486亿元，在模拟期内增加了300多倍；这对于污染严重的多水地区的污染治理是具有非常重要的财政意义的。但地区污染物累积量在第3年之前都是不断增加的，第4年开始下降，第7年才开始为0；说明地区污染物总量比较大，如果不实施耦合制度，那么污染会非常严重，会让很多地方陷入水质性水短缺。

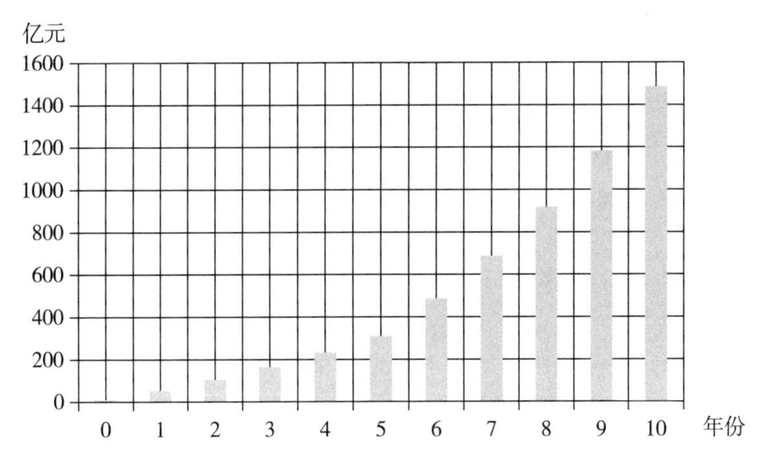

图 17-37 多水地区有偿使用和水污染权交易耦合制度污染治理投资金额仿真结果

二、水资源有偿使用和水权交易制度耦合效应仿真

（一）地区水资源利用仿真结果分析

1. 指标分析

在水资源有偿使用和水权交易耦合制度实施过程中，在三种类型地区中，节水效果最明显的是少水地区，其总用水量是呈现减少趋势，初始年份为113亿立方米，期末年份为83亿立方米，减少了30亿立方米（见图

17-38）。在多水地区，总水量是逐渐增加的，从初始年份的 155 亿立方米，到期末年份增加为 311 亿立方米，增加了 1 倍。模拟仿真结果表明此耦合制度在少水地区的效果较好，对于多水地区来说效果相对较弱。少水地区的水资源有偿使用和水权交易耦合制度使得用水量流向经济效益较高的行业，一些耗水大、污染性行业用水将会被清洁效率高的产业代替，因此在同样的经济发展水平下，总的用水量是减少的。多水地区的水资源条件较好、经济发展条件好，在经济手段和市场机制下，经济利润空间比较大，因此生产规模会不断扩大，用水量自然也会不断攀升。

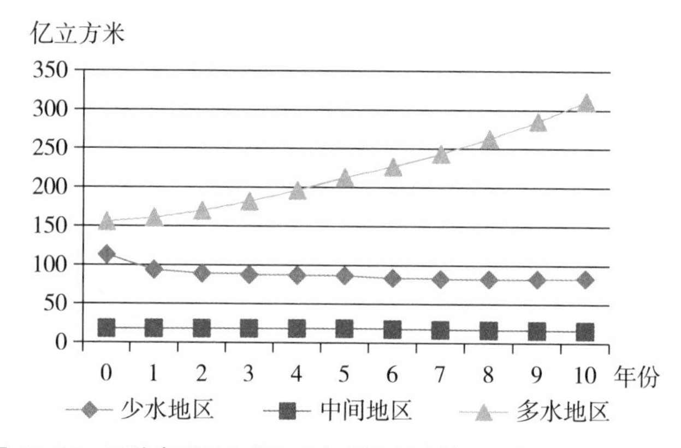

图 17-38　三种类型区有偿和水权制度耦合的总用水量仿真结果对比

在多水地区虽然总用水量是不断增加的，但是生活用水量是不断减少的，从期初年份的 27.5 亿立方米，到期末年份减少为 24.9 亿立方米，减少了 3 亿多立方米；说明在多水地区居民的节水空间较大。多水地区沿袭传统的用水习惯，用水方式一般比较粗放，在严格的水资源有偿使用和水权交易制度下，居民节水效果显著。

2. 综合分析

从有偿使用制度和水权交易制度耦合模拟仿真结果来看，不同类型地区的制度效果不同，同一地区不同类型用水的制度效果也不同。同时在一些地区，特别是工业用水占主导地位的地区，如果仅依靠经济手段并不能有效地控制水资源总量的开发和利用。水资源是准市场，需要政府进行总量的控制和价格的管制；要在政府管制下引入市场机制，即水资源的分配要一部分交给市场，一部分管制，才能达到比较好的效果。

（二）污染排放与治理分析

从图17-39至图17-40可以看出，有偿使用和水权交易耦合制度对地区污染排放并没有起到决定控制作用，在整个模拟期内，三种类型区的废水排放量和污染物总量都在增加。在中间地区，废水排放总量和污染物总量的变化趋势是波动的，呈现先增加后减少的趋势。废水排放总量从期初年份到第5年是快速增加，之后慢慢减少；初期年份为6.3亿立方米，第

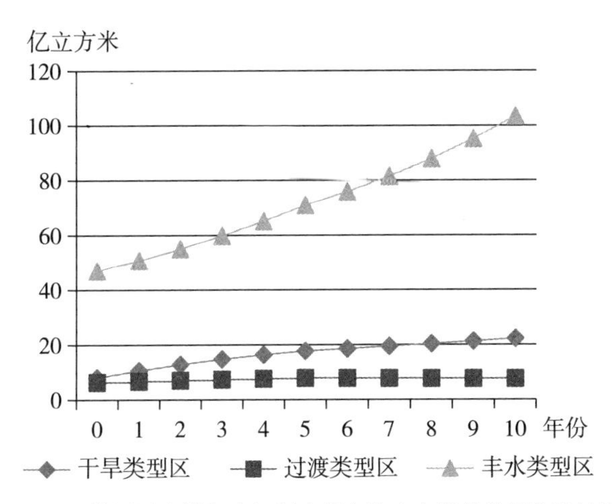

图17-39　三类型区有偿和水权制度耦合的废水排放总量仿真结果对比

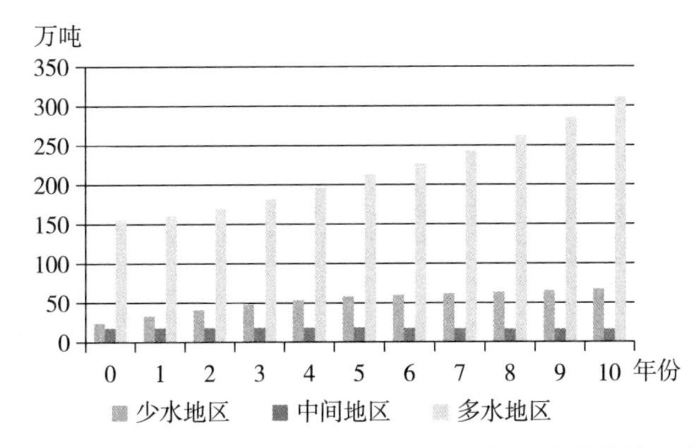

图17-40　三类型区有偿和水权制度耦合的污染物总量仿真结果对比

5 年增加到近 8 亿立方米；之后开始减少，期末年份为 7.6 亿立方米，比初始年份要多近 1.3 亿立方米；污染物总量初期年份为 32 万吨，第 5 年增加到近 42 万吨；之后开始减少，期末年份为 38 万吨，比初始年份要多近 6 万吨。而多水地区则是一直处于增加状态，废水总排放量从期初年份 50 亿立方米，到期末年份增加为 100 亿立方米，增加了 1 倍，污染物总量从期初年份 1000 万吨，到期末年份增加为仅 4000 万吨，增加了近 4 倍。

有偿使用和水权交易耦合制度下，经济用水从灌溉流向了工业，污染排放总量增加。也就是说，在少水地区如果污染得不到治理的话，水污染问题就随之而来，生态系统会走向崩溃；多水地区的水污染问题没有得到解决；而中间地区则是增加了污染和缺水的双重压力。这意味着在此耦合制度下，还不能完全地解决地区的水资源问题，可能需要在不同的地方耦合其他制度（比如排污权制度等）。

在假定所有的水费和水权许可费用都用于地区污染治理的话，那么从模拟结果来看，地区的污染治理效果还是比较明显的，从图 17-41 来看，地区污染不但得到治理，而且会有一些剩余的资金用于其他污染物的治理和其他水资源保护工程的投资，这对于缓和地方财政问题具有积极作用。

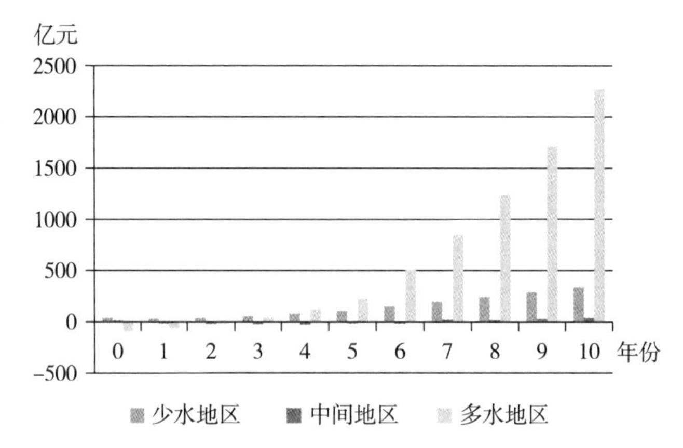

图 17-41　三种类型区有偿和水权制度耦合的污染治理投资剩余金额

三、多种水制度耦合效应的仿真结果分析

（一）少水地区的制度效应仿真结果分析

1. 用水分析

在三种制度耦合下，少水地区总用水量是呈现减少趋势（见图 17-42）。初期年份总用水量为 113 亿立方米，到期末年份为 52 亿立方米，减少近一半；说明此耦合制度对于少水地区水资源短缺压力具有较大的缓解作用。比单一实施任何一种制度的效应都好，也比实施前两种耦合制度的效应要好。

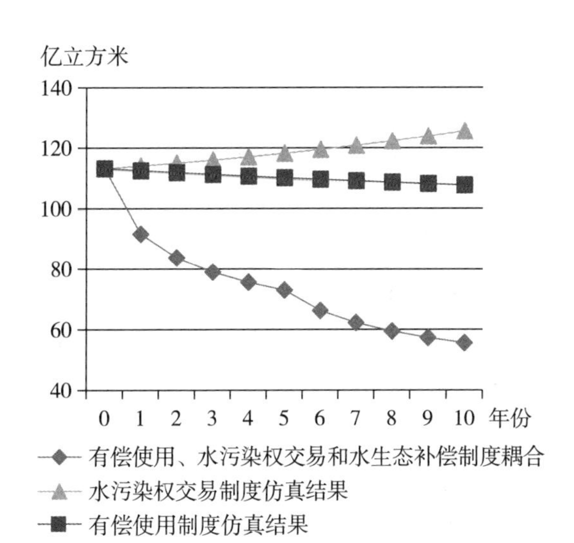

图 17-42 少水地区单制度和多制度耦合的总用水量仿真结果对比

经济用水中，工业、灌溉、养殖和服务业四类用水量都呈现逐年减少的趋势（见图 17-43）。说明在三种制度耦合下，地区水资源短缺压力可以得到较好地缓解。工业用水量从期初年份的 6.25 亿立方米，减少到期末年份的 4.5 亿立方米；灌溉用水从期初年份的 91 亿立方米，减少到期末年份的 40 多亿立方米，减少了一半多；养殖业用水量从期初的 4 亿立方米减少到期末年份的 2.75 亿立方米；服务业用水量从期初年份的 1 亿立方米，减少到期末年份的 0.46 亿立方米。灌溉用水是在高水价的压力下而减少灌溉水量，这种转变必须是在其他保障措施下才可以实施，意思是如果过高

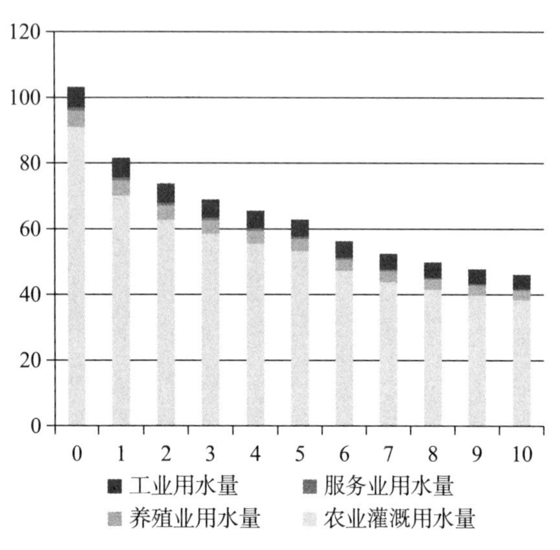

图 17-43 少水地区多制度耦合的生活用水量仿真结果

的农业水价，农业收入将会受到影响，那么必须在通过种植结构调整或财政转移等措施确保农业收入能维持正常水平，才能真正起到制度的效果。工业用水量、养殖业用水量和服务业用水量是由于保护水资源而减少生产规模产生的减少趋势，通过水生态补偿增加地方收入，从而维持地区居民的生活质量水平。

2. 污染排放与治理分析

在耦合制度下，少水地区废水总排放量是呈现出减少趋势的（见表 17-5），从期初年份的 8.06 亿立方米，到期末年份减少为 5.53 亿立方米；污染物总量也是呈现减少趋势（见表 17-5），从期初年份的 24.15 万吨，到期末年份减少为 12.2 万吨，减少了一半；说明三种制度耦合下，少水地区的污染排放减少效果明显，有利于地区减排和水生态环境的改善。

表 17-5 三种制度耦合的少水地区污染排放和治理的仿真结果

年份	废水排放总量（亿立方米）	污染物总量（万吨）	污染治理投资金额（亿元）
初始年	8.06	24.15	181.31
第 1 年	7.62	22.46	193.35

续表

年份	废水排放总量（亿立方米）	污染物总量（万吨）	污染治理投资金额（亿元）
第2年	7.26	20.99	203.77
第3年	6.95	19.67	213.28
第4年	6.68	18.47	222.13
第5年	6.44	17.36	230.47
第6年	6.19	15.99	258.43
第7年	5.98	14.84	283.93
第8年	5.81	13.85	307.85
第9年	5.66	12.97	330.60
第10年	5.53	12.20	352.46

在耦合制度下，地区污染治理投资金额增加趋势明显，期初181.31亿元，到期末增加到352.46亿元。随着污染排放减少，污染治理资金也会减少，同时水费和污染费的征收标准不断提高，因此剩余金额的增加趋势更明显。这说明在耦合制度下，地区水污染治理效果明显，同时还可以有一定的财政收入作为水环境保护投入资金。虽然现实当中治理成本要更多，交易成本也存在，这样剩余资金的数量可能没有那么多，但耦合制度下的污染治理趋势是不变的。

（二）多水地区的制度效应仿真结果分析

1. 地区水资源利用和生活用水分析

在三种制度耦合下，中间地区总用水量是呈现减少趋势的（见图17-44）。初期年份的总用水量为22.4亿立方米，到期末年份为17.6亿立方米，减少近5亿立方米；说明此耦合制度对于缓解中间地区水资源短缺压力具有较大作用。比单一实施一种制度的效应更好，也比实施前两种耦合制度的效应要好。这意味着要缓解地区水资源的压力，需要多种制度耦合，而不是单一的实施某一种制度。

中间地区生活用水量的变化趋势是先上升后减少的趋势，总体上是处于减少状态；期初年份的生活用水量为3.4亿立方米，到第5年增加到

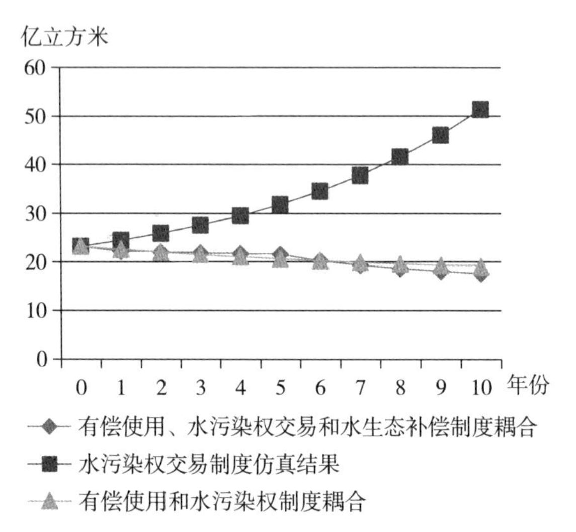

图 17-44 中间地区单制度和多制度耦合的总用水量仿真结果对比

3.6 亿立方米，随后呈现减少趋势，到期末年份减少为 3.25 亿立方米，总体上减少了 0.15 亿立方米；说明耦合制度对于生活节水起到了一定作用。期初年份随着人口规模增加，水费敏感性不强，用水是逐渐增加的，但在高水价的压力下，节水意识加强，用水量减少；但生活用水在整个过程中数量上是比较稳定的，也验证了此地区人口规模较大，用水量趋于比较稳定的状态，弹性并不是很大。

2. 经济用水分析

经济用水中，工业、灌溉、养殖和服务业四类用水都呈现逐年减少的趋势（见图 17-45）。除服务业是比较稳定减少，其他三行业都是从缓慢减少到快速减少，说明服务业对于水价、污染权费的敏感性比较稳定，而其他行业面对高水价和高排污收费标准时，可以比较快速作出节水行动。这种趋势意味着在三种制度耦合下，地区水资源短缺的压力可以得到一定缓解。工业用水量从期初年份的 5 亿立方米，减少到期末年份的 4 亿立方米；灌溉用水从期初年份的 6.6 亿立方米，减少到期末年份的 4.6 多亿立方米，减少了 2 亿立方米；养殖业用水量从期初的 4.9 亿立方米减少到期末年份的 3.9 亿立方米，减少了 1 亿立方米；服务业用水量从期初年份的

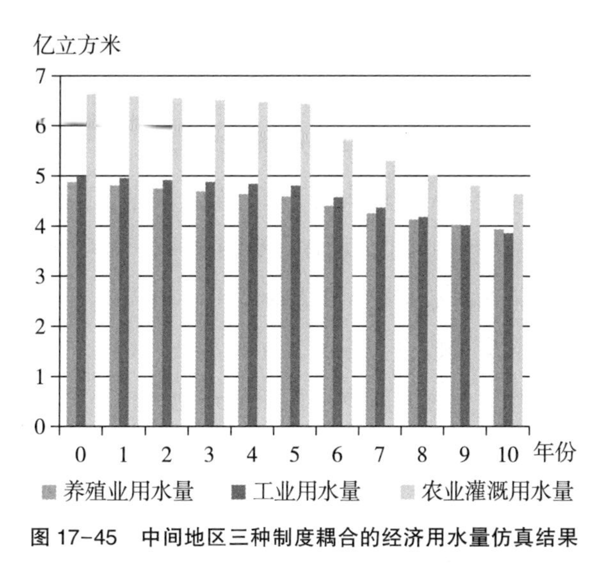

图 17-45　中间地区三种制度耦合的经济用水量仿真结果

1 亿立方米，减少到期末年份的 0.25 亿立方米。灌溉用水是在高水价的压力下，而减少灌溉水量，这种转变必须是在其他保障措施下才可以实施，意思是如果过高的农业水价，农业收入将会受到影响，那么必须在通过种植结构调整或财政转移等措施确保农业收入能维持正常水平，才能真正起到制度的效果。工业用水量、养殖业用水量和服务业用水量是由于保护水资源而减少生产规模产生的减少趋势，通过水生态补偿增加地方收入，从而维持地区居民的生活质量水平。从以上分析可以看出，在中间地区实施三种制度耦合，必须牺牲经济规模，那么在现实当中可能实施起来具有一定困难，需要做很多的工作，也就是必须做好地区之间的协商。或者说大范围的水生态保护补偿措施需要更高层面上的协商和推进，或者说并不是所有地区都适用这三种制度的耦合。

3. 污染排放与治理分析

在中间地区实施耦合制度时，废水总排放量是不断减少的，从期初年份的 7.9 亿立方米，到期末年份减少为 5.1 亿立方米（见表 17-6）；说明三种制度的耦合可以在一定程度上减少地区的废水排放，减轻污水处理负担，长期来看有利于整体水环境；这对于在水资源短缺和水污染双重压力下的中间地区来讲，具有非常重要的意义。三种制度耦合，在高水价和排污标准的要求下，地区节水将会自发形成，从而减少用水量；同时在保护生态环境的要求下，政府会关闭污染严重企业，生产企业也会进行污水纳管或自行处理，排放系数将会减少，从而减少污染。在耦合制度下，污染物总量得到大幅度减少，是呈现快速下降趋势，在期初年份41.1万吨的情形下，到期末年份减少到了18.7万吨（见表17-6），减少了1倍，说明耦合制度对于地区污染物排放有很大的控制作用。在高水价和环境保护的压力下，地区减少，污染排放也会减少，同时污染权费标准的提高，使得生产排放废水的污染物含量逐渐减少，从而导致地区污染排放减少，有利于地区减排，缓解污染压力。

在耦合制度的模拟期内，中间地区的污染治理投资是不断减少的，从期初年份的1180亿元，减少到期末年份的429亿元（见表17-6）；说明在假定水费、污染权费和水生态补偿金额都用于污染治理投资的清理，期初的征收费用较多，呈逐年减少趋势；在期初用水量较多、污染比较严重，水环境保护成本也较高，三种费用都比较多；随着节水和减排及污染治理效果的不断增加，所征收的费用逐渐减少，因此出现了以上趋势。因为在假定一种污染物的情况下，污染治理成本是比较固定的，剩余金额和投资金额变化趋势相同；虽然地方水财政收入变化趋势是减少的，但是绝对数量是可观的，随着污染治理效果不断凸显，治理成本不断下降，水财政收入不断积累，整个模拟期内累积收入8000多亿元。这对于地方环境保护财政来说是具有非常重要意义的。

（三）中间地区的制度效应仿真结果分析

1. 地区水资源利用分析

从图17-46可以看出，多水地区在有偿使用、水污染物权交易和水生态补偿制度耦合指点下，地区总用水量是呈现减少趋势，而单一的水污染权交易制度和两种制度（水资源有偿使用和水污染权交易）耦合下地区用水量都呈现增加趋势，但是两种制度耦合下的增加趋势较小。这种仿真结果说明了，多水地区实施单一的水制度很难解决地区水资源问题，需要耦合不同的水制度，才能逐渐缓解地区水资源压力。

表 17-6　不同水制度耦合的中间地区污染排放和治理的仿真结果

年份	废水排放总量（亿立方米）			污染物总量（万吨）			污染治理投资剩余金额（亿元）			污染物积累量（万吨）		
	WF2	WF12	WF124	WF1	WF12	WF124	WF2	WF12	WF124	WF2	WF12	WF124
初始年	6.9	5.7	7.9	35.4	32.4	41.1	1.8	−5.5	1180.24	12.59	32.3	0
第 1 年	7.6	5.7	7.6	40.1	31.6	39.6	2.3	−8.0	1056.9	24.58	64.0	0
第 2 年	8.4	5.7	7.3	45.5	31.0	38.0	2.8	−10.5	945.53	35.67	94.9	0
第 3 年	9.3	5.7	7.1	51.7	30.3	36.5	3.4	−13.1	844.933	45.52	125.2	0
第 4 年	10.4	5.7	6.9	58.9	29.6	35.0	4.1	−15.8	754.019	53.73	154.8	0
第 5 年	11.7	5.7	6.6	67.2	28.9	33.5	4.9	−18.6	671.811	59.84	183.8	0
第 6 年	12.9	5.4	6.2	71.0	25.0	29.0	5.9	−7.5	612.241	56.96	208.7	0
第 7 年	14.3	5.2	5.8	75.9	22.0	25.6	7.1	2.8	558.589	43.65	195.8	0
第 8 年	15.9	5.0	5.6	82.0	19.6	22.8	8.6	12.5	510.464	17.99	58.8	0
第 9 年	17.8	4.9	5.3	89.2	17.7	20.6	10.4	21.9	467.416	0	0	0
第 10 年	20.0	4.8	5.1	97.6	16.2	18.7	12.5	31.0	429.003	0	0	0

注：WF2 代表“水污染权交易制度”；WF12 代表“水资源有偿使用和水污染权交易耦合制度”；WF124 代表“水资源有偿使用、水污染权交易和水生态保护补偿耦合制度”。

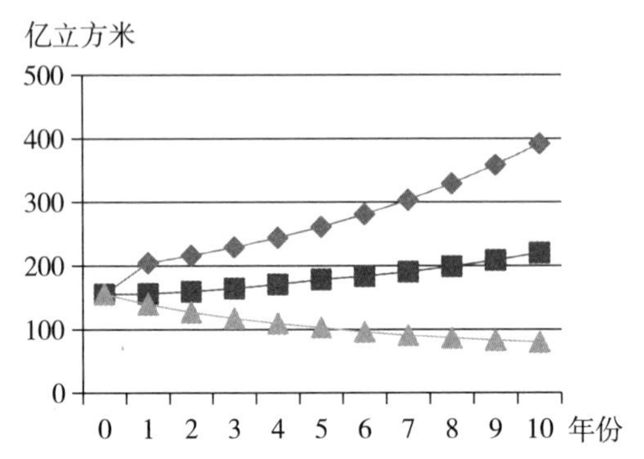

图 17-46 多水地区单制度和多制度耦合的总用水量仿真结果对比

2. 经济用水分析

经济用水中，工业、灌溉、养殖和服务业四类用水量都呈现逐年减少趋势（见图 17-47）。说明在三种制度耦合下，多水地区的生态环境用水得到极大的增加，对于水生态恢复具有重要作用和意义。工业用水量从期初年份的 55 亿立方米，减少到期末年份的 6. 7 亿立方米，减少了近 10 倍；灌溉用水从期初年份的 45 亿立方米，减少到期末年份的 27 亿立方米，减少了近一半多；养殖业用水量从期初年份的 12. 5 亿立方米，减少到期末年份的 7. 5 亿立方米；服务业用水量从期初年份的 2. 7 亿立方米，减少到期末年份的 0. 37 亿立方米。灌溉用水是在高水价的压力下，而减少灌溉水量，这种转变必须是在其他保障措施下才可以实施，意思是如果过高的农业水价，农业收入将会受到影响，那么必须要引导农民发展生态农业、观光农业等，通过转型才能维持正常水平，从而真正起到制度的效果。工业用水量、养殖业用水量和服务业用水量是由于保护水资源而减少生产规模产生的减少趋势，通过水生态补偿增加地方收入，从而维持地区居民的生活质量水平。从以上分析可以看出，要实施耦合制度，必须牺牲当地的经济发展，同时还要有足够实力的下游地区，在多水地区的一些地方是可以实施此耦合制度，但是如果两者条件不能同时满足的话，那么现实中推行此耦合制度将比较困难，也就意味着，这种耦合制度是具有选择性的，并不是所有地区都适用的。

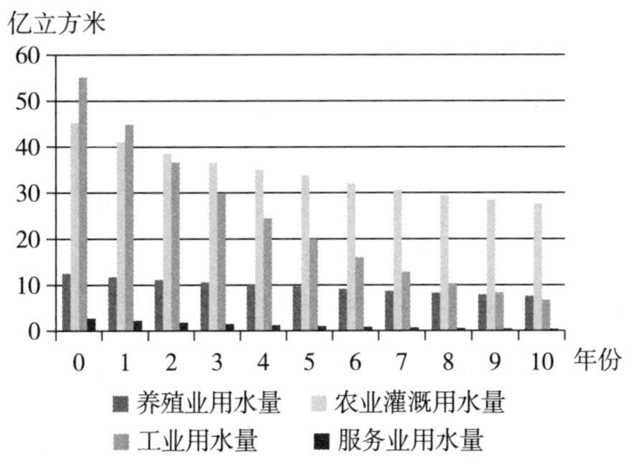

图 17-47　多水地区多制度耦合的经济用水量仿真结果

3. 污染排放与治理分析

实施耦合制度时，多水地区的废水总排放量是不断减少的，从期初年份的 60.2509 亿立方米，到期末年份减少为 30.1072 亿立方米（见表 17-7），减少了一半；说明三种制度的耦合可以减少地区的废水排放，减轻污水处理负担，有利于整体水环境，现实中废水一旦排放，即使得到治理，仍会留下污染效应，长期来看对于生态环境是不利的。三种制度耦合，在高水价和排污标准的要求下，地区节水将会自发形成，从而减少用水量；同时在保护生态环境的要求下，政府会关闭污染严重企业，生产企业也会进行污水纳管或自行处理，排放系数将会减少，从而减少污染。在耦合制度下，污染物总量得到大幅度减少，是呈现快速下降趋势，在期初 1746.1 万吨的情形下，到期末减少到了 135.3 万吨（见表 17-7），减少了 10 倍还多，说明耦合制度对于地区污染物排放有很大的控制作用。在高水价和环境保护的压力下，地区减少，污染排放也会减少，同时污染权费标准的提高，使得生产排放废水的污染物含量逐渐减少，从而导致污染物的陡然下降，比废水排放总量下降速度快了 5 倍。在耦合制度的模拟期内，多水地区的污染治理投资是不断减少的，从期初年份的 8000 亿元，减少到期末年

表 17-7　不同水制度耦合的多水地区污染排放和治理的仿真结果

年份	废水排放总量（亿立方米）			污染物总量（万吨）			污染治理投资金额（亿元）			污染物积累量（万吨）		
	WF1	WF2	WF3	WF1	WF2	WF3	WF1	WF2	WF3	WF1	WF2	WF3
初始年	50.8	60.3	60.2509	1046.2	1746.1	1746.1	61.2	4.3	7984.31	281.8	1692.3	0
第 1 年	54.1	65.3	55.3746	1123.1	1804.5	1368.0	72.7	52.8	6892.09	563.6	3384.6	0
第 2 年	57.6	71.5	51.086	1207.8	1872.2	1079.5	86.1	106.1	5951.33	817.3	4529.5	0
第 3 年	61.4	79.0	47.3026	1301.5	1949.5	858.1	101.5	165.7	5141.68	1039.5	5076.0	0
第 4 年	65.5	87.9	43.9624	1405.0	2036.6	687.5	119.1	233.2	4445.34	1226.5	4954.0	0
第 5 年	69.8	98.4	41.014	1519.5	2134.2	555.5	139.1	310.2	3846.86	1373.9	4075.4	0
第 6 年	73.8	105.4	37.5716	1346.4	1750.9	372.2	172.2	486.7	3373.07	1476.9	2332.3	0
第 7 年	78.1	115.4	35.0188	1231.8	1492.5	266.9	211.3	688.3	2967.53	1403.3	0.0	0
第 8 年	82.9	128.4	33.0331	1154.7	1310.9	203.1	257.6	918.8	2621.34	1188.4	0.0	0
第 9 年	88.3	144.6	31.4322	1103.2	1179.3	162.4	312.4	1183.0	2326.79	850.2	0.0	0
第 10 年	94.2	164.3	30.1072	1070.2	1082.1	135.3	377.3	1486.4	2077.12	397.2	0.0	0

注：WF1 代表“水污染权交易制度”；WF2 代表“水资源有偿使用和水污染权交易耦合制度”；WF3 代表“水资源有偿使用、水污染权交易和水生态保护补偿耦合制度。

份的2000亿元。模型假定水费、污染权费和水生态补偿金额都用于污染治理投资；在期初用水量较多、污染比较严重，水环境保护成本也较高，三种费用都比较多；随着节水和减排及污染治理效果不断增加，所征收的费用逐渐减少，因此出现了以上趋势。因为在假定一种污染物的情况下，污染治理成本是比较固定的，剩余金额和投资金额变化趋势相同；虽然地方水财政收入变化趋势是减少的，但是绝对数量是可观的，随着污染治理效果不断凸显，治理成本不断下降，水财政收入不断积累，整个模拟期内累积收入4万多亿元。这对于地方环境保护财政来说是具有非常重要意义的。

第三节　水制度耦合的生态经济效应定量分析

构建水资源有偿使用和生态补偿制度的生态经济效应定量评估指标体系，采用综合指数方法得出水制度耦合的生态经济效应定量评价结果。本节从生态、经济以及综合对比三个方面进行定量分析，并提出相应的对策建议。

一、定量评估的指标体系和评估方法

（一）指标体系

水资源管理的最终目的是要让地区水资源开发利用活动在水资源承载能力范围之内，让生态环境在改善或维持不受破坏的前提下社会经济有序发展。水资源管理制度效应评估还没有统一的标准和体系。根据水资源管理制度目标和水资源可持续利用内涵，结合水资源开发利用过程及系统分析，得出以下指标体系（见表17-8）。此指标体系包括生态环境效应指标和社会经济效应指标。生态环境效应指标是来自供水过程和回水过程，对应的是自然水资源子系统、生态环境子系统；社会经济效应指标是来自经济用水过程，对应的是人口子系统和经济子系统。在自然水资源系统中，

自然界水资源可用水量越多、生态环境水量[①]越多、取水量越少，那么生态效益就越好；在生态环境子系统中，自然界当中的污水量越少、污染物积累越少，生态效益越好，达标回流到自然界中的水量越高，生态效益越好。在经济子系统中，各行业单方水[②]产出越高，经济效益越好。

表 17-8　水资源有偿使用和生态补偿制度效应评估指标体系

指标		指标类型
生态效应	总用水量	成本型
	水资源可用水量	效益型
	废水排放总量	成本型
	污染物总量	成本型
	污染物积累量	成本型
	生态环境水量	效益型
	达标回流水量	效益型
经济效应	单方水农业产出	效益型
	单方水工业产出	效益型
	单方水养殖业产出	效益型
	单方水服务业产出	效益型
	单方经济用水产出	效益型

（二）评估方法

本书研究中制度效应评估是用来比较不同制度或制度组合实施方案效应的相对好坏，因此采用简单平均加权的综合指标方法来计算制度绩效指数。由于指标类型和量纲不同，在进行计算绩效指数中，将指标分为成本型和效益型两类："效益型指标值越大，越有利于系统正向发展；成本型指标正好相反，指标值越小，越有利于系统正向发展。"[③]

---

① 生态环境水量是指在一定技术下可利用水量减去社会经济用水量（生活用水和生产用水）。

② 这里的单方水是指来自自然界的新鲜水。

③ 郭怀成、戴永立、王丹等：《城市水资源政策实施效果的定量化评估》，《地理研究》2004年第3期。

首先将不同指标类型进行无量纲化。

效益型指标无量纲化公式：

$$U_i = \begin{cases} 0, & x_i \leqslant \acute{a}_i \\ \dfrac{x_i - \acute{a}_i}{|\acute{a}_i|}, & \acute{a}_i < x_i < 2\acute{a}_i \\ 1, & x_i \geqslant 2\acute{a}_i \end{cases} \tag{17-1}$$

$$U_i = \begin{cases} 0, & x_i \geqslant \acute{a}_i \\ \dfrac{\acute{a}_i - x_i}{|\acute{a}_i|}, & 0 < x_i < \acute{a}_i \\ 1, & x_i = 0 \end{cases} \tag{17-2}$$

式中，$\acute{a}_i$ 是指标初始值，x_i 是第 i 个指标的方案模拟值，U_i是指标无量纲化之后的数值。

成本型指标无量纲化公式：

经过无量纲化处理后，然后再利用简单平均加权的方法得到综合指标值，即制度绩效指数 U_{Index}：

$$U_{Index} = \frac{1}{n}\sum U_i \tag{17-3}$$

由于综合指标值是经过无量纲化的，它反映了方案值与初始值差异性或者是变化趋势，因此在任何一个制度或者多个制度耦合时的效应评价都可以比较，同时在不同地区内也可以相互比较。

二、生态效应分析

（一）单一制度

表 17-9 给出了五种单一制度实施的生态效应定量评价结果。下面具体从五个制度视角进行分析。

1. 水资源有偿使用制度（WF1）

水资源有偿使用制度对地区水资源的影响是具有不同方向的，在少水地区来说最明显，总用水量和水资源可利用量这两种体现水资源方面的指标值之和最大；其次是中间地区，多水地区的影响最小。就总用水量这个指标来说，水资源有偿使用制度对少水地区影响最大，中间地区次之，而对多水地区为负向影响；在水资源可利用量来讲影响都是正向的，都是朝向好的方向发展，但最明显的是中间地区，也就是说中间地区实施水资源有偿使用制度有利于水资源修复。

水资源有偿使用制度对地区生态环境影响最明显的是两个方面：一是污染物积累量，二是达标回流水量。它们的效应在三种类型区都达到了最好水平，这是基于模型的两个定义：一是污染物只有一种，二是水费财政除了基本的供水成本之外，都用于污染治理。模型的污染投资金额分析也说明了每个地区都会有剩余资金用于其他污染物治理。这意味着如果实施水资源有偿使用制度，一定将所收水费用于污染治理，这样才能达到模拟的效果。生态环境用水这个指标三种类型区有不同的影响，少水地区和中间地区的生态环境用水都是正向发展；但是多水地区的生态环境用水却是负向发展，也就是意味着生态环境有可能产生恶化。而废水排放总量和污染物总量两个指标，在不同地区有不同的情况：在少水地区两者都是正向效果，都有所减少；而在多水地区都是负向的；在中间地区虽然废水排放总量是增加的但是污染物总量是减少的。这说明水资源有偿使用制度对于减排来说，在少水地区具有一定效果，在多水地区没有效果，而在中间地区水资源则面临双重压力，水资源价格中污水处理费有区分地提升迫使生产单位采取一定的节水技术和污水处理技术，让污染物总量有所下降。

2. 水污染权交易制度（WF2）

水污染权交易制度是一个目标比较强的制度，它主要针对水体污染，通过经济手段将污染外部成本内部化，它对地区水资源开发利用的总量没有抑制作用，但是由于污染成本内部化之后，使得水体环境清洁，自然界水体污染减轻，水体可以利用的量增加，对水资源本身是具有积极作用的。从表 17-8 可以看出，三种类型区总用水量制度效应指标都为 0，而水资源可利用量指标则为正，在中间地区指标值最高，也就是说制度效果最好。

水污染权交易制度对地区生态环境具有积极的作用，它的污染投资费用逐渐增大，可以使得当地水环境逐渐恢复，但不同地区的影响方向不同。在少水地区，此制度对于废水排放量和污染物总量都具有正向影响，达标回流量为1，虽然每年的达标回流量是逐渐增加的，但由于没有其他污染治理基金的投入使得污染物积累量指标值为0，即污染物积累量是有所增加的，这与地区污染排放来源并非二三产业而是生活和农业面源污染的事实符合；由于地区水资源量短缺，经济用水规模不断扩大，导致生态环境用水减少。

在中间地区，总用水量指标值为0，说明此制度对总用水量这一指标没有正向影响；而由于污染治理投资使得流向自然水体的污水量减少，因而水资源可利用量为正值，即具有正向影响；废水排放量和污染物总量并没有因此制度实施而减少，因此指标值为0；由于污染投资金额增加，致使污染治理有很好的效果，污染积累量和达标回流水量指标为1，也说明此地区污染物来源于行业生产；同时因为地区总用水量的增加而挤占了生态环境用水，因而此指标值为0。

在多水地区的情况与中间地区基本相同，仅在生态环境用水方面的影响方向不同，在多水地区由于地区水资源相对比较丰富，虽然用水量在不断增加，但由于进入自然水体的污水量减少，使得水资源可利用量逐渐增加，同时生态环境用水也随之增加。

3. 水权交易制度（WF3）

本模型从经济学角度假定取得水权的单位或个人都是追求利益最大化的，在仅实施水权交易制度下，地区用水量并不会减少，污染物排放也不会减少，因此总用水量、污染物总量、废水排放量的指标值都为0（见表17-9），但由于水权许可费的支出是针对污染治理，因此可以治理恢复原本污染的水资源，从而增加水资源可利用量。它对地区水资源开发利用的总量没有抑制作用，但是由于增加了污染治理投资资金，使得水体环境清洁，自然界水体污染减轻，水体可以利用的量增加，对水资源本身是具有积极作用的。

表 17-9 单一水制度的生态效应定量评价结果

	WF1			WF2			WF3			WF4			WF5		
	少水地区	中间地区	多水地区	少水地区	中间地区	多水地区	少水地区	中间地区	多水地区	少水地区	中间地区	多水地区	少水地区	中间地区	多水地区
总用水量	0.4902	0.1123	0	0	0	0	0	0	0	0.0487	0.1806	0.2246	0	0	0
水资源可利用量	0.0276	0.2302	0.0335	0.0163	0.0774	0.0094	1	1	1	0.0269	0.2021	0.0351	0	0	0
废水排放总量	0.1233	0	0	0.0074	0	0	0	0	0	0.2450	0.3777	0.2692	0	0	0
污染物总量	0.1919	0.1356	0	0.1842	0	0	0	0	0	0.3240	0.5480	0.5661	0.1922	0	0
污染物积累量	1	1	1	0	1	1	1	1	1	1	1	1	1	0.7452	0.4044
生态环境水量	1	0.9818	0	0	0	1	0	0	1	1	0.2902	0.4793	0	0	0
达标回流水量	1	1	1	1	1	1	1	1	1	1	1	1	0.3314	0	0

污染积累量和达标回流量指标值都为1，说明水权交易制度对地区生态环境具有积极的作用。这是因为水权许可费用直接成为污染治理投资资金，随着污染治理投资费用逐渐增大，不但能治理当年的污染，同时还有资金进行其他的水环境修复工程，从而让当地水环境逐渐恢复。但是生态环境用水量因地区水量条件不同而有所不同，在水短缺和相对短缺的地区，虽然污染消失了，但因为用水总量的增加，挤占了生态用水。而在多水地区由于污染消失，水资源可以得到循环使得生态环境用水量增加。

4. 水生态保护补偿制度（WF4）

水生态保护补偿制度对地区水资源整体利用的影响是具有不同方向的，对于总用水量这一指标来说，多水地区的效应最为明显，其次为中间地区，少水地区效应相对最小，这是与不同地区用水结构和水环境问题不同有关。在多水地区生产用水特别是工业用水最多，水污染最为严重，而生态补偿就是通过降低污染来保护水生态环境，因此多水地区效应最为明显。在少水地区主要用水是灌溉，水资源压力来自水量的短缺，因此通过降低二三产业的用水和污染排放的水生态保护补偿制度对于少水地区来说，效应不会那么明显。中间地区的情况正好处于两者之间。但是有资源可利用量这一指标，中间地区最大，其次是多水地区，最后是少水地区；说明对于水资源污染压力来言，中间地区缓解程度最低，制度效应最明显，其次是多水地区和少水地区，这和地区水资源压力大小有关。在三种类型区中，中间地区面临水短缺和水污染的双重压力，水生态补偿制度正好是通过经济手段让地区减少用水量和污染排放来实现水生态环境保护，那么对于中间地区来说，效应最为明显。所以，从这两个指标之和来看，中间地区的制度效应最为明显，其次是多水地区，最后是少水地区。综合来说，水生态补偿制度对于地区水生态环境和水资源短缺问题都具有正面的积极作用。

水生态保护补偿制度对地区生态环境影响最明显的是两个方面：一是污染物积累量，二是达标回流水量，它们的效应在三种类型区都达到了最好水平，这可能与模型的参数有关，模型污染物定义了一种，治理成本参数相对较低，同时水生态补偿金额都用于污染治理；模型的污染投资金额分析时也说明了每个地区都会有剩余资金用于其他污染物治理；这意味着如果实施水生态保护补偿制度，一定将所用生态补偿资金用于污染治理，这样才能达到模拟的效果。生态环境用水这个指标三种类型区有不同的影响，少水地区的效果最为明显，这是因为在少水地区生态用水量极度紧张，在这种情况下一旦降低总用水量，生态用水量就有较高的增长率；而中间地区虽然降低了生产用水量，但是由于地区城市化程度高，除生产之外的生活市政用水规模是不断增加的，生态环境用水量增加率比其他地区稍微低一些；多水地区正好处于两者之间，多水地区水量丰富，但由于污染造成生态用水量的减少，随着污染治理生态用水量也会增加，在总量大的基础上，效率就没有少水地区那么明显。而废水排放总量和污染物总量两个指标，在三种类型区都是大于 0 的，说明水生态保护补偿制度的减排效应明显。整体上来说，每个地区的污染物总量减少效应大于废水排放总量，说明不仅废水排放量减少，地区污染物浓度也在不断降低；对于每个指标来讲，不同地区有不同的情况。对于废水排放总量指标，中间地区效应最大，其次是多水地区和少水地区，但是数值相差不是很大，说明在此制度实施下，废水排放量都有所减少；多于污染物总量指标，在多水地区效应最大，其次是中间地区和少水地区。从减排效果上，中间地区效应最为明显，两指标之和为 0. 9257；其次是多水地区为 0. 8353，少水地区最小为 0. 5960；这不但与地区污染程度有关，同时也与制度的适应性有关。

5. 水环境赔偿制度（WF5）

水环境赔偿制度对地区生态环境影响最明显的是污染物积累量，在实施制度之后，污染积累量都比之前减少很多，说明制度达到了它应有的效果，但不同地区的初始条件不同，影响程度也不一样，在水资源数量短缺为主的少水地区，数值最高，为 1；说明可以治理好所有的污染；在水资源短缺和污染双重压力下的中间地区，也能在一定程度上缓解水污染压力，指标值为 0. 7453；在水污染严重的多水地区，生态效应相对较少，指标值为 0. 4044，是因为地区本身污染严重，仅依赖环境赔偿资金很难治理好地区污染，必须耦合其他制度才可以得到好的生态环境。生态效应指标中的生态用水量指标都为0，而达标回流量和污染物总量仅在少水地区为正值，说明此制度对少水地区生态效应最为明显，这与此地区水污染问题相对较小有关。

综上所述，不同水制度效应方向不同，水资源有偿使用制度针对地区水资源节约和水污染问题控制都有较明显的作用，而水污染权交易制度更侧重污染治理，水权交易制度更侧重经济效应，水生态保护补偿和水环境赔偿是针对大地区的水资源保护，侧重大地区的生态效应。

（二）耦合水制度

1. 水资源有偿使用制度和水污染权交易制度（WF12）

水资源有偿使用和水污染权交易两种制度耦合下，对于水资源利用比单一的制度具有更正面积极的影响。而在同样的制度下，少水地区的效应最为明显，总水量和水资源可利用量两指标之和最大，为0.5649；其次是中间地区，指标值为0.3266；多水地区最小为0.0419。说明耦合制度下，多水地区在水资源利用上的效应并不明显，这可能与地区水资源自然条件较好和水资源问题是污染而非数量有关。就总用水量这个指标来说，耦合制度对少水地区影响最大，中间地区次之，而对多水地区为负向影响；在水资源可利用量上来讲影响都是正向的，都是朝好的方向发展，但最明显的是中间地区，也就是说中间地区实施水资源有偿使用耦合制度有利于水资源修复。比起单一制度实施下，耦合制度下三种类型区的制度生态效应都有所提高。而三种类型区横向比较来看，少水地区的生态效应最大，其次是中间地区，最后是多水地区。从单一指标来看，废水总量排放指标值最大的是少水地区，为0.2329，中间地区为0.1558，而多水地区指标值为0；污染物总量指标值最大的是中间地区，为0.5005，其次是少水地区为0.4246，多水地区最小为0.3803；污染物积累量和达标回流水量三种类型区都为1，说明污染治理方面效果都比较好；而生态环境用水指标值多水地区为0，而其他为1，主要是多水地区用水量过大而挤占了生态环境用水量。

2. 水资源有偿使用制度和水权交易制度（WF13）

水资源有偿使用和水权交易两种制度耦合下，代表水资源利用的两个指标（总水量和水资源可利用量）的指标值之和比单一实施两种制度时都大，说明比单一的制度具有更正面积极的影响。而耦合制度下，少水地区的效应最为明显，总水量和水资源可利用量两指标之和最大，为1.2658；其次是中间地区，指标值为1.1030；多水地区最小为1。说明多水地区在水资源利用方面的效应最不明显。水资源可利用量这一指标，三种类型区都有较高的效果，指数值都为1，说明耦合制度有利于水资源修复。就总用水量这个指标来说，耦合制度对少水地区影响最大，中间地区次之，而对多水地区为负向影响。从生态效应指标指数来看，耦合制度下三种类型区的制度的生态效应比单一制度下都有所提高。就单一指标来讲，三种类型区生态效应体现在污染物积累量、达标回流水量、生态环境水量这三个指标上，除多水地区的生态环境用水量指标值是0之外，其余都为1。而在废水排放总量和污染总量上讲，效应并不明显，指标值都为0。说明此耦合制度对污染排放并没有抑制作用，而对于污染治理方面的效果都很好。

3. 多种制度耦合（WF124）

水资源有偿使用、水污染权交易和水生态保护补偿三种制度耦合下，三种类型区的总用水量指标值分别为0.5092、0.2134和0.4887，说明就缓解地区水资源数量短缺压力来说，少水地区效果最好，多水地区次之，中间地区最小；三种类型区水资源可利用量指标值都为1，说明此耦合制度对于水资源自然水体的修复是非常有利的。而两指标值综合起来比单一制度的指标值都要大，说明耦合制度要比单一制度具有更正面积极的影响。而耦合制度下，少水地区的效应最为明显，总水量和水资源可利用量两指标之和最大，为1.5902；其次是多水地区，指标值为1.4887；中间地区最小为1.2134；说明在水资源利用方面的效应最不明显，中间地区的人口和经济规模对地区水资源压力较大，要维持社会发展现状必须有一定的用水量。从生态效应指标综合绩效指数来看，耦合制度下三种类型区的制度的生态效应比单一制度下都有所提高。就单一指标来讲，三种类型区生态效应体现在污染物积累量、达标回流水量、生态环境水量这三个指标上，指标值都为 1。而在废水排放总量和污染总量上讲，效应也比其他制度效果更加明显，说明此耦合制度对减排和污染治理方面的效果都很好。废水排放总量指标值，多水地区最大为 0.5003，其次是中间地区为 0.3518，少水地区最小为 0.3131；污染物总量的指标值也有同样排序，多水地区最大为 0.9225，其次是中间地区为 0.5445，少水地区最小为 0.4950；这可能与地区自身条件和制度两者有关，少水地区废水排放量本身较少，减少空间小，同时制度效果并不是很明显，导致排在最后，而多水地区污染较多，减少的空间大，因而指数可能就更大。

从表 17-9 和表 17-10 中可以看出，水制度耦合的生态效应总体上是要优于单一制度的，但不同的组合效果的方向也不同，同时对于不同地区的影响也不同。水资源有偿使用制度和水污染权交易制度的结合更能解决水资源短缺和水污染并存的问题，而水资源有偿使用制度和水权交易制度更促使资源节约和用水效率提高。水生态保护补偿制度与其他制度组合更能促进地区水环境保护。

表 17-10　水制度耦合的生态效应定量评价结果

	WF12			WF13			WF124		
	少水	中间	多水	少水	中间	多水	少水	中间	多水
总用水量	0.4902	0.1251	0	0	0	0	0.5092	0.2134	0.4887
水资源可利用量	0.0747	0.2015	0.0419	0.0163	0.0774	0.0094	1	1	1
废水排放总量	0.2329	0.1558	0	0.0074	0	0	0.3131	0.3518	0.5003
污染物总量	0.4246	0.5005	0.3803	0.1842	0	0	0.4950	0.5445	0.9225
污染物积累量	1	1	1	0	1	1	1	1	1
生态环境水量	1	1	0	0	0	1	1	1	1
达标回流水量	1	1	1	1	1	1	1	1	1

三、经济效应分析

（一）单一制度

从表 17-11 可以看出，在水资源有偿使用制度下，三种类型区的所有

表 17-11 单一水制度的经济效应定量评价结果

	WF1			WF2			WF3			WF4			WF5		
	少水地区	中间地区	多水地区	少水地区	中间地区	多水地区	少水地区	中间地区	多水地区	少水地区	中间地区	多水地区	少水地区	中间地区	多水地区
单方水农业产出	1. 0000	0. 4310	0. 5881	0	0	0	0	0	0	0	0	0	0	0	0
单方水工业产出	0. 4084	0. 2945	0. 6039	0	0	0	0	0	0	0	0	0	0	0	0
单方水养殖业产出	0. 3797	0. 2316	0. 3408	0	0	0	0	0	0	0	0	0	0	0	0
单方水服务业产出	0. 5000	0. 3333	0. 7826	0	0	0	0	0	0	0	0	0	0. 1922	0	0
单方经济用水产出	1	1	1	0	0	0	1	1	1	0. 3043	1	0. 6037	1	0. 7452	0. 4044

行业单方水产出无量纲化数据来看，全部大于0。说明水资源有偿使用制度可以提高地区水资源经济效率。其中，影响最大的是少水地区的农业生产用水效率，为1。说明我国少水地区农业用水效率有较大的提升空间，在水资源价值不断被认识和提高的情况下，加上节水农业的发展，一定会走出现在的用水困境。其次是多水地区服务业用水。在最严格水制度倒逼经济转型的全国大背景下，多水地区服务业得到较快发展，同时在水资源价格进入准市场化，其用水方式从粗放式转向集约型，致使服务业用水经济效率大大提高。水资源有偿使用制度对各行业用水影响也不同，在少水地区的排名是农业效率第一，依次为服务业、工业、养殖业；在中间地区的排序依次是农业、服务业、工业和养殖业；在多水地区的顺序是服务业、工业、农业、养殖业。从每个行业来说，农业生产用水效率的制度效应最明显的是少水地区，其次是多水地区，最后是中间地区。说明在少水地区农业生产用水效率提升空间较大，这是符合当地水资源短缺必须走节水农业之路的现实。工业用水效率的制度效应在多水地区最明显，其次是少水地区、中间地区。说明多水地区工业用水效率和节水的提升空间比较大，这符合当地水资源丰富用水粗放的现实。养殖业用水的制度效应在三种类型区内比较均衡，差别不大，依次为少水地区、多水地区和中间地区。服务业用水效率的制度效应多水地区较大，为0.7826，其次是少水地区和中间地区，说明多水地区服务业用水效率提升空间大，同时水资源有偿使用制度的实施将会使得经济用水从低效率转向高效率用水，服务业可能在多水地区以后成为重点。总体上看，水资源有偿使用制度是有利于生产用水经济效益的提高，三种类型区的单方经济用水产出都为1。

水污染权交易制度，是针对污水排放的政策，因此它对地区经济用水影响不大，用水量会随着经济发展规模而增加，并不受到污染费的影响。经济效应也不明显，从数值上看都为0，是因为从期初到期末经济产出没有变化。

水权交易制度是在承认水资源具有经济价值和个体或法人具有使用水资源权利基础上设置的，在此制度下，个体或法人通过申请水权许可，取得相应水资源使用权，并可以在个体或法人之间进行交易，从而实现水资源经济效益最大化配置。

从三种类型区的行业单方水产出指标数据来看，水生态保护补偿制度对行业用水效率影响不大，但是对于整个地区水资源利用效率具有较大影响，效应最明显的是中间地区，指标值为1；其次是多水地区，指标值为0.6037；少水地区相对最小，指标值为0.3043。说明水生态补偿制度可以提高地区水资源经济效率，在水制度倒逼经济转型的情况下，中间地区转型最为明显，其次是多水地区，最后是少水地区。这不但和制度有关，还与地区经济发展条件有直接的关系，西部少水地区往往经济发展条件较差，转型相对困难。

从水环境赔偿制度的经济效应定量评价结果来看，所有经济指标都为0。说明水环境赔偿制度对地区水资源的经济效率影响不大。这意味着单一水环境赔偿制度，很难解决地区水资源利用效率。

（二）耦合水制度

水资源有偿使用和水污染权交易耦合制度下，制度效应与有偿使用制度时基本一样。三种类型区所有行业的用水效率都有所提高，所有行业单方水产出指标数据全部大于0（见表17-12）。其中，影响最大的是少水地区的农业生产用水效率，为1。说明我国少水地区农业用水效率有较大的提升空间，在水资源价值不断被认识和提高的情况下，加上节水农业的发展，一定会走出现在的用水困境。其次是多水地区服务业用水，在最严格水制度倒逼经济转型的全国大背景下，多水地区服务业得到较快发展，同时在水资源价格进入准市场化，其用水方式从粗放式转向集约型，致使服务业用水经济效率大大提高。此耦合制度对各行业用水影响也不同，在少水地区的排名是农业效率第一，依次为服务业、工业、养殖业；在中间地区的排序依次是农业、服务业、工业和养殖业；在多水地区的顺序是服务业、工业、农业、养殖业。从每个行业来说，农业生产用水效率的制度效应最明显的是少水地区，其次是多水地区，最后是中间地区。说明在少水地区农业生产用水效率提升空间较大，这是符合当地水资源短缺必须走节水农业之路的现实。工业用水效率的制度效应在多水地区最明显，其次是少水地区、中间地区。说明多水地区工业用水效率和节水的提升空间比较大，这符合当地水资源丰富用水粗放的现实。养殖业用水的制度效应，在三种类型区内比较均衡，差别不大，依次为少水地区、多水地区和中间地区。服务业用水效率的制度效应多水地区较大，为0.7826，其次是少水地区和中间地区。说明多水地区服务业用水效率提升空间较大，同时耦合制度的实施将会使得经济用水从低效率转向高效率用水，服务业可能在多水地区以后成为重点。总体上来看，耦合制度是有利于生产用水经济效益的提高，三种类型区的单方经济用水产出都为1。

水资源有偿使用和水权交易耦合制度下，制度的经济整体效应提高，无论是行业用水还是地区总用水的经济效率都有较好的效果。从行业用水来看，农业用水经济效率中少水地区中农业生产用水效率提高最为明显，指标值为1，其次是多水地区为0.5881，最后是中间地区为0.4310。说明我国少水地区农业用水效率有较大的提升空间，在水资源价值不断被认识和提高的情况下，加上节水农业的发展，水资源短缺问题一定能得到缓解。工业用水的经济效率中多水地区效应最大，指标值为0.6039，其次是少水地区为0.4084，最后是中间地区为0.2945。说明多水地区工业发展提升空间最大，而中间地区由于水效率处于较高水平，因此空间较小。养殖业用水的经济效应中，三种类型区相差不大，指标值排序是少水地区、多水地区、中间地区。服务业用水的经济效率中多水地区最大，指标值为0.7826，远远超过其他两个地区。在最严格水制度倒逼经济转型的全国大背景下，多水地区服务业得到较快发展，同时在水资源价格进入准市场化，其用水方式从粗放式转向集约型，致使服务业用水经济效率大大提高。

从地区角度来看，此耦合制度对地区不同行业用水影响也不同。在少水地区的用水效率排名是农业、服务业、工业、养殖业；在中间地区的排名依次是农业、服务业、工业和养殖业；在多水地区的排名是服务业、工业、农业、养殖业。总体上看，三种类型区的单方经济用水产出都为1，耦合制度是有利于生产用水经济效益的提高。

表 17-12 水制度耦合的经济效应定量评价结果

	WF12			WF13			WF124		
	少水地区	中间地区	多水地区	少水地区	中间地区	多水地区	少水地区	中间地区	多水地区
单方水农业产出	1.0000	0.4310	0.5905	1.0000	0.4310	0.5881	1.0000	0.4310	0.5881
单方水工业产出	0.4084	0.2945	0.6039	0.4084	0.2945	0.6039	0.4084	0.2945	0.6039
单方水养殖业产出	0.3797	0.2316	0.3408	0.3797	0.2316	0.3408	0.3797	0.2316	0.3408
单方水服务业产出	0.5000	0.3333	0.7826	0.5000	0.3333	0.7826	0.5000	0.3333	0.7826
单方经济用水产出	1	1	1	1	1	1	1	1	1

三种制度耦合时，地区经济用水的单方水产出都有所提高，制度的经济整体效应明显，无论是行业用水还是地区总用水的经济效率都有较好的效果。从单方水产出来讲，少水地区中农业用水效率提高最为明显，依次为服务业、工业、养殖业；在中间地区的排序依次是农业、服务业、工业和养殖业；在多水地区的顺序是服务业、工业、农业、养殖业。总体上来看，耦合制度是有利于生产用水经济效益的提高，三种类型区的单方经济用水产出都为1。但是总体经济发展规模是减少的，这对于所有地区来说必须具有长远的眼光和以大地区生态环境为重的观念，同时还要具有牺牲当前利益的勇气。

综上所述，不同水制度效应方向不同，水资源有偿使用制度针对地区水资源节约和水污染问题控制都有较明显的作用，而水污染权交易制度更侧重污染治理，水权交易制度对地区用水效率提高有较大影响，水生态保护补偿和水环境赔偿是针对大地区的水资源保护，侧重大地区的生态效应。

四、水制度的综合效应对比分析

（一）少水地区

从表 17-13 可以看出，在少水地区，不同水制度或水制度组合的生态经济效应不同。在生态效应方面，五种单一制度中比较突出的是水资源有偿使用制度和水生态保护补偿制度，而单独实施时水污染权交易制度的生态效应值却最低。这是因为在少水地区生态问题主要来自水资源数量短缺造成的生态恶化，而不是由于污染造成的生态恶化，而针对污染企业排放收费只能限制极少的工业企业，对于占主导地位的第一产业用水不能有效管理。在经济效应方面，五种单一制度中水资源有偿使用制度的值最高，其次是水权交易制度。这说明这两种制度对于水资源使用效率的提高具有重要作用。就综合指标来讲，五种单一制度的效果排序为水资源有偿使用制度、水权交易制度、水生态保护补偿制度、水环境赔偿制度和水污染权交易制度。

耦合制度效应都要大于任一单一的制度效应。而不同的耦合效应也不尽相同。从整体效应来讲，在两种制度耦合情况下，水资源有偿使用制度和水权交易制度组合效应明显优于其他制度组合。同时进行三种制度组合又要优于两种制度耦合。

表 17-13　少水地区水制度综合效应定量评价结果

地区	生态效应	经济效应	综合指数
WF1	0. 5476	0. 6576	0. 5934
WF2	0. 1726	0	0. 1098
WF3	0. 3333	0. 2000	0. 3333
WF4	0. 5207	0. 0609	0. 3291
WF5	0. 2177	0. 0000	0. 1270
WF12	0. 6032	0. 6576	0. 6259
WF13	0. 6094	0. 6576	0. 6295
WF124	0. 7596	0. 6576	0. 7171

（二）中间地区

在中间地区，耦合制度效应要大于任一单一水制度效应，从生态效应来讲，三种耦合制度效应都相对较高，也就是说要解决地区水生态问题，必须进行耦合制度设计。而针对经济效应，三种耦合制度的效果相同，因此在设计此地区水资源制度时，应该更多考虑的是水生态环境恢复效果。就综合指数来看，单独实施水环境赔偿制度的效应最差，而实施三种耦合制度效应最好，说明此地区需要多种制度耦合，才能更适应地区水资源利用。

表 17-14 中间地区水制度综合效应定量评价结果

地区	生态效应	经济效应	综合指数
WF1	0.4943	0.4581	0.4792
WF2	0.2968	0	0.1889
WF3	0.3333	0.2000	0.3333
WF4	0.5141	0.2000	0.3832
WF5	0.1065	0.0000	0.0621
WF12	0.5690	0.4581	0.5228
WF13	0.5861	0.4581	0.5328
WF124	0.7300	0.4581	0.6167

（三）多水地区

多水地区，就综合效应来讲，耦合制度要大于任一单一制度，单一制度中水资源有偿使用制度效应最好。但是就生态效应方面来讲，一些单一制度的效应反而大于综合效应，水污染权交易制度、水权交易制度以及水生态保护补偿制度的生态效应都大于水资源有偿使用制度和水污染权交易制度、水权交易制度的分别组合。而在多水地区水污染是最大的问题，意味着多水地区在进行耦合制度时，要更多考虑水污染权交易制度和水权交易制度以及水生态保护补偿制度和水环境赔偿制度。

表 17-15 多水地区水制度综合效应定量评价结果

地区	生态效应	经济效应	综合指数
WF1	0.2905	0.6631	0.4457
WF2	0.4299	0	0.2736
WF3	0.5000	0.2000	0.4167

续表

地区	生态效应	经济效应	综合指数
WF4	0.5106	0.1207	0.3482
WF5	0.0578	0.0000	0.0337
WF12	0.3460	0.6636	0.4783
WF13	0.4286	0.6631	0.5263
WF124	0.8445	0.6631	0.7689

（四）地区对比分析

从表17-13、表17-14和表17-15综合来看，相同的制度对不同地区的生态经济效应也不同。就单一的水资源有偿使用制度，少水地区综合指数最高，为0.5934，处于中等偏上水平；其次是中间地区，为0.4792，处于中等偏下水平，最后是多水地区，0.4457，处于中等偏下水平。在生态效应指数中少水地区却是最高，为0.5476，多水是最低的，为0.2905，而中间地区处于三种中间水平，为0.4943；经济效应指数中多水地区是最高的，为0.6631；其次是少水地区为0.6576，最后是中间地区为0.4581。在有偿使用和水污染权交易两种制度耦合下，整体上制度的生态经济效应要大于单一的制度效应。从综合指数上来看，制度效应最大的是少水地区，其次是中间地区，多水地区处于最后。从分量指标来看，不同地区的效应方向不同，在少水地区生态和经济效应比较均衡；而中间地区生态效应大于经济效应；多水地区的经济效应则是大于生态效应。但有资源有偿使用制度、水污染权交易制度和水生态保护补偿制度耦合时，三种类型区的生态经济总体效应明显，其指标值都大于任一单一或两种制度下的指标值；说明此耦合制度要比单一制度的生态经济效应更好。就综合指标来说，多水区的数值最大，为0.7689；其次是少水地区，为0.7171；最后是中间地区，为0.6167，说明此耦合制度更适应多水地区；三种类型区综合指标都大于0.6，说明制度效果都处于较高水平。

就水权交易制度来讲，在三种类型区的制度生态经济效应综合指标值分别为0.3333、0.3333和0.4167。总体上生态经济绩效效果并不高，处于中下等水平，在多水地区的效果最好，其他两个地区绩效值相同。水资源有偿使用和水权交易耦合制度，综合指数中少水地区最大，多水地区最小，中间地区处于中间，说明耦合制度的生态经济效应在少水地区最好，其次是中间地区，多水地区反而最小。

五、结论与启示

（一）水资源制度视角的结论

第一，不同的水制度地区生态经济效应不同。水资源有偿使用制度整体效应要优于其他水制度，而水污染权交易制度的生态效应较为突出，水资源有偿使用制度和水权交易制度对于地区水资源的经济产出作用更为明显。

第二，耦合制度生态经济效应好于单一制度。耦合制度的综合指数明显高于任一单一的水制度，特别是生态效应指数表现的更为明显。

（二）水资源地区视角的结论

第一，少水地区的水资源问题主要集中在水量短缺，水资源有偿使用制度和水权交易制度耦合可以促使地区水资源节约，提高水资源利用效率，可以更有效地缓解当地水资源短缺问题；同时水环境保护补偿和水环境赔偿制度的实施可以阻止水质恶化现象发生。

第二，中间地区的水资源面临双重压力，必须在水质和水量的双重控制下实施水资源有偿使用制度与水污染权交易、水权交易的耦合制度，同时需要配合水环境保护生态补偿和水环境赔偿制度的耦合设计。

第三，多水地区的水资源问题主要是水污染导致的，同时此地区经济发达、市场化程度高，需要进行市场下的水权交易和水污染交易制度的推行，同时还要实施政府管制下的水资源有偿使用和水环境生态补偿制度。

（三）启示

第一，由于相同的水制度耦合下，不同地区的制度效果有明显不同，因而在设计我国水资源有偿使用和生态补偿制度时，不能“一刀切”，一定要分层次、分流域、分地区地进行。

第二，由于无论哪种类型地区，单一的水制度不能全面解决地区水问题，要使得我国水资源问题能够全面得到解决，必须考核水资源制度的耦合效应，因而在设计我国水资源有偿使用和生态补偿制度时，需要进行不同制度耦合。

第三，在设计我国水资源有偿使用和生态补偿制度时，针对地区水资源问题并有步骤地进行耦合制度设计。在水资源数量短缺地区，优先实施水量控制的水资源有偿使用和水权交易耦合制度，然后实施水质控制的水资源生态保护和水环境赔偿制度，在水资源水质性短缺地区，同时进行实施基于政府管制的“双有偿使用”和“双补偿”的耦合制度，以及基于市场机制的水权交易—排污权交易的耦合制度，而在水资源水量和水质双重压力地区，水量、水质双控制的水资源有偿使用—水权交易—排污权有偿使用的耦合制度，以及水量、水质双控制的水资源有偿使用—水资源生态保护—水环境赔偿制度。

第四，要健全我国水资源有偿使用制度和生态补偿制度，必须提出相应的保障措施，包括制度保障、部门保障和立法保障。制度保障是对现行制度改革的，而部门保障是针对耦合制度的，立法保障是针对制度执行监督等。

第十八章 我国水资源有偿使用和生态补偿制度设计及对策

根据水制度耦合生态经济效应的仿真结果，在分析我国现行资源有偿使用和生态补偿制度体系、存在问题及推行困境基础上，提出我国水资源有偿使用和生态补偿制度设计思路，并给出典型区域的水资源有偿使用和生态补偿制度方案，最后提出健全我国水资源有偿使用和生态补偿制度的对策建议，为我国水资源有偿使用和生态补偿制度体系制定提供科学参考和政策依据。

第一节 我国水资源有偿使用和生态补偿制度现状及问题

一、我国现行水资源有偿使用和生态补偿制度现状

（一）水资源有偿使用制度

2002 年 8 月 29 日第九届全国人民代表大会常务委员会第二十九次会议通过《水法》。《水法》第四十八条规定，直接从自然水体中取用水资源的单位和个人应该按照国家相关规定向相关水行政的主管部门或者流域管理机构缴纳水资源费。[①]《水法》直接提出了通过在取得取水许可时缴纳水资源费的形式实现我国水资源有偿使用制度，并明确提出了用水总量控制和定额管理制度。2006 年 1 月 24 日，国务院颁布了《取水许可和水资源

① 中华人民共和国水利部：《中华人民共和国水法》，2002 年 10 月 1 日，见 http://www.mwr.gov.cn/zwzc/zcfg/fl/200210/ t20021001_ 155904.html。

费征收管理条例》(以下简称《水资源费条例》) 的行政法规。《水资源费条例》规定了水资源费收取范围、征收责任主体、取水许可申请审批等，更加具体化水资源有偿使用制度。[①] 2008 年水利部 34 号令通过了《取水许可管理办法》(以下简称《取水办法》)，强调了核发取水许可时，需要通知水资源费征收办法，更加明确了水资源有偿使用制度。但是并没有法律法规或规章制度具体给出水资源费征收标准。同时《水行政许可办法》(以下简称《许可办法》) 只是规定如果依法收取费用的一定要全部上缴给国库，但并没有全面规定水行政许可证都必须征收水资源费。各行政区或流域授权管理单位在考虑自身情况下制定各自的包括水资源费在内的水资源价格。水资源价格并没有很统一的制度标准，水资源价格制定机制并不统一。

(二) 水权交易制度

我国的《水法》已经规定了水资源所有权是属于国家所有，由国务院代表国家行使。而集体组织的水塘和水库使用权归相关集体组织。在水利部出台的《水利部关于水权转让的若干意见》中，指出健全水权转让（指水资源使用权转让，下同）的政策法规，促进水资源的高效利用和优化配置是落实科学发展观，实现水资源可持续利用的重要环节。要充分发挥市场机制对资源配置的基础性作用，积极探索水权转让（水资源使用权转让）制度。实践当中，义乌和东阳的水权交易成为我国首次水权交易案例，然后成立了中国水权交易中心（石羊河流域水权交易中心），武威市出台《武威市农业用水水权交易的指导意见》，制定了水权交易规则等相关制度和政策。由于水权界定问题没有解决，因此水权交易制度仍是在很小范围内实施，并没有推广到全国范围。

(三) 水污染权制度

1989 年国务院出台了行政法规《中华人民共和国水污染防治法实施细则》，第十条指出县级以上地方人民政府环境保护部门根据总量控制实施

① 中华人民共和国水利部:《取水许可和水资源费征收管理条例》, 2006 年 2 月 21 日, 见 http://www.mwr.gov.cn/zwzc/zcfg/ xzfghfgxwj/ 200602/ t20060221_ 155923.html。

方案，审核本行政区域内向该水体排污的单位的重点污染物排放量，对不超过排放总量控制指标的，发给排污许可证；对超过排放总量控制指标的，限期治理。限期治理期间，发给临时排污许可证。[①] 2008 年 2 月 28 日，我国颁布了《中华人民共和国水污染防治法》，第二十条明确指出国家要针对污染排放进行实施许可制度，即单位集体或个人必须在取得许可证之后才能向水体直接或间接排放污水、工业废水等；同时规定城镇的污水处理厂等集中处理污水的运营单位，也应要取得向自然水体排放污染的许可证。[②] 实践中我国水污染权交易制度还停留在排污单位向政府购买指标的试点阶段，距离完全建立水污染权交易市场还有一段距离。

（四）水生态保护补偿制度

《水法》中并没有明确规定水生态保护补偿相关条款。中华人民共和国环境保护部 2007 年出台的《关于开展生态补偿试点工作的指导意见》（以下简称《生态补偿意见》）第十条明确指出“推动建立流域水环境保护的生态补偿机制”“构建生态补偿标准体系”，生态补偿意见强调根据水质进行确定流域横向补偿，强调饮用水源区的生态补偿，通过水生态补偿，鼓励上游保护水源。[③] 但生态补偿意见并没有完全明确规定补偿主体和客体范畴，没有规定补偿方式，没有提到市场机制，这些都是完全构建生态补偿制度的关键。党的十八大报告明确指出，要建立体现生态价值和代际补偿的资源生态补偿制度。可见，我国水资源生态补偿制度还不健全，还需要进一步探索。

（五）水环境损害赔偿制度

我国环境损害赔偿方面的立法，传统损害赔偿还停留在传统上的人身伤害损失和事故财产损失，《侵权责任法》等法律法规有具体的规定。但是

① 中华人民共和国水利部：《中华人民共和国水污染防治法实施细则》，1989 年 7 月 12 日，http://www.mwr.gov.cn/zwzc/zcfg/xzfghfgxwj/198907/t19890712_ 155909.html。

② 中华人民共和国水利部：《中华人民共和国水污染防治法》，2008 年 2 月 28 日，http://www.mwr.gov.cn/zwzc/zcfg/fl/200802/t20080228_ 155905.html。

③ 中国人民共和国环境保护部：《关于开展生态补偿试点工作的指导意见》，2007 年 8 月 24 日，见 http://www.mep.gov.cn/gkml/zj/wj/200910/t20091022_ 172471.htm。

关于“资源环境本身的损害，包括土地、水、海洋、野生动植物等生态和环境资源损失”①，立法没有进展，可以说是缺失的。我国还没有专门针对水资源环境赔偿的相关立法。2015 年 12 月国家发布了损害生态环境必须进行赔偿的试点方案，生态环境损害制度开始进行试点。2015—2017 年是试点阶段，将选择部分省份开展改革试点。至 2018 年将会在全国尝试推行生态环境的损害赔偿制度。到 2020 年，要在全国范围内构建有效的生态环境损害赔偿制度。② 党的十八大报告明确指出要加强环境监管，健全生态环境保护责任追究制度和环境损害赔偿制度。而水环境损害涉及水环境、居民健康、区域发展等方面，亟须得到解决。可见，建立我国水环境赔偿制度是我国水制度建设的重要任务。

综上所述，我国水资源有偿使用和生态补偿制度在一定范围内取得了较大进展，并形成一些法律法规制度，但总体上并不健全。虽然已经颁布并执行了相关管理制度，但是效果并不是很明显，比如有偿使用制度；虽然已经展开了试点工作，比如水权交易、排污权交易，但推广时间滞后。党的十八大报告明确指出要建立体现市场规律的资源有偿使用制度和生态补偿制度，健全水资源有偿使用和生态补偿制度是践行党的十八大精神的重要工作。

二、我国现行水资源管理制度问题

（一）我国水资源市场配置与产权制度之间的矛盾

我国水资源市场配置诉求高但推广困难。我国水资源总量丰富但人均量很少，无论多水地区还是少水地区，都出现水资源稀缺，因此我国水资源市场广阔。水资源市场配置也是水管理政策制定者关注的目标，从义乌东阳水交易之后，案例不断，同时也进行了水权交易、排污权交易试点，但水资源市场配置在全国范围内实施却十分困难，可谓步履维艰。

---

① 於方：《环境损害赔偿立法，该解决哪些难题?》，《新环境》2015 年 11 月 19 日。

② 柴新：《环境有价损害担责：我国将逐步建立生态环境损害赔偿制度》，2015 年 12 月 7 日，见 http://www.chfns.cn/dzb/dzb/page_ 1/201512/t20151207_ 1600147.html。

水资源产权制度不健全导致市场配置很难实施。水资源产权制度是水资源市场配置的重要前提。而我国水资源产权不清晰、制度不健全导致水资源市场配置实施困难。水权是指水资源产权，“是由所有权、使用权、用益权、决策权和让渡权等组成的权利束”，我国水法规定水资源属于国家所有，水资源的所有权由国务院代表国家行使。[①] 虽然制定了取水许可制度明确了部分水资源使用权，但是不能自由买卖进入市场。同时排污权制度也没有在全国范围内推行，排污权交易仅限于政府和企业，很难形成市场。

因此，水资源市场化配置和产权制度存在很大矛盾，产权制度的不清晰导致市场化配置很难实现，同时我国水资源稀缺，水资源市场化配置诉求日益增加，两者之间的矛盾也日益突出。

（二）水资源财税制度中“收”和“支”之间的矛盾

水资源财税制度中的“收”不能统筹管理。水资源财税制度中既有水资源费和污水处理费，又有排污费等各种费用，每种费用的征收对口部门不同。居民用水中的水资源费是和水费一起征收，制定标准是由物价部门监管，供水公司代收。一些林业、农业等用水的水资源费则是由对口部门进行征收。而排污费是由环保部门制定相关标准和征收。部门的多样，让民众看不清水资源财税制“面目”，可能会引发一些社会矛盾。同时这些水资源相关收入分散在不同部门，不能统筹管理，削弱了财政力量，和地区水资源保护补偿或补贴财政不能衔接。

水资源财税制度中的“支”不透明。水资源财税制度的收入除去行政办公成本外，应该全部用于水资源供给保障，以及生态恢复、水环境保护，比如水资源生态恢复工程、水生态保护补偿、水治理补助等。现行的水资源财税制度中的支出是由很多部门进行管理分配，支出项目不能公开透明地统一管理。

水资源财税制度需要达到收支平衡，才能有利于水资源供给、保护和

---

① 沈满洪、魏楚、高登奎著：《生态文明视角下的水资源配置论》，中国财政经济出版社2011年版，第243页。

水环境恢复、治理等工作。当前水资源财税制度中的收支脱离，不能统一管理，导致地方财政紧张和水资源环境恶化，加剧了收支之间的矛盾。

（三）水资源价值与水资源价格之间的矛盾

水资源费不能体现水资源价值。我国水资源费征收制度已实施近十年，水资源费征收标准虽有调整，制定了最低标准0.2元/立方米，但是仍不能完全反映水资源生态环境价值。专家研究表明水资源生态环境价值为0.78元/立方米。因为水资源费不能体现水资源价值，从而会让用水者意识不到水资源生态价值。

水资源价格还需要进一步优化。水资源价格是影响水资源需求者用水数量的直接杠杆。水资源价格应该是水资源需求规律的反映，能够体现水资源稀缺性。现行的水资源价格标准制定中过多关注水资源的工程价格即供水成本，水资源费的部分不够重视，而水资源处理费和排污费充分征收。因此需要进一步优化水资源价格机制，让水资源价格成为需求杠杆。

综述所述，水资源价格制定与水资源价值之间没有很好匹配，两者的直接矛盾是急需解决的问题。

（四）科学合理用水与技术创新之间的矛盾

科学合理用水是地区水资源管理的目标，技术创新是科学合理用水的关键，只有技术不断创新才能适应用水需求动态发展，不但包括用水技术创新，还包括管理技术创新。

用水技术需要进一步创新。虽然我国水资源短缺问题日益严重，但利用率在全世界来讲并不是很高。与发达国家相比，我国不论是农业灌溉效率，还是工业用水重复率，还是再生水利用率，都处于较低水平。需要积极学习国外经验，比如滴灌技术、工业节水技术等，创新我国用水技术。

管理技术需要进一步创新。水资源有偿使用和生态补偿制度需要对地表地下水量、河道水质、排污量、水污染效应等进行科学监测。当前我国这些技术还需要进一步的提高，为了更好地科学合理用水，必须创新我国水资源管理技术。同时地区水资源是一个复杂的系统，问题涉及多方面，需要进行耦合多种制度，因此除监测技术创新外还需要进行管理制度的创新。

（五）水制度推进与水立法之间的矛盾

水资源制度相关法律法规有待进一步出台。水资源制度的推进需要相关法律法规为之提供立法保障，否则推行起来将十分困难。我国地区水资源禀赋多种多样，在水资源、社会、经济条件上，东西有差异、南北也有差异，由于这种多样性导致制度推行会有很多阻力。当前很多水资源制度出台之后，虽然规划试点阶段已过，但是推行步伐较慢。如果将制度形成相关立法，那么就可以在全国范围内实行。

配套制度有待进一步完善。配套制度是实现水资源制度的重要前提。我国已经出台了很多好的制度，但是由于配套制度跟不上，致使其制度推行存在困难。比如生态补偿制度，制度明确提出了流域生态补偿意见，但补偿主客体之间的清晰界定、补偿标准、补偿经费来源等配套制度不能及时跟上，导致现在生态补偿制度推行困难。

由此可见，水制度推进与水立法之间的矛盾是阻碍制度前进的“路障”。

（六）水制度政策执行与监督机制之间的矛盾

水资源政策执行效果有待进步。我国现有的水资源有偿使用和生态补偿制度在全国试点时已取得了较好的效果，但是推广过程中，一些地区执行效果并不是很理想。有一些制度制定者、执行者和评估验收者合一，出现“既是裁判又是运动员”的情况，往往会不自觉地降低了执行绩效。比如我国大力推行的污水处理计划，虽然污水处理厂能做到县县都有，但是实际运行的比例却较低。水资源政策执行效果不够理想，与其监督机制有很大关系。

水资源制度监督机制有待完善。我国水资源属于国家所有，供水、污水处理、回水等都由政府直接管理，水资源制度也是政府直接制定，同时政府也是水管理的监督者。水资源制度是缺乏第三方的评估和监督的。这样会出现很多投机或灰色地带，降低水资源制度执行效果。而水资源是关系到民众基本生活、地区发展的重要资源，公众利益应该是放在第一位的，因此需要进一步探索公共参与的监督机制。

第二节　我国水资源有偿使用和生态补偿制度设计思路

一、设计思路

由水制度耦合制度生态经济效应仿真分析结果可知，在相同的水制度耦合下，不同区域的制度效果有明显不同，因而在设计我国水资源有偿使用和生态补偿制度时，不能“一刀切”，一定要分层次、分地区、分流域地进行。同时，无论哪种类型区域，单一的水制度不能全面解决地区水问题，必须进行制度耦合。根据仿真结果提出以下水资源有偿使用和生态补偿制度设计思路。

（一）整体分层级

水资源有偿使用和生态补偿制度仿真结果表明，水资源制度在不同类型区表现的制度效应不同。我国水资源分布和开发利用类型区多样，水资源管理制度设计既需要综合考虑全国情况，又需要考虑区域分异。水资源在国家层级上，水资源管理制度关注的是全国水资源问题。我国水资源是分大区即流域，国家层级管理人员关注的是各流域的总体情况。各流域水资源分布、使用等条件都不同。各大流域又分不同行政区，各行政区水资源情况不同，水资源使用情况、经济条件和市场化程度也不同。为此在国家、流域和行政区层级上水资源制度上也应有所区分。因此，在水资源有偿使用和生态补偿制度设计时，不能整齐划一，需要考虑层级，即国家、流域和行政区三个由上至下的层级。

（二）同级分地区

无论三层级中的哪一级，如果同一层级内有不同自然社会经济条件的地区分布，也要考虑这些地区的特点。我国水资源一级区中，每个区域的情况不同。比如，西北诸河降雨量少、水资源短缺、污染轻，农业灌溉是主要用水；长江区东部降雨量多、水资源丰富、污染严重，工业用水是主要用水。在实施水权制度、水资源有偿使用制度时，每个区域的制度设计肯定不能整齐划一。同一大区内，具体到不同省份，水资源问题也不相同；即使在同一省份，不同市县情况也不同。比如浙江省淳安县和富阳县，前者承担水源地保护职责，后者是经济发展区。因此，在设计水资源有偿使用和生态补偿制度时，在层级上需要分地区而论。

（三）跨行政区分流域

我国具体的开发利用很多情况下是以行政区为单位，而水资源自然分布是以流域为单位。自然流域界限和行政界限往往不一致，这样就出现了跨行政区的问题。有调查显示全国很多县市都是将自己的污染工业布局在自己的下游地区，而事实上，有些县市的下游地区就是另一个县市的上游，这样就导致水环境污染的负外部性；同时在缺水地区由于上中游地区水利设施蓄水而发展地方经济，导致下游来水量的减少，威胁地区水安全。这些情况都表明在制定跨行政区域的水资源有偿使用和生态补偿制度时，需要以流域为背景。不同的流域，跨行政区问题不同，需要制定不同的水资源有偿使用和生态补偿制度。为此往往需要组织成立流域水资源管理委员会，比如我国的“黄河水利委员会”。因此在制定跨区域的水制度时需要分不同流域。

（四）多制度耦合

根据前面两章的研究内容，不同类型的水资源有偿使用和生态补偿制度有着不同的生态经济效应，单一的水制度往往很难解决地区水问题。比如水资源有偿使用制度虽然可以控制城镇用水，但会给经济欠发达地区带来负担；水污染权交易制度在环境污染的负外部性内部化方面具有较大效果，但水资源用水量方面却不能起到很大的作用，而水权交易可以控制地区水资源用水效率，不能抑制污染；水生态保护补偿和水环境赔偿制度的实施需要有发生的条件限制等。不同地区的水资源问题不同，需要不同的制度耦合才能达到最佳效果，因此在地区水资源有偿使用和生态补偿制度设计时需要进行多制度耦合。

二、设计原则

(一) 坚持政府主导原则

水资源是关乎全国人民生存、生活、生产等各方面的重要资源，其公共物品的属性决定了，水资源管理制度设计时必须坚持政府主导，明确政府主体地位，突出水资源管理的公益性地位，明确各级政府是试点工作的实施主体和责任主体，同时全面动员社会力量，调动全社会力量共同治水兴水。

(二) 坚持部门协调原则

水资源关系农业、林业、牧业、渔业、工业、国土、环保、城管等多个部门，每个部门对于水资源需求和利用都不同，因此在水资源管理制度设计时必须注重部门间的协调沟通，充分发挥相关部门的职责，统筹各部门管理，推进水制度落实，提高水资源利用效率及效益。

(三) 坚持以人为本原则

水资源是人民生存资源之一，水环境质量是人民关心的问题。因此在制定水资源制度时，必须把维护和保障人民群众根本利益作为水资源工作的宗旨，提高供水保证率。同时把维护和保障居民生态环境为己任，进一步重视生态安全供水。

(四) 坚持科学用水原则

科学合理使用水资源是水资源可持续利用的前提，在制定水资源制度时必须坚持科学用水：科学确定用水次序，促进发展方式、经济结构、产业布局与水资源禀赋条件相适应，做到以水定需、量水而行、因水制宜。

(五) 坚持依法管水原则

水资源是重要的自然资源，不能随意规划管理，必须依照法律进行管理。因此坚持依法对各类水资源和涉水事务实行统一管理，统筹生活、生产、生态用水，合理调度供水、防洪和生态需水。

(六) 坚持改革创新原则

健全我国水资源有偿使用和生态补偿制度，需要改革现有的水资源管理，进行水资源管理创新。因此在设计水资源制度时，必须坚持改革创新，树立需水管理、过程监督、考核评价等管理理念，创新管理方式和手段，提高水资源管理水平。

三、制度设计的战略目标和总体框架

（一）制度设计的战略目标

1. 经济生态化

经济生态化是指水资源开发利用活动建立在不损害水生态环境基础之上，或者把水资源开发活动对水生态环境的损害降到最低。要求水资源开发利用活动既要遵循社会经济规律，又要遵循生态规律。经济生态化的关键在于地区经济发展规模和速度要与当地自然水资源环境相匹配，使得经济发展建立在水资源可承载能力的基础之上。"经济生态化旨在为地区或流域保障必要的生态用水和环境用水，从而为地区或流域可持续发展奠定必要的生态基础。"①

2. 生态经济化

生态经济化，就是不能把水资源看成是免费供应的公共物品，不但要考察生态环境功能也要考察水资源生态价值，把水资源看作是宝贵的经济资源，将其看作是稀缺资源，按照市场经济规律赋予生态资源价值，从而使得水资源的配置、流通和使用可以通过市场机制得以实现和运转。生态经济化旨在通过水资源的有偿使用和生态补偿，促进资源优化配置。

3. 生态经济系统协调发展

生态系统和经济系统是既独立又依存，经济发展要有良好的生态环境为基础，而生态保护又需要经济发展作为保障。生态与经济形成相互耦合的良性协调发展，会推动整个生态经济系统发展。如果生态与经济形成相互排斥的恶性循环，会阻碍整个生态经济系统发展。生态经济系统协调就

---

① 沈满洪、魏楚、高登奎著：《生态文明视角下的水资源配置论》，中国财政经济出版社2011年版，第401页。

是要让水资源与经济发展形成相互共进的系统，实现人—水—经济系统相互耦合、协调发展的目标。

（二）制度设计的总体框架

我国水资源制度的三个层级。国家层是指从国家宏观层面把握水资源制度方向，针对各大区的整体情况，制定水资源制度总纲，它是“元制度”，即指导各地区制定具体制度的制度。在制定国家层级的水资源制度时需要注意以下几个方面：一是正确把握水资源问题。元制度一定是针对具有代表或根源性问题进行制定，这些制度一定是能够解决现实问题的，因此需要改变原来的从上而下的模式，更多关注基层，形成自下而上的反映问题渠道，为制定制度提供基础。二是摸清制度执行阻碍。厘清制度推行道路，水资源有偿使用和生态补偿制度自《水法》颁布以来，一直逐步制定和推行，但是效果并不是很明显，这与制度本身不完善有关，但更多是执行过程中的现实问题阻碍了制度推行，因此需要摸清这些问题所在，针对问题制订方案，为顺利推行提供保障。三是将监督机制写进制度中。制度效果好坏不但在于制度本身，更多地是执行过程中能够不偏不倚地落实政策，因而监督机制特别重要，不能出现“既是裁判又是运动员”的情形；正常情况下每个部门都会为自己争取最大利益，如果既是监督者又是执行者，往往会出现利益倾向。因此，在制定制度时，构建相应地监督机制，才会避免制度“落而不实”的情况。

流域层是针对具体流域，根据其具体情况制定出专门为解决流域水资源问题的相关水资源制度。我国行政管理范围和水资源自然流域范围不一致，一些水资源问题是具有流域性的，比如流域上中游的大量经济用水会影响下游的来水量，或者上游地区布局污染性产业会影响下游水质等问题。这些问题仅从行政单位上很难解决，必须从流域层级上进行设计。在进行流域层级制度设计时需要注意以下几个方面：一是流域的特殊性。不同流域自然产水不同，流域社会经济条件也不同，水资源问题也具有独特性。在制定流域水资源制度时，不仅关注水资源经济效益，同时注意生态效益和用水公平，比如黑河流域分水即是考虑用水公平和流域整体生态。

在制定流域层级水资源制度时，需要流域整体情况。二是跨区域问题。大多数大流域会包括不同的省份、地区等行政单位，这时候就会出现地区边界的跨区域水资源问题，这是流域水资源管理中比较关键的问题。因此在制定流域水资源制度时，一定要特别注意公平合理地解决这些问题，这样才能真正起到流域层级的制度效果。三是制度融合问题。一方面，流域水资源制度和国家层级水资源制度在同一个问题上要融合，不能有矛盾。必须坚持“下位法”服从“上位法”。同时，在“上位法”的制定过程中，一定要充分听取地方的意见和建议。另一方面，流域水资源制度必须要妥善处理好上下游、左右岸的关系，在水资源配置、水环境治理、流域经济社会发展、流域城乡发展规划等方面加强统筹协调。

地区层是以行政区划为单元的具体地区的水资源制度制定，是在国家和流域层级水制度既定的背景下，根据自身情况制定具体的制度。一些地区可能会涉及两个甚至三个层级，地区最高层级将制定地方性法规等制度，第二或第三层级将制订制度实施方案。地区层水资源制度制定时需要注意以下几个方面：一是符合国家和流域层级水制度。地方在制定水资源制度时，必须注意流域制度背景，当然必须符合国家的元制度，地区水资源制度设计不能和上两层有矛盾，在跨区域问题上，也要有特别地考虑。比如国家在流域层级上有分水计划，此地区不能把这些水量预算在区域内供水量。二是把握地区特征。在制定地区水资源制度时，要充分考虑地区特点，是整体性制度，还是内部细分区域制度，是几种制度耦合，是哪几种制度耦合等，都需要准确把握，才能事半功倍。三是制定监督评估机制。制度政策落实及其效果需要一定的监督评估机制，如果仅是出台了制度政策，而没有任何监督机制，那么制度很难达到其效果，因为现实中一些习惯性的东西很难改变，必须设计可以度量的制度效果体系，可以方便第三方评估和公共监督，那么制度执行效果将会大大增强。

（三）地区水资源制度耦合设计

我国水资源总量丰富，但人均量少，地区分布不平衡；水资源自然条件多样，地区使用水资源情况也多种多样，因此在设计我国水资源制度时一定要分层次、分级别，针对具体的情况具体设计。在总的原则下实施地区差异化制度设计，在制度选择上则是多制度耦合设计。

首先，摸清地区水问题根源所在。我国地区水资源及开发利用情况多种多样，地区水资源制度不能与国家层级水资源制度相互矛盾，又不能照搬，要根据本地区水资源问题的实际情况来制定科学合理的水资源制度，因此摸清地区水资源问题根源所在是制定地区水资源制度的前提。水资源问题根源分析主要由以下三个步骤组成：第一步是系统地看待地区水资源。把水看作是地区居民生产和发展的资源环境条件，以系统的观点，将水资源系统划分为水的开采、供给、使用、处理、排放等各个环节，从每个方面进行分析地区水资源问题。第二步是深入实地调研。调研是收集第一手资料的主要途径，是全面真实了解地区水资源问题的关键，在深入调研的基础上，总结地区水资源问题的表现。比如“国务院参事室环境组自2010 年 5—11 月就水问题对西部干旱地区进行了调研……调研表明，我国西部干旱地区水问题，不是自然原因，而主要是由人类因素造成的。它主要表现为：在发展观上，重于水经济，疏于水生态；在水管理上，重于供水，疏于需水；重于水工程和技术，疏于水制度；重于水量，疏于水质；在节水上，重于水效率指标，疏于水总量控制指标；重于主要干旱地区，疏于丰水地区和自流灌区；在水工程上，重于防渗透，疏于防蒸发；在水伦理上，重于强调个体和局域利益，忽视流域和全局利益；在水美学上，热衷于丰水美学观，鄙弃本土生态美学”①。这说明深入地调研可以得出比较全面的结论，是摸清水资源问题关键途径。第三步是地区水资源问题的根源分析。根据地区水资源问题表现，分析产生这些问题的根本原因，因为同一个水资源问题表现（比如水质恶化），在不同的地区原因是不同的，一些地区可能是因为对水污染不重视，并没有相关的制度规定；另一些地区可能是因为现有的污染防治制度执行效果不佳，还可能是因为相邻区域

① 徐嵩龄、葛志荣、谢又予：《西部干旱地区水问题的系统反思》，《中国科学院院刊》2011 年第 3 期。

污水治理不善，因此分析水资源问题的根源，对于制定水资源制度是非常必要的。

其次，针对具体水问题设计制度。地区水资源制度制定的目的是解决本地区水资源问题，既不能照搬国家层级制度，又不能简单地设置统一制度，必须在摸清地区水资源根源基础上针对具体的问题进行设计。根据水资源问题根源将其分类，从而制定相关的水资源制度，而不是根据地区进行制定。如果是普遍问题，就制定地区统一的水资源制度；如果是特殊问题即在一小部分地区突出的，就要针对性地制定相关水资源制度，而不是采取“一刀切”的方式制定水资源制度。

最后，进行地区多制度耦合设计。地区水资源问题往往是多方面的，很难有一种制度可以解决，因而要多制度耦合才能真正解决地区水资源问题。在干旱缺水地区，实施水资源总量控制下的资源有偿使用和水权交易耦合制度，总量控制使得地区水资源用水安全有了较好保障，有偿使用和水权交易制度耦合既能体现水资源价值，促使水资源节约，又能提高水资源效率，提高经济效率；同时实施水质控制的水资源生态补偿和水环境赔偿耦合制度，使得水体质量在水环境健康阈值内，并将水资源外部性进行内部化，生态补偿是正外部性的内部化，鼓励保护水环境，而环境赔偿是负外部性的内部化，减少水污染。在水量丰富污染严重地区，实施水质控制下的水资源有偿使用和排污权制度，水质控制可以有效地解决水体污染问题，有偿使用制度促使水资源效率提高，排污权制度有效地控制进入水体的污染，从而既提高了水资源效率又解决了水污染问题；在市场条件较好地区实施水权交易和排污权交易制度，将水资源使用权和排污权放入市场，发挥市场配置资源的作用，在解决水资源污染问题情况下，实现水资源最有效的利用，创造出最多的社会价值。在水资源短缺和水污染双重压力地区，实施水量和水质同时控制下的水资源有偿使用、水权交易及排污权交易，既可以控制水污染又可以提高用水效率，从而在保持经济相对稳定的基础上，改善地区水资源环境。

第三节 全国及典型区域水资源有偿使用和生态补偿制度方案

一、多水区域的水资源有偿使用和生态补偿制度

(一)基于政府管制的“双有偿使用”和“双补偿”的耦合制度

根据水制度耦合仿真研究结果，多水地区既需要进行杜绝水资源浪费，又要遏制水环境污染。水权有偿使用和水生态保护补偿制度可以促进节水、杜绝浪费，促进水资源保护；排污权有偿使用制度和水环境赔偿制度可以减少污染排放，控制污染。因此这四种制度形成“两有偿使用”和“两补偿”的耦合制度，可以解决地区水资源浪费和水环境质恶化的问题。水资源属于公共资源，在水资源相对丰富的地区，实施此耦合制度，一定要在政府的监管下才能实现。为此，要实现四种制度耦合，必须做好以下工作：

一是取水和水价的管制。政府要对地区取水情况有监管，不能让无偿取水、任意取水、不按照规定取水等现象发生。同时，水价的制定关系到每个用水者，必须在保障公平和水使用安全的前提情况下制定水价，需要政府对水价进行监管。水价监管有两个方面：一方面是水总体价格标准的监管，让水价既不能过低也不能过高；既要防止水价过低而出现水资源浪费的现象，又要防止水价过高而影响经济社会健康发展甚至出现社会稳定问题。另一方面是水价组成的每个部分价格标准的监管，水资源价格、水工程价格、水污染处理价格等各个组成价格标准的制定，必须能体现水资源生态价值、合理供水成本和足够的污水处理费用等原则。各地方水价的制定一定要依据自身的自然、社会经济等条件，制定合理的价格体系。

二是排污和排污费标准的管制。一方面政府要对排污点、排污数量、排污管道等都要加强检测监管。对于排污点，政府要合理布局，确保同时让污水全部及时纳管，防止污水直排甚至偷排的现象不能出现无管理状态的任意排放。对于排污权登记的排污数量，要严格控制在根据地方水环境

容量之内，不允许出现为了多征收排污权费而扩大排污数量规模现象的做法。另一方面政府要针对排污权费标准进行管制，让排污权费合理体现污染容量和污染处理费用等，不能过高也不能过低，过高会抑制经济增长，过低不利于企业清洁生产和污染处理。

三是补偿和赔偿标准及执法的管制。在政府全面推进生态补偿和环境赔偿时，对于其标准进行管制，同时制定办法落实制度付诸实施执行。生态补偿和环境赔偿标准是实施双补偿制度的前提。这些标准的制定一定是符合生态规律和经济规律的，不能让其肆意水涨船高，而影响地区稳定。同时补偿和赔偿的执行力度也需要政府来管制，不能出现有标准、有程序，而没有执行的情况。

四是水费支出的管制。水费支出规范一直是地区未解决的问题。在实施此耦合制度时，水费支出的管制是非常关键的。在多水地区，用水量大，水费可观，往往出现水费支出不透明情况。对于水费支出规范，政府要出台管制办法，详细规定水费支出方向、支出程序。同时要对支出绩效进行评估，从而杜绝不规范支出。

（二）基于市场机制的水权交易——排污权交易的耦合制度

第一，开放水权和排污权交易市场。在水权登记和排污权登记基础上，区分政府管制和市场分配的范围和份额，将一部分关系居民用水安全的水权和排污权监管起来，其余部分推向市场。水权方面要去除基本的生活、生产和公共等保障用水，同时鼓励与节约用水者行为的人将结余的水权“水量”投放到市场，形成可以自由买卖的小型水权交易量市场，优化配置水权。排污权方面要去除生活、生产和公共等保障性用水的排污，鼓励排污权的政府回收。

第二，建立完善的水权和排污权交易平台。政府将水权和排污权交易推行市场之后，必须建立起交易平台，出台相关的政策法规，让交易在正常公平竞争的环境下进行。此交易平台根据地区经济情况，在成本最小的情况下建设。可以借用地区现有的交易平台，也可以通过改造合并等手段来完善交易平台。

第三，规定水权和排污权交易细则，保障交易在公平公正的情况下进行。我国市场机制和国外相比并不十分完善，需要在政府的协助下，规定细则，杜绝出现不合理的价格垄断和买卖垄断等行为。要保持一个合理的市场环境，才能真正实现耦合制度的目的，否则将会出现市场失灵造成水资源使用不当的损失。

二、中间区域的水资源有偿使用和生态补偿制度

（一）水量、水质双控制下的有偿使用—水权交易—排污权有偿使用的耦合制度

根据水制度耦合仿真模拟结果，有偿使用制度可以提高用水者节约意识，促进水资源节约；水权交易可以提高地区用水的经济效率；排污权有偿使用可消除水污染外部性从而遏制地区水污染。在水量短缺和水污染双重压力下的地区，需要耦合这三种制度，从而在保持地区经济稳定发展的情况下，缓解地区水资源压力。此耦合的设置需要关注以下几个关键问题：一是地区水资源总量和水权的分配。地区水资源数量短缺迫使地区用水必须限制在有限规模范围内，那么在分配水权的时候，需要考虑使用先后顺序以及水权登记时的数量问题。二是地区水环境容量和排污权的分配。地区水环境容量控制涉及排污权中排污数量的多少，每年分配的数量必须控制在环境消纳的范围内，即水环境承载力范围内。三是水资源价格、水权价格和排污权价格问题。合理的价格是实现水权有偿使用、水权交易和排污权交易的前提和关键。在设计三个方面的价格时需要剔除重复的部分，比如在水资源价格当中已经征收了污染处理费时，排污权价格将不再重复征收。

设计此耦合制度需要做好以下几个方面的工作：

第一，是核算地区水资源总量和水环境容量。组织专家组或第三方组织真实核算地区水资源总量和水环境容量，并预测用水情况和排污情况，从而为合理登记水权和排污权奠定基础。

第二，是水权和排污权登记。在水资源总量范围内进行水权登记，符

合条件的单位或个人通过申请得到相应的水权，并注明使用数量和用途等信息。水权登记的水量总和是在可承载范围内的。在不损害生态环境健康下，水环境容量许可范围内分配排污权，从而确保地区经济发展和水环境健康。

第三，是设置水资源价格、水权价格和排污权价格。以促进用水者节约为标准进行水价设计，以水权交易者获利在正常范围内为目的来设计水权交易价格，以减少排放总量为目标来设计排污权有偿使用价格。剔除水价和排污权价格重复部分，剔除初始水权价格和水价重合部分。

第四，是完善有偿使用费用征收和支出制度。水价、水权和排污权有偿使用价格都需要制定相关征收制度，建立监督机制确保上缴率。完善这些费用的支出制度，制定明确地支出标准和去向。水财政透明化管理，让民众清楚这些费用的必要性，是取之于民而用之于民，如此以来促进民众的上缴积极性，形成良性循环。

（二）水量、水质双控制下的有偿使用—生态保护补偿—水环境损害赔偿耦合制度

在水量短缺和水质恶化双重压力下的地区，将水资源的商品属性发挥到最大。不允许出现无偿使用水、无偿保护水生态和无偿损害水环境的情况。要建立水量和水质双控制下的有偿使用、生态保护补偿和水环境损害赔偿的耦合制度。在设计此耦合制度时，需要根据以下原则："谁受益，谁补偿；谁保护，谁受偿；谁污染，谁赔偿；谁被损；谁受赔。"因此，设计水量、水质双控制下的有偿使用—生态保护补偿—水环境损害赔偿耦合制度，需要以下步骤和工作。

第一，设置合理水价，全面增收水资源费。当前水资源价格中水资源费的部分较低，不能体现水作为资源的稀缺性，而在成熟供水管道建立情况下供水成本部分可以提高，要通过设置合理水价，全面增加水资源费部分，体现水资源稀缺性。同时设置保障性用水政策，通过支付转移和补贴来解决经济弱势群体的用水问题。水价要根据不同的使用性质、经济收益及排污情况来定。

第二，根据水资源保护质量和数量以及受益者受益的综合情况来计算生态补偿标准，制定相关办法，让生态保护者得到相应的补偿，而让受益者付出相应成本。在水短缺和水污染双重压力的地区，其标准不但要和水质有关也要考虑数量标准，这让人们意识到地区水资源稀缺，从而鼓励水资源保护。

第三，根据水环境损害程度和损害者的承受能力计算赔偿金额。要受损害者接受应当的赔偿，让损害环境者受到应有的惩罚。当遇到恶意损害环境时，必要时进入法律程序。

第四，制定征收制度和补偿（赔偿）制度。三种价格标准下，制定水价征收程序、补偿程序和赔偿程序。明确征收主体、金额和范围，明确补偿主体、金额和范围，明确赔偿和被赔偿主体、金额和方式等。

三、少水区域的水资源有偿使用和生态补偿制度

（一）水总量控制下的有偿使用—水权交易的耦合制度

根据水制度耦合仿真模拟结果，水资源有偿使用可以促进水资源节约，而水权交易可以提高水资源经济效率。少水地区需要进行总量控制下的水资源有偿使用和水权交易耦合制度，才能在保障地区经济发展的前提情况下缓解地区缺水压力。具体制度设计工作如下：

首先，进行地区水资源总量和使用量的估算及预测。地区水资源总量和使用量的预测是水资源有偿使用和水权交易耦合制度制定的前提。从地区层面上明晰水资源可开发量，平水期和枯水期的水量变化等情况，从而为水权界定奠定基础。从各类用水层面上，根据地区过去、现在和未来的用水情况及地区经济发展方向等，运用科学地方法预测各类用水量的变化趋势。

其次，登记水权，即水权的初始分配。所有权属于国家的水资源使用权，按照流域、行政区、用户进行三级水权分配。一级水权分配主要是指流域范围内的省（市）间的分配，二级是指省（市）内的市（地级）、县（市、区）、乡（镇）之间的分配，三级是市（地级）、县（市、区）、乡

（镇）内部具体到用水户的分配，在这一级分配中是要预留出基本的生活、生态等公共用水，即确定用水次序，先保证基本的生活、生态等公共用水，才能将余下的水权进行用水户的分配。根据地区经济发展情况和当前用水情况进行分配。分配的过程是通过符合条件的用水单位或个人向相应部门申请水权，并进行单位或个人信息、水资源量、用途等方面详细登记，从而完成初始水权的配置。要出台具体的水权分配细则。农村集体所有的水资源也要出台内部水权分配法案。

再次，根据有偿使用原则，设置各类水资源使用收费标准。具体包括水费标准（资源水价、工程水价和污水处理费），水权登记费用，水权交易成本费用等。不同类型的用水收费标准也应该用不同的方法来设置。居民生活用水收费标准的设置需要考虑水资源价值、供水成本、污水处理费，还要考虑居民的承受能力，一般使用包括低收入群体的阶梯水价方法。而工业用水价格不但需要考虑水资源价值、供水成本、污水处理费，还要考虑用水规模体现的稀缺价值。而在农业水价设置过程中，考虑有机农业和化石农业的区分，对于化石农业用水要征收其污染治理费用，而对于无污染农业用水则设置减免水费机制从而鼓励有机农业用水。

最后，设置节水激励的奖惩机制和水权交易的市场机制。在水资源有偿使用过程中，不但要征收资源费，还要设计各类用水的节水激励政策，主要在工农业生产过程中，对于采用节水措施的用水者实施水资源费的减免或优惠政策，而对于浪费行为要进行严厉的惩罚。水权的交易则是鼓励政府回收水权指标或同行业间进行交易，从而达到节水的总体效果，同时通过市场流动，在用水量总量一定的情况下，促进地区经济收益。因此在水权登记之后，构建以政府主导的准水权交易平台，政府作为市场中买卖角色进入水权交易当中，让水权流动体现市场供需。

（二）水质控制下的水生态保护补偿—水环境损害赔偿的耦合制度

水资源与水环境是紧密联系的两个方面。水资源丰富，有利于水环境改善；水环境改善有利于水资源保障。因此，在重视水资源“量”的同时，也要高度重视水环境的“质”。

第一，关注地区水质，构建水质监测系统。利用先进的科学技术建立水质实施监测体系统，进行地区水质情况监测。特别是在一些排水口或交界面，以及水源地。把可能发生水质变化的区域重点监测。

第二，是认清补偿主体和受偿主体、赔偿主体和被损害主体。根据“谁受益，谁补偿”“谁保护，谁受偿”“谁污染，谁赔偿”“谁被损，谁受赔”的原则，进行设置水生态保护补偿和水环境损害赔偿耦合制度的设计。根据水质监测系统可以识别四种主体，并进行备案。同时由于水质是动态变化的，主体也可能会随之变化，需要跟踪并及时备案。

第三，建立水质标准和补赔偿标准。根据自然水体、生态环境及生物健康等方面，建立地区水质标准。水体水质在什么标准需要生态补偿？补偿多少？水质在什么标准造成损害？损失多少？为此，这四个问题是耦合制度顺利实施的关键。根据少水区域的环境及补赔偿双方的可接受范围，设置四个问题的答案。同时具体的损害事件和长期的生态补偿也需要进行区分。

第四，是建立完善的补偿和赔偿机制，并配以法律法规体系来保障。设立标准是实现制度的基础，而完善的补偿和赔偿机制是顺利实施的保障。明确补赔偿双方主体、补偿标准之后，要设立补赔偿渠道和补赔偿方法。地区生态补偿或环境赔偿需要走财政转移支付，小区域的生态补偿或环境赔偿是走民间双方协商；地区生态补偿或环境赔偿走向民生发展专项基金，小区域生态补偿或环境赔偿走向受偿集体或个体。

四、全国“双总量控制、双有偿使用、双交易制度、双补偿制度”的耦合制度

从我国三种典型区域的水制度模拟仿真结果分析可知，我国需要多制度耦合的制度设计。总结为“双总量控制、双有偿使用、双交易制度、双补偿制度”的耦合制度。双总量控制是指地区水权总量控制和地区水污染权总量控制；双有偿使用是指水权有偿使用和水污染权（即排污权）有偿使用，双交易制度是指水权交易和排污权交易，双补偿是指水生态保护

补偿和水环境损害补偿（赔偿）。水资源有偿使用制度和生态补赔偿制度。

（一）水质和水量双总量控制

强化水资源总量控制制度。在现行的水资源总量控制和定额管理制度基础上，进一步明确水权，从供给管理转向需求管理，科学合理分配水权，强化水资源总量控制制度。水资源使用总量控制是建立在水权总量控制基础上的。水权供给数量一般包括水权总供给数量、流域地表水水权数量、流域地下水水权数量和外部调水水权数量；水权需求包括生态水权数量、生产水权数量和生活水权数量。为保障必需的生态水权数量，全国必须推行取水总量控制及其对应的可用水权总量控制制度，不允许以任何理由侵占生态水权的做法。从全国、流域、省（市）、县乡镇，进行逐步逐级分解水权，建立覆盖全国各级行政区的取水许可总量指标体系。

建立水资源质量控制制度。在现行的水污染防治法基础上，加强全国水资源质量控制，建立水污染权管理制度。将水资源质量控制和污染权管理制度写入法律当中。明确规定各种用水的用水强度标准，制定用水强度细则。水污染权分配按照水环境容量标准进行，而不是经济发展情况。明确规定全国各大水区（流域）排放的污染总量，制定水污染权管理细则。从流域、省（市）、县乡镇，进行逐步逐级分解水污染权，建立覆盖全国各级行政区的排污权许可总量指标体系。

（二）水权有偿和排污权有偿的双有偿

健全水权有偿使用制度。在现行水权制度基础上，加强水权界定，在分析地区水权供给和水权需求的基础上进行水权初始分配和水权有偿使用制度。除流域生态水权之外，其他水权都要做到有偿使用，行政区将流域初始分配其他类型水权转成生态水权，可免征水权有偿使用费。水权价格制定时，既要根据水权供给类型，又要根据水权需求类型；既要体现水权稀缺价值，又要兼顾居民生活和地区生态。在全国出台水权有偿使用制度和水权价格制定原则，各流域制定各自的水权价格制定原则和参考价格，各行政区根据不同类型（既考虑供给类型，也要考虑需求类型）水权来制定水权价格标准细则。

健全排污权有偿使用制度。在现行排污权制度基础上，进一步核算流域水环境容量，根据流域实际的水环境容量来确定排污权数量，然后明确排污权有偿使用制度。从生产企业排污到生活排污逐步扩大排污权有偿使用范围。加强生活污水处理环节，力争生活排污权不占流域总排污权指标。在制定流域分配流域排污权总量时，既要考虑环境容量又要考虑地区污染治理能力，同时要预留出一定生活排污权指标，坚决杜绝为发展地区经济而将排污权做满做超。排污权价格制定时，既要考虑污染物总量，又要考虑污染物类型，既要考虑地区经济承受能力，又要考虑地区污染负荷。规定以任何形式造成水资源污染的集体或个体都必须支付治理污染的费用，各地区排污权登记和价格设置都必须以“限制当地污染排放总量、恢复地区生态环境”的具体目标为约束。在全国出台排污权有偿使用制度和排污权价格制定原则，各流域制定各自的排污权价格制定原则和污染权价格标准细则，各行政区根据不同类型（既要考虑供给类型，也要考虑需求类型）污染排放制定具体的排污权价格。

（三）水生态保护补偿和水环境赔偿的双补偿

健全水生态保护补偿制度。任何形式的水资源生态保护行为都应该受到补偿，各地区应全面推进生态补偿机制。参照环保部生态补偿意见，根据水生态补偿特征，专门制定出台水生态保护补偿制度。根据“谁受益，谁补偿；谁保护，谁受偿”原则，形成全国水生态保护补偿制度。明确规定确定水生态保护生态补偿的主客体原则，补偿机制发生原则，补偿标准确定原则等。不同水资源类型区，根据生态环境和上中下游人口社会经济特征，进行确定各自的水生态保护补偿主客体、补偿机制和补偿标准。补偿标准制定既要考虑水环境质量标准，又要考虑保护者和受益者的实际自然环境、人口社会经济和民俗习惯等情况。出台补偿标准细则，详细规定不同情况下补偿标准。

建立水环境赔偿制度。规定任何损害水生态环境健康的行为都应该进行向受损者赔偿，各地区应该全面出台环境赔偿办法。国家应将水资源环境本身的损害赔偿纳入法律体系中，通过立法途径解决水资源环境损害问题。根据“谁损害，谁赔偿；谁受损，谁受偿”原则，形成全国水环境赔偿制度。

（四）水权交易和排污权交易的双交易

建立全国各级水权交易平台。全国水权交易分三个等级。一级水权交易平台功能是政府主导下区域水权的初始配置，将流域可使用和交易水权数量分配到各行政区。二级水权交易平台是区域之间或区域与政府之间的水权交易。区域根据用水需求、节水成本、水资源禀赋等状况决定自己买入或卖出水权，政府可以作为生态用水一方参与到水权交易当中。三级水权交易平台是用水户之间的交易。政府将水权有偿分配给各个用水户之后，用水户根据自己的用水效率、节水技术或用水收益等因素，决策是否进行买卖水权。

开放全国排污权交易市场。加快推进全国范围内的排污权有偿分配，按照行政许可要求核发排污许可证。排污许可证既是排污单位合法排放污染物的权利体现，也是治理污染物的责任约束；既是政府管理的基础，又是排污单位参与排污权交易市场的基本依据。排污者获得初始排污权之后，可以按照自身的污染治理成本、企业清洁生产技术、排污权市场稀缺等情况，进入排污权交易市场，形成全流域的排污权交易市场。政府可以作为环境保护方参与市场。

第四节　健全我国水资源有偿使用和生态补偿制度的对策建议

一、进一步完善水资源和水环境产权制度

水资源和水环境产权制度完全建立是水资源市场化配置的前提，是推动我国水市场建设、提高水效率的重要环节，是健全我国水资源有偿使用和生态补偿制度的重要途径。着重健全完善党的十八届五中全会提出的“用水权”“排污权”制度，主要包括产权有偿使用和交易制度。

（一）完善水权有偿使用和交易制度

第一，清晰地界定水权。当前水资源管理已从供给管理转向了需求管理，界定水权时需要同时考虑供给和需求。首先科学地核算流域水权总供给数量，然后扣除生态水权数量才是流域可使用和可交易的水权数量，在可使用和可交易的水权数量当中再区分生活水权和生产水权。水权界定分为三个等级。一级水权界定是以政府为主导的流域水权配置，即从流域分配到行政区，这个等级水权界定要统筹考虑生态和生产、地区经济等约束条件，科学清晰地界定水权。二级水权是在一级水权基础上，区分生态水权、可使用和可交易水权，在保证生态水权基础上，考虑经济生产下的行政区内部区域的水权分配。三级水权是去除生态水权之后，保障生活水权基础上，进行的具体用水户水权分配。

第二，在水权总量控制下建立水权有偿使用制度。在水权稀缺的情况下，我国应从原来的简单行政许可转向水权有偿使用，即用水者要合法有偿地取得水权。一级水权配置通过行政许可形式。而二级水权配置中根据供给水权总量，分配生态水权、可使用和可交易水权数量，可使用和可交易水权数量要进行总量控制，一定要预留出生态水权。同时可使用和可交易水权需要通过行政许可证的有偿形式取得，三级水权配置中的生产用水水权则是通过有偿使用取得，同时核发水权证。

第三，建立兼顾公平和效率的多级水权交易制度。在水权清晰界定基础上，通过构建流域、行政区和自由交易三级市场，在政府监管下将水权交易推向市场，让市场起到配置水资源的作用。可交易水权的市场交易可以提高用水效率，生态水权和生活水权的保障及政府监管可以兼顾公平。一级交易市场主要是在流域管理主导下，在保障生态水权的基础上，行政区之间的可使用和可交易水权的交易。二级水权是在行政区主导下，在保障生活水权的基础上，进行的生产用水交易。三级水权交易是用水户之间的交易，在政府监管下，完全由市场主导。

第四，构建完善的水权管理制度。随着水资源短缺状况的加剧，管理者普遍认识到水资源重心必须从供给管理转向需求管理，从原来的需求确定供给的原则转向供给确定需求的原则。水权改革的核心是推进水权交易制度，必须构建完善的水权管理制度才能保障水权交易制度顺利进行。构建水权交易中心，负责核定流域可使用和可交易水权数量；负责制定区域水权的初始分配，制定初始水权价格，制定并管理水权交易。

（二）完善排污权有偿使用和交易制度

第一，在总量控制原则下分配流域排污权总量。用环境容量法来计算整个流域整体排污总量，把整个流域环境容量的最大上限阈值作为排污权的“总阀门”。在总阀门的控制原则下分配各区域的排污权数量。在具体分配区域排污权时建议用目标总量法，遵循以下原则：一是尊重现状原则，以现状排放总量为总量控制的基数；二是动态调整原则，按照污染减排要求逐渐递减排污总量。

第二，在资源稀缺原则下实施排污权有偿使用。在水环境不断恶化的情境下，排污权的稀缺性越来越明显，初始排污权无偿分配已经无法适应资源稀缺的现实情况，必须转变分配方式，即从无偿到有偿分配，才能真正体现现实情况。因此实施排污权有偿使用制度，要完成初始分配。初始排污权分配模式不影响排污权均衡价格形成。排污权初始价格确定不但需要污染物数量、种类、污染效应等，还要考虑地区经济条件、市场发育情况等。根据各地区具体情况，在国家总原则下有偿核发排污权许可证，在核发排污权许可证时要标明具体的污染物、污染数量等信息，从而形成排污权有偿使用制度。

第三，在交易双赢原则下开展排污权交易。排污者获得初始排污权后，由于企业间的污染排放边际收益和污染治理边际成本不同，自然会出现排污权的“富裕”和“短缺”，从而自然形成排污权交易市场。具体不同污染排放边际收益或不同的污染治理边际成本的企业间，通过排污权交易实现交易双方的“双赢”，从而达到最低污染治理成本下的边际收益最高，既提高了经济效率又保护了生态环境，实现了环境容量资源配置的最优化。

第四，在水承载能力限制原则下进行排污权管理。不同的水体环境承载能力不同，在排污权交易过程中不能随意交易，避免通过交易把全流域排污权集中在一小部分水体环境，从而造成局部环境恶化，进而影响整个流域水体环境。因此需要在当地水承载能力限制原则下进行排污权交易。即排污权交易管理中需要明确规定交易边界。

二、进一步完善水资源和水环境财税制度

水资源和水环境财税制度是实现地区水资源管理的重要手段，是推动我国水市场、提高水效率的重要环节，是健全我国水资源有偿使用和生态补偿制度的重要内容。

（一）建立统筹管理的水财税制度

第一，健全水资源财税征收制度。首先，通过水资源有偿使用和生态补偿制度体系确定各种水资源财政征收范畴。根据前面的制度模拟结果，将水资源财税征收分为以下几种：水资源费、污水处理费、水权费、排污费（排污权费）、环境受益税、环境损害费。每种费用都会对应相关制度，在实施耦合制度时要注意重复的部分应给予去除。比如工业用水的污水处理费和排污费，要进行取舍，不能充分收取。在居民用水中收取水资源费，水权费则是从供水公司取水许可有偿使用中体现。其次，健全水资源和水环境税费征收制度，水资源和水环境税费包括水资源费、污水处理费、环境受益费。现在实施的水资源费中水资源费过低，同时没有实施环境受益费制度。因此，健全水资源税制度需要提高水资源费，实施环境受益费制度，生活用水征收合理的污水处理费，而在实施排污权制度的地区工业等生产性用水免征污水处理费。最后，健全水资源和水环境产权费征收制度。水资源和水环境产权费制度包括水权费、排污权费和环境损害费，目前已有水权费和排污权费的试点，环境损害费制度还处于初步框架阶段。因此要全面推广水权费和排污权费的征收，制定相关细则；要进行环境损害费征收试点，逐步推广实施，从而完善水资源和水环境产权费征收制度。

第二，建立统筹管理账户。首先厘清各种税费，从第一点分析可知，

水资源财税制度系统复杂，各种费用可能归属不同的部门，征收单位也不同，因此需要厘清各种税费的属性、数量、征收单位等信息，这样才能做到统筹管理。其次建立统筹管理账户。各地区成立水资源税费制度核算小组，将地区所有的水资源费、污水处理费、水权费、排污费（排污权费）、环境受益税、环境损害费核算总量，除去各种行政办公等必要的成本之外，核算收入结余，建立统筹管理账户。根据地区各自情况，分统一账户和统筹账户，统一账户是将结余归入到一个账户上统一管理，统筹账户是成立各种专门账户，但支出要进行审核报批，最后部门协调管理。水资源税费收入涉及多个部门，需要部门之间的协调才能进行统筹管理。因此创新管理制度，进行部门协调管理，核算小组可以从各部门抽调组成，实现协调管理机制。

（二）建立支出透明的水财税制度

第一，健全水资源财税支出制度。水资源财税制度的最终目标就是要保护水资源、减少污染，让居民的饮用水和生态有所保障。因此水资源财税支出直接和目标相关。水资源财税支出需要分公共项目支出和政府补贴（补偿），公共项目支出指流域环境治理工程、区域环境修复工程、环境保护基础设施建设等。而政府补偿或补贴，包括生态保护补偿、生态循环补贴、污染治理补贴、节水激励补贴等。在现有制度基础上，构建完善的公共项目支出制度和政府补贴（补偿）制度。

第二，建立透明的支出管理制度。首先，明确公布支出范围。大到流域小到乡镇或灌区，建立明确的费用支出项目范围，并进行公众审核通过，把自己归口的水资源税费收入按照这个公开审核过的范围进行分配。其次，做到支出程序透明。建立支出完整的支出程序，并进行公布，让群众知道税费如何进行支出。最后，进行支出信息公开。定期公开支出项目的费用去向、效果等信息，让群众能够明白税费去向。

三、进一步完善水资源和水环境价格制度

完善的水资源和水环境价格制度是水资源市场配置的前提，是实现水

资源财税制度的关键环节。

（一）构建科学的水资源价格体系

第一，科学确定水资源价格构成。水资源价格构成是合理构建水资源价格体系的重要前提。随着水资源价值理论的逐步成熟、环境保护意识的增加，水价的构成理论也逐步完善。曾任水利部部长的汪恕城提出水价应由三部分组成，即资源水价、工程水价和环境水价。资源水价是水资源费，是使用水权利的有偿使用；工程水价是生产成本和合理利润，是水体质量和数量的体现；环境水价是指污染处理费用，是污染容量的有偿使用。这三部分组成完整的水价构成。

第二，构建完善的水资源价格体系。由于用水类型和地区社会经济条件不同，水资源价格形式也会不同，根据具体情况构建完善的水资源价格体系是水资源可持续利用的前提，也是水资源进入市场的必要条件。单一水价形式已不适应当前社会经济发展，要构建适应地区特点的两部制水价和阶梯式水价，以及两者复合水价体系。

（二）构建合理的定价机制

第一，合理确定水资源价格标准。当前水资源价格由三部分组成：一是水资源费，二是成本和利润，三是污染处理费。根据仿真结果，形成水价标准中水资源费过低，污染处理费“一刀切”不合理，而现实当中供水成本和利润可能过高估计，这是企业利益使然。因此需要合理确定水资源价格标准。根据水资源价值和稀缺性确定水资源费，根据污染排放情况确定污染处理费，根据实际的供水成本和利润确定工程价格部分。

第二，构建完善的水资源定价机制。首先是以水资源供需关系作为定价标准。供求关系决定的水资源价格是体现水资源稀缺大小的杠杆，以供需关系制定价格才能向市场均衡价格靠拢。其次是通过公共参与的社会机制实现水价制定，水价制定必须有政府、供水公司、大型用水企业和社会公众的参与，才能实现公平定价。再次是合理安排水价构成比例，水资源价格是由地区水资源价值、供水成本、合理利润、环境成本构成，恰当的比例才能对社会经济发展有益，供水成本过高会损害环境，环境成本过高会损害经济发展。最后是因地制宜安排水资源价格。水资源价格形式有单一式、两部制、阶梯式和复合式等，各地区要根据自己的情况安排水价表现形式，才能实现地区水资源可持续利用。

四、进一步完善水资源和水环境技术创新

水资源节约和水环境治理的根本问题在于技术问题。“节水不经济”“循环不经济”的根源是技术水平落后。因此，必须强调水技术创新及其激励水技术创新的制度。

（一）建成一套水技术创新制度

第一，节水技术创新。构建以节水为目标的，涉及节水技术创意、节水技术研发、试验、生产和使用以及推广过程的技术创新制度。让节水技术创新形成一个产业，进入市场。实现节水技术创新的经济效应和生态溢出效益。具有节约水资源、改善水质、减少水污染、改善水环境等溢出效益。

第二，水循环和再生水技术创新。以循环用水为目标，构建涉及再生水技术创意、研发、试验、生产和使用以及推广过程的技术创新制度。推动循环用水产业化，以污水或回水为生产原料，进行再次水产品生产，供应水市场，减少自然水量的取用，达到节水效果。

（二）建成一套水技术创新激励制度

第一，产权激励。明确产权能够提供一种激励机制。制定完善的节水技术知识产权政策和法律体系，通过法律体系保障节水技术创新者的利益，激励节水技术创新。建立将财政性节水技术项目创造的知识产权授予承担着的制度，加大创新者的创新动力，激励节水技术创新。

第二，市场激励。通过相关市场制度的完善来形成激励节水技术创新的市场环境，提高制度运行效率。建立完善的节水技术创新市场交易制度，规范的市场竞争制度和完善的中介服务体系。

第三，政府激励。政府激励可以弥补产权和市场激励制度失效。主要通过以下几个方面进行激励。一是政府补贴，主要是对节水技术研发、产

品生产和产品消费进行补贴，从而对节水技术创新主体进行补充。二是税收优惠政策，减低创新主体开发成本、产品生产成本等。三是金融扶持政策。从分散风险、减低融资成本角度对节水技术创新活动进行扶持。由政府通过政府采购和政府奖励等政策对节水技术创新进行激励。

五、进一步完善水资源和水环境法律制度

水资源和水环境法律制度是水制度实现的法律保障，没有法律保障会影响制度推进，因此完善水资源和水环境法律制度是健全水资源有偿使用和生态补偿制度的坚实后盾。

（一）出台一系列完善的水法律制度

第一，出台水生态补偿条例。我国水生态补偿制度还没有形成具体的法律法规条例，应根据我国水生态补偿试点和推行情况，尽快出台水生态补偿条例，规定水生态补偿对象、资源来源、补偿机制、补偿效果监督等内容。

第二，出台排污权交易条例。我国排污权制度还未有具体的法律法规条例出台，根据我国排污权试点情况，尽快全国范围推广，并形成具体的法律法规条例，规定初始权分配原则、有偿使用原则、交易规则、监管管理机制等内容。

第三，出台水权交易条例。我国排污权制度还未有具体的法律法规条例出台，根据我国水权试点情况，尽快全国范围推广，并形成具体的法律法规条例，规定初始权分配原则、有偿使用原则、交易规则、监管管理机制等内容。

（二）出台一系列完善的配套制度

水资源管理是一个复杂系统，其制度涉及多个方面，特别是耦合制度的实施，需要各部门协调。因此对于制度实施仅有对应的法律条例还不够，还要出台相关配套制度。

第一，出台确定部门职责功能的配套制度。水资源有偿使用和生态补偿制度的法律法规出台之后，根据制度实施涉及的部门职责，出台相应的

配套制度，明确规定各部门职责功能等内容，否则会出现推卸责任而导致制度滞后现象。

第二，出台部门协调的配套制度。水资源有偿使用和生态补偿制度的法律法规出台之后，根据制度实施涉及部门的协调工作，出台相应的配套制度，明确规定各部门协调内容、协调机制等内容，否则会出现部门协调不到位而导致制度停滞现象。

第三，出台制度评估监督的配套制度。水资源有偿使用和生态补偿制度的法律法规出台之后，根据制度实施全部过程，出台相应评估监督配套制度，明确规定评估程序、奖罚机制、监督机制等内容，否则会出现因没有评估导致制度实施的烂尾现象。

六、进一步完善水资源和水环境监管机制

水资源和水环境监管是水制度最终顺利实现的保障，为推进水资源有偿使用和生态补偿制度提供政策保障。

（一）完善水资源和水环境制度监管机制

第一，确定水资源和水环境监管内容。水资源的公共物品属性决定了它的市场配置也需要在政府监管下进行。要实现水资源有偿使用和生态补偿制度，发挥市场配置作用，必须做到以下监管：一是水价的监管，它是维护居民饮用水安全的重要条件；二是水权交易监管，它是维护生态用水的重要条件；三是排污权交易监管，它是防治水污染的重要条件；四是生态补偿监管，是实现水生态保护的重要条件；五是环境损害赔偿监管，是环境产权保护实现的条件。

第二，完善水资源和水环境监管机制。根据仿真结果研究，水资源有偿使用和生态补偿制度的实施需要进一步的监管机制。水资源和水环境监管主要包括：按照水量控制原则，加强取水监管；按照水质控制原则，加强污染排放监管；按照有偿使用和因地适宜原则，进行水价监管；按照“谁保护，补偿谁”原则，加强水资源生态保护补偿监管；按照“谁损害，谁赔偿”原则，加强水环境赔偿监管；按照“取之于水，用之于水”的原

则，加强水资源财税制度中税费征收和支出的监管。

（二）完善水市场的公众监督机制

第一，确定水市场中政府、用水企业和社会三方的定位。水市场是一个十分复杂的问题，需要在政府主导下进行。政府必须确定其主导地位，针对各项事务明确自己的责任和义务，区分管制和市场范畴，应该管制的范畴一定加强监管，而应该放松的范畴就推向市场，由市场决定，少干预甚至不干预。明确用水企业和社会定位，用水企业不但要盈利，同时还需要有社会责任，保障用水安全的职责；社会不但是用水者的集合，也要承担监督管理的职责。

第二，建立完善的公众监督机制。明确水市场中社会公众的监督地位，建立社会公众的监督机制，让人人都可以参与水市场监督。人民群众是水资源利用者和保护者，与水有着最相关的利益相关者。水资源制度的制定目的最终是为保障人民群众的用水安全和生态安全，因此建立公众参与的监督机制是制度实现的最好保障。公众参与监督机制主要包括：公众参与水价制定监督，实施公正合理的有偿使用制度；公众参与水财政制度收入支出管理，实施透明的水财政制度；公众参与生态补偿制度监督，实施公平合理的生态补偿制度；公众参与水环境赔偿监督，杜绝无偿损害和漏赔现象，实现环境保护意识的赔偿制度。

第五篇　法律制度篇

——水资源保护法律制度的融合与创新

水法律制度的改革与完善急需解决下列现实问题：

第一，水主管部门之间存在诸多权力冲突与利益之争，水体保护没能形成统一的综合协调理念，不能向以环境保护为中心的水体综合治理转变。水资源的有偿使用、生态补偿、损害赔偿是相对独立但又紧密联系的法律制度实践，在现实中存在一些冲突和不协调的现象，有待从涉水概念、立法目的、权利基础、制度建构等方面进行综合与协调，即进行一体化、体系化构建和制度设计。

第二，我国现行《水法》《水污染防治法》《水土保持法》《防洪法》等之间存在张力，不够体系化、协调化，水法体系呈现出碎片化，水体保护和管理面临综合协调的缺失和不足。我国现行水环境管理体制割裂了水资源生态价值和经济价值的内在联系，人为阻断了水污染防治的统一性和完整性，不利于水污染防治的真正实施。出于对水资源可持续性、水生态系统的功能性和整体性等考量，当务之急也许并不是要创造许多新的水环境管理手段，而是要完善和革新现有的水环境政策和法律机制，实现政策、制度手段的最佳集成效果和综合管理效率。在此过程中，国家承担着重要的、首要的水资源制度立法完善义务。

第三，我国水法之间没有形成统一的水治理理念，仍强调以水开发利用为重点。也就是说，仍然存在“重水资源开发”“重水资源利用”，而“轻水环境保护”“轻水生态建设”等不足。国际水法和域外国家和地区水法立法的直接立法目的大多是环境保护，其最终目的是实现可持续的水体保护与治理。作为水体管理基本法的《水法》，应对其进行再次修订并尽快被提上立法议程。

上述现实问题的存在必须探讨下列科学问题：第一，如何对现行水法制度体系进行绿色化、体系化和科学化，让《水法》《水污染防治法》《水土保持法》《防洪法》等统一在生态环境保护的根本目标上，发挥水资源保护法律制度的最佳效果，从而实现水体的综合保护和治理、水资源的永续利用。第二，如何对水资源的有偿使用、生态补偿、损害赔偿进行制度整合与融合，特别是从权限、权利、义务/责任、制度等进行一体化考量，减少这三大制度领域之间的冲突，则是基于"三偿"手段（有偿使用、生态补偿、损害赔偿）的水资源法律制度之革新和完善的一大挑战。第三，新《环境保护法》《水污染防治行动计划》《环境影响评价法》等为水法律的修改和完善提出了新的立法具体化和完善任务。因此，涉水法律法规须及时修订或修正，以弥补现行水资源保护法律制度存在的一些缺失，而且必须有一定的前瞻性。基于"三偿"手段而构建的水资源法律制度，也需回应新《环境保护法》新的制度要求和现实任务，并与传统法律制度体系保持良性衔接与互动耦合。此外，建议强化水资源保护立法的国家义务和责任，国家应尽快在环境保护的统一理念下实现水体的综合一体化保护。

综上所述，狭义的水制度包含水资源制度、水环境制度和水生态制度。相应地，水资源有偿使用、生态补偿、损害赔偿这三大制度分别是水资源制度、水环境制度和水生态制度的较为核心的制度。三偿制度之间在涉水概念、立法目的、权利基础、法律体系和制度建设等方面，都存在一定的张力和冲突。所以，有待从生态整体主义方法论出发，根据水生态系统的综合管理和整体性治理理论，对水资源有偿使用、生态补偿、损害赔偿进行规制理念、规制原则和规制基本措施与制度等方面进行整合、协调，达到水体保护理念的统一、基本原则的趋同和制度的融合。本篇内容在研究过程中，依托课题组进行了相关调研，合理借鉴国外、地方的成功立法经验和制度实践，对我国现有的水资源有偿使用、生态补偿、损害赔偿这三大制度进行总结、回顾、批判性反思，并最终提出一些建设性意见和建议，以期促进我国水法迈向以水量与水质统一的、更加体系化、更加符合以生态环境保护目标为导向的综合水体和水生态系统管理法律制度。

第十九章 水资源保护法律“涉水”概念的融合与创新[①]

现行“三偿”制度涉及水资源、水污染、水生态等相关概念，概念之间缺乏综合环境保护理念，也较少强调水生态系统性与整体性；再者的“三偿”制度涉水相关概念缺乏体系化与系统性，这在很大程度上导致了水法实施不力，效果不理想。我国《水法》《水污染防治法》等水法律中各自侧重使用“水资源”（水量）与“水环境”（水质）等不同概念，间接导致水法目的的不统一，从而影响了“三偿”制度的实施效果。本章重点分析我国相关水法中的核心概念，对比欧盟、德国等水法中的概念，针对我国水法概念不统一、可操作性不强、法规不成体系的现状，建议用“水体”和“水体使用”为水法的核心概念，以整合现行分散的水法立法体系和法律制度体系。因为，明确的法律概念是法律制度贯彻实施的基础，如果水法概念不统一，在实践中会导致对同一事物的碎片化管理。所以，首先有必要系统地加以分析和梳理，重构我国涉水相关法律概念，以促进我国水资源保护法律“涉水”概念的融合与创新，为下文的立法目的、权利体系、法律制度等分析奠定基础。

① 本章部分内容已发表，详见沈百鑫：《水资源、水环境和水体——建立统一的水法核心概念体系》，《中国环境法治》2012 年第 2 期。沈百鑫：《水法中的水相关概念辨析——水资源、水环境、水体》，中国法学会环境资源法学研究会 2011 年年会会议论文。沈百鑫：《德国和欧盟水法概念考察及对中国水法之意义》，《水利发展研究》2012 年第 12 期。

第一节 “三偿”制度背后的涉水法律概念考察

一、研究涉水概念的必要性和可行性

学者歌德（Gerd）对法律中“自然”的多种分析视角[①]值得本书研究借鉴，水作为自然的组成部分，可从不同的角度进行考察：

首先，水是一种自然现象，是自然界中发生的一个循环过程，包括在地表水、地下水、海水、冰川水和空中水等自然界中各种水形态和不同水域中的循环往复，并出现由不规律的水运动造成的洪水与干旱、海啸、台风、雪崩、海平面上升、冰川消融等现象。在此意义中，人类对水循环的作用力只是自然界中的一个较小的影响部分和环节。

其次，水作为一种自然存在的、人类在生产和生活中的可使用物质。随着工业化、城市化及全球化的进程，水的自然区域分布与循环发生了剧烈的变化，水作为一种矿藏被无节制的开发。非自然力作用下的水循环日益对自然的水循环产生更大影响，甚至耗尽了当地的水资源。在此，水还拥有能量，不管是水磨风车，还是水力发电以及蓄能电站，水被视为是一种可更新能源。当这种改变达到一定规模，影响到人类对水功能长期可持续利用时，人类逐渐认识到了水的有限性。

最后，水还作为环境要素，当其自身出现危机时，同时也对整个生态带来了严重危机。尤其是在20世纪70年代在世界范围内随着环境保护政策与环境法的出现，水更是被视为不仅对人类，同样对自然环境本身也具有根本性的意义，因此也被视为环境的传统基本要素。

可以说，“中国水资源问题的根源并不是缺少工程技术措施，而是没有建立起促进节水和治污等先进、高效、优良技术大规模应用的制度框架”。[②] 其中，最直接的就是无序、不成逻辑的现行法律法规体系。而不成

① Gerd Winter, “Umwelt-Ressource-Biosphäre: Ansichten von Natur im Recht”, *GAIA*, No. 3S., 2000, pp. 196-203.

② 李雪松：《中国水资源制定研究》，武汉大学，博士学位论文，2005年，第4页。

系统的水法最重要的表现就是在水治理法规中没有形成科学、统一的水相关概念体系。我国《水法》《水污染防治法》《水土保持法》和《防洪法》用到“水”“水资源”“水环境”“水体”和“水域”等多个概念。从字面上看明显是有区别的概念，但要准确理解其间的区别与联系却又不容易。对水法律中相关水概念的解释与系统梳理，不仅有助于对《水法》和《水污染防治法》与《水土保持法》和《防洪法》之间关系的理解，也将从根本上有助于水治理理念的提升。简言之，先进的水管理理念也能促进水法的进步，环境保护、综合的生态管理理念也可以促进水法的创新与发展。

二、域内外法律中涉水概念梳理与总结

“水法”从字面上就包括“水”与“法”两个因素，水作为法律调整的相关物体，法作为人类社会的管理规范。对于“水法”概念理解也是多种的，可以分别从严格的、狭义的和广义的水法概念三个层面来理解。严格的水法概念仅是指我国《水法》。[①] 狭义的水法是为规范保护和利用水体而制定的单行法律规定，在我国主要是指《水法》《水污染防治法》《防洪法》以及《水土保持法》。而对于广义的水法概念就应当包括所有调整人们涉及保护和使用水体的行为之法律规定，除狭义水法概念外，还包括在宪法、民法、规划法、建筑法等领域与水体保护和利用相关的法规。在本章中，除具体《水法》外均指广义的水法概念。

对于水法中的“水”的理解在各国法律适用范围也会有所差异。我国《水法》第二条第二款明确规定：“本法所称水资源，包括地表水和地下水”，而在德国《水平衡管理法》[②] 规定适用范围的第 2 条第 1 款中规定：

① 《中华人民共和国水法》于 1988 年颁布实施，并于 2002 年 8 月进行了修订。在立法说明中，就有关于法律名称的讨论，最后否定了《水资源法》而使用《水法》，但这种戴帽子的行为并不能改变具体法规规定上的局限性，尤其是 2002 年修订后更为局限于“水资源法”的领域。

② Gesetz zur Neuregelung des Wasserrechts, BGBl I Nr. 51 S. 2585-1621, 2009. 德国《水平衡管理法》（*Wasserhaushaltgesetz*）的全称为《规范水预算之法》（*Gesetz zur Ordnung des Wasserhaushalts*），也可参见沈百鑫：《德国水管理法的历史与现状》，载《生态文明与林业法治——2010 年全国环境资源法学研讨会（年会）论文集》（下册），第 856—866 页。

"本法适用于以下水体：1. 地表水体，2. 沿海水体，3. 地下水。同样也适用于以上水体之局部。"[①] 在《欧盟水框架指令》中第1条中除此外还将"过渡性水体""沿海水域"单独列举，予以强调。此处的"过渡性水体"和"沿海水域"一起，等同于德国法中的"沿海水体"。根据《欧盟水框架指令》制定原则第17点：有效且一致的水政策必须考虑邻近海岸与河口或海湾内或内海的水生态系统的脆弱性，因为流入其中的内陆水体质量对其平衡状态具有重大影响。由此不仅可知法律上的概念与平常生活以及特定学科中的概念既有联系也有区别。[②] 而且，在各国水法规范的适用范围上也会有不同。另外，要求水法对水的自然状况和与之相关联的社会关系同时进行考察，需要清楚我国水体的自然状况、使用和保护情况，以及在现实中急迫需要解决的水问题。水使用和保护的法律规范不仅必须要从区域间差别较大的当地水资源现状出发，而且因为水又与不同国家与地区间差异巨大的社会发展的各方面紧密相关，成为一个社会问题，所以也要从社会的角度予以审视。水的自然状况和人类对水的利用保护也正是水体保护法的研究出发点和规范对象。

第二节　水法体系中的"涉水"概念辨析

一、概述

2002年修订后的《水法》中一共使用"水"相关的概念385处，除水资源（65处）、水域（5处）、水体（6处）外，还使用水工程、水库、水塘、水能、水运、水源等，但单独用"水"这个概念的却只有两处，其

---

① 法条中使用的是一个整体概念的水（Gewässer），对此的理解既包括水，也指包括与水相接的自然部分，根据蔡守秋教授"广义的水保护法是指水体或水域或水环境保护法，水体包括水、水床（包括水岸和水的底土等）、水生物、水上（中）景观等"，参见蔡守秋：《国外水资源保护立法研究》，《环境资源法论丛》，2003年，第186页。水体是指由水、水中生物和其他物质、水岸水底等共同形成的水生态系统，考虑到翻译成"水资源"同时更多兼容了资源利用的含义，而根据德国水法的特征，更多是从环境保护和生态平衡意义上出发，为翻译成"水体"更能体现环境保护及环境保护之整体性的意义。

② 蔡守秋著：《环境资源法教程》，高等教育出版社2010年版，第9页。

中规定水的权属（区别与所有权）的第3条第3款："农村集体经济组织的水塘和由农村集体经济组织修建管理的水库中的水，归各该农村集体经济组织使用。"[①]

《水污染防治法》一共使用"水"424处，最常用到水污染（131处）、水体（55处）、水环境（32处）、水域（7处）、水行政、水源等，没有使用单独"水"的概念。水法所规范的环境物质对象为"水"，但只有为法律所界定才能成为法律调整的客体，才有法律意义。首先，这里的"水"通常指淡水，不包括海水；我国《水法》第二条第二款明确规定："本法所称水资源，包括地表水和地下水"。另在第八十条规定"海水的开发、利用、保护和管理，依照有关法律的规定执行"。其次，要区别公法上与私法上的"水"。已经被商品化的确定数量的水，如商店里的矿泉水和处于自来水管网中的水，这种从自然界中获取后可被控制的水属于民法中物的概念，就可受到《物权法》的调整。尽管水在公法与私法上有区分，但这种公法私法上的区别也不是完全清晰的，比如对引水渠中的水。水法中的水，更侧重指能影响和处于自然的水循环中、具备原始水功能的水。

除狭义水法中的规定外，宪法与民法等法律也出现不少与水相关的概念。比如我国1982年《宪法》规定了水流所有权制度："矿藏、水流、森林、山岭、草原、荒地、滩涂等自然资源，都属于国家所有，即全民所有；由法律规定属于集体所有的森林和山岭、草原、荒地、滩涂除外。"[②]应当指出的是这里的"所有"，更是从管理权限与权力的角度出发，而不是民法上的所有权。[③] 因为所有权只以可拥有和可控的特定物为对象，对水流只能说人类在现有技术能力下，只有非常有限的可控能力。这里的国家所有，是出于直接服务于公共利益，保障所有公民都可非排斥性使用，并对特殊利用规定法律保留。[④] 国有资源的分配与特许，这种宪法上没有

① 《中华人民共和国水法》第三条。
② 《中华人民共和国宪法》第九条。
③ 肖泽晟著：《公物法研究》，法律出版社2009年版，第8页。
④ 肖泽晟著：《公物法研究》，法律出版社2009年版，第8页。

明确指向具体客体的所有，更多是一种获得财产利益的可能性。[①] 这里的“水流”不是具体所指一口水塘和一眼水井，而是需要达到一定规模或面积的水，是指江河湖泊的统称。[②] 水不仅是指自然界中的水这种化学物质，因为水功能的多样性和水与环境的不可分性，水在概念上还应当包括水流拥有的水能和流水的水环境自洁能力，包括水的载体，即江河湖泊及其一定距离的河床和岸滩，甚至还包括了水的温度。[③]

我国《民法通则》和《物权法》进一步确定了水的国家所有和一些使用权益。《民法通则》第八十一条第一款规定：“国家所有的森林、山岭、草原、荒地、滩涂、水面等自然资源，可以依法由全民所有制单位使用，也可以依法确定由集体所有制单位使用，国家保护它的使用、收益的权利；使用单位有管理、保护、合理利用的义务。”[④] 该条第三款还规定了“水面”的承包经营权，“公民、集体依法对集体所有的或者国家所有由集体使用的森林、山岭、草原、荒地、滩涂、水面的承包经营权，受法律保护。承包双方的权利和义务，依照法律由承包合同规定”。[⑤] 该条第四款规定了相应自然资源处分权限，“国家所有的矿藏、水流，国家所有的和法律规定属于集体所有的林地、山岭、草原、荒地、滩涂不得买卖、出租、抵押或者以其他形式非法转让”。[⑥] 在此条中第一款和第三款中使用了“水面”，而第四款中使用了“水流”，如此表述，一方面，是对《宪法》中“水流”概念的承继；另一方面，又有意识地使用“水面”概念，与“水面”相对应的使用和其后对于承包经营权的规定，更多是从渔业经营的角度出发，而不是从资源与环境行政管理的角度出发。[⑦]

可见，水资源并未纳入传统民法所调整的财产范围，在 2007 年制定的

---

① 徐涤宇：《所有权的类型及其立法结构》，《中外法学》2006 年第 1 期。
② 许安标著：《中华人民共和国宪法通释》，中国法制出版社 2003 年版，第 9 页。
③ 蔡守秋：《论水权体系和水市场》，《中国法学》2001 年增刊。
④ 《中华人民共和国民法通则》第八十一条第一款。
⑤ 《中华人民共和国民法通则》第八十一条第三款。
⑥ 《中华人民共和国民法通则》第八十一条第四款。
⑦ 裴丽萍：《水权制度初论》，《中国法学》2001 年第 2 期。

《物权法》中，第四十七条重复宪法规定“水流……属于国家所有”外，还在“相邻关系”章中用了“自然流水”的概念，并在“用益物权编”明确规定了“取水权和使用水域、滩涂从事养殖、捕捞的权利受法律保护”。在《物权法》中的取水权是我国民法中新增加的内容，此规定是基于2002年《水法》第四十八条第一款“取水权”明确，是民法与行政法之间一种良好的衔接，但对于取水权的理论基础还有许多值得探讨的问题。在德国民法与水法中都没有规定这种权利，有申请权但没有实体性取水权。另外，我国《物权法》中用词比较谨慎规范，没有使用水资源、水环境的概念。物权法中的准物权制度与单行的行政法规之间的关系，“物权法典及至民法典承认矿业权、水权、渔业权、狩猎权各为物权的一种，并将其定位为准物权……每种准物权制度的躯干及枝叶，均应由作为单行法的矿产资源法、水法、渔业法、野生动物保护法等来设计。”[①] 这种准物权，应当理解为随着现代国家责任和行政法的发展，民法对此的进一步回应。民法与行政法相互确认和互动，促使法律体系有效衔接。另外在《环境保护法》中只使用了“水”和“水源”的概念，没有出现水资源与水环境、水生态等概念。作为基本法的《环境保护法》对此重视不足，也在很大程度上造成了水法中水概念的混乱。

我国是发展中的缺水国家，除了先进国家发展中存在的用水需求与有限供给之间的紧张关系外，水的资源意义相比发达国家更为突出：首先，水能是一种被重视和积极开发的可更新能源，在能源短缺前提下，水能的开发利用在我国具有十分重要的意义。其次，我国是传统农业大国，灌溉在农业种植中起着十分重要的作用，而要以现有的耕地和灌溉用水分布保障我国人口高峰的粮食安全。[②] 农业用水保障也因此十分重要。此外，水

① 崔建远：《民法典的制定与环境资源及其权利》，载吕忠梅、徐祥民主编：《环境资源法论丛（第4卷）》，法律出版社2004年版，第1—9页。

② 强调农业灌溉是一种传统认识，我国灌溉面积在1995年就达到51.8%，而同期印度为29.5%，美国为11.4%，俄罗斯仅为4%（转引自《2007中国可持续发展战略报告——水：治理与创新》），灌溉一方面提高了水利用，但同时又增加水负担。对于粮食安全不只是主要农产品安全，而应该对粮食采取一种更广义的理解，比如畜牧产品，由此可以减少农业用水量。另外参见钱正英、陈家琦、冯杰：《中国水利的战略转变》，《城市发展研究》2010年第4期。“农业节水的第一个层次是农业结构的调整，即：农林牧业结构的配置如何更适合于它的自然环境”。

的利用与水利工程的建设在我国还具有扶贫的意义，水能与水调度同时也意味着财政的转移与补贴；最后，在城市化与工业化的进程中，水经济[①]在我国越来越成为一个重要的经济行业。

二、水资源有偿使用制度中的“水资源”及水法考察

《水法》中一共使用“水资源”65处，而在《水污染防治法》中只有5处使用了“水资源”的概念，其中4处是指流域的水资源保护机构，另一处在第16条中指“调度水资源”。区别于流域管理机构，流域的水资源保护机构是由水利部与国务院环保部门共同组建的主要对于流域水质负责的管理机构，在水利部的流域派出机构即流域管理机构处一起办公。随着国家环保部门地位的不断提高，在水质管理方面职能的加强，流域的水资源管理机构的定位也是越来越模糊，处境十分尴尬。这个机构的设置在一定程度上可被理解为，水利部门从资源管理的角度主导制定和负责实施《水法》，重点是规范“水资源”的使用与保护，而环保部门从环境管理的角度主导制定和负责实施《水污染防治法》，规范“水环境”治理与保护。2008年的国务院三定方案也正是这样规定的。《水法》与《水污染防治法》也相应地分别侧重于“水量”与“水质”(详见下文相关论述)。

对水资源的理解有着许多不明确的地方。首先，早在1987年《水法》立法之初就有对于水、水资源与洪水的讨论，认为“亟需有一个统管全局的水的基本法”，所以在法的名称上不采用《水资源法》而最终定名为《水法》。[②] 依《水法》第二条第二款规定，“本法所称水资源，包括地表水和地下水”。[③] 而在《水法》中除引外，没有进一步明确对地表水和地下水

① 这里的水经济是指在水的社会循环（相对于水的自然界循环，但同时又是自然界循环中的一部分）与水密切相关的生产、服务，如供水、废水处理，等同于《水法》中第8条的水产业含义。

② 《关于〈中华人民共和国水法（草案）〉的说明》，2010年12月20日，见 http://ww.npc.gov.cn/wxzl/gongbao/1987-11/17/content_ 1481049.htm。

③ 在英国除于1963年通过并1991年修订的《水资源法》(*Water Resources Act*) 外，作为英国水管理根本法律的是《水法》(*Water Act*)，其于1973年制定并于1989年和2003年分别进行了修订。

的法律定义，而在环境法学中水资源被理解为是在一定经济技术条件下可以被人类利用并能逐年恢复的淡水的总称。[①] 另外，也有指出《水法》中的水资源不包括土壤中的水。[②] 这样的理解使得地表水与地下水完全断了关联，正是通过土壤中的水，地表水与地下水才形成了最重要的联系。[③] 根据《欧盟水框架指令》第 2 条概念定义中第 12 项下，明确表示地下水体是指一个或多个含水层内的数量明显的地下水。[④] 其次，基于水资源作为"生命性资源、资源性资源、基础性资源、战略性资源、核心资源"[⑤] 理解，水已经超出了平常经济生活中对资源的理解，正如其中"资源性资源"的概念，"水资源"这个词中的资源是指前面一个资源还是后面一个资源的意思？另外，根据《全国水资源综合规划技术细则》中调查评价中基本要求的事项，可以得知"水资源是一个历史、社会、时空相结合的一个变化的水状态"。

对水资源不同理解也就决定了水资源与水环境的关系。显然不考虑水作为环境重要因素肯定不是完整的水资源概念，但包括水环境的水资源法又如何与水环境为核心概念的水污染防治法相区分，如何理解水治理实践中资源管理与环境管理的区别，如何理解大量的环境法教材中资源管理与污染防治的区分？仔细考察水法中"水资源"的适用，水资源主要基于两个层面上来使用：一种是基于纯经济资源意义上的理解，作为生产生活所需要的可使用物质来理解；另一种是基于水的同义词来理解，是属于人类可治理范围内所认识到的自然中的水的总称。而正因为有双重意义，所以在使用中经常偷换概念或滥用。

---

① 吕忠梅著：《环境法学》，法律出版社 2008 年版，第 301 页。

② 吕忠梅著：《环境法学》，法律出版社 2008 年版，第 301 页。

③ "土壤水为陆地水循环的重要组成部分，其蓄变量影响到地表水和地下水的演变；且土壤水是植被生长和发育的必要水分条件，直接影响下垫面的变化。"王浩等：《基于区域 ET 结构的黄河流域土壤水资源消耗效用研究》，《中国科学》（D 辑：地球科学）2007 年第 12 期。

④ 当然在此也还可以把土壤与含水层进行区别。但根据德国《水平衡管理法》第 3 条第 3 点，对于地下水的定义为：在饱和层中的直接与土壤接触的或者位于地面底下的水。这个概念应该更为明确。

⑤ 李雪松：《中国水资源制度研究》，武汉大学，博士学位论文，2005 年，第 21 页。

以水法中的具体法条为例，其中《水法》第一条规定："为了合理开发、利用、节约和保护水资源，防治水害，实现水资源的可持续利用，适应国民经济和社会发展的需要，制定本法。"[①] 从字面上理解，"水资源"的含义就强调了水的资源性，即作为矿藏的可用性物质这一面，环境保护的法益至少是没有直接被表达出来。相比较于《水污染防治法》第一条的规定："为了防治水污染，保护和改善环境，保障饮用水安全，促进经济社会全面协调可持续发展，制定本法。"在此法中就明确强调了"保护和改善环境"的法益。另外，再根据《水法》第十二条的规定：国家对水资源实行流域管理与行政区域管理相结合的管理体制。在此需要怀疑的是，水资源能不能成为流域管理与行政区域管理的对象，水是流动的，水资源是否具有流域与行政区域的特征是值得疑问的。只有与河床相结合，流域与行政区域的特征才得以体现。

在实践上，"水资源"的概念理解也起着重要影响和指导作用。根据《水法》及2008年水利部的三定方案，水利部前三项主要职责为"负责保障水资源的合理开发利用""实施水资源的统一监督管理"和"负责水资源保护工作"，都是以水资源为名义的。依据我国的部门垂直管理体制，在各省具体工作实践中也就被指向"水资源工作"，如2011年《国务院关于实行最严格水资源管理制度的意见》以及地方《浙江省2010年全省水资源工作要点》就如此命名。作为水资源配置与管理重点，自然也就是首先是水量分配工作，不管是水量分配还是取水许可及建设项目水资源论证，还有水资源有偿使用制度都是围绕着水量而展开。[②] 而在水资源保护工作中，水治理工作自然是无法绕开水污染治理与水质维护的，所以饮用水水源地保护与治理、水功能区监督管理、地下水保护及水生态系统保护与修复在事实上都归入到水利部门的工作重点中来。[③] 一方面，水资源配置管理与水资源保护都只能侧重水量；另一方面，在水资源保护上水质的

---

① 《中华人民共和国水法》第一条。

② 参见《浙江省2010年全省水资源工作要点》。

③ 参见《浙江省2010年全省水资源工作要点》。

保护只能在非常受限的范围内展开，如饮用水、水功能区，即作为资源、对于人类有直接效用的水才被保护，而不能形成全面综合的水体保护机制，忽视了水体的循环性和与环境的整体性。

另外还需要注意到，水资源相对于其他的自然资源又有着特殊性。其特殊性在于：第一，水对于生命的根本性，是地球上所有生命的生存基础。第二，水是可循环的，不同于石油、矿藏等，可循环性也说明了水的有限性只是相对的；尽管水是可循环的，但在人类现有知识状况下，对于地球上整体淡水资源的发展趋势还不能有一个完整的认识，也有可能在整体上是减少的。第三，水作为环境的最主要部分，是与环境中的其他媒质一起构成了不可分割的环境统一体，水对于环境具有根本性的意义。这些特性也说明了水不完全等同于作为生产意义上的自然资源。由此也说明对于“水资源”的理解可以分为两个层面：一是等同于水的概念；二是强调了水作为生产要素，可满足生产、创造价值，即“兴利方面”。[①] 所以，不管“水资源”是作为总称，还是强调特定水体的资源意义，至少已经产生了一定的异议。

在我国社会发展与转型中，寄托于水的多重服务功能整体变得紧张起来，供水、水产品生产、水力发电、内陆航运、休闲娱乐和文化美学水体的这些社会和经济的服务功能每个方面都在有限的水的资源功能下形成冲突，而水的这种社会和经济的服务功能又与水体的生态服务功能形成竞争，尤其是当其他环境媒质的生态功能也逐渐萎缩的情况下，而人类对于环境保护的意识觉醒时，水体其实已经成为整个社会中自然物在其各社会和经济功能及其生态功能的相互竞争与冲突的一个缩影，有待调协和融

---

① 蔡守秋：《国外水资源保护立法研究》，《环境资源法论丛》，法律出版社 2003 年版，第 182—183 页，“水资源法的内容侧重于水的管理、保护、开发、利用等兴利方面的行为规范”。另外，在法学名称上，水法、水资源法、水资源保护法、水保护法、水污染防治法以及防洪法等形成非常复杂的关系。

合。[①]《水法》强调水量和资源使用为核心的水资源是一种错误的引导，没有以水质和水体保护为基础的水分配与水调度是不现实的，就如在南水北调工程中人们所担心的“南水”的污染问题。没有水质为基础，水的功能与用途将受到极大的限制，水将不能成为完全意义上的水资源。

三、水生态补偿制度中的“水环境”及水法考察

相对于《水法》侧重使用“水资源”概念，没有用“水环境”概念，《水污染防治法》中则共使用“水环境”概念有32处。首先，水环境这个概念不是一个正式的学术用语，若依字面翻译成德文与英语后，在法学文章很少见到如此的表述。水是环境重要的组成部分，但“水环境”这个词的理解是值得推敲的，如果将水作为定语理解，水环境是指与水相关的环境，那“水环境”就是非常广泛的一个概念，包括大气、土壤、动植物等，水法无法对这样的“水环境”进行规范；而如果是作为环境组成部门的水媒介，水环境这样的概念也就有多此一举之嫌，并且容易与“水生环境”混淆。

在《水污染防治法》中有多处使用“水环境保护”“水环境污染”与“水环境质量”，这些概念相应地与“水保护”“水污染”和“水质”之间有一定的区别，它们都在刻意地强调水的环境方面的意义。它是一种认识进步的体现，但随着认识的进一步提升也显露出不足。首先，环境保护日益强调综合性与系统性。水与环境之间也是相互依存的。其次，对概念的理解也是在不断进步中的。对水质应该作更广义的理解，除水体的化学特征外，还包括物理和生物方面的特征。《欧盟水框架指令》和《德国水平衡法》第三条中提出一个包括狭义的“水质”、水的物理及生物属性在内的综合的“水体状况”以及在此基础上再结合水形态学而内涵最广泛的

---

① 费孝通在《九十新语》中提到其老师美国芝加哥社会学派创始人派克（Park）“一向主张用他所熟悉的社会学公式：竞争、冲突、调协、融合，来研究移民问题”，在人类对自然资源的多重利用过程中，也出现了同样的一个循环过程。

“水体特征”的概念。[①]

在水体的生态服务功能与社会和经济服务功能的冲突中，水体的生态服务功能是包括水体自身在内的整个生态的存在基础，又是水体对社会和经济服务功能的前提条件，尤其当我国水质恶化已经严重威胁到水体整体价值的情况下，水体保护已经成为最根本最直接的法律保护对象。水利部前部长钱正英已认识到其任内因认识错误造成的危害。[②] 他指出：“我国水利面临的真正危机在于，不少地方由于水质污染和水资源过度开发造成水环境的不断退化，水环境退化才是当前中国水利面临的最大问题。”[③] 人类首先要保证生存，其次才是发展。发展应当十分注意扩大生存空间，保证生存基础，改善生存条件，提高生存质量。发展的根本点是经济社会的发展与资源环境保护相协调，即是生态与经济相协调。发展的核心问题是资源的永续利用，重视资源的代际、地区与部门及个人之间的平等合理分配。以水质为重点的，并结合水量因素的水体对于生态的影响已经成为水治理中的核心问题。“水环境”一方面是水自身的健康状况，另一方面是因受水自身健康状况而影响的自然环境的健康状况，而这两者又相互影响、相互作用。

在实践中，“水环境”的概念也被广为使用。比如在2008年国务院各部委的三定方案实行资源与环境分别管理的制度中，水资源与水环境分别属于水利行政部门和环境保护部门主管。[④] 另外，水资源与水环境概念的分别对立使用已经在现实工作中造成非常严重的影响。从全国到流域、区域的水资源规划与水环境规划区分，从水资源区划到水环境功能区划的重复，再到水资源管理到水环境行政管理冲突（甚至在水资源公报与水环境公报的数据不一致上），最终反映在中国的水危机上，水污染的趋势在全

① 沈百鑫：《德国和欧盟水法概念考察及对我国水法之意义》，《水利发展研究》2012年第1期。

② 钱正英、马国川：《中国水利六十年》，《读书》2009年第10期。钱正英、马国川：《中国水利六十年》，《读书》2009年第11期。

③ 钱正英、陈家琦、冯杰：《转变发展方式——中国水利的战略选择》，《求是杂志》2009年第8期。

④ 《中国环境保护21世纪议程》第14章C节。何大伟：《我国实施流域水资源与水环境一体化管理构想》，《中国人口·资源与环境》2000年第2期。

国范围内没能得到根本性改变，甚至仍有恶化，水资源保护的任务没能完成，而是如《2011 年中共中央国务院关于加快水利发展的决定》中指出的更加艰巨了。

四、水污染赔偿制度中的“水体”及水法考察

《水法》中一共使用水体 5 处，其中第九条、第三十一条和第三十三条用了“水体污染”，第三十条和第三十二条规定了“水体的自然净化能力”，其中第三十二条第三款规定“应当按照水功能区对水质的要求和水体的自然净化能力，核定该水域的纳污能力，向环境保护行政主管部门提出该水域的限制排污总量意见”。[①] 在这里水体与水域之间的区别，水体更强调自然的水单元，而水域往往是以水功能区为相应的地域单元。在《水污染防治法》中使用“水体”的概念达 55 处，其中还区分为地表水体和地下水体，饮用水水体、渔业水体、风景名胜区水体。在这些概念的使用中，水体是不仅等同于英语的“body of water”和德语的“der Wasserkörper”这些概念，还更是指自然界中整体与部分的水存在。

由此，对于“水体”也可以作狭义和广义的理解区分。狭义的水体，仅指水这种物质的组成：地表水体或者沿海水体的整体和重要的河段（地表水体）以及在一个或多个地下水源范围内相分隔的地下水储量（地下水体）。[②] 而广义的水体概念，根据蔡守秋教授“广义的水保护法是指水体或水域或水环境保护法，水体包括水、水床（包括水岸和水的底土等）、水生物、水上（中）景观等”及“水体是指由水、水中生物和其他物质、水岸水底等共

① 《中华人民共和国水法》第三十二条。该条款规定对水体的自然净化能力与水域的纳污能力作了区别。自然净化能力与纳污能力是两个非常相近的概念，水域纳污能力是“在设计水文条件下，某种污染物满足水功能区水质目标要求所能容纳的该污染物的最大数量”。可以说，纳污能力是根据不同的水文条件和水质要求，人为的对于水体的自然净化能力的科学计算，对于特定物质的基于自然条件下的相对数量。自然净化能力是自然存在的，而纳污能力是根据社会对水质水量的目标要求。

② 德国《水平衡管理法》第 3 条第 6 项对于“Wasserkörper”（狭义的水体）概念的解释。在德语中的“GewässerundWasserkörper”是两个概念，“Gewässer”是指水的复数和总称，指称广义的水体更为合适，翻译成水域不恰当，水域往往与陆域相对，侧重于场域。

同形成的水生态系统”。[1] 从环境保护和生态平衡意义上出发，用“水体”更能体现环境保护及环境保护之整体性的意义。

另一种更广义的概念包括了水和与之相接触的一定范围的土地的整体，逐渐在环境保护与生态学领域被使用。[2] 而在水法中，从这种自然界存在的水物质的自然循环出发，是指一种整体的综合保护。水体是河流、湖泊、地下河、地下水、泉水等的上位概念，根据产生不同分为人工水体和自然水体。根据德国《水平衡管理法》的规定，水体是由水身（水自身）、河床（包括水底和岸边）以及附属的地下水源组成。另外，在《水法》和《水污染防治法》上也有使用“水域”的概念。水体与水域之间的区别很难完全界定，在一些场合可以替代使用。但在中文意义上，水域与陆地相对，很难将地下水体涵盖进来，而水体的广义概念可以包括地下水及与水相接触的一定土壤。另外，水域受行政划分影响明显，水域是自然水体因行政区划而被人为分割的一部分。相比较，水体更符合水自然规律，符合现代水管理中综合管理和流域统一管理的理念。另外，水体是河流、湖泊、地下河、地下水、泉水等的上位概念，根据产生不同分为人工水体和自然水体。

五、其余的几组概念

（一）水害与水污染

在《水法》中一共8处使用了“水害”，都是规定“开发、利用、节约和保护水资源，防治水害”，而只有在第八十一条第二款“水污染防治，依照水污染防治法的规定执行”中提到了“水污染”的概念。从全文来理解，可以明确水害是水污染的上位概念，除了水污染外，水害还包括洪水、干旱、水土流失等与水相关的危害与灾难。相比较而言，在《水污染

---

① 蔡守秋：《国外水资源保护立法研究》，《环境资源法论丛》，法律出版社2003年版，第186页。

② 将“derWasserkörper”翻译成水域，与本法中使用水体（dasGewässer）概念以示区别，根据德语中“Wasserkörper”是“Gewässer”的一部分，在中文理解上，也将水域理解为水体的一部分，水体包括地表水体和地下水体，水域是具体的有限的水体部分。

防治法》中一共有131处用到“水污染”概念，而没有使用“水害”。对《水污染防治法》中“水污染”这个概念也要进行一定的区分，水污染是一种现象，但同时也是一种行为。在行为意义上，如果使用“对水体的污染”可能更为贴切，而且强调了行为的对象。而对于水害的使用过于笼统，在法律上没有明确的规定，需要进一步予以明确。

(二) 水工程和水设施

在《水法》中共有33处使用“水工程”的概念，共5次使用“水设施”的概念。在《水污染防治法》中只使用了“水设施”。在我国的水利事业中，工程措施是最核心最重要的工作，事实上水治理不只有工程措施，随着社会的进步和环境保护的提出，非工程措施在水治理中扮演着越来越重要的作用。水设施是指直接与取水、用水、排水相关的设备措施，通常是指机械过程，在水法中只使用节水设施、供水设施的概念；而水工程一般是指与水相关的建设工程项目，除了取水、用水、排水的工程外，还有防洪抗旱的建设工程等。根据水利部2007年颁布的《水工程建设规划同意书制度管理办法》规定：本办法所称水工程，是指水库、拦河闸坝、引（调、提）水工程、堤防、水电站（含航运水电枢纽工程）等在江河、湖泊上开发、利用、控制、调配和保护水资源的各类工程。在越来越认识到工程措施的有限性前提下，在实践中大量使用规划手段与调控措施，需要超越工程措施的概念，而“水项目”可更好地涵盖与水相关的利用与保护措施。

(三) 水行政和水利

在《水法》中使用“水行政”概念59处、“水利”3处。在《水污染防治法》中使用“水行政”概念14处，没有使用“水利”概念。在实践中，水利理解为利用工程措施防治水害、促进利用的行为。而水行政正如概念本身包括的，是指与水相关的行政行为，或有权限的行政机构，在我国一般是指水利部门，在《水法》与《水污染防治法》中都将水行政主管部门与环境保护主管部门并列在一起。

水管理最核心是要保证自然界中的水体为人类永续可用，而这就要建立在保障或恢复水体的生态平衡，尤其是考虑到水体的结构，并考虑到水供应的数量与质量安全，同时尽可能维系其他服务于共同福祉的水利用。对于水管理的原则，应当包括：预防优先、所有利益相关方的合作和根据环境法中的责任人原则以及相关费用整体涵盖的经济性原则。以环境保护为导向的水体保护政策不仅要求防卫威胁着的危险和弥补已造成的损害，更首先是预防性保护和自然资源的爱惜义务。另外，随着治理（Governance）理念的深入，尤其在环境保护领域，当仅依赖政府不足以完成任务、实现目标时，公众参与显得十分重要，仅管理就不再足够。国家机器仅是负责社会让渡的一部分管理任务，在社会公共事务，尤其是在关系全球民众生存基础领域的管理上，尤其以社会团体为代表已经作为个人、国家之间第三种力量得到承认，由此提出水治理的理念。

（四）水量与水质

水量与水质概念分别在我国水法中使用，我国《水法》中24处使用了“水量”的概念，而只有4处使用“水质”概念；相反，在《水污染防治法》中有9处使用“水质”的概念，只有1处使用“水量”。这也是许多环境法学者指出的水量与水质的部门分割管理。而事实上水量与水质是同一个物质的两个方面：没有量就没有质的保障；没有质，量也无法实现水物质的功能。因此水质已经是现代水法的核心规范对象，水质必然要以水量为基础，但仅水量管理就可能忽视水质。对此，《欧盟水框架指令》制定指令的基本原则第19点就明确指出：“本指令旨在维持并改善欧共体境内的水生环境，该目的主要关注有关水体的质量。控制水量是保证水质良好的辅助性措施，因此，还应设定水量控制措施以实现水质良好的目标。”由此可知，水量与水质是应当相互补充的，而以水质为重点，水量为辅助，我国《水法》的规定已经不符合现代水管理理念。

第三节 我国水法的概念体系不足严重影响“三偿”制度的实施

从整体上来说，我国《水法》与《水污染防治法》中都没有专门的条款对于其法规中的基本概念予以明确定义。与德国及欧盟水法相比较除了没有集中进行概念定义外，更为具体的表现为以下几点：

一、我国水法没有对于沿海水体的明确规范

《水法》第二条第二款规定：本法所称水资源，包括地表水和地下水。与德国及欧盟水法比较，我国水法中没有包括“沿海水体”这一概念。虽然在《水法》第八十条规定：“海水的开发、利用、保护和管理，依照有关法律的规定执行。”这是不是就能说明我国对沿海水体是适用《海洋保护法》规定的呢？正如在第八十条中所用词语“海水”，其表明了与淡水保护的区别。而法律上，对于内陆水与海水之间的界限也没有法律上的明确规定。对于淡水与海水之间的过渡地带，因为水体的流动性和淡水资源的日益珍贵，对于这部分水体的保护必须予以加强。

正如在欧盟《水框架指令》制定原则第 17 项中所表明的，“一项有效而统一的水政策必须考虑邻近海岸与河口或海湾内或内海的水生态系统的脆弱性，因为流入其中的内陆水体质量对它们的平衡状态具有很大的影响。而且，保护流域内的水体状况将会通过促进鱼群保护（包括沿海鱼群在内）产生经济效益。”① 另外，因为这部分水体与陆地相接近，受到的污染也与单纯的海水有着不同，主要还是从陆地上排放的污染物，如果能从淡水资源统一保护的角度出发更为有利。而且在实践上，一方面，我国沿海水体的污染有着进一步恶化的趋势，大量的工业区与开发区越来越面向大海；另一方面，海洋战略的提出要求更加重视海洋资源的保护与利用。由此沿海水体将是下一次水法修订中必须要面对的一个重要调整对象。此外，也没有根据人类对水体的不同影响程度进行区别分类。

正是以环境导向为核心的水体保护，所以在德国法及欧盟法中都对人造水体及明显改变的水体与自然水体作了区别。这方面我国水法中都没有涉及。这也是基于不同的管理理念，在环境保护理念下综合的水体保护根

① 欧盟《水框架指令》。

据不同的保护目标，需要针对不同的水体采取不同的措施以及实现不同的目标。实际上，在对水体的分类就是一个综合地考察分析过程。

二、我国水法中缺乏统一的水与水体的概念

我国水法中分别侧重水资源与水环境概念的应用，缺乏统一的水及水体的概念。《水法》中一共使用“水资源”65处。在《水污染防治法》中只有5处使用了“水资源”的概念。而且，其中4处是指流域的水资源保护机构。[1] 另一处在第十六条中指“调度水资源”。这在一定程度上可以被理解为，水利部门主导立法及主要负责实施的《水法》是从资源管理的角度出发的，包括“水资源”的使用与保护，而环保部门主导立法及负责实施的《水污染防治法》则从环境管理的角度出发的，规范“水环境”治理与防护。在欧盟水法中也有若干水资源的表述，侧重从水经济的角度出发，但更多用“水体”或“水”的概念，正如在欧盟《水框架指令》制定原则中第1项就指出：水不是一般的商品，是一种必须加以保护、守卫及珍惜的遗产。在第2项中明确指出“必须立法保护生态质量”。

我国在水利工作中把水的资源利益与环境利益很大程度上对立了起来，所以，在“水资源”这个概念的使用上，轻视了环境保护的水生态利益，这将加剧水利与环境保护部门的实践分割。而事实上，正如欧盟《水框架指令》制定原因第15项表明的，“供水属于一种民生服务业”和第二条第38项中对于水服务的定义。水的价值在现历史阶段还不能被有效评价，或者可以说水是无价的，在现有的法律制度框架内，水的价值还只是体现了一种基于水上的服务价值。这也是与水作为联合国文件中强调的作为人权内容之一的精神是一致的。水资源、水环境概念的使用在一定程度上违背了水法统一综合进行管理的理念。

---

① 流域的水资源管理机构区别于流域管理机构，流域的水资源管理机构是由水利部与国务院环保部门共同组建的主要对于流域水质负责的管理机构，在水利部的流域派出机构即流域管理机构处一起办公。一方面，因为与流域管理机构的关系比较近；另一方面，随着环保部地位的不断提高，在水质管理方面的基础设施的加强，流域的水资源管理机构的定位也是越来越模糊，与流域管理机构日趋接近。

我国水法只有水质与水量的分割，但没有水体特征与水体状况这样综合的概念。从德国《水平衡管理法》和欧盟《水框架指令》的发展来看，水质只是水法中一个方面的内容，而水体状况、水体特征这些从水综合管理的角度，更全面地纳入水体保护中来。水体特征甚至不仅包括水本身，还包括与水相接的一定的土地，以及有关的生物圈。所以，在对水体保护的指标上，除了水量外，不仅指水的化学状况更是包括水本身的生态状况以及物理状况。可以说在德国及欧盟法意义上的水质，比我国仅考虑到化学状况要丰富与深刻，也因此更能全面实际地保护水体。水不是单独地存在的，水体也不是孤立的。

三、我国水利规划或缺水环境保护意识

我国的水利规划并没有真实地贯彻环境保护的利益，仅侧重强调对环境利益的保护。“综合规划” 和 “专业规划” 在我国《水法》第十四条第三款对其进行了明确定义。这些规划的定义对于加强水体建设与保护上是具有非常重要意义的，但所体现的更多还只是资源利用法上，即经济法上的一种规划，而没有从环境保护利益出发。规划的意义，不只是为了对于资源进行平均化，更是因为环境利益在现实经济中没有实在的利益代表，所以要国家通过规划。在实现环境的社会管理中，规划是环境法中预防原则的具体体现，事先强调环境利益，对于环境利益与其他利益通过规划手段得到平衡。水体一旦受到污染，治理的成本是污染获利的几十倍甚至上万倍。而且在一些情况下是不可逆的，要想恢复就不能再实现了。当然也有一种功能性取代的说法，但所谓的功能性恢复中的功能只是相对于人类社会而言的。

其余，我国水法中的概念仍然体现在工程水利的阶段。在《水法》最后一章第七十九条规定：“本法所称水工程，是指在江河、湖泊和地下水源上开发、利用、控制、调配和保护水资源的各类工程。”① 这体现了重在强

① 《中华人民共和国水法》第七十九条。

调工程类措施的立法导向，也是我国水利实践中“重工程、轻管理”的反映。与我国大兴水土相反，欧洲国家回复自然、恢复自然、保育自然等理念已经进行实践中。与大量的集中型供水、水处理相补充，许多分散型的供水、水处理在技术不断进步的今天，更符合环保与节能的理念。

第四节　“三偿”制度视野下我国“涉水”概念融合与创新之思路和建议

水法中水概念体系的形成取决于三个因素：传统语言的传承、科学语言的借鉴和先进科学语言的法律转读。作为法律术语，首先，是对于传统法律部门中相关概念的沿袭，在我国因为缺少现代法律传统，所以在各法律部门之间的系统性与衔接性上还十分不足；其次，水法不管是规范水体利用和环境保护，都体现了技术性的一面，我国水法中的水环境、水资源概念在一定程度上也代表着对水的科学研究的某种先进性，但已跟不上环境科学知识的发展；最后，需要对先进的科学概念进行法律转读，社会管理方式之一的法律科学，在语言与思维上有自己的特征，自然科学的概念需要用人文科学的语言进行转读。以下仅探讨性地提出重构我国水法概念体系的一些思路，以供讨论。

一、强化传统法律部门与水法中的概念衔接

环境法的发展必须要遵循法律发展的基本规律。对新出现的环境问题，要考虑如何将新的社会问题纳入现有法律规范内予以调整，只有当原法律体系无法调整新出现的问题时，才考虑法律创新。这种法律创新肯定会对原法律体系带来影响，环境法与传统法律就是这样一种相互沟通、相互渗透、相互协调的关系，被称为“沟通与协调”。可见，环境法与传统法学的竞争和冲突也是必然的，而沟通与协调外还会进一步融合，沟通与协调还处于一种分别独立的阶段，而融合才是更高的目的。

而这种“沟通与协调”的最基本就是概念的协调与统一。相对缺少传

统的、快速移植而来的我国当代法律体系，因此也没有像西方法制发达国家有着“传统”与“现代”法律的明显界限。在水体保护法上，宪法、民法、水法、水污染防治法及物权法在概念上既没有传承的关系，也缺少相互借鉴与认可，宪法、民法中使用的“水流”“流水”与“水面”的概念都没能在《水法》与《水污染防治法》中运用。“取水权”是《物权法》制定中的进步，但却因为我国没有强大的公法理论与法规基础，仍然需要在公法与私法系统的框架内来定位，这种权利的来源合法性与合理性仍需要进一步研究。

二、建立健全综合性水体统一管理体制

水法中概念的不统一也与《环境保护法》中规定的环境保护机构的设置和职责原则有一定的关联。1989年的《环境保护法》在修订过程中，在立法机构指出“环保法（试行）具体地规定了环境保护机构的设置和职责，这不利于深化机构改革”，因此其第七条第一款规定了统分结合的环境保护管理体制。值得指出的是在1989年的《环境保护法》修订草案最初用的“综合监督管理”这个概念，而在讨论中因为有人认为在《水污染防治法》和《大气污染防治法》中的规定是“统一监督管理”，而最终使用了“统一监督管理”。“综合”与“统一”两个词在理解上会有一些差别，“综合”更出于环境要素的生态性要求强调环境的整体性，“统一”在某种程序上是指针对同一事物强调环境保护与资源利用的统一性，在这个意义上“统一监督管理”与“综合监督管理”可以说形成了纵横两个方向。

2014年我国新修订的《环境保护法》第十一条规定：“国务院环境保护主管部门，对全国环境保护工作实施统一监督管理；县级以上地方人民政府环境保护主管部门，对本行政区域环境保护工作实施统一监督管理。县级以上人民政府有关部门和军队环境保护部门，依照有关法律的规定对资源保护和污染防治等环境保护工作实施监督管理。”[1] 该管理体制的规定

① 2014年新修订的《环境保护法》第十一条。

是对现实中的环境保护、资源保护和污染防治等工作的基本反映。就水体保护而言，体现了水环境保护与水资源保护的双重交叉而又分离的管理构架，这不仅反映在《水法》与《水污染防治法》的核心概念对立上，也同样体现在2008年的环境保护部与水利部的机构“三定”方案[①]中。

其实早在1994年国务院通过的《中国21世纪议程》第14章中就已经明确指出：传统体制下形成的水资源管理体制不利于水资源有效地开发、利用和保护。由于条块分割和人为地将系统完整的水系分开，“多龙管水”实际上很难实现水资源的统一和合理分配，导致出现了许多部门之间、地区之间以及流域上下游之间的水事纠纷。传统的水资源管理体制及其所具备的能力手段已不再完全适应市场经济对水资源管理的要求和变革。

因此，必须尽快改革传统的水资源管理体制，同时加强管理机构的能力建设，并提出要实现之目标：“改革现行的水资源管理体制，建立一种新法律和经济机制，逐步实行综合水资源规划和管理，使水资源在工业、城市发展、水力发电、内陆渔业、运输、娱乐以及维持生态等方面的利用和保护综合效益最大化，与此同时，需要提高或加强管理机构、技术团体和公众参与水资源综合管理的能力和手段，能力的建设要与技术和机构相协调。”[②] 然而在具体的行动计划中却又是分别按“水资源供求与评价”和“水生态环境质量保护”各自展开，但在机制与能力建设方面却又强调水资源综合管理能力与区域的城市和农村、地表水和地下水、水质和水量、开发和保护、利用和治理统一管理体制。这说明在全球性的21世纪议程的制定工作中，我国理论界对于世界的可持续发展理论进行了很好地学习与借鉴，但在制定相对实际措施行动上，却囿于社会经济基础和制度结构难以有所突破。

在环境保护日益重视、环境政策法律与环境行政不断发展的趋势下，

---

① 在环境保护行政机构的职权与职责以及中央与地方的职责是否垂直同构上，都是具有全局性意义，涉及环境保护的易执行性，这既是环境法要规范的内容但又是环境法规范的结构性基础。

② 参见中国21世纪议程管理中心网 http://www.acca21.org.cn/cchnwp14a.html，2011年3月7日访问。

反映在水体保护的实践中，需要妥善处理水体公共管理中集权与分权的矛盾。在国际上，各国在环境管理体制的构建中，一直也为集权与分权所困扰，权限明确、责任清晰的部门协调下的统一管理模式似乎很难实现。[①]在我国，基于《水法》与《水污染防治法》的总体现实关系，广义的水资源概念要高于水环境概念，但也有人提出水环境管理处在高于水资源管理的决策层次。[②]

同时，这种对同一对象和同一管理程序，在人为造成的概念分离基础上建立的法律制度不符合水循环、水平衡的自然规律，无法满足环境综合管理的要求。随着环境保护意识的增强与解决水危机的迫切需要，在现实中从法律到行政再到具体的工作，都形成依水环境与水资源的相互分割甚至对立，甚至是恶性循环，法律赋予行政管理现状的合法性，部门立法又进一步加剧对同一规范对象人为的水功能、水特征之分割。

实践中，在2008年的国务院水利部、环境部三定方案的其他事项中规定了水污染防治与水资源保护的职责分工："环境保护部对水环境质量和水污染防治负责，水利部对水资源保护负责……环境保护部发布水环境信息，对信息的准确性、及时性负责。水利部发布水文水资源信息中涉及水环境质量的内容，应与环境保护部协商一致。"[③] 似乎对于水管理的行政权限进行了明确。然而总体上，这种将水污染防治与水资源保护的割裂不仅没有有效沟通，而且有加深的发展趋势，除了行政体制外，法律理论与立法工作也进一步从根本上加剧了这种对立。如《关于〈中华人民共和国水法（修订草案）〉的说明》中对市场机制与水所有权的论述，这进一步导致《水法》滑向水资源作为生产性资源的侧重，而比较欧盟与德国水法，它们基本在水管理上是拒绝了水的所有权制度，而对于市场机制的适用上不是通过所有权，而是通过费用制度来调节。

---

① 李启家：《外国构建水环境管理体制的指导观念评估》，2002年10月19日，见 http://www.riel.whu.edu.cn/article.asp?id=24928。

② 夏青：《水资源管理与水环境管理》，《水利水电技术》2003年第1期。

③ 国务院《水利部主要职责内设机构和人员编制规定的通知》（国办发〔2008〕75号）。

水在人类社会和自然界中具有多种功能，水体保护立法需要对现有水体利用尽可能地予以尊重，但同时在更大空间和更长时间跨度内安排水体利用和保护；应当对水的具体功能进行细致研究，需要转借成法言法语。特别需要指出的是经2002年《水法》修订和2008年《水污染防治法》修订，修订后的《水法》日趋沦为“水资源法”。在1988年的立法说明中明确定位为综合性水管理法规，而经2002年修订，《水法》被众多教材称为“水资源法在我国的常用简称”，日益失去作为根本法的基础，而《水污染防治法》也仅局限于水质保护，与《水法》不能形成紧密关联，甚至不相融。因此，“三偿”制度涉及水资源、水污染、水生态等核心性概念，需要对其进行重新考虑和梳理，进行体系化架构。

三、国际、域外相关理念、经验与概念的借鉴

（一）水的意义与价值之统一

概念的背后是大量的知识积累，先进国家在水科学和水治理上的先进知识完全可以为我国水管理所借鉴和利用。在国际层面上，早在1992年联合国在里约热内卢可持续发展大会上通过的《二十一世纪议程》第十八章第18.8条中就明确指出了：“水是生态系统的组成部分，水是一种自然资源，也是一种社会物品和有价物品，水资源的数量和质量决定了它的用途性质。为此目的，考虑到水生生态系统的运行和水资源的持续性，必须予以保护，以便满足和调和人类活动对水的需求。在开发和利用水资源时，必须优先满足基本需要和保护生态系统。”[①] 它说明水除了自然资源性质外还是一种社会物品、有价物品，但最根本的是生态系统的组成部分。它说明保护水生生态系统的运行优先于水资源的开发利用，这是可持续发展的核心。尽管各国由自然的水状况与社会发展相结合的水情不同，但对于水法应予规范的主要内容在现代法治国家中是越来越趋同的。水既被誉为21

① 参见联合国网页：http://www.un.org/chinese/events/wssd/chap18.htm，2011年3月10日访问。

世纪的石油，又被称为公民的基础人权。[①] 在世界范围内水法规范的趋同，也正是认同了水的重要性。

在我国的水保护法规中没有关于水作用认识的直接规定，但从《水法》第四条中可以间接地确定，需要“发挥水资源的多种功能，协调好生活、生产经营和生态环境用水”。水不仅关系到国民经济的可持续发展，同样对人类生存的自然环境产生重大影响，而且作为人类生存不可缺少的物质，更直接对人类的生存与延续起着决定性作用。2011 年中央一号文件中也明确提出：“水是生命之源、生产之要、生态之基。兴水利、除水害，事关人类生存、经济发展、社会进步，历来是治国安邦的大事。”德国《水管理法》第 2 条规定：“本法之目的在于，通过可持续的水体管理，保护作为生态平衡中的组成部分、作为人类的生存基础、作为动植物的生存空间以及作为可利用的商品之水体。”这样的规定对于水管理起着基础性作用，为水法中的具体条文提供了解释的依据。

（二）德国及欧盟水体保护法中的概念体系之借鉴[②]

德国《水平衡管理法》中第 3 条一共对 15 个概念予以明确定义：地表水体、沿海水体、地下水、人造水体、显著改变的水体、水身、水体特征、水体状况、水质、有害的水体改变、技术状况、欧盟环境审计、汲水区、分支流域、流域整体。在《欧盟水框架指令》第 2 条中更是规定了一共 41 个概念，具体为：地表水、地下水、内陆水、河流、湖泊、过渡性水域、沿海水域、人造水体、重大改变水体、地表水体、含水层、地下水体、流域、子流域、流域区、地表水状况、地下水状况、生态状况、良好的地表水及地下水化学状况、水量状况、有害物质、重点物质、污染物、污染、环境目标、环境质量标准、供水和水处理服务、用水、排放限额和

---

① 联合国于 2010 年 7 月 28 日单独通过将水视为基本人权的决议，“The right to safe and clean drinking water and sanitation as a human right that is essential for the full enjoyment of life and all human rights”，见 http://www.un.org/apps/news/story.asp?Cr=SANITATION&Cr1=&NewsID=35456，2010 年 9 月 28 日访问。

② 沈百鑫：《德国和欧盟水法概念考察及对我国水法之意义》，《水利发展研究》2012 年第 1 期。

排放控制等。如此在法规上的明确定义，对法律适用十分有意义。尽管有些概念在此法中就只出现少数几次甚至不出现，但这个概念其实已经产生了对本法规定的相关领域的深远意义，有的是整个概念体系中不可缺少的一环，有的是法规细化的基础，有的是与其他法律的界限。相比较我国水法，在这两部法律中的概念定义都没有关于“水资源”与“水环境”的规定。

考察德国《水平衡管理法》中的概念使用，没有水资源和水环境这样单独的概念使用，在概念定义的第 3 条中 4 次使用了“waterbody”这种狭义的水体概念（德语为 Wasserkörper）。而在整个法规中，一共 366 处使用了“Gewässer”这个广义的水体概念，除单独 72 处使用外，还分别与其他结合，表示为水体所有权、水体管理、水体使用、水体沿岸带、水体维护、沿海水体、水体保护人、水体建造、水体改变、水体损害、水体监管、水体生态学、水体状态、水体特征等。而相对侧重表示作为物质含义的“Wasser”一共有 20 处单独的使用。考察德国《水平衡管理法》可以明确，对于水体的保护，其目标在于水这种物质，但其着手在于水体这个有形整体。比如以“水体改变”这个概念为例，不仅包括了水量的变化，以及水质的改变，同样也指河流、湖泊地形的变化，还指水中生物体含量的变化。这更符合水生态的概念，以水体保护为目的的水法符合科学技术的进步。第 3 条规定：水体特征是指水体和水体局部之与水质、水量、水体生态和水文学相关的特征；水质是指地表水体或沿海水体以及地下水中水之物理的、化学的和生物的特征。

考察欧盟《水框架指令》，仅有 4 处使用水资源（water resources）这个概念。其中两处使用在指令的前言部分，其中制定本指令原则说明中第 3 项和第 8 项“确保淡水资源的可持续管理和保护”和“认可了湿地对水资源保护的重要作用”，另外在指令第 1 条“目的”第 2 句第 2 项下规定：“在长期保护可利用水资源的基础上，促进水的可持续使用”以及在指令第 9 条“水服务成本回收”第 1 款第 2 句规定：“（1）水价政策能足够地鼓励用水者有效利用水资源，从而为实现本指令的环境目标作出贡献。”从中可以明确，这些都是不具有实际操作、不可直接执行的法规，而是政策指导意义的规定。而对水环境概念，在“water environment”意义上没有找到相应的概念，而在“aquatic environment”（准确为水生环境）意义上一共使用10处，而其中5处集中于第16条“水污染防治战略”。而在整个指令中一共使用带有“water”概念的词语一共574处，而单独用“water”这个单词的一共260处，而使用“waters”这个单词的一共93处。另外还有“groundwater”（171处），“freshwater”（14处），还有60处使用“water body”这个概念。从中我们可以看出水资源与水环境都不是欧盟《水框架指令》的核心概念，“water”和“waters”是主要的核心概念。参照有关的中文翻译，“水体”也正是相应的关键概念。①

根据欧盟《水框架指令》和德国《水平衡管理法》，在两个法律中都没有直接对水体概念予以抽象定义，而是进行了列举式规定。德国《水平衡管理法》第2条第1款即规定：本法适用于以下的水体：“地表水体，沿海水体，地下水。同样也适用于以上水体之局部。”而在欧盟《水框架指令》第1条即规定保护对象为：“内陆地表水、过渡性水域、沿海水域和地下水”。② 水体概念提供的含义不只是水资源，既作为公共水供应和废水处理对象，只偏重水的资源性，也不同于水环境这个不符合逻辑、会产生歧意的概念；而是既作为水资源基础的自然界的淡水，也作为水生生物生存的空间、水生生态系统运行的基础，是整个自然生态系统不可或缺、不能分割的组成部分。同时又能区别于“水”这个会作多重理解的日常生活概念。水是非常宽泛的概念，在具体法律规范的使用中，需要适当限定。而且水是流动的，水法无法以这个不确定的对象作为法律客体，而水体则更符合条件。

① ［英］马丁·格里菲斯编著，水利部国际经济技术合作交流中心组织翻译：《欧盟水框架指令手册》，水利水电出版社2008年版，第33—77页。

② 英语原文为“The purpose of this Directive is to establish a framework for the protection of inland surface waters, transitional waters, coastal waters and ground water...”。

四、重构水法中的概念体系

水法中的概念体系重构，不仅可借鉴德国及欧盟的水法概念体系，同样也需基于法律规范的理论要求、水统一管理的事实需要、水法体系性的根本要求以及水体保护与管理实践发展的需要。概念体系的重构迫切需要在以后几次的不同单行水法修订中逐步实现。

（一）水资源、水环境、水质、水量、水生态、水文，从不同研究侧重，是水科学的研究对象

在法律规范中可以规定对水某方面的特征而要实现的目标，但这些规范都是目标规定，而不直接规范行为。比如在目的性条款中规定要“实现水资源的可持续使用”，在规则制定中就只是作为指导原则或目标，而不追求规则的直接可执行性。而在具体的规定了主观权利的行为规范中，只能以有形的、可确定的、可作用的水作为行为的直接对象，但又不能忽略有形物而直接规范有形物内在特征。“抽取水量或水质”“污染水资源或水环境”，这样的表述是不能成为法律规定的。水法规范主要由行政法构成，行政法同样是调整人的行为之社会规范，调整的直接对象是行政行为。行政行为是指行政机关对具体事实作出的具有直接外部法律效果的处理行为。[①] 即是行政机构对人或者对物[②]的意思表示，比如命令、决定、通知，其直接作用对象不仅包括民法中的法律对象，还包括行政法中的公物概念。在民法中，物作为“有形的对象”（根据德国民法典第90条，民法典中的物“nur körperliche Gegenstände”即仅是指有形的对象），是指所有能为人所掳获的、非人的、有形的自我存在的可控制的自然中的部分。与有形物相对的是无形的对象，比如法律明确规定的权利，但都需要特定化。自然界中那些不可控制，所有人共同赖以生存的部分，如流水、大气层原则上不属于民法上物的概念，不能成为物权的客体。在这个理解上，当这

---

① ［德］毛雷尔著：《行政法学总论》，高家伟译，法律出版社2000年版，第182页。

② ［德］毛雷尔著：《行政法学总论》，高家伟译，法律出版社2000年版，第213页。即按照对权利义务的直接作用对象的不同，被分为人事行政行为和物事行政行为。

些不可控制的对象通过手段措施（增加或改变了其原本的价值）而被“捕获”，在此情况下才属于民法上的物。对于公共物，民法上可不予以规范，但行政法上，国家有民生保障与基本权利保护的责任，公共物的自由使用会受到妨害，国家就必须予以调整。在公共物管理的领域就是进一步对物的概念在法律上的发展，而水、大气等就被规定在公用物的范畴内。在现代法律的发展中，对这类具有全人类有意义的自然资源的国内法规定越来越受到国际法的影响，由此甚至可以说对此类事物的规范也日益趋同。

（二）水资源与水环境的概念都只是水的特征之一，是无法控制的虚概念不是实际存在的物体，不能成为可具操作性的法律规范的具体对象

行政法律关系由相互对应和联系的权利和义务构成。[①] 权利与义务必然要以一定的自然存在的物为直接承载体。在环境法中，环境法律关系的客体是环境法主体的权利和义务所能实际作用的事物。由此，环境资源与环境行为是环境法律关系客体的范围。[②] 而水体虽然也有具体化的困难，尤其当使用狭义概念的水体时，但水体相比水资源与水环境更指向一个实际存在的，包括水在内的承载体之全部，这也适应水流动和循环的自然属性。

（三）水体的使用既是水法规定的出发点，也是法律规定的规范对象，对此就需要设立公法上的强制性管理机构

欧盟《水框架指令》和德国《水平衡管理法》都是对于水体使用进行管理为根本出发点的。如在欧盟《水框架指令》的立法原则第 13 项中第二句就指出“在规划和实施措施中，要考虑各成员国的不同，指令应该确保在流域范围内水体的保护和可持续使用。各项决策应尽可能地针对受影响或被使用的水体”。在第 1 条第 2 项明确指出“要在长期保护现有资源的基础上促进水体的可持续使用”。

公共水供应与有序地废水处理在一定程度上是一个事物紧密相连的两

---

① ［德］毛雷尔著:《行政法学总论》，高家伟译，法律出版社 2000 年版，第 166 页。

② 吕忠梅著:《环境法学》，法律出版社 2008 年版，第 71 页。蔡守秋著:《环境资源法教程》，高教出版社 2010 年版，第 93 页。

个方面，所以在法律上对于取水后使用，到使用后排放废水这是两种使用形式。这两种水体使用都需要根据以水体的良好质量和充足数量上的生态目标保护为限，仅此才能依自然水循环形成一种循环经济。此外，还包括其他水体使用，如农业、手工业以及工业的用水，渔业、交通、能源以及娱乐休闲，都根据水的多种功能而进行水体使用。水法的最初任务就只在于衡量、规范和协调多种不同的使用利益。随着环境法的产生，在德国水法中用水权益并不包括对于水质的影响，这里的使用不是法律意义上真正的使用，而是从对水体造成的结果而言的，而且对各种使用，德国水法通过事先审查予以严格控制，个人没有水体使用权，仅有向水体管理机构的申请许可权，而且这种申请不是满足条件就能得到批准的许可权，而是基于主管机构自由裁量下需要豁免的绝对性禁止。申请人如果不服只能要求主管机构合法审查申请，而不具有对水体使用的实体性权利。它不同于其他行政法中需要许可的预防性禁止。这也是由水对人类和作为人类生存家园的地球的意义所决定的。“使用”在德国水法中是最核心的概念之一。其中德国水法第9条对于使用进行了法律定义，规定：（1）本法意义上的使用是指：①从地表水体取水和引水；②截蓄和下降地表水体；③从地表水体取出固体物质，只要这种行为对水体特征有影响；④向水体倾倒和排入物质（“物质”不仅是指固体物质也指流体物质，同时“水体”既指地表水体也指地下水）；⑤抽取，裸露，排出地下水。（2）作为使用适用的还有：①利用规定用于此的或适合的设施截蓄、下降和改道地下水；②持续的或以不仅是轻微程度致不利改变水质的措施。③为致力于在第67条第2款意义上的水体建设采取的措施，不视为使用。此同样适用于水体的维护措施，只要在此过程中不应用化学物质。

（四）基于对《水法》和《水污染防治法》这两部法律的理解，水污染防治应该是水法中最核心的内容，水法是统管全局的水的基本法

现有的法律体系实际上形成《水法》与《水污染防治法》相互分割、互不关联的局面，导致了《水法》的空心与边缘化，而同时因为概念的无法衔接，《水污染防治法》中水体保护的整体基础缺失。为了不受现有法律

体系的局限，非常有必要统一到具体概念——“水体”下，并以此为共同的起点与联结点；因为根据综合水管理的理念，水资源与水环境都是水物质的不同社会和经济角度的审视，综合管理更要求有一个超越狭隘部门的中立观。另外，水体区别于水，更从单一环境媒质之水到水与土壤及水中生物等环境媒质的结合这一角度，是一种综合管理理念。

（五）综合生态管理方式应成为水法基本原则

水资源与水环境对立起来的研究方法，在一定程序上是水法研究中的发展过程，在现有《水法》与《水污染防治法》两法并存，并分别由两个政府部门负责的状况下，各有侧重进行区别也是可以理解的，这是水管理从经济管理向环境管理的一种转变过程。

但从资源利用法逐渐向以环境保护为大框架下的资源与环境保护为重点的发展过程中，对环境问题越来越重视，综合性的、一体化的管理方式应当是我国环境与资源管理的趋势，环境管理是超越资源管理的人类管理经验的最新阶段。

（六）流域管理是水体管理的具体体现

在我国的实践中，如果没有解决“水资源”与“水环境”之间的关系，流域管理机构仅能在防洪抢险、水量分配上发挥相应作用，而更全面的水综合管理的理念却无法实现。为了协调水的资源与环境两方面的利益，由水利部与原环境保护总局在各大流域管理委员会（局）之外特别成立了流域“水资源保护局”，名义上是水利部与环境保护总局共同成立的机构，但在事实上却又一直受水资源与水环境概念的困扰。其根本原因就在于这个机构的存在与现有法律的结构根本不相符合。另外，我们看到流域统一管理体制至少在理论上已经深入人心，在实施中正在推开。但也正是因为水的资源与环境两方面功能性割裂，流域统一管理更多在水量分配上，在水质控制上难有建树，而这才是水体保护的核心。既然为符合水的自然区域特性有必要实施流域统一管理，那同样是对集多功能于一身的水同一性的需要，在管理规范上也需要实施水的综合统一管理。水的综合统一管理不仅是水质与水量的统一综合，也是水的多种功能的统一协调，这种内在的综合统一性需要用法律规定这种外在的综合统一性予以体现。而这个基础就是水法统一而有体系的概念系统。

第五节　“水十条”时代的“三偿”制度之构建与实施

2015年，我国《水污染防治行动计划》(以下简称“水十条”)也明确指出:“要大力推进生态文明建设，以改善水环境质量为核心，按照节水优先、空间均衡、系统治理、两手发力原则，贯彻安全、清洁、健康方针，强化源头控制，水陆统筹、河海兼顾，对江河湖海实施分流域、分区域、分阶段科学治理，系统推进水污染防治、水生态保护和水资源管理。”①“水十条”以环境导向为核心的水体保护，对上述概念进行了相对的区分；并明确指出了到2020年、2030年的分阶段水治理目标:“到2020年，全国水环境质量得到阶段性改善，污染严重水体较大幅度减少，饮用水安全保障水平持续提升，地下水超采得到严格控制，地下水污染加剧趋势得到初步遏制，近岸海域环境质量稳中趋好，京津冀、长三角、珠三角等区域水生态环境状况有所好转。到2030年，力争全国水环境质量总体改善，水生态系统功能初步恢复。到本世纪中叶，生态环境质量全面改善，生态系统实现良性循环。”②

经统计，我国“水十条”共42次提到“水污染”，共18次提到“水资源”，共11次提到“水生态”，共16次提到“水体”。再者，“水十条”也相对区分了水污染防治、水生态保护和水资源以及相应的工作思路和措施。此外，“水十条”体现了综合管理理念，通过强化地方政府以及相关主管部门的水环境保护责任以及部门协调联动，特别确立了主管部门牵头/负责、相关部门参与的综合协调机制，可以较好地保障全国水环境治理与保护目标的实现。

---

① 《国务院关于印发水污染防治行动计划的通知》(国发〔2015〕17号)。
② 《国务院关于印发水污染防治行动计划的通知》(国发〔2015〕17号)。

总之，“三偿”制度的建立健全及其实现机制，首先需要在法律上对涉水的概念予以理清和区分，并对相关部门的涉水权限加以进一步地明晰化，建构水资源保护的综合协调机制，以促进其取得良好的实施效果。《水污染防治行动计划》作为我国水资源保护法律制度的最新国家顶层设计，体现了水生态整体主义的综合保护与管理理念。2016年7月，我国对《水法》进行部分修改，其中新第十九条规定：“建设水工程，必须符合流域综合规划。”[①] 新《水法》通过贯彻和强化水工程的流域综合规划以及相关环评许可制度，可以较好地融合与整合“三偿”制度，从而促进涉水概念在实施中的贯彻和落实，值得后续研究和实践的重视。

在新《环境保护法》时代，特别是要确立“三偿”法律制度中的综合生态管理理念，水质、水量并举，促进水生态、水环境、水资源向以水体概念为核心的法律体系转型。再者，要减少或消除水资源开发利用为优先的功利导向思维，凸显水环境、水生态的地位和作用。在特定的时空条件下，有必要以紧迫的生态利益和生态安全为优先原则，以促进水生态环境保护的综合水体保护制度为着眼点，综合协调“三偿”法律制度的实施环节，以减少“三偿”法律制度运行中所产生的制度摩擦和实施障碍，增进和提高水体保护和规制的实施效果。

---

① 《中华人民共和国水法》第十九条。

第二十章　水资源保护法律“立法目的论”的融合与创新

我国水资源保护法律制度历经近三十年的发展，基于中国特色的水资源权属制度设计，初步形成了水资源有偿使用制度、水环境污染损害赔偿制度、水生态补偿制度等制度体系。但鉴于种种原因，我国水体污染、水质灾害等现象仍十分严重，甚至遭遇每况愈下的困境。反思我国现有法律制度对于水体保护的规制不足，水法的“立法目的”难逃其咎。在很大程度上，什么样的立法目的决定什么样的法律制度。

我国《水法》《水污染防治法》《防洪法》等水法律制定于不同的历史时期，有着相对不同的立法任务与目标以及调整对象。我国水体保护法律制度不合时宜的“立法目的”引申出的一系列法律制度在水体保护上难有作为，这些不合理的、分散化的、主次不明的立法目的造成了相对混乱低效、互相矛盾的法律制度。但是，我国水法也具有一般共性和普遍性的立法目的，有进一步融合与创新的立法空间。再者，鉴于“三偿”法律制度的内在张力，也需要对其各自的立法目的加以统一协调与引领，否则其法律制度结构、基本原则以及具体的法律制度等都可能会受到影响，并进而影响后续的释法、执法和司法等实践。为了从源头上厘清我国水体保护之症结所在，有必要针对“三偿”法律制度的水法“立法目的”进行反思，并结合域外水体保护相关先进经验，进行融合与创新。

第一节 环境法律立法目的概述与反思

一、我国环境立法目的概述

一般地，立法目的是指立法机关在制定法律的时候所要达到的初衷或目标。其语法结构往往体现为“为了（为）……，根据……，制定本法”的句式，基本在法律文本的第一条开宗明义的加以宣示。也就是说，立法目的是一部法律产生的前提和逻辑起点。故有学者认为，“立法目的指立法者制定某部法律的出发点及欲达到的目标，它体现了该立法的基本功能、价值和使命，亦是指导法律制定和法律解释的最高精神实质。”①

鉴于此，法律的立改废需要准确定位法律的功能、价值和使命，即准确定位其立法目的。因为，立法目的不仅是宣示具体法律的特性与目标，而且具有丰富的价值，比如：“在法律制定方面，找准立法的‘目标’，可以提高立法技术水平，改善立法质量；在法律实施方面，有利于执法者准确地理解法律的‘原旨’，公正地实施法律；在法律遵守方面，可以使社会成员知悉法律规定的‘真义’，正确地行使权利、履行义务；在法学研究方面，可以将游移、散淡的目光向法律文本‘聚焦’，增强法学研究服务于法治实践的能力。”②

二、环境立法目的的多层次理论分析

环境法学界亦不乏关于环境资源法立法目的的研究，不同学者根据不同观点对环境立法目的模式具有不同的区分标准。

（一）一元论、二元论与多元论

“一元论”即主张环境法的目的追求是单一的，即“保护公民健康”或“保护环境”。环境立法目的一元论兴起于20世纪60年代，源于环境污染给公众带来的严重环境公害，致使公众不得不进行反思，倡导环境立

① 李挚萍：《环境基本法立法目的探究》，《中山大学学报》（社会科学版）2008年第6期。

② 刘风景：《立法目的条款之法理基础及表述技术》，《法商研究》2013年第3期。

法追求的是保障公民人体健康，免受环境污染的损害。这是由“人类中心主义”价值观深刻影响下产生的思维进路。此外，也有学者认为环境立法目的“一元论”主要是指“保护环境”，也有的认为是为了实现可持续发展。

“二元论”指其立法目的并非是单一的，除了“保护公民人体健康”或“保护生态环境”之外，还追求另外的目的，比如“促进经济和社会可持续发展”等。环境资源立法目的“二元论”最早由第一代环境法学者金瑞林先生在《环境法的适用范围、目的与作用》一文中提出，现已普遍被立法界接受，且大部分环境资源法均采取了“二元论”或“多元论”的立法方式。比如我国1989年的旧《环境保护法》第一条确立了“保障人体健康、促进社会主义现代化建设事业的发展”的二元目的。

“多元论”在前述“一元论”“二元论”的基础上发展而成。即不仅将环境法的直接目的、间接目的、终极目的等均表述在了立法目的条款之中，而且根据不同的标准将其有逻辑性地区分先后次序、不同层次。2014年的新《环境保护法》的立法目的[①]与1989年版相比，进行了一定程度上的调整，使得直接目的、间接目的、具体目的等都较为明确。因此，可将此视为是环境立法的“多元论”范例。

（二）直接目的与间接目的

直接目的指的是环境资源法是否能直接推导出的，无须经过其他条件进行转化的目的，称为环境立法的直接目的。反之，则为间接目的。以2014年的新《环境保护法》为例，其中第一条规定体现了我国环境立法的多目的主张和多目的论，其中“保护和改善环境，防治污染和其他公害”是直接目的，又称表面目的或事实性、客观性目的；而“保障公众健康，推进生态文明建设，经济社会可持续发展”是新环保法的间接目的，又称实质目的、价值性目的。可见，直接目的与间接目的是具有层次性和差异性的。就终极目的而言，可将“生态文明建设和可持续发展”视为终极目的。

① 我国2014年的新《环境保护法》第一条规定：“为保护和改善环境，防治污染和其他公害，保障公众健康，推进生态文明建设，经济社会可持续发展，制定本法。”

(三) 价值性目的与工具性目的

根据立法目的的不同层次，有学者将环境资源法立法目的划分为价值性目的与工具性目的。按照内容的不同，可以分为价值性目的和工具性目的："一是阐明立法的基本价值和理念，通常以抽象的语言来表述，宣示性作用较明显，难以具体衡量其具体要求；二是阐明立法的具体任务，通常以明确的语言来表述，其要求可以具体衡量。"[①] 其中，工具性目的是浅层次，显现出近期性和功利性等特点；价值性目的则是深层次的，代表的是长远性和终极性的追求。其中，价值性目的对工具性目的起指引与引领作用，而价值性目的的实现又必须依赖工具性目的来完成。比如根据《水污染防治法》(2008年修订) 第一条规定，其中"为了防治水污染，保护和改善环境，保障饮用水安全"属于浅层次、功利的工具性目的，而"促进经济社会全面协调可持续发展"则属于长远性、终极性的价值目的。

第二节 我国水体立法目的对"三偿"法律制度的影响及批判

我国水资源保护立法主要起始于20世纪80年代，先后出台了《水法》《水污染防治法》《防洪法》《水土保持法》《海洋环境保护法》等有关法律。下文将结合"三偿"法律制度，考察分析我国相关水法的具体立法目的之变迁。

一、《水法》立法目的之变迁对水资源有偿使用制度的影响及批判

(一) 我国《水法》的立法演进过程

我国幅员辽阔、水资源储存总量并不算少，加上地形地貌的差异，导致我国频繁遭遇水旱灾等一系列与水资源相关的环境问题。水资源的开发利用自古以来便是我国历朝历代治国安邦的重要工程，加上我国是一个传

① 李挚萍:《环境基本法立法目的探究》,《中山大学学报》(社会科学版) 2008年第6期。

统的农业文明古国，在水资源开发利用上更显得至关重要，因此，在历史上亦不乏脍炙人口的治水典故——大禹治水，不乏造福后世的水利工程——都江堰、京杭运河。在新中国成立以后，随着国民经济的复苏，工业、农业的恢复并逐渐崛起，对我国水资源与水环境造成了前所未有的破坏与挑战，比如，北方缺水、南方洪涝；河道设障、湖泊围垦，影响蓄洪泄洪；过度开采地下水、地面下沉、海水倒灌等一系列问题，影响了经济社会的健康快速发展。于是我国在1988年出台了的水体保护基本法——《中华人民共和国水法》。

1988年制定的《水法》在保护水资源、防治水害、促进水资源开发利用等方面发挥了积极作用，但随着我国形势的不断发展，特别是在20世纪八九十年代，我国正处于经济建设突飞猛进之非常时期，随着工业的发展壮大，人们对自然的开发与驾驭能力的提高，对我国水资源造成了史无前例的挑战，最终导致我国水体保护又呈现出了诸多新问题。比如，重开源、轻节流，重经济效益、轻生态保护，欠缺完善的水资源管理体制，不仅导致水资源利用率低，还导致污染与浪费严重等一系列新旧问题的交织。为了解决新旧的水资源保护问题，加强水资源管理，在总结现行水法实施以来的实践经验基础上，同时借鉴域外水资源立法经验，2002年我国对《水法》作了修订，以适应水资源开发与保护的新要求。

（二）我国《水法》立法目的之批判

第一，1988年《水法》立法目的。该部水法立法目的采取了"多元论"的形式，表述较为简单明了。其中，直接目的或主要任务是"合理开发利用和保护水资源，防治水害，充分发挥水资源的综合效益"。而间接目的或是终极目的是"适应国民经济发展和人民生活的需要"。1988年版的《水法》立法目的充斥着追求"经济效益"，注重"开发利用"等味道。在此种法律意识下，水体成为了一种纯粹的生产要素，成为开发利用、提取经济价值的重要对象，使水资源仅仅是一种"经济资源"，成为人类改造世界、征服自然的重要对象。再加上国民经济发展的诱导，最终将水资源彻底沦为追求经济效益的重要手段，在毫无节制地开发与利用下，导致我国水资源枯竭、水体污染严重等后果。

第二，2002 年《水法》立法目的。一方面是我国经济发展水平与社会发展程度发生的重大变化，另一方面是 1988 年《水法》立法理念以及具体法律制度方面的欠妥，在这双方面作用下，我国于 2002 年对《水法》作了重大修改，其中除了对水资源开发与保护具体制度的修改外，还对立法理念与立法目的作了与时俱进的完善。2002 年我国《水法》第一条修改为："为了合理开发、利用、节约和保护水资源，防治水害，实现水资源的可持续利用，适应国民经济和社会发展的需要，制定本法。"①

与 1988 年版《水法》相比较，2002 年的新水法在立法理念上有所改观，摒弃了之前纯粹追求经济效益的功利性立法导向：第一，从宏观上看，新法委婉地增加了水资源保护的分量，对水资源效益与保护进行均衡，并使之成为水资源保护的重要原则。第二，从细节上看，旧法规定"开发、利用"与"保护"，而新法是"开发、利用"与"节约、保护"，增加对水资源保护的分量，体现保护与开发并举、节约与利用并重的均衡发展。第三，从间接目的上看，旧法是追求"充分发挥水资源的综合效益"，而新法摒弃赤裸裸追求水资源效益的功利，代之"可持续发展"理念。

(三)《水法》立法目的导向下的水资源有偿使用制度及批判

而在此立法目的导向下架构出来的水资源有偿使用制度，主要体现在新《水法》第七条和第四十八条。但是该制度没有明确规定与水环境污染赔偿制度、水生态环境补偿制度的联系，以及冲突后如何协调与解决的问题。再者，在上述立法导向下，水资源有偿使用制度毫无疑问带有明显的功利性导向和经济化趋向，难以兼顾水资源的生态属性与生态效应，难以体现水资源开发利用的生态化。特别是从终极目的上看，旧法是"适应国民经济与人民生活的需要"，而新法是"适应国民经济与社会发展的需要"，虽然改正了旧法中更为狭隘与政治色彩浓厚的"人民"一词，代之

① 2002 年《中华人民共和国水法》第一条。

更为包容与宽泛的“社会发展”，但并未能改变使《水法》沦为经济发展的辅助法，从而使得水环境、水资源的保护要与经济建设相协调，这实际上是经济发展优先而非环境优先或保护优先原则的体现。在现实中，受“以经济建设为中心”的驱使，甚至将《水法》沦为是地方经济发展的促进法。导致我国水资源有偿使用制度异化为水资源“开发利用法”，成为“越使用，越恶化”的尴尬境地。

二、《水污染防治法》立法目的之变迁对水环境污染赔偿制度的影响及批判

（一）我国《水污染防治法》的立法演进过程

水不仅是一种最为基本的自然元素，而且还是一种重要资源。正是因为水作为一种资源对于社会发展、工农业生产、日常生活等一系列的人类活动的重要性，以至于人类对水资源毫无节制、不加保护地开发与利用，导致我国水污染形势日益严重。在此背景下，我国于 1984 年制定了《水污染防治法》，于 1996 年加以修正，于 2008 年加以全面修订。

1984 年《水污染防治法（草案）》的立法说明已经明确指出，水污染已经成为我国环境保护中的重要突出问题，水体污染每况愈下。水污染对人民健康、工业生产、农业生产、渔业生产和旅游事业的发展，都造成了危害。立法说明中大篇幅着重描述了我国水污染的严重程度与危害结果，明确指出水污染远没有得到控制，在一些地区，水质恶化、水体污染的趋势每况愈下。作为水质保护、污染防治的特别法，1984 年的《水污染防治法》的立法目的更多偏重于“保证水资源的有效利用”，没有很好体现和贯穿水污染防治的生态导向要求。

到了 1996 年，随着我国经济发展发生着翻天覆地的变化，在水污染治理方面面临着新的更大的挑战：第一，水污染总体不断恶化，由点源污染向面源污染、流域整体性污染转变，严重危害公众健康与生态安全。第二，防治水污染需要改变、更新末端治理和浓度控制的传统方法，要向源削减、污染集中控制和总量控制等全过程治污转变，要结合经济体制、产

业结构、城乡结构等复杂的因素。旧的《水污染防治法》在防治水体污染方面显得捉襟见肘，于是我国于1996年对其进行了一次修正，以更好地适应当时水体防治的形势需求。但此次修正仅仅是对具体的法律制度进行了修改与完善，并未涉及理念与目的的更新。

为了更好地适应水污染防治的需要，时至2008年，国家立法机构在肯定了1996年修正的《水污染防治》实施以来的功效，同时指出由于我国经济的持续快速增长，以及经济规模的不断扩大，导致我国水污染物排放一直没有得到有效控制，造成我国水体污染和水体保护面临着“旧账未清，又欠新账”的局面。鉴于此，2008年，终于对《水污染防治法》作了一次较为彻底、较为全面的修订。

（二）我国《水污染防治法》立法目的之批判

第一，1984年《水污染防治法》立法目的分析。《水污染防治法》是我国第一部专门针对水污染防治的单行法律，其作为一部专门目标与对象均极其明确和具体，因此决定了该法的立法目的与调整对象的明确和具体。在该法第一条规定中，直接目的主要有三层：一是“防治水污染、保护和改善环境”；二是“保障人体健康”；三是“保证水资源的有效利用”；而终极目的或间接目的只有一个，那就是“促进社会主义现代化建设的发展”。简言之，该部法律最为核心的目的是促进社会主义现代化建设的发展，必须保证水资源的有效利用；为了保证水资源有效利用，则必须防治水污染和保护水环境。从该法立法目的的思维逻辑来看，其立法目的亦深受传统发展观念的影响，体现了当时的经济发展理念和水体保护观念。1996年修正的《水污染防治法》保留了此条立法目的之规定，从客观上反映出该立法目的仍然代表着当时立法者的主流观点。

第二，2008年《水污染防治法》立法目的分析。鉴于对旧《水污染防治法》实施以来的经验总结，发现虽然该法在防治我国水体污染上起到了一定的积极作用，但并未能达到预期之目标，未能真正遏制不断恶化的水体资源，反而不同地方甚至变本加厉的发生水污染事件。于是在2008年，终于对该法进行了一次较为彻底的修订，而并非像1996年那般简单地修正。之所以称为较为彻底的修订，不仅体现在加强了水污染源头控制，进一步明确征服责任，完善水环境监测网络，建立环境信息统一发布制定等一系列具体的法律制度，而且更体现在对水污染防治立法理念和立法目的的更新与完善。

2008 年的新《水法》第一条规定与旧法立法目的相比，差异主要有两个方面：一是将“保障人体健康”修改为“保障饮用水安全”；二是根据可持续发展理念和原则，把“促进社会主义现代化建设的发展”调整修改为“促进经济社会全面协调可持续发展”，体现了科学发展观的思想。如此修改，其先进性、合理性与科学性主要体现在：首先，《水污染防治法》是针对水质保护、防治污染的单行法，加上近年来饮用水安全问题日益严重，因此，将“保障饮用水安全”直接规定为立法目的，有利于该法目的与任务的具体化与明确化，有利于对法律具体制度的设计以及实施与贯彻，从而与其他水体保护法相区别开来。其次，对“促进社会主义现代化建设的发展”作为立法目的的欠妥性已成为立法者的普遍共识，以避免使该法再次沦为经济建设的“促进法”或“辅助法”。最后，可持续发展理念作为人类社会发展的最新理念与指导思想，将可持续发展理念作为水污染防治的立法理念与指导原则，确实是一项进步。

（三）新《水污染防治法》下的水污染赔偿制度及批判

水环境污染赔偿制度及索赔诉讼制度主要集中规定在新《水污染防治法》的第八十五、八十六、八十七、八十八、八十九条等条款中。与《水法》中的水事纠纷、水权纠纷相比而言，新《水污染防治法》对水环境污染纠纷及其主观责任认定只作了简单而又笼统的规定，也欠缺强有力的水污染损害赔偿执行制度。再者，新《水污染防治法》下的水污染赔偿制度更多地是针对私益损害的赔偿制度之设计，而非公共水环境利益受损害的赔偿制度。也就是说，更多体现的是直接利害关系非间接利害关系损害的赔偿制度。最后，新《水污染防治法》下的水污染赔偿制度规定了环境保护主管部门和有关社会团体的支持起诉制度之规定，而缺乏公益诉讼制度的规定。在新《环境保护法》时代，虽然其规定的环境公益诉讼制度可以弥补其立法缺陷，但是具体的可操作性、细化条款还有待 2008 年的《水污染防治法》在修改中加以回应。

此外，从立法目的的角度分析来看，新《水污染防治法》下的水污染赔偿制度依然存在着一定的不合理性。其一，虽然将“保障饮用水安全”作为立法目的，有利于对饮用水领域的重点保护，从而保障公民的人体健康；但水污染防治以及赔偿并不仅仅针对饮用水。其二，虽然将“促进经济社会全面协调可持续发展”作为该法的终极目的，但将“经济与社会”作为一对协调的搭档，着实有点勉为其难，特别是“经济的全面协调可持续发展”的强势，往往导致“社会的全面协调”只是一种愿景，只是一种奢望。换言之，仍然难逃优先发展经济而牺牲社会的发展之窠臼。也就是说，该立法目的实际上仍然难以使经济与社会全面协调的可持续发展。

再者，从水环境污染的生态性损害赔偿方面来看，2008 年的新《水污染防治法》基本没有规定。2015 年我国新出台的《生态环境损害赔偿制度改革试点方案》可以弥补新《水污染防治法》的立法空白。尤其是因为污染环境、破坏生态环境要素、生物要素的不利改变及其生态系统功能的退化或倒退严重的情况，实际上是在倒逼也亟待修改完善《水污染防治法》。

2016 年 6 月，《水污染防治法（修订草案）》开始向社会公开征集意见，草案增加和吸纳了近几年来的国家有关生态文明建设和生态文明体制改革方面的政策以及系列配套文件的重要内容。尤其是将“水十条”中的一些先进理念和制度建设要求，凸显了水生态损害赔偿、水生态补偿等方面的内容规定。这些体现了水环境和水生态并重的修法导向，贯彻了国家“十三五”规划中“以提高环境质量为核心”的环境治理新目标。当然，《水污染防治法》需要全面修订，需要贯彻新《环境保护法》的新理念和制度要求；同时也需要进一步完善新《环境保护法》在公益诉讼等方面的立法不足，促进水环境污染赔偿制度的生态化和绿色化，促进水环境污染赔偿制度与水资源有偿使用制度、水生态补偿制度的融合与创新。

三、《防洪法》立法变迁对“三偿”法律制度的影响及批判

（一）我国《防洪法》的立法演进过程

我国是个多暴雨洪涝的国家，自古以来发生的水患灾害不胜枚举。新中国成立以来，随着现代科技的发展与应用，我国对江河湖泊进行了大规模的改造与治理。通过对江河湖泊的改造，促进了我国工业、农业的快速发展，同时一定程度上也促进了我国防洪防灾能力的提升，然而，在对江河湖泊治理过程中，亦不乏违背自然规律，不顾江河湖泊的蓄水、泄洪等功能，从而造成我国水患灾害的进一步严重化。因此，我国陆续出台了《防汛条例》《河道管理条例》《蓄滞洪区安全与建设指导纲要》等一系列行政法规和文件。

但我国防洪工作并未得以有效遏制，进而呈现出一系列新问题：防洪规划未能有效落实、对河道的随意占用、防洪工程标准参差不齐、蓄滞洪区缺乏有效管理等问题。为了更好地规制防洪防汛、保障经济社会健康有序发展，我国在结合《防汛条例》《河道管理条例》的基础上，于1997年出台了《中华人民共和国防洪法》，并于2015年作了细微修正。

（二）我国《防洪法》立法目的之批判

1997年《防洪法》第一条交代了我国《防洪法》的立法目的。其中，直接目的或者立法任务主要是通过“防治洪水，防御、减轻洪涝灾害”；终极目的则是“维护公民的生命和财产安全、保障社会主义现代化建设顺利进行”。

依据上文分析可以看出，该法的立法目的至少存在三点缺陷：

第一，将极具政治色彩概念的“人民”作为法律用词，并将其作为立法目的，确实明显不妥，因为，与“人民”相对应的是“敌人”，而法律不仅仅保护只是一般人民的合法利益，同时，也保护所谓“敌人”的合法利益，因此，以“人民”作为该法主体用词，显然具有缺陷。

第二，该法将目的限定在了维护公民的“生命”“财产”安全，这是明显的法律工具主义的体现，是将法律作为维护人类利益的工具，而防洪

法，不应该仅仅局限于维护“生命、财产”，而更应该具有宽阔、客观的视野，否则，只会沦为“头痛医头、脚痛医脚”的狭隘技术，并不能真正利于泄洪防涝，维护江河湖泊的自有规律与功能。

第三，终极目标仍然聚焦于“保障社会主义现代化建设顺利进行”，将此作为环境资源法律的立法目的表述，已是陈词滥调、早该淘汰与更改的立法目的，而该法虽于2015年第十二届全国人民代表大会常务委员会第十四次会议进行了修正，却未对此表述予以修改，着实是一大遗憾。

(三)《防洪法》下的“三偿”法律制度分析

《防洪法》在原则层面体现和要求水资源有偿使用制度的生态保护义务，要求开发利用和保护水资源符合防洪规划和流域综合规划的强制性责任，在很大程度上是对《水法》的修正和补充。

此外,《防洪法》第三十二条、第四十五条等规定了受益主体针对蓄滞洪区的补偿、救助义务，以及政府和国家对蓄滞洪区的补偿、救助义务、立法义务和制度完善之要求。

但是从综合生态系统管理的要求以及生态安全的角度来看,《防洪法》立法目的在总体上没有体现水生态安全、水生态保护的要求，难以兼顾和统筹协调“三偿”法律制度在运行中的冲突。因此，未来修改《防洪法》的时候需要加以回应和完善。

四、《水土保持法》立法变迁对“三偿”法律制度的影响及批判

(一)《水土保持法》的立法演进

我国山区和丘陵区超过国土总面积的三分之二以上，也可以说是一个“山区国家”。在盲目的人为活动与脆弱复杂的自然环境共同作用下，我国水土流失现象十分严重。随着人类活动的活跃，以及改造自然能力的提高，我国自古以来便不断遭遇水土流失问题，母亲河——黄河之浑浊的原因便是由于上游黄土高原植被的破坏，导致大量黄沙因水土流失而汇入黄河，造成了黄河如今这种浑浊不堪的后果。到了黄河下游，因为流失的水

土泥沙逐渐沉淀下来，最终导致黄河下游的河道上升，逐渐成为“地上河”，从而为黄河的治理以及洪涝灾害的预防均造成了新的挑战。

新中国成立以后，虽然在水土保持与治理方面取得了重大成就，但是由于人类活动无节制、无休止的作用于自然环境，特别是对植被的大量破坏，以及对原有自然地貌的破坏，尤其是随着能源不断开发以及不断扩大的建设工程规模，进一步加剧了水土流失的严重性。不少地方出现了边治理、边破坏，一方治理、多方破坏的情形。最终造成了生态的破坏，给地方经济与社会的发展均造成了制约，并为洪涝灾害埋下了隐患。

在水土流失问题逐渐引起社会关注的背景下，1991 年我国终于在多方调研、认真修改的基础上出台了《水土保持法》，并于 2010 年进行了第一次修订。

（二）我国《水土保持法》立法目的之批判

1. 1991 年《水土保持法》立法目的分析

1991 年的《水土保持法》的立法目的采取直接目的与间接目的相结合的“多元论”之立法模式。依据目的层次的标准，至少可以将其视为四层目的：

第一，“预防和治理水土流失”。针对我国严重的水土流失及后果之现状，并且其趋势有着愈演愈烈并难以控制之趋势，因此，该法出台的最为直接的目的便是追求对水土流失现象的遏制与治理。

第二，“保护和合理利用水土资源”。水和土不仅是一种基本的自然元素，更是人类活动不可或缺的重要资源，环境资源法，不仅是保护环境的保护，也涵盖对资源的保护，水和土作为人类生产和生活最基本的资源，对其保护便是对生产资料的保护，是对人类可持续发展基础的保护，因此，该法将水土资源的保护和合理利用作为重要的立法目的，有着其紧迫性与合理性。

第三，“减轻水、旱、风沙灾害，改善生态环境”。水和土不仅是自然界重要的元素，而且是两者紧密联系，无法脱离的重要元素，因此，《水土保持法》不仅关注“水”的保持，即在暴雨、洪涝等极端气候环境下水土的保持与保护工作，而且理应关注在“缺水”情形下的水土保持，因为，水灾时，土壤会因水而流失；旱灾时，土壤也会因为风而流失。该法将减轻水、旱、风沙灾害，作为水土保持的重要目的，体现了该法点面结合，综合治理、预防水土流失。

第四，“发展生产”。该法虽然也是在20世纪八九十年代出台的法律，但该法在立法目的中的终极目的表述上，与传统环境法的表述有略微不同。以往的环境立法大多表述为“为促进社会主义现代化建设，制定本法”，该法为“发展生产”。这可能主要是因为水和土作为生产活动最为基本、无法取代的生产资料，因此为了突出水和土的功能性，仅明确规定为“发展生产”。然而，如此表述与传统的表述并无本质区别，均是极具功利性的，将环境资源仅视为是人类生产活动的资源，保护环境资源是为了促进经济发展，两者均是在“人类中心主义价值观”作用下作出的立法目的表述。

2. 2010年《水土保持法》立法目的分析

2010年，我国对《水土保持法》进行了修订。修订后的《水土保持法》立法目的与1991年版相比，该条文只做了一项修改，即将“发展生产，制定本法”修改为“保障经济社会可持续发展”。从立法发展历程来看，这无疑是一种进步，不断摒弃了过去以经济建设为目的的立法目的，逐渐趋向于追求经济、社会、生态全面协调可持续发展。但是，《水土保持法》的立法目的仍然具有一定的局限性：

一方面，从总体上看，整个条文仍然充斥着一定的“人类中心主义价值观”，较为明显地反映出这是在追求水土作为人类生产活动的一项重要资源，特予以重点保护的立法逻辑，虽说这样的立法逻辑本没有错，但是如果将“水土资源”视为纯粹的生产资料，为了开发利用，促进发展特予以保护，则容易将该法最终沦为经济发展的附庸，当经济发展与生态保护相冲突时，会倾向于牺牲环境与生态的保护，辅助于经济的发展。

另一方面，从语句表述上看，“保障经济社会可持续发展”不排除具有一定歧义的可能性。“社会”属于大外延，“经济”理应包含在“社会”里面，而无须将“经济”单列与“社会”并列平行，否则有特意强调“经济”之意。否则，为何不表述为“保障社会经济可持续发展”？因此，需特别厘清“经济社会”“社会经济”“经济与社会”这几个词在立法目的中的真实意涵，避免产生逻辑混乱与歧义。

（三）《水土保持法》下的“三偿”法律制度分析

2010年的《水土保持法》没有规定水环境污染损害赔偿制度。该法第七条、四十八条规定了除集体所有之外的水资源有偿使用制度，规定了水行政主管部门的义务和责任；第三十一、三十二条规定了水土保持费制度，并要求将水土保持费纳入国家生态效益补偿制度中；第五十七条规定了拒不缴纳水体保持费的行政处罚责任。

2014年，我国水利部联合财政部、发展改革委等四部门制定出台了全国《水土保持补偿费征收使用管理办法》及标准，体现了生态补偿中“谁开发，谁保护；谁受益，谁补偿”的原则。2015年，国务院发布的《全国水土保持规划（2015—2030年）》更是将生态文明建设总体要求融入规划，贯彻和体现了水土保持工作和制度建设的生态保护之要求，上述这些相关规定较好地整合了水资源有偿使用制度和水生态补偿制度；其“改善生态环境质量”立法导向将对这两个制度的融合与创新起到进一步的引领作用。

表20-1　我国水法立法目的之比较

法律名称	立法目的
水法 （2002修订）	第一条　为了合理开发、利用、节约和保护水资源，防治水害，实现水资源的可持续利用，适应国民经济和社会发展的需要，制定本法
水污染防治法 （2008修订）	第一条　为了防治水污染，保护和改善环境，保障饮用水安全，促进经济社会全面协调可持续发展，制定本法
防洪法 （2015年修正）	第一条　为了防治洪水，防御、减轻洪涝灾害，维护人民的生命和财产安全，保障社会主义现代化建设顺利进行，制定本法
水土保持法 （2010修订）	第一条　为了预防和治理水土流失，保护和合理利用水土资源，减轻水、旱、风沙灾害，改善生态环境，保障经济社会可持续发展，制定本法

第三节 域外水法立法目的及相关制度之借鉴与启示

一、欧盟《水框架指令》及相关制度的考察与借鉴

在欧盟《水框架指令》(*EU Water Framework Directive*) 出台以前，欧盟各成员国内虽有各自的水资源管理法律法规，但鉴于水资源以流域性为主，具有跨行政性等特点，所以各自为政的治理方式及其不利于对水资源的综合治理。2000 年 12 月 22 日，欧盟颁布了《欧洲议会与欧盟理事会关于建立欧共体水政策领域行动框架的第 2000/60/EC 号指令》，即欧盟《水框架指令》(英文简称为 WFD)。

该指令吸收并整合了各个成员国原有的水资源管立法经验，旨在建立一个保护内陆地表水、过渡性水域、沿海水域和地下水的框架；同时指令规定了欧盟各成员国的立法转化义务以及水资源限期治理目标等内容，要求在 2015 年实现“良好化学与生态状态”水体保护目标。可以说，欧盟《水框架指令》是“为欧盟内的水管理提供一个框架结构，对已颁布的指令进行清理与编排，为整个水体保护提供一种综合、系统的基础”。[①]

其立法目的可概括为总体目的与具体目的。具体分析如下：

第一，总体目的。旨在构建一个涵盖内陆地表水、过渡性水域、沿海水域和地下水保护的一体化法律框架。该立法目的之规定简单、明确而具体，不同于我国水体保护立法目的多元的复杂表述。其所要处理的关系相对单一，所承担的任务比较集中，即只以水体保护为唯一目的，不用考虑其他复杂的因素。

第二，具体目的。该条第 2 款规定了欧盟《水框架指令》的五个具体目的：“（1）防止水生态系统及直接依赖于水生态系统的陆地生态系统和湿地状况的进一步恶化，保护并改善其状况；(2) 在长期保护可利用水资

① 沈百鑫:《比较法视野下的水法立法目的——我国水法与欧盟〈水框架指令〉及德国〈水平衡管理法〉》,《水利发展研究》2014 年第 3 期。

源的基础上，促进水的可持续利用；（3）强化水生态环境的保护与改善，尤其是通过逐渐减少重点污染物质以及停止或逐步停止重点有害物质下泄、排放和散逸；（4）保证逐步减少地下水污染，防止对其进一步污染；（5）要减轻洪水与干旱的影响。”[①] 其目的主要包括防治和改善水生态、促进水可持续利用、减少污染物排放、降低水污染、防治洪水与干旱等领域。该条款还进一步规定：“（1）按可持续的、均衡的及公平的水利用所要求的，提供充沛的优质地表水与地下水的供应；（2）显著减轻地下水污染；（3）保护主权内水体和海洋水体；（4）实现相关国际协议规定的目标，包括预防与消除海洋环境污染……”[②]

欧盟《水框架指令》立法目的虽然涉及领域宽泛，但都紧密围绕水体保护而展开，并无与水体保护无关的多余目的与之杂糅。这有助于形成对水体全方位的立体保护，主要包括：其一，明确了水体保护范围，规定“地表水、地下水、近海水域”等范围；其二，不仅明确规定了充足的“水量”供给，而且强调“水质”的达标；其三，还涉及旱涝防治问题。因此，该指令是紧紧围绕水体保护问题，对水体形成统筹的、立体的全方位保护的立法目的。

再者，欧盟《水框架指令》在上述立法的指导下，综合考虑了水资源的问题、水环境的问题、水生态的问题，又考虑了内陆水体和海洋水资源和环境的问题。此外，指令对内陆地表水、过渡性水域、沿海水域和地下水进行了分类管理，采用生态保护制度、流域综合管理制度、水质目标制度等对水资源实施一体化管理（IWRM），要求水质不得退化，其实施至今已经成为应对欧盟水资源问题的核心立法。

就“三偿”法律制度而言，欧盟《水框架指令》统一的立法目的和流域综合管理制度可以较好统合“三偿”法律制度，消解各制度设计的功能

---

① ［英］马丁·格里菲斯（Martin Griffiths）编著：《欧盟水框架指令手册》，水利部国际经济技术合作交流中心译，中国水利水电出版社2008年版，第43页。

② ［英］马丁·格里菲斯（Martin Griffiths）编著：《欧盟水框架指令手册》，水利部国际经济技术合作交流中心译，中国水利水电出版社2008年版，第43—44页。

和目标之间的张力。再者，指令要求把水的保护与可持续管理进一步结合到欧共体其他的政策领域中去，如能源、交通、农业、渔业、区域政策与旅游业等，这也内在地要求各个成员国之间在“三偿”法律制度的适用上要保持合作与互动，从而实现水体环境治理不断改善的立法目标。欧盟《水框架指令》带来的另一个启示就是，“三偿”法律制度的实施要以水环境质量改善为总目标，禁止水生态倒退。相应地，国家需履行其水体保护的义务和责任，要践行改善环境质量的立法义务和制度安排。

二、德国《水平衡管理法》及相关制度的考察与借鉴

德国自1959年制定《水平衡管理法》以来，便对德国国内的水体进行了调整与保护。但2000年出台的欧盟《水框架指令》无疑对德国的水体保护提供了新的机遇与挑战。欧盟《水框架指令》的实质是欧盟成员国的水法，但它具有“软法”属性。即指令的内容需要各成员国将其转化为国内立法，结合成员国各自的特殊国情，制定出更加具体、更加符合国内实施细则的具体内容，才能最终保障欧盟《水框架指令》目标的实现。因此，德国于2009年针对《水平衡管理法》进行了全面而彻底的修订，不仅使之更好地与欧盟《水框架指令》相匹配与衔接，而且更符合德国水管理的实际需要。

在新修订的《水平衡管理法》第1条规定：“本法旨在通过可持续之水体管理，保护作为生态平衡中的组成部分、人类的生活基础、动植物的生活空间以及可利用物之水体。”由此可见，德国《水平衡管理法》的立法目的在于采用“可持续”的水体管理理念和原则，通过强调水体的生态属性和社会属性的重要性，从法律上正式确定了涉水利益的优先保护原则和理念，或者说是坚持环境优先的水体保护原则。

具体而言，德国《水平衡管理法》的立法目的主要涉及“一个原则、四个方面”。其中，一个原则指的是“可持续的水体管理”，即在水体管理、污染防治、生态平衡上必须坚持可持续发展的理念，而并不是竭泽而渔地无休止开发与利用。该原则贯彻该法始终，强化了各个利益相关者的

水体利用和保护的普遍性谨慎义务，因此成为德国水事管理的基础性法律，也是德国现代环境法治的重要标志。

“四个方面”指的是：第一，“保护作为生态平衡中的组成部分”。将该部分还原完整，即可表述为，在可持续水管理的理念下，保护作为生态平衡中的水体。该项将《水平衡管理法》中的水体明确定位在生态平衡中的水体，将水体放置在整个生态平衡的框架之内，凸显出水治理的整体思维与统筹思维。第二，“作为人类的生活基础”。该项位于“生态平衡中的组成部分”之后，表明水体首先是生态平衡中的水体，其次才是作为人类生活所必需的水。离开生态平衡，以为追求保护人类生活之水，只能是刻舟求剑，不可能达到水体保护之目的。第三，“作为动植物的生活空间”。水体不仅是人类生活之必需，同时也是其余动植物生命之基础。在保护水体过程中，也必须认识到水体本身是一个孕育生命的载体，必须维护水体至于动植物生存繁衍的环境，保护水生物种多样性，才能在整体上维护水体的平衡。第四，“作为可利用物之水体”。可利用物之水体，即表明水体的可利用性，该条款表述的是水体作为一项资源，之于人类生产生活的有利性。对水资源的开发利用，亦必须在“可持续”的理念与原则指导之下，有计划、有节制、尊重水体自身规律的开发与利用。《水平衡管理法》将水资源的开发利用作为立法目的中的后秩序，表明该法更加注重水体保护的生态性，而非重视水体的经济性。[①]

三、美国《清洁水法》及相关制度的考察与借鉴

美国针对水体保护立法起步较早，早在19世纪末便有相关水体保护法规出台，比如1899年制定的《河流与港口占有法》。当时的水体立法主要专注于对水路航运的维持与保护上。随着美国水体环境的恶化与倒退，以及针对环境保护意识的逐渐增强，美国在1948年出台了《联邦水污染控制法》，这代表着美国开始关注水污染的防控而并非仅仅是对水路运输的

① 沈百鑫：《比较法视野下的水法立法目的——我国水法与欧盟〈水框架指令〉及德国〈水平衡管理法〉》，《水利发展研究》2014年第3期。

维护上。

《联邦水污染控制法》经历了多次修改，但在1972年之前，该法由于未能明确联邦在水体管理上的绝对地位，以及在制定方面存在的缺陷，导致其对美国在水污染防治上收效甚微。直至1972年《联邦水污染控制法》的修订，才真正标志美国水污染控制进入了现代化治理阶段。就美国水污染控制的立法发展史而言，该法是一个里程碑式立法，是美国水法体系中最为严格的立法。在一定程度上，也代表着传统命令控制型水污染规制模式的成功。《联邦水污染控制法》于1977年进行了一次重大修订，进一步明确了水清洁水质的标准。

该法在第1条第1款中规定："恢复和保持本国水体化学的、物理的和生物方面的完整性；达到该目的的国家目标。"该立法目的规定的十分简洁，但却基本从水体的化学性质、物理性质、生物性质三方面给水体保护形成了一个三维的全局保护。美国《清洁水法》的立法目的，不仅笼统地规定了要根据化学、物理、生物等方面进行水体的保护，而且根据这三方面，制定了一系列国家目标以及为保障该目标得以实现的配套行政法规。

此外，美国《环保署2014—2018财年战略规划》也要求到2018年美国水体将全面停止退化。[①] 美国"反退化政策"（又称"反降级政策"）阐明了水质保护准则，囊括了水质保护的基本要求，明确了水质保护的基本底线即生态基础，相当于划定了水污染防治的红线，要求水环境质量不断改善，水质不得退化。

美国《清洁水法》之所以能取得良好的效果，很大原因归功于该法确立了广泛的公众参与制度、强化了污染物排放控制行政机构的职责、加大了联邦政府对水污染控制的财政支持、重视污染物控制的司法作用以及建立了周密的污染物排放许可证制度。美国水污染治理及其立法历史表明，治理水污染问题要从立法、执法、司法等环节的革新与改良中寻求突破，也要兼顾水资源、水环境、水生态等制度体系的有机融合。在水体保护立

---

① Fiscal Year 2014-2018 EPA Strategic Plan（2014年10月美国国会发布），2014年9月，见http://www2.epa.gov/sites/production/files/2014-09/documents/epa_ strategic_ plan_ fy14-18.pdf。

法中，不仅要有科学合理的立法目的与理念，更要有确保该目的能得以实现的具体制度与目标。

第四节　“可持续水治理”之水法目的导向下的“三偿”法律制度之革新

一、转变观念、完成侧重开发利用向环境保护的转变

我国水法中依然充斥着过度注重对水资源的开发与利用。将水纯粹作为人类活动的一种资源，对水体的保护，归根结底就是对水资源开发利用的保护。无论是《水法》《水污染防治法》《防洪法》《水土保持法》，还是《海洋环境保护法》，其立法目的，依然是将水体作为一项资源予以保护，予以保护的目的依然是继续对水资源的开发与利用，并最终追求国民经济与社会的发展。

这本身没有错，但由于立法目的是对整部法律的基调，立法目的追求的是什么，决定了具体法律条文以及条文所构建起来的法律制定是什么。“将所有的人类活动，所有的立法目的，都指向经济发展既不符合多元化社会发展的需求，也不符合法学专业学科划分的科学要求；环境法要保护的是环境，要协调的是人与自然环境的关系，这是环境立法应有的目的。”[①] 因此，将水体视为一般资源，对水体的保护是为了追求国民经济的发展，在此种目的的指引下，必将决定了我国水法的具体制度设计中，难免更加重视水资源的开发与利用，而忽视对水环境、水生态的有效保护。

环境法的生态化已是现代各国环境法的发展趋势，而水资源有偿使用制度的生态化、水环境污染损害赔偿制度的生态化，更是水法及水权制度生态化的重要内容与启示。换言之，需要将生态文明建设和生态文明体制的总体要求融入水法律和政策。水体保护法属于环境资源法的重要组成，水体保护法的生态化，更显得尤为迫切和重要。因为，经济发展与环境保

① 张式军:《环境立法目的的批判、解析与重构》,《浙江学刊》2011 年第 5 期。

护本身是一对难以调和的矛盾，而将一对难以调和的矛盾和冲突之利益硬生生作为环境法律的立法目的，只能导致环境资源法在环境保护中迷失。因此，我国未来的水法立、改、废，应亟待加以整合并迈向《水法典》转变，以实现“三偿”法律制度之间的和谐与统一。

二、回归本质、实现水体法律制度的可持续治理

我国现有的水法中，乃至涉及整个环境资源法的领域，大多数法律均将“可持续发展”作为法律的终极目的，但我国环境资源保护的状况却并未因此而得到质的改变。那么我国水体保护立法，乃至整个环境资源立法出现了什么问题？

在我国现有的水体保护立法中，绝大多数法律的立法目的遵循的是“为了……促进经济社会可持续发展，制定本法”的模式。几乎均以“促进经济社会可持续发展”作为终极立法目的。众所周知，可持续发展是各国都承认的处理经济发展与环境保护之间矛盾的普遍之道，将“可持续发展理念”作为水法的立法目的，无疑代表了我国水体保护立法的进步。然而，为何在先进理念指导下的水法却未能扭转我国日益加剧的环境污染问题呢？

其实，这个问题并不难回答，因为，我国环境资源立法虽然将先进的“可持续发展理念”作为其立法目的，但是至少存在两大问题：第一，在立法目的中规定“经济社会”的“可持续发展”，然而过多强调“经济”，导致在现实生活中，众所呼吁的“环境保护”难敌强劲的“经济发展”，从而造成环境资源法在实施过程中悄然沦为经济发展的“辅助法”。第二，“可持续发展”是一个美好愿景，将其作为环境资源法的立法目的，表征着环境资源法的终极价值与目标。但由于缺乏具体的“可持续”制度体系之设计，“可持续发展”的理念和立法目的可能仅是海市蜃楼，缺乏可操作性和约束力。由于“可持续发展”并不是严格的法律原则，欠缺法律刚性约束和最严格水法律制度的配合，水环境、水资源、水生态等难免沦为经济发展的牺牲品。

因此，要实现水体的可持续治理，那么应该做到：

第一，矫正水体立法目的，在立法目的中仅需强调对水体污染的防治、水体环境与生态的改善、保障水质水量的有效供给、减少水、旱灾害的发生等一系列跟水体有关的可持续治理之理念，而无须在水体法中再规定促进经济或社会发展之必要。对水体的纯粹保护并不断改善其水环境质量，从长远来看自然有利于可持续发展，但这应属于水体立法之附属价值或延伸价值，而非直接目的。

第二，在水体的可持续治理中，既要确立“可持续治理”之目的，更要将“可持续治理”之理念落实到具体的“三偿”法律制度之中，通过最严格水法律制度的实施与执行，逐渐朝着可持续的方向发展。

第三，注意立法目的的抽象与具体相结合。立法目的需要抽象性，只有抽象性才能显现其宏大、前瞻性，但只有抽象性，亦容易将水体保护目的沦为虚无。因此，在抽象的立法目的之后，可附上具体的限期达到的法律目标，并依据现实情况，适时更新该具体目标。

第四，需要整合零散的水体法，健全水体保护法律体系。我国水体立法并未形成统一的体系，而散见于《水法》《水污染防治法》《防洪法》等一系列单行法中，单行法的横行，不利于对我国水体的综合治理。因此，急需整合相关水法，健全水体法律体系，制定《水法典》。从而在高度体系化、一体化、协调化的统一水法典中实现可持续的水体治理之目的。

第二十一章　水资源保护法律的“权利”基础、耦合与制度因应[①]

水资源保护“三偿”法律的一个重要权利基础是“水权”，现实中的地方试点或实践出现了水权、水资源国家所有权、水权交易、可交易水权等概念，存在一定程度上的混乱现象，有待加以梳理，并从制度上加以体系化与合理化。本章主要从权限、权利、义务和责任进行一体化考量，对水资源的有偿使用、生态补偿、损害赔偿进行制度整合与融合，以期减少“三偿”（有偿使用、生态补偿、损害赔偿）法律制度之间的冲突，达到制度之间的耦合和协调，从而发挥制度最优与利益保护的最大化效应。

第一节　“水权”概念的法律分析与界定

一、“水权”概念的界定

对于“水权”这一概念，学界有着较大的争议，可归纳为“一权说”“二权说”和“多权说”。其中最大的分歧在于是否将水资源所有权包括在水权范围内。[②] 应该说，不同的学说在各自的语境内都具有合理性，有着不同的功能定位，并无优劣之分，关键在于对水权的界定是否能切合具体论域并一以贯之。本章对水权制度进行比较分析，自然应从比较法的语境

① 本章部分内容已发表，详见陈海嵩：《水权制度结构的比较法分析——以“功能性原则”为中心》，《浙江工商大学学报》2011 年第 1 期。

② 黄锡生：《论水权的概念和体系》，《现代法学》2004 年第 4 期。林厉军：《水权的界定及其法律性质分析》，《广西政法管理干部学院学报》2007 年第 4 期。

下界定“水权”这一概念。

从国外水资源保护立法历史来看，发达国家随着经济社会的发展以及水资源的日益稀缺，各国不断制定专门的水资源保护法，并从土地立法独立出来。可见，在传统上并不存在独立的水资源所有权，水权也就只能指涉使用水的权利。而在将水资源所有权独立出来并归属于国家或者人民后，意味着水资源成为典型的“公有财产”，但显然，使用水资源的主体多为特定的个人。存在于水资源上的所有者和使用者的不一致，就产生了建构一套独立于水资源所有权的水资源利用法律体系的必要，这也正是国外学者对水权（Water Rights）的一般观点，即界定为权利人依法对水资源使用或收益的权利。

从比较法的视角看，“水权”并不包含水资源所有权，其仅包括使用水资源的权利。更进一步说，“水权是一种非传统意义上的私人财产权（Private Property Right）。水使用人并不拥有某一含水层或某条河流等水资源的所有权，而仅享有使用水这一不完全（Inchoate）的权利，即用益权（Usufructuary Right）。”[①] 从水法功能的角度来理解，不管是狭义上或广义上的水权制度，其制度涉及的法理更多体现地是水资源的开发使用关系，而非简单的归属关系。本章也正是在该功能定位上使用“水权”概念并建构“三偿”法律制度。

二、研究方法与研究领域的确定

由于水权涉及多方面的利益关系，其相关规则较为复杂多变，有学者曾言，“变化是水法不变的历史”。[②] 因此，欲突破简单地描述性研究，深入了解水权的制度脉络，就必须遵循合适的研究方法。比较法研究所提倡的“功能性原则”为探究水权的规则体系提供了合适的方法论指导。

---

① Jeremy Nathan Jungreis, “‘Permit’ Me Another Drink: A Proposal for Safeguarding the Water Rights for Federal Lands in the Regulated Riparian East”, *Harv. Envtl. L. Rev.*, Vol. 29, 2005.

② Joseph L. Sax, “The Constitution, Property Rights and the Future of Water Law”, *U. Colo. L. Rev.*, Vol. 61, 1990.

一般而言，比较法有两种不同的研究路径："描述性的比较法"和"真正的比较法"。所谓"描述性比较法"，只是对不同的法制度或法概念进行彼此之间的异同对照，停留在简单介绍、对比和描述的层次上。而"真正的比较法"是基于功能性的考量，围绕具体问题去探究不同法秩序之间"相同或不同"的原因。因此，"真正的比较法"也被称为"功能性比较法"。

具体而言，要实现"真正的比较法"在研究方法上有两个基本要求：

一是确立"功能性原则"。一般而言，从出发点或逻辑思维起点来看，比较法研究必须从纯粹功能的角度提出，概言之，功能性原则是比较法研究的一个基本原则和方法论。由此，"真正的比较法"着眼于比较的功能与目的，以具体问题为研究的出发点，以"不同法秩序面临共同的问题，但却采取不同的应对方式"为条件，获得对比较对象的深入认识。

二是建立一个相对宽松的、体现功能取向的体系概念。比较法研究须围绕一个中心概念，将所有相关的制度都纳入比较的视野，而该概念并非严格法教义学意义上的"法律概念"，而是一个功能性概念，目的在于从功能的角度明晰研究的大致领域。

由此，本章即运用上述研究方法对水权的相关问题展开比较分析。具体而言，研究遵循两个基本设定：(1) 从功能的角度界定"水权"概念，并以此作为中心概念。前文已述，国外学者一般将水权（Water Rights）界定为权利人依法对水资源使用、收益的权利。因此，可以从"使用/收益"的功能定位上来界定"水权"概念，统摄所有规范水资源利用关系的法律制度。(2) 明确水权制度的基本问题。在规范水资源利用关系的过程中，所有法律制度都面临两个问题：一为利益分配问题，即用水主体通过何种方式得到水资源，完成水权的初始配置；二为风险负担问题，即在外部约束条件变化（如水资源总量减少或相关政策变化）的情况下，用水减少之风险通过何种方式在用水户中分配，即在初始分配的基础上，对特定情形中的水资源进行再分配。申言之，水权制度包括两个基本规则：水资源利益分配规则和水资源风险负担规则，两者共同构成了水权的制度体系。对水权制度的深入分析，也就必须从这两个方面展开。

第二节　水资源利益分配规则的规范分析与域外考察

水作为重要的自然资源，在人类社会的生存和发展过程中发挥了巨大的作用。如何在不同的用水主体间合理地分配水资源，一直都是水权制度的首要课题。此时，有两个相互关联的问题：一是以何种方式在用水户中分配水资源，针对这一问题，各国形成了水资源利益分配的一般性规则；二是水是维持个体生存与发展必不可少的资源，以何种方式保障每个人获得其生存、生活所必需的用水，因应这一问题，各国形成了水资源利益分配的特殊性规则。具体而言，包括一般性规则和特殊性规则。

一、水资源利益分配的一般性规则

依据何种规则将水资源分配到用水户中，实现水权的初始配置，一直是水权制度的首要课题。对此，主要有两种不同的调整模式：

（一）水权与土地权利相联系

传统法律一般把水资源和土地作为一个客体，认为水权依附于土地所有权。这方面的代表即为起源于英国普通法的河岸水权（Riparian Right），在普通法系国家具有广泛的影响力。根据河岸权规则，水权是指邻接河流、湖泊等水道的土地所有权人（河岸人）所享有的利用水道以及相关水物质的权利。[①] 该规则的特征在于：（1）只有河岸土地所有权人才拥有对水流的权利；（2）权利是对未经减损、改变之水流的权利；（3）河岸权人拥有在任何时候、以任何方式、利用任何数量水的权利，条件是其利用不得对其他河岸权人造成损害；（4）在所有河岸权人组成的群体之间，他们的权利具有关联性并要承担一定的义务。无论拥有多少河岸土地，他们的

---

① David H. Getches, *Water Law in a Nutshell* (*Third Edition*), West Publishing Company, 1997, p. 33.

权利义务是平等的；(5) 河岸权的转让只能通过转让河岸土地权利的方式进行。[1] 在该规则下，河岸水权其实是权利人行使土地所有权的产物。

(二) 水权与土地权利相分离

随着水资源的日益稀缺，传统的河岸权规则越来越不能适应社会的需要。出于促进经济发展、实现效益最大化的目的，[2] 在法律上将水资源和土地相互区分，使水权不再附属于相关土地权利就成为大势所趋。在此背景下，普通法系和大陆法系国家发展出了各自的水权制度，其中具有代表性的是美国的优先水权制度和日本的许可水权制度。

1. 美国西部优先水权制度

优先水权（Appropriation Right）制度起源于美国西部，水权的取得要遵循"时间优先、权利优先"原则（First in Time, First in Right）。该制度发展之初，优先水权只是单纯的占用权，用水人有实际引用水的行为并履行相应公告程序即可，实际占有的日期则是确定水权优先性的依据，用水量仅取决于实际用水。进入20世纪后，为实现水资源的有效管理，西部各州都颁布了相关的水法，规定取水必须获得主管机构的许可，如此，申请日期就成为确立优先权日、排列水权优先性的重要依据；申请人能获得的水量和"有益用水"的种类也被立法所规定（科罗拉多州除外）。[3] 概言之，美国西部优先水权制度从传统的先占优先制转变为许可优先制。

另外，随着水资源形势的变化，采取河岸水权制的美国东部各州，也逐步引入优先水权制，形成所谓"混合水权制"（Hybrid System），在制定法律规定优先水权制时，承认之前河岸水权或既得水权（Vested Rights）的有效性，并限制河岸水权使用与取得的范围。值得注意的是，随着东部各州制定相应法律并开始颁发取水许可证，河岸权在东部的重要性已远远

① Anthony Scott, Georgina Coustalin, "The Evolution of Water Rights", *Natural Resources Journal*, No. 4.

② 有学者指出，在使私法规则适应经济发展方面，水权是所有法律制度中影响最大的一个。Morton J. Horwitz, *The Transformation of American Law, 1780-1860*, Harvard University Press, 1977, p. 35.

③ L. Rice and M. D. White, *Engineering Aspects of Water Law*, New York, Wiley, 1987, p. 122.

不及许可证水权了，换言之，传统上河岸水权和优先水权的区别正在消失。[1] 即使不考虑许可证的因素，也早已有研究表明，在实行河岸水权的州，法院会将优先用水视为“合理利用”（Reasonable Use）的一种从而在事实上确认优先权。[2] 准确地说，在现代社会中，已不存在传统意义上的河岸水权，自20世纪50年代以来，美国东部各州就开始修改其普通法水权制度，采纳某种形式的政府管制，并逐渐转变为强调对水资源进行公共管理的“管制型河岸权”（Regulated Riparian）。[3]

2. 日本许可水权制度

根据日本《河川法》第23条规定，欲利用水资源的主体，必须向不同类型之河川管理者申请许可，取得河川流水占用权，即所谓许可水权，也是日本法上一般所指的水权。许可水权（Permitted Water Right）具有优先水权的特征，即必须严格依据主管部门批准水权的时间和顺序来加以确定。但是，日本法上水权优先顺序并不是只由许可水权决定。根据《河川法》第87条及其施行法第20条的规定，既有的农业用水权被视为已获得许可，即所谓习惯水权（Customary Water Right）。习惯水权代表了两种传统上的用水习惯：上游优先和旧稻田优先，分别构成了“上游用水优先权”和“旧稻田优先权”。由于习惯水权的用途多为农业灌溉，上游用水优先权可以被视为河岸权的一种表现形式，而旧稻田优先权则类似于“时间优先、权利优先”的先占规则。

不难看出，在如何分配水资源的问题上，日本和美国采取了相似的做法：水权与土地权利相分离；在水资源由国家或人民所有的前提下，水权的获得以政府许可为主并排列相应的优先顺序；在特定情况下，承认传统上基于河岸权而行使的水权。这也正是目前大多数国家所采取的水权制度。

---

① 魏衍亮、周艳霞：《美国水权理论基础、制度安排对中国水权制度建设的启示》，《比较法研究》2002年第4期。

② J. H. Beuscher, “Appropriation Water Law Elements in Riparian Doctrine States”, *Buffalo L. Rev.*, No. 10, 1961.

③ Dellapenna, Joseph (Eds.), “The Regulated Riparian Model Water Code”, Washington, DC: American Society of Civil Engineers, 1997.

二、水资源利益分配的特殊性规则

在水资源由国家统一综合管理的大背景下，用水者实际取得水的基本方法是获得政府的许可或批准。但由于水资源对于人类生存与发展具有特殊意义，加之农业灌溉用水具有传统上的正当性，对于这类用水的获取，各国法律制度均予以特别的重视，形成了水资源利益分配的特殊性规则。具体而言，针对生活基本用水和一定限度内的农业用水，主要有如下三类法律调整模式：

（一）作为“反射利益”的基本用水

水流、河流、湖泊等是典型的自然公物，其利用受到公物法的调整。在德国，公物的利用方式分为“一般使用”和“特别利用”两类，前者指无须许可即可使用，后者指须经特别之许可才能使用。根据德国联邦《水利法》和各州水法的规定，使用水资源必须获得主管机关之许可或特许，但对于用水量太小或属于河川附近住民的使用，其水资源的使用免于许可，即属于对公物的“一般使用”范畴。一些州则在立法中具体列举了一般使用的用水类别，如洗澡、洗刷、牲畜用水、游泳、用手罐取水、滑冰、小动力微型潜艇航行等。[①] 同时，德国学界通说认为，水法上的一般使用并不构成主观公权利。[②]

（二）具有最高用水级别的基本用水权

在普通法系水权制度中，通常用“家庭使用”（Domestic Use）指称无须许可的基本用水权，并在立法中详细规定具体的用水类别。如美国爱达荷州在法律中明确规定，家庭（Homes）、单位营地（Organization Camps）、公共野营地（Public Campgrounds）、家畜（Livestock）等用水和任何其他相关用途的用水（包括在每天总用水量不超过13000加仑的前提下灌溉不

① ［德］汉斯·J. 沃尔夫、奥托·巴霍夫、罗尔夫·施托贝尔：《行政法（第二卷）》，高家伟译，商务印书馆2002年版，第505页。

② ［德］汉斯·J. 沃尔夫、奥托·巴霍夫、罗尔夫·施托贝尔：《行政法（第二卷）》，高家伟译，商务印书馆2002年版，第496页。

超过 1/2 英亩的土地）以及以总用水量的取水率不超过每秒 0.04 英亩/尺和总取水量不超过每天 2500 加仑为前提的其他任何用水都被认为是“家庭使用”或具有“家用目的”（Domestic Purposes），无须申请许可执照程序即可获得。[①] 在法律性质上，通常将家庭用水视为具有最高优先权的水权。例如，美国许多州对各种用水类型设置了优先级别，尤其是赋予家庭生活用水的最高优先权。如得克萨斯州确定的用水优先级别为家庭用水、市政用水、灌溉和工业用水、矿业用水、水电用水、航运、娱乐以及其他有益用水。[②] 美国南达科他州立法则明确规定，出于家庭目的之用水具有最高优先权。[③]

将生活用水赋予最高优先权，不仅是基督教国家和犹太教国家法律的通常做法，也被伊斯兰国家所采用。在伊斯兰国家，水被视为神赐予人类的珍贵礼物，对于神的创造物，人类首先拥有使用的权利。由此，人类拥有最高的用水优先权，即拥有饮用水或避免饥渴的权利。牲畜、家禽、灌溉用水排列在后。[④]

（三）作为人权的基本用水权

水是维持人类生存的重要资源，因此获得满足生活和生存之必要的适当水资源，是自然法意义上的自然权利或习惯管理。联合国经社文权利委员会于 2002 年 11 月 26 日通过的《第 15 号一般性意见》即明确宣告，水权是一项不可或缺的人权，是人得以尊严生活的必要条件，同时也是实现其他人权的一个前提条件。也就是说，国际人权法也一般认为用水权（Right to Water）是一项基本人权。

相对而言，国内法中将基本用水权确认为人权的实践尚不普遍，但从法律上正式确认水人权（Human Right to Water），是各国的普遍趋势。具

① Idaho Statutes, Section 42-111.

② Colo. Const. art. XVI, §6; Idaho. Const. art. XV, §3.

③ South Dakota Codified Law, Section 46-1-5.

④ Naser I. Faruqui, Islam and Water Management, “Overview and Principles”, in Naser I. Faruqui, Asit K. Biswas, and Murad J. Bino (Eds.), *Water Management in Islam*, Tokyo: United Nations University Press, 2001.

体的方式有：(1) 在宪法中明确宣示水人权，并在相关立法中具体化。比如南非《1998年国家水法》和《1997年水服务法》也都明确了水人权的获取与保障等问题。(2) 通过法律解释或宪法解释的方式确认水人权，即通过宪法对人民经济社会权利的规定，推导出相应的基本用水权。

可见，对生活基本用水和一定限度内农业用水的获取，各国都采取了区别于一般性商业、工业用水的特殊规则，其共同特点是免于许可。另外，提升人民基本用水的法律性质，在宪法和法律上确认水人权，正在被越来越多的国家所采纳，代表了水权制度在利益分配规则上的一个发展趋势。

第三节　水资源风险负担规则的类型化与实现机制

一般而言，财产法的目的在于减少对享有财产利益造成阻碍的风险，比如未经允许的闯入。因此财产权并不被理解为分配风险的机制。[①] 但是，由于水资源的易变性和政府政策的经常变动，用水者往往面临用水减少（Water Shortage）的风险。显然，水权制度不仅仅要关注水资源利益的分配，更要关注水资源风险的分配。[②]

具体而言，水权制度面临自然风险、人为风险等问题。以前述水资源利益分配的一般性规则为基础，各国发展出了不同的应对水资源自然风险和人为风险的制度。具体而言，可归纳如下：

在水资源日益稀缺的背景下，由政府对水资源进行综合管理是世界各国所普遍采取的办法。自然地，在面临着水资源自然风险和人为风险时，由政府决定用水的多少就成为多数国家所采取的风险负担规则。这方面的代表是美国东部各州和传统大陆法系的相关制度。

① Richard A. Epstein, "A Clear View of the Cathedral: The Dominance of Property Rules", *Yale L. J.*, Vol. 106, 1997.

② A. Dan Tarlock, "Prior Appropriation: Rule, Principle, or Rhetoric?", *N. D. L. Rev.*, Vol. 76, 2001.

一、美国东部各州的风险负担规则

在传统上，由于气候较为湿润，美国东部各州实行的是源于英国普通法的河岸水权制度。根据传统河岸权规则，沿岸水权人从自然水道取水须符合“相关权利原则”（Correlative Doctrine），即相邻河岸的土地所有人所具有的取水权利，应与其他相邻河岸土地所有人一致；而共同拥有相同取水的权利，并且对于水资源之使用不得侵害到同流域其他滨河水权人之合理取水权。[①] 在该规则下，当出现自然风险（如水资源短缺）时，邻近河岸的所有权利人应该同时减少其用水量，即共同承担用水减少之风险。而在出现人为风险时，由于河岸权本身依据的“合理使用”规则具有高度的主观性，无法有效地度量用水，因此传统河岸权规则缺乏保护公共价值的机制，难以在必要时对用水进行再分配。[②]

显然，传统的河岸权在风险负担规则上具有内在的缺陷。随着经济的发展和人口的增多，美国东部各州纷纷对水资源实行政府管理，并形成了“管制型河岸权”（Regulated Riparian）制度。在该制度中，临近河岸不再是取得水权的唯一条件，所有人取得水权都须经政府许可（家庭用水除外），该许可是附期限的。同时，传统的“合理使用”规则仍然保留，并成为政府颁发许可时的基准，其中也包含了对公共利益的考虑。[③] 据此，当出现自然风险和人为风险时，由政府决定水资源的分配，在必要时可根据“公共利益”的要求调整原有用水资源并进行重新分配。也就是说，政府拥有了水权的自由裁量权。

二、传统大陆法系的风险负担规则

传统的大陆法系国家比较强调对水资源的政府管理，其风险负担规则

---

① David H. Getches, *Water Law in a Nutshell* (Third Edition), West Publishing Company, 1997, pp. 47-48.

② Joseph W. Dellapenna, “The Law of Water Allocation in the Southeastern States at the Opening of the Twenty First Century”, *University of Arkansas at Little Rock Law Review*, Vol. 25, 2002.

③ Joseph W. Dellapenna, “Regulated Riparianism”, in 1 WATERS & WATER RIGHTS § § 9.03 (b).

亦由政府所主导。在德国，通说认为水权是“公法上的权利”。德国水法上的水权制度主要有三种类型：免于许可、许可（Erlaubnis）和特许（Bewillgung）[①]。根据《联邦水利法》第十二条的规定，如果不限制特许的继续使用将危及公共福利，特别是公众用水时，主管机关亦可全部或部分撤回特许并无须补偿。[②]

同时，根据德国法律的规定，主管机关在审查取水许可申请时，应注意其他专业法规和因水权核发所影响的公共利益（如航运、卫生、文化遗产、交通、钓鱼、休闲等）。主管机关应针对其所核发水权可能产生的利益和上述相互冲突的利益进行衡量，然后去决定是否核发水权。[③] 由此可见，德国水权制度在风险负担规则上和前述美国东部“管制型河岸权”制度相似，其最大特征是政府在必要时可基于公共利益而对现有用水进行再分配，并无须进行补偿。这也是大陆法系国家的通常做法，区别在于在撤销水权许可时是否给予补偿。[④]

三、以优先权为基础的风险负担规则

美国西部各州由于气候较为干旱，因此其水权制度的核心是缺水时的水资源分配。根据“时间优先、权利优先”的原则，专用权授予的日期先后序位决定了用水户用水的优先权。在缺水时期，拥有高级别水权的用户被允许引用他们所需的全部水资源，而拥有低级别水权的用户则须限制甚至全部削减他们的引用水量。[⑤]

---

① 张立达：《水权法制之研究》，“国立”台北大学法律学研究所，硕士论文，2003年，第106—108页。蔡登南：《“我国”水利法中水权之研究》，“国立”中兴大学法律学研究所，硕士论文，1998年，第46—56页。

② 蔡登南：《“我国”水利法中水权之研究》，“国立”中兴大学法律学研究所，硕士论文，1998年，第56页。

③ 黄锦堂：《“我国”水权核发以及事后管制缺失之检讨》，“行政院”“国家”科学委员会，1994年，第50页。

④ 如日本《河川法》第76条规定，依本法第75条第2项第4款和第5款的规定，出于公共利益而被废止水权许可的，对受损失的水权人应给予补偿。

⑤ Norris Hundley, Jr., *The Great Thirst: Californians and Water: A History* 69-75, U. of Cal. Press, 2001, p. 71.

客观而言，优先水权制度确立的先占原则使水资源得到充分利用，极大地促进了西部各州经济的发展。但随着时代的变迁，严格的优先水权制度已经无法适应社会的要求，受到了越来越多的批评。一方面，先占原则会导致过度的投资，从而使水资源分配的结果缺乏效率，这一点已经在经济学上得到验证。[①] 现实中，美国西部优先水权制度“要么用水、要么失去”的规则变相地鼓励已有用水主体多占用、引取河道中的水进行移地利用，缺乏提高水资源利用效率的内在动力，难以适应西部地区快速发展和迅猛城市化的实际需求。也就是说，早期的美国西部优先水权制度体现较多地是“物尽其用”的功利导向，基于优先权为基础的水权制度设计比较集中于私益方面，也就是说主要针对私权方面的水权；相对而言，比较缺乏生态导向的规定和制度设计，也欠缺环境公共利益的的考量和引领。

另一方面，经验表明，对于用水者而言，严格执行优先权的成本往往是高昂而不可接受的。[②] 这也使得当应用水权先占原则将减少现存用水时，各州政府水资源管理机构经常歪曲、变更、无视先占原则，以保护各种事实上的用水。如在蒙大纳州，即使用水人之间因优先权发生争执，行政当局也不愿介入。[③] 因此，尽管优先权规则提供了一个明确的在水资源短缺时分配风险的方案，但该规则并未得到充分地执行。通过储水以及各种正式和非正式的机制（如按照比例分担缺水压力），大部分灌溉者得以免受先占原则带来的用水减少风险。[④] 基于此，有学者指出，西部优先水权规则就像马奇诺防线，由于具有内在的缺陷，其重要性正在日益减小。[⑤]

尽管先占原则和实际执行之间的鸿沟会继续增大，但美国西部优先水

---

① ［美］罗伯特·D. 考特、托马斯·S. 尤伦著：《法和经济学》，张军等译，上海三联书店、上海人民出版社 1994 年版，第 177—180 页。

② Carol M. Rose, “The Several Futures of Property: of Cyberspace and Folk Tales, Emission Trades and Ecosystems”, *Minn. L. Rev*, Vol. 83, 1998, 83.

③ Reed Benson, “A Watershed Issue: The Role of Streamflow Protection in Northwest River Basin Management”, *Environmental Law*, No. 1, 1996.

④ A. Dan Tarlock, “ How Well can International Water Allocation Regimes Adapt to Global Climate Change? ”, *J. Land Use & Envtl. L.*, Vol. 15, 2000.

⑤ A. Dan Tarlock, “ Prior Appropriation: Rule, Principle, or Rhetoric? ”, *N. D. L. Rev.*, Vol. 76, 200.

权制度会仍然存在，其功能则应从权利的永久性严格执行，转移到对用水需求预期的保障上。换言之，优先权规则应成为“影子规则”（Shadow Doctrine）而非实际规则。[①] 由此，在自然风险的负担上，美国西部各州都在采取措施尽量避免在实践中适用先占优先权，可选择的替代方法包括加强流域统一管理、更加强调用水户之间的协商和谈判，以弥补优先权规则的缺失，更加公正、有效地对稀缺的水资源进行分配。[②]

在人为风险的负担上，随着环境保护等公共目标的兴起，如何在水资源分配中保护公共利益已成为水权制度的重要一环。由于根据优先权规则产生的水权是一种私权（Private Rights），可以在政府管理的前提下进行买卖和转移；未经公正补偿，政府不得废止。[③] 因此，和纯粹政府管理下的风险负担规则相比，美国西部各州发展出了具有一定独特性的公共利益保护机制。具体而言：

（一）私法机制对公共利益的保护

主要有两类方法：一是确认以保持自然径流水量为目的的“内径流水权”（Instream Flow Right），并纳入水权优先序列。内径流水权的确立，由法律直接规定、购买或租赁原有水权进行转化等方法。[④] 二是依据公共信托原则（Public Trust Principles），对在先水权进行限制。这方面的典型代表是著名的“Mono 湖水权案”。在该案中，加州最高法院支持了原告主张的审美、消遣、鱼类用水权，要求水资源委员会修改原有的引水许可，对 Mono 湖的人类和环境用途加以考虑。[⑤] 根据该判决，州可以通过法院或者州水利资源委员会修改现存水权，以确保水的使用与同时代的经济需要和

① A. Dan Tarlock, “The Future of Prior Appropriation in the New West”, *Nat. Resources J.*, Vol. 41, 2001.

② Stephanie Lindsay, “A Fight to the Last Drop: The Changing Approach to Water Allocation in the Western United States”, *Southern Illinois University Law Journal*, Vol. 31, 2001.

③ Jeremy Nathan Jungreis, “‘Permit’ Me Another Drink: A Proposal for Safeguarding the Water Rights for Federal Lands in the Regulated Riparian East”, *Harv. Envtl. L. Rev.*, Vol. 29, 2005.

④ 魏衍亮:《美国州法中的内径流水权及其优先权日问题》,《长江流域资源与环境》2001 年第 4 期。

⑤ ［美］约翰·E. 克里贝特等著:《财产法：案例与材料》，齐东祥译，中国政法大学出版社 2003 年版，第 618—620 页。

公共利益要求趋于一致。[①]。这就意味着依公共信托原则而确立的用水具有最高级别的优先权，凌驾于其他所有水权之上。

（二）公法机制对公共利益的保护

主要包括：第一，在获得许可证或进行水权转让时，由政府机关进行公共利益审查（Public Interest Review）。西部各州（科罗拉多州除外）都采取各种程序审查涉水决策中的公共利益，有的州则直接在立法中明确规定了公共利益审查中应考虑的因素。如阿拉斯加州在水法中规定，在决定公共利益时，委员会应考虑：申请的优先水权带来的效益；申请的优先水权对经济活动的效果；对捕鱼、消遣和休闲机会的影响；对公共健康的影响；用水替代性用途的损失；申请的优先水权对其他人带来的害处；完成该占有的意愿与能力；对通航或公共水域的影响。[②] 第二，联邦法律对水资源公共利益的间接保护。尽管联邦法律在水资源管理上并未取代州的首要地位，但其实施会间接地影响到水分配和转让的效果。如根据《联邦电力法》《濒危物种法》《渔业和野生动物协调法》的规定，在授予新许可证和对现有工程进行再许可时，联邦能源管理委员会经常要求水坝所有者在鱼类、野生动物和其他环境目的需要时，排放出一定量的水。[③]

第四节 可交易水权的制度构造及制度融合

一、可交易水权的提出与发展

20世纪80年代后，随着全球水危机的加深，人们认识到水资源可持续利用与综合管理的重要性，也意识到了“水市场”（Water Market）在水

---

① Michael C. Blumm, Thea Schwartz, “Mono Lake and the Evolving Public Trust in Western Water”, *Ariz. L. Rev.*, Vol. 37, 1995.

② Alaska Statutes, § 46. 15. 080.

③ Getches, David H., Sarah B., Van de Wetering, “Integrating Environmental and other Public Values in Water Allocation and Management Decisions”, Douglas S. Kenney (Eds.), *in Search of Sustainable Water Management: International Lessons for the American West and Beyond*, MA: Edward Elgar Public, 2005, pp. 69-101.

资源优化配置中的重要地位和作用，于是学者们开始探讨如何建构基于市场交易的水权制度。在理论上，相较于政府管制，水市场能在自愿参与和多元协调的基础上更好地分配水资源。[①] 具体而言，以市场机制分配水资源具有三个主要的优点：市场为节水技术的发展与执行提供了激励；由于水资源的分配常常带来冲突，市场机制能提供双赢的结果；同行政控制相比，市场能更有效率地实现水资源的分配。[②]

市场交易的前提是产权的明晰。在此背景下，保障水资源市场配置顺利实现的“可交易水权”（Tradable Water Rights）应运而生，并在一些国家进行了初步的实践。智利最早在法律上确认可交易水权制度。根据智利1981年《水法》规定，“水是公共使用的国家资源，但依法可向个人授予永久和可交易的水使用权。现有的水使用者可以免费获取地面和地下水的财产权利，新的和未分配的水权通过拍卖向公众出售。水权和土地所有权完全分离，由私法加以规范，可以自由买卖、抵押和转让”。[③] 不过，也有学者认为，智利可交易水权制度存在较大缺陷，尤其是忽视了水资源综合管理，导致该制度实施二十多年来，智利仍然面临着严重的水短缺和水污染问题。[④] 这也正是智利在2005年对水法进行再次修订、强调政府对水资源的管理之原因所在。有学者指出，水资源的私有化可能会导致对环境的破坏和对水资源的过度开发，甚至可能成为国际贸易交易的对象进而导致一国水资源的匮乏，比如某一跨国公司为了追求水销售的利润可能对某一国家的水资源进行过度开发。[⑤] 因此，智利这种完全建立在自由市场基础上、纯粹界定为私权的可交易水权制度具有内在缺陷，需要进一步改进。

① Howard Chong, David Sunding, “Water Markets and Trading”, *Annual Review of Environment and Resource*, Vol. 31, 2006.

② Brent M. Haddad, “Rivers of Gold: Designing Markets to Allocate Water in California”, Island Press, 2000, pp. 19-32.

③ Paul Hold, Mateen Thobani, “Tradable Water Right: A Property Rights Approach to Resolving Water Shortage and Promoting Investment”, The World Bank Research Working Paper, 1996.

④ Carl J. Bauer, Siren Song, “Chilean Water Law as a Model for International Reform”, Resources for the Future (Washington DC), 2004, p. 124.

⑤ Robert Glennon, “Water Scarcity, Marketing and Privation”, *Texas Law Review*, Vol. 83, 2005.

在可交易水权制度上较为领先的国家是澳大利亚，其注重对水资源的可持续综合管理，并在这一框架下建立可交易水权制度。在传统上，澳大利亚继受了英国普通法的河岸水权制度。20世纪初开始，澳大利亚各州水权制度开始从普通法体系向制定法体系转变。各州在很大程度上取消了普通法上私人性的河岸水权，通过专门立法授予王室使用、供应、控制河流和湖泊水的权利。其特征在于，在将水资源所有权归属王室（各州政府）的基础上，由政府决定水资源利用和水权的分配，因此可归纳为“王室或州享有自由裁量权的行政水权”。[①]

澳大利亚大陆是全球最干旱的大陆，由于降水分布不均，其面临着严重的局部水资源短缺问题。随着经济的发展和人口的增长，单纯的行政性水权已经无法满足日益增长的用水需求。根据澳大利亚政治体制，水资源及相关事项属于各州的管辖范围，但在水资源问题日益突出的大背景下，建立一套全国性的水资源法律与政策体系、保障水资源的可持续利用就成为必须。1994年2月25日，澳大利亚政府间理事会（The Council of Australian Governments，CoAG）举行第三次会议，并批准了《1994年水事改革框架》（*Water Reform Framework*），要求各州制定并实施一项综合性的水资源配置制度，揭开了澳大利亚水权制度改革的序幕。该改革方案的一个重要内容，即要求各州实施综合性的水资源配置或水权制度，明确界定财产权利、数量、稳定性、可转让性和水质等各方面的权利；有关权利的制度安排确立后，就应制定水权交易的相关制度。[②]

以1994年《水事改革框架》为基础，澳大利亚基本形成了全国统一的水资源政策。为了更加深入地实现水资源可持续综合管理，2003年起，澳大利亚政府间理事会开始对该文件进行修改。2004年，澳大利亚联邦与各州政府签订了《关于国家水资源行动计划的政府间协议》（*Interg-*

① D. E. Fisher, “Land, Water and Irrigation: Hydrological and Legal Relationships in Australia”, *The Journal of Water Law*, Vol. 15, 2004.

② The Council of Australian Governments, Water Reform Framework (1994), Attachment A (Water Resource Policy), available at http://www.environment.gov.au/water/publications/action/pubs/policy-framework.pdf, 2009.5.2.

overnmental Agreement on a National Water Initiative，简称NWI），提出了可交易水权与水资源可持续综合管理的基本框架与要求，并规定了预期成果与各州应当采取的行动措施，其主要内容包括：取水权和规划框架、水市场和水交易、最佳的水价确定方法、环境和其他公共利益用水的综合管理、水资源核算、知识和能力建设、社区关系及协调等。该政策性文件代表了水权制度与水资源管理的最新进展。

二、可交易水权制度的缺陷及其弥补

从世界各国情况看，澳大利亚可交易水权制度对水权交易及水市场的建构起到了较好的促进和保障作用，具有典范意义。然而，以2004年《关于国家水资源行动计划的政府间协议》为核心的澳大利亚水权制度仍然存在一定的缺陷，其中最为显著的是对水权交易中“第三方效应”（Third-party Effects）的忽视。由于水具有独特之物理特质，当事人所进行的水权交易往往会对非当事人享有的水权产生影响，即产生外部性问题。[①] 第三方的水权因水权交易受到影响即为“第三方效应”，其中最具普遍性的问题即为“回流”（Return Flows）问题。回流是指由于水资源具有流动性，在消费中水资源未被完全使用而重新进入地表水和地下水，继续为其他用水者使用的情况。如果水权交易对回流的数量或水质造成影响，就会使第三方利益受到损害，从而影响到水市场的运作效率。[②]

显然，“第三方效应”及“回流”问题是对水权交易及水市场的挑战。对此，水市场的制度建构必须将水权交易中的外部成本内部化，并对第三方受到的损害进行必要的补偿。但在澳大利亚可交易水权的制度构造中，并未对回流问题加以考虑，具体而言，根据可交易水权的类型划分，水权中的“分配权”（Water Allocation Entitlements）意味着权利人对特定水资源

① National Research Council, *Water Transfers in the West: Efficiency, Equity and the Environment*, National Academies Press, 1992, pp. 38-67.

② Ramchand Oad, Michael Dispigno, “Water Rights to Return Flow from Urban Landscape Irrigation”, *Journal of Irrigation and Drainage Engineering*, No. 4, 1997.

总体（Gross Volume of Water）有抽取的权利，而不是基于其实际消费并返还的水量，这就使得依赖上游用水回流的下游用水者难以确立其实际可用水量。换言之，由于水权被定义为对特定水资源总体的权利，上游用户就拥有某种隐含的权利，可以在不考虑下游用水者的情况下使用或交易“回流”的水量。[①] 可见，根据《关于国家水资源行动计划的政府间协议》对可交易水权的制度设计，下游用水户之利益并未能得到有效的保障。

针对这一制度构造上的缺失，澳大利亚政府2006年发布了《关于国家水资源行动计划的政府间协议》及水权交易的研究报告。该报告提出，为弥补对回流问题的忽视，应对水权制度进行一定的修订，具体有两种可供选择的方式：一是为水体的“回流”创造一个独立权利；二是改变水权的定义，将其基础从总体水量变为净用水量（Net Water Used）。[②] 第二种方式得到了大多数人的赞同，也是批评者所极力推进的改革方案。在该方案中，水权中“分配权”的持有者享有消费一定净用水量（Net Volume of Water）的权利；实际用水量的增加必须获得额外的许可，进行交易则意味着权利人可用水量的减少。[③] 显然，根据水市场的要求，可交易水权中分配水权的客体，应为权利人的实际用水而非概括性的特定水量，在制度建构上消除水权交易所可能产生的外部性问题。

综上所述，可以归纳出澳大利亚可交易水权的几个特征：(1) 可交易水权与环境水权具有同等地位；只有在不影响环境及公共利益用水的前提下，水权交易才能进行。推而广之，可交易水权在实践中有效运行的前提条件是政府的有效监管；水市场只能是一个“准市场”，以政府保证生态

① M. D. Young, J. C. McColl, “Robust Reform: Implementing Robust Institutional Arrangements to Achieve Efficient Water Use in Australia”, *CSIRO Land and Water*, No. 11, 2003.

② Department of the Prime Minister and Cabinet, National Water Initiative Water Trading Study, Final Reports (June 2006), pp. 57-59.

③ Department of the Prime Minister and Cabinet, National Water Initiative Water Trading Study, Final Reports (June 2006), p. 59.

环境用水为前提。[1]（2）在水资源利益分配上，应针对水事活动的不同阶段对水权进行类型划分，实现水权与土地权利、水分配权与水使用权的相互分离，保障水权的排他性，减少水权交易中的交易成本。（3）在用水风险负担上，应摆脱行政自由裁量权对水权安定性的影响，在类型化用水风险的基础上，建立相对明确的法定规则，保障水权的确定性。（4）应对可交易水权的客体进行更为精确的界定，避免水权交易中的外部性问题。总体而言，可交易水权代表了水权制度的基本发展趋势，其典范则为澳大利亚水权制度。我国应在充分学习借鉴可交易水权制度共性的基础上，建立起适合本国国情的水权交易规则，最大限度地实现水资源的市场配置。

三、可交易水权的制度构造与设计

概括而言，2004 年《关于国家水资源行动计划的政府间协议》是现行澳大利亚联邦与各州水资源政策的基本性法律文件，所有的涉水立法、法规都必须与其相符。[2] 为了给水市场的形成和运作提供良好的制度环境，《关于国家水资源行动计划的政府间协议》对水权制度进行了重新构造，为水权交易提供基本的制度框架。具体而言，包括如下几个方面：

（一）水权权利束的类型化

根据《关于国家水资源行动计划的政府间协议》的规定，为形成有效的水市场，必须对水权权利束中的具体功能进行分类并加以特定化。具体而言，可交易水权被划分为三个部分：（1）针对某一具体水资源的可消费量，确立一个和土地相分离的、永久或者是无期限的水资源份额的权利。[3]（2）根据特定水资源规划，对水权分配特别的水量。[4]（3）针对以某一目的

---

① “准市场”的定位也是我国学者对于水权交易市场的共识。相关文献参见裴丽萍：《水资源市场配置法律制度研究——一个以水资源利用为中心的水权制度构想》，载韩德培主编：《环境资源法论丛（第 1 卷）》，法律出版社 2001 年版，第 121—155 页。胡鞍钢、王亚华：《转型期水资源配置的第三种思路：准市场和政治民主协商》，《中国软科学》2000 年第 5 期。

② Rowan Roberts, Nicole Mitchell and Justin Douglas, *Water and Australia's Future Economic Growth*, *Treasury Round up* (March 2006), p. 58.

③ "Intergovernmental Agreement on a National Water Initiative", 25 June 2004, paragraph 28.

④ "Intergovernmental Agreement on a National Water Initiative", 25 June 2004, paragraph 29.

而在特定地点用水的情况，进行法定审批，并将其和一般性取水权相分离。[①] 2007 年澳大利亚新《水法》根据这种划分方法规定了不同的水权类型。

不难看出，澳大利亚可交易水权制度在水权与土地权利相区分的基础上，进一步对水权权利束中的“进入权”(Water Access Entitlements)、“分配权”(Water Allocation Entitlements) 和“使用权”(Water Use Entitlements) 在法技术上进行了分类。对水权权利束进行类型化，目的在于提高水权体系每一部分的可流动性，减少交易成本，使水权市场运转的更有效率。[②] 概言之，该制度设计目的有二：(1) 使水权成为确定的财产权利。根据《关于国家水资源行动计划的政府间协议》的规定，水权权利束中的“进入权”是一种“永久或者是无期限的水资源份额的权利”，该权利能够进行交易、赠与、遗赠、出租、分割或者合并，具有可抵押性和可强制执行性。[③] 使其成为确定的财产权利。另外，为保护水权持有者或相关第三方(如抵押者) 的利益，《关于国家水资源行动计划的政府间协议》要求各州应建立水权登记系统，对相关信息进行公示；该登记系统在各州间具有相容性和开放性。[④] (2) 保证水权的排他性。一般而言，由于水权制度在适用的时候会造成负外部性，加上水权的排他性以及立法限制。针对水事活动的不同阶段而对可交易水权进行类型划分，可将对取水、蓄水、排水活动的限制安排在“分配权”和“使用权”阶段，而“进入权”代表了特定水资源份额的利益，能够没有限制地被转让，保证了水权的排他性。

可见，对水权权利束进行类型划分，既是建立可交易水权的基础，也是保证水市场和水权交易有效进行的前提，是减少水权交易中“交易成本”(Transaction Costs) 的有效方法。[⑤] 它代表了水权制度在利益分配规则

---

① “Intergovernmental Agreement on a National Water Initiative”, 25 June 2004, paragraph 30.

② Darryl Quinlivan, An Australian Perspective on Water Reform, OECD Workshop on Agriculture and Water: Sustainability , Markets and Policies, Session No. 1, 2005 (2).

③ “Intergovernmental Agreement on a National Water Initiative”, 25 June 2004, paragraph 31.

④ “Intergovernmental Agreement on a National Water Initiative”, 25 June 2004, Schedule F.

⑤ 有学者即明确指出，交易成本是影响水市场与水权交易深度与范围的关键因素所在。Hearne R. R., “The Market Allocation of Natural Resources: Transactions of Water Use Rights in Chile”, Ph. D. Dissertation, Dept. of Applied Economics, University of Minnesota (1995).

上的发展趋势。有必要指出的是，在理论上讲，当水分配权利和其他附属性权利完全分离时，水市场是最有效率的。[①] 如此，权利人在水的使用、保存和销售等环节上都可以作出相互独立的决策。但是在现实的市场运作中，任何特定的可交易权利都会带来新的成本，具体包括界定成本、监督成本与执行成本。因此，水权权利束类型化的程度必须与其带来的收益相互平衡。基于此，《关于国家水资源行动计划的政府间协议》在水权与土地权利相分离的基础上，只对水权权利束中的进入权、分配权和使用权进行了明确规定，更深程度地分离则不做强制要求，留待各州立法决定。

（二）风险负担规则的明确化

一般而言，水权的易变性和不确定性是阻碍其市场交易的最大因素之一。进言之，水权制度不仅仅要关注水资源利益的分配，更要关注水资源风险的分配。换言之，风险是水权的固有性质。[②] 具体而言，水权制度面临着自然风险、人为风险等问题。从各国水权制度来看，为世界各国普遍采取的行政水权制度和水资源国家统一管理体制，基本上依赖政府的自由裁量来应对用水风险，而传统的许可证制度虽然能适应社会发展的要求。但是，"水权行政管理中的行政自由裁量权的恣意行使可能会使行政水权具有极大的不确定性、不可预测性和不安全性，因此又使其财产价值大打折扣"。[③] 在现实中，也影响水权市场交易的深入发展。

如上所述，美国西部水权制度在用水风险负担上具有一定独特性，运用了一定的私法机制来保护公共利益，但这种方式仍然对水权的确定性造成影响。如在著名的美国"Mono 湖水权案"中，加州最高法院依据公共信托原则（Public Trust Principles），支持了原告主张的审美、消遣、鱼类用水权，要求水资源委员会修改原有的引水许可，对 Mono 湖的人类和环

① Australian Government - Department of Prime Minister and Cabinet, National Water Initiative - Water Trading Study, Final Report（June 2006）, v-vi.

② A. Dan Tarlock, "Prior Appropriation: Rule, Principle, or Rhetoric? ", *N. D. L. Rev*, Vol. 76, 2001.

③ Alastair R. Lucas, "Security of Title in Canadian Water Rights", *Canadian Institute of Resources Law*, Vol. 15, 1990.

境用途加以考虑。[①] 根据该判决，州可以通过法院或者州水利资源委员会修改现存水权，以确保水的使用与同时代的经济需要和公共利益要求趋于一致。[②] 可见，法院在适用公共信托原则对审美、消遣、鱼类用水权加以保护时，实际上对水资源进行了重新分配，同时也给已经存在的水权带来了新的不确定性，对财产权体系造成了不利影响。这也是为什么尽管美国西部各州大部分都采纳了公共信托原则，但并没有全部采纳其法律观点。运用该原则对水资源进行再分配的，只存在于加州。[③] 显然，私法机制也无法完全消除现有水权制度在用水风险上的不确定性。

因此，欲建构可交易水权制度，不仅需要在水资源分配方面实现权利的细分，更需要明确各主体在用水风险分配上的规则，保障权利主体的用水预期，使水权具有可预期的确定性和安全性。澳大利亚水权制度在这方面进行了有益的尝试。根据《关于国家水资源行动计划的政府间协议》的规定，相关水资源规划中应界定环境和其他公共利益所需用水，并将其给予法律上的承认，具有和消费性取水权同样程度的稳定性。[④] 以相关水资源规划为基础，在“可消费性水资源量”（Consumptive Pool）[⑤] 确定的前提下，水资源变化风险之分配规则为：[⑥]

（1）因季节性或者长期性气候变化和周期性的自然事件（如森林大火和干旱）引起的可消费性水资源量减少风险，由取水权人承担。

（2）因水系统维持知识的改进而引起的可消费性水资源量变化，最迟在 2014 年前由用水户承担；2014 年之后开始实施或修改的综合性水资源

① ［美］约翰·E. 克里贝特等著：《财产法：案例与材料》，齐东祥译，中国政法大学出版社 2003 年版，第 618—620 页。

② Michael C. Blumm & Thea Schwartz, “Mono Lake and the Evolving Public Trust in Western Water”, *Arizona Law Review*, Vol. 37, 1995.

③ Michael C. Blumm & Thea Schwartz, “Mono Lake and the Evolving Public Trust in Western Water”, *Arizona Law Review*, Vol. 37, 1995.

④ “Intergovernmental Agreement on a National Water Initiative”, 25 June 2004, paragraph 35.

⑤ 根据官方解释，“可消费性水资源量”是指根据相关的水资源规划，在某一特定水系统中可供消费性利用的水资源量。参见“Intergovernmental Agreement on a National Water Initiative”, 25 June 2004, Schedule B（i）。

⑥ “Intergovernmental Agreement on a National Water Initiative”, 25 June 2004, paragraph 48-51.

规划而产生的风险，在每一个十年期间，按照下列方式分担：取水权人承担最先减少的3%水资源配置量的风险；对于水资源配置量减少的3%～6%，由州政府和联邦政府分别承担1/3和2/3；对于水资源配置量减少超过6%的部分，州政府和联邦政府平均分担。

（3）对于前面没有规定的，由于政府政策变化（如新的环境目标）而产生的任何可消费性水资源量减少风险，由联邦政府和州政府承担。

（4）如果受影响各方基于自愿而同意一种不同的风险分配模式，这种风险分配模式是一种可以接受的替代性选择方案。

可见，澳大利亚建立了一种明显区别于原有行政水权制度的用水风险负担规则，其最大特点是：对水资源减少的不同情况进行类型化，并明确各自的承担主体及其承担比例；同时，允许相关主体基于自愿协商进行风险的分配，避免了制度的僵化。应该说，澳大利亚的水权制度第一次针对水资源风险的分配建立了相对明确的法定规则，初步摆脱了行政自由裁量权对水权确定性的影响。如此，水权人就可以通过公开、透明的规则，对水权的变化及风险的承担有相对稳定的预期，为水权的市场交易奠定了基础。

（三）生态环境用水对水权交易制度的限制

随着污染的加深和环保意识的增强，环境用水的重要性日益被人们所认识。如何将环境用水与消耗性用水相互平衡，保障流域的生态环境，就成为水权制度必须加以重视的课题。在环境需水不合理确定的情况下，过多的环境分水也是适得其反的，会造成不必要的经济损失和投资浪费，澳大利亚新南威尔士州就发生过类似事例。[①] 为了合理确定环境及生态用水，1996年7月，澳大利亚、新西兰农业与环境部门部长理事会通过了《关于生态系统用水供应的国家原则》，目的在于在水资源总体配置的层面上，妥善处理生态环境用水问题。该文件明确宣告“应当在法律上承认环境用水”，并提出，“在承认其他用水者既有权利的同时，生态用水应尽可能最

① 尉永平：《澳大利亚水改革的成功经验及启示》，《山西水利科技》2003年第4期。

大限度地满足维护水生态系统价值的需要”“在因既有用水者而导致环境用水需求不能得到满足的情况下，应当采取行动以满足环境用水需求”。[①]

以该文件为基础，2004 年《关于国家水资源行动计划的政府间协议》也对环境用水进行了规定，其明确提出，环境及其他公共利益用水应给予法律上的承认，并至少具有同消费性水权同等程度的稳定性。[②] 同时，明确规定，因取水权而持有的水，只有在不涉及环境及其他公共利益，并且进行交易不与公共利益目标相冲突的情况下，才能在市场上进行交易。[③] 由此，环境用水与消费性水权具有同等法律地位，水权交易只有在不与环境用水相冲突的情况下才能进行。

第五节　生态文明时代水法制度融合与创新前瞻

综上，“水权”是水资源保护“三偿”法律制度的一个重要权利基础，其制度建构需要综合考量水环境、水资源、水生态等因素，防止片面化和极端化。而据此建构出来的水权制度也需结合水权分配的风险以及水权交易的风险，这主要是自然风险和人为风险。当然，现实中，国外以及我国的水权研究和实践出现了水权、水资源国家所有权、水权交易、可交易水权、水人权、水优先权等概念，相应的制度设计存在一定程度上的混乱现象，有待加以梳理，并从制度提升与融合等方面加以体系化与合理化，进行协调与沟通。

欧美尤其是美国、德国、澳大利亚等国家的水权制度设计主要围绕权限、权利、义务和责任进行一体化考量，对水资源的有偿使用、生态补偿、损害赔偿进行了制度整合与融合，在一定程度上减少了“三偿”（有偿使用、生态补偿、损害赔偿）法律制度之间的冲突，达到制度之间的耦

---

① ARMCANCZ & ANZECC, National Principles for the Provision of Water for Ecosystems, Canberra: Occasional Paper 3, 1996.

② “Intergovernmental Agreement on a National Water Initiative”, 25 June 2004, paragraph 35 (i).

③ “Intergovernmental Agreement on a National Water Initiative”, 25 June 2004, paragraph 35 (iii).

合和协调。特别是，水权制度的社会化、生态化趋向等对水法提出了更高的要求。换言之，环境及其他公共利益用水构成了对可交易水权的外在限制。也就是说，水资源有偿使用制度、水环境污染赔偿制度、水生态补偿制度等水体法律制度已经不断体现了生态化的导向和趋势，体现了生态文明的制度要求。

我国水权水制度有广义和狭义之分："狭义的水制度包含水资源制度、水环境制度和水生态制度，具体包括取水总量控制制度、水污染物总量控制制度、水资源费制度、水权交易制度、水污染权交易制度、水生态补偿制度和水环境损害赔偿制度等；广义的水制度还包括防洪制度、排涝制度、灌溉制度等。"[①] 在新环保法时代，各类水制度要以水生态文明建设为导向，要通过环境质量目标来促进制度耦合、融合与创新，从而消除内在张力，发挥制度最优与水体利益保护的最大化效应。

① 谢慧明、沈满洪：《中国水制度的总体框架、结构演变与规制强度》，《浙江大学学报》（人文社会科学版）2016 年第 4 期。

第二十二章　水资源“生态红线”制度建构的国家义务[①]

水资源是质和量的统一，水资源保护、水环境污染防治以及水生态安全事关我国经济社会的可持续发展。《国家环境保护“十二五”规划》(国发〔2011〕42号）指出：“当前我国环境状况总体恶化的趋势尚未得到根本遏制，环境矛盾凸显，压力继续加大。一些重点流域、海域水污染严重，部分区域和城市大气灰霾现象突出，许多地区主要污染物排放量超过环境容量。农村环境污染加剧，重金属、化学品、持久性有机污染物以及土壤、地下水等污染显现。部分地区生态损害严重，生态系统功能退化，生态环境比较脆弱。”[②] 可见，水资源、水污染、水生态安全问题俨然已成为制约我国长期可持续发展的主要“瓶颈”，水资源法律制度也需要“与改革开放中国社会总体性特征相匹配”。[③] 这要求转向一种良性的“生态习性”范式。[④] 必须认识到“生态红线”是最低的环保要求，不能再退，要严格按照生态主体功能定位，划定水“生态红线”并严格保护。

诚然，水资源的保护与治理需要依法治水，需要实现法治化的治理。我国《水污染防治行动计划》提出要系统推进水资源管理制度，充分发挥

① 本章部分内容已发表，详见陈真亮、李明华：《论水资源“生态红线”的国家环境义务及制度因应——以水质目标“反退化”为视角》，《浙江社会科学》2015年第10期。陈真亮：《论禁止生态倒退的国家义务及其实现——基于水质目标的法律分析》，《中国地质大学学报》(哲学社会科学版）2015年第3期。

② 《国家环境保护“十二五”规划》(国发〔2011〕42号）。

③ 俞伯灵：《社会结构变迁的三个问题》，《杭州（我们)》2013年第Z1期。

④ 蒋培、李明华：《生态习性：延续或混乱？——L市生态环境问题的社会学解读》，《江汉学术》2014年第3期。

市场机制作用，加快水价改革，促进再生水利用。就水资源“三偿”法律制度的实施和国家义务而言，需实施好最严格水资源管理制度的“三条红线”控制指标。其中，水资源“生态红线”制度及其生态功能保护优先理念，可以融合水资源有偿使用、生态补偿和损害赔偿的法律制度，可以对“三偿”制度进行内在调适、融合与良性运行。但当前，国内鲜有关于水资源“三偿”法律制度的“生态红线”视角的专门研究，鉴于其隐喻的禁止生态倒退原则，以及对于我国水法治建设的特殊意义，因此有必要系统而深入地分析水资源“生态红线”的国家环境义务，有必要探讨水资源“生态红线”制度背后的“反生态倒退”的法律原则以及国家在水制度完善方面的义务和责任等问题。

第一节 水资源“生态红线”视野下“禁止生态倒退原则”的提出

一、“生态红线”的提出及其法定化

“生态红线”早期的概念雏形是红线控制区、生态管制线等，也称“生态功能保护红线”，是生态安全、公共安全与可持续发展的底线，也是生态环境法治的红线。到目前为止，国家和地方政策文件对“生态红线”进行了确认、强调和制度构建，体现了国家环境保护的决心与政策导向，是一个重大环境战略决策与制度创新。2000 年《全国生态环境保护纲要》提出划设重要生态功能区、重点资源开发区、生态良好地区，并坚守生态环境保护底线的要求。就此，2011 年《国务院关于加强环境保护重点工作的意见》(国发〔2011〕35 号）首次明确提出“生态红线”概念，要求“在重要生态功能区、陆地和海洋生态环境敏感区、脆弱区等区域划定生态红线”。随后,《国家环境保护“十二五”规划》进一步将“生态红线”、水安全从地区战略提升为国家战略。

党的十八届三中全会提出了改革生态环境保护管理体制、推进生态文明制度建设最重要、最优先的任务，即划定“生态保护红线”。2014 年新

《环境保护法》第十八条从法律上正式规定了省级以上人民政府环境资源承载能力监测预警义务；第二十九条规定意味着生态红线制度的正式“入法”，实现了从概念到制度的法定化。当然该规定相对而言还比较的原则性、宣示性，尚需进一步明确其法律内涵，有待出台相关的具体法律法规或配套政策、管理办法，依靠具体制度的构建与完善以确保其“落地”与有效实施。

水资源“生态红线”意指依法在重点水生态功能区、水生态环境敏感区和脆弱区等区域划定的严格管控边界，是保障国家和区域水生态安全底线的一项制度。简而言之，“生态红线”就是为了维护法定生态环境质量标准而采取的防护底线，旨在守住生存与发展的生态底线。“生态红线”是一个最低的生态底线要求，不能再倒退也不能危害生态系统本身的生态需要。我国当前水资源“生态红线”主要有水资源开发利用控制红线（《水法》第四十七、四十八条）、用水效率控制红线（《水法》第八、五十一、五十二条）、水功能区限制纳污红线（《水法》第三十二、三十三、三十四条，《水污染防治法》第九、十八条））三条红线。

在水资源保护领域，随着2013年《中共中央关于全面深化改革若干重大问题的决定》的出台，水资源“生态红线”已经从单纯的生态空间保护领域延伸至自然资源和生态系统保护领域，即水“生态红线”已经成为一个综合性的政策和法律概念。2014年《国家生态保护红线——生态功能基线划定技术指南（试行）》（环发〔2014〕10号，以下简称《生态功能基线划定技术指南》）初步构建出了以生态功能红线、环境质量红线和资源利用红线为核心的“国家水生态红线体系”。2015年《水污染防治行动计划》（国发〔2015〕17号）进一步要求“加强河湖水生态保护，科学划定生态保护红线”。

综上所述，近年来国家推进的“生态红线”制度通过设定防止生态倒退的红线，只要是设定必须严格保护的最小空间范围与最高或最低数量限值，其根本目的在于提升生态功能、改善环境质量。前述实践实际上是国家关于禁止生态倒退原则的顶层设计和制度安排，也更加说明构筑具有

"生命线"意义的"禁止生态倒退"原则的重要性和紧迫性。针对近年来生态退化或生态倒退所导致的公众共用物悲剧，新《环境保护法》第二十九条确立了"在重点生态功能区、生态环境敏感区和脆弱区等区域划定'生态保护红线'，实行严格保护"的生态红线国家环境义务。

二、一个悖论：水质功能改善但生态倒退

一般地，生态退化主要表现为生态系统的结构和固有功能的破坏、紊乱或丧失，生物多样性的下降，系统稳定性和抗逆能力减弱，系统生产力下降等。[①] 生态退化不仅有等级、规模或状态上的降低，也有相关物理特性的破坏或损害，更有某些特性、品质或生态功能的丧失。其实际上是生态由高级到低级、由复杂到简单、种类由多到少的一种与生态进化绝然相反的生态演化过程。总体来看，由于我国缺失水体生态功能保护的反降级政策的强制性要求，导致高功能水体面临生态退化的严重威胁，使得该水体水质降低或降级似乎成了合法合理的事情。我国《地表水环境质量评价办法（试行）》(环办〔2011〕22号）规定Ⅰ—Ⅱ类水体对应的水质状况为"优"，但由于没有相关政策和法律明确规定水质不退化或倒退，实际中不少Ⅱ类水体沦为Ⅲ类水质功能区。此外，目前我国有一些区域或流域水体，根据当前水质评价结果可能符合Ⅰ类水体标准，但根据水功能区划分为Ⅱ类水质功能区。此外，在流域治理和流域生态补偿实践中，也往往有意无意地忽略了Ⅲ类水质的强制性环境行政义务的本质要求，甚至有的地方把低于Ⅲ类的水质也作为生态补偿的考核奖励水质目标。

近年来，我国十大流域（长江、黄河、珠江、松花江、淮河、海河、辽河、浙闽片河流、西北诸河和西南诸河等）水质看似不断改善却出现生物多样性等生态整体性倒退的悖论。分析如下：近五年我国十大流域国控断面Ⅰ—Ⅲ类水质比例分别是2010年的59.9%、2011年的61.0%、2012年的68.9%、2013年的71.7%、2014年的71.2%。可见，我国流域Ⅰ—

① 任海、彭少麟著:《恢复生态学导论》，科学出版社2001年版，第10页。

Ⅲ类水质比例基本上逐年递增，水质似乎在不断改善。此外，以长江流域为例，2009—2013 年Ⅰ—Ⅲ类水质比例分别是 87.4%、88.6%、80.9%、86.2%和 89.4%。但据《2013 年长江上游联合科考报告》显示，长江水量2007—2009 年连续较常年偏少 6.9%、11.7%和 11.5%。《长江保护与发展2011》和《长江保护与发展 2013》统计，目前长江流域水污染不断加重，流域湖泊不断萎缩甚至消亡，湿地生态系统退化、生物多样性锐减，自然生态系统抵御外来影响的适应力和回弹力降低。据 2007—2010 年长江中下游湖泊水质监测资料，长江中下游 77 个大于 10 平方公里的湖泊中，77%的湖泊水质劣于Ⅲ类水质，符合或优于Ⅲ类标准的湖泊仅占 23%，而劣于Ⅴ类水质标准的湖泊占 32%。《中国生物多样性保护战略与行动计划（2011—2030 年）》（环发〔2010〕106 号）更尖锐地指出，“我国生物多样性下降的总体趋势尚未得到有效遏制，资源过度利用、工程建设以及气候变化严重影响着物种生存和生物资源的可持续利用，生物物种资源流失严重的形势没有得到根本改变”。国家水专项“流域水生态功能分区与质量目标管理技术”项目评估结果也表明，海河和黑河流域水生态健康状况已退化至“极差”和“差”的水平，而松花江、辽河、淮河、东江、太湖、巢湖和滇池等流域健康状况也仅为“一般”水平，只有洱海流域达到“好”的健康等级。这说明我国大部分流域水生态系统退化严重，生物多样性显著减少，水生态健康状况堪忧，环境与健康问题已成为生态文明建设的重大挑战。

上文反映出我国近五年来，十大流域水质不断改善并没有守住水生物多样性保护红线，没有带来生态功能区生态服务能力的明显改善和利益增进。这甚为不合理，不能不说是一种“悖论”，更是一种“悲哀”。这也反映出我国当前主要以目标总量为主的总量控制制度实际上未充分考虑水环境容量和水生态承载力，结果导致污染物削减与水质改善相脱节，也导致全国环境质量公报数据显示的“看上去很美好的”水质改善却是生物多样性的锐减的悖论。显然，这和与水质保护目标和水质管理原则背道而驰。目前上述三条水资源生态红线所依据的法律规范较为原则性，仍然停留在政策性或原则性层面，严格的政府环境义务和责任清单较为欠缺，也无法具体确认水资源利用的“最高或最低的”法律责任要求。为防止环境行政裁量权行使的恣意甚至不作为，国家亟须贯彻落实水资源生态红线制度，确立“禁止生态倒退”原则，重视水资源法律制度的“反退化”功能和要求。再者，需要提炼出旨在不断改善水生态功能的禁止生态倒退目标和原则，当前水生态红线亟须从“软法性政策红线”向“硬法性法律红线”转型，环境政策需要与时共进，努力实现向公平、民主、协调的环境政策的历史性转型。[1]

三、“禁止生态倒退原则”的提出及法律转化

从环境法治和生态安全的角度来看，生态红线背后蕴含着一个重要的环境法律原则和方法论意义，那就是“禁止生态倒退原则”。禁止生态倒退原则又称“生态不得恶化”原则或“生态底线”[2] 原则，意指为了维护生态平衡和健康，要求人类无论是向环境排放污染物还是从环境中获取用于生活和生产的物质资料，都应当以“生态底线”或生态承载力为界限，防止出现生态倒退或回退。这意味着生态环境质量需要逐年改善并产生环境正外部性，防止反弹或返回甚至是导致新的生态环境退化问题。[3] 禁止生态倒退在环境的质和量方面都是有红线和底线的，要严守国家生态功能底线，遵守生态负载定律，防止突破生态承载力的底线阈值和极限而导致不可持续。

从体系论的法解释来看，禁止生态倒退原则实际上是内生于环境法基本原则体系的一个隐性原则；是新环保法第五条中“保护优先”等原则的一种自然延伸，是“未列举”的基本原则。新《环境保护法》第十八条规定符合“以安全为先”的理念，可以提炼和凝炼为禁止生态倒退原则，在

① 李明华、陈真亮、文黎照：《生态文明与中国环境政策的转型》，《浙江社会科学》2008 年第 11 期。

② 杜群著：《环境法融合论》，科学出版社 2003 年版，第 229 页。

③ 陈真亮：《禁止生态倒退的国家义务及其实现》，《中国地质大学学报》（哲学社会科学版）2015 年第 3 期。

理论上可以提升为环境法基本原则。新《环境保护法》的五大基本原则在一定程度上承载和体现出了禁止生态倒退的规范功能，相互之间亦可形成功能互补。根据第五条中的“损害担责原则”，国家也应承担恢复环境、修复生态或支付上述费用的兜底法律义务和责任。

国家应通过相关立法和解释活动，将禁止生态倒退原则作为环境法的普遍性义务。从目标导向来看，禁止生态倒退原则就是要让生态安全风险概率降到最低，通过环境损失的最小化来实现环境利益的最大化。即生态环境质量只能逐渐变好而不能变坏或退化，防止从较好的环境质量下降到或回退到较低的环境质量。就此而言，环境法不仅是环境保护法，还应该是“环境改善法”[①]，更是“禁止生态倒退法”。相应地，其他法律制度及其调整方法也亟须实现生态化转型，最大限度地发挥环境保护功能；同时也需扭转传统法律制度中的“反自然”倾向，防止出现制度的倒退以及“恶法”的产生。从某种意义上而言，生态红线系列制度是我国环境质量和生态功能不断倒退和恶化的倒逼结果，是一种以预防为主的“回应型环境法”的反映。

禁止生态倒退原则所欲追求的是国家生态安全，具体而言，是要确保生态系统结构合理、功能完善、状态稳定和可持续发展。从生态系统的结构和功能而言，禁止生态倒退原则旨在通过生态倒退的法律禁止来保持环境质量现状，并最终提升生态功能、改善环境质量。杜群教授在其学者版《生态保护法（框架）》中提出，“国民经济和社会发展应当建立在生态系统持续稳定、自然资源持续再生，以及具有重要生态功能的自然景观持续平衡的基础之上”。[②] 其背后理念实际上是强调保护经济发展的国家“生态底线”原则。王灿发教授在《环境保护法》修改思路专家研讨会上，也曾建议《环境保护法》应规定“不得恶化”等原则。[③]

因此，需要设定人类环境利用行为的底线和维护环境安全的底线，作

① 李挚萍：《环境法的现代职能探析》，《中山大学学报》（社会科学版）2005年第5期。

② 杜群著：《生态保护法论》，高等教育出版社2012年版，第287页。

③ 杨朝飞主编：《通向环境法制的道路》，中国环境出版社2013年版，第86页。

为基本法的《环境保护法》应起到公众环境权益保护法、生态修复型法、禁止生态倒退法、环境激励法等面向的规范功能和作用。总之，保护和改善环境义务对国家而言是一种环境不利益之承担，是其建立和完善公正的环境利益分配制度的义务之履行；对政府而言，就是要承担其提供健康生态系统和良好生态产品的环境责任；对公民而言，则是一种能够产生“正外部性”的环境利益，是对环境不正义的减少，更是对环境正义和福祉的接近；对“无知觉或有知觉环境”而言，国家亦必须承担起构建生态屏障的法律义务，特别是要坚持生态优先发展的战略，确保经济社会生态“三位一体”的可持续发展。

第二节 “禁止生态倒退”的国家环境义务及其形态

一、国家环境义务的内涵及其功能类型化

国家环境义务，又称环境保护的国家义务，意指在合宪的秩序下，国家负有保护和改善生活环境和生态环境，合理开发利用自然资源，防治环境污染和其他公害，使其符合人类的生存和发展的义务。[①] 简言之，国家环境义务是指国家负有保护和改善环境、防治污染和其他公害的义务，是禁止生态倒退原则的法律表达。根据权利的请求权之规范功能，可以对国家环境义务进行如下类型化为防御性功能导向下的国家不破坏环境义务、客观价值秩序功能导向下的国家环境立法义务、增益性功能导向下的国家环境给付义务等。其中，国家不破坏环境义务对应的是基本权利的防御权功能，立法机关应及时通过立法将基本环境权利具体化，司法机关要提供和履行“环境给付义务”。国家环境立法义务要求国家积极作为。比如，建立健全相关环境法律制度，司法机关也负有相应的“造法与释法”法解释义务，不仅要积极配合立法机关，而且还要最大限度地弥补立法保护的

① 陈真亮著:《环境保护的国家义务研究》，法律出版社 2015 年版，第 126—127 页。

不足。国家环境给付义务是指国家以积极作为的方式为公民提供某种与环境有关的利益的义务，特别是国家公权力在合理配置前提下，积极采取措施对环境危险因素加以干预和排除，来确保公民的基本权利得以最大化的实现，比如确保“符合最低生活保障”“最低生存发展”，保障所有个人都享有尊严的生活。

禁止生态倒退实际上就是强调通过损失最小化来接近或达到利益最大化，即“两害相比取其轻”“两益相比取其重”。国家保护环境是一项世界性的、普遍性的宪法义务，国家在风险社会中担负着对国民“生存照顾义务”。[①] 从环境现状保持、环境危险防御与环境风险预防的进程来看，亦可将国家环境义务分为初阶型环境义务和高阶型环境义务两大类别。环境法应坚持一个最终生态底线原则，即把握生态损失的底线，防止生态破坏、环境污染、“公地悲剧”等环境问题，维护和增进环境正外部性。特别是要将有限的环境资源进行最优配置，提高国家保护环境、促进资源有效利用的效率，以便可以实现环境公共利益的最大化。国家履行环境义务的核心在于利益最大化与损失最小化，在于利益确认与利益增进，这充分体现了社会国家、环境国家原则和理念。

二、“禁止生态倒退”原则与国家环境义务的内在关联

鉴于“禁止生态倒退原则”尚未实现法律正式化，欠缺一定的规范性和约束力，因此有必要强化国家公权力环境义务的履行，强化政府生态红线管控义务制度及其实施效果。“环境国家”所关注的中心问题在于检视环境保护是否已成为国家目的之组成部分，“环境国家”所蕴含的价值理念在于“综合平衡的目的，国家负有环境保护的义务和责任”，要将不受污染的良好环境作为最为本质性的重要目的和国家行为决定的重要基石。从“环境国家”的角度来看，禁止生态倒退意味着国家负有保证环境状况不继续恶化，即至少负有维持现有环境水平或状态的维持义务，亦可称为

① 陈真亮：《瑞典环境法庭制度的新发》，《世界环境》2012 年第 2 期。

"状态保持责任"或环境现状保持义务。这是国家环境质量"倒退禁止"的初级环境义务，或是环境现状保持的最低国家义务，国家负有环境质量改善的义务以及制度体现设计和完善义务。

民众享有免遭生态环境恶化和倒退的权利，享有良好的水生态环境是公民的基本水权，良好生态环境质量是国家和政府应当提供的基本环境公共服务。对立法者而言，应当研究生态承载总量控制制度和具体方法，将生态承载力规定为社会主体行使自由经济权利的界限；对执法者而言，应当严格遵循生态系统规律，将生态承载力作为制定决策和执行法律的重要依据。总之，禁止生态倒退原则的国家义务之履行，特别需要促进生态系统的综合管理，促进从要素到结构再到功能保护的全过程管理和保护。从环境规制的目标来看，"禁止生态倒退原则"的法律化以及国家环境义务的履行，有助于水环境质量改善"拐点"的提前实现。就此，需要构建和完善基于生态系统功能保护需求和生态系统综合管理方式的政策法律红线，即政府环境管理红线。也就是说，法律确定生态红线制度后，需要建立健全相应的制度安排。

对国家环境义务而言，应坚持环境治理、生态保护与生态建设并重。特别是在生态红线管理方面，应遵循自然规律，充分发挥生态系统自然恢复能力。对于生态系统状况良好的区域，应继续加强保护措施，防止人为干扰产生新的破坏；对于自然条件好、生态系统恢复力强的区域，应采取严格的封禁和保育措施，以自然恢复为主；对于生态系统遭到严重破坏的区域，应采取人工辅助自然恢复的方式，依据生态系统演替规律，逐步恢复自然状况和生态功能。[①] 这体现了国家环境义务对涉水概念水法目的的回应与规范功能。

上文所述的水环境质量改善却没有带来整体上生态功能的改善，结果是生态功能红线的"失守"和环境质量的"每况愈下"，出现了生态环境整体退化甚至倒退的"悖论"，甚至出现了政府环境规制的"无动力、无

---

① 饶胜等：《划定生态红线创新生态系统管理》，《环境经济》2012 年第 6 期。

能力和无压力”[1] 等问题。这种生态恶化或生态倒退的“公地悲剧”，很大程度上与我国环境法上缺少具有规范效力的“禁止生态倒退原则”不无关系。此外，缺少法规范意义上综合生态系统管理原则，现有“碎片化”的环境资源管理体制，以及政府内部部门职能的错位、冲突、交叉、矛盾多引发的环境公共利益与部门行业利益的冲突和“集体的不负责任等，这些都是其背后的主要原因。因此，保护和改善环境不能再简单地追求单个环境要素的“单打独斗”，急需迈向一种生态整体主义上的综合生态系统管理。也就是说，要从生态整体主义出发去防治和预防这些现实的和潜在的生态退化问题，去恢复和维持生态系统的整体性与可持续性功能。

第三节　从原则到实践：水资源“生态红线”的制度因应

虽然“中国水环境状况现阶段已处于转折期”[2]，但水质总体状况不容乐观。因此，生态保护红线如何贯彻实施，水环境质量能否保持改善的趋势，还有赖国家进一步加大环境保护力度，以避免水环境保护工作和制度实施出现“瓶颈”甚至倒退，从而促进我国环境法制（治）“拐点”的到来。就水体保护来看，国家应以可持续发展理念对水法律体系进行更新和完善；确立禁止生态倒退原则；建立健全水质基准和标准、功能导向下的水生态红线等“反退化”法律制度；充分发挥新《环境保护法》对水体保护的禁止生态倒退法、生态修复法等面向的规范功能。

一、建立健全“以健康为导向”的水质标准及指标体系

我国现有的相关水质标准主要包括地表水环境质量标准、海水水质标准、渔业水质标准、农田灌溉水质标准和地下水质量标准等。总体来看，

---

① 齐晔著：《中国环境监管体制研究》，上海三联书店2008年版，第3—4页。

② 张晶：《中国水质“拐点”分析及水环境保护战略制定》，《环境污染与防治》2012年第8期。

比较偏重对水资源用途的保护，较少反映水生态系统所有组成的质量状况，比如水体化学物质标准、营养物标准、底泥标准以及水生生物标准等。再者，我国《地表水环境质量标准》(GB3838—2002) 只涉及24个污染物和环境因子，而且主要考虑的是耗氧有机污染物、植物营养盐和重金属类污染物，对于那些严重破坏水生态质量的有毒有机污染物、细菌和病毒污染以及药物和激素等几乎未涉及。此外，《重点流域水污染防治规划(2011—2015年)》中的水质指标注重传统污染物控制，而较少涉及有毒污染物等影响公众健康的指标以及水生态健康指标。可见，我国现行水环境管理体系仍以污染物排放控制和水资源的开发利用为主，较少关注公众健康、水生态系统健康。这反映出我国水质基准研究的薄弱和水质标准制定的滞后与落后，也说明现有水质标准难以反映生态承载力不断下降的“生态本底”之需求，难以满足水生态系统健康和公众健康之需求。

水质标准的核心功能是保护保障水生态系统和人体健康安全，目前我国环境基准研究较为薄弱，因此亟须加强水质基准的原创性研究。应构建融合毒理学基准、水质生态学基准与水质人体健康基准，以人体健康和生态健康为综合导向，以“反水质退化”为目标导向的水质标准和方法体系。具体来看，不应局限于物理化学指标，还要将当前水质标准体系中单一的化学指标扩展到水化学、底质、生物、栖息地环境和有毒物质等方面，全面反映生物多样性、水生态系统健康和公众健康状况。就此，新《环境保护法》第十五条第三款规定“国家鼓励开展环境基准研究”,《国家环境保护“十二五”规划》也要求夯实环境基准、标准制定的科学基础。因此，应充分发挥水体保护相关的环境标准在水生态保护红线中的基础性和支撑性作用，建立健全以保障公众健康为重心的水环境标准制度。

综上所述，我国总体上缺乏水生态功能的反降级政策，缺乏明显的“禁止生态倒退原则”之目标导向和具体要求。当前我国水生态系统存在“保护过度”或“保护不足”的可能性与风险，亟待加强水环境质量基准研究和立法完善工作。就此，《国家环境保护“十一五”规划》(国发〔2007〕37号) 将水质基准的研究列为环境科技创新的优先领域。水质基准是指以保护人体健康和生态平衡为目的，环境中污染物对特定对象不产生有害影响的最大剂量（无作用剂量）或浓度。[1] 我国水污染控制目前正在从浓度控制和目标总量控制向容量总量控制方向转变，从化学污染控制向水生态综合管理方向转变。在此过程中，水质基准和标准是关系到容量总量控制能否全面实施的关键要素之一。总之，要完善基于水质基准支持下的水生态安全以及污染物总量控制制度，制定和完善适应我国中长期国情和需求的水体保护战略体系；通过水质基准和标准方法的完善来防止生态环境的退化和倒退，发挥水质基准和标准在禁止生态倒退法律规制中的支撑性作用。

二、建立健全侧重“功能保护”的水生态红线多元制度体系

2012 年的《重点流域水污染防治规划（2011—2015 年）》的编制遵循《地表水环境质量标准》(GB 3838—88)、《海水水质标准》(GB 3097—82)、《农田灌溉用水水质标准》(GB 5084—85）等相关标准。然而，我国水体保护法律体系、相关规划中也缺乏反退化或禁止生态倒退的强制性规定，这使得我国水质本身好于其所属水质功能区划级别的水体，面临水质退化的风险。因此，需从生态整体主义的高度来开展流域和区域水资源的生态承载力底线研究，关注水资源维护、水污染防治和水生态保护，构建侧重“功能保护”的水生态红线多元制度体系。

国家生态保护红线体系是实现生态功能提升、环境质量改善、资源永续利用的根本保障，应至少包括生态功能保障基线、环境质量安全底线和自然资源利用上线等。从上述规定来看，水功能区水质达标率的分阶段设定和提高符合水质反退化理念和原则要求，符合水功能生态保护红线防止水体水质恶化的规定。我国未来水生态战略应综合关注水资源量维护、水环境污染防治和水生态系统保护等内容。就流域水生态保护而言，要以恢复性为中心，关注整个流域的生态环境恢复和修复，重视流域水生态反退

① US EPA, “Ambient Water Quality Criteria (Series)”, Washington DC: US EPA, 1980.

化的能力和制度建设。再者，水资源生态承载力应充分考虑水量、水质和生态等因素，特别是要反映水生生物多样性的需求与生态策承载力约束，从而更好体现水量、水质、水生态的“量、质、序”的综合规制效应。在具体制度层面，需构建涵盖生态空间红线、资源开发红线及污染排放红线等三元体系。如果流域与水生生态系统得到保护与修复，水生态环境质量整体上不再退化，也就是说要实现“零增长”或减少“环境负外部性”，并逐渐产生“环境正外部性”，促进水质“生态拐点”的提前到来和实现。

三、建立健全水生态红线“反退化”的国家制度安排

水质保持是具有公益性之公共任务，保障水生态系统和人体健康安全是水体保护的核心要义，水资源“生态红线”是《宪法》和《环境保护法》“保护环境”基本国策的具体化。以下一些规定背后蕴含着禁止生态倒退的政策雏形和规范要求，是国家和地方政府“反生态退化”的典型立法，如果严格执法和实施，应有助于遏制环境质量下降和恶化的趋势，可以起到较好的制度示范效应。比如1989年全国第三次全国环境保护会议提出“环境保护工作到2000年的环境保护目标是控制住环境污染的发展”。《水污染防治行动计划》要求：“到2020年，全国水环境质量得到阶段性改善，到2030年，力争全国水环境质量总体改善，水生态系统功能初步恢复。到本世纪中叶，生态环境质量全面改善，生态系统实现良性循环。”

此外，《水功能区管理办法》（水资源〔2003〕233号）规定了全国江河、湖泊、水库、运河、渠道等地表水体的水功能区划制度，该办法要求“水功能区划经批准后不得擅自变更”“水功能区的管理应执行水功能区划确定的保护目标，保护区禁止进行不利于功能保护的活动，同时应遵守现行法律法规的规定。保留区作为今后开发利用预留的水域，原则上应维持现状”等内容。这些蕴含着“按现状水质类别控制”的原则要求，即要求现有水质状况应加以维持并不受破坏。该办法体现的“禁止生态倒退原则”和理念在后续的一些涉水政策得到了进一步贯彻和落实，比如，《全国重要江河湖泊水功能区划》（国函〔2011〕167号）规定“力争到2020年

水功能区水质达标率达到80%，到2030年水质基本达标”；《国务院关于实行最严格水资源管理制度的意见》（国发〔2012〕3号）规定的三条红线之一即水功能区限制纳污红线提出，“到2030年水功能区水质达标率提高到95%以上”。

近年来，有的地方政府在水、空气等领域强化了“反生态退化”的政策要求和相关立法，比如：(1)《山东省环境空气质量生态补偿暂行办法》（鲁政办字〔2014〕27号）就规定按照“将生态环境质量逐年改善作为区域发展的约束性要求”和“谁保护，谁受益；谁污染，谁付费”的原则，建立考核奖惩和生态补偿机制；(2)《河南省人民政府办公厅关于印发2014年度全省碧水工程工作计划的通知》（豫政办〔2014〕60号）也要求：“立水环境质量反退化制度，确保各控制断面水质等级不降低、各水体使用功能不减弱、各水体污染负荷不增加。各地政府要把环境质量反退化作为经济建设活动的刚性约束条件……确保辖区内水环境质量不退化。因控制不力造成水环境质量退化的，省环保厅对省辖市、县（市、区）实施区域限批、限产限排，直至河流水质稳定达标；因履职不力导致水环境质量严重退化的，省政府否决该地2014年度政府环保目标考核，严肃追究有关人员责任。”

此外，域外相关经验亦可资借鉴。1965年美国《水质法案》规定：“本法案目标是提高水质和水资源的价值，建立保护、控制和减缓水质污染的国家政策。”美国《环保署2014—2018财年战略规划》也要求到2018年美国水体将全面停止退化。[①] 美国“反退化政策”（又称反降级政策）阐明了水质保护准则，囊括了水质保护的基本要求，明确了水质保护的基本底线即生态基础，相当于划定了水污染防治的红线。再者，欧盟《水框架指令》也规定了类似的反生态倒退的法律目标，即“减少污染，防止水生态系统（包括湿地）状况的恶化并改善其状况”。该指令通过不退化等综合生态管理方法，规定排放物的质量或接受排放的环境质量必须得到保持

---

① Fiscal Year 2014 - 2018 EPA Strategic Plan，2014年10月美国国会发布，见 http://www.epa.gov/sites/production/files/2014-09/documents/epa_ strategic_ plan_ fy14-18.pdf。

或改进。这种强制性“不退化”措施可以针对工业污染物的排放，也可以用来保护接受排放的水体，其主要目标是到2015年欧洲所有水域须达到良好状态。[①]

第四节　水资源“生态红线”国家义务之实现：综合水生态安全格局

综上，要强化或优化“三偿”法律制度的实施效果，必须改善当下“环境立法数量很多但环境治理却很差”的尴尬境地，而国家在此过程中承担着立法义务。而针对我国水资源保护立法存在许多缺陷与不足，有必要探讨实现水资源环境质量目标的合适立法整合方案，促进不同水法的监管制度、执法制度、司法制度等制度体系之间的合作、沟通与协调。即对水资源保护法律进行协同立法，进行一体化的制度融合与创新，统筹兼顾水质、水量与水生态，防止水生态倒退；要加强水法在“三偿”法律制度方面的适应性，以实现水法调整功能和可持续的水体治理功能的统一。

水质标准的总量控制、水许可一体化、水体综合管理是当前水体法律保护的重要趋势，旨在追求“生态功能反退化”的水生态红线也亟待从政策性宣示向法律化和规范化转变，国家须承担环境保护和改善“立即履行的义务”与“逐渐履行的义务”，承担水体“负外部性”的改善义务和“正外部性”的环境利益增进义务。也就是说，特别是要减少或甚至去避免造成环境的负担及危险所采取的措施或行为整体。[②] 随着生态保护和生物多样性越来越重要，需加强对生态保护利益的重视，要通过人类保护生态系统而从生态系统获取综合的、正向的绩效，从而实现生态利益和惠益的分享。[③] 特别是要将水安全格局、地质安全格局、生物保护安全格局、

① ［英］马丁·格里菲斯编著：《欧盟水框架指令手册》，中国水利水电出版社2008年版，第4—6页。

② 陈慈阳著：《环境法总论》，中国政法大学出版社2003年版，第31页。

③ 杜群著：《生态保护法论》，高等教育出版社2012年版，第315页。

文化遗产安全格局和生态游憩安全格局等整合在一起，构成一个以水质保护和改善为核心目标、人与自然和谐的综合水生态安全格局。

针对单一环境要素退化而进行的环境保护已不能满足实际需要，应根据综合生态系统管理方法，特别是要在人类自然复合生态系统的层次上来防止生态退化。再者，环境保护要从结构性保护转向功能性保护。以往的生态保护比较强调结构性保护，强调物种和数量保护；未来需强调生态要素和生态系统保护的并重，注重结构保护与功能保护相结合，在功能保护过程中强调功能的可替代性、功能的增进和增益。如今，环境法的保护目标已经不仅仅是保护人类生存的环境条件，而是向着追求舒适性、保护人类可持续发展的环境条件提升。[①] 今后，把生态安全、舒适性等内容的权益化和权利化，将是今后我国环境立法的重要任务。因此，环境负外部性和正外部性问题，都需要国家通过尊重、保护、实现、给付等面向的行动，作出有益于环境的行为并使其达到较之前更好的状态、更高的水平。所以，强化国家环境义务绝非仅仅意味着国家去狭隘的、最低层次的“保护”环境，更不是消极意义上的使环境不受损害或遏制环境进一步恶化。相反，环境保护还应超越消极应对，去积极改善、回馈环境，去维护和增进环境利益。

为完成这些国家环境义务，首先应在宏观层面构筑履行环境保护义务的权力运行基本框架，主要包括建立环境保护立法与制度体系，建立生态环境保护的管理体制，健全生态环境保护机制等。[②] 在微观层面上，国家应建立相应的禁止生态倒退基础性、核心性制度，确保生态环境至少能保持在现有水平上，用制度来保护好生态环境质量。因此，流域水污染防治规划的目标水质不得低于现状水质，重点水污染物排放总量控制标准和Ⅲ类水质标准是地方人民政府的强制性执行义务标准。[③] 此外，也亟须打破

① 杜群著：《生态保护法论》，高等教育出版社 2012 年版，第 315 页。

② 陈海嵩：《国家环境保护义务的溯源与展开》，《法学研究》2014 年第 3 期。

③ 杜群、陈真亮：《论流域生态补偿“共同但有差别的责任”》，《中国地质大学学报》（社会科学版）2014 年第 1 期。

行政化、碎片化的流域水污染治理机制，明确水质目标责任主体，建立健全上游、中游和下游之间环环相扣的流域水生态的管理体制，完善共同但有区别的责任体系，建立健全各部门各层级之间分工协作的综合协调机制。在政府环境规制方面，还需要建立健全生态保护红线的分级划定与修改制度、生态资源监测与监察制度、生态保护红线的考核及追责制度、生态红线的公众参与制度、生态红线协调机制等。在市场规制方面，尤其需要注意构建生态保护融资优惠税收补贴制度、生态系统修复补偿制度等。

生态红线划定后重在监管和责任之履行。水资源开发利用规划及社会经济发展规划应与水功能区划分相协调，根据水资源的可再生能力和自然环境的可承受能力，合理开发利用水资源，保护当代和后代赖以生存的水环境，保障人体健康及生态协调的结构和功能，促进社会、经济和生态环境的可持续发展。可以说，指定功能为水体建立水质目标，水质基准定义取得目标的最低水质状况，而“反退化”政策在维持和保护有限的清洁水体资源和确保引起水质下降的开发项目的决策能够带来公众利益方面起着重要作用。建议基于我国水污染防治多年实践，合理借鉴域外反退化政策实践经验，建立适合我国国情的水环境的反退化或反降级制度，以避免水质的“合法”退化，从而有效保护并恢复水生态功能。具体而言，在国家层面，一是将反退化纳入水质标准体系，确保以全面、科学的水质标准防止当前良好的水质再进一步恶化；二是明确各水域功能，确定水体保护目标，建立实施水环境反退化政策的水域清单；三是加强水质考核，并将考核结果与地方政府领导政绩挂钩。在地方层面，各级政府应对国家清单进一步细化，建立本辖区水环境反退化水域清单，强化地方政府水质目标的考核和责任追究。

总之，在新环保法时代，国家环境义务是公民环境权益的一种反射与镜像投映，是公民环境权益的反向证明方式；强化国家环境义务实际上是强化公民环境权益，可以成为公民环境权益保障和实现的一种有效法律保障机制。国家应以改善水环境质量为核心，严格控制损害生态红线的活动，对生态、环境、资源三大领域按照生态系统的整体性、系统性及其内在规律综合保护和治理。国家和政府至少负有并应履行现状责任、财政责任、制度责任、监管责任和社会整合责任[①]等生态之治的环境责任，从源头上扭转生态环境恶化的趋势，防止环境治理水平和能力的倒退。[②] 特别是要划定并严守水生态保护红线，将环境污染控制、环境质量改善和环境风险防范有机衔接起来，才能确保生态环境质量不降级并逐步得到改善。

---

① 范仓海:《中国转型期水环境治理中的政府责任研究》,《中国人口·资源与环境》2011 年第 9 期。

② 李干杰:《“生态保护红线”——确保国家生态安全的生命线》,《求是》2014 年第 2 期。

第六篇　实现机制篇

——基于治理理念的水资源有偿使用和生态补偿的实现机制研究

基于治理理念的水资源有偿使用和生态补偿是一系列相互关联的制度安排，主要由取水总量控制制度、水污染物总量控制制度、水资源费制度、水权交易制度、水污染权交易制度、水生态补偿制度、水环境污染问责制度和水环境损害赔偿制度等八项制度组成。依据不同地区的水资源供求关系和地方经济发展状况，水资源有偿使用和生态补偿分别由上述八项制度通过不同组合形式实现水资源配置和水环境治理目标。但是，上述八项制度只是实现水资源有效配置和水环境治理的充分条件，而非充要条件。

那么，如何保障上述八项制度约束下的水资源有效治理？构筑有效治理的充要条件属于机制设计论的范畴。机制设计理论的目的在于选择一种最优机制，以实现最大化社会总体的预期收益。但是在机制设计理论中，存在着马斯金提出的实施机制理论问题，即机制设计存在着一个难题：即使人们找到了一个机制可以帮助实现既定的社会目标，但是在这个机制下可能产生多个结果，社会目标只是多种可能结果中的一个，而且并不能保证这个机制一定能帮助人们实现目标。因此，机制设计事实上包含了两个核心要素：最优机制设计与最优机制的可实施性问题。最优机制设计与最优机制的可实施性共同构成了制度安排实现机制的充要条件。

水资源有偿使用和生态补偿制度包括了用水总量控制制度和水污染物总量控制制度等管制性制度，水资源费制度、水生态补偿制度、水权交易制度和水污染权交易制度等市场化制度，水环境损害赔偿制度和水环境污染问责制度等惩处性制度。探讨上述八项单一制度的实现机制，需要依据机制设计的两个核心要素展开：一是探讨最优机制选择，即如何设计与选择上述八项制度的最优机制与优化结构；二是探讨最优机制的可实施性，即如何确保机制设计目标的有效实现。

为此，本篇首先在评述水资源有偿使用和生态补偿实践的基础上，依次对水资源有偿使用和生态补偿的管制性制度、市场化制度和惩处性制度进行分类研究，讨论单一制度下的机制设计与优化；其次，进一步分析不同环境特征下的最优制度组合与优化问题，探讨三类缺水类型下水资源有偿使用和生态补偿制度的最优组合与匹配问题；再次，在构筑水资源流闭环的基础上设计闭环和开环相结合的两类资金链支持体系；最后，提出了保障性制度。通过多制度匹配组合研究，资金链设计和保障性制度设计，力求构筑水资源有偿使用和生态补偿制度的有效实现机制。

本篇的创新点主要体现在三个方面：一是从机制设计论的视角提出了水环境治理实现机制的最优机制设计与可实施性两个维度研究框架。二是创新性地提出了基于三类不同缺水环境下的水资源有偿使用和生态补偿制度组合结构，为最优机制设计在实践中的推广提供了坚实的理论基础。三是结合水资源流的闭环系统，创造性地设计了一个基于分散化市场决策的资金链闭环系统和一个基于政府主导的外部资金链开环系统，为实现水资源有偿使用和生态补偿机制，提升水资源配置效率提供扎实的资金保障。

第二十三章　水资源有偿使用和生态补偿制度实施评价与改革

水资源有偿使用和生态补偿制度建设属于水资源配置和水环境治理范畴。而水资源配置与水环境治理又是生态文明建设的一个子系统。改革开放之前，中国的水治理以水利建设为中心，主要解决对象是旱涝灾害问题。改革开放之后，水污染问题日益凸显出来，与水资源短缺一并成为了中国水治理的新核心。而且，随着综合改革的深化，水治理机制从政府主导性的治理机制逐步转向政府与市场并重的治理机制。改革模式呈现出了地方制度创新的中间扩散性改革模式与中央政府制度创新的自上而下式改革模式相结合的双重结构。用水总量控制制度、水污染物总量控制制度、水资源费制度、水权交易制度、水污染权交易制度、水生态补偿制度、水环境损害赔偿制度和水环境污染问责制度等八项单一制度，从无到有不断优化，各级政府持续出台改革创新举措，坚持遵循政府逐步放权与市场力量不断壮大的发展路径。在生态环境日益恶化的背景下，全国各地积极推进水资源配置和水环境治理领域的改革，实施水资源有偿使用和生态补偿制度建设。在水资源有偿使用方面，推进水资源价格机制改革，推行多层次水权交易试点工作，建设以市场交易机制为主的水污染权交易试点，积极建设以行政辖区和流域为界限的重点生态功能区，尝试进行流域内、跨界或跨流域的生态补偿实践，先后发生了诸如东阳—义乌区域之间的水权交易、巴彦淖尔—鄂尔多斯区域之间的水权交易、甘肃张掖市农户之间的水权交易、宁夏工业与农业之间的水权交易、南水北调工程区域之间的生态补偿实践、浙皖新安江流域跨界生态补偿实践、赣粤东江生态补偿实践等典型事件，在水资源有偿使用和生态补偿制度建设实践中取得了显著成效，但是建设过程中也呈现出明显的缺陷与不足。本章拟在简要分类评述改革开放以来我国在水资源有偿使用和生态补偿制度建设实践的基础上，总结制度建设的显著成就，梳理相应的缺陷与不足，进而为本篇提出的水资源有偿使用和生态补偿制度实现机制的设计与优化提供参照系。接下来，本节将按照水资源有偿使用和生态补偿的八项单一制度的三大分类体系，即两项管制性制度、四项市场化制度和两项惩处性制度展开分析，首先探讨三大类制度的实施状况，在此基础上进一步评述诸类制度实施中存在的缺陷，最后指出了可能的制度改革方向。

第一节　水资源有偿使用和生态补偿机制建设回顾

一、管制性制度建设回顾

水资源与水环境领域的管制性制度集中体现在用水总量控制和水污染物总量控制制度上，也称为双总量管制制度。双总量控制制度从无到有的建设过程与水资源短缺、水污染两大水环境问题密切相关。水污染物总量控制制度伴随着日益严重的水污染问题而逐步构建与完善，水污染物总量控制制度的雏形最早出现在水质性缺水地区；用水总量控制制度则是伴随着北方缺水地区水资源短缺的日益加重而建立的，最早用水总量控制制度出现在黄河流域的水源性缺水地区。但是，随着水质性缺水和水源性缺水的双缺口问题在许多地区同时出现时，双总量管制制度又被加以联合实施。

最早的水污染物总量控制制度始于水质性缺水地区政府中间扩散性制度改革的实践。水污染物总量控制制度的雏形出现在 1981 年上海召开的黄浦江污染治理规划讨论会。[①] 该会议对黄浦江水质治理模式进行了探讨并提出了污染源实施总量控制的政策主张。相关的正式制度安排是 1985 年上

---

① 晓玉：《环境污染治理规划工作的有益尝试——上海召开黄浦江污染治理规划讨论会》，《环境保护》1981 年第 5 期。

海市出台的《黄浦江上游水源保护条例》，该条例对黄浦江上游实施水源保护，实行污染物排放总量控制和浓度控制相结合的管理办法。接着，松花江、汉江、太湖等水质性污染流域相继推行污染物排放总量管制制度。[①] 珠江水污染物总量控制制度列入了广东省“十一五”环保规划，实现污染物控制从“目标总量控制”向“容量总量控制”转变。中间扩散性制度改革与创新是由行政区域水污染日益严重的客观事实被动推进的。但推进过程受到了双重阻力：一是行政区域内寻求 GDP 增长动力；二是流域范围各自为政的行政壁垒。在此情形下，推进国家层面的制度改革与创新是突破上述双重阻力的有效手段。

事实上，在以地方政府和流域管理委员会实施的所谓中间扩散性制度建设的同时，自上而下的国家层面的制度创新也在相继实施。国家层面的水污染物总量控制制度最早出现在 1986 年的国务院环境保护委员会《关于防治水污染机制政策的规定》中。该规定提出了逐步实施污染物总量控制制度，对流域内的城市或地区应根据污染源构成特点，结合水体功能和水质等级，确定污染物的允许负荷和主要污染物的总量控制目标，并将需要削减的污染物总量分配到各个城市和地区进行控制。1996 年修订的《中华人民共和国水污染防治法》规定了国家对重点水污染物排放实施总量控制制度，实施重点污染物排放的总量控制制度。2001 年国家环保总局发布了淮河和太湖流域排放重点水污染物许可证制度，对河南省、安徽省、江苏省、山东省、浙江省和上海市所辖淮河和太湖流域实施重点水污染物排放总量控制，区内地区排污单位实施排污许可证制度。[②] 2008 年的《中华人民共和国水污染防治法》修订版再一次强调了污染物总量控制制度的重要性，制定了总量控制的具体制度安排。2011 年国家环境保护的“十二五”规划进一步对水污染物总量控制进行调整，在原有化学需氧量排放总

① 包存宽、张敏、尚金城：《流域水污染物排放总量控制研究——以吉林省松花江流域为例》，《地理科学》2000 年第 1 期。

② 《淮河和太湖流域排放重点水污染物许可证管理办法》（试行），2001 年 7 月 2 日国家环境保护总局令第 11 号公布。

量控制指标的基础上增加了氨氮新指标。2015年国务院正式发布了《水污染物防治行动计划》，强化环境治理目标管理，深化污染物总量控制制度。

用水总量控制制度最早出现在北方缺水流域。黄河流域是中国七大江河流域中第一个制订并实施用水总量控制和分配方案的地区。[①] 1984年水电部以1980年黄河流域各省份实际用水量为基础，结合各省（区、市）的灌溉发展规模、工业和城市用水增长以及大中型水利工程兴建的可能性制定了水量分配方案，并根据历年地区用水指标，结合用水效率、未来地区发展个体特征进行协调与分配。1987年黄河水利委员会进一步制定了《黄河取水许可制度实施细则》等规范性文件，针对缺水性地区实施用水总量控制制度，并按照1987年国务院批准的黄河可供水量分配方案对沿黄河各省区的黄河取水进行总量控制。作为典型的缺水地区，北京市早在2000年就提出了用水总量控制制度，对年度用水计划外的新增用水实行总量控制。在"十五"期间，北京市用水总量从2000年的40.6亿立方米下降到2005年的34.5亿立方米。用水总量控制制度由北方缺水区不断向南方丰水地区推广。2008年广东省制订了东江流域水资源分配方案，确定了东江流域年最大取水量控制目标。

国家层面的用水总量控制制度最早始于2001年的《全国节水规划纲要》。该纲要提出了用水总量控制目标。2004年起，国务院对各省实行最严格水资源管理制度情况进行年度考核。2012年，国务院发布了《国务院关于实行最严格水资源管理制度的意见》，则是继2011年中央1号文件和中央水利工作会议明确要求实行最严格水资源管理制度以来对用水总量最严格的控制制度。2013年国家又分地区分阶段制定了"全国及省、自治区、直辖市用水总量控制目标"，对2015年、2020年和2030年的短中长期用水总量进行设限。[②]

① 唐力、赵勇、肖伟华等：《水资源总量控制和定额管理制度实施进展》，《人民黄河》2008年第3期。

② 定军：《五省市用水总量指标下调沿海内地产业大调整开始》，《21世纪经济报道》2013年1月7日。

用水总量控制制度与水污染物总量控制制度略有不同。用水总量控制制度总体而言，是在国家层面的统一部署下从水资源紧缺地区起步，并逐步推进的。各地区、各流域的区域性用水总量控制也在水利部、国务院的制度和指导下实施。因此，用水总量控制制度建设的发展过程是一种典型的自上而下的制度改革模式。

二、市场化制度建设回顾

市场化制度主要包括水资源费制度、水生态补偿制度、水权交易制度和水污染权交易制度四类核心制度安排。在这四类制度的改革进程中，以水资源费制度为核心的水资源价格机制改革已成为水资源有偿使用改革的重点领域。由地方政府主导的水生态补偿制度在全国各地以生态保护区建设为契机全面推行。由中央政府、地方政府和市场机制主导的三层次水权交易制度改革试点也已在全国各地稳步推进。水污染权交易制度则从初期的改革试点拟转向全面推广。

（一）水资源费制度建设回顾

我国以水资源费制度为核心的水价形成机制经历了公益性无偿用水（新中国成立后到1978年）、有偿用水探索（1979—1987年）、水资源费征收发展（1988—2001年）、水资源费征收规范阶段（2002—2005年）以及水资源费调整完善阶段（2006年至今）。[①] 在有偿用水探索阶段，部分地区先行探索水资源费制度。全国最早开始征收水资源费的是辽宁省沈阳市，该市于1980年年底开始收取城市地下水资源费。1983年山西省遵照水利部的要求，制订了《山西省水利工程供水收费暂行办法》，把重新核定水费制度的工作作为水资源管理的一项重要内容。该办法出台了分产业制订新水费标准，依据水资源稀缺程度制订不同的地区水费标准，实行累进制水资源费和水费征收办法，同时改革水费管理体制。[②]

1988年国家制定了《水法》，标志着水资源费和水费制度在法律层面

① 曾雪婷、李永平：《我国差异化水资源费调整机制研究》，《中国水利》2013年第16期。
② 贾泽民：《山西省水费改革工作取得进展》，《中国水利》1983年第4期。

正式确立。[1] 1993年以国务院《取水许可制度实施办法》为标志，江苏、四川、广东、广西和黑龙江等省份相继开展水资源费征收制度改革。2000年，国家计委下发改革水价、促进节水的指导意见，指出发挥价格杠杆作用，保护和合理利用水资源；充分体现供水的商品价值，使水价达到合理水平；将水价改革与水资源管理体制改革结合起来。

2002年实施的新《水法》再次明确了水资源费征收规范。2003年，国家计委公布了《"十五"水利发展重点规划》，规划中指出"十五"期间，我国建立合理的水价形成机制，逐步提高水价，推行计划用水，定额管理，实行差别水价，全面实施水资源费制度。在此基础上，山东、辽宁、福建、新疆、重庆、河北、河南和浙江等省份纷纷颁布实施新一轮的水资源费征收管理办法及修改意见。2003年开始，国家出台了南水北调城市水资源规划与水资源费征收办法。[2] 2004年，国务院办公厅颁布了关于推进水价改革促进节水用水保护水资源的通知，强调了合理调整供水价格，理顺水价结构，改革水价计价方式，提出居民生活用水实施阶梯式计量水价制度。[3]

2006年国务院发布《取水许可和水资源费征收管理条例》进一步从国家层面上规范了水资源费的征收标准和征收方法，标志着水资源费制度进入了调整完善阶段。2007年开始，浙江、吉林、贵州、河南、北京、辽宁、广西、山西、福建等省市相继制订了本省的水资源费征收管理方法。2008年开始，水利部要求实行最严格的水资源管理制度，严格实行用水总量控制，严格控制入河排污总量，明确用水效率控制红线。2010年，中共中央、国务院颁布了积极推进水价改革决定，提出实施超额累进加价制度和行业水价差价制度。2015年，在被称为"水十条"的《水污染防治行动计划》中国务院明确提出加快水价改革，要求县级及以上城市于2015

① 钱正英：《关于〈中华人民共和国水法（草案）〉的说明》，《中国水利》1988年第2期。

② 南水北调城市水资源规划组：《南水北调城市水资源规划简介》，《中国水利》2003年第1期。

③ 《国务院办公厅关于推进水价改革促进节水用水保护水资源的通知》（国办发〔2004〕36号）。

年年底前全面实行居民阶梯水价制度，2020年年底前，全面实施非居民用水超定额、超计划累计加价制度。

水价由水资源费（所有者收益）、工程水价（制水者收益）、环境水价（包括污水治理费和生态补偿费）构成。很明显，水资源费是水价重要组成部分。水资源费对应的是行政主管部门授予申请取水人水资源的使用权，是依据水资源有偿使用的相关法律规定向取水人收取相应对价费用的一种具体行政行为。水资源费的作用在于以下四个方面：一是调节水资源供给与需求的经济措施；二是调节水资源稀缺性的手段；三是水资源产权的经济体现；四是劳动补偿。工程水价属于制水者成本与收益，主要为弥补水资源的生产成本及企业利润。环境水价主要包括污水治理费。污水处理费是指企业、居民用水过程中排放的污水净化处理成本。但是在现行的由上述水资源费、工程水价和环境水价构成的“三位一体”水资源价格组成结构中，工程水价占比大，而水资源费占比很小，只占不到10%的比例。即便如此，大量制水企业仍然处于亏损和政府补贴状态。为此，工程水价在阶梯水价构成结构改革中成为了改革的主要内容，构成了水价的主要增量部分，但水资源费、污水处理费和生态补偿费的征收额度却基本保持不变，阶梯水价制度改革并没有充分体现水资源费的地位与作用。因此，建立能够反映市场供求关系、资源稀缺程度、环境损害成本和资源稀缺性特征的水资源费制度，才能突破水资源价格形成制度障碍，真正推进水资源费制度改革，并最终为水资源有偿使用和生态补偿提供充足的资金保障。

（二）水生态补偿制度建设回顾

水生态补偿的基本内涵包括如下两个方面：一是人类对自然生态系统的补偿；二是为了保护生态环境而引发的人与人之间利益关系的补偿。[①] 我国的水生态补偿从无到有逐步发展起来，既涵盖了自然生态系统的补偿，也囊括了人与人之间的利益补偿。生态补偿制度建设始于由中央政府

① 沈满洪、魏楚、高登奎等著：《生态文明视角下的水资源配置论》，中国财政经济出版社2011年版，第103页。

主导的自上而上式改革模式，该模式具体表现为中央政府主导的水生态补偿试点建设。

在中央政府层面上的水生态补偿制度改革以1990年12月国务院国发〔1990〕65号文件颁发的《关于进一步加强环境保护工作的决议》为开端。该决议明确规定了各级人民政府和有关部门必须执行国家有关资源和环境保护的法律、法规，按照“谁开发谁保护，谁破坏谁恢复，谁利用谁补偿”和“开发利用与保护增值并重”的方针。中办〔1992〕7号文件进一步提出了开征资源的利用补偿费和开展环境税研究的指示。[①] 水生态补偿制度改革的正式启动源自1994年国家环保局发布的《关于确定国家环保局生态环境补偿费试点的通知》，该通知确定了14个省的18个市、县（区）为试点单位，从而使生态环境补偿费的试点工作列入国家环保局的议事日程。[②] 1996年8月，国务院颁布了《国务院关于环境保护若干问题的决定》，明确指出了要建立有偿使用自然资源和恢复生态环境的经济补偿机制。2000年国家环保总局又出台了《全国生态环境保护纲要》，要求切实搞好重要生态功能区、重点资源开发区和生态环境良好地区的生态保护。该纲要为生态补偿与生态功能区建设相结合创造了条件。[③] 2005年国务院进一步明确提出了完善生态补偿政策，建立生态补偿机制的要求。2007年国家环保总局又发布了《关于开展生态补偿试点工作的指导意见》，阐述了流域水环境生态补偿机制的意义、原则和工作目标。[④]

地方层面的水生态补偿制度改革步伐稍早于国家层面的制度改革。1993年，全国推行水生态补偿费试点改革的省份有广西、福建、江苏三个省（区）和徐州市、三明市、惠东县。[⑤] 2000年，西南地区的云、贵、

---

① 杨朝飞：《市场经济条件的生态环境补偿费试点工作（上）》，《环境保护》1995年第7期。

② 黄润源：《论我国生态补偿法律制度的完善》，《法制论丛》2010年第11期。

③ 国家环保总局：《关于深入贯彻落实〈全国生态环境保护纲要〉的通知》（环发〔2000〕235号），2000年12月6日。

④ 国家环保总局：《关于开展生态补偿试点工作的指导意见》（环发〔2007〕130号），2007年8月24日。

⑤ 杨朝飞：《市场经济条件的生态环境补偿费试点工作（上）》，《环境保护》1995年第7期。

川、藏、桂、蓉、渝7省区市也积极响应中央决定，加快了长江和珠江中上游地区的生态补偿制度试点建设。[①] 浙江省在2003年成为全国第5个生态省建设试点省份，杭州、温州、湖州、建德、德清和洞头等地制定了相应的生态补偿制度，初步构建了省、市、县三级财力支持的生态补偿机制。[②] 为加快推进生态省建设，浙江大幅度提高生态补偿金标准，省级生态公益林的补偿标准从每亩3元提高到8元，其中大部分直接支付给林农。[③] 2009年，河南省环境保护局下发了《河南省沙颍河流域水环境生态补偿暂行办法》，标志着生态补偿制度正式在河南实施。[④]

生态补偿往往涉及多个行政区域，存在跨行政区或跨流域的跨界生态补偿问题。因此在具体的补偿实践中，依“损害者赔偿”原则实施生态补偿将面临很高的交易成本，有时是行不通的。由于下游用水地区及生态保护受益者多拥有较强的经济能力和生态补偿动力。因此，依据生态保护的“受益者补偿”的生态补偿制度较容易达成补偿协议。事实上，实践中也更多地以“受益者补偿”形式出现。北京与河北的流域生态补偿、广东省境内东江流域的生态补偿、浙江省境内新安江流域的生态补偿都属于典型的“受益者补偿”的生态补偿制度安排。但是上述生态补偿制度往往采用中央政府或地方政府通过财政转移支付方式进行政府补偿。政府补偿亦被当作“庇古税”的行政补偿机制。实践中的政府补偿又可以进一步细分为中央政府主导、中央政府主导地方政府为辅、地方政府主导区域内补偿机制以及区域间补偿四种类型。在生态补偿实践中，各地依据当地特点实施了多种形式的政府补偿形式：南水北调中线工程中的生态补偿属于中央政府主导的生态补偿实践形式；浙江与安徽关于新安江水环境生态补偿属于中央政府主导地方政府辅助的生态补偿形式；广东与江西关于东江水质生态补偿制度属于地方政府主导型的生态补偿形式。

---

① 李维平:《西南地区加快生态体系建设》,《人民日报》(海外版) 2000年9月16日。

② 赵晓:《浙江逐步建立生态补偿机制》,《中国环境报》2004年6月16日。

③ 王瀛波、章建民:《浙江大幅度提高生态补偿金》,《中国经济导报》2004年8月12日。

④ 李婷:《河南试水生态补偿金》,《经济视点报》2009年1月15日。

跨界生态补偿是指跨流域和跨行政区域的生态补偿。水资源的流动性特征和地区性缺水现状迫切要求推行跨流域和跨行政区域生态补偿实践。南水北调工程中的生态补偿属于跨流域生态补偿实践。而浙江与安徽关于新安江水环境生态补偿制度、广东省与江西省关于东江水质生态补偿机制、江苏与浙江关于太湖流域生态补偿实践都属于跨省级行政区的生态补偿实践。跨界生态补偿实践过程中也遭遇了行政区域间交易成本高、协议监督与履约困难、生态补偿对象难以控制、实施过程中发生“敲竹杠”风险等问题。为此，各地在跨界生态补偿实践中摸索创新出来多种形式的补偿实现形式，取得了较好的实践效果，如在南水北调工程中实施跨流域受益地区向保护地区实施的单向补偿制度，粤赣东江水质补偿则属于跨行政区省际单向补偿制度，而浙赣新安江生态补偿属于中央政府主导的省际对赌补偿制度。

（三）水权交易制度建设回顾

中国水权交易制度分为一级水权交易、二级水权交易和三级水权交易相结合的三层次水权交易体系。[①] 一级水权交易市场由政府主导下的初始水权分配制度构成。一级水权交易制度确立了水权的初始属性，是二级和三级水权交易制度运作的基础，是水资源有偿使用的前提。二级水权交易指区域政府主导下的水权市场配置；三级水权交易市场指用水户主导下的水权市场配置。以价格机制为基础的二级水权交易制度和三级水权交易制度则属于水资源有偿使用范畴。

黑河流域实施的“均水制”本质就是政府主导下的初始水权分配的一级水权交易制度。2000 年东阳—义乌水权交易案例是中国首例以价格机制为基础的二级水权交易案例。该交易实践实现了从传统的以计划手段为主的一级水权市场化制度向以市场机制为主的二级水权市场化制度的转化。[②]

---

① 沈满洪著：《水权交易制度研究——中国的案例分析》，浙江大学出版社 2006 年版，第 26—27 页。

② 沈满洪：《水权交易与政府创新——以东阳义乌水权交易案为例》，《管理世界》2005 年第 6 期。

宁夏回族自治区发电企业—灌区农民之间的水权交易则属于地方政府主导试点下的二级水权交易机制。内蒙古自治区鄂尔多斯—巴彦淖尔区域间的水权交易实践与东阳—义乌水权交易不同。该水权交易实践是从三级水权交易制度逆向转变为二级水权交易制度，即将三级水权交易中的“点对点”交易方式改为“点对面”交易方式，进而有效破解了项目初期工作进展快慢不一、水权转让价格差异过大等缺陷。

三级水权市场化制度是指完全采用价格机制进行水权交易并实施水权转换，政府并不直接参与水权交易过程。2001 年，甘肃省张掖市构建了三级水权交易制度和水权市场，通过节水型社会建设在洪水河灌区开创了用水户之间水权交易的先河。[1] 2003 年浙江省慈溪市和绍兴市通过慈溪市自来水总公司与绍兴市汤浦水库有限公司签署了三级水权交易协议。[2] 2003 年，黄河水利委员会与宁夏、内蒙古自治区共同开展了水权转换试点工作。各地成立水权收储转让中心作为水权收储转让的交易平台，通过市场手段优化配置水资源，促进水权向用水效率高的行业和企业自由流转，进而促进产业升级和经济结构调整，实现以水资源的可持续利用支撑区域经济社会的可持续发展。

水权交易是缓解水资源地区分布不均的重要手段，也是水资源初始配置之后水资源再配置的市场化机制。但是我国的水权交易制度总体推进速度相当缓慢，一方面束缚于水资源产权的国家所有制特征，另一方面水权交易的交易成本偏高。故此，水权交易案例依然停留在零星的个案水平上。

（四）水污染权制度建设回顾

水污染权交易是在控制污染物总量的前提下，排污单位与环保部门或排污单位之间进行排污指标的购买或出售。前者形成水污染权交易的一级市场，后者形成水污染权交易的二级市场。我国的水污染权交易制度建设遵循着由小规模试点到逐步扩大试点范围的基本路径。2014 年，国务院办

---

① 沈满洪著:《水权交易制度研究——中国的案例分析》，浙江大学出版社 2006 年版，第 30 页。

② 周鑫根:《浙江省城市间水资源交易过程与启示》,《中国给水排水》2003 年第 9 期。

公厅发布了《关于进一步推进污染权有偿使用和交易试点工作的指导意见》，为全面推行水污染权有偿使用和交易制度奠定了基础。

早在20世纪80年代中期，我国就在包头市、太原市、开远市、平顶山市、贵阳市、柳州市、天津市、上海市、本溪市和绍兴县共9市1县进行了水污染权交易试点。1991年，国家环保总局在上海市、太原市、包头市、柳州市等16个城市开展水污染权交易试点，其中上海市闵行区率先成功进行了化学需氧量水污染权交易。2004年，江苏省成为全国首个水污染权交易试点省份，并制定了《江苏省太湖流域主要水污染物排放指标有偿使用收费管理办法（试行）》。2006年，杭州市发布了《杭州市主要污染物排放权交易管理办法》，交易对象包括了化学需氧量和氨氮，试行水污染权无偿分配与有偿分配相结合的方法。2007年，嘉兴市政府也发布了《嘉兴市主要污染物水污染权交易办法（试行）》，交易对象包括了化学需氧量。但是杭州和嘉兴都没有水污染权交易发生。自2007年起，国务院有关部门组织浙江、天津、河北、内蒙古等11个省（区、市）开展水污染权有偿使用和交易试点。试点地区实行水污染权有偿使用制度，排污单位在缴纳使用费后获得水污染权，或通过交易获得水污染权。水污染权交易在自愿、公平、有利于环境质量改善和优化环境资源配置的原则下进行，交易价格由交易双方自行确定。2008年6月，江苏省对太湖流域内的苏州市、无锡市、常州市及丹阳市等区域展开水污染物水污染权交易试点。2008年9月，太湖流域200多家重点排污企业告别“免费午餐”时代，有偿获得化学需氧量的排放权。2008年12月，江苏省进一步出台了《江苏省太湖流域主要水污染物污染权有偿使用和交易试点方案细则》，推行主要水污染物污染权有偿使用制度，并要求构建水污染权一级交易市场和二级交易市场。2014年，财政部力推在全国范围内建立水污染权有偿使用和交易制度，起草了《水污染权有偿使用和交易试点工作指导意见》。[①] 水污染权交易的市场化机制设计有效地推进了水污染权交易市场的发展。各试

① 财政部：《财政部将推动建立污染权有偿使用和交易制度》，《人造纤维》2014年第4期。

点地区还积极探索水污染权抵押融资，鼓励社会资本参与污染物减排和水污染权交易，全面培育水污染权交易市场。2015 年 12 月，南京实施了首次水污染权交易，化学需氧量、氨氮、氮氧化物等主要污染物出让量分别为 160 吨、10 吨和 300 吨。[①]

总体而言，水污染权交易制度建设仍局限于试点模式，整体制度建设推进缓慢。各省市仅以试点形式在各自行政区域内推广实施，水污染权交易仅限于在同一流域内进行，一般意义上的水污染权交易以及跨流域的水污染权交易机制并没有得以推广实施。水污染权交易总体呈现出了"试点多，交易少""有规则，无交易""保经济，压环境"的特点。[②]

三、惩处性制度实施建设回顾

惩处性制度包括水环境损害赔偿制度和水环境污染问责制度。传统意义上，损害赔偿和问责制度属于法律性或行政性制度。1986 年颁布的《中华人民共和国民法通则》第一百二十四条就对违反国家保护环境防治污染作出了相关规定，污染环境造成他人损害的，应当依法承担民事责任。因此，水环境损害赔偿制度安排可以纳入民法通则加以实施。党的十八大报告明确提出了加强环境监管，健全生态环境保护责任追究制度和环境损害赔偿制度的重要精神。我国的水环境损害赔偿制度建设始终在法律和法规层面逐步发展，呈现出自上而下的改革模式。而水环境污染问责制度则在行政性惩处制度范围内发展，呈现出自上而下的中央政府改革与中间扩散性的地方政府改革两类模式共同推进的局面。

（一）水环境损害赔偿制度建设回顾

环境损害赔偿制度是一项环境民事责任制度，它的建立是通过对环境不友好甚至是污染破坏行为的否定性评价来引导人们不从事这些行为的机制，属于侵权的法律追究范畴。我国的水环境损害赔偿制度建设自改革开放初期

① 陈晨、杭春燕：《南京全面启动污染权交易》，《新华日报》2015 年 12 月 25 日。

② 沈满洪、钱水苗、冯元群等著：《污染权交易机制研究》，中国环境科学出版社 2009 年版，第 19 页。

开始逐步建立起来，属于自上而下的中央政府层面推动的改革进程。

1982年起，国家《环境保护法》就从法律角度提及环境损害赔偿问题。在1984年5月通过的《中华人民共和国水污染防治法》第41条中规定："造成水污染危害的单位，有责任排除危害，并对直接受到损失的单位或者个人赔偿损失。"[①] 1986年颁布的《中华人民共和国民法通则》对环境损害导致的人身损害赔偿进一步规范。[②] 1993年3月，湖北省发布了《湖北省农业环境保护条例》，对农业环境损害赔偿进行了严格规定。[③] 2006年，国务院发布了《国务院关于落实科学发展观加强环境保护的决定》，要求加紧拟定环境损害赔偿方面的法律法规草案。[④] 2007年，《水污染防治法》进行了大规模的修订，加大了水污染的处罚力度。[⑤] 2012年党的十八大提出了加强生态文明制度建设，明确指出了生态文明建设中的环境损害赔偿制度建设要求。2015年12月，国务院发布了《生态环境损害赔偿制度改革试点方案》，在初期选择部分省份开展生态环境损害赔偿制度改革试点的基础上，计划从2018年开始，在全国实行生态环境损害赔偿制度。通过试点逐步明确生态环境损害赔偿范围、责任主体、索赔主体和损害赔偿解决途径等。[⑥]

我国的水环境损害赔偿制度建设是以国家层面为主的法律法规制定、修订及逐步完善稳步推进的。但是长期以来，相关的制度建设拘泥于法律框架内的环境损害赔偿建设而忽视了相应的市场制度建设，从而阻碍了水环境损害赔偿制度整体建设步伐。

（二）水环境污染问责制度建设回顾

水环境污染问责制度属于行政惩处性制度安排，也是将水污染外部性

---

① 丘国堂：《浅谈环境法中的损害赔偿问题》，《武汉大学学报》（社会科学版）1984年第5期。

② 晋海、张达辛：《环境侵权民事责任浅探》，《环境导报》1998年第6期。

③ 刘嘉、袁国宝：《论农业环境损害赔偿的法律制度——以〈湖北省农业环境保护条例〉为例》，《农业环境保护》1994年第5期。

④ 张迁：《把政策力度落实为执行力度》，《当代贵州》2006年第7期。

⑤ 穆治霖：《重点强化政府责任　切实提高违法成本》，《环境保护》2007年第20期。

⑥ 中共中央和国务院办公厅印发《生态环境损害赔偿制度改革试点方案》，2016年2月15日。

内部化的行政性治理机制。与环境污染赔偿制度相似，传统的水环境污染问责制度都从自上而下进行改革并在法律框架内稳步推进。新近的水环境污染问责制度出现了中间扩散性的地方政府制度创新。

1984 年 5 月通过的《中华人民共和国水污染防治法》第四十一条中规定水污染损失由第三者故意或者过失所引起的，第三者应承担责任。① 1986 年颁布的《民法通则》第一百二十四条规定了违反国家保护环境防止污染的规定，污染环境造成他人损害的，应当依法承担民事责任。② 1989 年颁布的《中华人民共和国环境保护法》对造成环境污染事故的企业事业单位，根据所造成的危害后果处以罚款；情节较重的，对有关责任人员由其所在单位或者政府主管机关给予行政处分。1997 年刑法修订时规定了环境监管失职罪。③ 2006 年，环境保护总局和监察部共同发布了环境保护违法违纪行为处分暂行规定，规定了环境保护方面的行政问责制。④

与此同时，地方政府也在推进水环境污染问责制度建设。河长制是在我国严峻的水污染情势下水环境行政治理的中间扩散性地方政府制度创新机制。河长制起源于太湖蓝藻事件，由无锡市首创，起到了水污染问责作用。⑤ 在浙江省的“五水共治”行动中，浙江省各级党政主要负责人和基层党员干部担任“河长”，负责辖区内河流的整治和管理。在河道水环境监督领域，浙江椒江流域政府创新了河长制，推行“河长+警长”新模式，实行“一河一河长、一河一警长、分工负责，统一协调”的工作体制，建立并完善治水问责机制，出台“五水共治”工作问责方案。⑥ 安徽省于 2015 年发布了《安徽省水污染防治工作方案》，强化了水环境污染的严格问责制度，并建立了市、县、乡（镇）三级“河长制”实施河道水污染的

---

① 丘国堂：《浅谈环境法中的损害赔偿问题》，《武汉大学学报》（社会科学版）1984 年第 5 期。

② 陈丽红：《环境资源管理中的行政损失补偿》，《黎明职业大学学报》2001 年第 9 期。

③ 宋才发：《现代企业环境保护制度的探讨》，《海南大学学报》（社会科学版）1997 年第 3 期。

④ 国务院发展研究中心我国环境污染形势分析与治理对策研究课题组：《中国水环境监管体制现状、问题与改进方向》，《发展研究》2015 年第 2 期。

⑤ 李成艾、孟祥霞：《水环境治理模式创新向长效机制演化的路径研究——基于“河长制”的思考》，《城市环境与城市生态》2015 年第 6 期。

⑥ 沈满洪、李植斌、张迅等著：《2014/2015 浙江生态经济发展报告：“五水共治”的回顾与展望》，中国财政经济出版社 2015 年版，第 73 页。

河长负责制。[1]

第二节　水资源有偿使用和生态补偿制度实践中存在的问题分析

水资源有偿使用和生态补偿制度设计的基本出发点是两个“稀缺性”：水资源“数量稀缺性”和“质量稀缺性”。在不同情形下，两类稀缺性的侧重点略有不同。在水资源数量稀缺而水质良好的情形下，水资源有偿使用和生态补偿制度建设主要侧重于水源性缺水的治理；而在水资源质量稀缺而水资源数量相对丰富的情形下，制度建设则侧重于水质治理；当两者均为稀缺状态时，制度建设则需要兼顾水源性缺水和水质性缺水的治理。

我国的水资源有偿使用制度和生态补偿制度存在着设计不合理和可实施性不足的缺陷。用水总量控制和水污染物总量控制制度存在着制度设计不合理，未遵循水环境生态承载力设定总量控制；总量初始分配不合理，总量初始分配的免费原则并没有有效反映用水效率和污水处理效率差异性；对总量控制缺乏监督机制，用水量超标和非法偷排现象时有发生，缺乏有效监督。在市场化制度建设中，水资源费未反映水资源数量和质量的稀缺性。水生态补偿制度实践虽在稳步推进，但补偿主体仍局限于政府，广泛的利益相关者和市场主体参与不足。水权交易依旧停留在政府层面的一级、二级水权交易实践，三级水权交易制度未有效实施。水污染权交易虽在理论和政策上屡有突破，但在实践中却停滞不前。水环境损害赔偿制度总体实施不力，缺乏有效的问责制度。总体而言，水资源有偿使用制度和生态补偿制度建设并未有效治理和改善中国普遍存在的水源性缺水和水质性缺水困境。

一、单一制度设计与实施中存在的问题

（一）用水总量控制和水污染物总量控制中的初始分配不合理

首先，初始分配过程未充分考虑不同用水单位之间的用水效率差异，

① 张青川：《我省强力监管问责“水污染”》，《安徽法制报》2015年1月14日第1版。

容易造成用水效率高的单位反而水资源分配少，用水效率低的单位反而分配更多水资源。其次，新老用水户之间的水资源分配不合理，通常的分配方案只照顾老用水户，对于新增项目、新增产能和新建企业的用水需求却不能给予有效解决。地区间和流域内部用水总量和水污染物总量分配制度及其协调制度建设不足，多数地区用水总量和水污染物总量的初始无偿分配制度未有效体现资源配置效率。最后，两类总量控制制度的可实施性及其监督机制不足，存在着用水量和污染物排放量监测不足，造成超额用水、超量排放、偷排等现象。

（二）水资源费设置不合理

各地方政府依据国务院《取水许可和水资源费征收管理条例》推进水资源费改革，不断扩大征收范围，逐步提高征收标准，逐步加大征收力度，全面实施阶梯水价制度，对实现水资源节约、保护、管理与合理开发利用的综合目标发挥了积极作用。然而，水资源费制度仍然存在着分类标准不规范、征收标准偏低、未充分体现水资源状况和经济发展水平的地区差异性、未有效落实超计划或者超定额取水累进收取制度等问题。水资源费未充分反映水资源价值，亦忽视水资源的生态属性。水资源价格结构不合理，水资源费占比偏低，进而未充分反映水资源数量和质量的双重稀缺性。水资源费征收渠道单一，征收效率低下。因此，只有完善水资源费制度，建立能够反映市场供求关系、水资源稀缺程度、水环境损害成本和水资源使用成本的水资源费制度，才能真正为经济社会可持续发展提供水资源环境价格制度保障。

（三）水生态补偿主体或缺，居民、企业等利益相关者参与度偏低。我国现有生态补偿主体大多局限于中央政府或各级地方政府

各级政府都动用财政预算资金实施生态补偿。这种单一补偿的主体结构与水资源补偿中“谁受益，谁付费”“谁损害，谁付费”的补偿原则相背离。对于相关企业而言，政府主导的生态补偿机制并没有将补偿成本全面纳入企业生产成本之中；对用水居民而言，政府主导的生态补偿机制并没有将补偿成本有效纳入用水户个体效用决策行为之中，进而造成水资源

的过度使用与水污染，水资源利用效率低下。而其他生态保护的直接受益主体，如各类企事业单位和居民并没有直接参与生态补偿过程，也没有实施直接的生态补偿措施。因此，生态补偿主体存在明显缺失，居民、企业等利益相关者参与度低、生态补偿的参与制度性障碍等问题。

（四）水生态补偿客体不健全，生态补偿难以有效惠及当地农民

生态补偿实践中生态补偿客体依然局限于生态保护地区的地方政府和企业。对于生态保护区域内的受生态保护制度制约的广大农民却没有得到直接的生态补偿，生态补偿难以惠及当地居民。生态补偿客体的不健全导致生态保护区内相关行为主体，特别是生态保护区内农民在实施生态保护制度后发生的福利损失并没有得到有效的补偿，相关行为主体的福利水平下降，生态补偿地区的部分农民甚至出现返贫现象。因此，应当设计更为科学和全面符合中国现实情形的生态补偿制度，准确评估生态保护中的受损主体受损程度，优化补偿对象，进而为生态补偿制度的顺利推进提供充分的制度保障。

（五）水生态补偿资金偏低，未达到补偿客体激励相容条件

生态补偿不仅存在主客体或缺问题，也存在补偿资金偏低现象，补偿资金未达到补偿客体激励相容条件。要实现生态补偿的生态保护目标，必须满足补偿客体的激励相容硬约束条件。但由于生态补偿主体不完备、受益方政府财政预算约束、补偿价格未反映市场供需等因素使得补偿资金偏少，不能满足生态保护方福利水平保障要求。补偿资金偏低会直接影响生态补偿目标的实现，增加生态补偿契约的履约风险。因此，通过扩大生态补偿主体范围，将更广泛的利益相关者纳入其中，充实补偿实力，扩大补偿资金规模，进而满足生态补偿客体的激励相容条件，实现生态补偿目标。

（六）跨界生态补偿机制单一，难以在全国范围推广

跨界补偿是生态补偿实践中的常见形式。但是现有跨界补偿机制僵化，形式单一，严重阻碍了跨界生态补偿实践的大规模推广。跨界生态补偿主要采用单向补偿机制和简单对赌补偿机制，这两类补偿形式未能有效

结合生态保护的动态特征和生态保护绩效加以施行。其中，单向补偿形式易出现生态保护的单边效应，即生态保护方在生态保护目标实现时获得相应生态补偿收益，而在生态保护目标落空时不承担生态保护不力的责任。当生态保护未达到预期目标，下游补偿主体无法施行有效惩罚措施。浙皖新安江生态补偿实践中采用了比上述单向补偿机制有所改进的简单对赌补偿机制，增加了生态保护不力的惩罚机制。但是简单对赌补偿机制依然存在着生态保护的静态性缺陷，即该机制只设置了一档与水质对应的补偿标准，上游生态保护方一旦达到生态保护标准之后就可以获得相应的生态补偿收益，而对于生态的持续改善未设置梯度补偿制度，由此导致生态持续改善的动力不足。若要改善上述生态补偿实现机制缺陷，需要优化双向动态生态补偿对赌机制。

（七）水权交易制度未能成为基础性的水资源市场配置制度

我国现有水权交易均为政府主导模式。传统观点认为水资源具有明显的外部性特征，需要依靠政府主导的水权交易模式以实现外部性内部化。但是，政府主导的水权交易机制使得水权交易实现机制和定价机制单一，容易出现水资源供求中的单边垄断、双边垄断等低效率现象，进而减少水资源供给，抬高了水权交易均衡价格，降低了水权交易效率。从水资源交易的国际实践来看，水资源有偿使用类型可以分为政府主导型、市场主导型、政府与市场混合型等模式。政府主导下的水权交易在总量规模和交易频率等方面表现不足，未能有效缓解水资源短缺矛盾。政府主导模式直接限制了水资源多层次、全方位交易形式的拓展。依据科斯定理，在一定条件下市场交易机制同样可以实现水权交易的有效性。但是，规模庞大的市场力量却因制度性障碍依然无法顺利进入水权交易市场。因此，引进市场机制增加水资源有效使用形式，将增大水资源交易市场的竞争性，提升水资源利用效率，破解融资额度不足、渠道单一化的缺陷，进而从根本上缓解水资源供需缺口。

（八）水污染权交易并未全面推广实施

自 2007 年起，国内有 11 个省市开展了水污染权交易试点。环境保护部的数据显示，到2013年年底，11个试点省份的水污染权有偿使用和交易金额累计将近40亿元，其中，有偿使用资金约20亿元，交易金额也近20亿元。[1] 但是由于水污染权有偿使用与交易过程中存在着定价机制不完善，二级交易市场不发达等问题，水污染权的有偿使用与交易机制并未全面推广实施。但是与全国水污染和水污染物排放现实的严峻局面相比，从2007年开始的试点工作在时间跨度和区域限制方面存在着严重滞后性。2014年，国务院要求到2017年在先行试点的省份基本建立水污染权有偿使用和交易制度。[2] 但试点工作持续时间长达10年，试点省份始终局限在初始的11个省份。因此，妥善处理水污染权有偿使用和交易试点工作中存在的问题，尽快全面建立水污染权有偿使用和交易制度已成为水资源管理中的亟待解决的关键问题之一。

（九）水环境损害赔偿制度实施不足

作为一种重要的水环境损害惩处性制度，水环境损害赔偿制度建设既可以在政府主导下的法律框架内推进，也可以在市场化机制下有效实施。但是我国在构建水环境损害赔偿制度时，却局限于法律法规框架内推进环境损害赔偿法律制度建设，而法律制度建设的缓慢性特征导致水环境损害赔偿制度整体发展缓慢，损害赔偿制度的实施不足，进而阻碍了水环境损害制度的全面推进。

（十）水环境污染问责制度实施不力

在实施生态补偿过程中，应当积极引入市场机制，让水环境治理的利益相关者成为生态补偿制度安排的主体，各级政府理应退出生态补偿的主导者地位，积极行使水环境污染问责制度的总体责任。环境监管的法律约束机制正逐步做实，但是，总体上中国环境监管者法律责任制度仍不完善。在实际中，环境监管部门难以承担相应的法律责任，相关监管者的责任得不到追溯。自上而下的中央政府制度建设与中间扩散性的地方政府制

---

① 蒋娅娅:《苏浙等11省市已开展污染权交易试点》,《解放日报》2014年9月6日第8版。

② 国务院办公厅:《关于进一步推进污染权有偿使用和交易试点工作的指导意见》，2014年8月6日。

度创新体系没有有效衔接。

二、水资源有偿使用和生态补偿机制中的共性问题

（一）忽视制度的匹配与组合效应

水资源有偿使用和生态补偿机制建设中忽视了单一制度之间的关联性，八项单一制度缺乏有效匹配与优化组合。水资源费、水权交易、水污染物交易、水环境损害赔偿等制度原本都应是生态补偿制度的有效匹配制度，为生态补偿提供有效充足的资金支持。但是现有的制度安排缺乏有效匹配。水资源费、水权交易、水污染物交易、水环境损害赔偿等制度未能有效实施，而生态补偿则主要由中央政府和地方政府从各自的财政预算中支出，两者之间呈现出割裂的关系。事实上，生态补偿遵循的"谁受益，谁补偿"和"谁损害，谁赔偿"两大原则与水资源有偿使用是紧密相关的。"谁受益，谁补偿"原则实质上与水资源费等水资源价格构成相联系。水资源有偿使用的付费者也应当是水资源保护的受益者，即通过合理的水资源有偿使用费用支持生态补偿，以维护与改善水生态环境。"谁损害，谁赔偿"原则与水污染权交易相关，即"谁排污水，谁付费（赔偿）"。因此，健全水资源有偿使用制度是完善生态补偿机制，实现生态补偿有效性的重要前提；实施生态补偿，实现水环境和水质改善是加快水资源有偿使用机制改革的重要目标。

（二）信息披露机制缺失，无法实现有效监督与及时校正

水资源是与人民群众生产生活息息相关的重要自然资源。水资源有偿使用和生态补偿过程存在着明显的外部性。因此，社会需要对相关的信息具有知情权，有效的信息披露机制是水资源有偿使用和生态补偿机制发挥作用的重要保障，是实现全社会有效监督的前提。但是我国水资源有偿使用和生态补偿的相关信息不透明，人民群众对于水资源费构成与调整、水质实时数据、生态补偿中的水质监控数据以及生态补偿中的补偿标准缺乏知情权，从而也无从施展有效的利益相关者的监督与校正。为此，构建水资源有偿使用和生态补偿机制实践中的信息披露机制，让全社会参与水资

源保护与管理是提升水资源管理效率的有效途径。杭州市针对市区河道建立的面向公众的APP实时水质信息披露机制是值得推广的信息披露方式。

（三）考核评价机制空缺，无法实施机制比较与优胜劣汰

现有水资源有偿使用与生态补偿制度实施成效缺乏科学严谨的考核评价机制。多数考核评价机制属于内部人评价，缺乏独立性、公正性、透明度，缺乏独立的第三方科学考核评价制度。生态补偿资金的使用与生态保护的效果没有直接挂钩，尚未建立补偿资金的生态保护效果评估机制与监督机制，也无相应的奖惩措施，受补偿者责任不明确。考核评价机制的缺失在一定程度上导致了有偿使用和生态补偿制度的推进与生态退化并存的尴尬局面。要有效扭转这一不利局面，必须建立独立的第三方考核评价机制，实施例行考核评价与随机考核评价相结合，建立科学完备的有偿使用和生态补偿信息数据库，为实施机制的动态分析与决策优化提供数据支持。

第三节 水资源有偿使用和生态补偿制度改革的可能方向

基于治理理念的水资源有偿使用和生态补偿制度改革的方向是完善单一制度优化设计，通过单一制度的优化组合、资金支持系统以及信息披露和考核评价等保障制度建设推进整体制度的可实施性。

一、单一制度优化设计

（一）科学合理测度水环境生态承载力，基于生态承载力构建与优化用水总量控制和水污染物总量控制制度

适度引入市场机制推进两类总量初始分配制度，优化新建产能用水和水污染物指标配置，提升用水总量和水污染物总量初始分配的有效性。优化流域总量统筹与控制制度，构建跨流域总量调配与控制制度，完善两类总量控制的监测与处罚力度。

（二）推进水资源价格形成机制改革

水资源有偿使用实现机制改革的首要方向是推行水资源价格形成机制改革。现有水资源价格形成机制存在明显缺陷。虽然国务院已明确规定征收水资源费，但是征收的水资源费额度偏低。各地普遍依据早期的水资源定价机制，设定水资源价格主要由水资源加工成本、运输成本等构成，其中水资源生态保护成本占比较低，影响了水资源生态价值的实现。因此，重构水资源费，推行水资源价格形成机制改革，增加水资源生态保护成本在水资源费中的比重，使得水资源价格全面涵盖水资源生态保护和相应的管理成本。另一种可能的改革方向是另辟蹊径，在水资源价格体系中设立专门的水资源从量税。通过水资源税的形式将水资源有偿使用与水资源保护紧密结合起来。上述两类水资源价格改革方向中，以水资源费的形式进行调整相对容易，但是后期的收入转移支付实现较为繁琐；而水资源税的设立属于税收体系调整，需要通过人大审议，过程略为繁杂，但水资源税向生态补偿等方面的转移支付操作便捷。

（三）实施以市场机制为主体的水权交易制度改革

虽然水权交易机制分为三个层次，但是实际开展交易仍然为政府主导型的一级和二级交易机制。在一级和二级水权交易机制下，水权交易频率低，交易总体规模小，很难推行广泛的水权交易。传统的水资源理论认为初始水权的国有性质限制了水权交易的市场化机制运作。事实上，依据科斯定理，当交易成本为零时，产权界定并不妨碍产权交易效率的实现。只要初始产权界定清晰，在交易成本较低的情形下，水权依然可以实现有效率的交易结果。据此，水权交易实现机制改革的方向是推进市场机制为主体的水权交易制度改革，实现市场交易机制的基础性地位。市场交易机制可以增加交易频率，提高交易效率，扩大交易规模。具体的市场交易实现机制可以借鉴水污染权交易模式，成立各层次的水权交易中心推进水权交易的市场化运作。

（四）全面推广水污染权交易制度

水污染权交易坚持市场化交易改革方向，符合交易效率提升的改革大趋向。但是由于初始水污染权定量与定价机制存在的缺陷，我国水污染权交易依然局限于试点状态，始终未能在全国范围内全面推广实施，由此限制了国内水污染权交易实践的推进步伐。事实上，水污染权交易制度改革的方向十分明确，就是全面推行水污染权市场化交易制度。改革的具体路径可以分三步走：先对现有的11个试点省份的试点成效进行适当梳理和评价，从中选择部分省份率先制定初始水污染权定量与定价机制改革并实施全省范围内的市场化交易推广，总结经验成果之后继而实现全国推广实施。

（五）利益相关者补偿主体改革

生态补偿机制改革的方向之一，是实施利益相关者补偿主体改革。现有以政府主导的单一补偿主体模式极大地限制了生态补偿实践的深入发展。根据利益相关者理论，生态保护受益主体都应当参与生态补偿。通过以水资源费为代表的价格制度、以水资源税为代表的财政体系，以及政府转移支付体系，将多元化的生态补偿主体与生态补偿客体紧密联系起来，最终实现生态补偿的利益相关者补偿主体改革。

（六）推进生态补偿客体改革

扩大生态补偿客体范围，将实施生态保护的政府、企业和农民等行为主体纳入生态补偿的客体范围，确保生态补偿满足行为人的激励相容条件。基于利益相关者理论构建生态补偿客体将有助于更好地实现生态补偿目标。相关的实现机制改革的关键在于实施集中与分散的生态补偿方式，将生态补偿区分为政府集中补偿与非政府组织与个人的分散发放，如通过生态补偿区分居民身份确认的形式进行补偿以及必要的身份检验制度。

（七）生态补偿定价机制与补偿形式改革

生态补偿价格机制改革的方向是实施市场化定价机制，使生态补偿更能反映生态保护成本和保护者激励相容约束条件。为实现更为有效的生态补偿价格机制，可以采用重复博弈、市场竞价、多种形式拍卖制度等方式完善生态补偿价格机制。另外，考虑到生态补偿客体的异质性特征，生态补偿可以实施异质性补偿形式，即针对不同的补偿客体实施不同形式的生态补偿类型，如技术补偿、投资补偿、现金补偿、环境补偿、移民补偿、异地补偿等，充分满足不同补偿客体的异质性补偿需求。

（八）优化跨界生态补偿机制改革

跨界生态补偿机制改革的核心任务是丰富与完善补偿机制，构建生态补偿与生态保护之间的动态优化目标，实现生态补偿与生态保护的联动效应。在兼顾补偿契约的可实施性与有效性基础上设计满足生态补偿双方激励相容条件和生态保护目标的双向动态补偿机制，最终实现在不断改善水生态环境的条件下取得生态补偿主客体双赢的生态补偿策略。

二、推进制度实施的可操作性

水资源有偿使用和生态补偿制度是水资源治理体系的两项重要内容。两者之间存在着紧密的联动机制。水环境的有效治理需要一系列制度有机结合，建立完善的水权交易制度、水资源费制度、水污染权交易制度等水资源有偿使用制度的具体制度安排将有效地促进生态补偿制度建设，确保生态补偿目标的实现。同时生态补偿制度的有效推进减缓了水质性缺水程度，增加了有效水资源供给。应当结合不同的水资源环境构建最优的水资源有偿使用和生态补偿联动机制，为水资源有效配置提供制度保障。水资源有偿使用和生态补偿联动机制集中体现在八项制度安排的优化组合以及资金链系统在水资源有偿使用和生态补偿之间建设中的支撑性作用。

（一）构建八项制度安排的优化组合结构

现有的水资源有偿使用和生态补偿之间建设侧重于经济行为的单一机制。然而，各地区在水资源短缺中存在着数量短缺和质量短缺等方面的个体差异性。针对数量短缺为主、质量短缺为主抑或两短缺的水资源状况，相应的治理机制应当有所区别。由于不同地区的水资源在数量和质量分布上存在明显的地区异质性。因此，在实施水资源有偿使用和生态补偿八项制度治理中，需要针对不同的水资源环境特征，运用适宜的治理机制组合以实现相对有效的治理。

（二）完善资金链支持系统建设

水资源有偿使用和生态补偿制度的实现离不开持续稳定的资金支持。

水资源有偿使用需要经由交易体系实现水资源配置。生态补偿制度实施过程中则需要拥有持续充足的补偿资金以实现水资源的有效供给和水资源再生利用。因此，资金支持是水资源有偿使用和生态补偿制度建设的关键内容，是确保水资源可持续发展的基石。

三、加强保障性制度建设

完善信息披露制度和考核评价制度是健全水资源有偿使用和生态补偿制度的重要条件。信息披露机制的改革方向是借助平面媒体、多媒体以及网络技术将水质信息、水资源有偿使用信息、生态补偿信息等内容及时向全社会披露。水资源有偿使用和生态补偿机制涉及的主客体范围广，资金量大，涉及的水环境保护关系全社会重大利益。因此，改变现有效率低下的内部人考核评价机制，实施独立的第三方考核评价机制是水资源管理改革成功的重要保障。

（一）水质信息披露机制

水质信息披露是水资源有偿使用和生态补偿机制有效实施的关键内容，还是水资源有偿使用和生态补偿机制信息披露有效性的前提。将大江大河、城镇河道、农村河道和生态保护区断面水质数据进行实时披露不仅是水资源费定价的基本依据之一，也是生态补偿顺利实现的主要依据。将现有的河道断面水质定期检测联网披露，并逐步推广到所有河道、湖泊，最终实现水质的全民监督。

（二）水资源有偿使用信息披露机制

水资源有偿使用中的水资源费信息、水权交易价格与转让信息、水污染权初始配置及其费用、水污染权交易的数量与价格等信息与生态环境息息相关，应当定期或实时通过信息媒体、互联网向所有利益相关者公开披露，则有助于利益相关者积极参与水资源有偿使用机制建设，对相关价格信息、交易信息进行有效监督。

（三）生态补偿信息披露机制

生态补偿实践中的实现机制、补偿契约形式、补偿方式和补偿成本都应当向生态补偿主客体及其他利益相关者进行及时有效披露。信息披露机制有助于全社会参与生态补偿实践，有助于更多地关注生态补偿中的弱势群体，有助于进一步完善生态补偿机制。

（四）水资源有偿使用定价机制考核评价

利用价格听证制度、人大审议制度、政府公开问责等制度形式对水资源有偿使用定价机制进行公开和定期考核评价。广泛听取社会各界意见建议，适时调整水资源费和水资源税征收比例和征收形式。

（五）生态补偿考核评价

将民间组织、专家团队等第三方力量纳入生态补偿机制设计、谈判和考核评价环节之中。建立例行考核评价与随机考核评价相结合的考核评价制度，建设相应的生态补偿数据库。实现生态补偿考核评价的客观化、动态化、随机化，以实现生态补偿的最佳效率。

（六）水质保护考核评价

水质保护考核评价是水资源有偿使用定价和生态补偿有效实施的重要前提。但是现有的水质检测、水质保护考核和评价存在水利部门管水量、环保部门管水质、水务部门管自来水水质等多头管理及“运动员”与“裁判员”合一的严重问题。为此，有两条路可以选择：一是第三方评价机制，即由社会中介组织这一第三方对水量和水质进行考核评价。二是第三方治理机制，即由第三方负责治水，而相关政府职能部门进行考核评价。

第二十四章 水资源有偿使用和生态补偿制度的分类机制设计

"稀缺性"是实施资源配置的前提。我国的水资源稀缺性表现为"水质性缺水"和"水源性缺水"两类典型特征。党的十八届三中全会通过的《中共中央关于全面深化改革若干重大问题的决定》提出要用制度保护生态环境。水资源有偿使用和生态补偿制度就是针对资源性缺水和水质性缺水而实施的一系列制度安排。水资源有偿使用和生态补偿的一系列制度安排包括了八项单一制度。八项单一制度自身存在着机制设计与优化问题，制度之间还存在着不同环境下的机制优化组合与匹配关系。本章的基本结构如下：第一部分阐述机制设计论的基本思想，据此探讨八种单一制度的机制设计与优化问题，从机制设计理论中的信息有效利用和激励相容条件出发设计单一制度的最优化机制结构。第二部分描述单一制度的机制设计基本理念；第三部分在区分两项总量管制制度、三项市场化制度和三项内部化制度的基础上详细分析单一制度的机制优化设计。

第一节 机制设计的基本理念

1973年，赫维茨发表的《资源分配的机制设计理论》奠定了机制设计理论的基本框架。[①] 机制设计理论多讨论的一般问题是，对于任意给定的一个经济或社会目标，在自由选择、自愿交换、信息不完全等分散化决策

① Hurwicz, L., "The Design of Mechanisms for Resource Allocation", *American Economic Review*, No. 2, 1973.

条件下，能否设计以及怎样设计出一个经济机制以实现经济活动参与者的个人利益和设计者既定的目标相一致。

有关经济环境的关键信息散布于经济人之间的事实已成为经济机制设计问题的根源所在。[①] 机制设计的核心问题是在个体自利性和信息不对称两大根本前提与现实约束下，究竟要激励什么行为和约束什么行为。[②] 在参与人众多、信息完全、无外部性和交易成本前提下，市场机制是有效率的机制安排。然而在水资源配置中，显著的外部性、高昂的交易成本以及信息不对称的客观存在，使得经典的瓦尔拉斯动态价格调整机制在水资源要素配置过程中缺乏有效性，市场调节相互关系的后果是次优的，不可能达成有利于所有利益相关方的协议。肯尼思·阿罗（Kenneth J. Arrow）认为，市场失灵并不是由于行为体自身的缺陷，而是在于体系结构和制度的匮乏。[③]

机制设计理论的目的在于选择一种最优机制，以实现最大化个人预期收益。但是在机制设计理论中存在着马斯金提出的实施理论问题。[④] 机制设计存在着一个难题，即使人们找到了一个机制可以帮助实现既定的社会目标，但是在这个机制下可能产生多个结果，人们的社会目标只是多种可能结果中的一个，而且并不能保证这个机制一定能帮助人们实现既定目标。因此，机制设计理论需要包含一个实施理论。由此，最优机制选择与机制的可实施性构成了机制设计的两个核心要素。在水资源有偿使用和生态补偿制度建设中，一个有效的制度安排也应当包含最优机制设计与机制的可实施性两方面内容。本章关注第一个问题，即水资源有偿使用和生态补偿制度的最优机制设计问题，余下的章节将对机制的可实施性进行研究。

---

① 赫维茨·瑞特著：《经济机制设计》，格致出版社 2014 年版，第 6 页。

② 田国强：《经济学在中国的发展方向和创新路径》，《经济研究》2015 年第 12 期。

③ Arrow, K. J., *An Extension of the Basic Theorems of Welfare Economics*, Proceedings of the 2nd Berkeley Symposium, University of California Press, 1951.

④ Maskin E., “Nash Equilibrium and Welfare Optimality”, *Review of Economic Studies*, Vol. 66, 1999.

如何实现水资源有偿使用和生态补偿单一制度的最优机制设计？田国强认为，实现一个好的经济制度应当满足有效配置资源、有效利用信息以及激励相容三个要求。[①] 有效配置资源要求资源得到有效利用，有效利用信息要求机制的运行具有尽可能低的信息成本，激励相容要求个人理性和集体理性一致。但是赫维兹的不可能定理说明了真实显示偏好（占优均衡）与资源的帕累托最优配置一般来说是不可能同时达到的。实现环境污染治理目标关键是要合理界定和厘清政府与市场、政府与社会的治理边界，充分发挥政府、市场和社会各自的作用，尤其是政府的定位要恰当。据此，田国强提出了环境治理中的政府治理、市场激励和社会规范三种制度安排。[②] 而水资源有偿使用和生态补偿制度建设的八项单一制度区分为管制性制度、市场化制度和惩处性制度恰好体现了上述三种制度安排。为此，下面将从管制性制度、市场化制度和惩处性制度三大类制度出发，逐一分析水资源有偿使用和生态补偿制度建设中的八项单一制度的机制设计与优化问题。

第二节　管制性制度的机制设计与优化

总量管制性制度属于环境治理中的强制性行政管制制度。在新古典经济环境中，导致帕累托有效配置的机制是竞争性市场机制。在市场失灵情形下，政府针对水源性缺水和水质性缺水两种缺水类型下的水资源配置实施双总量管制制度。机制设计有效性的前提是信息被低成本地充分利用以及参与人激励相容条件。那么，作为两类总量管制制度的主导者，政府首先需要获取水资源有效配置前提下的用水总量和污染物排放总量信息集；其次还需考虑双总量管制制度设计中的参与人激励相容条件的具体实现形式。

双总量管制制度设计均包含总量管制和总量分配两部分内容。用水总

① 田国强：《经济机制理论：信息效率与激励机制设计》，《经济学》（季刊）2003年第2期。

② 田国强：《中国环境治理八策》，《中国经济报告》2015年第1期。

量和水污染物总量控制的上界理论由流域水资源承载力决定。对于控制制度设计而言，需要根据水资源承载力设计一个最大用水总量和水污染物总量控制阈限。由于水资源承载力信息的分布并不是分散化的，政府在获取水资源承载力的信息方面拥有天然优势。因此，由政府制定流域用水总量及水污染物总量控制制度中所需信息成本将比市场机制下的信息成本要小。那么，从一个经济机制实现资源有效配置所需最小信息空间——信息成本角度而言，双总量控制制度由政府主导设计和实施满足有效率的制度安排的信息成本优势条件。

在用水总量控制制度设计中，政府部门从流域水资源承载力角度测算流域水资源总量及生态用水量，进而制定基于水资源承载力的用水总量控制水平。假定流域年度用水总量为 w_t，流域地表水资源总量为 w_1，跨流域水资源供给量为 w_2，地下水供给量为 w_3，生态用水量为 w_e，流域水资源地区可分配量为 w_{it}，则：

$$w_t = w_1 + w_2 + w_3 - w_e \tag{24-1}$$

$$\sum_{i=1}^{m} w_{it} \leqslant w_t = w_1 + w_2 + w_3 - w_e \tag{24-2}$$

用水总量分配意味着有限水资源 w_t 在 m 个地区进行有效分配，这将转化为一个典型的资源配置问题。市场化配置可以通过价格机制对水资源配置，如采用拍卖、直接标价等方法进行资源配置是一种有效制度安排。但是用水总量的分配需兼顾效率与公平原则。市场化配置显然无法顾及公平原则，因此，通过行政命令方式进行水资源总量配置在国内外用水总量分配实践中也较为常见。

从机制设计理论的角度考察，上述依据水资源承载力所设定的用水总量水平作为社会目标，不妨定义为 $F(e)$，其中 e 为水资源承载力等所刻画的水资源环境变量。流域地区的自利行为决策集为 $b(e, \Gamma)$，其由水资源环境变量 e 和机制 Γ 构成。要使得社会目标 $F(e)$ 可实施，即机制 $\Gamma(M, h)$ 完全实施了或实施了社会目标 $F(e)$。此时机制 Γ 与社会目标 $F(e)$ 之间是激励相容的。这里涉及激励相容问题，也是机制设计理论所要面对的核心问题，即采用什么样的机制（或规则）使得每个参与人的行为与社会目标一致。一个兼顾效率与公平的政府行政命令配置方式表现为流域内各地区真实显示自身的水资源偏好特征，政府再依据各地区水资源真实偏好特征分配有限的用水总量指标。在机制设计中，机制设计者并不知道参与者的真实偏好特征，至多知道它属于某个集合范围，从而用水总量指标分配并不是给定和不变的。

然而，兼顾效率与公平的用水总量分配制度推行难度较大。现实的困难在于，自利驱动的流域内各地区都存在高报自身水资源偏好特征的动机，以此要求增加水资源供给指标。此时，搜寻一个地区水资源偏好的有效代理变量，是实现水资源有效分配的关键所在。常用的有效代理变量有历年地区用水总量、取水总量、取水定额、用水定额和耗水定额等。有学者开始选择用水效率指标对用水总量分配进行修正，如工业用水指标采用万元产值用水量进行修正，农业用水指标采用灌溉水利用系数进行修正。胡震云等采用用水技术效率的测度来预测用水目标水量，进而制定用水总量的分配制度。[①] 但用水技术效率越高给予的用水指标越多，并不是一个公平有效的制度安排。用水技术效率的变化应当反映在水权交易层面上，而不必过度体现在用水总量分配制度中。

黄河流域是中国七大江河流域中第一个制订并实施用水总量控制和分配方案的地区。[②] 1984 年水电部以 1980 年黄河流域各省份实际用水量为基础，结合各省（区、市）的灌溉发展规模、工业和城市用水增长以及大中型水利工程兴建的可能性制订了水量分配方案，并根据历年地区用水指标，结合用水效率、未来地区发展个体特征进行协调与分配。美国与加拿大的大湖—圣劳伦斯河流域以及澳大利亚墨累—达令流域都采用了相似的历年地区用水总量指标制订水量分配方案。

① 胡震云、雷贵荣、韩刚：《基于水资源利用技术效率的区域用水总量管制》，《河海大学学报》（自然科学版）2010 年第 1 期。

② 胡德胜：《中美澳流域取用水总量管制制度比较研究》，《重庆大学学报》（社科科学版）2013 年第 5 期。

各地用水总量控制制度的典型案例见表24-1。

表24-1　各地用水总量控制制度安排①

序号	实施时间	流域	总量管制制度
1	1984年	黄河流域	以1980年黄河流域各省份实际用水量为基础，结合各省（区、市）的灌溉发展规模、工业和城市用水增长以及大中型水利工程兴建的可能性制订了水量分配方案
2	2005年和2008年	美国与加拿大的大湖-圣劳伦斯河流域	在取水户和调水户管理方面，流域水条约规定，任何在连续30日内日均取水量（包括消耗性用水）不低于10万加仑的取水户以及任何水量的调水户，都必须就其取水或调水情况向取水地或调出地所在州有关机构进行登记
3	1995年	澳大利亚的墨累-达令流域	基于流域部长理事会根据1993—1994财年流域水资源开发利用水平所决定的取用水限量，由联邦缔约州河谷地区和次流域地区经共同协商而最终确定

从机制设计论的角度考察，用水总量控制制度设计就是基于一个低维度信息 w_t 的收集与有效利用以及个体特征刻画的水资源环境 e 实施机制设计。政府部门测算流域水环境承载力，实际情形往往是在历年用水总量基础上，通过GDP增长趋势和用水效率等进行调整形成流域用水总量指标，其中信息结构由式（24-3）表出：

$$\sum_{i=1}^{m} w_{it} \leqslant w_t \qquad (24-3)$$

信息决策过程由下述一阶差分模型构成：

$$w_i(t+1)=f_i(w_t,\ e) \qquad (24-4)$$

机制设计中的参与人是由相应函数或信息平稳对应描述而不是由参与人的偏好和对其他人的策略如何反应来决定的。一旦式（24-4）描述的信息调整过程达到平稳点，用水总量控制机制就确定了相应的配置规则。其中的个体特征包含了流域地区用水历史数据，个体未来发展趋势等因素。

① 胡德胜：《中美澳流域取用水总量管制制度比较研究》，《重庆大学学报》2013年第5期。

上述差分方程所反映的信息调整过程一般为政府主持下的谈判和协调过程。由于用水总量以及分配信息维度较低，且政府在水资源总量、流域地区水资源分配中拥有较小的信息成本，因此政府主导下的用水总量控制制度是可以实现水资源有效配置的。但由于是管制性制度安排，用水总量控制制度并不满足参与激励相容条件，该制度安排下的用水总量并未实现帕累托最优配置。个体目标与集体目标依然存在冲突，用水总量配置制度无法自动实施，即不满足机制设计理论中的完全实施、实施或弱实施机制。此情形下，政府需要推行其他配套措施，如水权交易制度、内部化制度等才可能有效保障用水总量控制制度的可实施性。

水污染物总量控制又称为污染物排放总量控制。水污染物总量控制是由早期水污染物“浓度控制”调整而来。水污染物“浓度控制”是指根据污染物排放质量与特定区域或水域体积之间的比率。但是浓度控制易受到区域或水域体积的变化而变化，局部区域符合要求的浓度水平在水量汇集之后可能超出限量标准。而“总量控制”是指对特定区域或水域污染物排放质量的控制，包括面源和点源在内的全部污染物排放量。最早的水污染“总量控制”实践出现在1985年上海市出台的《黄浦江上游水源保护条例》中。《中华人民共和国水污染防治法》第十八条规定了国家对重点水污染物排放实施总量控制制度。水污染物总量控制的理论研究则始于20世纪80年代末的松花江生化需氧量（BOD）总量控制标准。[①] 从机制设计的角度看，由于国家拥有水污染物排放总量的优势信息，由国家实施总量控制制度可以满足机制设计中的信息成本最小化原则。水污染总量控制制度与用水总量控制制度设计相似，也分为总量控制和总量分配两类机制设计。

中国早期的水污染物总量控制采用目标总量控制方式。1996年国务院颁布《关于环境保护若干问题的决定》之后，水污染物总量控制开始以容量总量控制为主。加强水污染物总量控制可以有效地克服多年来我国一直

① 张修宇、陈海涛：《我国水污染物总量管制研究现状》，《华北水利水电学院学报》2011年第5期。

实行的水污染浓度控制的弊端，从宏观上把握水污染变化趋势，确保水污染治理得到改善，实现水质控制目标。[①] 但是，理论的污染物排放总量等于环境容量是一种理想的状况，实际的总量控制往往以一定时点的排放量为基础，按照逐年削减的办法确定区域排放总量，如根据《国家“十一五”重点流域水污染防治战略规划》的相关规定，太湖流域生化需氧量排放总量控制目标为 42.6 万吨，比 2005 年削减 15%。[②]

水污染物总量控制的机制设计与用水总量控制制度相比略显复杂。水污染物总量控制制度的内容包括三个方面：选择与优化水污染物管制项目；依据管制项目制定区域管制目标；水污染物排放总量区域分配。为确保上述三部分内容的可实施性，还需考察机制设计中的信息效率与激励相容机制。

选择与优化水污染物控制因子方面，根据 2002 年国家环境保护总局发布的《水污染物排放总量检测技术规范》，国家规定实施水污染物总量控制的项目有生化需氧量、石油类、氨氮、氰化物、As、Hg、Cr（Ⅳ）、Pb 和 Cd。各地区和流域可以根据当地环境状况适当调整总量管制项目。在实践过程中，2003 年，杭州市和唐山市将生化需氧量和氨氮确定为水环境容量测算和总量分配指标。

排污总量管制制度构建首先需要测度流域水环境容量。政府在水质动态数据监测、排污企业排污监管、农业面源污染、农村和城市生活污染等方面拥有优势信息。因此，测度流域水环境容量的主体应为政府部门。在理想状态下，政府运用水环境数据准确测度出流域水环境容量，并制定出流域污染物分类控制目标。在实际情形下，上述水环境容量测度方法并不完全有效。因此，较现实的方式是通过实施有限次的水污染物排放总量实践，采用统计学方法倒推出流域水环境实际容量。在水环境容量测算基础

① 陈健、胡艳超：《我国入河湖排污总量控制管理现状分析》，《水利发展研究》2016 年第 1 期。

② 沈满洪、钱水苗、冯元群等著：《污染权交易机制研究》，中国环境科学出版社 2009 年版，第 7 页。

上，政府部门再对流域内的污染物项目制定相应的总量管制目标。各国在实施污染物排放总量管制制度中形成了诸多管理方法，日本在排污目标设定、目标分配、控制对象、控制周期和监督机制方面形成了有效的实施机制；美国在日负荷总量制度、点源污染和非点源污染管制方面形成了有效的治理经验。[①] 我国实施的流域污染物分类排放总量管制目标通常以年度目标为主。总量管制往往以一定时点的排放量为基础，按照逐年削减的办法确定区域排放总量。

要使排污总量管制具有可实施性，关键在于总量管制目标与分配的科学性，与实际环境容量相符合以及管制目标的激励相容。污染物排放指标的初始配置方式主要存在“免费分配”和“拍卖”两种分配方式。[②] 综合考虑科学性和可操作性，通常采用免费分配方式，但是免费分配方式也存在着对新进入者歧视，降低减排技术研发激励等弊端。[③] “免费分配”的排污指标分配原则包括公平原则、溯往原则和产值原则以及减排成本最小原则等。中国总量管制制度是将目标总量逐级分配到地方政府，最终分配到具体的企事业单位。[④] 这一总量管制分配方式容易导致因基础数据不准确引发的总量管制目标与实际环境容量不符，并且容易忽视累积排污总量和实际管制效果造成环境承载力不足的后果。

在总量管制的科学性和有效性方面，政府拥有制定管制目标的信息优势，政府的关键作用在于利用已有的水环境数据准确设计与实际水环境容量相一致的污染物分类管制目标，而不是简单地将控制目标逐层分解的方式将排污控制量下达到企业层面。政府应当依据不同流域和地区水环境状况和主要污染物种类实施分类管制，再运用排污许可证制度将污染物允许

① 那艳茹：《美国水资源管理与利用值得借鉴的几个问题》，《北方经济》1997 年第 4 期。

② 乔晓楠、段小刚：《总量控制、区际排污指标分配与经济绩效》，《经济研究》2012 年第 10 期。

③ Milliman, S. R., Prince, R., “Firms Incentives to Promote Technological Change in Pollution Control”, *Journal of Environmental Economics and Management*, Vol. 17, 1989.

④ 杨波、尚秀莉：《日本环境保护立法及污染物排放标准的启示》，《环境污染与防治》2010 年第 6 期。

排放量和削减计划分类到各个排污源。同时，要构建参与人激励相容机制。将企业污染物排放削减量与企业技术改造的财政转移联系起来，构建企业减排的激励机制。重视与污水排放密切相关的社会公众作为实现排污量管制目标的监督主体。通过社会舆论监督方法完善激励相容机制建设是日本水治理的经验。日本在实施总量管制过程中就突出了社会公众对排污控制监督积极性，起到了良好的激励相容作用，并及时将水资源信息公布并吸引社会公众和社会舆论。

第三节　市场化制度的机制设计与优化

2012年，国务院《关于实行最严格水资源管理制度的意见》中对“三条红线”“四项制度”作出具体部署，明确提出“三条红线”是应对水循环过程“取水”“用水”“排水”三个环节中出现的“开发利用总水量过大”“用水浪费严重”“排污总量超出承受能力”三大问题。由用水总量控制和排污总量控制构成的双总量管制制度的实施，是应对上述三个问题的先行措施。用水总量控制直接应对“开发利用中水量过大”问题，而水污染物总量控制则直接应对“排污总量超出承受能力”问题。针对第二个问题“用水浪费严重”的应对策略除了政府积极实施用水效率控制之外，还可以积极引入市场机制，通过价格杠杆引导双总量管制下的水资源再配置和污染物排放量再配置。为此，本书归纳总结了四类核心的市场化制度安排，即水资源费制度、生态补偿制度、水权交易制度、水污染权交易制度。

一、水资源费制度的机制设计与优化

水资源费是指由于取水行为的发生而征收的费用，它有时是对供水服务的补偿，但多数情形下是水资源稀缺性的体现。水资源费体现了水资源的产权属性、稀缺性和投入补偿。[1] 许多国家以取水费的形式征收水资源

---

① 沈大军：《水资源费征收的理论依据及定价方法》，《水利学报》2006年第1期。

费。英格兰和威尔士的取水费反映水资源管理活动的成本。荷兰等国将取水费作为财政收入和保护环境的绿色税收。澳大利亚开征取水费的目的有两个方面：一是向消费者传递水资源稀缺的信号以促进水资源高效利用和鼓励节水设施的投资；二是弥补供水成本，减少政府对供水企业的补贴。[①]

我国现行的水资源费征收标准普遍偏低，既没有反映水资源成本，也没有依据市场供求关系定价。沈大军提出了水资源费的成本定价法和市场供求定价法两种定价方法。[②] 成本定价法下的水资源费作为弥补水资源开发、利用和保护工程的建设成本支出，而市场供求定价法则反映水资源的供求关系。我国现行的水资源费仍然根据生活、工业和农业、特业以及发电等不同用途实施分类征收，征收标准总体偏低。按照国家规定，地表水用于自来水制水和自备取水的价格原则上应达到0.2元/立方米，而这类水的征收标准多低于上述规定。不少地方的水资源费仍为0.08元/立方米。除北京和天津的地表水水资源费平均超过1元/立方米之外，在西部和北方广大水源性缺水地区的水资源费并未反映水资源的供求状态，如山西、陕西、甘肃等地区的水资源费甚至低于全国平均水平。在南方水质性缺水地区，水资源费也同样偏低，在水源污染较为严重的浙江嘉兴地区，水资源费征收标准仍然为0.08元/立方米。[③] 过低的水资源费征收标准实质上限制了水资源费正常功能的发挥，无法有效弥补水资源过度需求导致的水资源质量和数量上的负面影响，增加了政府主导的生态补偿支出，削弱了相关主体的水资源保护积极性，降低了水资源配置效率，最终加剧了水资源供求紧张状况，凸显了水质性缺水和水源性缺水困境。

据此，水资源费制度的设计与优化的核心是明确水资源费职能，所谓规范水资源费功能包括如下两层意思：一是水资源费要体现水资源数量与质量的供求关系；二是水资源费要实现成本补偿。因此，水资源费制度设

---

① 毛春梅、蔡成林：《英国澳大利亚取水费征收政策对我国水资源费征收的启示》，《水资源保护》2014年第2期。

② 沈大军：《水资源费征收的理论依据及定价方法》，《水利学报》2006年第1期。

③ 符静：《我市公共供水企业水资源费征收标准将上调》，《嘉兴日报》2015年10月11日。

计与优化包括四个方面内容：一是提升水资源费征收水平，满足水资源保护与保护的激励相容约束；二是改革水价构成，提高水资源费在水价中的比例，优化阶梯水价中的水资源费增量指标；三是优化水资源费征收、管理与使用方式，提高水资源费征收与使用效率；四是积极探索水资源费改税改革。

水资源费制度的设计与优化首要问题是将水资源费从过低的征收标准提升到一个相对合理的水平，弥补水资源成本，实现水资源费制度设计中的激励相容条件。若初始的水资源费定义为 P_{it}，其构成分别包括成本补偿部分 P_{itc} 和水资源供求调节部分 P_{itd}，即：

$$P_{it} = P_{it}(C,\ D) \tag{24-5}$$

此时，价格的调整也包括了两部分：

$$\mathrm{d}P_{it} = \frac{\partial P_{it}}{\partial C}\mathrm{d}C + \frac{\partial P_{it}}{\partial D}\mathrm{d}D \tag{24-6}$$

第一部分的价格调整与成本相关，第二部分的价格调整与需求相关。为此，调整的过程可以分两步实施：第一步将水资源费的最低征收标准普遍性地提升到0.2元/立方米，以实现价格调整的成本补偿。第二步则根据当地水资源供求状况，经济发展水平对水资源费作适当调整。第二部分的价格调整可以结合正在全国普遍推广实施的阶梯水价制度改革。现有的阶梯水价改革方案中水价的阶梯增量部分大多配置给工程费，而水资源费和污水处理费鲜有增加。2013年，国家发展改革委、财政部和水利部发布了《关于水资源费征收标准有关问题的通知》。该通知指出了超计划取水部分实施惩罚性征收标准的规定。但是从理论上看，超计划取水增加的不仅仅是制水成本，更多地应当是水环境承载负荷的增加。因此，水资源费调整应当结合阶梯水价制度改革，在阶梯水价制订中明确水资源费所占比重。

现有的理论研究和改革实践对于水资源费征收标准的调整存在顾虑。部分观点认为上调水资源费会加重用水户和制水企业的用水成本。事实上，水资源费与用水成本之间并非呈现线性关系。水资源费用于水资源保护与开发，用于生态补偿和水质修复工程，水资源费的增加有助于提升水源质量，降低水源净化处理的工程费用，增加水资源有效供给。若上游的生态保护投入力度加大，水资源保护程度提高可以有效减轻下游水质修复和水源净化成本。当水源质量上升时，用于水质净化的工程费就会下降。因此，水资源费和工程费之间存在着一定的替代关系，即在水资源价格不变的前提下，水资源费的增加会减少因水质净化而支出的工程费。所以，水资源费的增加并不一定会增加水资源企业的成本负担，也不一定增加家庭用水户的用水成本。

国内水价中的水资源费和工程费的相对比例过于悬殊，水资源费大多低于0.2元/立方米，而水资源工程费却普遍在2.5元/立方米以上。这一悬殊比例关系导致了水资源保护与生态补偿投入不足，水资源污染严重，用于水质净化的工程费比例存在过高特征。事实上，水资源保护的边际成本往往低于水资源净化处理的边际成本，越是位居上游的水质改善边际成本越低，越到下游的水质改善与净化边际成本越高，其边际成本呈现明显的递增趋势。因此，适当增加水资源费可以实现激励相容条件。

提高水资源费的征收标准和使用效率，需对水资源费的征收方式和使用规范做进一步优化。在水资源费征收方式上，水资源费由水资源管理部门征收。但是该征收方式存在着征收效率低下，征收过程不透明的缺陷。水资源部门在水资源费征收的过程中存在任意免征和漏征等现象。在水资源费的支出方面，依据水资源费的基本功能水资源费应当用于水资源保护和水资源开放工程。但事实上，大量的水资源费用于水利部门的日常支出，水资源管理部门擅自挪动水资源费的情况也时有发生，最终使得有限的水资源费并没有足额用于生态补偿和水资源保护领域。

在水资源费征收方式上，需要对水资源费的征收标准、免征标准进行规范和优化，实行独立账户，专款专用制度。适当简化水资源费征收标准类别，提升水资源费征收标准，结合阶梯水价制度改革，实施超额累进收取水资源费政策。在水资源费征收标准上，现在的水资源费征收标准是较为单一的，表现为差别化要素分类征收，区域差异定价、行业差异定价和水质差异定价。计价方式是按数量收费。改革的目标是推行按质量和数量两个维度进行收费。水质越高，水资源费征收标准也越高，水量需求越大，水资源费征收标准也越高。阶梯水价中的增量部分需要向水资源费进行部分转移。

在水资源费征收类型上，水资源费作为水资源价格的三大组成要素之一实施价内征收。水资源费是体现水资源质与量稀缺性的重要经济杠杆，是水资源配置的重要机制，但是价内征收的形式存在着诸多问题：首先，水资源费是供水企业制水成本的组成部分，价内征收增加制水企业的生产成本。我国不少供水企业制水成本与现行水价存在较大反差，多数供水企业处于保本微利或亏本经营状态。水资源费的上调加大了供水企业制水成本的负担更无力提升服务，陷入低质低价的困境中。在“价内税”形式下，制水企业通过水价实施成本转嫁并不灵活，往往需要承担部分水资源费；其次，在工业用水方面，水资源费是按各企业抽水水泵流量核定从量计征，但征收难度较大，企业出于自身利益考虑追求经济效益最大化，缴费意识不强。由于水资源费属于行政规费类，它存在着所有规费类收费的弊端，如执法刚性不强，执行力不足，缴费人缴费意识淡薄，工业用水计量装置难以推广等问题。因此在水资源费的征收类型上，费改税的改革势在必行。

水资源费改税就是将水资源费从水价中独立出来，单独设立水资源税。取用供水工程水的单位或个人按照实际用水量向供水工程单位缴纳水费并由供水单位代收水资源税；直接取水单位由水资源管理部门代缴水资源税；地方性水资源税直接纳入地方财政预算，国家级水资源税纳入国家财政预算。水资源税实施专款专用，专门用于水资源生态补偿、生态保护。实施“价外税”形式的水资源税可以将“水资源税”全部转嫁给用水户，进而完全体现了“谁受益，谁付费”的水资源使用基本原则，也提升了水资源费制度改革的可实施性。

二、生态补偿制度的机制设计与优化

生态补偿实践通常基于“谁受益，谁补偿”的原则。作为迫切追求水环境和水质改善的下游居民和地方政府有动力在“谁受益，谁补偿”原则下对上游地区实施生态补偿措施。但是这一补偿措施存在诸多不足，亟须改进完善。我国现行生态补偿主体主要限于中央政府与省级政府。在政府作为补偿主体框架下，政府通过财政预算或专项资金支付的方式实施生态补偿。在生态补偿涉及范围广，资金需求大等情形下，政府主导的生态补偿往往遭遇补偿主体单一和补偿资金不足的双重障碍，出现生态补偿制度发展“瓶颈”。这本质上与“谁受益，谁补偿”的补偿原则相背离，进而导致生态补偿资金不到位，生态补偿监管不力等问题。

生态补偿实现机制改革的首要任务是扩大补偿主体范围。基于利益相关者理论，在“谁受益，谁补偿”原则下，因水资源改善而获益的行为主体都应当成为实际的付费者。解决这一问题的基本途径是扩大生态补偿利益相关者群体，将生态保护受益者全面纳入生态补偿主体的利益相关者范畴，基于利益相关者理论将局限于政府主导的单一补偿主体扩大到与生态补偿密切相关的公司、企业、居民、事业单位、民间组织等多元化主体范围。多元化生态补偿主体根据自身或社会用水福利最优化目标构建生态补偿支付额和支付措施，进而满足了参与人激励相容条件。

水源水质直接影响到中下游用水主体中的公司、企业和事业单位等用水主体的利润和收益，直接影响到中下游居民的生命健康和福利水平，直接影响到各级政府的行政管理职能。为此，生态补偿的利益相关者包括了公司、企业、居民和事业单位等流域中下游的用水主体，地区政府和中央政府等用水主体的行政管理当局以及积极参与生态保护行动的社会非政府组织等。上述利益相关者参与生态补偿的目标函数是不同的，企事业单位通过生态补偿的边际收益与边际成本的衡量选择生态补偿方式与补偿程度；居民和家庭以健康目标和福利最大化原则选择生态补偿方式与补偿程度；政府以社会福利最大化为目标选择生态补偿方式与补偿程度。见图 24-1。

多元化的生态补偿利益相关者主体将以何种方式有效参与生态补偿实践呢？事实上，一旦生态补偿实施主体得以扩大，生态补偿资金来源也将从单一的财政负担模式拓展为多渠道生态补偿模式。依据生态补偿主体的

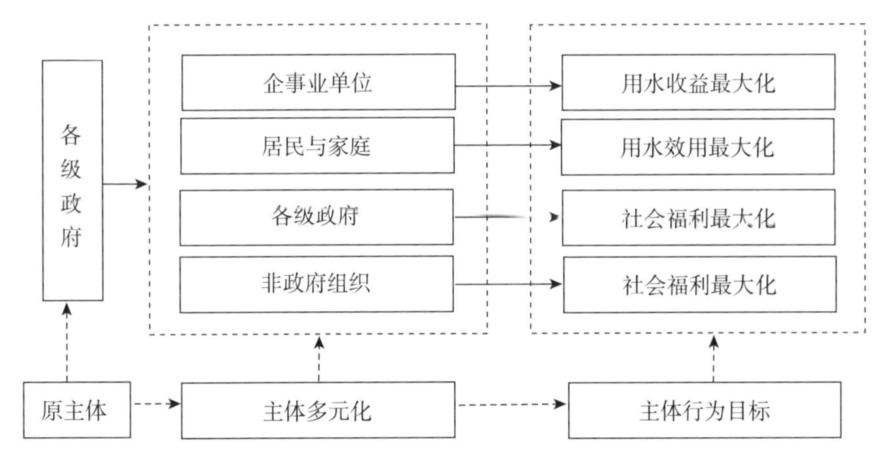

图 24-1 生态补偿主体多元化改革设计

目标函数，生态补偿的具体实施方式由原先的财政补偿形式进一步扩大为水资源价格补偿、税收补偿、财政转移、就业补偿、技术补偿、产业转移补偿等形式。其中，水资源费补偿、税收补偿和财政转移补偿形式将扩大生态补偿资金来源，缓解生态补偿资金来源不足的困境；就业补偿机制有利于转移因实施水生态保护导致的水源地富裕劳动力；技术补偿机制有助于生态保护区实施生态保护偏向的技术改造和技术创新，有利于环保型生产技术的引进与创新；产业转移补偿机制是指将部分不符合生态保护区要求的产业转移到其他地区。企事业单位、居民、政府与非政府组织分别根据自身目标函数优化行为选择上述诸类生态补偿实现形式。生态补偿主体扩大与补偿方式的多元化生态补偿机制优化设计，将扩大满足激励相容条件的参与人约束，并通过生态补偿的合作机制将纳什均衡的参与人决策转移到合作均衡的帕累托最优机制设计上来。见图 24-2。

企事业单位和居民参与生态补偿的有效方式之一是经由水资源费形式参与生态补偿。水资源价格改革中的水资源费征收制度遵循了生态补偿中的“受益者补偿”原则，通过阶梯式从量征收的方式构成了用水户的用水成本。考虑到水资源价格改革的公共性特征，在制定相关的水资源费及水资源费生态补偿方式与途径时需要政府参与并经过公开、透明的程序推进。水资源费的生态补偿机制增强了企事业单位和居民节约用水的意识，

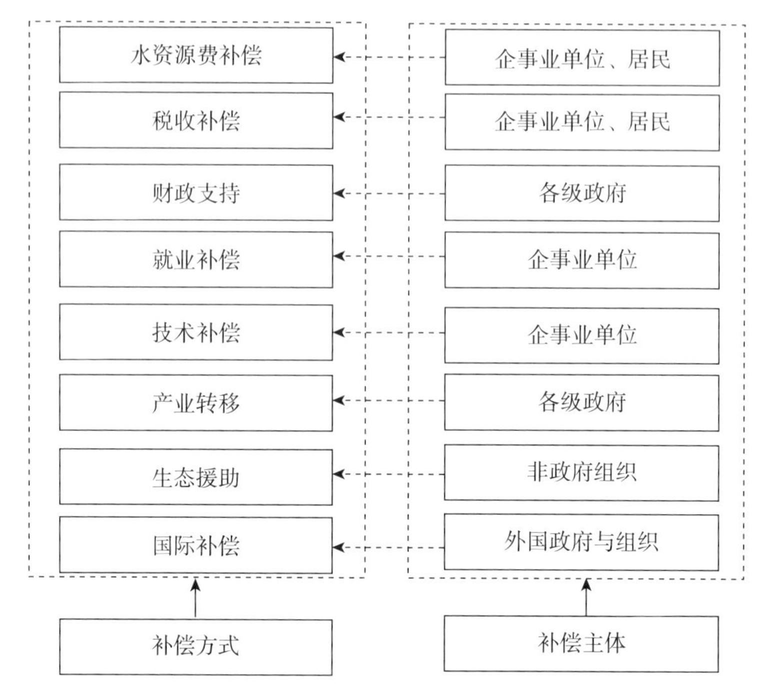

图 24-2 生态补偿实现机制改革设计

进而直接和间接推进了生态补偿实现机制改革。除了水资源费之外，企事业单位和居民还可以通过特定的水资源税形式参与生态补偿。水资源税补偿机制与水资源费模式相似。企事业单位和居民在支付水价的同时还需支付一定的价外税——水资源税。水资源税代替了水资源费的征收模式，通过价外税的方式履行生态补偿功能，更有效地提高征收效率。作为征税制度，水资源税的实施也需要在政府框架内推进，中央政府或各地方政府根据当地水资源保护实际情形推出相应的水资源税。水资源税的设置也同样遵循了生态补偿的“受益者补偿”原则。

政府财政转移支付是一种主要的生态补偿方式。各级政府通过财政预算或财政专项资金的方式向生态补偿对象实施财政资金支持。纵向财政转移支付，是上级政府对下级政府的，适用于补偿重要生态功能区因保护生态环境而牺牲经济发展的机会成本。横向财政转移支付，是行政区域内的生态补偿或用于跨省界流域、城市饮用水源地等的生态补偿。金融信贷政策，政策性银行以低息或无息贷款的形式向生态环保活动提供小额贷款。另外，政府也可以通过主导产业转移的方式进行生态补偿。上游部分污染型企业或相关产业通过整体搬迁的方式向下游工业区转移，或者在下游建立若干个产业转移园区专门吸纳上游污染型产业，甚至可以实施具有行政管辖权的产业异地在建的方式实施生态补偿。浙江省磐安县在建设生态保护区过程中与金华市在产业异地转移方面已经进行了有益尝试。

生态补偿还可以通过生态移民等形式出现。大型的重点生态功能区建设或自然生态保护区建设过程中，一部分当地居民，特别是农民会失去就近就业、打工机会甚至生活条件。此情形下，生态保护受益地区的政府以及企事业单位应当采用生态功能区居民异地就业或移民的方式转移和承接生态移民。由于生态功能区和生态保护区的水源污染型企业多数存在因技术落后导致的水环境污染问题。针对这一问题，生态保护受益地区的企事业单位可以采用对口技术援助、技术梯度转移等方式帮助生态保护地区的相关污染型企业实施技术改造和技术创新，以减少对环境的损害。这一生态补偿机制称为技术补偿。

非政府组织作为广义的水资源生态保护利益相关者也越来越重视生态补偿问题。各类非政府组织出于对生态环境保护的关注为生态保护区组织与个人提供物质性捐赠与修复性技术援助。政府部门应深化所得税制度改革，对非政府组织参与生态补偿行为给予政策支持，对相关的定向捐助企业给予一定的税收减免政策。向生态保护区、生态功能区提供专门的经济补偿或其他形式的生态补偿方式。非政府组织的生态补偿行为越来越成为政府和市场之外的重要补偿主体。

积极实施水资源和水环境保护的跨国合作，实现利益共享、成本分摊，可以使生态补偿机制更好发挥作用。鼓励外国政府与组织参与我国水资源生态补偿实践，特别在一些跨境河流的生态保护与生态补偿领域，探索建立跨国合作的国际生态补偿制度。另外，可以借鉴国际经验，发行生态环境建设彩票，培育人们的生态环保意识。建立生态义工制度，鼓励大学生、企事业单位员工利用节假日参与生态义工活动，深入生态保护区宣传生态保护知识、开展生态保护教育，实施因生态保护返贫家庭和人员的帮扶工作。

上述生态补偿主体扩大与补偿方式多元化的生态补偿机制设计进一步明确了生态补偿目标，充分利用了生态补偿各类信息，并通过补偿主体的激励相容机制满足了机制设计的基本条件，为实现生态补偿最优化目标提供了制度保障。

生态补偿客体包括两个方面：一是对人的补偿，二是对环境的补偿。但是现行的补偿客体却集中于水生态保护区的政府和重点企业，生态补偿以项目制为主，对于其他生态补偿利益相关者客体，如生态保护区的农民与水生态环境等存在补偿不足问题。为此，生态补偿客体范围的进一步扩大也是完善与优化生态补偿机制的主要内容。将因实施生态保护而受损的保护区的政府、企业和农民等行为主体纳入生态补偿的客体范围，确保生态补偿满足行为人的激励相容条件；同时也将水资源生态环境的修复和保持纳入生态补偿客体范围。为此，生态补偿客体优化设计主要体现在两大方面：一是扩大与完善补偿客体，完善补偿覆盖面，强调对人和环境的补偿；二是结合生态补偿主体的补偿行为优化补偿方式，提高补偿效率。实施集中补偿与分散补偿相结合的补偿方式，将生态补偿区分为政府集中补偿与非政府组织与个人的分散发放，如通过生态补偿区居民身份确认的形式进行补偿以及必要的身份检验制度。最终，生态补偿客体优化设计的目标就是要实现“给谁补偿，如何补偿以及补偿多少”的问题。

补偿客体多元化改革首先要完善“给谁补偿”的补偿对象问题。将局限于政府和重点企业的补偿客体拓展至提供生态服务功能的生态系统以及为保护生态系统承受福利损失的居民、企业和相关组织。为此，补偿对象可以清晰地分为四类：自然生态环境、水源地农民（居民）、企业和政府。自然生态环境的补偿关键在于生态环境的修复和维持，改善水源地水质，修复水源地生态系统。水源地农民的补偿包括经济补偿和就业安置等内容。企业补偿主要在于企业为保护环境产生的机会成本，为减少污水排污而改造机器设备，提升技术水平的生产成本补偿。各级政府的补偿主要在于为执行生态保护的政府支出补偿，作为接受辖区整体生态补偿的代理人。

水源地经济多以第一产业为主，农民是水源地最主要的行为主体，也是生态保护实践中受影响较大的群体。水源地实施生态保护政策，农业首当其冲。退耕还林政策、畜禽养殖业关停并转政策直接影响到农户的农业与养殖业收入。另外，部分水源地企业因水资源保护实行的关停并转迁政策直接减少了农民当地打工收入来源。因此，将农民直接纳入生态补偿对象有助于补偿农户在生态保护中的福利损失。

水源地生产型企业是水源地生态保护中重要的管制对象。水源地建设会对当地的生产企业所从事行业，生产类型、产品种类、污水排放等内容进行严格管制，并推行详尽严格的污染型企业关停并转政策。在给定企业拥有污染权的前提下，受之管辖的企业会遭受严重的利益损失。此时，生态补偿制度往往通过特定的项目补偿、搬迁补偿以及技改补贴等政策对受损企业进行补偿。

在传统的水源地生态补偿中，地方政府一直是生态补偿的重要对象。由于水源地政府承担着水源地保护和发展的重任，是水源地水质保护的第一责任单位，也是水源地推行农业、工业和第三产业中有关水资源保护工作的主要管理主体，监督主体甚至是执行主体。2008 年，浙江省决定对境内八大水系干流和流域面积 100 平方公里以上的一级支流源头和流域面积较大的市县（市）实施了生态环保财政转移支付政策，并以省对市县财政体制结算单位为计算考核和分配转移支付资金的对象，成为全国第一个实施省内全流域生态补偿的省份。截至 2014 年，浙江省 11 个地级市均制定了生态补偿相关的政策，并具体开展了生态补偿的实践工作，市域覆盖率达到 100%，省内八大水系源头地区县域覆盖率达到 100%。浙江省对省级以上公益林的补偿标准从 2004 年的 8 元/亩提高到 2013 年的 25 元/亩，省级以上财政补偿资金从 2004 年的 1.52 亿元增加到了 2012 年的 5.62 亿元。浙江省环保补助资金在 2006—2013 年期间共投入生态补偿专项资金 86 亿元，并呈现出逐年递增的趋势。

从理论上看，水源地生态系统才是生态补偿的首要对象。生态补偿的首要任务就是修护和恢复水源地和重点生态功能区的生态功能，保护水质和水源地生态系统。传统的生态补偿则是通过政府和企业等间接的行为主体实施生态保护功能。事实上，生态补偿可以直接作用于水源地生态系统。生态保护收益主体可以通过对水源地生态系统进行直接的生态修复工程、生态保持工程以及生态监督工程实施生态补偿，而不一定需要委托第三方代为实施。直接对生态系统实施生态补偿有助于提高生态补偿效率。

如何评估和确定补偿标准既是生态补偿的关键，也是生态补偿的难点。补偿标准评估偏误容易引起事后补偿主体和客体之间补偿争议。在政府主导的补偿状态下，往往出现生态补偿不足的情形，进而引发补偿客体事后反悔，生态保护进程缓慢，生态保护效率低下问题。由于生态补偿具有较为明显的外部性特征，因此，有效补偿程度的确定需要分两步走：首先，是针对产权清晰的生态补偿部分通过市场化的评估系统进行定价评估，以便确定补偿程度；其次，对于产权不清晰部分，通过一体化、合并以及政府管制等方式加以实施，如针对不能有效监督的生态系统修复问题，可以采用直接生态补偿的方式进行。农户的补偿可以通过异地安置与异地就业实现。

提高生态补偿效率的核心是实施“精准补偿”。针对生态补偿的清晰客体，准确评估其生态保护损害程度，正确计算相应的补偿额度，运用有效的补偿方式，实现生态补偿的精准化。在补偿主体、补偿方式和补偿客体多元化的背景下，“精准补偿”存在客观的实现可能性。通过特定主体、特定补偿方式和特定客体这一个性化、精准化的补偿路径推行精准补偿。比如在就业补偿中，政府和企业作为补偿主体协调就业数量，企业精确配置就业人数和就业类型，水资源保护区农民作为补偿客体选择最优化的就业类型。

机制设计方案中的水资源费征收符合“谁受益，谁付费”的原则。企业和居民等用水主体通过水资源费缴付系统实现生态补偿主体的精准征收。而水资源费的具体征收标准通过水资源费改革和阶梯水价制度实践加以落实，因此水资源费的征收方式是清晰明确的。但是与水资源费对应的补偿客体的确定需要通过政府及其专属水利部门代理实施。为规避生态补偿的不透明性，水资源费转化为生态补偿时宜采用专款专用模式。水资源税的征收对象与水资源费完全一致。但是水资源税的征收方式与水资源费不同，水资源税的征收由税收征管机构实施。与水资源费相比，水资源税征收方式更为单一，征收效率高。但是水资源税的生态补偿客体依然需要地方政府代为统一设定与支付。因此，在水资源费和水资源税为生态补偿手段的补偿主体和客体之间并不存在一一对应的精准补偿关系。

纵向财政转移支付和横向财政转移支付是两种重要的政府生态补偿方式。在横向财政生态补偿中，政府作为财政支出主体定位清晰精准，支付方式也经由财政通道定向转移，但是财政支出的生态补偿客体依然是模糊的，可能存在部分资金用于生态补偿建设，部分资金转入地政府主导。生态补偿资金的使用途径和使用对象并不完全受生态补偿主体掌控。因此，明晰政府财政转移中的生态补偿客体有助于提高财政支出的补偿精准性。此外，在生态移民补偿中，补偿主体是生态保护收益地区的政府。客体是实施生态保护而自身利益受损的生态保护区居民。补偿方式是通过生态移民承接地政府的土地、房产、就业和经济补偿等政策实现。但是生态移民补偿往往通过地方政府间接代理执行，由此可能引发委托代理问题。实施精准生态移民补偿是避免上述委托代理问题的有效方法。

技术补偿都以对口技术支持，技术援助和技术转移等方式实施。技术补偿的主体为生态保护受益地区的企事业单位，补偿客体为生态保护区相关污染型企业。技术补偿的主客体清晰，补偿方式也清晰，因此技术补偿符合精准补偿特征。在未来推广精准补偿的过程中应当更加重视技术补偿的作用。产业转移也是以对口支援为基础的，产业转移补偿的主体为生态保护收益地区的政府，补偿客体为生态保护区的相关污染型产业。通过在生态保护收益地区建立产业转移园区的方式实现产业转移补偿，相应的补偿方式也清晰明了。当然，产业转移涉及面广，关系到转出地区的大量企业搬迁问题，转入地区的产业园区建设问题。在实践过程中存在较大操作难度。非政府组织的生态补偿多采用项目制，个性化特征较为明显。补偿主体即为非政府组织，而补偿客体为生态保护受损地区的农户、企业和生态系统等。生态补偿的形式多样化，涉及物质性捐赠、修复性技术援助、经济补偿等。非政府组织的生态补偿具备精准补偿特征，因此越来越成为政府和市场补偿之外的重要补偿方式。

生态补偿往往跨越行政区，甚至跨流域的跨界补偿形式。在跨界生态补偿中，地方性行政管制措施往往不起作用，生态补偿和生态保护都难以有效推行与评价。在这一情形下，为推进生态保护和生态补偿制度的有效实施，水资源污染权界定给上游地区。下游地区遵循“谁受益，谁付费”的原则对上游生态保护区实行生态补偿。即便如此，现有的跨界生态补偿，特别是省际间的生态补偿进展并不顺利。究其原因在于双方对于补偿规模、评价目标、保护成本、监督机制等无法达成协议，如江西省与广东省关于东江水资源保护中的生态补偿问题尚未形成一致意见。安徽省与浙江省在中央政府的协调下对新安江水质保护与生态补偿达成了一项对赌协议。但是安徽省依然认为与水质和生态保护要求相比，浙江省支付给安徽省生态补偿规模太小，以致未能补偿相应的保护成本。因此，安徽省和浙江省双方对于新安江的生态补偿和生态保护依然存在一定的争议性。

跨界生态补偿制度建设急需构建更为有效和稳健的跨界生态补偿机制。基于现有的跨界生态补偿实践，本书设计了两类生态补偿优化机制：一类是致力于实现跨界背景下的生态持续改进的动态补偿机制，称为双向动态补偿机制，以弥补双向静态补偿机制关于生态补偿和生态保护不匹配的困境，实现在不断改善水生态环境的条件下取得生态补偿主客体双赢的生态补偿机制。这一机制将生态保护，水质持续改进与生态补偿规模紧密联系起来，缓解生态补偿与生态保护之间的矛盾。第二类补偿机制是致力于实现跨界背景下生态补偿跨界链式分担机制。与第一类机制所遵循的“谁受益，谁补偿”原则不同，第二类补偿机制遵循“谁损害，谁赔偿”原则，称为生态补偿的链式补偿机制。该模式以流域为纽带，以行政区域为界限，以水资源进出行政区的水质恶化程度为评价标准。水质恶化地区需要对水质改善或不变的区域进行生态补偿，以体现“谁损害，谁赔偿”原则。进而依次类推，在水资源流域类以行政区为界实施生态补偿的跨界链式分担机制。

构建补偿主体和客体之间的双向补偿机制，实现生态补偿与生态保护的协调联动效应。双向生态补偿机制又可细分为双向对赌补偿机制和双向动态补偿机制。双向对赌补偿机制是一种更为灵活有效的“庇古税”扩展形式，将生态保护补偿与生态损害赔偿相结合。上下游之间制订一项对赌协议，若上游实施生态保护的话，下游就实施补偿；若上游实施生态损害的话，下游就实施惩罚，上游作出相应赔偿。这一对赌协议在无法有效界定水权的前提下是一种有效的制度安排。假定现有饮用水保护区水质为 X_0，该水质低于下游的水质要求 X_1。上下游利益相关者就饮用水保护区的水质保护进行协商，规定当合约期类的水质不低于 X_1 上下游水平时，下游给予上游 M 的补偿，若水质低于 X_1 上下游水平时，上游给予下游 M 的补偿。与单向生态保护合约相比，这一对赌合约强化了生态水资源保护要求。当然单一标的静态合约也存在水资源保护阈限问题，即一旦水质达到 X_1 水平时，上游利益相关者缺乏动力对水资源做进一步保护与改善。

静态双向补偿机制理论框架为：假定现有饮用水保护区水质为 X_0，上下游就单一水质要求 X_1 及与之对应的补偿—惩罚对赌协议进行谈判。在自由交易条件下，该协议对双方都存在约束力，上游水质未达标将补偿 M 给下游，上游水质达标则下游补偿 M 给上游。

则下游的期望效用为：

$$pU(X_1,\ -M)+(1-p)U(X_0,\ M)\geqslant 0 \qquad (24\text{-}7)$$

上游的期望收益为：

$$pM-(1-p)M-f(\Delta X_1)=M-f(\Delta X_1)\geqslant 0 \qquad (24\text{-}8)$$

对于下游的期望效用函数非负性要求容易满足，而对于上游的期望收益非负性要求需要考虑水质补偿与水质提升程度的相关成本的差异。

相对于庇古税模式的补偿契约：下游的期望效用为：

$$pU(X_1,\ -M)+(1-p)U(X_0)\geqslant 0 \qquad (24\text{-}9)$$

上游的期望收益为：

$$pM - f(\Delta X_1) \geqslant 0 \tag{24-10}$$

显然，该庇古税模式的契约履行条件比生态保护补偿与生态损害赔偿相结合模式的契约要求更高，且庇古税模式契约中双方的期望收益均低于生态保护补偿与生态损害赔偿相结合模式的契约。

浙江—安徽关于新安江生态补偿制度就属于静态双向补偿机制的雏形。新安江水环境生态补偿制度属于中央政府主导、地方政府为辅的地区间生态补偿，由国家财政部和环保部主导，浙江省和安徽省为辅，称为“新安江模式”。2007 年 7 月，财政部、环保部将新安江流域生态补偿机制列为全国首个跨省流域生态补偿试点。2009 年 8 月，环保部主持制订了《新安江流域跨省水环境补偿方案》(第一稿)。2011 年起由国家财政部环保部牵头，浙皖两省正式签订协议实施全国跨省流域生态补偿机制试点。以中央补偿为主、地方补偿为辅的政府补偿机制开展补偿，补偿资金额度为每年 5 亿元，其中中央财政出资 3 亿元，浙江安徽两省分别出资 1 亿元。若年度水质达到设定的考核标准，浙江拨付给安徽 1 亿元；若年度水质达不到考核标准，则安徽反向支付给浙江 1 亿元；不论上述何种情况，中央财政的 3 亿元资金将全部拨付给安徽省专项资金，用于新安江流域产业结构调整和产业布局优化流域综合治理水环境保护和水污染治理生态保护等方面。见图 24-3。

上述四项对赌补偿机制充分激励了上游保护区行为主体实施水环境保护的动力，帮助了行为人激励相容约束。但是该契约也存在单一激励的缺陷，即该对赌补偿机制即便有效履行，上游行为主体也只会将水质限定在 X_1 要求水平上，而没有动力持续推进水资源水质。为此，一个更为有效的机制安排是多水质标准激励的双向动态契约形式。

双向动态契约模式基本含义：在兼顾补偿契约的可实施性与有效性基础上设计满足生态补偿双方激励相容条件和生态保护目标的双向动态补偿机制，最终实现在不断改善水生态环境条件下的生态补偿主客体双赢战略。

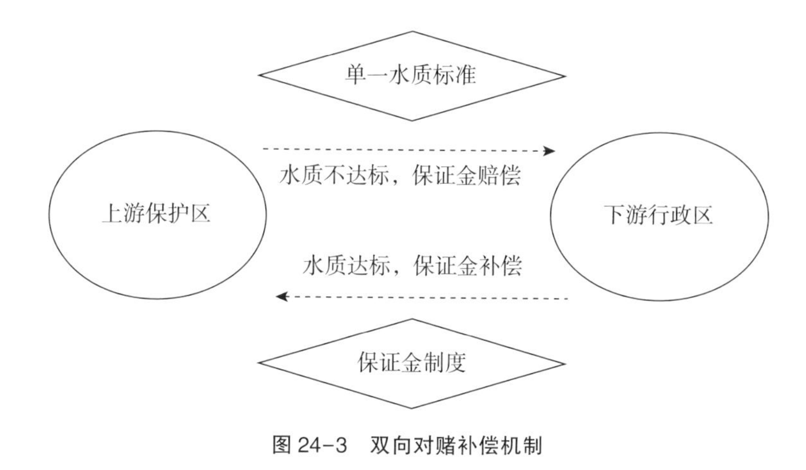

图 24-3　双向对赌补偿机制

由此，在上述单一对赌合约基础上设计一个复合契约结构。按照水质类别将水质划分为Ⅰ类水、Ⅱ类水、Ⅲ类水、Ⅳ类水、Ⅴ类水和劣Ⅴ类水。当水质达到Ⅰ类水、Ⅱ类水、Ⅲ类水标准时给予不同程度的补偿；当水质降到Ⅳ类水、Ⅴ类水和劣Ⅴ类水时给予不同程度的损害赔偿；或者针对更为详细的污染物种类和浓度构建复合契约。

复合契约的一般化设计如下，水质要求呈现 n 个递增级别，初始水质为 X_0，且该水质低于下游的水质要求 X_1。上下游利益相关者就饮用水保护区的水质保护进行协商，规定当合约期内的水质不低于 X_1 上下游水平时，下游给予上游 M_1的补偿，若水质低于 X_1 上下游水平时，上游给予下游 M_1的补偿。即 M_1上存在对赌要求，而在高于 M_1的其他各水质要求上，下游给予单向补偿。复合契约可以通过激励相容条件有效激励上游利益相关者实施水环境保护措施并提升水质。

在复合契约结构下，上下游的期望效应和期望收益如下，下游的期望效用为：

$$\sum_{i=1}^{n} p_i U(X_1,\ -M_i) + p_0 U(X_0,\ M_0) \geq 0, \qquad \sum_{i=0}^{n} p_i = 1 \quad (24-11)$$

上游的期望收益为：

$$\sum_{i=1}^{n} p_i M_i - (1 - \sum_{i=1}^{n} p_i) M_0 - f(\square X_i) \geq 0 \qquad (24-12)$$

因此，双向动态补偿机制对于上下游行为主体的期望效用和期望收益都有帕累托改进程度。为此，可以将动态水质和动态补偿结合起来设计最优化的生态补偿组合制度。见图 24-4。

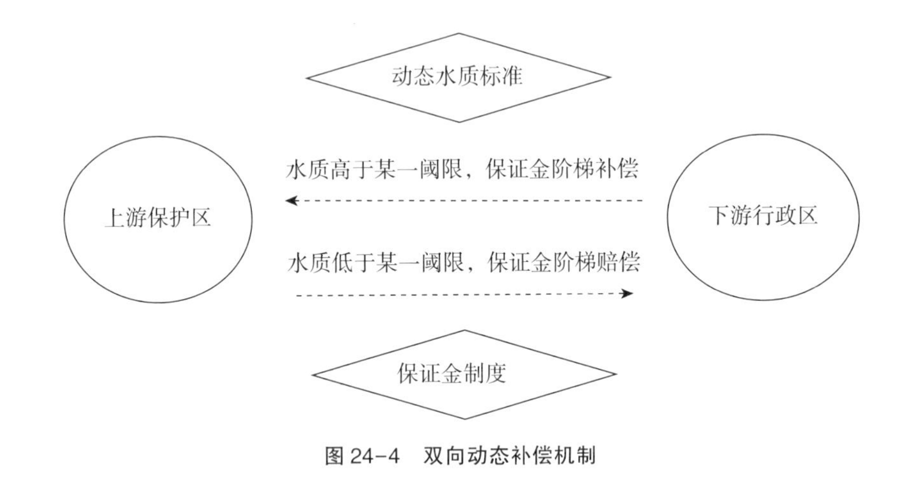

图 24-4 双向动态补偿机制

比较双向对赌补偿机制和双向动态补偿机制，前者容易就协议内容达成一致，后者谈判内容较为复杂，达成一致难度较高。但是就协议的实施效率而言，后者的实施效率却比前者高。

与双向对赌补偿机制和双向动态补偿机制不同，生态补偿链式分担机制遵循“谁损害，谁补偿”原则，称为生态补偿中的链式补偿机制。该模式以流域为纽带，以流域行政区为界限，实施水资源进出行政区的水质恶化程度为评价标准，水质恶化地区需遵守“谁损害，谁补偿”的原则对水质改善或保持的地区进行补偿。依次类推沿着水资源的流域实现生态补偿的跨行政区链式分担机制。跨界生态补偿链式分担机制可以为损害者补偿受害者模式、损害者补偿保护者模式以及损害者双向补偿机制。

下游受益者补偿上游保护者模式体现了“谁受益，谁补偿”原则。该模式同样以流域为生态补偿实施范围，以流域行政区界为生态保护或损害责任界限，下游地区行政当局对上游实施水资源保护的行政区域逐一进行生态补偿。行政区域间的水资源保护认定仍然以该行政区进口水质和出口水质监测数据为标准。为提高该模式的可实施程度，流域内各行政区之间依然需要事前签订相应的保证金制度，或由上一级政府监督协议履行。见图 24-5。

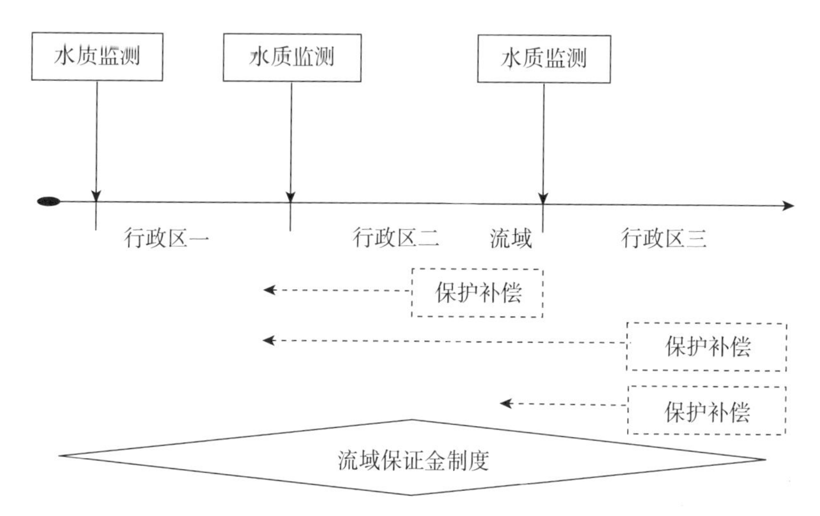

图 24-5 下游受益者补偿上游保护者模式

图 24-5 模式下的生态补偿分担机制表现在若行政区一实施水资源保护，则行政区二和行政区三需要联合对行政区一进行生态补偿。若行政区一和行政区二都实施了水资源保护，则行政区三需对上述两个区域展开生态补偿。上述补偿方式称为下游受益者补偿上游保护者的生态补偿分担机制。

将自上而下的水生态功能区建设与多元化的生态补偿相结合。水生态功能区和生态补偿都是水资源保护的治理机制。政府重视水生态功能区建设，但是建设模式依然是政府主导的自上而下的推进机制。这一推进机制并没有与多元化的生态补偿实现机制结合起来，进而造成水生态功能区建设缺乏资金支持；生态补偿机制因缺乏生态功能区支持而使得上游拥有天然污染权利进而增加了生态补偿成本。因此，若能将自上而下的水生态功能区建设与多元化的生态补偿机制紧密结合起来，就可以大大加快生态功能区建设的资金压力，也可以破除生态补偿的污染权阻力。

以水生态功能区建设为契机削弱功能区行为主体的水资源污染权。在跨界生态补偿中，水资源污染权往往赋予上游水源地。这一制度安排导致生态补偿客体容易挟水资源污染权对补偿主体，特别是下游地区的补偿主体提出过高的补偿要求，进而影响到了生态补偿制度的签订和顺利履行。而自上而下的水生态功能区建设对水源地的生态保护、产业规划、经济发展做了强制性的整体定位，并经由法律或法规的形式加以确立。因此，水生态功能区建设削弱了水源地行为主体的水资源污染权利，有利于顺利推进生态补偿制度的签订与履行，同时也在客观上推进了水生态功能区建设步伐。

构建以生态功能区建设为目标的多元化生态补偿机制。先前的生态补偿实现机制的设计都是以"受益者补偿"或"损害者补偿"两大原则在流域内、跨流域、跨行政区范围推行，大部分涉及横向的水资源保护主体、水资源保护收益主体、水资源损害主体和水资源受害主体之间的生态补偿制度。横向的平行主体在交易成本较低时，协议的签订与履行是有效率的。但是在生态补偿领域，相应的合约交易成本较高，进而导致了协议的低效率问题。而在水生态功能区建设过程中，若基于自上而下的强制性生态功能区建设为目标，推进水资源保护主体、水资源保护收益主体、水资源损害主体和水资源受害主体之间的生态补偿制度的交易成本会显著减少，交易效率会显著提升。

中游受益者补偿和赔偿模式表现在若行政区一实施水资源保护，行政区二实施水资源污染，则行政区二需要分别对行政区一进行生态补偿，对行政区三进行损害赔偿。中游损害者补偿与赔偿模式体现了"谁受益，谁补偿"和"谁损害，谁赔偿"两类原则的结合。同样以流域为生态补偿实施范围，以流域行政区界为生态保护或损害责任界限，假设流域行政区分为三类，上游行政区一实施水资源保护，中游行政区二实施水资源污染。在此情形下，中游行政区二需要分别对上游行政区一进行生态补偿，对下游行政区三进行生态赔偿。前者体现了"谁受益，谁补偿"的补偿原则，后者体现了"谁损害，谁赔偿"的补偿原则。行政区域间的水资源保护认定仍然以该行政区进口水质和出口水质监测数据为标准。为提高该模式的可实施程度，流域内各行政区之间依然需要事前签订相应的保证金制度。见图 24-6。

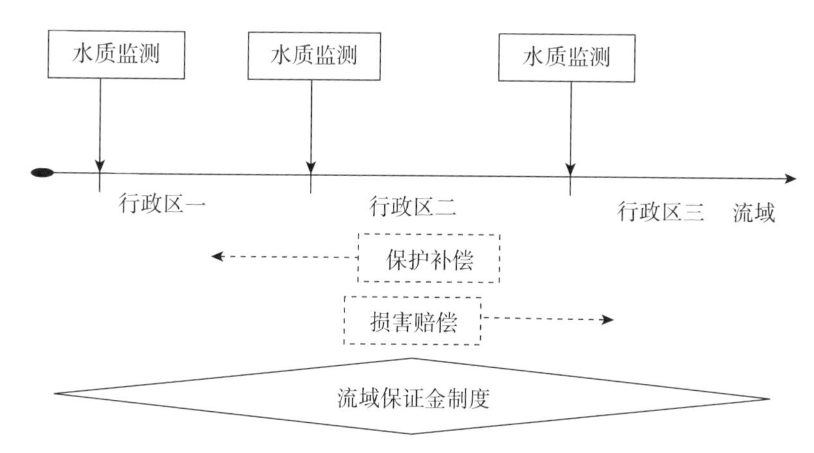

图 24-6　中游受益者补偿和赔偿模式

除了上述生态补偿和损害赔偿制度组合之外，还可以运用跨界水权交易和水污染权交易等科斯手段治理水质性缺水问题。跨界水权交易的市场化交易制度旨在于通过跨界水权交易向水质性缺水地区引入合格水资源，以缓解水资源短缺困境。水污染权交易制度是采用市场交易中的价格机制对污染物排放限量进行二次配置，推进污染物排放量的有效配置。通过出高价者得方式将部分水排放物指标配置到更有效率的用途上，最终使得在既定的水污染物排放总量水平下增进了全社会的福利水平，降低了单位 GDP 水污染物排放水平。

三、水权交易制度的机制设计与优化

水权交易制度的机制优化设计目标是构建以市场交易机制为主体的水权交易制度，确立市场机制在水权交易中的基础性地位。在用水总量控制制度约束下，各个用水地区、用水主体拥有相对稳定的用水总量指标。在市场分散化决策前提下，存在着因产业调整、生产方式改变、节水型创新技术运用等因素引起的用水主体用水需求变化。在此情形下，就会产生内生的水权交易需求动机。科斯定理说明，只要产权是清晰的，交易成本较低，那么，无论在开始时将财产权赋予谁，市场均衡的最终结果都是有效率的。因此，水资源富裕地区或相关用水主体存在着与水资源短缺地区或用水需求企业通过市场机制进行水权交易的可能性，这类水权交易行为也可能是有效率的。

当然，水权交易的顺利实施需要满足三个条件：产权清晰、有效实现机制、内部化定价机制。产权清晰是产权市场化交易的前提；有效实现机制是指采用何种具体交易方式推进交易；内部化定价机制是指水权交易需要考虑到交易行为对生态环境的影响。即使水权交易已经考虑了生态用水需求，还需要考虑水权交易对回水的影响。

我国现有的水权交易环境并未完全满足上述三个交易条件。首先，在产权清晰条件下，我国的水权在理论上属于国家和集体所有，但在实际操作过程中，国家和集体往往容易出现所有者缺位的情形。即便在国家所有权清晰前提下，水资源的使用权也没有进行有效界定，特别是在流域水权，共有水权、界河水权等方面界定不清晰。其次，水权交易的市场化机制不完善。现有水权交易案例大部分由中央政府或地方政府主导的二级水权交易机制实施，尚未形成一个由市场主体自发实施的三级水权市场交易机制。政府主导的二级水权交易机制存在着交易频率偏低，交易周期长，缺乏交易效率等弊端，进而导致水权交易成本偏高。再次，水权交易中的外部性问题并没有得以重视。现有的水权交易实践中频频暴露出了外部负效应，如交易行为未充分考虑生态环境的影响，忽视了水权跨界、跨流域交易对水源地下游水环境的负面作用，最终影响了水权交易效率与可行性。基于上述问题，并结合先前的基本设计框架，本书给出了水权交易制度优化设计的四个方面基本内容：一是从两层次和两维度推进初始水权确权工作，为水权交易创造基础性条件；二是健全水权交易中心，推进以场内交易为主的三级水权交易机制；三是水权交易必须考虑流域生态补偿，实行外部效应内部化的定价机制；四是实施两步走的水权交易推进机制，水权交易由试点向全面实施推进。

国内水权交易总体推进缓慢，试点工作未全面推进的主要原因就是初始水权确权工作推进不力。虽然2013年国务院实行了最严格水资源管理制度考核办法，确定了各省市用水总量控制目标，然而用水总量控制目标与初始水权界定并不一致。用水总量控制目标只规定了各省市在目标期限内的用水总量，至于用水量是来自初始水权，还是来自水权的跨界交易并无明确规定。因此，最严格水资源管理制度中的各省市用水总量并不是初始水权的有效配置状态。初始水权分配可以区分为水域水权分配和区域水权分配两个层次。其中水域水权分配属于第一层次的水权配置，是指水域水权向区域水权逐级分配；区域水权分配属于第二层次的水权配置，是指各行政区域把初始分配得到的水资源使用权，通过取水许可的形式分配给具体用户。另外，在推进上述两个层次的初始水权确权过程中，根据水权的清晰程度划分为清晰水权确权和非清晰水权确权两个维度。

在推进第一层次的初始水权确权中，各省市的初始水权界定可以参考2013年国务院实行的最严格水资源管理制度考核办法中的地区用水总量目标限值。但是具体到省市之间共有流域水权的确权工作是第一层次初始水权确权的关键问题。在第二层次的初始水权确权工作中，各省级行政区域需将第一层次确权分得水资源使用权逐级分配给地市级行政区域，再由地市级行政区域通过取水许可的形式分配给具体用户。这一层次的水权分配依然涉及流域生态用水量确定，区域预留水权量，地市级行政区共有水源的水权分配问题。

从上述两个层次初始水权配置都涉及生态用水、共有水权分配、预留水权等水权界限不清晰问题。这些问题也是导致初始水权确权工作推进受阻的主要原因之一。对于产权界限清晰的水权配置以及用户确权执行难度并不大。因此，在推进两层次的初始水权确权过程中，需要对清晰水权和非清晰水权进行分别配置。依据两层次和两维度的初始水权确权设计，初始水权的确权设计存在四种情形：水域清晰水权配置、水域非清晰水权配置，区域清晰水权配置和非清晰区域水权配置。

针对清晰水域水权配置，水域水权在预留出水域生态用水指标之后可以依据行政区划进行分配。针对非清晰水域水权配置问题，需遵循两步法进行初始水权确权。第一步在共有层面上确定初始产权不清晰的如共有流域水资源、共有河流和湖泊的生态水权数量；第二步对水域初始水权进行科学合理分配。首先，生态用水量需要进行科学测定。国家应当给出河流、湖泊的基准生态用水量，各地在基准生态用水量基础上根据当地特点进行适当微调。其次，初始产权不清晰的水权，如共有流域水源、河流和湖泊的初始水权确权可以采用直接标价法或拍卖方法进行分配。如两个行政区的界河、湖泊等非清晰水源可以在适当考虑先占优先权以及流域管理等水权划分原则实施初始水权的有偿取得。若一方在初始水权取得之后有剩余水量可以进行流域内交易或跨界交易。部分地区也可以试点共有流域水源、河流和湖泊的初始水权确权的河岸权原则，实施沿河行政区的对等初始水权。

针对清晰区域水权的确权行动分两步走：第一步确定预留水权和生态水权；第二步通过许可证形式实施初始水权确权行为。首先根据地区经济发展的总体趋势，预测未来经济发展所需的新增水权需求，据此设计相应的预留水权数量；其次根据区域内水生态系统的生态承载力设计并确定生态需水量，据此确定生态水权。上述预留水权数量和生态水权数量的确定需要向社会公开，并进行公示，预留一定的时间给予利益相关者进行磋商。将扣除上述预留水权和生态水权之后的水权以各取水主体的历史取水量为基本依据进一步确定各自的初始水权数量，并发放相应许可证。在许可证前提下实施初始水权有偿使用制度。同样地，初始水权和相应的取水许可证也需要进行相应的公开与公示，让利益相关者共同关注。取水许可证设定有效期限。到期后进行重新审定取水许可。许可交易需要缴纳水资源费或水资源税。

非清晰的区域水权主要是由部分地区农业用水的不确定性导致的。农业用水并未有效地纳入取水许可证制度。因此，部分地区出现了大规模的农业和畜牧业用水过度，侵害生态用水等问题。针对上述非清晰的区域水权的处理方法是尽可能将农业用水纳入取水许可证制度中，逐步推广与普及农业用水的许可证制度，进而有效规范非清晰的区域水权问题。一旦区域水权剔除了生态用水、预留用水之后全部实现许可证取水制度，则区域水权中的非清晰水权将大为减少。

初始水权的清晰界定是有效推进水权交易的前提。水权交易具有控制用水总量又能提高水资源配置效益的双重目标。[①] 在初始水权确权完成之后，水权拥有者实际上分为两类：一类是地方政府；另一类是拥有取水许可证的市场主体。这两类交易主体在节水技术改造、生产工艺优化等情形下将节水的多余水权进行交易，以实现水权的动态优化配置。以上述两类主体主导的水权交易与所谓的二级水权交易和三级水权交易相似。交易主体既可以通过交易中心进行场内交易，也可以采用场外交易形式实施水权交易。现行水权交易形式仍然以场外交易为主，特别是政府间的水权交易均通过场外交易形式实现。场外交易一般涉及大宗政府间二级水权交易行为。为提升水权交易效率，推进以市场主体为主的三级水权交易机制，应当在现有的场外交易基础上，大力发展场内交易模式，全面建设区域水权交易中心、流域水权交易中心以及跨流域水权交易中心，推动包括政府在内的市场交易主体在各类水权交易中心实施双边或多边水权交易。

场外交易依然是我国水权交易的基本形式。场外交易模式是指水权不经由正式的交易中心按照固定的交易流程进行交易，而是由交易双方通过协商一致的原则签订交易协议实施水权交易。至于零星交易特别是政府间的大宗水权交易，场外交易模式具有一定适用性，如义乌—东阳水权交易、新密—邓州南水北调中线水权交易都采用了此类交易模式。在未全面推进水权交易中心建设的情形下，场外交易模式也有其存在的必要性。场外交易作为场内交易实现机制缺失的有效补充可以缓解部分严重缺水地区水资源短缺困境。另外，政府间的场外水权交易也具有较强的执行力和较低的交易成本。利用政府间资源和民间市场真实需求实施灵活的场外水权交易。但是，与场内规范交易相比，场外交易依然存在诸多不足：其一，

① 沈满洪：《水权交易与政府创新——以东阳义乌水权交易案为例》，《管理世界》2005 年第 6 期。

场外交易价格多为协议价格，未充分利用市场交易中的买卖信息，交易价格可能无法充分反映水权供求关系；其二，事前的环境评估机制不甚规范，水权交易不仅涉及水资源的转移，还涉及水源地及各利益相关方的生态保护和生态修复问题。场外交易容易忽视事前的环境评估和相关者利益，进而易导致事后环境受损以及利益相关方的利益冲突。

场内交易是未来水权交易的主要形式。场内交易的核心内容是基于水权交易中心的三级水权交易。相对于场外交易模式，构建水权交易中心进行水权场内交易有着如下明显优势：一是交易平台选择多样化，场内交易平台可以分为实体平台和网络平台，交易主体可以自由选择各类实体交易平台或网络交易平台从事水权交易；二是更为充分的交易信息，场内大量的水权交易主体通过讨价还价及过往信息和即时信息交换，最终实现水权交易价格的优化；三是交易形式多样化，场内交易容易实现大宗交易与小额交易相结合，政府交易与市场主体交易相结合，双边交易与多边交易相结合的多元化交易形式；四是监管优势，水权交易涉及水资源的计量监控，通过水权交易中心的交易流程，政府可以有效监督水权交易中的交易数量、质量以及对生态系统的影响。

场内交易主要依托水权交易中心。交易主体依据交易规则通过报价、询价、讨价还价与拍卖等方式进行双边或多边的水权交易。水权交易中心可以由实体交易中心和网上交易中心构成。实体交易中心可以分为国家层面、省级层面和地区层面的水权交易中心。国家层面的水权交易中心主要开展省际间的水权交易；省级层面的水权交易中心以省内水权交易为主；地区层面的水权交易中心则以地方水权交易为主。网上交易中心或以实体交易中心为依托，或独立于实体交易中心构建全国联网的网络交易平台，利用网络交易的便利性更好地服务水权交易。网络交易平台建设甚至可以委托独立的第三方商务平台加以实施。水权交易中心的建设进程以初始水权确权进度为前提，考虑到国家层面水权交易频率的稀疏性以及地区层面水权交易中心建设的规模问题，交易中心建设宜从省级层面展开试点，实施中间扩散性的水权交易实现机制创新。水权交易中心的相关建设与运作经验可以作为学习前期实施水污染权交易中心建设的实践经验。

水权交易中心的水权交易参与主体主要包括中央政府、地方政府、企事业单位、农户等水权拥有者。当上述交易主体拥有多余水权时，可以通过交易中心的交易平台出售，以实现双边甚至多边的交易体系。水权交易既可以在区域内进行，也可以跨界交易。在水权现货交易模式运行成熟之后，可以进一步推出水权期货交易，实施丰水期和枯水期调节性水权交易以平抑季节性水资源短缺。

不管是场外交易还是场内交易，都容易忽视水权交易过程中的外部负效应问题。这些外部负效应集中表现为：减少留川水量可能引发事前预料不足的水环境退化和生态恶化；水权交易也可能对当地居民和下游居民带来潜在经济和生态危害，如义乌—东阳水权交易之后出现了下游水生态保护争议问题。因此，水权交易不仅要关注交易的直接影响，还需对其他间接的环境效应等外部性问题实施生态补偿。解决上述问题的关键在于实行外部效应内部化的定价机制。在水权交易过程中需将水权交易与生态补偿紧密联系起来，确保水权交易价格包含生态补偿成本。由于水权交易分为场外交易和场内交易两种形式，在生态补偿问题上需要政府制定相关强制性规定，任何水权交易的定价过程，不管是发生在场外交易还是场内交易都需要全面涵盖生态补偿成本。场外交易由上一级政府进行监管，场内交易则由交易中心制定强制性的交易规则推行生态补偿。通过上述强制性的外部负效应内部化定价机制安排，生态补偿成本可以有效地纳入交易价格之中，水权交易过程中的负效应也就得到了有效控制。据此，上述水权交易机制设计实现了有效交易机制的三个设计条件：产权清晰、有效实现机制、内部化定价机制。

水污染权交易的目的在于通过价格杠杆有效配置污染权，并通过价格激励促进用水效率的提升，进而减少污水排放水平，缓解水资源供给在数量和质量上的短缺困境。水污染权交易制度的机制优化设计遵循“有偿使用，减排得益，增排付费”的原则。有偿使用是指排污企业在排污指标范围内有偿使用水污染权；减排得益是指企业通过技术改造，淘汰落后产能等方式减少污水排放水平，据此出售多余水污染权指标实现获益。增排付费是指企业超量使用水污染权需要通过市场交易进行付费购买。

我国水污染权交易机制改革仍然局限于小范围试点，已有的试点工作也存在诸多缺陷：在排污信息核算和排污监管方面监控技术不完善，无法对企业真实排污量进行度量与核算，进而导致企业排污监管不足，偷排现象屡屡出现；专门的水污染权交易法律制度缺失，水污染权交易缺乏法律层面的制度性保障；交易市场不活跃，水污染权交易方缺乏交易动力。[①] 导致上述问题的原因是多方面的，其中试点范围过小，排放物种类太少，配套制度跟不上是关键所在。据此，水污染权交易制度的机制设计优化内容如下：

一是扩大水污染权交易的地区范围，将水污染权交易由行政辖区拓展到跨界区域。我国水污染权交易多以行政管辖区域为界，忽视了流域和生态功能区在水污染权交易中的地位，进而导致行政性块状分割弊端表现突出，屡屡暴露出行政区域水污染权供求不均衡、供求不匹配等问题，以致水污染权交易频率低，交易受到冷落的现象。解决上述问题的首要任务是将局限于行政辖区的水污染权交易试点扩大到跨界区域，在控制跨界水污染权总量前提下实现跨界水污染权交易。跨界水污染权交易可以进一步细分为流域内政府间交易和企业间交易。流域内政府交易是指水污染权在流域内行政区之间的转移配置，以实现流域内水污染权的供求均衡。流域内企业交易是指上游生态保护区的剩余水污染权，可以通过水污染权交易向下游产业集聚地区转移，最终实现水污染权在流域内的有效配置与水资源的有效治理。生态功能区交易是指在建设国家级生态功能区和地方生态功能区之时，通过水污染权在功能区内外的跨界交易实现在生态功能区排污总量控制条件下的水污染权转移与优化配置。

流域内水污染权交易实质上是水污染权通过市场手段在流域内重新配置，包括污水排放种类的市场配置。随着产业空间加速集聚，统一行政区

① 王丽萍：《如何完善我国污染权交易制度》，《光明日报》2014 年 11 月 8 日。

域内产业同质性程度愈发加剧，由此引发了地区污水排放的同质性和水污染权供需不足的矛盾。通过统一流域排放总量控制前提下的地区间水污染权交易可以有效缓解上述矛盾。另外，流域内上下游地方政府和企业可以实施跨区水污染权收购。主要表现为下游政府或企业从上游政府或企业中进行水污染权收购，进而通过市场行为将水污染权由流域上游转移到下游，加快推进水源地生态保护和生态修复进程。

生态功能区建设正在国家和地方层面共同积极推进。如何解决生态功能区经济发展与生态保护的矛盾，实现可持续发展是生态功能区建设的核心问题。除了实施强制性的环境保护政策和特别的政府扶持政策之外，通过市场手段实施水污染权的跨界交易推进生态功能区建设，是激活水污染权交易的有效手段。通过生态功能区的跨界水污染权交易有效实现生态功能区在排污总量控制条件下的水污染权转移与优化配置。

二是扩大水污染权交易主体范围，将其拓展至政府间、政府与企业、企业间水污染权交易。在水污染权二级市场交易试点中的交易主体往往以企业为主，交易主体局限于区域内企业间进行。这一现象暴露出了水污染权交易主体范围过窄，交易主体参与度低，交易活跃度不足的弊端。随着水污染权交易管辖范围的扩大，扩大交易主体范围势在必行，可以将地方政府纳入水污染权交易主体之中，增加政府在二级市场上进行水污染权的交易。政府在二级市场上的交易包括两个层面：第一是政府间水污染权交易；第二是政府与企业间的水污染权交易。

政府间水污染权交易多发生于流域内部或跨流域的地方政府之间。流域内的下游政府通过购买上游政府水污染权以减少上游来水的污染程度，同时也实现了部分污染产业的梯度转移问题。跨流域的地方政府间的交易试点是指水源地政府、生态功能区政府与产业集聚地政府之间进行水污染权交易，如浙江省实施的“山海协作”、地区间对口支援等政策时可以将政府间水污染权交易纳入其中。政府与企业间的水污染权交易主要是指政府与企业在二级市场上进行水污染权交易，这类交易往往表现为政府实施水污染权的市场化回购政策。

三是完善排污监测和核定机制。排污监管不足容易引发偷排现象，进而出现劣币驱逐良币式的逆向选择问题。因此，完善排污监测与核定机制是水污染权制度的机制设计与优化的重要内容。为健全排污监管制度，应当积极引入与创新排污监管技术，构建排污监管信息网络，建立立体、实时和公开的排污网络监管系统。该体系包括河道水质监管系统，地下水质监管系统和企业排污监管系统。浙江省杭州市建立了河道水质监管的网络化 APP 监管系统，对全市 1846 条河道进行了水质信息及相关河长信息的网络公开发布。该系统建设可以为全国推行排污监管系统的网络化提供有益经验。

河道水质监管 APP 采用流域分段监测、行政区域分段负责以及行政领导河长责任制相结合的方式，将河道水质治理作为地方行政当局年度考核以及行政领导年度考核的重要内容；地下水监管 APP 主要针对矿区、重点工业区地下偷排问题的监管措施，通过地下水区域性网络监管严格排查重点区域的地下水水质变化；企业排污监管 APP 主要采用企业排污口实时监管系统以监测企业污水排放量和排放水平，并开展对企业周围水域水质的实时网络监管以监测企业地表水排放总体状况，监测偷排和违排状况。

四是加大污染权交易监管处罚力度，实施企业与政府连带责任和并纳入企业征信制度范围。在引入排污监管新技术的同时，扩大企业排污行为的排查范围，加大污水偷排处罚力度，推行偷排企业与地方政府连带责任制度，实施企业和政府连坐制。地方政府往往因 GDP 考核制度与辖区企业在污水偷排行为上存在共同利益，进而导致地方政府在企业排污问题，特别是偷排问题上监管不严，处理不力。因此，将辖区企业排污考核纳入地方政府综合考核体系有助于地方政府加强偷排监管责任，削弱 GDP 增长动因。一些地方政府已经开始尝试将生态保护和企业排污等问题纳入地方政府考核机制，如浙江省杭州市淳安县已不再进行 GDP 考核。“淳安做法”可以在各级生态功能区和水源地推广实施。

地方政府辖区内企业的偷排次数和偷排投诉率纳入地方政府年度考核系统之中，并将企业偷排行为采用网络技术和 APP 系统向全社会公开发布，接受社会监督。地方政府辖区内的企业偷排投诉考核状况也采用上述方式向全社会公开发布。浙江省将新安江、千岛湖水质与地方企业排污问题纳入县级政府考核体系。

另外，尝试建立企业排污征信制度，将企业排污状况纳入企业纳税与金融征信系统。企业偷排问题将作为企业信用污点影响企业纳税和融资信用水平。征信系统是企业从事经营，参与投融资和税收制度的重要参考信息数据，目前正由政府和社会组织大力构建中。建议在构建社会和企业征信体系的同时，将企业排污问题，特别是企业偷排现象纳入企业征信系统，以此构建国家或地方层面上的包含企业排污信息的征信体系，并将该制度与企业投融资、税收体系结合起来，制约企业偷排动力。

五是拓展水污染权交易种类，改革水污染权交易制度。水污染权交易种类有限，主要局限于总磷交易。事实上，氨氮、生物需氧量、油类、余氯等种类的污染物被排除在交易之外并不利于排污总量管理和水污染权交易制度的发展。扩展水污染权交易种类，应当根据当地水资源生态环境具体情形，结合当地生产企业排污现状和政府治理目标，适当扩大水污染权交易种类，如将氨氮、生物需氧量、油类、余氯等污染物逐步纳入水污染权交易种类中，激发企业参与水污染权交易的主观积极性和客观可能性。扩大水污染权交易种类并不是放纵企业的排污行为，而恰恰是通过市场行为对污染物排放进行总量控制和效率配置。

水污染权交易制度一直严格禁止跨时水污染权交易，其目的在于防止水污染权交易的滥用。但是考虑到河水径流的季节性特征，生态承载力存在一定的自然阈限，因此，在不同的季节，企业允许排污的规模也应当是不同的。在设置水污染权时效性的前提下，根据雨季和旱季等季节性特征进行水污染权的跨时交易试点有助于企业在雨季径流较大的时段购入更多的水污染权并使用更多的排污指标，而在旱季排污阈限较小的前提下，卖出水污染权。因此，试点水污染权在雨季和旱季进行跨时交易制度将有助于水污染权的有效配置。

市场化交易制度有效性的前提是信息分散化分布，满足参与人激励相容条件。上述水资源费制度、水权交易制度、水污染权交易制度的机制设计所涉及信息满足分散化分布条件，参与人对交易物的偏好属于典型的私人信息。但是上述制度并不全部满足参与人激励相容条件。在水资源费制度的机制设计与优化过程中，由于政府对水资源费实施管制，水资源费制度不满足参与人激励相容条件。但是水资源费制度改革满足了信息成本最小化原则，因此水资源费制度虽然无法实现竞争性均衡下的帕累托效率，却能达到纳什均衡状态。而在水权交易机制和水污染权交易制度的机制设计中，市场交易机制在引入足够多的参与人则可以实现竞争性均衡和帕累托有效状态。

上述内容以图 24-7 予以简要表达。

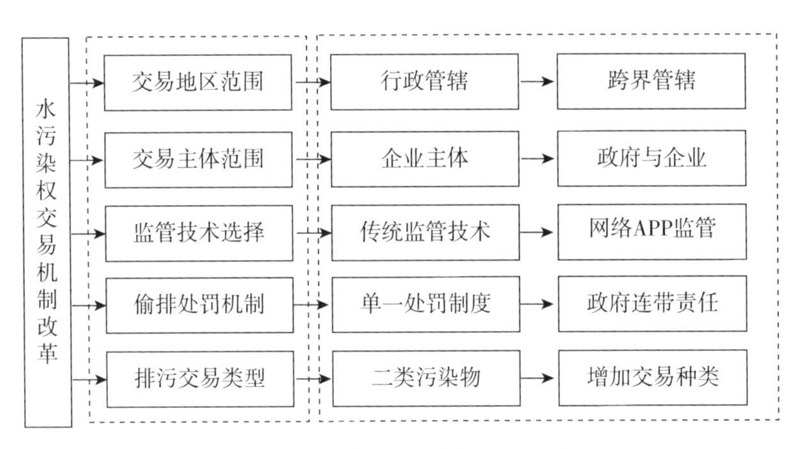

图 24-7　水污染权交易机制改革设计

第四节　惩处性制度的机制设计与优化

惩处性制度包括水环境损害赔偿和水环境污染问责两类制度安排。现有的惩处性制度安排都属于法律或行政层面上的强制性制度。这类强制性制度的机制设计遵循着立法、执法和惩处三个步骤。但是拘泥于法律框架内的惩处性制度建设暴露出了诸多不足，如立法程序缓慢、执法不严、惩处不力等问题。

为此，针对水环境损害赔偿制度的机制设计既可以在政府主导下的法律框架内加快法律法规建设，完善政府损害赔偿机制、企业损害赔偿机制和个人损害赔偿机制，也可以跳出法律和行政框架，引入基于市场机制的科斯手段处理水环境损害赔偿问题。

水环境损害也是水资源配置过程中的外部性问题，在清晰水权的基础上实施水环境损害赔偿的市场化谈判也是有效率的制度安排。水环境损害赔偿遵循“谁损害，谁赔偿”的原则，将水环境不受损害的权利给予用水方。水源地行为主体不得损害水环境，否则对水环境的损害行为向受害方进行赔偿。将流域依行政区域分成若干个区块之后，任何行政区域存在明显水资源污染情形时，该区域的行政当局或当事人须对下游受害地区实施损害赔偿。行政区域的水资源污染认定以该行政区进口水质和出口水质恶化程度的监测数据为标准。为提高该模式的可实施程度，可以以流域内各行政区政府为第一责任主体事前签订损害者赔偿受害者模式，并设定相应的保证金制度。

损害者赔偿制度中的补偿链式分担机制体现在如下两种情形：第一种情形是，若行政区一是唯一的水资源污染者，那么行政区一将通过流域保证金制度逐一对行政区二和行政区三实施生态赔偿；第二种情形是，若行政区一和行政区二都存在水资源污染，则上述两大区域均需对行政区三进行生态赔偿。见图 24-8。

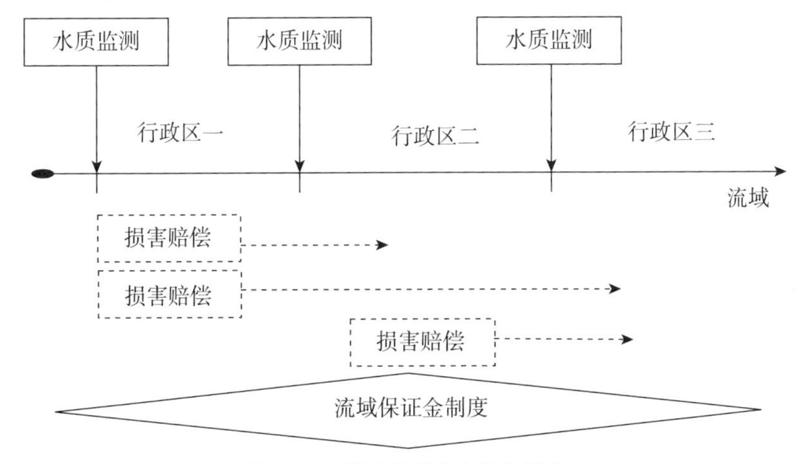

图 24-8　损害赔偿的市场化制度

水环境污染问责制度的机制设计可以推行自上而下的中央政府制度建设与中间扩散性的地方政府制度创新体系。尝试推进国家层面的立法程序与地方性立法程序共同推进的两层面立法进程，鼓励地方政府或流域管理结构出台或完善针对地方或流域内部水环境特点的惩处性法律、法规、条例等制度。

水环境污染问责制度的机制设计可以依据地方水资源特点实施分流域、行政区域或河流实施。分流域水环境污染问责是指以流域为界，对发生的水环境污染问题实施分区问责。分行政区域问责也是现行水环境污染中常见的问责方式。以行政区域为单位，实施基于水污染物排放处罚之外的水污染行政部门负责人问责制度。分河流实施水环境污染问责制度出现了地方政府制度创新型的“河长制”问责机制。通过“河长制”下的水质监管、水环境改造实施状况评价的对责任河长实行责制。

依据问责对象不同，水环境污染问责制度可以分为政府责任追究机制、企业责任追究机制和个人责任追究机制。在水资源有偿使用和生态补偿实现机制建设中，明确政府相关部门职责，明晰政府的权力清单，建立政府部门责任追究机制。政府责任追究机制与政府年度考核机制、利益相关者监管机制有机结合起来，通过政府年度考核，利益相关者的广泛监督，政府管理部门的权力清单和年度考核目标的公示，由上一级政府实施年度考核与责任追究机制。此外，将政府责任追究机制与企业责任追究机制、个人责任追究机制联系起来，进一步加强责任追究机制的执行力和处理强度。

建立激励相容、权责对称的企业责任追究机制。企业是水资源费、水权交易、水污染权和生态补偿实现机制改革的核心主体。企业是水资源使用大户、污水排放主力、生态补偿的主客体之一，因此企业行为是影响上述诸类改革实践成败的关键因素。建立企业责任追究机制，明确企业在水资源费实现机制改革、水权交易实现机制改革、水污染权交易实现机制改革和生态补偿实现机制改革中的行为规范，列示企业行为的正面清单和负面清单，建立赏罚分明，激励相容和责权对称的责任追究机制。由地方行政当局通过政府连带责任追究方式实施企业责任追究机制。

建立个人责任追究机制。在水资源费实现机制改革、水权交易实现机制改革、水污染权交易实现机制改革和生态补偿实现机制改革中，个人与家庭也是改革成败的重要因素。在水资源费实现机制改革中，个人与家庭是水资源费的主要承担者，在水权交易实现机制改革中，水源地个人与家庭、水源地下游的个人与家庭以及水权购买方相关的个人与家庭都是重要的利益相关者；水污染权交易实现机制改革中，个人与家庭也是重要的利益相关者；在生态补偿实现机制改革中，水源地客体和补偿主体中的个人与家庭也是重要成员。个人与家庭在水资源利用和水环境处置中的行为规范影响了诸类改革的进程乃至改革成败。为此，应当列示个人与家庭行为的正面清单和负面清单，建立与个人信用考核机制的关联性，由地方行政当局实施相应的责任追究机制。

通过上述法律法规层面以及市场化科斯手段的惩处性制度建设，利用政府“有形之手”和市场“无形之手”共同推进水资源配置机制设计与优化，弥补政府和市场手段的失灵，最终构建水环境损害赔偿与水环境污染问责制度的有效率机制设计。

第二十五章　水资源有偿使用和生态补偿的多制度匹配与优化

水资源配置研究多关注于单一制度安排。机制设计论研究也侧重于经济行为的单一机制设计与匹配。但是，在水资源有偿使用和生态补偿制度建设过程中，水资源存在着数量和质量短缺的“两缺口”问题，各地区在数量短缺和质量短缺程度方面还存在着显著的个体异质性。针对数量短缺型、质量短缺型抑或双短缺类型的地区水资源特征，相应的有效治理机制应当有所针对性与差异性。在机制设计理论中，环境是所有机制设计理论所要考虑的首要问题。由于不同地区的水资源在数量和质量分布上存在明显的地区异质性。因此，在实施水资源有偿使用和生态补偿八项制度过程中，可以针对不同的水资源环境特征，运用合适的制度组合以实现治理效率。本章将水资源环境归结为水源性缺水、水质性缺水和双缺水三种类型。在水源性缺水地区，水资源治理的核心目标是减少水资源需求、增加水资源有效供给，进而缓解水源性缺水压力。在此治理目标约束下，用水总量控制制度、水权交易制度、水资源费制度、跨流域生态补偿制度等成为治理制度组合的重要内容。在水质性缺水地区，水资源治理的核心目标转变为减少水资源污染，改善水环境，多渠道增加水资源有效供给。在此治理目标下，水污染物总量控制制度，生态补偿制度、跨界水权交易制度、水污染权交易制度、损害赔偿制度和问责制度是治理机制的可行组合结构。而在水源性缺水和水质性缺水的双缺口地区，用水总量控制制度、水资源费制度、生态补偿制度，水权交易制度、污染物排放总量控制制度、跨流域水权交易、损害赔偿制度和问责制度是治理机制的可行组合结构。

第一节　水源性缺水地区的多制度匹配与优化

水资源短缺是水源性缺水地区面临的首要水资源问题。如何增加水资源供给，减少水资源供求矛盾是水源性缺水地区治理机制的关键内容。水资源有偿使用和生态补偿制度是应对水资源短缺的有效手段，但是针对单一的水资源短缺特征，核心的治理机制应当从增加水资源供给和减少水资源需求两个层面入手，因此需要从八项单一制度中梳理出针对水源性缺水地区的供给侧管理和需求侧管理的核心制度安排以构成更有效的应对制度组合。需求侧管理制度包括用水总量控制、水资源费和水权交易三项制度安排；供给侧管理制度包括跨界水权交易和跨界生态补偿两项制度安排。需求侧管理的三项制度安排力求分别对水资源需求进行数量管制以及运用价格机制进行需求约束。供给侧管理的两项制度安排则是从增加水资源异地有效供给的角度缓解水源性缺水状况。最终通过供给与需求两方面共同治理水源性缺水，有效缓解水源性缺水地区水资源供求矛盾。见图 25-1。

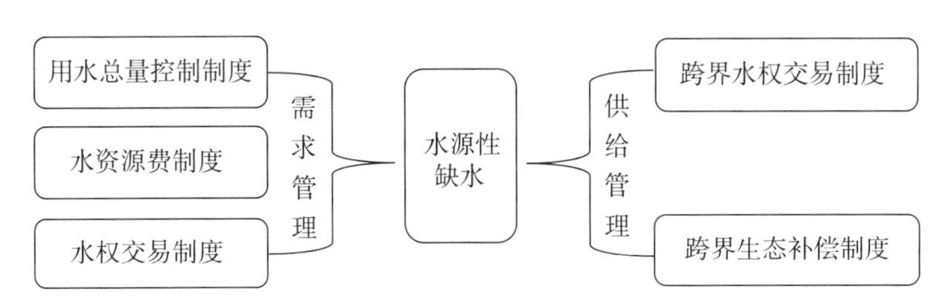

图 25-1　水源性缺水地区的多制度组合

治理水源性缺水的五项核心制度组合机制构成了水资源的供给侧和需求侧双边治理，从而提升水资源数量短缺的治理效率。水源性缺水表现为区域内部水资源供需缺口，需求侧管理实质上体现了区域内水资源再配置机制。用水总量控制制度是再配置机制的前置性制度安排，在总量控制的前提下，运用水资源费制度作为价格杠杆调节水资源需求量，并通过水权交易制度实现水资源在区域内有效流动。区域内不改变水资源用途的水权交易可以由市场交易主导，改变水资源用途的交易以及较大规模的水权交易可以在政府申报制度下开展市场交易。[1] 在水资源供给管理方面，依据威廉姆森的治理机制理论，跨界水权交易涉及诸如长距离输送管道与沟渠建设等高维度的专用性资产投资，生态环境影响、水源的持续性供给、水源地的生态保护和生态补偿等较高的不确定性因素以及长时间的持续交易等高频率交易特征。[2] 在此情形下，有效的治理机制将是纵向一体化治理。但是，水资源的流域管理和行政区域管辖特征决定了内部化的纵向一体化治理机制建设很难实现。即使成立一体化的跨界管理委员会也无法实现有效治理目标下的纵向一体化机制。黄河委员会在处理流域水资源配置过程中就存在着一些治理困境。因此，退而求其次，一个次优选择是在实施跨界水资源配置过程中，在水权交易制度上添加跨界生态补偿制度以完善机制设计理论中的所谓激励相容条件。即在实施跨界水权交易过程中使得水源地各利益相关者的个体目标与水权交易的总体目标相一致，通过生态补偿制度，使得水源地各利益相关者在水权交易过程中得到有效补偿和福利增进，尽可能满足利益相关者的个体行为目标，以此实现水资源输出地区利益相关者的激励相容条件。

另外，依据不完全契约理论的基本思想，不管是市场化的跨界水权交易还是纵向一体化治理机制依然存在不完备领域，为此，在实施跨界水权交易甚至纵向一体化治理机制的同时，匹配与之相对应的生态补偿制度作为水权交易制度的有效补充可以弥补水权交易制度的不完备性，减少跨界水权交易对水资源输出流域或地区的生态负效应。

在需求侧管理的机制设计方面，实施水资源总需求约束的主要方式包括数量控制、价格调节和税收约束。数量控制是一种强制性的政府管制手段，政府通过设定最大总需求阈限限制消费，属于管制经济学常用的政策

---

① 王金霞、黄季焜：《国外水权交易的经验及对中国的启示》，《农业技术经济》2002年第5期。

② Williamson, Oliver E., *The Mechanism of Governance*, New York: Oxford Univ. Press, 1996.

工具。[①] 用水总量控制制度属于水资源需求管制范畴。用水总量控制制度规定了区域用水量的最高阈限并通过用水量控制信号引导区域用水特征趋向节水型转变，包括限制区域内高耗水产业发展、鼓励区域内节水产业发展。但是单一的用水总量控制制度会导致水资源供求的非均衡状态，因而存在较大的社会福利损失。

价格调节是通过优化水资源费制度发挥水资源费的价格杠杆效应以调节用水需求。水资源费通常作为水价的主要构成部分是水资源国家所有的经济体现，同时也是调节水资源稀缺性和资源高效配置的必要手段。[②] 但是各地在征收水资源费时，往往不能按照补偿资源成本的方式来确定。多数地方的水资源费标准不足 0.20 元/立方米。发挥水资源费的价格调节作用包括四个方面内容：一是重新测算水资源费标准，改革水资源费征收标准。朱启林等分析了支付意愿法在水资源费测算中的运用，将水资源费定义为用水户支付意愿减去供水系统的边际费用。[③] 二是实施水资源费差别征收，区分不同水源的水资源费标准、不同用水户的水资源费标准和不同用水量的水资源费标准。地表水、地下水以及跨界调水等水资源费标准应当依据供水边际成本和水资源开发利用程度制度实施差别定价，以此通过水资源费来起到调节各水源供水的目的。[④] 水资源费也应当充分考虑不同产业和行业的差别实施差异化定价。营利性行业存在一定的水资源费转嫁能力，非营利性行业水资源费转嫁能力弱，基本生活用水的价格弹性小，上述用水领域的水资源费可以实施差别定价。水资源费差别征收制度也应纳入阶梯水价制度改革中，水资源费依据不同用水量呈现阶梯分布特征，水资源费的阶梯价格制度使其成为控制水资源需求的重要工具，以强化节

---

① 王俊豪、王岭：《国内管制经济学的发展、理论前沿与热点问题》，《财经论丛》2010 年第 6 期。

② 张春玲、申碧峰、孙福强：《水资源费及其标准测算》，《中国水利水电科学研究院学报》2015 年第 1 期。

③ 朱启林、申碧峰、孙静等：《支付意愿法在北京市水资源费测算中的应用》，《人民黄河》2015 年第 10 期。

④ 张春玲、申碧峰、孙福强：《水资源费及其标准测算》，《中国水利水电科学研究院学报》2015 年第 1 期。

水行为。三是实施水资源费动态调整机制。水资源量每年都处在变化中，经济社会发展水平等影响水资源价格、成本的因素在不断的变化中，应探索建立水资源费征收标准的动态调整机制，以提高水资源费征收标准的科学性和准确性。英国实施水资源费的年度调整机制，在一年中，水资源费根据缺水季节不同而有所调整。[①] 四是将水资源费从水价中独立出来，构建水资源税，全面执行水资源需求中的税收约束效应。费改税将水资源费从价类费转化成为价外税，可以通过更明确的税收信号机制传递水资源使用的纳税意识，提高水资源利用效率。水权交易制度实质上也是运用价格机制将水权在市场上进行再次交易。通过水权交易将有限的水资源配置到更有效率的领域。

综上，针对水源性缺水地区的跨界水资源配置的有效制度组合安排，供给侧管理的制度组合包括了跨流域或跨界的水权交易制度和生态补偿制度构成了一个相对有效的制度组合安排。需求侧管理则采用了用水总量管制制度、水资源费制度和水权交易机制。水源性缺水地区通过三类需求管理制度安排有效约束了水资源需求，通过供给的两类制度安排增加了水资源的有效供给，进而从需求侧和供给侧两方面着手缓解水源性缺水状况。与单一制度相比，制度组合同时从多维度、多层面实施资源优化配置，提高了资源配置效率，减少了单一制度失灵的可能区域。需要特别指出的是，需求侧管理中的数量控制和价格调整两类机制设计主要依赖于政府的行政管制，而供给侧管理中的水权交易和生态补偿制度可以同时依赖政府职能或市场机制运作，进而充分利用了政府“有形之手”调节和市场“无形之手”配置的作用。

第二节　水质性缺水地区的多制度匹配与优化

水质性缺水主要是指丰水地区的地表水资源受到水污染物影响，引发

---

① 毛春梅、蔡成林:《英国澳大利亚取水费征收政策对我国水资源费征收的启示》,《水资源保护》2014年第3期。

水体污染而使水资源丧失了正常使用价值，造成了水资源短缺和水生态系统破坏。在典型的水质性缺水地区，如江南平原水网地区和广东省，大量劣质水资源充斥河道水网，严重威胁着农业用水、工业用水、居民饮用水以及地下水的安全。水质性缺水地区的水资源治理与水源性缺水地区不同，治理的关键在于“治水与引水”，即污水治理和外部引水。通过污水治理改善水体水质以此增加地区水资源的有效供给，缓解水质性缺水状况，通过跨界水权交易方式引入外部水资源，以缓解地区缺水困境。针对上述治水与引水对策，相应地，具体制度安排需要从水资源有偿使用和生态补偿的八项细分制度中选出合适的制度组合。

从八项细分制度中分离出与治污水和外部引水相关的制度安排，包括水污染物总量控制制度、水污染权交易制度、生态补偿制度、水环境损害赔偿制度、水环境污染问责制度以及跨界水权交易制度和跨界生态补偿七种制度安排。其中，前五种制度属于治污水制度组合，后两类属于外部引水制度组合。

政府管制制度中的水污染物总量控制制度是水质性缺水治理的前置性制度安排。水质性缺水的本质是水污染物排放程度超越生态承载力的过度排放行为所致。因此，治理水质性缺水的第一步就是水污染物总量控制制度。在中央政府推行水污染物总量控制制度下，地方政府或流域管理机构依据区域性水资源生态承载力计算水污染物总量控制水平，并依据区域污染物特征制订水污染物排放量的分配指标。在涉及数量控制和数量配给的前提下，水污染物总量控制制度还需考虑可实施性问题。由此，政府的总量控制制度又延伸出两类惩处性制度安排，即水环境污染问责制度和水环境损害赔偿制度，前者即为区域水污染物总量排放不达标的行政主管部门的行政问责和排污企业的行政性处罚问责制度，后者是对行为主体的污水违规排放行为实施行政性赔偿制度。上述三项政府偏向制度安排的有效实施，将有助于区域性水污染物排放量控制在目标阈限范围之内。

污水排放管制制度是水质性缺水治理中控制水质恶化的首要制度安排。在推行水质控制目标的同时，则需要进一步推行水质改善措施。改善水质的制度安排需运用生态补偿和水污染权交易制度两项制度。遵循“谁受益，谁付费”的原则推行生态补偿制度，通过生态补偿制度激励利益相关者实施水资源保护和水体修复行动，以实现水质改善目标。水污染权交易制度的作用在于通过污染权定价机制实现水污染权交易，以此增加使用污染权的机会成本，从而激励行为主体的污水治理行动。

上述五项制度安排都是针对水污染治理目标，而跨界水权交易和跨界生态补偿制度则是为水质性缺水地区实现外部引水的制度安排。运用跨界水权交易实现外部水资源的引入，以适度增加水资源供给，缓解水质性缺水困境。而在跨界水权交易制度上匹配跨界生态补偿制度是为了更有效地实施跨界水权交易，通过对水资源来源地实施有效的生态补偿制度，为水权交易提供了质量与数量上的保障，确保跨界水资源的有效供给。见图 25-2。

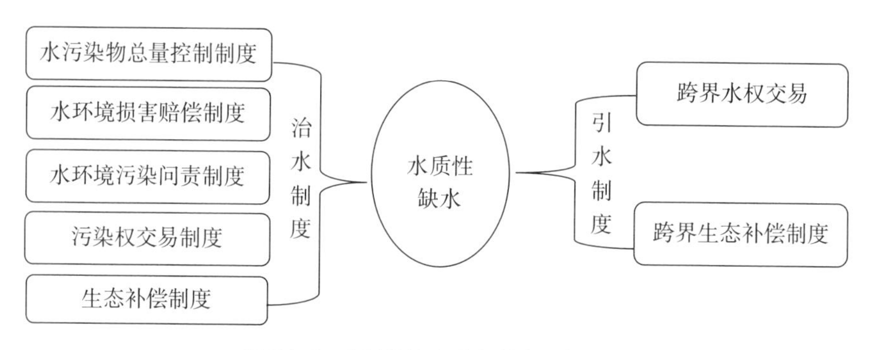

图 25-2 水质性缺水的多制度组合机制

上述七项制度安排分别通过治水层面和引水层面进行多制度组合，共同治理水质性缺水状态下的水资源短缺困境。治水的目的在于改善流域内部的水资源水质状况，通过水质改善增加本地水资源有效供给。另外，通过引水制度跨界购买水权，并辅之以有效的跨界生态补偿制度，实现跨界水资源的有效供给。最终，通过上述治水和引水制度组合，为水质性缺水地区的水资源治理提供了有效的多制度组合机制，进一步保障水资源治理目标的实现。

第三节 双缺口地区的多制度匹配与优化

同时遭遇水质性缺水和水源性缺水的双缺口地区面临着改善水质和增加水资源有效供给的双重困境。在此情形下，治污水、跨界引水和节水三项内容成为该地区水资源管理的核心治理任务。以治污水和引水为核心的水资源有效供给治理制度是缓解双缺口困境的首要制度安排。水资源有效供给主要来源于两个渠道：一是通过以跨界水权交易为核心的引水制度，调入合格水资源以增加水资源有效供给；二是以治污水为目标的流域水环境治理，通过改善流域水质以增加本地水资源的有效供给。

跨界水权交易匹配以跨界生态补偿是引水制度安排中两类关键性制度。[①] 治污水制度中则包含了水污染物总量控制制度、水污染权交易制度、流域生态补偿制度、水环境损害赔偿制度和水环境污染问责制度五项制度。在引水制度和治水制度两项制度之上再结合节水制度建设，相应的制度安排包括用水总量控制制度、水资源费制度和水权交易制度。由此，在双缺口状况下水资源治理需要用到全部的八项制度安排重新依据治污水、引水、节水三大治理任务细分为九项制度组合，如图 25-3 所示，九项治理制度可以归纳为引水制度、治水制度和节水制度三大类，三个大类制度有机结合以提升水资源治理效率并实现水资源优化配置目标。

与单一类型相比，水质性缺水和水源性缺水的双缺口类型需要动用更多的治理制度。在引水制度设计中需要构建跨界水权交易制度。跨界水权交易的实施需要减少和避免交易中的负外部性。水权交易的负外部性也是文献关注的焦点。史蒂芬（Stephen）和德雷珀（Draper）对美国水权交易中的环境、他人水权的保护问题进行了研究。[②] 为确保跨界水权交易的有

① 沿海地区可以适时推进海水淡化工程以增加水资源供给。

② Stephen E., Draper, "Sharing Water through Interbasin Transfer and Basin of Orgin Protection in Georgia: Issues for Evaluation in Comprehensive State Water Planning for Goergia's Surface Water Rivers and Groundwater Aquifers", *Georgia State University Law Review*, No. 4, 2004.

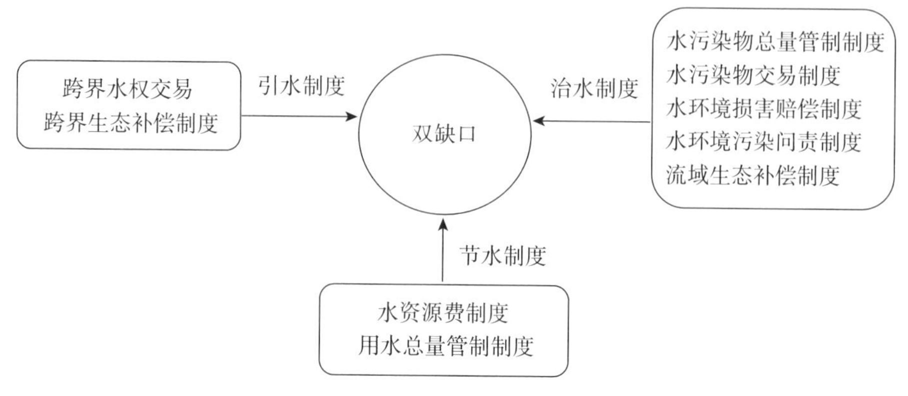

图 25-3 双缺口治理制度组合结构

效实施，与水质性缺水状态下的组合结构相似，在制度组合中需要匹配跨界生态补偿制度设计。在跨界水权交易过程中将跨界生态补偿有机结合，充分考虑到了水权交易对水源地生态环境、居民、企事业单位等利益相关者的影响，甚至包括取水口下游生态环境和利益相关者的影响，以此满足跨界水权交易中的参与主体激励相容条件，以力求避免出现如东阳—义乌水权交易制度后续出现的生态补偿困境。以跨界水权交易和跨界生态补偿为核心的引水机制是解决短期水资源短缺的有效手段。但是从中长期来看，必须辅之以治水制度才能有效解决水资源短缺问题。因此，制度组合的第二类制度组合为治污水制度。治污水制度的治理机制也与单一的水质性缺水治理机制相似，涵盖了总量管制制度、惩处制度和市场交易制度。其中，总量管制措施包括了水污染物总量控制制度，惩处制度包括了水环境损害问责制度和水环境损害赔偿制度，而市场交易制度包括了水污染物交易制度和流域生态补偿制度。

总量控制制度是对流域水污染物排放实施总量限制，使得水污染程度限制在既定阈限范围之内。除了污染物总量限制制度之外，如何激励参与人主动减少污水排放以保护水环境也是污水治理的重要内容。参与人个体主动减排行为必然与机制设计理论中的激励相容条件相关，即流域总体减排与参与人个体利益正相关。能够满足上述激励相容条件的机制设计包括了水污染权交易制度和生态补偿制度在内的市场交易制度组合。其中，水污染权交易制度可以激励用水主体实施节水行为并通过节余水污染权交易获利，从而减少用水主体的水污染物排放水平和单位产出的污水排放量。流域生态补偿制度则通过对参与人的直接补偿产生正向的水生态保护激励进而减少水污染。上述两类市场交易制度安排对参与人主动减排和保护水环境产生了正向激励，构建了参与人个体目标与流域减排目标的一致性，进而构成了参与人的激励相容条件。而以水环境损害赔偿制度和水环境损害问责制度为主体的惩处制度组合则属于事后治理措施。一旦形成水环境损害，相关行为主体将被提出水环境损害赔偿要求，相关主体也将涉及问责制度。

至此，通过引水制度、治水制度和节水制度组合下的多制度协调治理机制，发挥政府管制、政府惩处和市场激励等组合效应，在满足机制设计理论的信息优势和激励相容条件下构建双缺口状态下的水资源治理制度组合结构。

第二十六章　水资源有偿使用和生态补偿的资金链支持系统设计

资金支持是水资源有偿使用和生态补偿有效运作的生命线。水资源有偿使用制度包括水资源费制度、水权交易制度、水污染权交易制度等。这些制度与资金链系统密切相关。生态补偿的有效实施更是离不开强大稳定的资金支持。故此，水资源有偿使用和生态补偿的资金支持以及实现资金链的稳定持续保障机制将是本章的研究重点。首先基于水资源地区分布的三类特征，构建水资源流闭环和开环结构。据此进一步设计与水资源流结构相匹配的双向资金链支持系统，分析双向资金链支持系统的基本结构框架及与水资源流闭环和开环的匹配关系，研究了资金链中支付主体、支付价格和资金链各节点的相互协调问题，提出了序贯博弈均衡和“两面”战略以闭环资金链的均衡实现，并将开环资金链作为“两面”战略中的“胡萝卜加大棒”制度加以设计与实施。资金链双向支持系统是水资源有偿使用量和生态补偿实现机制的重要组成部分，将为水资源有偿使用和生态补偿制度的有效实施提供坚实的资金保障。开环与闭环双向资金链支持系统将与其他保障制度一起构成水资源有偿使用量和生态补偿的完整实现机制。

第一节　水资源有偿使用和生态补偿资金链设计框架

水资源有偿使用和生态补偿制度的实现离不开持续稳定的资金支持。水资源有偿使用需要通过有效运作的交易价格体系以实现水资源优化配置，生态补偿制度实施过程更是需要拥有持续充足的补偿资金支持以实现水环境保护和水资源有效供给。此外，水资源有偿使用和生态补偿制度之间也存在着紧密的资金联系，水资源有偿使用过程为实施生态补偿提供了部分资金支持，而生态补偿制度的有效实施也间接提升了水资源有偿使用的交易价格。因此，资金链支持系统是水资源有偿使用和生态补偿制度建设的核心内容，是水资源可持续发展的奠基之石。

水资源有偿使用和生态补偿系统对应着水资源供给、消费与再生过程。水资源从天然的地表水和地下水状态通过初始水资源分配和水权交易机制实现了水资源的自然属性向商品属性的转化，进而成为水资源交易市场的供给品。接着由水资源的市场化或准市场化的供求交易机制将水资源推进到消费与消耗环节。最后通过水资源消费与消耗过程形成污水和废水进入水资源再生环节。再生环节包括了污水处理、水质净化等人工或天然途径再回到水资源的自然属性状态。

在上述状态下，水资源循环系统是一个闭环结构。但是在现实情形中，水资源分布地区特征呈现出了前一章分析的三类水资源地区分布特征，在三类水资源地区分布情形下，水资源都存在着跨界水权交易和跨界生态补偿制度。在此情形下，水资源循环系统将是一个开环结构。存在着外部水资源的输入问题。为此，本章针对水资源循环系统的论述将以闭环结构和开环结构分别展开。

在一般状态下，水资源从原始水到商品水再到废水及其净化过程形成了一个水资源的供给、需求、消费和再生的闭环。[①] 水资源有偿使用对应着水资源流闭环中的水资源供求交易环节，包括了水权初始配置与水权交易等具体制度安排；生态补偿制度对应着水资源再生过程以重现水资源的自然属性。

在三类缺水性地区，水资源从区域内部供给、跨界供给、需求、消费和再生过程形成了开环循环。水资源有偿使用对应着区域内部水权交易、

① 此处的分析暂时忽略了地表径流蒸发，地下渗透等问题。

水资源费制度、污染权交易制度等环节；生态补偿制度依然与水资源再生过程的自然属性相衔接。因此，水资源有偿使用和生态补偿制度的有效实施是确保闭环和开环结构下水资源配置良性运转的重要内容。

本章将运用供应链和价值链理论中的闭环与开环思想设计与完善水资源循环的闭环、开环系统以及与水资源循环相应对的资金链开环和闭环系统，并将资金链设计中的闭环和开环与水资源闭环中的关键节点相对应，以确保在关键节点上通过资金链支持实现水资源有效配置与流转。资金链的闭环系统分别由水权交易价格、水污染权交易价格、水资源费和水环境损害赔偿四项制度构成。资金链的开环系统则由政府财政转移支付、政府专项资金、保险理赔、社会捐赠等制度构成。通过上述资金链的闭环与开环设计实现与水资源循环闭环系统相对应的资金链逆向闭环以及在水资源配置循环系统外部实现资金链的外部注入机制。

第二节 水资源流循环系统设计

一个有效的资金链支持体系必须紧密依附于服务对象并与之实现有效匹配。为此，在构建生态补偿资金链体系之前，首先需要整合建立一个完整的水资源流循环体系。相关文献在水资源流体系研究方面已做了一些前期研究基础。部分研究关注单一的资金支持模式，如考夫曼（Kauffman）对厄瓜多尔开发的一种创新性、自愿的和分散化的水资源保护基金进行了分析，该基金为流域水资源保护提供资金支持。[①] 钱伯斯（Chambers）和特伦格维（Trengove）对2008年澳大利亚政府提供的0.129亿美元政府水资源建设资金效率进行了分析，该资金的目的在于支持澳大利亚水资源的长期供给。[②]

① Kauffman C. M., "Financing Watershed Conservation: Lessons from Ecuador's Evolving Water Trust Funds", *Agricultural Water Management*, Vol. 145, 2014.

② Chambers A. and Trengove G., "The Implications of Information Asymmetry for the Achievement of Australia's National Water Objectives", A Contributed Paper Presented to the 53rd Annual Conference of the Australian Agricultural and Resource Economics Society Cairns, 11th- 13th February, 2009.

在水资源循环及管理研究方面，针对水资源循环理论以及由水资源循环引发的管理问题研究较多。王浩等建立了一个二元水循环模式，现代水循环的内在驱动力由“天然”一元自然驱动演变为“天然—人工”二元驱动，其中天然侧水循环以“坡面—河道”为转换过程，人工侧的循环模式以“取水—输水—用水—排水”为基本环节的水循环过程。[①] 王喜峰提出了基于“自然—社会”二元水循环理论构建水资源资产化管理框架的观点，认为依据社会水循环途径应当实施关键环节的有效监管制度。[②] 上述两类文献均提出了自然（天然）—社会（人工）的人与自然二元水循环理论。至此，水资源循环研究的思想出现端倪。

此外，部分文献尝试运用水资源循环理论分析水资源配置效率问题。胡洪营等在分析区域水资源中的污水再利用问题时提出了阶循环利用模式以促进不同层阶和不同用途水资源循环利用的有机衔接与耦合，并实现再生水的“安全聪巧”利用。[③] 该文提出的阶循环理论事实上是指污水和废水的净化与再循环利用问题，是一种局部的水资源配置循环思想。齐学斌等评述了灌区水资源合理配置研究的进展，分析了水资源循环转化理论在灌区水资源配置中的应用。[④] 徐洁（Xu Jie）等分析了东江湖流域水供给的动态平衡发展趋势，探究了水供给服务的时空格局演变。[⑤] 吕睿喆等对气候变化背景下乌梁素海流域水循环系统的演变特征进行分析，关注因耕地迅速增加，草地林地减少，湖泊水位降低和面积减少所导致的水资源矛盾

---

① 王浩、党连文、汪林等：《关于我国水权制度建设若干问题的思考》，《中国水利》2006 年第 1 期。

② 王喜峰：《基于二元水循环理论的水资源资产化管理框架构建》，《中国人口·资源与环境》2016 年第 1 期。

③ 胡洪营、石磊、许春华等：《区域水资源介循环利用模式：概念·结构·特征》，《环境科学研究》2015 年第 6 期。

④ 齐学斌、黄仲冬、乔冬梅等：《灌区水资源合理配置研究进展》，《水科学进展》2015 年第 2 期。

⑤ Xu Jie, Yu Xiao, Li Na, “Spatial and Temporal Patterns of Supply and Demand Balance of Water Supply Services in the Dongjiang Lake Basin and Its Beneficiary Areas”, *Journal of Resources and Ecology*, No. 6, 2015.

加剧的困境。[1] 刘文琨等对水资源开发利用条件下的流域水循环机理进行了分析，构建了一个以水资源配置模型与水循环模型耦合为核心，以流域供需水分析和流域生态环境经济综合评价为响应的多目标调控模型。[2]

李维乾等提及了水资源循环的闭环结构思想。该文献将水资源循环系统界定为闭环结构，并运用系统动力学方法分析了闭环反馈结构下初次分配盈余水量的再配置问题。[3] 左其亭等提出了构建“河湖水系联通战略”实施新一轮的治水方略。[4] 为此，结合王浩等的二元水循环模式以及李维乾等提出的水资源循环闭环结构，以物流理论中的物流链设计为基本蓝图，将水资源从自然水体到人工利用的循环过程区分为天然水资源、水资源供给品、水资源消费品到再生水资源，构建一个由天然水资源、水资源供给、水资源消费和水资源再生的水资源循环闭环系统。见图 26-1。

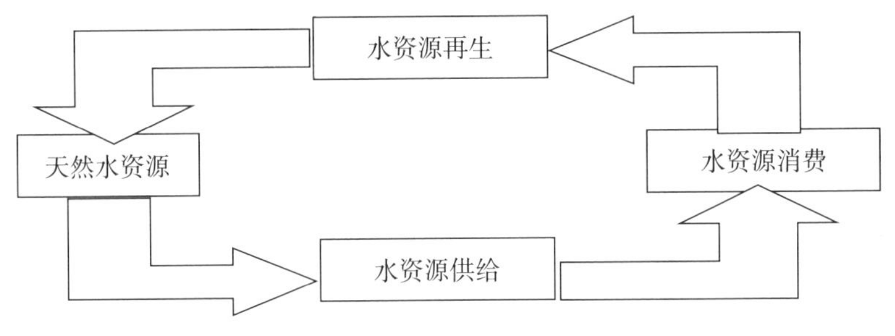

图 26-1 水资源闭环系统

在图 26-1 的水资源循环闭环系统中，以坡面—河道以及地下渗透与蓄水为特征的存在于江河湖泊或地下的天然水资源通过初始水资源分配或再次水权交易形成水资源供给品，水资源供给品再通过市场交易渠道进入

---

① 吕睿喆、翁白莎、严登明等：《气候变化背景下乌梁素海流域水循环系统的演变特征》，《水资源与水工程学报》2015 年第 6 期。

② 刘文琨、裴源生、赵勇等：《水资源开发利用条件下的流域水循环研究》，《南水北调与水泥科技》2013 年第 1 期。

③ 李维乾、解建仓、李建勋等：《基于系统动力学的闭环反馈水资源优化配置研究》，《西北农林科技大学学报》2013 年第 11 期。

④ 左其亭、马军霞、陶洁：《现代水资源管理新思想及和谐论理念》，《资源科学》2011 年第 12 期。

水资源消费品环节，水资源以消费品形式消费之后又形成污水和废水形态，再经过人工水处理、自然净化等形式水资源再生，进而又形成天然水资源再次进行循环。上述水循环过程将以自然和社会为特征的二元背离的水循环模式重新转化为水资源循环的一元模式，进而将自然和人工的水循环系统有机结合起来，为下一步构建与水资源闭环系统相匹配的资金链支持体系提供依附对象。

基于自然和人工的水资源循环闭环系统事实上是从水的天然形态转化为经济形态再转化为天然形态的闭环系统。闭环系统的转换动力不仅依赖于自然环境更依赖于人类社会的动力机制。人类社会的动力机制则是通过参与主体目标行为和激励相容机制实现的。满足参与人激励相容机制的重要内容是设计一个有效的资金链支持系统，通过该资金链系统参与主体的个体行为目标与水资源闭环系统的主体循环目标相一致，从而实现水资源循环系统的运作效率。

上述水资源闭环结构是一般化状态下的水资源循环系统。在现实情形中，由于存在三种类型的水资源短缺特征，在水资源治理制度中包含了跨界水权交易和跨界生态补偿制度等内容。因此，以流域为界的水资源闭环结构事实上存在着外部水资源供给的开环状态。为此，进一步在水资源闭环结构之上，设计和整合符合水资源短缺特征的水资源循环开环结构，即在水资源供给环节上区分水资源内部供给和外部供给两种类型。水资源外部供给对应着跨界水权交易环节，具体如图 26-2 所示。

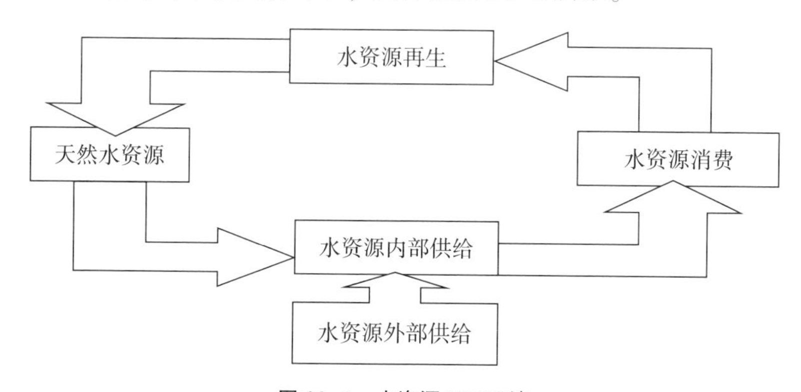

图 26-2　水资源开环系统

第三节 资金链闭环设计

传统的水资源管理领域中有关资金链设计的文献甚少。大部分文献仅针对水资源管理或水利建设的项目资金构成与运作绩效等问题进行研究。[①]柴盈等探讨了准公共部门管理制度、联合管理制度、公共部门管理制度、用水户管理制度等差异化的管理制度对我国山东省和台湾省农田水利政府投资效率的影响。[②] 赵晶等运用CGE模型对黑龙江省供水投资对部门经济发展的差异性影响进行了分析。[③] 部分文献开始关注水资源管理中的资金匹配与资金分担机制，并逐步将研究方向引向资金链研究，如杨丽英等分析了生态补偿投入资金的分担机制，提出了以流域水量分配方案作为基础和保障引入流域上下游生态环境保护补偿机制。[④]

资金链是确保水资源循环系统有效运转的关键因素。针对一般状态下的水资源循环闭环系统，资金链包括了水资源交易、水权交易、水资源费、生态补偿、污染权交易五个核心环节。水资源交易发生在水资源供给转化为水资源消费的阶段；水权交易也发生在水资源供给与水资源消费阶段。取用天然水资源时则需要缴纳水资源费；水资源供给产生了包括水资源费在内的交易水价，水资源供给的调整需要运用水权交易制度，涉及的是水权交易价格，水资源消费之后涉及污染权交易；对于水源的保护和修复需要生态补偿。由此就形成了水资源费、水权交易价格、水污染权交易价格以及生态补偿四个环节构成的水资源循环中的闭环资金链体系，见图26-3。

① Kauffman C. M., "Financing Watershed Conservation: Lessons from Ecuador's Evolving Water Trust Funds", *Agricultural Water Management*, Vol. 145, 2014.

② 柴盈、曾云敏：《管理制度对我国农田水利政府投资效率的影响》，《农业经济问题》2012年第2期。

③ 赵晶、黄晓丽、倪红珍等：《基于CGE模型的供水投资对经济影响研究——以黑龙江省为例》，《自然资源学报》2013年第4期。

④ 杨丽英、李宁博、许新宜：《晋江流域水量分配与生态环境补偿机制》，《人民黄河》2015年第2期。

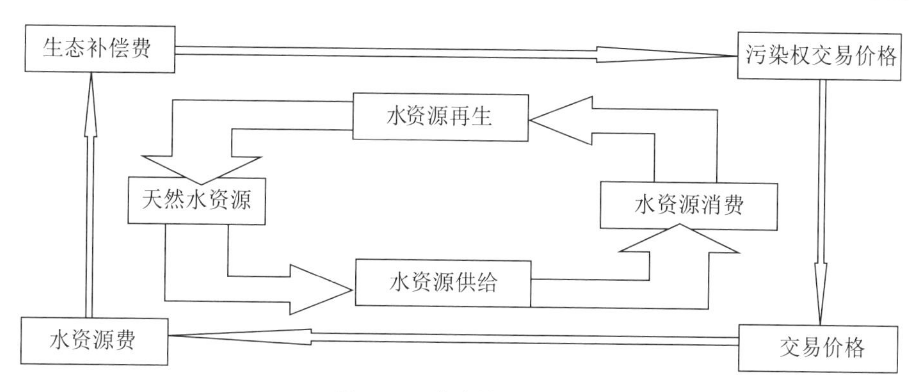

图 26-3 资金链闭环系统

与水资源循环闭环相匹配的资金链闭环系统还是一个逆向闭环。水资源循环流动的方向是天然水资源、水资源供给、水资源消费、水资源再生最后又回归到天然水资源这一循环系统，而资金链闭环系统则是逆水资源循环而行分别由污染权交易价、水权交易和水资源交易构成的交易价格、水资源费和生态补偿费这一循环系统构成。逆向闭环系统的本质在于资金链闭环为水资源循环的实现提供了各个匹配环节的资金支持。污染权交易价为污染物排放的重新配置提供了资金支持，进而确保了水资源从消费（消耗）环节向水资源再生环节的转化。水权交易和水资源交易构成的交易价格是水资源交易的重要实现机制，水权交易通过价格机制实现了水权在一级市场、二级市场和三级市场上的优化配置，水资源交易通过交易价格机制实现了水资源从市场供给者向消费者和厂商的有效配置。交易价格是该水资源闭环环节的重要保障。在天然水资源向水资源供给环节转移的环节需要通过水资源费制度实现水资源的有效配置。在水资源再生环节向天然水资源转化的过程中，生态补偿费作为水资源保护与水质修复的重要资金保障。由此，与水资源循环闭环逆向循环结构形成了资金链闭环系统。

上述资金链闭环系统对于实现水资源有效配置至关重要。一个有效率的水资源费制度可以将确保水资源从自然水资源转化为水资源供给品。一个良好的水资源交易价格以及水权交易制度及其稳定充足的交易资金链充分调整水资源供给的积极性，并提高水资源交易价格，实现水资源在消费领域的有效配置。当水资源进入消费环节之后，运用一个有效率、可实施的污染权交易可以将污水及废水排放水平不仅限制在水生态承载力阈限之内还实现了污染物排放的有效配置。由此，一个由以水资源费、水资源（水权）交易价格、污染权交易价格和生态补偿为核心的封闭性资金链系统将为水资源的有效配置和水资源循环提供了坚实的资金保障。

第四节 资金链开环设计

巴罗斯（Barros）等在分析垃圾回收的过程中就指出了由第三方参与垃圾回收的开环物流概念。[①] 魏洁等在分析开环系统时提出了生产者责任组织在开环系统运作中的作用。[②] 类似地，在水资源配置过程中除了上述资金链闭环系统之外，还存在着与水资源流开环系统相对应的资金链开环系统以及与水资源循环系统相对应的资金链开环系统。与水资源流开环系统相对应的资金链开环系统的开环特征主要体现在与跨界水权交易相匹配的跨界生态补偿和水资源费环节。而与水资源流循环系统相对应的资金链开环系统则是指一个由外部资金构成的资金支持系统。

与水资源开环系统相对应的资金链开环结构的关键在于跨界水权交易匹配的跨界生态补偿和水资源费。由于存在水资源外部供给，需要实施跨界生态补偿制度和水资源费制度与之相匹配。通过跨界生态补偿和水资源费为外部水资源的供给提供资金支持。这一资金链结构在跨界水权交易地区已经进行了相应的试点与推广。见图 26-4。

此外，从资金来源考察，与水资源闭环或开环相匹配的资金链系统还有另一种形式的开环结构。这一开环结构是以资金来源的开放性为特征。在天然水资源向水资源供给转化过程中，由于水资源费仍然处于较低水

① Barros A. I., Dekker R., Scholten V., "A Two-level Network for Recycling Sand: A Case Study", *European Journal of Operational Research*, No. 2, 1998.

② 魏洁、李军：《EPR 下的逆向物流回收模式选择研究》，《中国管理科学》2005 年第 11 期。

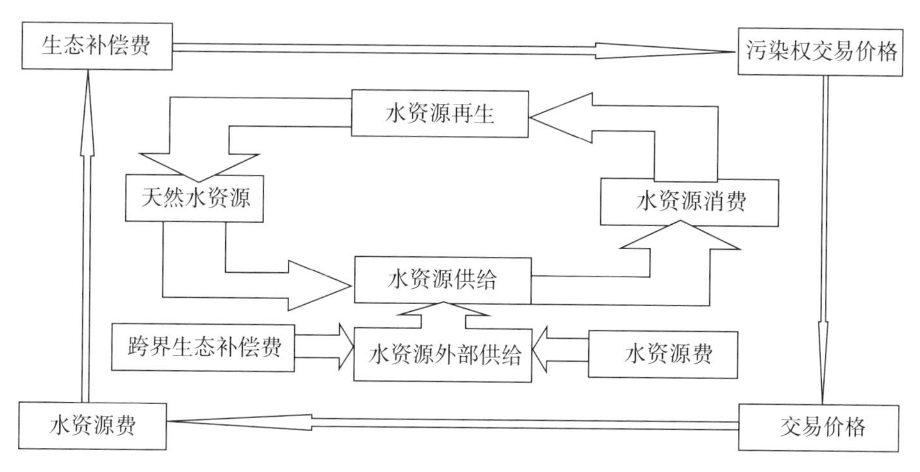

图 26-4　与水资源开环匹配的资金链开环系统

平，因此各级政府通常采用政府财政补贴的方式给水资源供给环节提供资金补贴。在水资源供给转化为水资源消费的环节中，存在着大量的政府主导或参与的水权交易，并以政府间财政支付方式提供水权交易资金。这一政府资金支持模式在我国的水权交易实践中占据了主导地位。在水资源消费转向水资源再生环节中还存在着大量污水处理费的政府财政资金投入。在水资源再生向天然水资源转化的环节上，各级政府投入了大量的由各级政府财政预算支出、政府专项资金和社会捐赠等形式的生态补偿费。至此，由政府财政预算支出、政府专项资金、财政补贴、社会捐赠等构成的水资源配置中的外部资金支持系统形成了一个资金链的开环结构。上述资金链开环结构作为资金链闭环的重要补充系统与资金链闭环一起构成了水资源有偿使用和生态补偿的内部闭环和外部开环支持的双向资金链系统。

另外，在上述资金链的开环系统中，与水资源配置密切相关的各利益相关方，如政府、社会组织、保险机构构成了开环系统的主要参与主体。政府不仅是宏观水资源管理的主体，也是水资源有偿使用和生态补偿系统的重要参与者。在现行治理结构中，各级政府甚至主导了整个水资源治理进程中的资金供给，而相应的社会组织和利益相关者并没有在资金链环节上发挥应有作用。资金链的开环系统设计就是要明确各利益主体在资金链中的地位与角色，进而有效分担水资源有偿使用和生态补偿制度建设中的资金投入。见图 26-5。

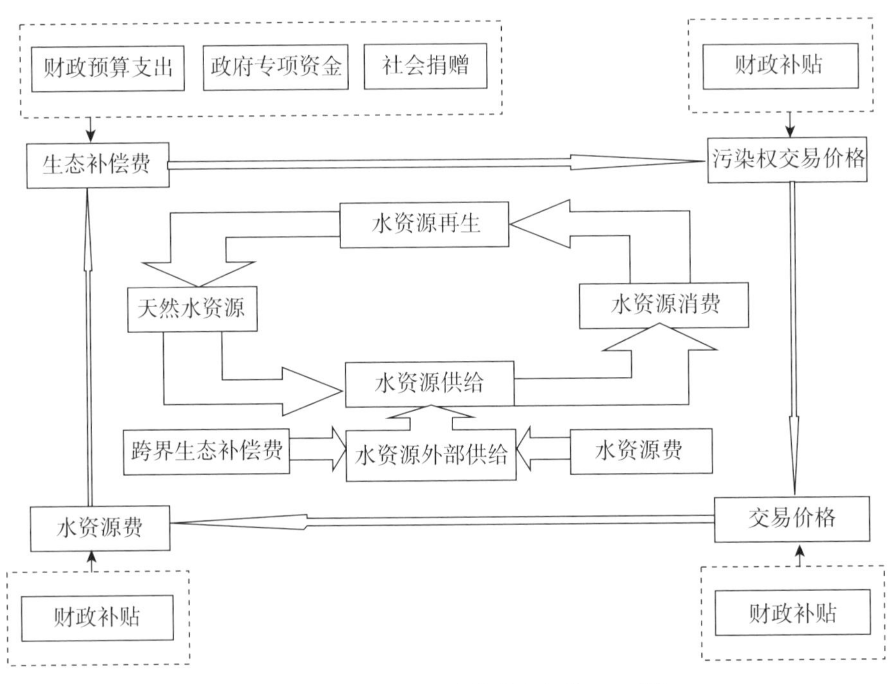

图 26-5 存在外部资金支持的资金链开环系统

资金链系统与水资源系统构成逆向循环。水资源费产生于天然水资源通过水资源费等转化为水资源供给品环节，相应的资金链向与水权交易中的水资源流向相反，进而构成资金逆水资源流动特征。水权交易和水资源交易资金是水资源供给品转化为水资源消费品的交易价格表现形式，也是逆资金链而动。水资源消费之后形成水污染物交易价格与交易费补充了水资源消费资金。上述逐项资金与水资源流形成逆向循环系统。

第五节 资金链循环系统构成的双向支持系统

水资源流循环的有效实施是水资源有偿使用和生态补偿制度建设的根本目标，而资金支持是实现水资源有偿使用和生态补偿的重要保障，也是水资源流循环有效运作的基础。在资金链的双向支持系统中，资金链循环作为资金支持的核心要素为水资源循环运转的各个重要环节提供稳定且持久的资金支持。资金链循环中的水资源费、水权交易、水资源交易和水污染权交易的实施主体——市场交易主体成为资金供给的主体。与水资源流循环方向相反，资金链循环系统是一个逆向闭环。在水资源不断地交易与转化过程中，资金链与水资源逆向而动，资金链循环系统辅助实现了水资源的交易与转化过程。但是考虑到水资源配置中存在的外部性以及市场主体培育不完善，在目前的资金链系统运作过程中，资金链闭环系统并没有作为核心制度有效运作起来。

现实中的资金支持系统依然由开环资金系统中的政府作为主体承担。开环中的资金链直接对应了闭环系统中各个资金链的关键节点。在水资源费节点上，政府财政资金也针对以水资源费为基础的水资源价格进行大量补贴。在水权交易环节，政府财政预算支出分担了大量的水权交易资金供给。在生态补偿过程中，各级政府依然承担了主要的资金补偿角色，为各个生态功能区、重点水源地的生态补偿提供资金支持。开环资金链属于外部资金注入水资源系统模式，其直接与闭环资金链相对应并间接依附于水资源流循环系统。

一个理想的资金链设计框架应当是由水资源循环系统内生的资金链闭环系统提供水资源循环的主要资金支持，由政府、社会和其他社会组织构成的资金链开环系统提供外部资金补充，最终构成一个由内部闭环和外部开环相结合的资金链双向支持系统以全面保障水资源有偿使用和生态补偿制度建设，最终实现水资源有效配置。

第六节　水资源有偿使用和生态补偿的资金链效率分析

支付主体、支付价格和资金链协调是资金链设计中的三个核心问题，关乎每一决策环节的决策效率与资金链整体的决策实现，是保证资金链良好运行的重要前提。在闭环资金链支持系统中，市场化分散决策是该支持系统的主要决策特征。市场交易主体作为闭环资金链的支付主体，通过分散化的市场竞争形成支付价格并实现支付决策均衡状态。在竞争性结构下该支付价格还满足了参与人的激励相容条件。如果竞争是充分的，市场是出清的，则资金链系统可以自动实现一般均衡状态，资金链的协调也可以自动实现。

退而求其次，在参与人数量有限，交易频率较低的前提下，不满足激励相容条件的均衡依然是可以实现的。因为水资源系统和资金链系统是一个动态循环系统，即便单一阶段的均衡结构以纳什均衡为标准，在以序贯博弈为基础的重复博弈过程中，均衡结构依然可以回到合作解的均衡状态。

假设在水资源流闭环和资金链闭环的匹配结构中，初始状态从自然水资源出发，通过动态序贯博弈模型，第一阶段实施生态补偿决策，第二阶段实施水资源费定价决策，第三阶段实施水权交易决策，第四阶段实施水污染权交易决策。依据序贯博弈模型的逆向归纳法求解过程，上述四阶段模型的均衡结构与协调问题首先从水污染权交易决策开始，依据水污染物排放总量和水质控制目标，设计水污染权市场化交易制度。一个较高的水权交易或水资源价格决定了水污染权交易价格水平。因此，在确定水污染物市场化交易价格之后、分析水权交易价格。确定了水权交易价格之后，水资源费定价也可以指定相应的标准和支付主客体。确定了水权交易价格之后，生态补偿标准和水污染权交易价格之后，生态补偿费也随之确定。生态补偿资金来源分别来自水权交易资金、水资源费和水污染权交易费三个部分。一般而言，越高的水权交易价格意味着越高的水资源费。上述基于序贯博弈均衡的资金链定价决策虽然不满足参与人激励相容条件，但是每一阶段都是一个纳什均衡策略，各阶段通过序贯决策行为实施协调，整体序贯博弈过程是稳健的。

但是，序贯博弈过程中，某一阶段参与者选择背离，则可以触发其后所有阶段都不再实现纳什均衡。应对上述触发战略，确保整个序贯博弈过程是稳健与协调的。博弈过程需要引入“两面”（two-phase）战略，即“胡萝卜加大棒”（carrot-and-stick）战略。对于阶段性博弈中的均衡背离实施惩罚，对均衡决策行为的坚持实施奖励。作为惩罚和奖励将由资金链开环系统和损害问责制度构成。

资金链开环系统中设计了以政府转移支付为主的资金支持系统。在天然水资源转变为水资源供给品的水权交易环节，各级政府可以对交易均衡状态的实现提供财政预算支出的交易奖励，以鼓励市场化交易行为的实现。在水资源费定价阶段，政府也可以实施财政补贴鼓励水资源费定价向着市场化供求关系决定的定价机制转化。而在水资源损害赔偿环节，除了赔偿制度之外，可以引入和完善社会保险制度，对水环境损害的风险和或然事件进行保险理赔，政府还可以启动惩罚性的问责制度。在生态补偿阶段，一个良好实施的生态补偿机制还可以附加外部资金奖励措施，如资金链开环中的财政预算支出，政府专项资金和社会捐赠等。

综上，依据资金链的闭环和开环双向支持系统的设计，逐一明晰了资金链设计中的市场化支付主体和政府支付主体、通过市场均衡条件确定资金链各环节的支付价格以及通过序贯博弈和“两面”战略实现资金链协调。据此，本节设计的闭环、开环双向资金链支持系统可以实现良好运行并确保水资源循环中的水资源有效配置。

第二十七章　水资源有偿使用和生态补偿制度的保障机制

除了资金链支持系统之外，水资源有偿使用和生态补偿实现机制及其共同治理框架的有效运作还需构建其他保障性制度。保障性机制主要包括信息披露机制、共同监督机制、政府协调机制、考核评价机制等。构建信息披露机制的目的在于实现信息公开透明，进而为其他各类保障制度服务；共同监督机制是共同治理理念实施的利益相关者监督制度；政府协调机制的推行在于外部性特征下的政府协调作用，制定相应的政府协调机制确保各级政府为实现水资源有偿使用和生态补偿制度提供有效的政府协调机制；考核评价机制在于对水资源有偿使用和生态补偿实现机制建设进行全面有效的考核与评价，并将考核结果与政府政绩、企业信用体系和个人信用体系相结合。

第一节　水资源有偿使用和生态补偿的信息披露机制建设

一、水资源价格信息披露机制

水资源价格中的相关信息包括水资源费、水资源税、工程费和污水处理费的设定、调整、征收、使用等信息。在上述需要披露的信息中，我国只有水价调整信息向社会公众披露，并进行相应的社会听证制度，而其他信息，如水资源费的设定、工程费的征收与调整依据、供水成本、污水处理费成本、水资源费的征收与使用情况等信息不透明，从而也影响了公正性。[①] 这一情形容易导致民众对水资源价格调整等问题产生抵触情绪。在实施水资源有偿使用实现机制改革过程中，若对水资源费或水资源税、工程费、污水处理费的设定、调整、征收和使用途径进行修订的信息没有有效的披露机制会出现制度实施和推行困难的问题。为此，构建一个公开透明的水资源价格设定、调整、征收与使用的信息披露机制，让社会公众了解水资源价格定价原则，调整原因，征收方式和使用途径，必要情形下让审计部门给出审计报告是推进水资源价格机制改革的有效保障。

水资源价格的信息披露机制构建涉及披露内容、披露方式和披露对象三个部分内容。信息披露内容包括水资源费、水资源税、水权交易价格、水资源价格、工程费和污水处理费的设定、调整、征收、使用等信息；披露方式包括公开听证制度、传统媒体公开制度、网络媒体（APP）公开制度等。披露对象一般为社会公众。水资源价格信息披露机制给予机制设计中的利益相关方提供了信息获取通道，并为实现机制设计论中的信息充分利用提供实现条件。见图 27-1。

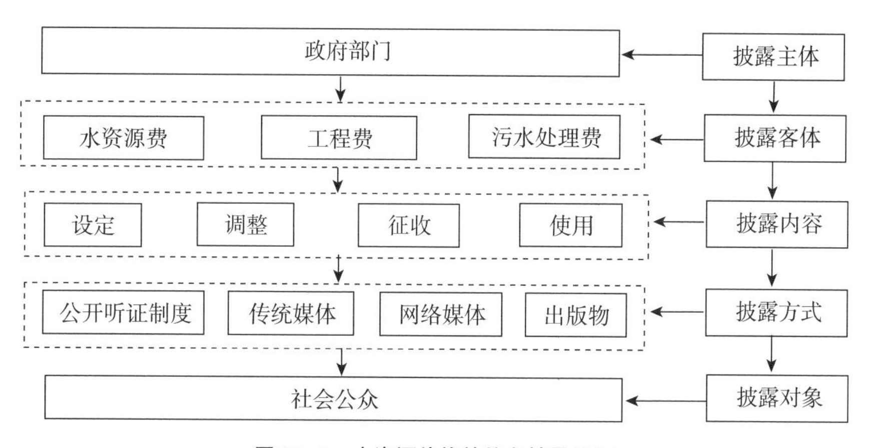

图 27-1 水资源价格的信息披露机制

① 沈大军:《中国水管理中的公正问题》,《水利学报》2005 年第 1 期。

二、水权交易信息披露机制

水权交易分为场内交易和场外交易。场内交易信息依据水权交易中心的信息披露制度进行披露。场外交易一般涉及政府间交易行为，相应的信息披露方式与内容不规范，不透明。但是，水权交易本身附带很多的补充条款，涉及大量的外部性问题，若水权交易信息披露不充分容易导致事后利益相关者的利益冲突和履约风险。因此，在构建水权交易实现机制的同时，亟待建立和完善水权交易信息披露机制。张郁对南水北调工程中的水权交易信息披露机制进行了研究，呼吁建设与完善信息披露制度。[①] 水权场内交易信息可以遵循交易中心的信息披露制度进行公开、及时的披露；场外交易信息则可以通过如下两种方式进行披露：第一种方式是借助场内交易的信息披露渠道进行常规披露；第二种方式是通过社会公共渠道进行披露，这些披露渠道包括传统媒体、网络媒体、听证制度等。水权交易信息披露内容主要包括交易规模、交易价格、交易对象，生态补偿措施，环境评估报告等。披露对象为社会公众及各利益相关者。见图 27-2。

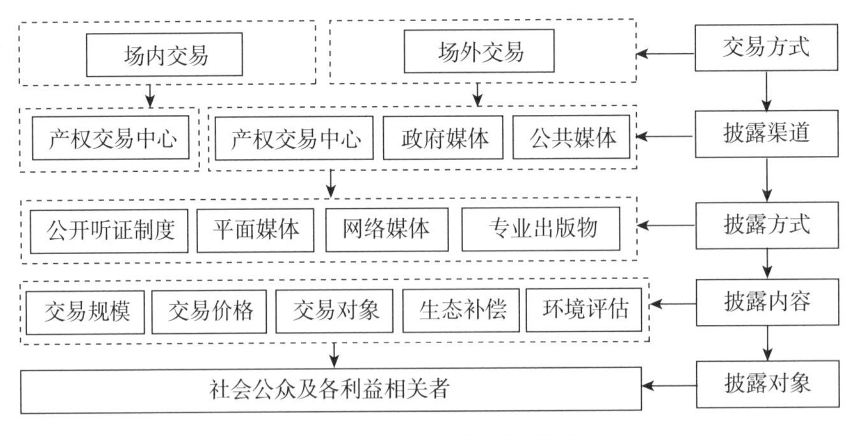

图 27-2　水权交易信息披露机制

① 张郁：《南水北调水资源配置中的政府宏观调控措施研究》，《水利经济》2008 年第 3 期。

三、水污染权交易的信息披露机制

水污染权交易一般采用的是场内交易模式。相关交易信息可以经由场内交易信息披露渠道进行公开披露。具有明显外部负效应的水污染权交易若相关交易信息披露不及时，披露内容不规范会导致利益相关者福利受损或环境危害。水污染权交易信息披露机制需要针对披露内容、披露方式和披露对象进行优化设计。相应的披露内容为交易量、交易对象，交易价格、交易内容。披露方式为通过交易中心进行公开披露，包括网络公开披露、传统媒体披露或定期出版物发布；披露对象为社会公众及其他利益相关者。见图 27-3。

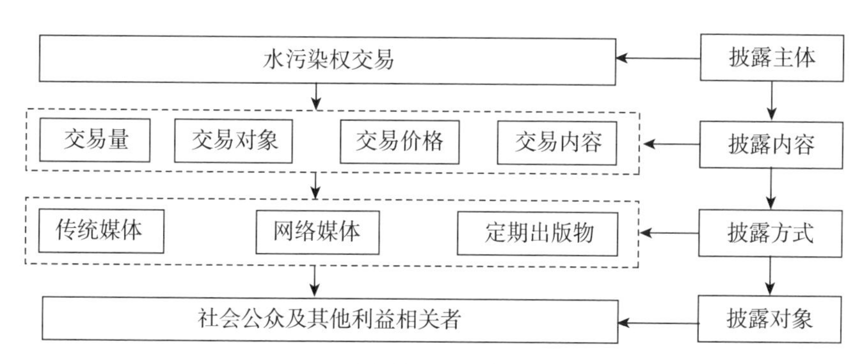

图 27-3　水污染权交易信息披露机制

四、水质监测的信息披露机制

水质检测涉及环保部门、水利部门和建设部门。各个部门都拥有相应的水质检测数据，但是水质检测信息及其披露机制并不完善，水质检测信息的共享机制缺乏。水利部积极启动构建全国水质检测系统，部分省市对辖区内主要江河断面水质进行监测并进行公开披露。[①] 浙江省杭州市采用

① 水利部:《将建全国水质检测系统》,《城镇供水》2012 年第 2 期。

APP 软件将市区河道断面水质进行实时公开披露，接受社会公众监督。[①] 在实施生态补偿机制的过程中，相关流域的江河湖泊断面水质监测数据是评价生态补偿实施效果的重要依据，也是动态生态补偿机制考核评价体系的重要内容。在推进生态补偿主体多元化和客体多元化的背景下，各个部门之间的水质数据需要联网合并向利益相关者及社会公众进行及时披露。可以由地方政府、流域管理委员会独立公布或委派专门机构进行联合披露，也可以合并纳入政府信息公开机制进行及时信息公开。[②] 河长制也是政府监督创新机制的一种新形式，甚至在浙江地区河长制扩大到了民间河长制监管模式。[③] 进一步披露机制涵盖信息披露内容、方式、披露对象等。水质监测的信息披露内容包括考核评价的断面水质时序数据。披露方式为考核周期内通过公共媒体、政府媒体或正式出版物进行公开披露。披露对象依然为生态补偿利益相关者及社会公众。见图 27-4。

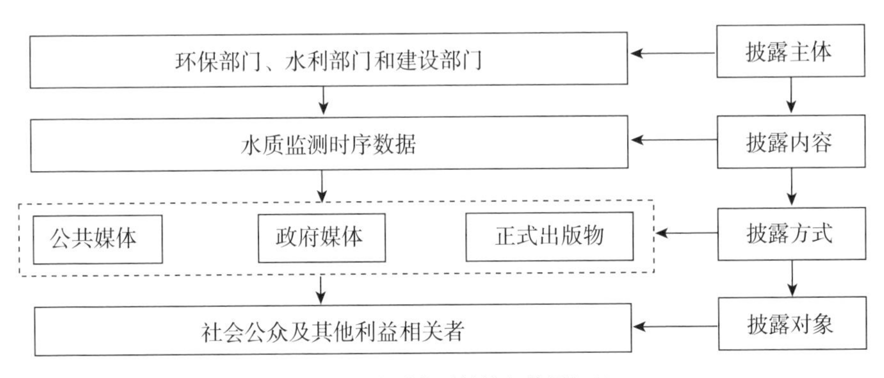

图 27-4 水质监测的信息披露机制

五、水生态补偿制度的信息披露机制

水生态补偿制度是一个涉及水生态环境保护和公共利益的制度安排，

---

① 沈满洪、李植斌、张迅等著：《2014/2015 浙江生态经济发展报告："五水共治" 的回顾与展望》，中国财政经济出版社 2015 年版，第 112 页。

② 周少林、饶和平、张兰：《长江流域与分行政区入河污染物总量监管管理探析》，《人民长江》2013 年第 12 期。

③ 何晴、陆一奇、钱学诚：《杭州市实施"河长制"的探索》，《中国水运》2014 年第 11 期。

需要履行信息披露义务。水生态补偿制度的披露内容包括生态补偿对象、补偿方式、补偿额度、补偿时间、动态补偿设计方案等；披露方式可以通过固定的信息发布渠道，如水资源管理部门的网站、出版物等，也可以通过公共信息网络进行披露。信息披露的对象依然为生态补偿利益相关者以及社会公众。见图 27-5。

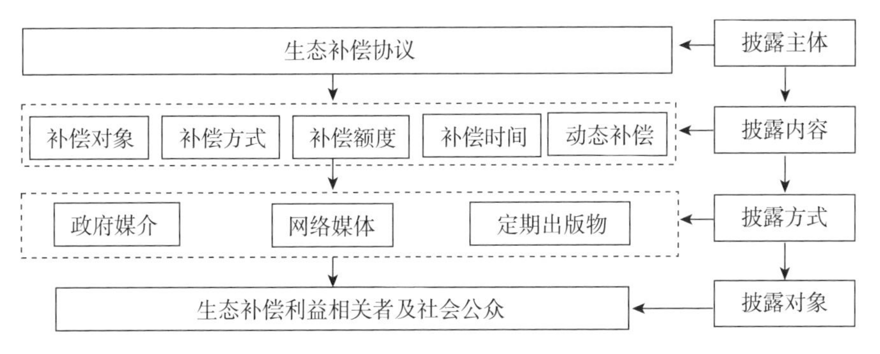

图 27-5　水生态补偿制度的信息披露机制

六、水生态补偿实施状况的信息披露机制

考虑到以政府为主的生态补偿主体、生态补偿实施效率等问题，水生态补偿实施状况也需要进行公开披露。披露机制应当包含披露内容、披露对象和披露方式三大部分。披露内容涵盖了生态补偿总体进度、分类进度、生态补偿对生态改善和生态保护的影响评价，生态补偿中的存在问题等；披露对象包括补偿主体和补偿客体在内的利益相关者以及广泛的社会公众；披露方式依然采用公开披露方式，通过政府管理部分的网站、出版物等进行实时或定期公布，也可以借助新型网络进行信息披露。见图 27-6。

第二节　水资源有偿使用和生态补偿的共同监督机制建设

信息披露的目的是实施有效监督。共同监督机制的基本框架源自利益

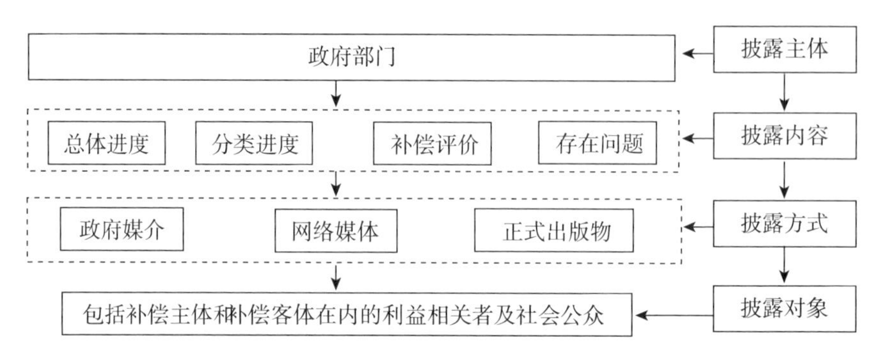

图 27-6 水生态补偿实施状况的信息披露

相关者共同治理理念。考虑到水资源有偿使用和生态补偿不可避免地涉及外部性问题，包括政府监督、利益相关者监督和独立第三方监督是共同监督机制中的核心内容。政府主体主要从行政管辖权入手进行水资源监督管理，行政管辖权对一部分外部性问题可以行使有效监督；利益相关者监督是指除政府之外的其他利益相关者从自身利益出发对水资源有偿使用和生态补偿实现机制进行监督，利益相关者监督可以弥补部分政府失灵现象；以非政府组织为代表的独立第三方监督旨在对部分政府失灵和市场失灵的领域行使有效监督。

一、政府监督机制

从行政管辖权入手实施政府监督是水资源治理不可缺少的重要环节。最严格水资源管理是政府监督管理的集中体现。[①] 在水资源有偿使用和生态补偿实现机制建设中，政府在水资源费、水资源税、工程水价、污水处理费、水权交易、水污染权交易和生态补偿各领域都可发挥重要的监督管理职能。按照政府行政管辖权的管理特征分为辖区监督机制、流域监督机制和跨界监督机制。

（一）政府辖区监督机制

政府辖区监督机制可以发挥行政区域管辖权的优势，对辖区范围内的

① 王卓甫、王梅、张坤等:《最严格水资源管理制度下用水总量统计工作机制设计》,《水利经济》2016 年第 2 期。

水资源价格改革、水权交易、水污染权交易和生态补偿实现机制建设实施有效行政监督。在水资源价格改革实践中，对于水资源费、水资源税、工程水价和污水处理费的设定实施有效的价格管制措施，以保障广泛的利益相关者权益。在水权交易实现机制改革中，政府对水权交易潜在的生态环境影响进行必要监督，防止过度的水权交易导致交易地区或下游地区生态环境损害。水污染权交易过程中，政府应对初始水污染权界定进行监督管理，对水污染权交易中的生态环境承载力进行动态监管，对企业和居民的污水偷排行为实施监督管理。在生态补偿实现机制建设中，政府应对辖区内的生态补偿机制的履约行为、实施状况进行充分的行政监督，确保生态补偿机制的有效实施。

（二）政府流域监督机制

水权交易、生态补偿，甚至水污染权交易存在较为普遍的跨行政管辖流域内实施情形。为此，更高一级的地方政府甚至是中央政府应当建立政府流域监督机制，承担流域监督职责。流域监督机制包括流域水权交易监督机制、生态补偿监督机制和水污染权监督机制。流域水权交易监督机制包含水权交易对赌协议的履约、水质状况实施监督。生态补偿监督机制体现在流域生态补偿制度履约监督。水污染权交易监督机制体现政府在流域内的水污染权统筹、交易规模和跨行政区的流域排污监管。

（三）政府跨界监督机制

政府跨界监督机制是指跨行政区域和跨流域的水权交易、生态补偿和水污染权交易中的政府监督机制。政府的行政权限局限于行政辖区。在跨行政区域或跨流域情形下，地方政府对非管辖区的水权交易、生态补偿和水污染权交易无法实施有效监督。地方政府可以建立包括跨行政区政府在内的多政府联合监督机制或跨界政府监督平台，实施联合监督。

二、利益相关者监督机制

（一）交易主体监督机制

利益相关者监督的核心是交易主体监督机制。在水资源费、工程水价、污水处理费的制订过程中，构建交易主体参与价格监督的实施路径和实现形式，完善价格听证制度和成本认定制度。在水权交易过程中，各主要交易主体在交易契约约定范围内实施有效的履约监督，防止交易违约或毁约。在水污染权交易中，交易主体需要确保水污染权交易的合法性和有效性，防止欺诈。在生态补偿实践中，交易主体需要对生态补偿的实施效果承担首要监督责任，通过合约约定、生态保护指标评价、实地检查等方式实施生态补偿的交易主体监督机制。

（二）社会公众监督机制

除了政府和交易主体之外，上下游企业、居民和广大社会公众也是重要的利益相关者群体。为提高社会公众的监督效率，需建立与完善社会公众监督机制的实施方式与实现形式。实施方式包括了事前、事中和事后监督。事前监督依据早期信息披露机制，对水资源价格、水权交易，水污染权交易、生态补偿改革实践对公共利益和生态环境的可能影响进行监督与建言。始终监督则依据实时或例行的信息披露机制，诸类改革实践推进程度、对公共利益和生态环境的实质影响进行监督与评价。事后监督则依据诸类改革实践对公共利益和生态环境的改善与损害结果进行最终评价，并促其整改与优化。

三、独立第三方监督机制

（一）审计部门的审计监督机制

在水资源费、工程水价、污水处理费、水权交易价格、水权交易规模、水污染权交易规模和价格、生态补偿规模与补偿实施状况评价等领域积极引入独立审计部门，制订详细的例行审计和随机审计规划，推进实施第三方审计与监督机制。部分地区可以试点引入独立的会计事务所对水资源价格、水权交易，水污染权交易、生态补偿改革实践中的人、财、物的使用状况、改革绩效进行审计监督。

（二）新闻媒体的舆论监督机制

新闻媒体的舆论监督也是水资源管理中的重要力量。在水资源价格制订、水权交易、水污染权交易和生态补偿实践中，建立与完善新闻媒体的舆论监督作用，健全传统媒体的监督形式，构建新型网络媒体的监督模式，积极引入网络媒体监督平台，移动端APP监督平台以及GPS技术等监督新形式。[①]

（三）非政府组织监督机制

非政府组织的监督机制是利益相关者监督体系的有效补充部分。随着社会经济发展，国内外非政府组织的规模越来越壮大。其中，以环境保护组织为代表的非政府组织从对环境关切出发直接或间接地参与实施水资源管理，对环境保护、生态修复等问题进行监督与管理。为此，建立和完善非政府组织参与水资源价格制订、水权交易、水污染权交易和生态补偿实践中的监督机制，制订非政府组织监督的实施路径和实现形式。建立非政府组织例行监督与随机监督相结合，项目监督与常规监督相结合的监督机制。

第三节　水资源有偿使用和生态补偿的政府协调机制建设

构建水资源有偿使用制度和生态补偿管理的政府协调机制，处理好各个管理主体和参与主体之间的相互关系，构建科学完善系统化的政府协调机制是保证管理制度有效性的重要保障。

一、中央政府协调机制

在省际和跨流域的水权交易以及生态补偿制度建设中，中央政府作为上级政府拥有天然的协调能力。中央政府应发挥在大规模的跨界水资源价格制定、水权交易、水污染权交易和生态补偿实践中的协助与调解作用，促进各地区水资源有偿使用和生态补偿制度及其实现机制的建立与完善。

① 李春光:《GPS技术在水文水资源检测方面的应用》,《绿色科技》2016年第8期。

中央政府的协调机制集中体现在跨界水权交易以及跨界生态补偿实践中。

（一）跨界水权交易中的中央政府协调机制

跨界水权交易包括跨行政区水权交易和跨流域水权交易两大类型。跨界水权交易关系到水权在地理区位上的转移，特别是省际间水权交易不可避免地涉及多个地方行政区域的行政管辖权协调问题。这一情形下特别强调中央政府的协调机制，应当建立中央政府层面的积极有效的协调机制，针对水资源过界、跨界交易中的水资源利用、土地转让、环境保护等问题进行协调。

（二）跨界生态补偿实践中的中央政府协调机制

跨界生态补偿实践相比水权交易更为复杂。跨界生态补偿对于补偿主体来说是一类生态保护与生态补偿之间的交易行为。对于补偿客体来说是生态保护机会成本与生态补偿之间的衡量关系。因此，跨界生态补偿的契约制订、履行、续约和修正存在着更多的不确定性和风险。在此情形下，中央政府应当奖励省际跨界生态补偿协调机制。构建鼓励、促进和保护跨界生态补偿的协调制度。中央政府在浙皖新安江生态补偿实践中充分发挥了政府协调作用，甚至直接出资参与了生态补偿制度中的补偿保证金机制。

二、地方政府协调机制

在地方政府行政管辖范围内，地方政府拥有较强的水资源管理协调能力。构建与完善地方政府在水资源价格制订、水权交易、水污染权交易和生态补偿实践中的协调机制，以便进一步保障诸类改革实践的顺利实施。

（一）水资源价格改革中的地方政府协调机制

水资源价格改革的基本趋向是市场化改革。但是考虑到水资源费、工程费和污水处理费等价格机制改革涉及基本民生问题，地方政府应当在供水主体、用水主体和社会公众之间承担积极的协调人角色。通过制订地方性水资源价格改革方案、地方性的水资源价格改革指导小组和听证制度，确保水资源价格改革符合最广泛的公众利益。

（二）水权交易改革实践中的地方政府协调机制

水权交易实现机制改革包括两大方面：一是场内交易机制；二是场外交易机制。改革的优先方向是发展与完善场内交易。地方政府在水权交易改革实践中所起的协调机制体现在协助完善场内交易机制，对场内交易的实现提供政策、法律、日常行政管理上的协调功能；在场外交易机制建设中，政府本身往往是交易的参与者，因此，地方政府的角色主要体现在交易主体方面。

（三）水污染权交易改革实践中的地方政府协调机制

水污染权交易改革实践中存在着水污染权界定、水污染权交割、水污染权使用情况等较多的市场机制无法有效解决的市场失灵问题。针对上述问题，地方政府应当提供必要的协调机制。地方政府的协调机制体现在地方生态环境的最大承载力测算，初始水污染权分配与协调。对企业间实施水污染权交易的事前、事中和事后事宜发挥协调作用。政府主持与参与水污染权交易中心的建设与完善工作。

（四）生态补偿改革实践中的地方政府协调机制

在生态补偿改革实践中，补偿主体方的地方政府往往充当主要的补偿代理人直接参与生态补偿实践，补偿客体方的地方政府也往往充当主要的接受补偿代理人参与生态补偿实践。在生态补偿市场化改革趋向下，上述两类地方政府依然需要承担起地方政府的协调机制。特别针对补偿主体和补偿客体之间的直接性生态补偿实践中遭遇的信息不对称、匹配困难、监督机制不完善等问题，地方政府应当有针对性地提供各类协调措施，确保生态补偿改革实践顺利推进。

三、地方政府间协调机制

限于行政管辖权的限制，地方政府很难在跨界生态补偿、跨界水权交易和跨界水污染权交易中发挥积极作用。但是，地方政府可以通过建立政府间协调机制来处理上述水资源改革实践中的跨界管理事务。跨行政区的政府间协调可以建立相应的政府间联席会议制度，跨流域协调可以建立流域管理机构，如流域管理委员会等部门专门负责地方政府间的水资源跨界、跨流域管理协调问题。

（一）政府间联席会议制度

针对跨行政区的水权交易、水污染权交易和生态补偿实践，应当建立与完善水资源管理的政府间联席会议制度。政府间联席会议可以由当事地方行政当局的政府部门、水资源管理部门、环保部门等职能部门建立事业部制的常设机构。针对联席会议管辖区域内的跨界水权交易、水污染权交易和生态补偿实践的事前、事中和事后行为提供积极有效的行政性协助。

（二）流域管理机构

针对跨流域的水权交易、水污染权交易和生态补偿实践，应当建立与完善流域管理机构。流域管理机构除了在水质监测、水污染防止和水权配置等传统领域发挥作用之外，需要在水权交易、水污染权交易和生态补偿实践中发挥新的建设性协调作用。各地方政府应当赋予流域管理机构在人、财和物上的支配权和一定的行政管理权限，积极法规协调作用可促进跨流域水权交易、水污染权交易和生态补偿实践发展。

第四节　水资源有偿使用和生态补偿的考核评价机制建设

一、政府年度考核评价机制

将水资源管理效率纳入政府年度考核评价机制。在生态补偿的链式机制中已经对地方政府链式分担机制进行了设计与论述。事实上，可以将水权交易、水污染权交易和生态补偿实践进展和实施效率全面纳入地方政府年度考核评价之中，利用价格听证制度、人大审议制度、政府公开问责等制度形式推进政府考核评价机制改革。弱化地方政府的 GDP 考核评价机制，强化生态和水环境治理在地方政府综合考核评价中的比重。在重点生态功能区，可以考虑将辖区地方政府的 GDP 考核废除，而将水资源管理效率纳入政府年度考核范畴。

二、企业信用考核评价机制

将企业水资源使用和管理行为纳入企业信息考核评价机制。全国普遍推行企业信用体系。信用制度在企业投资、信贷、纳税、债券融资和股权融资等领域起到越来越重要的作用。但是，企业在水资源使用效率和水资源管理中的违法行为、企业废水偷排行为等并未纳入企业信用体系。为提高企业水资源使用和管理的规范性和积极性，宜将企业水资源使用和管理行为纳入企业信息考核评价机制，充实企业信息评价体系，约束企业用水行为和排污行为。

三、个人信用考核评价机制

构建个人水资源利用行为信用考核评价机制，尝试将个人水资源利用行为纳入个人征信系统。利用个人和家庭的节水行为、房屋污水排放系统的达标率、月度耗水量等信息构建信用考核评价机制，并将其纳入目前正在大力推行的个人征信系统。将个人或家庭污染环境、无节制用水、房屋污水排放不达标等信息在征信系统予以曝光，进而影响其个人信用等级，以起到约束和规范个人水资源利用行为之目的。

附录：前期成果目录

一、获省部级领导肯定性批示的成果要报

1. 沈满洪：《妥善处理“五水共治”十大关系》，浙江省社会科学界联合会主办《浙江社科成果要报》2015 年第 16 期（2015 年 4 月 27 日），中共浙江省委原书记夏宝龙（2015. 4. 29）作肯定性批示。

2. 沈满洪：《关于建立和完善新安江流域跨界水环境补偿长效机制的对策建议》，杭州市委政策研究室等主办《决策参考》2014 年第 46 期（2014 年 11 月 24 日），杭州市人民政府原市长张鸿铭（2014. 11. 19）、原副市长张耕（2014. 12. 1）分别作肯定性批示，并被全国政协人口资源环境委员会采用，进而得到中共浙江省委原书记夏宝龙（2014. 12. 18）、中共浙江省委常委、杭州市委原书记龚正（2014. 12. 22）的肯定性批示。

3. 沈满洪：《“五水共治”的浙江经验》，得到中共浙江省委常委、宣传部部长葛慧君（2016. 7. 8）的肯定性批示。

4. 陈海嵩、杜群飞：《借鉴纽约经验　妥善推进千岛湖配水工程》，浙江省公共政策研究院等主办《公共政策内参》第 15321 期（2015 年 3 月 12 日），得到浙江省副省长黄旭明（2015. 3. 23）的肯定性批示，得到杭州市人民政府原市长张鸿铭（2015. 3. 23）的肯定性批示。

二、前期已经发表的学术论文

1. 沈满洪、程永毅：《中国工业水资源利用及污染绩效研究》，《中国地质大学学报》（社会科学版）2015 年第 1 期。《高等学校文科学术文摘》

2015 年第 2 期转摘。

2. 沈满洪、陈军、张蕾：《水资源经济制度研究综述》，《浙江大学学报》（人文社科版）2017 年第 3 期。

3. 沈满洪、谢慧明、王晋等：《生态补偿制度建设的“浙江模式”》，《中共浙江省委党校学报》2015 年第 3 期。

4. 沈满洪：《“两山”重要思想在浙江的实践研究》，《观察与思考》2016 年第 12 期。

5. 沈满洪、李太龙：《以水价改革促进工业节水》，《水工业市场》2015 年第 3 期。

6. 沈满洪：《“五水共治”的体制、机制、制度创新》，《嘉兴学院学报》2015 年第 1 期。

7. 沈满洪：《“两山”重要思想意义重大》，《中国社会科学报》2015 年 10 月 15 日。

8. 沈满洪：《绿水青山的价值实现》，《浙江日报》2015 年 4 月 3 日理论版。

9. 沈满洪：《浙江“五水共治”的基本经验》，《浙江日报》2015 年 7 月 10 日理论版。

10. 沈满洪：《“五水共治”的全国意义：弥足珍贵的实践经验》，《浙江日报》2016 年 10 月 9 日理论版。

11. 沈满洪：《“两山”重要思想的理论意蕴》，《浙江日报》2015 年 8 月 10 日理论版。

12. 谢慧明、沈满洪：《中国水制度的总体框架、结构演变与规制强度》，《浙江大学学报》（人文社科版）2016 年第 4 期。

13. 谢慧明、强朦朦、沈满洪：《我国水资源费征收标准的地区差异及其调整》，《学习与实践》2015 年第 12 期。

14. 谢慧明、俞梦绮、沈满洪：《我国水生态补偿财政资金运作模式研究：资金流向与补偿要素视角》，《中国地质大学学报》（人文社科版）2016 年第 5 期。

15. 谢慧明:《创新中国水制度组合范式》,《浙江日报》2016年8月19日理论版。

16. 李玉文、沈满洪、金诚:《基于SD方法的水资源有偿使用制度生态经济效应仿真研究——以浙江省为例》,《系统工程理论与实践》2017年第3期。

17. 陈真亮、李明华:《论水资源“生态红线”的国家环境义务及制度因应——以水质目标“反退化”为视角》,《浙江社会科学》2015年第10期,人大复印资料《生态环境保护》2016年第2期全文转载。

18. 陈真亮:《论禁止生态倒退的国家义务及其实现——基于水质目标的法律分析》,《中国地质大学学报》(哲学社会科学版)2015年第3期,人大复印资料《经济法学、劳动法学》2015年第9期全文转载。

19. 陈真亮:《我国环境基本国策之法定主义的规范分析》,《吉首大学学报》(社会科学版)2015年第3期。

20. 陈海嵩:《环境治理视阈下的“环境国家”——比较法视角的分析》,《经济社会体制比较》2015年第1期。

21. 魏楚、黄磊、沈满洪:《鱼和熊掌可以兼得么——对我国环境管制波特假说的检验》,《世界经济文汇》2015年第1期。

22. 王娟丽、马永喜:《水资源农民自主管理模式:运行机制与管理绩效》,《农村经济》2015年第1期。

23. 张翼飞、刘珺晔、张蕾、覃琼霞:《太湖流域水污染权交易制度比较分析——基于环湖六市的调研》,《中国环境管理》2017年第1期。

24. 张翼飞、王立彦:《推动经济发展与环境改善双赢》,《中国环境报》2016年3月23日。

25. 田信桥、缪若妮:《美国〈缓解水体资源损害的补偿规则〉考察及启示》,《中国环境法学评论(第11卷)》,科学文献出版社2015年版。

26. 姜渊:《论生态补偿的理性定位》,《理论与改革》2015年第4期。

参考文献

一、中文参考文献

[1]［德］汉斯·J. 沃尔夫、奥托·巴霍夫、罗尔夫·施托贝尔著:《行政法》(第二卷)，商务印书馆2002年版。

[2]［德］K. 茨威格特、H. 克茨著:《比较法总论》，法律出版社2003年版。

[3]［德］毛雷尔著:《行政法学总论》，法律出版社2000年版。

[4]［美］罗伯特·D. 考特、托马斯·S. 尤伦著:《法和经济学》，上海三联书店、上海人民出版社1994年版。

[5]［美］约翰·E. 克里贝特著:《财产法：案例与材料》，中国政法大学出版社2003年版。

[6]［日］盐野宏著:《行政法》，法律出版社1999年版。

[7]［英］A. C. 庇古著:《福利经济学》，商务印书馆2006年版。

[8]［英］阿尔弗雷德·马歇尔著:《经济学原理》，人民日报出版社2009年版。

[9]［英］马丁·格里菲斯编著:《欧盟水框架指令手册》，水利水电出版社2008年版。

[10] 埃瑞克·G. 菲吕博顿、鲁道夫瑞切特著:《新制度经济学》，上海财经大学出版社1998年版。

[11] 邦德著:《生态补偿机制：市场与政府的作用》，社会科学文献出版社2007年版。

[12] 包存宽、张敏、尚金城:《流域水污染物排放总量控制研究——以吉林省松花江流域为例》,《地理科学》2000年第1期。

[13] 包群、邵敏、杨大利:《环境管制抑制了污染排放吗?》,《经济研究》2013年第12期。

[14] 薄晓波:《可持续发展的法律定位再思考——法律原则识别标准探析》,《甘肃政法学院学报》2014年第3期。

[15] 薄晓波:《污染环境罪司法解释评析》,《环境经济》2013年第10期。

[16] 毕军、周国梅、张炳等:《排污权有偿使用的初始分配价格研究》,《经济政策》2007年第7A期。

[17] 财政部:《财政部将推动建立污染权有偿使用和交易制度》,《人造纤维》2014年第4期。

[18] 蔡成林、毛春梅:《两部制水资源费征收政策探讨》,《节水灌溉》2014年第7期。

[19] 蔡守秋著:《环境资源法教程》,高等教育出版社2010年版。

[20] 蔡守秋:《论水权体系和水市场》,《中国法学》2001年增刊。

[21] 蔡守秋:《论我国法律体系生态化的正当性》,《法学论坛》2013年第2期。

[22] 蔡守秋:《论政府环境责任的缺陷与健全》,《河北法学》2008年第3期。

[23] 蔡守秋:《自然资源有偿使用和自然资源市场调整》,《法学杂志》2004年第11期。

[24] 曹明德:《论我国水资源有偿使用制度——我国水权和水权流转机制的理论探讨与实践评析》,《中国法学》2004年第1期。

[25] 曹永潇、方国华、毛春梅:《我国水资源费征收和使用现状分析》,《水利经济》2008年第5期。

[26] 曾睿:《20世纪六七十年代美国水污染控制的法治经验及启示》,《重庆交通大学学报》(社会科学版)2014年第6期。

[27] 曾文慧:《流域越界污染规制：对中国跨省水污染的实证研究》,《经济学（季刊）》2008 年第 2 期。

[28] 曾雪婷、李永平:《我国差异化水资源费调整机制研究》,《中国水利》2013 年第 16 期。

[29] 柴盈、曾云敏:《管理制度对我国农田水利政府投资效率的影响》,《农业经济问题》2012 年第 2 期。

[30] 常亮:《基于准市场的跨界流域生态补偿机制研究——以辽河流域为例》，大连理工大学，博士论文，2013 年。

[31] 常永胜:《产权理论与环境保护》,《复旦学报》(社会科学版) 1995 年第 3 期。

[32] 陈晨、杭春燕:《南京全面启动污染权交易》,《新华日报》2015 年 12 月 25 日。

[33] 陈慈阳著:《环境法总论》，中国政法大学出版社 2003 年版。

[34] 陈德敏著:《节约型社会法律保障论》，人民出版社 2008 年版。

[35] 陈海嵩:《可交易水权制度构建探析——以澳大利亚水权制度改革为例》,《水资源保护》2011 年第 3 期。

[36] 陈贺、杨志峰:《基于效用函数的阶梯式自来水水价模型》,《资源科学》2006 年第 1 期。

[37] 陈健、胡艳超:《我国入河湖排污总量控制管理现状分析》,《水利发展研究》2016 年第 1 期。

[38] 陈锦其:《浙江生态补偿机制的实践、意义和完善策略研究》,《中共杭州市委党校学报》2010 年第 6 期。

[39] 陈雷:《积极践行新时期治水思路，奋力开创节水治水管水兴水新局面》,《中国水利》2015 年第 1 期。

[40] 陈敏著:《行政法总论》(第 4 版)，神州图书出版社 2004 年版。

[41] 陈明忠:《水资源费是国家水资源所有权的经济体现》,《水利经济》1992 年第 2 期。

[42] 陈庆能、沈满洪:《排污权交易模式的比较研究》,《生态经济》

2009 年第 10 期。

[43] 陈庆秋、薛建枫、周永章:《城市水系统环境可持续性评价框架》,《中国水利》2004 年第 3 期。

[44] 陈润、甘升伟、石亚东等:《新安江流域取水许可总量控制指标体系研究》,《水资源保护》2011 年第 2 期。

[45] 陈晓光、徐晋涛、季永杰:《城市居民用水需求影响因素研究》,《水利经济》2005 年第 6 期。

[46] 陈永霞、薛惠锋、王媛媛等:《基于系统动力学的环境承载力仿真与调控》,《计算机仿真》2010 年第 2 期。

[47] 陈有祥:《我国生态补偿资金的财政绩效评估》,《中南财经政法大学学报》2014 年第 3 期。

[48] 程滨、田仁生、董战峰:《我国流域生态补偿标准实践:模式与评价》,《生态经济》2012 年第 4 期。

[49] 程承坪、伍新木:《水资源的特点及其对构建我国水权管理体制的启示》,《软科学》2005 年第 6 期。

[50] 崔建远:《水权与民法理论及物权法典的制定》,《法学研究》2003 年第 2 期。

[51] 达利庆、徐南荣、何建敏等:《城市水环境政策仿真模型及其应用》,《系统工程理论与实践》1987 年第 2 期。

[52] 戴天晟、赵文会、顾宝炎等:《基于实物期权理论的水权期权价值评估模型》,《系统工程》2009 年第 5 期。

[53] 戴向前、刘卓、柳长顺:《建立容量水资源费征收制度的初步探讨》,《中国水利》2010 年第 23 期。

[54] 单以红:《关于水资源费性质的分析》,《安徽农业科学》2011 年第 39 期。

[55] 邓晓红、徐中民:《内陆河流域试验拍卖水权定价影响因素——以黑河流域甘州区为例》,《生态学报》2012 年第 5 期。

[56] 董凤丽、韩洪云:《沈阳市城镇居民生活用水需求影响因素分

析》,《水利经济》2006 年第 3 期。

[57] 董正举、严岩、段靖等:《国内外流域生态补偿机制比较研究》,《人民长江》2010 年第 8 期。

[58] 钭晓东、黄秀蓉:《论中国特色社会主义环境法学理论体系》,《法制与社会发展》2014 年第 6 期。

[59] 杜群:《生态补偿的法律关系及其发展现状和问题》,《现代法学》2005 年第 3 期。

[60] 杜荣江、张钧:《水资源浪费的经济学分析与控制对策》,《河海大学学报》(自然科学版) 2007 年第 6 期。

[61] 段靖、严岩、王丹寅等:《流域生态补偿标准中成本核算的原理分析与方法改进》,《生态学报》2010 年第 1 期。

[62] 黄锡生:《权的概念和体系》,《法学》2004 年第 4 期。

[63] 范俊荣:《浅析我国的环境问责制》,《环境科学与技术》2009 年第 6 期。

[64] 范英英、刘永、郭怀成等:《北京市水资源政策对水资源承载力的影响研究》,《资源科学》2005 年第 5 期。

[65] 方国华、谈为雄、陆桂华等:《论水资源费的性质和构成》,《河海大学学报》(自然科学版) 2000 年第 6 期。

[66] 冯海燕、张昕、李光永等:《北京市水资源承载力系统动力学模拟》,《中国农业大学学报》2006 年第 6 期。

[67] 傅涛、张丽珍、常杪等:《城市水价的定价目标、构成和原则》,《中国给水排水》2006 年第 6 期。

[68] 甘泓、秦长海、汪林等:《水资源定价方法与实践研究Ⅰ:水资源价值内涵浅析》,《水利学报》2012 年第 3 期。

[69] 高立洪:《一场水到渠成的革命》,《新华文摘》2004 年第 19 期。

[70] 高利红、周勇飞:《环境法的精神之维——兼评我国新〈环境保护法〉之立法目的》,《郑州大学学报》(哲学社会科学版) 2015 年第 1 期。

[71] 高彦春、刘昌明:《区域水资源系统仿真预测及优化决策研

究——以汉中盆地平坝区为例》,《自然资源学报》1996年第1期。

[72] 郭怀成、戴永立、王丹等:《城市水资源政策实施效果的定量化评估》,《地理研究》2004年第6期。

[73] 郭梅、彭晓春、滕宏林:《东江流域基于水质的水资源有偿使用与生态补偿机制》,《水资源保护》2011年第3期。

[74] 郭清斌、马中、周芳:《可持续发展要求下的城市水价定价方法及应用》,《中国人口·资源与环境》2013年第2期。

[75] 韩德林、陈正江:《运用系统动力学方法研究绿洲经济—生态系统——以玛纳斯绿洲为例》,《地理学报》1994年第4期。

[76] 韩德培著:《环境保护法教程》, 法律出版社2015年版。

[77] 韩俊丽、段文阁、李百岁:《基于SD模型的少水地区城市水资源承载力模拟与预测——以包头市为例》,《少水地区资源与环境》2005年第4期。

[78] 韩晓霞、朱广伟、吴志旭等:《新安江水库(千岛湖)水质时空变化特征及保护策略》,《湖泊科学》2013年第6期。

[79] 韩宇平、阮本清:《水资源短缺风险经济损失评估研究》,《水利学报》2007年第10期。

[80] 郝俊英、黄桐城:《环境资源产权理论综述》,《经济问题》2004年第6期。

[81] 何宏谋、张楠:《引汉济渭水权置换研究总体思路》,《中国水利》2013年第20期。

[82] 何俊仕、尉成海、王教河著:《流域与区域相结合水资源管理理论与实践》, 中国水利水电出版社2006年版。

[83] 何盼、魏琦、张炳:《基于汇流单元的水污染物排污权交易比率研究》,《水资源环境保护》2013年第3期。

[84] 何晴、陆一奇、钱学诚:《杭州市实施“河长制”的探索》,《中国水运》2014年第11期。

[85] 赫维茨、瑞特著:《经济机制设计》, 格致出版社2014年版。

[86] 侯风云:《城市水业市场化演进中的水价改革路径分析》,《福建论坛》(人文社会科学版) 2011 年第 2 期。

[87] 胡鞍钢、王亚华:《转型期水资源配置的第三种思路: 准市场和政治民主协商》,《中国软科学》2000 年第 5 期。

[88] 胡鞍钢:《以制度建设促进中国治水走向"良治"》,《水利发展研究》2004 年第 2 期。

[89] 胡德胜:《水人权: 人权法上的水权》,《河北法学》2006 年第 5 期。

[90] 胡德胜:《中美澳流域取用水总量控制制度比较研究》,《重庆大学学报》(社会科学版) 2013 年第 5 期。

[91] 胡洪营、石磊、许春华等:《区域水资源介循环利用模式: 概念·结构·特征》,《环境科学研究》2015 年第 6 期。

[92] 胡华龙、金晶、郝永利:《探索建立环境污染终身责任追究制度》,《环境保护》2012 年第 16 期。

[93] 胡继连、葛颜祥:《黄河水资源的分配模式与协调机制——兼论黄河水权市场的建设和管理》,《管理世界》2004 年第 8 期。

[94] 胡明、杨永德、雒文生:《跨界取水水资源费征收的博弈分析》,《水利学报》2008 年第 4 期。

[95] 胡学军:《环境侵权中的因果关系及其证明问题评析》,《中国法学》2013 年第 5 期。

[96] 胡震云、雷贵荣、韩刚:《基于水资源利用技术效率的区域用水总量管制》,《河海大学学报》(自然科学版) 2010 年第 1 期。

[97] 黄德春、郭弘翔:《长三角跨界水污染排污权交易机制构建研究》,《华东经济管理》2010 年第 5 期。

[98] 黄锦堂:《"我国"水权核发以及事后管制缺失之检讨》,"行政院""国家"科学委员会, 1994 年。

[99] 黄俊杰、施铭权、辜仲明:《水权管制手段之发展——以德国、日本及美国法制之探究为中心》,《厦门大学法律评论》2006 年第 1 期。

[100] 黄林楠、张伟新、姜翠玲等:《水资源生态足迹计算方法》,《生态学报》2008 年第 3 期。

[101] 黄润源:《论我国生态补偿法律制度的完善》,《法制论丛》2010 年第 11 期。

[102] 黄舒芃:《比较法作为法学方法——以宪法领域之法比较为例》,《月旦法学杂志》2005 年第 5 期。

[103] 黄锡生、夏梓耀:《论环境污染侵权中的环境损害》,《海峡法学》2011 年第 1 期。

[104] 黄霞、胡中华:《我国流域管理体制的法律缺陷及其对策》,《中国国土资源经济》2009 年第 3 期。

[105] 姬鹏程、张璐琴著:《珍惜生命之水,构建生态文明——供水价格体系研究》,科学技术出版社 2014 年版。

[106] 吉嘉伍:《新制度政治学中的正式和非正式制度》,《社会科学研究》2007 年第 5 期。

[107] 贾爱玲:《环境损害救济的企业互助基金制度研究》,《云南社会科学》2011 年第 1 期。

[108] 贾绍凤、张杰:《变革中的中国水资源管理》,《中国人口·资源与环境》2011 年第 10 期。

[109] 贾绍凤、曹月:《美国犹他州水权管理制度及其对我国的启示》,《水利经济》2011 年第 6 期。

[110] 贾绍凤、张士锋:《北京市水价上升的工业用水效应分析》,《水利学报》2003 年第 4 期。

[111] 贾绍凤、张士锋、杨红等:《工业用水与经济发展的关系——用水库兹涅茨曲线》,《自然资源学报》2004 年第 3 期。

[112] 贾泽民:《山西省水费改革工作取得进展》,《中国水利》1983 年第 4 期。

[113] 姜文来:《水权及作用探讨》,《中国水利》2000 年第 12 期。

[114] 姜昱汐、迟国泰、严丽俊:《基于最大熵原理的线性组合赋权方

法》,《运筹与管理》2011 年第 1 期。

［115］焦得生、杨景斌、贺伟程等:《中国水资源评价概述》,《水文》1986 年第 5 期。

［116］接玉梅、葛颜祥、李颖:《我国流域生态补偿研究进展与述评》,《山东农业大学学报》(社会科学版) 2012 年第 1 期。

［117］晋海、张达辛:《环境侵权民事责任浅探》,《环境导报》1998 年第 6 期。

［118］科斯著:《论生产的制度结构》, 上海三联书店 1994 年版。

［119］匡耀求、黄宁生:《中国水资源利用与水环境保护研究的若干问题》,《中国人口·资源与环境》2013 年第 4 期。

［120］赖力、黄贤金、刘伟良:《生态补偿理论、方法研究进展》,《生态学报》2008 年第 6 期。

［121］赖敏、吴绍洪、尹云鹤等:《三江源区基于生态系统服务价值的生态补偿额度》,《生态学报》2015 年第 2 期。

［122］雷玉桃、黎锐锋:《中国工业用水影响因素的长期动态作用机理》,《中国人口·资源与环境》2015 年第 2 期。

［123］李昌彦、王慧敏、佟金萍等:《基于 CGE 模型的水资源政策模拟分析——以江西省为例》,《资源科学》2014 年第 1 期。

［124］李成艾、孟祥霞:《水环境治理模式创新向长效机制演化的路径研究——基于“河长制”的思考》,《城市环境与城市生态》2015 年第 6 期。

［125］李春光:《GPS 技术在水文水资源检测方面的应用》,《绿色科技》2016 年第 8 期。

［126］李国平、李潇、萧代基:《生态补偿的理论标准与测算方法探讨》,《经济学家》2013 年第 2 期。

［127］李玲、陶锋:《中国制造业最优环境规制强度的选择——基于绿色全要素生产率的视角》,《中国工业经济》2012 年第 5 期。

［128］李胜兰、初善冰、申晨:《地方政府竞争、环境规制与区域生态

效率》,《世界经济》2014 年第 4 期。

[129] 李世祥、成金华、吴巧生:《中国水资源利用效率区域差异分析》,《中国人口·资源与环境》2008 年第 3 期。

[130] 李太龙、沈满洪:《促进工业节水的水价调控战略研究》,《河海大学学报》(哲学社会科学版) 2015 年第 4 期。

[131] 李眺:《我国城市供水需求侧管理与水价体系研究》,《中国工业经济》2007 年第 2 期。

[132] 李同升、徐冬平:《基于 SD 模型下的流域水资源社会经济系统时空协同分析——以渭河流域关中段为例》,《地理科学》2006 年第 5 期。

[133] 李维乾、解建仓、李建勋等:《基于系统动力学的闭环反馈水资源优化配置研究》,《西北农林科技大学学报》2013 年第 11 期。

[134] 李文华、刘某承:《关于中国生态补偿机制建设的几点思考》,《资源科学》2010 年第 5 期。

[135] 李小平、卢现祥:《国际贸易、污染产业转移和中国工业 CO_2 排放》,《经济研究》2010 年第 1 期。

[136] 李晓光、苗鸿、郑华等:《生态补偿标准确定的主要方法及其应用》,《生态学报》2009 年第 8 期。

[137] 李雪松:《中国水资源制定研究》, 武汉大学, 博士学位论文, 2005 年。

[138] 李翊著:《环境污染损害赔偿计算标准》, 中国法制出版社 2004 年版。

[139] 李挚萍:《环境基本法立法目的探究》,《中山大学学报》(社会科学版) 2008 年第 6 期。

[140] 李智慧:《论水价形成机制的动态化与法治化》,《给水排水动态》2011 年第 2 期。

[141] 廖虎昌、董毅明:《基于 DEA 和 Malmquist 指数的西部 12 省水资源利用效率研究》,《资源科学》2011 年第 2 期。

[142] 廖永松:《灌溉水价改革对灌溉用水、粮食生产和农民收入的影

响分析》,《中国农村经济》2009 年第 1 期。

[143] 林伯强、李爱军:《碳关税对发展中国家的影响》,《金融研究》2010 年第 12 期。

[144] 刘恩媛:《论国际环境损害赔偿归责原则的客观化及体系构建》,《改革与战略》2009 年第 5 期。

[145] 刘风景:《立法目的条款之法理基础及表述技术》,《法商研究》2013 年第 3 期。

[146] 刘华军、杨骞:《环境污染、时空依赖与经济增长》,《产业经济研究》2014 年第 1 期。

[147] 刘辉、周莹莹、马文哲:《环境侵权损害赔偿体系构建的探析》,《环境科学与管理》2011 年第 9 期。

[148] 刘继为、刘邦凡、崔叶竹:《环境问责机制的理论特质与结构体系研究》,《国土与自然资源研究》2014 年第 4 期。

[149] 刘佳奇:《我国政府环境责任追究制度的问题及完善》,《沈阳工业大学学报》2011 年第 1 期。

[150] 刘嘉、袁国宝:《论农业环境损害赔偿的法律制度——以〈湖北省农业环境保护条例〉为例》,《农业环境保护》1994 年第 5 期。

[151] 刘年磊、蒋洪强、卢亚灵等:《总量控制目标分配研究》,《中国人口资源与环境》2014 年第 5 期。

[152] 刘强、王波、陈广才:《我国水权制度建设与当前水资源管理制度的关系及问题分析》,《中国水利》2014 年第 20 期。

[153] 刘世庆、许英明:《我国城市水价机制与改革路径研究综述》,《经济学动态》2012 年第 1 期。

[154] 刘亭:《"多规合一"的顶层设计》,《浙江经济》2014 年第 16 期。

[155] 刘文琨、裴源生、赵勇等:《水资源开发利用条件下的流域水循环研究》,《南水北调与水泥科技》2013 年第 1 期。

[156] 刘文琨、肖伟华、黄介生等:《水污染物总量控制研究进展及问

题分析》,《中国农村水利水电》2011 年第 8 期。

[157] 刘希胜、贾绍凤、杨芳等:《我国水资源费征收存在的问题及调整建议》,《水利经济》2014 年第 5 期。

[158] 刘晓君、闫俐臻、白妤:《基于模糊数学模型的居民生活用水资源水价的定价方法研究——以西安市为例》,《西安建筑科学大学学报》2014 年第 3 期。

[159] 刘昕、李继伟、朱崇辉等:《工业用水量的价格弹性分析》,《节水灌溉》2009 年第 10 期。

[160] 刘莹、黄季焜、王金霞:《水价政策对灌溉用水及种植收入的影响》,《经济学》(季刊) 2015 年第 4 期。

[161] 刘玉龙、阮本清、张春玲等:《从生态补偿到流域生态共建共享——兼以新安江流域为例的机制探讨》,《中国水利》2006 年第 10 期。

[162] 刘长兴:《环境损害赔偿法的基本概念和框架》,《中国地质大学学报》(社会科学版) 2010 年第 3 期。

[163] 刘振邦:《水资源统一管理的体制性障碍和前瞻性分析》,《中国水利》2002 年第 1 期。

[164] 柳萍、王鑫勇、任益萍:《排污权交易制度与价格管理研究》,《价格理论与实践》2012 年第 3 期。

[165] 龙爱华、徐中民、王浩等:《水权交易对黑河干流种植业的经济影响及优化模拟》,《水利学报》2006 年第 11 期。

[166] 陆文聪、覃琼霞:《以节水和水资源优化配置为目标的水权交易机制设计》,《水利学报》2012 年第 3 期。

[167] 陆旸:《从开放宏观的视角看环境污染问题:一个综述》,《经济研究》2012 年第 2 期。

[168] 罗小娟、曲福田、冯淑怡等:《太湖流域生态补偿机制的框架设计研究——基于流域生态补偿理论及国内外经验》,《南京农业大学学报》(社会科学版) 2011 年第 1 期。

[169] 罗垚:《科斯与威廉姆森的交易费用理论的比较分析》,《中国市

场》2012 年第 36 期。

［170］吕睿喆、翁白莎、严登明等:《气候变化背景下乌梁素海流域水循环系统的演变特征》,《水资源与水工程学报》2015 年第 6 期。

［171］吕忠梅主编:《湖北水资源发展报告 2010》, 北京大学出版社 2011 年版。

［172］吕忠梅著:《环境法学》, 法律出版社 2008 年版。

［173］吕忠梅:《环境资源法视野下的新〈水法〉》,《法商研究》2003 年第 4 期。

［174］马庆华、杜鹏飞:《新安江流域生态补偿政策效果评价研究》,《中国环境管理》2015 年第 3 期。

［175］马晓强、韩锦绵:《水权交易第三方效应辨识研究》,《中国人口・资源与环境》2011 年第 12 期。

［176］马中、Dan Dudek、吴健等:《论总量控制与排污权交易》,《中国环境科学》2002 年第 1 期。

［177］马忠玉、蒋洪强:《我国水循环经济若干理论问题及其发展对策》,《中国地质大学学报》(社会科学版) 2006 年第 6 期。

［178］毛春梅、蔡成林:《英国澳大利亚取水费征收政策对我国水资源费征收的启示》,《水资源保护》2014 年第 2 期。

［179］毛春梅:《工业用水量的价格弹性计算》,《工业用水与废水》2005 年第 3 期。

［180］毛峰、曾香:《生态补偿的机理与准则》,《生态学报》2006 年第 11 期。

［181］孟戈、王先甲:《水权交易的效率分析》,《系统工程》2009 年第 5 期。

［182］孟浩、白杨、黄宇驰等:《水源地生态补偿机制研究进展》,《中国人口・资源与环境》2012 年第 10 期。

［183］米娜:《浅析环境损害赔偿权利人的确定》,《内蒙古大学学报》(哲学社会科学版) 2013 年第 5 期。

[184] 穆治霖:《重点强化政府责任切实提高违法成本》,《环境保护》2007 年第 20 期。

[185] 那艳茹:《美国水资源管理与利用值得借鉴的几个问题》,《北方经济》1997 年第 4 期。

[186] 南水北调城市水资源规划组:《南水北调城市水资源规划简介》,《中国水利》2003 年第 1 期。

[187] 牛桂敏:《循环经济发展中资源价格机制的创新》,《云南财经大学学报》2008 年第 3 期。

[188] 潘文卿、李子奈著:《计量经济学(第三版)》,高等教育出版社 2000 年版。

[189] 裴丽萍:《可交易水权论》,《法学评论》2007 年第 4 期。

[190] 裴丽萍:《论水资源国家所有的必要性》,《中国法学》2003 年第 5 期。

[191] 裴丽萍:《水权制度初论》,《中国法学》2001 年第 1 期。

[192] 裴丽萍著:《水资源市场配置法律制度研究——一个以水资源利用为中心的水权制度构想》,法律出版社 2001 年版。

[193] 戚道孟:《论海洋环境污染损害赔偿纠纷中的诉讼原告》,《中国海洋大学学报》(社会科学版)2004 年第 1 期。

[194] 齐学斌、黄仲冬、乔冬梅等:《灌区水资源合理配置研究进展》,《水科学进展》2015 年第 2 期。

[195] 钱龙霞、张韧、王红瑞等:《基于 MEP 和 DEA 的水资源短缺风险损失模型及其应用》,《水利学报》2015 年第 10 期。

[196] 钱水苗、王怀章:《论流域生态补偿的制度构建:从社会公正的视角》,《中国地质大学学报》(社会科学版)2005 年第 5 期。

[197] 钱正英:《关于〈中华人民共和国水法(草案)〉的说明》,《中国水利》1988 年第 2 期。

[198] 钱正英、陈家琦、冯杰:《转变发展方式——中国水利的战略选择》,《求是杂志》2009 年第 8 期。

[199] 钱正英、马国川:《中国水利六十年》,《读书》2009 年第 11 期。

[200] 乔晓楠、段小刚:《总量控制、区际排污指标分配与经济绩效》,《经济研究》2012 年第 10 期。

[201] 秦天宝:《程序正义：公众环境权益保障新理念——〈环境保护公众参与办法〉解读》,《环境保护》2015 年第 20 期。

[202] 秦艳红、康慕谊:《国内外生态补偿现状及其完善措施》,《自然资源学报》2007 年第 4 期。

[203] 秦玉才主编:《流域生态补偿与生态补偿立法研究》，社会科学文献出版社 2011 年版。

[204] 秦长海:《水资源定价理论与方法研究》,《中国水利水电科学研究院》2013 年。

[205] 秦长海、甘泓、贾玲等:《水价政策模拟模型构建及其应用研究》,《水利学报》2014 年第 1 期。

[206] 秦长海、甘泓、张小娟等:《水资源定价方法与实践研究：海河流域水价探析》,《水利学报》2012 年第 4 期。

[207] 丘国堂:《浅谈环境法中的损害赔偿问题》,《武汉大学学报》(社会科学版) 1984 年第 5 期。

[208] 屈宇飞、王慧敏:《南水北调供水区水污染治理策略选择的演化博弈分析》,《统计与决策》2012 年第 5 期。

[209] 任庆:《论我国水权制度缺陷及其创新》,《中国海洋大学学报》(社会科学版) 2006 年第 3 期。

[210] 任勇、冯东方、俞海著:《中国生态补偿理论与政策框架设计》，中国环境科学出版社 2008 年版。

[211] 邵金花、刘贤赵、李德一:《烟台水资源与社会经济可持续发展协调度分析》,《经济地理》2007 年第 4 期。

[212] 沈百鑫:《比较法视野下的水法立法目的——我国水法与欧盟〈水框架指令〉及德国〈水平衡管理法〉》,《水利发展研究》2014 年第 3 期。

[213] 沈百鑫:《德国和欧盟水法概念考察及对我国水法之意义》,《水利发展研究》2012 年第 1 期。

[214] 沈大军、陈雯、罗健萍:《城镇居民生活用水的计量经济学分析与应用实例》,《水利学报》2006 年第 5 期。

[215] 沈大军:《水资源费征收的理论依据及定价方法》,《水利学报》2006 年第 1 期。

[216] 沈大军著:《中国国家水权制度建设》, 中国水利水电出版社 2010 年版。

[217] 沈大军:《中国水管理中的公正问题》,《水利学报》2005 年第 1 期。

[218] 沈利生、唐志:《对外贸易对我国污染排放的影响——以二氧化硫排放为例》,《管理世界》2008 年第 6 期。

[219] 沈满洪著:《环境经济手段研究》, 中国环境科学出版社 2001 年版。

[220] 沈满洪著:《生态文明建设: 思路与出路》, 中国环境出版社 2014 年版。

[221] 沈满洪:《水权交易与契约安排——以中国第一包江案为例》,《管理世界》2006 年第 2 期。

[222] 沈满洪:《水权交易与政府创新——以东阳义乌水权交易案为例》,《管理世界》2005 年第 6 期。

[223] 沈满洪著:《水权交易制度研究——中国的案例分析》, 浙江大学出版社 2006 年版。

[224] 沈满洪主编:《水资源经济学》, 中国环境科学出版社 2009 年版。

[225] 沈满洪:《以制度创新推进绿色发展》,《浙江经济》2015 年第 12 期。

[226] 沈满洪:《在千岛湖引水工程中试行生态补偿机制的建议》,《杭州科技》2004 年第 2 期。

［227］沈满洪、李植斌、张迅等著:《2014/2015 浙江生态经济发展报告:“五水共治”的回顾与展望》，中国财政经济出版社 2015 年版。

［228］沈满洪主编:《资源与环境经济学》，中国环境科学出版社 2007 年版。

［229］沈满洪、高登奎:《水源保护补偿机制构建》,《经济地理》2009 年第 10 期。

［230］沈满洪、钱水苗、冯元群等著:《污染权交易机制研究》，中国环境科学出版社 2009 年版。

［231］沈满洪、魏楚、高登奎等著:《生态文明视角下的水资源配置论》，中国财政经济出版社 2011 年版。

［232］沈满洪、谢慧明、王晋:《生态补偿制度建设的“浙江模式”》,《中共浙江省委党校学报》2015 年第 4 期。

［233］沈满洪、陈锋:《我国水权理论研究述评》,《浙江社会科学》2002 年第 5 期。

［234］沈满洪、程永毅:《中国工业水资源利用及污染绩效研究——基于 2003—2012 年地区面板数据》,《中国地质大学学报》(社会科学版) 2015 年第 1 期。

［235］沈满洪、何灵巧:《外部性的分类及外部性理论的演化》,《浙江大学学报》(人文社会科学版) 2002 年第 1 期。

［236］沈满洪、陆菁:《论生态保护补偿机制》,《浙江学刊》2004 年第 4 期。

［237］沈满洪、魏楚、谢慧明等著:《完善生态补偿机制研究》，中国环境出版社 2015 年版。

［238］沈满洪、谢慧明、余冬筠等著:《生态文明建设：从概念到行动》，中国环境出版社 2014 年版。

［239］沈满洪、谢慧明:《生态经济化的实证与规范分析——以嘉兴市排污权有偿使用案为例》,《中国地质大学学报》(人文社科版) 2010 年第 6 期。

[240] 沈满洪、谢慧明:《生态经济化三问》,《生态经济》2013 年第 3 期。

[241] 沈满洪、赵丽秋:《排污权价格决定的理论探讨》,《浙江社会科学》2005 年第 3 期。

[242] 沈满洪、周树勋、谢慧明等著:《排污权监管机制研究》, 中国环境科学出版社 2014 年版。

[243] 盛海燕、吴志旭、刘明亮等:《新安江水库近 10 年水质演变趋势及与水文气象因子的相关分析》,《环境科学学报》2015 年第 1 期。

[244] 师博、沈坤荣:《政府干预、经济集聚与能源效率》,《管理世界》2013 年第 10 期。

[245] 史璐:《我国水资源费形成机制的理论分析和政策建议》,《理论月刊》2012 年第 4 期。

[246] 史玉成:《生态补偿制度建设与立法供给——以生态利益保护与衡平为视角》,《法学评论》2013 年第 4 期。

[247] 舒旻:《论生态补偿资金的来源与构成?》,《南京工业大学学报》(社会科学版) 2015 年第 1 期。

[248] 水利部:《将建全国水质检测系统》,《城镇供水》2012 年第 2 期。

[249] 水利部著:《中国水政要览: 2006—2011》, 长江出版社 2013 年版。

[250] 宋才发:《现代企业环境保护制度的探讨》,《海南大学学报社会科学版》1997 年第 3 期。

[251] 宋国君:《论中国污染物排放总量控制和浓度控制》,《环境保护》2000 年第 6 期。

[252] 宋国君著:《排污权交易》, 中国人民大学出版社 2005 年版。

[253] 宋建军:《海河流域京冀间生态补偿现状、问题及建议》,《宏观经济研究》2009 年第 2 期。

[254] 宋晓谕、刘玉卿、邓晓红等:《基于分布式水文模型和福利成本

法的生态补偿空间选择研究》,《生态学报》2012 年第 24 期。

［255］孙才志、谢巍、姜楠等:《我国水资源利用相对效率的时空分异与影响因素》,《经济地理》2010 年第 11 期。

［256］孙静、阮本清、张春玲:《新安江流域上游地区水资源价值计算与分析》,《中国水利水电科学研究院学报》2007 年第 2 期。

［257］孙绍荣:《行为控制制度的数学模型与制度强度——疑罪从无制度有效条件分析》,《公共管理学报》2006 年第 1 期。

［258］谭伟:《欧盟〈水框架指令〉及其启示》,《法学杂志》2010 年第 6 期。

［259］唐力、赵勇、肖伟华等:《水资源总量控制和定额管理制度实施进展》,《人民黄河》2008 年第 3 期。

［260］唐小晴、张天柱:《环境损害赔偿之关键前提:因果关系判定》,《中国人口·资源与环境》2012 年第 8 期。

［261］唐要家、李增喜:《居民递增型阶梯水价政策有效性研究》,《产经评论》2015 年第 1 期。

［262］田国强:《经济机制理论:信息效率与激励机制设计》,《经济学(季刊)》2003 年第 2 期。

［263］田国强:《经济学在中国的发展方向和创新路径》,《经济研究》2015 年第 12 期。

［264］田国强:《中国环境治理八策》,《中国经济报告》2015 年第 1 期。

［265］佟金萍、马剑锋、刘高峰:《基于完全分解模型的中国万元 GDP 用水量变动及因素分析》,《资源科学》2011 年第 10 期。

［266］万军、张惠远、王金南等:《中国生态补偿政策评估与框架初探》,《环境科学研究》2005 年第 2 期。

［267］汪党献、郦建强、刘金华等:《用水总量控制指标制定与制度建设》,《中国水利》2012 年第 7 期。

［268］汪劲著:《环境法律的解释:问题与方法》,人民法院出版社

2006年版。

[269] 汪恕诚:《水权和水市场——谈实现水资源优化配置的经济手段》,《中国水利》2000年第11期。

[270] 汪恕诚著:《资源水利:人与自然和谐相处》(修订版),中国水利水电出版社2005年版。

[271] 汪泽焱、顾红芳、益晓新等:《一种基于熵的线性组合赋权法》,《系统工程理论与实践》2003年第3期。

[272] 王蓓蓓、王燕:《流域生态补偿模式及其选择研究》,《东北农业大学学报》(社会科学版)2009年第1期。

[273] 王彬、原庆丹:《国外巨额污染损害赔偿对我国环境法制的启示》,《环境与可持续发展》2011年第4期。

[274] 王彬彬、李晓燕:《生态补偿的制度建构:政府和市场有效融合》,《政治学研究》2015年第5期。

[275] 王灿发:《环境损害赔偿立法框架和内容的思考》,《法学论坛》2005年第5期。

[276] 王灿发:《水环境管理是指采取各种制度与措施对水资源的保护和水污染的防治以及水资源的合理开发利用》,《现代法学》2005年第5期。

[277] 王福波:《论我国节水工作的制度性缺陷及其克服路径》,《西南大学学报》(社会科学版)2011年第3期。

[278] 王海锋、张旺、庞靖鹏等:《水资源费征收管理历程及存在的问题》,《价格月刊》2011年第8期。

[279] 王浩、党连文、汪林等:《关于我国水权制度建设若干问题的思考》,《中国水利》2006年第1期。

[280] 王浩、龙爱华、于福亮等:《社会水循环理论基础探析Ⅰ:定义内涵与动力机制》,《水利学报》2011年第4期。

[281] 王建华、江东、顾定法等:《基于SD模型的少水地区城市水资源承载力预测研究》,《地理学与国土研究》1999年第2期。

[282] 王洁方:《总量控制下流域初始排污权分配的竞争性混合决策方法》,《中国人口·资源与环境》2014 年第 5 期。

[283] 王金南、田仁生、吴舜泽等:《“十二五”时期污染物排放总量控制路线图分析》,《中国人口·资源与环境》2010 年第 20 期。

[284] 王金南、杨金田、Grumet S. B. 等著:《二氧化硫排放交易》,中国环境科学出版社 2002 年版。

[285] 王金南、张炳、吴悦颖等:《中国排污权有偿使用和交易:实践与展望》,《环境保护》2014 年第 14 期。

[286] 王金霞、黄季焜:《国外水权交易的经验及对中国的启示》,《农业技术经济》2002 年第 5 期。

[287] 王军锋、侯超波、闫勇:《政府主导型流域生态补偿机制研究——对子牙河流域生态补偿机制的思考》,《中国人口·资源与环境》2011 年第 7 期。

[288] 王军锋、侯超波:《中国流域生态补偿机制实施框架与补偿模式研究——基于补偿资金来源的视角》,《中国人口·资源与环境》2013 年第 2 期。

[289] 王俊豪、王岭:《国内管制经济学的发展、理论前沿与热点问题》,《财经论丛》2010 年第 6 期。

[290] 王珂、毕军、张炳:《排污权有偿使用政策的寻租博弈分析》,《中国人口·资源与环境》2010 年第 9 期。

[291] 王立著:《环境污染损害索赔》,中国检察出版社 2005 年版。

[292] 王莉芳、陈春雪、熊霆:《城市居民用水阶梯水价计量模型及应用》,《长江科学院院报》2011 年第 5 期。

[293] 王明远著:《环境侵权救济法律制度》,中国法制出版社 2001 年版。

[294] 王舒曼、曲福田:《水资源核算及对 GDP 的修正》,《南京农业大学学报》2001 年第 2 期。

[295] 王树义:《资源枯竭城市可持续发展对策研究》,《中国软科学》

2012 年第 1 期。

［296］王同林、韩立钊、刘静瑶:《完善我国环境污染损害赔偿体系的几点建议》,《中国人口·资源与环境》2010 年第 S1 期。

［297］王薇、雷学东、余新晓等:《基于 SD 模型的水资源承载力计算理论研究——以青海共和盆地水资源承载力研究为例》,《水资源与水工程学报》2005 年第 3 期。

［298］王文普:《环境规制、空间溢出与地区产业竞争力》,《中国人口·资源与环境》2013 年第 8 期。

［299］王喜峰:《基于二元水循环理论的水资源资产化管理框架构建》,《中国人口·资源与环境》2016 年第 1 期。

［300］王小钢:《对"环境立法目的二元论"的反思——试论当前中国复杂社会背景下环境立法的目的》,《中国地质大学学报》(社会科学版)2008 年第 4 期。

［301］王小钢:《中国环境权理论的认识论研究》,《法制与社会发展》2007 年第 2 期。

［302］王小军、高娟、童学卫等:《关于强化用水总量控制管理的思考》,《中国人口·资源与环境》2014 年第 S3 期。

［303］王小军:《美国水权交易制度研究》,《中南大学学报》(社会科学版)2012 年第 6 期。

［304］王晓娟、李晶、陈金木等:《健全水资源资产产权制度的思考》,《水利经济》2016 年第 1 期。

［305］王晓青:《中国水资源短缺地域差异研究》,《自然资源学报》2001 年第 6 期。

［306］王学渊、赵连阁:《中国农业用水效率及影响因素——基于 1997—2006 年省区面板数据的 SFA 分析》,《农业经济问题》2008 年第 3 期。

［307］王亚华、胡鞍钢:《中国水利之路:回顾与展望(1949—2050)》,《清华大学学报》(哲学社会科学版)2011 年第 5 期。

[308] 王亚华:《关于我国水价、水权和水市场改革的评论》,《中国人口·资源与环境》2007 年第 5 期。

[309] 王亚华:《中国治水转型:背景、挑战与前瞻》,《水利发展研究》2007 年第 9 期。

[310] 王毅:《中国的水问题、治理转型与体制创新》,《中国水利》2007 年第 22 期。

[311] 王勇、李建民:《环境规制强度衡量的主要方法、潜在问题及其修正》,《财经论丛》2015 年第 5 期。

[312] 王振波、于杰、刘晓雯:《生态系统服务功能与生态补偿关系的研究》,《中国人口·资源与环境》2009 年第 6 期。

[313] 王卓甫、王梅、张坤等:《最严格水资源管理制度下用水总量统计工作机制设计》,《水利经济》2016 年第 2 期。

[314] 魏楚、沈满洪:《基于污染权角度的流域生态补偿模型及应用》,《中国人口·资源与环境》2011 年第 6 期。

[315] 魏楚、沈满洪:《能源效率及其影响因素基于 DEA 的实证分析》,《管理世界》2007 年第 8 期。

[316] 魏洁、李军:《EPR 下的逆向物流回收模式选择研究》,《中国管理科学》2005 年第 11 期。

[317] 魏衍亮:《美国州法中的内径流水权及其优先权日问题》,《长江流域资源与环境》2001 年第 4 期。

[318] 魏衍亮、周艳霞:《美国水权理论基础、制度安排对中国水权制度建设的启示》,《比较法研究》2002 年第 4 期。

[319] 温桂芳、刘喜梅:《深化水价改革:全面推进与重点深入》,《财贸经济》2006 年第 4 期。

[320] 吴国平、洪一平:《建立水资源有偿使用机制和补偿机制的探讨》,《中国水利》2005 年第 11 期。

[321] 吴琼、董战峰、张炳等:《排污权交易渐呈蓬勃之势》,《环境经济》2014 年。

[322] 吴瑞明、胡代平、沈惠璋:《流域污染治理中的演化博弈稳定性分析》,《系统管理学报》2013 年第 6 期。

[323] 吴舜泽、杨文杰、赵越等:《新安江流域水环境补偿的创新与实践》,《环境保护》2014 年第 5 期。

[324] 吴玉鸣、田斌:《省域环境库兹涅茨曲线的扩展及其决定因素——空间计量经济学模型实证》,《地理研究》2012 年第 4 期。

[325] 吴志旭、兰佳:《新安江水库水环境主要问题及保护对策》,《中国环境管理》2012 年第 1 期。

[326] 武晓燕、林海鹏、路文芳等:《中国环境污染致健康损害赔偿情况研究》,《环境科学与管理》2014 年第 9 期。

[327] 夏青:《水资源管理与水环境管理》,《水利水电技术》2003 年第 1 期。

[328] 夏友富:《外商转移污染密集产业的对策研究》,《管理世界》1995 年第 2 期。

[329] 晓玉:《环境污染治理规划工作的有益尝试——上海召开黄浦江污染治理规划讨论会》,《环境保护》1981 年第 5 期。

[330] 谢慧明:《生态经济化制度研究》, 浙江大学, 博士论文, 2012 年。

[331] 谢慧明、李中海、沈满洪:《异质性视角下环境污染责任保险投保意愿分析》,《中国人口·资源与环境》2014 年第 6 期。

[332] 谢慧明、沈满洪:《中国水制度的总体框架、结构演变与规制强度》,《浙江大学学报》(人文社科版) 2016 年第 4 期。

[333] 熊英、别智:《进一步完善我国环境损害赔偿制度的思路与建议》,《当代经济管理》2009 年第 7 期。

[334] 徐春晓、李云玲、孙素艳等:《节水型社会建设与用水效率控制》,《中国水利》2011 年第 23 期。

[335] 徐大伟、刘春燕、常亮:《流域生态补偿意愿的 WTP 与 WTA 差异性研究：基于辽河中游地区居民的 CVM 调查》,《自然资源学报》2013

年第 3 期。

［336］徐涤宇：《所有权的类型及其立法结构》，《中外法学》2006 年第 1 期。

［337］徐鹏博：《中德环境立法差异及对我国的启示》，《河北法学》2013 年第 7 期。

［338］徐嵩龄、葛志荣、谢又予：《西部干旱地区水问题的系统反思》，《中国科学院院刊》2011 年第 3 期。

［339］徐祥民、于铭：《美国水污染控制法的调控机制》，《环境保护》2005 年第 12 期。

［340］徐中民、钟方雷、赵雪雁：《生态补偿研究进展综述》，《财会研究》2008 年第 23 期。

［341］许安标、刘松山等著：《中华人民共和国宪法通释》，中国法制出版社 2004 年版。

［342］许凤冉、阮本清、汪党献等：《流域水资源共建共享理念与测算方法》，《水利学报》2010 年第 6 期。

［343］许光清、邹骥：《系统动力学方法：原理、特点与最新进展》，《哈尔滨工业大学学报》（社会科学版）2006 年第 4 期。

［344］许云霄著：《公共选择理论》，北京大学出版社 2006 年版。

［345］严冬、周建中、王修贵：《利用 CGE 模型评价水价改革的影响力——以北京市为例》，《中国人口·资源与环境》2007 年第 5 期。

［346］严刚、王金南著：《中国的排污交易：实践与案例》，中国环境科学出版社 2011 年版。

［347］杨爱平、杨和焰：《国家治理视野下省际流域生态补偿新思路——以皖、浙两省的新安江流域为例》，《北京行政学院学报》2015 年第 3 期。

［348］杨柄：《论水资源费的理论依据》，《水利经济》1990 年第 1 期。

［349］杨波、尚秀莉：《日本环境保护立法及污染物排放标准的启示》，《环境污染与防治》2010 年第 6 期。

[350] 杨朝飞:《市场经济条件的生态环境补偿费试点工作（上）》,《环境保护》1995 年第 7 期。

[351] 杨德才:《制度创新、区域分工协作与长江经济带良性发展——基于国外流域经济带发展经验的思考》,《中国发展》2014 年第 6 期。

[352] 杨光梅、闵庆文、李文华等:《我国生态补偿研究中的科学问题》,《生态学报》2007 年第 10 期。

[353] 杨骞、刘华军:《污染排放约束下中国农业水资源效率的区域差异与影响因素》,《数量经济技术经济研究》2015 年第 1 期。

[354] 杨立新著:《侵权行为法》，中国法制出版社 2006 年版。

[355] 杨丽英、李宁博、许新宜:《晋江流域水量分配与生态环境补偿机制》,《人民黄河》2015 年第 2 期。

[356] 杨涛、胡仪元、张慷:《汉水流域生态补偿资金来源及其使用问题研究》,《陕西理工学院学报》(社会科学版) 2013 年第 2 期。

[357] 杨文中、刘虹利、许新宜等:《水生态补偿财政转移支付制度设计》,《北京师范大学学报》(自然科学版) 2013 年第 2 期。

[358] 姚树荣、张杰:《中国水权交易与水市场制度的经济学分析》,《四川大学学报》(哲学社会科学版) 2007 年第 4 期。

[359] 叶建春:《太湖流域水资源需求分析及对策》,《水资源管理》2014 年第 9 期。

[360] 尹建丽、袁汝华:《南京市居民生活用水弹性需求分析》,《南水北调与水利科技》2005 年第 1 期。

[361] 尹珊珊:《论我国环境损害赔偿法定范围的拓展》,《生态经济》2015 年第 6 期。

[362] 尹显萍:《环境规制对贸易的影响——以中国与欧盟商品贸易为例》,《世界经济研究》2008 年第 7 期。

[363] 於方:《环境损害赔偿立法，该解决哪些难题?》,《新环境》2015 年第 11 期。

[364] 于万春著:《姜世强，贺如泓. 水资源管理概论》，化学工业出

版社 2007 年版。

[365] 余员龙、任丽萍、刘其根等:《2007—2008 年千岛湖营养盐时空分布及其影响因素》,《湖泊科学》2010 年第 5 期。

[366] 余长林、高宏建:《环境管制对中国环境污染的影响——基于隐性经济的视角》,《中国工业经济》2015 年第 7 期。

[367] 俞宪忠:《优好制度设计的基本原则: 激励与惩罚相兼容》,《社会科学战线》2011 年第 12 期。

[368] 虞锡君:《构建太湖流域水生态补偿机制探讨》,《农业经济问题》2007 年第 9 期。

[369] 禹雪中、冯时:《中国流域生态补偿标准核算方法分析》,《中国人口 · 资源与环境》2011 年第 9 期。

[370] 岳立、赵海涛:《环境约束下的中国工业用水效率研究——基于中国 13 个典型工业省区 2003 年—2009 年数据》,《资源科学》2011 年第 11 期。

[371] 詹姆斯 · 勒沙杰、肖光恩著:《空间计量经济学导论》, 中国人民大学出版社 2010 年版。

[372] 张兵兵、沈满洪:《工业用水与工业经济增长、产业结构变化的关系》,《中国人口 · 资源与环境》2015 年第 2 期。

[373] 张成、郭炳南、于同申:《污染异质性、最优环境规制强度与生产技术进步》,《科研管理》2015 年第 3 期。

[374] 张成、陆旸、郭路等:《环境规制强度和生产技术进步》,《经济研究》2011 年第 2 期。

[375] 张春玲、阮本清、杨小柳著:《水资源恢复的补偿理论与机制》, 黄河水利出版社 2006 年版。

[376] 张春玲、申碧峰、孙福强:《水资源费及其标准测算》,《中国水利水电科学研究院学报》2015 年第 1 期。

[377] 张德震、陈西庆:《我国水价的变化过程及其区域特征的研究》,《地理科学》2002 年第 4 期。

[378] 张锋、陈晓阳:《环境损害赔偿制度的缺位与立法完善》,《甘肃社会科学》2012 年第 5 期。

[379] 张建伟:《生态补偿制度构建的若干法律问题研究》,《甘肃政法学院学报》2006 年第 5 期。

[380] 张婕、王济干:《水权交易管理比较研究》,《生态经济》2008 年第 9 期。

[381] 张亮、谷树忠:《关于规范我国水资源费征收标准的建议》,《中国产业经济动态》2012 年第 14 期。

[382] 张蓬、冯俊乔、葛林科等:《基于等价分析法评估溢油事故的自然资源损害》,《地球科学进展》2012 年第 6 期。

[383] 张迁:《把政策力度落实为执行力度》,《当代贵州》2006 年第 7 期。

[384] 张嵘、吴静芳:《基于扩展性线性支出理论的阶梯水价模型》,《科学技术与工程》2009 年第 3 期。

[385] 张瑞美、尹明万、张献锋等:《我国水权流转情况跟踪调查》,《水利经济》2014 年第 1 期。

[386] 张式军:《环境立法目的的批判、解析与重构》,《浙江学刊》2011 年第 5 期。

[387] 张文彬、张理芃、张可云:《中国环境规制强度省际竞争形态及其演变——基于两区制空间 durbin 固定效应模型的分析》,《管理世界》2010 年第 12 期。

[388] 张修宇、陈海涛:《我国水污染物总量管制研究现状》,《华北水利水电学院学报》2011 年第 5 期。

[389] 张旭昆著:《制度演化分析导论》, 浙江大学出版社 2007 年版。

[390] 张旭昆:《制度系统的关联性特征》,《浙江社会科学》2004 年第 3 期。

[391] 张雪花、郭怀成、张宝安:《系统动力学——多目标规划整合模型在秦皇岛市水资源规划中的应用》,《水科学进展》2002 年第 133 期。

［392］张晏、汪劲:《我国环境标准制度存在的问题及对策》,《中国环境科学》2012 年第 1 期。

［393］张一鸣:《中国水资源利用法律制度研究》，西南政法大学，博士学位论文，2015 年。

［394］张翼飞、陈红敏、李瑾:《应用意愿价值评估法，科学制定生态补偿标准》,《生态经济》2007 年第 9 期。

［395］张郁:《南水北调水资源配置中的政府宏观调控措施研究》,《水利经济》2008 年第 3 期。

［396］张征宇、朱平芳:《地方环境支出的实证研究》,《经济研究》2010 年第 5 期。

［397］张志强、程莉、尚海洋等:《流域生态系统补偿机制研究进展》,《生态学报》2012 年第 20 期。

［398］张仲芳:《排污权价格形成机制及其优化分析》,《生态经济》2008 年第 1 期。

［399］赵春光:《流域生态补偿制度的理论基础》,《法学论坛》2008 年第 4 期。

［400］赵海林、赵敏、郑垂勇:《关于完善我国水价机制的研究和思考》,《水利发展研究》2004 年第 3 期。

［401］赵来军、李旭、朱道立等:《流域跨界污染纠纷排污权交易调控模型研究》,《系统工程学报》2005 年第 4 期。

［402］赵霄伟:《地方政府间环境规制竞争策略及其地区增长效应——来自地级市以上城市面板的经验数据》,《财贸经济》2014 年第 10 期。

［403］赵旭峰、李瑞娥:《排污权交易的层级市场理论与价格研究》,《经济问题》2008 年第 9 期。

［404］赵玉、徐鸿、邹晓明:《环境污染与治理的空间效应研究》,《干旱区资源与环境》2015 年第 7 期。

［405］赵玉焕:《环境规制对我国纺织品贸易的影响》,《经济管理》2009 年第 7 期。

[406] 甄霖、刘雪林、李芬等:《脆弱生态区生态系统服务消费与生态补偿研究：进展与挑战》,《资源科学》2010 年第 5 期。

[407] 郑新业、李芳华、李夕璐等:《水价提升是有效的政策工具吗?》,《管理世界》2012 年第 4 期。

[408] 中共中央宣传部著:《习近平总书记系列重要讲话读本》，学习出版社 2014 年版。

[409] 中国工程院“21 世纪中国可持续发展水资源战略研究”项目组:《中国可持续发展水资源战略研究综合报告》,《中国工程科学》2000 年第 8 期。

[410] 中国生态补偿机制与政策研究课题组著:《中国生态补偿机制与政策研究》，科学出版社 2007 年版。

[411] 钟玉秀、杨柠、崔丽霞等:《合理的水价形成机制初探》,《水利发展研究》2001 年第 2 期。

[412] 周少林、饶和平、张兰:《长江流域与分行政区入河污染物总量监管管理探析》,《人民长江》2013 年第 12 期。

[413] 周树勋:《排污权交易的浙江模式》,《环境经济》2012 年第 3 期。

[414] 周鑫根:《浙江省城市间水资源交易过程与启示》,《中国给水排水》2003 年第 9 期。

[415] 周学文:《〈水利部关于深化水利改革的指导意见〉解读》,《中国水利》2014 年第 3 期。

[416] 朱慧峰、秦福兴:《上海市万元 GDP 用水量指标体系分析》,《水利经济》2003 年第 6 期。

[417] 朱平芳、张征宇、姜国麟:《FDI 与环境规制：基于地方分权视角的实证研究》,《经济研究》2011 年第 6 期。

[418] 朱启林、申碧峰、孙静等:《支付意愿法在北京市水资源费测算中的应用》,《人民黄河》2015 年第 10 期。

[419] 朱晓林:《自来水业价格规制改革中存在问题与对策》,《辽宁科

技大学学报》2008 年第 3 期。

[420] 竺效:《论生态文明建设与〈环境保护法〉之立法目的完善》,《法学论坛》2013 年第 2 期。

[421] 庄敬华:《环境污染损害赔偿立法研究》, 中国政法大学, 博士学位论文, 2009 年。

[422] 左其亭:《人水系统演变模拟的嵌入式系统动力学模型》,《自然资源学报》2007 年第 2 期。

[423] 左其亭、马军霞、陶洁:《现代水资源管理新思想及和谐论理念》,《资源科学》2011 年第 12 期。

二、英文参考文献

[424] Ann-Kristin Bergquist, Kristina Söderholm, Hanna Kinneryd, et al., "Command-and-Control Revisited: Environmental Compliance and Technological Change in Swedish Industry 1970 - 1990", *Ecological Economics*, Vol. 86, 2013.

[425] Anthony Scott and Georgina Coustalin, "The Evolution of Water Rights", *Natural Resources Journal*, Vol. 35.

[426] Arno J. Van Der Vlist, C. A. A. M. Withagen, Henk Folmer, "Technical Efficiency under Alternative Environmental Regulatory Regimes: The Case of Dutch Horticulture", *Ecological Economics*, Vol. 63, 2007.

[427] Arrow, K. J., *An Extension of the Basic Theorems of Welfare Economics*, *Proceedings of the 2nd Berkeley Symposium*, University of California Press, 1951.

[428] A. Dan Tarlock, "How Well can International Water Allocation Regimes Adapt to Global Climate Change? ", *J. Land Use & Envtl. L.*, Vol. 15, 2000.

[429] A. Dan Tarlock. "Prior Appropriation: Rule, Principle, or Rhetoric?", *N. D. L. Rev.*, Vol. 76, 2001.

[430] A. Dan Tarlock, "The Future of Prior Appropriation in the New West", *Nat. Resources J.*, Vol. 41, 2001.

[431] Anne C. Case, Harvey S. Rosen, James R. Hines., "Budget Spillovers and Fiscal Policy Interdependence: Evidence from the States", *Journal of Public Economics*, No. 3, 1993.

[432] Barros A. I., Dekker R., Scholten V., "A Two-Level Network for Recycling Sand: A Case Study", *European Journal of Operational Research*, Vol. 110, 1998.

[433] Bellver-Domingo A., Hernández-Sancho F., Molinos-Senante M., "A Review of Payment for Ecosystem Services for the Economic Internalization of Environmental Externalities: A Water Perspective", *Geoforum*, Vol. 70, 2016.

[434] Bennett L. L., "The Integration of Water Quality into Transboundary Allocation Agreement Lessons from the Southwestern United States", *Agricultural Economics*, Vol. 24, 2000.

[435] Bertola, G., "Policy Coordination, Convergence, and the Rise and Crisis of EMU Imbalances", *Brussels*, *Belgium*, No. 10, 2013.

[436] Boithias L., Ziv G., Marcé R., Sabater S., "Assessment of the Water Supply: Demand Ratios in a Mediterranean Basin under Different Global Change Scenarios and Mitigation Alternatives", *Science of the Total Environment*, 2014.

[437] Bruce R. Domazlicky, William L. Weber, "Does Environmental Protection Lead to Slower Productivity Growth in the Chemical Industry?", *Environmental & Resource Economics*, Vol. 28, 2004.

[438] Cairns, R., "The Green Paradox of the Economics of Exhaustible Resources", *Energy Policy*, Vol. 65, 2014.

[439] Carol M. Rose, "The Several Futures of Property: Of Cyberspace and Folk Tales, Emission Trades and Ecosystems", *Minn. L. Rev.*, Vol. 83, 1998.

[440] Chen H., Yang Z. F., "Residential Water Demand Model under Block Rate Pricing: A Case Study of Beijing, China", *Communications in Nonlinear Science and Numerical Simulation*, No. 8, 2009.

[441] Chnomitz K., Brebes E., Constatino L., "Financing Environmental Services: The Costa Rican Experience and Its Implications", *The Science of the Total Environment*, No. 3, 1999 (1).

[442] C. Liuch Constantino, "The Extended Linear Expenditure System", *European Economic Review*, 1973.

[443] Coase R. H., "The Problem of Social Cost", *Journal of Law and Economics*, No. 3, 1960.

[444] Costanza R. et al., "The Value of the World's Ecosystem Services and Natural Capital", *Nature*, Vol. 378, 1997.

[445] Crocker T. D., "The Structuring of Atmospheric Pollution Control Systems", *The Economics of Air Pollution*, 1966.

[446] Cropper M. L., Oates W. E., "Environmental Economics: A Survey", *Journal of Economic Literature*, 1992.

[447] Cuperus R., Canters K. J., Piepers A. A., "Ecological Compensation of the Impacts of a Road: Preliminary Method for the a 50 Road Link", *Ecological Engineering*, No. 7, 1996.

[448] Dales J. H., "Land, Water, and Ownership", *The Canadian Journal of Economics/Revue Canadienne d'Economique*, No. 1, 1968.

[449] Dales J. H., *Pollution, Property & Prices: An Essay in Policy-Making and Economics*, Edward Elgar Publishing, 2002.

[450] David Maddison, "Environmental Kuznets Curves: A Spatial Econometric Approach", *Journal of Environmental Economics and Management*, Vol. 51, 2006.

[451] David Popp, "Lessons from Patents: Using Patents to Measure Technological Change in Environmental Models", *Ecological Economics*,

Vol. 54, 2005.

[452] Dawadi S., Ahmad S., "Evaluating the Impact of Demand-Side Management on Water Resources under Changing Climatic Conditions and Increasing Population", *Journal of Environmental Management*, No. 2, 2012.

[453] D. E. Fisher, "Land, Water and Irrigation: Hydrological and Legal Relationships in Australia", *The Journal of Water Law*, No. 15, 2004.

[454] Dono G., Giraldo L., Severini S., "Pricing of Irrigation Water under Alternative Charging Methods: Possible Shortcomings of a Volumetric Approach", *Agricultural Water Management*, No. 11, 2010.

[455] Ebru Alpay, Steven Buccola, Joe Kerkvliet, "Productivity Growth and Environmental Regulation in Mexican and U. S. Food Manufacturing", *American Journal of Agricultural Economics*, Vol. 84, 2002.

[456] Eli Berman, Linda T. M. Bui, "Environmental Regulation And Productivity: Evidence from Oil Refineries", *Review of Economics and Statistics*, Vol. 83, 2001.

[457] Engel S., Pagiola S., Wunder S., "Designing Payments for Environmental Services in Theory and Practice: An Overview of the Issues", *Ecological Economics*, No. 4, 2008.

[458] Escobar M. M., Hollaender R., Weffer C. P., "Institutional Durability of Payments for Watershed Ecosystem Services: Lessons from Two Case Studies from Colombia and Germany", *Ecosystem Services*, No. 6, 2013.

[459] Euzen A., Morehouse B., "Water: What Values?", *Policy and Society*, No. 4, 2011.

[460] Farley J., Costanza R., "Payments for Ecosystem Services: From Local to Global", *Ecological Economics*, Vol. 69, 2010.

[461] Fisher-Vanden K., Olmstead S., "Moving Pollution Trading from Air to Water: Potential, Problems, and Prognosis", *Journal of Economic Perspectives*, Vol. 27, 2013.

[462] Gaodi X., Shuyan C., Chunxia L., Yu X., "Current Status and Future Trends for Eco-Compensation in China", *Journal of Resources and Ecology*, No. 6, 2015.

[463] Garricka D., Whittenb S. M., Coggan A., "Understanding the Evolution and Performance of Water Markets and Allocation Policy: A Transaction Costs Analysis Framework", *Ecological Economics*, 2013.

[464] Gerd Winter, "Umwelt-Ressource-Biosphäre: Ansichten von Natur Im Recht", *GAIA*, No. 3 S, 2000.

[465] Getches, David H., Sarah B. Van de Wetering, "Integrating Environmental and Other Public Values in Water Allocation and Management Decisions", Douglas S. Kenney (Eds.), *In Search of Sustainable Water Management: International Lessons for the American West and Beyond*, Edward Elgar Public, 2005.

[466] Grafton, R., T. Kompas, Long, N. V., "Substitution between Biofuels and Fossil Fuels: Is there a Green Paradox?", *Journal of Environmental Economics and Management*, Vol. 64, 2012.

[467] Grimble R. J., "Economic Instruments for Improving Water Use Efficiency: Theory and Practice", *Agricultural Water Management*, No. 1, 1999.

[468] Haghighin A., Asl A. Z., "Uncertainty Analysis of Water Supply Networks Using the Fuzzy Set Theory and NSGA-Ⅱ", *Engineering Applications of Artificial Intelligence*, No. 6, 2014.

[469] Hall, P., "Regional Institutional Convergence? Reflections from the Baltimore Waterfront", *Economic Geography*, 2003.

[470] Hearne R. R., "The Market Allocation of Natural Resources: Transactions of Water Use Rights in Chile, Ph. D. Dissertation, Dept. of Applied Economics", University of Minnesota, 1995.

[471] Helmuth C., Firouz G., "Environmental Taxation, Tax Competition and Harmonization", *Journal of Urban Economics*, Vol. 55, 2004.

[472] Huang, K., "Role of Sectoral and Multi-Pollutant Emission Control Strategies in Improving Atmospheric Visibility in the Yangtze River Delta, China", *Environmental Pollution*, Vol. 184, 2014.

[473] Huber-Stearns H. R., Goldstein J. H., Cheng A. S., et al., "Institutional Analysis of Payments for Watershed Services in the Western United States", *Ecosystem Services*, No. 16, 2015.

[474] Hurwicz, L., "The Design of Mechanisms for Resource Allocation", *American Economic Review*, Vol. 63, 1973.

[475] Janice A. Beecher, "Water Afford Ability and Alternatives to Service Disconnection", *Journal of the American Water Works Association*, No. 10, 1994.

[476] Jeremy Nathan Jungreis, " 'Permit' Me Another Drink: A Proposal for Safeguarding the Water Rights for Federal Lands in the Regulated Riparian East", *Harv. Envtl. L. Rev.*, Vol. 29, 2005.

[477] J. H. Beuscher, "Appropriation Water Law Elements in Riparian Doctrine States", *Buffalo L. Rev.*, No. 10, 1961.

[478] Jie He, "Pollution Haven Hypothesis and Environmental Impacts of Foreign Direct Investment: The Case of Industrial Emission of Sulfur Dioxide (SO_2) in Chinese Provinces", *Ecological Economics*, Vol. 60, 2006.

[479] John A. L., Charles F. M., "Optimal Institution Arrangements for Transboundary Pollution in a Second Best World: Evidence from a Differential Game with Asymmetric Players", *Journal of Environmental Economics and Management*, Vol. 42, 2001.

[480] John A. List, Shelby Gerking, "Regulatory Federalism and Environmental Protection in the United States", *Journal of Regional Science*, Vol. 40, 2000.

[481] Johst K., Drechsler M., Wätzold F., "An Ecological-Economic Modeling Procedure to Design Compensation Payments for the Efficient Spatio-

temporal Allocation of Species Protection Measure", *Ecological Economics*, No. 1, 2002.

[482] Jorgensen S., Zaccour G., "Time Consistent Side Payments in a Dynamic Game of Downstream Pollution", *Journal of Economic Dynamics & Control*, Vol. 25, 2001.

[483] Joseph A. Ziegler, Stephen E. Bell, "Estimating Demand for Intake Water by Self-Supplied Firms", *Water Resources Research*, No. 1, 1984.

[484] Joseph L. Sax, "The Public Trust Doctrine in Natural Resource Law: Effective Judicial Intervention", *Michigan Law Review*, Vol. 68, 1970.

[485] Joseph W. Dellapenna, "The Law of Water Allocation in the Southeastern States at the Opening of the Twenty First Century", *University of Arkansas at Little Rock Law Review*, Vol. 25, 2002.

[486] Kauffman C. M., "Financing Watershed Conservation: Lessons from Ecuador's Evolving Water Trust Funds", *Agricultural Water Management*, Vol. 145, 2014.

[487] Kemp-Benedict, E., "Downscaling Global Income Scenarios Assuming Institutional Convergence or Divergence", *Global Environmental Change*, No. 22, 2012.

[488] Kneese A. V., *Resources for the Future (Washington)*, *The Economics of Regional Water Quality Management*, Baltimore: Johns Hopkins Press, 1964.

[489] Kosoy N., Martinez-Tuna M., Muradian R., et al., "Payment for Environmental Services in Watersheds: Insights from a Comparative Study of Three Cases in Central America", *Ecological Economics*, No. 3, 2007.

[490] Krista Koehl, "Partial Forfeiture of Water Rights: Oregon Compromises Traditional Principles to Achieve Flexibility", *Envtl. L.*, Vol. 28, 1998.

[491] Kumar, S., Managi, S., "Non-Separability and Substitutability Among Water Pollutants: Evidence from India", *Environment and Development E-*

conomics, Vol. 16, 2011, 16.

[492] Larson, J. S., Mazzarese D. B., "Rapid Assessment of Wet Lands: History and Application to Management", in S. L. Joseph, W. J. Mitsch (Eds.), *Global Wetlands*, Elsevier Science, Amsterdam, 1994.

[493] List J. A., Mason C. F., "Optimal Institutional Arrangements for Transboundary Pollutants in a Second-Best World: Evidence from a Differential Game with a Symmetric Players", *Journal of Environmental Economics and Management*, Vol. 42, 2001.

[494] L. Rice and M. D. White, *Engineering Aspects of Water Law*, New York, Wiley, 1987.

[495] Luc Anselin, "Spatial Effects in Econometric Practice in Environmental and Resource Economics", *American Journal of Agricultural Economics*, Vol. 83, 2001.

[496] Madhu Khanna, George Deltas, Donna Ramirez Harrington, "Adoption of Pollution Prevention Techniques: The Role of Management Systems and Regulatory Pressures", *Environmental and Resource Economics*, Vol. 44, 2009.

[497] Maes F., *Marine Resource Damage Assessment-Liability and Compensation for Environmental Damage*, The Netherlands: Springer, 2005.

[498] Marchiori, Carmon and Sayre, S. S., "On the Implementation Performance of Water Rights Buyback Schemes", *Water Resources Managements*, Vol. 26, 2012.

[499] Maskin E., "Nash Equilibrium and Welfare Optimality", *Review of Economic Studies*, Vol. 66, 1999.

[500] Matthew A. Cole, "Trade, the Pollution Haven Hypothesis and the Environmental Kuznets Curve: Examining the Linkages", *Ecological Economics*, Vol. 48, 2004.

[501] Mccann L, Easter K. W., "Transaction Costs of Policies to Reduce

Agricultural Phosphorous Pollution in the Minnesota River", *Land Economics*, Vol. 75, 1999.

[502] M. D. Young, J. C. McColl, "Robust Reform: Implementing Robust Institutional Arrangements to Achieve Efficient Water Use in Australia", *CSIRO Land and Water*, No. 11, 2003.

[503] Michael C. Blumm, Thea Schwartz, "Mono Lake and the Evolving Public Trust in Western Water", *Arizona Law Review*, Vol. 37, 1995.

[504] Milliman, S. R., Prince, R., "Firms Incentives to Promote Technological Change in Pollution Control", *Journal of Environmental Economics and Management*, Vol. 17, 1989.

[505] Mitchell R. C., Carson R. T., "Using Surveys to Value Public Goods: The Contingent Valuation Method", *Resources for the Future*, 1989.

[506] Mohamad Mova Al' Afghani, "Constitutional Court's Review and the Future of Water Law in Indonesia", *Environmental and Development Journal*, No. 4, 2006.

[507] Montgomery W. D., "Markets in Licenses and Efficient Pollution Control Programs", *Journal of Economic Theory*, No. 5, 1972.

[508] Moran D., McVittie A., Allcroft D. J., et al., "Quantifying Public Preferences for Agri-Environmental Policy in Scotland: A Comparison of Methods", *Ecological Economics*, No. 1, 2007.

[509] Morton J. Horwitz, *The Transformation of American Law, 1780-1860*, Harvard University Press, 1977.

[510] Murray B. C., Abt R. C., "Estimating Price Compensation Requirements for Eco-Certified Forestry", *Ecological Economics*, No. 36, 2001.

[511] Nam, K., C. J. Waugh, S. Paltsev. et al., "Carbon Co-Benefit of Tighter SO_2 and NO_x Regulations in China", *Global Environmental Change*, Vol. 23, 2013.

[512] National Research Council, *Water Transfers in the West: Efficiency*,

Equity and the Environment, National Academies Press, 1992.

[513] Ogata, Katsuhiko, *System Dynamic*, Englewood Cliffs, N. J.: Prentice-Hall , 1978.

[514] Oikonomou V., Dimitrakopoulos P. G., Troumbis A. Y., "Incorporating Ecosystem Function Concept in Environmental Planning and Decision Making by Means of Multi-Criteria Evaluation: The Case-Study of Kalloni, Lesbos, Greece", *Environmental Management*, No. 1, 2011.

[515] Pagiola S., "Payments for Environmental Services in Costa Rica", *Ecological Economics*, Vol. 65, 2008.

[516] Pagiola S., Bishop J., Landell-Mills N., *Selling Forest Environmental Services: Market - Based Mechanisms for Conservation and Development*, London: Earthscan, 2002.

[517] Pagiola S., Platais G., "Payments for Environmental Services: From Theory to Practice", *Environment Strategy Notes*, No. 4, 2007.

[518] Pesic R., Jovanovic M., Jovanovic J., "Seasonal Water Pricing Using Meteorological Data: Case Study of Belgrade", *Journal of Cleaner Production*, No. 1, 2013.

[519] Ploeg, F., Withagen C., "Is there really a Green Paradox?", *Journal of Environmental Economics and Management*, Vol. 64, 2012.

[520] Poirier R., Schartmueller D., "Indigenous Water Rights in Australia", *The Social Science Journal*, Vol. 49, 2012.

[521] Poulos C., Yang J. C., Patil S. R. et al., "Consumer Preferences for Household Water Treatment Products in Andhra Pradesh, India", *Social Science & Medicine*, No. 4, 2012.

[522] Raffensperger J. F., "Matching Users' Rights to Available Groundwater", *Ecological Economics*, No. 10, 2011.

[523] Ramchand Oad, Michael Dispigno, "Water Rights to Return Flow From Urban Landscape Irrigation", *Journal of Irrigation and Drainage Engineer-*

ing, Vol. 123, 1997.

[524] Randy A. Becker, "Local Environmental Regulation and Plant-Level Productivity", *Ecological Economics*, Vol. 70, 2011.

[525] Reed Benson, "A Watershed Issue: The Role of Streamflow Protection In Northwest River Basin Management", *Environmental Law*, No. 1, 1996.

[526] Requate T., "Dynamic Incentives by Environmental Policy Instruments—a Survey", *Ecological Economics*, No. 2, 2005.

[527] Richard A. Epstein, "A Clear View of the Cathedral: The Dominance of Property Rules", *Yale L. J.*, Vol. 106, 1997.

[528] Roach B., Wade W. W., "Policy Evaluation of Natural Resource Injuries Using Habitat Equivalency Analysis", *Ecological Economics*, No. 2, 2006.

[529] Robert Glennon, "Water Scarcity, Marketing and Privation", *Texas Law Review*, Vol. 83, 2005.

[530] Rosegrant M. W. et al., "Markets in Tradable Water Rights: Potential for Efficiency Gains in Developing Country Water Resource Allocation", *World Development*, No. 11, 1994.

[531] Rosegrant M. W., Schleyer R. G., "Establishing Tradable Water Rights: Implementation of the Mexican Water law", *Irrigation and Drainage Systems*, 1996.

[532] Saleh Y., Gürler I., Berk E., "Centralized and Decentralized Management of Groundwater with Multiple Users", *European Journal of Operational Research*, No. 1, 2011.

[533] Schneider R., Wirtz P., "Adaptation of a Pressurized Water Reactor of American Design to the Requirements of the German Standards Program and Licensing Procedure", *Nuclear Engineering and Design*, No. 2, 1991.

[534] Sergio J. Rey, "Spatial Empirics for Economic Growth and Conver-

gence", *Geographical Analysis*, Vol. 33, 2001.

[535] Shinji Kaneko, Katsuya Tanaka, Tomoyo Toyota, et al., "Water Efficiency of Agricultural Production in China: Regional Comparison from 1999 to 2002", *International Journal of Agricultural Resources, Governance and Ecology*, No. 3, 2004.

[536] Sinn, H., *The Green Paradox: A Supply-Side Approach to Global Warming*, The MIT Press, 2012.

[537] Smita B. Brunnermeier, Mark A. Cohen, "Determinants of Environmental Innovation in US Manufacturing Industries", *Journal of Environmental Economics and Management*, Vol. 45, 2003.

[538] Stephanie Lindsay, "A Fight to the Last Drop: The Changing Approach to Water Allocation in the Western United States", *Southern Illinois University Law Journal*, Vol. 31, 2001.

[539] Stephen E. Draper, "Sharing Water through Interbasin Transfer and Basin of Orgin Protection in Georgia: Issues for Evaluation in Comprehensive State Water Planning for Goergia's Surface Water Rivers and Groundwater Aquifers", *Georgia State University Law Review*, No. 4, 2004.

[540] Stern J., Mirrlees-Black J., "A Framework for Valuing Water in England and Wales", *Utilities Policy*, No. 12, 2012.

[541] Steven Renzetti, "An Econometric Study of Industrial Water Demands in British Columbia, Canada", *Water Resources Research*, No. 10, 1988.

[542] Steven Renzetti, Diane P. Dupont, Tina Chitsinde, "An Empirical Examination of the Distributional Impacts of Water Pricing Reforms", *Utilities Policy*, Vol. 34, 2014.

[543] Thielbörger P., *The Right (s) to Water: The Multi-Level Governance of a Unique Human Right*, Heidelberg: Springer-Verlag Berlin, 2014.

[544] Tietenberg T. H., *Emissions Trading, an Exercise in Reforming Pollution Policy*, Resources for the Future, 1985.

[545] Wang H., Bi J., Wheeler D., et al., "Environmental Performance Rating and Disclosure: China's Green Watch Program", *Journal of Environmental Management*, Vol. 71, 2004.

[546] Wayne B. Gray, Ronald J. Shadbegian, "Plant Vintage, Technology, and Environmental Regulation", *Journal of Environmental Economics and Management*, Vol. 46, 2003.

[547] Westman W., "How much are Nature's Services Worth?", *Science*, Vol. 4307, 1977.

[548] Williamson, Oliver E., *The Mechanism of Governance*, New York: Oxford Univ. Press, 1996.

[549] Wunder S., "Payments for Environmental Services and the Poor: Concepts and Preliminary Evidence", *Environment and Development Economics*, Vol. 13, 2008.

[550] Xu Jie, Yu Xiao, Li Na, "Spatial and Temporal Patterns of Supply and Demand Balance of Water Supply Services in the Dongjiang Lake Basin and Its Beneficiary Areas", *Journal of Resources and Ecology*, No. 6, 2015.

[551] Yan Guang Chen, "Reconstructing the Mathematical Process of Spatial Autocorrelation Based on Moran's Statistics", *Geographical Research*, No. 1, 2009.

[552] Yeung D. W. K., "Dynamically Consistent Cooperative Solution in a Differential Game of Transboundary Industrial Pollution", *Journal of Optimization Theory and Applications*, Vol. 134, 2007.

[553] Zhang, B., et al., "An Adaptive Agent-Based Modeling Approach for Analyzing the Influence of Transaction Costs on Emissions Trading Markets", *Environmental Modelling & Software*, Vol. 26, 2011.

[554] Zhang, J., Wang, C., "Co-Benefits and Additionality of the Clean

Development Mechanism: An Empirical Analysis", *Journal of Environmental Economics and Management*, Vol. 62, 2011.

[555] Zhang, Y., "Policy Conflict and the Feasibility of Water Pollution Trading Programs in the Tai Lake Basin, China", *Environment and Planning C: Government and Policy*, Vol. 30, 2012.

[556] Zhang, Z., "Competitiveness and Leakage Concerns and Border Carbon Adjustments", *International Review of Environmental and Resource Economics*, No. 6, 2012.

后　记

水是生命之源、生态之基、生产之要。但是，随着工业化、城市化进程的推进，水生态破坏、水环境污染、水资源枯竭等问题纷纷呈现。导致这些问题的根源是水制度失灵：水生态保护的正外部性导致保护不足，水环境污染的负外部性导致污染过度，水资源的公共性导致“公地的悲剧”，水资源价格的扭曲导致配置低效。因此，从制度创新入手寻求水问题的解决是一个必然选择。

我长期从事以水资源为主的资源经济学和以水环境为主的环境经济学的研究。在主持完成“我国工业节水战略研究”等两个国家社科基金重点项目以后，如愿成功中标国家社科基金重大招标项目“健全水资源有偿使用和生态补偿制度及实现机制研究”（项目批准号：14ZDA071）。

该重大项目属于应用对策类研究，按照全国哲学社会科学规划领导小组办公室的要求，需要在两年内完成。在如此短的时间内完成重大项目，是一个巨大的挑战。但是，在课题组全体成员的共同努力下，果然在2014年7月—2016年7月期间如期完成课题研究，并且以“免鉴定”的成绩获得结题（结项证书编号：2016 & J045）。

由于课题名称过于冗长，人民出版社建议将书名简化为《中国水制度研究》。这一修改，使得书名更加简洁、更加大气，当然，也存在放大书名之嫌。由于项目研究确实已经涉及水资源保护和水资源利用的管制性制度、选择性制度和引导性制度等各类主要制度，因此，从总体上看，书名是名副其实的。

本书是跨省乃至跨国多单位学者合作研究的成果。项目中标后，各篇负责人形成了具有章、节、目三个层次的研究提纲。在开题报告会上，由江西省社科院副院长孔凡斌教授、上海财经大学法学院院长郑少华教授、浙江省水利厅总工程师李锐、浙江大学公共管理学院范柏乃教授和浙江大学管理学院韩洪云教授五位专家组成的专家组对研究方案和研究框架提出了宝贵的意见。在开题报告会基础上修改确定研究大纲。课题组及其各子课题组开展了广泛地调研，对新安江流域、环太湖流域、江浙沪地区等水资源管理部门、环境保护部门、发展改革部门等进行了广泛地走访。在此基础上进行课题报告的撰写。课题报告初稿形成后，我仔细审读了初稿并提出了详尽的修改建议，有的篇章在我与子课题之间进行了多轮交流和修改，最终由我定稿。

书稿的形成和定稿主要是执笔者的工作，同时，也是课题组成员多次反复研讨、开展“头脑风暴”的结果。各章研究和执笔分工如下：

第一篇　制度总论篇。负责人及本篇统稿：沈满洪。

第一章，沈满洪（宁波大学）。

第二章，沈满洪、陈军（浙江理工大学）、张蕾（浙江理工大学）。

第三章，程永毅（宁波大学）、沈满洪。

第四章，杨永亮（浙江大学）、程永毅、沈满洪。

第五章，王晋（浙江省经济信息中心）、沈满洪。

第六章，沈满洪。

第二篇　网络普查篇。负责人及本篇统稿：谢慧明。

第七章，谢慧明（浙江理工大学）、沈满洪、李一（浙江理工大学）。

第八章，谢慧明、强朦朦（浙江理工大学）、沈满洪。

第九章，谢慧明、强朦朦、沈满洪。

第十章，谢慧明、俞梦绮（浙江理工大学）、沈满洪。

第十一章，谢慧明、俞梦绮。

第十二章，谢慧明、俞梦绮、沈满洪。

第三篇　案例分析篇。负责人及本篇统稿：张翼飞。

第十三章，张翼飞（上海对外经贸大学）、王电炜（上海对外经贸大学)、崔杰（上海对外经贸大学)。

第十四章，张蕾（浙江理工大学)、张翼飞。

第十五章，张翼飞、刘珺晔（上海对外经贸大学)、张振灏（上海对外经贸大学)。

第四篇　仿真模拟篇。负责人及本篇统稿：李玉文。

第十六章，李玉文（浙江财经大学)、金诚（浙江大学)。

第十七章，程怀文（浙江财经大学)、李玉文。

第十八章，李玉文、程怀文。

第五篇　法律制度篇。负责人及本篇统稿：李明华、陈真亮。

第十九章，李明华（浙江农林大学)、陈真亮（浙江农林大学)、沈百鑫（德国亥姆霍兹联合会环境研究中心)。

第二十章，张毅（上海财经大学)、陈真亮、沈百鑫。

第二十一章，陈海嵩（浙江农林大学)。

第二十二章，陈真亮、李明华。

第六篇　实现机制篇。负责人及本篇统稿：马永喜、覃琼霞。

第二十三章，覃琼霞（浙江理工大学)、马永喜（浙江理工大学)。

第二十四章，覃琼霞。

第二十五章，覃琼霞。

第二十六章，覃琼霞。

第二十七章，覃琼霞、马永喜。

在课题调研、学术研讨、稿件整合、形式统一等方面，谢慧明副教授协助我做了大量的工作，尤其在出版过程中谢慧明主要负责编审提出来的数以百计问题的处理。

这部书稿的形成，不仅仅是课题组成员的成果，也是方方面面大力支持的结果。首先，要感谢全国社科规划办和浙江省社科规划办的支持和指导。没有重大项目的立项就不会有这一成果。其次，要感谢参与项目评审和开题报告的各位知名的和不知名的专家学者。专家们对于科学问题的把握、研究思路的把关、研究方法的建议，都对完成该项目起到重要作用。

最后，要感谢人民出版社，尤其是该社吴炤东同志的多次催促和有益建议，促进了著作的问世，在出版过程中，更是对作品的一次再加工和再提升。

一部优秀的著作往往是建立在大量前期研究成果的基础之上。本书自重大项目立项并开展研究以来，已经产生了一系列的前期成果。迄今已经有20余篇论文公开发表，尚有部分论文处于投稿过程之中。有4件成果要报得到省部级领导的肯定性批示，其中，《妥善处理“五水共治”十大关系》得到中共浙江省委原书记夏宝龙的肯定性批示，对于改善浙江省“五水共治”工作起到了促进作用；《关于建立和完善新安江流域跨界水环境补偿长效机制的对策建议》得到了中共浙江省委原书记夏宝龙的肯定性批示，并对新安江流域跨界生态补偿试点第二期政策的出台发挥了积极作用。

开展多学科交叉研究是促进学术创新的重要途径和方法。本书致力于使用经济学、管理学、法学、生态学等不同学科的原理和方法开展研究，形成了制度总论篇、网络普查篇、案例分析篇、仿真模拟篇、法律制度篇和实现机制篇的总体框架。但是，研究过程中依然感到学科壁垒之存在、学术水平之参差。可喜的是，本书各个篇章总体上看均有所创新、有所突破。因此，不能等到完全满意便呈送各位读者了。书中所存在的缺点和错误，期待读者的批评与指正！

国家社科基金重大招标项目“健全水资源有偿使用和生态补偿制度及实现机制研究”申报时我是浙江理工大学副校长兼浙江省生态文明研究中心主任，而项目立项时已经就任宁波大学校长。为了感谢浙江理工大学多年来对我的大力支持，我没有将项目移到宁波大学，而是继续以浙江理工大学作为完成单位申请结题。但是，著作出版时我本人只能署名宁波大学了。可喜的是，2016年8月我完成了主持的第一个国家社科基金重大招标项目后，在2016年11月又以宁波大学作为申报单位获得了国家社科基金重大招标项目“海洋生态损害补偿制度及公共治理机制研究——以中国东海为例”（项目批准号：16ZDA050）。两个重大项目的申请和完成均离不开浙江省哲学社会科学重点研究基地——浙江省生态文明研究中心的支持，在此特意致谢！

宁波大学校长
浙江省生态经济促进会会长
中国生态经济学学会副理事长　　沈满洪
2017 年 4 月 25 日

责任编辑：吴炤东
封面设计：肖　辉　姚　菲

图书在版编目(CIP)数据

中国水制度研究/沈满洪　谢慧明　李玉文 等 著. —北京：人民出版社，
2017.7
ISBN 978-7-01-017460-0

Ⅰ.①中…　Ⅱ.①沈…　Ⅲ.①水资源-经济制度-研究-中国　Ⅳ.①TV213

中国版本图书馆 CIP 数据核字(2017)第 050401 号

中国水制度研究

ZHONGGUO SHUI ZHIDU YANJIU

沈满洪　谢慧明　李玉文 等　著

人民出版社 出版发行
(100706　北京市东城区隆福寺街 99 号)

北京盛通印刷股份有限公司印刷　新华书店经销

2017 年 7 月第 1 版　2017 年 7 月北京第 1 次印刷
开本：710 毫米×1000 毫米 1/16　印张：56.75
字数：810 千字

ISBN 978-7-01-017460-0　定价：180.00 元(上、下)

邮购地址 100706　北京市东城区隆福寺街 99 号
人民东方图书销售中心　电话 (010)65250042　65289539

U0392207

本书出版得到国家社科基金重大项目（项目编号14ZDA071）支持

中国水制度研究

ZHONGGUO SHUIZHIDU YANJIU

（上）

沈满洪　谢慧明　李玉文　等 著

人民出版社

目 录

第一篇 制度总论篇

第二篇　网络普查篇

第三篇 案例分析篇

第四篇　仿真模拟篇

第五篇 法律制度篇

第六篇　实现机制篇

第一篇　制度总论篇

——健全水资源有偿使用和生态补偿制度的理论框架

本篇主要内容包括水制度文献综述、水制度缺陷分析、水制度体系构建、水制度优化选择、水制度改革创新等五个部分。水制度文献综述和我国水制度缺陷分析分别是理论基础和实践基础，而水制度体系构建、水制度优化选择和水制度改革创新是理论构想，相当于是全书的理论假说，有待于后续各个篇章的进一步求证。

文献综述是学术研究的理论基础。通过对水制度研究文献的梳理，分别就水资源有偿使用制度、水生态保护补偿制度、水权交易制度、水污染权交易制度等进行全面的评述，进而得出水制度研究存在“重水资源单一制度的研究，轻水资源制度体系的研究；重水资源制度理论的研究，轻水资源制度实践的研究；重水资源管理制度的研究，轻水资源公共治理的研究”的理论缺陷。

剖析我国水制度存在的缺陷是本书研究的实践基础。纵观我国的水资源制度，至少存在下列缺陷：水资源无偿使用及“福利水价”问题，水资源价格构成缺项及定价机制缺陷问题，“谁保护，谁受益”原则没有充分体现，“谁使用，谁付费”原则没有落到实处。这些问题的存在既有体制性的根源，又有机制性的根源，还有制度性的根源。因此，进行水资源有偿使用和生态补偿制度研究，具有促进水生态保护和水环境治理的生态意义，具有促进经济生态化和生态经济化的经济意义，具有促进区域内和谐与区域间和谐的社会意义。

构建水资源有偿使用和生态补偿补偿制度需要具备系统论的思维。要按照“谁所有，谁受益”“谁保护，谁受益”“谁使用，谁付费”“谁损害，谁赔偿”的原则，建立起水制度体系、水制度结构和水制度“工具箱”：一是包括取水总量控制、排污总量控制等在内的管制性制度；二是包括有偿使用制度、生态补偿制度、水权交易制度、水污染权交易制度等在内的激励性制度；三是包括信息公开、公众监督等在内的参与性制度。

商品与商品之间具有替代性和互补性，制度与制度之间也具有替代性和互补性。基于水制度的替代性，需要选择生态效益、经济效益和社会效益等综合效益更佳的制度；基于水制度的互补性，需要寻求制度与制度之间的耦合强化，以实现更佳的制度绩效。

水资源制度的改革要从水价的构成入手。从资源水价、工程水价、生态水价、环境水价、利润水价等水价的构成就可以知道，哪些是需要弥补的，哪些是需要提高的，哪些是需要降低的。进而，可以明晰基于庇古理论的水资源财税制度改革和基于科斯理论的水资源产权制度改革方向，并根据水制度的关系分析提出制度的优化选择和耦合强化。

本篇的主要创新在于：第一，构建了包括水资源管制性制度、激励性制度、参与性制度在内的水制度体系、水制度结构和水制度“工具箱”，从而为水制度研究奠定一个框架。第二，提出了水制度的替代性和互补性理论，进而提出了基于水制度替代性的优化选择和基于水制度互补性的耦合强化的水制度建设思路。第三，设计了从水价构成入手进行水制度改革的总体思路和方向，并基于庇古理论和科斯理论就水资源财税制度和水资源产权制度改革进行了策划。

第一章　水制度研究概论

研究“健全水资源有偿使用和生态补偿制度及实现机制”，首先需要回答为什么要研究、研究什么内容、如何研究等基本问题。因此，本章主要阐述研究背景和研究价值、研究框架和研究内容、研究思路和研究方法以及研究的重点、难点、创新点等。

第一节　科学问题和研究价值

一、研究背景

（一）水危机

从水资源角度看，我国的水资源问题存在下列几大矛盾：水资源供给的有限性与水资源需求的无限性之间的矛盾；水资源的稀缺性与水资源使用的无偿性或低价性之间的矛盾；水资源供给的低福利与水资源使用的高福利之间的矛盾；水资源的国家所有与国家水资源所有者权益尚未保障的矛盾。从水生态角度看，我国的水生态保护存在下列几大问题：水生态保护者的正外部性与水生态受益者的无偿受益性之间的冲突问题；相对发达的下游地区要求相对欠发达的上游地区更加严格地保护水生态所带来的公平性缺失问题；水源保护区强烈要求工业化所面临的水生态退化威胁问题。因此，我国同时面临“三大危机”：一是水资源短缺危机——“水少了”；二是水环境污染危机——“水脏了”；三是水生态破坏危机——“水源少而脏了”。正是基于这种严峻的形势，党的十八届三中全会通过的《中共中央关于全面深化改革若干重大问题的决定》明确提出了“健全自然资源资产产权制度和用途管制制度”“实行资源有偿使用制度和生态补偿制度”。现实问题异常严峻，中央决策需要细化，科学研究责无旁贷。

（二）水机制失灵

我国水资源和水生态所面临的“三大危机”，均有其经济根源：一是水资源短缺危机——低价或廉价使用水资源导致水资源过度使用而出现严重缺水；二是水环境污染危机——水环境污染的负外部性没有内部化导致水体受到严重污染而出现水质下降；三是水生态破坏危机——水生态保护的正外部性和水环境污染的负外部性的结合导致合格水源地减少和合格水源减少。总体上，水资源和水生态问题上存在严重的“市场机制失灵”现象。如果水资源管理和水生态保护采取科学合理的制度和政策，那么，有可能解决“市场机制失灵”问题。问题是政府在水资源管理和水生态保护问题上或者是管得过多或者是管得不足，同样存在“政府机制失灵”。低于均衡价格的城市“福利水价”降低了整个城市的整体福利；“九龙治水”的管理模式增加了政府治水的运行成本；水资源和水生态制度和政策的不协调性导致制度效益下降；政府作为水资源和水环境的管理者同时又充当水资源和水环境的检测者所带来的集“运动员”与“裁判员”于一身的问题导致设租寻租风险。此外，在国内外的广泛实践中，水资源管理和水环境保护往往需要社会机制的介入。我国由于社会组织发展受到管制和约束，社会机制在涉水问题上发挥的作用十分有限，出现“社会机制失灵”的问题。

二、科学问题

本书正是基于水资源、水环境和水生态的可计量性、可检测性、可评价性等基本特征，通过矫正市场机制失灵、政府机制失灵和社会机制失灵，使得市场机制在水资源、水环境和水生态配置中仍然发挥基础性作用，甚至在某些领域发挥决定性作用，从而解决水资源短缺危机、水环境污染危机和水生态破坏危机。据此，本书需要回答下列科学问题：

（一）如何让市场机制在水资源配置中从基础性作用转向决定性作用

新古典经济学认为，市场机制往往在资源环境领域失效。随着水资源和水环境稀缺性的加剧，随着水资源产权和水环境产权界定成本的下降，市场机制同样可以在水资源配置中发挥决定性作用。为此，需要继续探索水权界定及其交易制度、水污染权界定及其交易制度、水资源定价方法及其机制、水生态保护补偿制度、水环境损害赔偿制度等市场化制度。如何在市场机制逐渐完善的背景下让市场机制在水资源配置中从基础性作用转向决定性作用便是第一个科学问题。

（二）如何识别不同水资源制度的相互关系以进行制度优化选择和耦合强化

水资源和水生态制度不是单一的制度，而是制度体系。为此，首先需要构建起水资源财税制度、水资源产权制度等制度工具箱，进而对制度与制度之间的相互关系进行分析：替代关系、互补关系还是没有关联。如果是替代关系，就要进行制度的优化选择；如果是互补关系，就要进行制度耦合强化。如何基于制度体系的相互关系进行水资源制度的优化选择和耦合强化便是本书的第二个科学问题。

（三）如何在水资源有偿使用和生态补偿制度中从政府管理转向公共治理

现有的水资源有偿使用制度基本上是政府定价而居民执行，现有的水生态补偿制度基本上是政府补偿而无市场补偿。这种政府（作为管理者）—居民（作为被管理者）的被动式管理制度既不符合市场机制要求，又不符合社会机制要求。实践表明，水资源和水环境领域特别需要引入社会治理理念、社会治理结构和社会治理机制。在创新社会治理体制的背景下如何在水资源治理中构建起政府机制—市场机制—社会机制三足鼎立且相互制衡的制度结构是本书的第三个科学问题。

三、研究价值

（一）学术价值

第一，有利于制度经济学与公共治理理论的深化。新制度经济学除了需要“制度一般”的理论研究以外，还需要深入研究“具体制度”的理论研究，以“制度一般”理论指导“具体制度”理论，以“具体制度”理论支撑“制度一般”理论。通过对水资源治理财税制度和产权制度在中国现实条件下的运用和分析，探究水资源有偿使用和生态补偿制度的中国改革，有利于新制度经济学与公共治理理论的深化。第二，有利于水资源经济学与公共管理理论的深化。通过对水资源有偿使用制度、水生态保护补偿制度、水权有偿使用和交易制度、水污染权有偿使用和交易制度、水环境损害赔偿制度五个方面的深入分析和耦合研究，建立起相对完善的水资源管理制度，有利于拓展水资源经济管理理论体系。第三，有利于水生态经济学与公共管理理论的深化。自然资源可以分成自然经济资源和自然生态资源。自然经济资源的研究往往属于资源经济管理的范畴，自然生态资源的研究往往属于生态经济管理的范畴。自然经济资源与自然生态资源往往是密不可分的，而学科的划分本身是人为的。因此，本书研究致力于把“两张皮”变成“一张皮”，以系统论的方法研究以水为核心的生态经济理论和生态经济管理，有利于生态经济管理理论的深化。

（二）应用价值

第一，有利于在“效率优先”原则导向下推进水资源有偿使用制度建设。从制水成本、治污成本、水源保护成本三方面针对消费者、企业和政府公共部门探索能够兼顾效益和公平的水资源有偿使用制度。在基本生活用水、生态用水等方面需要以公平优先，在生产性用水、享乐型用水等方面需要以效率优先，需要解决当前水资源“成本估计过高”“成本效益不佳”“部分项目收费过高和收费不足并存”等诸多现实问题。建立健全行之有效的水资源有偿使用制度能使水资源的所有者、保护着、使用者、管理者各谋其责，各得其所。第二，有利于在“兼顾公平”原则导向下推进水生态保护补偿制度建设。水生态保护的典型正外部性导致水资源保护者与水资源受益者的权利义务不对称。根据外部性内部化的思路，需要将区域内生态补偿制度拓展到区域间，需要针对区域间跨界水生态保护的零和博弈现象和生态补偿金额“拍脑袋”决策问题，需要解决当前“补偿力度不足”“补偿方式单一”“补偿对象未到居民”等现实问题。建立健全水生态保护补偿制度能实现流域上下游或区域之间的人水和谐及人人和谐局面。第三，有利于在“取水总量”控制下推进水权有偿使用和交易制度建设。基于水资源总量的有限性，必须明确界定生活用水、生产用水、生态用水的水权。为此，需要建立明确的水权分配体系，建立水权价格和有偿使用制度，建立水权交易机制和制度，建立水市场监管体系等研究。本书正是要解决这些问题：构建我国水权有偿使用和交易制度框架和设计相应机制，推动我国水权制度理论研究进展；健全我国水资源有偿使用制度，发挥市场机制在水资源配置中作用；为国家推行水权制度改革提供科学依据。第四，有利于在“排污总量”控制下推进水污染权有偿使用和交易制度建设。在排污总量控制的情况下进行水污染权的界定和分配，实施水污染权的有偿使用和交易制度，是一项已经被证明了的有效制度。问题是排污权制度改革如何突破？水污染权制度改革必须从自下而上转到自上而下，从局部试点转向全面铺开，从政出多门转向政策统一。本书的研究有助于建立健全水污染权有偿使用和交易制度及其保障措施。第五，有利于在“谁污染，谁负责”原则指导下推进水环境损害赔偿制度建设。水资源管理不仅要强调制度激励，而且要强调制度约束。需要基于“谁污染，谁负责”的原则探索水环境损害赔偿的约束性制度设计，需要解决“水环境损害主体不明晰”“成本难核定”“赔偿力度不足”等现实问题，需要建立以社会化制度和惩罚性赔偿制度为主体制度，以公益诉讼机制、行政处理机制等为辅助机制构建环境损害赔偿体系，需要建立和完善水环境损害评估体系，需要对水环境损害赔偿进行量化测算的理论与应用研究，需要注重水环境损害的补偿和恢复研究。这有利于建立健全水环境损害赔偿制度及其实施机制。

（三）独到的价值

在上述研究价值中，尤其在下列几个方面具有独到的价值：第一，健全水资源有偿使用和生态补偿的制度体系。类似于宏观经济政策中的财政政策和货币政策体系，水资源有偿使用和生态补偿制度是财政制度系列和水资源产权制度系列的组合，水资源财政制度包括水资源税费制度、水生态保护补偿制度、水环境损害赔偿制度等，水资源产权制度包括水权制度、水污染权制度、水生态权制度等。水资源有偿使用和生态补偿制度系统中的各种制度之间存在着错综复杂的关系，类似于商品的替代性和互补性，制度也具有替代性和互补性。当制度之间具有替代性时，需要对制度的优劣进行权衡比较，选择相对最优的制度；当制度之间存在互补性时，需要对不同的制度进行耦合强化，以形成更有效的制度安排。本书将针对不同的水资源情景，提炼出一般性的制度结构。例如，在富水区域可以建立基于水质监测的水生态保护补偿—水环境损害赔偿的耦合制度，在缺水区域可以进行“双总量控制、双有偿使用、双交易制度”的耦合制度。第二，聚焦水资源有偿使用和生态补偿的制度实践。由于中国水资源的特殊稀缺性，我国各地水资源制度的实践十分丰富，例如全国首例跨界水生态补偿制度实践——新安江流域生态补偿制度，全国最早开展的太湖流域水污染权有偿使用和交易制度，西北地区最早开展的区域和区域之间、行业和行业之间、农户与农户之间的水权交易制度。基于此，本书分别开展省市两级网络普查和典型水资源制度的案例分析，通过面上分析和个案研究，提炼出水资源制度建设的基本经验、突出问题及其解决路径。水资源对策研究中引入系统动力学方法模拟水资源制度对水资源生态经济综合效应影响，使得制度设计的方向及其力度更加精准，从而为水资源有偿使用和生态补偿的法律制度建设提供法理基础，并据此提出水资源有偿使用和生态补偿制度的实施机制。第三，推进水资源有偿使用和生态补偿的制度改革。水资源和水环境从无偿使用到有偿使用或从低价使用到均衡价格使用，水生态保护从没有补偿到获得补偿或从低价补偿到足额补偿，都是一种制度变革。这种制度变革是卡尔多—希克斯改革，必然面临阻力。为此，根据制度演化和制度改革的一般规律，充分认清制度供给的影响因素、制度需求的影响因素、制度均衡的影响因素，通过调整这些影响因素以降低制度变革的阻力并设计好制度实施的重要机制。例如，水价制度改革未必是简单地一个“涨”字，而是该涨的涨，该降的降，该加的加，从而理顺水价的构成及其比重，进而使得水价真正反映水资源的稀缺性。

第二节　研究框架和研究内容

一、研究框架

本书由一个总论和五个分论构成。分别称之为制度总论篇、网络普查篇、案例分析篇、仿真模拟篇、法律制度篇和实现机制篇。

制度总论篇的研究按照四个步骤“制度意义→制度体系→制度设计→制度改革”的逻辑主线展开。其中，制度意义研究是逻辑起点，制度体系和制度设计等是研究重点，制度改革是制度建设的保障措施。

五个分论的研究从三个方面入手：以面上调查和案例分析相结合的办法了解制度基础，以模拟分析方法检验制度总论篇所设计的制度框架的效应，以法律制度和实现机制研究保障落实制度总论篇所设计的制度框架。

本书的总体研究框架见表 1-1。

表 1-1　本书的总体研究框架

类别	编号	研究内容
总论	第一部分	水资源有偿使用和生态补偿制度的文献综述
	第二部分	水资源有偿使用和生态补偿制度的缺陷分析
	第三部分	水资源有偿使用和生态补偿制度体系构建
	第四部分	水资源有偿使用和生态补偿制度的优化选择及耦合强化
	第五部分	健全水资源有偿使用和生态补偿的制度改革
分论	分论 1	基于网络普查的水资源有偿使用和生态补偿制度研究
	分论 2	水资源有偿使用和生态补偿制度的经验及问题研究
	分论 3	基于 SD 方法的水制度耦合生态经济效应仿真研究
	分论 4	水资源保护法律制度的融合与创新研究
	分论 5	基于治理理念的水资源有偿使用和生态补偿的实现机制研究

二、总论的构成

（一）健全水资源有偿使用和生态补偿制度的必要性分析

水资源需求的无限性与水资源供给的有限性之间的矛盾，有必要按照稀缺性法则实施有偿使用。水资源保护的外部性和公共物品属性，有必要按照外部性内部化原则实施水生态保护补偿制度。依据水资源数量和水环境质量的可计量性以及用水户用水多寡的可计量性有可能实施水资源有偿使用和水生态保护补偿制度。保障水资源的可持续开发必须实施取水总量控制制度。以取水总量控制为前提建立水资源有偿使用制度是顺理成章的事情。以水资源有偿使用费或部分水资源有偿使用费补偿水源保护区的经济主体，具有三大意义：一是生态意义，有利于促进水生态保护，实现山清水秀的目的；二是经济意义，有利于鼓励水源区经济主体生态保护的积极性，实现“保护生态就是保护生产力”“绿水青山就是金山银山”的效果；三是社会意义，有利于促进水资源保护区和水资源受益区的和谐发展，促进社会公平。

（二）健全水资源有偿使用和生态补偿的制度体系研究

水资源有偿使用和水生态保护补偿制度是建立在下列基本原则的基础之上的：“谁所有，谁受益”原则（体现国家资产权益）、“谁保护，谁受益”原则（体现保护者权益）、“谁使用，谁付费”原则（体现用水户义务）、“谁损害，谁赔偿”原则（体现损害者责任）。根据这些原则可以建立起相应的制度体系：从激励性制度角度考察，主要包括侧重于政府干预的财政税收制度和侧重于市场机制的产权交易制度两大类。财政税收制度主要包括水资源有偿使用制度、水生态保护补偿制度，产权交易制度主要包括水权交易制度和水污染权交易制度。从约束性制度角度考察，主要包括总量控制制度和责任追究制度。总量控制制度主要包括取水总量控制制度和水污染权总量控制制度，责任追究制度主要包括水环境损害赔偿制度和水环境污染问责制度。因此，水资源有偿使用和水生态保护补偿的制度体系如图 1-1 所示。

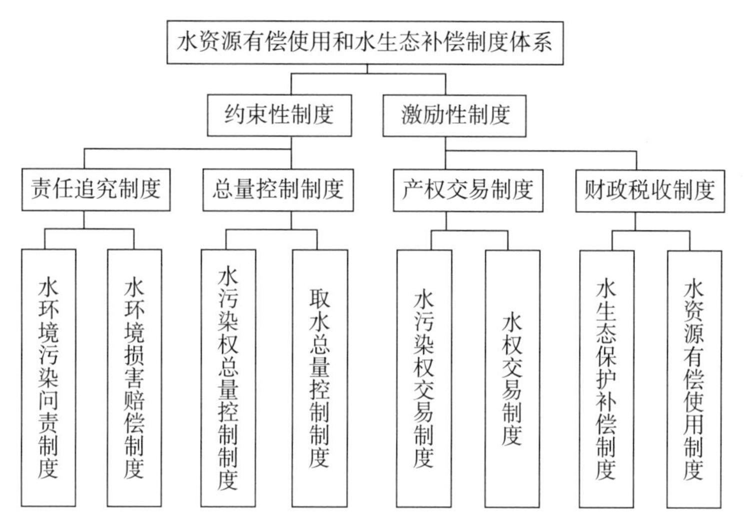

图 1-1 水资源有偿使用和水生态保护补偿制度体系

（三）水资源有偿使用和生态补偿制度的优化选择及制度耦合研究

类似于不同的商品和要素之间既可能存在替代性又可能存在互补性，制度与制度之间也存在替代性和互补性。因此，在对图 1-1 中每一个制度逐一进行深入研究的基础上，既要研究制度之间的替代关系，又要研究制度之间的互补关系。对于替代性制度需要回答孰优孰劣的问题，并据此进行优化选择；对于互补性制度需要回答如何相互补充的问题，并据此进行耦合强化。制度替代可能有：水资源财政税收制度与水资源产权交易制度具有一定的可替代性、水环境损害赔偿制度和水环境污染问责制度也具有一定的可替代性。制度耦合可能有：水资源有偿使用制度与水生态补偿制度的耦合，水权交易制度与水污染权交易制度的耦合，水生态补偿制度与水环境损害赔偿制度的耦合。不同的制度耦合适用于不同的情景。对此，需要就为什么进行制度耦合、如何进行制度耦合、制度耦合的可能效果等进行深入分析，并对典型地区的制度耦合提出建议。

（四）健全水资源有偿使用和生态补偿制度的体制改革研究

我国的水资源管理和水环境保护存在严重的体制性障碍。“山水林田湖是一个生命共同体”，但是我们对这个共同体却采取“九龙治水”管理方式，产生“条”（部门）与“条”（部门）之间的矛盾、“块”（区域）与“块”（区域）之间的矛盾、“条”（部门）与“块”（区域）之间的矛盾并存。由此，需要就涉水管理体制进行深入分析以健全政府水资源管理体制。就水资源有偿使用和生态补偿制度而言，需要从水资源价格的构成入手，真正解决水资源有偿使用问题。同时，要从水生态保护的正外部性内部化和水环境污染的负外部性内部化角度入手，落实钱“从哪里来，到哪里去”的问题，真正解决水生态补偿问题。基于制度体系和制度结构，还要研究基于水制度替代性的制度优化选择和基于水制度互补性的制度耦合强化。

三、分论的构成

分论 1：网络普查篇。基于政府公开信息对中国水资源有偿使用和生态补偿制度的具体政策进行了全面搜索。基于网络普查着重分析了水资源有偿使用和生态补偿制度的中国框架、演进路径和演进阶段、空间特征和演变规律。分别基于网络搜索、比较分析和计量分析等方法分别对水资源费制度、水价改革、水生态补偿制度、水污染权交易制度等突出问题进行了专题研究。

分论 2：案例分析篇。从上海市水资源需求与水资源供给矛盾出发，论证了合理的水价构成与水价对用水量的影响，在此基础上分析计算出上海市合理的水价；总结了新安江流域从冲突到合作的演变历程，进而从理论上分析了制度设计在跨界流域生态补偿中的作用，提出了建立以市场导向为主跨界流域生态补偿的耦合制度模型；通过对环太湖流域水污染权交易制度的实践经验，揭示制度运行绩效的内在机制，提出建立太湖流域统一的排污权交易市场等政策建议。

分论 3：仿真模拟篇。在分析水资源开发过程的基础上，引入系统动力学方法，构建水制度耦合机制下水资源系统动力学（SD）模型，来分析水资源制度的生态经济效应。将我国划分成少水地区、多水地区和中间地区等三种类型区域，进行水资源有偿使用制度、水权交易制度、水污染权交易制度、水生态保护补偿制度、水环境损害赔偿制度等五种水制度的单一制度和耦合制度进行仿真模拟，在此基础上提出我国水资源制度设计和改革对策。

分论4：法律制度篇。按照“三偿”（有偿使用、生态补偿、损害赔偿）整合的角度做了系统地法律制度的梳理。一是我国水资源保护法律制度的缺陷及其原因分析；二是域外水资源保护法律制度考察及借鉴；三是以整体性治理为视角对水资源保护法律制度进行一体化的制度设计；四是水体保护的综合协调机制研究。以整体性治理理论为视角，研究综合生态系统管理理论在水法领域的制度创设以及现有制度的衔接、整合与优化。

分论5：实现机制篇。在评述水资源有偿使用和生态补偿实践的基础上，依次对水资源有偿使用和生态补偿制度分管制性制度、市场化制度和惩处性制度进行分类研究，讨论单一制度下的机制设计与优化；进一步分析不同环境特征下的最优制度组合与优化问题，探讨三类缺水类型下水资源有偿使用和生态补偿制度的最优组合与匹配问题；在构筑水资源流闭环的基础上的设计闭环和开环相结合的两类资金链支持体系；最后提出了保障性制度。

第三节　总体思路和研究方法

一、总体思路

本书的选题源自党的十八大报告第八部分第四点“加强生态文明制度建设”和党的十八届三中全会《中共中央关于全面深化改革若干重大问题的决定》（以下简称《决定》）第十四部分第五十二条“实行资源有偿使用制度和生态补偿制度”。

本书研究以党的十八大报告、十八届三中全会《决定》为指导，以水资源配置、水生态保护、水环境污染等案例分析和水资源经济学、水生态经济学、新制度经济学及水务公共管理学等文献分析为基础，以水资源有偿使用和生态补偿制度选择、制度演化的定性分析和水资源、水生态、水环境的价值评价与水资源管理制度的模拟仿真的定量分析为主线，以水资源有偿使用和水生态保护补偿制度耦合为核心，追求学术创新和政策创新，实现课题研究的理论价值和应用价值。

（一）研究基础

本书以调查研究和文献分析为基础。调查研究既包括省市两级面上网络普查，又包括典型案例的深入分析。调查研究的任务主要是找出水资源管理和水生态保护存在的基本经验、突出问题、问题根源、解决路径以及政策建议；文献分析的任务主要是回答已有水资源有偿使用和生态补偿的研究文献达到什么阶段、取得什么进展、存在哪些缺陷、如何填补空白等，以明确本书的研究重点。

（二）研究主线

本书有两条平行的主线构成：一是以制度的比较分析、优化选择、制度组合、制度演化等为基本内容的水资源有偿使用和生态补偿制度的定性分析；二是水制度的资源环境经济效应分析以及以水资源有偿使用和生态补偿制度的模拟仿真为基本内容的定量分析。定性分析主要回答制度与政策“向何处去”，定量分析主要回答制度与政策“力度应多大”。

（三）研究核心

本书的核心内容是在制度体系构建的基础上进行制度选择和制度耦合。在对水资源有偿使用制度、水生态保护补偿制度、水权交易制度、水污染权交易制度、水环境损害赔偿制度等各单个的制度进行独立研究的基础之上，进一步回答制度与制度之间的关系，分析制度与制度之间的替代性和互补性或制度组合与制度组合之间的替代性和互补性，对于替代性制度进行优化选择，对于互补性制度进行耦合使用，从而实现制度的最佳效果。

（四）研究目标

本书的研究目标是推进“两个创新”：学术创新——提出一系列水制度相关的创新性见解，政策创新——提出一系列水制度设计及实现机制的政策建议；实现“两个价值”：理论价值——为丰富新制度经济学、水资源经济管理学、水生态经济管理学、公共治理理论等作出贡献，应用价值——为优化水资源配置和水生态保护等制度建设作出贡献。

二、研究视角

（一）水资源与水环境制度的模拟分析视角

水资源有偿使用和生态补偿制度是一个制度体系，如何在制度工具箱中进行制度选择和制度耦合，需要通过模拟分析予以回答。本书采取系统动力学方法，以取水总量控制和排污总量控制为约束条件，以水资源、水环境、水经济效益最大化为因变量，以水制度或制度耦合作为自变量，在不同情境下进行模拟分析，从而为制度的筛选和优化奠定基础。

（二）水资源与水环境制度的优化选择视角

实施水资源有偿使用和水生态保护补偿制度，可以采取不同的政策取向。主要有两种思路：一是水资源财税制度，二是水资源产权制度。前者主要是指用水户有偿使用水资源并将其中部分水资源费补偿水源保护者的规则，后者主要是指在初始水权得到界定的前提下实施水权交易制度，在初始水权的配置和水权交易过程中自然体现水资源有偿使用和生态补偿的本质。因此，本书的一个重要视角是制度的优化选择。选择水资源财税制度还是选择水资源产权制度，需要通过深入研究予以回答。

（三）水资源与水环境制度的路径演化视角

水资源有偿使用和生态补偿制度的实施或者是从无到有的过程，或者是从劣到优的过程，总而言之，都是从非目标均衡到目标均衡的转化。为此，必须考察非目标均衡的状态及其实现条件、目标均衡的状态及其实现条件、从非目标均衡到目标均衡的转化路径及其外部条件的改变等。因此，本书的又一重要视角是制度演化、制度变迁、制度改革进程的优化以降低改革阻力。通过该视角的研究，可以使得新制度经济学的研究从抽象转向具体。

三、研究路径

（一）在现实问题基础上提炼出科学问题

在面上调查和案例分析的基础上把准水资源管理和水环境保护的现实

问题，据此找出水资源管理和水环境保护的制度问题；根据水资源管理和水环境保护的制度问题，提炼出本书研究的科学问题，例如如何构建水资源有偿使用制度和水生态保护补偿制度体系、如何进行水资源有偿使用和水生态保护补偿制度的优化选择、如何降低水资源有偿使用和水生态保护补偿制度运行的交易成本问题。找准科学问题、分析科学问题、解决科学问题便是本书的使命，从而明确在水资源管理和水生态保护的制度建设知识存量基础上增添新的知识。

（二）在方法工具箱中进行具体方法选择

水资源有偿使用和水生态保护补偿制度建设的研究可以运用众多的方法，如制度分析法、比较分析法、案例分析法、定量分析法等。针对不同的科学问题需要采纳的方法是不同的。例如，水资源管理制度的演化必须使用制度分析法；水资源有偿使用制度的优化选择必须使用比较分析法；水资源有偿使用制度的收费标准必须使用价值评价法；水资源有偿使用制度的效果评价必须使用模拟分析法等定量评价方法。根据研究问题的本质特征选择适合的研究方法是研究路径选择的一个基本原则。

（三）在制度工具箱中优化组合制度结构

水资源有偿使用和水生态保护补偿制度是一个制度体系的问题，类似于宏观经济政策实践中，既可以使用货币政策，又可以使用财政政策；货币政策中，既可以调整货币的供给量，又可以调整利息率；财政政策中，既可以采取调整税收，又可以调整支出。不同的水资源有偿使用和水生态保护补偿制度之间既可能存在制度的替代性，又可能存在制度的互补性。当相互替代时，主要任务是优化选择制度，例如水资源财税制度与水资源产权制度之间的权衡与选择；当相互补充时，主要任务是组合不同制度，例如排污总量控制制度与水污染权交易制度、取水总量控制制度与水权交易制度之间均是互补关系，应该组合使用。

四、研究方法

本书的主要研究方法有定性分析和定量分析两大类。

（一）定性分析类

第一，案例分析法。在水资源管理和水环境保护制度建设方面，既有成功的案例，又有失败的案例。案例分析可能从个别典型上升到一般规律，案例分析也可能从实践层面佐证理论分析的结论。本书采用新制度经济学的案例分析法，按照“故事描述→理论假说→实证分析→规范分析→基本结论（得到推论）”的逻辑，使得研究结果更具说服力。案例分析法十分适合制度分析和制度设计。诺贝尔经济学奖获得者奥斯特罗姆就是做了数以千计的典型案例分析后才撰写了《公共事物的治理之道》，该书成为新制度经济学的经典文献。第二，制度分析法。从一定程度上讲，水资源危机是制度危机，水环境危机也是制度危机。因此，水资源有偿使用和水生态保护补偿制度建设是优化配置水资源和水环境的根本推动力。水资源有偿使用和水生态保护补偿制度建设是一个制度变迁的过程，如何通过制度建设实现从一种非目标均衡状态转向一种目标均衡状态，需要寻找最佳的变迁路径，需要寻找最小的创新阻力。制度经济学尤其是新制度经济学在水资源产权制度改革、水环境产权制度改革、水资源财税制度改革、水资源价格体系改革等方面运用广泛。制度分析需要解决的问题包括水资源管理制度演化的基本规律、水资源制度变迁的成本与收益比较、水资源制度创新的需求与供给分析、影响水资源制度建设的内部因素与外部因素分析等。第三，比较分析法。有比较才有鉴别，有比较才有优化。水资源制度建设的比较分析主要表现在下列几个方面：一是水资源制度建设的国际比较。水资源制度建设是一个学习借鉴和自主创新的结合过程，发达国家成功的水资源制度建设经验（如澳大利亚墨累达令河流域的“水权交易制度——排污权交易制度耦合”）可以为我国所用，因此，需要中外比较分析。二是水资源制度建设的区域比较。水资源制度建设既有共性化制度，又有个性化制度。我国幅员辽阔，南北差异、东西差异均十分显著。水资源制度建设要根据各地实际情况而展开，因此，需要进行区域之间的比较分析。三是水资源制度建设的演进比较。水资源制度建设是从非目标均衡到目标均衡的动态演进的过程，因此，需要历史纵向的比较分析，从而知道历史演进的轨迹。四是水资源制度的成本—收益比较。无论是单一的水资源制度建设，还是系统的水资源制度建设，都需要进行优化选择。优化选择的基本标准是成本—收益比较。如果水资源制度建设是帕累托改进，那么这项制度就容易推进；如果水资源制度建设是卡尔多—希克斯改进，那么就面临制度障碍。比较分析是社会科学常用的分析方法。本书要做的研究是水资源管理和水环境保护制度如何从无偿使用到有偿使用、如何从缺乏生态补偿到健全生态补偿、如何从单一制度到耦合制度等方面的研究，总之，这是一种如何从“此岸”到“彼岸”的研究，这样的研究必然涉及方方面面的比较和鉴别。

（二）定量分析类

第一，数理分析法。数理分析是指用数学定理来确定其分析的假定和前提，用数学方程来表述一组经济变量之间的相互关系，通过数学公式的推导来得到分析结论的研究方法。随着高等数学的快速发展，经济学理论的精准化、规范化成为可能。本书致力于以数理方法描述不同经济变量之间的关系，例如在水资源有偿使用和水生态保护补偿制度的学理性分析部分、在水资源定价模型分析部分均将使用数理分析法。例如在构建目标价格模型时，基于自然资本价值理论和可持续发展理论，采用面向可持续发展的全成本水价构成理论及水价计算方法，并综合考虑水资源供需影响因素（水质、水资源丰缺和用户需求等），来构建水资源有偿使用的目标水价模型。第二，计量分析法。计量分析法就是把经济学、数学和统计学结合在一起，来研究社会经济活动变化的研究方法。计量分析法可能在数理分析的基础上更加定量化。在水资源管理制度的资源效应、环境效应和经济效应的分析中，在水污染权有偿使用和交易制度分析中均将使用计量分析法。例如，构建水污染权有偿使用和交易制度变迁指数，并以此为被解释变量来讨论影子价格、交易成本、市场势力等因素对制度收敛的具体影响；运用面板联立方程组和工具变量法来讨论制度收敛的内生性问题。第三，系统动力学（SD）分析法。基于反馈控制理论，通过计算机仿真技术，该方法尝试定量分析复杂的社会经济系统。这一方法由美国麻省理工大学福雷斯特教授于20世纪50年代创立，现业已成功地被应用于企业、城市和国家的许多战略与决策等分析之中。该模型从本质上看是带时间滞后的一阶差微分方程。主要特点：一是适用于处理长期性和周期性的问题，如自然系统的平衡、人类系统的周期和社会系统的危机等；二是适用于对数据不足问题进行研究，系统动力学能够借各要素间的因果关系及有限的数据及其结构进行推算；三是适用于处理精度要求不高的复杂社会经济问题；四是强调有条件预测，即强调产生结果的条件。

第四节　理论创新和对策建议

一、理论创新

（一）水资源有偿使用和生态补偿制度是制度体系、制度结构和制度工具箱

构建水资源有偿使用和生态补偿制度需要具备系统论的思维。要按照“谁所有，谁受益”“谁保护，谁受益”“谁使用，谁付费”“谁损害，谁赔偿”的原则，建立起水制度体系、水制度结构和水制度“工具箱”：一是包括取水总量控制、水污染总量控制等在内的管制性制度，二是包括水资源有偿使用、水生态保护补偿、水权交易、水污染权交易等在内的激励性制度，三是包括信息公开、公众监督等在内的参与性制度。管制性制度是前提，激励性制度是核心，参与性制度是补充。

（二）水资源有偿使用和生态补偿制度存在显著的制度替代性和制度互补性

商品与商品之间具有替代性和互补性，制度与制度之间也具有替代性和互补性。在水资源财税制度与水资源产权制度、水环境损害赔偿制度与水环境污染问责制度之间等，均具有替代关系；在取水总量控制制度与水权交易制度、排污总量控制制度与水污染权交易制度、水生态保护补偿制度与水环境损害赔偿制度之间，均具有互补性。基于水制度的替代性，需要选择生态效益、经济效益和社会效益等综合效益更佳的制度；基于水制

度的互补性，需要寻求制度与制度之间的耦合强化，以实现更佳的制度绩效。

（三）水资源价格由资源水价、工程水价和生态水价等五个方面共同构成

无论是水资源有偿使用还是水生态保护补偿，其最终形式都是体现在水资源价格之中。以使用自来水的用水户为例，水价由资源水价——水资源所有者收益、工程水价——制水企业成本、环境水价——污水治理成本、生态水价——水生态保护补偿成本、利润水价——制水企业利润。在相当一段时间当中，我国的水价仅仅体现了工程水价和利润水价。随着水环境污染问题的加剧，水价中增加了环境水价。但是，总体上看还少有考虑资源水价和生态水价。因此，水价改革并不是一个简单的“一提了之”的事情，而是要综合权衡各个水价构成项目的合理性提出改革的对策。

（四）中国水生态补偿财政资金运作存在三类六种模式并可组合使用

根据资金流向的差异，水生态补偿财政资金运作模式包括三类六种：转移支付模式——纵向转移支付模式和横向转移支付模式，共同出资模式——基于断面水质的共同出资模式和基于综合标准的共同出资模式，强制扣缴模式——基于水质考核的强制扣缴模式和基于断面水污染物通量考核的强制扣缴模式。在不同的情景下可以选择不同的资金运作模式或不同的资金运作模式的组合使用，从而实现尽可能低的交易费用。

（五）仿真研究表明不同水制度耦合及不同背景下水制度耦合的绩效是不同的

在相同的社会经济环境下，不同的水制度耦合生态经济效果不同。单一的水资源有偿使用制度效果要好于单一的水权制度效果和单一的水污染权交易制度效果。水资源有偿使用制度和水权制度组合效果要好于水资源有偿使用制度效果本身，水资源有偿使用制度和水污染权制度组合效果要好于水污染权制度效果。水资源有偿使用制度和水权制度组合效果要好于水资源有偿使用制度和水污染权制度。在相同的水制度耦合下，对于不同

区域也有不一样的生态经济效果。水权交易制度和水资源有偿使用制度耦合效果在水资源量短缺地区要比水污染问题突出的地区更明显，而水污染权交易制度和水资源有偿使用制度耦合效果在水污染问题突出地区更明显。无论在什么样的社会经济条件下，耦合性的水制度效果要好于单一水制度。

（六）生态导向下的水法律制度建设要按照综合水体理念进行制度整合

水资源有偿使用、生态补偿、损害赔偿这三大制度之间在涉水概念、立法目的、权利基础、法律体系和制度等方面，都存在一定的张力和冲突，所以有待从整体主义方法论出发，根据水生态系统的综合管理和整体性治理理论，对水资源有偿使用、生态补偿、损害赔偿进行规制理念、规制原则和规制基本措施与制度等方面进行整合、协调，达到水体保护理念的统一、基本原则的趋同和制度的融合。因此，涉水法律制度的修订和完善的一个趋势是“整合”而不是“分化”。

二、对策建议

（一）提高水资源费征收标准，扩大水资源税征收范围，实施水资源费“费改税”

水资源费政策存在三个问题：水资源费标准偏低，水资源费覆盖范围有限，水资源费制度刚性不足。水资源费的改革应该采取三个举措：一是全面收取水资源费。对于不同的行业，水资源费的标准可以有差别，但是不能不收，更不能规避，对于规避水资源费者要加以惩处。二是提高水资源费标准。水资源费实际上就是水资源所有者的“经济租”收益。这个收益虽然未必太大，但是必须足额收取。是否足额收取水资源费，直接关系到水资源价格的构成。三是水资源费“费改税”。为了体现水资源费收缴双方的制度刚性，不妨实施水资源税制度。实施水资源税制度，一方面可以增强取水者的纳税意识，树立“纳税是义务，逃税是违法”的理念；另一方面可以增强征税机构的资源意识，确立水资源国家所有或集体所有的所有者权益理念。为了鼓励地方政府的积极性，水资源税纳入地税的范畴。

（二）科学评价污水治理成本，防止“成本低估”和“成本高估”两种可能性

用水户在使用自来水以后有三种结果：一是污水治理、循环利用。对此，政府需要鼓励，不必缴纳任何污水治理费甚至还要给予补贴。二是污水治理、达标排放。对于这种情况，要根据“达标”的标准，确定是否收取排污费。三是污水搜集、集中治理。对于这种情况毫无疑问要缴纳污水治理费。对于政府集中治理的污水治理费的收缴，主要存在下列问题：一是由于污水治理企业的“自然垄断”属性，出现成本高估的问题；二是对污水治理的复杂性认识不足，导致治污成本低估的问题；三是由于政府对污水治理进行补贴，人为导致治污成本低估的问题。因此，对于污水治理成本确定的改革方向是：一是科学确定污水治理成本，防止治污成本低估或高估；二是取缔政府对污水治理厂治污成本的补贴，让市场价格充分显示环境容量资源的稀缺性。

（三）根据水源质量优劣，实施用水户向“护水者”缴纳水生态保护补偿资金的机制

现有的生态补偿机制大多停留在政府财政转移支付的层面。水的质和量都是可以计量和评价的，用水户用水的多和少也是十分清晰的。因此，应该实施市场化的生态补偿机制。一是根据水源的优劣确定补偿与否和补偿标准的高低。实施“优质水高补偿，普通水不补偿，劣质水反补偿”的制度；二是改变政府补偿的做法，由用水户缴纳生态补偿资金，也就是在水价中体现生态补偿成本；三是改变“政府补政府”的做法，把生态补偿资金真正补到为水生态保护作出贡献的企业、居民和政府身上。

（四）因地制宜，实施基于水资源禀赋的差异化的水资源有偿使用和生态补偿的耦合制度

在北方和西北干旱缺水的地区，全面推进“双总量控制制度”——取水总量控制和水污染总量控制、“双有偿使用制度”——初始水权有偿使用

和初始排污权有偿使用、“双交易制度”——水权交易和排污权交易的耦合制度。在南方多雨富水的地区，全面推进基于断面水质考核的水生态补偿制度和水环境损害赔偿制度的耦合制度：出境水质好于往年或好于入境水质，给以水生态保护补偿；出境水质劣于往年或劣于入境水质，要求水环境损害赔偿。

第二章　水资源制度研究文献综述

水资源制度研究文献繁多。本章按照“1+5+1”的框架进行综述：第一个“1”就是水资源综合性制度研究综述；“5”就是水资源专项制度研究综述，包括水资源有偿使用制度研究文献综述、水生态保护补偿制度研究文献综述、水权交易制度研究文献综述、水污染权有偿使用和交易制度研究文献综述、水环境损害赔偿制度研究文献综述等；第二个“1”就是水资源制度研究的综合述评与未来展望。

第一节　水资源综合性制度研究文献综述

一、水资源制度设计的理论基础研究

外部性理论和公共物品理论是水资源制度设计的理论基础，其中外部性理论是核心，公共物品理论是其中的极端情况。外部性是一个经济主体影响了另一个经济主体的效用，而这种影响没有通过市场价格加以买卖。马歇尔（A. Marshall）在《经济学原理》中最早提出了“内部经济”“外部经济”理论，为外部性理论奠定了基础。[①] 著名福利经济学家庇古（A. C. Pigou）在《福利经济学》中把“外部经济”概念进一步拓展到“外部不经济”，将外部性问题的研究从外部因素对企业的影响效果转向企业或居民对其他企业或居民的影响效果，并提出了当存在正外部性时给以

① ［英］阿尔弗雷德·马歇尔著：《经济学原理》，彭逸林等译，人民日报出版社 2009 年版，第 200—201 页。

补贴、当存在负外部性时予以征税的“庇古税”理论。[①] 著名新制度经济学家科斯在其光辉文献《社会成本问题》中则认为，在产权得到明确界定的情况下，外部性问题的解决同样可以采取协商和交易的市场手段，庇古税只是一种特例。[②] 科斯理论在排污权制度、水权制度、碳权制度等制度创新中得到了广泛的应用。马歇尔的外部经济理论、庇古的庇古税理论、科斯的科斯定理成为外部性理论的三块里程碑。[③]

水资源的外部性类别较多，既有水环境污染外部性，又有水资源保护正外部性；既有代内的区域之间或流域上下游之间的外部性，又有代际的外部性；既有取水成本的外部性，又有用水收益的外部性；既有水资源存量的外部性，又有水资源增量的外部性等。为了保障下游地区具有充足的径流量和良好的水质，上游产业发展需作出很大努力，流域上游产业对流域水资源的保护，是经济外部性的典型案例。[④]

在解决水资源外部性和公共物品属性所导致的问题过程中有两种截然不同的政策路径：财税路径和产权路径。财税路径通过政府征税和补贴，把私人收益与社会收益的背离或私人成本与社会成本的背离所引起的外部性影响进行内部化。产权路径强调通过市场交易或自愿协商的方式解决外部性，前提是产权界定清晰。

二、水资源管理的财税制度研究

“庇古税”理论是资源税、环境税、碳税及生态补偿、循环补贴、低碳补助等制度的理论基石。其中环境保护领域采用“谁污染，谁治理”的政策，资源开发领域的“谁受益，谁补偿”的政策，都是“庇古税”理论的具体应用。环境税、排污收费等税费制度已经成为世界各国环境保护的重要经济手段，环境税费制度事实上是对环境资源的使用确定了价格进而

① ［英］A. C. 庇古著：《福利经济学》，朱泱等译，商务印书馆2006年版，第196—209页。

② R. H. Coase, “The Problem of Social Cost”, *Journal of Law and Economics*, No. 3, 1960.

③ 沈满洪、何灵巧：《外部性的分类及外部性理论的演化》，《浙江大学学报》(人文社会科学版) 2002年第1期。

④ 赵春光：《流域生态补偿制度的理论基础》，《法学论坛》2008年第4期。

按照约定价格支付费用，又被称为价格型的政策工具。

水资源领域的财税制度有两类重要载体：水资源费和水资源生态补偿。水资源费作为《中华人民共和国水法》（以下简称《水法》）规定的一项行政收费制度，没有制定统一的收费管理规定，各地方在制定管理办法时赋予其不同的含义。现实中的水费可称为工程水费，计收标准的核定仅考虑工程运行、维护、管理的费用，没有考虑使用水资源的收益以及行政规费，是不全面的水价政策。不管是水资源费、还是水费，都没有体现水资源的有偿使用。[①] 水资源的紧缺固然与自然条件有关，但是不合理的价格机制、水资源的外部不经济和落后的工农业生产与运作方式还是会造成水资源的浪费。[②] 只有建立能够反映市场供求关系、资源稀缺程度、环境损害成本和资源全部真实价值的资源环境价格形成机制，才能突破资源价格制度障碍，为经济社会可持续发展提供资源环境价格制度保障。[③] 在实际申请取水许可证时，是在用水后按计量的实际用水量缴纳水资源费，导致了多占用水指标、取水权无法有偿流转等诸多问题，戴向前等提出设计按照许可水量征收和以实际取水量为依据征收的容量水资源费征收模式。[④] 郭梅等提出水资源有偿使用通过国家所有、全民使用、使用者向国家支付、国家向保护（生产）者转移的办法，实现对水源保护区的生态补偿。[⑤] 或者将水资源费改为水资源税，建立以水量为计价单位、以水质为定价依据的优质高价水资源有偿使用计税体系，使得生态和环境保护效应进入水价格体系。[⑥]

流域水生态补偿机制表现为上下游不同地区之间、不同经济主体之间

---

① 吴国平、洪一平：《建立水资源有偿使用机制和补偿机制的探讨》，《中国水利》2005年第11期。

② 杜荣江、张钧：《水资源浪费的经济学分析与控制对策》，《河海大学学报》（自然科学版）2007年第6期。

③ 牛桂敏：《循环经济发展中资源价格机制的创新》，《云南财经大学学报》2008年第3期。

④ 戴向前、刘卓、柳长顺：《建立容量水资源费征收制度的初步探讨》，《中国水利》2010年第23期。

⑤ 郭梅、彭晓春、滕宏林：《东江流域基于水质的水资源有偿使用与生态补偿机制》，《水资源保护》2011年第3期。

⑥ 秦艳红、康慕谊：《国内外生态补偿现状及其完善措施》，《自然资源学报》2007年第4期。

的生态服务交易行为。[①] 流域水生态补偿机制有水生态保护补偿机制和跨界水污染补偿机制两种具体的实现形式。[②] 跨区域空间补偿问题是生态补偿研究的一个重要方面。根据区域间自然资源条件和社会经济发展水平的差异及由此所致的消费水平差异和不平衡性，对消费的生态足迹进行分析，如果某区域是生态盈余，说明该区域各类生态系统提供给本区域消费是富余的，其剩余的部分提供给了其他区域，所以该地区应该得到补偿；反之，则该地区应该向生态盈余地区支付生态补偿费。[③] 胡明针对跨界取水水资源费的征收，构建了相邻两省不向中央上缴水资源费、向中央上缴水资源费以及中央对上缴水资源费实行返还三种情况下的博弈模型。发现实行上缴并返还水资源费的政策，不仅可以平衡两省的利益，也能使中央与地方实现合理的利益分配。[④]

按照生态补偿的付费主体，国内外流域生态补偿分成政府付费类型和使用者（或受益者）付费类型。政府付费的流域生态补偿主要通过转移支付手段，使用者付费主要采取强制交易手段。转移支付补偿手段。如 1991 年巴西巴拉那州政府为鼓励地方政府扩大和恢复流域保护区，对各地方政府进行税收再分配，依据各地具体保护面积进行补偿。[⑤] 江西省政府通过新闻媒体、会议等多种形式呼吁建立东江流域生态补偿机制。[⑥] 浙江于 2005 年推出了生态补偿条例。2008 年开始，除宁波地区以外，处于浙江八大水系源头地区的 45 个市、县每年获得不同额度的省级生态环保财力转移支付资金。2010 年 12 月，确定新安江流域水生态补偿作为全国跨省流域

---

① Pagiola S., Platais G., “Payments for Environmental Services: From Theory to Practice”, World Bank, Washington, 2007.

② 虞锡君:《构建太湖流域水生态补偿机制探讨》,《农业经济问题》2007 年第 9 期。

③ 甄霖、刘雪林、李芬等:《脆弱生态区生态系统服务消费与生态补偿研究：进展与挑战》,《资源科学》2010 年第 5 期。

④ 胡明、杨永德、雒文生:《跨界取水水资源费征收的博弈分析》,《水利学报》2008 年第 4 期。

⑤ Perrot-Maître D.、Davis P.:《森林水文服务市场开发的案例分析》, 张亚玲等译,《林业科技管理》2002 年第 4 期。

⑥ 郭梅、彭晓春、滕宏林:《东江流域基于水质的水资源有偿使用与生态补偿机制》,《水资源保护》2011 年第 3 期。

水生态补偿的首个试点。强制交易手段的案例如江苏省太湖流域主要水污染物排放指标有偿使用收费管理办法。太湖流域退耕还林补偿政策，太湖流域存在的生态补偿包括强制性的地方间生态补偿、退耕还林后对农民的土地补偿以及工业企业排污指标有偿使用等。[①] 虞锡君建议将太湖流域水生态补偿机制细分为三种具体类型：一是在太湖上游 4 个水系的源头县级行政区建立水生态保护补偿机制，二是在太湖沿岸区域建立公共湖泊水生态补偿机制，三是在太湖上及下游其他地区实行以县行政区域为基本考核单位的邻域跨界水污染补偿机制。[②]

在水源保护补偿制度实施中依然存在补偿主体局限于政府、补偿对象难以到达居民、补偿金额明显低于应补金额等问题。这些问题既是政策实践问题，也是理论问题。理论研究尚未为政策实践提供足够的支撑。

三、水资源管理的产权制度研究

产权制度是解决水资源外部性和公共物品属性所导致的一系列问题的另一重要思路，科斯定理指出，只要谈判成本可以忽略不计，受影响的消费者可以自由协商，法院或管理机构可以把权利分配给任何一方都能导致有效的资源配置。[③]

水资源领域的产权主要是指水资源的使用权和污染物排放权等权利，水权的分配是水资源管理的关键性问题。水权分配包含水权的初始分配与初始分配的再分配两层含义。水权初始分配是通过对用水需求的性质进行分类进而确定水权优先顺序，按照基本水权到公共水权再到竞争性水权的顺序。[④] 同时，水权配置要坚持效率公平兼顾、公平优先的原则。欧美一些国家曾实施采纳的水权原则包括河岸权原则、占用权原则、绝对所有权

---

① 罗小娟、曲福田、冯淑怡等：《太湖流域生态补偿机制的框架设计研究——基于流域生态补偿理论及国内外经验》，《南京农业大学学报》（社会科学版）2011 年第 1 期。

② 虞锡君：《构建太湖流域水生态补偿机制探讨》，《农业经济问题》2007 年第 9 期。

③ 沈满洪、何灵巧：《外部性的分类及外部性理论的演化》，《浙江大学学报》（人文社会科学版）2002 年第 1 期。

④ 陈志军：《配置管理和流转》，《中国水利报》2002 年 4 月 23 日。

原则、合理使用权与相对所有权原则和公共水权原则。沈满洪等首先关注水权交易范围和水权交易条件，程承坪等认为应确立不同的水资源使用权的等级或次序，不可盲目采取完全私有化的市场调节方式，应当是政府宏观调控下的市场协调机制。[①] 马晓强认为水权交易尽管能提高水资源配置效率和利用效率，但会影响到第三方福利的第三方效应而削弱效率改进的程度。[②]

经济学家戴尔斯基于科斯定理首先提出"污染权"创建市场的理论，基本思想是政府可以根据可允许的污染量向企业分配或出售"污染许可证"，然后污染许可证可以在市场上买卖。[③] 克罗珀（Cropper）等的研究表明自进入20世纪90年代以来，总体的政治和政策格局倾向于使用市场手段来解决社会问题，虽然可交易许可计划和其他基于税收或补贴的市场激励手段的应用规模还十分有限，但人们对基于市场手段的兴趣和接受程度都在不断提高。[④] 约翰（John）等从两地区之间的博弈分析得出治理跨界污染联合控制收益大于分散控制收益的结论，赫尔穆特（Helmuth）等人用排污税手段分析了两地区跨界污染的博弈关系，得出最优税率导致各公司采用清洁技术并使污染总量减少的结论。[⑤] 我国1993年开征了排放水污染物的排污费，收费依据是排污水量，而没有考虑废水中的污染物质含量（浓度）和污染物质总量，是不全面的补偿。作为排污费的征收应考虑

① 沈满洪、陈锋：《我国水权理论研究述评》，《浙江社会科学》2002年第5期。程承坪、伍新木：《水资源的特点及其对构建我国水权管理体制的启示》，《软科学》2005年第6期。

② 马晓强、韩锦绵：《水权交易第三方效应辨识研究》，《中国人口·资源与环境》2011年第12期。

③ Dales J. H., *Pollution*, *Property & Prices*: *An Essay in Policy-making and Economics*, Edward Elgar Publishing, 2002.

④ Cropper, M. L., Oates, W. E., "Environmental Economics: A Survey", *Journal of Economic Literature*, No. 2, 1992.

⑤ John A. L., Charles F. M., "Optimal Institution Arrangements for Transboundary Pollution in a Second Best World: Evidence from a Differential Game with Asymmetric Players", *Journal of Environmental Economics and Management*, Vol. 42, 2001. Helmuth C., Firouz G., "Environmental Taxation, Tax Competition and Harmonization", *Journal of Urban Economics*, Vol. 55, 2004.

污染物的数量和浓度以及污染物对水资源的致害性。[1]

拉尔森（Larson）等提出了第一个帮助政府颁发湿地开发补偿许可证的湿地快速评价模型。[2] 戴尔斯（Dales）对排污权市场进行了详细阐述以后发展为可转让的排放许可证（TDP）理论。这是一种非自然而人为制造的许可证交易系统，美国田纳西河流域管理最大的成功之处就是通过其电力的赢利为流域的综合开发和管理提供资金支持，从而形成良性循环。[3] 美国西部有21条跨州界的河流由相关各州之间签订的协议管理，这些协议中大部分只考虑了水量分配而没有水质影响的规定，引发多起流域跨界水污染纠纷，班尼特（Bennett）认为把水质影响集成到水量分配的协议中，还是一个很大的空白。[4] 不论是在利用流域环境资源方面，还是在解决跨界水污染纠纷方面，排污权交易宏观调控管理体制都明显优于指令配额管理体制，但是真正运用这项环境政策的国家很少，这是因为功能完善的排污许可证市场必须满足一系列严格条件。[5] 排污权交易的现实手段可分为两大类：市场交易手段；自愿交易手段。市场交易手段如澳大利亚水分蒸发信贷、苏州废水排污权交易等。自愿交易手段如1993年法国天然矿泉水公司（Perrier Vittel S. A.）为保证矿泉水的质量，对上游水源地农民进行持续7年标准为320美元/(公顷·年)的补偿。[6] 浙江省绍兴市小舜江水资源交易模式也属于此类。

---

① 吴国平、洪一平：《建立水资源有偿使用机制和补偿机制的探讨》，《中国水利》2005年第11期。

② Larson, J. S., Mazzarese D. B., "Rapid Assessment of Wet Lands: History and Application to Management", in S. L. Joseph, W. J. Mitsch (Eds.), *Global Wetlands*, Elsevier Science, Amsterdam, 1994, pp. 625-636.

③ 何俊仕、尉成海、王教河著：《流域与区域相结合水资源管理理论与实践》，中国水利水电出版社2006年版，第57—61页。

④ Bennett L. L., "The Integration of Water Quality into Transboundary Allocation Agreement Lessons from the Southwestern United States", *Agricultural Economics*, Vol. 24, 2000.

⑤ 沈满洪：《水权交易与政府创新——以东阳义乌水权交易案为例》，《管理世界》2005年第6期。赵来军、李旭、朱道立等：《流域跨界污染纠纷排污权交易调控模型研究》，《系统工程学报》2005年第4期。

⑥ 任勇、冯东方、俞海著：《中国生态补偿理论与政策框架设计》，中国环境科学出版社2008年版，第15—16页。

中国在市场化改革的进程中，已经大胆开展了科斯理论的实践。排污权制度的试点从20世纪90年代的地市级试点到21世纪的省级试点，为何迟迟不能够全面推行？水权交易制度的实践既有区域之间的水权交易案例，又有行业之间的水权交易案例，还有农户之间的水权交易案例，为何这样一项利国利民的制度没有推广？这既有政府自我革命的阻力（把资源配置权力交给市场），也有理论供给相对不足的问题。因此，理论研究急需加强。

第二节　水资源有偿使用制度研究文献综述

一、水资源利用价值研究

水资源利用的价值问题是多年来国内外学者关注的焦点问题，国内外学者从劳动价值论、边际成本论和效用价值论等为出发点较早地在理论上探讨了水资源的价值内涵。然而，自弗里曼（Freeman）首次阐述了“环境价值论”[①] 和科斯坦萨（Costanza）等人提出自然资源“生态服务价值论”[②] 之后，各国学者逐步认识到水资源价值的衡量应当综合考虑其经济价值和生态环境价值，并采用市场法、替代市场法或假想市场法等方法对水资源价值进行评估。[③] 值得指出的是，这些研究大多仅考虑水资源的使用价值问题，而没有考虑水资源使用在现实中的定价制度和定价政策问题。

二、水资源有偿使用机制研究

水资源管理关系到一个国家的国计民生，国内外学者从政府和市场关系以及其管理效率比较上对水资源定价机制展开了较为深入的探讨。大多

---

① Freeman A. M., *The Measurement of Environmental and Resource Values: Theory and Methods*, Washington DC, USA: Resources for the Future, 1993.

② Costanza R. et al., “The Value of the World's Ecosystem Services and Natural Capital”, *Nature*, Vol. 378, 1997.

③ Euzen A., Morehouse B., “Water: What Values?”, *Policy and Society*, No. 4, 2011. 甘泓、秦长海、汪林等:《水资源定价方法与实践研究I：水资源价值内涵浅析》,《水利学报》2012年第3期。

学者认为行政手段将导致水资源在供应和使用上的低效率，而通过市场机制来配置水资源将提高水资源的利用率和水利工程的运行效率，并缓解水资源危机。[①] 而另外有一些学者则认为水市场只是一种辅助手段，水资源的管理和定价应该是政府干预与市场行为的结合，政府必须进行有效的宏观调控和合理的价格制度安排。[②] 这些对水资源使用定价机制的研究辨析了政府和市场定价的异同和利弊，但大多没有将市场化定价和政府调控定价所考虑的因素以及各自适合的管理情景进行清晰地研究与判断，更没有对资源市场化定价机制进行深入的研究。

三、水资源有偿使用价格影响因素研究

随着水资源危机加剧，以水价作为经济杠杆调节水资源供需之间的矛盾受到越来越多的关注。[③] 供给和需求是水资源价格的两个重要影响因素，供给侧如水资源的开发利用、水商品的供给、配送服务和污水排放与处理等因素，据此来研究他们对水价的影响是学术界的一大倾向，这种观点认为需要从水资源供给效率来制订水资源使用价格。[④] 通过需求侧如用户类

---

① Rosegrant M. W. et al., “Markets in Tradable Water Rights: Potential for Efficiency Gains in Developing Country Water Resource Allocation”, *World Development*, No. 11, 1994. Grimble R. J., “Economic Instruments for Improving Water Use Efficiency: Theory and Practice”, *Agricultural Water Management*, No. 1, 1999. Stern J., Mirrlees-Black J., “A Framework for Valuing Water in England and Wales”, *Utilities Policy*, No. 12, 2012.

② 秦长海、甘泓、张小娟等：《水资源定价方法与实践研究：海河流域水价探析》，《水利学报》2012 年第 4 期。

③ Chen H., Yang Z. F., “Residential Water Demand Model under Block Rate Pricing: A Case Study of Beijing, China”, *Communications in Nonlinear Science and Numerical Simulation*, No. 5, 2009. Dawadi S., Ahmad S., “Evaluating the Impact of Demand-side Management on Water Resources under Changing Climatic Conditions and Increasing Population”, *Journal of Environmental Management*, No. 2, 2012. Boithias L., Ziv G., Marcé R., Sabater S., “Assessment of the Water Supply: Demand Ratios in a Mediterranean Basin under Different Global Change Scenarios and Mitigation Alternatives”, *Science of the Total Environment*, 2014.

④ 毛锋、李城、佟大鹏：《边际机会成本模型计算水资源价值的探讨》，《黑龙江科技信息》2009 年第 7 期。Dono G., Giraldo L., Severini S., “Pricing of Irrigation Water under Alternative Charging Methods: Possible Shortcomings of a Volumetric Approach”, *Agricultural Water Management*, No. 11, 2010. Pesic R., Jovanovic M., Jovanovic J., “Seasonal Water Pricing Using Meteorological Data: Case Study of Belgrade”, *Journal of Cleaner Production*, No. 1, 2013.

型、人口种族和产业发展等因素来研究这些需求因素对水价需求和承受能力的影响则是另一倾向，此类观点认为要着重从需求方面来分别确定水资源的价格体系。① 但这些研究大多强调了市场对于水价的影响和市场对于资源定价的重要作用，对于在实践中市场如何对水资源进行科学定价，同时如何综合考虑水资源的质量、用户类型和承受能力来建立科学合理的定价体系还缺乏足够深入的研究。

上述研究现状表明，现有对水资源有偿使用市场化定价的研究主要集中在对于水资源利用价值、定价机制和市场化定价影响因素的探讨，还没有充分考虑水资源定价体系以及不同供需因素对定价机制和定价体系的影响。因而，亟待在考虑水资源供给成本、供给质量、供需相对变化、用户类型和承受能力的前提下，在理论上构建能够充分包含市场化目标价格模型和门槛价格模型的水资源定价理论模型，从而建立科学合理的水资源定价体系和水价调整和补偿政策。

第三节　水生态保护补偿制度研究文献综述

一、生态补偿内涵研究

生态补偿概念与生态服务付费概念在本质上是一致的，即运用经济手段，达到激励人们对生态系统服务进行维护和增加供给，解决由于市场机制失灵造成的生态效益外部性。② 这一概念在内涵上可以分为两个层面。

---

① Schneider R., Wirtz P., "Adaptation of a Pressurized Water Reactor of American Design to the Requirements of the German Standards Program and Licensing Procedure", *Nuclear Engineering and Design*, No. 2, 1991. Saleh Y., Gürler I., Berk E., "Centralized and Decentralized Management of Groundwater with Multiple Users", *European Journal of Operational Research*, No. 1, 2011. Poulos C., Yang J. C., Patil S. R., et al., "Consumer Preferences for Household Water Treatment Products in Andhra Pradesh, India", *Social Science & Medicine*, No. 4, 2012.

② Cuperus R., Canters K. J., Piepers A. A., "Ecological Compensation of the Impacts of a Road: Preliminary Method for the A 50 Road Link", *Ecological Engineering*, No. 7, 1996. Chnomitz K., Brebes E., Constatino L., "Financing Environmental Services: The Costa Rican Experience and Its Implications", *The Science of the Total Environment*, No. 1, 1999. 李文华、刘某承：《关于中国生态补偿机制建设的几点思考》，《资源科学》2010年第5期。

一是自然属性，以自然中心主义为理念，强调生态系统对外界压力的缓冲与适应能力，以及人类对生态系统服务的购买和补偿。[①] 二是社会属性，强调的是人与人之间的补偿，其目的是通过补偿消除外部性，鼓励参与者提供更多的生态系统服务。[②]

二、生态补偿的主体和客体研究

水资源保护生态补偿的难点是流域的生态补偿（横向）和政府间的生态补偿（纵向），补偿的主体和客体都是政府。然而，环境资源产权初始分配上的不同，造成了"谁污染，谁补偿"和"谁受益，谁补偿"两大原则的冲突，进而产生区域间发展权利事实上的不平等，因而需要一种补偿来调整这种权利的失衡，需要从社会公正的视角探讨流域生态补偿的主体客体问题。[③] 同时，出于补偿效率的考量，还需要对生态补偿的客体进行空间选择。[④]

三、生态补偿的标准研究

补偿标准牵涉各方利益，生态系统服务功能的价值论不断发展和完善，为以生态系统服务功能的价值来确定生态补偿标准提供了重要依据。[⑤] 基于生态系统服务功能本身的价值来确定生态补偿标准，包括市场价值

---

① 赖力、黄贤金、刘伟良：《生态补偿理论、方法研究进展》，《生态学报》2008年第6期。王振波、于杰、刘晓雯：《生态系统服务功能与生态补偿关系的研究》，《中国人口·资源与环境》2009年第6期。

② 徐中民、钟方雷、赵雪雁：《生态补偿研究进展综述》，《财会研究》2008年第23期。

③ Moran D., McVittie A., Allcroft D. J., et al., "Quantifying Public Preferences for Agri-environmental Policy in Scotland: A Comparison of Methods", *Ecological Economics*, No. 1, 2007. 钱水苗、王怀章：《论流域生态补偿的制度构建：从社会公正的视角》，《中国地质大学学报》（社会科学版）2005年第5期。

④ Johst K., Drechsler M., Wätzold F., "An Ecological-economic Modeling Procedure to Design Compensation Payments for the Efficient Spatiotemporal Allocation of Species Protection Measure", *Ecological Economics*, No. 1, 2002 (1). 宋晓谕、刘玉卿、邓晓等：《基于分布式水文模型和福利成本法的生态补偿空间选择研究》，《生态学报》2012年第24期。

⑤ Westman W., "How much are Nature's Services Worth?", *Science*, Vol. 4307, 1977. Costanza R. et al., "The Value of the World's Ecosystem Services and Natural Capital", *Nature*, Vol. 387, 1997.

法、机会成本法、基本成本法、人力资本法、生产成本法和置换成本法等。市场理论多用于能够建立市场的水资源的生态补偿，也多见于政府间的生态补偿标准的确定，如东阳和义乌的水权交易、河北和北京的官厅—密云水库生态补偿、青海等地三江源生态补偿、江西东江源的生态补偿等。[①] 半市场理论实际上是分别对生态补偿的提供者和接受者的单方面标准进行评估，分别调查其支付意愿（Willingness to Pay，WTP）和受偿意愿（Willingness to Accept，WTA），最终确定生态补偿的标准，这一方法包括条件价值法、选择实验法等。[②]

四、生态补偿的方式研究

生态补偿的方式，大体而言有两大类：庇古手段和科斯手段。[③] 前者主要包括政府征收生态税，采用直接补偿的方式，将外部性内部化；后者主要是采用市场手段，通过产权界定和交易，实现帕累托最优，如水权交易、排污权交易、异地开发等。

综上所述，水资源领域生态保护补偿制度是解决水资源领域生态环境问题的一剂“强心药”，并在实践中取得了一定成果。但通过对已有研究的归纳和总结，国内外生态补偿研究还存在以下诸多问题：第一，对生态

① Kosoy N., Martinez-Tuna M., Muradian R., et al., “Payment for Environmental Services in Watersheds: Insights from a Comparative Study of Three Cases in Central America”, *Ecological Economics*, No. 2, 2007.

② 张翼飞、陈红敏、李瑾：《应用意愿价值评估法，科学制定生态补偿标准》，《生态经济》2007年第9期。徐大伟、刘春燕、常亮：《流域生态补偿意愿的WTP与WTA差异性研究：基于辽河中游地区居民的CVM调查》，《自然资源学报》2013年第3期。李国平、李潇、萧代基：《生态补偿的理论标准与测算方法探讨》，《经济学家》2013年第2期。

③ 邦德著：《生态补偿机制：市场与政府的作用》，李小云、靳乐山、左停等译，社会科学文献出版社2007年版，第1—2页。Moran D., McVittie A., Allcroft D. J., et al., “Quantifying Public Preferences for Agri-environmental Policy in Scotland: A Comparison of Methods”, *Ecological Economics*, No. 1, 2007. Pagiola S., Bishop J., Landell-Mills N., *Selling Forest Environmental Services: Market-based Mechanisms for Conservation and Development*, London: Earthscan, 2002. Engel S., Pagiola S., Wunder S., “Designing Payments for Environmental Services in Theory and Practice: An Overview of the Issues”, *Ecological Economics*, No. 4, 2008. 魏楚、沈满洪：《基于污染权角度的流域生态补偿模型及应用》，《中国人口·资源与环境》2011年第6期。

补偿的概念内涵和理论框架没有形成统一认识，理论研究落后于实践探索；第二，补偿主体和客体停留在政府层面，难以调动各利益相关方，尤其是社区居民和企业的积极性；第三，补偿标准的科学性不足，还存在一定的主观任意性。水资源生态补偿未来的研究方向是超越环境经济工具的范畴，将生态补偿作为多元目标的政策工具来构架，在基于"效率优先"原则的基础上，研究生态补偿资金在各具体的补偿主体间的具体分摊及其在各补偿客体间的具体分配等问题。

第四节 水权交易制度研究文献综述

一、水权界定研究

水权界定是利用科斯定理解决水资源外部性问题的前提，早期水权界定主要以河岸水权界定方法和占用优先水权界定方法为主。[①] 随着水资源供需矛盾突出，比例享用水权界定和混合水权界定方法逐渐流行。[②] 在当前计算机技术发达和数量化背景下，应用数量化方法如 ASDN—Ⅱ（Non Dominated Sorting Genetic Algorithm）和聪明市场方法从供水角度进行界定水权。[③]

二、水权交易研究

水权交易是水权的再分配，实现水资源有效配置的重要途径。最初国内外学者关注水权交易范围和水权交易条件，随着 1998 年"中国包江第一案"的发生到东阳—义务水权交易实践，学者开始关注流域水权、跨流

① Poirier R., Schartmueller D., "Indigenous Water Rights in Australia", *The Social Science Journal*, No. 3, 2012. Thielbörger P., *The Right (s) to Water: The Multi-Level Governance of a Unique Human Right*, Heidelberg: Springer-Verlag Berlin, 2014.

② 贾绍凤、曹月：《美国犹他州水权管理制度及其对我国的启示》，《水利经济》2011 年第 6 期。王小军：《美国水权交易制度研究》，《中南大学学报》（社会科学版）2012 年第 6 期。

③ Haghighin A., Asl A. Z., "Uncertainty Analysis of Water Supply Networks Using the Fuzzy Set Theory and NSGA-II", *Engineering Applications of Artificial Intelligence*, No. 6, 2014. Raffensperger J. F., "Matching Users' Rights to Available Groundwater", *Ecological Economics*, No. 10, 2011.

域水权交易及地方水权转换机制。[①] 同时，水权定价、交易成本、水权交易的影响使这些现实问题也逐渐被关注。水权定价是水权有偿使用和交易的前提，水权定价方法主要有：基于讨价还价的拍卖定价方法。[②] 采取期权交易模式，应用实物期权理论，通过建立水权期权价值评估模型进行水权定价；结合水权交易双方的效用函数，基于博弈原理及方法建立水权交易博弈定价模型。[③] 水权交易成本是水权交易是否实现的关键因素，成本过高会限制水权流转。[④] 水权交易将会影响地方经济、生态、社会制度等很多方面，同时也受这些因素的制约。[⑤]

三、水权制度与水市场研究

早在20世纪中叶就有水权制度的实践和研究，比较典型的代表是美国、澳大利亚、墨西哥等国家，主要是基于国家水法的水权交易制度建设和利用水银行机制进行水权交易来解决水资源问题。[⑥] 自20世纪90年代后期我国才开始水权制度建设的研究，2002年新水法颁布，建立适合我国的水权制度成为学术界和政府部门的关注焦点。最初是基于我国国情的水

---

① 何宏谋、张楠：《引汉济渭水权置换研究总体思路》，《中国水利》2013年第20期。龙爱华、徐中民、王浩等：《水权交易对黑河干流种植业的经济影响及优化模拟》，《水利学报》2006年第11期。沈满洪、陈锋：《我国水权理论研究述评》，《浙江社会科学》2002年第5期。沈满洪：《水权交易与契约安排——以中国第一包江案为例》，《管理世界》2006年第2期。

② 邓晓红、徐中民：《内陆河流域试验拍卖水权定价影响因素——以黑河流域甘州区为例》，《生态学报》2012年第5期。

③ 戴天晟、赵文会、顾宝炎等：《基于实物期权理论的水权期权价值评估模型》，《系统工程》2009年第5期。

④ Garricka D., Whittenb S. M., Coggan A., "Understanding the Evolution and Performance of Water Markets and Allocation Policy: A Transaction Costs Analysis Framework", *Ecological Economics*, Vol. 88, 2013.

⑤ 龙爱华、徐中民、王浩等：《水权交易对黑河干流种植业的经济影响及优化模拟》，《水利学报》2006年第11期。

⑥ 陈海嵩：《可交易水权制度构建探析——以澳大利亚水权制度改革为例》，《水资源保护》2011年第3期。Rosegrant M. W., Schleyer R. G., "Establishing Tradable Water Rights: Implementation of the Mexican Water Law", *Irrigation and Drainage Systems*, 1996. Clifford P., Landry C., Larsen-Hayden A., "Analysis of Water Banks in the Western States", *Washington Department of Ecology and Weat Water Research*, No. 7, 2004.

权制度认识和讨论，接着是水权制度建设探讨，特别是水权交易制度的研究成为水权制度改革的重要内容；2010年形成了国家水权制度建设理论框架，为我国实施严格的水资源管理提供理论基础。[①] 水市场是充分发挥市场配置作用的平台，关于水市场我国存在三种观点，第一种是无市场说，认为政府完全可以进行水资源配置无需市场；第二种是市场说，根据科斯定理，自然资源包括水资源都可以通过市场机制进行有效配置；第三种是准市场说，在我国更多的领导和学者认为，在计划经济向市场经济转型的时期，我国的水市场只能是一个准市场，既能发挥市场作用又能保障农民利益。[②]

综上所述，当前我国水权研究在理论上已经取得了较深入的成果，并已有水权交易成功案例，但没有建立完善的水市场，也没有完善的水权交易制度；我国虽然已有地区进行水资源有偿使用的水资源管理实践，但还没有建立完善的水权有偿使用制度。未来研究可以通过构建我国水权有偿使用和交易制度框架和相应制度设计，推动我国水权制度理论研究进展，健全我国水资源有偿使用制度，发挥市场机制在水资源配置中的作用，为国家推行水权制度改革提供科学依据。

第五节 水污染权有偿使用和交易制度研究文献综述

一、水污染权有偿使用和交易制度的前提研究

我国环境管理方法体系经历了浓度控制、总量控制和功能控制三个阶

① 汪恕诚：《水权和水市场——谈实现水资源优化配置的经济手段》，《中国水利》2000年第11期。姜文来：《水权及作用探讨》，《中国水利》2000年第12期。裴丽萍：《水权制度初论》，《中国法学》2001年第1期。胡继连、葛颜祥：《黄河水资源的分配模式与协调机制——兼论黄河水权市场的建设和管理》，《管理世界》2004年第8期。曹明德：《论我国水资源有偿使用制度——我国水权和水权流转机制的理论探讨与实践评析》，《中国法学》2004年第1期。陆文聪、覃琼霞：《以节水和水资源优化配置为目标的水权交易机制设计》，《水利学报》2012年第3期。张瑞美、尹明万、张献锋等：《我国水权流转情况跟踪调查》，《水利经济》2014年第1期。沈大军著：《中国国家水权制度建设》，中国水利水电出版社2010年版，第41—42页。

② 沈满洪、陈锋：《我国水权理论研究述评》，《浙江社会科学》2002年第5期。

段，总量控制是水污染权有偿使用和交易制度的前提。① 当排污总量确定后，水污染权需要在各个主体之间进行分配，该分配过程同时也是水污染权从无偿使用向有偿使用的过渡，而后各主体基于边际减排成本的差异进行买卖初始水污染权。② 总之，从“无偿”到“有偿”，从“有偿”到“交易”是中国水污染权有偿使用和交易制度创新的两个重要阶段。③ 伴随着制度创新，水污染权制度在区域之间通过学习机制不断地被复制移植，而且制度复制和移植具有条件附加性，如总量控制政策、产权可分解性、政府的可置性承诺、隐性一致同意等。④ 然而，“自下而上”的制度创新过程面临着突出的政策不协调问题。一方面，表现为水污染权有偿使用和交易制度与环境影响评价系统和“五年计划”相冲突。⑤ 另一方面，突出表现为地区之间水污染权试点制度的矛盾性，同一污染物不同价格、不同许可证年限、不同交易机制的设计在试点地区十分普遍。与此同时，虽然组织机制、竞争机制和开放机制等均会使得相关制度趋于收敛，但是实现制度收敛需要条件。⑥ 中国水污染权有偿使用和交易制度试点为制度收敛研究提供了广阔的实验空间，差异性制度向收敛性制度转型的条件、机制和路径有待深入研究。

二、水污染权有偿使用和交易制度的机制研究

水污染权有偿使用和交易制度的机制研究关注怎么分配、交易什么、

① 宋国君：《论中国污染物排放总量控制和浓度控制》，《环境保护》2000 年第 6 期。沈满洪：《跨界水环境保护制度如何建立》，《中国环境报》2012 年 4 月 17 日第 2 版。

② 沈满洪、谢慧明：《生态经济化的实证与规范分析——以嘉兴市排污权有偿使用案为例》，《中国地质大学学报》（人文社科版）2010 年第 6 期。

③ 沈满洪、钱水苗、冯元群等著：《排污权交易机制研究》，中国环境科学出版社 2009 年版，第 3—5 页。

④ 谢慧明：《生态经济化制度研究》，浙江大学，博士论文，2012 年，第 70—74 页。

⑤ Zhang, Y., “Policy Conflict and the Feasibility of Water Pollution Trading Programs in the Tai Lake Basin, China”, *Environment and Planning C: Government and Policy*, Vol. 30, 2012.

⑥ Hall, P., “Regional Institutional Convergence? Reflections from the Baltimore Waterfront”, *Economic Geography*, Vol. 79, 2003. Kemp-Benedict, E., “Downscaling Global Income Scenarios Assuming Institutional Convergence or Divergence”, *Global Environmental Change*, Vol. 22, 2012. Bertola, G., “Policy Coordination, Convergence, and the Rise and Crisis of EMU Imbalances”, Brussels, Belgium, 2013.

哪里交易、谁来交易等基本问题。[①] 交易机理是边际减排成本的差异性原理。[②] 边际减排成本是排污权价格的决定因素。理论上，排污权价格应等于排污单位的边际减排成本，并受到交易成本、市场势力、经济增长、价格预期和环保意识等因素的影响。[③]

三、水污染权有偿使用和交易制度条件研究

替代效应包括两个层面：一是污染物泄漏，即一个地区采取化学需氧量、生化需氧量、氨氮、总磷等污染物的减排措施，那么该地区一些产品的生产可能转移到其他未采取相应减排措施的地区；二是污染物替代，即多种污染物之间存在着替代关系，一种污染物的减排可能会增加另外一种污染物的排放。污染物泄漏方面的研究集中聚焦于二氧化碳的减排。[④] 这种研究缺少对水体污染物泄漏的研究。污染物替代关系的研究包括大气污染物二氧化硫、氮氧化物和二氧化碳之间的替代关系研究。[⑤] 或者运用毛利西马（Morishima）弹性来分析水体污染物的可分性和替代性。[⑥] 中国水体污染物的替代关系有待进一步明晰。"绿色悖论" 则认为减排政策会导致

---

① 沈满洪、钱水苗、冯元群等著:《排污权交易机制研究》，中国环境科学出版社 2009 年版，第 111—112 页。

② 王金南、杨金田、Grumet S. B. 等著:《二氧化硫排放交易》，中国环境科学出版社 2002 年版，第 71—105 页。宋国君著:《排污权交易》，中国人民大学出版社 2005 年版，第 57—59 页。

③ 沈满洪、赵丽秋:《排污权价格决定的理论探讨》,《浙江社会科学》2005 年第 3 期。Zhang, B. et al., "An Adaptive Agent-based Modeling Approach for Analyzing the Influence of Transaction Costs on Emissions Trading Markets", *Environmental Modelling & Software*, Vol. 26, 2011.

④ 林伯强、李爱军:《碳关税对发展中国家的影响》,《金融研究》2010 年第 12 期。Zhang, Z., "Competitiveness and Leakage Concerns and Border Carbon Adjustments", *International Review of Environmental and Resource Economics*, No. 6, 2012.

⑤ Zhang, J., Wang, C., "Co-benefits and Additionality of the Clean Development Mechanism: An Empirical Analysis", *Journal of Environmental Economics and Management*, Vol. 62, 2011. Nam, K., C., J. Waugh, S. Paltsev, et al., "Carbon Co-benefit of Tighter SO_2 and NO_X Regulations in China", *Global Environmental Change*, Vol. 23, 2013. Huang, K., "Role of Sectoral and Multi-pollutant Emission Control Strategies in Improving Atmospheric Visibility in the Yangtze River Delta, China", *Environmental Pollution*, Vol. 84, 2014.

⑥ Kumar, S., Managi, S., "Non-separability and Substitutability among Water Pollutants: Evidence from India", *Environment and Development Economics*, Vol. 16, 2011.

能源供求关系发生变化，能源贬值预期会使得现阶段能源消耗不降反增，现阶段污染会更加严重。[①] 绿色悖论的研究集中于理论上探讨该悖论的存在性和具体的政策效应，那么中国水污染权有偿使用和交易制度是否也面临这一悖论有待检验。[②]

总之，水污染权有偿使用和交易制度研究存在三大问题：第一，重制度推广研究，轻制度收敛研究；第二，重交易机制研究，轻价格趋同研究；第三，重制度框架构建，轻制度绩效评价。未来研究可以在下列方面进行加强：探讨区域水污染权有偿使用和交易制度的收敛条件、机制和路径，并着重分析制度收敛视角下水污染权价格的趋同机制，同时对该制度收敛过程中的制度效率进行评价，进而明确水体污染物的具体减排方案。

第六节　水环境损害赔偿制度研究文献综述

一、水环境损害赔偿的内涵研究

环境损害一般是指行为人因污染和破坏环境等行为而导致他人的人身和财产权益等遭受损害的现象。[③] 水环境损害是指行为人因污染水环境和破坏水环境致使他人财产权益、人身权益等遭受损害的现象。水环境损害赔偿是指加害人的水环境损害行为给他人造成人身、财产和环境权益的损害时，依法以自己的财产赔偿受害人损失的民事责任承担方式。环境污染损害赔偿是实现环境损害外部性内部化、保障经济主体的环境权益的重要手段之一。损害赔偿的目的是填补损失，本质上是一种财产责任。[④]

---

① Sinn, H., *The Green Paradox: A Supply-side Approach to Global Warming*, London: The MIT Press, England, 2012, pp. 188-192.

② Ploeg, F., Withagen C., "Is there really a Green Paradox?", *Journal of Environmental Economics and Management*, Vol. 64, 2012. Grafton, R., T. Kompas, Long, N. V., "Substitution between Biofuels and Fossil Fuels: is there a Green Paradox? ", *Journal of Environmental Economics and Management*, Vol. 64, 2012. Cairns, R., "The Green Paradox of the Economics of Exhaustible Resources", *Energy Policy*, Vol. 65, 2014.

③ 张锋、陈晓阳:《环境损害赔偿制度的缺位与立法完善》,《甘肃社会科学》2012年第5期。尹珊珊:《论我国环境损害赔偿法定范围的拓展》,《生态经济》2015年第6期。

④ 杨立新著:《侵权行为法》，中国法制出版社2006年版，第330—332页。

二、水环境损害赔偿主体研究

一是环境损害赔偿主体资格的确定，一般主要从权利能力、行为能力和责任能力三个方面来分析是否具有赔偿主体资格。[①] 二是责任主体、权利主体、中性第三人以及特殊主体（国家）的确认和比较研究以及各主体之间的关系研究，不同阶段不同主体的确认和特殊主体的实践操作是研究的一个难点。[②] 三是赔偿主体责任的构建和确认，损害事实、因果关系和违法性三要件说为国内大多数学者所主张。[③]

三、水环境损害评估与赔偿研究

（一）环境损害评估研究

基于当地社会、经济、环境发展阶段和特征，美国、日本、加拿大、澳大利亚及欧盟等国家和地区开展了形式多样的环境损害评估研究和实践。[④] 在环境经济学问题研究中，资源环境价值评估方法是环境损害评估的核心。由于资源环境的服务价值往往游离在市场体系之外，自然资源损害评估方法正在从基于货币化表征向基于恢复成本的等值分析方法转变。[⑤] 在美国，相关法律在因果关系认定和损害量化方面明确提出托管机构在提起诉讼时必须证明污染物质的泄漏与自然资源损害之间存在必然联系，而

---

① 刘恩媛：《论国际环境损害赔偿归责原则的客观化及体系构建》，《改革与战略》2009年第5期。戚道孟：《论海洋环境污染损害赔偿纠纷中的诉讼原告》，《中国海洋大学学报》（社会科学版）2004年第1期。

② 米娜：《浅析环境损害赔偿权利人的确定》，《内蒙古大学学报》（哲学社会科学版）2013年第5期。

③ 刘长兴：《环境损害赔偿法的基本概念和框架》，《中国地质大学学报》（社会科学版）2010年第3期。张锋、陈晓阳：《环境损害赔偿制度的缺位与立法完善》，《甘肃社会科学》2012年第5期。Maes F., *Marine Resource Damage Assessment-liability and Compensation for Environmental Damage*, The Netherlands: Springer, 2005.

④ Oikonomou V., Dimitrakopoulos P. G., Troumbis A. Y., "Incorporating Ecosystem Function Concept in Environmental Planning and Decision Making by Means of Multi-Criteria Evaluation: The Case-study of Kalloni, Lesbos, Greece", *Environmental Management*, No. 11, 2011.

⑤ Freeman A. M., "The Measurement of Environmental and Resource Values: Theory and Methods", Washington DC, USA: Resources for the Future, 1993.

且后继资源环境恢复过程必须包括“主要恢复”“补充性恢复”和“补偿性恢复”三个部分。①

（二）环境损害赔偿的依据研究

一是外部效应理论，认为微观主体对资源环境的运用会产生外部不经济且不可能依靠市场自身的力量自动地加以解决，因而必须进行有效干预，通过向排污企业收费或征税的方式矫正环境损害的负外部效应。② 二是环境产权理论，认为在环境资源产权得到明晰界定的情况下，不需要外部力量的干预，环境污染者与环境受害者通过自愿协商就可以实现环境污染损害赔偿，环境污染者之间可以通过产权交易实现环境资源的最优配置，但江河等社会共同资源难以私人化。③ 三是环境权理论，核心内容为“共有说”“公共信托说”、宪法性环境权、私权性环境权、程序性环境权，该理论指出了环境各要素及环境整体的财产属性，凸显了环境的价值，对相关的原则和制度确立具有重要的指导意义。④

（三）环境损害赔偿金额的研究

一是从经济学角度确定环境损害赔偿金额，方法主要有生产率变动法、疾病成本法和人力资本法、机会成本法等。与经济学的方法相比，司法上的标准比较统一也更具可操作性，但对于间接损失和精神损失的赔偿仍缺少明确规定和实践操作。⑤ 经济学角度确定环境污染损害赔偿金额的方法总体上属于理论上的极大值，司法上计算环境污染损害赔偿金额的方

① Roach B., Wade W. W., “Policy Evaluation of Natural Resource Injuries Using Habitat Equivalency Analysis”, *Ecological Economics*, No. 2, 2006. 张蓬、冯俊乔、葛林科等：《基于等价分析法评估溢油事故的自然资源损害》，《地球科学进展》2012 年第 6 期。

② 朱艳：《论外部性问题及校正途径》，《湖南商学院学报》2008 年第 4 期。贾爱玲：《环境损害救济的企业互助基金制度研究》，《云南社会科学》2011 年第 1 期。

③ 常永胜：《产权理论与环境保护》，《复旦学报（社会科学版）》1995 年第 3 期。郝俊英、黄桐城：《环境资源产权理论综述》，《经济问题》2004 年第 6 期。

④ 姚从容：《产权、环境权与环境产权》，《经济师》2004 年第 2 期。王小钢：《中国环境权理论的认识论研究》，《法制与社会发展》2007 年第 2 期。向华：《公共信托原则下的我国环境权制度研究》，《商业时代》2012 年第 16 期。

⑤ 李翊著：《环境污染损害赔偿计算标准》，中国法制出版社 2004 年版，第 1—3 页。王立著：《环境污染损害索赔》，中国检察出版社 2005 年版，第 13—37 页。

法总体上属于实践中的极小值。随着经济社会的发展，环境污染损害赔偿的标准呈现出不断上升趋势。

四、水环境损害赔偿制度构建研究

（一）环境损害赔偿制度构建研究

一是分析完善相关法律对现实社会关系调整的必要性和现行相关立法的不适应性。[①] 二是环境损害赔偿制度的基本原理，包括“谁污染，谁负责”的基本原则及其补充原则、因果关系认定的方式、赔偿责任的构成要件、赔偿范围、赔偿金额的确定原则。三是环境损害赔偿的主要制度及其辅助制度的确定，主要制度包括行政处理制度、司法制度、环境污染损害赔偿的社会化制度，辅助制度包括特殊环境损害赔偿纠纷的联合应急解决机制以及环境损害的行政补偿制度。四是立足于我国损害赔偿制度的现状，借鉴和总结国际相关立法实践，通过引入惩罚性赔偿制度、诉讼时效制度、社会化机制、公益诉讼机制、行政处理机制等多途径构建和完善我国的环境损害赔偿体系。[②]

（二）环境损害赔偿制度存在的问题研究

一是环境污染损害赔偿立法的缺陷，如原有的法律规定相互矛盾、过于简单笼统、缺少深度的利益衡量、对环境自身损害的救济不够完善；二是环境污染损害赔偿纠纷司法解决机制的缺陷，如举证难、鉴定评估难、起诉难、起诉代价高、诉讼的指导与示范作用不强；三是行政机关环境污染损害赔偿纠纷解决机制的缺陷，如功能定位缺陷、行政处理方式单一、

---

① 王灿发：《环境损害赔偿立法框架和内容的思考》，《法学论坛》2005年第5期。黄锡生、夏梓耀：《论环境污染侵权中的环境损害》，《海峡法学》2011年第1期。庄敬华：《环境污染损害赔偿立法研究》，中国政法大学，博士学位论文，2009年，第17—18页。

② 薄晓波：《污染环境罪司法解释评析》，《环境经济》2013年第10期。唐小晴、张天柱：《环境损害赔偿之关键前提：因果关系判定》，《中国人口·资源与环境》2012年第8期。熊英、别智：《进一步完善我国环境损害赔偿制度的思路与建议》，《当代经济管理》2009年第7期。刘辉、周莹莹、马文哲：《环境侵权损害赔偿体系构建的探析》，《环境科学与管理》2011年第9期。王同林、韩立钊、刘静瑶：《完善我国环境污染损害赔偿体系的几点建议》，《中国人口·资源与环境》2010年第S1期。

行政处理结果的效力弱化、行政处理的公正性难以保证、各政府职能部门职责不明；四是环境污染损害赔偿责任社会化机制的缺失；五是正式制度缺乏可操作性及非正式制度缺乏规范性。①

我国环境损害赔偿制度体系的相关研究逐步深入，但尚存在以下不足：一是对水环境损害、土地环境损害赔偿等具有针对性的环境赔偿制度体系研究还比较薄弱；二是对环境损害赔偿的定量化研究，尤其是基于环境价值评价的水环境损害的金额测算研究不够深入；三是环境损害赔偿的理论依据研究较为单一；四是现有研究基本上都是从单一的路径提出我国环境损害赔偿制度的完善方法，缺少一整套从主体制度到辅助性机制以及法律法规的制度体系构建。

第七节　综合述评与未来展望

一、重水资源单一制度的研究，轻水资源制度体系的研究

我国水资源经济和管理制度研究的文献浩如烟海，但是，绝大多数学者出于各个击破的需要，往往局限于单一制度的研究，如水权交易制度、水污染权交易制度、水生态补偿制度、水价定价制度、水环境损害赔偿制度等，均已涌现出众多的研究成果，但是，从系统论角度出发就水资源制度体系的研究比较欠缺，由此导致各个制度成为孤立的制度。而制度的实施往往是由制度合力形成的，单一的制度往往难以奏效。因此，未来研究应该以系统论作为方法论，综合研究水资源有偿使用和生态补偿的各个主要制度，并对水资源制度体系构建起制度工具箱，并对制度工具箱内的制度和制度之间的关系逐一进行分析，揭示其制度与制度之间的替代性与互补性。针对替代性制度，提出优化选择的思路和路径；针对互补性制度，提出相互耦合的机理和方式。

① 王明远著：《环境侵权救济法律制度》，中国法制出版社2001年版，第20—21页。

二、重水资源制度理论的研究，轻水资源制度实践的研究

我国水资源制度研究已经取得了突破性进展，例如王亚华的《水权解释》、沈满洪的《水权交易制度研究》等，均具有相当的前瞻性。但是，为什么水权制度迟迟不能付诸实践？与水环境密切相关的排污权交易制度，已经经历了地级市和省级层面的二十多年试点，为何迟迟不能全面推开？这既与水权制度和排污权制度改革涉及众多部门的自身经济利益、需要这些部门放权让利等原因有关，也与理论研究过于偏重理论本身有关。由此导致水资源制度理论研究的论著宏丰，而把研究成果转变成水资源政策实践的成果少之又少。因此，未来研究应以“从实践上升到理论，以理论指导于实践”为基本原则，努力在重视水资源制度理论研究的同时，更加重视水资源制度的实践研究。

三、重水资源管理制度的研究，轻水资源公共治理的研究

我国水资源管理体制、机制、制度的研究不少，但是由于水资源的公共物品属性和外部效应特征，往往强调政府对水资源的市场失灵的政府矫正，较多聚焦于政府管理的角度进行研究。实际上，市场失灵并非政府干预的充要条件，政府干预也会出现政府失灵，以一种失灵替代另一种失灵未必更好。况且，水资源与每一个企业和家庭等微观经济主体息息相关，只强调管理会导致“管理者”与“被管理者”之间的紧张与对立。针对这种低效率的水制度安排和水制度中的政府与公众间的对立往往缺乏研究。因此，未来研究应以现代社会治理理念来审视和研究水制度问题，突出强调水制度设计的公共治理体制、机制、结构和实施措施。政府固然是水资源治理的主导者，但是水制度设计中如何使得企业在以市场为导向的水制度下加强自我激励和约束、如何使公众在水资源权益和水环境权益理念的指导下自觉参与，这是本书研究的重要任务。而且，在水制度转型的过程中，必须强调制度变革的转换阻力，以实现从非目标均衡的制度转向目标均衡的制度。

第三章　我国水资源制度缺陷分析

全面把握我国水资源管理和水生态保护中存在的制度缺陷，并深入揭示其形成根源，是健全水资源有偿使用和生态补偿制度的前提。本章首先从水资源无偿使用及“福利水价”问题、水资源价格构成缺项及定价机制缺陷、“谁保护，谁受益”原则没有充分体现、“谁使用，谁付费”原则没有落到实处等四个方面逐一展开，全面分析了我国水资源与水生态保护中的制度缺陷；紧接着，从体制矛盾、机制矛盾和制度矛盾三个层面依次剖析，深入揭示了以上缺陷产生的根源；最后，从生态意义、经济意义和社会意义三大角度，论述了健全水资源有偿使用和生态补偿制度所具有的现实价值。

第一节　我国水资源与水生态保护中的制度缺陷

一、水资源无偿使用及“福利水价”问题

我国是一个水资源紧缺的国家，水资源人均拥有量不到世界人均水平的1/4，并且时空分布极不均匀。水资源需求的无限性与水资源供给的有限性之间的矛盾，有必要按照稀缺性法则实施有偿使用。然而在很长一段时期，水在我国被看成是取之不尽、用之不竭的自然资源，人们只承认水所具备的自然属性，忽视其商品属性。[①] 基于这种观念，政府物价部门在审批水价时，更多地考虑了居民对水价的承受能力以及供水企业的成本，

① 高立洪:《一场水到渠成的革命》,《新华文摘》2004年第19期。

忽视了资源水价和环境水价。由于水资源费征收标准过低，并且用水价格未能体现水资源稀缺性，“福利水价”导致了社会福利净损失。

（一）水资源费征收标准过低

我国绝大部分地区的水资源费征收标准不仅绝对水平低，而且在水价中所占比重也偏低。不管是水资源费、还是水费，都没有体现水资源的有偿使用。[①] 水利部在2005年对全国水资源费征收状况进行了普查，水资源费占综合水价比重超过20%的地区仅有北京市，处于10%—20%的地区有山西、山东、江苏、甘肃等省，其余省区市水资源费占综合水价比重均低于10%。大部分地区的水资源费征收标准过低，使水资源费无法起到经济杠杆的作用，难以合理配置水资源以推动节约用水和水资源保护工作。[②] 2008年财政部、国家发展改革委、水利部联合印发了《水资源费征收使用管理办法》，但并未明确规定水资源费标准核算方法。由于缺乏科学的测算方法，各地在征收水资源费时，往往不能按照补偿资源成本的方式来确定，水资源费征收标准依旧偏低，无法充分反映出我国水资源的稀缺状况。

表3-1列示了“十二五”期间我国各省份水资源费征收标准。除北京、天津以外，大多数省区的地表水资源费征收标准尚不足0.20元/立方米，而且有不少省份的征收标准不足0.10元/立方米。只有北京和天津的地下水资源费征收标准超过了2元/立方米，山西、河北、河南等少部分省份的征收标准高于1元/立方米，其余省份的征收标准普遍低于0.6元/立方米。各地区水资源费普遍偏低，导致水资源的价值得不到全面体现。[③]

① 吴国平、洪一平：《建立水资源有偿使用机制和补偿机制的探讨》，《中国水利》2005年第11期。

② 曹永潇、方国华、毛春梅：《我国水资源费征收和使用现状分析》，《水利经济》2008年第3期。

③ 张春玲、申碧峰、孙福强：《水资源费及其标准测算》，《中国水利水电科学研究院学报》2015年第1期。

表 3-1　各省份水资源费现行征收标准

单位：元/立方米

省份	水资源费平均征收标准				时间
	地表水		地下水		(年)
	规范标准	现行标准	规范标准	现行标准	
北京	1.6	1.35	4	2.15	2009
天津	1.6	1.02	4	2.7	2010
山西	0.5	0.1	2	1.25	2009
内蒙古	0.5	0.16	2	0.2	2015
河北	0.4	0.13	1.5	1.7	2004
山东	0.4	0.2	1.5	0.1	2012
河南	0.4	0.2	1.5	1.4	2005
辽宁	0.3	0.35	0.7	0.5	2010
吉林	0.3	0.25	0.7	0.5	2015
黑龙江	0.3	0.225	0.7	0.45	2010
宁夏	0.3	0.08	0.7	0.29	2013
陕西	0.3	0.175	0.7	0.31	2010
江苏	0.2	0.3	0.5	0.6	2015
浙江	0.2	0.2	0.5	0.5	2014
广东	0.2	0.12	0.5	0.56	2012
云南	0.2	0.23	0.5	0.4	2011
甘肃	0.1	0.37	0.2	0.76	2014
新疆	0.1	0.08	0.2	0.19	2014
上海	0.1	0.06	0.2	0.1	2013
安徽	0.1	0.06	0.2	0.2	2010
福建	0.1	0.035	0.2	0.3	2014
江西	0.1	0.075	0.2	0.15	2014
湖北	0.1	0.075	0.2	0.15	2010
湖南	0.1	0.1	0.2	0.2	2013
广西	0.1	0.05	0.2	0.09	2013
海南	0.1	0.08	0.2	0.18	2013

续表

省份	水资源费平均征收标准				时间
	地表水		地下水		(年)
	规范标准	现行标准	规范标准	现行标准	
重庆	0.1	0.1	0.2	0.2	2013
四川		0.06		0.14	2014
贵州		0.1		0.2	2015
青海		0.04		0.09	2010

资料来源：谢慧明、强朦朦、沈满洪：《我国水资源费征收标准的地区差异及调整》,《学习与实践》2015 年第 12 期。

为了解决水资源费征收标准普遍过低问题，国家发展改革委、财政部、水利部于 2013 年联合出台了《关于水资源费征收标准有关问题的通知》，要求各地区到 2015 年年底以前将水资源费平均征收标准提高到建议最低水平之上。但是，如图 3-1 所示，许多地区水资源费征收标准距离规范标准尚有较大差距，短时期内完成大幅度提升存在难度。

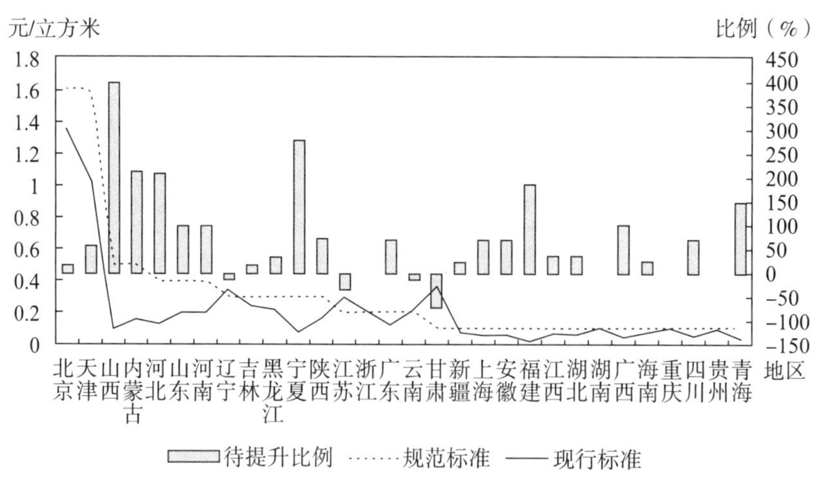

图 3-1 各省份地表水资源费现行征收标准与规范标准差距

(二) 用水价格未体现水资源稀缺性

在计划经济年代，供水被作为一种典型的社会福利来加以对待，我国长期实行的是低偿供水政策，社会生产用水和生活用水采取廉价或者无偿供应。尽管国务院1985年颁布的《水利工程水费核定、计收和征理办法》（以下简称《水费办法》）打破了无偿供水的历史，但其规定水利工程水费标准按照行政事业性收费模式进行核算和管理，仍然无法有效化解“福利水价”问题。“福利水价”导致居民缺乏激励去节约用水，生产经营主体缺乏动力去提高用水效率，造成水资源浪费现象严重，农业灌溉和工业生产耗水率高，不利于水污染治理和水环境优化。

表3-2列出了2007—2015年我国主要省会城市的居民自来水单价及污水处理费。2015年，超过一半的省会城市居民自来水单价低于2元/立方米，仅有北京、天津、长春的居民自来水单价高于3元/立方米，约有三分之一省会城市的自来水单价位于2—3元/立方米。2015年，除北京、上海、南京、南宁、重庆、昆明以外，主要省会城市的居民污水处理费均低于1元/立方米。2007—2015年，我国主要省会城市的居民自来水单价年平均上涨约3.2个百分点，污水处理费年平均上涨约3.5个百分点。

表3-2　我国主要省会城市居民自来水单价及污水处理费

单位：元/立方米

城市	自来水单价					污水处理费					年均增长率（%）	
	2007	2009	2011	2013	2015	2007	2009	2011	2013	2015	自来水单价	污水处理费
北京	2.80	2.81	2.96	2.96	3.64	0.90	0.91	1.04	1.04	1.36	3.33	5.30
天津	2.60	2.96	3.50	4.00	4.00	0.80	0.81	0.90	0.90	0.90	5.53	1.48
石家庄	2.00	2.50	2.50	2.50	2.50	0.60	0.80	0.80	0.80	0.80	2.83	3.66
太原	2.10	2.30	2.30	2.30	2.30	0.25	0.50	0.50	0.50	0.50	1.14	9.05
呼和浩特	1.95	1.98	2.35	2.35	2.35	0.45	0.65	0.65	0.65	0.65	2.36	4.70
沈阳	1.60	1.70	1.80	1.80	1.80	0.50	0.55	0.60	0.60	0.60	1.48	2.31
长春	2.50	2.50	2.50	2.50	3.80	0.40	0.40	0.40	0.40	0.40	5.37	0.00
哈尔滨	1.80	1.80	2.40	2.40	2.40	0.50	0.80	0.80	0.80	0.80	3.66	6.05
上海	1.03	1.03	1.63	1.63	1.63	0.90	1.01	1.30	1.30	1.30	5.91	4.70

续表

城市	自来水单价					污水处理费					年均增长率（%）	
	2007	2009	2011	2013	2015	2007	2009	2011	2013	2015	自来水单价	污水处理费
南京	1.07	1.35	1.50	1.68	1.68	1.08	1.23	1.30	1.42	1.42	5.86	3.54
杭州	1.35	1.35	1.35	1.35	1.35	0.50	0.50	0.50	0.50	0.50	0.00	0.00
合肥	1.54	1.29	1.55	1.55	1.55	0.66	0.51	0.51	0.51	0.51	0.05	-3.09
福州	1.20	1.20	1.70	1.70	1.70	0.85	0.85	0.85	0.85	0.85	4.45	0.00
南昌	0.88	0.98	1.18	1.18	1.58	0.50	0.50	0.80	0.80	0.80	7.59	6.05
济南	2.60	2.60	2.25	2.25	2.25	0.70	0.70	0.90	0.90	0.90	-1.79	3.19
郑州	1.60	1.60	1.60	1.60	1.60	0.65	0.65	0.65	0.65	0.65	0.00	0.00
武汉	1.10	1.10	1.10	1.49	1.52	0.80	0.80	0.80	0.80	0.80	4.13	0.00
长沙	1.18	1.21	1.21	1.53	1.53	0.73	0.65	0.65	0.75	0.75	3.32	0.28
广州	1.32	1.32	1.32	1.98	1.98	0.63	0.77	0.90	0.90	0.90	5.20	4.56
南宁	1.06	1.06	1.48	1.48	1.48	0.50	0.80	0.80	1.17	1.17	4.26	11.21
海口	1.55	1.60	1.60	1.60	1.60	0.60	0.80	0.80	0.80	0.80	0.40	3.66
重庆	2.10	2.10	2.70	2.70	2.70	0.70	0.70	1.00	1.00	1.00	3.19	4.56
成都	1.35	1.35	1.95	1.95	2.94	0.80	0.80	0.90	0.90	0.90	10.22	1.48
贵阳	1.20	1.20	2.00	2.00	2.00	0.55	0.70	0.70	0.70	0.70	6.59	3.06
昆明	2.05	2.45	2.45	2.45	2.45	0.75	0.90	1.00	1.00	1.00	2.25	3.66
西安	2.18	2.25	2.25	2.25	2.25	0.65	0.65	0.65	0.65	0.65	0.42	0.00
兰州	1.50	1.54	1.75	1.75	1.75	0.30	0.50	0.50	0.75	0.80	1.95	13.04
西宁	1.30	1.30	1.30	1.30	1.30	0.52	0.52	0.52	0.82	0.82	0.00	5.86
银川	1.15	1.15	1.80	1.80	1.80	0.40	0.40	0.70	0.70	0.70	5.76	7.25
乌鲁木齐	1.36	1.36	1.36	1.36	1.36	0.70	0.70	0.70	0.70	0.70	0.00	0.00
平均	1.63	1.70	1.91	1.98	2.09	0.63	0.70	0.77	0.81	0.82	3.18	3.52

资料来源：根据中国水网（http://price.h2o-china.com/）相关数据计算所得。表中列出的各城市居民自来水价格及污水处理费是由月度数据计算得到年平均数据。

从图 3-2 可以看到，我国城镇居民用水价格（自来水单价与污水处理费之和）占城镇居民月可支配收入的比重呈现不断下降之势，由 2007 年的近0.2%下降至2015年的约0.1%。按照城镇居民人均年用水量50—80立方米计算，2015年我国城镇居民用水支出占可支配收入的比重处于0.47%—0.75%。而根据国际水协会（International Water Association，IWA）和世界银行发布的标准，用水支出在人均收入中的比重根据国家的水资源紧缺程度有所不同，对于水资源特别紧张的国家和地区，用水支出占人均收入比重可以达到3%—5%。即使是水资源较为丰富的国家和地区，这一比重也不应低于1%。① 对照之下，我国的水资源价格并未充分体现其稀缺性，不利于节水。

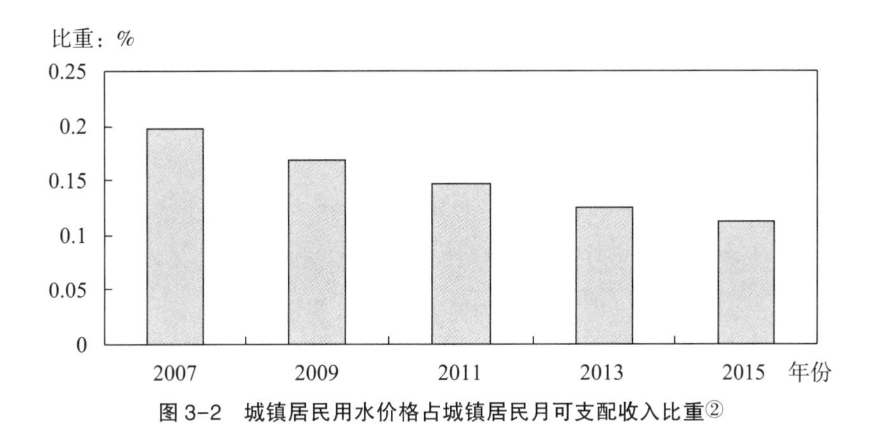

图3-2　城镇居民用水价格占城镇居民月可支配收入比重②

（三）“福利水价”导致社会福利净损失

就表面而言，实行“福利水价”使民众只需付出低成本便能获得生活用水，给民众带来了福利。但在这种表象背后蕴藏的是一系列水资源管理体制机制弊病，导致水资源得不到有效配置，水资源开发利用效率长期得不到提升，水生态和水环境不断恶化，水危机不断加重，造成了巨大的社会福利损失。“福利水价”导致供水部门亏损，需要政府补贴才能持续运营。这一方面给政府财政带来了较大负担，另一方面也不利于吸引社会资

① 张蕊、蔡新华：《中国水价仍然偏低?》，2015年5月19日，见http://news.cenews.com.cn/html/2015-05/19/content_ 28539.htm。

② 数据来源：根据全国年度统计公报（http://www.stats.gov.cn/tjsj/tjgb/ndtjgb/）公布的历年城镇居民可支配收入和中国水网（http://price.h2o-china.com/）的水价数据计算得到。

本参与水业投资和经营，阻碍了水务市场实现健康发展。并且，由于政府长期对供水部门进行补贴，导致供水部门产生政府“兜底”依赖，缺乏足够激励和动力去有效控制成本。由此造成的人员冗余，以及盲目投资所形成的大量难以消化的无效资产，给在供水部门推行市场化改革带来了沉重的历史包袱。在“福利水价”条件下，公共水利设施仍然主要依靠财政投入，水利市场化投融资机制尚未全面建立起来。[①] 并且，水利工程的正常损耗往往难以得到合理补偿，导致更新改造缓慢，一大批水利工程不能正常发挥效能，不利于水资源的持续开发利用。

如图 3-3 所示，在市场机制充分发挥作用的条件下，供求均衡时的水价为 P_e，水资源消费量为 Q_e，此时不存在超额需求，每单位水资源都被配置到了效用水平（或收益水平）大于等于 P_e的用途上。假设政府采取行政定价的方式将水价限制为 P_1，此时生产者愿意供给的水资源数量下降至 Q_1（投资意愿不足，水利开发建设、水务市场发展、水生态保护受到抑制），但消费者愿意消费的水资源数量为 Q_2，存在超额需求。在不存在黑市交易的情形下，无法按照出价高者得的原则配置水资源，一部分水资源会被效用水平（或收益水平）小于 P_e的用途所占用，从而造成部分效用水平（或收益水平）更高的经济活动由于缺乏水资源而无法开展，导致全社会水资源利用效率下降。一种极端情况是，水资源全部被效用水平（或收益水平）相对较小的用途所占用，水资源浪费性使用大行其道，得到响应的需求由平移后的那部分需求曲线所表示，社会福利净损失达到最大化。因此，“福利水价”不仅会造成由三角形 *abe* 所表示的社会福利净损失，还会阻碍水利建设和水务市场的可持续发展，导致水资源的低效利用，加重水资源短缺造从而形成潜在的经济损失。

基于上述分析可知，“福利水价”一方面会造成水资源供给能力不足，另一方面会造成水资源被浪费性用途和低效用途所挤占，从供给和需求两端同时加剧水资源短缺，进而造成社会福利净损失。已有研究表明，在南

---

① 国务院：《国务院关于国家财政水利资金投入和使用工作情况的报告》，2014 年 12 月 23 日，见 http://www.npc.gov.cn/npc/xinwen/2014-12/23/content_ 1890470.htm。

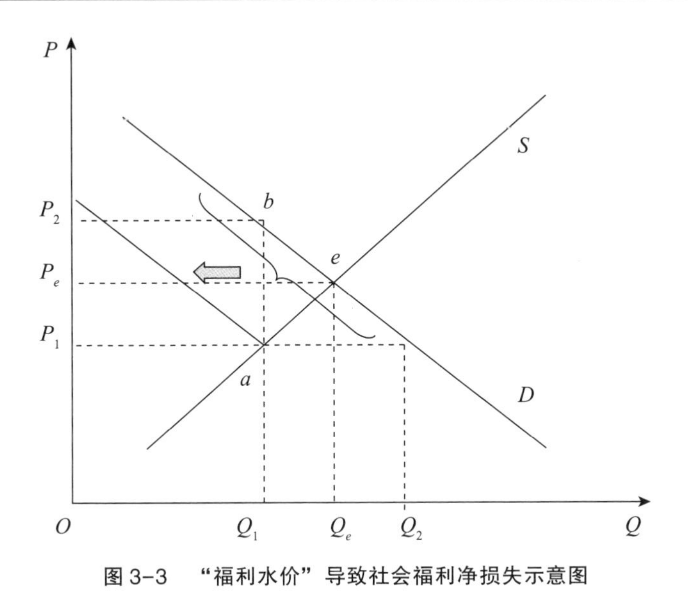

图 3-3　“福利水价”导致社会福利净损失示意图

水北调工程通水实现二次水资源供需平衡情况下，2010 年北京市水资源短缺所造成的期望损失值为 23.84 亿元，天津市则为 20.07 亿元。[①] 以 2006 年的来水条件作为参照基准，2020 年北京市水资源短缺风险损失约为 740 亿元，以 2008 年的来水条件作为参照基准则约为 683 亿元。[②] 如果从全国层面来衡量，则水资源短缺造成的社会福利损失更为惊人。

二、水资源价格构成缺项及定价机制缺陷

水资源短缺尽管与自然因素有关，但是由于价格机制的不合理性等因素造成的水资源浪费则在很大程度上决定了水资源短缺程度。[③] 由于水资源价格构成不全面、水资源价格体系不科学、水资源价格形成机制过于单一等问题，我国的水资源价格难以有效发挥优化水资源配置和提高水资源利用效率的作用。

---

① 韩宇平、阮本清：《水资源短缺风险经济损失评估研究》，《水利学报》2007 年第 10 期。

② 钱龙霞、张韧、王红瑞等：《基于 MEP 和 DEA 的水资源短缺风险损失模型及其应用》，《水利学报》2015 年第 10 期。

③ 杜荣江、张钧：《水资源浪费的经济学分析与控制对策》，《河海大学学报》（自然科学版）2007 年第 6 期。

（一）水资源价格构成不全面

完整意义上的水价应包括资源水价、工程水价和环境水价三个部分，资源水价表现为水资源费或水权费，工程水价表现为生产成本和投资收益，环境水价表现为环境容量或生态破坏补偿。[①] 但由于我国对水资源开发、利用、保护的全过程成本缺乏系统性核算，导致水价管理部门在核定水资源价格时主要考虑供水工程建设、运行维护、管理的费用，忽视了水资源价格的其他构成项目。《水费办法》首次提出应以包括工程运行管理费、大修理费及其他按规定计入成本的费用所构成的供水成本为基础核定水费标准。国家计委和建设部于 1998 年颁布的《城市供水价格管理办法》中规定，城市供水价格由供水成本、费用、税金和利润构成。2003 年由国家发展和改革委员会与水利部联合颁布的《水利工程供水价格管理办法》中同样规定，水利工程供水价格由供水生产成本、费用、利润和税金构成。因此，长期以来，水资源勘测、生态恢复、水污染治理成本等项目并未进入或未能充分进入我国的水资源价格中，实行的是不全面的水价政策。

（二）水资源价格体系不科学

为了促进水资源的有效配置和高效利用，水资源价格应该体现出不同地区的资源禀赋差异、不同时期的水资源丰沛度差异、不同行业的用水性质差异以及不同用水量造成的水资源压力差异。通过构建科学的水资源价格体系，可以引导产业空间分布与地区水资源禀赋相协调，调节枯水期和丰水期的用水规模，有效抑制不合理用水以优化用水结构。但从实践来看，我国各地区的水价并未有效反映出地区间的水资源禀赋差异，一些严重缺水的地区其水价反而大幅度低于丰水地区，水价对高耗水产业起不到应有的抑制作用，导致水危机不断加剧。水资源季节差价也不明显，水多水少一个价，有水无水一个价，不仅不利于促进人们珍惜水资源，在一定

① 钟玉秀、杨柠、崔丽霞等:《合理的水价形成机制初探》,《水利发展研究》2001 年第 2 期。

程度上还加剧了水资源的供需矛盾。[①] 而且部分地区尚未严格执行体现行业差异的水价政策，导致一些高耗水行业以较低的水价成本在运营，严重阻碍了水资源利用效率的提升。地表水、地下水、中水、污水等各类水的比价也缺乏科学论证，不同来源和不同品质的供水比价极不合理，不利于各类水在不同用途之间实现优化配置。[②]

（三）水资源价格形成机制过于单一

长期以来，我国的水价制订和调整程序是首先由供水企业提出水价方案，发展改革委、省级政府水行政主管部门与价格、财政等有关部门进行审核，审核通过后报同级人民政府批准执行。随着水价改革逐步深入，部分省、市已将水价的审批权限下放至县级政府的物价主管部门，从而有利于因地制宜，制订出合理的水价。市场化因素的加入，在一定程度上改变了我国一直沿用的"政府既是价格的制定者又是价格的监督者"的模式。[③]

尽管通过改革取得了进步，但我国的水价形成机制仍过于单一，各地区普遍存在市场机制和社会机制缺位现象。水价制定和调整过程过于依赖政府机制，市场供求关系得不到充分反映，公众参与度不足，导致水价缺乏科学性和公信力。并且，政府监管面临天然存在的信息不对称，容易滋生委托代理问题和道德风险，导致成本核算不清，供水成本失真。水利部2014年发布了《关于深化水利改革的指导意见》，提出建立符合市场导向的水价形成机制。只有建立能够反映市场供求关系、水资源稀缺程度、水环境损害成本和水资源全部真实价值的水资源价格形成机制，才能突破资源价格制度障碍，为经济社会可持续发展提供资源环境价格制度保障。[④]

---

① 王福波：《论我国节水工作的制度性缺陷及其克服路径》，《西南大学学报》（社会科学版）2011年第3期。

② 张亮、谷树忠：《关于规范我国水资源费征收标准的建议》，《中国产业经济动态》2012年第14期。

③ 刘世庆、许英明：《我国城市水价机制与改革路径研究综述》，《经济学动态》2012年第1期。

④ 牛桂敏：《循环经济发展中资源价格机制的创新》，《云南财经大学学报》2008年第3期。

三、"谁保护，谁受益"原则没有充分体现

水资源保护的外部性和公共物品属性，有必要按照外部性内部化原则实施水生态保护补偿制度。也即采用"谁保护，谁受益"原则，将水生态保护行为的正外部性内部化，最大限度消除提供生态保护服务主体的个体收益与社会收益之间的差额，使得生态保护服务的供给量达到社会最优水平，实现生态环境的有效保护。但由于横向生态补偿机制尚未普遍建立，以及生态补偿标准制定过低、补偿资金分配不到位等问题，"谁保护，谁受益"原则在我国水生态保护实践中并未得到充分体现。

（一）水生态补偿机制尚未普遍建立

相较于环境污染防治政策体系，我国的生态保护政策体系比较薄弱，基于市场机制的经济激励政策尤为缺乏。[①] 现有的生态补偿实践主要集中在森林、草原、矿产资源开发等领域，流域、湿地以及海洋等领域的生态补偿尚未全面推进。并且，从国家至地方层面，尚未构建起一套系统的横向生态补偿法律和政策体系，生态保护地与生态受益地之间、流域上游与流域下游之间均缺乏有效的协商平台和机制。[②] 以上问题导致协调成本过高，造成各地区的水生态补偿推进缓慢，难以对水生态保护需求的紧迫性作出及时响应。

（二）水生态补偿标准普遍过低

我国水生态补偿标准普遍过低，生态保护成本得不到足额补偿，生态系统服务价值更是得不到充分体现，导致补偿客体实施水生态保护的主动性和积极性得不到有效保证。水生态补偿的一个重要领域是森林生态效益补偿，以2004年正式实施的森林生态效益补偿基金制度为例，中央财政自2010年起，将属集体和个人所有的国家级公益林补偿标准从原来的每年每

---

① 杨光梅、闵庆文、李文华等：《我国生态补偿研究中的科学问题》，《生态学报》2007年第10期。

② 国务院：《国务院关于生态补偿机制建设工作情况的报告》，2013年4月26日，见http://www.npc.gov.cn/npc/xinwen/2013-04/26/content_1793568.htm。

亩 5 元提高到每年每亩 10 元，2013 年进一步提高到每年每亩 15 元。[①] 然而提升后的补偿标准仍不能完全弥补保护成本，远远低于开展森林经营可获得的收益，无法体现对公益林经济价值和生态价值的补偿。此外，有的领域的生态补偿标准存在“一刀切”情况，未能针对不用区域的具体情况具体操作，导致生态补偿资金的利用效率低下，生态补偿政策难以产生预期效果。截至 2012 年，已有 27 个省（区、市）建立了省级财政森林生态效益补偿基金，用于支持国家级公益林和地方公益林保护，但资金规模总量仅为 51 亿元，西部地区的补偿标准大多低于中央补偿标准。[②]

（三）水生态补偿资金分配不到位

我国的水生态补偿主要是在区域之间进行，是流域的水生态补偿（横向）和政府间的水生态补偿（纵向），补偿的主体和客体都是政府。从实际执行情况来看，水生态补偿政策仅是一种中观层面的补偿，并未真正落实到具体承担了保护责任和实施了保护行为的微观个体。并且，由于尚未设立科学完善的生态补偿资金支付和管理办法，有的地方政府在分配补偿资金的过程中往往会截留一部分，导致补偿资金不能及时足额地发放到生态保护者的手中，甚至出现被挤占、挪用等恶劣情况。这相当于对每一个提供生态保护服务的微观个体征收了一种税，会造成生态保护服务供给量低于最优水平，从而导致生态环境得不到有效保护。此外，部分地区仍尚未明确生态区域的范围，以及受偿主体的构成和数量，从而不能实现生态补偿全覆盖，造成补偿资金分配不公平，影响了水生态补偿效果。

（四）“谁使用，谁付费”原则没有落到实处

“谁使用，谁付费”原则不仅强调使用必须付费，还强调成本必须充分内部化，费用承担主体应当尽量明确化、微观化。该原则一方面能保障水资源所有者和生态保护者的权益，另一方面还可以防止需求过度膨胀，

---

① 国务院：《国务院关于生态补偿机制建设工作情况的报告》，2013 年 4 月 26 日，见 http://www.npc.gov.cn/npc/xinwen/2013-04/26/content_ 1793568.htm。

② 国务院：《国务院关于生态补偿机制建设工作情况的报告》，2013 年 4 月 26 日，见 http://www.npc.gov.cn/npc/xinwen/2013-04/26/content_ 1793568.htm。

激励经济主体高效利用，从而促进水资源节约与生态保护。生态补偿主体尚未明确界定，生态补偿资金来源单一，水资源消费存在“搭便车”行为，导致“谁使用，谁付费”原则未能落到实处。

1. 水生态补偿主体不明确

由于水生态环境属于“公共产品”，因此生态保护的责任主体应该是政府，但这并不意味着政府就必然是付费主体。从本质上而言，生态补偿是由生态服务功能的受益者向生态服务功能的提供者支付费用，因此生态补偿的付费主体应该是受益区的居民或企业等直接获益的主体。只是由于生态保护存在外部性，政府通常应该代表付费主体履行付费义务。我国已推动实施“主体功能区”和“生态区划”，然而这两种区划都没有对生态保护服务的供给者和受益者的范围进行清晰界定，未能建立起“利益相关者补偿”机制，导致水生态补偿主体不明确。

2. 水生态补偿资金来源单一

我国现行水生态补偿主要是由中央或省、市级财政进行纵向转移支付的方式开展，补偿资金来源较为单一，未能全面体现生态保护各个利益相关方的权责关系，难以充分实现生态保护成本和收益的内部化。理论上，生态补偿资金来源可以包含三类：一是中央政府对生态保护区地方政府以及省级地方政府对辖区内生态保护区的下级地方政府的财政转移支付（纵向补偿转移支付）；二是生态受益区地方政府对生态保护区地方政府的财政转移支付（横向补偿转移支付）；三是社会范围内以市场规则为基础的生态系统服务提供与购买支付。[①] 在我国水生态补偿实践中，地方政府间横向补偿转移支付尚处于探索之中，而以市场规则为基础的生态系统服务购买则更为鲜见。

3. 水资源消费存在“搭便车”

水资源消费存在“搭便车”现象，是指享受了优质水资源的个体并未支付或并未充分支付相应成本，个人成本存在转嫁。在水资源费征收不到位、水资源费征收标准普遍偏低的情况下，各地区的生态补偿资金基本采

① 舒旻：《论生态补偿资金的来源与构成》，《南京工业大学学报》（社会科学版）2015年第1期。

用公共财政转移支付的方式，这种做法实际上是由绝大多数的用水小户去补贴一小部分用水大户，“谁使用，谁付费”原则没有落到实处。由于用水成本没有充分实现内部化，由个体直接承担的成本只是水资源消费总成本的其中一部分，剩余部分则是由群体共同承担。这种情况下便会产生“搭便车”问题，导致各经济主体缺乏足够激励来节约用水，从而不利于提高水资源利用效率。

水资源和生态环境服务的无偿使用或廉价使用会导致无效率和浪费，只有当“谁使用，谁付费”原则落到实处，确保使用者必须支付足够的成本，水资源和生态环境服务的稀缺性在其价格中得到充分反映时，才能有效避免上述问题。

第二节　我国水资源和水生态制度缺陷的存在根源

一、体制性根源

改革开放以后，我国经济社会迅速发展，对水资源管理和水生态保护工作提出了更高要求，亟须通过全面统筹和统一规划来加快水利建设、优化水资源配置、提升水资源利用效率、强化水生态治理，以有效化解日益加大的水资源环境约束。但由于涉水管理体制改革进程缓慢，管理权限过于分散、流域管理机构权力不足等根源问题未得到根除，导致部门分割、地方分割等弊病长期存在。

（一）涉水管理权限过于分散

我国水资源管理和水生态保护体制中最为突出的问题是“九龙治水”。受传统计划经济体制的影响，新中国成立以来陆续设置了一系列涉水管理职能部门，将水资源和水环境管理权限按照行政区、流域、功能等进行了划分，形成了一套错综复杂的涉水管理体系。由于事权切分过细，容易导致各部门、各地区之间在水资源管理和水生态保护中出现相互推诿、扯皮现象。[①]

① 刘振邦：《水资源统一管理的体制性障碍和前瞻性分析》，《中国水利》2002年第1期。

（二）部门管理职能相互重叠

虽然2002年新修订的《水法》明确规定由水利行政主管部门行使统一管理的权力，但是迄今为止部门分割管理仍然存在，水利部门、环保部门和城市建设部门在多个水资源管理职能方面都存在着交叉。例如，《水污染防治法》明确规定水污染防治由环境保护部门主管，但《水法》中又强调水资源保护由水利管理部门主管，而水污染防治与水资源保护紧密关联，于是环境保护部与水利部之间必然出现职责重叠而产生纠纷。[①] 这种部门间的相互矛盾必然导致人力、物力的耗散，削弱了政府对水问题的治理能力。受制于自身的利益偏好，水利和环保等行政管理部门难免会局限于从本部门的视角看待水资源与水环境问题，导致“不同部门对同一问题的认识差异甚大，有时甚至环保部门和水利部门出现截然不同的判断，以致制定出的政策互相矛盾”。[②]

（三）流域管理机构权力不足

为了推进流域水资源的综合管理，水利部在重大的江河湖泊设立了行使水行政权的派出机构，如长江水利委员会、黄河水利委员会、太湖流域管理局等一系列流域管理机构。《水法》规定了流域管理机构的法律地位和各项管理职能，但在现行的行政体系下，流域管理机构难以发挥应有的作用。“流域管理机构更多的职责在于专业设计、政策咨询等具体事务，在协调利益关系和行使水资源管理方面缺乏相应的权限，不能制定对流域全局性的宏观决策、政策法规。”[③] 由于流域管理机构的管理决策执行依赖于地方政府，对于管理区域内的水行政部门和其他环境保护行政部门、交通行政部门的违法行为，“流域管理机构无权实施相应的处罚，也没有相应的协

① 贾绍凤、张杰：《变革中的中国水资源管理》，《中国人口·资源与环境》2011年第10期。

② 匡耀求、黄宁生：《中国水资源利用与水环境保护研究的若干问题》，《中国人口·资源与环境》2013年第4期。

③ 王福波：《论我国节水工作的制度性缺陷及其克服路径》，《西南大学学报》（社会科学版）2011年第3期。

调机构处理水事行政纠纷”。[1]

以上根源问题的存在，导致我国水资源管理和水生态保护体制长期以来存在以下弊端：在流域管理上存在“条块分割”，在区域管理上存在“城乡分割”，在功能管理上存在“部门分割”，在法规制定上存在“政出多门”。[2]

二、机制性根源

水资源和水生态保护是一项系统性工程，需要同时发挥市场机制、政府机制和社会机制的调节作用。但市场机制存在其力所不逮之处，政府机制同样也会失灵，再加上社会机制长期缺位，造成我国的水资源和水生态保护实践未能取得理想成效。

（一）市场机制失灵问题

水生态环境所具有的公共产品属性，以及水生态环境保护行为存在的外部性，导致水生态问题存在“市场机制失灵”。水生态的公共产品属性或者说准公共产品属性，是指其不具有或只是低程度地具有竞争性和排他性，经济主体追求自身利益最大化的倾向会导致水生态受到过度消费，造成生态资源衰竭；外部性问题的存在，会导致生态保护者无法获取应有的收益，生态破坏者也无须付出足够的成本，单靠市场机制无法实现水生态的有效保护。

我国水资源和水生态所面临的“三大危机”，均有其经济根源：一是水资源短缺危机——低价或廉价使用水资源导致水资源过度使用而出现严重缺水；二是水环境污染危机——水环境污染的负外部性没有内部化导致水体受到严重污染而出现水质下降；三是水生态破坏危机——水生态保护的正外部性和水环境污染的负外部性的结合导致合格水源地减少和合格水源减少。总体上，水资源和水生态问题上存在严重的“市场机制失灵”

① 黄霞、胡中华：《我国流域管理体制的法律缺陷及其对策》，《中国国土资源经济》2009年第3期。

② 刘振邦：《水资源统一管理的体制性障碍和前瞻性分析》，《中国水利》2002年第1期。

现象。

（二）政府机制失灵问题

如果水资源管理和水生态保护采取科学合理的制度和政策，那么，有可能解决“市场机制失灵”问题。问题是政府在水资源管理和水生态保护问题上或者是管得过多或者是管得不足，同样存在“政府机制失灵”。一是利益集团问题。政府并非超然于利益之外的存在，每个政府部门都是由一个个以追求自身利益最大化为目标的理性“经济人”所组成，因此不同政府部门之间、政府部门与社会民众之间通常存在利益背离，多重委托代理关系以及信息不对称的存在，容易催生道德风险。二是不完全信息问题。即便政府部门与社会民众的利益完全一致，但由于存在不完全信息，政府部门并不能获得作出正确决策和有效监管所需要的全部信息，从而导致决策失败和监管失效。我国水资源管理和水生态保护中的“政府机制失灵”突出表现为：“九龙治水”的管理模式增加政府治水的运行成本；水资源和水生态制度和政策的不协调性导致制度效益下降；政府作为水资源和水环境的管理者同时又充当水资源和水环境的检测者所带来的集“运动员”与“裁判员”于一身的问题导致设租寻租风险。

与此同时，政府过于强势会导致市场机制被架空，难以在具备排他性和竞争性的领域发挥应有作用。比如，“我国主要靠行政手段而不是市场来配置水资源，将取水权作为‘公共物品’提供，严重影响了水资源配置效率和公平利用”。[①]

（三）社会机制缺位问题

在国外的广泛实践中，水资源管理和水环境保护往往需要社会机制的介入，而我国由于社会组织发展受到意识形态约束，社会机制在涉水问题上发挥的作用十分有限，出现“社会机制缺位”的问题。第一，涉水民事权利缺乏保障。受制于计划经济思维惯性，我国的水资源和水环境问题通常被归咎于政府“管得过少”，水资源管理保护片面强调强化政府权力，

① 蔡成林、毛春梅：《两部制水资源费征收政策探讨》，《节水灌溉》2014年第7期。

涉水民事权利的确立和保护得不到应有重视。我国的水资源和水生态保护制度缺乏公众参与的实质性制度性设计，现有法律法规中关于公众参与的条款普遍缺乏可实施性。如《中华人民共和国水污染防治法》(以下简称《水污染防治法》)第十三条规定："环境影响报告中，应当有该建设项目所在地单位和居民的意见"，"但却缺乏相关的途径、形式和程序的规定来加以实施"，导致社会公众和社会组织难以参与其中。[①] 第二，社会中介组织发育不良。在国外实践中，社会中介组织是水资源管理和水环境保护的重要参与者，在提供决策建议、实施监督、筹集资金等方面发挥着重要作用。我国的水资源管理和水生态保护基本上以行政推动为主，独立性高的社会组织数量不多，尤其是缺乏专业化的组织机构。并且，政府管制过于严厉造成现有社会组织大多缺乏独立性，普遍存在公信力不足和不作为现象，阻碍了社会组织的健康发展和社会机制的进一步完善。

由于社会机制的缺位，民众的环保诉求缺乏良性释放渠道，一旦发生环境事件，民众便倾向于与政府直接对抗，并且非理性因素容易发酵，导致群体性事件高发，社会稳定受到威胁。

三、制度性根源

产权不明晰是我国水资源和水生态保护陷入困境的制度性根源。因为根据制度经济学理论，"资源和财产的产权越明晰，经济主体浪费资源和逃脱成本的几率就越小"。[②] 所谓水资源产权，是指"对水资源占有、使用、收益、处分的权利，包括水资源所有权以及从所有权分离出来的水资源使用权"。[③] 由于我国水资源所有权处于虚置状态、水资源使用权难以流转、水资源资产功能受到限制，导致水资源难以实现市场化配置。

---

① 王福波：《论我国节水工作的制度性缺陷及其克服路径》，《西南大学学报》(社会科学版)2011年第3期。

② 陈德敏著：《节约型社会法律保障论》，人民出版社2008年版，第178页。

③ 王晓娟、李晶、陈金木等：《健全水资源资产产权制度的思考》，《水利经济》2016年第1期。

（一）水资源所有权处于虚置

我国的水资源所有权实际上处于虚置状态。根据我国《宪法》和《物权法》的规定，我国水资源归国家、全民所有。《水法》中进一步规定了“水资源属于国家所有。水资源的所有权由国务院代表国家行使”。[①] 这种安排并没有对水资源的产权归属进行清晰界定，各方利益主体的权责关系处于模糊状态，相当于将水资源置于“公地”领域。在这种产权界定不清的前提下，自发秩序演化的结果必然是水资源受到不加节制的滥用。在现实中，“国家这一所有者代表经常缺位从而导致对水资源使用者的管理不完善，表现在使用者无偿占有或使用水资源，对破坏、浪费水资源的使用者缺乏有效的制约措施”。[②] 并且，现行制度没有对水资源所有者权利和管理者权力进行严格区分，所有权人权益未得到落实，中央政府和地方政府行使水资源所有权的权利清单和空间范围未得到清晰界定。

（二）水资源使用权流转不畅

当水资源使用权可以顺利流转的情况下，水资源会依据效率原则在不同使用主体之间自发进行流转，由低效率的领域流入高效率的领域，从而实现水资源的优化配置。但是，当水资源使用权不能流转或难以流转的情况下，部分水资源只能被限制在低效率领域，出现浪费性使用，无法实现优化配置。我国新的《水法》没有规定许可证可以交易，可见我国的许可证制度实际上并不是一种真正的产权。由于现行水资源产权关系缺乏灵活有效的转让方式，导致谁占用水资源谁就控制水资源的使用权，影响了水资源的优化配置。在“不用则丧失水权的原则”之下，对于水权人而言，“节约的水资源往往不能带来任何现实利益，而且会导致自身的取水配额减少”。[③] 因此，“在水资源的利用方面形成了城乡二元利用、上下游二元

---

① 中共中央、国务院：《中华人民共和国水法》，2005 年 8 月 31 日，见 http://www.gov.cn/ziliao/flfg/2005-08/31/content_ 27875.htm。

② 王福波：《论我国节水工作的制度性缺陷及其克服路径》，《西南大学学报》（社会科学版）2011 年第 3 期。

③ 任庆：《论我国水权制度缺陷及其创新》，《中国海洋大学学报》（社会科学版）2006 年第 3 期。

利用的格局，水资源流转不畅导致市场激励机制无法发挥作用，每个人、每个地区都会争取多用水、早用水，没有人愿意去节约用水”。[①]

（三）水资源资产功能受到限制

水资源使用权归属不清和流转不畅导致水资源资产功能受限。现行法律没有清晰界定各种终端用水户的权利，确权登记制度不健全，水资源使用权归属不清晰。使用权的权能不完整，这体现为，按照《取水许可和水资源费征收管理条例》向政府申请取水许可获得的取水权、转让权受限制，也不具备抵押、担保和入股等其他资产功能。[②] 这与中共中央、国务院颁发的《生态文明体制改革总体方案》中提出的“除生态功能重要的以外，可推动所有权和使用权相分离，明确占有、使用、收益、处分等权力归属关系和权责，适度扩大使用权的出让、转让、出租、抵押、担保、入股等权能”的精神不相符。[③]

上述问题反映出我国水资源制度设计理念较为落后，局限于从资源管理而非资产管理的角度进行制度设计。由此导致在水资源管理中，“偏重实物管理，忽视价值管理；偏重使用权的监管，忽视所有权的实现；偏重行政权力的行使，忽视权利人权利的保护”。[④]

第三节 健全水资源有偿使用和生态补偿制度的意义

一、生态意义

健全水资源有偿使用和生态补偿制度，有利于促进水生态保护和水环境改善，实现山清水秀的目的。

（一）有利于促进水生态建设

通过健全水资源有偿使用和生态补偿制度，可以实现水生态保护收益

① 黄霞、胡中华：《我国流域管理体制的法律缺陷及其对策》，《中国国土资源经济》2009年第3期。

② 王晓娟、李晶、陈金木等：《健全水资源资产产权制度的思考》，《水利经济》2016年第1期。

③ 中共中央、国务院：《生态文明体制改革总体方案》，2015年9月21日，见 http://www.gov.cn/guowuyuan/2015-09/21/content_ 2936327.htm。

④ 王晓娟、李晶、陈金木等：《健全水资源资产产权制度的思考》，《水利经济》2016年第1期。

内部化，有效激励水生态保护行为，促进水生态建设。完善和推进水资源有偿使用制度，一方面可以促进水资源有序开发，有效约束水资源消费，提高水资源利用效率和配置效率，从而降低经济发展对水资源环境的压力；另一方面还能为实施水生态补偿提供资金保障，改变生态补偿资金来源单一问题，减轻政府财政压力，实现水生态补偿的可持续。通过科学制定生态补偿标准和推动生态补偿全覆盖，实现水生态保护收益充分内部化，可以激励水生态保护区的多方主体积极参与水生态保护。

（二）有利于促进水环境改善

长期以来不计环境代价的发展方式给我国资源环境造成了巨大压力，水资源和水环境危机不断加剧，不仅“水少了”“水脏了”，而且“水源少而脏了”。健全水资源有偿使用和生态补偿制度，有助于使水资源稀缺性和生态价值在经济活动成本中得到应有体现，实现生态环境消费成本内部化。从而有效约束生态环境的过度消费，从源头上遏制水资源滥用和生态破坏行为，促进水环境改善。两端共同发力，可以逐步扭转生态恶化局面，重现山清水秀的美好家园。

二、经济意义

健全水资源有偿使用和生态补偿制度，有利于促进绿色发展，鼓励水源区经济主体生态保护的积极性，实现“保护生态就是保护生产力”“绿水青山就是金山银山”的效果。

（一）有利于实现“经济生态化”

为实现经济发展方式与资源环境禀赋相协调，必须建立起一套能够充分反映出资源环境稀缺性的生产要素价格体系。长期以来，由于水资源和水生态环境稀缺性未能在水资源价格中得到应有体现，使得水资源滥用和水污染排放得不到有效遏制，导致我国水资源短缺、水环境污染和水生态破坏“三大危机”愈演愈烈。健全水资源有偿使用和生态补偿制度，令水资源和水生态环境稀缺性在经济活动成本中得到充分体现，一方面能够将水资源从大量低效率和低收益的用途中释放出来，优化水资源配置；另一方面还能令水生态环境价值被纳入微观主体的经济决策中，使得水环境容量得到优化配置。通过充分发挥市场机制的资源配置功能，可以有效改变水资源和水环境容量被落后产业挤占的局面，给新兴产业的发展留出空间，将新兴产业所具有的生态环境优势切实转化为成本优势和竞争优势，从而促进经济转型升级，实现“经济生态化”。

（二）有利于实现“生态经济化”

传统的经济发展模式，是建立在“高投入、高消耗、高排放”基础上的粗放式增长。尤其是对于那些原本就相对落后的地区而言，除了以消耗资源和牺牲生态环境为代价换取 GDP 之外，并无更好的途径。而落后地区往往处于河流的上游，其不顾生态环境追求经济发展的行为会导致水资源环境的全局性恶化，自身所得抵不上给其他地区造成的损失，导致社会福利的净损失。通过健全并实施水资源有偿使用和生态补偿制度，赋予生态环境应有的价值，可以实现“生态经济化”，让生态环境保护行为获得合理回报，从而消除生态保护与经济发展之间的矛盾关系，在二者之间建立起正向反馈机制，树立起“保护生态就是保护生产力”的先进发展理念，实现“绿水青山就是金山银山”的良性增长方式。

三、社会意义

健全水资源有偿使用和生态补偿制度，有利于促进用水区域的不同用水户和不同行业相互协调，有利于推动水资源保护区和水资源受益区的和谐发展，促进社会公平。

（一）有利于区域内更加协调

健全水资源有偿使用制度，可以在用水区域实现水资源优化配置，有效解决水资源浪费和水资源短缺同时并存的矛盾。现行水资源价格体系并未对不同主体和不同用途的用水进行科学区分，用水成本仍存在“一刀切”现象。用水成本普遍过低导致各用水主体缺乏足够节水动力，造成各用水户和各行业争相用水，加重了水资源短缺危机。一方面是浪费性用水、铺张性用水在用水效益低下的行业大行其道，另一方面却是基本民生用水、重点发展行业的用水得不到有效保障，水资源配置存在严重的结构性失调。通过健全水资源有偿使用制度，使用水价格充分反映水资源稀缺程度，科学区分不同用途和不同用水户应当承担的用水成本，可以有效激励各用水主体的节水动力，促进水资源在不同用途和不同用水户之间实现优化配置。通过充分发挥价格机制的调节作用，不仅可以使社会经济发展的用水需求被有效控制在水资源环境压力红线之内，而且可以使得有限的水资源充分发挥其效用，令不同用水主体都能各得其所、相互协调。

（二）有利于区域间更加和谐

为了有效实现生态环境保护，我国实施了主体功能区战略，但其具体落到实处需要完善的生态补偿制度作为支撑。各区域都享有平等发展权，如果只将某些区域列入限制开发、禁止开发名单，但没有健全的生态补偿制度安排，生态保护与经济发展之间的矛盾得不到妥善解决，主体功能区战略便难以得到严格执行。并且，由于水生态保护存在典型正外部性，水资源保护者与水资源受益者的权利义务不对称。在这种情况下，生态补偿制度建设的滞后容易导致区域间跨界水生态保护陷入零和博弈局面，生态补偿金额“拍脑袋”决策、“补偿力度不足”“补偿方式单一”“补偿对象未到居民”等诸多现实问题，挫伤了上游地区的生态环境保护积极性，使得跨界水生态补偿实践未能取得良好成效。建立健全水生态保护补偿制度，通过外部性内部化的导向，将区域内生态补偿制度拓展到区域间，有助于加强对生态功能区的扶持力度，实现流域上下游或区域之间的人水和谐局面；有助于维护社会公平，实现区域经济统筹协调发展。

第四章　水资源有偿使用和生态补偿制度体系构建

水资源有偿使用制度已经客观存在，只是有偿使用的价格存在高低、有偿使用的覆盖面存在大小；水生态补偿制度也已陆续建立，只是生态补偿的主体（谁补谁）、标准（补多少）、范围（哪里补）均存在模糊不清的问题。而且，总体上，两类制度存在割裂状态。本章在阐述水资源有偿使用和生态补偿的制度体系构建原则基础上，提出了一个制度框架，并进而对每一类具体制度的内涵、优缺点、使用范围等进行具体分析，从而为后续研究奠定基础。

第一节　水资源有偿使用和生态补偿制度体系构建的总体思路

一、水资源有偿使用和生态补偿制度体系构建的基本原则

鉴于水资源开发利用和生态保护实践中普遍存在产权不清和外部性等关键问题，水资源有偿使用和生态补偿制度体系的构建必须有利于明晰产权和消除外部性，因此，需坚持下列基本原则：

（一）“谁所有，谁受益”原则

收益权是所有权的核心权能，产权能够带来收益，谁拥有产权，谁就有权获得该产权带来的收益，没有收益权的所有权毫无意义。[①] 本原则所

① 俞宪忠：《优好制度设计的基本原则：激励与惩罚相兼容》，《社会科学战线》2011 年第 12 期。

体现的对产权所有者的保护，与法律上保护财产权利的初衷一致，而对产权的保护是保证资源得到有效配置和经济实现高效运行的基础。如果水资源的产权结构满足排他性、可转让性和强制性的特征，资源所有者便具有激励去有效利用水资源，市场机制便能在水资源配置中发挥其应有的作用，故“谁所有，谁受益”原则应始终贯穿于水资源有偿使用和生态补偿制度体系的构建之中。

（二）“谁保护，谁受益”原则

实施生态保护能够增加人们可获得的生态服务，提升社会福利水平。并且实施生态保护需要付出成本，因此实施保护的经济主体理应获取相应收益。并且，由于生态保护活动具有较强的正外部性，实施保护的经济主体所能直接获得的私人收益往往远低于社会收益，在许多情形下甚至低于私人成本，如果不对私人收益与社会收益之间的差额进行补偿，生态保护服务的供给量将会远低于社会最优水平。只有完全消除边际社会收益与边际私人收益之间的差距，才能将环境保护水平提升至所期望的社会最优水平。因此，若要实现生态环境的有效保护，不仅应当允许实施生态保护的经济主体获取收益，还应当保证其获得足够收益，最大限度弥补其私人收益与社会收益之间的差额。这便是生态环境服务付费（Payment for Ecosystem Services，PES）的理论依据，“谁保护，谁受益”原则的理论含义也正在于此。[①]

（三）“谁使用，谁付费”原则

水资源和生态环境容量尽管是可再生的，但在特定的时间和空间范围内无疑是稀缺性资源，不加节制地滥用会导致其枯竭，对经济发展和生命安全造成威胁。因此为了实现可持续发展，必须将经济社会对水资源和生态环境容量的消费控制在安全范围之内。此外，为了实现社会福利最大化，还必须使水资源和生态环境容量实现有效配置和高效利用。水资源和生态环境服务的无偿使用或廉价使用会导致无效率和浪费，只有当使用者

① 杨光梅、闵庆文、李文华等：《我国生态补偿研究中的科学问题》，《生态学报》2007年第10期。

必须支付足够的成本，水资源和生态环境服务的稀缺性在其价格中得到充分反映时，才能有效避免上述问题。“谁使用，谁付费”原则不仅强调使用必须付费，还强调成本必须充分内部化，费用承担主体应当尽量明确化、微观化。该原则一方面能保障水资源所有者和生态保护者的权益，另一方面还可以防止需求过度膨胀，激励行为人高效利用，从而促进资源节约与生态保护。

（四）“谁损害，谁赔偿”原则

环境损害行为具有显著的负外部性，损害者获得了收益，环境损害的成本却由社会公众来集体承担。在缺乏有效惩罚机制的情形下，经济主体具有强烈激励去从事环境损害行为。为了保护生态环境，必须对损害者实施惩罚，使其完全承担环境损害成本。只有完全消除边际社会成本与边际私人成本之间的差距，才能将环境损害水平降低至所期望的社会最优水平。因此，“谁损害，谁赔偿”原则不仅强调通过经济惩罚来减少环境损害和保障相关方权益，而且强调通过使负外部性充分内部化来将环境损害控制在最优水平，以实现生态环境的有效保护。

二、水资源有偿使用和生态补偿制度体系的总体框架

（一）水资源有偿使用和生态补偿的约束性制度

水资源的总量是有限的，生产用水、生活用水和生态用水之间存在着替代性，生产和生活用水多了，生态用水就少了，可能危及生态安全。因此，必须实施取水总量控制制度。水环境容量是有限的，污水排放超过一定极限便会危及水环境质量，因此，必须实施污水排放总量控制制度。为了有效利用水资源和保护水环境，需要对水资源效率标准和水环境标准加以管制。一旦经济主体突破了总量控制和标准管制制度，就应该受到相应的惩处，所以需要责任追究制度。这样就形成层层递进的约束性制度体系。因此，水资源有偿使用和生态补偿的约束性制度是指，基于水资源和环境容量的有限性，为了保障水资源的数量和质量安全而采取的管制性制度，主要包括总量控制制度（如取水总量控制制度、水污染权总量控制制

度等)、资源环境标准制度（如水环境标准制度、水资源绩效标准制度等)、责任追究制度（如水污染损害赔偿制度、水环境污染问责制度等)。

（二）水资源有偿使用和生态补偿的激励性制度

由于水资源和水环境容量都是有限的，有限的资源不可能完全依靠供给侧管理方法，而要采取需求侧管理方法。财税制度和产权制度便可以使得稀缺的资源获取更高的效率和效益，从而实现资源的优化配置。水资源的零价格使用，必然导致无节制地使用；水资源的低价格使用，必然存在浪费式使用；水资源的市场均衡价格的使用就可以保障集约式使用。当存在水环境污染等负外部性行为时，可以按照庇古税理论实施水环境财税制度；当存在水生态保护等正外部性行为时，可以按照庇古税理论实施水生态补偿制度。在水资源和水环境产权明晰的情况下，可以按照科斯定理，实施水权有偿使用和交易制度、水污染权有偿使用和交易制度。[①] 因此，水资源有偿使用和生态补偿的激励性制度是指，为了实现水资源和水环境容量的高效利用和优化配置，或者按照庇古税理论实施水资源和水环境财税制度，或者按照科斯定理实施水资源和水环境产权交易制度。这些制度的基本特征是市场机制在水资源配置中发挥决定性作用，对经济主体而言具有选择性和激励性。

（三）水资源有偿使用和生态补偿的参与性制度

在水资源配置中，可能面临着市场失效和政府失效并存的情况，此时的可能选择便是第三条道路——参与性制度。[②] 即使在市场机制与政府机制均有效的情况下，公众参与制度也有利于约束性制度和激励性制度的有效实施。因此，水资源有偿使用和生态补偿的参与性制度是指，基于市场机制和政府机制面临失效的危险而引入的公众参与的第三种机制，主要包括教育引导制度、公众参与制度、群众自治制度等。基于上述分析，水资源有偿使用和生态补偿的制度体系可以形成如图 4-1 所示的框架。

---

① 沈满洪著:《环境经济手段研究》，中国环境科学出版社 2001 年版，第 143 页。

② 沈满洪:《环境保护的第三种机制》,《中国环境报》2003 年 4 月 11 日。

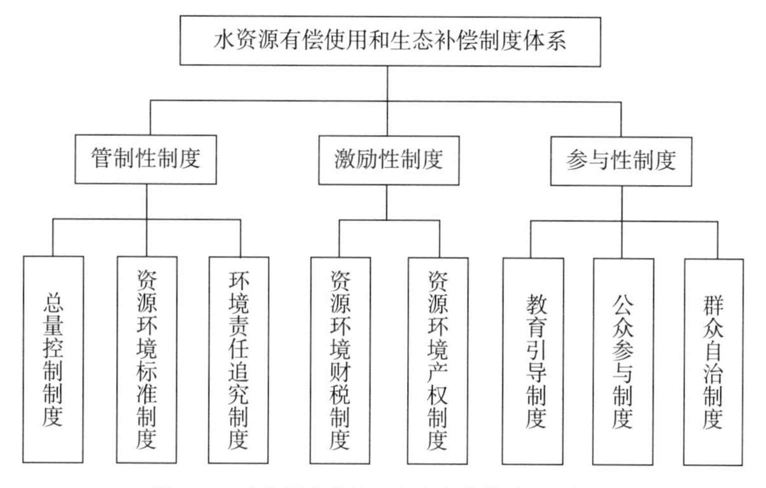

图 4-1　水资源有偿使用和生态补偿的制度体系

第二节　健全水资源有偿使用和生态补偿的约束性制度

包括许可证、限额、责任、分区、标准和禁令等在内的水资源有偿使用和生态补偿的约束性制度是所有国家和地区都广泛应用的。不同的约束性制度有其特定的内涵、使用范围及制度缺陷。

一、总量控制制度

（一）取水总量控制制度

第一，制度内涵与理论依据。取水总量控制制度是指为了保障水生态安全，将一定时间内从本地区地表和地下取水的量控制在一定限额之内的制度安排。取水总量控制制度首先是约束政府尤其是政府水务部门。由于居民和企业只能在总量内获取水资源，因此，总量控制制度往往与居民和企业的用水许可制度相结合。实施取水总量控制制度主要基于三方面的理论依据：一是生态安全理论。水资源总量＝生产用水＋生活用水＋生态用水，在水资源总量给定条件下，等式右边的三者存在此消彼长的关系。水是生命之源、生产之要、生态之基，生态用水对于维持水环境的正常循环和整个生态系统的平衡具有关键性作用，为了保障生态安全，必须控制取水总量（生产与生活用水）。二是环境安全理论。取水意味着排污，因为取水量增加使得更多的水体从自然环境进入社会环境，参与到人类生产和生活之中，从而会携带更多污染物返回到自然环境。在污水处理水平无法完全消除废水中污染物的条件下，取水量越大会导致排污量越大，为了保障环境安全，必须严格控制取水总量。三是资源安全理论。水资源属于可再生资源，但过度开发和不加节制地滥用会导致水资源出现枯竭，并且突破一定的极限后可能是不可逆转的。为了保障水资源安全，必须弱化供给侧管理、强化需求侧管理，实行取水总量控制。

第二，制度实施与已有成效。我国的取水总量控制制度经历了由流域性制度向全国性制度转变，并进一步由地区性制度加以细化落实的过程。第一阶段是流域性取水总量控制制度开始出现。流域性取水总量控制最早始于黄河流域，《黄河可供水量分配方案》（国办发〔1987〕61号）作为一种先行的尝试拉开了取用水总量控制的先河。第二阶段是全国性取水总量控制制度逐步建立。我国正式的取水许可制度最早出现在1988年颁行的《水法》，在1993年开始实施的《取水许可制度实施办法》（2006年被《取水许可和水资源费征收管理条例》取代）是取水许可制度具体实施的依据，规定了取水许可的总量必须依据年度水量分配方案。2002年修订后的《水法》明确用水实行总量控制与定额管理相结合政策并正式地确立了总量控制的法律地位，但是由于各种原因未真正落到实践，2008年《取水许可管理办法》进一步对取水的审批和监督程序进行了规范。第三阶段是取水总量控制制度得到细化和加强。2010年山东在全国率先出台区域总量控制管理办法。2011年11月1日起我国首部流域综合性行政法规——《太湖流域管理条例》正式施行，明确太湖及出入湖的“三河”实行取水总量控制、年度用水计划管理，并实施取用水实时监控。2012年国务院《关于实行最严格水资源管理制度的意见》（国发〔2012〕3号）明确提出开始在我国实行最严格水资源管理制度，标志着国家对水资源短缺问题前所未有的重视，并将取水总量控制作为应对水资源短缺问题的主要手段。在《实行最严格水资源管理制度考核办法》(国办发〔2013〕2号)中将水资源管理作为对地方官员和项目审批考核的内容，并确立了水资源开发利用红线、用水效率控制红线和用水总量控制制度与用水效率控制制度。

我国各大流域先后开展了取水许可总量指标的制订和实施，我国的流域水资源采用的是水利部、流域机构、地方水利厅“三级管理体制”，是流域管理与区域管理相结合的管理体制。取水许可制度是我国水资源管理的核心，取水总量控制也是最严格水资源管理制度的体现。在国务院《关于实行最严格水资源管理制度的意见》中，我国对水资源总量控制目标是，到2015年，全国用水总量力争控制在6350亿立方米以内，到2020年，全国用水总量力争控制在6700亿立方米以内，到2030年全国用水总量控制在7000亿立方米以内。各省、自治区、直辖市用水总量控制目标依据《实行最严格水资源管理制度考核办法》(国办发〔2013〕2号)，各区域取水量的分配主要依据流域水资源规划，以用水历史为基础，结合取水许可现状，在预测需求的基础上，考虑到节水技术进步、气候变化等因素，取水总量限额是经过批准的水量分配方案或者协议。根据《水利部办公厅关于加快完成水资源管理“三条红线”控制指标分解确定的通知》(办资源〔2014〕229号)，县市级控制指标的制订也即将全面完成。

最早开始的黄河流域的取水总量控制是成功的，产生了积极的社会、经济、生态效果，特别是2006年《黄河水量调度条例》这一国家性行政法规的正式颁布，除了对干流和重要支流统一调度外，还将取水许可总量指标细化到各市，为全国性推广奠定了基础，试点地区如张掖市取水总量控制不仅是有效的，其形成的水市场更是具有重要意义。

第三，制度缺陷与后续完善。取水总量控制不仅涉及社会经济运行情况，而且与水自然状况有着极大联系，这些都加大了取水总量控制的实施难度。取水总量控制制度实施过程中也暴露出制度本身的许多不足有待完善：一是流域管理机构与地方政府事权划分问题。根据2002年《水法》的规定，国家对水资源实行流域管理与行政区域管理相结合的管理体制，授权流域管理机构制定取水总量控制细则，主要负责监督总量不被突破，流域管理决策缺少地方利益相关者参与，也缺乏公众参与，同时涉水的地方制度与国家法律法规、流域制度有不协调现象，水资源保护与水污染防治也难以协调。流域管理机构的权限是水利部以文件形式授予，各地方政府出于自身利益考虑也会通过立法手段出台相关地方性法规和规章，导致管理范围和权限的重叠，当双方出现冲突时地方一般对流域机构不予以配合，会出现地方执行不到位情况，同时流域机构由于处罚权不够导致超计划用水现象严重。二是取水总量控制制度体系不健全导致执行难、监督难的问题。王小军等认为山东、湖北等地取水总量控制的试点是成功的，同时也暴露出与取水总量控制相适应的法律制度体系不健全，计量监测体系有待加强等问题。[①] 要发挥取水总量控制制度的作用，就应该在不断完善各项法律法规和政策的基础上，观测落实并严格监督。胡德胜对过去几年实际取水数据对比发现，黄河流域水量分配方案并没有得到严格执行，因为黄河实际耗水量经常超标。[②] 同时虽然影响地区用水需求和供给的因素在不断改变，但是对于各地区取水许可总量的计算和分配方法数十年不曾变化。监控能力建设也有待加强，大型水库、河流断面、主要用水户用水量的检测数据质量直接关系到取水总量控制制度实施的效果，同时也是激励性制度发挥作用的关键。健全取水总量控制制度，就是要在充分研究的基础上完善各地区和重要江河流域水量分配方案，建立流域和各级行政区域的地表水取水总量控制指标体系和地下水开采控制指标。三是水利部门与环保部门的分权导致取水总量控制制度效果不理想。中国的水质性缺水十分严重，流域管理机构和水利部门仅对水量分配有控制力，对于水质监测与控制，特别是江河湖泊涉及的面源污染问题无能为力。

由于长期实行以行政为主导的水资源管理和分配模式，导致市场没有在提高水资源配置效率中发挥应有的作用，我国取水总量控制制度的改革

① 王小军、高娟、童学卫等：《关于强化用水总量控制管理的思考》，《中国人口·资源与环境》2014 年第 S3 期。

② 胡德胜：《中美澳流域取用水总量控制制度比较研究》，《重庆大学学报》（社会科学版）2013 年第 5 期。

趋势应是充分发挥市场机制在水资源配置中的基础性甚至决定性作用，在对取水总量进行科学论证和严格控制的前提下，不断完善水资源市场，让各方主体充分参与到水资源交易之中。胡德胜对美国大湖—圣劳伦斯河流域和澳大利亚墨累—达令流域取用水总量控制制度进行了对比研究后发现，两者成功的要素可以归结于最大取水量制度的严格执行、流域水量分配协议的利益相关方共同制订、流域管理委员会由协约各方共同参加和公众对于取水总量方案制度制订过程的充分认识和讨论。王小军等认为严格规划管理和水资源论证、严格控制取水总量、严格实施取水许可是取水总量控制制度成功的关键，项目水资源论证作为前置环节是有必要的，在严格控制取水总量下的水量交易可以满足各地区间需求的灵活变动。

（二）水污染总量控制制度

第一，制度内涵与理论依据。水污染总量控制制度是指在考虑环境承受能力的基础上，将一定时间内排入水体的污染物总量控制在一定限值之内的制度安排。水污染总量控制制度首先约束区域政府尤其是政府环保主管部门。由于污染物是各企业和居民在排放的，因此，该制度往往与企业和居民的排污许可制度相结合。实施水污染总量控制制度主要基于三方面的理论依据：一是环境容量理论。环境容量是指在人类生存和自然生态系统不致受害的前提下某一环境所能容纳的污染物的最大负荷量，或一个生态系统在维持生命机体的再生能力、适应能力和更新能力的前提下所能承受有机体数量的最大限度。生态系统不仅直接为消费者提供服务，更主要的是为社会经济运行提供原材料和能量，而最后这些原材料和能量又以污染物的形式回到环境中。一旦污染物排放速度超过了环境容纳限度，污染物就会不断积累，最终对生态环境的平衡和正常功能产生破坏。正因为环境容量存在有限性，所以水污染物排放量必须受到控制。二是生态需求理论。随着人均收入水平的上升，居民的生态需求是递增的。具体而言，当居民收入水平较低时，获得一单位产品所带来的边际效用，通常要高于生产该产品对生态环境造成破坏所带来的边际负效用。但随着收入水平不断提升，两者的差距会逐渐缩小，最终出现反转，仅为了获得更多产品而对生态环境进行破坏会导致社会福利净损失。因此，必须控制污染排放。三是环境责任理论。环境污染具有负外部性，企业必须承担污染减排和治理的责任。水污染问题还不仅仅是一个局部性问题、当期问题，由于水的流动性水污染经常表现为跨界污染溢出问题，水污染危害的长期性、消除负面影响的复杂性又让水污染问题体现为跨期甚至跨代问题。水体污染问题难以完全用市场手段解决，经济学很早就开始注意到污染问题的复杂性，对这种负外部性的存在与解决也一直是研究的热点，对于水污染权总量控制这种管制手段的使用便是政策组合中最安全、最有效果的一种。

第二，制度实施与已有成效。我国的水污染总量控制制度最早是以局部试点的方式推出，而后逐渐过渡到全面推进，污染总量也由早期的总量递增转变为总量递减，下一个阶段的目标是在强化总量递减的基础上实现质量改善。第一阶段（2005 年之前）是局部试点，总量递增。国家环境保护局从“十五”开始以淮河、海河流域等为试点，开展流域和区域水污染物总量控制研究，探索建立健全水污染物总量控制制度与分配方法。国家层面的污染总量控制制度出台最早开始于 1996 年《国务院关于环境保护若干问题的决定》(国发〔1996〕31 号）提出的“关停 15 小，一控双达标”原则，并写入《国家环境保护“九五”计划和 2010 年远景目标》中，要求实施污染总量控制，总量控制是对当时已经存在的排污收费制、“三同时”制度、环境影响评价制度等以污染物排放浓度为主要评价标准的制度补充，后来发展出的污染限期治理、极重污染控制等都可以认为是污染总量控制的一种。第二阶段（2006—2015 年）是全面推进，总量递减。2006 年《主要水污染物总量分配指导意见》(环发〔2006〕189 号）的出台具有里程碑意义，之后开始出现中央和个地方政府及部委签署的目标责任书及对应考核，如“十一五”“十二五”水污染物总量消减目标责任书，以及各地方政府与下级政府间的目标责任书等。“十一五”时期的水污染总量消减目标责任书主要针对 31 省、自治区和直辖市的化学需氧量控制，考核内容包括化学需氧量、水质标准和环保工程建设情况，“十二五”期间增加了 8 家央企和增加氨氮排放等内容。对于排污总量控制指标筛选，我国主要包括化学需氧量和氨氮两项。[1] 2011 年 11 月 1 日起我国首部流域综合性行政法规——《太湖流域管理条例》正式施行，有效加强了太湖流域水污染防治工作，实行重点水污染物排放总量控制制度。第三阶段（2016 年之后）是总量递减，质量改善。在污染排放总量的核算与预测方面，环保部于 2010 年发布了《第一次全国污染源普查公报》，后续的污染源普查动态更新调查也持续进行，这为后续总量减排核查核算奠定了基础。在水环境功能区规划方面，主要以《水功能区管理办法》(水资源〔2003〕233 号)、《全国重要江河湖泊水功能区划（2011—2030 年)》(国函〔2011〕167 号）及各级水环境功能区划为基础。《国务院关于实行最严格水资源管理制度的意见》提出的水功能区限制纳污红线、水功能区限制排污制度和水资源管理责任与考核制度等将水污染总量控制制度重要性提到了新的高度。

上述制度实施以来，取得了一定成效：一方面是污水排放量实现递减，另一方面是水环境质量局部好转。从水污染总量控制制度实际效果来看，“十一五”时期全国化学需氧量排放总量下降了 12.45%。根据环保部发布的全国主要污染物总量减排考核公告，2014 年，全国化学需氧量排放总量 2294.6 万吨，同比下降了 2.47%；氨氮排放总量 238.5 万吨，同比下降了 2.9%；其中化学需氧量已提前完成“十二五”任务，氨氮接近完成。总体而言，水污染总量控制制度起到了一定的政策效果。

第三，制度缺陷与后续完善。我国水污染总量控制制度仍然存在许多不足，主要体现在以下几个方面：一是污染总量的分配问题。我国水污染总量分配主要是实行等比例分配方法，总量分配方案没有体现公平、效率和可行的分配原则，吸纳费用最小分配法、按贡献率削减排放量等分配方法的优点可能有助于分配方法的完善。二是总量控制指标选取的问题。我国仍是污染量目标总量控制，考虑到目标的执行情况和环境风险可控性，有必要从传统的浓度控制与目标总量控制向环境容量总量控制转变。我国水污染控制目标单一，美国国家环境保护局（EPA）公布的总量控制项目

---

[1] 鉴于实施的可行性，从最初的多项污染物指标降至 2 项。

已有九类，但是我国仍然只考虑化学需氧量和氨氮排放两种。三是监测与执行难问题。我国的目标总量控制忽视了农业、生活等面源污染，对工业污染源的监测也不是十分充分，这都不利于掌握和控制水污染量和对生态系统实际影响。央企由于其经济总量大、行业特殊性和特殊的地位等原因，导致其污染治理问题的解决也较为复杂，这也是“十二五”时期环保部与8大央企排污大户同时签订责任书的原因之一，但是这不应该是排污总量控制制度下的特例，这也反映当前水环境总量控制的法律体系不健全，缺乏相应的监测和监督体系，以罚代管和执行不力问题相对突出。

鉴于以上缺陷，我国的水污染总量控制制度应从以下几个方面进行改革和完善：总量分配方案应体现公平、效率和可行原则，充分发挥市场机制的调节作用。从传统的浓度控制与目标总量控制向环境容量总量控制转变。在化学需氧量和氨氮两种污染物基础上增加水污染物控制种类，以有效应对水污染。

二、资源环境标准制度

（一）水资源标准制度

第一，制度内涵与理论依据。水资源标准制度是指基于生态安全、用水安全和用水效益等角度，对水利工程建设、供水质量以及生产用水效率、生活用水定额等水资源开发利用诸环节设立指导性或强制性标准，以推动实现水资源的可持续利用和高效利用。实施水资源标准制度的理论依据主要包括生态安全理论和可持续发展理论。

第二，制度实施与已有成效。我国的水资源标准制度涉及较广，但主要聚焦于水资源利用绩效。1985年发布的《生活饮用水卫生标准》在2007年进行了首次修正。建设部于2002年发布了《城市居民生活用水标准》，对城市居民用水定额等进行了规定。2010年，国务院批复的《全国水资源综合规划（2010—2030）》提出，水资源管理目标是到2030年全国用水效率达到或接近世界先进水平，万元工业增加值用水量降低到40立方米以下，农田灌溉水有效利用系数提高到0.6以上。国务院于2012年发布了《关于实行最严格水资源管理制度的意见》，明确提出水资源开发利用控制、用水效率控制和水功能区限制纳污“三条红线”的主要目标。该《意见》还进一步基于水资源开发利用、节约和保护等主要指标构建起一个地方经济社会发展综合评价体系并对县级以上人民政府主要负责人进行责任考核。

第三，制度缺陷与后续完善。我国水资源标准制度主要存在三点缺陷：一是水资源标准滞后。我国的水资源标准制定缓慢、修订不及时，水资源标准的滞后会导致企业节水动力不足，不利于节水技术创新。二是水资源标准缺乏强制力。我国的水资源标准大多属于引导性的，在未达标的情况下缺乏强有力的惩处机制，因而难以保证标准得到充分贯彻。三是水资源监测评价体系不完善。由于缺乏科学、公正的第三方监测评价主体，我国的水资源标准在实际运用中存在蒙混过关、流于形式现象，这些都亟须改进。

鉴于上述问题，我国的水资源标准制度应在科学论证基础上加快更新速度，在适应社会经济发展需要的同时，注重保持前瞻性和引领性。并且要进一步强化水资源标准制度的约束力，做到令出必行。加快培育第三方监测评价市场，不断提升水资源监测评价工作的公信度和公正性。

（二）水环境标准制度

第一，制度内涵与理论依据。水环境标准制度是指基于最小化人类活动对水环境产生的不利影响原则，通过对污水处理、污水排放、河流湖泊水质等设立指导性或者强制性标准，以实现水污染防治与水环境保护的标准体系制度安排。水环境标准制度的理论依据主要是信息不对称理论和环境容量理论。因为水污染排放标准的制定者不完全了解污染源信息，所以常以安全性为原则限制单个排污口限值使污染排放总量可控，如果环境保护标准制度本身是充分有效的，便要求污染控制总成本最低，这意味着每个污染源减排边际成本相等，所以需要对每个污染源制定不同的标准，但现实中掌握每一个企业的污染控制技术及相关成本的详细信息是不可行的，所以一般是分行业制定排放标准，同时环境保护标准制度与其他污染控制制度相结合。禁令用来禁止特定产品的生产和某种原材料投入，而设计标准适用于当对污染物排放检测困难或者不可行时，要求采用特定技术或者生产过程，优点在于检测成本低，减少危害不确定性。当然环境标准制度本身也并非没有缺陷，因为当管理部门发现新技术时便会提高标准，进而提高污染源成本，所以污染源有激励向当局隐瞒技术变化。一般来讲，并非环境保护标准越高自然资源与生态环境保护效果越好，法国在20世纪60年代尝试用严苛的法律实现零排放，结果法律难以执行而作罢。环境标准的确立应该是以环境基准为基础，相关研究也较为丰富，如毕岑岑等将中国的环境基准和环境标准现状与发达国家经验对比，提出了环境基准向环境标准转化的机制框架。①

欧美等发达国家在工业化进程中经历严重污染危机时开始出现环境标准制度的原型，一般都会出现国家级标准和鼓励更严格的地方性标准出台。欧洲在有关水环境标准制订中，将有毒性、持久性和生物积蓄性的存量污染物列为国家级环境标准所严格控制的物质，而危害性较小的物质主要由地方环保标准制订。美国国家层面的环保标准主要由美国国家环境保护局制定，在全国有效且相当于联邦法规。日本主要采用更灵活的行政指令模式，并鼓励地方出台更严格的标准。伯奎斯特（Bergquist）和凯尔纳瑞（Kinnery）等对瑞典采用的污染控制工具进行回顾，发现环境绩效标准对于深度污染减排和新技术采用的效果非常明显，这可能是因为瑞士的环境保护标准是散见于各类许可证中，当项目会对环境产生影响时，需要当局颁布许可证，而是否颁布依赖于当局对于项目本身危害性和成本收益判断。②

第二，制度实施与已有成效。中国第一个涉水环境保护标准是1973年出台的《工业三废排放试行标准》，1979年《环境保护法（试行）》提出

① 毕岑岑、王铁宇、吕永龙：《环境基准向环境标准转化的机制》，第十五届中国科协年会，2013年。

② Ann-Kristin Bergquist, Kristina Söderholm, Hanna Kinneryd, et al., "Command-and-control Revisited: Environmental Compliance and Technological Change in Swedish Industry 1970-1990", *Ecological Economics*, No. 1, 2013.

的环境影响评价制度、“三同时”制度一直沿用至今。水利部于1994年发布了《地表水资源质量标准》，对江、河、湖泊、水库等内陆天然地表水质量设定了标准，将地表水资源质量标准分为5级。从2000年开始发布的《国家重点行业清洁生产技术导向目录（第一批）》(国经贸资源〔2000〕137号）是具有引导性的制度，截至2015年执行的是2006年出台的第三批。我国当前的环境保护标准数量繁多，按制订部门的不同可分为国家环境标准（GB）、环保护行业标准（HJ）和地方标准，《环境保护法》规定，地方环境保护标准必须高于国家标准；按功能不同可分为水环境质量标准、水污染物排放标准、相关监测规范和方法标准及其他标准等。

作为最早施行的环境保护制度，环境保护标准制度为中国经济快速发展过程中的污染防治、自然资源和生态环境保护起到了重要作用。总体上看，环境标准制度在部分领域达到了预期效果，浓度标准制度在排放总量较小时取得了效果。

第三，制度缺陷与后续完善。中国的水环境标准制度也存在许多需要改进的地方，限制了其作用的发挥。一是环境保护标准滞后。中国的环境保护标准制订缓慢、修订不及时，导致与国际脱节现象经常出现。这有可能形成贸易壁垒的原因。张晏等认为我国当前环境标准存在着环境标准滞后、内容不全面、缺乏面源污染的总量控制标准、缺少针对公众健康的指标等。[①] 环境保护标准的滞后会导致企业将污染控制局限在特定技术上，而非减排的目标，还会带来减排技术停滞不前的副作用。二是环境保护标准缺乏法律效力。因为环境保护标准属于行政规范性文件，需要法律规范的援引而发挥法律效力。三是环境保护标准体系不健全。我国的水环境保护标准主要为防治污染而制定，主要体现的是末端治理的思想，对水资源的保护力度不够，除此外还存在环境保护标准内部不协调现象、前期基础研究不到位和制定过程中缺乏民众参与等问题，这些都亟须改进。

基于上述问题，我国水环境标准制度的改革趋向是加快更新，适当保

① 张晏、汪劲：《我国环境标准制度存在的问题及对策》，《中国环境科学》2012年第1期。

持前瞻性，尽快由行政规范性文件上升至具有充分法律效力的立法性文件。并且，从主要关注末端治理转向同时兼顾源头预防、过程控制和末端治理，协调好各类环保标准，构建起保护优先、治理并重的环境标准制度体系。

三、责任追究制度

（一）水污染损害赔偿制度

第一，制度内涵与理论依据。水污染损害赔偿制度是指当行为主体对水环境造成污染而对他方主体的权益形成了侵害时，强制要求侵害者对被侵害者遭受的损失进行赔偿的制度安排。水污染损害赔偿制度的理论主要是外部性内部化理论和环境侵权理论。一是外部性内部化理论。水污染具有外部性，并且尽管水污染导致的社会成本很高，但每一个社会公众所遭受的损失却通常较低，往往远低于实施污染者所得到的收益。当损害发生时，双边或者多边谈判的成本可能高到难以达成，因此必须有制度确保污染侵权发生的情况下，侵权者不能从负外部性行为中得到收益，必须充分弥补受害者所受到的损失。从经济学的角度解释，这是一种将外部性内部化的规则，体现“谁污染，谁付费；谁受损，赔偿谁”。二是环境侵权理论。发达国家对于环境损害赔偿都有明确法律规定，如在美国《综合环境反映、赔偿和责任法》规定废水的泄漏和排放行为责任方需作出赔偿、德国《环境责任法》对受害人的保护等。水污染造成的损害会表现出多种形式，包括而不限于对人类健康造成的影响、户外活动娱乐的损失及对动物、植物和物品的损害。评估损失的数值经常是非常困难的工作，因为首先要估计出水污染物排放与受影响对象受到损害的关系，而基于伦理上的原因探索水体污染物对人类健康影响的因果关系实验是不可行的，所以经常使用受控的动物实验或者是统计分析的方法。即使已经估计出了两者之间关系，对损失的货币量化也是复杂的。对于环境价值的评估主要包括两类：揭示偏好方法，如市场价格、模拟市场、旅行成本、特征资产价值和特征工资价值等；陈述偏好方法，如条件价值评估、基于特征的模型、联合分析、选择实验和条件排序等。[①] 在因果关系判定的研究上，唐小晴等提出的判定程序和判定原则相结合的环境损害赔偿因果关系判定体系非常具有代表性。[②] 在环境责任保险方面，国外对于环境责任保险存在环境强制责任险原则、任意责任险为主强制责任险为辅等不同做法，一般认为环境污染责任保险对于无过失责任损害赔偿较为适用，环境损害惩罚性赔偿适用于故意侵权行为。

第二，制度实施与已有成效。我国《宪法》第九条、《民法通则》第一百二十三条、《环境保护法》第四十一条、《民事诉讼法》等都对环境损害赔偿作出了规定。1997 年《刑法》修订后，增设了“破坏环境资源保护罪”，是具有里程碑意义的进步。1999 年出台的《环境保护行政处罚办法》(2003 年、2010 年有修改）是第一部将水污染损害赔偿制度具体定义和量化的法律法规，让环境污染损害赔偿具有可操作性。2008 年修订的《水污染防治法》明确地方人民政府及其负责人要对水环境承担责任，同时也加大了对环境违法行为惩罚力度。最高人民法院的司法解释《关于民事诉讼证据的若干规定》第四条规定因环境污染引起的损害赔偿，加害人负举证责任。早在 20 世纪 90 年代，一些地方政府曾推出环境污染责任险。原国家环境保护总局和中国保险监督管理委员会于 2007 年联合印发的《关于环境污染责任保险工作的指导意见》(环发〔2007〕189 号)，启动了环境污染责任保险政策试点。各地环保部门和保险监管部门联合推动地方人大和人民政府，制定发布了一系列推进环境污染责任保险的法规、规章和规范性文件，引导保险公司开发相关保险产品，鼓励和督促高环境风险企业投保。为进一步建立环境风险管理长效机制，环保部和中国保险监督管理委员会于 2013 年联合发布了《关于开展环境污染强制责任保险试点工作的指导意见》，将试点范围确定为涉重金属企业等高环境风险企业，

---

① Mitchell R. C., Carson R. T., *Using Surveys to Value Public Goods: The Contingent Valuation Method*, Resources for the Future, 1989.

② 唐小晴、张天柱：《环境损害赔偿之关键前提：因果关系判定》，《中国人口·资源与环境》2012 年第 8 期。

并对建立环境风险评估、防范和污染事故理赔机制提出了明确要求。2011年，环保部和司法部选取江苏等7省市开展了环境污染损害鉴定评估试点，2014年参与试点的7省市均获得了第一批环境污染损害评估机构与评估人员合法资质和司法鉴定资质。在环境损害鉴定评估方面，《环境损害鉴定评估推荐方法（第Ⅱ版）》（环办〔2014〕90号）不仅对生态损害确认、污染环境行为与生态环境损害间因果关系判定、生态环境损害数额量化等方面进行了明确，还对人身和财产损害的确认、因果关系判定和损害数额计算也给出了鉴定评估的原则和方法。

总体上看，我国水污染损害赔偿制度只是着眼于高环境风险领域，对于重污染行业管控环境风险起到了引导性作用，在保护生态环境及人生财产安全、减少水环境污染行为等方面发挥了一定效力。

第三，制度缺陷与后续完善。水污染损害赔偿制度存在的不足主要体现在举证难、索赔难、额度低、公益索赔存在困境以及相关法律法规不健全等方面。一是法律制度不完善，导致损害赔偿雷声大雨点小。王彬等对国内外污染损害赔偿问题进行了对比研究，发现国内环境污染损害赔偿额度偏低、污染损失确定困难、生态环境损害少索赔等问题突出，认为通过“罚”提高环境违法成本效果非常有限，需要靠损害赔偿。① 二是损害评价有困难，导致损害赔偿标准难以确定。我国环境污染损害鉴定评估的法规尚属空白，环保部的推荐方法并不具有法律法规效力，也没有包含在《全国人大常务委员会关于司法鉴定管理问题的决定》中，后者是司法鉴定管理制度的基础。虽然最高人民法院的司法解释规定了环境污染的因果关系推定、举证责任倒置等制度，但是对于水污染损害赔偿并未出现像《固体废物污染环境防治法》这种在法律法规中有明确规定，也一定程度上限制了效力，而且没有免除受害人的全部举证责任。对环境公益诉讼总体上缺乏明确清晰的规定。三是救济制度未建立，企业发展与环境损害赔偿无法兼顾。我国环境污染损害赔偿主要依靠法院诉讼，缺乏其他有效的救济渠

① 王彬、原庆丹：《国外巨额污染损害赔偿对我国环境法制的启示》，《环境与可持续发展》2011年第4期。

道，但是环境损害赔偿本身的复杂性和特殊性，周期长、效率低、成本高。正如武晓燕等认为，从法律途径难以解决环境损害赔偿主要原因是环境法律法规滞后、举证困难、地方政府和法院立案意愿不足、诉讼成本高等。[①] 虽然《民法》(2013) 修订案中赋予了公民环境公益诉讼的权力，实际上难以践行。并且，企业的环境责任保险制度等尚未建立起来，导致企业发展过程中的环境风险得不到有效化解。

基于上述缺陷，我国的水污染损害赔偿制度应根据水环境污染事件多发但起诉难的状况，加快明确环境案件诉讼主体，政府和集体作为水资源所有者，对于环境服务这种公共产品应当发挥所有者权力。同时，环境损害赔偿相关法律之间还存在不够协调甚至相互矛盾的问题，对污染损害赔偿责任的构成要件、责任范围、赔偿的具体范围和标准等问题并没有明确的规定，所以依据“谁破坏，谁赔偿”原则健全鉴定评估技术体系、完备法律体系显得尤为重要。

（二）水污染问责制度

第一，制度内涵与理论依据。水环境污染问责制度是指具有水环境行政裁量权的政府单位或公务人员履行水资源与环境保护监管责任过程中，因故意或过失、不履行或者不当履行相关职责而导致水环境污染事件发生或水环境质量下降时，对直接责任人以及政府部门相关负责人实施相应惩罚的制度安排。水污染问责制度的理论依据主要有三个方面：一是政府失灵理论。除了市场失灵外，政府失灵也是资源配置低效率的一个重要来源，两者共同的特点就是存在不恰当的激励，政府失灵包括而不限于寻租行为、政府在信息不完备情况下制定的政策、其他政策的副作用等。寻租行为增加了特殊利益集团的净效益，代价是降低社会整体的净效益。二是公共物品理论。环境服务是一种公共物品，政府通常缺乏足够激励来严格履行环境保护责任，但是民众却由于私人收益与私人成本不对等，信息不对称、个体组织松散等原因难以保护自己的利益，而这正是问责制度发挥

① 武晓燕、林海鹏、路文芳等：《中国环境污染致健康损害赔偿情况研究》，《环境科学与管理》2014 年第 9 期。

作用的空间。三是权力责任理论。2005 年世界银行组织发布的《政府治理指标：1996—2004》将话语权和问责制作为衡量政府治理的六个指标要素之一。从信息经济学的角度，应该由掌握信息最充分的部门或个人充当决策者，同时这种对水环境行政裁量权的自由也需要受到足够的监督。良好运转的水环境污染问责制度需要在问责主体、对象、范围、程序和形式等都作出明确规定，形成行政机关问责、立法机关问责、司法机关问责与社会公众问责并行的格局。蔡守秋从八个方面阐述了政府环境责任缺失问题，以及健全政府环境责任的原则。①

第二，制度实施与已有成效。1989 年第三次全国环境保护工作会议将环境保护目标责任制列为八项基本环境制度之一，1996 年的《国务院关于环境保护若干问题的决定》最早提出了地区污染行政领导负责制，后续发展为更为成熟的城市环境综合整治定量考核制度。针对普通公职人员在环境污染问题工作中存在的问题，水污染问责制散见于《中华人民共和国环境保护法》(以下简称《环境保护法》)《水污染防治法》第六十九条等法律,《排污费征收使用管理条例》第二十四条和第二十五条、《国家突发环境事件应急预案》、第一部流域性行政法规《太湖流域管理条例》中。2006 年《中华人民共和国公务员法》将引咎辞职与责令辞职引入公务员管理制度，使责任追究制度上升为国家层面的法律制度，在此背景下 2006 年出台了第一部环境污染问责部门规章——《环境保护违法违纪行为处分暂行规定》，提出加大对公职人员不作为、乱作为的惩罚力度。2009 年《重点流域水污染防治专项规划实施情况考核暂行办法》(国办发〔2009〕38 号) 作为一种流域性问题的政策文件，具有深远的影响，因为考核不通过或者负面的地区，将面临的是项目停批，同时考核结果作为政府领导班子和领导干部综合考核评价的重要依据。2015 年开始生效的《环境保护法》(修订版) 强调了政府环境责任，如县级以上政府需要每年向人民大表大会或者常务委员会报告环境现状及目标完成情况。

---

① 蔡守秋:《论政府环境责任的缺陷与健全》,《河北法学》2008 年第 3 期。

经过近十年发展，我国已经初步构建起污染问责制度框架，污染问责制度已经逐步从主观问责向制度问责转变，由过错问责向常态问责转变，起到一定的监督预防作用，强化了公务员责任感，为问责政府的建立创造了基础。各地方创新的水污染问责制度也被证明可行，如江苏省无锡为处理蓝藻事件时首创的“河长制”在太湖苕溪流域等地成功施行，取得了很好的防控效果。

第三，制度缺陷与后续完善。污染问责制度主要存在两方面的不足，一是问责主体权力难以体现。人大、政协、司法机构和民众对政府的问责难以成行，政府部门对上级部门的问责更是如此。《环境保护法》修订版中虽然加强了环境问责力度，但是民众参与不足问题仍然存在，因为涉及的条款过于原则性不具有可操作性，同时环境信息公开问题并没有得到实质性改进，这都进一步削弱了问责制度实施的效果。二是问责规则不清晰。存在责任主体之间职责划分不清、问责客体不明确、问责范围不清晰、问责程序不健全及尚未建立问责救济机制等问题。所以污染问责制度化、职责划分清晰化、问责理念的全面化是水污染问责制度发挥应有作用的关键，政府和相关部门应该从健全污染问责法律体系、完善污染问责监督机制、营造污染问责文化环境等方面进行改进。

水污染问责制度下一个阶段的改革方向应重点着眼于强化问责主体权力，让问责主体可用权、敢用权。加快疏通问责渠道，明确问责规则，让水污染问责制度真正实现严格化、常态化。

第三节　健全水资源有偿使用和生态补偿的激励性制度

在产权清晰、竞争充分、信息完全的情况下，可通过以市场机制为基础的激励性制度来实现水资源的最优配置和生态环境的有效保护。激励性制度主要可分为基于庇古理论的财政税收制度和基于科斯理论的产权交易制度。

一、水资源与环境财政税收制度

（一）基于稀缺性的水资源有偿使用制度

第一，制度内涵与理论依据。水资源有偿使用制度指为了优化水资源配置、提高水资源利用效率，对水资源的各利用主体如治水企业、取水企业、用水企业、居民以及农业生产者按照使用量征收水资源费或水资源税，以体现水权所有者权益的制度安排。水资源的有偿使用要体现的是“谁所有，谁受益；谁使用，谁付费”原则。水资源有偿使用制度的理论依据主要有：一是水资源的稀缺性。稀缺资源不可以无偿使用，否则会加剧资源短缺。而水资源正是一种稀缺性资源，不加控制地滥用会导致其耗竭，因此必须对水资源使用施加约束，通过有偿使用可以有效抑制浪费，提高利用效率。二是水资源的可计量性。水资源数量可以简便量化，产权容易界定，从而易于实施有效使用制度。上述两条理论依据中，第一条体现必要性，第二条体现可行性。

广义的水资源有偿使用指用户面对的最终供水价格，一般可以分为三块：水资源价格、水工程价格和水环境价格。水资源价格是所有者权益的体现，是狭义的水资源有偿使用价格，理论渊源可追溯到李嘉图的地租理论、马克思的级差地租论和萨缪尔森的地租论等，由于水资源的特殊属性，价格难以用市场的方法衡量，常采用计划定价或者支付意愿法等方法来衡量水资源价格。工程单价是指每单位水资源从水资源所在地到达水资源使用地的所有成本以及合理利润，因为这一供水网络具有自然垄断和公共品的性质，所以一般体现为政府直接提供或者授权提供，价格主要包括正常供水过程中发生的固定资产折旧、水利工程维修和运行费用等。水环境价格的形成主要是因为人类建设水利工程本身对当地生态系统有着长远而深刻的影响，加上过量取水、污染水体的存在，造成的部分负面结果甚至是不可逆的，经常表现为水体净化能力下降、河流干涸断流、水体富营养化和水生物种类数量减少及地下水水位下降等方面，水环境费的收取是恢复生态功能和进行补偿的需要，这种环境成本是典型的公共品成本最终应该由用水者承担。

第二，制度实施与已有成效。我国对于水利工程水费的征收早在1965年便开始实施，当时主要目的是为大型水利工程建设筹措资金。1988年1月21日《水法》明确了水资源费和工程水费的征收，在此之前也有部分省已开始征收水资源费，同时也规定集体所有的池塘和修建水库中水归集体所有，《取水许可制度实施办法》（国务院令119号）为水资源费的收取奠定了基础。2002年，修订后的《水法》明确规定进行取水许可制度和有偿使用制度，征收水资源费。《国务院办公厅关于推进水价改革促进节约用水保护水资源的通知》（国办发〔2004〕36号）提出要扩大水资源费征收范围提高征收标准以反映水资源的稀缺性、提高水利工程水价使水利工程成本内部化等举措，《取水许可和水资源费征收管理条例》（国务院令第460号）则是对水资源费征收问题的进一步细化并让其更具可操作性。《关于水资源费征收标准有关问题的通知》（发改价格〔2013〕29号）对水资源费征收过程中过低现象进行了限制，确定了最低限价等。

水资源有偿使用制度强化了水资源的稀缺性观念，水资源费的征收对于节约利用水资源、体现所有者权益起到了一定的作用，提高了水资源的配置效率，缓解了水资源的短缺。水利工程水费让水利工程项目逐渐实现成本收益平衡。总体而言，水资源有偿使用制度对于实现水资源可持续利用发挥了重要作用。

第三，制度缺陷与后续完善。水资源有偿使用制度的不足主要体现在三个方面：一是水资源有偿使用尚未全面实施。我国水资源费征收并未全面实施，仍有部分领域属于无偿使用。二是水资源有偿使用标准偏低。水资源费过低不能充分反映水资源的稀缺性程度和生态保护的需要，市政及工业用水价格中，很多地方的水利工程的成本都未能完全体现，更没有体现激励节约的作用，水资源费标准过低且多年不变，水环境费在当前制度框架中没有体现或者少有体现，农业用水价格中对于水资源费和水环境费基本处于免收、政府补贴或者少收的状态。王舒曼等通过对中国中东部地区水资源核算，认为仅仅考虑GDP的模式高估了东部地区发展水平，没有考虑水资源价值。[1] 三是水费的构成结构不合理。我国水资源所有权归国家和集体所有，水资源费收益部分归各级地方政府，应该用在水源地保护和水资源的可持续利用，水环境费应该用于消除污染保护环境，但是我国的水资源费和环境费的使用并非真正完全用在水资源与环境保护中。同时，在流域管理制度没有充分发挥应有作用情况下，水资源跨行政区域性质使有偿使用制度效果受到影响。过往对水资源有偿使用的研究中并没有注意水质，随着居民生活水平提高对水质提出了更高的要求，同时也具备对应的支付能力，可以考虑在有偿使用费中增加水环境费的形式向上游进行补偿。并且，水资源有偿使用制度形成过程中的公众参与弱问题也较为明显，比如构成水价的几部分最终流向与使用效率信息公开不够、缺乏监管等。

鉴于上述问题，我国水资源有偿使用制度的改革方向应是加快推动全面实施，消除水资源无偿使用现象。积极组织科学论证和测算，不断优化水资源有偿使用标准和水费构成项目。

（二）基于庇古税的环境税费制度

第一，制度内涵与理论依据。环境税费使用制度是指通过税收手段将对环境造成的破坏作为成本完全内化到生产成本中，用以减少污染行为、提高环境资源效率的制度安排。环境税费制度可以分为污染权（排污权）有偿使用和排污费。污染权有偿使用费反映的是占用环境资源的价值，体现的是“谁使用，谁付费”的原则基于占用量进行征收，购买者按照排污权量缴纳有偿使用费，是对排污行为的一种前置约束。排污费是排污单位对排放污染造成环境损害的补偿，体现的是“谁损害，谁赔偿”原则，根据排污单位的实际排放量进行征收，是对排污行为的末端约束。环境税费制度的理论依据主要是庇古税理论。由于环境污染存在显著的负外部性，需要用制度增加污染者成本将外部性内部化。根据污染造成的危害进行征税，可以消除污染排放者的私人成本和社会成本之间的差距，实现控制污

① 王舒曼、曲福田:《水资源核算及对 GDP 的修正》,《南京农业大学学报》2001 年第 2 期。

染行为的目的。尼斯（Kneese）是最早将庇古税应用于现实研究的。[①] 德国的第一个水资源合作组织通过修建污水管道网络和处理厂，并从成员分摊成本，这种方式接近于排污费。荷兰于 1970 年开征地表水污染税、德国 1994 年对直接排入水域的废水征收水污染税以及法国、芬兰等地都建立起水污染税费制度，其中又以水污染税和服务费为主要形式，水污染税作为一种税制具有强制性特征主要考虑的是对环境服务的占有，而服务费主要针对排放后的处理进行收费。欧洲控制水污染的手段以经济激励手段为主，主要为征收水污染税或排污费，利用征收排污费实现预期的水质标准或者通过鼓励企业减排实现比环境保护标准更高的污染控制水平。政府对每单位排入水体的污染物收费，污染者向政府支付的总费用是废水排放数量、水体污染物种类及浓度的函数，用来防治污染、修复生态环境，也有研究认为水环境税在防治农村面源污染问题方面效果显著。水污染税费制度的效率依赖于管理部分是否充分掌握排污者的污染控制成本，在环境容量允许的情况下污染控制总成本最低意味着对不同的减排成本制订不同的费率，由于水污染物对环境影响的复杂性和污染者成本信息的不对称性，管理部门需要通过不断地试错找到合理费率。瑞奎特（Requate）在已有文献梳理的基础上对比了六组政策工具的效果，在允许竞争的情况下，市场型工具比完全的命令控制政策效果好，而且由于政府一般都更在乎短期利益，排污税经常表现得比排污权交易更好。[②]

第二，制度实施与已有成效。我国的环境税费制度大致经历了三个阶段。第一阶段是从不收费到浓度收费；第二阶段是从浓度收费到总量收费；第三阶段是从总量收费到环境税收。1979 年全国人大常委会通过的《环境保护法（试行）》标志着排污收费制度的建立，各地区逐渐开始排污费征收试点，污染费征收正式开始于 1982 年的《征收排污费暂行办法》，

---

① Kneese A. V., Resources for the Future (Washington), *The Economics of Regional Water Quality Management*, Baltimore: Johns Hopkins Press, 1964.

② Requate T., "Dynamic Incentives by Environmental Policy Instruments: A Survey", *Ecological Economics*, No. 2, 2005.

《排污费征收使用管理条例》(国务院令 369 号) 进一步规范了排污费的征收、使用、管理，逐渐形成较为完善的排污收费制度。2007 年湖北首先展开环境税方面的探索，环保部门负责对排污者排放的污染物种类、数量和排污费数额进行确定，由各级税务机关负责征收排污费，这是一种由排污费向环境税方向转变的先行试点。鉴于排污费过低不能弥补污染防治成本、体现环境服务价值和反映环境保护的需要，国家发展改革委出台了《关于调整排污费征收标准等有关问题的通知》(发改价格〔2014〕2008 号)，要求各地方逐步提高排污费率，并给出最低限值。排污权交易的出现让水污染权有偿使用制度的出台逐渐成熟，国务院办公厅于 2014 年 8 月 25 日发布了《关于进一步推进排污权有偿使用和交易试点工作的指导意见》(国办发〔2014〕38 号)，提出进一步推进排污权有偿使用和交易试点，到 2017 年试点地区的排污权有偿使用和交易制度要基本建立。

第三，制度缺陷与后续完善。中国的环境税费制度主要体现在运行多年的排污收费制，以及部分地区实施的排污权有偿使用制度，污染权的有偿使用制度还不健全，排污收费制度在筹集经费治理水污染和保护自然资源与生态环境方面发挥了重要作用，但是也存在许多困境。一是环境税费征收标准低。大多数污水处理厂需要政府补贴才能生存，现行的排污费标准不足以弥补污水处理费用，更不用说用来保护与改善环境。二是环境税费制度法律效力不足。排污收费标准是由行政法规和部门规章确定，导致排污费法律约束力低，同时强制措施不健全，强制收费也并非环保部门擅长。三是环境税费使用不透明。排污费的征收一方面是为了约束排污行为、消除污染，同时也是为了凑集资金保护环境，由环境主管部门征收的排污费主要归地方财政支配，资金使用不透明，缺乏公众监督。虽然根据环境信息公开相关规定，排污超标企业和重点污染企业排污量和排污收费情况应予以公示，但是实际上各级环保部门均以企业排污信息保密为由拒绝公开相应数据。

基于上述问题，我国环境税费制度的改革方向应是逐步由环境费改为环境税，提升环境税费制度的法律效力。明确排污费（税）与排污权的适用范围，在有条件的领域和区域加快推进排污权交易制度的建立，对于重点污染行业和生态敏感区域则要实行严格控制排放总量基础上的排污费（税）制度。

（三）基于庇古税的生态补偿制度

第一，制度内涵与理论依据。生态补偿制度是指出于可持续发展和公平性的考虑，对因为保护水资源和生态环境但是没有得到收益或者没有足够收益的群体，给予适当的经济补偿，从而使生态保护行为成本内部化。水生态补偿制度的理论基础是将环境保护的正外部性内部化，是建立在外部性理论、公共物品理论、生态资本理论和环境规制理论等基础上。环境保护行为正外部性的存在导致市场失灵，主动或者被动的水环境保护行为未能得到合理报酬，因为环境的公共物品性质所致。水生态补偿制度的收益主要体现在有利于利益主体权利范围的界定、提高资源配置效率，降低市场交易费用等方面。国外流域生态补偿理论和实践主要围绕生态环境付费的方向，对于水资源与环境生态补偿模式根据补偿主体的不同可以分为政府主导和市场主导两种补偿模式，适用于不同的情况，政府主导生态补偿指受补偿地区的补偿主要通过各级政府转移支付、投资、奖励和补贴等，由政府确定补偿范围、额度和标准，市场主导生态补偿又称生态环境付费，指市场主体通过向保护生态环境群体购买环境服务的形式鼓励生态保护行为，政府制度和行为作为补充。市场化模式相较于政府主导模式而言，其天然具有制度运行成本低、资金来源广和效率高等特点，又可以分为一对一支付和通过市场补偿等；从理论上看，市场机制和价格杠杆有助于更高效地实现生态服务和提高补偿资金利用效率，但市场化模式存在和发挥作用的前提条件更严苛，它往往以清晰的产权结构、补偿方与受偿方的广泛参与为基础。政府主导模式主要适用于全国性大型流域且面临运行成本过高、经济效益低下、灵活性差、执行情况参差不齐以及缺乏有效监督等问题，如法利（Farley）和科斯坦萨认为将生态补偿商业化是不可取的。[①]

---

① Farley J., Costanza R., "Payments for Ecosystem Services: From Local to Global", *Ecological Economics*, No. 11, 2010.

第二，制度实施与已有成效。我国的生态补偿制度经历了自下而上的探索过程，最初阶段是地市县层面的探索（杭州市、德清县等），然后出现省级层面的探索（浙江省、北京市等），第三个阶段是跨省性的全国层面的探索（新安江流域等）。我国主要采用政府主导的水生态补偿模式，主要依靠政府间的财政转移支付、政策倾斜（政策补偿）、项目化实施及环境税等手段，其中以纵向财政转移支付为主，从地方政府向下级政府补偿资金的来源看，又分为浙江的奖励制、江苏的上游补偿下游、河南的惩罚制和贵州的对赌制等。我国对生态补偿的实践始于20世纪80年代，主要包括由中央相关部委推动的以国家政策实施的补偿和地方自主探索的地方性生态补偿政策。1990年国务院发布《国务院关于进一步加强环境保护工作的决定》首次确立了生态补偿制度，随后在理论和实践方面开始展开。全国"十一五"与"十二五"规划纲要、国务院工作要点、国家环境保护"十一五"与"十二五"规划等都明确提出建立和完善生态补偿制度，相关部委主要包括环境保护部、财政部、发展改革委、水利部等部门，《关于确定首批开展生态环境补偿试点地区的通知》（环办函〔2008〕）确立了甘肃省甘南黄河重要水源补给重要生态功能区、浙江省内水源地保护区生态补偿等地区为首批试点地区探索生态补偿机制，具有里程碑意义。地区层面的水生态补偿也创造出一些值得推广的模式，如浙江德清县的生态补偿基金制、浙江省金华市异地开发模式和新安江流域的跨区域协议模式等。

由于国家的提倡和重视，我国的流域生态补偿理论研究和实践推广进行得较快，对保护自然资源与生态环境、调动上游政府和居民积极性起到了一定作用。但由于中国的基本国情是自然资源产权国家和集体所有制，使得相关资源在市场化交易过程中出现了利益方众多、产权界定模糊等情况，造成了中国实施流域生态补偿市场化模式的难度大、交易成本高，市场机制优势不明显。同时在以市场化开展流域生态补偿的试点实践中，由于市场中的利益方首先考虑的是自身利益得失，使得市场中的短期行为屡见不鲜。

第三，制度缺陷与后续完善。各地区生态补偿试点反映出来的问题主要表现为三个方面：一是补偿模式单一。已有的补偿实践主要以中央和上级政府的纵向财政转移支付为主，面对居民不断提高的环境服务需求不断提高资金投入压力就难以为继，特别是跨行政区域补偿，可以学习德国成熟的横向转移支付模式。旺德（Wunder）认为良好运转的生态补偿应该完全整合到市场中，市场机制是实现生态环境成本内部化最好的工具，虽然在中国市场化模式更适用于流域面积较小、流域区域经济较为发达、市场基础较好、相关主体清晰的小流域生态补偿，但这也应该是政府主导模式下的补充以减轻财政压力、发挥市场功能。[①] 二是补偿标准难以确定。对受偿地区的补偿主要以上级政府根据财务状况决定，但是要是生态补偿制度有效性，生态补偿金额的计算应该主要考虑受益区的福利提升和受偿区的机会成本，基于受益区的居民支付意愿和受偿区的居民受偿意愿的研究数据可以作为一种重要的参考，基于基本公共服务流域均等化的思路或可以作为一种参考。三是补偿制度体系不完善。关于流域的生态补偿大多以项目、工程、试点等政策性行为为主，而生态保护行为是一种长期性行为，需要建立完善的制度来规范化，给保护生态行为以合理的预期。现实中以工程和项目进行的生态补偿由于资金使用缺乏审计、信息不公开导致资金利用效率不高、民众参与意愿低，同时由政府间进行的补偿主要对象为政府部门而居民受益少，这不仅需要增加对受偿资金使用的审计更应该更多建立直接补偿居民模式，完善补偿制度体系建设以解决补偿标准补偿额度过低与过高并存、补偿金额的决定缺乏居民参与等问题。从国外的经验来看，下一阶段需要建立完善的流域水生态补偿效果检测与评估指标体系，防治受补偿方的道德风险。

基于上述缺陷，我国生态补偿制度的改革方向是：从主要局限于区域内部补偿扩展至区域之间补偿；从主要依靠政府补偿过渡到主要通过市场补偿；从自下而上的片段式的补偿制度探索加快推进到自上而下的系统性

---

① Wunder S.,"Payments for Environmental Services and the Poor: Concepts and Preliminary Evidence", *Environment and Development Economics*, No. 3, 2008.

的补偿制度构建。

二、水资源和水污染权交易制度

总量控制—交易制度是达成或者保持既定环境目标的众多制度工具中的一种，那些在既定配置下边际净收益低的拥有者会把他们的权利转让给净效益高的使用者，通过交换改善双方境况、促进效率，消费者追求消费者剩余最大化、生产者追求生产者剩余最大化，价格体系让理性的利己行为变为市场资源配置的有效，而不需要像命令控制型制度那样需要政府部门清楚参与者对水资源或者环境服务的评价。

（一）水权交易制度

第一，制度内涵与理论依据。水权交易制度是指政府依据一定规则把水权分配给使用者，并允许水权所有者之间进行自由交易的制度安排。水权交易从交易时间上可分为水银行（租赁）、临时交易、永久交易，从层级上可以分为初始水权分配、地区之间交易、用户之间交易。[①] 水权交易制度的理论依据主要是科斯定理，是科斯定理在水资源配置中的运用。在竞争性市场中，私人物品最后都会经过交换途径到达对其评价最高的人手中，由其使用或消费，最终达到帕累托的最优，市场不仅能反映动态价格与数量变化，同时是激励相容的，而且总量控制更容易实现。水资源作为一种稀缺性商品，市场通过价格机制调节其在部门间、地区间配置，不仅最终形成最有效的资源配置，还通过价格机制提高了政府决策效率、减小潜在的寻租可能。

在水权交易作用研究中，蒙哥马利（Montgomery）及沈满洪证明通过市场交易是一种以最小成本获取最大收益的理性选择。[②] 价格机制能均等化每一时期的边际减排成本，在确定性条件下，通过水市场交易和水资源

① 沈满洪著：《水权交易制度研究：中国的案例研究》，浙江大学出版社2006年版，第20页。

② Montgomery W. D., "Markets in Licenses and Efficient Pollution Control Programs", *Journal of Economic Theory*, No. 3, 1972. 沈满洪：《水权交易与政府创新——以东阳义乌水权交易案为例》，《管理世界》2005年第6期。

税费的收取都可以达到相同的结果，但是当损失或者损害存在不确定性时，通过交易权利是更优的，因为这一政策工具需要更少的信息。[①] 不需要知道边际收益曲线，这就是为什么研究中如此推崇可交易的权利，而且对一些流域的可选择政策工具对比研究也发现，通过市场交易手段效果和效率都会比税收和命令控制型政策好。[②]

第二，制度实施与已有成效。我国水权交易制度的形成过程主要经历了三个阶段：第一阶段是自发性水权交易，如浙江的东阳市与义乌市之间，以及甘肃的张掖地区黑河流域部分灌区等；第二阶段是水利部试点，汪恕诚担任部长期间以水权制度为核心推进节水型社会建设；第三阶段是全面推进阶段，党的十八大以后加快推进试点和改革。我国水资源归国家或集体所有，虽然法律意义上具有完全排他性，但因为实行有效监督和执行的成本过高，实际却是非排他性，所有权、经营权（归地方政府或集体所有）和使用权（居民等个体所有）相分离。现实中对于水资源的地区间交易早在2000年的东阳—义乌的永久使用权交易便已经存在。在这种倒逼机制下，国务院于2006年出台了《取水许可和水资源费征收管理条例》，对于用水单位技术进步和节约用水所形成的多余取水许可允许转让。各地方进行的取水许可转让试点逐渐全面铺开，2008年在内蒙古巴彦淖尔也出现了农业用水与矿业取水权的交易。从《关于开展水权试点工作的通知（征求意见稿）》可以得知，宁夏回族自治区等省区重点已经开展水资源使用权确权登记试点，内蒙古自治区等省区也开始探索跨行政区、跨流域、行业和用水户间等多种形式的水权交易模式，水权交易在中国多年的试点被证明是一种有效的配置水资源、保护生态环境政策工具。

第三，制度缺陷与后续完善。我国水权交易制度主要存在以下缺陷：一是水权划分不够清晰。个体间水权交易的前提是明晰的水权，界定清晰

---

① Cropper M. L., Oates W. E., "Environmental Economics: A Survey", *Journal of Economic Literature*, 1992.

② Fisher-Vanden K., Olmstead S., "Moving Pollution Trading from Air to Water: Potential, Problems, and Prognosis", *Journal of Economic Perspectives*, No. 1, 2013.

的产权能有效降低交易成本、提高水权市场运行效率。虽然在2011年《取水权转让管理暂行办法（征求意见稿）》中取水权已经成为法定清晰的水资源使用权，但现有的水权交易主要出现在政府之间或者政府主导的群体置换，这对节水主体难以形成激励，用户之间交易难以形成。产权不清导致出现制度怀疑，对市场机制是否有效产生疑问。二是水利部门自身利益有待打破。水权交易制度的建立意味着水资源的配置从主要由行政调控转变为主要依靠市场机制调控，由于部门利益的障碍，水利部门不愿意推进水权交易制度。三是法律制度建设滞后。虽然水权交易在我国长期存在、广泛试点，但是由于法律制度建设滞后，导致上位法的欠缺，仍然处于无法可依的状态。水权交易市场发挥作用，需要降低进入门槛、信息的公开透明以及活跃的交易，这需要当局从立法的角度保障可预期的结果，需要稳定的体制保障。

基于上述问题，我国水权交易制度应进一步明晰水资源产权，打破水利部门部门利益，加快水权交易法律制度建设和规则制定。另外一个需要考虑的是对水市场的管制与监测，必须能对过量使用严格控制，对于价格过度波动也并非完全放任不理，最低价格限制和最高价格限制（价格天花板制度）具有很好的效果。此外还应扩大水权交易制度覆盖面，因为《取水权转让管理暂行办法（征求意见稿）》对象不包含农村灌溉用水及集体所有的水塘、水库中的水的使用权。农业部门一直是我国用水量最大的部门，虽然从全国第一个节水型试点甘肃张掖市的水票制已经出现了众多农业用水参与交易的案例，但是仅限在严重缺水的特殊地区，不具有普遍性。

（二）水污染权交易制度

第一，制度内涵与理论依据。水污染权交易制度是指在严格限制排污总量的前提下，通过一定规则将初始污染权对既有污染源进行分配，然后基于某些标准在污染排放者之间进行交易以实现污染权最优配置和效率最大化的制度安排。管理机构负责控制排污许可证总量，在水污染权界定清晰、交易费用低和存在竞争性市场的情况下，可以实现总污染量可控下的减排成本最低，管理机构即使不了解污染控制成本，只要发放的排污许可证数量恰到好处，市场机制可以达到有效的配置。水污染权交易制度的理论依据主要建立在两个方面：一是基于科斯定理的戴尔斯的排污权理论（经济学方面的）；二是基于总量控制的排污许可理论（法学方面的）。排污许可证的发放分为根据历史情况免费发放、征收定额排污权费和拍卖等形式，为了保证制度的实施效果和环境安全，授予污染源的排污许可量一定是小于污染源实际排污量的，如果污染源的排放量超过持有的许可证数量，污染源将会受到严厉经济制裁，这将促使企业提高技术水平、以更有弹性的方式加快环境质量改善。

排污权交易的最初思想出现在克罗克（Crocker），并且由戴尔斯发扬光大。① 排污权交易制度实践于1974年在美国开始出现，后来总量控制—交易型政策开始频繁出现，应用较为成功的案例主要是在控制点源污染，非点源参与排污权交易的一个关键问题是难以实施监督和测量以及点源与非点源之间的交换率问题。② 费希尔（Fisher）和奥姆斯特德（Olmstead）对水污染排放权交易市场的活跃度和效果进行了对比研究，提出了市场发挥效果的六个原则：考虑到污染的边际损失，所以地区间排污权贸易应该有个比率；测量监控和执行必须能对于所有参与交易的单位都没有问题；考虑到减排成本的差异；必须有显著的交易量；尽量提高交易的灵活性等。③

第二，制度实施与已有成效。我国排污权交易制度的建立主要经历了三个阶段。第一阶段是嘉兴市秀洲区率先开始试点。我国对排污权交易的试点可以追溯到20世纪80年代，上海市闵行区最早开展了40多起的排污

---

① Crocker T. D., "The Structuring of Atmospheric Pollution Control Systems", *The Economics of Air Pollution*, 1966. Dales J. H., "Land, Water, and Ownership", *The Canadian Journal of Economics/Revue Canadienne d'Economique*, No. 1, 1968.

② Tietenberg T. H., *Emissions Trading, an Exercise in Reforming Pollution Policy*, Resources for the Future, 1985.

③ Fisher-Vanden K., Olmstead S., "Moving Pollution Trading from Air to Water: Potential, Problems, and Prognosis", *The Journal of Economic Perspectives*, 2013.

权交易，2001年嘉兴市出台的《水污染物排放总量控制和排污权交易暂行办法》是第一部关于水污染权交易的规则，2007年财政部、环保部、发展改革委先后批复了11个地方开展试点，当年第一个排污权交易中心落户在浙江嘉兴。第二阶段是浙江省等省份在省级层面开展试点。在“十一五”期间，我国水污染排污指标原则上是地方政府在总量控制的基础上根据实际情况分配，已有的试点分配有根据历史数据免费分配和有偿使用两种方式并存，排污权交易也主要在试点省份或流域内进行，同时规定环境质量未达到要求的地区不得进行增加本地区污染物总量的排污权交易。虽然企业可以通过交易机制在市场上购买到排放权，但实际排放量受到国家和地方其他环境保护法定义务的制约，如环评审批、排放标准等其他政策的约束。地方的试点在国家有关规定的基础上根据实际情况做了细化，对各行各业指标的分配、同行业地区间分配，逐渐形成不少较为规范、完整的方法体系。第三阶段是在全国推进。2014年《国务院办公厅关于进一步推进排污权有偿使用和交易试点工作的指导意见》（国办发〔2014〕38号）提出考虑到经济发展阶段性、区域差异性、现实使用情况等，由各地根据当地环境质量改善要求以及企业承受能力等，逐步实行排污权有偿取得，也没有设定明确的时间期限，对新改扩建项目，原则上都要以有偿方式取得，体现了更严格的管理要求。

排污权交易成功地降低了污染控制成本，通过多年的水污染权交易试点，试点地区污染减排、污染监控和执行能力、环境管理能力等都有较大提升。通过与排污权有偿使用相结合，排污权交易市场的存在还起到了拓宽企业融资渠道的作用，如浙江、湖南等地开展了排污权抵押贷款、排污权租赁等新型管理方式。总体来说，水污染权市场的应用成功地用更低的成本降低了污染水平，困境在于非点源污染难以追踪和控制，特别是农业部门产生的污染。同时水污染权交易制度应该与水污染税制度共存，因为双方不能代替彼此，水环境污染问题并不是一个完全的市场问题，但是却需要市场手段提高效率。

第三，制度缺陷与后续完善。排污权有偿使用和排污权交易，是排污权管理的相互依存的两部分。我国的排污权分配制度尚不成熟，分配的过程也面临逆向选择问题。一是排污权交易制度存在认识误区。仍有不少民众、官员甚至法学工作者将排污权制度理解为放纵排污，尚未正确认识排污权制度，这在一定程度上会给排污权交易制度的推行带来不必要的阻力。二是环境保护的制度选择问题。为了控制污染物排放量，排污权交易制度和环境税制度都是可选择的政策工具，因此在实践中就会面临政策工具选择问题：到底排污权制度还是环境税制度？三是排污权制度存在体制障碍。实施排污权制度，那就意味着原先由政府拥有的行政调控权力就要被市场机制所取代，从而部门利益会被削弱。在这种体制障碍尚未被打破之前，会出现政府不愿意让位于市场的现象。

基于上述缺陷，我国水污染权交易制度的改革方向是在进一步宣传和普及排污权交易制度的基础上，明确排污权交易制度和环境税制度各自的适用领域和适用条件，做到有法可依、有章可循。并且要进一步厘清政府部门权力责任清单，打破原有部门利益格局，扫除排污权交易制度推行过程中面临的体制障碍。此外，地方政府一般比较重视一级市场，也就是有偿分配排污权的环节，对二级市场的培育发展指导不够，应建立二级市场以企业为主导的排污权交易市场。水污染市场交易不活跃一定程度上是因为水环境税费体系对环境保护的激励作用不足，排污监测与监管能力不足又加剧了问题，支持排污权交易的法规不足、水污染交易品种只有化学需氧量品种不足等问题都是进一步亟待完善的方向。

第四节　健全水资源有偿使用和生态补偿的参与性制度

参与性制度是对约束性制度和激励性制度的补充，可以改变社会力量的缺失问题，反映世界范围内的权力正逐渐向社会和个人下放现象，常被使用去减少认知障碍、降低前两者监管成本、降低信息不对称和提高已经存在的市场效率。1992 年联合国环境与发展会议通过的《里约环境与发展宣言》将参与性制度提到了一个新高度。

一、环境信息公开

第一，制度内涵与理论依据。环境信息公开是指为了减少信息不对称以有效促进环境保护，强制或鼓励政府相关监管部门以及生产经营活动会对环境造成不利影响的企业定期向社会公众充分披露环境信息的制度安排。环境信息公开一般可分为政府环境信息公开和企业环境信息公开，其中企业环境信息公开又分为企业强制性环境信息公开和自愿环境信息披露。其中企业自愿环境信息披露的理论基础是信号传递理论，因为现代社会民众的认可已经作为评价企业价值的依据之一，企业的环境信息属于私有信息，因此企业有激励通过自愿性披露向利益相关者和潜在客户传递环境责任履行情况，减少信息不对称，增加社会声誉、区别与其他企业。而企业强制环境信息公开是基于合法性理论，一般国家或地区的法律法规中均明确表示存在环境风险和重大污染行为等需要对外公开，同时从组织合法性的角度企业与其他利益相关者存在隐性的契约，所以企业存在来自政府和利益相关者的压力。

第二，制度实施与已有成效。1978 年我国认定 167 家企业为国家重点监控污染企业，从此国控重点污染企业名单公开作为制度的一种存在。原环保总局《环境保护行政主管部门政务公开管理办法》(环发〔2003〕24 号）规定各级环保部门有责任主动公开环境信息,《关于企业环境信息公开的公告》(环发〔2003〕156 号）规定了地方环保部门应该定期公布超标排放污染物企业的名单，而名单中企业有责任公开包括污染物排放量、污染治理情况和环境管理等相关信息，事实上执行效果并不理想。2007 年我国第一部关于环境信息公开的综合性规章《环境信息公开办法（试行)》(环令〔35〕号）出台，但是作为部门规章其法律效力较低影响了其执行力。2010 年 9 月 14 日环保部出台了《上市公司环境信息披露指南（征求意见稿)》，首次将水污染事件等突发环境事件纳入上市公司环境信息披露范围。我国的环境信息公开制度分为政府环境信息公开和企业环境信息公开，其中前者主要包括环境质量信息公开和环境政务信息公开，如国家、省市环境状况公报、重点流域重点断面水质量周报、重大污染事故紧急通报制度等；后者包括企业环境信息公开、环境管理体系认证、产品环境信息公开、新闻媒体信息公开和其他非政府组织环境信息公开等，其中 ISO 14001 环境管理体系、绿色食品标志、环境标志、有机食品标志和清洁生产体系等可以认为是自愿信息公开制度的一种。

总体而言，我国的环境信息公开制度实施力度并不大，并未取得显著效果。王等研究了中国的绿色观察（Green Watch）项目，认为这种企业的环境信息披露评级制度显著地降低了中国的污染，但是也有研究发现中国上市企业披露主要以描述性和正面信息为主，主动披露的企业具有自选择性。[①]

第三，制度缺陷与后续完善。已有的环境信息公开制度存在的不足主要体现在两个方面：一是政府水环境信息公开内容少。这主要是因为水资源和水环境信息本身严重缺乏统计数据支持，并且保密法与环境信息披露之间存在冲突。《环境信息公开办法》中规定的负有公开义务的主体只有环境保护主管部门，未体现环境信息分布的广泛性。比如对于江河湖泊中水污染问题水务部门掌握得更加清楚，更具有法律效力的《政府信息公开条例》将申请者的信息公开申请限定在“自身生产、生活、科研等特殊需要”范围之内，这种限定对于民众申请政府环境信息公开同样适用。政府环境信息公开应该以公开为原则、不公开为例外，而事实上两份信息公开办法中将政府必须公开的内容作为特例列出，这其实是一种公开为例外的原则。二是信息公开制度缺乏约束力。对于企业违反公开义务的，《环境信息公开办法（试行）》只规定了最高 10 万元罚款，对于政府违反环境信息公开义务的，办法规定民众可提起行政复议和行政诉讼，由于公益诉讼制度的缺失使得诉讼途径实际效果并不大。

基于上述缺陷，我国水环境信息公开制度应进一步扩大信息披露范围，结合保密法明确非公开领域，加快构建和完善水资源及水环境信息调查统计体系，强化水环境信息公开制度约束力度。

---

① Wang H., Bi J., Wheeler D., et al., “Environmental Performance Rating and Disclosure: China’s Green Watch Program”, *Journal of Environmental Management*, No. 2, 2004.

二、公众监督

第一，制度内涵与理论依据。公众监督是指通过立法确保公众通过正式或非正式途径参与环境监督的各种制度总称，是在环境信息公开确保公众知情权的基础上的参与权与监督权。公众监督制度的理论基础是社会治理理论。水资源和水环境作为一种公共产品，其最终受益人应该是全体民众，需要通过市场机制、政府机制、社会机制三种机制共同作用、相互制衡才能实现最优治理。政府作为全体民众的代理人管理水资源与环境，由于政府失灵和委托代理问题的存在，不仅需要市场机制来发挥基础性作用，同时也需要社会监督来纠正可能同时出现的政府失灵和市场失灵。从参与内容上看，公众监督可以体现在立法、决策和执法等各个领域。1969 年美国在《国家环境政策法》中首创环境影响评价制度，随后全世界的环境法律中都开始出现公众参与与监督的各项法律规定，环境的非政府组织（NGO）经常作为民众代表参与监督，公众监督被证明是一种行之有效的制度。

第二，制度实施与已有成效。1979 年《环境保护法（试行）》规定一切单位和个人都有权检举和控告环境破坏行为，为公众环境监督提供了原则性依据，1996 年修改的《水污染防治法》中规定，环境影响评价报告中需要加入所在地居民的意见，但是灵活性太大，操作层面的具体办法只有《环境影响评价公众参与暂行办法》（环发〔2006〕28 号）。依据我国已有的公众监督制度，公众参与环境监督的渠道包括信访、环保热线或网站咨询等方式，也可以参加听证会、论证会和关注社会公示，以及对违规违法行为的申诉、检举、控告等。

第三，制度缺陷与后续完善。我国公众监督制度存在的不足主要体现在以下三个方面：一是制度缺乏规范性和可操作性。已有的法律法规中只是简单重复出现原则性条款，内容、方法、程序等只有《环境影响评价公众参与暂行办法》较为具体，整体缺乏可操作性。二是公众参与激励不足。涉及公众监督的法律法规和部门规章，缺少激励公众参与的条款，由于水资源与环境服务的公共品性质，这大大地降低了民众参与的积极性。

三是非政府组织缺位。环境非政府组织应该是公众参与的主体，但是在我国环境非政府组织发挥应有作用面临许多困境：首先，环境非政府组织的本身合法性问题，因为《社会团体登记管理条例》规定民间组织的登记必须等到主管部门同意；其次，作为民众监督主体的合法性，《奥胡斯公约》中特别强调了环境非政府组织作为公众参与主体的地位，我国民事诉讼法和行政诉讼法对原告资格的认定都限于与案件有直接利害关系；最后，资金筹集困境，《社会团体登记管理条例》规定民间组织必须是非营利性，非基金式社团的环境非政府组织凑集资金容易陷入法律模糊地带。

基于上述缺陷，我国的环境治理公众监督制度应通过立法不断完善，进一步提升规范性和可操作性，采取多种方式鼓励公众积极参与环境监督。并在严格遵守基本原则的前提下逐步推动环境非政府组织发展和成长，引导环境非政府组织在促进社会经济绿色发展中发挥其独特作用。

三、教育引导制度

第一，制度内涵与理论依据。教育倡导是指依靠教育、宣传和培训等方式影响行为主体的偏好结构进而影响其行为，引导企业和居民自觉节约水资源及保护环境的制度安排。教育引导制度不仅政策制定和执行成本相对较低，而且是一种长效机制。从认知心理学的角度，民众对水资源与环境保护相关知识的掌握是决定民众节约水资源和自发保护环境行为的主要因素。水资源与水环境常识的普及有利于消除社会上对于水资源与环境问题的信息不对称，水资源形式上属于国家和全民所有，环境服务具有典型的公共品性质，水资源与环境保护的教育倡导具有正外部性，所以应该由政府提供教育倡导行为。麦肯（MaCann）和伊斯特（Easter）对明尼苏达河的研究中，测算了四种减少农业磷排放的政策：最佳管理实践教育、保护性耕种要求、扩展的永久开发权计划及对含磷化肥税，发现税收的成本最低，教育项目次之。[①] 美国、日本等发达国家均通过了环境教育立法确

---

① Mccann L., Easter K. W., “Transaction Costs of Policies to Reduce Agricultural Phosphorous Pollution in the Minnesota River”, *Land Economics*, No. 3, 1999.

定国家、公民和民间团体等在环境教育上的责任与义务以及相关保障机制。

第二，制度实施与成效。受1972年联合国人类环境会议精神的影响，我国于1973年出台了《关于保护和改善环境的若干规定》，提出要进行环境保护的宣传和教育，并逐渐纳入中小学教育计划中，1981年出台的《关于在国民经济调整时期加强环境保护工作的决定》规定中小学普及环境保护常识，大中专学校要设置环境保护课程。1996年制定实施的《全国环境宣传教育行动纲要1996—2010》确立了未来15年环境教育的目标，此后每5年的行动纲要更加具体和可操作性，基本形成了“环境保护，教育为本”的思路，2003年以后更是具体到每年都会出台年度行动纲要，2003年教育部出台的《中小学环境教育实施指南》(教基〔2003〕16号）对中小学生开展环境教育进一步规范，2006年以来，随着“节能减排”进入“十一五”规划成为国家目标，公众环境意识逐渐提高。

第三，制度缺陷与后续完善。我国环境教育倡导制度主要存在两点不足：一是缺乏专门的环境教育法。我国的环境教育相关法律法规主要依据是《环境保护法》第五条、《国务院关于环境保护若干问题的决定》等原则性条款，具有可操作性的只有《中小学环境教育实施指南（试行）》，这些原则性规定在应试教育为主的中国实际作用不大，缺乏相应的激励措施，所以应该专门进行环境教育立法来进行保障。二是公众参与环境教育弱。这一方面是因为当前环境教育主要由教育部门负责，缺乏专门环境教育管理机构，而教育部门对普通民众的影响不大，另一方面公众参与环境教育缺乏相应激励。

基于上述缺陷，我国环境教育引导制度应与经济社会发展趋势相适应，尽快出台专门的环境教育法，有效整合既有教育宣传资源，充分发挥社会机制和公益机制在环保文化建设中的优势作用，在公众中不断强化水资源水环境保护理念。

第五章　水资源有偿使用和生态补偿制度的优化选择及耦合强化

党的十八届三中全会强调指出,“建设生态文明，必须建立系统完整的生态文明制度体系，用制度保护生态环境”。[①] 健全水资源有偿使用和生态补偿制度是建立和完善我国生态文明制度体系的重要组成内容。不同的水制度之间存在着错综复杂的关系，既有替代关系，又有互补关系。有替代关系就要优化选择，有互补关系又要耦合强化。本章从水制度的相互关系着手，着重廓清制度之间替代与互补关系，进而选取多种制度进行优化选择，并在此基础上指出我国水制度建设的重点领域。

第一节　水资源制度的替代性及互补性关系分析

一、水资源制度的替代关系

（一）替代品与替代性

经济学中往往把在使用中相当程度上可以替代的物品称为替代品，例如可口可乐与百事可乐之间，力士香皂与舒肤佳香皂之间，罗蒙西服与杉杉西服之间，均属于替代品。推而广之，当两个事物可以产生相同或者相近的功能，这两个事物就存在竞争性，彼此之间就存在替代性，两者就可以相互替代。比如，劳动和闲暇就具有替代性。劳动和闲暇都可以给人带来效用，让人感到满足，只是具体的实现路径各不相同：劳动是以工资收入并利用收入进行消费来获得效用；闲暇是让劳动者休息娱乐

---

① 中共中央:《中国共产党第十八届中央委员会第三次全体会议公报》，新华网 2013 年 11 月 12 日。

来获得效用。虽然劳动和闲暇都可以让人获得效用，但是由于其自身的替代性决定了两者在同一时间不能同时存在。劳动者在劳动时无法享受闲暇以及闲暇带来的效用，闲暇者在闲暇时无法劳动以及劳动带来的工资收入。

（二）制度的替代性

当两个不同制度可以独立发挥作用，并且所产生的效果相近或相同时，这两个制度之间便具有替代关系。制度间的替代关系是由制度之间存在着某种互斥性决定的，使得一个社会无法同时实施两个不同的制度，它们是彼此的替代品，亦即其中一个制度可取代另一个制度，反之亦然。[①]以市场与企业为例，新古典经济学将市场机制归功于价格机制，认为生产要素的流动方向是直接取决于价格机制，市场配置资源的核心就是均衡价格向量的确定。然而，这些论点是建立在交易费用为零，市场配置资源并无交易摩擦的基础之上的。事实上，"零交易费用"的市场是不存在的，科斯在1937年发表的《企业的性质》一文中指出"零交易费用"的市场假定是不存在的，价格机制的运行是有交易成本的，为了节约交易成本，企业制度应运而生。[②] 科斯认为企业和市场是执行相同职能并且可以相互替代的制度，属于一种制度对另一种制度的替代。科斯将企业看作是市场的替代产物，而企业和市场的不同替代关系主要取决于制度执行的成本。市场的制度执行成本主要指交易成本，即"市场上发生交易时所产生的谈判和签约费用"；企业的制度执行成本主要指组织成本，即"维持企业正常运作的成本"。当企业的组织成本小于市场的交易费用时，利用企业可以节约制度成本的优越性便展现出来，需要企业代替市场；但是随着企业规模的膨胀，企业的组织成本会超过市场的交易费用，这时利用市场可以降低制度成本，需要市场代替企业；当企业制度的边际组织成本与市场制度的边际交易成本相等时，制度均衡出现了，此时企业规模也就决定了。

① 吉嘉伍：《新制度政治学中的正式和非正式制度》，《社会科学研究》2007年第5期。
② 罗垚：《科斯与威廉姆森的交易费用理论的比较分析》，《中国市场》2012年第36期。

（三）水资源制度的替代关系

在水资源制度工具箱中，不同的水制度也存在着替代性。例如水资源税制度和水资源产权制度，水资源税制度可以实现节约用水和提高用水效率的目标，水资源产权制度也可以实现节约用水和提高用水效率的目标，虽然两者实现的效果未必完全一样。水资源制度的替代关系可以用数学语言来表述，设 A、B 两项水制度，以及制度所作用的社会环境 Q，若 A 属于 Q 的集合内，则 B 不属于 Q 的集合内；或者 B 属于 Q 的集合内，则 A 不属于 Q 的集合内。在长期来看，存在替代关系的两个制度是不能并存的，但是在短期内，尤其是在制度转型时期，具有替代关系的两个制度可能暂时并存。[①] 在同时使用多项具有替代性的制度时，必须特别谨慎，因为政策实施后会产生叠加影响，对经济体的短期冲击较大。比如，在实施水资源税制度的同时实施水资源产权制度，势必会导致水资源产权市场紊乱以及水资源价格严重偏离均衡价格。

二、水资源制度的互补关系

（一）互补品与互补性

经济学中往往把两种或两种以上彼此配合才能使用的物品称为互补品，例如钢笔与墨水之间、照相机与胶卷之间、左只鞋与右只鞋之间，均是互补品。互补性是有强弱之分的，弱的互补是指，当两个事物可以同时实施，并且共同实施的效果高于其中任何一个事物实施的效果时，这两个事物是互补的，彼此都是互补品。比如，洗衣机和洗衣粉就具有弱互补性，两者的共同使用可以提高消费者洗衣服的效率，达到消费者清洁衣物的效用。强的互补是指，两个事物必须同时存在才能发挥事物的效果，否则效果无法实施。比如，镜片和镜框就具有强互补性，只有同时存在才能组成一副完整的眼镜供消费者使用，两者缺一不可。

（二）制度的互补性

当两个不同的制度可以作用于同一事物的不同方面，并且某种政策效

① 张旭昆：《制度系统的关联性特征》，《浙江社会科学》2004 年第 3 期。

果的充分实现需要它们共同实施时，则这两个制度之间便具有互补性。制度间的互补关系意味着制度之间要求相互配合，亦即一种制度需要另一种制度的共同实施，两者的结合可以达到更好的效果，反之亦然。以奖励性制度与惩罚性制度为例，两者可以作用于同一事物。奖励性制度通过精神或者物质上的奖励从正面激励行为人继续从事某件事物；惩罚性制度通过精神或者物质上的惩罚抑制行为人停止从事某件事物。奖励性制度与惩罚性制度的耦合可以从正反两个方面让行为人遵循制度设计者的原则，两者组合的制度成效高于其中任何一种制度的成效。

（三）水资源制度的互补性

水资源制度工具箱中，不同的制度存在着互补关系。就水制度而言，污水排放总量控制制度与水污染权交易制度、取水总量控制制度与水权交易制度等，都是互补性的制度，而且都是强互补性制度。这些制度的耦合，既能控制污染物总量，又能提高水资源的配置效率。水生态保护补偿制度与水污染赔偿制度、水资源有偿使用制度与水生态保护补偿制度等也都是互补性制度，这些属于弱补偿性制度。水资源制度的互补关系可以用数学语言来表述，设 A、B 两项水制度，以及制度实施的效果函数 $F=F(X)$，制度需求者的目标函数 $M=\mathrm{Max}(F)$，如果 $F(A, B)>F(A)$ 成立且 $F(A, B)>F(B)$ 成立，那么制度 A 与制度 B 就存在着互补关系，两者共同实施的效果会优于其中任何一种制度单独实施的效果。当两种制度存在这种互补关系时，要注意制度间的耦合强化，让不同的制度之间通过组合发挥更大的效果，从而促进生态文明的建设。

第二节　基于替代性关系的水资源制度优化选择研究

在诸多水资源制度中，许多水资源制度不能同时存在，具有相互替代性。当制度间存在替代性关系的时候，应该在若干可以替代的制度中选择一种相对更佳的制度。本节以例举的方式进行阐述。

一、水资源财政税收制度与水资源产权交易制度的替代

（一）水资源税制度与水资源产权制度的选择

水资源税制度与水资源产权制度设计的意图均在于将水资源从无价转化为有价，让用水户支付相应的费用，体现水资源的稀缺性和价值性，提高水资源使用的相应成本，也体现出水资源并不是可以随意取用的公共物品，改变对水资源的错误定位，从而促使用水户节约用水，提高水资源的利用效率。但是，水资源税制度与水资源产权制度是存在替代关系的：水资源税制度的实施势必会扭曲水资源产权市场的价格，导致水权交易市场的紊乱；水资源产权制度的执行会导致企业和居民双重缴费——既要缴纳水资源税，又要缴纳水资源产权费，这是不合理的。

水资源税制度是“庇古手段”的实践应用，强调“看得见的手”的力量，即以政府干预来解决外部性问题，通过政府征收水资源税、水污染税、水生态税等税收，将企业和居民用水的外部成本内部化。[①] 一方面，水资源税制度的实施，意味着企业需要以水资源税、水污染税、水生态税等形式上缴部分税收给政府，这势必会增加企业内在的生产成本，在总收益不变的情况下，企业的生产利润受损。为了追求利润最大化，企业只能寄希望于通过自身节水技术和水循环利用技术的创新，改善企业内耗水设备，提高中水循环利用率，淘汰高耗水、高污染的用水设备。另一方面，水资源税制度的实施，提高了居民用水成本，意味着使用相同的水资源，需要支付更多的费用，出于经济人利益最大化的考虑，居民会增强节约用水意识，实现节约用水和提高水资源利用效率的目标。[②] 总之，水资源税制度通过征税的方式使得外部成本内部化，可以提高水资源利用效率，达到水资源配置的帕累托最优状态。

而水资源产权制度则是“科斯手段”的现实表现，强调“看不见的手”的力量，即充分发挥市场机制在水资源配置中的基础性作用，通过市

① 沈满洪著：《环境经济手段研究》，中国环境科学出版社 2001 年版，第 83—89 页。
② 单以红：《关于水资源费性质的分析》，《安徽农业科学》2011 年第 39 期。

场上供求的相互关系来进行资源交易，让水权转向利用效率更高的地方。[①]并且水权交易制度的实施具有相当程度的灵活性，给予了用水企业部分自主选择权，用水企业可以较为详细地了解到水权交易市场的信息，根据自身用水效率情况在水权市场自由买卖水权，当用水企业间边际节水成本相等时，交易停止，从而达到整个用水企业间水权交易市场的帕累托最优状态。

所以，在产权不能有效界定、市场经济程度不高的阶段，水资源费制度比水权交易制度更加有效；在产权可以清晰界定的情况下，水权交易制度比水资源费制度更具有经济效率。

（二）水生态保护补偿制度与水权交易制度的选择

水生态保护补偿制度与水权交易制度设计的意图均在于水源区可以凭借优质足量的水源获得一定的收益，都是通过制度设计让水源地政府、企业和居民节约用水、保护好水源生态环境。但是两者存在替代关系，且不能同时存在。水生态保护补偿制度主要是在水资源使用权界定不清晰、市场不发达的情况下建立的，以政府财政转移支付为主，侧重于考虑水源地生态环境保护者得到补偿的公平问题。[②] 而水权交易制度主要是在初始水权界定清晰、水资源市场发达的情况下建立的，利用市场机制交易水资源使用权，侧重于考虑节约用水主体的效率问题。水生态保护补偿与水权交易制度作用机理分析如下：

水生态保护补偿制度是以水环境保护为对象、以补偿资金为手段、妥善处理水环境产权关系的一种制度安排。[③] 水生态保护补偿制度通过一定的政策手段促使水源地生态保护外部性内部化，让水源地生态保护成果的"受益者"支付相应费用，让水源保护者获得相应的收益，这是根据"庇古手段"设计的，主要依靠政府行政力量保障实施。水生态保护补偿制度

① 沈满洪著：《环境经济手段研究》，中国环境科学出版社2001年版，第90—98页。

② 接玉梅、葛颜祥、李颖：《我国流域生态补偿研究进展与述评》，《山东农业大学学报》（社会科学版）2012年第1期。

③ 沈满洪、谢慧明：《生态经济化三问》，《环境经济》2013年第3期。

有效地解决了水环境受益者“搭便车”现象和保护者“越保护越贫穷”困境，兼顾水源保护区居民生存和发展的权利，激励水源地生态环境保护者的积极性。

水权交易制度是在初始水权分配的情况下，水资源使用权在区域政府、企业和用水居民之间转让交易的制度，将水资源看成一种商品进行交易，这是“科斯手段”的具体应用，主要依靠市场机制保障实施。相对于水生态补偿制度而言，水权交易制度具有无比的优越性。水权交易制度可以有效避免水资源使用中“市场失灵”和“政府失灵”现象，优化水资源配置的效率，提高水资源配置的灵活性，达到节约用水的目的。[①] 水权交易制度的精髓在于，通过水权交易实现稀缺的水资源优化配置，提高水资源的使用效率。[②] 比如，黄河下游的山东省用水效率明显高于上游宁夏回族自治区的用水效率，假设山东省 1 吨水可以产生 50 元的经济效益，而宁夏回族自治区 1 吨水只能产生 5 元的经济效益，那么通过水权交易，宁夏回族自治区以 5 元到 50 元之间的任何价格转让水权给山东省，都会给两省带来额外的收益，实现帕累托改进，达到互利共赢的目的。孟戈等也使用最优决策的数理模型证明了水权交易可以让水资源转向利用效率高的地区、企业和用水户，既能有效提高水资源整体使用效率，又能改善相关利益主体的净收益。[③] 姚树荣等认为完善的水权交易制度的优越性表现在：一是通过出卖水资源使用权获得经济收益的形式，鼓励用水户节约使用稀缺的水资源；二是以转让水资源使用权的形式，促使水资源从低效率的部门转向高效率的部门；三是根据水资源富缺情况，促进水资源在各地区、企业和用水户之间的合理分配。[④]

（三）水环境损害赔偿制度与水环境污染问责制度的替代

水环境损害赔偿制度与水环境污染问责制度的设计意图均在于杜绝政

---

① 张婕、王济干：《水权交易管理比较研究》，《生态经济》2008 年第 9 期。

② 沈满洪：《生态文明制度建设的“浙江样本”》，《浙江日报》（理论版）2013 年 7 月 19 日第 14 版。

③ 孟戈、王先甲：《水权交易的效率分析》，《系统工程》2009 年第 5 期。

④ 姚树荣、张杰：《中国水权交易与水市场制度的经济学分析》，《四川大学学报》（哲学社会科学版）2007 年第 4 期。

府和企业以破坏水环境为代价发展经济的现象，即解决“经济逆生态化”问题。水环境的污染确实会给生产者自身造成损害，但是更多的是给他人带来损害，产生负外部性，负外部性会导致私人最优均衡产量大于社会最优均衡产量。[①] 水环境损害赔偿制度与水环境问责制度均属于强制性制度，但两者存在明显区别：前者是刚性较弱的强制性制度，主要从货币赔偿方面解决水污染的负外部性问题；后者是刚性较强的强制性制度，主要从行政问责方面解决水污染的负外部性问题。水环境损害赔偿制度与水环境污染问责制度之间既存在替代关系，又存在互补关系，涉及的主体主要有政府和企业，具体分析如下：

第一，仅从企业角度分析。水环境损害赔偿制度是按照“庇古税”的思路设计的，企业的水污染负外部性行为会导致区域社会的水环境总体质量下降，政府通过向污染性企业征收一定单位的环境税、资源税等“庇古税”来实现水污染外部成本内部化，如果企业的污染行为损害到周边居民的生命财产，就需要按照原价甚至加价赔偿。水污染问责制度则是通过行政手段对产生污染事故的企业实施责任追究，根据企业造成负外部性行为的严重程度采取点名通报、关停整改等相应措施，凭借政府强制力保障实施，可以及时遏制污染行为，起到立竿见影的效果。当企业水污染情节较轻时，水环境损害赔偿制度与水环境污染问责制度之间存在着替代关系，可以通过对企业征收环境损害赔偿金或者对其进行点名通报等行政问责的形式，降低污染企业破坏水环境的风险；当企业水污染情节较重时，水环境损害赔偿制度与水环境污染问责制度之间存在着互补关系，既要让污染企业按照污染的成本支付相应的环境损害赔偿金，又要对其责任人追究法律责任，对污染企业进行关停整改，从货币赔偿和行政问责两个方面遏制污染源，这样可以杜绝企业重度污染行为再次发生。

第二，同时从企业和政府的角度分析。水环境损害赔偿和水污染问责制度的主体不仅包括用水企业，还包括当地政府。对于政府而言，水环境

① 沈满洪：《以制度创新推进绿色发展》，《浙江经济》2015年第12期。

损害赔偿制度是指，下游政府要求上游政府为污染水源的行为支付相应的货币赔偿资金，主要涉及的主体是处于同一流域的上下游平级政府。比如，在全国首个跨省流域生态补偿试点——新安江流域生态补偿试点方案中，当跨省断面水质劣于前三年的平均水平时，上游的安徽省需要支付1亿元环境损害赔偿金给下游的浙江省。而水污染问责制度从行政角度出发，是上级政府对环境污染严重的下级政府实行责任追究，主要涉及各级政府、政府水环境主管部门以及相应的政府官员。水污染问责制度直接与领导的行政绩效挂钩，旨在提高领导干部的环境意识，促使地方政府高度重视水环境污染的防治。当出现严重的水环境污染时，水环境损害赔偿制度与水环境污染问责制度存在互补关系，既要对涉事的污染性企业征收水环境损害赔偿金，情节特别严重的，追究其相应的刑事责任，又要对当地政府水环境主管部门和政府官员进行问责，实行责任领导政绩环境损害"一票否决权"。

第三节　基于互补性关系的水资源制度耦合强化研究

由于每一种水资源制度都有其固有的制度缺陷，因此需要寻求一种扬长避短、优势互补的制度组合。实际上，水资源制度单独应用的例子极少，多数情况下，是各种水资源制度组合使用的。对不同制度进行耦合强化所产生的效果往往要优于单一制度。本节以例举的方式进行阐述。

一、总量控制制度与产权交易制度的耦合

（一）取水总量控制制度与水权交易制度的耦合

取水总量控制制度与水权交易制度的耦合，既可以减少水资源取用总量，又可以提高水资源配置效率。政府根据生态用水的需求实施取水总量控制制度，划定各地区取水总量红线，然后各地区在既定的取水总量红线控制下进行生产生活取用水，当某地区取水总量接近红线时，可以通过水权交易市场向水权富余的地区购买水权继续用于自身的生产生活。水权交

易市场是在取水总量既定的情况下，通过交易使得水资源使用权流向使用效率更好的地区，提高水资源的配置效率，两者相辅相成，缺一不可。

一方面，取水总量控制制度有利于促进水权交易制度的实施。取水总量控制制度的实施，是基于取水总量过多导致生态用水的不足，从而影响到生态可持续发展。取水总量控制制度倒逼经济转型升级的机制，是水权交易制度得以实施的前提。[①] 水权交易制度的基础在于水权主体界定清晰，各方利益主体权、责、利明确。如果没有取水总量控制制度，用水户就不必向其他经济主体购买水权，只需向自然取用水资源。正是实施了取水总量控制制度，迫使用水户想方设法采取节水技术和节水措施，想方设法提高水资源利用效率，想方设法寻求水资源的优化配置。

另一方面，水权交易制度有利于取水总量控制制度的实施发挥。取水总量控制制度属于别无选择的强制性制度，是靠政府人为的划定一条总量控制界限。如果没有水权交易制度，取水总量控制制度将陷入计划经济所固有的资源配置弊端，在水资源配置方面可能存在“政府失灵”的现象。[②] 以黄河流域为例，实施总量控制制度以后，各地区的取水总量控制线均已划定，由于经济发展程度不同，许多区域实际取水总量已经接近取水控制红线，水资源的稀缺性逐渐显著。如果不能进行水权交易制度，购买其他区域富余的水权，那么取水总量较高的地区只能降低耗水企业的生产，从而影响生产总值。更为严重的是，部分接近取水总量红线的地区会不顾国家取水总量的政策法规，私自提高取水总量，使得取水总量控制制度成为一张空头支票。而水权交易制度，可以使得边际节水成本低的用水户减少用水量，把富余的水权转让给其他用水户；而边际节水成本低但用水数量大的用水户，可以向其他水权所有者购买水权，以保障用水需求。这是双方自愿的交易，必然导致交易双方的“双赢”。

---

① 刘强、王波、陈广才：《我国水权制度建设与当前水资源管理制度的关系及问题分析》，《中国水利》2014年第20期。

② 沈满洪、谢慧明、余冬筠等著：《生态文明建设：从概念到行动》，中国环境出版社2014年版，第154—165页。

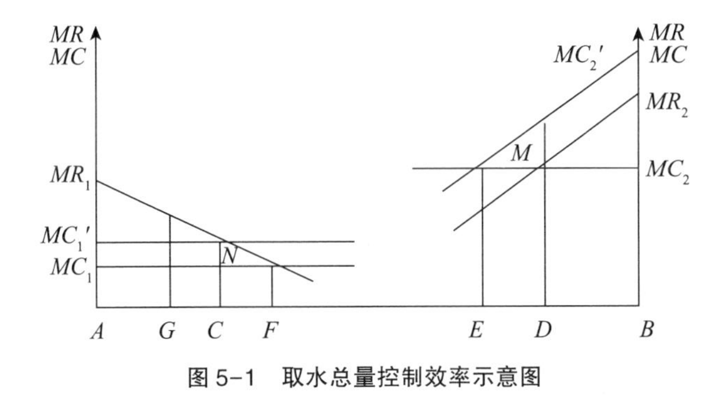

图 5-1　取水总量控制效率示意图

图 5-1 中，横轴是取水量，*AB* 之间的距离表示在保障生态用水基础上的可以取水的总量，实际上这就是取水总量控制红线。纵轴 *MR* 和 *MC* 分别表示用水边际收益和边际成本。在取水总量一定的情况下，这些取水指标将用于满足区域或流域内的生活用水、生产用水和生态用水，其中生产用水包括农业生产用水和工业生产用水。MR_1、MC_1分别表示农业生产用水的边际收益和边际成本，MR_2、MC_2分别表示工业生产用水的边际收益和边际成本。由于工业生产用水的边际收益高于农业生产用水，工业生产用水的水资源费高于农业部门。所以，MR_2位置高于 MR_1，MC_2位置高于 MC_1。

根据边际收益等于边际成本的利润最大化原则，农业生产用水的均衡用水量为 *AC*，即由 MR_1与 MC_1的交点所决定的数量；工业生产用水的均衡用水量为 *DB*，即由 MR_2与 MC_2的交点所决定的数量；*CD* 为均衡的生活及生态用水数量。

$$AB=AC+CD+DB$$

现实的状况是随着工业化进程的不断加快，工业技术的不断进步，工业生产用水的边际收益曲线由 MR_2上升到 MR_2'，工业生产用水的均衡用水量为 *BE*，在保证生态用水和生活用水的前提下，工业生产用水必须与农业生产用水进行水权交换才能达到均衡用水量，提高自身利益，并且农业部门通过水权交易也可以提高收益，实现互利双赢的目标。如果图 5-1 中，农业部门减少 *CF* 的用水量，使得 *CF*=*DE*，由此导致农业部门的损失为三

角形 N 的面积，工业部门的收益增加值为三角形 M 的面积。这部分用水量对应的水权交易价格只要处于三角形 N 的面积和三角形 M 的面积之间，就能保证交易双方共同获益。同时，由于水权的转让，农业部门用水的边际成本发生改变，使得政府可以获得 $CG(MC_2-MC_1)$ 的收益，从而整个社会的净收益为［$\Delta M-\Delta N+CG(MC_2-MC_1)$］。

所以，必须在实施取水总量控制制度的前提下，按照稀缺性法则开展水权有偿使用和交易制度，充分引入水权市场，以价格杠杆显示水资源的稀缺程度，允许水资源产权在区域之间、行业之间和用水户之间进行交易，既可以优化水资源配置效率，又可以提高整个社会的净收益。

（二）水污染权总量控制制度与水污染权交易制度的耦合

水污染权总量控制制度与水污染权交易制度属于互补的制度，两者的耦合既可以控制水污染物排放总量，又能实现水环境容量资源配置效率最大化的目的。并且，水污染权总量控制制度与水污染权交易制度具有强互补性，如果没有制度间的相辅相成，两者都将无法落到实处。

一方面，水污染权交易制度的前提在于水污染权总量控制。没有总量控制，就不可能有水污染权交易制度。只有实施水污染权总量控制制度，才有可能使得水污染权成为稀缺资源，促使水污染权有偿使用与交易，优化水资源配置，实现区域水环境质量改善。[①] 水污染权交易制度的作用机理在于：首先，根据各地区水环境容量，划定区域水污染物排放控制总量红线；其次，将水污染排放总量转化为水污染物排放指标，并将水污染物排放指标在各排放单位进行分配；再次，水污染排污许可指标及其代表的排污权可以在不用边际污染治理成本的排污单位之间进行交易；最后，排污企业根据自身排污情况自由买卖水污染权，当排污单位间边际治污成本相等时，交易停止，水污染权交易市场达到帕累托最优状态，整个社会也以最低成本实现水环境容量资源配置效率最大化的目的。而水污染权有偿使用与交易都必须在水污染权总量控制的基础上才能进行，离开水污染权

① 沈满洪著：《生态文明建设：思路与出路》，中国环境出版社 2014 年版，第 210—211 页。

总量控制，水污染权有偿使用与交易则是空中楼阁、无从谈起。我国上海市闵行区是国内最早实施排污权交易制度的地区，通过水污染权交易制度的实施，既保证了上海市水源的安全，又促进了闵行区经济的转型升级。但是，自从实施了“排海工程”① 后，排污权交易就停止了。原因是，“排海工程”实施后，企业不需要控制排污总量，只要经过一定的处理就可以纳管排污，就可以突破排污总量。“排海工程”的本质是污染物的转移，从陆上污染转化成海上污染。东海海水环境质量的下降与沿海地区普遍实施的“排海工程”是密不可分的。

另一方面，建立水污染权交易制度有助于推动水污染权总量控制制度的实施。水污染权总量控制制度是政府在对水环境纳污能力科学评估的基础上确定水污染排放总量，由环保部门制定水污染物排放总量的控制线，达到控制污染物总量的目的。如果总量控制制度没有排污权制度相配套，就会变成计划手段；如果总量控制制度与以水污染权交易制度相匹配，就能实现管制手段与市场手段的有机结合。水污染权交易制度的实施，有可能做到在同样的排污总量下实现更高的产出，也就是实现环境容量资源的高效率利用。值得一提的是，在水污染权交易市场，政府也可以通过买进水污染排放权进一步严格控制排污总量，达到节能减排的目的。

二、财政税收制度与责任追究制度的耦合

（一）水生态保护补偿制度与水环境损害赔偿制度的耦合

水生态保护补偿制度与水环境损害赔偿制度具有耦合关系。水生态保护补偿制度是以货币补偿为主从正面鼓励水源地政府、企业和居民保护好水环境，为受水区提供优质足量的水源；水环境损害赔偿制度是以货币赔偿为主从负面抑制水源地区污染水环境。两者的耦合可以从正反两方面共

① “排海工程”是指将经过一定处理环节处理的废水通过排污管排放到海洋中，是工业、农业、生活用水的一种排放方式。无论国家、社会还是人民群众对环境保护的呼声日益高涨，“排海工程”的做法从某种程度上会损害到沿海地区人民的生活生产利益。因此，取缔“排海工程”的呼声日益高涨。

同作用，更好地让水源地区保护水源地的生态环境。

一方面，为了有效地解决生态保护正外部性问题，尊重水源地生态保护者生存和发展的权利，必须对水源地实行生态保护补偿制度。水源地区按照源头水涵养地的主体功能区的定位要求，投入大量人力、物力、财力保护流域生态环境，实施严格的水源地生态保护标准，禁止高污染高排放的企业准入，限制畜牧业及养殖业的发展，付出了放弃众多发展机会的机会成本。[①] 不给予相应的货币补偿，会出现机会主义行为倾向，挫伤生态保护者的积极性，直接导致优质足量的水源供给不足的后果。水生态补偿机制实际上就是把“绿水青山转化成金山银山”的机制，就是“保护生态就是保护生产力”的具体体现。

另一方面，如果仅仅进行水生态保护补偿制度，而不辅助实施水污染损害赔偿制度，对下游地区而言是不公平的。没有水环境损害赔偿机制这把“悬剑”，上游地区可能出现“败德行为”，不利于水源地生态环境保护效率的提高。水环境损害赔偿是一种促进上游地区权利义务对等的机制设计。水源地的保护既需要按照“谁保护，谁受益”的原则，从正面鼓励水源地保护者的积极性，也需要按照“谁污染，谁付费”的原则，从反面抑制水源地区污染者破坏水环境安全的行为，这样才能更好地保护好水源地生态环境。所以，当水源地区环境保护的实施情况为达到功能区的特定要求，对下游用水地区的生产生活造成损失时，必须针对产生的损失对水源地区实行惩罚性的水污染损害赔偿。实施水环境损害赔偿机制的真正目的，不是下游地区向上游地区获取环境损害赔偿资金，而是为了激励上游地区搞好生态环境保护，避免出现水环境污染和损害。

（二）水生态保护补偿制度与水环境污染问责制度的耦合

水生态保护补偿制度与水环境污染问责制度也是具有互补关系的制度，两者设计意图均在于加强水源地生态保护力度，提高生态保护意识和重视程度，但是两者实现的路径有所不同。

---

① 王蓓蓓、王燕：《流域生态补偿模式及其选择研究》，《山东农业大学学报》（社会科学版）2009年第1期。

水生态保护补偿制度主要依托于对水源地区货币资金的补偿，通过一定的政策手段促进水源地生态保护外部性内部化，让优质的水环境“受益者”支付相应的费用，着重解决水生态环境的“搭便车”现象，激励水源地区提供优质足量的水源。[①] 通过这些手段，使得水生态保护可以从水源地居民、企业、政府，自下而上地保护好水源地水环境安全。

水环境污染问责制度主要依托于对涉水企业和政府追究责任的惩罚，通过建立地方政府和企业“一把手”的水环境污染问责制，将水环境污染情况与政府政绩以及企业业绩相挂钩，提高地方政府和企业领导保护水环境的重视程度，达到自上而下遏制水环境污染。对于企业而言，就是要做到“谁污染，谁负责”，而这种责任是包括刑事责任在内的；对于政府而言，就是要做到“谁管辖，谁负责”，而这种负责不仅体现在职务的晋升，甚至体现在环境法律责任的追究，而且，政府问责是党政共同追责，环境污染终身追责。

水生态保护补偿制度与水环境污染问责制度从不同的路径共同维护水源地生态环境安全，“自下而上，自上而下，上下结合”的耦合，可以兼顾各方利益更好地刺激水源地保护者的积极性，提高水环境保护效率。

第四节　水资源有偿使用和生态补偿制度建设的重点选择

水资源是不可替代的战略性资源，水问题不仅是资源问题，同时也是生态问题和经济问题，有时甚至会演变成社会问题和政治问题。我国水问题面临三大危机：一是水资源短缺危机；二是水环境污染危机；三是水生态破坏危机。[②] 基于这种严峻的形势，当存在替代关系的涉水制度时，应该选择最适宜的单一性制度；当存在互补关系的涉水制度时，应该着重考虑制度的强化耦合。

---

① 沈满洪、陆菁：《论生态保护补偿机制》，《浙江学刊》2004 年第 4 期。

② 沈满洪著：《生态文明建设：思路与出路》，中国环境出版社 2014 年版，第 171—172 页。

一、重点的单一性制度

（一）真正实施最严格的总量控制制度

1. 实施最严格的取水总量控制制度

基于我国人多水少的基本国情以及水资源短缺、水环境恶化的严峻形势，必须实施“红线管理和制度保障”，在保障生活用水、生态用水的前提下，明确规定水资源开发利用的控制红线，建立最严格的取水总量控制制度。具体实施过程从以下三方面展开：

第一，严格制定取水总量控制指标。调整《全国水资源综合规划》的目标，制定更加严格的取水总量控制指标，建立覆盖流域和省、市、县三级行政区域的用水总量控制指标体系，紧抓各地区用水总量管理，确保全国取水总量尽早出现拐点，从递增趋势转向逐步递减趋势。基于二氧化碳排放总量在2030年达到峰值这一战略决策，取水总量不应该在2030年前继续递增，而应提前进入峰值。

第二，重点推进水资源论证和取水许可证制度建设。严格执行各地区重点建设项目的水资源论证制度，规范取水许可的审批管理，有取水意向的单位必须依法办理取水许可证，未经许可擅自取水的单位将受到依法严处，情节严重者吊销其生产许可牌照。水资源论证制度与取水许可制度需要与流域或区域取水总量控制指标相结合，实现三者统一管理。①

第三，切实强化取水总量监督机制。各相关职能部门必须肩负起取水总量控制红线的监督职责，有计划、分目标地对涉水企业进行监督，同时，鼓励媒体和民众参与取水总量控制的监督，对于未经许可私自过度取水的企业，必须对其进行关停整改，企业负责人也需要承担相应的法律责任。对于偷采地下水和地表水的用水户必须实施严惩措施。

2. 实施最严格的水污染物排放总量控制制度

我国的环境保护正处于“局部领域有所好转、总体状况尚未好转”的

① 汪党献、郦建强、刘金华等：《用水总量控制指标制定与制度建设》，《中国水利》2012年第7期。

状态，许多地区主要污染物排放量超过环境容量的情况屡见不鲜，所以必须严格实施污染物排放总量控制制度，并且推进逐年递减的总量控制制度，重点从以下三个方面着手：

第一，实施更多水污染物因子排放量的总量控制制度。除了化学需氧量（COD）和氨氮等需要实施总量控制制度之外，根据环境保护的形势和要求，根据当地实际情况有针对性地制订各区域排放物总量指标，做到因地制宜，避免“一刀切”现象的出现。

第二，实施特定区域和流域的污染物排放量总量控制制度。特定城市、特定江河、特定湖库应该依托精准控制的理念，采用“一市一总量”“一河一总量”和“一湖一总量”的手段，实现科学合理的区域水污染物排放总量控制。

第三，实施行业的水污染物总量控制制度。根据各行业水污染物排放情况，科学合理地制订行业污染物排放总量指标，并在制订行业排放总量以后，通过行业污染物排放的绩效公平合理地分配行业污染物排放指标。

只有建立并实行“国家—区域—行业”的水污染物排放总量控制体系，再根据“经济—环境—技术—管理”一体化原则，才能科学合理地确定相应的总量控制目标，有效实施最严格的水污染物排放总量控制制度，最终实现排放污染减排和环境质量改善“双赢”的目标。[①]

3. 实施最严格的用水效率控制制度

基于水环境容量和水资源可利用量的双重约束，必须划定各部门用水效率的红线，实施最严格的用水效率控制制度，遏制社会用水浪费的现象，切实提高水资源利用的效率。要从以下三个方面推进：

第一，大力采取用水效率的管控手段。加快优化用水方式，制订符合各区域、各行业和用水产品的用水效率总指标，明确规定其用水效率门槛值，实行用水定额和用水计划管理，迫使涉水企业提高自身用水效率，形

① 王金南、田仁生、吴舜泽等：《“十二五”时期污染物排放总量控制路线图分析》，《中国人口·资源与环境》2010 年第 20 期。

成节约用水的倒逼机制。[①]

第二，基于水资源禀赋有效调控行业和产业结构。合理调整部门间发展布局和规模，提高农业用水效率，因地制宜优化确定农作物的种植结构和灌溉规模，避免浪费水资源现象。提高工业用水效率，不断降低高耗水低效益行业所占的比重，大力发展低耗水高效益产业，倒逼产业转型升级。

第三，大力增强节水技术的研发与应用。在农业领域，重点推广管道输水、滴灌和喷灌等节水灌溉技术的应用；在工业领域，重点做好钢铁、火力发电、纺织等高耗水行业节水的改进和循环用水工程的建设，切实提高循环用水的利用效率。

（二）切实推广水权、水污染权等产权制度

1. 全面推进水权制度

鉴于我国水资源短缺、水生态环境恶化且水资源分布极度不均的严峻形势，必须通过制度设计来解决资源型缺水、水质性缺水、结构（区域）性缺水的问题。21世纪之初发生在浙江省东阳和义乌两个县级市之间的中国首例水权交易的实践表明，水权制度是可以有效解决区域间水资源配置问题、实现区域间水资源配置的“双赢”结局。经过十几年的实践探索，水权制度已经到了自上而下全面推进的阶段。

第一，在水权总量控制的前提下，明晰初始水权的分配。水权的总量是由生活水权、生产水权以及生态水权构成，基于我国“水量少、水质劣”并存的现象，必须根据实际情况实施严格的水权总量控制制度，尤其要注意严格控制生活和生产水权的总量。在此基础之上，国家应明晰初始水权的分配，将境内可开发利用的水资源量按照一定比例分配给各地方政府，实现初始水权的分配。

第二，利用价格杠杆，实现水权有偿使用。在生活和生产水权严格控

① 徐春晓、李云玲、孙素艳等：《节水型社会建设与用水效率控制》，《中国水利》2011年第23期。

制的前提下，可以取用的水权是有限的，并且日益紧缩；然而，随着社会经济的发展，居民和企业对生活和生产用水的需求却是无限的，并且越发膨胀，由此导致水权日益稀缺。在国家推行水权制度的过程中，必须利用价格杠杆，合理地给水权进行定价，实现各区域水权的有偿使用。

第三，建立水权交易市场，提高水权配置效率。在明晰初始水权，实现水权有偿使用以后，各地方政府应该按照自身的用水效率和节水成本买卖水权，进行水权市场交易。水权不足、用水效率高的区域可以适当地多买进水权用于生产和生活，水权较多、用水效率较低的区域可以依靠节水多卖一些水权，这样可以大大提高水权配置的效率与效益。比如黄河下游地区的用水效率是上游地区用水效率的若干倍，上下游地区水资源产生的经济价值也是存在着很大的区别，上游地区完全可以按照一个合理的价格将富余的水权卖给下游地区，从而上游获得节水的经济收益，下游也可以将买入的水权创造更多的经济价值，实现区域间“双赢”的目的。

2. 切实推广水污染权交易制度

我国的排污权制度改革已经经历了二十多年的探索。实践已经充分证明，建立在排污总量控制前提下的排污权有偿使用和交易制度是有效的制度。因此，排污权制度已经到达了由自下而上的试点和自上而下的推进阶段。

第一，在总量控制的前提下，合理核定排污权指标。一方面，国家按照基期环境形式制定污染物排放总量指标，重点是探索规范的核算方法、建立严格的环境统计制度，并将总量控制指标分解到各个区域，要求其不能突破指标上限。另一方面，各个地区需要根据相关法律法规标准、污染物总量控制要求和污染物排放现状科学合理地核定排污企业的排污权指标，并将企业排污信息公开，建立完善社会监督机制，发挥公众、民间组织、媒体舆论的监督作用。在国家推广排污权交易制度时，必须实现由分到统、由统到分的蝶变过程：首先，国家根据各地区排污情况划定排污总量控制线，在国家层面实现排污总量的统一；然后，以排污指标的形式分发给各个地区，在地方实现排污指标的分配。

第二，激活排污权交易市场体系，提高资源配置效率。政府部门要从排污权交易的主体转变为排污权市场的监督者和保护者，从“运动员”转变为专注于“立规则，当裁判”的“裁判员”。[①] 通过核发排污许可证明确允许排污单位根据自身治污情况合法买卖排污权，支持各排污单位通过技术改造升级减少污染物排放，形成“富余的排污权”参与市场交易。[②] 并建立排污权储备制度，政府根据环境形势储备部分排污权，鼓励环保组织和个人回购排污单位“富余的排污权”，从而在排污权总量控制的前提下，实现污染物逐步减排的目标。

第三，完善排污权交易的监管机制，保障制度顺利实施。政府部门应该从环境监测、环境财政、环境执法等方面完善排污权交易的监管机制。对于环境监测监管而言，必须充分利用现代化的在线监测技术，明确排污单位的排污监测责任，对其排污实行准确的量化处理，浙江省桐乡市早在2008年探索刷卡排污自动控制技术，有效搭建了在线监控与排污刷卡数据平台，截至2015年，桐乡市刷卡排污自动控制技术已相对成熟，可以在全国其他地区推广使用；对于环境财政监管而言，环境财政的监管是否到位，将影响到各级政府推行排污权交易和治理环境污染的积极性，所以必须加强对排污权初始定价、财政收入来源、财政收入分配的监管；对于环境执法而言，再好的制度，如果执法不严，也终将是一个制度设计，无法认真落实，所以必须加大执法监管的力度，对各级政府、排污企业以及中介组织的相关行为进行监督，对违规的主体加大惩处力度。

（三）认真落实水环境污染责任追究制度

鉴于我国主要实行以短期的经济指标作为党政干部政绩考核的依据，缺乏污染问责制度，这必然会激励各行政区地方官员“经济人”而非“生态人”的价值取向。[③] 水环境污染问责制度的缺失，使得一些党政干部忽

---

① 王金南、张炳、吴悦颖等：《中国排污权有偿使用和交易：实践与展望》，《环境保护》2014年第14期。

② 国务院：《关于进一步推进排污权有偿使用和交易试点工作的指导意见》，（国办发〔2014〕38号），2014年8月。

③ 沈满洪、谢慧明、余冬筠等著：《生态文明建设：从概念到行动》，中国环境出版社2014年版，第132—133页。

视水环境污染问题，一味地追求“黑色经济”，直接导致一些重大环境事故和恶性事件。[①] 只有将水环境污染问责制度落到实处，对于破坏水生态环境的组织和个人给以物质上和精神上的双重惩罚，才能引起地方政府和排污企业的高度重视，才能降低水环境污染的风险。

为此，必须认真落实水环境污染问责制度。一方面，落实水环境污染企业问责制度。明确排污企业主体责任，明确水污染事故中企业的主体责任，追究重大水环境污染事件中企业责任人的刑事责任，落实并完善企业“一把手”为第一责任人，分管的负责人为直接责任人的问责体系，把“板子”落到人上。[②] 另一方面，落实水环境污染政府问责制度。明确地方政府主体责任。在水环境基本法层面将权责明确赋予各级人民政府及其主要负责人，而非环保部门。建立地方政府“一把手”为第一责任人，分管领导为直接责任人的问责制度，明确有关人员的行政责任、政治责任和法律责任，规定问责的主体、客体、方式和内容，规范问责的程序，认真落实水环境污染问责制度。[③] 习近平总书记在中共中央政治局第六次集体学习时特别强调，对于那些不顾生态环境盲目决策、导致严重后果的领导干部，必须终身追究其责任，要对领导干部实行自然资源资产离任审计，建立生态环境损害责任终身追究制。[④] 水环境污染问责必须终身落在相关责任主体上，避免官员调动引起水环境责任无从追究的困局。

二、重点的组合型制度

（一）双总量控制制度与双产权交易制度的耦合

全面推进取水总量控制制度与水权交易制度的耦合。在取水总量控制制度的前提下，积极培育水权市场、鼓励开展水权交易，全面推行初始水

① 范俊荣：《浅析我国的环境问责制》，《环境科学与技术》2009年第6期。

② 胡华龙、金晶、郝永利：《探索建立环境污染终身责任追究制度》，《环境保护》2012年第16期。

③ 刘佳奇：《我国政府环境责任追究制度的问题及完善》，《沈阳工业大学学报》2011年第1期。

④ 中共中央宣传部著：《习近平总书记系列重要讲话读本》，学习出版社2014年版，第129—130页。

权的有偿使用，全面推行水权在各区域与区域之间、行业与行业之间、用水户与用水户之间的交易，鼓励各地方政府及用水户按照用水效率和节水成本买卖水权，进行水权市场交易，通过水权交易优化配置稀缺的水资源，提高水资源利用效率，达到帕累托最优状态。重点推进以下几个方面工作：

第一，加强取水总量控制红线管理，严格控制流域和区域取水总量。加快制订主要江河流域水量分配方案，建立覆盖全流域和省、市、县三级行政区域的取水总量控制指标体系，实施最严格的取水总量控制制度。在具体实施过程中，必须以提高水资源使用效率与效益为核心，根据水资源供需分析和现状，拟定各流域、各区域的取水总量控制指标，实施流域和区域取水许可总量控制。

第二，完善取水计量和统计制度，科学监测流域和区域的取水总量。通过技术创新，大力提升各流域、各区域实际取水总量的计量和统计数据的准确性，以科学的取水数据说话，形成自上而下更加和谐的水资源统一管理体系，同时，明确各取水主体的职责，规定其取水总量指标，以此来规范取用水资源的实际行为。

第三，全面推广水权交易制度，提高水资源利用效率。在取水总量控制，各流域、各区域的初始水权明晰的基础上，全面推广水权交易制度，各地方政府应该按照自身的用水效率和节水成本买卖水权，积极参与相应的水权交易。用水效率高的区域可以多买进水权用于生产和生活，水权较多、用水效率较低的区域可以多卖一些水权。通过水权交易市场，可以大大提高水权配置的效率和效益，从而进一步控制取水总量。

（二）水污染权总量控制制度与水污染权交易制度的耦合

全面推行水污染权总量控制制度与排污权交易制度的耦合。在水污染物排放的总量控制制度前提下，全面推行初始排污权有偿使用制度，全面推行排污权在排污单位之间的交易制度，优化配置环境容量资源，提高环境容量资源利用效率。重点做好以下几个方面工作：

第一，就政府角度而言，政府不仅是水污染权总量的确定者，而且还是水污染权总量确定和水污染权交易的监督者。既要监管水污染排放总量确定的科学合理性，使得水污染排放总量兼顾水环境保护与经济发展；又要监管水污染总量确定的合法合规性，使得人为因素干扰较少。另外，还要建立水污染排放实施监控机制，对企业水污染排放额度的使用、结余、交易实施跟踪监管，并且需要加强行政处罚力度，提高处罚金额，提高企业排污风险。

第二，从企业角度而言，企业是水污染权总量控制与水污染权交易制度耦合的关键之处。企业是总量控制与水污染权交易的实施主体，其行为直接影响到制度实施效果的好坏，为此，必须依靠技术支撑加强对企业实际污水排放量的监管。桐乡市是浙江省最早实施企业污水刷卡排污系统，该系统兼顾了排污总量自动控制和各级环境保护行政主管部门监测，当排污量达到核定总量时，系统会自动关闭企业排污口。桐乡市的企业刷卡排污系统已经在浙江省取得很好的成效，实现了对企业从浓度控制到浓度、总量双控制的转变，可以给其他省份提供借鉴。

第三，从居民角度而言，居民是水污染权总量控制制度与水污染权交易制度的利益相关者，也是制度实施效果好坏的最终评判者。居民作为第一线的环境利益相关者，需要积极参与社会监督，切实有效地监督企业污染物偷排漏排的现象，并且可以通过申请购买水污染权，从而减少市场上流通的水污染权，达到削减区域水污染物总量的目的。

（三）财政税收制度与责任追究制度的耦合

财政税收制度与责任追究制度的耦合集中体现为水生态保护补偿制度与水环境损害赔偿制度的组合。在流域补偿中，如果没有生态保护补偿而只有环境损害赔偿，那么这样的制度安排会挫伤水源地生态保护者的积极性；如果没有环境损害赔偿而只有生态保护补偿，那么这样的制度安排会产生权利和义务的不对等。因此，必须建立水生态保护补偿与水环境损害赔偿的耦合，而且这一耦合思想在全国首个跨省流域生态补偿新安江试点中业已体现和实施并取得了很好的组合效益。浙皖两省约定，如果年度水质达到考核标准，浙江拨付给安徽 1 亿元；如果年度水质未达到考核标准，安徽拨付给浙江1亿元。[①] 2012—2014年的三年试点充分说明制度的组合已取得预期成效。一方面，新安江水环境得到改善，流域总体水质为优，跨界街口断面水质达到Ⅱ类标准，为下游地区提供了优质且足量的水源；另一方面，新安江上游地区居民通过获得部分生态补偿金或发展生态旅游以实现收入提升。

（四）水生态保护补偿与水资源有偿使用制度的耦合

全面推行水生态保护补偿制度与水资源有偿使用制度的耦合，牢固树立创新、协调、绿色、开放、共享的发展理念，切实提高水资源生态环境。水生态保护补偿制度是站在水环境保护者的角度，激励其更好地保护水环境，但是保护资金大部分来源于政府财政转移支付，没有实现“谁受益，谁付费”的原则；而水资源有偿使用制度是站在水资源使用者的角度，强调水资源使用者为使用优质水源需要支付的费用，可以凭借市场基础性作用，持续地为生态保护补偿者提供资金补偿。两者的结合，可以更好地推进水生态文明建设，达到水资源保护事半功倍的效果。所以，在整个流域中必须全面推行水生态保护补偿制度与水资源有偿使用制度的耦合。

一方面，为了促使上游地区提供优质足量的水源，对上游地区进行奖励和惩罚双管齐下，实行水生态保护补偿、水环境损害赔偿和水环境污染问责等多种制度的耦合。这三种制度的耦合既可以提高上游地区保护水环境的积极性，又可以降低水环境污染的风险。具体可以参照国家地表水标准作为评判标准，选取上下游政府协商的化学需氧量、总氮、总磷、高锰酸钾等指标的地表水浓度作为基准 S^0，全年监测的出境水质用 S^{out} 表示。如果上游地区出境水质优于基准水质时，应该按照“谁保护，谁受益”的原则，对上游地区实行水生态保护补偿制度，激励上游地区生态保护者继续保护水源地生态环境；如果上游地区出境水质劣于基准水质时，应该按照“谁污染，谁付费”的原则，对上游地区实行水环境损害赔偿制度，增

① 陈锦其：《浙江生态补偿机制的实践、意义和完善策略研究》，《中共杭州市委党校学报》2010年第6期。

加上游地区污染者的成本，抑制其继续污染水源的行为。对于污染特别严重的上游地区应该实行水污染问责制度，对污染严重者追加水污染问责，将“板子”打到相应责任人身上，杜绝水环境污染再次发生。

另一方面，对于水环境的受益地区，应该按照“谁受益，谁付费”的原则，实施水资源有偿使用制度。水资源有偿使用制度不管是针对制水企业、取水企业还是用水户，都是以水价的形式体现，水价中必须包含资源水价、工程水价和环境水价。资源水价主要是体现水资源稀缺性和水资源所有者权益的成本，包括水资源费；工程水价主要是生产水资源的成本，包括制水的成本及利润；环境水价主要是保护和治理水环境的成本，包括污水治理费、生态补偿费。将水资源费、制水企业成本与制水企业利润、污水治理费和生态补偿费等融入水价之中，既可以提高水资源配置效率，又可以解决水资源受益者“搭便车”的现象，为上游地区保护生态环境提供持续的资金支持。

第六章　水资源有偿使用和生态补偿制度的改革创新

水资源有偿使用和生态补偿制度是一个制度体系，是一个制度工具箱，是一个制度结构。基于现行制度所存在的制度缺陷，必须大力推进水资源有偿使用和生态补偿的制度改革。不同的制度具有不同的功能，也存在不同的效率。因此，需要进行制度的相互比较和优化选择。不同的制度也可以相互组合，发挥单一制度所不具有的功能和效果。因此，需要进行制度的耦合强化和组合使用。

第一节　从水价构成看水资源制度的改革创新

无论是水资源有偿使用还是水生态保护补偿，其最终形式都体现在水资源价格中。因此，廓清水资源价格的构成，对于推进水资源有偿使用和生态补偿的制度改革具有“牛鼻子”的功能。企业、居民和政府在用水时，不外乎两种类型：一是自来水——使用制水企业生产的水；二是自备水——直接取用地下水或地表水。这两者之间的主要差别：第一，使用自来水，制水成本是由制水企业承担的，还存在制水企业的利润；使用自备水，制水成本是用水企业自己承担的，不存在制水企业的利润问题。第二，使用自来水，由于制水企业规模大，可能存在规模经济效应；使用自备水，由于制水仅供本企业使用，可能不存在规模经济效应。对于企业而言，就会基于成本—收益的比较进行权衡。

使用自备水实际上是使用自来水的一个特例。下面以使用自来水的用水户为例分析水价的构成。如果用 P 表示水价，P_1 表示水资源使用者收益，P_2表示制水工程成本，P_3表示污水治理成本，P_4表示水生态补偿成本，P_5表示制水企业利润，那么，水价的理论构成是：

$$P=P_1+P_2+P_3+P_4+P_5$$

在相当一段时间中，在劳动价值论的指导下，我国的水价仅仅体现了制水工程成本 P_2和制水企业利润 P_5。随着水环境污染问题的加剧，水价中增加了污水治理成本 P_3。但是，总体上看还少有考虑水资源所有者收益 P_1和水生态保护补偿成本 P_4。因此，水价并不是一个简单地“一提了之”的事情，而是要综合权衡各个水价构成项目的合理性提出改革对策。

一、提高水资源费征收标准，扩大水资源税征收范围，实施水资源费“费改税”

现行的水资源费实际上是一种水资源利用单位对国家在水资源管理上所花费的费用的补偿，但它不是水资源有偿使用费。现行的水资源费政策主要存在下列问题：一是水资源费标准偏低，大多按照每吨 0.1 元到 0.2 元的标准收取；二是水资源费覆盖范围有限，农业用水基本没有水资源费；三是水资源费制度存在刚性不足的问题，在收多收少、谁来收取等方面具有较大的自由裁量权。因此，水资源费的改革应该采取三个举措：第一，全面收取水资源费。对于不同的行业，水资源费的标准可以有差别，但是不能不收，更不能规避，对于规避水资源费者要加以惩处。第二，提高水资源费标准。水资源费实际上就是水资源所有者的“经济租”收益。这个收益虽然不必太大，但是必须足额收取。是否足额收取水资源费，直接关系到水资源价格的构成。第三，水资源费“费改税”。为了体现水资源费收缴双方的制度刚性，不妨实施水资源税制度。实施水资源税制度，一方面可以增强取水者的纳税意识，树立“纳税是义务，逃税是违法”的理念；另一方面可以增强征税机构的资源意识，确立水资源国家所有或集体所有的所有者权益理念。为了鼓励地方政府的积极性，水资源税纳入地税的范畴。

二、科学评估制水工程成本，防止因为“自然垄断”所导致的制水成本高估

制水企业往往具有规模经济效果，因此往往采取“自然垄断”方式定价。这种方式的运行，存在下列三个问题：一是高估制水成本问题。虽然自来水定价往往会实施专家和公众的听证会制度，但由于制水企业与专家、制水企业与公众之间的信息是不对称的，因此，往往出现制水成本高估的问题。正因为如此，制水企业职工的收入比较高。二是制水水源对于制水成本的影响问题。不同水质的水源其制水成本是不同的，优质水的制水成本低，劣质水的制水成本高。因此，要充分考虑不同水源的制水成本的差异性。三是自来水质量监管问题。由于自来水公司的“自然垄断”属性，往往是“独此一家，别无分店”。由此可能导致自来水质量问题。2013 年和 2014 年杭州市多次出现自来水异味现象，但制水企业号称“监测指标合格，居民放心用水”。这是典型的“运动员”和“裁判员”合一导致的体制失灵。因此，制水成本的确定应该采取三个举措：第一，实施“运动员”和“裁判员”分离的制度，水质的优劣由第三方监测。第二，实施不同水质水源制水成本的差异化政策。第三，依据科学的成本定价方法确定制水成本。第四，完善水价听证会制度，增加水资源专家的比重，向听证者提供更多信息。

三、科学评价污水治理成本，防止“成本低估”和“成本高估”两种可能性

用水户在使用自来水以后有三种结果：一是污水治理、循环利用。对此，政府需要鼓励，不必缴纳任何污水治理费甚至还要给予补贴。二是污水治理、达标排放。对于这种情况，要根据“达标”的标准，确定是否收取排污费。三是污水收集、集中治理。对于这种情况毫无疑问要缴纳污水治理费。对于政府集中治理的污水治理费的收缴，主要存在下列问题：一是由于污水治理企业的“自然垄断”属性，出现成本高估的问题；二是对

污水治理的复杂性认识不足，导致治污成本低估的问题；三是由于政府对污水治理进行补贴，人为导致治污成本低估的问题。因此，污水治理成本确定的改革方向是：第一，科学确定污水治理成本，防止治污成本低估或高估。第二，取缔政府对污水治理厂治污成本的补贴，让市场价格充分显示环境容量资源的稀缺性。

四、根据水源质量优劣，实施用水户向“护水者”缴纳水生态保护补偿资金的机制

现有的生态补偿机制大多停留在政府财政转移支付的层面。全国范围看，生态公益林的生态补偿机制覆盖范围比较广，而水生态保护补偿只是个别试点。对于水资源而言，水的质和量都是可以计量和评价的，用水户用水的多和少也是十分清晰的，因此，应该实施市场化的生态补偿机制。第一，根据水源的优劣确定补偿与否和补偿标准的高低。实施“优质水高补偿，普通水不补偿，劣质水反补偿”的制度。第二，改变政府补偿的做法，由用水户缴纳生态补偿资金，也就是在水价中体现生态补偿成本。第三，改变“政府补政府”的做法，把生态补偿资金真正补到为水生态保护作出贡献的企业、居民和政府身上。

五、控制制水企业利润，既要保障制水企业职工的正常收益，又要保障用水户的承受能力

制水企业的利润，往往采取成本加成法。在利润确定时，需要注意两个方面：第一，“加成”的比例不宜过高，一般不超过10%。第二，“成本”的范围要限制在制水成本上，不能把水资源费、污水治理成本、水生态补偿成本等纳入“成本”之中。

总之，水价是由水资源所有者收益、制水工程成本、污水治理成本、水生态保护补偿成本和制水企业利润等五个部分构成的。其中，水资源所有者收益和水生态保护补偿成本基本尚未体现在水价中；由于制水企业和治污企业的自然垄断属性，制水工程成本、污水治理成本、制水企业利润

等既可能存在低估的问题，也可能存在高估的问题。因此，水资源价格并不是简单的“提价”，而是确定科学合理的价格，该加的加，该减的减，该稳的稳。而且，对于基于水价所收取的水费应该进行重新核算和分配。既要保障国家作为水资源所有者的权益，又要保障水生态保护者的权益。

第二节　从庇古手段看水资源制度的改革创新

庇古手段就是著名福利经济学家庇古在《福利经济学》中所提出的矫正外部性的“庇古税”制度，对于正外部性的制造者给以补贴，对于负外部性的制造者给以征税（费）。[①] 这样，就可以做到私人边际成本与社会边际成本的重合，私人边际收益与社会边际收益的重合，从而实现私人最优和社会最优的统一。在水资源领域，就是要做到，对于水资源保护者要给予补贴——水生态补偿，对于水环境污染者要给以征税（费）——污水治理费。

按照庇古手段实施水资源有偿使用和生态补偿制度，那么，可能涉及政府、水资源保护者、水资源使用者、制水企业、治污企业等主体。彼此之间的收入流量关系如图 6-1 所示。

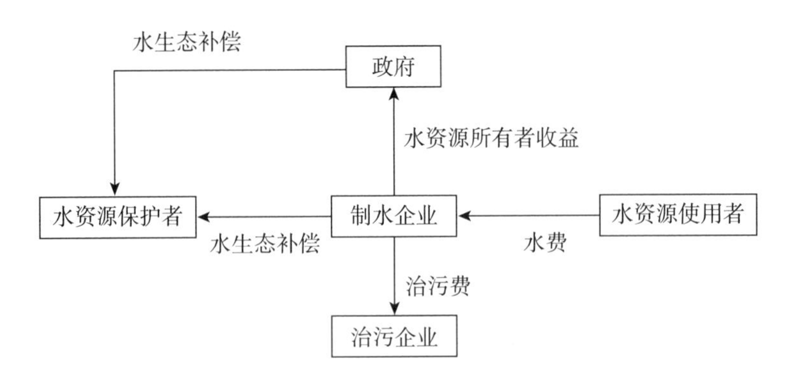

图 6-1　水资源财税制度的可能收入流量模型

① 庇古著：《福利经济学》，华夏出版社 2007 年版，第 134—157 页。

由图6-1可见，实施水资源有偿使用和生态补偿制度，必须推进下列改革：

第一，按照“谁使用，谁付费”的原则，水资源使用者按照水价构成足额缴纳水费，取缔水价的政府补贴。按照水资源价格的构成，科学确定每一个部分的成本或费用，让用水户承担全部成本。只有让用水户按照真实水价承担全额成本，才可能使水价体现出水资源的稀缺性。取缔原来普遍存在的政府给用水户予以价格补贴的政策。政府补贴水价表面上看是“福利水价”，实际上是“福利损失”。[①]

第二，制水企业在扣除制水成本和企业利润外，向政府缴纳水资源费，同时向水资源保护者缴纳水生态补偿费。用水户把足额水费交给制水企业或水务部门后，自己留下两部分：一是制水工程成本，二是企业利润。同时，要缴纳三笔费用：一是向政府缴纳水资源费，二是向污水治理企业缴纳污水治理费，三是向水资源保护区域缴纳水生态补偿资金。可见，制水企业在水资源有偿使用和生态补偿制度建设中起着承前启后的功能。

第三，按照“谁保护，谁受益”的原则，获得来自制水企业或政府的水生态保护补偿资金。在纯粹的市场经济条件下，水源地区水生态保护的结果往往具有极大的正外部性，由此会导致供给的不足。因此，按照庇古理论，要向正外部性的制造者提供补贴——水生态补偿资金。水生态补偿资金从何而来？主体应该是制水企业向用水户收取的水费中的一部分——P_4。由于用水户提供的生态补偿资金也许不足以解决全部外部收益，此时，政府也可以利用水资源费收益向水生态保护区域提供部分生态补偿资金。水生态保护区域的生态补偿资金如何分配？现行的水生态补偿往往是保护区政府获得全部补偿资金。这种做法实际上剥夺了水源区居民和企业的应得补偿。因此，水源保护区应该按照水生态保护的贡献大小在政府、居民和企业之间进行分配。只要对水生态保护作出贡献的主体均应得到相应补偿。

① 沈满洪主编：《水资源经济学》，中国环境科学出版社2008年版，第59页。

第三节　从科斯手段看水资源制度的改革创新

科斯定理表明，在产权得到界定且交易费用为零或很低的情况下，自愿协商或自由交易的制度同样可以实现外部性的内部化。[①] 这就说明，水资源产权交易可以实现正外部性的内部化，水环境产权交易可以实现负外部性的内部化。

长期以来，水资源和水环境均采取开放式产权制度，也就是公共产权制度。随着经济社会的发展，越来越多的企业和居民追逐越来越稀缺的水资源，追逐越来越稀缺的环境容量资源，由此导致水资源短缺和水环境退化。正因为如此，水资源的稀缺性不断加剧，水环境的稀缺性也不断加剧。稀缺性的加剧意味着水资源和水环境价格的递增。而从技术创新的角度看，水资源的数量、水环境的质量等都是可计量、可检测、可比较的，而且这种计量和检测的成本在不断下降。这就使得新古典经济学认为市场机制失效的水资源和水环境领域可以通过产权制度加以解决。

从开放式产权到封闭式产权的转变，首先需要界定产权、分配初始产权，而且需要实施初始产权的有偿使用制度和允许产权的交易制度。就水资源而言，要确定流域的取水总量——保障生态用水的前提下确定生产和生活用水，根据取水总量转化为初始水权，根据有偿使用原则把初始水权分配或拍卖给各个区域乃至用水户，允许区域和区域之间、行业与行业之间、用水户和用水户之间开展水权交易。就水环境而言，要根据水体的功能要求，确定允许排放的污水总量，把污水总量转化成初始排污权，按照有偿使用原则把初始排污权分配或拍卖给各个区域乃至排污企业，允许企业和企业之间开展排污权交易。

这就说明，水资源产权和水污染权制度的变革要经历四个转变：一是

---

① 科斯：《论生产的制度结构》，上海三联书店 1994 年版，第 141—191 页。

从开放产权转向封闭产权，二是从缺乏控制转向总量控制，三是从无偿使用转向有偿使用，四是从不可交易转向可以交易。作为流域的系统整体，也许可能建立起“双总量控制——水权总量控制和水污染权总量控制、双有偿使用——水权有偿使用和水污染权有偿使用、双交易制度——水权交易和水污染权交易”的制度框架。

如果采取水资源产权制度，那么，可能涉及区域政府及其各自的微观经济主体，可能的收入流量模型如图6-2所示。此时，主要的关系是水资源保护区的供水企业和水资源使用区的制水企业之间的关系，各自区域内的微观经济主体之间的关系各自处理。

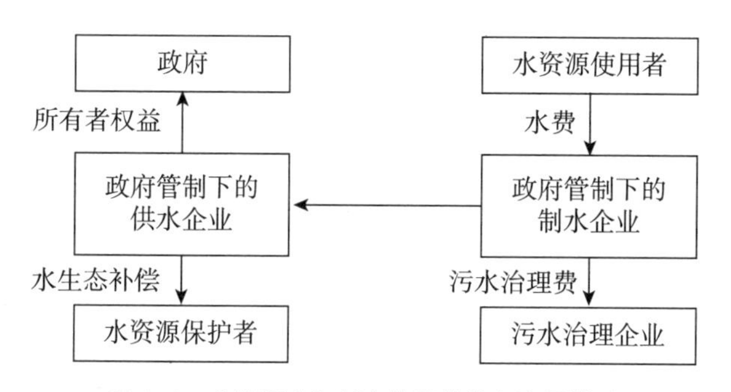

图6-2　水资源产权制度的可能收入流量模型

如图6-2所示，左边代表水源区，右边表示用水区。这是最简单的处理方式，就是让政府管制下的供水企业和政府管制下的制水企业进行水权交易，水权价格除了考虑水资源稀缺性因素外还应包括两个部分：一是水生态补偿资金，二是水资源费。因此，从供水区域而言，政府管制下的供水企业在获得水权交易资金后，在扣除供水（原水）成本和企业利润后，一方面向政府缴纳水资源费，另一方面向水生态保护者（包括政府、居民和企业）提供生态补偿资金。对于政府管制下的制水企业而言，向供水企业获得原水后进行制水，向用水户供水。其中向供水企业支付水权交易费是成本支出，制水工程费用也是成本支出，向用水户收取水费是收益，污水治理费属于托管托转。

如果用水户的污水治理不是全部纳入污水治理厂的，而是各自治污达标后排放的。那么，在治污环节可能就不是缴纳治污费，而是采取水污染权交易制度。由于各企业污水治理（达到排放标准）的边际成本是不同的，治污边际成本低的企业可能有排污权的富余，治污边际成本高的企业可能出现排污权的不足，由此，在政府的监管下，就可以形成排污权交易市场，而且通过交易实现交易双方的“双赢”。只要在排污总量严格控制、污染排放可以监控、市场机制完善的前提下，排污权交易机制也可以实现给定的水环境保护目标。

第四节 从制度关系看水资源制度的改革创新

一、基于制度替代关系进行水制度优化选择

商品具有替代品，也具有互补品。类似地，制度也具有替代性和互补性。制度的可替代性是指为了实现某个特定目标，不同的制度具有一定程度的可替代性，但是不同的制度实现特定目标的成本是不同的，因此，制度存在优劣之分。

在对水资源管理和水生态保护制度的资源效应、环境效应、经济效应进行综合分析的基础上，可以判别不同水资源管理和水生态保护制度的成本—效益关系以及各自优劣。既然不同的制度存在优劣之分，就需要对制度进行优化选择。对制度进行优化选择就首先需要建立制度工具箱，进而识别哪些制度存在替代性，比较具有替代性制度的优劣，从而作出优化选择。水资源有偿使用和生态补偿制度中可能有的替代性制度见表 6-1。

表 6-1 可能的水资源替代性制度

序号	制度名称	制度名称
1	水资源财税制度	水资源产权制度
2	水资源征税制度	水权制度
3	水环境税制度	水污染权制度
4	水生态补偿制度	水权交易制度

续表

序号	制度名称	制度名称
5	水生态政府补偿制度	水生态市场补偿制度
6	基于总量控制的政府调配制度	基于总量控制的市场交易制度

不仅单一的制度存在替代性，例如水权制度和水资源税制度；而且不同的制度耦合也存在替代性，例如利用水资源有偿使用费补偿生态保护者的水资源财税制度与水权制度与水污染权制度耦合的水资源产权制度。从水制度的大类看，主要有水资源财税制度和水资源产权制度。这两种制度都是经济杠杆在水资源配置中的运用，但是各有利弊，见表6-2。

表6-2　水资源财税制度和水资源产权制度的比较

比较项目	水资源财税制度	水资源产权制度
制度依据	庇古理论	科斯理论
实施手段	水资源税（费）、水生态补偿费	水权交易、水污染权交易
实施成本	政府管理成本高	市场交易费用高
可能威胁	寻租活动等政府失灵	信息不对称等市场失灵
政府偏好	偏好征税（费）、不偏好补贴	偏好初始水权和排污权的有偿使用、不偏好无偿使用

表6-2表明，在制度选择中特别需要加强的是“监督选择者”。由于政府是水制度的主要选择者，而政府又往往偏好征税制度。例如水权交易制度试点了十几年，迟迟没有推开，而水资源税制度短短几年即将推开。其中，不排除政府偏好的原因。因此，在政府作出制度选择的过程中，要充分重视专家的咨询作用和公众的听证作用，而且要充分利用定量评价的结果。

二、基于制度互补性进行水制度耦合强化

制度的互补性是指两种或两种以上的制度相互配合、耦合使用，可以突破单一制度的功能，实现“1+1>2”的制度合力的效果。例如，取水总量控制制度是一种强制性的制度，这种制度强行推行可能导致成本昂贵；

水权交易制度是一种选择性的制度，这种制度具有以最小成本实现最高收益的效果，但是，没有总量控制制度是寸步难行的。因此，对总量控制制度与水权交易制度进行耦合，可以实现总量控制前提下的水权交易制度。再如，水资源问题不仅涉及水资源的数量，而且涉及水资源的质量，因此，把用于解决水资源优化配置的水权交易制度和用于解决优化水环境保护的水污染权交易制度进行耦合使用，可以同时解决水资源配置优化和水环境配置优化的效果。在澳大利亚的墨累达令河流域就是实施了双管齐下的水资源和水环境管理制度，取得了显著成效。

制度耦合可能是制度前提与制度主体之间的耦合，例如排污总量控制与水污染权交易制度的耦合；也可能是异曲同工的制度耦合，例如水权交易制度与排污权交易制度的耦合；还可能是激励制度与约束制度的耦合，水生态保护补偿与水环境损害赔偿制度的耦合。水生态保护补偿只是强调了如何补偿水生态保护者，忽视了如何防范水环境损害者。因此，仅有水生态保护补偿制度是存在制度缺陷的，理想的制度结构是“水生态保护补偿—水环境损害赔偿耦合制度”。同时，在水环境损害赔偿制度中建立政府—企业—社会联合赔偿的机制。可能的互补性制度见表6-3。

表6-3 可能的水资源互补性制度

序号	制度名称	
1	取水总量控制制度	水权交易制度
2	排污总量控制制度	水污染权交易制度
3	水生态补偿制度	水环境损害赔偿制度
4	水生态补偿制度	水污染治理制度
5	水资源税制度	水生态补偿制度
6	取水总量控制制度	排污总量控制制度
7	水权交易制度	水污染权交易制度

水资源制度的替代性和互补性研究表明，水制度改革的空间很大，潜力巨大。因此，廓清这些制度关系，对于深入推进水制度改革具有重要的意义。

第二篇　网络普查篇

——基于网络普查的水资源有偿使用和生态补偿制度研究

党的十八大报告提出“建立反映市场供求和资源稀缺程度、体现生态价值和代际补偿的资源有偿使用制度和生态补偿制度”。党的十八届三中全会进一步明确提出“实行资源有偿使用制度和生态补偿制度”。党的十八届五中全会再次强调“建立健全用能权、用水权、排污权、碳排放权初始分配制度”。水资源有偿使用和生态补偿制度是资源有偿使用制度和生态补偿制度在水资源与水环境领域的重要实践，是生态文明制度建设的重要组成部分，探究水资源有偿使用和生态补偿制度建设对于健全资源有偿使用制度和生态补偿制度具有重要的理论和现实意义。

水资源有偿使用和生态补偿制度的中国框架包括取水总量控制制度、水污染物总量控制制度、水资源费制度、水权交易制度、水污染权交易制度、水生态补偿制度、水环境污染问责制度和水环境损害赔偿制度。该八项制度既相对独立，各成体系，又相互联系，或存在互补关系，或存在替代关系。在回顾和量化分析1978年以来中国水资源有偿使用和生态补偿制度的基础上，八项制度的分类演进路径和演进阶段、空间特征和演变规律、突出问题与改进建议、综合强度与制度绩效均可加以明确。

本篇的创新点主要体现在三个方面：(1) 研究方法——网络普查法。在大数据和“互联网+”的背景下，本篇基于政府公开信息对中国水资源有偿使用和生态补偿制度的具体政策进行了全面搜索，包括省、市两级政府网络平台，涉及地方政府官网以及发展改革委、环保厅（局）、水利厅（局）、生态办等多个重要生态文明相关机构的官网，相关信息覆盖中国31个省（自治区、直辖市）和200多个地（县）市，此外还包括百度、谷歌、雅虎等主流搜索平台。(2) 研究指标——量化的制度强度。制度量化是制度分析的难点，本篇基于空间视角设计了三种类型的制度量化指标和一种累计强度指标，并将之运用于解释制度绩效问题研究，实证研究表明此思路下的制度强度能显著地解释水环境和水资源效率等绩效指标。(3) 研究观点——提出并论证了一系列创新性观点。主要如中国水资源有偿使用和生态补偿制度强度存在空间极化现象，且制度地理极演变具有规律性；中国水价制度改革面临结构性调整，其结构调整包括供求侧的双调以及内部结构的调整，内部结构的调整是提高水资源利用效率的重中之重，内部结构的调整需要制度改革作保障；中国水生态补偿制度财政资金运作存在六类不同的模式，不同的模式因政策指向的不同而存在制度选择矩阵；中国水污染权交易一级市场价格和二级市场价格的定价机制备受争议，合理的定价机制是形成全国统一的排污权交易市场的前提。

第七章　水资源有偿使用和生态补偿制度网络调查报告

水资源有偿使用和生态补偿制度包括取水总量控制制度、水污染物总量控制制度、水资源费制度、水权交易制度、水污染权交易制度、水生态补偿制度、水环境污染问责制度和水环境损害赔偿制度。该八项制度在中国经历了数十年的沿革与演变，它们相互作用但共同服务于中国水生态文明的建设。首先，构建了中国水资源有偿使用和生态补偿制度的框架并分析了八项子制度之间的相互关系；其次，基于网络普查的方法，搜索了中国31个省（自治区、直辖市）的相应政策文件，进而凝练出了不同制度的分类演进路径和演进阶段；再次，基于若干种量化思路，测度了八项制度的制度强度并探讨了八项制度强度的空间特征及其演变规律；最后，对各省各类制度推陈出新的能力顺序进行了排序。

第一节　水资源有偿使用和生态补偿制度的中国框架

中国水生态文明建设源于水利、立于水利但又超越水利。中国百年水利发展史（1949—2050年）总共经历了五个阶段：第一阶段（1949—1978年）为大规模水利建设时期；第二阶段（1978—1987年）为水利建设相对停滞期；第三阶段（1988—1997年）为水利发展矛盾凸显期；第四阶段（1998—2010年）为水利改革发展转型期；第五阶段（2011—2020年）则是水利加快发展黄金期。[①] 为了应对不同阶段上的水资源和水环境问题，

① 王亚华、胡鞍钢：《中国水利之路：回顾与展望（1949—2050）》，《清华大学学报》（哲学社会科学版）2011年第5期。

各类水制度应运而生。中国自改革开放以来在国家层面上出台了诸多水政策，如《水法》《防洪法》和《水污染防治法》等法律，《河道管理条例》《防汛条例》《城市供水条例》《城市节约用水管理规定》和《水污染防治法实施细则》等规章制度，以及各种类型的领导讲话、地方性法规和政策等。[①] 虽然在不同阶段中央政府从宏观层面上均不同程度地给出了相应制度安排，但是中国的水资源和水环境问题依然十分突出。这一方面是因为大范围的制度缺位所导致的，解决复杂的水问题更要靠健全的制度保障。[②] 另一方面是因为区域性水制度的缺失和制度结构的不合理。因此，全面调查 1978 年以来省市两级水制度和深入分析区域水制度结构对于建立有利于水利科学发展的制度体系至关重要。

中国水资源有偿使用和生态补偿制度是一个制度体系，它包含约束性和激励性两类制度，集中体现在资源有偿使用和生态补偿制度之中。2013 年党的十八届三中全会通过的《中共中央关于全面深化改革若干重大问题的决定》明确提出"实行资源有偿使用和生态补偿制度"，水资源有偿使用和生态补偿制度在东江流域和长江流域的局部地区试点后于 2014 年在《水利部关于深化水利改革的指导意见》中被进一步明确为水资源费制度和水生态补偿制度。然而，水资源有偿使用和生态补偿制度并不仅仅是指水资源费制度和水生态补偿制度，该制度体系包含水资源有偿使用和生态补偿制度中所有关键性制度安排。水利部部长陈雷在题为"积极践行新时期治水思路，奋力开创节水治水管水兴水新局面"的报告中将之解读为除水资源费制度和水生态补偿制度外，还包括水资源保护方面的水资源论证和取水许可等制度、水环境治理方面的水功能区分级分类管理制度、水资源水环境承载能力监测预警机制和国家水资源监察制度、水权交易制度等。[③]

鉴于水资源短缺和水环境污染在新时期治水思路中的重要地位，水资

① 水利部著：《中国水政要览：2006—2011》，长江出版社 2013 年版，第 1—30 页。

② 王亚华：《中国治水转型：背景、挑战与前瞻》，《水利发展研究》2007 年第 9 期。周学文：《〈水利部关于深化水利改革的指导意见〉解读》，《中国水利》2014 年第 3 期。

③ 陈雷：《积极践行新时期治水思路，奋力开创节水治水管水兴水新局面》，《中国水利》2015 年第 1 期。

源有偿使用和生态补偿制度建设可以从水资源和水环境两个层面展开。[①]就水资源而言，基于水量的制度安排包括取水总量控制制度、水资源费制度、水权交易制度和水生态补偿制度；就水环境而言，基于水质的制度安排包括水污染权总量控制制度、水污染权交易制度、水环境污染问责制度和水环境损害赔偿制度。这八项水制度安排是水生态文明体制机制改革相关内容的具体化，也是当下涉水类生态经济制度研究的重点，因此本章重点调查这八项水资源有偿使用和生态补偿制度在省市两级的实施和信息公开情况，并探讨这八项水制度之间的制度关系、演进路径、空间特征和演变规律。

取水许可总量控制制度是指根据一个流域或区域的水资源及水环境承载能力，依据区域用水指标及环境质量标准，将取水总量和污染物负荷总量控制在自然环境的承载力范围之内的一种制度安排。[②] 该制度定义将基于水量的取水总量控制制度和基于水质的水污染权总量控制制度均包含在内。为了区分水量和水质问题，本章将取水总量控制制度定义为仅基于水量指标的一种取水许可制度。本质上来说，"取水"取得的都应该是"好水"，即水质达到一定标准的水。因此，从这个意义上来说，水污染权总量控制制度是指取水总量控制的前置性制度安排。主要污染物总量控制制度是指将某一控制区域作为一个完整的系统，采取一定的措施将排入该区域内的污染物总量控制在一定数量内以满足该区域内环境质量要求。[③] 水污染物总量控制制度则是指基于水质指标的一种总量控制制度安排。

水资源费制度是指政府代表国家行使水资源使用收益权的制度安排，即水资源使用者通过缴纳一定的费用取得水资源使用权。[④] 水资源费制度是水资源有偿使用的一种最为直观的制度安排，水权交易制度、水污染权

① 胡鞍钢：《以制度建设促进中国治水走向"良治"》，《水利发展研究》2004 年第 2 期。

② 陈润、甘升伟、石亚东等：《新安江流域取水许可总量控制指标体系研究》，《水资源保护》2011 年第 2 期。

③ 马中、Dan Dudek、吴健等：《论总量控制与排污权交易》，《中国环境科学》2002 年第 1 期。

④ 吴国平、洪一平：《建立水资源有偿使用机制和补偿机制的探讨》，《中国水利》2005 年第 11 期。

交易制度、水生态补偿制度等则是水资源有偿使用的间接制度安排。水权交易制度是指水权在区域政府之间、区域政府与地方政府之间以及政府与用水户之间进行交易的一种制度安排。[①] 排污权交易制度是指这样一种制度安排：它根据环境容量确定区域污染物的排放控制总量，并将排放控制总量转换成排污许可指标面向合法排污单位进行初始分配，最终实现排污许可指标及其所代表的排污权在具有不同边际污染治理成本的排污单位之间进行交易。[②] 水污染权交易制度则是指排污权交易制度中涉及水体污染物的系列指标安排，包括化学需氧量（COD）、氨氮（NH－4）和总磷（TP）等。生态补偿制度是指以保护和可持续利用生态系统服务为目的，以经济手段为主调节相关利益关系的制度安排。[③] 生态补偿有狭义和广义之分，狭义的生态补偿是指人对人的补偿，而广义的生态补偿还包括人对自然的补偿。本章中的水生态补偿制度仅指涉水的生态补偿，一般是指狭义的生态补偿，有时也涉及广义的生态补偿。

水环境损害赔偿制度和水环境污染问责制度是两项事后制度安排，往往与水生态补偿制度相互匹配、联合使用。对于环境损害赔偿而言，有学者持否定态度，既已对公众之权利（如健康）产生损害，赔偿亦属徒劳。以环境污染责任保险制度为代表的环境损害赔偿经济制度安排却能够有效地防范环境损害风险，正在被市场逐步接受并推广。[④] 水环境损害赔偿制度是指因涉水类环境损害而发生的赔偿行为制度。水环境污染问责制度是政府机构通过相关法律法规对水污染排放活动的主客体双方的职责和权利进行明确，并制订一套科学可行的综合评判标准用来考核双方责任和落实程度，权利客体借助谈判、证明等形式自身行为绩效进行表达，权利主体

① 沈满洪著：《水权交易制度研究——中国的案例分析》，浙江大学出版社2006年版，第28页。

② 沈满洪、钱水苗、冯元群等著：《排污权交易机制研究》，中国环境科学出版社2009年版，第5—6页。

③ 中国生态补偿机制与政策研究课题组著：《中国生态补偿机制与政策研究》，科学出版社2007年版，第41页。

④ 谢慧明、李中海、沈满洪：《异质性视角下环境污染责任保险投保意愿分析》，《中国人口·资源与环境》2014年第6期。

进行综合评估进而对客体的绩效给予评判，并辅之以相应奖惩举措。[①] 水环境污染问责制度现阶段主要还是行政问责，体现为政府官员晋升过程中的“一票否决”和污染企业环评过程中的“一票否决”。

在八项水制度中，四项水量制度安排之间的内在逻辑是取水总量控制制度是水资源有偿使用和交易的前提；水资源有偿使用虽然不是水权交易制度的必要条件，但在很多地区都是一个充分条件，而且是在给定水资源费制度的前提下再开展水权交易试点；水生态补偿制度是基于水量制度安排的一般化情形，不管是有偿使用还是交易都体现了人们对水生态服务的支付。四项水质制度安排之间的内在逻辑是水污染权总量控制制度是前提；水污染权交易制度是水污染权总量控制制度的必然结果，水环境损害问责制度是水污染权总量控制制度的有益补充，水环境损害赔偿制度则是水生态补偿制度在水质制度安排中的创新设计。

图 7-1 为各制度关系图。其中，前置性制度安排相对明确，如图 7-1 中的单项箭头所示。双向箭头所指的“替代”或“互补”关系是指：(1) 水权交易制度与水污染权交易制度两者是互补关系，因为两者刻画的是一种制度的两个方面——水质和水量；(2) 水权交易制度和水污染权交易制度两者与水生态补偿制度之间则是替代关系，因为两者均可通过生态补偿的方式实现，生态补偿也可以体现在水权交易和水污染权交易的实践中；(3) 水生态补偿制度与水污染损害赔偿制度是互补关系，因为两者是一个事情的两个方面——保护与污染；(4) 水生态补偿制度与水环境污染问责制度是互补关系，因为两者之间往往相辅相成，共同出现在对某一环境事件的处理结果之中；(5) 水污染损害赔偿制度和水环境污染问责制度，或是替代关系，或是互补关系。当问责制度是一种行政问责时，两者是互补关系；而当问责制度是一种经济问责时，两者是替代关系。

本章将基于省市两级公开信息资料对上述八项水制度进行全面的网络

---

① 刘继为、刘邦凡、崔叶竹：《环境问责机制的理论特质与结构体系研究》，《国土与自然资源研究》2014 年第 4 期。

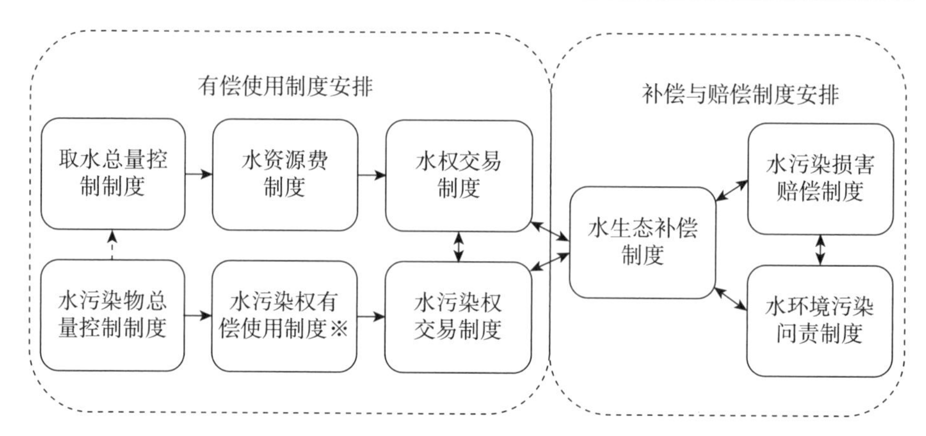

图 7-1 八项水资源有偿使用和生态补偿制度的逻辑关系图

注：单向箭头表示前置条件，单向箭头（虚线）表示潜在前置条件；双向箭头表示“互补”或“替代”关系；※表示该项制度不在统计的八项水制度之中，因为绝大部分地区排污权交易制度试点都涵盖了排污权有偿使用制度，有些地方称之为排污权有偿使用和交易制度，本章中的水污染权交易制度是一个广义概念，包含水污染权有偿使用制度和水污染权交易制度。

普查，在分析各制度关系和演进路径的同时探究水资源有偿使用和生态补偿制度的空间特征，并探讨水资源有偿使用和生态补偿制度的演进规律，最终在给出各地区水资源有偿使用和生态补偿制度强度指标的基础上提出加强水资源有偿使用和生态补偿制度建设的建议。

第二节 中国水资源有偿使用和生态补偿制度的分类演进及其演进阶段

包含上述八项制度的中国现代水资源有偿使用和生态补偿制度体系建设可以追溯到 1965 年，当时中国水利水电部出台了《水利工程水费征收使用和管理试行办法》，该办法对专用水征收费用进行了明确规定。1985 年，国务院颁布的《水利工程水费核定、计收和管理办法》对各地水费改革要求给出了原则性意见。过程中，上海市和山西省分别于 1972 年和 1982 年颁布了《上海市深井管理办法》和《山西省水资源管理条例》，局部试点水资源有偿使用，但基本上水资源还是无偿使用。1988年《中华人民共和国水法》的诞生标志着我国水资源开始正式由无偿使用向有偿使用转变，陕西（1992）、内蒙古（1992）、安徽（1992）、浙江（1992）、河南（1992）、四川（1993）、江苏（1993）、广东（1995）、湖北（1997）和湖南（1997）等省份先后开始征收水资源费。[①] 在深入试点和全面实践的基础上，国务院于1995年通过了《关于征收水资源费有关问题的通知》明确要求各省市征收水资源费，并于2002年修订了《水法》以进一步明确水资源费的征收范围和对象以及完善了水资源的取水许可和水资源费的征收工作。在《水法（2002年修订）》的基础上，国务院出台了《取水许可和水资源费征收管理条例》，并于2011年和2012年作出了《关于加快水利改革发展的决定》和《关于试行最严格水资源管理制度的意见》；水利部等有关部门则颁布了《水资源费征收使用管理办法》《取水许可管理办法》和《水资源费使用管理暂行办法》等办法来构建一个相对完善的水资源有偿使用制度体系。

虽然水资源有偿使用制度起步较早，但是在1988年之前我国基本上还是处于水资源无偿使用阶段。这是因为水资源有偿使用或无偿使用有一个重要的前置条件是取水总量控制。水资源之所以需要有偿使用是因为水资源相对稀缺。早年，黄河流域断流频现，损失巨大，水资源短缺已成为制约黄河流域经济发展的瓶颈，水资源配置机制对于黄河流域省市而言至关重要。[②] 第一个取水总量控制制度于1987年在黄河流域诞生，即国务院颁布的《黄河可供水量分配方案》，它尝试开启国家对流域水量分配的实践。该方案仅对河流径流量进行了分配，存在诸多不科学因素。因此，1994年水利部黄河水利管理委员会在1993年国务院颁布的《取水许可制度实施办法》的基础上颁布了《黄河取水许可管理实施细则》，以弥补1987年方

① 我国水资源费征收标准问题研究课题组：《我国水资源费征收和使用现状分析》，国家发展和改革委员会经济体制与管理研究所，2011年。曹永潇、方国华、毛春梅：《我国水资源费征收和使用现状分析》，《水利经济》2008年第5期。

② 胡继连、葛颜祥：《黄河水资源的分配模式与协调机制》，《管理世界》2004年第8期。

案的不足。《取水许可制度实施办法》的出台为取水总量控制制度奠定了坚实基础，为各流域推进取水总量控制制度的实施给出了具体可行的实施思路。2011年，取水总量控制制度得到进一步的完善，《太湖流域管理条例》突破了行政壁垒限制尝试实施跨流域取水总量控制。现阶段最严格的水资源管理制度中的“三条红线”进一步明确了取水总量的控制要求，是对总量控制的一次综合。

从上述两个制度的演变过程来看，水资源管理由总量不控制到总量控制转变的时间节点是1987年的国务院《黄河可供水量分配方案》，完善的时间节点是1993年的国务院《取水许可制度实施办法》；水资源管理由无偿使用到有偿使用转变的时间节点是1988年的《水法》，完善的时间节点是1995年的国务院《关于征收水资源费有关问题的通知》和2002年的《水法（修订）》。与此同时，水资源有偿使用虽然在上海市和山西省等局部地区就专属的水资源先于取水总量控制制度进行过试点，但是这些地区均面临着潜在取水总量。因此，取水总量控制制度安排先于水资源有偿使用制度安排，取水总量控制制度是水资源有偿使用制度的前置条件，脱离取水总量控制制度安排的水资源有偿使用制度只能是局部的或专属的，局部和专属的特征决定着潜在取水总量控制。

水权交易制度是水权制度改革的核心，水权制度改革是水资源配置制度创新的核心。水权交易一般包括取水总量控制（水权总量核定）、取水总量分配（区域水权分配）、水资源配额交易（水权交易）几个步骤，因此水权交易制度必然迟于取水总量控制制度。第一个水权交易制度案例发生在2000年浙江东阳—义乌。[①] 在2000年之前，诸多流域尝试对水资源总量进行分配，如1987年的《黄河可供水量分配方案的报告》、1996年的《晋江下游水利分配方案》、1997年的《黑河干流水量分配方案》等。2000年以后，水权交易案例逐步增多，区域内、跨区域甚至跨流域水权交易案例在中国纷纷出现，然而中国水权交易制度及其框架设计却相对滞

① 沈满洪：《水权交易与政府创新——以东阳义乌水权交易案为例》，《管理世界》2005年第6期。

后。2005 年，水利部出台了《关于水权转让的若干意见》和《水权制度建设框架》，前者首次使用了“水权”这一名词，后者对水权制度建设的基本原则、水权分配、取水管理、水权流转和水市场建设方面做了指导性说明。然后，两个文件只是提出了水权交易的一些初步想法，并未涉及水权交易制度安排的说明，一直到“十一五”期间，中央政府也只是指出要“建立国家初始水权分配制度和水权转让制度”。党的十八大报告明确提出积极开展水权交易制度试点，党的十八届三中全会《决定》则明确要求实施水权交易制度。因此，在 2014 年水利部发布了《关于开展水权试点工作的通知》，将宁夏、江西、湖北、内蒙古、河南、甘肃和广东 7 省列为水权交易试点地区。水权交易制度安排正逐渐从地区安排演变为一个全国性或是区域性的制度安排。

水生态补偿是以保护和可持续利用水生态系统服务为目的，以经济手段为主要手段调节相关利益关系的制度安排。水生态补偿与水权交易两种制度均起步较晚，均在 2005 年提出相对完整的制度框架。水生态补偿最早的案例出现在 1995 年的浙江金华，当时金华市通过“飞地”的形式通过税收返还的方式要求磐安市保护支付地区上游来水的水质。该例子中的补偿实际上是一种条件补偿，并没有对生态补偿的核心要求作出明确规定，如补多少，只是通过这形式缓解上游来水的水质状况。在 21 世纪初，北京、广东、江西等地出现了基于引水工程的生态补偿，此类水生态补偿案例与水权交易案例往往是一致的，而且水权交易往往被定格为一种水生态补偿制度安排的有效政策，如东江流域生态补偿。一般而言，水生态补偿往往包含某种意义上的水权交易，水权交易是一种公平交易，而生态补偿则可能包括单向的环境保护和环境治理投资，如北京市与河北省之间的官厅—密云水库生态补偿。全国性生态补偿涉水类制度安排最早可以追溯到 2005 年《国务院关于落实科学发展观、加强环境保护的决定》，该决定提到“建立跨省界河流断面水质考核制度，省级人民政府应当确保出境水质达到考核目标”和“要完善生态补偿政策，加快建立生态补偿机制”。随后，2007 年国家环保总局发布了《关于开展生态补偿试点工作的指导意见》，

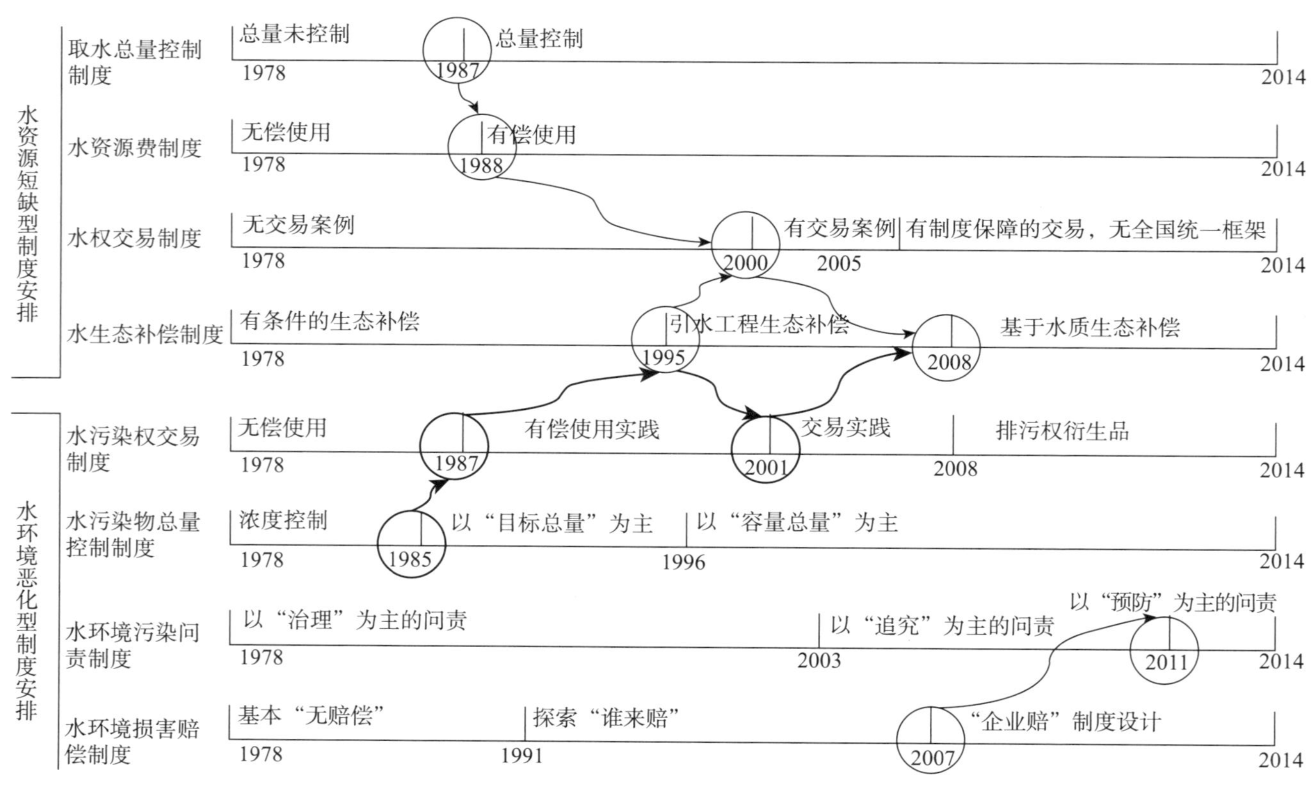

图 7-2 中国水生态文明制度的分类演进路径（1978—2014 年）

2008年修订版本的《中华人民共和国污染防治法》要求建立水环境生态保护补偿机制，即基于水质标准的水生态补偿制度由此应运而生。

从上述四类制度的演变可以看出，取水总量控制制度是水资源有偿使用和水权交易两种制度的前置条件，而且水资源有偿使用制度是水权交易制度的前置条件。虽然根据科斯定理，水资源是否有偿使用不会影响到一个完善水权市场的运行机制和结果，但是从制度演变过程表明水权交易的交易成本还是极其高昂的，最终许多地方政府还是选择了先有偿使用再推进水权交易，至少从制度诞生的角度来看是如此的。因此，取水总量控制制度先于水资源有偿使用制度，水资源有偿使用制度先于水权交易制度，三者之间的先后关系显而易见，前置性条件假设合理；水生态补偿案例同样先于水权交易，然而水生态补偿制度最终演变为不仅包括水权交易层面上的补偿，还包括基于水质的水污染权交易层面上的补偿，水生态补偿制度安排是对水权交易制度和水污染权交易制度的一次综合，水权交易制度和水污染权交易制度是一种制度的两个方面，存在“互补”关系。

水污染权交易制度是指涉及水体污染物的排污权交易制度。该项制度所涉及的水体污染物主要包括化学需氧量、氨氮和总磷等，现行的排污权交易制度均包含水体污染物，因此水体污染权交易制度演变与排污权交易制度演变一致。我国排污权转让的实践源于1987年上海市闵行区的水污染物排污指标有偿转让，此后，各地纷纷推出排污权有偿使用和交易制度试点。排污权交易制度正式试水是在2002年的浙江省嘉兴市秀洲区，随后经历了“从县级市到地级市层面，从地级市再到省级层面，从省级层面再到太湖流域层面”的一系列深化试点的过程。[①] 1988年国家环保总局所出台的《水污染物许可证管理暂行办法》是建立排污权交易制度的基础性文件。排污权交易制度自浙江试点以来取得了显著成效，党的十八大报告明确提出积极开展排污权交易制度试点，党的十八届三中全会则明确要求实施排污权交易制度。在江苏、浙江、天津、湖北、湖南、内蒙古、山西、

① 沈满洪、谢慧明：《生态经济化的实证与规范分析——以嘉兴市排污权有偿使用案为例》，《中国地质大学学报》(社会科学版) 2010年第6期。

重庆、陕西、河北、河南11个省市自治区开展排污权交易制度试点的基础上，2014年国务院印发了《关于进一步推进排污权有偿使用和交易试点工作的指导意见》为构建全国统一的排污权交易制度奠定基础。

水污染物总量控制制度是推进排污权有偿使用和交易的前置性制度安排。1978—1987年，我国对水环境治理一直奉行的是“浓度控制”，然而“浓度控制”并没有很好地实现减排和改善水环境质量，因此水环境治理模式开始由“浓度控制”向“总量控制”控制转变。1985年上海市出台的《黄浦江上游水源保护条例》中确定了允许的排污总量。这是总量控制的早期实践，为1987年上海市闵行区第一例水污染物转让创造了必要条件。从全国而言，水污染物总量控制制度可以分为两个时期：一是以目标总量控制为主的时期（1988—1996年），1988年国家环保局颁布了《水污染排放许可证管理暂行办法》并逐步实施污染物排放总量控制，1996年国务院颁布了《关于环境保护若干问题的决定》要求实施污染物排放总量控制制度；二是以容量总量控制为主的时期（1996—2014年），在这一时期，全国人大常委会于2002年修订了《水法》、2008年修订了《水污染防治法》和2014年修订了《环保法》，国家环保总局（或国家环保部）相机出台了《水污染排放总量监测技术规范》和《主要水污染物与总量分配指导意见》。

水污染物总量控制制度和水污染权交易制度是基于水质目标的两类水资源有偿使用和生态补偿制度安排，从制度演变过程来看，与取水总量控制制度和水权交易制度的关系相似，水污染物总量控制制度也是水污染权交易制度的一项前置性制度安排。上海市的案例表明水污染物总量控制制度先于水污染权交易制度。同时从水污染权交易制度框架来看，一个地区首先需要有可交易的污染物指标，然后再根据一定的规则设计指标分配方案，再是区域内各主体之间的交易。水污染物总量控制制度是水污染权交易制度的前置性制度安排。与水权交易制度安排相似，水污染权交易制度也可以成为水生态补偿制度的一种实现方式。从图7-2可以看出，水生态补偿案例依然先于水污染权交易案例，但是水污染权交易制度安排或有助于实现水生态补偿方式的多样化。因此，水污染物总量控制制度是水污染权交易制度的前置性制度安排，水生态补偿制度先于水污染权交易制度产生，然水污染权交易制度丰富了水生态补偿的内涵；水污染权交易制度与水生态补偿制度可以互为实现方式，水权交易制度与水生态补偿制度的关系亦如此，“替代”关系命题得证。

就水环境污染问责制度和水环境损害赔偿制度而言，一方面它们是一种基于水质目标的两类事后水资源有偿使用和生态补偿制度安排，另一方面它们与其他制度均不构成先后关系，虽然从政策演变来看水环境污染问责制度先于所有制度。1979 年，第一部《环境保护法（试行)》就规定了问责情形。水污染问责制度自第一部环保法出台后经历了三个时期：第一个时期是以“治理”为主的问责（1978—2002 年)，集中体现为《水污染防治法》的出台与修订；第二个时期是以“追究”为主的问责（2003—2010 年)，2003 年的《长沙市人民政府行政问责追究暂行办法》提出了主要负责人未正确履行职责而造成包括水污染等重大责任事故的可依法对其进行行政问责，2006 年第一部关于环境问责方面的专门规章《环境保护违法违纪行为处分暂行规定》也正式出台；第三个时期是以“预防”为主的问责（2011—2014 年)，伴随着 2011 年的《关于开展环境污染损害鉴定评估工作的若干意见》出台，问责开始从行政问责走向经济问责，而经济问责的形式最终与水环境损害赔偿制度趋同。

作为一种经济问责形式，水环境污染损害赔偿制度的最新制度安排是环境污染责任保险制度。该制度创始于 1991 年辽宁大连，地方环保部门和中国人保财险开出了我国企业环境污染责任保险的第一单。在 1978—1991 年，环境污染造成的损害基本上处于“无需赔偿”阶段，而在 1992—1995 年，环境污染责任保险制度安排相继在辽宁、吉林、湖南等地被推出。2007 年，国家环保总局和保监会联合发布了《关于环境污染责任保险工作的指导意见》，我国正式开始尝试建立环境污染责任保险制度。建立环境污染责任保险制度的前提条件是企业生产环境风险评估，因此国家环保部于 2011 年下发了《关于开展环境污染损害鉴定评估工作的若干意见》，并于2013年联合保监会再次下发《关于开展环境污染强制责任保险试点工作的指导意见》强制推进环境污染责任保险制度,《环境损害鉴定评估推荐方法》(第Ⅱ版)也于2014年正式公布。

从这两项制度演变过程来看,制度实施主体在不断地尝试寻找问责的主体和赔偿的主体。对于水环境污染问责制度而言,政府是水环境污染问责的重要主体。然而政府并不是万能的,到了后期,根据"谁污染,谁付费"等原则经济主体(排污单位)也逐渐成为问责主体,此时水环境损害的赔偿主体与经济问责主体就变成同一类市场主体——企业。在赔偿主体的寻找过程中,企业一开始便被认为是水环境损害赔偿的重要主体。对比1978—2002年以"治理"为主的水环境污染问责制度和1978—2007年的基本"无赔偿"与探索"谁来赔"这三个时期,政府一直是问责的主体且只负责治理,而企业一开始便成为赔偿的主体。因此,水环境污染问责制度和水环境污染损害赔偿制度在制度趋同的分析框架下两者可以合二为一,或存在"替代"关系;若将水环境污染问责制度仅界定为行政问责时,两者便可相互补充,"互补"关系显著。

总之,中国水资源有偿使用和生态补偿制度演进阶段可以被区分为三个阶段:第一阶段是自由放任阶段(1978—1987年)。我国于1973年开始环境保护五年计划,该阶段对应的是第二个和第三个五年计划。这两个五年计划期间我国水资源有偿使用和生态补偿制度基本空白,取水总量未受到控制、水资源无偿使用、无水权交易案例、无生态补偿支付、无损害赔偿、基本无总量控制,唯一存在的制度安排是以治理为主的水污染问责。第二阶段是试点探索阶段(1988—2007年)。这一阶段八项制度均或多或少地实现了制度创新,在"摸着石头过河"的方式下进一步理清了八项制度之间的关系,形成了"水量"和"水质"双管齐下的水治理模式,和"先后关系""替代关系"和"互补关系"等相互关联的水制度框架。第三个阶段是整合完善阶段(2008—2014年)。这一阶段的水资源有偿使用和生态补偿制度体现了一定的整合特征,如水生态补偿制度可以通过水权交易和水污染权交易两项制度安排实现,以及水污染问责制度中的经济问责与水污染环境损害赔偿制度共同依靠环境污染损害责任保险制度，虽然制度的整合与完善之路仍任重道远。

第三节　中国水资源有偿使用和生态补偿制度的空间特征及其演进规律

一、水资源有偿使用和生态补偿制度指标量化方法

经过改革开放三十多年的努力，中国业已形成了一个结构相对完善的水资源有偿使用和生态补偿制度体系，各制度之间的关系在制度演变过程中也逐渐明晰。然而，各种制度在地区实践中不仅在推进时间上先后有别，而且在制度实施强度上也有显著差异。具体来说，有些地区是水资源有偿使用和生态补偿制度的自主创新区，而有些地区仅是水资源有偿使用和生态补偿制度的跟随者；有些地区会频繁地调整区域水政策，而有些地区则是在中央出台全局性水政策时再调整区域政策；有些地区的某些制度只是经历了一次全局性的政策调整，而有些制度则经历了多次的全局性政策调整；有些地区的某些制度只是调整其部分条款，而有些地区则采取了更为迂回的策略。诸如此类，为了定量分析水资源有偿使用和生态补偿制度的空间特征及其演变规律，本章采取如下三种方式对水资源有偿使用和生态补偿制度指标（Index of Water Policy System，IWPS）进行量化处理：

（一）水资源有偿使用和生态补偿制度区域强度指标（IWPS—Regional Strength，IWPS—RS）

在区域水资源有偿使用和生态补偿制度实施过程中，有些省份出台了全省性的规范性和指导性文件，而有些省份没有出台相应的政策文件，只是在局部地级市或县级市出台了相应的政策文件。这意味着，有些省份某些政策的实施强度要高于只有局部政策文件的省份。因此有：

$IWPS\text{-}RS_{i,t}$ = 有相关政策的地级市个数$_{i,t}$/省（市、自治区）所包含的地级市个数$_{i,t}$

i 为第 i 个省（市、自治区），$i=1$，…，31。t 为年份（1978—2014

年）。在特定年份，一省（市、自治区）出台了相应的文件，那么该省（市、自治区）所包含的所有地级市均被界定为有相应的政策文件。同一年内，只有县级市有相应的政策时，其上一级地级市被界定为有相应的政策文件。同一区域内，不同年份有不同的政策文件，那么相应年份均有可供加总的地级市个数。地级市名称根据政策文件内容加以确定，省（市、自治区）所包括的地级市个数根据《中国统计年鉴2014》行政区划的数据来确定。

（二）水资源有偿使用和生态补偿制度虚拟变量指标（IWPS—Dummy Variable，IWPS—DV）

在水资源有偿使用和生态补偿制度体系中，有一些制度的推进相对滞后，它并不存在明显的强弱之分，而是处于“有”这一政策约束和“没有”这一政策约束的阶段。鉴于此有：

$$IWPS\text{-}DV_{i,t}=\begin{cases}1 & i\text{省在}\ t\ \text{年业已实施相关政策}\\0 & i\text{省在}\ t\ \text{年没有实施相关政策}\end{cases}$$

这一虚拟变量的设定适用于那些“自上而下”地推进水资源有偿使用和生态补偿制度的地区，本章仅被运用于水环境污染赔偿制度之中。水环境污染赔偿制度以环境污染责任保险制度为典型代表，它是一项市场化程度相对较高且遵循“自上而下”的制度推进模式，地级市层面甚少有自主的制度设计，故无须在省市两级层面统计制度实施强度。鉴于此类制度不可能每一年每个地方均出台相应的文件，因此本章采取一旦该地区采用此项制度，那么该地区自实施年份以后均视为有此项制度，取值为1。

（三）水资源有偿使用和生态补偿制度数量强度指标（IWPS—Number of Documents，IWPS—ND）

与虚拟变量的设置不同，有一类强度指标设置为水资源有偿使用和生态补偿制度的政策数量。有些制度安排较为综合，在不同的情境中均设置了特定的行政问责，因此在这类制度中，水资源有偿使用和生态补偿制度强度指标设定如下：

$$IWPS-ND_{i,t}=\text{省（市、自治区）相关政策数量}_{i,t}/\sum_{t=1978}^{2014}\text{省（市、自治}$$

区）相关政策数量$_{i,t}$。

水环境污染问责制度便是这样一种制度安排，它分散于各类水资源有偿使用和生态补偿制度政策之中，因此本章采取数量强度的方式来刻画该制度的实施强度。该种制度依然具有“自上而下”的特点，而且该种制度在地市试点过程中或千差万别，故仅收集省级层面的政策数据。

（四）水资源有偿使用和生态补偿制度累计强度指标（IWPS—Accumulated Percent，IWPS—AP）

由于制度具有极强的连续性，即一项制度实施以后可能在较长时间内对该地区产生深刻影响，因此本章构建了一个水资源有偿使用和生态补偿制度累计强度指标来分析不同阶段、不同政策调整等情形下的水资源有偿使用和生态补偿制度空间差异。累计强度指标因累计年限不同而不同，p 阶水资源有偿使用和生态补偿制度累计强度指标计算公式如下：

$$IWPS - AP_{i,t} = \sum_{t=1978}^{t+p} IWPS_{i,t} \quad p = (0, \cdots, 36)$$

$$IWPS = (IWPS - RS, IWPS - DV, IWPS - ND)$$

根据不同制度分析的需要，阶数 p 的选择也会不同。有一些政策可能在十多年后进行调整，而有一些政策可能在若干年后便进行调整，前者的阶数 p 就相对较长，而后者的阶数 p 就相对较短。为了分析某一全局政策的调整，本章会比较 p 阶和（p+1）阶水资源有偿使用和生态补偿制度的累计强度差异。

二、中国水资源有偿使用和生态补偿制度的空间特征

基于上述指标的构建，八项水资源有偿使用和生态补偿制度的省际分布情况如图 7-3 至图 7-10 所示，图中不同的制度在政策收集过程中所遵循的原则略有差异。直接和间接相结合原则是搜寻具体政策的最重要原则；在政策相对多样的制度中，以直接原则为主，即在政策文件中必须出现制度关键词，如“水权”“水资源费”“水生态补偿”等；在政策相对缺乏的制度中，以间接原则为主，即政策文件中出现相关制度关键词，如

“排污权”“取水许可”“最严格水资源管理” 等。

根据水资源有偿使用和生态补偿制度关系图，取水总量控制制度和水污染权总量控制制度是一系列其他制度设计的前置条件，即水资源的稀缺性和水环境的稀缺性导致水资源有偿使用和生态补偿制度不断地被改革和创新。在取水总量控制制度收集过程中，“用水总量控制”“取水许可” 和 “最严格水资源管理” 是贯穿于各个省（市、自治区）及地市政策搜索的三个最重要关键词。虽然取水总量控制制度是一项 “自上而下” 的制度安排，地方政府只可能是全面地执行该制度，但是从实际情况来看，有一些地方结合当地情况制定出台了更为具体的政策，而有些地方没有；有一些地方在网络平台上公布或转发了相关政策，而有一些地方没有；有些地方在中央政策后较为及时地出台了相关政策，而有些地方没有推出或迟迟推出；具体情况如图 7-3 所示。图 7-3 是基于水资源有偿使用和生态补偿制度地区强度指标所计算得到，2014 年的水资源有偿使用和生态补偿制度累计强度指标（p_ accu2014，是指截至 2014 年的累计强度指标，为一百分比，下同）表明广西和青海是取水总量控制制度强度最强的地区，其次为山东和福建等地；而 2012 年的水资源有偿使用和生态补偿制度累计强度指标表明青海、宁夏、吉林最强。如果制度在空间存在 “极” 的概念，那么青海和广西是取水总量控制制度的制度极。

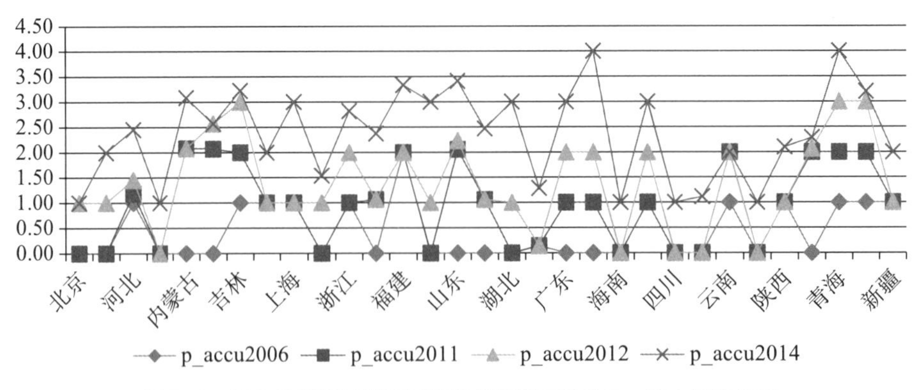

图 7-3 取水总量控制制度区域强度指标省际差异：地方跟随战略

水污染权总量控制制度的政策搜寻关键词为“主要污染物总量”和“主要污染物减排”。此处并没有特别选择水，因为水污染权总量控制制度的起步比较晚，很多地区仅在2010年前后出现了相关政策文件，同时在这个阶段上出台的政策中的“主要污染物”一般包含水污染物，如化学需氧量（COD）。国家在1984年便已出台了《中华人民共和国水污染防治法》，1996年修正了该法，并于2000年出台了《中华人民共和国水污染防治法实施细则》。而直接关于总量的国家政策是2003年的《水污染物排放总量监测技术规范》，并于2006年颁布了与水污染物总量直接相关的《主要水污染物总量分配指导意见》。从所收集的数据资料来看，水污染物总量控制制度主要集中于“十一五”和“十二五”期间，2005年以前基本上没有省份参与到水污染权总量控制制度之中，如图7-4中的p_ accu2005所示；图7-4中的指标依然采取的是水资源有偿使用和生态补偿制度地区强度指标。经过“十一五”的努力，局部省份公开发布和严格执行总量减排，如浙江、广东、青海和河南等地；而在“十二五”最为严格的总量控制背景下，更多的地区参与到公开发布和严格执行总量控制制度，如北京、山西和新疆等地。截至2014年，水污染权总量控制制度的地理极出现在浙江。

水资源费制度是水资源有偿使用制度最为典型的制度安排，该项制度搜索时的关键词是“水资源费”。20世纪80年代，我国部分省市较早试点水资源费制度，如河北和江苏等地；2006年和2008年，我国又分别出台了《取水许可和水资源费征收管理办法》和《水资源费征收使用管理办法》，由图7-5可见截至2006年（p_accu2006）大部分省市均已有水资源费相关制度公布；截至2014年，除去新疆，其余所有省市均能找到水资源费制度相关信息；图7-5中的指标计算依然采取水资源有偿使用和生态补偿制度地区强度指标。截至2014年，水资源费制度在省级层面上的地理极出现在天津。

水权交易制度与水资源费制度密不可分，然而水权交易制度的地理极和水资源费制度的地理极可以不一致。图7-6表明，截至2014年，水权

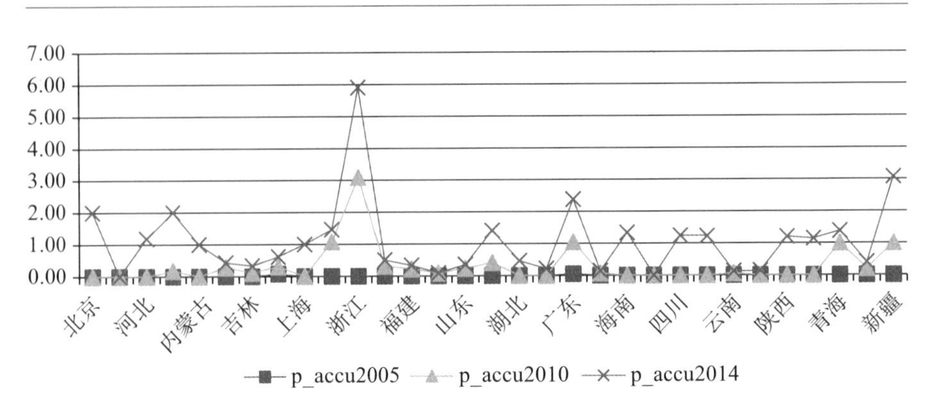

图 7-4 水污染权总量控制制度区域强度指标省际差异：地方跟随战略

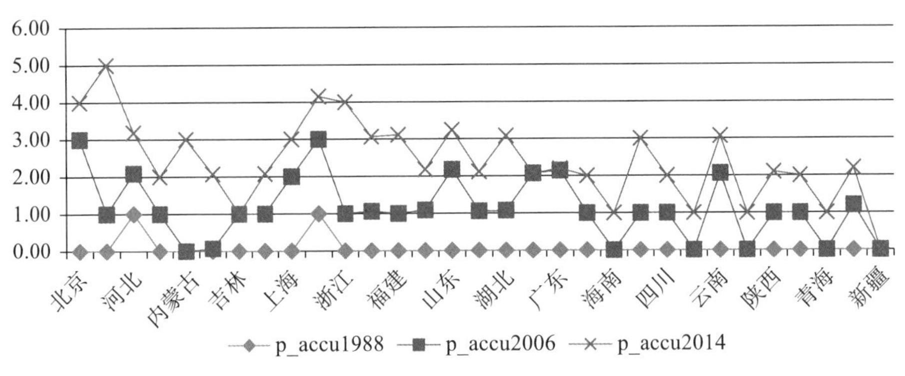

图 7-5 水资源费制度区域强度指标省际差异：全面统筹战略

交易制度的地理极出现在宁夏。图 7-6 是基于生态文明制度地区强度指标所绘制出来的，其搜寻时的关键词是“水权”“水权分配”和“水权转让”。在水权交易制度收集过程中，由于全国性的水权交易制度框架并未形成，因此没有统一的、权威的水权政策，故本章更多采用的是案例个数，即当地级市具有水权交易案例时，该地级市被认为出台了相应的水权交易政策。与此同时，当水权交易在流域内开展时，那么流域内所有地级市均被认定为出台了相应的水权交易政策。值得指出的是，水权交易制度包括水权分配、水权转让和水权交易，但不包括取水许可，本章中取水许可制度被界定为取水总量控制制度之中。一般而言，试点时间和实施时间是一致的，当不一致时，本章选取的是落地的时间，即案例实施的时间；

当试点时间和实施时间只能两者获其一时，本章选取的是可获得的试点时间或实施时间。2005 年，水利部出台了《关于水权转让的若干意见》和提出了《水权制度建设框架》，然而在此之前，浙江、新疆、甘肃、内蒙古、宁夏等地已有相关水权转让和交易的案例，其中宁夏是在全自治区范围内出台了相关举措。2014 年，水利部根据党的十八大和十八届三中全会的精神下发了《关于开展水权试点工作的通知》，并确定在宁夏、江西、湖北、内蒙古、河南、甘肃和广东等 7 省（市、自治区）开展水权试点。从图 7-6 中可以看出，水权交易案例地区并不一定是水权试点地区，水权试点 7 个省（市、自治区）的政策文件尚未全面实施，制度跟随存在滞后效应。宁夏作为水权交易制度的地理极是因为在全局政策调整之前它便是一个地理极，宁夏的 p_ accu2013 依然最大。

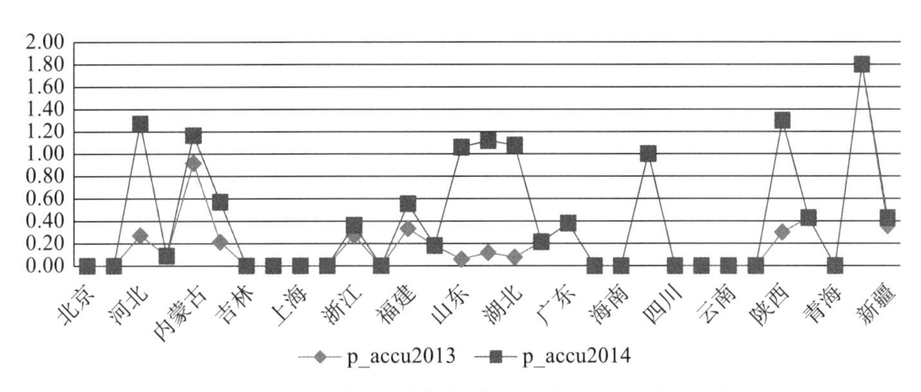

图 7-6　水权交易制度区域强度指标省际差异：地方跟随战略

水污染权交易制度是水权交易制度在水环境层面的具体体现，两者是一类制度的两个方面。该制度在收集过程所基于的关键词是“排污许可证”“排污权有偿使用”“排污费”“排污权”和“排污权交易”，包括水污染权有偿使用和交易两个方面。2006 年，《主要水污染物总量分配指导意见》出台，为水污染权交易奠定了基础。“十一五”末，上海和浙江是水污染权交易制度的两个地理极，如图 7-7 所示。2014 年，国务院出台了《关于进一步推进排污权有偿使用和交易试点工作的指导意见》，河北和山西两省的水资源有偿使用和生态补偿制度地区强度指标最高，浙江排名第三。图 7-7 中，流域水污染权交易制度地级市个数的处理、试点时间和实施时间不一致或不能同时获取时时间的处理等同水权交易制度。

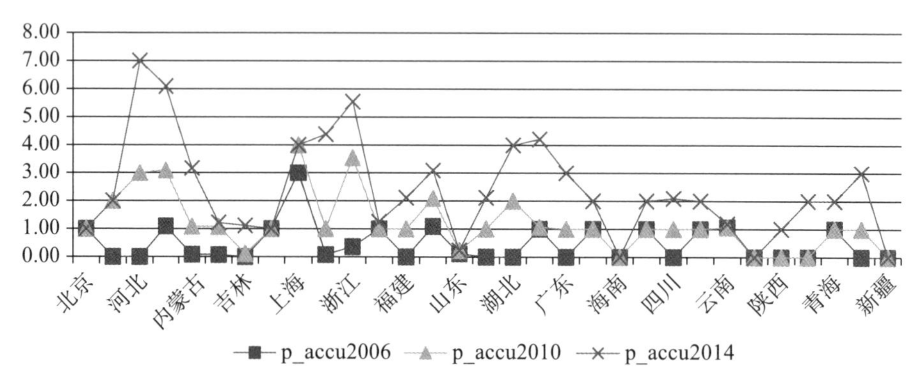

图 7-7　水污染权交易制度区域强度指标省际差异：全面统筹战略

水生态补偿制度地区信息收集过程中的关键词“水+生态补偿”“生态补偿”，不包括林业、土地、矿产等生态补偿。在综合的关键词“生态补偿”中，本章重点考虑两类：一类是流域、湿地、水系等与水直接相关的生态补偿制度，另一类是涉及生态补偿资金的相关政策。1995 年浙江出现了第一个涉水的生态补偿案例，之前水生态补偿制度并不存在。2008 年，国家层面开始探索生态补偿，并下发了《关于确定首批开展生态环境补偿试点地区的通知》，此时浙江省是水生态补偿制度的地理极，图 7-8 中 p_accu2008 最大，因为浙江在 2005 年出台了《浙江省人民政府关于进一步完善生态补偿机制的若干意见》，图 7-8 依然是基于水资源有偿使用和生态补偿制度区域强度指标绘制。然而，截至 2014 年，河南突然成为水生态补偿制度的地理极。这是因为在 2009—2014 年河南基本每年均出台了全省性或大流域的直接与水生态补偿制度高度相关的规定，如《河南省沙颍河流域水环境生态补偿暂行办法的通知》《河南省海河流域水环境生态补偿办法（试行）的通知》《河南省水环境生态补偿暂行办法的通知》《省环保厅省财政厅省水利厅关于河南省水环境生态补偿暂行办法的补偿通知》《关于进一步完善河南省水环境生态补偿暂行办法的通知》。图 7-8 中 p_accu2014 的峰值表明，截至 2014 年，河南是水生态补偿制度的地理极。

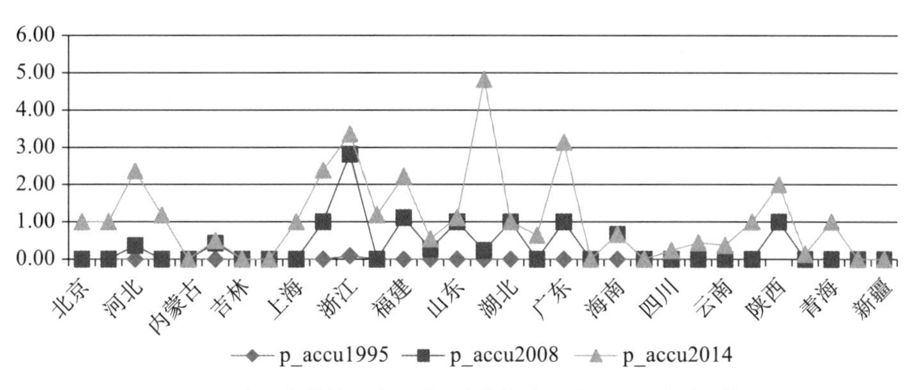

图 7-8 水生态补偿制度区域强度指标省际差异：平稳过度战略

水环境损害赔偿制度起步较晚，成熟于水环境污染责任保险的全面推广时期，因此在该制度收集过程中仅考察了省级层面环境污染责任保险的实施情况，图 7-9 是基于水生态补偿制度虚拟变量指标绘制得到。同时假定一旦该地区引入了环境污染责任保险制度，那么在后续的年份中，该地区均是环境污染责任保险制度的实施区域。由此有，accu2008 表示各地区截至 2008 年，环境污染责任保险制度的实施期限有多少年；accu2013 和 accu2014 的含义同 accu2008。以 accu2008 为例，江苏、浙江、湖北、湖南、广东、重庆在 2008 年均已践行环境污染责任保险制度一年。截至 2004 年，水环境污染损害赔偿制度的地理极是江苏、浙江、湖北、湖南、广东和重庆，先发优势十分明显。

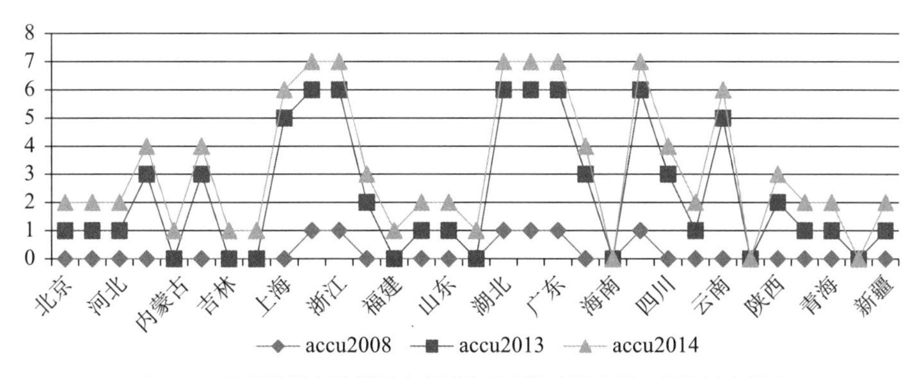

图 7-9 水环境损害赔偿制度虚拟变量指标省际差异：平稳过度战略

水环境污染问责制度的量化标准是水资源有偿使用和生态补偿制度数量强度指标，搜索的关键词是与水相关的“条例”和“办法”。一般而言，这些条例和办法中均会对水环境污染的问责作出相应规定，而且这些问责要么直接是行政问责，要么是在行政问责的同时附加经济问责（如处罚等）。图 7-10 中水生态文明数量强度指标是一个比例，p_accu2005 表示某一地区截至 2005 年所实施的水环境问责制度个数占整个研究周期中所有水环境问责制度个数的比重，它表示在不同地阶段地区之间所采取的问责强度是不同的。从 2006 年到 2012 年，北京和天津是两个地理极，因为在这一期间内两市的水资源有偿使用和生态补偿制度数量强度指标从 0 变为 1，而其他地区均小于 1；截至 2014 年，浙江出台的相关政策最多。

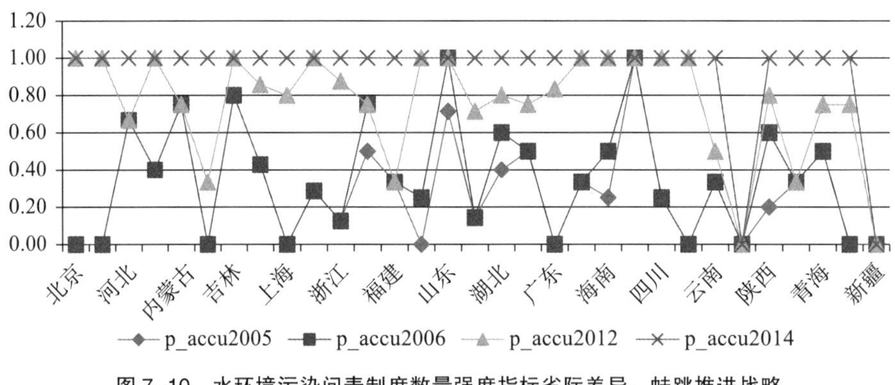

图 7-10　水环境污染问责制度数量强度指标省际差异：蛙跳推进战略

三、中国水资源有偿使用和生态补偿制度的空间演变规律

根据水资源有偿使用和生态补偿制度强度在省际之间表现出的特征差异，截至 2014 年各制度强度的地理极汇总如表 7-1 所示。在水总量控制制度上，青海和广西两地下辖地级市出台相关政策最为密集，制度强度最大。在水污染权总量控制制度上，浙江省的强度最大，为浙江省深入试点水污染权制度提供了强有力的制度支撑。在水资源费制度的相关规定中，天津市发布的信息最多，水资源费制度在该地区的实施强度也被认为是最大的。水权交易制度强度的地理极出现在宁夏，水污染权交易制度强度的

地理极则出现在河北。河南省在水生态补偿制度中公布了最多的政策，浙江又是水环境污染问责制度的地理极。与其他制度不同，水环境损害赔偿制度的地理极有很多，包括江苏、浙江、湖北、湖南、广东和重庆。这主要是由以环境污染责任保险制度作为水环境损害赔偿制度的替代性制度安排所决定。总之，不论是基于哪一个阶段的制度强度地理极来看，每个地区都在寻求不同的水资源有偿使用和生态补偿制度特色，甚少有地区在水资源有偿使用和生态补偿制度建设中一枝独秀，而浙江是唯一一个省在八项制度的地理极中出现了三次，为所有省（市、自治区）中出现次数之最。

表 7-1　八项水资源有偿使用和生态补偿制度的地理极

八项水资源有偿使用和生态补偿制度	截至 2014 年各制度强度的地理极
取水总量控制制度	青海、广西
水污染权总量控制制度	浙江
水资源费制度	天津
水权交易制度	宁夏
水污染权交易制度	河北
水生态补偿制度	河南
水环境损害赔偿制度	江苏、浙江、湖北、湖南、广东和重庆
水环境污染问责制度	浙江

制度创新先发地区的优势是显而易见的。以水权交易制度为例，在2013 年（含 2013 年）以前，水权交易制度在省市层面的试点均属于自主探索的试点。这个阶段宁夏和内蒙古所公开的水权交易制度相关文件最为密集，两地是截至 2013 年水权交易制度的两个地理极。即便随着 2014 年水利部根据党的十八大和十八届三中全会的精神下发了《关于开展水权试点工作的通知》后，宁夏和内蒙古作为先发地区，两个地区的制度强度依然靠前，宁夏依然排名第一。只不过，陕西和河北两地的水权交易制度强度异军突起，超过了内蒙古，位居第二位和第三位，如图 7-6 所示。以水污染权交易制度为例，河北和山西两省是截至 2014 年水资源有偿使用和生

态补偿制度地区强度指标最高的两个省份，浙江排名第三位，如图 7-7 所示。然而，从“十一五”初期 2006 年和“十一五”末 2010 年两期的制度强度来看，上海却是该项制度的地理极。因此，先发地区在全局性制度安排中是否依然保持领先优势因制度而异，全局性制度安排或会改变水资源有偿使用和生态补偿制度地理极，在所列举的两个制度中，全局性制度安排没有改变前一制度的地理极却改变了后一制度的地理极，它取决于制度实施成本和地区所采取的制度推进战略。

从八项制度的区域特征来看，地区所采取的制度推进战略有平稳过渡战略、蛙跳推进战略、地区跟随战略和全面统筹战略。平稳过渡战略是指在整个研究周期中一项制度的区域强度没有发生明显波动，即截至不同年份的制度强度曲线只是发生了平移。以水生态补偿制度为例，从 p_ accu1995 到 p_ accu2008，浙江省是一个波动点。这主要是因为浙江省在 2005 年出台了《浙江省人民政府关于进一步完善生态补偿机制的若干意见》，而其他省份在这一阶段上要么没有发生变化，要么仅是在省级层面出台了相应文件，曲线变动相对平稳。从 p_ accu2008 到 p_ accu2014，河南的极值是因为河南出台了很多政策，而其他地区曲线发生了相对平移，如图 7-8 中北京、天津、黑龙江、上海、江苏、浙江、安徽、福建、江西、山东等所示。水环境污染损害赔偿制度的演变路径与水生态补偿制度一致。蛙跳推进战略是指各地区在研究期限内推进某一制度的过程时所采取的政策远远多于其他任何一个阶段，强度远远高于其他任何一阶段。以水环境污染问责制度为例，任何省（市、自治区）均偏好于在某一阶段上集中推出某一政策，如山东偏好的阶段是从 1978—2005 年，北京和天津偏好的阶段是从 2006—2012 年，辽宁偏好的阶段是从 2012—2014 年；而有些地区是各个阶段的组合，如陕西和湖北，它们在每个阶段均推出了一定的政策。地区跟随战略是指地方政府通过学习地方经验或执行中央决策推进制度安排。对应地方跟随战略的制度有三种：取水总量控制制度、水污染权总量控制制度和水权交易制度。前两者都是中央在全国层面推进的制度安排，各个地方仅是执行中央决策，但是各个地方在执行过程中的力度不一样，因此累计强度指标曲线在各个年份之间的移动并不是完全的平移，而是呈现出一定的波动性。水权交易制度被纳入地方跟随战略的原因是中央的全面统筹尚未在地区层面上产生实质性的效果，曲线移动主要还是因为地区政府的相互学习导致的。这主要可以从先发地区依然还是制度强度较强的地区可以得到佐证。全面统筹战略是指中央决策业已在各个地区推进水资源有偿使用和生态补偿制度中产生实质性的影响，如水资源费制度和水污染权交易制度。区别于地区跟随战略，全面统筹战略会改变制度强度的地理极。如水资源费制度地理极从河北和江苏（1988 年）变为北京和江苏（2006 年），再到天津和江苏（2014 年）；水污染权交易制度地理极从上海（2006 年）到上海和浙江（2010 年），再到河北和浙江（2014 年）。由此可见，全面统筹战略和蛙跳推进战略会改变制度强度的地理极，进而影响制度的空间演进过程；而平稳过度战略和地方跟随战略不会改变制度强度的地理极，而仅可能由于各地区执行力的差异而呈现出制度强度大小的变化。

第四节　中国水资源有偿使用和生态补偿制度强度的综合测度及地区差异

一、中国水资源有偿使用和生态补偿制度强度的综合测度指标构建

20 世纪 90 年代以来，制度强度问题的研究逐渐进入研究视野，包括一般性法规制度的制度强度[①]和经济性制度的制度强度。[②] 近期，学者们对于制度强度问题的研究主要集中在环境规制的强度上。[③] 这些指标包括环

① 孙绍荣：《行为控制制度的数学模型与制度强度——疑罪从无制度有效条件分析》，《公共管理学报》2006 年第 1 期。

② 姚博：《产权政策强度、贸易结构与国民收入提升》，《经济与管理研究》2014 年第 3 期。

③ 王勇、李建民：《环境规制强度衡量的主要方法、潜在问题及其修正》，《财经论丛》2015 年第 5 期。

境污染治理投入指标、污染物排放量指标、虚拟变量指标、综合性指数等。[①] 此外，环境规制法律政策的数量也被引入模型以说明环境规制的强度。[②] 水资源有偿使用和生态补偿制度包含不同类型的制度，各个制度又是基于不同的指标来刻画其制度强度，主要包括地区强度指标、虚拟变量指标和数量强度指标。由于每一个指标均是一个比例性指标，取值范围处于［0，1］之间，是一个相对概念，因此本章将基于简单加总的方式来计算水资源有偿使用和生态补偿制度强度的综合测度指标，如下所示：

$$IWPS_{i,t} = \sum_{j=1}^{6} IWPS - RS_{i,t}^{j} + IWPS - DV_{i,t} + IWPS - ND_{i,t}$$

其中，$j(=1, \cdots, 6)$ 是指各类基于水资源有偿使用和生态补偿制度地区强度指标构建的各种指标，它包括取水总量控制制度、水污染权总量控制制度、水资源有偿使用制度、水权交易制度、水污染权交易制度和水生态补偿制度。

二、中国水资源有偿使用和生态补偿制度强度排序的地区差异及其变化

基于简单加总的水资源有偿使用和生态补偿制度年度新增强度综合测度指标省际排序的结果如表 7-2 至表 7-4 所示，年度累计强度结果将在第十二章中加以研究。表 7-2 给出了 2000—2006 年中国水资源有偿使用和生态补偿制度强度在省级层面上的排序结果。从表中可以看出，在 2000 年，我国 31 个省（市、自治区）仅被区分为四档：排名第一位的是北京，第二位的是浙江，第三位的是安徽，而其余各省（市、自治区）均排名第四位，即水资源有偿使用和生态补偿制度强度为零或接近于零（排序时强度

① 李玲、陶锋：《中国制造业最优环境规制强度的选择——基于绿色全要素生产率的视角》，《中国工业经济》2012 年第 5 期。张成、陆旸、郭路等：《环境规制强度和生产技术进步》，《经济研究》2011 年第 2 期。张成、郭炳南、于同申：《污染异质性、最优环境规制强度与生产技术进步》，《科研管理》2015 年第 3 期。张文彬、张理芃、张可云：《中国环境规制强度省际竞争形态及其演变——基于两区制空间 durbin 固定效应模型的分析》，《管理世界》2010 年第 12 期。

② Low, P., A. Yeats (Eds.), *Do "Dirty" Industries Migrate*, Washington, DC: World Bank Discussion Papers 1992.

指标保留两位小数)。2001 年和 2002 年全国 31 个省（市、自治区）被区分为 11 档，其中 2001 年排名前三位的省（市、自治区）为安徽、云南和湖南，而 2002 年排名前三位的省（市、自治区）为山东、北京、天津和黑龙江（后三者并列第二位)。到 2003 年，全国 31 个省（市、自治区）被区分为 14 档。到 2004 年，全国 31 个省（市、自治区）被区分为 16 档。而到 2005 年，全国 31 个省（市、自治区）又被区分为 14 档。这个阶段的最后一年 2006 年全国 31 个省（市、自治区）被区分为 17 档。2003 年时，水资源有偿使用和生态补偿制度强度排名前三位的是湖南、河南、山西、吉林、贵州和甘肃（后四者并列第三位)。2004 年时，水资源有偿使用和生态补偿制度强度排名前三的省（市、自治区）变为重庆、宁夏和陕西。2005 年时，它们分别是浙江、广东、山东、四川和青海（后三者并列第三位)。2006 年时，它们又分别是浙江、福建和湖北。从不同年份中国水资源有偿使用和生态补偿制度强度的总档次变化可以看出，中国水资源有偿使用和生态补偿制度强度省际之间的差异越来越显著；从不同年份中国水资源有偿使用和生态补偿制度强度水平的排序变化再一次证明，每个地区都在寻求不同的水资源有偿使用和生态补偿制度特色，甚少有地区在水资源有偿使用和生态补偿制度建设中一枝独秀。

从 2007 年开始，国家信息中心和中国信息协会所公布的中国信息化发展指数统计口径发生了变化。基于稳健性讨论的需要，本章将中国水资源有偿使用和生态补偿制度强度水平排序分为了 2000—2006 年和 2007—2014 年两个阶段。表 7-3 给出了 2007—2014 年中国水资源有偿使用和生态补偿制度强度水平排序情况。在这个阶段上，中国水资源有偿使用和生态补偿制度强度省际之间的差异越来越显著，也越来越大，中国水资源有偿使用和生态补偿制度强度的总档次从 2007 年 20 档变为 2012 年的 31 档，而且 2013 年和 2014 年均保持在 31 档。这表明每个地区的制度强度均不一样，中国水资源有偿使用和生态补偿制度强度在省际层面表现出极大的差异性；这也意味着水资源有偿使用和生态补偿制度在这个阶段上表现出发散的特征。与此同时，浙江、河南、广东、福建、辽宁在 2007—2014 年的八年间分别问鼎 3 次、2 次、1 次、1 次和 1 次。这样的结果进一步佐证了甚少有地区在水资源有偿使用和生态补偿制度建设中一枝独秀的结论。

表 7-2　中国水资源有偿使用和生态补偿制度强度水平排序（2000—2006 年）

总体排序	2000	2001	2002	2003	2004	2005	2006
北京	1	11	2	14	16	14	17
天津	4	11	2	14	16	14	17
河北	4	11	11	8	14	10	17
山西	4	8	11	3	16	14	4
内蒙古	4	11	11	11	10	6	14
辽宁	4	11	11	14	16	12	14
吉林	4	5	11	3	16	14	17
黑龙江	4	4	2	14	16	14	17
上海	4	11	11	14	5	14	4
江苏	4	11	11	14	4	11	4
浙江	2	6	8	9	14	1	1
安徽	3	1	11	14	10	14	12
福建	4	11	11	14	16	9	2
江西	4	11	11	10	5	7	10
山东	4	7	1	14	13	3	11
河南	4	11	11	2	16	13	17
湖北	4	9	11	14	16	14	3
湖南	4	3	6	1	12	14	4
广东	4	11	11	13	16	2	17
广西	4	11	11	14	9	14	17
海南	4	11	11	14	16	14	12
重庆	4	11	5	14	1	14	4
四川	4	11	11	14	16	3	17
贵州	4	11	11	3	16	14	17
云南	4	2	7	14	5	14	17
西藏	4	11	11	14	16	14	17

续表

总体排序	2000	2001	2002	2003	2004	2005	2006
陕西	4	11	11	14	3	14	9
甘肃	4	11	9	3	8	14	14
青海	4	11	11	7	16	3	17
宁夏	4	11	11	14	2	8	17
新疆	4	10	9	12	16	14	17

然而，有一些地区在局部年份排名第一位，而大部分年份的排名却始终相对靠后；有一些地区在大部分年份排名都相对靠前，而特定年份的排名又很靠后。前者的不一致性或许是由于那些地区在某一年份出台了诸多文件，但这些文件不管在省级层面还是地市层面没有较好地被跟进；后者的不一致或许是由于那些地区在特定年份在构思或准备相关文件，而没有发布这些文件。为了更好地明确到底哪些省份水资源有偿使用和生态补偿制度强度持续较强，基于表 7-2 和表 7-3 所得的排序数据，本章计算了十年平均排序，如表 7-4 所示。表 7-4 给出了六个阶段的十年排序情况。从中可以看出，浙江的十年平均排名稳居第一位，平均排名为 4—6 位；江苏次之，稳居第二位，平均排名为 6—8 位；再则为广东、湖北、河北等地。这样的结果表明浙江是水资源有偿使用和生态补偿制度强度最高的地区，与“浙江是唯一一个省在八项制度的地理极中出现了三次，为所有省（市、自治区）中出现次数之最”的空间特征结论可以相互印证。

表 7-3 中国水资源有偿使用和生态补偿制度强度水平排序（2007—2014 年）

总体排序	2007	2008	2009	2010	2011	2012	2013	2014
北京	20	23	10	24	11	11	16	25
天津	2	7	22	13	16	8	26	14
河北	10	9	10	13	4	7	4	5
山西	20	11	6	6	2	6	24	8
内蒙古	2	2	22	24	14	30	28	2

续表

总体排序	2007	2008	2009	2010	2011	2012	2013	2014
辽宁	9	8	10	21	1	12	22	28
吉林	20	19	21	24	16	22	30	19
黑龙江	18	20	20	9	26	31	29	21
上海	20	23	2	13	16	14	8	9
江苏	8	10	5	2	6	2	5	24
浙江	6	1	7	1	3	1	2	22
安徽	20	5	22	23	23	20	7	16
福建	1	12	22	24	24	27	20	3
江西	20	18	10	24	26	15	3	14
山东	7	21	22	8	9	26	16	18
河南	20	17	1	2	22	21	23	1
湖北	20	2	3	10	16	5	6	4
湖南	19	13	10	11	7	13	12	7
广东	16	5	8	5	8	3	1	10
广西	2	23	22	19	10	8	16	12
海南	15	16	19	24	26	25	16	31
重庆	10	14	9	13	16	8	8	26
四川	10	23	18	20	5	16	8	23
贵州	10	23	17	24	11	24	15	17
云南	20	22	3	13	15	18	21	30
西藏	20	23	10	24	26	29	31	26
陕西	20	23	22	22	16	4	11	11
甘肃	17	23	22	4	13	28	14	6
青海	2	14	22	13	26	17	13	20
宁夏	14	4	16	7	26	19	26	29
新疆	20	23	22	11	25	23	25	12

表 7-4　中国水资源有偿使用和生态补偿制度强度水平十年平均排序

总体排序	平均排名（2000—2009 年）	平均排名（2001—2010 年）	平均排名（2002—2011 年）	平均排名（2003—2012 年）	平均排名（2004—2013 年）	平均排名（2005—2014 年）
北京	13	15	15	16	16	17
天津	11	12	12	13	14	14
河北	10	11	11	10	10	9
山西	10	10	9	9	11	10
内蒙古	9	11	12	14	15	14
辽宁	11	13	12	12	13	14
吉林	13	15	16	17	20	20
黑龙江	13	13	16	19	20	21
上海	11	12	12	13	12	12
江苏	8	8	8	7	6	8
浙江	6	5	5	4	4	5
安徽	11	13	15	16	16	16
福建	10	12	14	15	16	14
江西	11	13	14	15	14	15
山东	10	11	11	13	14	14
河南	11	11	12	13	15	14
湖北	10	10	11	10	10	8
湖南	9	9	10	10	12	11
广东	10	10	10	9	8	8
广西	13	14	14	14	14	14
海南	13	15	17	18	18	20
重庆	9	10	10	10	10	12
四川	13	14	14	14	14	14
贵州	13	15	15	16	17	17
云南	11	12	13	14	15	17
西藏	14	16	18	19	21	22
陕西	13	15	15	15	14	15

续表

总体排序	平均排名（2000—2009 年）	平均排名（2001—2010 年）	平均排名（2002—2011 年）	平均排名（2003—2012 年）	平均排名（2004—2013 年）	平均排名（2005—2014 年）
甘肃	13	13	13	15	16	16
青海	11	12	13	14	14	15
宁夏	10	10	12	13	14	17
新疆	15	15	17	18	20	19

三、中国水资源有偿使用和生态补偿制度强度排序的稳健性讨论

网络搜索往往会存在以下一些问题：有一些信息地方政府发布了，但是本章没有收集到；由于网络基础设施存在差异，有一些地方的环保局或水利局的主页在搜索的特定阶段总是无法显示；由于政府网站搜索引擎的差异，在有些地方政府各部门主页能搜索到相关关键词，而在有些地方政府各部门主页就搜不索到相关关键词。诸如此类，为了适当修正由于搜索过程的一些因素所导致的排序有偏问题，本章基于国家信息中心和中国信息协会发布的中国信息化发展总指数对水资源有偿使用和生态补偿制度强度进行平减，平减公式如下：

$$IWPS_{i,t}^{adjusted}=\frac{IWPS_{i,t}}{IDI_{i,t}}\qquad IDI\text{ 为信息化发展总指数}$$

表 7-5 和表 7-6 给出了基于信息化发展指数平减后的中国水资源有偿使用和生态补偿制度强度水平排序情况。2000—2006 年，北京、安徽、山东、湖南、重庆、浙江（两次）在平减之前和平减之后均排第一位，平减过程没有改变排序第一的情形。但是，平减过程还是局部调整了一些地区特定年份的排序，譬如 2002 年北京在平减之前排在第二位在平减之后排在了第四位，天津则从平减之前的第二位变为了平减之后的第三位，黑龙江则是保持在了第二位的水平上。2007—2012 年，平减之前第一位的福建、浙江、河南、浙江、辽宁、浙江变更为了平减后的广西、浙江、河南、浙

江、山西、湖北。由此可见，平减过程确实会调整局部地区的排名，但是这样的调整仅是局部微调，没有大幅度地调整排序，因此中国水资源有偿使用和生态补偿制度强度的排序结果是稳健的。

表 7-5　基于信息化发展指数平减后的中国水资源有偿使用和生态补偿制度强度排序（2000—2006 年）

总体排序	2000	2001	2002	2003	2004	2005	2006
北京	1	11	4	14	16	14	17
天津	4	11	3	14	16	14	17
河北	4	11	11	8	14	10	17
山西	4	8	11	5	16	14	6
内蒙古	4	11	11	11	11	6	14
辽宁	4	11	11	14	16	12	16
吉林	4	5	11	6	16	14	17
黑龙江	4	4	2	14	16	14	17
上海	4	11	11	14	7	14	8
江苏	4	11	11	14	6	11	7
浙江	2	6	8	9	15	1	1
安徽	3	1	11	14	10	14	12
福建	4	11	11	14	16	9	2
江西	4	11	11	10	5	7	10
山东	4	7	1	14	13	5	11
河南	4	11	11	2	16	12	17
湖北	4	9	11	14	16	14	3
湖南	4	3	6	1	12	14	4
广东	4	11	11	13	16	1	17
广西	4	11	11	14	9	14	17
海南	4	11	11	14	16	14	13
重庆	4	11	5	14	1	14	5
四川	4	11	11	14	16	4	17

续表

总体排序	2000	2001	2002	2003	2004	2005	2006
贵州	4	11	11	3	16	14	17
云南	4	2	7	14	4	14	17
西藏	4	11	11	14	16	14	17
陕西	4	11	11	14	3	14	9
甘肃	4	11	9	4	8	14	15
青海	4	11	11	7	16	3	17
宁夏	4	11	11	14	2	8	17
新疆	4	10	10	12	16	14	17

表 7-6　基于信息化发展指数平减后的中国水资源有偿使用和生态补偿制度强度排序（2007—2012 年）

总体排序	2007	2008	2009	2010	2011	2012
北京	20	23	17	24	19	21
天津	5	7	22	17	20	12
河北	9	8	12	14	3	6
山西	20	10	4	7	1	7
内蒙古	3	2	22	24	14	30
辽宁	12	9	14	21	2	13
吉林	20	19	21	24	15	20
黑龙江	18	20	20	8	26	31
上海	20	23	5	18	21	23
江苏	13	11	6	4	7	2
浙江	6	1	8	1	5	3
安徽	20	5	22	23	23	19
福建	4	13	22	24	24	28
江西	20	18	11	24	26	10
山东	8	21	22	10	7	27
河南	20	17	1	2	22	17
湖北	20	3	3	15	17	1

续表

总体排序	2007	2008	2009	2010	2011	2012
湖南	19	12	13	12	6	11
广东	17	6	9	5	9	5
广西	1	23	22	19	10	8
海南	15	16	19	24	26	25
重庆	11	15	7	16	16	9
四川	10	23	18	20	4	16
贵州	7	23	16	24	11	24
云南	20	22	2	9	13	15
西藏	20	23	10	24	26	29
陕西	20	23	22	22	18	4
甘肃	16	23	22	3	12	26
青海	2	14	22	13	26	14
宁夏	14	4	15	6	26	18
新疆	20	23	22	10	25	22

为了进一步讨论排序结果的稳健性，本章基于平减后的中国水资源有偿使用和生态补偿制度强度排序情况（见表7-5和表7-6），分阶段讨论了各省（市、自治区）的平均排序情况，如表7-7所示。区分2000—2006年和2007—2012年两个阶段主要是因为中国信息化发展指数从2007年开始进行了指标体系的调整，同时只计算到2012年是因为《中国信息年鉴》的数据是滞后两年的，即2014年的《中国信息年鉴》只统计到2012年的中国信息化发展指数。在计算十年平均排序时，本章没有区分指标体系的调整，因为从调整结果来看，信息化发展指数Ⅰ和信息化发展指数Ⅱ在结果上基本无差异，以公布的2005年和2006年两者的差异为例，两类指数差异的两年均值均为0.007，可以忽略不计。从表7-7的结果来看，浙江和江苏依然是水资源有偿使用和生态补偿制度强度最高的地区，其次为山西、河北、广东和湖南等地，十年平均的排序在平减之前和平减之后略有微调，但是大部分地区的排序没有变化，如浙江和江苏，排序结果是稳健的。

表 7-7　基于信息化发展指数平减后的中国水资源有偿使用和生态补偿制度强度阶段平均排序

总体排序	平均排名（2000—2006 年）	平均排名（2007—2012 年）	平均排名（2000—2009 年）	平均排名（2001—2010 年）	平均排名（2002—2011 年）	平均排名（2003—2012 年）
北京	11	21	14	16	17	19
天津	11	14	11	13	14	14
河北	11	9	10	11	11	10
山西	9	8	10	10	9	9
内蒙古	10	16	10	12	12	14
辽宁	12	12	12	14	13	13
吉林	10	20	13	15	16	17
黑龙江	10	21	13	13	16	18
上海	10	18	12	13	14	15
江苏	9	7	9	9	9	8
浙江	6	4	6	6	6	5
安徽	9	19	11	13	15	16
福建	10	19	11	13	14	16
江西	8	18	11	13	14	14
山东	8	16	11	11	11	14
河南	10	13	11	11	12	13
湖北	10	10	10	11	12	11
湖南	6	12	9	10	10	10
广东	10	9	11	11	10	10
广西	11	14	13	14	14	14
海南	12	21	13	15	17	18
重庆	8	12	9	10	10	11
四川	11	15	13	14	14	14
贵州	11	18	12	14	14	16
云南	9	14	11	11	12	13
西藏	12	22	14	16	18	19

续表

总体排序	平均排名（2000—2006年）	平均排名（2007—2012年）	平均排名（2000—2009年）	平均排名（2001—2010年）	平均排名（2002—2011年）	平均排名（2003—2012年）
陕西	9	18	13	15	16	15
甘肃	9	17	13	13	13	14
青海	10	15	11	12	13	13
宁夏	10	14	10	10	12	12
新疆	12	20	15	15	17	18

第五节　完善中国水资源有偿使用和生态补偿制度的对策建议

《中共中央关于全面深化改革若干重大问题的决定》明确提出的“实行资源有偿使用制度和生态补偿制度”中涉水的制度安排主要包括取水总量控制制度、水污染权总量控制制度、水资源费制度、水权交易制度、水污染权交易制度、水生态补偿制度、水环境损害赔偿制度和水环境污染问责制度等八个子制度。

在所有制度中，实施最早的一项制度设计是水资源费制度。它是指居民或企业通过缴纳一定的费用取得水资源使用权，该项制度源于1965年《水利工程水费征收使用和管理试行办法》，并经历了从无偿使用到有偿使用的转变，河北、江苏、北京和天津在不同地阶段上曾一度是水资源费制度的地理极。作为水资源费制度的一个衍生性制度安排，水权交易制度是指水资源使用权在各市场主体之间调剂余缺、互通有无；该项项制度在地方上已有实践，但尚未构建起相对一致的水权交易制度框架；从案例数量和政策数量来看，宁夏曾在全区范围内出台了众多关于水权转让和交易的文件，作为制度先发地，宁夏自然而然地成为水权交易制度的地理极。

取水总量控制制度是水资源费制度和水权交易制度的前置性制度安排，它是指根据一个流域或区域的水资源及水环境承载能力，依据区域用水指标及环境质量标准，将取水总量控制在自然环境的承载力范围之内。自1987年始，取水总量控制制度在黄河、渭河、黑河、长江、淮河、海河、珠江、松花江、辽河、太湖等地得到了推广与实施，不过基于水环境承载力的取水总量控制制度约束过于松弛，制度体系有待完善。水污染权总量控制制度就是这样一种制度安排，它是指将排入该区域的水体污染物总量控制在一定的数量内以满足该区域的环境质量要求。自1984年《中华人民共和国水污染防治法》实施以来，水污染权总量控制制度经历了从“浓度控制”到“总量控制”的转变，并一直致力于实现“容量控制”的长期目标。一旦水污染权总量控制制度落地，水污染权交易制度应运而生，它是一种涉及水体污染物的排污权交易制度。自1988年《水污染物排放许可证管理暂行办法》实施以来，该制度业已包含试点方案、实施细则、收费标准、交易程序、管理办法及其抵押贷款等政策文件，呈现出“试点相对深刻，面上有待铺开”的制度空间格局。

水生态补偿制度是指一种涉水的生态补偿制度安排，它源于2005年《国务院关于落实科学发展观加强环境保护的决定》中提到的“建立跨界河流断面水质考核制度……要完善生态补偿政策，加快建立生态补偿制度”，在31个省（自治区、市）中已有23个省（自治区、市）出台了相关的政策文件，且表现出强烈的流域治理理念。此外，1979年我国第一部《环境保护法（试行）》便对水环境损害赔偿制度和水环境污染问责制度作出了相应规定，以环境污染责任保险制度为抓手的水环境损害赔偿制度和以“行政处罚”为特征的水环境污染问责制度是水资源有偿使用和生态补偿制度建设的重要保障。

总之，中国治水离不开水制度，关键在水资源有偿使用和生态补偿制度的优化完善，包括水资源、水环境和水生态三方面的制度安排。首先，三大类制度八项子制度之间存在“前置性”“替代性”和“互补性”三类制度关系：水权交易制度与水污染权交易制度两者是互补关系、水权交易制度和水污染权交易制度两者与水生态补偿制度之间是替代关系、水生态补偿制度与水污染损害赔偿制度是互补关系、水生态补偿制度与水环境污染问责制度是互补关系、水污染损害赔偿制度和水环境污染问责制度或替代或互补。其次，基于省市两级公开信息的网络普查，省际层面制度强度结果显示：每个地区都在寻求不同的水资源有偿使用和生态补偿制度特色，甚少有地区在水资源有偿使用和生态补偿制度建设中一枝独秀；先发地区在全局性制度安排中是否依然保持领先优势因制度而异，全局性制度安排或会改变水资源有偿使用和生态补偿制度地理极，而它取决于制度实施成本和地区所采取的制度推进战略；全面统筹战略和蛙跳推进战略会改变制度强度的地理极进而影响制度的空间演进过程，而平稳过渡战略和地方跟随战略不会改变制度强度的地理极而仅可能由于各地区执行力的差异而呈现出制度强度大小的变化。最后，中国水资源有偿使用和生态补偿制度强度排序指标表明：中国水资源有偿使用和生态补偿制度强度省际之间的差异越来越显著，也越来越大，浙江是水资源有偿使用和生态补偿制度强度最高的地区，江苏次之，再次为山西、河北、广东和湖南等地。鉴于上述结论，完善现阶段中国水资源有偿使用和生态补偿制度建设的重点政策建议主要有：

第一，分类理清水资源有偿使用和生态补偿制度关系，进一步健全中国水资源有偿使用和生态补偿制度的管理体系。中国水资源有偿使用和生态补偿制度包括的八项子制度根据约束性和激励性的原则可以分为约束性的制度和激励性的制度，水权交易制度、水污染权交易制度、水生态补偿制度和水环境损害赔偿制度一般被界定为激励性水资源有偿使用和生态补偿制度，取水总量控制制度、水污染权总量控制制度、水资源费制度和水环境污染问责制度一般被认定为约束性水资源有偿使用和生态补偿制度。约束性和激励性制度会影响到制度推进的难易程度和制度推行成本的高低，将制度一分为二有助于各地区选择合适的制度实施战略。根据制度设计标的物的差异原则，水资源有偿使用和生态补偿制度又可以分为水资源制度、水环境制度和水生态制度。取水总量控制制度、水权交易制度和水资源费制度一般被认定为水资源制度，水污染权总量控制制度、水污染权交易制度、水环境损害赔偿制度和水环境污染问责制度一般被认定为水环境制度，而水生态补偿制度则是水生态制度。不同的制度标的决定了制度设计、制度执行和制度完善的主体边界，从这一层面将制度一分为三有助于打破“九龙治水”的局面，从而为“山水林田湖”这一生命共同体寻找合适的管理者。最后，理清八项制度的“前置性”“互补性”和“替代性”关系，一方面，有助于地方政府明晰各种制度之间的内在逻辑，为“多规合一”提供理论支撑。[①] 另一方面，它也揭示水资源有偿使用和生态补偿制度在时间序列上的演变规律，为地方政府制度通过创新机制或是学习机制健全地方水资源有偿使用和生态补偿制度体系提供理论基础。

第二，深刻把握水资源有偿使用和生态补偿制度规律，进一步优化中国水资源有偿使用和生态补偿制度的空间布局。水资源有偿使用和生态补偿制度在时间序列上的演变规律着重体现在制度关系之中，而其空间演变规律则主要是指水资源有偿使用和生态补偿制度地理极的分布及其演变。中国水资源有偿使用和生态补偿制度强度的地理极在省级层面的分布因制度而异，各个省份在特定年份就某一制度而言可能做得非常到位，而对于一些其他的制度安排就相对滞后。这就意味着制度的“百花齐放”只是一个总体的概念，在省际层面并不一定均衡，它会影响到制度实施的效率。因此，优化中国生态文明制度的空间布局应该强调制度的均衡，不单单是数量的均衡，也应该是一种强度的均衡，否则会产生“产业转移中的污染转移问题”。[②] 当然，水资源有偿使用和生态补偿制度应该具有极强的流域特征，优化中国生态文明制度的空间布局应该突破行政边界的约束，在流域范围内讨论水资源有偿使用和生态补偿制度的均衡。在制度空间优化的过程中还应关注制度的区域一体化问题，即如何在一定的区域空间范围内实施统一的制度。这也是污染转移问题的本源性问题，即“殊途同规”。“殊途”是制度“自下而上”制度创新的必然结果，也是“左顾右盼”和

---

① 刘亭：《“究多规合一”的顶层设计》，《浙江经济》2014 年第 16 期。

② 李小平、卢现祥：《国际贸易、污染产业转移和中国工业 CO_2 排放》，《经济研究》2010 年第 1 期。陆旸：《从开放宏观的视角看环境污染问题：一个综述》，《经济研究》2012 年第 2 期。夏友富：《外商转移污染密集产业的对策研究》，《管理世界》1995 年第 2 期。

"瞻前顾后"制度学习的必然结果，但"同规"是健全水资源有偿使用和生态补偿制度体系和优化中国水资源有偿使用和生态补偿制度空间布局的必然要求。

第三，正确看待水资源有偿使用和生态补偿制度强度，进一步明确中国水资源有偿使用和生态补偿制度的建设标准。水资源有偿使用和生态补偿制度强度一方面刻画的是水资源、水环境和水生态制度的规制强度，强度越高表明该地区的水规制越严格；另一方面它也表明该地区水资源有偿使用和生态补偿制度建设的程度，该程度越大说明该地区所出台的水生态文明政策越健全，水生态文明程度越高。这一简单的逻辑关系表明，水规制越严格的地区水生态文明程度可能也就越高。虽然两者之间的统计显著性有待进一步验证，但是从"浙江是中国水资源有偿使用和生态补偿制度的地理极"这一结果来看，水规制严格程度与水生态文明程度之间的正向关系是成立的。与此同时，"殊途同规"中的"同规"一定不是指同一规章制度，而是指同样的规制强度。从制度强度排序的梯度来看，最初中国水资源有偿使用和生态补偿制度排序仅分为四档。这意味着那时候中国各地区水规制强度是相对一致的。然而到了2014年，每个地区的水规制强度均不一致。这就意味着水规制的异质性非常突出。而且，水规制强度方差较之于2000年更大了。这意味着水规制强度趋于发散，不利于水生态文明的建设。因此，进一步明确国家层面水资源有偿使用和生态补偿制度的建设标准是当下水生态文明建设的关键。

第八章　水资源费征收标准的地区差异及其调整[①]

自1988年颁布《水法》(全国人大常委会第24次会议通过）以来，近三十年水资源费制度实践表明该制度虽日渐成熟但仍有待完善，尤其是水资源费的征收标准。水资源费征收标准是水资源费征收制度的核心，标准的合理与否关乎制度实施效果的好坏。2013年，国务院再度颁布了《关于水资源费征收标准有关问题的通知》(发改价格〔2013〕29号)，并对水资源费征收标准制定的原则、水资源费征收标准的分类、水资源费征收标准的调整目标等作出了具体规定，然而我国水资源费征收标准的地区差异、理论基础以及分类体系等问题依然突出。为了探究我国水资源费征收标准的地区差异，明确我国水资源费征收标准的调整思路，本章基于网络普查的方法探讨了我国地区水资源费征收标准的现状和问题，并尝试分析水资源费征收标准问题出现的原因，进而为调整地区水资源费征收标准和完善水资源费制度提供思路和建议。

第一节　地区水资源费征收标准的现状与问题

采取拉网式方法对全国31个省（市、自治区）水资源费征收标准做了网络调查，结果如表8-1所示。具体说明如下：第一，表8-1中的地表水和地下水的水资源费征收标准主要是指居民生活用水和工业用水，不包

① 本章部分内容已发表，详见谢慧明、强朦朦、沈满洪:《我国水资源费征收标准的地区差异及调整》,《学习与实践》2015年第12期。

括农业用水，这是因为许多地区对农业用水免征水资源费；由于水力发电和服务业等用水行业的水资源费受到国家政策的干预，表 8-1 中的标准也不包括此类行业。第二，表 8-1 第六列的“分类标准”主要涉及水源类型、取水用途和地区三类。水源类型标准主要包括地表水、地下水、地热水和矿泉水。取水用途标准各省份标准差异很大，主要包括农业用水、生活用水、工业用水、生态用水、服务业用水和水火力发电用水。由于各省地级市之间经济和水源现状之间存在差异，地区标准也千差万别，或根据不同的地市行政区划征收不同的水资源费。同时，各个省在划分地区标准时，结构也不相同，比如新疆将其分为了一类区和二类区，而河南则是一个地级市一个标准，而吉林则是将其分为东部、白城、松原及其他地区。第三，“平均征收标准”的计算方法是指对不同用途的同一水源类型求和再平均，而对于涉及地区分类标准的省份全部地区求和再平均。第四，表 8-1 中第七列的“时间”是指各省份所使用的关于水资源费征收标准最新文件的颁发时间。

表 8-1　我国 31 个省（市、自治区）水资源费征收标准现状

省份	水资源费平均征收标准					时间
	地表水（元/立方米）		地下水（元/立方米）		分类标准及补充说明	年
	规范标准	现行标准	规范标准	现行标准		
北京	1.6	1.35	4	2.15	水源类型、取水用途	2009
天津		1.02		2.7	水源类型、取水用途、地区	2010
山西	0.5	0.1	2	1.25	水源类型、取水用途、地区（规定超采区和没安装计量设施的标准）	2009
内蒙古		0.16		0.2	水源类型、取水用途、地区	2015
河北	0.4	0.13	1.5	1.7	水源类型、取水用途	2004
山东		0.2		0.1	水源类型、取水用途、地区（规定水质和超采区的水资源费征收标准）	2012
河南		0.2		1.4	水源类型、取水用途、地区	2005

续表

省份	水资源费平均征收标准					时间
	地表水（元/立方米）		地下水（元/立方米）		分类标准及补充说明	年
	规范标准	现行标准	规范标准	现行标准		
辽宁	0.3	0.35	0.7	0.5	水源类型、取水用途	2010
吉林		0.25		0.5	水源类型、取水用途、地区	2015
黑龙江		0.225		0.45	水源类型、取水用途（规定了超采区和未安装计量设施的征收标准，实行水量累进制收费）	2010
宁夏		0.08		0.29	水源类型、取水用途（规定了超采区征收标准）	2013
陕西		0.175		0.31	水源类型、取水用途、地区（规定了超采区的水费标准）	2010
江苏	0.2	0.3	0.5	0.6	水源类型、取水用途（规定了超采区水资源费征收标准）	2015
浙江		0.2		0.5	水源类型、取水用途	2014
广东		0.12		0.56	水源类型、取水用途（规定了超采区的水费标准）	2012
云南		0.23		0.4	水源类型、取水用途	2011
甘肃		0.37		0.76	水源类型、取水用途、地区	2014
新疆		0.08		0.19	水源类型、取水用途、地区（规定超采区的水资源费征收标准）	2014
上海	0.1	0.06	0.2	0.1	水源类型、取水用途（未对地下水进行分类）	2013
安徽		0.06		0.2	水源类型、地区（未对取水用途进行分类，而且地下水的分类也较为简单）	2010
福建		0.035		0.3	水源类型、取水用途、地区	2014
江西		0.075		0.15	水源类型、取水用途（规定超采区和未安装计量措施的水资源费标准）	2014

续表

省份	水资源费平均征收标准					时间
	地表水（元/立方米）		地下水（元/立方米）		分类标准及补充说明	年
	规范标准	现行标准	规范标准	现行标准		
湖北	0.1	0.075	0.2	0.15	水源类型、取水用途、地区	2010
湖南		0.1		0.2	水源类型、取水用途（对超额用水实行累进制收费）	2013
广西		0.05		0.09	水源类型、取水用途（未对地下水进行分类）	2013
海南		0.08		0.18	水源类型、取水用途	2013
重庆		0.1		0.2	水源类型（地表水和地下水都没有进行分类）	2013
四川		0.06		0.14	水源类型、取水用途、地区	2014
贵州		0.1		0.2	水源类型、取水用途（规定了对超额用水实行累进收费）	2015
青海		0.04		0.09	水源类型、取水用途、地区	2010

注：①第二、三列所示的规范标准来自发展改革委、水利部、财政部联合颁发的《关于水资源费征收标准有关问题的通知》（发改价格〔2013〕29号）中“十二五”末各地区水资源费平均最低征收标准。②“现行水资源费征收标准”的资料来源于各省现行水资源费征收标准的文件。

从表8-1可以看出，首先，各省征收水资源费的方式主要是根据不同的水源类型（地表水、地下水）和地区分别对用水单位和个人（取水用途）征收不同标准的水资源费。具体来看，就地表水而言，平均标准最高的省（市、自治区）是北京和天津（大于1元/立方米），最低的省份是福建0.035元/立方米，大部分地区水资源费征收标准集中在了0.2元/立方米以下；就地下水而言，最高的省（市、自治区）也是北京和天津（大于2元/立方米），最低的地区是青海和广西，它们为0.1元/立方米，大部分地区处于0.5元/立方米以下。其次，地下水水资源费征收标准一般高于地表水水资源费征收标准，而且前者是后者的1—13倍。其中两者相差最小的地区是内蒙古，两者比值为1.25；最大的省份是河北，两者比例高达

13；而山东省是唯一一个地表水水资源费征收标准高于地下水水资源费征收标准的省份，这与该省份地表水的污染程度和地表水的短缺程度有着密切关系。第三，有一些地区的水资源费征收标准更新较为及时，而有一些地区水资源费征收标准的更新则相对滞后，至少公开信息显示如此。

由此有，我国水资源费地区标准所面临的问题十分突出。第一，水资源费征收标准偏低且地区差异显著。通过将现行水资源费征收标准与2015年国家规范标准相比较可以发现，有22个省（市、自治区）的地表水水资源费征收标准低于规范标准，有20个省（市、自治区）的地下水水资源费征收标准低于规定标准。与此同时，图8-1和图8-2表明就地表水标准而言，70%省（市、自治区）的水资源费平均征收标准低于0.2（元/立方米）；68%省（市、自治区）的地下水水资源费平均征收标准低于0.5（元/立方米）。

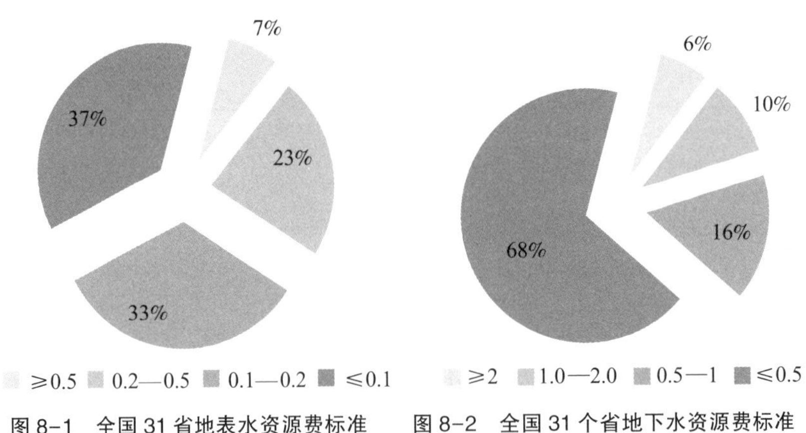

图8-1 全国31省地表水资源费标准　　图8-2 全国31个省地下水资源费标准

第二，水资源费征收标准制订原则不科学且程度差异显著。主要体现在如下三个方面：一是水资源费征收标准过于静止和单一。如表8-1所示，我国各地区的水资源费征收标准仅仅是按照水源类型、取水用途和行政区划的不同而征收不同的水资源费，尚未体现出枯水期、丰水期不同水资源量下水资源费征收标准的差异，呈现出静止和单一的状态。二是各地区水资源费征收标准差异很大。天津、山西、内蒙古等11个地区的征收标准比较详细，基于水源类型、取水用途和行政区划的不同而征收不同的水资源费，而上海、安徽、重庆三个省份征收标准则非常简单，仅仅是按照水源类型不同征收，并没有对地表水和地下水作进一步的分类。三是各省的征收标准大多没有与经济发展和水资源现状相联系，定价受到历史经验和行政干扰很严重，并没有真实反映出水资源价值。像青海、内蒙、宁夏、甘肃等一些严重缺水的地区，它们的水资源费征收标准仍是处在较低的水准，而像福建、上海、江苏、浙江等发达地区，它们的水资源费征收标准也并未位居前列。

第三，地方政府对水资源费征收工作的重视程度相对较低和征收积极性相对较弱。集中表现为对超采区的规定不明确和水资源费政策调整的不及时等方面。从表 8-1 可以看出，就超采区的征费标准而言，只有山西、陕西、黑龙江、宁夏和江西等地对超采区和一般区的征收标准进行了区别对待，而其他地区如天津、青岛、河南等超采现象严重的省份并未作出相应规定。另外，有些地区的水资源费政策调整极不及时，如山西、河北、河南等省份的标准已有十多年没有变动过，这也进一步表明水资源费征收标准制订的科学性有待进一步考证。

第二节　水资源费征收标准地区差异的成因分析

一、我国水资源费征收标准偏低且差异显著

基于我国地区水资源费征收标准的理论与事实，我国地区水资源费征收标准偏低主要有两方面原因：第一，没有明确水资源费的构成。基于理论分析，水资源费应该由三部分构成：绝对地租、级差地租和劳动补偿。我国现行的水资源费构成并不完整。一些地区的水资源费征收标准仅仅是劳动补偿费用，如陕西、湖南、北京、江西等，一些地区如内蒙古自治区并没有对水资源费征收标准作出说明，而更有甚者认为水资源费仅是一种象征性的资费标准。第二，水资源费的定价没有体现出国家对水资源的所有权，绝对地租和级差地租被“挤占”的现象严重。资源地租包括绝对地

租和级差地租。绝对地租可以被认为是劣等水资源的边际收益，形式上同“平均利润”。级差地租在形式上是用水企业的超额利润，视水质以及用户使用程度不同而定。[①] 绝对地租和级差地租实际上都应该以水资源费的形式上缴给水资源的所有者。但在实际操作过程中，由于大部分用水企业都具有一定的垄断性质，容易形成管制租金，挤占了“水资源费”，由此导致水资源费征收标准普遍偏低。[②] 基于表 8-1 的普查结果，在我国一些象征性征收水资源费的地区，经验定价、行政定价和相关部门不作为是水资源费偏低的主要原因；但对于大多数地区来说，“绝对地租和级差地租”被挤占仍是主要原因。

二、我国水资源费征收标准制订原则不科学

水资源费征收标准制订原则不科学的原因是，征收水资源费的设计原则不合理，由此导致现行的水资源费征收标准简单、静止、混乱且无法体现出地区水资源禀赋与经济发展水平的特点。水资源费征收标准制订原则至少要体现以下三点：第一，要体现出水资源费的性质与构成，重点要突出水资源费的“级差地租”。第二，要考虑不同行业、不同收入阶层的承受能力。第三，水资源费征收标准调整要及时，要使水资源费充分反映不同时期水资源的稀缺程度。第一个原则是确保水资源费征收标准合理和有效，确保水资源费征收标准合理能够起到调节水资源的作用且体现出不同水源、用户、地区的标准有所差异。第二个原则能确保征收水资源费工作的顺利实施。经济社会稳定发展是顺利征收水资源费的前提。这意味着在制订水资源费征收标准时要考虑不同行业、不同收入阶层的承受能力，在节水的同时要保持经济社会的良性发展。第三个原则能确保水资源费征收标准是及时、动态的。地区的水资源现状、经济发展程度等因素在不同的时间段都有着显著的差异，相应的水资源费征收标准也应该与之相连动，使水资源费征收标准及时地反映出水资源的稀缺程度，从而起到节水的作用。

---

① 陈明忠：《水资源费是国家水资源所有权的经济体现》，《水利经济》1992 年第 2 期。

② 史璐：《我国水资源费形成机制的理论分析和政策建议》，《理论月刊》2012 年第 4 期。

三、我国水资源费征收工作重视程度不够和积极性相对较弱

导致重视不够的可能原因有：第一，水资源费征收标准太低，征收水资源费是一件高成本而又繁琐的工作，相较于获得的收益，成本可能过高。第二，我国水资源费征收体制不合理。按照国家的规定，我国水资源费是由省级政府会同财政、水行政部门制订，由县级以上政府水行政部门向取水单位和个人征收，征收资金按照1∶9的比例分别上缴中央和地方国库。从这里可以看到，地方政府只有决策和管理权，却没有使用权。水资源费权责不统一的体制大大降低了地方政府对水资源费征收工作的重视度与积极性。

第三节 水资源费征收标准的构成及其地区调整

一、水资源费征收标准的构成

针对上述三类地区水资源费用征收标准的具体问题，回答水资源费征收标准的构成是关键。水资源费征收标准普遍偏低和征收标准制定原则不科学等问题的根本原因在于水资源费的定价没有体现出水资源费的性质与构成。水资源费存在着严重的行政定价和经验定价，水资源费没有反映水资源的市场价值，也没有体现不同水资源的“级差地租”。根据自然资源是否经过人类劳动，可将自然资源分为未经人类劳动的原生自然资源和经过人类劳动的人化自然资源两大类。水资源属于经过人类劳动的人化自然资源，其定价应该包括两个方面：水资源的所有权价格和水资源的价值价格。①

水资源所有权是指所有人依法对水资源所享有的占有、使用、收益和处分的权利，是对生产劳动的目的、对象、手段、方法和结果的支配力量。随着人类社会步入现代文明，用水紧缺已经成为城市化、工业化进程

① 方国华、陆桂华：《论水资源费的性质和构成》，《河海大学学报》（自然科学版）2000年第6期。

中的一大阻碍。这时的水资源不再属于无价值的自由物品，而是成为有价值的经济物品、稀缺资源。[①] 水资源的稀缺性是其成为经济物品的必要条件，而国家对水资源拥有所有权是对水资源征收费用的充分条件。理论上，只有拥有所有权才拥有水资源的使用权。但实际上，直接利用水资源的并不是国家，而是用水企业。用水企业能够使用水资源实质是一种水资源使用权的让渡，相应的使用者必须向所有权的拥有者缴纳一定的费用，以体现所有者的权益。使用者缴纳的该部分费用就是水资源的所有权价格，本质是资源地租。资源地租包括了绝对地租与级差地租。资源地租对于用水企业来说实质是一种成本，如果水资源费大于用水单位的边际收益，用水企业就会减少对水资源的使用直至两者相等；如果水资源费小于边际收益，用水企业将会继续加大投入，边际收益也会减少至等于水资源费。因此，水资源的地租应该等于用水企业的边际收益。由此可见，资源地租是调节用水企业水资源使用量的关键，只有资源地租足够大时，用水企业才会减少水资源的使用，它是水资源费的重要组成部分。

与水资源的所有权价格不同，水资源的价值价格也是水资源费的一部分，包括投资成本和合理的投资利润。这主要是因为在水资源开发利用过程中已经物化了大量的劳动，包括调查、勘测、评价和研究等。这些劳动并不属于水费，而是凝结在水资源中的劳动，属于间接成本。[②] 其中，投资成本主要是为了开发水资源所付出的劳动，包括三类：前期基础工作费用、水资源管理费用和工程建设费用。前期基础工作费用主要包括了水文监测、水资源勘测、规划、评价、水量监测等，管理费用主要为水资源的实时监控、各种水资源管理机构的开支等和弥补用于区域水资源开发、利用和保护的工程建设的成本费用。[③] 合理的利润应视具体情况而定，在不

① 沈满洪：《水权交易与政府创新——以东阳义乌水权交易案为例》，《管理世界》2005年第6期。

② 杨柄：《论水资源费的理论依据》，《水利经济》1990年第1期。

③ 沈大军：《水资源费征收的理论依据及定价方法》，《水利学报》2006年第1期。

同阶段上水资源所有者和使用者在水资源相关的利益博弈中可以得到不同的收益。

二、水资源费征收标准的地区调整

针对我国水资源费征收标准偏低且差异显著的问题，地方政府首先应该在相应的法律法规中明确水资源费的征收依据与构成，使水资源费征收标准的制定有法可依。然后要使现行水资源费征收标准的构成完整。对大多数省份来说，适当地提升水资源费征收标准使其体现出国家对水资源的所有权价格是当务之急。最后，如何控制住用水企业的超额利润挤占“水资源费”的问题是下一步地区水资源费征收标准调整的重要方向。这既可以使得水资源费征收标准更加合理，同时也可以调动地方政府征收水资源费的积极性，对于解决地区政府对水资源费征收工作重视度较低和积极性相对较弱的问题也大有裨益。

针对水资源费的征收标准制定原则不科学且差异显著的问题，各地区可以基于水质和水量原则、地区和行业原则、可持续利用原则和用户的承受能力原则对水资源费征收标准进行调整，各个原则在推进地区水资源费征收标准调整过程中有不同的要求。第一，水质和水量原则要求缺水地区应当比富水地区的水资源费高，地下水应该比地表水高；要求水质越好，水资源费越高，矿泉水和地热水的征收标准比地表水和地下水高。我国现行的水资源费征收标准中还没有涉及不同水质的地表水和地下水的征收标准，可以考虑根据Ⅰ类水、Ⅱ类水、Ⅲ类水、Ⅳ类水、Ⅴ类水五类水质而收费。第二，地区和行业原则要求根据水资源的时空分布来调整水资源费征收标准。枯水年或枯水期时，水资源总量小于丰水年或丰水期，价格应当上浮。同一省（市、自治区）辖区内地区的水资源禀赋不同，它们的水资源费征收标准也应该不同。与此同时，取水用途按照不同行业主要分为服务业、工业、生活、农业四类，基于不同行业的获利水平，行业获得的利润越大，水资源费的征收标准也应越高。第三，可持续利用原则要求水资源费征收标准体现节水目的。对于超采严重的地区应该在理论水资源费的基础上适当提高水资源费的标准。对于超出计划用水以上的部分应该加征水资源费。广东等一些省份已经开始探索这种累进制的计费方式，当用水总量超出计划用水一倍时，提高一倍水资源费；当超出一倍不超过两倍时，提高两倍的水资源费；当超出两倍时，提高至三倍或取消其取水资格。第四，水资源费征收原则还需要考虑用户的承受能力等因素。不同的用户承受能力不同，农业用户的收入水平不高，承受能力也较低，可免征水资源费。同等水资源条件的省份，经济发展水平越高，其承受能力越强，应适当地提高水资源费征收标准。根据上述四个原则，各地区调整水资源费征收标准所需考虑的因素汇总如表 8-2 所示。

表 8-2　水资源费征收标准地区调整所需考虑的因素

主要因素	主要因素的解释说明
水源类型	地表水、地下水、地热水、矿泉水
取水用途	工业、生活、生态、农业、服务业
水源质量	Ⅰ类水、Ⅱ类水、Ⅲ类水、Ⅳ类水、Ⅴ类水
地区	地级市（Ⅰ类区、Ⅱ类区等）、超采区、一般区
时间	丰水期/枯水期、汛期/非汛期、丰水年/枯水年
经济	国内生产总值、用水效率等
用水总量	水资源总量、降水量、人均用水总量、超计划用水总量
用户承受能力	农村居民收入、城镇居民收入、优惠补偿政策

针对地方政府对水资源费征收工作重视度较低与积极性相对较弱的问题，一方面，要提高水资源费的征收标准使得水资源费征收工作的成本与收益成正比，这一点和水资源费征收标准偏低问题的调整思路不谋而合；另一方面，中央政府需要对现行的水资源费管理体制进行完善，在某些方面要“放权”给地方政府。比如，在水资源费资金的使用上，可以抽取小部分留作地方政府水资源管理工作的自主使用资金。另外，中央政府也可以实行水资源费征收工作考核制度。对水资源费征收率高的地方政府予以奖励，而对水资源费征收率低的地方政府予以一定量的处罚。总而言之，中央政府既需要实行一定的强制措施，又需要建立相应的奖励机制，以充

分调动起地方政府在水资源费征收工作上的积极性。

第四节　完善水资源费征收标准的若干举措

我国水资源费征收标准问题无论是省级层面还是市级层面均异常突出，而且附带有显著的地区差异。对我国省级层面水资源费征收标准进行网络普查明确了我国地区水资源费征收标准面临着三个突出的问题：水资源费征收标准偏低且地区差异显著，水资源费征收标准制定原则不科学且程度差异显著，地方政府对水资源费征收工作重视不够和征收积极性相对较弱。基于水资源费征收标准的构成理论，地区水资源费征收标准问题的根源在于水资源费征收标准的构成不明确或不完整，解决好用水企业的超额利润挤占“水资源费”的问题是地区水资源费征收标准调整的重要方向。与此同时，为了合理制定水资源费的征收标准，基于水质和水量原则、地区和行业原则、可持续利用原则和用户的承受能力原则，对水资源费征收标准积极调整地区水资源费征收标准势在必行。此外，除了水源类型和地区原则外，取水用途、水源质量、水源禀赋的时空变化、经济基础等因素也应该纳入地区水资源费征收标准调整的影响因素范围之内。为了进一步落实《关于水资源费征收标准有关问题的通知》（发改价格〔2013〕29号），下一阶段地区政府在水资源费征收标准问题上应该进一步做好以下几点：

第一，明确水资源费征收标准的调整原则，包括水质和水量原则、地区和行业原则、可持续利用原则和用户的承受能力原则。根据不同水资源类型、水资源用途、不同行业、不同地区、不同水质水量等因素确定具体的指标体系，以确定各个地区的水资源费征收标准。地方政府可以基于更为综合的影响因素组合来明确水资源费的构成及其标准的测算，规范地方有关水资源费征收标准的相关文件，减轻行政区经验定价的问题，使得水资源费征收标准体现出国家对水资源的所有权和地方水资源开发过程中的投资成本。

第二，加大对用水企业的监管力度，减少用水企业的超额利润。用水企业由于垄断所形成的超额利润“挤占”水资源费是水资源费偏低的一个重要原因。水资源费征收部门要加大对用水企业的监管力度，明晰用水企业的账目，杜绝超额利润“挤占”水资源费的现象。这一建议虽然没有从根源上规范水资源费的征收标准问题，但是它依然是现阶段增加水资源费收入和激励地方政府征收水资源费的有效途径。

第三，加强对水资源费征收标准的重视力度。我国水资源费征收标准的一些问题本质上是由于地方的管理部门对水资源费的征收重视程度不够所造成的。发展改革委在《关于水资源费征收标准有关问题的通知》（发改价格〔2013〕29号）的第十条专门提出了“各地要高度重视水资源费征收标准制定工作，加强组织领导，周密部署，协调配合，抓好落实。要认真做好水资源费改革和征收标准调整的宣传工作，努力营造良好的舆论环境”。中央政府可以通过实行一定的强制措施和建立相应的奖励机制来调动地方政府对水资源费征收工作的积极性，具体可以通过放宽地方政府对水资源费的使用权与建立相应的监督、考核机制来实行。

第九章　水资源费制度与中国工业水价结构性改革

我国水资源十分稀缺。截至2004年，我国600多座城市中有400多座城市存在缺水问题，其中110座城市严重缺水；到2010年，严重缺水城市已增至200座。为解决水资源短缺的问题，政府一直以供给侧管理为主，通过兴建水利工程与区域调水的方式增加水资源供给。但是，水资源的供给侧管理并没有解决我国水资源短缺的问题，该问题反而随着现代化、城市化和工业化的推进而愈发突出。因此，我国水资源管理的工作重心正逐步由单一的供给侧管理向供给侧与需求侧管理并重转变，以水权交易与水价为核心的需求侧管理应运而生。相较于水权交易，水价因较易操作而成为新时期水资源管理的重要手段，其中最重要的一个议题是提高水价能否降低用水需求。相关研究表明提高水价确能降低用水需求，但这一结论并不足以为决策者提供更有意义的参考价值。因为水价是一个体系，狭义水价包括资源水价（水资源费）、工程水价与环境水价（污水处理费）三部分，那么在提高同等幅度水价的前提下，应该如何调整水价的各个部分对于水价改革有着更重要的意义。

第一节　水价改革的相关研究

水价是新时期水资源管理的重要政策工具，学界对于水价改革给予了充分关注，研究视角也多种多样，理论与实证层面都有所涉及。在理论研究层面，不少学者在回顾水价改革历程的基础上，分析了现行水价改革存在的问题，并给出了一些有益的政策建议。[①] 不过这方面的研究数量不多，大量的研究主要集中在实证层面，比如，水价定价方法、利用可计算一般均衡（CGE）模型对水价改革进行评估等。[②] 不过实证研究普遍关注的还是探讨水价与用水量之间的关系，甚少讨论水价本身。

根据经济学中的需求法则，当某一商品价格提高，需求量将会减少。但考虑到水资源作为必需品，其商品属性是缺乏弹性的，事实是否如此还需要经过实证检验。因此，对用水需求价格弹性的估计成为学界研究的热点与重点，尤其是针对居民生活用水与农业用水方面。若用水需求的价格无弹性或弹性较弱，则提高水价无益于降低用水需求。相反，若用水需求的价格弹性较高，提高水价将会降低用水需求。在居民生活用水方面，李眺利用2000—2004年35个城市的混合横截面数据，采用双对数模型（Double-log Model）实证研究了水价与用水需求之间的关系，结果表明居民生活水价对降低用水需求有显著影响，价格弹性约为-0.49。[③] 郑新业等利用222个地级市横截面数据，采用联立方程模型（Simultaneous Equation Model）在处理了用水价格与用水需求内生性问题后估计了居民生活用水的价格弹性，约为-2.43。[④] 该结果的弹性较之以往的水价弹性明显较大，可能的原因在于考虑了水价的内生性问题。同时，也有学者的研究表明，不同收入阶层用水户的价格弹性存在显著差异，相较于高收入阶层，低收入阶层对水价更为敏感。[⑤] 在农业用水方面，刘莹等通过建立纳入生产函

---

① 王亚华：《关于我国水价、水权和水市场改革的评论》，《中国人口·资源与环境》2007年第5期。温桂芳、刘喜梅：《深化水价改革：全面推进与重点深入》，《财贸经济》2006年第4期。

② 傅涛、张丽珍、常杪等：《城市水价的定价目标、构成和原则》，《中国给水排水》2006年第6期。郭清斌、马中、周芳：《可持续发展要求下的城市水价定价方法及应用》，《中国人口·资源与环境》2013年第2期。李昌彦、王慧敏、佟金萍等：《基于CGE模型的水资源政策模拟分析——以江西省为例》，《资源科学》2014年第1期。严冬、周建中、王修贵：《利用CGE模型评价水价改革的影响力——以北京市为例》，《中国人口·资源与环境》2007年第5期。

③ 李眺：《我国城市供水需求侧管理与水价体系研究》，《中国工业经济》2007年第2期。

④ 郑新业、李芳华、李夕璐等：《水价提升是有效的政策工具吗?》，《管理世界》2012年第4期。

⑤ Steven Renzetti, Diane P. Dupont, Tina Chitsinde, "An Empirical Examination of the Distributional Impacts of Water Pricing Reforms", *Utilities Policy*, Vol. 34, 2014. 沈大军、陈雯、罗健萍：《城镇居民生活用水的计量经济学分析与应用实例》，《水利学报》2006年第5期。

数的农户多目标决策模型，分析了黄河上游农业水价对作物用水及种植收入的影响，研究结果表明，提高水价在经历一段时间后将会减少农业用水量，不过提高水价也将会降低农户的种植收入。[①] 这与其他的一些学者对于农业用水方面的研究结论基本一致。[②]

相较于居民生活用水与农业用水，工业用水方面的国内外研究甚少。众多国外学者从企业层面、行业层面等不同层面都研究了工业水价与工业用水需求之间的关系，结果表明工业水价对工业用水需求的影响十分显著，且有研究表明工业用水需求的价格弹性要比居民生活用水价格弹性更大。[③] 国内关于工业用水需求与工业水价关系的研究起步较晚，数量较少，仍需要大量的研究予以完善。贾绍凤以北京市为例在宏观和微观两个层面的研究发现工业用水定额对水价很敏感，1990—2000 年的宏观数据表明，北京市万元工业产值用水量的价格弹性系数为-0. 3950—-0. 5930。[④] 其他学者的研究也都支持工业水价高弹性的结论。[⑤]

上述研究在研究方法、研究结论等方面都有着重要参考意义，且为把握水价与用水需求之间的关系提供了直接的经验证据。但结合现有的研究来说，仍有几点不足：第一，相较于生活用水与农业用水，工业用水方面的研究较少，研究结论缺乏对照。第二，关于水价与工业用水需求方面的研究在计量模型设定上大体来说较为简单，缺乏严密的论证，所得的结论值得商榷。第三，不管是居民生活用水还是工业用水方面的研究，关注的

① 刘莹、黄季焜、王金霞：《水价政策对灌溉用水及种植收入的影响》，《经济学季刊》2015 年第 4 期。

② 廖永松：《灌溉水价改革对灌溉用水、粮食生产和农民收入的影响分析》，《中国农村经济》2009 年第 1 期。

③ Joseph A Ziegler, Stephen E Bell, "Estimating Demand for Intake Water by Self - supplied Firms", *Water Resources Research*, No. 1, 1984 (1). Steven Renzetti, "An Econometric Study of Industrial Water Demands in British Columbia, Canada", *Water Resources Research*, No. 10, 1988. Janice A. Beecher, "Water Affordability and Alternatives to Service Disconnection", *Journal of the American Water Works Association*, No. 10, 1994.

④ 贾绍凤、张士锋：《北京市水价上升的工业用水效应分析》，《水利学报》2003 年第 4 期。

⑤ 毛春梅：《工业用水量的价格弹性计算》，《工业用水与废水》2005 年第 3 期。刘昕、李继伟、朱崇辉等：《工业用水量的价格弹性分析》，《节水灌溉》2009 年第 10 期。

焦点都是水价对公共用水需求的影响，忽略了自备用水的问题。因此，对于工业节水来说，要想保证水价政策的有效性，必须推进工业水价结构性改革，因为我国工业、农业、居民用水或多或少都存在自备水问题，尤其对于工业用水来说，自备用水的问题十分突出。

第二节 水价格改革的三方面基本事实

一、水价改革历程

水价改革简单来说就是调整水价，完善水价的形成机制，使其能发挥出节水的杠杆作用。这部分主要对水价改革的历程作一个简单回顾。之所以要回顾水价改革历程，一方面是为了更好地理解水价改革，另一方面也是为样本期的选择做一个解释说明。基于已有研究成果，沿着水资源由自由物品转变为经济物品的脉络，我国水价改革历程可以分为公益性无偿供水（1949—1964 年）、政策性有偿供水（1965—1984 年）、不完全成本回收（1985—1993 年）、成本回收（1994—2003 年）四个阶段。[①]

第一阶段在新中国成立初期，全国除少数地方征收少量水费或水利粮之外，基本实行无偿供水，这一阶段无水价可言。《水利工程水费征收、使用和管理试行办法》(国水电〔1965〕350 号）的颁布正式结束了我国无偿供水的历史。但囿于计划经济体制的局限，在很长一段时间内，水费办法并没有发挥出应有的作用。为保障经济发展和人民生活，国家垄断了水资源的使用权，实行的是低价或无价政策；实行“包费制”，即根据家庭人口数收取一定量的水费，水费并不与用水量挂钩。[②] 这种管理模式不仅造成了水资源的严重浪费，也使得城市供水企业入不敷出，财政补贴压力大增。这种情况一直持续到党的十一届三中全会后，国家财税制度改革过程中逐渐取消了“包费制”并实行“按量收费”。不过，这一阶段的水价仍

① 张德震、陈西庆:《我国水价的变化过程及其区域特征的研究》,《地理科学》2002 年第 4 期。
② 侯风云:《城市水业市场化演进中的水价改革路径分析》,《福建论坛》(人文社会科学版) 2011 年第 2 期。

然较低。

1985年，国务院颁布了《水利工程水费核订、计收和管理办法》(国发〔1985〕94号)，首次提出在核算供水成本的基础上，根据国家经济政策和当地水资源状况，对各类用水分别核定水费标准。这一阶段水价有所提高，但缺点很明显，水费仍然被当作是行政事业性收费，水费无法体现出全部的供水成本，水资源的商品属性并没有得到确认，水价只做到了不完全成本回收。直到《水利工程管理单位财务制度》(财农字〔1994〕397号）与《水利产业政策》(国发〔1997〕35号）出台后，水费才被作为一种可盈利的收费，商品属性被正式确定下来。水费也因此改名为水价，此时水价基本做到了成本回收。

伴随2000年《中共中央关于制定国民经济和社会发展第十个五年计划的建议》的推出，水价改革迎来了新的篇章，水价改革进入深化阶段。2004年，国务院办公厅下发了《国务院办公厅关于推进水价改革促进节约用水保护水资源的通知》(国办发〔2004〕36号)，并明确指出各地区要充分认识水价改革的重要性和紧迫性，要求深化水价改革。在这一阶段，各地区水价进行了大幅度地调整，2009年1月至2010年6月期间，全国669座城市超过1/3集中调整水价。[①] 鉴于此，样本期限选择在2000—2013年能避免因水价较低造成的样本偏误从而能更有效地探究价格与需求的关系。

二、工业用水结构与水价改革

按照水资源用途来划分，工业用水主要包括两大部分：一部分是工业生产用水，另一部分为厂内员工的生活用水。显而易见，前者对水质的要求较低，而后者对水质的要求较高。因此，工业用水的来源十分广泛，主要包括地表水、地下水、自来水、海水、城市污水回流水、其他水等。不过，在众多的用水来源中，地表水、地下水与自来水三者比重较大，其余

① 李智慧:《论水价形成机制的动态化与法治化》,《给水排水动态》2011年第2期。

的用水来源基本可以忽略。根据 2008 年第二次经济普查年鉴的数据显示，全国规模以上工业企业地表水的用水比重占到了 70.18%，地下水占到了 12.44%，而自来水比重仅为 15.63%。这意味着水价作用到工业用水需求的部分只有 15.63%。

图 9-1 给出了除西藏外中国 30 个省（自治区、直辖市）2008 年的工业用水现状。从中可以看出，除天津、广东等少数省（直辖市、自治区）还是以自来水为主要工业水源外，其余省（直辖市、自治区）均是以地表水与地下水为主，而且地表水所占比重最大，有 18 个省（自治区、直辖市）的地表水比重超过了 50%。在这些地表水和地下水来源中，除工业企业从水库或其他水利工程取水外，还有许多是工业企业利用自供水系统自取，属于自备用水，城市终端水价对降低自备用水的影响或许微乎其微。而且，城市终端水价的提高，可能会导致工业企业增加自备用水的使用，反而可能增加区域用水总量。①

由此可见，水价政策或许并不是工业节水的重要手段，因为水价仅影响自来水的需求量而工业用水中自来水的占比相对较低。不过，无论工业企业的用水来源是哪一种，水价中的水资源费却是都需要缴纳的。因此，水资源费可以实现从源头上对用水需求进行调控，水资源费对整个水价改革的作用凸显。

三、水资源费及其省际调整

水资源费的本质是资源价格。根据自然资源是否经过人类劳动，可将自然资源分为未经人类劳动的原生自然资源和经过人类劳动的人化自然资源两大类。水资源属于经过人类劳动的人化自然资源，其定价应该包括两个方面：水资源的所有权价格和水资源的价值价格，同时可以细分为三个

① 郑新业、李芳华、李夕璐等：《水价提升是有效的政策工具吗?》，《管理世界》2012 年第 4 期。

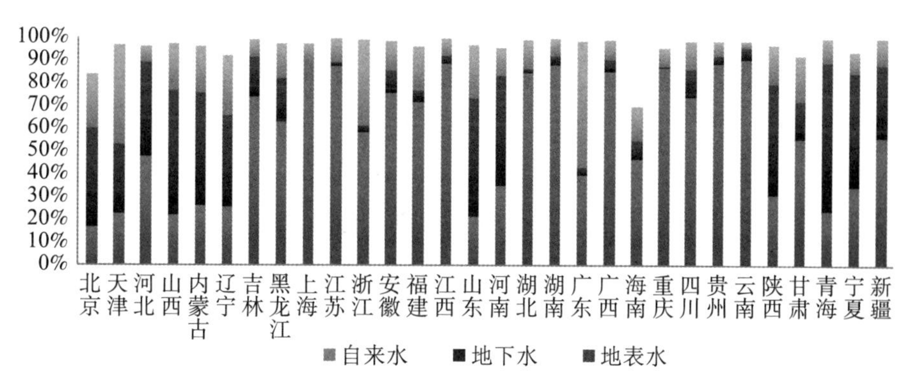

图 9-1　中国 30 个省（自治区、直辖市）2008 年工业用水中地表水、地下水与自来水比重

部分：水资源稀缺性价格、水资源所有权价格与劳动价值。[①] 水资源稀缺性价格是水资源费的重要组成部分，地区水资源稀缺程度是影响其标准的重要因素。在经济发展前期，水资源被认为“取之不尽，用之不竭”，属于无价值的自由物品。经济的发展与水资源开发成本提高使得水资源逐渐从无价自由物品过渡为有价经济物品。水资源稀缺程度越高，水资源费也越高。水资源所有权价格是指国家因拥有水资源的所有权而向用水户收取的费用，属于使用权让渡费用，而劳动价值是指地区在征收水资源费过程中所物化的劳动。后两者往往难以量化，但可以肯定的是这两者都与地区对水资源费征收工作的重视力度有关。表 9-1 给出了除西藏外，中国 30 个省（自治区、直辖市）工业水资源费现状，包括了各省水资源费的起征时间、调整次数、具体调整年份、2013 年工业地表水、工业地下水水资源费征收标准。

王晓青采用专家打分法，通过人均水资源量、单位面积水资源量、人均供水量与万元 GDP 水资源量四个指标全面衡量了地区水资源稀缺程度。[②] 根据其研究结果，按照水资源稀缺程度由高到低的顺序可以将各省

① 方国华、谈为雄、陆桂华等:《论水资源费的性质和构成》,《河海大学学报》(自然科学版) 2000 年第 6 期。

② 王晓青:《中国水资源短缺地域差异研究》,《自然资源学报》2001 年第 6 期。

水资源状况分为四类：水资源丰富区、脆弱区、缺水区与严重缺水区。水资源丰富区包括广东、广西、福建、浙江、江西、湖南、海南、重庆、西藏。水资源脆弱区包括云南、贵州、四川、上海、安徽、湖北、新疆。水资源缺水区包括黑龙江、吉林、辽宁、宁夏、青海、北京、江苏、河南。水资源严重缺水区包括山东、山西、陕西、甘肃、内蒙古、河北、天津。由于稀缺性是水资源费征收标准的重要因素，因此表 9-1 可以按地区水资源稀缺程度进行深入讨论。

表 9-1　中国 30 个省（自治区、直辖市）工业水资源费现状

省（自治区、直辖市）	起征时间	调整次数	调整年份	地表水	地下水
北京	1992	3	2000、2004、2009	1. 35	2. 15
天津	1987	6	2002、2006、2007 2009、2010、2011	1. 41	3. 4
河北	1988	1	2011	0. 31	0. 9
山西	1982	2	2004、2009	0. 5	1
内蒙	1992	2	2002、2011	0. 3	2
辽宁	1995	4	2002、2007、2010	0. 5	0. 7
吉林	1992	2	2003、2007	0. 13	0. 27
黑龙江	1995	1	2010	0. 2	0. 4
上海	1979	2	2005、2013	0. 1	0. 2
江苏	1994	3	2001、2004、2006	0. 23	1. 9
浙江	1992	1	2004	0. 1	0. 4
安徽	1992	1	2004	0. 6	0. 215
福建	1998	2	2007、2013	0. 11	0. 375
江西	1998	1	2013	0. 06	0. 24
山东	1983	2	2002、2004	0. 3	0. 6
河南	1993	2	2000、2005	0. 25	1. 4
湖北	1995	3	1997、2006、2013	0. 15	0. 2
湖南	1998	2	2003、2013	0. 1	0. 7

续表

省（自治区、直辖市）	起征时间	调整次数	调整年份	地表水	地下水
广东	1995	1	2009	0. 12	0. 375
广西	1992	1	2013	0. 045	0. 09
海南	1990	2	2007、2013	0. 08	0. 18
重庆	1999	1	2006	0. 12	0. 15
四川	1993	1	2005	0. 075	0. 15
贵州	1992	1	2007	0. 06	0. 12
云南	1997	1	2011	0. 23	0. 4
陕西	1992	2	2005、2010	0. 4	0. 6
甘肃	1997	2	2004、2010	0. 125	0. 175
青海	1995	1	2005	0. 056	0. 11
宁夏	1999	1	2007	0. 07	0. 1875
新疆	2000	1	2005	0. 12	0. 35

注：数据系笔者手动整理，不包括西藏；一些省（市、自治区）的水资源费对不同区征收不同标准，汇报值系各区征收标准的平均值。

表 9-1 第二列所列的各省水资源费起征时间表明，明显早于其他地区的有五个：上海、山东、山西、河北、天津。五个地区中有四个是属于严重缺水区，而且上海市最先是对深井水征收水资源费，这和它的地区水资源状况有很大的关系。[①] 另外，像北京、吉林、江苏、广西、甘肃等地区水资源费征收工作开展时间也较早。当然也有个别富水地区，如海南、广西，水资源费开征时间也较早，这或与其经济发展水平和政策导向有很大关系。综合来看，我国水资源费征收制度本质上是一种因水资源稀缺所导致的诱致性制度变迁。这一论断还可以从各地区调整水资源费的次数中得到验证。水资源费调整次数越多，制度建设就越完善，标准越接近合理。从表 9-1 第三列可以明显看出，一些缺水地区，如北京、天津、山西、内蒙、辽宁、江苏、河南、陕西、甘肃、山东等地区调整次数明显要多。而

① 上海市出台最早关于水资源费的法规为《上海市深井管理办法》。

一些水资源较为富裕的地区，如浙江、安徽、江西、广东、广西、四川、贵州、云南、新疆等调整次数明显偏少。

当然，除水资源稀缺性因素以外，经济发展水平是另一个重要因素。这主要是考虑到不同经济发展水平下用水户的承受能力。[①] 如表 9-1 所示，同样严重缺水的天津、内蒙、山西、山东，由于天津经济发展水平最高，其水资源费征收标准最高，同理北京的水资源费也相对较高。在一些富水区，如浙江、广东，水资源费也往往要高于同是富水区的广西和海南。

第三节　模型设定、内生性检验与数据来源

一、模型设定

在设定模型前，有两点需要说明。第一，一般在设定水价与用水需求模型时，主要采取两种模型，一种是双对数模型（Double-log Model），另外一种是吉尔里模型（Stone-Geary Model）。[②] 前者适合于测量用水需求的收入与价格弹性，而后者多用于预测。鉴于本章的主要目的为测量价格的弹性，因此本章选择的是双对数模型。第二，以往在考虑水价与用水需求关系时，有两种观点：一种是认为水价影响用水需求，而用水需求不影响水价，还有一种观点认为两者互相影响。[③] 在学界观点无法统一的情况下，本章先假设两者相互影响，然后采用检验内生变量的方法实证检验两者之间的关系，根据检验结果来进行判断。因此，回归模型包括工业用水需求方程、工业水价方程、工业地表水水资源费方程、工业地下水水资源费方程。

（一）需求方程

1. 被解释变量

需求方程主要考察的是价格对用水量的影响，因此，被解释变量为工

① 刘希胜、贾绍凤、杨芳等：《我国水资源费征收存在的问题及调整建议》，《水利经济》2014 年第 5 期。

② Steven Renzetti, Diane P Dupont, Tina Chitsinde, "An Empirical Examination of the Distributional Impacts of Water Pricing Reforms", *Utilities Policy*, Vol. 34, 2014.

③ 李眺：《我国城市供水需求侧管理与水价体系研究》，《中国工业经济》2007 年第 2 期。郑新业、李芳华、李夕璐等：《水价提升是有效的政策工具吗？》，《管理世界》2012 年第 4 期。

业用水总量（*water*），按新水取用量计，不包括企业内部的重复利用水量。

2. 解释变量与控制变量

解释变量有三个：终端水价（*price*）、地表水水资源费（*sfee*）和地下水水资源费（*ufee*）。根据需求理论，预测三者的符号为负。除此之外，影响工业用水最主要的三个因素为工业经济增长、工业产业结构与节水技术。[①] 一般用地区工业增加值（*add*）代表工业经济增长，工业经济增长越快，其用水需求越高，预期符号为正。工业产业结构对用水量的影响则不确定，本章主要考察国有工业企业比重占比对用水量的影响，使用国有工业企业工业增加值与地区工业增加值之比来表示工业企业结构（*zd*）。它对工业用水量的影响可能有两种结果：一是国有企业可能因为资金雄厚和政府扶持等优势引进新技术从而提高用水效率，降低地区用水需求；二是国有企业可能因为竞争压力小和管理机构臃肿等原因反而拉低了整个地区的用水效率，用水需求增加。另外，节水技术也是影响工业用水需求的一大因素，不过这个指标难以刻画，有学者用 R&D 投入强度来刻画，但实际上该指标并不能准确反映地区工业节水技术水平，原因有两点：第一，并没有专门关于工业节水 R&D 经费支出的数据，只能做一个笼统的表述。第二，在我国，工业研发部门一般是政府机构，研发与市场应用是严重脱钩的，而且发挥效果的滞后期很长。[②] 然而，一般来说，一个地区水资源稀缺程度越高，地区在节水方面的投入越高，其节水技术水平相应越高。因此，本章采用虚拟变量的方式来设定节水技术水平的代理变量，主要按照王晓青的划分方式来设定，富水区为 *area1*，脆弱区为 *area2*，缺水区为 *area3*，之所以采用三个虚拟变量的方式也是为了尽量准确刻画地区的节水水平。同时，该指标在一定程度上也能反映地区用水习惯和政策导向等因素，预期符号为正。另外，相关研究表明，工业企业规模（*idl*）也会显著

① 雷玉桃、黎锐锋：《中国工业用水影响因素的长期动态作用机理》，《中国人口·资源与环境》2015 年第 2 期。贾绍凤、张士锋、杨红等：《工业用水与经济发展的关系——用水库兹涅茨曲线》，《自然资源学报》2004 年第 3 期。

② 魏楚、沈满洪：《能源效率及其影响因素基于 DEA 的实证分析》，《管理世界》2007 年第 8 期。

影响工业用水需求，采用地区工业增加值与地区生产总值的比值表示。[①]而且，为了控制工业企业规模可能出现的规模效应，模型中加入了工业企业规模的平方项。因此，用水需求方程的模型设定如式（9-1）所示：

$$\ln water_{i,t} = \alpha_0 + \alpha_1 \ln price_{i,t} + \alpha_2 \ln sfee_{i,t} + \alpha_3 \ln ufee_{i,t} + \alpha_4 zd_{i,t} + \alpha_5 idl_{i,t} + \alpha_6 idl2_{i,t} + \alpha_7 area1 + \alpha_8 area2 + \alpha_9 area3 + \varepsilon 1_{i,t} \quad (9-1)$$

（二）水价方程

1. 被解释变量

采用城市终端水价作为被解释变量，包括水资源费、工程水价与污水处理费。

2. 解释变量

学界关于水价影响因素的研究较少，除了用水需求外，综合郑新业等与李眺两篇比较典型的文献来看，影响工业水价的因素主要为企业的供水成本和其他一些因素。[②] 就供水成本而言，结合制水企业的生产流程来看，首先，城市供水企业的取水成本会影响水价，使用水库容量（*sk*）表示，水库容量越大，获取水资源的成本也越低，预期符号为负。然后，水务企业输配水成本也会影响水价，用人均城市供水管道长度（*pl*）表示。人均城市供水管道长度越长，城市供水企业的成本越高，水价越高，预期符号为正。之后，考虑到地区在制订水价的过程中可能会考虑到经济发展水平，因此模型还包括了经济发展水平变量，用人均国内生产总值（*pgdp*）表示，预期符号为正。最后，地区水资源的稀缺程度显著影响水价。水资源越稀缺，则水务企业取水的机会成本较高，水价应越高，如同上文一样，用 *area1*、*area2* 与 *area3* 表示，预期符号为负。综合所述，水价方程设定如下：

---

① 张兵兵、沈满洪：《工业用水与工业经济增长、产业结构变化的关系》，《中国人口·资源与环境》2015 年第 2 期。

② 李眺：《我国城市供水需求侧管理与水价体系研究》，《中国工业经济》2007 年第 2 期。郑新业、李芳华、李夕璐等：《水价提升是有效的政策工具吗?》，《管理世界》2012 年第 4 期。

$$\ln price_{i,t} = \alpha_0 + \alpha_1 \ln water_{i,t} + \alpha_2 \ln pgdp_{i,t} + \alpha_3 \ln pl_{i,t} + \alpha_4 \ln sk_{i,t} + \alpha_5 area1 + \alpha_6 area2 + \alpha_7 area3 + \varepsilon 2_{i,t} \quad (9-2)$$

（三）水资源费方程

1. 被解释变量

水资源费有两个方程，被解释变量分别为地表水水资源费（*sfee*）与地下水水资源费（*ufee*）。

2. 解释变量

水资源费是由水资源稀缺性价格、水资源所有权价格与劳动价值三部分所组成。同时，水资源费标准又兼顾了用水户可承受能力，水资源费受地区经济发展水平影响。因此，首先，水资源费与地区水资源稀缺程度是显著相关的，水资源越稀缺水资源费越高，使用 *area1*、*area2*、*area3* 表示。三类虚拟变量也可以控制地区个体效应，预期符号为负。其次，地方政府在制订水资源费时会考虑地区人均水资源量和经济发展水平。人均水资源量越大，相应的水资源费就越低，预期符号为负；经济越发达，其承受能力越强，相应的标准也越高，预期符号为正。最后，水资源所有权价格与劳动价值也是影响水资源费的重要因素。水资源所有权价格是国家行政垄断获得的资源地租，价格高低取决于地方政府对水资源费的重视程度；劳动价值体现的是地方政府在水资源费管理过程中所物化的价值。这两方面内容量化过程十分困难，但与地区水资源费征收制度建设的好坏有密切关系。由于水资源费征收制度强度高低与地方政府的重视程度密切相关，也需要地方政府物化投入的保障，因此本章使用水资源费征收制度强度来指代水资源所有权价格与劳动价值，该变量对水资源费的预期影响为正。

鉴于制度的内生性，本章利用地区文件数构造的地区水资源费征收制度强度来缓解这一问题。[①] 在区域水资源费征收制度实施过程中，有些省份出台了全省性的规范性和指导性文件，而有些省份没有出台相应的政策

① 包群、邵敏、杨大利：《环境管制抑制了污染排放吗?》，《经济研究》2013 年第 12 期。

文件，只是在局部地级市或县级市出台了相应的政策文件。这意味着，有些省份某些政策的实施强度要高于只有局部政策文件的省份。因此，地区水资源费征收制度强度指标 $iwps\_rs$：

$$iwps\_rs_{i,t} = \frac{\text{有水资源有偿使用政策的地级市个数}}{\text{省(市、自治区)所包含的地级市个数}} \tag{9-3}$$

i 为第 i 个省（市、自治区），t 为年份（1978—2014 年）。在特定年份，一省（市、自治区）出台了相应的文件，那么该省（市、自治区）所包含的所有地级市均被界定为有相应的政策文件。同一年内，只有县级市有相应的政策时，其上一级地级市被界定为有相应的政策文件。同一区域内，不同年份有不同的政策文件，那么相应年份均有可供加总的地级市个数。地级市名称根据政策文件内容加以确定，省（市、自治区）所包括的地级市个数根据《中国统计年鉴 2014》行政区划的数据来确定。由于制度强度是一个累计的过程，因此必须计算地区的累计强度。尽管我国水资源有偿使用制度是从 1988 年正式建立的，但山西，上海一些省（市、自治区）在 1979 年已经开始实行，为在更长阶段上把握水资源费征收制度强度，地区水资源费征收制度强度将从 1978 年开始计算。因此有，累加水资源费征收制度强度指标 $iwps\_ap$。

$$iwps\_ap_{i,t} = \sum_{t=1978}^{t=2013} iwps\_rs_{i,t} \tag{9-4}$$

鉴于省际水资源费征收制度的实施情况系通过网络搜索得到，为克服因地区网络化程度、搜索引擎差异等一些外在因素对变量准确性的干扰，累计强度指标将被地区信息化指数（Informatization Development Index，IDI）进行平减处理。信息化指数由信息化基础设施指数、使用指数、知识指数、环境与效果指数和信息消费指数五个分类指数组成，可以综合地概括评价与比较国家及地区的信息化发展水平和发展进程。利用信息化指数平减后得到的地区水资源费征收制度强度 wp 为：

$$wp_{i,t} = iwps\_ap_{i,t} / idi_{i,t}$$

至此有，水资源费的模型设定为：

$$\ln sfee_{i,t} = \alpha_0 + \alpha_1 \ln water_{i,t} + \alpha_2 \ln pgdp_{i,t} + \alpha_3 area1 + \alpha_4 area2 + \alpha_5 area3 + \alpha_6 wp_{i,t} + \alpha_7 \ln pwr_{i,t} + \varepsilon 3_{i,t} \quad (9-5)$$

$$\ln ufee_{i,t} = \alpha_0 + \alpha_1 \ln water_{i,t} + \alpha_2 \ln pgdp_{i,t} + \alpha_3 area1 + \alpha_4 area2 + \alpha_5 area3 + \alpha_6 wp_{i,t} + \alpha_7 \ln pwr_{i,t} + \varepsilon 4_{i,t} \quad (9-6)$$

二、内生性检验

上述模型是在假设水价、水资源费与用水需求三者之间存在相互影响的基础上设定的，但实际情况是否如此还要分别检验方程（9-1）、方程（9-2）、方程（9-5）、方程（9-6）中 ln*water*、ln*price*、ln*sfee* 与 ln*ufee* 是否是内生变量。以检验方程（9-1）中 ln*price*、ln*sfee* 与 ln*ufee* 是否是内生变量为例，基本思路为：首先寻找 ln*price*、ln*sfee* 与 ln*ufee* 的工具变量，可以采用方程（9-2）、方程（9-5）、方程（9-6）中除用水量之外的变量，即 ln*pgdp*、ln*pwr*、ln*pl*、ln*sk*、*area1*、*area2*、*area3*、*wp* 作为工具变量，通过 Hausman 检验，验证 ln*price*、ln*sfee* 与 ln*ufee* 是否是内生变量。同理，当验证方程（9-2）中 ln*water* 是否是内生变量时，采用变量 ln*add*、*zd*、ln-*pgdp*、*area1*、*area2*、*area3*、*wp* 作为工具变量检验其内生性。水资源费方程中用水量是否是内生变量也应该采用上述方法检验。

不过传统的豪斯曼检验方法不适用于异方差的情形，而且在检验值为负的情况下，无法判别，故使用“杜宾—吴—豪斯曼检验”（Durbin—Wu—Hausman Test）验证在异方差的情况下的内生性。检验结果为：方程（9-1）中，ln*price*、ln*sfee* 与 ln*ufee* 存在内生性，其中，杜宾检验值为 $p(Chi2=91.52)=0.000$，吴—豪斯曼检验值 $p(F=38.30)=0.000$，两者都拒绝了变量为外生变量的原假设。同理，在方程（9-2）、方程（9-5）、方程（9-6）中用水量 ln*water* 的内生性检验也都在1%的水平上拒绝了变量为外生变量的检验，从而证明用水量与水价、水资源费之间存在相互影响的关系。另外，为了验证上述结论的稳健性，本章还逐个检验了 ln*price*、ln*sfee*、ln*ufee* 与 ln*water* 之间的内生性，结果都表明水价、水资源费与用水量之间存在相互影响关系。

该结论在现实中也可以得到验证。对于一般性商品来说，价格与需求之间存在互相影响不足为奇，一些研究之所以认为水价、水资源费与用水需求之间无互相影响的主要原因在于水价与水资源费并不是完全由市场决定的，受行政影响较多。但实际上水价、水资源费很容易受用水需求影响。以水资源费为例，国家征收水资源费的根本目的就是抑制用水需求的增长，当用水需求并没有受到水资源费的影响时，有关部门就会开始提高水资源费的征收标准以降低用水需求。这和一般性商品没有本质的区别，不同的是前者是由市场供需决定的，而后者可能行政因素影响大一些。这可从国家发布的文件中得到验证，例如，为了降低地区用水需求，有关部门在 2013 年就颁发了《关于水资源费征收标准有关问题的通知》(发改价格〔2013〕29 号）要求各部门提高水资源费。而且，从一些缺水地区连续调整水资源费的实践也可以看出，用水需求确实对水资源费有影响。同样道理，用水需求增大也会导致水价的进一步提高。

三、数据来源与统计性描述

鉴于数据统计口径的一致性与可得性，本章选取了 2000—2013 年中国除西藏以外的 30 个省（自治区、直辖市）的面板数据。地区生产总值、工业增加值来源于中国统计年鉴及中国工业经济统计年鉴。用水数据来自中国国家统计局及各地区水资源公报。由于无法获得更准确的水价数据，因此使用每个省份省会城市的工业水价代替。之所以可以做如此替代有两点原因：第一，同一省份水价差异不大。根据相关学者的研究数据显示，2012 年中国最高城市水价与最低城市水价的平均价差仅有 0.9 元，而同一省内城市水价的平均价差仅为 0.2 元左右，且各个城市水价平均值与省会城市水价的差距更小。[①] 第二，省会城市经济较为发达，工业用水量占整个省份用水量比重很大，即使某些省份水价出现较大差异，省会城市水价也具有代表性。工业水价数据来源于中国物价年鉴与中国水网，并对有些

① 姬鹏程、张璐琴著:《珍惜生命之水，构建生态文明——供水价格体系研究》，科学技术出版社 2014 年版，第 219—220 页。

年份的异常数据进行了移动平均处理。[①] 地表水和地下水的水资源费、水资源费征收制度的强度系通过对各省（自治区、直辖市）的物价局、财政厅和水利厅进行拉网式搜索与计算得到。地区信息化指数来源于中国信息年鉴。另外，为了进行稳健性检验，引入的政府干预变量由财政支出与地区生产总值之比表示，数据来源为中国统计年鉴。

为剔除价格因素的影响，相关变量平减处理的方法如下：人均地区生产总值采用 GDP 指数进行平减，工业增加值采用工业生产者出厂价格指数平减，水价、水资源费采用商品零售物价指数进行平减处理，且都统一以 2000 年为基期。[②] 相关数据的统计性描述如表 9-2 所示。

第四节　估计方法与实证结果

一、估计方法

由于用水需求、水价与水资源费存在内生性，普通的面板估计方法将不符合经典计量经济学的假定，处理这样问题的一个常见策略是使用联立方程估计。在联立方程估计之前，有两点需要说明。

第一，能够进行联立方程估计的前提是模型参数可识别。秩条件是用来判断结构方程是否可识别，而阶条件是用以判断结构方程是恰好识别还是过度识别。假设联立方程中的内生变量与先决变量的个数记为 g 和 k，第 i 个结构方程中包括的内生变量与先决变量的个数为 g_i 与 k_i，秩条件要求每个结构方程中参数矩阵的秩等于 $g-1$，阶条件要求每个结构方程 $k-k_i$ 大于等于 g_i-1，当 $k-k_i$ 与 g_i-1 相等；结构方程恰好识别，当 $k-k_i$ 大于 g_i-1，结构方程过度识别。[③] 具体到模型，从秩条件来看，四个方程中参数矩阵的秩为 Rank（$water$）= Rank（$price$）= Rank（$sfee$）= Rank（$ufee$）= $g-1=3$，可以识别，另外从阶条件也可以看出，四个方程都属于过度识别。

---

① 主要是指某些城市水价由于统计误差造成的不合常理的下降或上涨。

② 贾绍凤、张士锋：《北京市水价上升的工业用水效应分析》，《水利学报》2003 年第 4 期。

③ 潘文卿、李子奈著：《计量经济学》（第三版），高等教育出版社 2000 年版，第 201 页。

表 9-2 数据的统计性描述

变量	定义	观察值	单位	平均值	标准差	最小值	最大值
add	真实工业增加值	420	亿元	3545	4150	65.8	26373
water	工业用水量	420	亿立方米	43.74	41.69	2.53	225.25
price	真实工业综合水价	420	元/立方米	2.53	1.24	0.59	6.94
*sfee*①	真实工业地表水水资源费	420	元/立方米	0.16	0.27	0.01	1.39
ufee	真实工业地下水水资源费	420	元/立方米	0.40	0.63	0.19	3.35
idl	信息化指数	420		0.616	0.126	0.366	1.110
wp	水资源费征收制度强度	420		1.397	1.379	0	5.834
pgdp	人均 GDP	420	元/人	9647	5560	2744	30047
idl	工业增加值/地区生产总值	420		0.39	0.08	0.13	0.54
zd	国有工业企业增加值/工业企业增加值	420		0.51	0.21	0.11	0.96
pl	人均供水管道长度	420	米/人	3.63	3.05	0.77	16.51
Sk	水库容量	420	亿立方米	208.24	173.78	5	1216.47
Pwr	人均水资源量	420	立方米/人	2123.79	2460.58	31.47	16176.9
Gov	财政支出/地区生产总值	420		0.137	0.095	0.047	0.690

第二，联立方程的估计方法有两种：一是单一方程估计法，也被称作有限信息法，采用的是逐个方程估计，常见的估计方法包括普通最小二乘法（OLS）和两阶段最小二乘法（2SLS）。显然由于本模型中变量存在内生性，因此不采用普通最小二乘法。另外一种是联合估计法，也被称作完整信息法，将整个联立方程当作一个系统来估计，同时得到所有方程的参数估计量，主要是三阶段最小二乘法（3SLS）。两阶段最小二乘法与三阶段最小二乘法都各有优点，当模型设置正确时，三阶段最小二乘法要比两阶段最小二乘法更有效率，但当模型设置不当时，可能会出现偏差。采用拉姆齐的回归设定误差检验，可以发现四个方程在5%水平下都无法拒绝原假设，即模型不存在遗漏变量的问题。鉴于多内生变量和方程之间的联

① 对于大多数省份来说，同一省份不同地区的地表水或地下水水资源费征收标准相同，但仍有少数地区进行了区分，对于这种情况，进行加权平均处理。

系较大，回归分析将采用三阶段最小二乘法作为主要估计方法。同时，由于回归分析包含了 *area1*、*area2*、*area3* 三个与地区相关联的虚拟变量，在某种意义上已经控制了个体效应，因此不再加入个体虚拟变量。[①]

二、实证结果

表 9-3 给出了三阶段最小二乘法（3SLS）的估计结果。[②] 该估计由四个方程组成，分别是工业用水需求方程、工业水价方程、工业地表水水资源费方程与工业地下水水资源费方程。

先看工业地表水水资源费与工业地下水水资源费方程的估计结果。首先，工业用水需求都在 1%的水平下正向影响地表水和地下水水资源费。这与预期相符，也验证了用水需求确实对水资源费有反向影响。其次，与预期相符的是地区人均水资源量与经济发展水平同样显著影响水资源费；而且从弹性来看，地区经济发展水平对水资源费的影响要明显大于人均水资源量。不过，人均水资源量对地表水水资源费与地下水水资源费的影响机制却有所不同，人均水资源量对地表水水资源费的影响虽然为负但并不显著，而对地下水水资源费的影响却十分显著。之所以会出现这种结果，可能与地方政府的政策导向有关。相较于地表水而言，地下水数量较少，开采成本较高且过度开采带来的后果更为严重，因此地区政府对地下水控制更严格，相应的地下水水资源费与水资源的联系更加密切。再次，地区水资源费征收制度显著正向影响水资源费，这也与预期相符，同时也说明制度强度指标的合理性。地区制度越完善，意味着政府越重视，投入越高，相应的水资源费也越高。最后，地区虚拟变量的影响同样符合理论预期，地区水资源越丰富，水资源费相对而言就越低。

---

① 当在模型中加入各省个体虚拟变量时，有些方程个体效应虚拟变量并不显著，这会影响整个联立方程估计准确性。实际上，加入地区 *area1*、*area2*、*area3* 虚拟变量，在一定程度上已经相当于控制了个体效应。而且结果显示，这种方式的估计结果的解释力更强。

② 本章还做了 2SLS 的估计结果，与 3SLS 估计结果在变量显著性，正负号方面无明显变化，这也说明本章结果的稳健。限于篇幅不再汇报。

表 9-3 水价、水资源费与工业用水需求的 3SLS 估计结果

	ln*water*	ln*price*	ln*sfee*	ln*ufee*
ln*price*	-0.479***(0.188)			
ln*sfee*	-0.539***(0.179)			
ln*ufee*	0.306**(0.123)			
ln*add*	1.094***(0.050)			
zd	0.940***(0.198)			
idl	5.928**(2.458)			
idl2	-0.595***(3.520)			
ln*pl*		0.269***(0.079)		
ln*dsk*		-0.002 (0.024)		
ln*water*		0.138***(0.033)	0.117***(0.043)	0.154***(0.056)
ln*pgdp*		0.023(0.114)	0.848***(0.081)	0.880***(0.107)
ln*pwr*			-0.041(0.037)	-0.133***(0.049)
wp			0.132***(0.024)	0.238***(0.032)
area1	0.086(0.184)	-0.519***(0.067)	-0.622***(0.123)	-0.043***(0.161)
area2	0.194(0.149)	-0.644***(0.081)	-0.234***(0.122)	-0.700***(0.157)
area3	0.220**(0.101)	-0.200***(0.066)	-0.455***(0.102)	0.062(0.132)
_ *cons*	-0.007***(0.610)	0.228(0.977)	-0.645***(0.873)	-0.164***(1.161)
N	420	420	420	420
R^2	0.683	0.284	0.713	0.667
Chi2	1551	208	1032	807
p	0.000	0.000	0.000	0.000

注：* $p<0.1$，** $p<0.05$，*** $p<0.01$，括号里是标准误。

接着看水价方程的估计结果。与理论预期相符，水务企业供水成本显著影响水价，人均供水管道越长，成本越高，水价也越高。另外，地区水资源稀缺程度也同样显著影响水价，符合预期。地区水资源越稀缺，水务企业的取水成本与机会成本都会上升，相应的水价也越高。另外，水库容量与地区经济发展水平对水价的影响不显著。

最后观察工业用水需求方程的实证结果，它是重点考察的部分。首先

观察控制变量的正负号与显著性。在众多控制变量中，对工业用水需求影响最大的是工业增加值，这与已有研究和基本事实一致。其次，是工业企业结构，根据本章的实证结果，国有工业企业比重越大，地区工业用水需求越大。这说明大部分地区的国有企业工业用水效率还是处于较低水平，国有工业企业改革对于降低工业用水需求有着积极的影响。另外，工业发展规模也显著影响工业用水需求，工业规模在 0.31 左右开始出现规模效应，而地区水资源的稀缺程度对其无显著影响。[①] 在控制住上述重要的控制变量后，与大多数研究结论一致，工业水价对降低用水需求有显著影响，且弹性高达-1.479，高于其他的研究结论。这与考虑了用水需求对水价的反向影响有关；地表水水资源费的弹性为-0.539 且在 1%的水平下显著，说明工业用水需求对于水资源费非常敏感，以水资源费为核心的水价结构改革可行。与预期不符的是，地下水水资源费对工业用水需求呈现出正向影响。此处给出的解释是，从省（市、自治区）较大范围内考虑，工业地表水与地下水存在替代关系。这与一些学者从理论上分析的结论一致。[②] 一般来说，地下水在水质上要比地表水好，对于工业企业来说，地下水不用净化处理就可直接使用，但取用地下水的成本明显要比地表水高。而地表水虽然取用成本低，但需要净化处理后才能使用，这会产生额外成本。然而，从水资源费的角度来看，地下水水资源费要远远高于地表水，一般是 2—3 倍，再加上地区政府对地下水保护力度越来越大，地表水与地下水出现替代效应不足为奇。当地下水水资源费上涨时，工业企业会增大对地表水的使用，故工业用水需求对地表水水资源费更加敏感。这一分析机理也可以通过计量结果得到解释。当在模型中不考虑地下水水资源费方程时，其他变量系数变化不大，但地表水水资源费却仅为-0.15，而考虑了地下水水资源费时，地表水水资源费的系数却变为-0.539，由此可见，两者确实存在替代效应。

---

① 最优规模=5.928/(9.595×2)=0.31，即工业增加值约占地区生产总值 1/3。

② 李太龙、沈满洪：《促进工业节水的水价调控战略研究》，《河海大学学报》（哲学社会科学版）2015 年第 4 期。

三、稳健性检验

为了体现结果的稳健性，本章采用增加变量的方式进行稳健性检验。在影响工业用水需求的因素中，除了前人研究中所涉及的因素，本章认为政府干预也会影响工业用水需求。地区的政府干预越大，意味着市场化程度越低，其资源的配置可能就会被扭曲，一些高新技术的研发与引进将会落后，进而会降低资源的效率。[①] 这对于工业用水需求来说同样如此，预期政府干预越大，市场化越低，地区工业用水需求越高，符号为正。表 9-4 给出了稳健性检验的结果。变量政府干预在结果中正向显著影响工业用水需求，符合预期。同时观察结果中其他变量的显著性与正负号，可以发现，无明显变化，故实证结果是稳健的。

表 9-4　水价、水资源费与工业用水需求的 3SLS 估计结果的稳健性检验

	ln*water*	ln*price*	ln*sfee*	ln*ufee*
ln*price*	-1.469***(0.201)			
ln*sfee*	-0.559***(0.188)			
ln*ufee*	0.266**(0.134)			
ln*add*	1.139***(0.058)			
zd	0.935***(0.207)			
idl	5.782**(2.415)			
idl2	-9.898***(3.541)			
gov	0.605**(0.308)			
ln*pl*		0.270***(0.079)		
ln*sk*		-0.001(0.024)		
ln*water*		0.135***(0.033)	0.105**(0.043)	0.131**(0.055)
ln*pgdp*		0.022(0.115)	0.878***(0.080)	0.920***(0.106)
ln*pwr*			-0.025(0.036)	-0.113**(0.048)
wp			0.131***(0.024)	0.238***(0.032)

① 师博、沈坤荣：《政府干预、经济集聚与能源效率》，《管理世界》2013 年第 10 期。

续表

	lnwater	lnprice	lnsfee	lnufee
area1	−0. 017(0. 189)	−0. 516***(0. 067)	−1. 636***(0. 122)	−1. 048***(0. 160)
area2	0. 101(0. 167)	−0. 640***(0. 080)	−1. 232***(0. 121)	−0. 683***(0. 157)
area3	0. 212**(0. 105)	−0. 200***(0. 066)	−0. 464***(0. 102)	0. 056(0. 132)
_ *cons*	−6. 400***(0. 662)	0. 233(0. 982)	−9. 986***(0. 860)	−9. 584***(1. 149)
N	420	420	420	420
R^2	0. 722	0. 253	0. 641	0. 545
Chi2	1696. 9	186. 35	771. 52	494. 78
p	0. 000	0. 000	0. 000	0. 000

注：* p<0. 1，** p<0. 05，*** p<0. 01，括号里是标准误。

四、进一步考察

联立方程模型的实证结果表明工业用水需求对水资源费十分敏感。这表明以水资源费为视角的工业水价结构性改革思路是可行的。提高水资源费对降低工业用水需求有着积极的影响。不过上述分析只表明了水资源费本身对用水需求有影响，那么水资源费与水价比值，即水价结构对工业用水需求有没有影响？水资源费之所以会对工业用水需求产生影响，其影响机制与水价一样，是作为企业用水的成本而影响需求，可以将其称为外部成本。但在工业用水中，无论是取用地表水还是地下水，都需要支出额外的成本，包括取水成本和净水成本等，它们可被称为内部成本。外部成本与内部成本之和可以看作工业取用地表水与地下水的总水价。由于工业用水中除了从业人员饮用水和一些特殊用水外，其他用水对水质的要求比较低，这就会造成工业用水内部成本很低。当在城市终端水价中工程成本偏高而水资源费偏低时，工业企业会通过降低内部成本的方式来降低工业行业的自备水价。这就表现为不同省份在同等水资源费情况下，因水价结构不同，工业用水需求的水资源费弹性有所差异。一旦水资源费占水价的比例较高，工业企业无法内化外部成本时，工业用水的水资源费弹性将会提高。因此，可以推断，地区水价结构，即水资源费占水价比重是否合理，同样会影响工业用水需求；不同的是，地表水水资源费在水价中占比较大时会进一步增大地表水水资源费的弹性，而地下水可能会表现为增大地表水与地下水的替代比率。

为了验证这一推论，我们通过增加地表水、地下水水资源费与水价结构交叉项的方式来验证水价结构是否会影响工业用水需求。表9-5给出了具体的估计结果，其中：

$$cross1 = \ln sfee \times (sfee/price) \quad (9-7)$$

$$cross2 = \ln ufee \times (ufee/price) \quad (9-8)$$

表9-5表明 *cross1* 并不显著，而 *cross2* 显著为正。这说明在现阶段，地下水水价结构对于工业用水需求是有影响的，而地表水水价结构并没有明显的作用。这一结论背后揭示的逻辑是，地下水水价结构对地下水水资源费的影响会表现为增大对地表水的替代，即地表水水资源费的弹性将会增大。相较于表9-4的结果，地表水水资源费的弹性由-0.559增至-0.829。

就地表水水价结构无显著影响的结论而言，可能是因为各省地表水水资源费占水价比值仍然较低的缘故。在样本区间内，30个省（市、区）地表水水资源费与水价之比的平均值为5%左右，有21个省份小于平均值，只有北京、天津、辽宁、河南等地区占到了10%左右。相对而言，地下水水资源费占水价比值较高，平均值为14%左右。这说明，可能水资源费占水价的比值需要达到一定比例后（如10%）才可能对工业企业用水内部成本产生影响。与此同时，比较表9-4与表9-5，其他变量的显著性与正负没有很大的变动，回归结果稳健。

表9-5　加入水资源费与水价结构交叉项的3sls估计结果

	ln*water*	ln*price*	ln*sfee*	ln*ufee*
ln*price*	-1.189***(0.211)			
ln*sfee*	-0.829***(0.168)			
ln*ufee*	0.315***(0.122)			

续表

	ln*water*	ln*price*	ln*sfee*	ln*ufee*
cross1	1.109(1.532)			
cross2	0.689**(0.300)			
ln*add*	1.161***(0.059)			
zd	1.112***(0.205)			
idl	5.033**(2.459)			
idl2	-8.951**(3.498)			
ln*pl*		0.231***(0.077)		
ln*sk*		0.027(0.024)		
ln*pwr*			-0.021(0.036)	-0.111**(0.049)
wp			0.134***(0.024)	0.239***(0.032)
ln*water*		0.067**(0.032)	0.124***(0.043)	0.166***(0.055)
ln*pgdp*		0.095(0.112)	0.853***(0.082)	0.895***(0.107)
area1	-0.217(0.151)	-0.456***(0.065)	-1.667***(0.122)	-1.096***(0.160)
area2	0.033(0.141)	-0.538***(0.078)	-1.265***(0.121)	-0.739***(0.157)
area3	0.212**(0.100)	-0.193***(0.064)	-0.474***(0.102)	0.041(0.132)
_ *cons*	-7.055***(0.635)	-0.345(0.958)	-9.835***(0.872)	-9.460***(1.162)
N	420	420	420	420
R^2	0.750	0.291	0.638	0.542
Chi2	1783.7	181.24	761.83	491.24
p	0.000	0.000	0.000	0.000

注：* $p<0.1$，** $p<0.05$，*** $p<0.01$，括号里是标准误。

第五节　工业节水的水价结构调整思路

提高工业水价是新时期促进工业节水的重要政策工具。鉴于工业用水的复杂性与多样性，以提高水资源费的方式来实现能够带来更多的政策红利，因为水资源费既可以通过影响公共水价间接影响公共供水需求，也可以直接作用于工业自备用水需求。这意味着工业水价改革需要更为细化，以水资源费为视角的结构性改革更能达到节水的目的。本章基于2000—2013年30个省（自治区、直辖市）的面板数据，在考虑水价、水资源费与工业用水需求存在内生性问题的情况下，使用联立方程模型实证估计了水价、水资源费对工业用水的影响。研究发现：(1）工业水价与工业用水需求呈显著负相关，而且弹性较大，故通过提升水价能够促进工业节水；(2）工业用水需求对工业水资源费同样敏感，表明以水资源费为视角的水价结构性改革可行。但应当注意的是，地表水与地下水之间存在替代关系，地表水水资源费与工业用水呈显著负相关，但地下水水资源费却呈正相关。因此，地方政府在提升水资源费时要权衡两者之间的比率关系，可以适当地增大地表水水资源费的调整幅度，以减弱这种不良替代；(3）水资源费对工业用水需求影响不仅仅在于其自身的影响，同时水资源费与水价的结构同样会影响工业用水需求。在现阶段，地下水水价结构已经对其发挥作用，而地表水水价结构尚未体现出应有的影响，因此地方政府应在提升水资源费的同时进一步理顺水资源费与水价的结构关系，提高地表水水资源费在水价中的占比。

第十章　水生态补偿财政资金运作模式研究

不同学者对水生态补偿的定义有所不相同，可以分为水资源生态补偿和水环境生态补偿等。虽然对水生态补偿的认识在不同研究中略有差异，但其内涵是一致的，即均体现了“谁开发谁保护，谁破坏谁恢复，谁受益谁补偿，谁保护谁受益”的原则，同时水生态补偿既要强调水资源生态补偿也要强调水环境生态补偿，既要强调水生态破坏补偿也要强调水生态保护补偿。本章将涉水的生态补偿统一称为水生态补偿，在回顾中国水生态补偿实践的基础上探究水生态补偿财政资金的运作模型，并提出模式运作的相应条件。

第一节　水生态补偿的相关研究

生态补偿是协调不同利益主体之间关系的一项制度安排，水生态补偿是生态补偿的有机组成部分。[①] 中国水利水电科学研究院认为，水生态补偿是指遵循“谁开发谁保护，谁受益谁补偿”的原则，由造成水生态破坏或由此对其他利益主体造成损害的责任主体承担修复责任或补偿责任；由水生态效益的受益主体对水生态保护主体所投入的成本按收益比例在生态补偿项目中进行分担。[②] 张春玲等认为水资源补偿是以水资源功能恢复、

① Gaodi X., Shuyan C., Chunxia L., Yu X., “Current Status and Future Trends for Eco-Compensation in China”, *Journal of Resources and Ecology*, No. 6, 2015. 史玉成：《生态补偿制度建设与立法供给——以生态利益保护与衡平为视角》，《法学评论》2013 年第 4 期。

② 中国水利水电科学研究院：《新安江流域生态共建共享机制研究》，中国水利水电科学研究院 2006 年版。

水资源可持续利用为目的，以水资源使用者、对水资源产生不良影响的生产者和开发者以及水资源保护者为主体、以水资源保护和恢复为主要内容、以法律为保障、以经济调节为手段的一种水资源管理模式，主要是对水资源价值及其投入的人力、物力、财力与水资源开发利用过程中引起的环境外部成本的合理补偿。[①] 由此可见，水生态补偿它既强调水资源生态补偿也强调水环境生态补偿，既强调对受害者进行赔偿也强调对保护者进行补偿。围绕“谁来补、补给谁、补什么、怎么补和补多少”等问题，各领域的学者对生态补偿展开了丰富的研究。[②] “谁来补”和“补给谁”解决的是生态补偿中相关利益主体的问题，“补什么”涉及补偿对象和补偿标的等问题，“怎么补”涉及生态补偿模式选择的问题，“补多少”则是关于补偿标准确定的问题。根据不同的研究问题，生态补偿模式被区分为不同的类型；依据不同的空间范畴，生态补偿模式可分为全球性补偿模式、区际性补偿模式和地区性补偿模式。[③] 根据差异化的外部性内部化方式，生态补偿模式又可分为政府主导型模式（庇古手段）和市场主导型模式（科斯手段），其中政府主导型模式较普遍，政府主导型模式的研究多基于生态补偿案例展开。[④] 我国最早的涉水生态补偿案例可追溯到 1995 年浙江省

① 张春玲、阮本清、杨小柳著：《水资源恢复的补偿理论与机制》，黄河水利出版社 2006 年版，第 1—30 页。

② 杨光梅、闵庆文、李文华等：《我国生态补偿研究中的科学问题》，《生态学报》 2007 年第 10 期。赖力、黄贤金、刘伟良：《生态补偿理论、方法研究进展》，《生态学报》 2008 年第 6 期。毛峰、曾香：《生态补偿的机理与准则》，《生态学报》 2006 年第 11 期。李晓光、苗鸿、郑华等：《生态补偿标准确定的主要方法及其应用》，《生态学报》 2009 年第 8 期。Murray B. C., Abt R. C., “Estimating Price Compensation Requirements for Eco-certified Forestry”, *Ecological Economics*, No. 1, 2001.

③ 赖力、黄贤金、刘伟良：《生态补偿理论、方法研究进展》，《生态学报》 2008 年第 6 期。

④ Bellver-Domingo A., Hernández-Sancho F., Molinos-Senante M., “A Review of Payment for Ecosystem Services for the Economic Internalization of Environmental Externalities: A Water Perspective”, *Geoforum*, Vol. 70, 2016. 张志强、程莉、尚海洋等：《流域生态系统补偿机制研究进展》，《生态学报》 2012 年第 20 期。王军锋、侯超波、闫勇：《政府主导型流域生态补偿机制研究——对子牙河流域生态补偿机制的思考》，《中国人口·资源与环境》 2011 年第 7 期。万军、张惠远、王金南等：《中国生态补偿政策评估与框架初探》，《环境科学研究》 2005 年第 2 期。王彬彬、李晓燕：《生态补偿的制度建构：政府和市场有效融合》，《政治学研究》 2015 年第 5 期。Pagiola S., Platais G., “Payments for Environmental Services: From Theory to Practice”, *Environment Strategy Notes*, No. 2, 2007. Pagiola S., “Payments for Environmental Services in Costa Rica”, *Ecological Economics*, No. 4, 2008.

金华—磐安基于异地开发形式所开展的生态补偿。[①] 国内涉水生态补偿研究集中在一些大型流域，如新安江流域、汉江流域和东江流域；[②] 也包括水源地保护区的补偿，如官厅—密云水库；[③] 还包括基于饮水工程的生态补偿、对因资源开发造成水土流失的补偿以及省内江河、湖泊的生态补偿，如三江源和浙江省德清县生态补偿。[④] 此外，水生态补偿制度的可持续化运营条件和水生态补偿项目的设计、绩效和实施范围等也不断地被深入挖掘。[⑤] 生态补偿的立法供给和制度分析是现阶段生态补偿问题研究的热点。[⑥] 我国各地区或多或少或深或浅地实践着水生态补偿制度，然甚少有文献对各地水生态补偿制度实践进行系统梳理。与此同时，制度供给框架下基于生态补偿要素的生态补偿资金研究也相对较少。舒旻指出我国现阶段生态补偿的资金来源基本依靠政府投入，其中财政转移支付又是政府投入的最主要形式。[⑦] 陈有祥利用马姆奎斯特—数据包络分析（Malmquist—DEA）对南水北调中线工程所经省（市）的生态补偿资金使

① 董正举、严岩、段靖等：《国内外流域生态补偿机制比较研究》，《人民长江》2010 年第 8 期。

② 张志强、程莉、尚海洋等：《流域生态系统补偿机制研究进展》，《生态学报》2012 年第 20 期。段靖、严岩、王丹寅等：《流域生态补偿标准中成本核算的原理分析与方法改进》，《生态学报》2010 年第 1 期。刘玉龙、阮本清、张春玲等：《从生态补偿到流域生态共建共享——兼以新安江流域为例的机制探讨》，《中国水利》2006 年第 10 期。杨涛、胡仪元、张慷：《汉水流域生态补偿资金来源及其使用问题研究》，《陕西理工学院学报》（社会科学版）2013 年第 2 期。郭梅、彭晓春、滕宏林：《东江流域基于水质的水资源有偿使用与生态补偿机制》，《水资源保护》2011 年第 3 期。

③ 沈满洪、高登奎：《水源保护补偿机制构建》，《经济地理》2009 年第 10 期。孟浩、白杨、黄宇驰等：《水源地生态补偿机制研究进展》，《中国人口·资源与环境》2012 年第 10 期。宋建军：《海河流域京冀间生态补偿现状、问题及建议》，《宏观经济研究》2009 年第 2 期。

④ 赖敏、吴绍洪、尹云鹤等：《三江源区基于生态系统服务价值的生态补偿额度》，《生态学报》2015 年第 2 期。沈满洪、谢慧明、王晋：《生态补偿制度建设的“浙江模式”》，《中共浙江省委党校学报》2015 年第 4 期。

⑤ Escobar M. M., Hollaender R., Weffer C. P., "Institutional Durability of Payments for Watershed Ecosystem Services: Lessons from Two Case Studies from Colombia and Germany", *Ecosystem Services*, No. 6, 2013. Huber-Stearns H. R., Goldstein J. H., Cheng A. S., et al., "Institutional Analysis of Payments for Watershed Services in the Western United States", *Ecosystem Services*, Vol. 16, 2015.

⑥ 史玉成：《生态补偿制度建设与立法供给——以生态利益保护与衡平为视角》，《法学评论》2013 年第 4 期。

⑦ 舒旻：《论生态补偿资金的来源与构成》，《南京工业大学学报》（社会科学版）2015 年第 1 期。

用效率进行了测算，并指出政府要在保证生态补偿资金总量增加的同时提高资金使用效率。① 财政资金使用效率影响因素众多，财政资金运作模式是影响财政资金使用效率的关键因素。财政资金运作模式与生态补偿模式不同，学者一般将之分为纵向转移支付和横向转移支付两类，其中纵向转移支付又可分为专项转移支付和一般性转移支付。② 因此，本章将在系统梳理1978—2014年我国水生态补偿政策文件的基础上通过分类整理和案例研究来揭示我国水生态补偿财政资金运作模式的阶段特征、选择依据与适用条件，从而为完善我国水生态补偿制度提供政策建议。

第二节 我国水生态补偿实践探索

本章基于网络搜索法在各级人民政府、环保厅（局）和水利厅（局）官网以及谷歌和百度等搜索平台上全面搜索1978—2014年各地水生态补偿的政策和案例，并重点关注涉水的信息。网络搜索的关键词取为“生态补偿”。

我国生态补偿实践探索始于20世纪90年代初期。③ 在早期探索阶段，国家层面的生态补偿实践主要是通过生态工程建设的形式展开，集中于森林和耕地领域，无专门的水生态补偿制度安排。事实上，这一时期并不存在生态补偿的提法，但生态补偿的思想业已体现于相关法律法规、部门规章和规范性文件之中，如《国务院关于环境保护若干问题的决定》（国发〔1996〕31号）、《关于在西部大开发中加强建设项目环境保护管理的若干意见》（环发〔2001〕4号）和《水法》（2002）等。2006年，“十一五”

---

① 陈有祥：《我国生态补偿资金的财政绩效评估》，《中南财经政法大学学报》2014年第3期。

② Huber-Stearns H. R., Goldstein J. H., Cheng A. S., et al., “Institutional Analysis of Payments for Watershed Services in the Western United States”, *Ecosystem Services*, Vol. 16, 2015. 杨文中、刘虹利、许新宜等：《水生态补偿财政转移支付制度设计》，《北京师范大学学报》（自然科学版）2013年第2期。

③ 中国生态补偿机制与政策研究课题组著：《中国生态补偿机制与政策研究》，科学出版社2007年版，第41页。

规划纲要首次提出了生态补偿的概念和“谁开发谁保护，谁受益谁补偿”的原则。2007 年，专门针对生态补偿的政府规范性文件《关于开展生态补偿试点工作的指导意见》(环发〔2007〕130 号) 发布并明确要求完善生态补偿政策和建立生态补偿机制。2008 年,《中华人民共和国水污染防治法》(2008 年修订版) 首次明确了水生态补偿的法律地位。虽然自“十一五”以来国务院每年都将生态补偿作为年度工作重点，但我国依然无针对生态补偿的统领性法规，有关生态补偿的立法和规定仍散落于环境保护基本法、自然资源和环境污染防治等单项法律法规和一些部门法之中。[①] 整理上述规定的具体内容可以发现，早期的生态补偿实践侧重于事后对受害者进行赔偿，以约束性手段为主，生态补偿政策偏向于原则性;“十一五”以来，生态补偿实践侧重于对积极的生态保护者进行补偿，以激励性手段为主，生态补偿政策更具体细致，如《国家重点生态功能区转移支付办法》(财预〔2011〕428 号) 就对补偿主体、补偿标准、资金来源与分配等均作出了不同程度的规定。

相对于国家层面水生态补偿制度有效供给的不足，省级层面政府主导的水生态补偿实践却十分丰富，相应政策和案例汇总如表 10-1 所示。由表 10-1 可知,“十一五”之前，鉴于国家尚未明确针对水生态补偿出台相关政策，地区水生态补偿大多是作为生态补偿大类中的一部分被提到且仅存在局部试点情形，如广东省河源市、浙江省台州市和绍兴市、福建省泉州市等。具体如，广东省河源市生态补偿主要是指从 1995 年开始广东省财政每年出资 2000 万元对其省内的东江流域源头河源市进行补偿，到 2001 年省财政资金增加到 3000 万元，2003 年起省财政每年安排 1 亿元资金用于水库移民并向省属的七座水电厂征收水土保持费和水资源费用于库区和水源区的水土保持和水源涵养。[②]“十一五”以来，我国省级层面不断出台

① 秦玉才主编:《流域生态补偿与生态补偿立法研究》，社会科学文献出版社 2011 年版，第 177—180 页。

② 郭梅、彭晓春、滕宏林:《东江流域基于水质的水资源有偿使用与生态补偿机制》,《水资源保护》2011 年第 3 期。

表 10-1　政府主导的水生态补偿实践（省级层面）

省（市）	区域	资金筹集	资金用途	分配原则	来源	时间
浙江	长潭水库	2003 年 12 月，台州市决定每年投入 600 万元的水库饮用水源保护专项资金；2009 年 11 月，台州市决定将专项资金从每年 600 万元上调到每年 1800 万元			台州市人民政府办公室《关于印发长潭水库饮用水源水质保护专项资金管理办法的通知》	2003
					台州市人民政府办公室《台州市黄岩长潭水库库区生态补偿实施办法》	2009
	汤浦水库	2004 年，绍兴市基于供水量按每吨 0.015 元标准计算补偿资金，并由水务集团负责每年 12 月底前一次性将资金划入专项资金账户。2012 年，市财政每年统筹安排不低于 1000 万元的水源环境保护专项资金	用于饮用水水源保护区搬迁、整治、生态修复		绍兴市人民政府办公室《关于印发绍兴市汤浦水库水源环境保护专项资金管理暂行办法的通知》	2004
					绍兴市人民政府办公室《关于印发绍兴市汤浦水库水源环境保护专项资金管理办法的通知》	2012
	钱塘江源头	2006 年起浙江省财政每年出资 2 亿元在钱塘江源头 10 个县市实行生态环境保护专项补助试点	用于钱塘江源头地区生态建设、产业结构调整、环境保护基础设施建设		浙江省人民政府办公厅《钱塘江源头地区生态环境保护省级财政专项补助暂行办法》	2006

规划纲要首次提出了生态补偿的概念和“谁开发谁保护，谁受益谁补偿”的原则。2007年，专门针对生态补偿的政府规范性文件《关于开展生态补偿试点工作的指导意见》(环发〔2007〕130号）发布并明确要求完善生态补偿政策和建立生态补偿机制。2008年,《中华人民共和国水污染防治法》(2008年修订版）首次明确了水生态补偿的法律地位。虽然自“十一五”以来国务院每年都将生态补偿作为年度工作重点，但我国依然无针对生态补偿的统领性法规，有关生态补偿的立法和规定仍散落于环境保护基本法、自然资源和环境污染防治等单项法律法规和一些部门法之中。[①] 整理上述规定的具体内容可以发现，早期的生态补偿实践侧重于事后对受害者进行赔偿，以约束性手段为主，生态补偿政策偏向于原则性；“十一五”以来，生态补偿实践侧重于对积极的生态保护者进行补偿，以激励性手段为主，生态补偿政策更具体细致，如《国家重点生态功能区转移支付办法》(财预〔2011〕428号）就对补偿主体、补偿标准、资金来源与分配等均作出了不同程度的规定。

相对于国家层面水生态补偿制度有效供给的不足，省级层面政府主导的水生态补偿实践却十分丰富，相应政策和案例汇总如表10-1所示。由表10-1可知，“十一五”之前，鉴于国家尚未明确针对水生态补偿出台相关政策，地区水生态补偿大多是作为生态补偿大类中的一部分被提到且仅存在局部试点情形，如广东省河源市、浙江省台州市和绍兴市、福建省泉州市等。具体如，广东省河源市生态补偿主要是指从1995年开始广东省财政每年出资2000万元对其省内的东江流域源头河源市进行补偿，到2001年省财政资金增加到3000万元，2003年起省财政每年安排1亿元资金用于水库移民并向省属的七座水电厂征收水土保持费和水资源费用于库区和水源区的水土保持和水源涵养。[②] “十一五”以来，我国省级层面不断出台

① 秦玉才主编:《流域生态补偿与生态补偿立法研究》，社会科学文献出版社2011年版，第177—180页。

② 郭梅、彭晓春、滕宏林:《东江流域基于水质的水资源有偿使用与生态补偿机制》,《水资源保护》2011年第3期。

表 10-1　政府主导的水生态补偿实践（省级层面）

省（市）	区域	资金筹集	资金用途	分配原则	来源	时间
浙江	长潭水库	2003 年 12 月，台州市决定每年投入 600 万元的水库饮用水源保护专项资金；2009 年 11 月，台州市决定将专项资金从每年 600 万元上调到每年 1800 万元			台州市人民政府办公室《关于印发长潭水库饮用水源水质保护专项资金管理办法的通知》	2003
					台州市人民政府办公室《台州市黄岩长潭水库库区生态补偿实施办法》	2009
	汤浦水库	2004 年，绍兴市基于供水量按每吨 0.015 元标准计算补偿资金，并由水务集团负责每年 12 月底前一次性将资金划入专项资金账户。2012 年，市财政每年统筹安排不低于 1000 万元的水源环境保护专项资金	用于饮用水水源保护区搬迁、整治、生态修复		绍兴市人民政府办公室《关于印发绍兴市汤浦水库水源环境保护专项资金管理暂行办法的通知》	2004
					绍兴市人民政府办公室《关于印发绍兴市汤浦水库水源环境保护专项资金管理办法的通知》	2012
	钱塘江源头	2006 年起浙江省财政每年出资 2 亿元在钱塘江源头 10 个县市实行生态环境保护专项补助试点	用于钱塘江源头地区生态建设、产业结构调整、环境保护基础设施建设		浙江省人民政府办公厅《钱塘江源头地区生态环境保护省级财政专项补助暂行办法》	2006

续表

省（市）	区域	资金筹集	资金用途	分配原则	来源	时间
浙江	省内八大水系	2008年，浙江省每年给予省内八大水系源头地区45个市、县（市、区）每年不同额度的省级生态环保财力转移支付资金	用于环境治理和基本公共服务供给	以生态公益林面积、大中型水库面积和流域水环境质量为依据	浙江省人民政府办公厅《关于印发浙江省生态环保财力转移支付实行办法的通知》	2008
安徽	大别山区	安徽省财政出资1.2亿元，合肥市出资0.4亿元、六安市出资0.4亿元	用于流域水环境保护和水污染防治	根据跨界断面水质（高锰酸钾、氨氮、总磷、总氮）考核情况进行上下游间的双向补偿	安徽省财政厅、环保厅《安徽省大别山区水环境生态补偿办法》	2014
福建	晋江、洛阳江	下游收益地区按用水量比例分摊补偿资金，从2012年到2015年筹集2亿元设立专项资金账户	用于面源污染治理项目、饮用水水源保护整治项目、水土流失治理	30%按流域面积、水质水量和污染物削减任务分配；70%以项目补助形式发放	泉州市人民政府办公室《关于印发晋江洛阳江上游水资源保护补偿专项资金管理规定（2012—2015年）的通知》	2013
	闽江、九龙江	2007—2010年，每年安排闽江专项资金5000万元和九龙江专项资金2800万元，由上下游各市级政府和福建省政府共同承担	用于工业污染整治、饮用水源保护规划及整治、规模化畜禽养殖污染治理		闽财建《福建省闽江、九龙江流域水环境保护专项资金管理办法》	2007

续表

省（市）	区域	资金筹集	资金用途	分配原则	来源	时间
江西	“五河”、东江源	从2008年起江西省财政每年安排0.5亿元专项资金用于生态环境保护奖励，且逐年递增奖励资金	污染防治、生态保护	30%根据源头各保护区面积分配，70%根据各保护区出水水质分配	赣财建《江西省“五河”及东江源头保护区生态环境保护奖励资金管理办法》	2008
广东	东江流域	广东省级财政对其境内的河源市进行补偿；广东省每年从东深引水工程水费中安排1.5亿元资金支付给上游江西省的三个县；中央财政对江西省的三个县进行补偿	主要用于水库移民、生态公益林建设、水土流失治理		王军锋和侯超波（2013）①	
山东	大沽河	2015年，由市（区）级财政筹集资金设立大沽河水环境质量生态补偿资金	用于基于水环境质量的16个考核断面的奖励或惩罚，考核指标为化学需氧量和氨氮	考核断面水质达到要求的，按照基准补偿资金额度给予相关区（市）奖励性补偿；若未达到要求，有关区（市）财政应向市财政缴纳超标赔偿金	青岛市环保局、财政局《大沽河流域水环境质量状态补偿暂行办法》	2014

① 王军锋、侯超波：《中国流域生态补偿机制实施框架与补偿模式研究——基于补偿资金来源的视角》，《中国人口·资源与环境》2013年第2期。

续表

省（市）	区域	资金筹集	资金用途	分配原则	来源	时间
山东	海河、小清河	2007年，按上年度辖区内试点县（市、区）所排放化学需氧量和氨氮治理成本的20%安排补偿资金，补偿资金由山东省与试点的市、县（市、区）共同筹集	补偿退耕（渔）还湿的农（渔）民、流域内进入城市污水管网实施深度处理过程的和采用先进的技术工艺减少污染物排放总量的企业	不同的补偿对象有各自的补偿标准	山东省人民政府办公厅《关于在南水北调黄河以南段及省辖淮河流域和小清河流域开展生态补偿试点工作的意见》	2007
江苏	太湖流域	2007年，根据公式计算需要扣缴的生态补偿金，单因子补偿资金=（断面水质指标值−断面水质目标值）×断面水量×补偿标准	用于水污染治理和生态修复	根据断面水质（化学需氧量、氨氮、总磷）考核情况在上下游之间进行分配	江苏省人民政府办公厅《江苏省环境资源区域补偿办法（试行）》和《江苏省太湖流域环境资源区域补偿试点方案》	2007
北京	北京市各区县	2014年，各区县缴纳的补偿资金由公式计算得到	用于水源地保护、水环境治理项目以及污水处理设施及配套管网和相关监测设施的建设与运行维护等	根据跨界断面水质浓度指标（高锰酸钾或化学需氧量、氨氮、总磷）和水污染治理年度任务进行分配	北京市人民政府办公厅《北京市水环境区域补偿办法（试行）》	2014
	密云水库	1995年起，北京市政府向承德和张家口每年支付水源涵养林保护费200万元，之后增加到1800万元；2001年，中央财政出资70亿元、北京市财政出资150亿元用于密云水库水源地退稻还林还草和工业污染源治理等			《21世纪初期（2001—2005）首都水资源利用规划》《北京市与周边地区水资源环境治理合作资金管理办法》	2001 2005

续表

省（市）	区域	资金筹集	资金用途	分配原则	来源	时间
辽宁	省内主要河流	2008年，依据断面水质的化学需氧量浓度进行扣缴：超标≤0.5倍，扣50万元，每递增超标0.5倍以内的加罚50万元	扣缴的资金作为辽宁省流域水污染生态补偿专项资金用于流域水污染综合整治、生态修复		辽宁省人民政府办公厅《辽宁省跨行政区域河流出市断面水质目标考核暂行办法》	2008
河北	子牙河水系	2008年，基于跨市出境断面的化学需氧量超标浓度扣缴各市的生态补偿金	扣缴的资金作为下游地区的损失和用于水污染综合治理		河北省人民政府办公厅《关于在子牙河水系主要河流实行跨市断面水质目标责任考核并试行扣缴生态补偿金政策的通知》	2008
	省内七大水系	2012年，依据考核因子（化学需氧量和氨氮）监测值的超标倍数确定不同的扣缴金额，超标倍数以0.5倍为一级	扣缴的资金作为全省水污染生态补偿资金		河北省人民政府办公厅《关于进一步加强跨界断面水质目标责任考核的通知》	2012
山西	省内主要河流	2009年，将考核因子化学需氧量分为三个超标档次并结合断面水量进行扣缴，三个档次的基准金分别为10万元、50万元和100万元	用于奖励跨界断面水质明显改善和实现考核目标的地市	奖励标准分为入境水质达标和超标两种情况	山西省人民政府办公厅《关于实行地表水跨界断面水质考核生态补偿机制的通知》	2009

续表

省（市）	区域	资金筹集	资金用途	分配原则	来源	时间
河南	长江、淮河、黄河和海河河南段	2010年，各市依据污染物浓度（化学需氧量和氨氮）结合断面水量计算所需扣缴的补偿资金	扣缴资金的50%用于上游市对下游市的生态补偿；50%用于对水环境责任目标完成较好的市的奖励	分为Ⅰ—Ⅲ类水、Ⅳ类水、Ⅴ和劣Ⅴ类水三个档次进行奖励	河南省人民政府办公厅《河南省水环境生态补偿暂行办法》	2010
	沙颍河、海河流域河南段	自《河南省水环境生态补偿暂行办法》开始实行，河南省之前在沙颍河流域和海河流域实行的生态补偿方案同时废止				
贵州	赤水河流域	2014年，根据跨界断面超标污染物（高锰酸钾、氨氮、总磷）浓度结合断面水量对生态补偿金进行扣缴	用于赤水河流域水污染防治、生态建设和环保能力建设	上游毕节市出境断面水质优于Ⅱ类，下游遵义市缴纳补偿资金；反之则反是	贵州省人民政府办公厅《贵州省赤水河流域水污染防治生态补偿暂行办法》	2014
四川	岷江、沱江	2011年，按断面水质（高锰酸钾、氨氮）超标倍数乘以扣缴基数计算需要扣缴的资金；一级断面的扣缴基数为50万元；二级断面的扣缴基数为30万元	用于对下游水污染治理的补偿、水环境优于断面水质考核目标的奖励以及水质自动检测站建设和运行补助		四川省人民政府办公厅《关于在岷江沱江流域试行跨界断面水质超标资金扣缴制度的通知》	2011

续表

省（市）	区域	资金筹集	资金用途	分配原则	来源	时间
青海	三江源	来源于国家重点生态功能区转移支付的专项资金、省（州、县）预算、中国三江源生态保护发展基金	推进生态保护与建设、改善和提高农牧民基本生产生活条件与生活水平、提升基层政府基本公共服务能力	某县生态补偿转移支付补助额 = 该县生态补偿资金需求量 ÷ 当年三江源生态补偿资金需求总量 × 当年省财政实际安排的三江源生态补偿转移支付资金总量	青海省人民政府办公厅《三江源生态补偿机制试行办法的通知》	2010
湖北	汉江流域	2008 年，根据超标污染（高锰酸钾：0.05 万元/吨、氨氮：0.5 万元/吨、总磷：1 万元/吨）扣缴生态补偿金，单因子补偿资金 =（断面水质指标值 - 断面水质目标值）× 断面水量 × 补偿标准	建立市级环境保护生态补偿资金专项账户，专项用于流域水污染防治和生态修复		湖北省环保厅《关于征求湖北省流域环境保护生态补偿办法意见的通知》和《湖北省汉江流域（干流）环境资源区域补偿试点方案》	2008
安徽、浙江	新安江流域	2010 年，中央拨款 5000 万元作为新安江流域水生态补偿试点的启动资金；2012 年浙皖两省达成补偿方案：中央财政拿出 3 亿元无条件拨给安徽用于新安江的治理；3 年后，若两省交界处的水质变好了，浙江补偿安徽 1 亿元；若水质变差，安徽补偿浙江 1 亿元；水质没有变化，双方互不补偿			何聪（2014）①	

① 何聪：《全国首个跨省流域生态补偿机制试点 3 年，新安江净了美了》，2014 年 12 月 12 日，见 http://env.people.com.cn/n/2014/1212/c1010-26194322.html。

续表

省（市）	区域	资金筹集	资金用途	分配原则	来源	时间
陕西、甘肃	渭河流域	在陕西和甘肃两省“六市一区”共同签署的《渭河流域环境保护城市联盟框架协议》框架下，陕西省向上游的天水市和定西市提供600万元水质保护生态补偿资金			《渭河流域环境保护城市联盟框架协议》	2011

注：①表10-1系根据各省（市）政府出台的相关文件内容及其网络报道和研究资料整理而成。②不包括政府信息没有公开的“线下”情形。

水生态补偿政策，由中央政府和省级政府推动的各种形式的水生态补偿制度在各地迅速得以推广。从搜索结果来看，宏观层面的两阶段划分结论依然成立。“十一五”之前水生态补偿实践主要集中于省内流域或饮用水水源地，“十一五”之后跨省的水生态补偿实践不断涌现，包括安徽—浙江的新安江流域、广东—江西的东江流域、北京—河北的官厅—密云水库、陕西—甘肃的渭河流域、福建—广东的汀江流域和南水北调工程等。相关政策的进一步分析表明，我国水生态补偿实践涵盖了经济发达地区和经济欠发达地区，如江浙和川赣等地；水生态补偿标准有高有低，既有新安江流域若干亿元的补偿资金安排，也有山西和四川等地几十万的补偿资金安排；水生态补偿对象有“质”有“量”，表现为以水供给量为主的水资源生态补偿和以化学需氧量（COD）和氨氮为主的水环境生态补偿；水生态补偿资金用途多样，包括水资源保护、环境治理和水生态修复等。然而，水生态补偿资金来源大体一致，即主要是各级财政资金，但不同案例中财政资金的运作模式不同。

第三节 水生态补偿财政资金运作模式

水生态补偿财政资金运作模式研究的关键在于资金流向以及依附于或服务于资金流向的补偿要素。生态补偿要素包括补偿主体、补偿客体、补偿原则、补偿标准和补偿方式等。在诸多要素中，补偿资金是关键、资金流向是主线。王军锋等根据资金来源的不同将流域生态补偿资金运作模式划分为上下游政府间协商交易的流域生态补偿模式、上下游政府间共同出资的流域生态补偿模式、政府间财政转移支付的流域生态补偿模式和基于出境水质政府间强制性扣缴的流域生态补偿模式。[①] 理论上，水生态补偿财政资金运作模式的资金流向可以抽象地表示为如图 10-1 所示的各个箭头线。

图 10-1 中，D_1和E_1是指不同的省级行政单元，D_{11}、D_{12}和D_{13}是指D_1下辖的三个行政单元，E_{11}、E_{12}和E_{13}是指E_1下辖的三个行政单元；各条箭

① 王军锋、侯超波：《中国流域生态补偿机制实施框架与补偿模式研究——基于补偿资金来源的视角》，《中国人口·资源与环境》2013 年第 2 期。

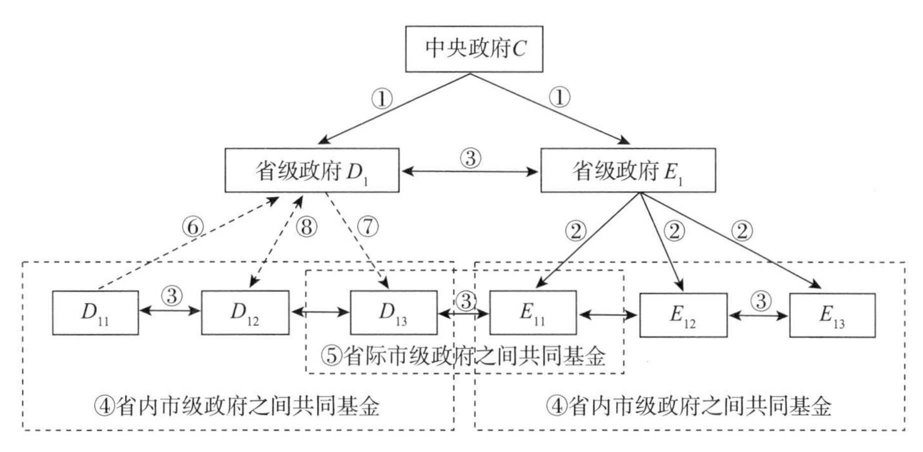

图 10-1　水生态补偿财政资金运作模式图

头线指代资金流向，包括上下级政府之间的纵向转移支付，同级政府之间的横向转移支付，具有共同上级政府的同级政府之间与具有不同上级政府的同级政府之间共同出资设立生态环境保护专项资金，以及上级政府强制扣缴生态补偿资金。概括地说，根据资金流向的差异，水生态补偿财政资金运作模式包括：生态补偿转移支付模式（A_1，简称为“转移支付模式”）、政府间共同出资设立生态环境保护专项资金模式（A_2，简称为“共同出资模式”）和基于断面水环境质量的政府间强制扣缴生态补偿资金模式（A_3，简称为“强制扣缴模式”）。需要指出的是，上下游政府间协商交易的模式从资金流向视角来看可以通过财政转移支付的方式实现，因此不单列此模式；强制扣缴模式虽然同样可以通过财政转移支付的方式实现，但它是指财政资金从下一级到上一级政府的转移支付过程，故将之单列。与此同时，依附于或服务于资金流向的其他一些补偿要素对于财政资金的运作模式而言同样重要，它们或直接或间接地作用于补偿资金的流向，进而影响财政资金的运行效率。基于表 10-1 的实践，影响水生态补偿财政资金运行效率的补偿要素包括参与主体和补偿标的等，据此三大类水生态补偿财政资金运作模式可以进一步细分为六小类。

转移支付模式可以分为纵向转移支付模式（A_{11}）和横向转移支付模式（A_{12}）。纵向转移支付模式是指受偿地区根据自身实际情况，向上级行政主体申请，要求得到财政转移支付以提高地方经济社会发展水平并开展生态环境建设；上级行政主体根据受偿地区所作出的牺牲和贡献并结合生态补偿地区的申请向受偿地区提供转移支付。[①] 纵向转移支付包括一般性转移支付和基于生态补偿项目的专项转移支付。纵向转移支付既有中央向省（市）政府的转移支付，如图 10-1 中的资金流向①；也有省级政府向省内市级政府的转移支付，如图 10-1 中的资金流向②。横向转移支付模式则主要是指水生态环境保护的受益地区政府对实行水生态环境保护的地区政府进行转移支付，存在于同级地方政府之间，但既可能是省级政府之间，也可能是省内的不同市级政府之间，亦可能是省际市级政府之间，如图 10-1 中的资金流向③。

共同出资模式是各级政府按照一定的资金筹集原则确定出资比例，所筹集的生态补偿资金专项用于水生态保护，而且共同出资主体对出资的比例、专项资金的发放、使用和管理等都有专门的规定。该模式中资金流向十分明确，即从不同政府流向一个资金池，但补偿资金的分配原则和筹集原则却可以不同。根据补偿资金的分配原则，共同出资模式又可分为两小类：一是根据地区间断面水质的达标情况进行补偿资金分配的共同出资模式（A_{21}，简称“基于断面水质的共同出资模式”），如安徽省在大别山区进行的水环境生态补偿实践；二是依据水质水量、经济发展水平以及生态环境建设的投入成本等综合标准进行分配（A_{22}，简称“基于综合标准的共同出资模式”），如福建省九龙江和闽江流域的生态补偿实践。就资金筹集而言，其筹资主体十分多元。共同出资模式中政府主体在理论上包括省级政府之间、省内市级政府之间（图 10-1 中的资金流向④）、省际市级政府之间（图 10-1 中的资金流向⑤）以及省级政府与市级政府之间。实践中，多元筹资主体关系更多地出现于省级政府及其下辖的多个地市政府之间。与纵向转移支付不同，该模式中的省级政府不是对下辖的多个地市政府进行支付，仅是出资治水。

① 王军锋、侯超波：《中国流域生态补偿机制实施框架与补偿模式研究——基于补偿资金来源的视角》，《中国人口·资源与环境》2013 年第 2 期。

强制扣缴模式是指当地方政府未达到考核标准时根据一定的原则被强制扣缴生态补偿金。该模式的实施首先需要确定考核断面、考核标的物和补偿标准的计算方法等。其次，根据断面监测数据对相应参与主体进行生态补偿金的扣缴或奖励。当出境断面考核标的物排放达到标准时给予相应参与主体奖励，反之则扣缴生态补偿金，该模式体现了生态保护补偿和生态损害赔偿耦合的思想。实践中，各地区对考核标的物的设置有所不同，大致可分为两类。[①] 一是基于水质考核的强制扣缴模式（A_{31}），考核指标主要有化学需氧量、氨氮和总磷。二是基于断面水污染物通量考核的强制扣缴模式（A_{32}），它能综合考虑水质和水量的影响，其补偿资金的计算公式为：单因子水生态补偿资金=（监测断面水质指标值-监测断面水质目标值）×断面水量×补偿标准。当存在多个考核因子时，最终的水生态补偿资金是单因子水生态补偿资金的加总。在省市两级强制扣缴模式中，扣缴、奖励或扣缴和奖励并存的模式如图 10-1 中资金流动⑥⑦⑧所示。与共同出资模式不同，该模式中的扣缴主体（如省级政府）可不出资但必须参与其中。

综上所述，转移支付、共同出资和强制扣缴模式三者之间的关键区别在于资金流向以及依附于或服务于资金流向的补偿要素。转移支付模式在图 10-1 中表现为箭头实线，资金流向一般表现为自上而下或平行；共同出资模式在图 10-1 中表现为虚线方框，资金流向存在多种可能；强制扣缴模式在图 10-1 中表现为虚线箭头，资金流向表现为自上而下、自下而上或上下交互。虽然强制扣缴模式中自上而下的资金流向与转移支付模式中自上而下的流向相同，但这仅限于理论情形，现实中很少观察到有下一级地方政府扣缴上一级地方政府补偿资金的情形；自上而下的强制扣缴模式实际上是一种奖励，它与自上而下的转移支付模式存在本质差别。同理，转移支付模式虽然也包括自下而上的情形，但现实中无自下而上的生态补偿转移支付。因此，三大类分法是合理的，是对资金流向的合理演绎。转移支付模式中资金流向一般表现为自上而下或平行，共同出资模式

① 程滨、田仁生、董战峰：《我国流域生态补偿标准实践：模式与评价》，《生态经济》2012 年第 4 期。

中资金流向存在自上而下、自下而上、上下交互或平行等多种可能，强制扣缴模式中资金流向一般表现为自下而上或上下交互。当资金流向一致时，模式组合的差别就由补偿要素决定。当自上而下的转移支付和共同出资模式组合在一起时，上级政府既需要对下级政府进行支付同时又需要出资共同治水；当自下而上的共同出资和强制扣缴模式组合在一起时，上级政府可以无须出资但必须充当扣缴主体。

基于$A_x(x=1,2,3)$型的三大类水生态补偿财政资金运作模式，$A_{xy}(x=1,2,3;y=1,2)$型的六小类水生态补偿财政资金运作模式进一步构成了实践中运用较为广泛且能产生一定成效的水生态补偿财政资金运作模式。各省（市）水生态补偿财政资金运作模式实践如表10-2所示。表10-2表明有些省（市）的实践涉及A_1、A_2和A_3，有些省（市）涉及A_1和A_2，而有些省（市）仅涉及A_3。即便是A_3，有些地区是A_{31}型，有些地区是A_{32}型。统计分析表明，以A_{31}基于水质考核强制扣缴生态补偿金的模式居多，有9个省（市）；A_{11}和A_{22}模式次之，均有6个省（市）采用；采用A_{12}、A_{21}、A_{32}模式的省（市）个数分别为3、3和4。具体来说，如浙江生态补偿实践涉及A_{11}、A_{12}、A_{21}、A_{22}和A_{31}五种模式，江苏选择了A_{12}和A_{32}两种模式，广东和江西选用了A_{11}和A_{22}的模式，而河南、湖北、陕西均采用了强制扣缴模式（A_3）。影响地区间水生态补偿财政资金运作模式选择的因素众多。鉴于行政壁垒等因素，纵向转移支付模式被较多地运用，而省级政府之间横向转移支付的实践甚少，实践中政府间横向转移支付多出现在同一行政区划内的各市（县）政府之间。

共同出资模式较多地被运用于同一行政区划内的流域生态补偿，强制扣缴模式则多见于具有同一上级政府的流域上下游之间。与此同时，水生态补偿实践是否同时兼顾生态保护补偿与生态损害赔偿的耦合思想也是影响模式选择的重要因素。水生态保护补偿是对提供水生态环境正外部性的主体进行补偿，水生态破坏赔偿是对因水生态环境破坏行为而遭受负外部性损失的主体进行赔偿。[①] 表10-2中第2列和第3列给出了水生态破坏赔

① 禹雪中、冯时：《中国流域生态补偿标准核算方法分析》，《中国人口·资源与环境》2011年第9期。

偿和水生态保护补偿两方面的实践。图 10-2 是对表 10-2 的量化处理，纵轴为水生态破坏赔偿和水生态保护补偿所选择的财政资金运作模式在实践中的分布情况，该比例的计算公式如下：

$$选择相应财政资金运作模式的比例=\frac{A_{xy}\times D}{\sum_{x,\ y}A_{xy}\times D}$$

表 10-2　地区水生态补偿实践及其财政资金运作模式选择

省（市）	类型		水生态补偿财政资金运作模式					
	破坏赔偿	保护补偿	A_1		A_2		A_3	
			A_{11}	A_{12}	A_{21}	A_{22}	A_{31}	A_{32}
浙江	●	●	●	●	●	●	●	
江苏	●			●				●
福建		●				●	●	
江西		●	●			●		
青海		●	●					
山东		●				●	●	
安徽	●		●	●	●			
北京		●	●					
河南	●	●						●
山西	●	●			●		●	
辽宁	●	●				●	●	
河北	●						●	
四川		●					●	
贵州		●					●	●
湖北		●						●
陕西	●						●	
广东		●	●			●		

注：●表示该省（市）涉及水生态补偿实践。

其中虚拟变量 A 为该省（市）是否采取了相应的运作模式，虚拟变量 D 为该省（市）有无实施水生态破坏赔偿或水生态保护补偿制度；两者的赋值原则为表 10-2 中黑点取为 1，否则取为 0。从图 10-2 的结果来看，水生态保护补偿更偏爱于选择 A_{11} 和 A_{22}，水生态破坏赔偿更偏爱于选择 A_{12} 和 A_{21}，A_3 模式对于水生态保护补偿或水生态损害赔偿而言基本无差异。由此可见，除行政壁垒因素外，财政资金运作模式的选择还与水生态补偿制度实施过程中政府的关注重点密切相关，即政府到底是关注水生态保护补偿还是水生态破坏赔偿。

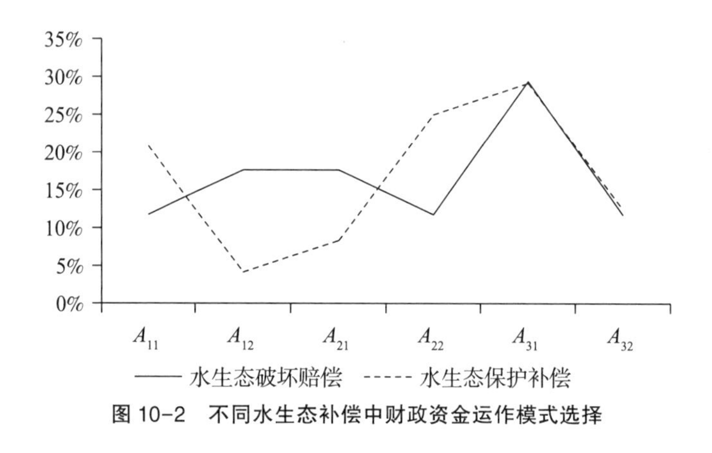

图 10-2　不同水生态补偿中财政资金运作模式选择

第四节　水生态补偿财政资金运作模式的成效与适用条件

不同财政资金运作模式会产生不同的补偿效果，同一模式在不同地区和保障机制下也会产生不同的效果，各种补偿模式组合所产生的效果也不尽相同。基于六类细分的水生态补偿财政资金运作模式，本章对四类常见的水生态补偿财政资金运作模式或其组合进行了成效与适用条件的分析，包括以纵向转移支付为基础的叠加模式、共同出资模式、强制扣缴模式和大类混合模式。

一、以纵向转移支付为基础的叠加模式的成效与适用条件

采取以纵向转移支付为基础的叠加模式适合跨行政区的流域生态补偿实践，如东江流域、密云水库和新安江流域等。广东—江西的东江流域、北京—河北的密云水库和浙江—安徽的新安江流域是典型的跨省（市）水

源地生态补偿案例。在此类案例中，下游地区均是经济发达的地区，上游地区的经济发展水平相对滞后，而且上游地区的来水水质直接影响到下游地区的饮用水水质。就运作模式而言，东江流域是纵向转移支付（A_{11}）加企业层面横向补偿的资金运作模式，密云水库是纵向和横向转移支付相结合的模式（A_{11}—A_{12}），新安江流域是 A_{11}—A_{12}—A_{21} 的组合，其中新安江流域 A_{21} 模式是指初期流域治理由中央和安徽省共同出资完成。表 10-3 从协议落实情况、补偿资金是否到位/有无明确补偿标准、上游来水的水质或水量状况以及补偿方案的可持续性四个角度对上述三个案例的实施效果进行了分析。结果表明，当财政资金运作模式从单一模式不断地叠加为组合模式时，相应地区制度的实施效果变得更优。这是因为，以纵向转移支付为基础的叠加模式一方面意味着补偿资金的增加，充裕的补偿资金能更有效地保障水生态补偿的可持续性。以此类推，当补偿资金不单单局限于财政资金时，在纵向转移支付基础上叠加社会资本，其制度效果也会更优。另一方面，以纵向转移支付为基础的叠加模式意味着补偿资金渠道更加多元，运作模式的可选择性增加。

表 10-3　以纵向财政转移支付为基础的叠加模式的成效

案例地区	协议落实情况	补偿资金是否到位/有无明确补偿标准	上游来水水质/水量状况	补偿机制或方案是否可持续
东江流域	差	未完全到位/无	江西境内水质无明显改善；广东境内有显著提升	运行中断
密云水库	一般	到位但不可持续/有	水质情况得到改善；水量目标没有完成	协议期内正常实施，但持续性差
新安江流域	好	资金到位/有	出境水质好转；达标率 100%	正常运行且可持续

注：表中的结论是根据《东江源生态补偿机制实施方案》《2014 年上半年广东省环境质量公告》《21 世纪初期（2001—2005 年）首都水资源可持续利用规划》《北京市与周边地区水资源环境治理合作资金管理办法》、黄山市环保局等文件或报告材料以及宋建军、潘骞等研究成果整理得到。①

① 宋建军：《海河流域京冀间生态补偿现状、问题及建议》，《宏观经济研究》2009 年第 2 期。

二、多级及多个政府共同出资模式的成效与适用条件

多级及多个政府共同出资模式（A_2）一般是指由省级政府出面组成流域水生态补偿领导小组，负责协调省内各地政府之间的利益关系，并就资金筹集比例、管理和使用等达成一致协议。实践中，该模式往往是由一省辖区内的地市政府与省级政府共同出资组成共同基金，而且该模式的运作往往需要出台省级层面水生态补偿政策文件。典型案例如福建闽江和九龙江流域生态补偿。九龙江和闽江分别于 2003 年和 2005 年开始实施生态补偿制度，重点针对畜禽养殖和垃圾污染整治。经过多年实践，该流域Ⅲ类水质达标率从 2004 年的 83%上升到了 2010 年的 99. 1%，水域功能达标率从 2004 年的 92. 5%提高到了 2010 年的 99. 4%。取得这一成效主要是因为两条河流是内河，有着共同的上级政府、易于协调，且福建省政府通过颁布地方性文件的形式对生态补偿的范围、原则和补偿标准等作出了详细规定；同时通过设立生态环境保护专项资金的形式做到了专款专用，在资金的使用和管理上省级政府也出台了相应规定。由此可见，共同出资模式对于同一行政区划内（如省内）流域生态补偿能产生较好的成效。

三、上级政府强制扣缴模式的成效与适用条件

上级政府强制扣缴模式（A_3）对以实现流域水质达标为目的的流域水环境治理具有显著成效。它是指基于水质或水污染物通量等补偿标的，由上级政府对其辖区内的各级政府进行生态补偿资金的扣缴或奖励。该模式一般要求出台政策性文件对生态补偿资金的扣缴方式、扣缴额度等作出具体规定，适用于省内跨市情形，具体实践如河北省省内七大流域和河南省省内四大流域的水生态补偿。河北省人民政府办公厅《关于实行跨界断面水质目标责任考核的通知》（办字〔2009〕50 号）中规定：从 2009 年起在全省七大流域 56 条河流和 201 个断面实行基于跨界断面水质考核扣缴生态补偿金政策（即 A_{31} 模式）；《河南省水环境生态补偿暂行办法》（豫政办〔2010〕9 号）决定：在省行政区域内长江、淮河、黄河和海河四大流域

18 个省辖市实行生态补偿金的扣缴工作（即 A_{32}模式）。此类模式产生了一定成效：河北省七大水系中Ⅰ—Ⅲ类水质比例呈现上升趋势，Ⅴ类和劣Ⅴ类呈显著下降趋势；河南省 83 个省控河流环境质量监测断面中Ⅰ—Ⅲ类水占比从 2011 的 35%上升到了 2014 年年底的 37%；Ⅴ类和劣Ⅴ类占比从 2011 年的 40. 95%下降到了 2014 年的 28. 9%。本模式的优势在于其可操作性强、标准清晰，对水环境污染严重但又需确保水质达标的流域成效明显，但该模式要求各地市共同的上级政府或管理机构可不出资但必须充当扣缴主体。

四、大类混合模式的成效与适用条件

大类混合模式存在 A_1—A_2、A_2—A_3、A_1—A_3 和 A_1—A_2—A_3 四种情形。A_1—A_2或 A_1—A_3的组合较多见，即当上级政府对下级政府予以纵向转移支付时可以再结合 A_2或 A_3的模式。A_2—A_3模式组合在无上级政府参与的情况下会出现自我扣缴的悖论，故往往需要更高一级政府或机构参与其中。A_{11}—A_{12}的组合意味着补偿资金可以实现纵向和横向的多维度叠加，而当 A_1中的子类如 A_{12}和 A_2或 A_3组合在一起时，补偿资金规模或许没有发生变化而其运作方式则更加多样。太湖流域生态补偿就是践行 A_{12}—A_{32}组合模式的典型地区，是省级政府主导下基于断面水污染物通量考核的强制扣缴模式与市级政府之间横向转移支付模式的组合。该流域采用这一模式的原因是太湖流域江苏省各市之间经济发展水平相当，而且该模式的组合使得政府之间的转移支付有明确的执行依据。因此，较之于纵向财政转移支付模式下的叠加，大类混合模式的叠加过程更为复杂，叠加效果与补偿主体和补偿对象密切相关，存在制度创新空间。

第五节　水生态补偿财政资金运作模式的组合创新

我国水生态补偿实践由政府主导，财政资金是水生态补偿资金的重要组成部分，财政资金的运作模式对水生态补偿资金的运行效率和生态补偿

制度的绩效具有重要的影响。本章基于网络搜索和元分析方法，对 1978—2014 年我国水生态补偿实践进行了系统梳理，并提炼了“三大类、六小类”水生态补偿财政资金运作模式，且对模式选择的影响因素、实践成效与适用条件等进行了深入研究。国家和省级两个层面的实践表明我国水生态补偿大致经历了两个阶段：“十一五”以前以事后补偿为主，侧重于通过约束性手段对受害者进行赔偿，政策偏向于原则性；“十一五”以来以积极主动为主，侧重于通过激励性手段对保护者进行补偿，生态补偿政策更具体细致。“三大类”水生态补偿财政资金运作模式为转移支付、共同出资和强制扣缴模式。其中，转移支付模式又可分为纵向转移支付模式和横向转移支付模式，共同出资模式又可分为基于断面水质的共同出资模式和基于综合标准的共同出资模式，强制扣缴模式又可分为基于水质考核的强制扣缴模式和基于断面水污染物通量考核的强制扣缴模式。东江流域、密云水库和新安江流域等典型案例的研究进一步表明在以纵向转移支付为基础的叠加模式中更多的叠加意味着更多的生态补偿金或更灵活多样的筹资渠道，其制度的实施效果更优；共同出资模式在同一行政区划内实施的效果较佳，而强制扣缴模式适用于同一行政区划内的不同子区域（如省内跨市）；大类混合模式的叠加过程复杂，存在创新空间。

然而，生态补偿制度依然需要从补偿主体、补偿客体、补偿金额、补偿期限、补偿方式和补偿的重点领域等多个维度进行完善，包括国家层面上位法的供给、补偿方式的市场化和补偿渠道的多元化等。[①] 就水生态补偿财政资金的运作模式而言，不同地区应根据其现实基础以及具体的水资源和水环境问题进行模式选择或组合。在综合考虑各类因素后，不同模式组合创新的具体建议如下：第一，上游地区比较落后而下游地区相对发达的流域比较适合 A_{11}—A_{12}—A_2 的组合模式，以实现以纵向转移支付为基础的叠加模式和共同出资模式的再组合。在这一复合模式中，一方面流域上级政府需要对较为落后的上游地区进行纵向转移支付，以满足上游地区的

① 沈满洪、魏楚、谢慧明等著：《完善生态补偿机制研究》，中国环境出版社 2015 年版，第 50—76 页。

资金诉求；另一方面发达的下游地区政府也可以对较为落后的地区进行横向转移支付，其中下游地区的支付可以由多个下游政府共同出资实现。第二，地方横向转移支付模式和上级政府强制扣缴模式的组合（A_{12}—A_3）对于经济发展水平相当的流域政府而言激励作用明显，然而这一组合往往需要一个上级政府或机构必须充当资金扣缴的主体，但可不出资。这一组合实现了 A_1 和 A_3 两大类模式的叠加，同时能够更好地保障生态保护补偿和生态损害赔偿耦合机制的顺利运作。第三，在跨行政区域流域水生态补偿问题上，建议构建省市两级（或中央—省级—市级三级）共同出资模式与强制扣缴模式的组合（A_2—A_3）。在这一组合中，上级政府可以不进行转移支付但必须出资且充当资金扣缴的主体；当然这一模式很容易拓展为 A_1—A_2—A_3。最后，值得指出的是，上述三类模式组合已被局部试点且证明能够产生一定成效，故具有一定推广价值；至于模式组合创新更多的可能性，则有待实践的进一步探索与检验。

第十一章　水污染权交易价格形成体系研究

排污权交易制度作为一项以市场为基础的优化资源配置的环境经济政策越来越受到社会各界的关注。水污染权交易的实质是将市场机制引入水环境污染治理，通过在具有不同边际污染治理成本的排污单位之间的交易来降低水污染治理成本，提高水环境资源配置效率。水污染权交易市场包括了基于公平目标的一级市场和基于效率目标的二级市场。相应地，水污染权价格包括初始分配价格和再分配价格，初始分配价格即一级市场价格，再分配价格是初始分配后在市场流转的价格，即二级市场价格。水污染权交易价格直接影响到排污单位成本的高低和二级市场交易的活跃程度，对顺利推进排污权交易制度的实施有着重要影响。本章将在回顾20世纪80年代末90年代初以来中国水污染权交易实践的基础上探讨水污染权交易一级市场价格和二级市场价格的合理性，从而为进一步完善排污权市场交易价格的形成机制提供政策建议。

第一节　水污染权交易的制度背景

一、起步阶段：1987—2000年

1987年上海市闵行区企业之间水污染物排放指标的有偿转让实践是我国最早的水污染物排污权交易实践。国家环保局1988年出台的《水污染物排放许可证管理暂行办法》明确指出："水污染排放总量控制指标，可以在本地区的排污单位件互相调剂。"同时，国家环保局选取了北京、上海和天津等18个城市尝试实行水污染物排放许可证制度。1994年，全国开

始正式在所有城市推行排污许可证制度。1996年，根据《“九五”期间全国主要污染物排放总量控制计划》规定，国家正式把总量控制列为“九五”环境保护管理目标。总量控制和排污许可证制度在全国范围内的推行为我国排污权交易的开展奠定了制度基础。①

二、自主探索：2001—2005年

这一时期，我国的环境政策以污染物排放总量控制为主，排污权交易也主要集中在大气领域的二氧化硫上，对水污染物排污权交易的探索力度较弱。嘉兴市秀洲区分别于2001年和2002年出台的《水污染物排放总量控制和排污权交易暂行办法》和《秀洲区水污染排放总量控制和排污权有偿使用管理试行办法》在政策层面上开创了我国排污有偿使用和交易的先河。“十五”期间的水污染物排污权交易的案例数量虽有增加但数量有限且成交量也不高，为数不多的交易案例中大多是以政府充当中间人角色而出现的“拉郎配”现象，真正意义上排污单位之间的水污染权交易市场并未形成。

三、国家试点：2006—2013年

基于“九五”和“十五”期间排污权交易实践的地方性探索和总量控制制度、排污许可证制度等相关制度的前期探索，《国务院关于落实科学发展观加强环境保护的决定》(国发〔2005〕39号）明确要求：“要实施污染物总量控制制度，推行排污许可证制度，开展排污交易试点。”2007年起，国务院有关部门陆续批复了12个省市开展排污权有偿使用和交易试点工作。随着国家层面对排污权交易制度的重视力度不断提高，除了国家试点的省市外其他省份也开始自发地探索排污权交易，如福建、青海、山东、广东。随着探索实践力度的不断深入，排污权交易模式呈现出多样化趋势，如浙江省“自下而上”的探索模式、江苏省“自上而下”的探索模

① 严刚、王金南著：《中国的排污交易：实践与案例》，中国环境科学出版社2011年版，第19—20页。

式；地方规范性文件出台的频率加大，2006—2013 年省级层面共出台了 76 个规范性政策文件，是 2001—2005 年的 7.6 倍；地方规范性政策文件涵盖范围广泛：包括初始排污权分配与核定、排污权交易资金使用、交易资格审查、交易工作程序、储备管理、电子竞价和抵押贷款等；可交易的指标增多，不再局限于化学需氧量，如浙江、重庆、陕西、湖北和湖南等增加了氨氮指标，江苏还增加了总磷指标；排污权交易管理平台不断涌现，既有面向全国性的交易平台如天津、北京和上海等地的排污权交易所、环境交易所或环境能源交易所，也有省级和市级层面的交易所，如浙江省排污权交易中心、山西省排污权交易中心、武汉光谷联合产权交易中心等。

四、全面实施：2014 年至今

国务院在《关于进一步推进排污权有偿使用和交易试点工作的指导意见》(国办发〔2014〕38 号）专门对排污权有偿使用和交易作出了具体安排：“到 2015 年底前试点地区全面完成现有排污单位排污权核定，到 2017 年底基本建立排污有偿使用和交易制度。”这也是我国排污权交易领域的第一个国家层面的规范性文件。2015 年出台的《排污权出让管理暂行办法》(财税〔2015〕61 号）规定：“对现有排污单位取得排污权，采取定额出让方式。对新建项目排污权和改建、扩建项目新增排污权，以及现有排污单位为达到污染物总量控制要求新增排污权，通过市场公开出让方式。”国家层面政策文件的出台为我国排污权交易工作的全面推开作出了规范性指导。

第二节　水污染权交易的一级市场价格

排污权初始分配价格取决于排污权的初始分配方式。初始分配方式主要有三种：免费分配、固定价格出售和公开拍卖。[1] 第一种属于无偿分配，

① 陈庆能、沈满洪：《排污权交易模式的比较研究》,《生态经济》2009 年第 10 期。

后面两种属于有偿分配。对于免费分配初始排污权的方式自然是不存在排污权初始分配价格的，对于公开拍卖的方式则是价高者得所以成交价格也是不一定的。固定价格出售方式则是政府根据一定的标准制定统一的价格将排污权出售给排污单位，该价格就是排污权有偿使用收费标准。

国务院规范性文件明确提出了到2017年试点地区要基本建立排污权有偿使用和交易的目标，排污单位要通过缴纳排污费或通过交易有偿取得排污权，但不免除排污单位依法缴纳排污费的义务。现实中很多企业对于排污权有偿使用费和排污费两者的收费性质存在着疑虑，认为这两者是一回事存在重复征收的问题。实际上，排污权有偿使用费和排污费本质上是不同的，前者属于环境容量以内的环境容量资源的价格，是排污权稀缺性的具体化；后者是属于超标排污所造成的外部成本的定价。[①] 表11-1为相关省市主要水污染物排污权有偿使用费征收标准。

由表11-1可以看出，我国排污权有偿使用费的征收存在如下几个特点：

第一，不同省份之间和同一省份不同市之间的水污染权有偿使用费征收标准存在明显差异。如以化学需氧量指标为例，江苏省重污染行业的有偿使用费是4500元/吨、内蒙古是2000元/吨，湖南省是230元/吨（仅为江苏省的1/19和内蒙古的1/8）。各省之间的价格存在很大的差异性。有的省份还没有实行排污权的有偿使用，初始排污权的分配还是按无偿分配的方式进行；有的省份虽已开展排污权的有偿使用，但只存在于大气领域，水污染领域排污指标的有偿使用推进缓慢，如重庆市制订了二氧化硫的排污权有偿使用价格但尚未涉及水污染领域。从省内各个市的进展情况来看，其征收标准也不一样。浙江省的绍兴、丽水、台州、温州、舟山和金华化学需氧量的有偿使用费均为4000元/吨，嘉兴市5年期的为2万元/吨，湖州为2.5万元/吨。

① 沈满洪、周树勋、谢慧明等著：《排污权监管机制研究》，中国环境科学出版社2014年版，第9页。

表 11-1 主要水污染物排污权有偿使用费征收标准

（截至 2014 年网络普查结果）

地区	排污权有偿使用费		备注	年限
浙江	嘉兴	化学需氧量：5 年使用期：2 万元/吨 化学需氧量：20 年使用期：8 万元/吨	统一定价	
	绍兴	2008 年：化学需氧量： 老企业：5000 元/吨 新企业：20000 元/吨 2012 年：化学需氧量：4000 元/吨 氨氮：4000 元/吨	排污单位的排污权以排污许可证的形式确认	
	宁波	一般性行业： 化学需氧量：5000 元/吨・年 氨氮：5000 元/吨・年 重污染行业： 化学需氧量：7500 元/吨・年 氨氮：75000 元/吨・年	有偿使用费征收期限和排污许可证一致	5 年
	湖州	化学需氧量：2.5 万元/吨 氨氮：5 万元/吨 总磷：5 万元/吨	根据行业污染系数的不同缴纳的排污权有偿使用费也不同	5 年
	丽水	化学需氧量：4000 元/吨・年 氨氮：4000 元/吨・年	新增污染源排污指标的应通过排污权交易取得。	5 年
	杭州	化学需氧量： 造纸、酿造、发酵行业：4 万元/吨・年 纺织印染行业：6 万元/吨・年 化工、制药业：8 万元/吨・年 其他行业：2 万元/吨・年 氨氮：2 万元/吨・年	2010 年 12 月 31 日之前无偿使用，现有的所有企业都实行有偿分配	
	台州	化学需氧量：4000 元/吨・年 氨氮：4000 元/吨・年	现有单位 2013 和 2014 年按 50% 和 70% 缴纳，2015 年全额缴纳	最长不超过 5 年
	温州	老企业： 化学需氧量：4000 元/吨・年 氨氮：4000 元/吨・年 新企业： 化学需氧量：4 万元/吨，5 年 氨氮：4 万元/吨，5 年		

续表

地区	排污权有偿使用费		备注	年限
浙江	舟山	化学需氧量：0.4万元/吨·年 氨氮：1万元/吨·年	排污权以排污许可证的形式予以确认	5年
	金华	化学需氧量： 新企业：4000元/吨·年 老企业：2013年2000元/吨； 2014年2800元/吨	2015年开始老企业全额缴纳 有偿使用期限与排污许可证期限一致	
江苏	太湖	重污染行业： 化学需氧量：4500元/吨·年 氨氮：11000元/吨·年 总磷：42000元/吨·年 污水处理厂及农业： 化学需氧量：2600元/吨·年 氨氮：6000元/吨·年 总磷：23000元/吨·年		不超过5年
内蒙古		2011年：化学需氧量：2000元/吨·年 氨氮：6000元/吨·年 2012年：化学需氧量：1000元/吨·年 氨氮：3000元/吨·年	按年征收	5年
湖北			初始排污权：老企业实行无偿分配；新增排污通过排污权交易有偿取得	
山西			老企业无偿获得；新企业通过排污权交易获得	
湖南		化学需氧量：230元/吨·年 氨氮：260元/吨·年		5年
福建		正常价格： 化学需氧量：1300元/吨·年 氨氮：1500元/吨·年 优惠政策：化学需氧量：650元/吨·年 氨氮：750元/吨·年	优惠政策：对鼓励发展的战略性新兴产业或污染物产生指标达到国家清洁生产标准以及水平的建设项目等	

续表

地区	排污权有偿使用费		备注	年限
山东	莱芜	化学需氧量： 新企业：2000元/吨·年 老企业：1000元/吨·年 申购年度临时排污权的老企业：1200元/吨·年		5年
广东		化学需氧量：老企业：无偿分配 新企业：3000元/吨·年	排污权以排污许可证的形式确认，有效期与排污许可证期限一致	5年

注：表中相应数据资料对应的政策文件依次为：嘉兴市环保局《嘉兴市主要污染物初始排污权有偿使用实施细则（试行）》《绍兴市发展改革委员会　绍兴市环境保护局关于绍兴市区初始排污权有偿使用费征收标准的通知》（绍市发改价〔2012〕36号）、《关于宁波市排污权有偿使用费征收标准等事项的通知》（甬价费〔2013〕5号）、湖州市环保局《湖州市主要污染物排污权有偿使用和交易实施细则（试行）》《关于丽水市初始排污权有偿使用费征收标准的通知》（丽发改价管〔2014〕126号）、《关于明确湖州市排污权初始登记缴款标准有关事项的通知》（杭减排办〔2014〕132号）、《关于台州市初始排污权有偿使用费征收标准的通知》（台发改价格〔2013〕131号）、《关于排污权交易指导价格的通知》（台环保〔2009〕185号）、温州市发展改革委《温州市排污权有偿使用费征收标准》《关于舟山市排污权有偿使用费征收标准的复函》（舟价发〔2012〕114号）、《关于金华市初始排污权有偿使用费征收标准的通知》（金价价管〔2012〕137号）、《江苏省太湖流域主要水污染物排污权有偿使用和交易试点排放指标申购核定暂行办法》（苏环发〔2009〕12号）、《关于继续执行主要污染物排污权有偿使用暂行收费标准和交易价格的函》（内发改费字〔2014〕290号）、《关于核定主要污染物有偿使用暂行收费标准和交易价格的函》（内发改费字〔2011〕1496号）、《省物价局财政厅关于排污权基价及有关问题的复函》（鄂价环资规函〔2011〕137号）、《关于新增排污权交易种类基价及有关问题》（鄂价环资函〔2012〕74号）、《关于我省主要微软为排污权交易基准价及有关事项的通知》（晋价费字〔2012〕319号）、《湖南省物价局　湖南省财政厅关于主要污染物排污权有偿使用费和交易政府指导价格标准有关问题的通知》（湘价费〔2014〕98号）、《福建省初始排污权指标有偿是非和排污交易价格管理办法（试行）》（闽价费〔2014〕225号）、莱芜市政府《关于印发莱芜市排污权有偿使用和交易实施办法（试行）的通知》《省发展改革委　省财政厅　省环境保护厅关于二氧化硫和化学需氧量排污权有偿使用和交易价格的通知》（粤发改价格函〔2014〕2857号）。

第二，不同行业之间、新老企业之间的水污染权有偿使用费征收标准也各不相同。浙江省宁波市一般性污染行业化学需氧量的有偿使用费是5000元/吨，重污染行业是7500元/吨；杭州市根据污染程度的不同将化学需氧量的有偿使用费设置了四个档次，分别是2万元/吨、4万元/吨、6万元/吨和8万元/吨。新老企业的排污权有偿取得价格也有区别，山东省莱芜市化学需氧量老企业的价格是2000元/吨·年、新企业是1000元/吨·年；湖北、山西和广东对老企业的排污权暂时都是无偿分配的，新企业则是通过排污权交易获得。

第三，各省市在水污染权初始分配方式的选择上存在差异。从各省的政策文件上看最受青睐的方式是定价出售，竞价拍卖的方式多运用于对新增排污权的取得上，无偿分配的方式多出现在老企业排污指标的获得上。我国水污染权有偿使用和交易的一个特点是为了快速推进排污权交易工作。为此，有些省市直接从新建、改建和扩建项目排污权的取得和交易为切入点开展工作，在新增排污权交易工作基本稳定后再开展原有老污染源的排污权初始分配和有偿使用。因此，我国现阶段排污权交易建设工作进展显著而初始排污权分配工作滞后。我国现阶段尚未实行排污权有偿使用制度的省市还有很多，在已经实行了排污有偿使用制度的省市中绝大多数省市在旧污染源的水污染权分配上基本采用无偿分配形式。因此，我国水污染权有偿使用仅局限于新增污染源，全面实行初始水污染权有偿分配的地区有限。在水污染权有偿分配的地区，以固定价格出售排污权的方式为主，有条件实行拍卖分配的地区很少。

第四，水污染权有偿使用年限的标准设置也不一样。主要有1年、5年、20年和未作出规定这四种。上述已经开展水污染权初始分配的18个省市中有8个省市明确规定了有偿获得排污指标的有效使用年限是5年。

第三节　水污染权交易的二级市场价格

理论上来说水污染权交易的二级市场价格是由市场上的需求方和供给方共同确定的。但我国水污染权交易二级市场价格往往受到非市场因素的较大影响，二级市场价格未能有效反映资源的稀缺程度。根据网络普查结果（截至2014年），典型地区水污染权交易的二级市场价格如表11-2所示。

表 11-2 水污染物排污权交易的二级市场价格

（截至 2014 年网络普查结果）

地区		排污权交易价格	交易机构
浙江	嘉兴	化学需氧量：重污染行业：8 万元/吨·年 限制类 6 万元/吨·年 鼓励类 5 万元/吨·年	嘉兴市排污权交易储备中心
	绍兴	2008 年：化学需氧量： 老企业：5000 元/吨·年 新企业：20000 元/吨·年 2012 年：化学需氧量：4000 元/吨 氨氮：4000 元/吨年	绍兴排污权交易管理处
	宁波	化学需氧量：5000 元/吨·年 氨氮：5000 元/吨·年 重污染业：化学需氧量：7500 元/吨·年 氨氮：7500 元/吨·年	宁波市公共资源交易中心
	杭州	化学需氧量： 造纸、酿造、发酵业：4 万元/吨·年 纺织印染行业：6 万元/吨·年 化工、制药业：8 万元/吨·年 其他行业：2 万元/吨·年 氨氮：2 万元/吨·年	杭州市产权交易所有限责任公司
	台州	化学需氧量：回购价：5 万元/吨·年 出让价：8 万元/吨·年	台州市排污权储备中心
江苏	太湖	重污染行业： 化学需氧量：4500 元/吨·年 氨氮：11000 元/吨·年 总磷：42000 元/吨·年 污水处理厂及农业： 化学需氧量：2600 元/吨·年 氨氮：6000 元/吨·年 总磷：23000 元/吨·年	江苏省排污权交易管理中心
重庆		2012 年：化学需氧量：6800 元/吨·年 氨氮：12000 元/吨·年 2015 年：化学需氧量：1360 元/吨·年 氨氮：2400 元/吨·年	重庆市主要污染物排放权交易管理中心 重庆联合产权交易所

续表

地区	排污权交易价格		交易机构
山西		2011 年：化学需氧量：28000 元/吨·年 氨氮：30000 元/吨·年 2012 年：化学需氧量：29000 元/吨·年 氨氮：30000 元/吨·年	山西省排污权交易中心
陕西			陕西省环境保护厅排污权储备管理中心 陕西省环境权交易所
内蒙古		2011 年：化学需氧量：2000 元/吨·年 氨氮：6000 元/吨·年 2012 年：化学需氧量：1000 元/吨·年 氨氮：3000 元/吨·年	内蒙古自治区排污权交易管理中心
湖北		2009 年：化学需氧量：2000 元/吨·年 2011 年：化学需氧量：8790 元/吨·年 2012 年：化学需氧量：8790 元/吨·年 氨氮：14000 元/吨·年	武汉光谷联合产权交易中心 2009 年 3 月 27 日变为湖北省环境资源交易中心
湖南		化学需氧量：2 万元/吨·年 氨氮：4 万元/吨·年	湖南省主要污染物排污权储备交易中心
甘肃	兰州	化学需氧量：1 万元/吨·年 氨氮：1 万元/吨·年	兰州市环境资源储备中心
福建		化学需氧量：1300 元/吨·年 氨氮：1500 元/吨·年	福州市海峡股权交易中心
四川	成都	化学需氧量：1500 元/吨·年 2011 年：化学需氧量：2500 元/吨·年 2012 年：化学需氧量：4000 元/吨·年 氨氮：8000 元/吨·年	成都排污权交易中心
河北		2014 年：化学需氧量：4000 元/吨·年 氨氮：8000 元/吨·年	河北省污染物排污权交易服务中心河北环境能源交易所
广东		化学需氧量：3000 元/吨·年	广东省环境权益交易

注：表 11-2 中的数据和资源来源同表 11-1。

在水污染权的二级市场上，各试点省市的交易方式多以直接出让、挂牌出让、公开拍卖和协议转让为主。其中直接出让价格基本是政府部门直接制订；挂牌和公开拍卖的底价以及协议转让的最低价多是以政府部门制订的政府指导价（有的地方也称交易基准价）为标准，如浙江嘉兴市、河北省、山西省和重庆市等；有的省份直接以水污染权一级市场有偿使用费标准来充当二级市场上水污染权交易的政府指导价格，如浙江绍兴市、江苏省、内蒙古自治区等。陕西省的排污权公开拍卖没有规定拍卖底价。无论是排污权的有偿使用费标准还是政府指导价格多是根据各个省市的污染治理成本制订的，价格高低不同；而在这些价格基础之上形成的水污染权交易价格具有较强的行政色彩，无法充分反映水污染权的供求关系和稀缺程度。

在排污权交易机构的建设上，有些省市为排污权的交易组建了专门的交易平台，有些则是直接以原有的产权交易中心为依托承担排污权交易工作。我国具有水污染权交易项目的省级层面排污权交易平台共有 12 个；有些省份虽尚未建立省级交易中心但在试点地区建立了市级排污权交易机构，如四川成都、甘肃兰州等；浙江省、江苏省等较早实践排污交易的省份在历经多年探索之后已经形成了市级和省级层面规范的排污交易机构。然而，现有的从事排污权交易工作的机构性质不一样，有企业公司性质（包括国有控股企业）、经营性事业单位、非经营性事业单位和行政单位四种。

第四节　水污染权交易定价体系存在的问题及原因

一、以供需力量为基础的二级市场价格无法形成

我国水污染权交易市场多数停留在一级市场，即排污单位和政府之间。二级市场上排污单位之间的交易较少，为数不多的企业之间的交易也是在政府指导下完成的，以“拉郎配”形式出现的居多。即使在江苏、浙江排污权交易开展较好的省份，水污染权的交易也是集中在一级市场，排

污单位之间水污染权交易比较活跃的是嘉兴市。与水污染权一级市场相比，我国以供需关系为基础的二级市场发育明显迟缓，其中一个重要原因是参与到二级市场交易中的买卖双方边际污染治理成本的差异过小。水污染权二级市场交易的前提是参与交易的企业之间具有不同的边际污染治理成本，只有企业之间边际污染治理成本的差异足够大时水污染权交易才会发生。造成企业间边际污染治理成本差异小的原因除了企业本身技术设备的原因外，还有一个重要原因是我国的二级交易市场参与企业数量有限，参与热情不足。

导致参与企业数量有限和参与热情不足的原因有很多，主要有：①交易成本过高，包括信息搜集、讨价还价和时间等成本；②需求方和供给方之间的信息不对称；③水污染权交易存在地域、可交易种类的限制。我国排污权市场的可交易地区基本上是市级行政区内，省内跨市的交易都很少，更不用说跨省的交易；可交易种类以化学需氧量为主，其次是氨氮，江苏省根据现实需要增加了总磷；④水污染权供求双方的目标不同，惜售现象突出。经济快速发展但我国在环境污染方面的管制越来越严厉，对水污染权的需求量增大。我国每5年出台一次全国主要污染区排放总量控制计划，且规定污染物排放量减排目标。在这一大环境下，即使有富余水污染权的企业也不愿意拿出来出售。

二、两级市场交易价格的形成机制不尽完善

在完全竞争市场下，初始水污染权采取何种分配方式不会对水污染权二级市场均衡价格的形成产生影响；但在不完全竞争市场下，水污染权的初始配置将影响二级市场的交易效率。[①] 现实中，市场上愿意参与交易的买卖双方数量有限、信息不完全不对称、交易费用昂贵和市场势力等使得我国的排污权交易市场长期处于不完全竞争市场。在此情况下，水污染权一级市场的分配以及由此形成的一级市场价格对二级市场交易的影响就显

① 沈满洪著:《水权交易制度研究——中国的案例分析》，浙江大学出版社2006年版，第119—122页。

得尤为明显。一级市场上，当污染物排放总量控制指标逐级分配到各级政府时，政府面临着将所获得的排污指标以何种方式分配给排污单位的抉择问题。

无偿分配方式完全依赖政府行政手段完成。这难免会产生寻租等破坏市场公平和效率的行为，且无偿获得的初始水污染权在进入二级市场后交易价格参照标准缺失。[①] 该种分配方式也没有体现出水污染权作为一种自然资源商品的价值。因此，有偿分配所形成的价格是对本身初始价值的一种补偿。实行初始水污染权有偿使用必然会增加企业的生产成本，从而影响企业决策：是选择技术创新减少污染排放并将富余排污权拿到二级市场上出售还是选择在二级市场上基于二级市场的价格购买排污权？在固定价格出售和公开拍卖两种初始分配方式中，本章认为固定价格出售更加合适。虽然拍卖方式与二级市场更加合拍，但更容易造成大企业垄断排污权的情况。这不仅对小企业而言不公平，也使得二级市场上的参与者有限。其次，参与拍卖的企业为更好把握整个市场的情况需要支付高昂的信息搜集成本。由此形成的一级市场价格也未必就优于固定出售的价格。对于固定价格来说，其不仅补偿了初始水污染权的价值，而且能够为二级市场交易提供价格信号。严格的二级市场价格是由供需双方的力量决定的，它能够反映水污染权的稀缺程度，同时也包括对水污染权本身价值的补偿。若二级市场上的价格连水污染权本身的价值都补偿不了，那企业就必然不会把手中的水污染权拿出来交易。

在实践中，只有少数省份采用电子竞价拍卖模式（重庆、湖北、嘉兴）；大多数省市是以一级市场的有偿使用费价格或政府部门指定的交易基准价进行直接出让（内蒙古、江苏等）。以一级市场中水污染权有偿使用费或交易基准价作为二级市场的出让价格显然是不合理的。政府部门在排污权有偿使用费或交易基准价的设定上采用的是恢复成本法，即以平均污染治理成本为依据的同时考虑不同行业和社会经济发展水平，而平均污

① 张仲芳：《排污权价格形成机制及其优化分析》，《生态经济》2008 年第 1 期。

染治理成本的确定需要一定的技术支持。政府制定水污染权有偿使用价格方法的合理性有待商榷，有学者认为初始排污权的定价中还要涉及人文价值和生态环境价值。①

三、多层次水污染权交易市场有待建立健全

构建多层次水污染权交易市场主要是在全国范围内形成三级水污染权交易市场，即全国性水污染权交易市场、流域（区域）水污染权交易市场和省（市）级水污染权交易市场。三个层级的排污权交易市场既相互区分又互相联系。省（市）的水污染权交易市场还是分为一级市场和二级市场，一级市场上要制定并完善排污权交易的法律基础，构建一部具有中国特色的排污权交易制度，并运用行政法律对排污权交易制度进行细化与统一。② 二级市场上存在排污单位间的交易和排污单位和政府机构的排污权储备中心之间的交易，待二级市场成熟后可以纳入社会环保组织和投机者；交易模式可以采用交易所模式，如图 11-1 所示。其中，排污权交易所不作为市场主体直接参与交易，不具备购买和储备水污染权的功能，它仅仅是一个交易平台，负责需求方和供给方的注册登记、信心发布、结算等职能。隶属政府的排污权储备中心作为市场主体，可以在市场上买进和卖出排污权以达到其稳定市场价格和污染减排的职能。

在省（市）级排污交易所的基础上，为了扩大市场规模可以建立流域（区域）排污权交易所和全国性的排污权交易所。我国现在的水污染权交易局限在一省之内，没有跨地区的交易。但作为水的载体——河流和流域在很多情况下是跨省的，像长江流域、黄河流域、珠江流域等涉及多个行政区。为协调好上下游之间水污染权交易之间的关系，可以建立流域性的排污权交易所，流域层级的水污染权交易市场中也允许企业和流域内各省市排污权储备中心参与，但要特别注意的是具有明显上下游关系间的水污

① 赵旭峰、李瑞娥：《排污权交易的层级市场理论与价格研究》，《经济问题》2008 年第 9 期。

② 黄德春、郭弘翔：《长三角跨界水污染排污权交易机制构建研究》，《华东经济管理》2010 年第 5 期。

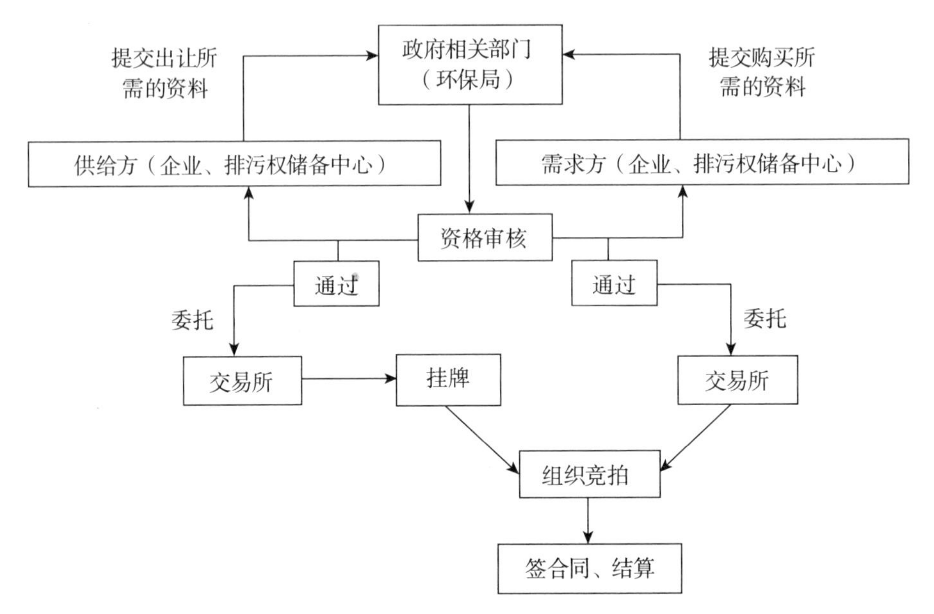

图 11-1　水污染权交易流程图

染权交易（下游将富余的水污染权出售给上游）是不允许的。在全国性的排污权交易所中，企业是不允许参与的，其参与主体是各省的排污权储备中心。省级政府排污权储备中心的水污染权有结余的可以拿到全国性的排污权交易所中发布出让信息，五年内本省所需的水污染权不足时可以到全国性交易所发布购买信息。流域层面和全国性排污交易所的交易程序与图 11-1 类似，但参与交易主体不同。由此所构建的三级水污染权交易市场可以扩大市场规模，降低交易成本，提高交易透明度，使得市场价格更能反映水污染权的稀缺程度，价格信号更加可信。只不过，自 21 世纪初始我国水污染权交易的实践仅局限于小范围行政区域内部，跨行政区域的流域和全国性水污染权交易体系有待进一步探索与完善。

第五节　水污染权交易制度的突出问题与完善对策

全国各地水污染权交易制度建设工作的开展各不相同，各地最终形成和制订的水污染权交易价格也差异巨大。本章总结了我国水污染权交易的进展情况以及各地区的水污染权交易的一级市场价格和二级市场价格，主要涉及化学需氧量、氨氮和总磷的排污权交易价格。一级市场价格呈现出不同行业和新老企业之间存在差异、初始分配方式的选择也有不同、有效年限设置不一特点突出。在二级交易市场上，各地水污染权交易案例大多是发生在排污企业和政府部门之间，排污企业与排污企业之间的交易也是在政府部门的撮合调节下产生，水污染权的二级市场交易价格也不是由水污染权交易市场的供需力量所产生的，因此我国尚不存在真正意义上的二级市场。实践中，二级市场交易价格受政策规定的影响较大，多个试点地区以一级市场上的排污权有偿使用费价格或由政府部门制订的交易基准价为二级市场交易价格，具有浓重的行政色彩，无法发挥市场优化资源配置的作用。

由此可见，我国水污染权交易制度问题突出：第一，水污染权交易缺少法律支撑。明确的法律依据是保障水污染权交易的基础，国家层面上针对排污权交易的法律法规还未出台。各级地方政府关于排污权交易的规定多是属于地方规范性文件，没有法律效力，规制力度弱；且各地关于排污权交易的规定相差甚大，内容上以原则性指导为主缺乏具体可行的实施措施。第二，政府定位不明确，越位现象明显。一方面表现为对二级市场的交易价格过度干预，无法体现二级市场作为排污企业间自愿交易的作用。另一方面则体现在排污权交易平台的建设上。我国在省级和市级层面都有专门组建排污权交易平台，但排污权交易平台性质的定位混乱。如嘉兴市排污权交易储备中心是一家由嘉兴市环保局建立的国有企业，它既是排污权交易的平台又直接以市场主体的身份参与排污权交易，同时还以回购的方式承担排污权储备的职责。第三，一级市场的建设是二级市场有效运行的前提，但我国各地区在排污权的初始分配上尚未达成一致，各地做法均有不同，跨市、跨省的排污权交易受限。第四，排污单位的惜售导致二级市场交易遇冷。基于企业未来自身发展需要和未来水污染权价格上升预期等原因，排污单位并不愿意出售手上富余的排污权。第五，监管机制严重缺失，在排污总量核定、环境统计、环境监测、网上交易、排污许可、环境财政、环境金融和环境执法八个方面的监管上都有待加强。[①]

鉴于此，完善水污染权交易制度的对策建议是：第一，加快国家层面对排污权交易的定位，为地方政府的实践提供法律依据以保证排污交易有法可依。除了应明确排污权交易的法律依据外，还应加强初始排污权核定和分配、排污权交易管理办法、排污权有偿使用收入和储备资金管理办法等方面的政策配套体系建设。第二，各地区在排污权的初始分配上逐渐由无偿分配向有偿分配转变，在正视不同水污染指标、不同行业、不同地区间一级市场价格应有差异的基础上探索能够有效衔接地区间差异的初始分配模式，从而为开展跨市、跨省的二级市场交易打下基础。第三，构建多层次水污染权交易市场，充分发挥排污权交易所和排污权储备中心的职能，打破排污权交易供给不足的问题。当市场上排污权供给不足时，储备中心可以卖出排污权以降低排污权交易价格；当市场上排污权交易价格过低时，储备中心可以买进排污权增加需求从而提高排污权交易的价格。排污权交易所则仅仅是排污权交易的平台，负责供求双方的信息登记、发布和结算等职能，不作为市场主要直接参与排污权交易。排污权交易平台的建立能够为买卖双方节省信息收集和交易的成本，不同层级的排污权交易平台则能够适应跨地区排污权交易的需要。

① 沈满洪、周树勋、谢慧明等著：《排污权监管机制研究》，中国环境科学出版社2014年版，第72—77页。

第十二章　水资源有偿使用和生态补偿制度绩效评价

实现水资源可持续利用离不开制度的保障。水量和水质两个方面的水资源有偿使用和生态补偿制度包括取水总量控制制度、水污染物总量控制制度、水资源费制度、水权交易制度、水污染权交易制度、水生态补偿制度、水环境污染问责制度和水环境损害赔偿制度。该八项制度的年度省际新增制度强度及其空间特征和演进规律、地区差异业已明确。但是，对八项子制度所进行的逐项分析只能从八个侧面单独反映出每项子制度所包含的信息，无法综合说明水资源有偿使用和生态补偿制度在我国实施的综合情况。本章运用广义最大熵原理构建了基于网络公开信息普查的水资源有偿使用和生态补偿制度累计强度指标，并研究了水规制综合强度指标、水量制度指标和水质制度指标的时空演变特征，最后通过对万元 GDP 废水排放强度和综合用水效率两个维度的考察揭示了三类不同制度累计强度指标的空间溢出效应及其具体影响。

第一节　问题的提出

21 世纪以来的一段时期，我国进入了环境突发事件和污染事故高发期。以水资源严重短缺、水环境严重恶化为突出表现的水危机已经悄然而至，水危机问题的解决需要依靠健全的水制度。[①]

随着污染减排等环境政策的出台，政府对水环境管制的力度不断加大，环境污染事故和水污染事故发生次数明显减少，但我国的水环境质量未得到

① 王亚华:《中国治水转型：背景、挑战与前瞻》,《水利发展研究》2007 年第 9 期。王毅:《中国的水问题、治理转型与体制创新》,《中国水利》2007 年第 22 期。

明显改善，历年废水排放总量依旧呈上升趋势，废水排放增长率随政府环境规制的严格程度表现出波动的特征。“十二五”至今，水环境问题得到了各级政府的高度重视，各级政府纷纷出台了各类水管理制度，但水危机的治理效果却还是差强人意。鉴于面临着严重的质和量双重水危机，我国水制度安排包括水质和水量两类。广义的水制度包括防涝、灌溉和防洪等；狭义的水制度主要是指以下八类制度：水量方面的制度包括取水总量控制制度、水资源费制度、水权交易制度和水生态补偿制度，水质方面的制度安排包括水污染物总量控制制度、水污染权交易制度、水环境污染问责制度和水环境损害赔偿制。[①] 八类水制度在各个省市的实践各有特色，如江苏和河北等地较早试点水资源费制度，而水生态补偿制度和水权交易制度的首个案例出现在浙江省，取水总量控制制度则是一项“自上而下”的制度安排。与此同时，水制度差异性不仅表现在时间顺序上，更表现在水规制强度的空间差异上。[②]

本章将首先着重探究水规制强度在空间分布上的差异性及其变化趋势。其次，环境污染问题具有极强的外部性特征，如流域的越界污染问题。[③] 众多的研究证实污染物排放存在空间溢出，各地区的环境污染治理效果也具有空间依赖性。[④] 已有文献研究表明，从产出角度（污染物排放量）刻画的环境规制强度具有正向的空间溢出效应，本地区环境治理投入上的增加在改善本地环境质量的同时亦会提高周边地区的环境质量。[⑤] 基

---

① 谢慧明、沈满洪：《中国水制度的总体框架、结构演变与规制强度》，《浙江大学学报》（人文社科版）2016 年第 4 期。

② 谢慧明、沈满洪：《中国水制度的总体框架、结构演变与规制强度》，《浙江大学学报》（人文社科版）2016 年第 4 期。

③ 曾文慧：《流域越界污染规制：对中国跨省水污染的实证研究》，《经济学》（季刊）2008 年第 2 期。

④ David Maddison, “Environmental Kuznets Curves: A Spatial Econometric Approach”, *Journal of Environmental Economics and Management*, No. 2, 2006. 吴玉鸣、田斌：《省域环境库兹涅茨曲线的扩展及其决定因素——空间计量经济学模型实证》，《地理研究》2012 年第 4 期。刘华军、杨骞：《环境污染、时空依赖与经济增长》，《产业经济研究》2014 年第 1 期。赵玉、徐鸿、邹晓明：《环境污染与治理的空间效应研究》，《干旱区资源与环境》2015 年第 7 期。

⑤ 王文普：《环境规制、空间溢出与地区产业竞争力》，《中国人口·资源与环境》2013 年第 8 期。Luc Anselin, “Spatial Effects in Econometric Practice in Environmental and Resource Economics”, *American Journal of Agricultural Economics*, No. 3, 2001.

于此，本章将进一步探讨水规制强度的空间关联性。第三，鉴于环境污染和环境规制存在显著的空间溢出效应，本章将空间因素纳入水规制对节水减排的影响研究之中。

第二节　水规制强度的测度

一、指标选择与量化方法

水规制强度方面的研究相对较少，多数研究还是从环境规制这一综合性视角对环境规制强度与经济发展水平、对外贸易、行业或产业的竞争力及技术创新与进步、环境质量等方面进行考察。由于环境规制强度指标的难以观测性和作用的复杂性，其度量问题成为研究的一个重点和难点。环境规制的度量主要包括投入和产出两个视角。投入方面的指标主要有污染减排和运行成本、企业或政府的污染治理和环保投资、排污（环境）费/税、环境检察次数和环境政策法规数量。① 产出方面的指标使用较广泛

① Wayne B. Gray, Ronald J. Shadbegian, "Plant Vintage, Technology, and Environmental Regulation", *Journal of Environmental Economics and Management*, No. 3, 2003. Randy A. Becker, "Local Environmental Regulation and Plant-level Productivity", *Ecological Economics*, No. 12, 2011. 张成、陆旸、郭路等：《环境规制强度和生产技术进步》，《经济研究》2011年第2期。John A. List, Shelby Gerking, "Regulatory Federalism and Environmental Protection in the United States", *Journal of Regional Science*, No. 3, 2000. David Popp, "Lessons from Patents: Using Patents to Measure Technological Change in Environmental Models", *Ecological Economics*, No. 2, 2005. Jie He, "Pollution Haven Hypothesis and Environmental Impacts of Foreign Direct Investment: The Case of Industrial Emission of Sulfur Dioxide (SO_2) in Chinese Provinces", *Ecological Economics*, No. 1, 2006. 赵玉焕：《环境规制对我国纺织品贸易的影响》，《经济管理》2009年第7期。Ebru Alpay, Steven Buccola, Joe Kerkvliet, "Productivity Growth and Environmental Regulation in Mexican and US Food Manufacturing", *American Journal of Agricultural Economics*, No. 4, 2002. Smita B. Brunnermeie, Mark A. Cohen, "Determinants of Environmental Innovation in US Manufacturing Industries", *Journal of Environmental Economics and Management*, No. 2, 2003. Madhu Khanna, George Deltas, Donna Ramirez Harrington, "Adoption of Pollution Prevention Techniques: The Role of Management Systems and Regulatory Pressures", *Environmental and Resource Economics*, No. 1, 2009. Eli Berman, L. T. M. Bui, "Environmental Regulation And Productivity: Evidence From Oil Refineries", *Review of Economics and Statistics*, No. 3, 2001. 包群、邵敏、杨大利：《环境管制抑制了污染排放吗?》，《经济研究》2013年第12期。

的有污染物排放量以及在此基础上构造出来的如污染排放强度和密度等。[①]此外，还有根据环境规制政策实施前后设置年份虚拟变量来检验环境政策实施前后的不同影响。[②] 与上述环境管制强度指标相比，环境管制政策法规具有显著的外部性，更能度量政府的管制力度。[③] 因此，水规制强度将选取涉水类八项制度安排的政策作为相应的规制变量。

基于网络普查，在搜索了我国1978—2014年省（市、自治区）各政府部门颁布的八项水政策的基础上对我国水规制强度进行了量化。在网络搜索的过程中，取水总量控制制度搜索的关键词为“用水总量控制”“取水许可”“最严格水资源管理”；水污染物总量控制制度搜索的关键词为“主要污染物总量”“主要污染物减排”；水资源费制度搜索的关键词为“水资源费”；水权交易制度搜索的关键词为“水权”“水权分配”“水权转让”；水污染权交易制度搜索的关键词为“排污许可证”“排污权有偿使用”“排污费”“排污权”“排污权交易”；水生态补偿制度搜索的关键词为“水+生态补偿”“生态补偿”；水环境污染问责制度搜索的关键词为“环境污染责任保险”；最后，水污染问责制度搜索的关键词是与水相关的“条例”和“办法”。其中，前六项制度的搜寻深入到地市层面，而水环境损害赔偿制度和水环境污染问责制度由于起步较晚且政策较为分散，只考察了省级层面的情况。

相对于环境管制政策法规数量，水规制强度量化方式如下：

$$IWPS\_\ RS_{i,\ t_s}=\frac{有相关政策的地级市个数_{i,\ t_s}}{省(市、自治区)所包含的地级市个数_{i,\ t_s}} \tag{12-1}$$

式（12-1）中的 $IWPS\_\ RS$ 指的是水规制的区域强度指标，适用于取

① Bruce R. Domazlicky, William L. Weber, “Does Environmental Protection Lead to Slower Productivity Growth in the Chemical Industry?”, *Environmental & Resource Economics*, No. 3, 2004. 尹显萍：《环境规制对贸易的影响——以中国与欧盟商品贸易为例》,《世界经济研究》2008年第7期。

② Arno J. van der Vlist, C. A. A. M. Withagen, Henk Folmer, “Technical Efficiency under Alternative Environmental Regulatory Regimes: The Case of Dutch Horticulture”, *Ecological Economics*, No. 1, 2007.

③ 包群、邵敏、杨大利：《环境管制抑制了污染排放吗?》,《经济研究》2013年第12期。

水总量控制制度、水污染权总量控制制度、水资源费制度、水权交易制度、水污染权交易制度和水生态补偿制度。同时，该量化方式下的水规制强度指标是以每年新增相关政策的地级市个数计算所得，所以计算得到的水规制强度是每年的新增强度。其中，i 表示第 i 个省（市、自治区），$i=1, 2, \cdots, 30$；t 表示年份，$t_s=1978, 1979, \cdots, 2014$。

水环境污染赔偿制度和水环境污染问责制度的新增强度指标计算公式与其他六项制度不同。以水环境污染责任保险为典型代表的水环境污染损害赔偿制度的市场化程度较高且遵循“自上而下”的推进模式，地级市自主设计的制度很少。故水环境污染损害赔偿制度采取的是虚拟变量指标的量化方式，见式（12-2）：

$$IWPS\_\ DV_{i,t}=\begin{cases}1, & i\text{省在第}\,t\,\text{年已经实施该政策}\\0, & i\text{省在第}\,t\,\text{年没有实施该政策}\end{cases} \tag{12-2}$$

水环境污染问责制度的安排更为综合且分散于各类水规制政策之中，特定的行政问责频现于各类水制度。因此，水环境污染问责制度强度的量化方式见式（12-3）：

$$IWPS\_\ ND_{i,t}=\text{省(市、自治区)的政策数量}_{i,t}\Big/\sum_{t=1978}^{2014}\text{省(市、自治区)的政策数量}_{i,t} \tag{12-3}$$

通过式（12-1）、式（12-2）和式（12-3）的量化得到了中国30个省（市、自治区）1978—2014年的八类水规制制度的强度指标 $IWPS_j\,(j=1, 2, \cdots, 8)$。

二、水规制综合累计强度指数测算——基于广义最大熵原理

八项水规制强度的逐条分析只能从八个侧面单独反映每项子制度的强度信息，而无法综合说明中国水制度的综合强度。根据水规制制度体系在我国实践中的综合情况和环境规制指标量化力度，本章运用广义最大熵原理构建了基于网络普查的水规制强度综合指数（F）。该方法能在最大程度上反映出原有数据中所包含的信息并给出最接近真实情况的指标权重，从

而能够更综合客观地反映我国各省（市、自治区）的水规制强度。

“熵”原本是物理学中的概念，香农于1848年将其引入信息论中，提出了信息熵（香农熵），用以定量描述信息或系统的不确定性与无序性。信息熵的值越大表明信息量越小，不确定性越大；反之，信息熵值越小，则表示信息量越大，不确定性也就越小。詹尼斯（Jaynes）在信息熵的基础上提出了最大熵原理，它能够在最大程度上挖掘已有数据所承载的信息量大小，并以此来确定权重系数的大小。广义最大熵原理是最大熵原理同时运用于多个系统的情形，它将各指标的真实权重系数作为一个随机变量，根据不同赋权方法计算得到的权重系数都只是该随机变量的一个样本取值，不同样本取值有不同的概率。① 基于广义最大熵模型的水规制熵测算过程如下：

对于具有30个省（市、自治区）的面板数据而言，每个省（市、自治区）都有n（n=1978—2014）个待评估的年份和m（m=1，2，3，…，8）个评价指标。记x_{ij}=第i年的第j个水规制强度指标值的原始矩阵X：$X=[x]_{ij}$，i=1，2，…，n；j=1，2，…，m。

①首先对原始矩阵$X=[x]_{ij}$进行规范化处理，得到规范化后的矩阵为$R=[r]_{ij}$。

②单个省（市、自治区）水规制综合强度指标Fp：

$$Fp=\sum_{i=1978}^{n}\sum_{j=1}^{m}w_j r_{ij}\quad i=1978，1979，\cdots，2014；j=1，2，\cdots，8 \tag{12-4}$$

③根据广义最大熵原理，式（12-5）中的权重系数W_j应满足两个条件：一是每个省（市、自治区）的水规制综合累计强度指标Fp与理想状态下的水规制综合累计强度指标值Fp^*的距离D_i达到最小；二是权重系数W_j的估计要稳健可靠。

---

① 汪泽焱、顾红芳、益晓新等：《一种基于熵的线性组合赋权法》，《系统工程理论与实践》2003年第3期。姜昱汐、迟国泰、严丽俊：《基于最大熵原理的线性组合赋权方法》，《运筹与管理》2011年第1期。

根据条件一，得到 $\min D_i = Fp^* - Fp$ 。

条件二中，将真实的权重系数作为一个随机变量，每一种赋权方法计算得到的权重系数都是真实权重系数这一随机变量的一个可能取值。信息学中，香农熵作为随机变量不确定性程度的度量方法被广泛使用。为了使权重系数 W_j的估计要稳健可靠，不确定性程度降到最小，需要使随机变量的香农熵最大化。本章构建水规制综合累计强度指数的目的旨在能够从基于省市两级政府公开信息的网络普查数据中最大程度上反映出水规制强度情况。因此，本章选择了四种客观的赋权法，分别是变异系数赋权法、均方差赋权法、Critic 赋权法和熵值赋权法。设 l 分别代表着四种客观赋权法：

$$W_j = \sum_{k=1}^{l} \lambda_k w_j^k, \quad \sum_{k=1}^{l} \lambda_k = 1 \tag{12-5}$$

式中，λ_k 是真实权重系数随机变量 W_j 取得样本值 w_j^k 的概率，可见系数 λ_k 的不确定性影响到了 W_j 的精确度。因此根据最大熵原理应使得 λ_k 的香农熵最大，从而其不确定性程度越小，即有：

$$\max H_j = -\sum_{k=1}^{l} \lambda_k \ln \lambda_k \tag{12-6}$$

$$\text{s. t.} \sum_{k=1}^{l} \lambda_k = 1 \tag{12-7}$$

本章采用加权法将双目标问题转化为单一目标的规划问题：

$$\begin{aligned}
&\min \mu D_i - (1-\mu) H_j = \mu(F_i^* - F_i) + (1-\mu) \sum_{k=1}^{l} \lambda_k \ln\lambda_k \\
&= \mu\left(\sum_{i=1}^{n} \sum_{j=1}^{m} w_j - \sum_{i=1}^{n} \sum_{j=1}^{m} w_j r_{ij}\right) + (1-\mu) \sum_{k=1}^{l} \lambda_k \ln \lambda_k \\
&= \mu\left(\sum_{i=1}^{n} \sum_{j=1}^{m} \sum_{k=1}^{l} \lambda_k w_j^k - \sum_{i=1}^{n} \sum_{j=1}^{m} \sum_{k=1}^{l} \lambda_k w_j^k r_{ij}\right) + (1-\mu) \sum_{k=1}^{l} \lambda_k \ln\lambda_k \\
&= \mu\left[\sum_{i=1}^{n} \sum_{j=1}^{m} \sum_{k=1}^{l} \lambda_k w_j^k (1 - r_{ij})\right] + (1-\mu) \sum_{k=1}^{l} \lambda_k \ln \lambda_k \\
&\text{s. t.} \sum_{k=1}^{l} \lambda_k = 1
\end{aligned} \tag{12-8}$$

式中 μ 是两个目标间的平衡系数，需要事先设定，文中 μ 取 0.5，即认为两个目标一样重要。通过构造拉格朗日函数，可以得到上述单目标线性规划问题的唯一解。运用广义最大熵原理，通过以上的线性规划求解可计算得到水规制综合累计强度指数，该指数能够在最大程度上消除因不同赋权法赋值所带来的权重系数的不确定性。

水规制综合强度指数是对我国水规制制度实施的一个综合评价，而不同类型的水规制制度针对的规制主体是存在差异的，因此在水规制综合强度指数（*Fp*）的基础上测算了水规制综合强度指数（*Fq1*）和水质规制综合强度指数（*Fq2*）。根据前文对水量规制制度和水质规制制度的设定，*Fq1* 是取水总量控制制度、水资源费制度、水权交易制度和水生态补偿制度这四个指标最终得分的加总，*Fq2* 是水污染物总量控制制度、水污染权交易制度、水环境污染赔偿制度和水环境污染问责制度这四个指标最终得分的加总。

第三节　水规制强度的空间分异

基于广义最大熵原理测算得到了 1978—2014 年全国 30 个省（市、自治区）水规制综合累计强度指数 *Fp*，本章进一步将水规制综合累计强度指数 *Fp* 分解为水量规制综合累计强度指数（*Fq1*）和水质规制综合累计强度指数（*Fq2*），并探讨它们的空间分异特征。空间分异主要是指水规制强度空间分布格变化的特征及其规律、水规制强度的空间相关模式（空间异质性还是空间自相关性）、水规制强度的空间动态跃迁。

一、水规制强度时空演进分析

在分析我国水规制强度的时刻变化特征之前需要指出的是，上文根据广义最大熵原理测算得到的 1978—2014 年全国 30 个省（市、自治区）水规制综合强度指数 *Fp*、水量规制综合强度指数 *Fq1* 和水质规制综合强度指数 *Fq2* 均是新增强度指数。然而，制度分类的标准有很多，张旭昆从外延角度按照由窄渐宽的次序将制度分成了Ⅰ—Ⅳ类，文中的制度是属于政策法规型制度。[①] 法律法规、规章和规范性文件等这一类型的制度具有单件性和耐久性，一项制度一旦创立之后就不需要重复创立且能够长期维持供人“使用”。因此，对于通过省市两级网络普查搜集得到的政策文件而言，其实施后产生的效果不应局限于当年，而是随着时间的推移其政策实施应该是不断渗透和加强。随着实践经验的不断累积，有些省（市、自治区）出台了新的文件政策，同时废止了旧文件。对于此种情况，本章认为原先政策文件已经在当地实施，新文件的出台仅是对该制度的强化或完善。鉴于此，有必要构建水规制累计强度指标：

$$Fp_{i,\ t}^{A}=\sum_{t=1978}^{t+t_0}F_{p_{i,\ t}}^{A} \tag{12-9}$$

$$Fq1_{i,\ t}^{A}=\sum_{t=1978}^{t+t_0}Fq1_{i,\ t}^{A} \tag{12-10}$$

$$Fq2_{i,\ t}^{A}=\sum_{t=1978}^{t+t_0}Fq2_{i,\ t}^{A} \tag{12-11}$$

式中，i 表示第 i 个省（市、自治区），$i=1$，2，…，30；t 表示年份，$t_0=0$，1，…，36。由此对 Fp^A、$Fq1^A$、$Fq2^A$ 空间演进和空间相关性上的分析检验，探讨中国省际间水规制强度的空间分异性特征。

在水规制综合累计强度指数 Fp^A 方面，文中选取了 1997 年、2002 年、2006 年和 2014 年四个时间截面数据进行分析并根据 Fp^A 数值的大小将其进行了四等分，划分为四个档次，得分高、较高、较低和低。在 1997 年除了上海、黑龙江、广西之外，其他 27 个省（市、自治区）均处于第三、第四档，水规制综合累计强度值较低。这一时期的水规制制度安排尚处于萌芽期，有相关水规制制度的政策文件规定的各省（市、自治区）也仅是从八项制度中的某一具体子制度方面着手实践或者是出于现实问题的需要而作出的规定。如上海在 1997 年处于得分最高的第一梯队中，其高得分得益于现实中黄浦江上游严重的水污染问题促使上海市对水污染权交易制度进

① 张旭昆著：《制度演化分析导论》，浙江大学出版社 2007 年版，第 100—106 页。

行了探索实践，广西省则是较早的在水资源分制度方面作出了相当细致的规定和政策安排，黑龙江早期在取水总量控制制度、水资源费制度和水污染问责制度上作出了相关的探索。从 2002 年开始，原先梯队省（市、自治区）的水规制强度发生变化，进入了前一梯队，升级方式有递进式的也有跳跃式的。如北京在 1997 年是处于低得分的第四梯队到 2002 年一跃进入了高得分的第一梯队；安徽则由 1997 年的较低得分的第三梯队进入 2002 年的较高得分的第二梯队，像这样逐渐递进式晋升的省（市、自治区）还有河北、天津、云南、宁夏。

进入 2006 年，东部沿海地区的水规制强度普遍高于其他地区，Fp^A 逐渐显现出地区集聚趋势；时间轴推进到 2014 年，上海、江苏和浙江组成了第一梯队的江浙沪集聚区，处于第二和第四梯队的地区分别有 6 个和 5 个，较低得分的第三梯队的地区数量达到 16 个。观察高得分的第一梯队发现，既有像上海这样的制度政策先发地区一路保持先发优势的，也有像江苏、浙江这样规制强度逐步加强的地区。在每一阶段，既有地区进入前一梯队，也有地区因此“掉队”。如黑龙江和云南原本具有先发优势，但在其他地区的追赶中自身在水规制的建设上逐渐丧失了优势。对比 1997 年和 2014 年可见我国水规制强度的整体水平在逐步提高。总体上，我国水规制的综合制度安排是出于现实情况的需要，从单一制度政策开始发展起来，随之实践经验的积累各地区的 Fp^A 指数普遍呈现上升趋势。

水量制度安排最早发源于 1987 年的江苏省，截至 1992 年之前仅有江苏和河北两个省份出台过相关政策文件，制度推进十分缓慢。在水量制度安排的内部，水权交易和水生态补偿两个制度安排相对于取水总量和水资源费制度起步晚，且发展速度不快。在水量规制综合强度累计指标（$Fq1^A$）的分析，本书选取了 1997 年、2004 年、2009 年和 2014 年进行考察。就 $Fq1^A$ 而言，1997 年时只有黑龙江处于高得分的第一梯队，较高得分的第二梯队也仅有新疆、云南、陕西和吉林四个地区，处于较低和低得分的地区有 25 个，占比为 83. 3%；且在华南地区形成了明显的较低得分集聚区。这一阶段的水量规制综合累计强度值也与 $Fq1^A$ 相似呈现出金字塔式的现象。进入 2004 年，华南地区水量规制的较低得分集聚区域进一步扩大；宁夏、重庆和北京由原先低得分区一跃进入较高和高得分区实现飞跃，这些地区的水资源短缺问题均是十分严重。2004—2009 年水量规制强度的地区格局发生重大变化，处于第四梯队低得分的仅余新疆、甘肃、四川、贵州、江西；东部沿海地区水量规制强度的上升表现出经济驱动的特征，经济发展对用水量的需求增加、水资源短缺和水污染问题日益严峻从而催生了政府对各类水规制制度政策的实践。截至 2014 年这一现象尤为明显，2014 年处于高得分的第一梯队的地区达到 8 个，第二梯队的地区有 10 个，第一和第二梯队的比重占到 60%，与 1997 年的 16.67%相比增长了近 260%。2014 年东部沿海地区形成了高得分的集聚区。纵观水量规制制度的发展历程，其呈现出干旱缺水地区早于水量丰富地区，东部沿海地区强于中西部地区，由四周向中间地带推进的特点。

水质规制的制度安排实践起步于 1985 年年底的上海和福建，先于水量制度强安排。截至 1997 年表现最为突出的是上海市，其水质规制综合累计强度 $Fq2^A$ 值一直位居第一。此阶段除了上海（第一梯队）、广西和北京外（第三梯队），其他地区均处于低得分的第四梯队，第四梯队的地区占比达到 90%。此外也可以明显地发现这一阶段并无第三梯队的地区，水质规制强度的分布出现断层区，表明省际间水质规制强度存在巨大差异性，两级分化严重。2004 年低得分地区的比重下降至 66.7%，与 1997 年相比，2004 年最大的进步是水规制综合累计强度较低得分的地区在原来仅有广西和北京的基础上增加了 7 个地区（云南、贵州、湖南、江西、安徽、山西和黑龙江），但却仍旧未见较高得分第二梯队的身影，说明我国省际间水质规制强度依旧存在巨大的两级差距。2004—2010 年，我国省际间水规制综合累计强度的地理极由原先的上海市转变为了 2010 年的浙江省，且出现了第二梯队从而使得我国的水质规制制度在推进的过程中展现出了更多的层次性，而不是仅以低得分为主。2010 年处于第二梯队的五个地区中只有湖南是由原先 2004 年的第三梯队晋升而来，其他的江苏、重庆、湖北和广东四省均由 2004 年的第四梯队直接跃进为 2010 年较高得分的第二梯队，表明随着社会经济发展中水资源危机的愈演愈烈，各省市自治区在水质规制制度的推进中具有很强的后发追赶动机进而改变了省际间水质规制强度的分布格局。

截至2014年年底，水质规制综合累计强度高得分和较高得分的地区分别有2个和7个。湖南由2010年的较高得分上升到了2014年的高得分地区行列，而2010年其余四个较高得分地区在2014年均保持不变，2014年的较高得分行列中增加了河北、山西、云南三省。与水规制综合累计强度 Fp^A 和水量规制综合累计前度相比 $Fq1^A$ 的空间格局分布呈现出层层推进，由低到高不断强化的特征，截至2014年年底二者第四梯队的低得分地区仅余5个；而 $Fq2^A$ 的空间格局演进变化强度递进特征并不明显，且2014年年底起第四梯队的地区有14个占46.67%，金字塔式现象和空间格局分布的两极化差距依旧明显，$Fq2^A$ 的最大值和最小值分别为2.877和0.393。

二、水规制强度空间自相关性分析

环境污染空间溢出效应的存在使得环境规制强度高的地区不能获得其实行严格环境规制的全部收益，从而产生了环境规制的空间溢出；反过来，出于竞争、模仿、学习等原因，不同地区政府的环境规制强度亦会相互影响，政策溢出存在于不同地区之间。[①] 水规制强度是否存在空间相关性可以通过全局莫兰指数来检验。全局莫兰指数大于0表示存在空间正相关关系，且其值越接近1说明正相关性越强；全局莫兰指数小于0表明存在空间负相关关系。在空间相关关系的分析中，首先需要确定空间权重矩阵以量化各地区在空间上的区位。本章对我国30个省（市、自治区）运用后相邻原则建立邻近空间权重矩阵 W^C：

$$w_{ij}^{C}=\begin{cases}1，\text{地区 } i \text{ 与地区 } j \text{ 有共同的边界或顶点}\\0，\text{地区 } i \text{ 与地区 } j \text{ 没有共同边界或顶点}\end{cases}$$

① 王文普：《环境规制、空间溢出与地区产业竞争力》，《中国人口·资源与环境》2013年第8期。李胜兰、初善冰、申晨：《地方政府竞争、环境规制与区域生态效率》，《世界经济》2014年第4期。

表12-1给出了全国30个省（市、自治区）1999—2014年水规制综合累计强度指数（Fp^A）、水量规制综合累计强度指数（$Fq1^A$）和水质规制综合累计强度指数（$Fq2^A$）的全局莫兰指数I值。总体上我国水规制综合累计强度指数的空间相关性在2007年出现转折，2006年之前我国水规制综合累计强度指数的全局莫兰指数为负数，表明这一时期的全国省际间水规制综合累计强度存在空间异质性，说明此期间全国各地区的水规制制度建设是各自为政、各干各的，每个地区在其自身的水规制制度实施上都有其自身的特色，地区间存在强烈的差异性。2006年Fp^A的全局莫兰指数值为0.028，接近于0，表明在空间分布上呈现随机性特征。2007年Fp^A全局莫兰指数达到0.152且显著为正，由此可判断在2007年全国范围内出现了水规制制度建设的高潮从而形成了水规制综合累计强度的空间这个相关性。2007年以来，全局莫兰指数值均是显著为正，且大小保持在0.1以上，2014年达到最大值0.217。由此可见，我国水规制强度的发展表现出极强的空间依赖关系，空间格局集聚状态，地区间的水规制强度存在正向的空间相关关系。

水量规制综合累计强度的转折点出现在2008年，2008年之前各地区的水量规制综合累计强度亦是着重本地区，在空间上呈现出随机性。2008—2014年$Fq1^A$出现了较强的空间正相关关系，同时统计上显著为正。表明我国水量规制制度体系的建设开始由不同地区之间的各自治理向联合考虑流域内有关水量制度整体性安排的转变，水量规制制度探索各地区的实践在经历了各地的调整后又趋于相互借鉴、学习的状态。无独有偶，水质规制综合累计强度$Fq2^A$的转折点亦出现在2008年，由原先的空间异质性状态突然转向了0.210的空间正相关关系，2008—2014年我国30个省（市、自治区）水质规制制度建设在空间地理上以呈现出显著的空间依赖性。$Fq2^A$空间正相关关系的峰值出现在2009年的0.299，$Fq1^A$出现在2011年的0.198，Fp^A出现在2014年的0.217，可见不同类型的水规制制度在空间演进上是存在各自差异特征的，因此有必要对水量和水质型的水规制制度进行分别考虑。

综上所述，三类水规制强度指数均存在显著的空间依赖性，一地区水规制强度受邻近地区水规制强度的影响。这种水规制强度的全局性空间正向相关关系可能是由地区间的学习效应、竞争效应所导致，也有可能是由于地方政府对中央政府政策命令的执行而产生。

表 12-1 1999—2014 年水规制累计强度指数全局莫兰指数检验

年份	全局莫兰指数 I			年份	全局莫兰指数 I		
	Fp^A	$Fq1^A$	$Fq2^A$		Fp^A	$Fq1^A$	$Fq2^A$
1999	-0. 155 (-0. 109)	-0. 113 (-0. 748)	-0. 068 (-0. 487)	2007	0. 152* (1. 542)	0. 012 (0. 424)	-0. 004 (0. 292)
2000	-0. 139 (-0. 941)	-0. 100 (-0. 567)	-0. 068 (-0. 493)	2008	0. 130* (1. 457)	0. 085* (1. 188)	0. 210** (2. 052)
2001	-0. 158 (-1. 103)	-0. 104 (-0. 652)	-0. 058 (-0. 301)	2009	0. 170** (1. 749)	0. 018* (1. 406)	0. 299*** (2. 854)
2002	-0. 021 (-0. 161)	0. 077 (1. 130)	-0. 036 (-0. 043)	2010	0. 110* (1. 305)	0. 053* (1. 585)	0. 225** (2. 187)
2003	-0. 072 (-0. 343)	0. 037 (0. 658)	-0. 041 (-0. 004)	2011	0. 111* (1. 237)	0. 198** (2. 189)	0. 195** (2. 025)
2004	-0. 178 (-1. 179)	-0. 082 (-0. 439)	-0. 059 (0. 203)	2012	0. 112* (1. 317)	0. 099* (1. 313)	0. 167** (1. 794)
2005	-0. 143 (-0. 973)	-0. 063 (-0. 278)	-0. 111 (-0. 766)	2013	0. 200** (1. 940)	0. 043* (1. 531)	0. 144* (1. 459)
2006	0. 028 (0. 610)	-0. 013 (0. 248)	-0. 013 (0. 246)	2014	0. 217** (2. 181)	1. 960** (2. 106)	0. 121* (1. 412)

注：括号中的是 Z 值，* $p<0.1$，** $p<0.05$，*** $p<0.01$。

全局莫兰指数表明水规制强度在全国范围内存在空间集聚，局部莫兰指数则可用来检验水规制强度局部地区是否存在空间集聚，反映每个地区与其相邻地区之间的空间联系程度。图 12-1 分别给出了三类规制强度指数在首次数出现空间集聚的年份和 2014 年的莫兰散点图，其中水量规制综合累计强度和水质规制综合累计强度是 2007 年和 2014 年，水规制综合累计强度是 2007 年和 2014 年。莫兰散点图的四个象限分别表示水规制强度高的地区被水规制强度高的地区包围（HH，第一象限），水规制强度低的地区被水规制强度高的地区包围（LH，第二象限），水规制强度低的地区被水规制强度低的地区包围（LL，第三象限），水规制强度高的地区被低水规制强度的地区包围（HL，第四象限）。HH 和 LL 表示邻近地区间存在正向的空间相关关系，HL 和 LH 则表明邻居地区间具有负向的空间相关性。

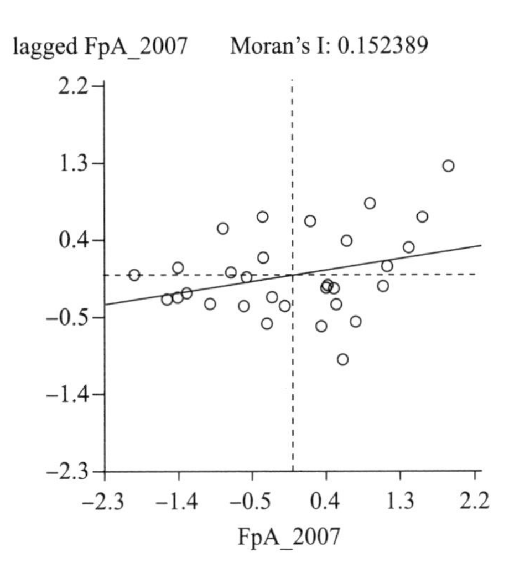

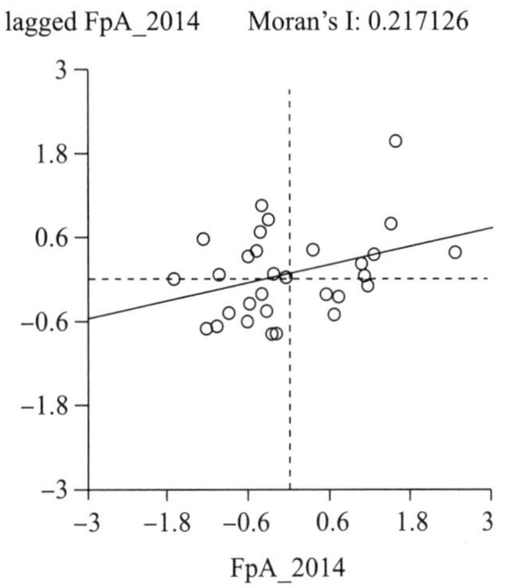

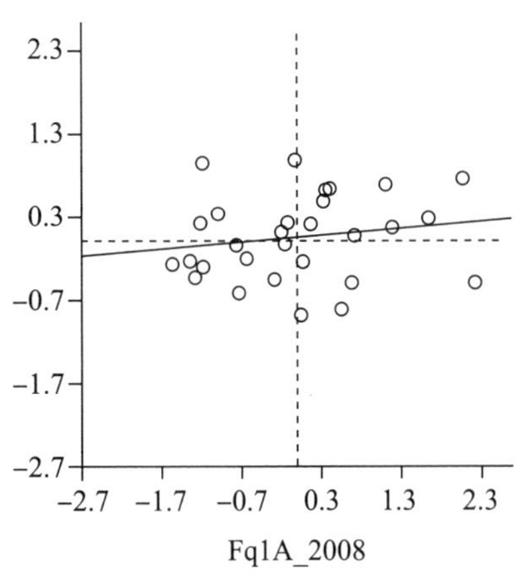

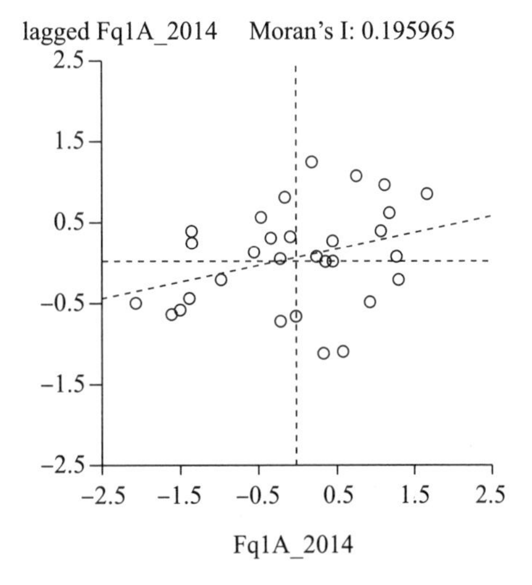

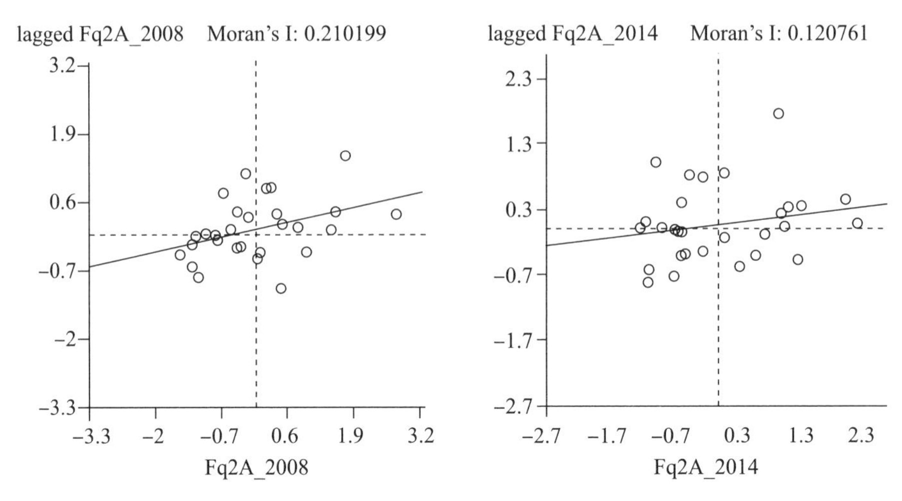

图 12-1 水规制累计强度（Fp^A、$Fq1^A$、$Fq2^A$）指数莫兰散点图

$Fq1^A$和$Fq2^A$的莫兰散点图依旧保持一致性，2007 年这两类水规制强度指数的局部空间集聚效应较弱，各省都集中分布于原点附近。2014 年则呈现出较强的空间集聚关系，且分散于四个象限，同时坐落于一、三象限的省（市、自治区）明显多于二、四象限，表明水量规制综合累计强度和水质规制综合累计强度亦存在局部的空间正相关关系。2007—2014 年水规制综合累计强度指数的莫兰散点图变化幅度不大，总体上其空间正相关性略大于$Fq1^A$和$Fq2^A$的程度。时空跃迁测度法可用于刻画空间自相关的变化类型，空间跃迁可以分为以下四种类型：第一类是某一地区其空间相邻地区的相对水质规制综合累计强度发生变化，即空间邻近跃迁；第二类是某一地区的相对水质规制综合累计强发生变化，即相对位移跃迁；第三类是某一地区及其相邻地区的水质规制综合累计强度均发生变化，即空间整体跃迁；第四类是某一地区及其相邻地区的水质规制综合累计强度均保持不变。① 由表 12-2 可知，2007 年和 2014 年水规制综合累计强度指数的莫兰散点图中大部分的省（市、自治区）都位于第一象限（HH）和第三（LL）象限。2007 年和 2014 年位于 HH 象限与 LL 象限的个数分别为 18 个

① Sergio J. Rey, "Spatial Empirics for Economic Growth and Convergence", *Geographical Analysis*, No. 3, 2001.

和 17 个，分别占 69%和 60%，可见大部分省（市、自治区）的水规制综合累计强度都显示出了正的空间相关性。处于低值集聚（LL）的省市自治区大多集中于中西部地区，高值集聚（HH）的多是东部沿海省份；此外处于 HL 和 LH 象限的省（市、自治区）则表现出了水规制强度的空间异质性特征。由此可说明，我国的省际水规制强度既存在显著的地区性差异，又在发展的过程中逐渐出现了正向的空间相关性特征。同样地，水量规制综合累计强度指数和水质规制综合累计强度指数也具有相同的特征。除此之外，表 12-2 也反映出了另一个重要的信息，以水规制综合累计强度指数为例，既存在如北京、天津、上海这样的省（市、自治区），它们在 2007 年处于 HH 象限，在 2014 年仍旧处于 HH 象限，空间状态没有改变；又存在如像辽宁、安徽、山西这类的省（市、自治区），它们在 2007 年和 2014 年处于不同的象限，空间状态发生了改变。三类水规制强度指数中均存在这一现象。因此在表 12-3 中归纳整理了空间状态发生变化的省（市、自治区）及其空间状态变迁的路径类型。

表 12-2　30 个省（市、自治区）的空间象限分布（Fp^A、$Fq1^A$、$Fq2^A$）

	Fp^A		$Fq1^A$		$Fq2^A$	
	2007	2014	2008	2014	2008	2014
HH	北京、天津、河北、上海、江苏、浙江、广西	北京、天津、河北、上海、江苏、浙江、广西	北京、天津、黑龙江、广西	北京、天津、江苏、山东、宁夏	浙江、江苏、天津、江西、湖南、上海	上海、江苏、浙江、湖南、广西、重庆
LH	辽宁、海南、四川、贵州	安徽、福建、江西、山东、海南、贵州	河北、辽宁、上海、浙江、安徽、江西、海南、四川、贵州、新疆	河北、山西、上海、浙江、海南、甘肃、新疆	北京、福建、辽宁、安徽、山东、河南、贵州	北京、山东、河南、福建、海南、安徽、贵州、江西

续表

	Fp^A		$Fq1^A$		$Fq2^A$	
	2007	2014	2008	2014	2008	2014
LL	山西、内蒙古、安徽、河南、湖北、湖南、陕西、重庆、甘肃、宁夏、新疆	内蒙古、吉林、黑龙江、辽宁、四川、陕西、甘肃、青海、宁夏、新疆	山西、内蒙古、河南、湖北、湖南、重庆	吉林、江西、湖北、湖南、广西、重庆、四川、贵州、陕西	吉林、黑龙江、广西、海南、四川、云南、甘肃、青海、宁夏、新疆	吉林、黑龙江、天津、内蒙古、辽宁、甘肃、青海、宁夏
HL	吉林、云南、青海	山西、湖北、广东、重庆、云南	吉林、福建、广东、云南、青海、宁夏	内蒙古、福建、河南、广东、云南、青海	河北、山西、湖北	新疆、四川、云南、广东、河北、山西

表 12-3 水规制强度的空间动态跃迁（Fp^A、$Fq1^A$、$Fq2^A$）

跃迁类型	变迁路径	代表省市自治区		
		$Fq1^A$	$Fq2^A$	Fp^A
空间邻近跃迁	HH→HL	—	—	—
	HL→HH	宁夏	—	—
	LL→LH	山西	海南	安徽
	LH→LL	江西、四川、贵州	辽宁	辽宁
相对位移跃迁	HH→LH	—	江西	—
	LH→HH	—	—	—
	LL→HL	内蒙古、河南	新疆、四川、云南	山西、湖北、重庆
	HL→LL	吉林	—	吉林、青海
空间整体跃迁	HH→LL	广西	天津	—
	LL→HH	—	广西	—
	LH→HL	—	—	—
	HL→LH	—	—	—
保持不变	—	13 个	18 个	15 个

注：水规制综合累计强度指数 2007 年和 2014 年纳入计算的省市自治区数量分别为 25 个和 28 个；水量规制综合累计强度指数 2008 年和 2014 年纳入计算的分别有 26 个和 27 个；水质规制综合累计强度指数 2008 年和 2014 年纳入计算的分别有 26 个和 29 个。

水规制综合累计强度指数、水量规制综合累计强度指数和水质规制强和累计强度指数中发生空间跃迁的省（市、自治区）分别有 7 个、9 个和 8 个，流动性较低；其中发生整体跃迁的省（市、自治区）较少，更多的是空间邻近跃迁和相对位移跃迁。表 12-3 中反映出的最重要的信息则是最后一行中空间状态保持不变的省（市、自治区），三类水规制强度指数在所选取的时间跨度内，其空间关系保持不变的省（市、自治区）比重均在一半左右。由此可见，近一半以上的地区其空间相关关系十分稳定，我国的省际水规制强度水平具有显著的空间路径依赖特征。

第四节　水规制强度节水减排效应的实证检验

一、变量选取与模型设定

中国是一个缺水型的国家。2014 年，我国的水资源总量为 28370 亿立方米，人均水资源量却只有 1998.6 立方米/人；一直以来我国的水资源总量稳居世界前十，而人均水资源拥有量却不足世界平均水平的 1/4。水资源时空分布的不均匀、水污染、水资源利用效率低下等问题进一步加剧了我国原本的水资源短缺问题。提高水资源利用效率和废水排放效率是解决我国水资源可持续利用问题的关键所在；[①] 也是水资源问题众多解决方法中的可行之策；亦是节水减排效应的直接体现。

本章对水规制强度节水减排效应的检验从节水效应和减排效应两个方面展开。节水效应方面以用水效率来反映。用水效率在一定程度上综合反映了一个国家或地区的经济水平、产业结构水平和水资源条件状况。现有文献关于水资源利用效率的研究主要集中于对各类用水效率的测度评价和水资源利用效率区域差及其影响因素两方面。水资源利用效率影响因素的研究中，经济发展水平、产业结构、用水状况是影响因素研究中关注的重点。少有文献关注了制度因素在提高用水效率上的作用，在中国水规制制

① 赵良仕、孙才志、郑德凤：《中国省际水资源利用效率与空间溢出效应测度》，《地理学报》2014 年第 1 期。

度框架体系日趋完善的当下，研究提高用水效率中水规制制度的影响有其必要性。用水效率的评价方法主要有三种，指标体系评价法、数据包络分析法和随机前沿分析法。[①] 同时，根据研究范围的不同又可分成综合用水效率、农业用水效率和工业用水效率的专项研究。[②] 本章选用万元 GDP 用水量（*Water Use Efficiency*，*WUE*）作为用水效率的评价指标，万元 GDP 用水量是一项综合的水资源利用效率衡量指标，横向上能宏观地反映国家、地区或行业总体经济的用水情况，纵向上又可以反映国家、地区或行业总体经济用水效率的变化和节水发展情况。[③] 控制变量包括：①经济发展水平（*Pgdp*，元），用人均实际 GDP 表示。②产业结构，分别以第一产业和工业增加值占 GDP 比重（*First*，*Piav*,%）表示。③城市化水平（*Urban*,%），以城镇化人口数量比上人口总数来表示。④用水状况采用人均用水量（*Per Capita Water Consumption*，*PCWC*，立方米/人）衡量。⑤节水

① 吕翠美、吴泽宁：《区域用水效率与节水潜力的能值分析》，《中国水论坛》，2007 年。沈满洪著：《水资源经济学》，中国环境科学出版社 2009 年版，第 102—111 页。李世祥、成金华、吴巧生：《中国水资源利用效率区域差异分析》，《中国人口·资源与环境》2008 年第 3 期。孙才志、谢巍、姜楠等：《我国水资源利用相对效率的时空分异与影响因素》，《经济地理》2010 年第 11 期。岳立、赵海涛：《环境约束下的中国工业用水效率研究——基于中国 13 个典型工业省区 2003 年—2009 年数据》，《资源科学》2011 年第 11 期。杨骞、刘华军：《污染排放约束下中国农业水资源效率的区域差异与影响因素》，《数量经济技术经济研究》2015 年第 1 期。王学渊、赵连阁：《中国农业用水效率及影响因素——基于 1997—2006 年省区面板数据的 SFA 分析》，《农业经济问题》2008 年第 3 期。Shinji Kaneko，Katsuya Tanaka，Tomoyo Toyota，et al.，"Water Efficiency of Agricultural Production in China：Regional Comparison from 1999 to 2002"，*International Journal of Agricultural Resources*，*Governance and Ecology*，No. 3，2004.

② 李世祥、成金华、吴巧生：《中国水资源利用效率区域差异分析》，《中国人口·资源与环境》2008 年第 3 期。佟金萍、马剑锋、刘高峰：《基于完全分解模型的中国万元 GDP 用水量变动及因素分析》，《资源科学》2011 年第 10 期。廖虎昌、董毅明：《基于 DEA 和 Malmquist 指数的西部 12 省水资源利用效率研究》，《资源科学》2011 年第 2 期。王学渊、赵连阁：《中国农业用水效率及影响因素——基于 1997—2006 年省区面板数据的 SFA 分析》，《农业经济问题》2008 年第 3 期。Shinji Kaneko，Katsuya Tanaka，Tomoyo Toyota，et al.，"Water Efficiency of Agricultural Production in China：Regional Comparison from 1999 to 2002"，*International Journal of Agricultural Resources*，*Governance and Ecology*，No. 3，2004. 岳立、赵海涛：《环境约束下的中国工业用水效率研究——基于中国 13 个典型工业省区 2003 年—2009 年数据》，《资源科学》2011 年第 11 期。沈满洪、程永毅：《中国工业水资源利用及污染绩效研究——基于 2003—2012 年地区面板数据》，《中国地质大学学报》（社会科学版）2015 年第 1 期。

③ 朱慧峰、秦福兴：《上海市万元 GDP 用水量指标体系分析》，《水利经济》2003 年第 6 期。

灌溉面积（*Irrigate*，千公顷）。用水效率中包括了工业用水效率和农业用水效率两个主要方面，对于农业用水效率而言节水灌溉面积越多表明农业生产中节水灌溉技术的使用程度越高，进而有助于提高农业的用水效率。

减排效应方面，用废水排放效率来反映。水污染水平虽然能够直观地反映当地水环境治理的变化水平，但是该指标受到经济规模等因素的干扰。因此为了控制经济增长因素的影响，本章采用废水排放效率——万元 GDP 废水排放量（*Poll*，吨/万元）来刻画废水污染水平的变化程度。可知变量包括：用废水排放效率来反映。水污染水平虽然能够直观地反映当地水环境治理的变化水平，但是该指标受到经济规模等因素的干扰。因此为了控制经济增长因素的影响，本章采用废水排放效率——万元 GDP 废水排放量（*Poll*，吨/万元）来刻画废水污染水平的变化程度。控制变量包括：①经济发展水平（*Pgdp*，元），以人均实际 GDP 表示。②产业结构，不同的产业所产生的污染程度存在差异，因此本章选择各省（市、自治区）的第一产业比重（*First*,%）和工业增加值占 GDP 比重（*Piav*,%）来控制产业结构影响。③城市化水平（*Urban*,%），以城镇化人口数量比上人口总数来表示，城市化水平的提高会通过基础设施等建设加剧环境污染。④废水排放结构（*ES*,%），工业废水和生活污水占据了废水排放总量的绝大部分，而这二者的排放效率具有显著差异。因此废水排放结构最终会影响到废水的排放效率，本章将工业废水排放量占比加入回归模型之中。⑤环境污染治理投资额（*Environmental Pollution Control Investment*，*EPCI* 百万元），政府在环境污染治理上的投入能够降低环境污染，减少废水排放量，提高废水排放效率。

关于水规制制度这个核心解释变量，本章采用第三章中测算得到的三类水规制强度指标，分别是水规制综合强度指标（*Fp*）、水量规制综合强度指标（*Fq1*）和水质规制综合累计强度指标（*Fq2*）。

表 12-4　变量统计性描述

变量		观测值	均值	标准差	最小值	最大值
被解释变量						
万元 GDP 用水量：*WUE*（吨/万元）		360	32991.05	38497.43	1596.23	317142.60
万元 GDP 废水排放量：*Poll*（吨/万元）		420	3566.91	5634.29	347.78	56621.39
核心解释变量						
节水效应	水规制综合强度：*Fp*	360	0.14	0.17	0.00	0.72
	水量规制综合强度：*Fq1*	360	0.06	0.11	0.00	0.44
	水质规制综合强度：*Fq2*	360	0.08	0.12	0.00	0.50
减排效应	水规制综合强度：*Fp*	420	0.12	0.17	0.00	0.72
	水量规制综合强度：*Fq1*	420	0.05	0.10	0.00	0.44
	水质规制综合强度：*Fq2*	420	0.07	0.12	0.00	0.50
节水效应控制变量						
人均实际 GDP：*Pgdp*（元/人）		360	259.11	188.11	32.31	981.64
第一产业比重：*First*（%）		360	12.54	6.44	0.60	38.00
工业增加值比重：*Piav*（%）		360	41.72	11.27	15.10	89.40
城市化率：*Urban*（%）		360	36.57	16.29	15.28	90.20
人均用水量：*PCWC*（立方米/人）		360	513.52	434.16	164.60	2657.40
节水灌溉面积：*Irrigate*（千公顷）		360	777.15	729.18	2.54	3289.70
减排效应控制变量						
人均实际 GDP：*Pgdp*（元/人）		420	236.11	187.26	27.59	1003.10
第一产业比重：*First*（%）		420	13.19	6.81	0.60	38.00
工业增加值比重：*Piav*（%）		420	41.10	11.52	13.40	90.20
城市化率：*Urban*（%）		420	35.83	16.21	14.93	90.20
废水排放结构：*ES*（%）		420	0.48	1.47	0.06	30.50
环境治理投资额：*EPCI*（百万元）		420	12429.37	15020.05	0.00	144252.70

其中，节水效应下的样本数据为中国 30 个省市自治区 2002—2013 年的面板数据。[①] 减排效应下的样本数据为 2000—2013 年的面板数据。除人

① 30 个省（市、自治区）中不包含香港、澳门、台湾和西藏。此外，由于国家统计局自 2002 年开始才区分工业用水量、农业用水量和生活用水量，因此选取的时间区间为 2002—2013 年。

均用水量和环境污染治理投资额来自《中国环境统计年鉴》(2001—2014年）外，其余控制变量均来自《中国统计年鉴》(2001—2014年)。此外，所有货币变量均以2000年为基期用GDP平减指数进行平减。各变量的统计性描述见表12-4。

为捕捉水规制强度空间溢出效应的大小，本章分别构建了水规制强度在传统范式（为考虑空间因素）和空间范式下（考虑空间因素）的水规制强度节水减排效应模型。

对于环境质量而言经济水平是最基本也是最主要的影响因素，在经济水平和环境治理关系的研究中最具代表性的是环境库兹涅茨曲线（EKC)。因此本章在EKC框架下探讨为考虑空间因素的传统范式下的水规制强度对于节水效应和减排效应的作用，模型设定如下：

$$Effect = \alpha + \beta_1 Y + \beta_2 Y^2 + \beta_3 Y^3 + \psi Fp + \delta X + \varepsilon \qquad (12-12)$$

$$Effect = \alpha + \beta_1 Y + \beta_2 Y^2 + \beta_3 Y^3 + \psi_1 Fq1 + \psi_2 Fq2 + \delta X + \varepsilon \qquad (12-13)$$

式（12-12）和式（12-13）中 *Effect* 表示节水效应和减排效应，Y 表示人均实际GDP，X 是控制变量，Fp、$Fq1$、$Fq2$ 分别是水规制强度。水量规制强度和水质规制强度。在库兹涅茨框架下，若$\beta_3=0$，$\beta_2>0$ 则表示库兹涅茨曲线是U形；若$\beta_3=0$，$\beta_2<0$ 则表示库兹涅茨曲线是倒U形；若$\beta_3<0$，$\beta_2>0$ 且$\beta_1<0$ 则表示库兹涅茨曲线是N形；若$\beta_3>0$，$\beta_2<0$ 且$\beta_1>0$ 则表示库兹涅茨曲线是倒N型。系数ψ、ψ_1、ψ_2可以解释三类水规制强度指数在节水效应和减排效应的提升中是否有效。

根据式（12-12）和式（12-13），节水效应下的回归方程如式（12-14）、式（12-15）所示：

$$\begin{aligned}\ln WUE_{it} = {} & \alpha + \beta_1 \ln Y_{it} + \beta_2 (\ln Y)^2_{it} + \beta_3 (\ln Y)^3_{it} + \psi_1 Fp_{it} + \\ & \delta_1 First_{it} + \delta_2 Piav_{it} + \delta_3 Urban_{it} + \delta_4 \ln PCWC_{it} + \\ & \delta_5 \ln Irrigate_{it} + \mu_i + \varepsilon_{it}\end{aligned} \qquad (12-14)$$

$$\begin{aligned}\ln WUE_{it} = {} & \alpha + \beta_1 \ln Y_{it} + \beta_2 (\ln Y)^2_{it} + \beta_3 (\ln Y)^3_{it} + \psi_1 Fq1_{it} + \psi_2 Fq2_{it} + \\ & \delta_1 First_{it} + \delta_2 Piav_{it} + \delta_3 Urban_{it} + \delta_4 \ln PCWC_{it} +\end{aligned}$$

$$\delta_5 \ln Irrigate_{it} + \mu_i + \varepsilon_{it} \qquad (12-15)$$

减排效应下的回归方程如式（12-16）、式（12-17）所示：

$$\ln Poll_{it} = \alpha + \beta_1 \ln Y_{it} + \beta_2 (\ln Y)_{it}^2 + \beta_3 (\ln Y)_{it}^3 + \psi_1 Fp_{it} + \delta_1 First_{it} + \delta_2 Piav_{it} + \delta_3 Urban_{it} + \delta_4 ES_{it} + \delta_5 \ln EPCI_{it} + \mu_i + \varepsilon_{it} \qquad (12-16)$$

$$\ln Poll_{it} = \alpha + \beta_1 \ln Y_{it} + \beta_2 (\ln Y)_{it}^2 + \beta_3 (\ln Y)_{it}^3 + \psi_1 Fq1_{it} + \psi_2 Fq2_{it} + \delta_1 First_{it} + \delta_2 Piav_{it} + \delta_3 Urban_{it} + \delta_4 ES_{it} + \delta_5 \ln EPCI_{it} + \mu_i + \varepsilon_{it} \qquad (12-17)$$

在水规制强度的用水效率估计下，对万元 GDP 用水量、人均实际 GDP、人均用水量和节水灌溉面积进行取对数处理；在水规制强度的减排效应估计下，对万元 GDP 废水排放量、人均实际 GDP 和环境污染治理投资额进行区对数处理以缓解异方差所带来的估计偏误。

对式（12-14）、式（12-15）、式（12-16）和式（12-17）的估计可得到传统范式下水规制强度的节水效应和减排效应的大小。为捕捉省际间水规制强度存在相互影响的情况下水规制强度对节水和减排所产生的差异性作用，即空间范式下水规制强度的节水减排效应，本章采用空间面板杜宾模型进行估计。

空间杜宾模型由勒萨热（LeSage）和佩斯（Pace）于 2009 年提出，其同时包含了被解释变量的空间滞后项和解释变量的空间滞后项，表明本地区的因变量不仅受到本地区自变量的影响，而且还受到来自邻近地区因变量和自变量的影响，具体形式如下：

$$y_{it} = \alpha \iota_{n\times t} + \rho \sum_{j=1}^{n} w_{ij} y_{jt} + \beta x_{it} + \theta \sum_{j=1}^{n} w_{ij} x_{jt} + \mu_i + \lambda_t + \varepsilon_{it} \qquad (12-18)$$

式中，i 表示地区，t 表示时间，y_{it} 是地区 i 在 t 时被解释变量的观测值，w_{ij} 是 $n\times n$ 的空间权重矩阵用以刻画样本地区之间的相互作用，$w_{ij}\, y_{jt}$ 是被解释变量的空间滞后项，用于捕捉被解释变量对邻近地区是否存在扩散现象，ρ 是空间滞后自回归系数用以衡量被解释变量间空间相互作用的大小及方向；x_{it} 是解释变量，$w_{ij}\,y_{jt}$ 分空间滞后解释变量，反映了地区行为是否受到外生解释变量的间接影响，θ 用以衡量解释变量间的空间相互作用；$\iota_{n\times t}$ 是常数项 α 的 $n\times t$ 向量，β 和 θ 均是 $K\times 1$ 维的参数向量（K 是解释变量的个数），μ_i 是个体效应，λ_t 是时间效应，ε_{it} 是随机扰动项。

根据式（12-18），空间范式下节水效应的回归方程设定如下，同时考虑不同类型水规制制度的作用：

$$\begin{aligned}\ln WUE_{it} = {} & \alpha\,\iota_{n\times t} + \rho\sum_{j=1}^{n} w_{ij}\ln WUE_{jt} + \beta\,Fp_{it} + \theta\sum_{j=1}^{n} w_{ij}\,Fp_{jt} + \\ & \gamma_1 \ln Y_{it} + \gamma_2\,First_{it} + \gamma_3\,Piav_{it} + \gamma_4\,Urban_{it} + \\ & \gamma_1 \ln PCWC_{it} + \gamma_1 \ln Irrigate_{it} + \mu_i + \lambda_t + \varepsilon_{it}\end{aligned} \tag{12-19}$$

$$\begin{aligned}\ln WUE_{it} = {} & \alpha\,\iota_{n\times t} + \rho\sum_{j=1}^{n} w_{ij}\ln WUE_{jt} + \beta_1\,Fq1_{it} + \theta_1\sum_{j=1}^{n} w_{ij}\,Fq1_{jt} + \\ & \beta_2\,Fq2_{it} + \theta_2\sum_{j=1}^{n} w_{ij}\,Fq2_{jt} + \gamma_1 \ln Y_{it} + \gamma_2\,First_{it} + \\ & \gamma_3\,Piav_{it} + \gamma_4\,Urban_{it} + \gamma_1 \ln PCWC_{it} + \gamma_1 \ln Irrigate_{it} + \\ & \mu_i + \lambda_t + \varepsilon_{it}\end{aligned} \tag{12-20}$$

根据式（12-18），空间范式下水规制强度减排效应的回归方程如式（12-21）和式（12-22）所示：

$$\begin{aligned}\ln Poll_{it} = {} & \alpha\,\iota_{n\times t} + \rho\sum_{j=1}^{n} w_{ij}\ln Poll_{jt} + \beta\,Fp_{it} + \theta\sum_{j=1}^{n} w_{ij}\,Fp_{jt} + \gamma_1 \ln Y_{it} + \\ & \gamma_2\,First_{it} + \gamma_3\,Piav_{it} + \gamma_4\,Urban_{it} + \gamma_1\,ES_{it} + \gamma_1 \ln EPCI_{it} + \\ & \mu_i + \lambda_t + \varepsilon_{it}\end{aligned} \tag{12-21}$$

$$\begin{aligned}\ln Poll_{it} = {} & \alpha\,\iota_{n\times t} + \rho\sum_{j=1}^{n} w_{ij}\ln Poll_{jt} + \beta_1\,Fq1_{it} + \theta_1\sum_{j=1}^{n} w_{ij}\,Fq1_{jt} + \\ & \beta_2\,Fq2_{it} + \theta_2\sum_{j=1}^{n} w_{ij}\,Fq2_{jt} + \gamma_1 \ln Y_{it} + \gamma_2\,First_{it} + \\ & \gamma_3\,Piav_{it} + \gamma_4\,Urban_{it} + \gamma_1\,ES_{it} + \gamma_1 \ln EPCI_{it} + \\ & \mu_i + \lambda_t + \varepsilon_{it}\end{aligned} \tag{12-22}$$

空间权重矩阵的构建是空间计量实证研究中的关键，直接关系到模型的估计结果和解释力度，根据不同原则构建的空间权重矩阵反映的是研究现象背后不同的经济学原理和视角。[①] 第四章中根据后相邻原则构建了纯粹的地理空间权重矩阵 W^Q，纯粹的地理因素并不是产生空间效应的唯一来源，显然 W^Q 并没有考虑到不同地区之间的经济联系，经济发展水平差距小的地区之间其环境规制情况越有可比性。[②] 由此设置了经济空间权重矩阵 W^E 和地理—经济嵌套的综合空间权重矩阵 W^{GE}，嵌套式的综合空间权重矩阵同时考虑了地理因素和经济因素，因此能够更综合地反映空间效应。[③]

经济空间权重矩阵 WE，两个省、市、自治区之间的收入水平差距越小，则这两个地区之间的相似性越高，已有研究也发现了经济邻居之间的经济联系比非经济邻居更为紧密。因此本章定义的空间权重矩阵如下：

$$W^E = \frac{1}{|Pgdp_{it} - Pgdp_{jt}| s_{it}},\ \text{其中} s_{it} = \sum_j \frac{1}{|Pgdp_{it} - Pgdp_{jt}|},\ j \neq i \tag{12-23}$$

式中，$Pgdp_{it}$ 是地区 i 在第 t 年的人均实际 GDP，$Pgdp_{jt}$ 是地 j 在第 t 年的人均实际 GDP，矩阵的对角线元素均为零。

地理空间权重矩阵将所有地区之间的相互影响视为等价的设置过于理想化，不符合现实。综合空间权重矩阵的构建有两种方式，第一种是将地理空间权重矩阵和各个省、市、自治区之间的经济差距联系起来建立综合空间权重矩阵 W^{GE1}；第二种是将两个而独立的地理空间权重矩阵和经济空间权重矩阵进行嵌套形成综合空间权重矩阵 W^{GE2}。

$$W^{GE1} = W^Q \times E$$

① Yan Guang Chen. "Reconstructing the Mathematical Process of Spatial Autocorrelation Based on Moran's Statistics", *Geographical Research*, No. 1, 2009. 朱平芳、张征宇、姜国麟：《FDI 与环境规制：基于地方分权视角的实证研究》，《经济研究》2011 年第 6 期。

② 李胜兰、初善冰、申晨：《地方政府竞争、环境规制与区域生态效率》，《世界经济》2014 年第 4 期。

③ Parent O., Lesage J. P., "Using the Variance Structure of the Conditional Autoregressive Spatial to Model Knowledge Spillover", *Journal of Applied Econometrics*, No. 2, 2008.

$$= W^{Q} \times diag\left(\frac{\overline{GDP_1}}{\overline{GDP}}, \frac{\overline{GDP_2}}{\overline{GDP}}, \cdots, \frac{\overline{GDP_i}}{\overline{GDP}}, \cdots, \frac{\overline{GDP_n}}{\overline{GDP}}\right)$$

（12-24）

$$\overline{GDP} = \frac{1}{n(t_{2013} - t_{2000} + 1)} \sum_{t=t_{2000}}^{t_{2013}} \sum_{i=1}^{n} GDP_{it} \qquad (12-25)$$

$$\overline{GDP_i} = \frac{1}{t_{2013} - t_{2000} + 1} \sum_{t=t_{2000}}^{t_{2013}} GDP_{it} \qquad (12-26)$$

式（12-24）中 E 是对角阵用于刻画不同地区间的经济差距联系，t 表示年份，n 表示地区个数。$\overline{GDP_i}/\overline{GDP}$ 是值地区 i 的国内生产总值在所有样本地区中所占的比重，表明地区 i 的相对经济发展水平。这一比重越高表明地区 i 对其邻居地区的影响力越大，这些邻居地区之间的联系也越紧密。

W^{GE2}的设置借鉴凯思（Case）等、张征宇和朱平芳以及赵霄伟关于嵌套空间权重矩阵的设定：$W^{GE2}=(1-\varphi)W^{Q}+\varphi W^{E}$，中 $\varphi \in [0, 1]$。[1] φ 越接近于 0 表示 W^{GE2}与地理空间权重矩阵更接近，φ 接近于 1 表示 W^{GE2}与经济空间权重矩阵的关系越密切。本章中 φ 取 0.4。通过设置地理意义、经济意义和地理—经济嵌套的综合空间权重矩阵不仅可以判断空间权重矩阵的适用性，亦可检验估计结果的稳健性。

由于经济空间权重矩阵是由国内生产总值这一变量构造的，综合空间权重矩阵 W^{GE1}中由于刻画地区间经济差距联系的对角阵 E 是用 GDP 构造的，综合空间权重矩阵 W^{GE2}是 W^{Q}和 W^{E}的结合体因此也包含了 GDP 这一变量。因此，当式（12-19）、式（12-20）、式（12-21）和式（12-22）模型估计中空间权重矩阵取 W^{E}、W^{GE1}和 W^{GE2}时解释变量没有包括 $\ln Y$。

二、传统范式下的实证结果分析

根据式（12-14）、式（12-15）、式（12-16）和式（12-17）的模型

① Anne C. Case, Harvey S. Rosen, James R. Hines, "Budget Spillovers and Fiscal Policy Interdependence: Evidence from the States", *Journal of Public Economics*, No. 3, 1993. 张征宇、朱平芳：《地方环境支出的实证研究》，《经济研究》2010 年第 5 期。赵霄伟：《地方政府间环境规制竞争策略及其地区增长效应——来自地级市以上城市面板的经验数据》，《财贸经济》2014 年第 10 期。

设定，我国水规制强度的节水效应和减排效应的估计结果分别如表 12-5 和表 12-6 所示。

表 12-5 给出了式（12-14）和式（12-15）下水规制强度节水效应的估计结果。可知工业增加值比重和城市化水平与万元 GDP 用水量呈现显著稳健的负相关关系，工业增加值增加一个单位可减少平均 0.022%(-0.021-0.023)/2）的万元用水量，城市化水平每提高一个单位万元 GDP 用水量平均降低 0.0865%[·(-0.089-0.085)/2]。三大产业的用水量存在巨大差异，第一产业用水以农业灌溉为主，农业用水效率低下。[①] 近五年来，全国农业用水占比均在 60%以上，是工业用水比重的三倍之多。相反，工业生产上其用水的技术效率远高于农业用水，工业和第一产业相比在提高用水效率上具有很大优势。人均用水量与万元 GDP 用水量在 1%的显著性水平上呈正相关，现阶段我国居民的节水意识尚待加强，在用水上存在严重的浪费现象，居民用水效率低下。此外，第一产业比重和节水灌溉面积的影响并不是十分显著。

就本章所关注的水规制强度指数而言，三类水规制强度指标均对用水效率的提高具有正向的促进作用，水规制强度越高，万元 GDP 用水量越少，综合用水效率越高。然而，水规制综合强度指数、水量规制综合强度指数、水质规制综合强度指数均万元 GDP 用水量在 1%的水平上稳健显著。其中，规制综合强度指数每提高一个单位，综合用水效率提高 0.986%；比较 *Fq1* 和 *Fq2* 可知，水质规制强度在提高用水效率上的作用大于水量规制强度（|-0.1490|>|-0.534|），同时也大于水规制综合强度指数 *Fp*。这可能是因为，相对于水量规制中所包含的四个制度而言，本章中水质规制的四项制度其作用较多的集中于工业企业，工业企业的用水效率、节水技术等要高于第一产业用水效率、节水技术，而水量规制的四项制度其包含的范围更为广泛。因此，从整体上来说水质规制强度的作用更大。

---

① 王学渊、赵连阁:《中国农业用水效率及影响因素——基于 1997—2006 年省区面板数据的 SFA 分析》,《农业经济问题》2008 年第 3 期。

表 12-5　传统范式下水规制强度的节水效应

变量	综合用水效率——ln*WUE*			
	Fp		*Fq1*、*Fq2*	
	FE	RE	FE	RE
ln*Y*	14.333***	14.631***	14.117***	14.788***
	(3.397)	(3.738)	(3.341)	(3.684)
$(\ln Y)^2$	-2.574***	-2.646***	-2.554***	-2.702***
	(0.649)	(0.714)	(0.638)	(0.704)
$(\ln Y)^3$	0.151***	0.155***	0.151***	0.160***
	(0.041)	(0.045)	(0.040)	(0.044)
Firs	-0.006	-0.013**	-0.003	-0.013**
	(0.017)	(0.006)	(0.016)	(0.006)
Piav	-0.021***	-0.008***	-0.023***	-0.008***
	(0.004)	(0.002)	(0.004)	(0.002)
Urban	-0.089***	-0.027***	-0.084***	-0.027***
	(0.007)	(0.002)	(0.007)	(0.002)
ln*PCWC*	0.842***	1.072***	0.812***	1.078***
	(0.241)	(0.043)	(0.237)	(0.043)
ln*Irrigate*	0.026	-0.034	0.026	-0.032
	(0.042)	(0.024)	(0.041)	(0.023)
Fp	-0.986***	-1.655***		
	(0.132)	(0.134)		
Fq1			-0.534***	-1.083***
			(0.184)	(0.215)
Fq2			-1.490***	-2.107***
			(0.195)	(0.188)
Cons.	-16.957***	-20.810***	-16.394**	-20.891***
	(6.432)	(6.483)	(6.327)	(6.389)
N	360	360	360	360
R^2	0.677	0.568	0.688	0.593

续表

变量	综合用水效率——ln*WUE*			
	Fp		*Fq1*、*Fq2*	
	FE	RE	FE	RE
hau_ chi2 模型选择	50.47 FE		49.53 FE	

注：括号内的是标准差；显著性水平：* $p<0.1$，** $p<0.05$，*** $p<0.01$。

表 12-6　传统范式下水规制强度的减排效应

变量	万元 GDP 废水排放量——ln*Poll*			
	Fp		*Fq1*、*Fq2*	
	FE	RE	FE	RE
ln*Y*	-3.639*** (1.046)	-3.614*** (1.107)	-3.719*** (1.042)	-3.696*** (1.101)
$(\ln Y)^2$	0.581*** (0.202)	0.576*** (0.214)	0.597*** (0.201)	0.592*** (0.213)
$(\ln Y)^3$	-0.039*** (0.013)	-0.038*** (0.014)	-0.040*** (0.013)	-0.039*** (0.014)
Firs	-0.000 (0.006)	-0.002 (0.006)	0.000 (0.006)	-0.001 (0.006)
Piav	0.002 (0.002)	0.002 (0.002)	0.001 (0.002)	0.001 (0.002)
Urban	0.001 (0.003)	0.004 (0.003)	0.001 (0.003)	0.004 (0.003)
ES	-0.151*** (0.005)	-0.150*** (0.005)	-0.151*** (0.005)	-0.150*** (0.005)
ln*EPCI*	0.004 (0.006)	0.004 (0.007)	0.004 (0.006)	0.003 (0.007)
Fp	-0.104* (0.057)	-0.113* (0.061)		
Fq1			-0.003 (0.076)	-0.011 (0.081)

续表

变量	万元 GDP 废水排放量——ln*Poll*			
	Fp		*Fq1*、*Fq2*	
	FE	RE	FE	RE
Fq2			-0. 231*** (0. 085)	-0. 240*** (0. 090)
Cons.	16. 353*** (1. 842)	16. 271*** (1. 945)	16. 468*** (1. 836)	16. 394*** (1. 934)
N R^2	420 0. 929	420 0. 929	420 0. 930	420 0. 930
hau_ chi2 模型选择	1. 50 RE		1. 57 RE	

注：括号内的是标准差；显著性水平：* $p<0.1$，** $p<0.05$，*** $p<0.01$。

进一步地，在模型（12-12）和模型（12-13）的设定下均观测到了人均实际 GDP 与万元 GDP 用水量之间在 1%水平上显著稳健的 N 形关系，在经济增长的早期阶段二者之间的关系与倒 U 形类似，当人均实际 GDP 增长到一定程度时万元 GDP 用水量会下降，之后则又出现了上升的反复趋势。这条 N 形曲线的第一个转折点出现在人均实际 GDP 达到 131. 39 元左右，第二个转折点出现在 655. 93 元左右。然而，不同于节水效应中的估计结果，在减排效应中人均实际 GDP 与万元 GDP 废水排放量之间则是呈现倒 N 形的非线性关系，如表 12-6 所示。

减排效应中，人均实际 GDP 和万元 GDP 废水排放量之间的倒 N 形关系并不是 U 形和倒 U 形的组合。实际上，随着人均实际 GDP 的增加，万元 GDP 废水排放量的减少速度即废水排放效率的上升速度是先增加，后放缓，再增加的走势，万元 GDP 废水排放量则是随着经济发展水平的增长和逐渐降低的，只是在降低的过程中其降低速度有所不同。因此，从总体上来说人均实际 GDP 与废水排放效率（万元 GDP 废水排放量）之间存在显著的负相关关系，经济水平的上升有利于减排效应的提升。此外，在产业结构、城市化水平和环境污染治理投资上并没有观测到其对减排效应的显著性影响。反而是在废水排放内部，以工业废水排放量占比所表征的废水排放结构与万元 GDP 废水排放量之间具有 1%显著性水平上的负向相关关系。这可能还是由工业生产技术和农业生产技术间的差异性所导致的。我国现阶段的现实是工业生产技术高于农业，工业用水效率高于农业用水效率，然而废水排放总量构成中生活废水又占据了较大的比重，因此进一步提高工业用水效率的同时要加强居民的节约用水意识。

同样地，由表 12-6 可知，提高水规制强度能够有效降低万元 GDP 废水排放量，提高废水排放效率、增加减排效应（虽然 *Fq1* 不显著）。通过对比模型 12-16 和模型 12-17 的估计结果可知水质规制强度对减排效应的影响大于水规制综合强度和水量规制强度，水质规制强度每上升一个单位，万元 GDP 将下降 0. 24%。对比表 12-5 和表 12-6 可知，不同类型的水规制制度对节水效应和减排效应的影响是存在差异的，总体上水质规制制度的节水减排作用高于水量规制制度的作用。

三、空间范式下的实证结果分析

利用 stata12. 0 对式（12-19）和式（12-20）进行估计，估计结果如表 12-7 和表 12-8 所示。表 12-7 和表 12-8 中第 2-5 列分别是在地理空间权重矩阵 W^{Q}、经济空间权重矩阵 W^{E}、综合空间权重矩阵 W^{GE1} 和综合空间权重矩阵 W^{GE} 两情形设置下得到的估计结果。根据空间面板杜宾模型的豪斯曼检验可知，所有模型均适用于固定效应。

表 12-7 空间范式下的节水效应——*Fp*

变量	综合用水效率——ln*WUE*			
	W^{Q}	W^{E}	W^{GE1}	W^{GE2}
ln*Y*	-0. 172*** (0. 032)			
First	0. 016*** (0. 003)	0. 020*** (0. 003)	0. 024*** (0. 003)	0. 024*** (0. 003)

续表

变量	综合用水效率——ln*WUE*			
	W^Q	W^E	W^{GE1}	W^{GE2}
Piav	−0. 004***	−0. 002	−0. 004***	−0. 004***
	(0. 001)	(0. 001)	(0. 001)	(0. 001)
Urban	−0. 014***	−0. 021***	−0. 016***	−0. 016***
	(0. 001)	(0. 001)	(0. 001)	(0. 001)
ln*PCWC*	0. 941***	0. 986***	0. 939***	0. 939***
	(0. 024)	(0. 023)	(0. 025)	(0. 025)
ln*Irrigate*	−0. 002	−0. 019	−0. 013	−0. 013
	(0. 012)	(0. 013)	(0. 013)	(0. 013)
Fp	−0. 251***	−0. 261***	−0. 274***	−0. 273***
	(0. 074)	(0. 084)	(0. 077)	(0. 077)
W_ Fp	−0. 270**	−0. 332*	−0. 236*	−0. 237*
	(0. 130)	(0. 201)	(0. 135)	(0. 136)
ρ	0. 173***	0. 184***	0. 145***	0. 145***
	(0. 038)	(0. 047)	(0. 039)	(0. 039)
个体固定	YES	YES	YES	YES
时间固定	YES	YES	YES	YES
N	360	360	360	360
R^2	0. 760	0. 759	0. 750	0. 750
hau_ chi2	186. 893***	69. 919***	104. 536***	104. 317***
模型选择	SFE	SFE	SFE	SFE
AIC	−95. 912	−22. 255	−75. 498	−75. 583
LogL	81. 956	38. 127	67. 749	67. 792

注：括号内的是标准差；显著性水平：* $p<0.1$，** $p<0.05$，*** $p<0.01$。

由表 12−7 和表 12−8 的估计结果可知，各变量的估计系数与理论预期基本一致，也与表 12−5 中的估计结果保持一致。工业增加值比重和城市化水平与万元 GDP 用水量呈负向相关关系，第一产业比重和人均用水量与万元 GDP 用水量呈正向相关关系。根据空间面板杜宾模型，在表 12−7 和

表 12-8 中观测到用水效率——万元 GDP 用水量的空间自回归系数 ρ 在四类不同的空间权重矩阵下均为正，在 1%的水平上稳健显著（表 12-8 中的经济空间权重矩阵除外），其值位于 0.145—0.184。这意味着我国各地区间的用水效率存在明显的空间溢出效应，省际用水效率的空间溢出受到地理和经济因素的双重影响。周边地区万元 GDP 用水量增加对本地区万元 GDP 用水量的提高具有促进作用，即周边地区用水效率的提升对本地区用水效率的提升具有示范作用。

表 12-8 空间范式下的节水效应——*Fq1*、*Fq2*

变量	综合用水效率——ln*WUE*			
	W^{Q}	W^{E}	W^{GE1}	W^{GE2}
ln*Y*	-0.178***			
	(0.031)			
First	0.017***	0.025***	0.026***	0.026***
	(0.003)	(0.003)	(0.003)	(0.003)
Piav	-0.004***	-0.001	-0.004***	-0.004***
	(0.001)	(0.001)	(0.001)	(0.001)
Urban	-0.013***	-0.019***	-0.015***	-0.015***
	(0.001)	(0.001)	(0.001)	(0.001)
ln*PCWC*	0.939***	0.938***	0.929***	0.929***
	(0.024)	(0.025)	(0.024)	(0.024)
ln*Irrigate*	0.002	-0.009	-0.007	-0.007
	(0.012)	(0.013)	(0.012)	(0.012)
Fq1	-0.276***	-0.307***	-0.277**	-0.278***
	(0.103)	(0.114)	(0.108)	(0.108)
Fq2	-0.233**	-0.207*	-0.276**	-0.275**
	(0.105)	(0.116)	(0.109)	(0.109)
W_ Fq1	-0.232	-0.253	-0.188	-0.187
	(0.190)	(0.301)	(0.197)	(0.198)
W_ Fq2	-0.303*	-0.439*	-0.311[a]	-0.314*

续表

变量	综合用水效率——ln*WUE*			
	W^{Q}	W^{E}	W^{GE1}	W^{GE2}
	(0.183)	(0.249)	(0.190)	(0.191)
ρ	0.172***	0.033	0.158***	0.158***
	(0.038)	(0.061)	(0.034)	(0.034)
个体固定	YES	YES	YES	YES
时间固定	YES	YES	YES	YES
N	360	360	360	360
R^2	0.763	0.700	0.764	0.765
hau_ chi2	162.386***	95.921***	109.333***	108.693***
模型选择	SFE	SFE	SFE	SFE
AIC	-86.557	-30.299	-64.648	-64.609
Log*L*	81.279	49.149	65.324	65.304

注：括号内的是标准差；显著性水平：* $p<0.1$，** $p<0.05$，*** $p<0.01$。a 表示 10.1%的显著性水平。

初步考察表 12-7 和表 12-8 中三类水规制强度，其均与节水效应呈正相关关系，水规制综合强度指数和水量规制综合强度指数具有 1%水平上的显著性。这表明水规制强度越高，万元 GDP 用水量越少，综合用水效率越高。在三类水规制强度指数的空间滞后项中，水规制综合强度指数的空间滞后项 *W_ Fp* 在四类不同空间权重矩阵的估计下均与万元 GDP 用水量之间呈显著稳健的负相关关系，空间自相关系数位于-0.332—-0.236。这意味着本地区万元 GDP 用水量的降低，即用水效率的提高不仅是因为本地区水规制综合强度的提升，也有来源自于其“邻居”地区水规制综合强度水平提升的原因。*W_ Fp* 在纯粹经济空间权重矩阵下的空间溢出效应最大。然而，表 12-8 中虽然水量规制强度指数的空间滞后项 *W_ Fq1* 在四类空间权重矩阵下的回归结果都为负，却并不显著；水质规制综合强度指数的空间溢出效应不仅在数值上大于水量规制综合强度指数，且具有显著性，表明“邻居”地区的水质规制强度对本地区的节水效应具有积极的正向影响，即“邻居”地区的水质规制综合强度越高，本地区的万元 GDP 用水量越低、节水效应越高。同样的，四类邻居中，纯粹经济邻居的水规制综合强度指数的空间溢出效应是最大的，达到-0.439，与表 12-7 中的水规制综合强度指数 *Fp* 具有一致性。总体上，通过对式（12-19）和式（12-20）的检验，发现我国省际间的水规制强度确实存在显著的空间溢出效应，水规制强度自身具有正向的空间自相关性。本地区的节水效应受到了“邻居”地区水规制强度的影响，水规制强度自身存在空间正向溢出性。

表 12-9　空间范式下的废水效应——*Fp*

变量	万元 GDP 废水排放量——ln*Poll*			
	W^Q	W^E	W^{GE1}	W^{GE2}
ln*Y*	-0.821***			
	(0.059)			
Firs	-0.003	0.029***	0.032***	0.032***
	(0.006)	(0.006)	(0.006)	(0.006)
Piav	0.004**	-0.000	0.002	0.002
	(0.002)	(0.002)	(0.002)	(0.002)
Urban	0.001	0.000	-0.001	-0.001
	(0.003)	(0.003)	(0.004)	(0.004)
ES	-0.151***	-0.148***	-0.149***	-0.149***
	(0.005)	(0.005)	(0.006)	(0.006)
ln*EPCI*	0.006	0.008	0.011	0.011
	(0.007)	(0.007)	(0.008)	(0.008)
Fp	-0.094*	-0.120**	-0.193***	-0.193***
	(0.055)	(0.061)	(0.066)	(0.066)
W_ Fp	-0.103	-0.445***	-0.371***	-0.373***
	(0.091)	(0.127)	(0.107)	(0.107)
ρ	-0.094	0.435***	0.501***	0.502***
	(0.063)	(0.056)	(0.045)	(0.045)
个体固定	YES	YES	YES	YES

续表

变量	万元 GDP 废水排放量——ln*Poll*			
	W^{Q}	W^{E}	W^{GE1}	W^{GE2}
时间固定	YES	YES	YES	YES
N	420	420	420	420
R^2	0.319	0.351	0.325	0.326
hau_ chi2	19.542***	28.811***	41.040***	40.449***
模型选择	SFE	SFE	SFE	SFE
AIC	-405.360	-326.182	-234.965	-235.616
Log*L*	236.680	195.091	149.483	149.808

注：括号内的是标准差；显著性水平：* $p<0.1$，** $p<0.05$，*** $p<0.01$。

表 12-10　空间范式下的废水效应——*Fq1*、*Fq2*

变量	废水排放效率——ln*Poll*			
	W^{Q}	W^{E}	W^{GE1}	W^{GE2}
ln*Y*	-0.812***			
	(0.059)			
Firs	-0.001	0.029***	0.033***	0.033***
	(0.006)	(0.006)	(0.006)	(0.006)
Piav	0.003*	-0.001	0.001	0.001
	(0.002)	(0.002)	(0.002)	(0.002)
Urban	0.001	0.001	-0.000	-0.000
	(0.003)	(0.003)	(0.004)	(0.004)
ES	-0.151***	-0.148***	-0.149***	-0.149***
	(0.005)	(0.005)	(0.006)	(0.006)
ln*EPCI*	0.004	0.007	0.009	0.009
	(0.006)	(0.007)	(0.008)	(0.008)
Fq1	0.002	0.030	-0.027	-0.026
	(0.074)	(0.080)	(0.087)	(0.087)
Fq2	-0.211**	-0.304***	-0.389***	-0.387***
	(0.083)	(0.092)	(0.098)	(0.098)

续表

变量	废水排放效率——ln*Poll*			
	W^Q	W^E	W^{GE1}	W^{GE2}
W_ Fq1	−0. 032	−0. 168	−0. 190	−0. 189
	(0. 129)	(0. 187)	(0. 153)	(0. 153)
W_ Fq2	−0. 178	−0. 632***	−0. 503***	−0. 506***
	(0. 134)	(0. 181)	(0. 155)	(0. 156)
ρ	−0. 099	0. 376***	0. 479***	0. 480***
	(0. 064)	(0. 061)	(0. 046)	(0. 046)
个体效应	YES	YES	YES	YES
时间效应	YES	YES	YES	YES
N	420	420	420	420
R^2	0. 314	0. 348	0. 333	0. 333
hau_ chi2	23. 618*	27. 107**	41. 883***	41. 832***
模型选择	SFE	SFE	SFE	SFE
AIC	−399. 703	−326. 355	−236. 022	−236. 689
Log*L*	238. 851	200. 177	155. 011	155. 344

注：括号内的是标准差；显著性水平：* $p<0.1$，** $p<0.05$，*** $p<0.01$。

表 12−9 和表 12−10 是式（12−19）和式（12−22）考虑水规制强度空间因素情况下水规制强度减排效应的估计结果。与表 12−6 的估计结果一致，经济发展水平和废水排放结构依旧是影响废水排放效率的两个最重要的变量。就废水排放效率本身而言存在正向的空间溢出效应，周边地区废水排放效率的提升能够拉升本地区的废水排放效率，从万元 GDP 废水排放量的空间滞后自回归系数可知，其空间溢出效应受经济因素的影响大于地理因素。水规制综合强度指数和水质规制综合强度指数均对万元 GDP 废水排放量具有统计上显著稳健的反向影响，而水量规制强度的作用并不明显。这进一步佐证了上文中表 12−6 中的结论，不同类型的水规制制度的作用对象具有专属性，显然对于减排效应而言水质规制制度更为有效。

空间范式下水规制强度减排效应的检验结果显示，水规制综合强度指数和水质规制综合强度指数具有1%水平下正向空间溢出的显著性（地理邻居除外），周边地区 Fp 和 $Fq2$ 强度的提升能够直接促进周边地区减排效应的上升，进而降低本地区的万元 GDP 废水排放量。比较发现，水质规制综合强度指数的空间溢出效应大于水规制综合强度指数的空间溢出效应（$|-0.396|<|-0.547|$）。[①] 由此更说明在增强污水减排效应上水质规制制度强度是更优的选择。在 Fp 和 $Fq2$ 的内部，经济空间权重矩阵下 Fp 和 $Fq2$ 的空间溢出效应大于两个综合空间权重矩阵下的溢出效应，减排效应中经济因素显得尤为重要。

四、水规制综合强度的节水减排效应比较

由于空间面板杜宾模型中引入了解释变量的空间滞后项，由此进行的系数估计是有偏的。[②] 因此，表12-7、表12-8、表12-9和表12-10只是给出了解释变量对被解释变量的直观反映，且其中的系数也并不是解释变量对被解释变量的边际影响大小。是否存在空间溢出效应、空间溢出程度有多大还要根据模型分解的直接效应和间接效应的显著性和系数值来判断。为同时考虑经济因素和地理因素的影响，本章以综合空间权重矩阵 W^{GE2} 为基准，给出了节水效应和减排效应下水规制综合强度指数、水量规制综合强度指数、水质规制综合强度指数由 W^{GE2} 下的估计结果而测算得到的解释变量变化所引起的直接效应、间接效应和总效应，以直接效应和间接效应来观测解释变量水规制强度所产生的空间影响。

表12-11给出了在综合空间权重矩阵 W^{GE2} 下，三类水规制强度在节水和减排下的直接效应、间接效应和总效应。综合对比表12-7至表12-10

---

① 水规制综合强度指数的空间溢出效应-0.396［（-0.445-0.371-0.373）/3］和水质规制综合强度的空间溢出效应-0.547［（-0.632-0.503-0.506）/3］都是均值，由于表12-9和表12-10中地理空间权重矩阵下的估计结果均不显著，因此不纳入计算中。

② 姆斯·勒沙杰、肖光恩著：《空间计量经济学导论》，中国人民大学出版社2010年版，第49—52页。

中 W^{GE2}下的估计结果可以发现，三类水规制强度的系数估计值并不等于其相对应的直接效应，由此可见在存在空间依赖的情况下，变量的估计系数是有偏的。表 12-11 的第三列给出了节水和减排下水规制强度的直接效应，对照表 12-7 至 12-10 中第五列的系数估计值可以计算得到各变量的反馈效应。反馈效应是指解释变量的变化引起"邻居"地区的反应再返回到本地区。[①] 它包含于直接效应之中，其大小等于变量的直接效应与其相应系数之差。

表 12-11 综合空间权重矩阵 W^{GE2}下水规制强度的效应分解

水制度	效应类型	直接效应	间接效应	总效应
Fp	节水效应	-0.269***	-0.308*	-0.577***
		(-0.077)	(-0.168)	(-0.184)
	减排效应	-0.254***	-0.875***	-1.128***
		(-0.068)	(-0.191)	(-0.219)
Fq1	节水效应	-0.266**	-0.274	-0.540**
		(-0.108)	(-0.227)	(-0.254)
	减排效应	-0.039	-0.354	-0.394
		(-0.095)	(-0.314)	(-0.363)
Fq2	节水效应	-0.289**	-0.417**	-0.706***
		(-0.117)	(-0.201)	(-0.256)
	减排效应	-0.491***	-1.285***	-1.776***
		(-0.11)	(-0.243)	(-0.293)

注：括号内的是标准差；显著性水平：* $p<0.1$，** $p<0.05$，*** $p<0.01$。

减排效应方面，水规制综合强度指数 *Fp* 的直接效应是-0.254，其系数估计值是-0.193，两者在统计上均高度显著，*Fp* 的反馈效应为 0.061，是直接效应的 24%；*Fq1* 统计上不显著，*Fq2* 的直接效应是-0.491，反馈

① 王文普：《环境规制、空间溢出与地区产业竞争力》，《中国人口·资源与环境》2013 年第 8 期。

效应为-0.104，是直接效应的21%，周围地区政府对水质规制方面的政策反应大于水量政策。由此可见，不考虑空间因素下的水规制制度的减排效应被低估了。相反，在节水方面，*Fp*、*Fq1* 和 *Fq2* 指数的反馈效应值较小，近乎接近于零，占直接效应的比重不到5%。

表12-11中的第四列给出了三类水规制强度的间接效应，即空间溢出效应。三类水规制强度指数在节水效应和减排效应下的溢出效应均大于其直接效应，这进一步说明了考虑空间相关性的重要性。在节水效应下，水规制综合强度指数 *Fp* 的间接效应为-0.308，某一地区水规制综合强度每上升一个单位，其邻近地区的万元 GDP 用水量和本地区万元 GDP 用水量的变化之比近似 1∶0.87。同理可得水量规制综合强度和水质规制综合强度使得邻近地区与本地区万元 GDP 用水量变化的近似比为 1∶0.97 和1∶0.69。这表明本地区水规制强度水平的提升会对其周边地区产生空间溢出效应，提高水规制强度对于全国层面和地区层面用水效率的提升都存在助益。减排效应方面，除水量规制综合强度指数外，水规制综合强度指数和水质规制综合强度指数的直接效应、间接效应和总效应与万元 GDP 废水排放量均具有 1%显著性水平上的负相关关系，二者的间接效应都大于其直接效应。水规制综合强度指数的空间溢出效应为-0.875，是直接效应的 3.44 倍；水质规制综合强度指数的空间溢出效应为-1.085，是直接效应的 2.59 倍。*Fp* 和 *Fq2* 强度每上升一个单位所引起的“邻居”地区与本地区万元 GDP 废水排放量变化之比的近似值分别为 1∶0.29 和 1∶0.39。这意味着在减排方面，水规制强度的提升不仅能够降低本地区的废水排放强度而且还能削弱其周围邻近地区的废水排放强度，各地区间在水规制政策制定和出台上的学习借鉴表现出来正向的空间溢出效应，即减排效应中水规制强度的直接溢出机制得证。在减排效应的内部，*Fq2* 强度的直接效应、间接效应和总效应均显著大于 *Fp* 强度的值，这也进一步有力地证明了在水污染减排中水质型规制制度具有更强的效果。

表 12-12 水量、水质规制强度的节水减排作用比较

节水减排	传统/空间	模型	直接效应比较		空间溢出效应比较	
			水量	水质	水量	水质
节水效应	传统范式	*FE*	-0.534***	-1.39***	—	—
		RE	-1.083***	-2.107***	—	—
	空间范式	W^Q	-0.276***	-0.233**	-0.232	-0.303*
		W^E	-0.307***	-0.207*	-0.253	-0.439*
		W^{GE1}	-0.277**	-0.276**	-0.188	-0.311[a]
		W^{GE2}	-0.287***	-0.275**	-0.187	-0.314*
		效应分解	-0.266**	-0.289**	-0.274	-0.417**
减排效应	传统范式	*FE*	-0.003	-0.231***	—	—
		RE	-0.011	-0.240***	—	—
	空间范式	W^Q	0.002	-0.211**	-0.032	-0.178
		W^E	0.030	-0.304***	-0.168	-0.632***
		W^{GE1}	-0.027	-0.389***	-0.19	-0.503***
		W^{GE2}	-0.026	-0.387***	-0.189	-0.506***
		效应分解	-0.039	-0.491***	-0.354	-1.285***

注：括号内的为标准差；显著性水平为：$^{*}p<0.1$，$^{**}p<0.05$，$^{***}p<0.01$。a 表示 10.1% 的显著性水平。

从上文的分析中可知不同类型的水规制制度所产生的节水效应和减排效应大小是存在差异的，表 12-12 中对水量规制综合强度指数和水质规制综合强度指数分别在传统范式和空间范式下所产生的节水减排效应的大小进行了比较。水规制强度节水减排的直接效应指的是本地区的水规制制度对于本地区的节水和减排所产生的影响，由表 12-12 可知在传统范式下水质规制综合强度指数的节水效应和减排效应均要显著稳健大于水量规制综合强度指数所产生的节水效应和减排效应；空间范式下，水质类型的水规制制度在污水废水减排上的表现明显优于水量类型的水规制制度，而水量和水质类型水规制强度的节水效应在空间范式的五种模型下的大小比较并未得到一致性结果，如纯粹地理空间权重矩阵下的估计结果显示水量规制

强度指数的节水效应大于水质规制强度指数的节水效应，而效应分解模型下的估计结果却是表明水质规制强度指数的节水效应大于水量规制强度指数的节水效应。

水规制强度节水减排的空间溢出效应是指本地区水规制强度指数对“邻居”地区节水减排效应所产生的影响大小，或“邻居”地区水规制强度指数对本地区节水减排效应所产生的影响。由表 12-12 可知，节水效应中水质规制综合强度指数存在显著的空间溢出性，其空间溢出效应均值为-0.357，而水量规制强度指数的空间溢出效应并不显著；同样，减排效应中水质规制综合强度指数同样具有 1%显著性水平上的空间溢出效应（地理空间权重矩阵除外），均值为-0.732。综上，减排效应方面，无论是在提升本地区的减排效应上还是在提升“邻居”地区的减排效应（直接效应和空间溢出效应）上，水质类型的水规制制度均优于水量类型的水规制制度，水质规制制度的减排效应具有专属性；节水效应方面，水质类型的水规制制度具有显著的空间溢出效应，其在提升“邻居”地区节水效应上的作用优于水量类型的水规制制度。

第五节　中国水规制强度研究的基本结论及其政策启示

立足于当前我国各地区水规制强度的空间差异，本章基于网络普查，搜索了我国 1978—2014 年省（市、自治区）各政府部门颁布的关于八项水制度体系安排的政策文件，并依据此数据运用广义最大熵原理构造出了三类水规制强度指数（*Fp*，*Fq1*，*Fq2*），并深入分析了三类中国水规制强度的时空演变特征及其节水减排效应。具体结论如下：

首先，不同类型水规制强度的发展路径既求同又存异。早期阶段三类水规制强度指数均呈现出明显的金字塔式现象，即全国各地区综合处于低得分和较低得分的第四和第三梯队的（省、市自治区）数量占据了绝对比例，处于高得分的第一梯队的地区个数占比甚小。随着各地区在水规制制度类型和强度大小选择上的差异性，不同类型的水规制强度空间分布格局的发展表现出了差异性特征。水量规制制度的发展历程呈现出干旱缺水地区早于水量丰富地区，东部沿海地区强于中西部地区，由四周向中间地带推进的特点；水质规制强度明显具有黄河以南地区的水质规制强度普遍高于黄河以北地区的特点，且水质规制强度空间格局的两极化特征未有显著改善，金字塔式现象依旧明显。水规制强度的空间分布呈现出显著的空间集聚特征和明显的空间路径依赖性，表现为正向的空间自相关性和地区间空间关系的稳定性。三类水规制强度指数的历年全局莫兰指数从空间异质性逐渐转变为显著的正向空间相关关系。其次，水规制强度存在空间溢出性，政府的水规制政策具有扩散效应：本地区的节水减排效应不仅受到本地区水规制强度的影响，还受到“邻居”地区水规制强度的影响。在水规制强度节水减排效应的空间面板杜宾模型中分别引入三类水规制强度的空间滞后项，通过三类水规制强度空间滞后项发现了水规制强度自身的空间正向溢出性。通过学习、竞争、模仿等各种机制的作用，不同地区政府间在水规制政策的制定使用上相互影响，因而产生了水规制政策的扩散，带来了水规制强度指数的正向空间外溢性特征。第三水规制能够产生显著的节水效应和减排效应，不同类型水规制制度所产生的节水效应和减排效应强弱存在明显差异，水质规制制度强度在废水减排上的直接作用和空间溢出性均具有专属性。空间范式下，水质规制强度指数在本地区减排效应的提升和“邻居”地区减排效应的提升上均表现出了显著稳健的影响，而水量规制强度指数对废水减排的影响并不显著。这意味着减排效应下水质过最后强度具有专属性特征，即针对废水减排而言水质类型的制度规制效果更为有效。

因此，完善中国水制度的对策建议是：第一，缩小水规制强度的地区差异。水资源呈现出的流动性使得水生态环境系统具有关联性和整体性，无法清晰地划分其边界。水生态环境系统的整体性以及水污染呈现出的空间扩散性不是行政边界可以阻隔的，因此要求我国在水规制强度的建设上也应保持一致性。改善水生态环境不仅需要加强本地区的水规制强度，同时也要提高其他地区的水规制强度，缩小地区间的差距。在缩小地区间水规制强度差异的同时应结合本地区水环境污染程度和现有水规制制度的特点对水规制强度进行动态调整。第二，水量制度与水质制度建设并举。水质和水量本身就是相辅相成不可分割的，单一的水量制度或水质制度在解决以水资源短缺、水污染严重和水生态恶化的不同问题上各有用处，但提升我国的水生态文明需要依靠水量和水质制度建设的双管齐下。但值得指出的是，我国水量规制强度和水质规制强度的建设在时间和空间上表现出各自不同的特点。在水量规制强度上得分高的地区其水质规制强度得分并不高，如北京 2014 年年底的水量制度强度和水质制度强度分别是 3. 24 和 0. 25，山西分别是 0. 50 和 2. 92。各地区在水规制强度的建设上要因地而异、因时而异。第三，加强水规制建设上的相互学习。一方面，规制制度通过影响本地区的水生态环境进而影响其他地区的水生态环境；另一方面，通过学习、竞争、模仿等机制，本地区的水规制强度会受到其他地区水规制强度建设的影响，进而对本地区的水生态环境产生影响。因此，可通过加强地区间在制度建设上的交流和学习以增强其空间外溢性、扩大制度绩效、提高水生态环境的整体水平。

第三篇　案例分析篇

——水资源有偿使用和生态补偿制度的经验及问题研究

案例分析是在事件发展的过程中对动态情形下的策略研究，其内涵是解释为什么要采用这种方式作出决策、怎样执行方案、执行结果如何。同时，这样的研究方法是通过比较导致个人、团体或机构之间差异的决定因素，并揭示这种差异性的内在机制。

案例研究的方法可以是单个案例也可以是多个案例。通常运用的方式有实地调研、问卷调查发放、资料搜集等。根据不同的研究目的及实现结果期望，梳理基本事实、提出假说、搭建理论框架，然后运用典型的案例作为论证内容，通过具体的分析和比较，深入了解运行机制。在缺乏系统性和针对性数据时，案例分析是通过现象了解本质的有效研究方法。

案例选择是运用案例构建理论的重要环节，合理选取样本能够有效揭示现象背后制度体系的变化，得出一般性的理论及适用对象，而选择方式一般采用理论抽样法和典型案例法。而本篇关于水资源有偿使用和生态补偿制度的地方经验及问题研究中案例选取的方式主要是典型案例法。

上海作为长三角流域经济发达的地区，水质性缺水问题突出，水资源供求矛盾凸显；新安江流域横跨安徽和浙江两省，即将作为水源的以Ⅰ类水体著称的千岛湖置身其中，跨界流域水质治理难度较大；太湖流域作为人口密度高、GDP产出高、水污染问题较为突出的地区，也是全国第一个施行水污染权交易制度的试点流域。因此，本篇从水资源定价、水生态补偿、水环境容量配置三个视角，分别选取上海水价制度、新安江流域水生态补偿制度以及环太湖流域水污染权交易制度进行案例分析，梳理长江三角洲水资源有偿使用和生态补偿制度的实施现状、存在问题及优化路径，以促进水生态保护、水资源节约、水环境治理。

本篇的主要研究方法及内容有：第一，从上海市水资源需求与水资源供给矛盾出发，论证了合理的水价构成与水价对用水量的影响，在此基础上计算出上海市合理的水价，最后对进一步优化水价提出了对策建议。第二，回顾新安江流域从冲突到合作的演变历程，进而从理论上分析了制度设计在跨界流域生态补偿中的作用，运用新安江的案例实证分析了制度实施的绩效，最后提出了建立以市场导向为主跨界流域生态补偿的耦合制度模型。第三，通过对环太湖流域水污染权交易制度在浙江省嘉兴市和湖州市、江苏省苏锡常地区以及上海实践的地方经验，从制度设计、产权交易、信息披露、制度效率等四个方面进行比较分析，揭示制度运行绩效的内在机制，最后提出建立太湖流域统一的排污权交易市场等政策建议。

第十三章　上海市居民用水定价制度的案例分析

改革开放以来，随着经济的快速发展及人口的急速增长，上海市用水需求量呈现快速增长的趋势。与此伴随的水污染的加剧进一步加大了对优质水资源的需求。在供给方面，优质水资源供给短缺，上海市不仅被列为了全国水质型缺水城市，也是联合国预测21世纪饮用水匮乏的城市，水质型缺水是上海面临的主要资源问题。优质水需求的快速上升与水供给的相对不足造成了极大矛盾，而水需求与水供给矛盾产生的一个重要原因就是水价未能反映水资源的稀缺程度。因此，本章就上海市水资源需求与供给的现状出发，阐明上海市水资源需求与供给的矛盾，以此分析上海水价的合理构成、水价对水需求的影响及阶梯水价的节水效应，并在此基础上计算出上海市的合理水价，最后进一步提出调整水价、优化水资源管理制度的政策性建议。

第一节　案例描述：上海市水资源低质供给与居民高质需求的冲突

上海市地处长江三角洲地区东部，太湖流域下游，与江苏、浙江两省接壤，地区总面积为6340.5平方公里。上海市水网密集、河流纵横交错，拥有河道33127条，湖泊26个，河面率为10.1%，其中主要河道有黄浦江及其支流苏州河、川扬河等，主要湖泊有淀山湖、滴水湖等；河道总长度为24915平方公里，河网密度为3.93公里/平方公里，总面积为569.6平方公里，湖泊总面积为73.1平方公里。[①]

① 数据来源：上海市水务局。

2014年，上海生产总值达23567.70亿元，为全国生产总值的3.72%，城镇居民人均可支配收入达47710元，为全国平均值的1.62倍，三次产业比为0.5∶34.7∶64.8，1998—2014年，常住人口从1527万人增长到2425.68万人，城镇居民人均可支配收入从8773元增长到47710元。[①] 据预测，至2030年上海市常住人口将达到2856万人，而人口的持续增长必然直接导致水资源需求缺口的增大。[②] 此外，伴随着经济的持续增长，人均可支配收入的增加，居民对水质的要求亦将不断提高。

一、上海市水资源需求仍居高位

由图13-1可知，上海市用水量在1998—2010年总体呈增长趋势，但在2010年达到最高值126.29亿吨后开始下降，2014年降到最低值78.77亿吨。如图13-2所示，上海市工业用水、农业用水、居民生活用水和公共用水占总用水量的比例分别为72.56%、14.12%、6.29%和7.03%。与2010年相比，工业用水量在2014年占比大幅下降，生活用水占比上升，四部分用水占比分别为49.57%、18.50%、16.19%和15.74%。[③] 就各部分用水量说明如下：

工业用水量与总用水量的变动趋势大体一致，1998—2014年工业用水量在2010年达到最高值84.84亿吨后开始下降，2014年工业用水量为39.05亿吨。如图13-3所示，农业用水量的最大值出现在1998年，为23.7亿吨；在1998—2002年，农业用水量一直下降至11.98亿吨；2002—2004年有所增加；2005—2014年出现小幅波动，总体保持下降趋势，平均为17亿吨。[④]

然而与工业用水下降的趋势相反，居民生活用水量持续上升，从2000

① 数据来源：上海市统计局发布的上海市2014年统计年鉴，国家统计局发布的2014年中国统计年鉴。

② 东方网：《上海人口发展趋势报告预测》，2014年10月13日，见 http://news.163.com/14/1013/08/A8E3QOGC00014AEE.html。

③ 上海市水务局：《1998—2014年水资源公报》，1998—2014年，见 http://222.66.79.122/BMXX/default.htm?GroupName=水资源公报。

④ 上海市水务局：《1998—2014年水资源公报》，1998—2014年，见 http://222.66.79.122/BMXX/default.htm?GroupName=水资源公报。

年的 6. 82 亿吨上升到 2014 年的 12. 75 亿吨，增长幅度 90%。居民生活用水量在用水总量中的占比也逐渐增加，由图 13-2 所示，占比从 2000 年的 6. 3%上升到 2014 年的 16. 2%，增长 10 个百分点。而城市公共用水量也呈

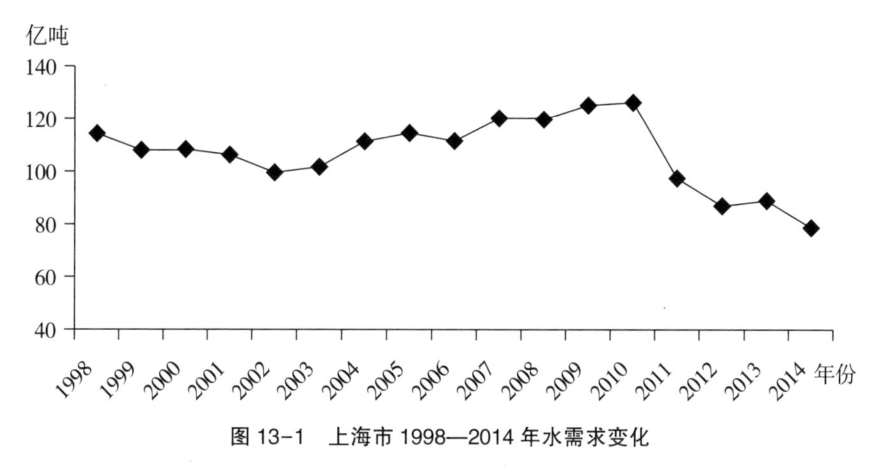

图 13-1　上海市 1998—2014 年水需求变化

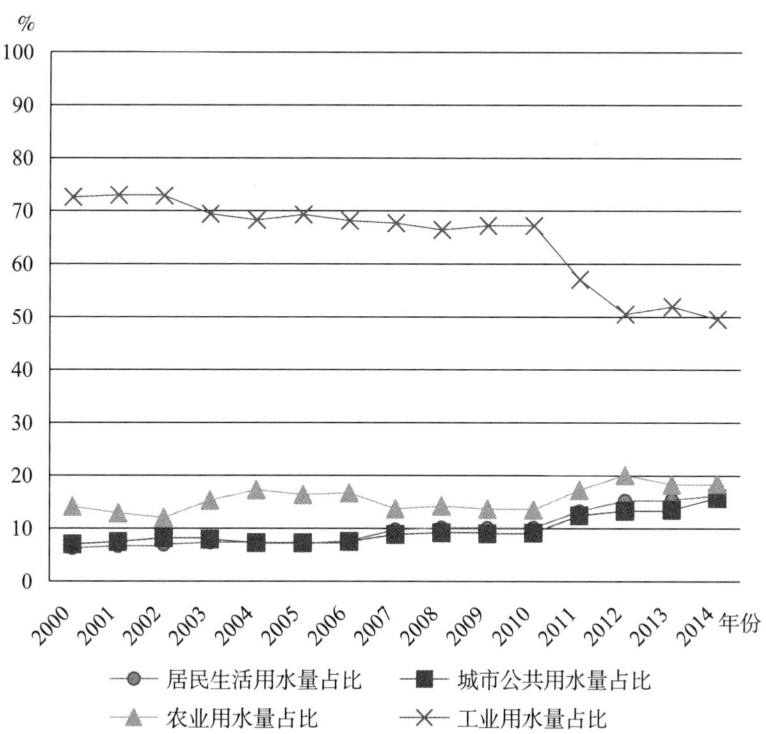

图 13-2　上海市 2000—2014 年各部分用水占总用水量百分比

逐年上升趋势，由 2000 年 7.61 亿吨上升至 2014 年 12.4 亿吨，增长 60%。①

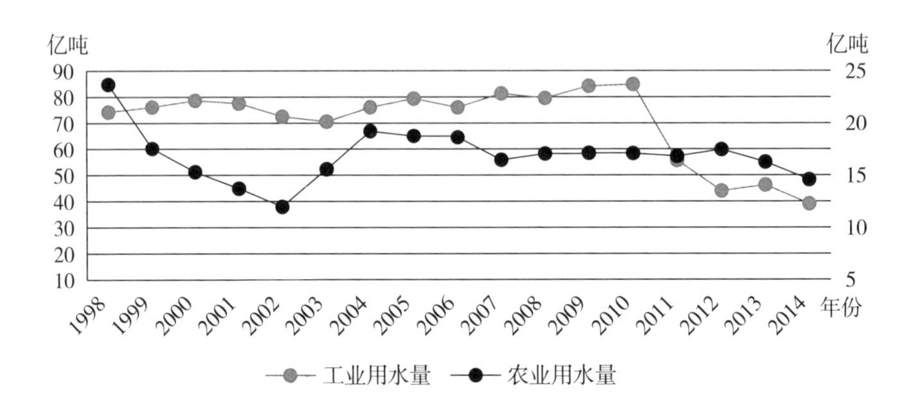

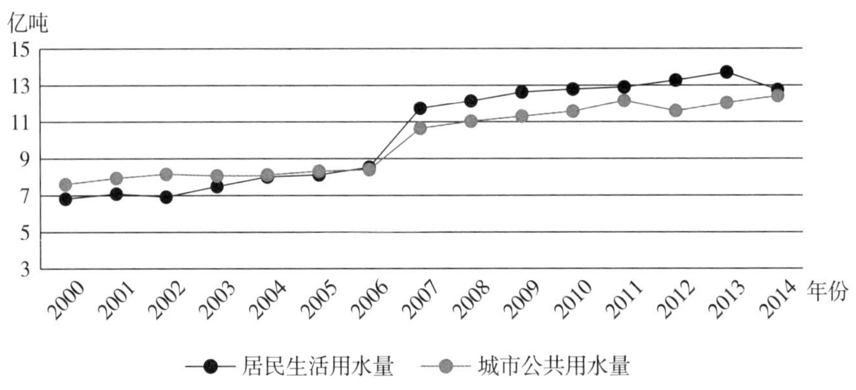

图 13-3 1998—2014 年上海市各部分用水量变化情况

注：工业用水＝火电工业用水+一般工业用水。

二、上海市呈现明显的水质型缺水特征

（一）水资源以过境水资源为主的自然资源条件

由表 13-1 可知，上海市水资源量包括本区域水资源量和过境水资源

① 上海市水务局：《1998—2014 年水资源公报》，1998—2014 年，见 http://222.66.79.122/BMXX/default.htm?GroupName＝水资源公报。

量这两部分，其中过境水资源量占比高达98%，而本地水资源量仅占2%。而本地水资源量又包括地表径流量和地下水控制可开采量，这两部分占水资源总量的比重较低，分别为0.32%与0.01%，过境水资源量包括太湖流域来水量和长江干流过境水量，占水资源总量的比例分别为1.54%与98.14%。①

表13-1　上海市2000—2013年水资源量

单位：亿立方米

年份	水资源数量	地表径流量	地下水控制可开采量	本地合计水资源量	太湖流域来水量	长江干流来水量	过境合计水资源量
2000	9465.76	30.14	1.42	31.56	99.20	9335.00	9434.20
2001	9518.70	42.28	1.42	43.70	140.00	9335.00	9475.00
2002	9549.29	46.07	1.42	47.49	166.80	9335.00	9501.80
2003	9471.82	15.12	—	15.12	121.70	9335.00	9456.70
2004	9460.52	24.98	1.24	26.22	99.30	9335.00	9434.30
2005	9161.01	24.47	1.24	25.71	116.30	9019.00	9135.30
2006	7666.72	27.64	0.68	28.32	120.40	7518.00	7638.40
2007	7907.51	27.96	0.55	28.51	145.00	7734.00	7879.00
2008	8565.36	29.99	0.37	30.36	154.00	8381.00	8535.00
2009	8062.88	30.60	0.28	30.88	151.00	7881.00	8032.00
2010	10619.07	30.87	0.20	31.07	148.00	10440.00	10588.00
2011	7283.71	16.23	0.18	16.41	140.30	7127.00	7267.30
2012	10564.90	27.35	0.15	27.5	167.40	10370.00	10537.40
2013	8069.28	22.77	0.11	22.88	162.40	7884.00	8046.40
均值	8954.75	28.32	0.77	29.09	137.99	8787.79	8925.77

注：水资源可分为地表水资源和地下水资源，其中地表水资源指的是在江河、湖泊、沼泽等水体中的水资源，而地下水资源指的是存储于地面以下饱和岩土孔隙、裂隙以及溶洞中的水资源。“—”表示数据不可得。

① 数据来源：上海市水务局：《1998—2014年水资源公报》，1998—2014年，见http://222.66.79.122/BMXX/default.htm?GroupName=水资源公报。

（二）水环境质量普遍超过标准

上海市陆域河道水环境总体超过环境质量标准。[①] 其中，黄浦江上游水源水质基本上是Ⅲ类，中下游水质接近Ⅳ至Ⅴ类，作为过境水资源的长江水质虽然在Ⅰ—Ⅱ类之间，但受咸潮入侵的影响，水质状况也很不理想。苏州河和蕰藻浜、淀浦河全河段水质劣于Ⅴ类，市区河道和近郊河道黑臭现象时有发生。但是，随着苏州河治理和城市污水系统的截污外排，上海市的水体环境治理成效初现。

通过对黄浦江、苏州河、太浦河等16条骨干河道进行水质评价可得结果如表13-2所示。其中，主要河道水质主要为Ⅲ类—劣Ⅴ类，自2000年以来主要河流水环境逐年变好，Ⅲ类及以上水质占比从2000年的6.80%上升至2014年的42.19%，但2014年Ⅴ类以及劣Ⅴ类水质仍占42.51%。此外，中心骨干河道水质常年来属于Ⅴ类—劣Ⅴ类水质，淀山湖湖区水质富营养化，全年水质均属劣Ⅴ类水质，其中总氮、化学需氧量、氨氮超标。

表13-2 上海市2000—2014年主要骨干河道水质状况[②]

单位：公里

水质 年份	评价河长	III类及以上	IV类	V类	劣V类
2000	478.4	32.5	197.8	113.0	135.1
2001	474.6	37.1	182.6	180.3	74.6
2002	592.4	59.4	147.9	84.9	300.2
2003	590.7	77.3	169.9	106.2	237.3
2004	590.7	77.3	101.8	96.3	315.3
2005	612.9	85.6	108.5	136.3	282.6
2006	617.9	77.3	108.0	88.7	343.9

① 《地表水环境质量标准GB3838-2002》依据地面水水域使用目的和保护目标将水质划分为五类。

② 数据来源：上海市水务局：《1998—2014年水资源公报》，1998—2014年，见http://222.66.79.122/BMXX/default.htm?GroupName=水资源公报。

续表

年份＼水质	评价河长	Ⅲ类及以上	Ⅳ类	Ⅴ类	劣Ⅴ类
2007	617.9	77.3	110.2	79.9	350.5
2008	719.8	187.5	106.8	159.1	266.4
2009	719.8	206.7	195.9	61.2	256.0
2010	719.8	169.3	205.6	98.9	246.0
2011	719.8	211.9	229.1	49.3	229.5
2012	719.8	202.5	159.3	89.4	268.6
2013	719.8	210.6	170.6	63.1	275.6
2014	719.8	303.7	110.1	70.5	235.5

注：2000 年与 2001 年根据上海市 10 条骨干河道进行评价，2002—2014 年根据上海市 16 条骨干河道进行评价。

（三）水源地建设缓解缺水状况

上海市水源地随水环境质量的不断恶化历经变迁，19 世纪初水源地为苏州河，新中国成立后迁往黄浦江中下游江段，20 世纪 80 年代移至黄浦江上游的临江河段，1994 年取水口又进一步上移至黄浦江上游的松浦大桥河段。

根据图 13-4 中显示的上海供水格局分布的调整可知，上海的饮用水源地随水环境变化而逐步转移，起初由苏州河转移至黄浦江下游水，受污染后变为黄浦江中游，转移至黄浦江中游后水源地又上移至黄浦江上游、长江口，最后形成集中型水源地与分散型水源地并存的分布格局。

上海市拥有四大水源地，分别为黄浦江上游水源地、陈行水库、青草沙水库以及东风西沙水库。黄浦江上游水源地供水规划为 410 万立方米/天，陈行水库供水规划为 206 万立方米/天，青草沙水源地供水规划 719 万立方米/天，东风西沙水库供水规划为 40 万立方米/天，四大水源地供水规划分别占比为 29.82%、14.98%、52.29%和 2.91%。四大水源地是随着社会经济的发展、人口增长、水资源状况逐步建设。

黄浦江上游水源地于 1987 年开始第一期原水供应，1997 年开始第二期原水供应，第一、第二期的取水口分别设在黄浦江临江段和黄浦江上游松浦大桥。陈行水库于1996年完工，处于长江口南支南港河段，上游紧靠小川沙河，下游毗邻宝钢水库，围库面积130公顷，总库容为950万立方米。2011年6月，青草沙水源地原水工程全面建成通水，青草沙水源地的通水改变了上海市中心城区的原水供应主要依赖黄浦上游水源地的状况。青草沙水库面积约70平方公里，有效库容为4.35亿立方米，青草沙水源地的供水占上海原水供应总规模的50%以上，受水水厂16座，受益人口达1300万人。东风西沙水库于2014年1月正式通水，地处崇明岛西南部、长江口南支上段的北侧，供应崇明岛70万居民，总库容为976.2万立方米，有效库容为890.2万立方米。

上海市西南五个行政区——青浦区、松江区、金山区、闵行区以及奉贤区各自从黄浦江干流、支流水域就地就近取水，“一区一点”的原水供应和分散化取水格局明显，这种分散化的取水方式将会导致由于突发性水污染等事故而对水质和水的供给产生影响。对于开放的黄浦江上游水源地的供水遭受污染物的排放、上游来水的水质不佳以及临时性偶发情况的威胁，上海市提出了“两江并举，多元互补”的供水发展战略。2013年10月上海市批复了《黄浦江上游水源地规划》，要求将上海市西南五个行政区的取水口在太浦河金泽水库和松浦取水口进行合并。黄浦江上游水源地原水工程于2015年第23届“世界水日”开工建设，并计划在2016年年底正式通水，工程完工通水之后，上海市西南地区将从水质较好的太浦河中

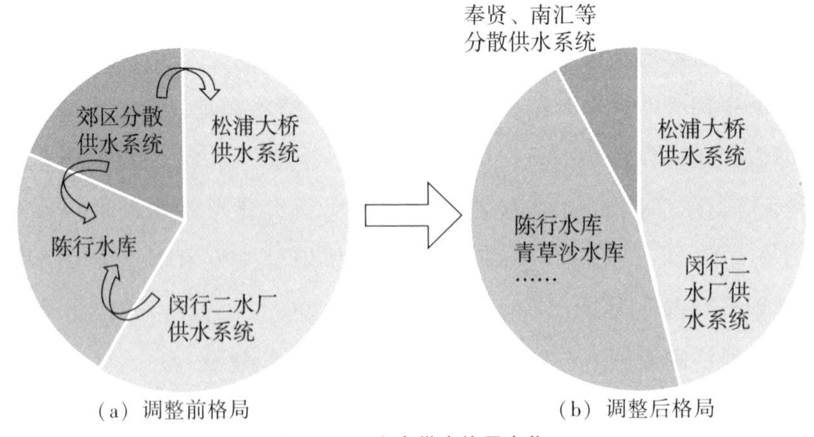

（a）调整前格局　　（b）调整后格局

图13-4　上海供水格局变化

取水，这不仅可以提高居民饮用水水质，还能够增强区域供水安全、保障优质水的供给能力。

表 13-3　上海市 2014 年四大水源地主要原水工程取水情况

水源地名称	取水单位	取水能力（万吨/日）	取水总量（亿吨）
长江口青草沙水源地	城投原水公司	731	184387
长江口陈行水源地	城投原水公司	206	42293
黄浦江上游水源地	城投原水公司	500	
	市自来水南公司	90	25009
	市自来水奉贤公司	55	13475
	松江区	46	14773
	金山区	40	10961
	青浦区	50	12978
东风西沙水源地	崇明县	21.5	1607
总计		1739.5	305483

（四）供水企业和供水能力分析

上海市自来水公司于 1999 年 11 月进行重组，组建了上海自来水市南、市北等 4 家市级自来水公司以及成立松江、青浦等 6 家区级自来水公司，10 家自来水公司中，合资企业有 3 家，其余为国有独资企业。从表 13-4 中可知，市属自来水公司供水能力占总供水能力的 74%，服务人口占总服务人口的 70%，服务面积占总面积的 37%。

表 13-4　上海市自来水公司供水能力等情况①

自来水公司	服务范围	是否合资企业	服务人口（万人）	服务面积（平方公里）	供水能力（万吨/日）
市北自来水公司	苏州河以北的虹口、杨浦、闸北、普陀、宝山五区和嘉定部分区域	否	423	507	306

① 资料来源：上海市水务局：《1998—2014 年水资源公报》，1998—2014 年，见 http://222.66.79.122/BMXX/default.htm?GroupName=水资源公报。

续表

自来水公司	服务范围	是否合资企业	服务人口（万人）	服务面积（平方公里）	供水能力（万吨/日）
市南自来水公司	苏州河以南黄浦江以西的上海中心城区以及部分乡镇，包括黄埔、静安、卢湾、长宁、徐汇五区普陀区苏州河以南的小部分，闵行区北部的华漕镇，青浦区东部的徐泾镇、华新镇	否	320	312	258
浦东威立雅自来水公司	浦东新区北部地区，东起长江，西至黄浦江，北为凌桥三岔港，南到外环线、迎宾大道包括浦东国际机场以及闵行区浦江镇	是	400	670	160
闵行自来水公司	东、南至黄浦江，北东到沪青平公路的淀浦河，西至泗泾、九亭、新桥	否	140	265	100
青浦自来水公司	水源取自太浦河，服务范围除了徐泾镇、华新镇外的所有青浦区街镇	否	90	590	50
南汇自水公司	浦东新区南部区域	否	119	830	48
嘉定自来水公司	嘉定大部分区域	否	108.9	392.89	57
金山自来水公司	供水区域北至龙号路，南至海滨路，西至卫九路，山阳镇九龙村	否	25	55	10
奉贤自来水公司	服务范围为奉贤全区	否	106	611	45
松江自来水公司	松江中心城区、松江工业区、松江大学城以及周边接到城镇	否	80	80	26

续表

自来水公司	服务范围	是否合资企业	服务人口（万人）	服务面积（平方公里）	供水能力（万吨/日）
松江东部自来水有限公司	松江东部地区居民和企业，主要是车墩镇	是	20	45.79	20
松江西部自来水有限公司	佘山、洞泾、小昆山、石湖荡等地区	是	20	400	20
总计			1851.9	4758.68	1108

由图 13-5 可知，上海市供水能力总体呈增长趋势，从 1978 年的 320 万吨/日增长到 2014 年的 1137 万吨/日，增长 255%。20 世纪 90 年代中后期，呈现阶梯状增长，从 1994 年的 528 亿吨增长到 1998 年的 1019 亿吨，年增长率达到 17.87%，之后保持相对稳定。

与供水能力趋势相一致，1978—2014 年上海市企业供水量稳步增长，由 9.72 亿吨增长到 31.73 亿吨，增长 226%。较大增长的区段发生在 1994 年到 1995 年、2002 年到 2007 年，增长率分别为 35.65% 和 5.64%，自 2008 年开始供水量保持相对平稳。

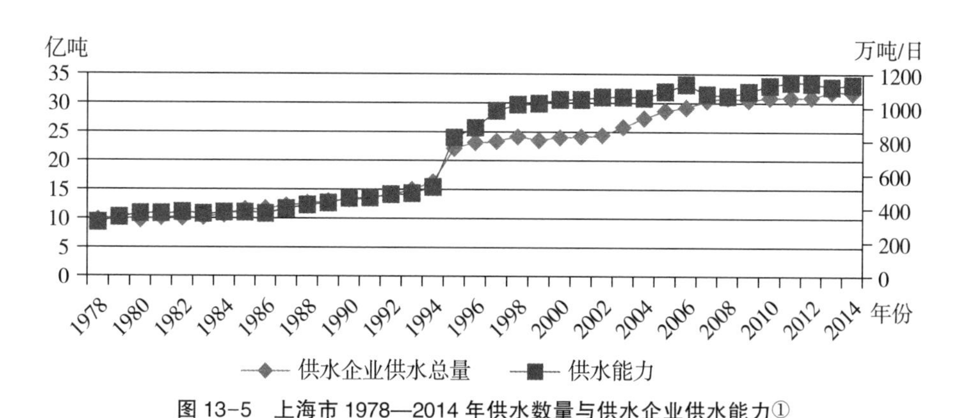

图 13-5 上海市 1978—2014 年供水数量与供水企业供水能力①

① 资料来源：1978—2014 年上海市统计年鉴，第十二篇城市建设，主要年份自来水供应情况。

三、上海市水资源供求矛盾凸显

（一）水资源供求数量矛盾加剧

根据表13-1，从水资源总量组成结构来看，本地水资源量占比仅2%，上海的水资源需求主要依赖于过境水，过境水资源虽丰富，但清洁水源严重不足。2014年，上海市人均水资源数量仅为194.8立方米，远低于国际公认的人均500立方米的“极度缺水标准”。①

而随着生活水平的增长，耗水电器的普及，上海市居民生活用水量持续上升，2000年居民生活用水量为6.82亿吨，2014年居民生活用水量为12.75亿吨，年增长率为4.6%，而2000—2014年供水总量增长7.73亿吨，年增长率仅为2.0%。水需求增长幅度远大于水供给增长幅度。与此同时，上海市居民收入的提高、人口数量的上升以及居民对生活质量要求的提高，上海市居民生活用水还将继续增长，水需求与供给的矛盾将进一步加剧。

（二）水资源质量的供求矛盾突出

自1980年开始，黄浦江中下游段水污染日益严重，为了改善居民用水水质，于1987年兴建黄浦江上游引水工程，1997年12月全部竣工通水。20世纪90年代，上海开辟了第二水源地，兴建陈行水库，从长江引水。黄浦江的严重污染导致取水口不断上移至上游，为进一步提高城市供水水质，保证城市供水安全，上海在长江口又兴建青草沙水源地。

受污染排放的影响，黄浦江上游水质受影响；同时，不断增加的取水量，进一步减少水体的环境容量，加重水环境的污染。而开放性河道中船舶危险化学品泄漏、溢油等事件，严重威胁黄浦江的水生态安全（如2013年黄浦江上游支流遭遇违法倾倒油性废弃物事件以及黄浦江死猪事件等）。其他上游地区的水环境污染，又加重上海的水环境压力（如2006年太湖

① “极度缺水标准”来自中国水网：《我国人均水资源量仅为世界人均水平1/4》，2014年11月21日，见http://www.h2o-china.com/news/217160.html。人均水资源拥有量来自国家统计局：《2014年中国统计年鉴》，见http://www.stats.gov.cn/tjsj/ndsj/2015/indexch.htm。

流域蓝藻暴发)。尽管建造了青草沙水库，从长江取水，但是青草沙水库库容的限制，使得工程措施对保质供水的作用有限，此外，如果遇到枯水期，青草沙水库的水质将变得更加糟糕。

随着城市经济的不断发展，居民对生活质量要求也在不断提升，而水作为居民生存与保障身体健康的基本品，对其质与量要求越来越高。尽管上海市加快水源地的建设、河道的综合整治、区域的集中清拆，水源地水质逐渐改善，水环境逐步改观，但由于上游来水、本地排污，再加上管理不足造成的供水事故频发。居民对优质水的需求得不到足够保障，不断增长的用水质量要求与供水低质的矛盾突出，成为影响人民身体健康与区域社会稳定的潜在诱因。

四、上海水价偏低，不利于水资源配置

(一) 上海市水价调整周期长

上海市 2013 年 8 月开始实行居民阶梯水价制度，第一阶梯综合水价为 3.45 元/立方米，其中自来水价格为 1.92 元/立方米，排水价格为 1.70 元/立方米；第二阶梯综合水价为 4.83 元/立方米，其中自来水价格为 3.30 元/立方米，排水价格为 1.70 元/立方米；第三阶梯综合水价为 5.83 元/立方米，其中自来水价格为 4.30 元/立方米，排水价格为 1.70 元/立方米。当用水量低于 220 立方米时，执行第一阶梯水价；用水量大于 220 立方米、小于 300 立方米时执行第二阶梯水价；用水量大于 300 立方米时，执行第三阶梯水价。

表 13-5　上海市阶梯水价情况

分档	户年用水量（立方米）	自来水价格（元/立方米）	排水价格（元/立方米）	综合水价（元/立方米）
第一阶梯	0—220（含）	1.92	1.70	3.45
第二阶梯	220—300（含）	3.30	1.70	4.83
第三阶梯	300 以上	4.30	1.70	5.83

由表 13-6 可知，上海市居民水价小幅增长，以 2000 年可比价格，从 2000 年的 1.43 元增长到 2014 年的 3.08 元。但水价调整周期较长，仅在 2001 年、2002 年、2008 年和 2013 年水价调整过，其中供水价格自 2001 年调整之后 8 年没有调整，综合水价在 2005—2008 年也没有变动。

表 13-6 上海市 2000—2014 年居民用水价格及其调整

单位：元/立方米

年份	居民综合用水价格	居民水价（2000 价年为基准）	供水价格调整		排水价格调整	
			前	后	前	后
2000	1.43	1.43	*	*	0.45	0.70
2001	1.59	1.61	0.88	1.03	*	*
2002	1.73	1.78	*	*	*	*
2003	1.73	1.80	*	*	*	*
2004	1.79	1.85	*	*	0.70	0.90
2005	1.84	1.90	*	*	*	*
2006	1.84	1.90	*	*	*	*
2007	1.84	1.86	*	*	*	*
2008	1.84	1.75	*	*	*	*
2009	2.07	1.99	1.03	1.33	0.90	1.09
2010	2.80	2.64	1.33	1.63	1.09	1.30
2011	2.80	2.55	*	*	*	*
2012	2.80	2.52	*	*	*	*
2013	3.07	2.74	1.63	1.92	1.30	1.70
2014	3.45	3.08	*	*	*	*

注：应缴纳排水费=用水量×征收标准×0.9，居民综合水价经过月份进行加权，如：2013 年水价采用 2013 年居民加权平均水价，2013 年 8 月调整居民用水价格，第一阶梯为 3.45 元/立方米，此前为 2.80 元/立方米，所以 2013 年加权平均水价为 3.07 元/立方米；2009 年 7 月调整水价，由 1.84 元/立方米上涨至 2.30 元/立方米，加权平均水价为 2.07 元/立方米；2000 年 8 月调整排水费，由 0.45 元/立方米调整到 0.7 元/立方米；所以 2000 年的平均排水费为 0.55 元/立方米，2000 年供水价格为 0.88 元/立方米，得出上海市 2000 年水价为 1.43 元/立方米。* 表示供水价格与排水费前后没有变动。

（二）水费支出占比低，节水效应不足

水是居民生活必不可少的物质，水费支出占可支配收入的比例如果过低就会导致浪费水资源、水资源使用效率不够高，水价不能起到节水的作用；水费支出占可支配收入的比例过高的话，就会给居民生活造成负担，使居民生活水平下降。而根据国际平均标准，水费支出占可支配收入的比例应该为2%—5%。①

由表13-7中可知，上海市2014年水价是2000年的2.41倍，2014年人均可支配收入是2000年的4.07倍。若除去物价水平的影响，2014年水价是2000年的2.15倍，而2014年人均可支配收入是2000年的3.64倍。

从图13-6可以看出，上海市实际人均可支配收入的上升幅度大于实际水价的上涨幅度，2000—2014年实际人均可支配收入年增长率为9.7%，而实际水价的年增长幅度仅为5.6%，水价的增长幅度落后于人均可支配收入的增长幅度，居民水费支出在居民可支配收入中的占比逐年偏低。

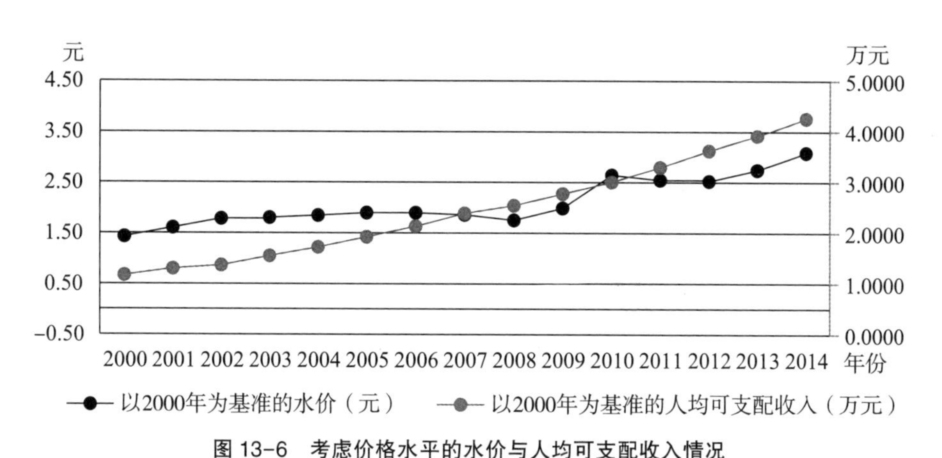

图13-6　考虑价格水平的水价与人均可支配收入情况

根据表13-6中，2000—2013年上海市居民水费支出占可支配收入的比重一直低于1%的水平，水费支出占可支配收入比例从2001年的

① 朱晓林：《自来水业价格规制改革中存在问题与对策》，《辽宁科技大学学报》2008年第3期。

0. 64%，降低到 2012 年的 0. 35%，水费支出在居民可支配收入中的占比远低于 2. 5%的标准比重。并且由表 13-8 可得，上海市居民水费支出占比低于江苏省和浙江省。因此，从居民水费支出占居民可支配收入的比重上看，上海市水价偏低，导致居民水费支出偏低，从而造成居民节水效应不足。

表 13-7　上海市名义水价、实际水价、用水量与人均可支配收入情况

年份	水价(元)	人均可支配收入(万元)	实际水价(元)	实际人均可支配收入(万元)	人均年生活用水量(立方米)	人均水费支出(元)	水费支出占可支配收入的比例(%)
2000	1. 43	1. 1718	1. 43	1. 1718	53. 30	72. 00	0. 61
2001	1. 59	1. 2883	1. 61	1. 3013	51. 30	82. 00	0. 64
2002	1. 73	1. 3250	1. 78	1. 3660	49. 10	80. 00	0. 60
2003	1. 73	1. 4876	1. 80	1. 5496	49. 40	80. 00	0. 54
2004	1. 79	1. 6683	1. 85	1. 7199	52. 70	88. 00	0. 53
2005	1. 84	1. 8645	1. 90	1. 9222	53. 00	94. 00	0. 50
2006	1. 84	2. 0668	1. 90	2. 1307	51. 70	93. 00	0. 45
2007	1. 84	2. 3623	1. 86	2. 3862	55. 20	100. 00	0. 42
2008	1. 84	2. 6675	1. 75	2. 5405	54. 70	101. 00	0. 38
2009	2. 07	2. 8838	1. 99	2. 7729	53. 70	107. 00	0. 37
2010	2. 80	3. 1838	2. 64	3. 0036	52. 20	119. 00	0. 37
2011	2. 80	3. 6230	2. 55	3. 2936	49. 70	135. 00	0. 37
2012	2. 80	4. 0188	2. 52	3. 6205	50. 90	141. 00	0. 35
2013	3. 07	4. 3851	2. 74	3. 9153	56. 30	157. 00	0. 36
2014	3. 45	4. 7710	3. 08	4. 2598	52. 40	—	—

注：上海市 2014 年统计年鉴没有公布居民水费支出，“—”表示数据缺失。

表 13-8　2010—2013 年沪苏浙居民水费支出占可支配收入比重的比较

城市/省份　比重　年份	2010	2011	2012	2013
上海市	0.37%	0.37%	0.35%	0.36%
浙江省	0.40%	0.37%	0.35%	0.53%
江苏省	0.47%	0.39%	0.40%	0.38%

（三）上海阶梯水价用水量上限偏高，阶梯水价比例偏低

上海与浙江省、江苏省，同属于长江三角洲地区，是我国经济发展速度最快、经济总量规模最大的经济板块。由图 13-7 可知，三个地区中，上海人均 GDP 居于首位，2005—2014 年人均 GDP 持续高于浙江省和江苏省，而上海市人均水资源数量却远低于浙江省和江苏省，水资源对上海市居民来说是稀缺性资源。

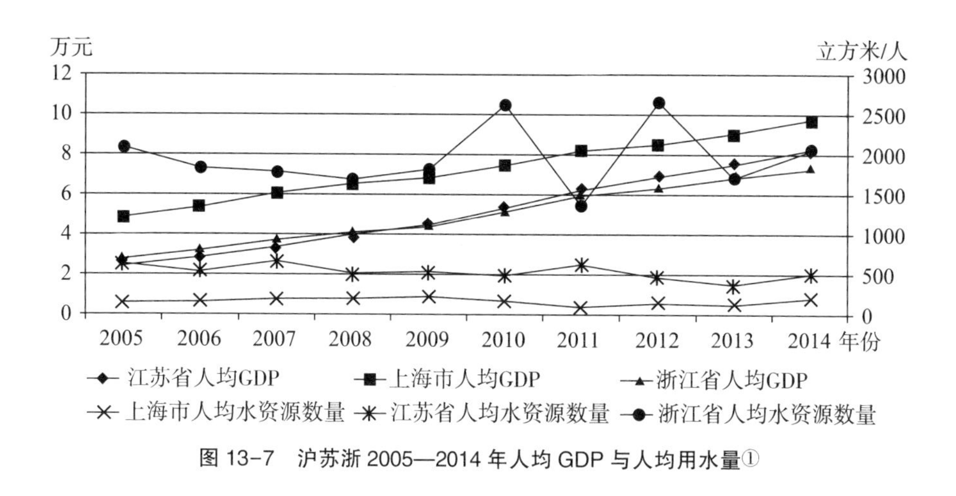

图 13-7　沪苏浙 2005—2014 年人均 GDP 与人均用水量①

由表 13-9 可以知道，上海、江苏和浙江三个地区 25 个城市共有 19 个城市实施了阶梯水价。第一阶梯水价平均值为 2.87 元/吨，其中无锡市最高，为 3.90 元；上海市排在第二位，为 3.45 元；衢州市最低，为 1.80

① 资料来源：人均 GDP 数据根据上海市、浙江省和江苏省 2005—2014 年统计年鉴计算整理得出，人均水资源数量来自 2005—2014 年中国统计年鉴，第八篇资源与环境。

元。第二阶梯水价平均值为 4.00 元/吨，宁波市最高，为 5.12 元/吨；其次为无锡市；上海市排在第三位，为 4.83 元/吨；南通市最低，仅为 3.26 元/吨。第三阶梯水价平均值为 5.55 元/吨，浙江省台州市第三阶梯水价最高，为 8.70 元/吨；其次为无锡市；上海仅排在第八位；南通市最低，为 3.92 元/吨。

上海市居民三阶梯水价的比例为 1∶1.40∶1.69，阶梯水价差距不大，宁波市第一、第二阶梯水价差距最大，比例达 1∶1.60；其次为江苏省徐州市，二者之比为 1∶1.50；上海市仅排在第五位，第一、第三阶梯水价之比最大的为浙江省台州市，比为 1∶2.72；上海排在第 11 位，仅为 1∶1.69。

从江、浙、沪三地城市水价的比较可以得出：上海市居民水价总体上高于 19 个城市的平均值，第一阶梯水价在三地处于较高水平，但第二阶梯居民水价处于中等偏上水平，但由于上海市各个阶梯水价之间的差距较小，尤其是第一阶梯与第三阶梯之间的水价在 19 个城市中仅居于第 11 位，因此第三阶梯居民水价在三个地区处于中等水平。

从各个阶梯用水量上限看，第一阶梯用水量上限最低为舟山市，为 108 立方米；最高为台州、绍兴、南京以及连云港，为 240 立方米；上海排在第五位。第二阶梯用水量上限最低为舟山市，为 168 立方米；最高为台州、绍兴、南京以及连云港等 8 市，为 360 立方米；上海排在第十位。上海市第一阶梯用水量上限处于偏高的水平，阶梯水价用水量上限高其实质就相当于水价低，若用水量为 200 立方米，上海市居民的水价为 3.45 元/立方米，而无锡、常州等地居民的用水量已经超过第一阶梯用水量上限，超过用水量上限的部分要执行第二阶梯水价。

上海市 GDP 总量占长三角地区经济总量的比例超过 1/5，人均居民可支配收入位于长三角城市群中第一，人均水资源低于江苏、浙江的情况下，而水价却没有明显高于其他城市，说明上海市水价在配置稀缺优质水资源中还有相当大的上涨空间。

表 13-9　沪、苏、浙地区各市水价情况（截至 2015 年 3 月）①

单位：元/立方米

城市	居民第一阶梯水价	居民第二阶梯水价	居民第三阶梯水价	最近一次调整时间	第一、第二阶梯水量上限	第三阶梯水价之比
上海市	3. 45	4. 83	5. 83	2013. 08	220, 300	1 : 1. 40 : 1. 69
苏州市	3. 20	*	*	2012. 03	*	*
无锡市	3. 90	5. 00	8. 50	2015. 03	180, 300	1 : 1. 28 : 2. 18
常州市	3. 07	3. 78	4. 51	2010. 07	180, 264	1 : 1. 23 : 1. 47
镇江市	3. 05	3. 81	4. 58	2010. 01	190, 280	1 : 1. 25 : 1. 50
南京市	3. 10	3. 81	4. 52	2012. 06	240, 360	1 : 1. 23 : 1. 46
淮安市	2. 80	*	*	2012. 05	*	*
扬州市	3. 00	3. 85	4. 70	2013. 01	192, 288	1 : 1. 28 : 1. 57
泰州市	2. 94	*	*	2013. 05	*	*
南通市	2. 60	3. 26	3. 92	2009. 11	180, 300	1 : 1. 25 : 1. 51
盐城市	2. 50	*	*	2011. 01	*	*
徐州市	2. 97	4. 455	5. 94	2010. 11	216, 324	1 : 1. 50 : 2. 0
连云港市	2. 95	3. 76	4. 57	2013. 01	240, 360	1 : 1. 27 : 1. 55
宿迁市	3. 12	4. 03	6. 76	2014. 07	192, 288	1 : 1. 29 : 2. 17
嘉兴市	2. 50	3. 30	4. 10	2012. 09	204, 360	1 : 1. 32 : 1. 64
湖州市	2. 50	3. 45	4. 40	2014. 04	180, 300	1 : 1. 38 : 1. 76
台州市	3. 20	4. 58	8. 70	2014. 12	240, 360	1 : 1. 43 : 2. 72
宁波市	3. 20	5. 12	6. 80	2010. 07	204, 360	1 : 1. 60 : 2. 13
杭州市	2. 90	3. 85	6. 70	2015. 01	216, 300	1 : 1. 33 : 2. 31
衢州市	1. 80	*	*	2014. 01	*	*
温州市	2. 70	3. 80	4. 90	2013. 01	204, 360	1 : 1. 41 : 1. 81
舟山市	3. 40	4. 50	5. 60	2011. 07	108, 168	1 : 1. 32 : 1. 65
金华市	2. 52	3. 42	6. 12	2014. 08	192, 360	1 : 1. 36 : 2. 43
绍兴市	2. 50	3. 40	4. 30	2010. 09	240, 360	1 : 1. 36 : 1. 72
丽水市	1. 90	*	*	2013. 05	*	*

① 资料来源：来自各个地区自来水公司中公布的居民水价标准。

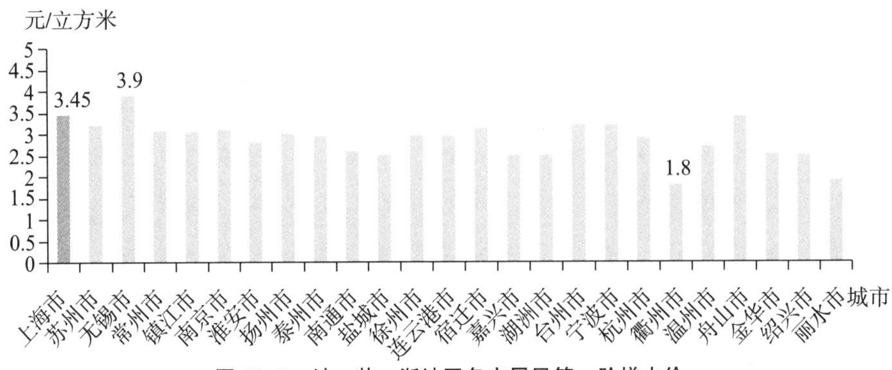

图 13-8　沪、苏、浙地区各市居民第一阶梯水价

注：图中标注数据为最高、最低和上海市的水价。

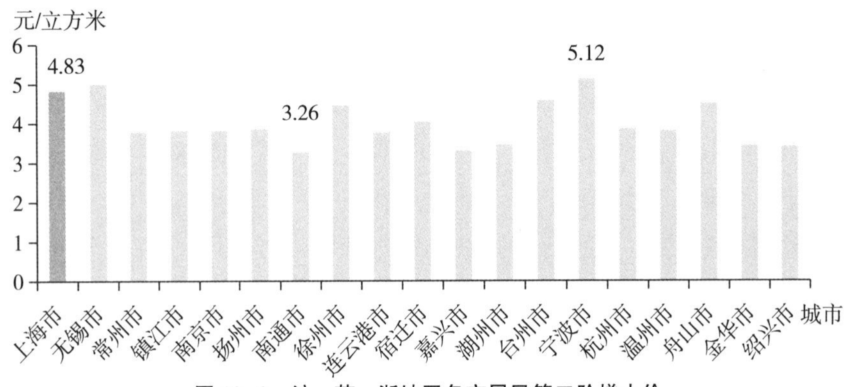

图 13-9　沪、苏、浙地区各市居民第二阶梯水价

注：图中标注数据为最高、最低和上海市的水价。

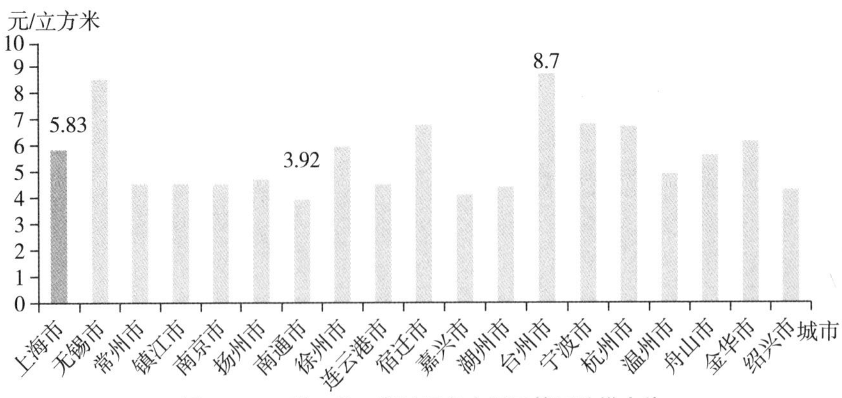

图 13-10　沪、苏、浙地区各市居民第三阶梯水价

注：图中标注数据为最高、最低和上海市的水价。

第二节　理论假说：水价制度影响水资源节约和水环境保护的理论假说

一、合理的水价应该由资源水价、工程水价以及环境水价这三部分水价组成

水资源定价政策是否合理直接影响水资源管理的有效性，合理的水价应该包含水资源产权的资源水价、供水企业成本和利润的工程水价以及污水处理成本和生态补偿的环境水价。

资源水价是国家对资源所有权制定的价格，类似于国家对国有土地使用权的定价，水资源需求方为了获得水资源的使用权就要支付水资源费。水资源自身是稀缺性产品，在水资源总量有限的情况下，如果不征收水资源费的话，水资源就会成为“公地的悲剧”。我国水资源匮乏，人均水资源拥有量仅为世界平均水平的1/4，而上海市水资源更为稀缺，人均水资源拥有量仅不到200立方米，所以体现稀缺性的资源水价应该包含在水价之中。因此，资源水价是凭借水的权力征收的费用，体现的是水资源的稀缺性，无论是使用公共供水系统还是自供水系统的企业都应该支付相同费率的水资源费。资源水价可能是“费”，也可能是“税”，后者更加具有制度刚性。

工程水价是指供水企业通过蓄水、取水、加工、处理等过程，将水供应给用户发生的成本以及后续的投资运营、管网的修缮所产生的费用以及合理的利润。根据供水总量和全部供水成本、费用和相应的利润率就可以计算出工程水价。工程水价包括从水资源的开发到水资源最终供应给居民供水全过程所投入的成本加上合理的利润所得，工程水价体现的是各类水生产供应企业收取的收益。①

---

① 秦长海：《水资源定价理论与方法研究》，中国水利水电科学研究院，2013年，博士学位论文。

环境水价收取的依据是外部性原理。所谓外部性，指的是一个人或一个厂商的活动对其他人或其他厂商的外部性影响，也可以称溢出效应。[①]外部性有两种类型：外部经济与外部不经济。外部经济是指人们的某种行为对其他人产生的正的影响，而不能从中获得补偿，比如开发的一些专利等；外部不经济是指人们的某种行为对其他人产生了负的影响，而不为此付出成本，比如上游对河流的污染、汽车尾气的排放等。环境水价应该包含生态补偿和治污成本两部分，生态补偿成本是指给定的水资源得益于其他地区或其他主体生态保护的工作，由于这些主体放弃了经济发展的机会，从而保护了水资源，因此，用水户就需要对这些主体的保护行为进行补偿。[②] 水生态补偿对象应包括不同尺度下的水生态功能区的建设补偿、对水土严重流失进行生态修复的补偿、水源涵养区的补偿和调蓄滞洪区的损失补偿等。污水处理成本是对外部不经济所征收的费用，具体来说，居民用户使用自来水会产生废水，当废水排放后会对环境造成污染，这就是居民的排水行为给环境造成的负外部性。实际上，居民排放的污水是经过排污管道进入污水厂，污水厂经过处理再排放，污水处理厂的污水处理成本实质上就是居民污水排放给社会造成负外部性的成本，所以，向污水排放者收取相应的污染水价，可以使用水的负外部性“内部化”。

水价中考虑水资源所有权、供水企业供水成本、生态补偿和污水处理成本这三部分成本，既充分体现水资源的稀缺性和环境容量，也可以使水价在市场经济中起决定性作用。水资源日益紧缺的现实使得工业、农业、生活以及生态都竞争性地使用水资源，经济、社会和生态环境等会因不合理的水资源定价政策造成损失。无效或者低效率的水资源定价政策无法准确地体现水资源的稀缺性，这不仅会导致水资源被过度开发和水资源低效率的使用，而且还会使污水过量地排放，不能有效使污水排放的负外部性内部化，导致水环境恶化，加剧优质水资源的短缺。合理的自来水定价政

① 许云霄：《公共选择理论》，北京大学出版社 2006 年版，第 35 页。

② 李太龙、沈满洪：《促进工业节水的水价调控战略研究》，《河海大学学报》（哲学社会科学版）2015 年第 4 期。

策，对水资源开发、使用、治理等都会起到有效的激励机制，促进有限水资源的科学配置、提高水资源产出的经济效率和人民的福利效益。

二、水需求价格弹性大于需求收入弹性，价格对用水量有显著影响

自来水以低价供应给社会，看似“福利水价”，实则可能造成水的浪费以及生态环境的破坏，造成福利受损。水质型缺水城市，随着人口持续增长、经济发展以及人均收入的上升，居民对优质水的需求往往会进一步上升，而优质水资源的供给却往往不足，水供求数量之间、供求质量之间矛盾日益突出。合理的水价能够调节水的供求关系，抑制不合理的水资源需求，所以就需要通过合理的水价调节不合理的居民用水需求，以发挥水价在水资源配置中的决定性作用。

居民用水可以认为是居民对普通商品的购买消费行为，按照一般的需求规律，居民的购买行为受商品价格、收入等因素的影响。也就是说，水价越高，水的使用量越低，收入越高，居民用水量也就越高。有学者基于2008年地级市截面数据，分析了我国居民用水快速增长与水价的问题，采用联立方程的方法揭示出价格与收入对居民用水有影响，因此得出：为了控制居民用水需求，水价是一个有效的政策工具。①

水价能够影响居民的用水需求，优化的居民水价具有价格促进节水和循环用水促进节水两大效应。我国长期实行福利性供水体制，通过价格管制实行低水价政策，水资源价格远低于均衡的供求价格，这不仅导致了水资源的短缺，而且还导致了严重的水资源浪费。水价偏低，居民会增加对耗水电器设备如洗碗机、洗衣机的购买量和增加耗水设备的使用频率，以及在洗车、盆栽等方面使用更多的水资源，同时低水价导致的水费支出偏低对居民心理和经济上也造成“无所谓”的效应。如图13-11所示，当水价处于较低水平P_2时，水价没有反映出水资源稀缺程度，水资源的需求为

① 郑新业、李芳华、李夕璐等：《水价提升是有效的政策工具吗？》，《管理世界》2012年第4期。

Q_2，而均衡条件下的水资源需求为 Q_1，水资源被过度消耗，（Q_2-Q_1）的水资源被浪费，水资源的矛盾会加剧。此时，如果水价调整至均衡水平 P_1，Q_1的供水量就能够保持水供求均衡，将节约（Q_2-Q_1）的水资源。这就是市场机制所带来的水价促进节水的直接价格效果，所以，要使水价充分反映水资源的供求状况。

另外，微观经济学告诉我们，其他条件不变的情况下，当一种产品价格上升时，消费者将减少该种产品的消费，而增加该种产品的替代品的消费。一般认为，水资源没有替代品，但是水价上升，居民会考虑重复利用水资源，所以，可以认为水资源的重复利用是水资源的替代品，水价提升，居民将增加水资源的重复利用，比如，将厨房洗菜、洗手之后的水进行收集，将其用于冲厕等对水质要求不高的地方。此外，居民重复利用水资源是将水资源进行二次使用，在这种情况下居民不但不用增加支出，反而还可以减少水费支出，将提高居民用水的效用水平，在不使其他人状况变坏的条件下，居民自身的状况变好，实现了帕累托改进。水价提高，居民将提高生活用水重复利用率，减少对新鲜水的需求，从而可以提高水资源的配置效率，这就是水价提高的循环用水效应。

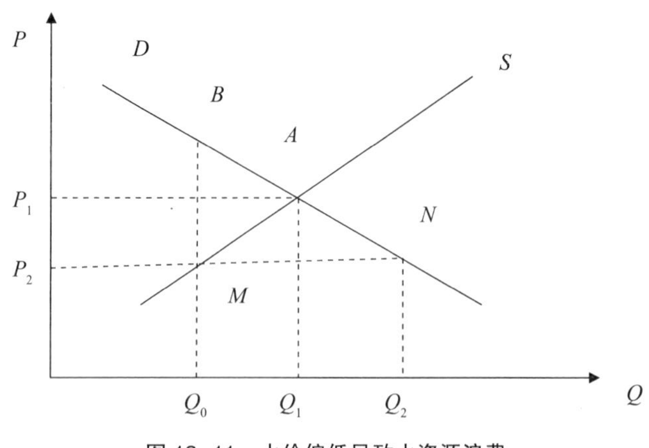

图 13-11　水价偏低导致水资源浪费

水资源是一种较为特殊的商品，地区水资源禀赋不同，居民生活用水需求也会有所差异，地区水资源数量越多，居民生活用水需求也相应的更多；反之，地区水资源数量越少，居民的节水意识会因水资源供给难以获得较高的保障而变得较高，因此居民生活用水需求将会更少。[①]

已有研究显示，除收入、价格和地区资源禀赋之外，用水人口特征也会对用水量产生影响，但其影响比水价与收入对用水量的影响更小，用水人口的特征主要包括用水人口的受教育程度、职业、家庭平均人口数。陈晓光等建立城市居民用水量的影响因素计量模型，得出水价、家庭用水人口素质、平均人口数等对用水需求具有影响。[②] 郑兴业等得出人口密度、降水量等因素对用水量的影响远低于水价和收入。[③] 董凤丽利用时序数据及沈阳市康平县城镇居民生活用水的截面数据，对沈阳市城镇居民生活用水进行分析，认为教育对用水需求有负的影响，教育对水需求的影响较小。[④]

居民用水需求的影响因素虽较多，但是关键影响因素为水价和收入。因此，对水需求的影响因素中，水价和居民收入要重点考虑。

三、阶梯递增水价制度比单一水价更加有助于节约用水

水价是水需求的重要影响因素，水价上升可以促进居民节水，但是水资源是居民生活必需品，居民对水资源的需求缺乏弹性，一部分水需求要维持居民的基本生活，比如，饮用水、厨房用水。超过基本用水可以提高居民的生活水平，这部分水资源的消耗主要是居民购买更加耗水的家居电器以及对这些电器的使用频率提高，比如洗衣机、洗碗机等。实际上，居民采用手洗方式也会消耗水资源，但是洗衣机、洗碗机等耗水家用电器比手洗会消耗更多的水资源。最后是奢侈用水，如浇花、洗车、游泳池等用

① 秦长海：《水资源定价理论与方法研究》，中国水利水电科学研究院，2013 年，博士学位论文，第 66 页。

② 陈晓光、徐晋涛、季永杰：《城市居民用水需求影响因素研究》，《水利经济》2005 年第 6 期。

③ 郑新业、李芳华、李夕璐等：《水价提升是有效的政策工具吗?》，《管理世界》2012 年第 4 期。

④ 董凤丽、韩洪云：《沈阳市城镇居民生活用水需求影响因素分析》，《水利经济》2006 年第 3 期。

水。对居民用水收费可以采用单一水价制度、阶梯水价制度。

单一制水价是对居民用水采用固定单价收费制度，不管用水量为多少，水费为水的单价乘以用水量。阶梯水价制度有阶梯递增水价制度和阶梯递减水价制度，阶梯递增水价制度是指对用水量设置上限值，当用水量超过该上限值时，对于超过水量上限的那部分用水量执行更高一阶梯的水价，如果对于超过水量上限的那部分用水量执行更低一阶梯的水价，则为阶梯递减水价制度。

阶梯式递增水价制度可以促进水资源保护和提高水资源的可持续利用程度。如果消费者对水的消费超过了一定的上限额，再增加一单位水的消费就必须为此支付高额的水费，这种高价是由于消费者过量和无效率用水所造成的。消费者对水的需求受价格的影响，当水需求上升时，水价也相应的上升，那么高水价会发挥抑制居民不合理用水的作用。

阶梯水价制度还有助于体现公正性。一般来说，低收入阶层使用的是基本生活用水，而高收入户的用水远高于基本生活用水。如果执行单一水价制度的话，对高收入阶层不能起到节水作用，执行阶梯递减水价制度，低用水户承受了更高的经济负担，也不能促进居民节水。阶梯式递增水价制度相比单一水价制度具有更大的灵活性，阶梯式递增水价制度中的高水价主要是针对奢侈性用水、炫耀性用水的高收入群体，而低收入家庭能够在使用基本生活用水量之内，以合理的水价获得水资源来满足生活的基本需要，对低收入家庭支付能力影响不大。

从理论上来说，阶梯式递增水价制度有助于节水。居民对水消费越高，额外消费一单位水的边际成本也会提高，为此居民就要支付更多的水费。由于价格会对居民水消费产生影响，所以递增的阶梯水价会降低居民的用水需求。罗塞塔（Roseta）和蒙蒂罗（Monteiro）证明了在居民用户存在差异和资源稀缺的条件下，阶梯递增价格可以节约资源的使用。① 唐要家等利用 2004—2011 年 36 个大中城市的数据估计出不同收入组的需求价

① Roseta - Palma C. and Monteiro H.,“Pricing for Scarcity”, Working Paper 2008 /65, DINAMIA, Research Centre on Socioeconomic Change, Lisboa, Portugal, 2008.

格弹性，进而分析阶梯水价的实施效果，发现阶梯水价制度有助于节水。[①]王莉芳等通过建立居民阶梯水价模型，认为阶梯水价有助于节水，且各阶梯水价之间的价差越大，节水效果越明显。[②] 此外，阶梯水价各个阶梯用水量上限对阶梯式水价制度能否发挥效应有很大的决定作用，用水量上限过高起不到督促居民节水的作用，阶梯水价制度将失去作用，用水量上限过低又会影响居民的正常生活，所以要制订合理的阶梯用水量上限以发挥阶梯水价制度的最优效果。

阶梯式递增水价实施后，有助于提高水资源利用的效率。第二、第三阶梯水价的应用，总体上增强居民的节水激励，城市总用水量将减少，在提高水资源的配置效率同时，节约的水资源对环境也会产生正外部性，同时用水费用将增加，为用水造成的生态损耗的补偿提供基础。

第三节　实证分析：水价制度影响水资源节约和水环境保护的实证分析

一、水资源价格的偏低是导致水资源供求矛盾的根源

根据本章第二节假说一，合理的水价构成为资源水价、工程水价与环境水价，综合水价为这三部分水价之和。资源水价体现了水资源所有者的权益。总体上看，水价中资源水价存在估价严重不足的问题，部分城市甚至还没有收取水资源费。为进一步规范水资源费的征收标准和加强水资源的管理，促进水资源的保护和节约，国家发展改革委、财政部、水利部2013 年联合印发了《关于水资源费征收标准有关问题的通知》，要求水资源费征收要充分反映地区水资源禀赋和经济社会发展水平等因素，并发布了各个地区最低的水资源费征收标准。工程水价是供水企业的供水成本及利润。这个部分可能存在估价过低的问题，也可能存在估价过高的问题。

---

① 唐要家、李增喜：《居民递增型阶梯水价政策有效性研究》，《产经评论》2015 年第 1 期。

② 王莉芳、陈春雪、熊霆：《城市居民用水阶梯水价计量模型及应用》，《长江科学院院报》2011 年第 5 期。

环境水价包括生态补偿和污水处理成本，其中生态补偿在水价中几乎没有考虑。生态补偿是把保护水资源的正外部性内部化的问题，补偿的是水资源保护者的机会成本。所以，资源水价与生态补偿的影响因素主要有自然因素、经济因素以及社会因素。其中自然因素主要包括水质、人均水资源量，它决定了水资源的数量与质量，水资源的开发条件和特性。经济因素主要包括人均 GDP、万元 GDP 耗水量、城镇污水处理率等，社会因素主要包括人口密度。污水治理成本总体也存在低估的问题。

（一）资源水价和生态补偿的确定

1. 资源水价和生态补偿评价模型

资源水价和生态补偿的影响因素有自然因素、经济因素和社会因素，那么综合评价可以表示为：

$$B = A \times R \tag{13-1}$$

式中，B 表示资源水价和生态补偿的综合评价矩阵，A 表示各影响因素的评价权重值，R 表示由各影响因素的评价矩阵所组成的综合评价矩阵。

评价权重的方法主要有层次分析法（AHP）、经验法、专家咨询法以及成本比较法等，其中采用层次分析法可以使得评价权重指标更具有科学性和可行性，所以本章采用层次分析法来评价权重指标。各要素评价矩阵可以通过升（降）半梯形分布，建立一元性隶属函数来确定。[①] 根据以上方法得到的综合评价是无量纲的向量，为求出资源水价和生态补偿，还需要引入向量 S，资源水价与生态补偿在［P，0）之间，其中 P 表示价格上限，可以通过居民水费支出占居民可支配收入的最大百分比计算出来，再根据等差向量将其划分价格向量，可以得到：

$$S = (P,\ 0.75 \times P,\ 0.5 \times P,\ 0.25 \times P,\ 0) \tag{13-2}$$

那么资源水价和生态补偿的数值之和为：

$$W = B \times S \tag{13-3}$$

为了得出各要素评价矩阵，将资源水价和生态补偿的影响因素——水

① 刘晓君、闫俐臻、白妤：《基于模糊数学模型的居民生活用水资源水价的定价方法研究——以西安市为例》，《西安建筑科学大学学报》2014 年第 3 期。

质、人均水资源量等构建一个资源水价和生态补偿的指标集 U，其中，U= {水质，人均水资源量，人均 GDP，万元 GDP 耗水量，城镇污水处理率，人口密度}，同时，评价指标可以按高低顺序分为五个等级，那么评价集 V= {高，较高，中等，较低，低}。

U 到 V 的一个模糊映射向量表示各指标对应评价集高低程度的隶属度，隶属函数一般由一元线性半升（降）隶属度函数确定，也就是：

半升梯形：

$$u_{ij}=\begin{cases}0 & v_i \leqslant x_{ij-1} \\ \dfrac{v_i - x_{ij-1}}{x_{ij} - x_{ij-1}} & x_{ij-1} < v_i < x_{ij} \\ 1 & v_i \geqslant x_{ij}\end{cases} \tag{13-4}$$

半降梯形：

$$u_{ij}=\begin{cases}1 & v_i \leqslant x_{ij} \\ \dfrac{x_{ij+1} - v_i}{x_{ij+1} - x_{ij}} & x_{ij} < v_i < x_{ij+1} \\ 0 & v_i \geqslant x_{ij+1}\end{cases} \tag{13-5}$$

公式（13-4）、公式（13-5）中，i 表示评价因子标号，i=1，2，…，n，将评价结果为高、偏高、一般、偏低和低五个等级，那么 n= 5，u_{ij}表示评价因子 i 的隶属度，j=1，2，…，n，v_i 表示实际的评价因子值，x_{ij-1}，x_{ij}表示相邻两等级评价因子的设定标准值。

2. 模糊综合评价矩阵构造

参照刘晓君的价格评价体系，本章构造了模糊综合评价矩阵。上海市优质水资源缺乏，水源地水质不稳定，主要骨干河道水质状况也不理想，资源水价和生态补偿评价中，水质指数可以认为是 3.5。[①] 2013 年上海市人均水资源拥有量为 116.9 立方米/人，人均 GDP 为 90339 元，万元 GDP 用水量为 41 立方米，城镇污水处理率为 87.7%，人口密度为 3809 人/平方

① 刘晓君、闫俐臻、白好：《基于模糊数学模型的居民生活用水资源水价的定价方法研究——以西安市为例》，《西安建筑科学大学学报》2014 年第 3 期。

公里。[①] 把以上数值代入一元线性隶属函数，得出水质指数、人均水资源拥有量等评价矩阵为：

$$R=\begin{pmatrix}R_1\\R_2\\R_3\\R_4\\R_5\\R_6\end{pmatrix}=\begin{pmatrix}0 & 0 & 0.5 & 0.5 & 0\\1 & 0 & 0 & 0 & 0\\1 & 0 & 0 & 0 & 0\\0 & 0 & 0 & 0.73 & 0.73\\1 & 0 & 0 & 0 & 0\\0.40 & 0.60 & 0 & 0 & 0\end{pmatrix}$$

表 13-10　2013 年上海市资源水价和生态补偿评价体系

价格评价	高	较高	中	较低	低	2013 年上海市实际数
水质指数	1	2	3	4	5	3. 5
人均水资源拥有量（立方米/人）	500	1000	2000	3000	10000	116. 9
人均 GDP	59932	41801	36655	28764	25768	90339
城镇污水处理率（%）	55	65	75	85	95	87. 7
万元 GDP 用水量（立方米/万元）	50	100	500	1000	3000	41
人口密度(平方公里/人)	5000	3000	2000	1000	500	3809

3. 评价指标权重的确定

权重排序中应该优先考虑水质、水量，而短期在降水量、径流量等影响水资源量的因素不变的条件下，水质又比水资源总量更为重要，万元 GDP 用水量以及城镇污水处理率反映的是城市的节水技术条件和节水设备状况的优劣，它的重要性比水资源量、GDP 和人口密度等指标更弱。

计算结果见表 13-11，求得权重 A 为：

① 资料来源：人均水资源拥有量来自 2013 年中国统计年鉴。人均 GDP 根据 2013 年上海市统计年鉴计算得出，万元 GDP 用水量和城镇污水处理率来自上海市水务局：《2013 年上海市水资源公报》，2013 年，见 http://222.66.79.122/BMXX/default.htm?GroupName=水资源公报。

$A=(0.39, 0.27, 0.18, 0.03, 0.05, 0.08)$

可以求得综合评价结果：

$B=AR=(0.53, 0.05, 0.20, 0.21, 0.01)$

表 13-11　各评价指标判断矩阵表

评价指标	水质	人均水资源拥有量	人均 GDP	城镇污水处理率	万元 GDP 用水量	人口密度	权重
水质	1	3	4	7	6	5	0.39
人均水资源拥有量	1/3	1	4	7	6	5	0.27
人均 GDP	1/4	1/4	1	4	3	2	0.18
城镇污水处理率	1/7	1/7	1/4	1	1/3	1/5	0.03
万元 GDP 用水量	1/6	1/6	1/3	3	1	1/4	0.05
人口密度	1/5	1/5	1/2	5	4	1	0.08

4. 资源水价和生态补偿的确定

根据以上部分，资源水价和生态补偿上限就是水费支出占可支配收入比例最大时的价格，价格越高，水费支出在居民支出中比例越高，给居民生活造成的生活压力越大。资源水价和生态补偿的上限为：

$$P=B\times I/Q-C \tag{13-6}$$

式中，P 为资源水价和生态补偿上限，B 为水费支出占可支配收入最大的比例，I 为居民可支配收入，Q 为用水量，C 为综合水价中除水资源费和生态补偿外的费用。

2013 年上海市城镇人均可支配收入为 43851 元，人均年生活用水量为 56.30 立方米，居民三阶梯水价分别为 3.45 元/立方米、4.83 元/立方米、5.83 元/立方米，平均水价为 4.70 元/立方米，其中收取的水资源费为 0.1 元/立方米，综合水价没有考虑生态补偿。[①] 考虑到 2000—2013 年上海市

① 人居可支配收入数据来自 2013 年上海市统计年鉴，上海市 2014 年统计年鉴没有公布居民年生活用水量，采用的数据为 2000—2013 年的平均值。水价和水资源费来自上海市水务局：《2000—2013 年上海市水资源公报》，2000—2013 年，见 http://222.66.79.122/BMXX/default.htm?GroupName=水资源公报。

居民水费支出占居民可支配收入的比重在 0.35%~0.64%，持续低于 1%，居民水费支出占居民可支配收入的比例应逐步增加，所以假定该比例提高至 1.5%。[①]

根据公式（13-6）计算出来的上海资源水价和生态补偿的上限为 7.08 元/立方米，将其进行等差间隔，间差为 1.77，得到资源水价和生态补偿向量 $S=(7.08, 5.31, 3.54, 1.77, 0)$。根据公式（13-3）计算得出上海市资源水价与生态补偿之和为 5.10 元/立方米，而上海市实际地表水资源水价仅为 0.10 元/立方米，地下水资源水价仅为 0.20 元/立方米，水价中生态补偿则没有体现，资源水价和生态补偿被低估，资源水价和生态补偿有很大的上升潜力。

上海市与北京市经济发展水平相当，人均水资源拥有量也相差不大，但两地的水资源费却相差 20 倍，2013 年国家发展改革委、财政部、水利部联合发布的《关于水资源费征收标准有关问题的通知》，要求北京市地表水资源费调整为 1.60 元/立方米，地下水资源费调整至 4.00 元/立方米。所以可以将上海市水资源费调整至北京市的标准，地表水资源费调整为 1.60 元/立方米，地下水资源费调整至 4.00 元/立方米，平均水资源费为 2.8 元/立方米，那么生态补偿为 2.3 元/立方米。

（二）工程水价与污水处理费的确定

根据上海市《城市供水定价成本监审报告》，上海市供水成本为 2.12 元/立方米，上海市实际工程水价为 1.82 元/立方米，供水成本这个部分不应该成为水价调控的变量，但要加强供水企业的内部管理，提升企业内部管理绩效，考虑自然垄断行业效率低下，从维护企业利益角度，供水企业利润应该是能降则降，所以工程水价中供水企业利润设定为零，合理的工程水价就是供水企业的实际供水成本 2.12 元/立方米。2015 年 1 月，国家发展改革委与财政部、住建部联合下发了《关于制定和调整污水处理收费标准等有关问题的通知》，要求城市居民污水处理的收费标准在 2016 年年

① 刘晓君、闫俐臻、白妤：《基于模糊数学模型的居民生活用水资源水价的定价方法研究——以西安市为例》，《西安建筑科学大学学报》2014 年第 3 期。

底前每吨应调整至不低于0.95元，上海市实际收取的污水处理费为1.53元/立方米，虽然高于国家规定的标准，但是污水处理面临将污水收集管网、臭气和污泥处理等许多问题，这使得污水处理的成本较高，所以上海市的污水处理费处于合理区间。

（三）结果分析

根据以上分析，上海市理论水资源费和生态补偿为5.10元/立方米，工程水价为2.12元/立方米，治污成本为1.53元/立方米，综合水价为8.75元/立方米，而实际上，上海市实行的三阶梯水价分别为3.45元/立方米、4.83元/立方米、5.83元/立方米，实际水价与理论水价相比偏低。水价偏低主要是资源水价和生态补偿偏低，工程水价收取略微不足，治污成本较合理。价格是市场机制的核心，水价在水资源配置中起决定性作用，水资源价格偏低，水资源低效率甚至无效率使用，从而导致水资源供求的矛盾。

二、居民用水需求价格弹性大于收入弹性，科学定价水资源能够有效控制用水需求

随着经济不断的发展，居民生活水平的提升，居民生活用水也在持续上升，同时城镇化导致城市人口增加，城市水需求进一步上升，而工业用水已经出现拐点，处于下降态势，由此导致居民用水在城市总用水中的占比也在持续上升。另外，居民收入的持续上升，对优质水资源的需求也会增加。上海市水资源总量虽然丰富，但过境水占90%以上且水质不稳定，同时人均水资源量十分匮乏，仅为世界人均水平的1/40。同时，经济发展导致水资源受到严重污染，优质水资源缺乏，而水资源的需求又在不断上升，水资源的供求矛盾在上海市日益严峻。

针对水资源供求的矛盾，政府应该采取措施来缓解水供求的矛盾，减少居民不合理的用水需求。一般认为，解决供求矛盾的方式有增加水资源的供给或者控制水资源的需求，但是上海市水资源本身的稀缺使得增加水

的供给受到了限制。因此，提高水价，控制居民水资源的需求，提升居民用水效率的需求侧管理具有重大意义。

居民对商品的需求受价格和收入两个主要因素的影响，居民对水消费也不例外。其他如气候、环境、家庭特征等因素也会影响居民对水的需求。水价和收入是影响居民水资源需求的主要因素，但是对于实行政策对水资源进行管理而言，水价显然更加有效，原因是随着经济的发展、居民收入水平会持续提高，对水资源的需求也会提高，而制定水价政策，通过提高水价可以控制居民的水需求。因此，研究居民水需求对价格的反应程度具有更大意义。

水需求的影响因素有价格、收入、人口规模、水资源禀赋等因素，根据本章第二节假说一，这里重点考虑水价与收入对用水量的影响。

（一）居民生活用水需求双对数模型的设定

尹建丽等通过积分的方法推导出了城市居民用水需求的函数模型，并提出水价、用水量与收入之间的公式。[①]

$$W = a \times P^{E_1} \times I^{E_2} \tag{13-7}$$

式中，W 是水价为 P 时的人均用水量，a 为常数项，E_1 为水需求的价格弹性，I 为人均可支配收入，E_2 为水需求的收入弹性。对数化处理后，双对数线性模型如下：

$$\ln W_t = \beta_0 + \beta_1 \ln P_t + \beta_2 \ln I_t + \varepsilon_t \tag{13-8}$$

根据公式（13-8）居民生活用水需求的双对数模型，可以估计出居民对水资源需求的价格弹性以及水资源需求的收入弹性。

如果居民对水资源需求的价格弹性绝对值大于水资源需求的收入弹性值，那么水价与收入同时提高一个百分点时，居民将减少水的消费；相反，水需求的价格弹性绝对值小于收入弹性值时，水价与收入同时提高一个百分点时，居民对水的消费会增加。这里假定水需求价格弹性大于水需

① 尹建丽、袁汝华：《南京市居民生活用水弹性需求分析》，《南水北调与水利科技》2005年第1期。

求收入弹性，价格对用水量的影响比收入对用水量的影响更大，水价与用水量增长相同的幅度，居民将减少水需求，水价将是一个控制用水需求的有力机制。

（二）数据来源

选取上海市 2000—2014 年 15 年的变量值进行估计，居民用水量的数据来自上海市年统计年鉴，2014 年因没有公布人均居民用水量的数据，所以采用了 2000—2013 年的平均值作为替代值。水价数据来自上海市水务局及各大网站，同时考虑物价水平，以 2000 年作为基准年，用上海市商品零售物价指数作为衡量物价的指标。

根据上海市统计年鉴收入阶层分组①以及分阶层水费支出，计算得出居民人均用水量。同时，低收入阶层用水是维持基本生活所必需的，这部分用水不受价格的影响。由于上海市统计年鉴没有公布 2014 年各阶层的水费支出数据，所以分组回归时间段是 2000—2013 年。

（三）结果分析

回归结果如表 13-12 所示，水需求的价格弹性与水需求的收入弹性值分别为-0. 237 与 0. 143，水需求价格弹性的绝对值大于水需求的收入弹性，表明在其他因素保持不变的情况下，水价上升 1%，用水需求下降 0. 237%，居民可支配收入上升 1%，用水需求上升 0. 143%，如果水价与居民可支配收入同时都上升 1%，那么居民用水需求将下降 0. 094%。在 2000—2014 年，收入的增幅大于水价的增幅，但是人均用水量却没有很明显的上升趋势，其中的原因可能就是水需求价格弹性大于水需求收入弹性，与实证结果相符。

由此可见，水价对用水量影响要大于收入对用水量的影响，在居民收入增长，对水需求量上升的情况下，水价是控制用水量的有效机制。

---

① 收入阶层分为低收入户、中低收入户、中等收入户、中高收入户以及高收入户五组。

表 13-12 回归估计量及标准误

	(1)	(2)
	居民年水消费对数	居民年水消费对数
居民用水水价的对数值	-0.237**	-0.237***
	(0.0973)	(0.0583)
可支配收入的对数值	0.143**	0.143***
	(0.0516)	(0.0328)
常数项	4.010***	4.010***
	(0.0369)	(0.0265)
R-squared	0.391	0.391

注：括号中的为标准差；*** $p<0.01$，** $p<0.05$，* $p<0.1$。

回归（2）是对回归保持了稳健的标准误下的回归值。上海市 2014 年统计年鉴未公布人均居民用水量，所以采用 2000—2013 平均人均居民用水量来代替 2014 年人均用水量。

分收入组的回归结果如表 13-13 所示，与中等、中等偏上和中高收入户相比，中等偏下收入户的用水量对水价较不敏感。这说明水价对中等偏下收入户产生不了太大的影响，此收入户使用的是基本生活用水。中等收入户以及中等偏上收入用户用水明显受价格影响。这说明提高水价这部分人群会减少水的消费，高收入户用水同样也受价格影响。随着收入的提高，水价对居民水需求的影响也越来越大，高收入户水需求的价格弹性为 0.796，而中等偏下收入户水需求的弹性仅为 0.427。

表 13-13 不同收入组居民家庭用水需求弹性估计结果

	中等偏下户用水量	中等收入户用水量	中等偏上户用水量	高收入户用水量
居民用水水价的对数值	-0.427* (0.196)	-0.603*** (0.160)	-0.726*** (0.132)	-0.796** (0.271)
可支配收入的对数值	0.178 (0.100)	0.322*** (0.082)	0.318** (0.074)	0.396** (0.157)

续表

	中等偏下户用水量	中等收入户用水量	中等偏上户用水量	高收入户用水量
常数项	2.442** (0.843)	1.143 (0.708)	1.223* (0.668)	0.401 (1.518)
R-squared	0.309	0.590	0.746	0.442

注：括号中的为标准差；*** $p<0.01$，** $p<0.05$，* $p<0.1$。

居民用水需求弹性值与收入弹性值与诺极斯（Nauges）与惠廷顿（Whittington）认为发展中国家居民生活用水需求价格弹性大约在0.3至0.6相差不大，也与唐要家估计出的居民生活用水需求价格弹性值在0.49至0.60也几乎一致，所以估计出的居民水需求的价格弹性与收入弹性具有一定的合理性。①

三、优化的阶梯水价将进一步增进阶梯水价制度的效率

阶梯水价制度能够在保证居民基本用水需求的基础上，有效促进居民节约用水，进而提高水资源利用效率，因此阶梯式递增水价将是我国居民水价改革的方向。1998年9月国家发展改革委、住房和城乡建设部出台了《城市供水价格管理办法》，其中就提出了居民水价改革的方向是实行阶梯式递增水价。2013年12月，国家发展改革委、住房和城乡建设部下发了《关于加快建立完善城镇居民用水阶梯价格制度的指导意见》（以下简称《指导意见》），要求在2015年年底前，设市城市要全面实行居民阶梯水价，具体阶梯水价设置为：阶梯水价的级数设置最低为三级，若实行三级阶梯水价，水价之间的比例最低为1∶1.5∶3，其中第一级用水量要求覆盖80%的居民用户，第二级用水量覆盖的居民用户比例为95%。国内许多大中城市已经开始实施阶梯水价制度，截至2014年5月，全国36个大中城市中有21个城市已实行了阶梯水价制度，阶梯水价还将在更多的城市实

① Nauges, W., "Estimation of Water Demand in Developing Countries: An Overview", Washington: World Bank Water and Sanitation Program, 2009. 唐要家、李增喜：《居民递增型阶梯水价政策有效性研究》,《产经评论》2015年第1期。

施。对于阶梯水价，普遍认为有助于节水，通过合理的阶梯水价制度，对水资源需求进行管理，这对促进居民节约用水具有十分重要的意义。

根据本章第二节假说三，阶梯水价制度比单一水价制度更加有利于节水，但阶梯水价节水作用的发挥需要制订合理的阶梯用水量上限，如果第一阶梯用水量上限设置过高，第二、第三阶梯水价将不能发挥水价的作用，所以制订合理的阶梯水价和用水量将进一步增进阶梯水价制度的效率。

（一）单一水价造成高收入群体节水激励严重不足，阶梯水价实施效果初显

若实行单一水价，不管居民消费多少数量的水，仍然按相同费率支付水费，这必然对高收入户产生不了节水效果。2013 年上海市低收入家庭人均水费支出为 129 元，高收入户为 194 元，平均为 157 元，上海市第一阶梯用水量上限 220 立方米，水价 3.45 元/立方米，按上海市家庭平均人口 3 人来计，高收入家庭用水量甚至没达到第一阶梯用水量的上限。据此得出，低收入阶层的年生活用水量为城市年生活用水量平均值的 80%，高收入家庭用水量是低收入户用水量的 1.5 倍，高收入家庭具有节水潜力。从图 13-12 可以看到，上海市居民用水具有两个特点：首先，居民生活用水量随着收入水平的提高而提高；其次，按照由低到高的收入水平的顺序，居民用水消费支出在全年总消费支出中所占的比重依次下降，低收入户人

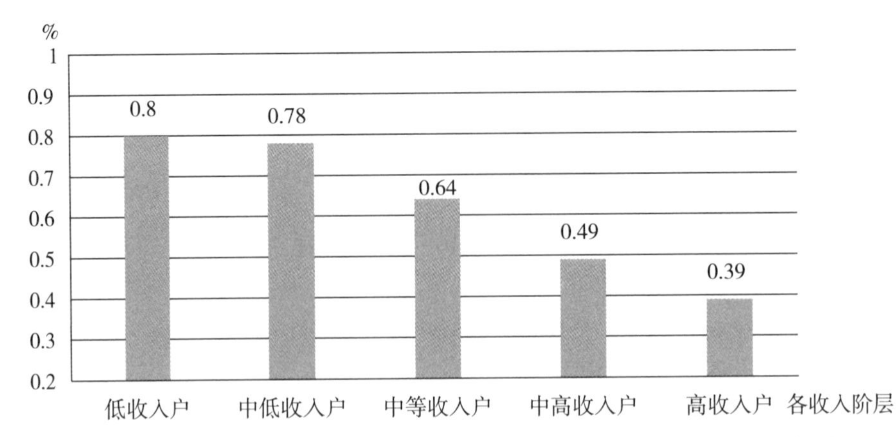

图 13-12　2013 年上海市各收入组年家庭平均用水消费支出占总消费支出的比例

均水消费支出为全年总消费支出的0.80%，高收入户人均水费支出仅为全年总消费支出的0.39%，水费支出甚至不到全年总消费支出的0.40%，水费支出对高收入户生活影响很小。

水价偏低、水费支出低于其他商品消费支出的增长导致低收入户居民与高收入户居民水费支出占总消费支出的比重差距很大，低收入户居民水费支出占总消费支出的比例是高收入户的两倍多，高收入户明显占有用水优势，使用了过量的水而水费却没有显著增加，导致节水激励不足。自2013年8月阶梯水价实施以来，2014年居民生活用水量比2012年减少0.96亿吨，日人均居民生活用水量113升，相比2013年与2012年，分别减少3升和2升。[①] 这说明阶梯式递增水价制度的实施有助于节水，这也与唐要家和李增喜得出的阶梯水价政策在一定程度上有助于促进水资源节约的结论相一致。[②]

（二）阶梯水价制度模型的设定

为了制订合理的阶梯水价制度，需要获得居民基本的生活水需求量，以便设定各个阶梯合理的用水量上限，所以本章引用扩展线性支出系统模型（ELES）。扩展线性支出系统模型是一种需求函数系统，该模型是经济学家路迟（Liuch）在英国计量经济学家斯适（R. Stone）的线性支出系统模型（LES）的基础上推出的。[③] 扩展线性支出系统模型的假定为：消费者的收入和商品的价格决定了各种商品或者服务的需求量，此外，商品或者服务的需求由基本需求和超过基本需求之外的需求两部分需求组成，基本需求是维持生活所必需的需求，在基本需求得到满足之后，消费者才将剩余收入按照消费者的边际消费倾向安排各种超过基本需求之外的非基本

① 日人均居民生活用水量来源：上海市水务局：《2012—2014年上海市水资源公报》，2012—2014年，见 http://222.66.79.122/BMXX/default.htm?GroupName=水资源公报。

② 唐要家、李增喜：《居民递增型阶梯水价政策有效性研究》，《产经评论》2015年第1期。

③ C. Liuch Constantino，"The Extended Linear Expenditure System"，*European Economic Review*，No.4，1973.

消费支出。[①]

利用扩展线性支出系统模型，基于2007—2013年上海市各年各个收入阶层的收入、消费支出的截面数据，估计待估参数，然后测算出居民基本的水费支出，并与实际支出对比。

1. 居民基本生活用水支出

效用具有可加性是扩展线性支出系统模型的基本原理，可以利用数据对消费者的生活消费结构直接进行分析。扩展线性支出系统模型的结构如下：

$$C_i = \overline{X} + \beta_i(1 - \sum_{j=1}^{n} P_j r_j) \tag{13-9}$$

C_i 为消费者对第 i 种商品的实际消费额，r_i 为维持正常生活时第 i 种商品的基本需求量，$\overline{X}_i$ 为维持正常生活第 i 种商品的支出，I 为消费者可支配收入，β_i 为消费者对第 i 种商品的边际消费倾向，$\sum_{j=1}^{n} P_j r_j$ 为人均年基本消费支出。

公式（13-9）写成以下计量模型为：

$$C_i = a_i + \beta_i I + \mu_i \tag{13-10}$$

$$a_i = \overline{X}_t - \beta_i \sum_{j=1}^{n} P_j r_j \tag{13-11}$$

式中，a_i 与 β_i 为待估参数，μ_i 为随机扰动项。

根据上述公式可以推导出：

$$\overline{X}_t = a_i + \beta_i \frac{\sum_{i=1}^{n} a_i}{1 - \sum_{i=1}^{n} \beta_i} \tag{13-12}$$

根据式（13-12）可以估计出 a_i 和 β_i，在此基础上再估计居民对第 i 种商品的基本需求和基本支出。

① 张嵘、吴静芳：《基于扩展性线性支出理论的阶梯水价模型》，《科学技术与工程》2009年第3期。

2. 设定三阶梯用水量模型

按照《指导意见》提出的要求，在2015年年底前，设市城市要全面实行居民阶梯水价，相应的阶梯水价和水量设置不低于三级，其中三级阶梯水价之间的比例最低为1∶1.5∶3，第一、第二级水量要覆盖80%和95%的居民家庭用户的用水量。

根据本章第二节假说二和本节求证，收入对居民用水具有影响，将收入分为五个阶层；同时假定每个阶层居民人数相同，那么每个阶层居民占总人口的比例也就是20%，第一阶梯水量上限就应该保障低收入、中低收入、中等收入以及中高收入这四个阶层的水资源需求。因此可以将中高收入户近三年的平均用水量作为第一阶梯用水量的上限，将高收入户近三年平均用水量的95%作为第二阶梯用水量的上限。所以可以得到：

$$Q_1 = \frac{1}{3}\sum_{i=1}^{3} q_{4i} \tag{13-13}$$

$$Q_2 = 0.95 \times \frac{1}{3}\sum_{i=1}^{3} q_{5i} \tag{13-14}$$

公式（13-13）公式与（13-14）中，Q_1 为第一阶梯用水量上限，Q_2 为第二阶梯用水量上限，q_{4i}为中高收入阶层第 i 年用水量，q_{5i}为高收入阶层第 i 年用水量上限。

3. 阶梯水价节水效应模型的设定

公式（13-9）两边同时除以价格 p_i，可以推出：

$$q_i = r_i + \frac{\beta_i}{P_i}\left(1 - \sum_{j=1}^{n} P_j r_j\right) \tag{13-15}$$

由公式（13-15），可以构建出 m 阶阶梯水价居民用水需求模型：

$$q_{总} = \sum_{i=1}^{m} q_i = \sum_{i=1}^{m} r_i + \sum_{i=1}^{m}\left[\frac{\beta_i}{P_i}\left(I - \sum_{j=1}^{n} P_i r_i\right)\right] \tag{13-16}$$

公式（13-16）中，$\sum_{i=1}^{m} q_i$ 表示实施阶梯水价情况下的人均年用水量，$\sum_{i=1}^{m} r_i$ 表示维持居民基本生活水平所必需的用水量，I 为人均可支配收入，

P_i 为第 i 阶梯水价，β_i 表示居民对阶梯水资源的边际消费倾向，$\sum_{j=1}^{n} P_j r_j$ 为人均年基本消费支出。

所以，没有实行阶梯水价时的人均年用水量可以通过令水价 P_i 为单一水价并利用上述公式计算得到。那么节水量可以表示为：

$$q_{节水} = q_{无} - q_{总} \tag{13-17}$$

（三）数据来源

根据《上海市统计年鉴（2007—2014）》可以获得城镇人均可支配收入、人均消费支出。《上海市统计年鉴》将人均消费支出、人均可支配收入按照收入水平的高低分为五组，即低收入户、中低收入户、中等收入户、中高收入户以及高收入户，居民消费可细分对食品、衣着、家庭设备用品及服务、医疗保健、交通和通信、教育文化娱乐服务、居住、水以及其他商品和服务的消费，其中水费支出为居住类支出下子科目，所以居住类支出要剔除水费支出。

（四）居民基本生活用水支出模型的结果分析

利用上海市2013年不同收入群体的水费支出以及食品、衣着等商品消费中的支出、可支配收入，运用OLS对式（13-10）估计待估参数，估计结果如表13-14所示。

表13-14　2013年扩展线性支出系统模型各种消费支出参数估计值

	a_i	β_i	$\bar{X}_i$	R^2	t值
食品	6425.82	0.078	7283.33	0.94	6.70
衣着	−65.18	0.048	462.52	0.97	10.01
家庭设备用品及服务	288.69	0.032	640.49	0.94	7.11
医疗保健	781.26	0.013	924.18	0.86	4.28
交通和通信	−1596.47	0.144	−13.37	0.97	9.19
教育文化娱乐服务	−810.98	0.112	420.32	0.98	11.39
居住	579.97	0.048	1107.67	0.93	6.27
水费	118.18	0.0009	128.07	0.95	7.86

续表

	a_i	β_i	$\bar{X}_i$	R^2	t值
其他商品和服务	-465.19	0.046	40.52	0.99	19.21
合计	5256.1	0.5216	10993.37		

表13-14结果显示：上海市2013年居民的边际消费倾向为0.5216，也就是居民每增加100元的收入，其中的52.16元将用于消费，消费支出中水费仅为0.09元。

另外，根据扩展线性支出系统模型，分别计算出上海市2007—2013年每年的基本水费支出，结果如表13-15所示。从表13-15中可以看出，在2007—2013年七年间，上海市居民生活用水的边际消费倾向保持在0.0007—0.0009，也就是说人均可支配收入增加1000元，水费支出仅增加0.7—0.9元，这也说明了上海市居民对上海市的水价是具有支付能力的。

表13-15　ELES模型水费支出参数估计（2007—2013年）

年份	a_i	β_i	$\bar{X}_t$	基本水需求	R^2	t
2013	118.18	0.0009	128.07	41.72	0.95	7.86
2012	114.87	0.0007	121.79	43.50	0.86	4.21
2011	108.8	0.0007	117.87	42.10	0.93	6.37
2010	96.64	0.0007	103.90	37.11	0.93	6.41
2009	80.07	0.0009	90.64	43.79	0.93	6.33
2008	76.36	0.0009	84.29	45.81	0.91	5.43
2007	79.53	0.0009	87.36	47.48	0.93	6.13

根据扩展线性支出系统模型的估计结果，可以得到估计的基本水费支出，将估计的基本水费支出与低收入及高收入群体的实际水费支出进行比较，结果如图13-13所示。由此，可以得出以下结论：首先，人均基本水费支出和人均实际生活水费支出随着居民收入水平的提高而提高；其次，高收入阶层用水需求远高于居民基本生活用水需求，说明高收入阶层使用了过量的水资源，高收入阶层存在较大的节水潜力；最后，2007—2013年

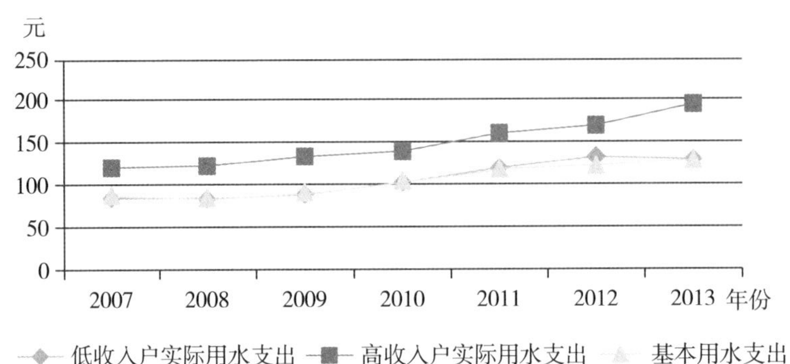

图 13-13 人均实际水费支出与估计的基本水费支出比较

上海市低收入阶层的实际水费支出变化趋势与估计的居民基本水费支出变化趋势基本一致，但低收入阶层实际水费支出略高于估计的居民基本水费支出，由此可以得出 2013 年上海市加权平均水价偏低，有略微的上调空间。考虑到上海市 2013 年 8 月已经开始实行阶梯水价制度，水价由 2.8 元/立方米上升至第一阶梯 3.45 元/立方米，所以这里认为 3.45 元/立方米的第一阶梯水价是合理水价。

（五）阶梯水量的参数估计

根据设定的阶梯水量模型，采用 2011—2013 年中高收入户的人均生活用水量的平均值作为人均第一阶梯用水量的最高限额，那么可以得出最高限额为 $Q_1=49.74$ 吨/年，根据上海市统计年鉴每户平均人口数据，可以选用 3 人/户计算阶梯用水上限，那么第一阶梯用水量每户上限为 150 立方米。采用 2011—2013 年高收入户的人均生活用水量的平均值作为人均第二阶梯用水量的最高限额，那么可以得出最高限额为 $Q_2=57.22$ 吨/年，第二阶梯用水量上限为 172 立方米。

表 13-16 2011—2013 年上海市各个收入阶层用水需求

单位：立方米

收入阶层 \ 用水需求 \ 年份	2011	2012	2013	平均
低收入家庭	42.50	47.14	42.02	43.89

续表

收入阶层 \ 用水需求 \ 年份	2011	2012	2013	平均
中低收入家庭	45.36	45.36	48.86	46.52
中等收入家庭	49.29	51.43	50.49	50.40
中高收入家庭	47.86	48.93	52.44	49.74
高收入家庭	57.14	60.36	63.19	60.23

（六）水价的确定与阶梯水价节水效应

为了证明上海市实施阶梯水价所能带来的节水效应，笔者假定上海市在2013年年初开始实行阶梯水价，那么就可以计算出实行阶梯水价能带来的节约用水量。

根据设定的阶梯水价节水效应模型，设置三级阶梯水价，第一阶梯用水是维持生活所必须使用的，第二阶梯用水可以认为是正常消费品，而第三阶梯用水是奢侈性用水，所以认为第一、第二、第三阶梯用水的边际消费倾向大小为$0=\beta_1<\beta_3<\beta_2<1$。根据表13-14可知，2013年上海市各收入户用水的边际消费倾向为0.0009，将该边际消费倾向作为居民第二阶梯用水需求的边际消费倾向，根据陈贺等研究，第三阶梯用水的边际消费倾向$\beta_3=0.1\beta_2$。①

2013年上海市实施阶梯式水价的人均年基本用水量：

$$q_{总}=\sum_{i=1}^{3}q_i=\sum_{i=1}^{3}r_i+\sum_{i=1}^{3}\left[\frac{\beta_i}{P_i}(I-\sum_{j=1}^{n}P_jr_j\right]$$

$\sum_{i=1}^{3}r_i$是维持居民生活所必需的用水量，根据表13-14估计出的基本水费支出和相对应水价，用2011—2013年的平均基本用水需求作为基本水需求，由表13-16可知，2011—2013三年平均的基本用水需求为42.44立方米。

① 陈贺、杨志峰：《基于效用函数的阶梯式自来水水价模型》，《资源科学》2006年第1期。

由表 13-15 可知，2013 年上海市城镇居民基本消费支出 $\sum_{i=1}^{3} P_j r_j =$ 10993.37 元，城镇居民人均可支配收入为 43851 元。

根据《指导意见》，水价设置的比例为 $P_1 : P_2 : P_3 = 1 : 1.5 : 3$，那么三阶梯水价分别为 3.45 元/立方米、5.175 元/立方米、10.35 元/立方米。

以上数据可以求得实施阶梯水价 2013 年上海市人均年用水量为 48.44 立方米。同时，假如不实施阶梯水价，2013 年水价为 $P_1 = P_2 = P_3 = 3.45$ 元/立方米，可以计算出未实行阶梯水价的情况下，居民年均用水量为 51.87 立方米。所以，可以得出实施阶梯水价后能带来人均每年 3.43 立方米的节水量。若以上海市 2000 万人口计算，那么每年居民用水可以节约 6860 万立方米的水资源，因此合理的阶梯水价制度可以充分实现水资源节约，提高用水效率。

（七）研究结论分析

单一水价对高收入家庭用水激励不足，阶梯水价可以激励高收入家庭节约用水，从而可以发挥价格的节约用水效果，进而提高用水效率。阶梯水价制度节水效应的发挥需要设定合理的阶梯水价级差，还要制订有效的阶梯用水量上限。通过引入扩展线性支出系统模型，测算出上海市居民基本水费支出并与最低收入户实际水费支出相比较，得出上海市 2013 年加权的居民水价偏低，3.45 元/立方米的第一阶梯水价是合理水价；同时，高收入户用水量高于基本用水，阶梯水价的实施可以降低这部分人群的不合理用水。另外，可以根据《指导意见》的要求设置 1∶1.5∶3 的阶梯水价比例，那么第二、第三阶梯水价应该分别为 5.175 元/立方米，10.35 元/立方米。

阶梯递增水价的另一个重要方面是各个阶梯的用水量上限，阶梯水价第一阶梯用水量上限过高，即使是高收入阶层的用水量也没有超过第一阶梯用水量上限，这时阶梯水价对过量用水就没有抑制作用。设定阶梯水量模型，分析上海市各个收入户的用水量，得出上海市第一、第二阶梯水量上限分别为 150 吨与 172 吨；同时，设定节水模型，分析发现阶梯水价有助于居民节水。阶梯水价的有效制订，可以通过价格机制对水资源进行有效配置，对于实现资源节约，提高用水效率发挥着重要作用。

第四节　规范分析：进一步推进水价改革的思路与对策

针对水资源供求的矛盾，政府要采取政策措施来缓解水供求的矛盾，减少居民不合理的用水需求。一般认为，解决供求矛盾有增加供给或者控制需求这两种方式，但是上海市水资源本身的稀缺使得增加水的供给受到了限制。所以，解决水资源供求矛盾的一个有效方式就是通过合理的水价机制来调节居民不合理的用水需求，因此以提高水价、制订合理的阶梯水价制度，从而提升居民水资源利用效率为手段的需求管理就变得日益紧迫。根据前述分析可以提出优化上海市水价制度的对策建议。

一、提高综合水价，促进居民节水

水价形成基础必须合理，即水价要包含资源水价、工程水价和环境水价，具体来说居民水价应由水资源所有者收益、制水企业成本及利润、污水治理成本和水生态保护成本构成。促进居民节水的水价调控政策应体现水资源稀缺性、水资源外部性内部化的要求和原则。上海市居民水价偏低，导致居民水费支出在可支配收入中的比重低于标准比重，从而造成居民浪费用水。应用水资源评价模型，结合工程水价和污水处理成本，得出上海市合理的水价为 8. 75 元/立方米，而上海市实际实行的第一、第二、第三阶梯水价分别为 3. 45 元/立方米、4. 83 元/立方米、5. 83 元/立方米，水价被低估，导致居民节水激励不足，水的供求矛盾突出。所以要提高综合水价，纠正价格缺失问题，发挥水价在水资源优化配置中的作用，促进居民节水。

二、基于资源水价被低估，尽可能提高资源水价

水资源费是水资源所有权在经济上实现的重要形式，为了获得水资源

的使用权，水资源的使用者必须要向水资源所有者支付水资源费。资源水价是否合理对水资源的开发利用、管理、节约和保护等都发挥着重要的作用，为促进水资源的有效使用，水资源费的征收需充分考虑地区经济发展的水平、水资源禀赋等因素。通过对上海市水资源状况、经济发展水平等因素的考量得出上海市合理水资源费与生态补偿之和为 5.10 元/立方米，而上海市实际征收的地表水资源费仅为 0.10 元/立方米，地下水资源费为 0.20 元/立方米，生态补偿在水价中则没有体现，水资源费占综合水价的比例很小，这显然难以达到水资源的保护和治理目的。上海市水资源费的征收标准可以参考北京市水资源费的征收标准，将地表水资源费提高至 1.60 元/立方米，地下水资源费提高至 4.00 元/立方米，平均水资源费为 2.80 元/立方米。总而言之，要提高水资源费的征收标准，强化水资源费的征收意识，加大与水资源费相关的法律法规的宣传。对收取的水资源费要提高管理水平，避免对收取的水资源费使用得不合理。水资源费可以用于水源地建设、水资源的综合考察和保护、水质的监测和调查评价以及水资源的科技研究，此外，收取的水资源费还可用于水资源宣传和人员培训及表彰激励方面。

三、制订合理的阶梯水价以激励居民节水

水是一种特殊的商品，居民对水的消费也像普通商品一样受到价格和收入的影响，虽然水商品缺乏弹性，水价上升 1%，居民对水的需求下降低于 1%，但是水价在一定程度上还是可以影响居民对水的不合理需求。不同收入阶层对水的需求不一致，低收入户使用的是维持基本生活用水，高收入阶层使用过量的水，如果实行单一水价制度或者实行阶梯水价制度但阶梯水价比例过低，在经济上就不能给高用水户造成压力。水价能够控制居民不合理用水需求，此外，居民用水需求的价格弹性随收入的变化而变化，随着收入水平的提高，价格对居民用水需求的影响相应的越大，说明阶梯式递增水价制度对促进居民节约用水具有显著的效应。所以应该采用更有利于节水的阶梯水价制度，而且阶梯水价之间的比例也要适当扩

大。在考虑到低收入户的基本生活用水需求后，根据《指导意见》建议1∶1.5∶3的阶梯水价比例，上海市第一、第二、第三阶梯水价应该调整分别为3.45元/立方米、5.175元/立方米、10.35元/立方米。采用阶梯水价这种累进递增的水价制度，一来可以保证低收入户的基本用水，不会给居民造成经济负担；二来可以提高用水效率，用第二、第三阶梯的高水价来弥补第一阶梯的低水价，水价对居民用水需求有显著的影响，递增的阶梯水价还可以减少高收入阶层的用水需求，提高水资源的利用效率。

四、降低各个阶梯用水量上限，优化阶梯水价

阶梯型递增水价制度具有较好的促进社会公平，保证低收入户的基本用水需求，同时还可以实现水资源节约和提高居民用水效率的效应，许多国家和地区已经采用了阶梯式递增水价制度，阶梯式递增水价已成为重要的水价制度，而且我国也在大力推行居民用水阶梯式递增水价制度。阶梯水价是一种能够有效促进节约用水的水价制度，阶梯水价制度发挥节约用水效应需要两个条件：一是各个阶梯水价之间的比例要合理，二是各个阶梯水量上限的合理制订。如果各个阶梯水量上限设置不合理的话，递增的阶梯水价制度就是形同虚设，高阶梯水价发挥不了作用。上海市水生态环境十分脆弱，合理的阶梯水价制度通过提升水价努力实现本地区的水资源供需平衡和居民福利的提升。根据《指导意见》的要求，第一阶梯用水量要覆盖80%居民的用水需求，第二阶梯用水要覆盖95%居民的用水需求，如果将居民按收入分为五个阶层，假定每个阶层占比都相同的情况下，得出第一阶梯用水量的上限为150吨，第二阶梯用水量的上限为172吨，而实际上上海市的第一、第二阶梯用水量的上限分别为180吨和300吨，因此阶梯水价用水量上限设置不合理。

实行阶梯水价的根本目的是保证居民基本水资源需求的基础上充分发挥价格对居民对水资源需求的调节作用，从而达到节约用水，提高水资源利用效率的目的。因此，需要调整优化阶梯水价的用水量上限，从而可以凭借最优的方式实现保障社会公平、水资源节约和提高居民用水效率，缓

解水资源供求矛盾。

五、对水源保护区的水生态保护行为应该进行生态补偿

在居民用水需求中，对饮用水的要求和标准是所有用水要求和标准中最高的，能否持续提供安全有保障的居民饮用水对社会和谐健康稳定发展具有重大意义。上海市水环境污染严重，水源地的保护是上海市的重点任务，水源地的优劣直接关乎上海市2000多万人口的用水安全，所以要加强水源地的保护工作，对水源地前期建设、水源地维护和日常的监测工作要持续推进，同时对水资源的保护工作也要进行广泛的宣传与教育。水源地的保护工作是一种正外部性行为，所以水价中就要体现这种正外部性，实施“谁保护，谁受益”的生态补偿机制。同时还要鼓励对水源地的保护行为，对保护水源地的正外部性行为进行生态补偿可以形成一种良性循环，激励水资源保护者更加积极对水源地进行生态保护。对这部分补偿可以用收取的水资源费和生态补偿来弥补，即以收取的水资源费和生态补偿对给定的由其他地区或其他主体生态保护的水资源进行生态补偿。

上海市拥有黄浦江上游、陈行水库、青草沙水库以及东风西沙水库四大水源地，此外，上海市还在加紧建设黄浦江上游水源地以提高供水能力，缓解供水压力。水源地建设步伐加快的同时还要保证供水水质，努力保障居民用水安全，避免因企业随意排污、不合理排放、不达标排放以及居民废水随意排放等问题对水环境造成的污染。对于企业随意排放、不合理不达标排放造成水体污染的，要追究其责任，加大处罚，以落实“谁污染，谁治理”的原则。

第十四章　新安江流域生态补偿制度的案例分析

水资源的流动性特征决定了流域水资源的开发利用和生态保护需要流域相关利益主体的一致性行动。由于河流流经的行政区域不仅是流域水资源开发利用的主体代表，也是区域性利益的具体承担者。古往今来，流域内不同行政区域边界上的水资源冲突不断。中国大部分流域都具有跨界的特征，依流域面积不同，流域的跨界包括省际边界、市际边界和县际边界等不同层面，也被称为流域的跨行政区域问题。流域跨界问题可表现为流域跨界水污染、流域跨界取水争端、流域跨界水利工程建设冲突、流域跨界生态补偿和水利工程补偿等问题。新安江流域跨越安徽和浙江两省，由于流域上下游的经济发展水平差异，跨界流域生态保护补偿和环境损害赔偿问题十分典型。2012 年开始的新安江流域生态补偿机制试点是全国第一个跨界流域生态补偿机制试点，在中央主导下，地方政府之间通过生态保护补偿制度和环境损害赔偿制度的有机组合，有效地推动了生态经济化和经济生态化的发展，更是“绿水青山就是金山银山”的典型示范，对全国范围内跨界流域的制度设计和创新具有重要的指导意义。本研究首先回顾了新安江流域从冲突到合作的演变历程，进而从理论上分析了制度设计在跨界流域生态补偿中的作用，运用新安江流域的案例实证分析了制度实施的绩效，最后提出了建立以市场导向为主跨界流域生态保护的耦合制度模型。

第一节 案例描述：新安江流域从冲突到合作的演变

一、新安江流域上下游生态与经济特征

新安江是跨越安徽和浙江两省的重要水域，“源头活水出新安，百转千回下钱塘”。新安江发源于安徽省黄山市休宁县境内海拔 1629 米的六股尖，为钱塘江正源，包括 600 多条大小支流，是安徽省第三大水系，是浙江省最大的入境河流。新安江流域总面积 11452.5 平方公里，干流总长 359 公里。

（一）新安江流域上下游生态特征

新安江流域属亚热带季风气候区，温暖湿润，雨量充沛，光照充足，多年平均气温 17℃，最低月平均 5.8℃，最高月平均 28.9℃；地貌以山地丘陵为主，海拔为 700—1200 米；植被茂密，森林覆盖率达 75%以上；多年平均降水量 1733 毫米，人均水资源量 6405 立方米。流域山高坡陡、降水强度大，容易诱发滑坡、崩塌和泥石流等地质灾害，有地质灾害隐患点 1660 多处，水土流失面积 2300 多平方公里。新安江安徽境内流域面积 6440 平方公里，占流域总面积的 55.7%。皖浙省界断面（街口断面）多年平均径流量为 65.3 亿立方米，占千岛湖多年平均入湖总量的 68%以上。千岛湖是新安江水电站建成蓄水后形成的全国最大淡水人工湖。千岛湖集水面积 10442 平方公里，正常水位 108 米时，库容 178.4 亿立方米，水域面积 580 平方公里，其中 98%在浙江省淳安县境内。新安江流域多年平均天然径流量（地表水资源量）126.7 亿立方米，其中年均入千岛湖水量 115.2 亿立方米。[①] 新安江水库不仅是长江三角洲地区著名的风景名胜区，也是该地区重要的饮用水水源地和渔业生产基地，更是钱塘江水源涵养区。

---

① 国家发展改革委《关于印发千岛湖及新安江上游流域水资源与生态环境保护综合规划的通知》（发改地区〔2013〕2679 号）。

（二）新安江流域上下游经济特征

浙江、安徽两省经济发展水平差异较大，流域下游的经济水平明显高于流域上游经济水平。从省际层面看，2010 年，浙江省人均地区生产总值为 5.17 万元，高于全国平均水平 73%；安徽省人均地区生产总值为 2.09 万元，低于全国平均水平 30%，浙江省人均地区生产总值是安徽省的 2.5 倍。从流域层面看，2010 年浙皖两省流域内人均地区生产总值分别为 3.19 万元和 2.07 万元，安徽省流域人均地区生产总值仅为浙江省的 65%。流域下游杭州市的人均 GDP 一直显著高于流域上游黄山市的人均 GDP，见图 14-1。淳安县为浙江省 26 个欠发达县之一，在杭州市属于经济发展水平落后的县域，但淳安县人均 GDP 仍高于黄山市人均 GDP，而安徽省内歙县、休宁、祁门、绩溪 4 个县为省级贫困县，人均 GDP 低于黄山市水平。因此，新安江流域上下游经济水平差异较为悬殊。

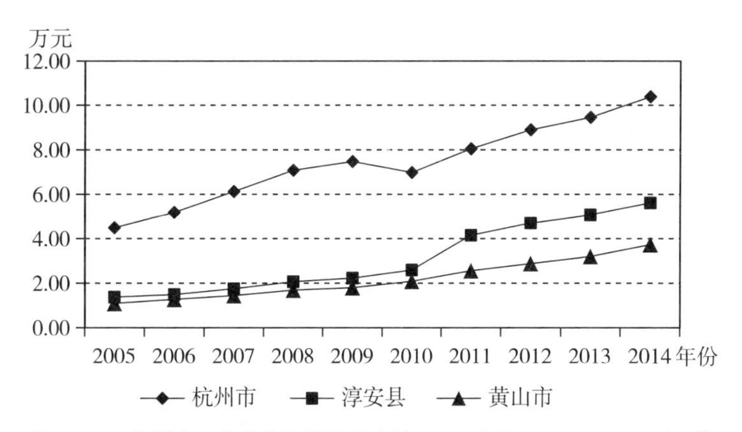

图 14-1　杭州市、黄山市和淳安县人均 GDP 水平（2005—2014 年）①

因此，处于流域上下游的皖浙两省对于千岛湖及新安江流域上游水资源和生态环境保护以及经济社会发展方面，存在着不同的诉求和愿望，下游浙江省要求上游地区加大保护力度，以满足下游地区发展所需的丰沛水量和优质水源，而上游安徽省加快发展的愿望十分强烈，发展基础能力薄

① 资料来源：杭州市和黄山市数据来自于 2006—2015 年中国城市统计年鉴；淳安县数据来自于 2006—2015 年杭州市统计年鉴。

弱以及因保护而限制发展的问题日益凸显。区域发展不平衡，使得水资源发展与保护的矛盾十分突出。

二、新安江流域水功能的演化

伴随着新安江流域的经济发展和社会变革，水体功能发生了明显改变。新安江水库在建立之初，主要发挥发电和防洪功能；随着经济结构和经济水平的发展，作为大型水库及湿地所具有的压咸补淡、调节气候、降解污染、维护生物多样性等生态功能使得新安江流域逐步转变为旅游和服务功能；而伴随着备用水源方案的提出和千岛湖引水工程的确定，新安江流域水功能转变为饮用水源。每一次水功能的转变，都意味着对新安江流域生态环境要求的提升，也意味着新安江流域水资源的重要性提升。

第一阶段：新安江水库的建设——发电与防洪功能。

新安江水电站是新中国第一座水电站，于 1959 年 9 月 21 日截流蓄水形成分枝山谷型水库，流域面积 10442 平方公里。主要包括浙江省的淳安县及安徽省黄山地区的歙县、休宁县等，入库河流 33 条，蓄水库容 178. 4×108 立方米。库区纵长 150 公里，最宽处 10 公里，最大水深 100 米，平均水深 31. 13 米，岸线长度 1406 公里。新安江水库是华东地区的一座特大型水库，具有湖泊型水库的典型性状，平均气温 17. 8℃，平均降水量 1489 毫米，平均蒸发量 1355 毫米，入库净流量 94.1×10^{8} 立方米，出库水量 90.0×10^{8} 立方米，换水周期 2 年。上游的新安江是主要入库河流，街口断面以上集雨面积 6000 平方公里，入库径流量占总径流量的 60. 2%。①

新安江水库的建立是为了满足上海、杭州等大城市的用电需求，以 30 万亩耕地、26 万间房屋以及 29 万移民为代价，用淳安、遂安古城及周边 986 个村镇和安徽 6 个乡镇，建设了具有 14 个浙江省需求的发电容量。淳安县由余粮县变成了缺粮县，由浙江省最富庶的甲级县变成了贫困县。据《淳安县志》记载，水库蓄水淹没了数百个历史悠久的繁盛市镇和村落，

① 韩晓霞、朱广伟、吴志旭等:《新安江水库（千岛湖）水质时空变化特征及保护策略》，《湖泊科学》2013 年第 6 期。

共淹没牌坊 265 座，形成了水下古城遗址。

第二个阶段：千岛湖国家级风景旅游区的形成——旅游功能。

千岛湖是新安江水电站建成蓄水后形成的人工湖，有 1078 个岛屿。千岛湖是两江一湖（富春江、新安江、千岛湖）国家级重点风景名胜区的主要组成部分，是中国 5A 级旅游区，首批全国文明森林公园，年接待游客 500 多万人次。千岛湖所在的县城——千岛湖镇曾获得“国际花园城市”和“中国最佳自然生态名镇”的称号。千岛湖汇水区域 10442 平方公里，湖中大小岛屿形态各异，群岛分布罗列有致。千岛湖岛屿上森林覆盖率达 95%，植物种类丰富，景区保存着比较完整、面积较大的阔叶混交林区及千亩田、磨心尖的植物分布群落，具有组织植物景观、植被考察和开展专项旅游等特色资源。千岛湖有 13 科 94 种形态各异的鱼类资源，可开展展览、垂钓、围捕等丰富的特色旅游项目。野生动物资源有兽类动物 61 种、鸟类 90 种、爬行类 50 种、昆虫类 16 目 320 科 1800 种，两栖类 2 目 4 科 12 种。在地质构造上，形成了山峰、峭壁、岩石、峡谷等独具特色的景观。千岛湖四周群山连绵，林木繁茂，生态环境优美，生态资源丰富，盛产茶叶、蚕桑、木材、毛竹等，湖内淡水鱼有 87 种，年捕鱼量达 4000 多吨。

在“山水资源综合开发”的理念引导下，以环境立县战略引领经济发展，淳安县确立了“山水资源”在经济发展中的主导地位。2004 年 5 月 28 日，《淳安生态县建设规划》明确提出要依托千岛湖的生态优势和资源优势，全面实现人与自然和谐发展；2005 年 3 月 11 日，淳安县第十三届人大三次会议通过了《关于进一步加强千岛湖保护的决议》，把千岛湖生态环境保护和建设提到依法治理的高度。千岛湖的旅游和服务功能日益凸显，环境保护工作开始由污染防治为主向生态保护与建设为主的转型。

第三阶段：千岛湖引水方案和工程竣工——饮用水源功能。

杭州市水源单一，80%以上的饮用水来自钱塘江，钱塘江一旦发生突发性污染事故，杭州就面临断水的危险。为缓解杭州市供水单一的潜在危机，2003 年，浙江省成立了新安江引水工程前期工作领导小组。引水方案计划每年从千岛湖取水 13 亿立方米，分别向杭州和嘉兴供水，总投资为 128 亿元。由于杭州和嘉兴本身不属于缺水地区，到千岛湖引水又属于跨流域引水。因此，引水方案遭到专家们的反对，一度被搁置。随着杭州市水源面临环境污染和咸潮的威胁，嘉兴市难以在短时期内解决地表水污染等问题的出现，千岛湖引水工程于 2010 年年底被再次提上议事日程。《浙江省国民经济和社会发展第十二个五年规划纲要》提出“加快千岛湖引水工程等研究前期工作”，强化杭州市、嘉兴市等城市的水资源配置能力；《杭州市国民经济和社会发展第十二个五年规划纲要》提出“积极推进千岛湖引水前期工作”；《嘉兴市国民经济和社会发展第十二个五年规划纲要》也提出“会同杭州市加快开展从千岛湖等地引水的研究和建设工作”。千岛湖引水工程的实施意味着千岛湖主要功能的变化，即从防洪和发电功能为主转向防洪和饮用功能为主，其中备用水源转变为正式水源，并逐步成为长三角地区的战略水源地，千岛湖的生态经济价值不断提升。

作为水源保护区，引水工程实施后对包括淳安县在内的水源区的环境保护要求会更高，环境保护的范围会更广，环境保护的投入会更大，以确保饮用水源安全。千岛湖引水工程是对新安江流域生态保护成就的充分肯定，同时对新安江流域未来生态保护提出了更高的要求。

三、新安江流域从矛盾到冲突再到合作的过程

（一）千岛湖湖区水体富营养化事件引发矛盾突出

自 1998 年以来，千岛湖频频遭受蓝藻侵袭，水质营养状态为中营养水平，并有加剧之势，入境水质也呈缓慢恶化趋势。受上游来水影响，湖水水质呈下降和富营养化趋势。按照 24 项指标评价，2001—2011 年千岛湖水质分类为Ⅲ—Ⅳ类，其中 2008 年为Ⅳ类，其余各年均为Ⅲ类。各年度主要招标项目为总氮。2001—2005 年均为贫营养状态，2006—2011 年均为营养状态，综合营养状态指数表明新安江水库营养状态逐步上升，由贫营养

状态向中营养状态转变，水质变化状况不容乐观。[①]

千岛湖湖区的主要问题是藻类异常增殖引发水体透明度下降和异味物质问题。1998 年、1999 年新安江水库中心湖区和威坪水域发生大面积季节性蓝藻事件，2004 年、2005 年威坪再次出现曲壳藻异常增殖，2007 年坪山水域出现束丝藻异常增殖，2010 年发生较大范围的鱼腥藻异常增殖，严重影响了水体的透明度。[②] 新安江水库主要水质问题是浮游植物生物量偏高，水库比较敏感的水质感官指标透明度也受藻类生物量的影响。[③]因此，新安江水库水质保护的核心是降低浮游植物生物量，防范藻类异常增殖。控制水体浮游植物生物量，削减流域营养盐入库量，同步注重磷、氮控制，优化渔业管理，发挥浮游动物和滤食性鱼类对藻类生物量控制的双重作用，降低新安江水库水体富营养化风险。

按照国家和省主体功能区规划，千岛湖及其上游流域是以禁止开发和限制开发为主的区域。由于新安江流域上游的安徽省黄山市与下游的浙江省杭州市经济发展水平不同，利益关切点不尽相同，使得新安江流域经济社会发展与流域生态环境保护的矛盾更加突出。

（二）跨省域流域治理引发观点冲突

千岛湖水质恶化趋势与上游新安江来水有关。新安江在安徽黄山市歙县街口镇进入浙江省境。2001—2007 年，街口江段水质是Ⅳ类水，2008 年变成更差的Ⅴ类水。8 年间，街口江段总氮污染指标上升了 34.5%，总磷污染指标上升 44%，江水透明度下降了 18.5%，变成 243 厘米。2004 年 11 月，全国人大环资委对新安江流域生态保护和污染防治相关工作进行了调研，提出建立流域生态共建共享示范区的理念。2006 年，全国人大环资委

---

① 盛海燕、吴志旭、刘明亮等：《新安江水库近 10 年水质演变趋势及与水文气象因子的相关分析》，《环境科学学报》2015 年第 1 期。

② 余员龙、任丽萍、刘其根等：《2007—2008 年千岛湖营养盐时空分布及其影响因素》，《湖泊科学》2010 年第 5 期。吴志旭、兰佳：《新安江水库水环境主要问题及保护对策》，《中国环境管理》2012 年第 1 期。

③ 韩晓霞、朱广伟、吴志旭等：《新安江水库（千岛湖）水质时空变化特征及保护策略》，《湖泊科学》2013 年第 6 期。

联合安徽省人大代表团和部分浙江省人大代表，向全国人大十届四次会议提出了“关于建立新安江流域生态共建共享示范区的建议”，该议案被十届全国人大常委会确定为当年12个重要督办的一号议案。2007年，国家发展改革委、财政部、环保部等初步明确了将新安江流域作为跨省流域生态补偿机制建设试点的意向。2010年11月，全国政协人资环委调研组针对千岛湖调研后形成了《关于千岛湖水资源保护情况的调研报告》，报告认为，千岛湖水环境安全形势令人担忧，迫切需要从国家层面采取强有力政策措施。调研报告得到了中央领导的重视和重要批示，指出千岛湖是我国极为难得的优质水资源，加强千岛湖水资源保护意义重大，浙江和安徽两省要从大局着眼，从源头控制污染，走互利共赢之路。报告强调要尽快建立科学合理的生态补偿机制。然而，跨省流域治理需解决以下几个难题。

省际经济发展水平差异导致难以找到均衡点。新安江的上游是安徽黄山市，中游是杭州的淳安县和建德市，下游是杭州市。同饮一江水的上下游地区经济社会发展水平相去甚远。黄山市一直非常重视生态环境保护，在安徽省16个地级市中，黄山市规模以上的工业企业仅有590户，占全省的4%，经济发展水平较低，需要在发展和保护之间进行权衡。经济发展水平处于全国领先地位的浙江省率先遭遇“成长中的烦恼”，对环境质量需求更大，财力投入和制度建设更加充分。一边是必须保护的千岛湖水质，一边是黄山人民的富裕之路，单纯凭借浙皖两省之间谈判、磋商难以找到利益诉求的均衡点。

省内生态补偿制度难以在省域之间推广。浙江对水源地生态补偿的探索是由基层自发开展的，2006年开始浙江省每年安排2亿元，对钱塘江源头地区10个县（市、区）进行生态补偿，根据生态公益林、大中型水库、产业结构调整和环保基础设施建设等四大因素由当地根据自身生态环境保护重点安排使用。2008年，浙江省在完善钱塘江源头地区试点工作经验的基础上，对八大水系源头地区45个市县实施生态环保财力转移支付政策，成为全国第一个实施省内全流域生态补偿的省份。浙江省财政安排生态环保财力转移支付资金从2006年的每年2亿元提高到2012年的15亿元。生态补偿机制的推行旨在将生态文明理念内化为地区绿色发展需求，在发展中注重生态建设和环境保护，推进资源的可持续利用。然而，跨省补偿无法可依，现有法律、法规及政策尚无生态补偿的相关固定，省内的制度难以在跨省范围内推行。

跨界流域水质评价指标选定有分歧。在评判交界处新安江水质指标的基准标准时双方存在分歧。安徽省认为河流水质的Ⅲ类水能够作为饮用水源地，选用河流水质的Ⅲ类水作为评判基准。浙江省认为千岛湖是一个湖泊，应该以湖泊Ⅱ类水水质作为评判基准。由于河流水质标准中不包括湖泊水质标准中评价的总氮指标，而总氮正是水体富营养化的重要指标，也是评价湖泊水质的重要指标之一，对湖泊生态安全的影响重大。

（三）顶层设计的制度创新带来全国首个跨界流域合作

千岛湖及新安江流域是浙皖两省重要的天然生态屏障和黄金旅游地，已经成为两省人口和城镇相对密集、生态和人均环境最好的区域之一。随着长三角地区改革开放水平的进一步提高，对千岛湖和新安江流域的水资源环境安全提出了更高的要求，亟须探索上下游统筹协调、保护发展互促双赢的流域科学发展之路。2011年2月，新安江及千岛湖流域保护工作迎来重大机遇，党和国家领导人习近平、李克强等先后作出重要批示，要求浙江、安徽两省要着眼大局，从源头控制污染，走互利共赢之路，避免重蹈先污染后治理的覆辙。

在国家层面的组织协调下，2011年10月，国家财政部、环保部牵头组织的全国首个跨省流域生态补偿机制试点在新安江启动，颁布了《新安江流域水环境补偿试点实施方案》。安徽和浙江两省签订新安江流域水生态保护补偿协议，协议期限三年。设立新安江流域水资源生态补偿资金，双方达成一致，把新安江最近三年的平均水质作为评判基准，以街口断面水污染综合指数作为上下游补偿依据。由顶层设计的制度创新带来了省际层面的真正合作，制度设计如图14-2所示。

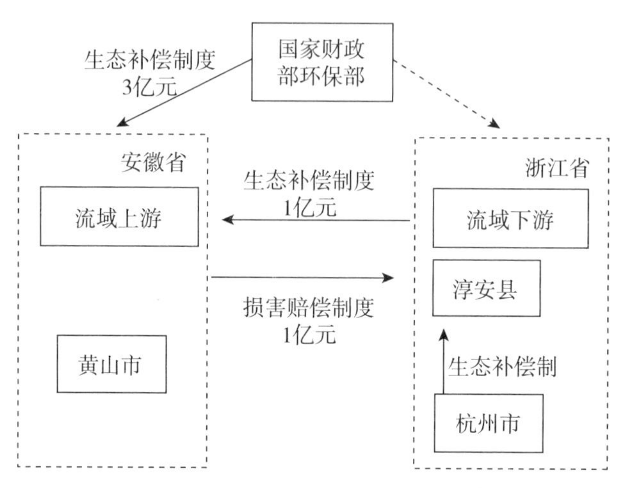

图 14-2 新安江流域试点方案的制度示意图

新安江流域水环境补偿试点实施方案如下：

1. 设立新安江流域水生态补偿资金

每年安排补偿资金 5 亿元，其中中央财政出资 3 亿元，浙江与安徽两省分别出资 1 亿元。补偿资金专项用于新安江流域产业结构调整和产业布局优化、流域综合治理、水生态保护和水污染治理等方面。具体包括上游地区涵养水源、水环境综合整治、农业非点源污染治理、重点工业企业污染防治、农村污水垃圾治理、城镇污水处理设施建设、船舶污染治理、漂浮物清理以及下游地区污水处理设施建设和水环境综合整治等。

2. 明确纳入补偿范围的水质项目

补偿项目为《地表水环境质量标准》中高锰酸盐指数、氨氮、总氮、总磷四项指标。

3. 确定上下游资金补偿办法

按照《地表水环境质量标准》，以四项指标常年年平均浓度值（2008—2010 年 3 年平均值）为基本限值，测算补偿指数资金。补偿指数测算公式如下：

$$P = k_0 \times \sum_{i=1}^{4} k_i \frac{C_i}{C_{io}} \qquad (14-1)$$

式中，P 为街口断面的补偿指数。k_0 为水质稳定系数，考虑降水径流等自然条件变化因素，k_0 取值 0.85。k_i 为指标权重系数，按四项指数平均，k_i 取值 0.25。C_i 为某项指标的年均浓度值。C_{i0} 为某项指标的基本限值。

若 $P \leqslant 1$，浙江省 1 亿元资金拨付给安徽省；若 $P > 1$ 或新安江流域安徽省界内出现重大水污染事故（以环境保护部界定为准），安徽省 1 亿元资金拨付给浙江省。不论上述何种情况，中央财政资金全部拨付给安徽省。

4. 监测断面及采样要求

监测断面以安徽和浙江两省跨界的街口国控断面作为考核监测断面，由中国环境监测总站组织安徽和浙江两省开展联合监测。以鸠坑口国家水质自动监测站（与街口断面位置相同）的监测数据作为参考。采样要求上，安徽和浙江两省监测人员须在采样断面同时采集水样，进行相同的前处理，然后分成两份样品，双方各取一份样品进行测试分析。如发生水污染事故，经一方提议，双方应及时进行应急监测。如果自动监测站数据出现明显异常，经一方提议，双方应进行加密监测。监测时间及频次为手工监测每月一次，自动监测每日六次。两省监测数据实现共享，按规定时间报送中国环境监测总站。

第二节　理论假说：跨界流域水制度创新可带来显著的制度绩效

一、水资源保护的正外部性需要制度设计来避免资源的低效配置

水的流动性、可再生性、多用途性和流域整体性，决定了水资源产生的效益具有显著的外部性特点。由于水资源保护的正外部性特点，流域上游水资源保护的正外部效应会一部分或大部分转移到下游地区，通过实施区域间生态保护补偿制度可以解决外部性的内部化，避免水资源配置的扭

曲和低效，见图 14-3。[①] 图中，横轴表示产量，纵轴表示价格。

当存在外部性经济时，上游地区水资源保护在全流域的边际社会效益 *MSB* 大于边际私人效益 *MPB*。两条线之间的部分即为正外部效应。上游投资水源涵养与生态保护时，如果其投资行为由 *MPB* 和边际成本 *MC* 决定，这时保护规模 Q_1 小于由 *MSB* 和 *MC* 决定的有效保护规模 Q_2。如果流域上游地区水资源和水环境保护现状较好，保护投入比较充分，保护规模 Q 往往处于 Q_1 与 Q_2 之间。此时，社会效益为 OP_sE_sQ，私人效益为 OP_pE_pQ，则存在相应的外部正效应为 $P_pP_sE_sE_p$，保护成本为 OP_cEQ。对流域生态补偿量的测算来讲，补偿量的下限为 E_1EE_p，上限应不超过全部的外部正效应 $P_pP_sE_sE_p$。

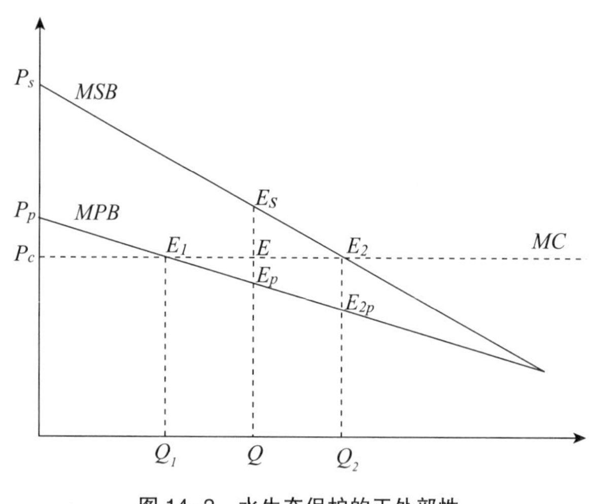

图 14-3 水生态保护的正外部性

二、水环境污染的负外部性需要制度设计来避免环境的损害

假定流域上下游分别为甲地和乙地，如果甲地不是流域的水源保护地，就可以同其他地区一样发展工业，并在环境容量范围内排放相应的废

① 许凤冉、阮本清、汪党献等:《流域水资源共建共享理念与测算方法》,《水利学报》2010 年第 6 期。

弃物。如果甲地成为流域的水源保护地，必须严格控制污染排放的权利来保证供给下游的水质。污水排放权更是发展权，甲地为保证水质必须关停部分污水排放企业，或者付出更高的成本对污水处理后排放，甚至丧失了部分生活污染权。因此，甲地丧失的这部分排污权是由于乙地对水源保护要求所导致的，即下游需要向上游购买和补偿的污染权。①由于排污权是与环境容量紧密相关，更好地理解排污权需要先理解环境容量。环境容量指在人类社会和自然环境不致受害的前提下某一区域所能容纳的污染物的最大负荷量。环境容量有两个层次：第一层次指维持生态平衡的环境容量，相对客观并具有相对稳定性；第二层次指维持人们满意的环境容量，相对主观并不稳定性，随着人们生活水平的提高而发生变化。

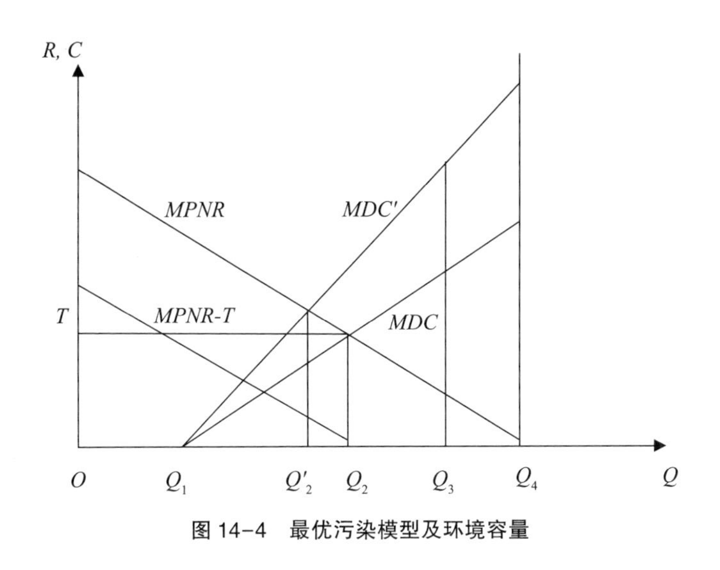

图 14-4　最优污染模型及环境容量

借助于最优污染模型可加深对环境容量的，见图 14-4，横轴表示产量，纵轴表示收益（R）或成本（C）。向右下方倾斜的曲线表示私人边际净收益曲线（$MPNR$）。对于追求利润最大化的企业而言，在没有环境管制的背景下，只要存在边际净收益，就愿意扩大产量，因此，最大的产量是

① 魏楚、沈满洪：《基于污染权角度的流域生态补偿模型及应用》，《中国人口·资源与环境》2011 年第 6 期。

Q_4。但是，伴随环境污染的Q_4产量是一个过大的产量，存在严重的环境污染损害。向右上方倾斜的曲线表示边际外部损害成本曲线（MDC）。当产量为Q_1时，与Q_1产量相对应的污染物排放量（E_1）就是第一个层次的环境容量——完全能够维持生态平衡的环境容量。当产量为Q_2时，与Q_2产量相对应的污染物排放量（E_2）是一个最佳排放量。因为，产量减少到Q_2以下，例如Q_2'，会导致社会净收益的减少量大于环境损害成本的减少量；产量增加到Q_2以上，例如Q_3（对应的污染物排放量是E_3），会导致社会净收益的增加量小于环境损害成本的增加量。所以，Q_2是一个最佳产量，与Q_2相对应的污染物排放量（E_2）是一个最佳排放量。当产量为Q_2时，与Q_2相对应的污染物排放量（E_2）就是第二个层次的环境容量——维持人们满意程度的环境容量。

边际外部损害成本曲线（MDC）斜率的大小是与人们对环境损害的价值评价相关联的。随着经济社会的发展，人们对优质生态环境和优质生态产品的需求呈现出递增的趋势。这样，就会导致边际外部损害成本曲线（MDC）以Q_1点为中心按照逆时针方向转动，例如转动到MDC'的位置。由此，使得维持人们满意程度的环境容量从Q_2减少到Q_2'。现实生活中，污染物的排放量未必正好处于最优污染量水平。山不清、水不秀、天不蓝、地不净的现象正是实际污染量超过了最优污染量E_2。因此，水环境损害赔偿机制可以解决资源配置的扭曲和损害。

三、激励与约束耦合的制度安排可能使跨界流域治理效果更佳

跨界流域需要上下游对生态的共同保护和上下游对环境污染的共同治理。选用单一的制度设计虽然具有一定的效果，选用生态保护补偿和环境损害赔偿制度耦合的制度安排具有更显著的制度绩效。

（一）跨界流域的重复博弈框架

流域污染的显著特点在于污染物的流动性，包括污染物的单向流动和双向流动，污染的单项流动往往是上游排放的污染物随水流向下游迁移，污染的双向流动往往是在相对静态的湖泊或水库，因风引起的垂直方向环

流带动的污染。在湖泊和水库水域周边任一污染源排放的污染物都会对整个湖泊或水库的水质产生影响，进而对水域周边其他地区带来一定的环境损害，即跨界的流域污染问题。流域污染造成的危害不容忽视；同时，合理有效的污染治理可获取一定的经济回报。从循环利用的角度，污染也可看成是一种生产要素，能够带来经济效益，一味地削减排放会在一定程度上限制经济发展。从地区总效益最大化出发，需要平衡流域排污的效益和损失，因此跨界污染问题就构成了相关地区间的博弈关系。治理流域污染是一种三方博弈行为，即上游区域、监管部门以及下游区域。以多决策人利益最大化为目标的博弈理论在环境经济研究中得到了快速应用。李斯特（List）等应用微分博弈分析了次优条件下跨界污染治理的最优制度安排问题，建立了统一决策和分散决策两种制度下的微分对策模型。[①] 约根森（Jorgensen）等利用合作微分博弈理论，研究了上下游地区的污染治理问题，并设计了符合时间一致性的转移支付机制。[②] 杨（Yeung）构建了一个多国家或地区生产部门的跨界污染合作博弈模型。[③] 屈宇飞运用演化博弈理论分析了南水北调工程沿线地方政府的策略选择。[④] 吴瑞明针对流域污染治理中的演化博弈稳定性进行分析。[⑤] 常亮针对辽河流域构建了跨界流域生态补偿中的政府间演化博弈模型，形成了跨界流域生态补偿准市场中的政府间三方动态博弈模型。[⑥]

流域污染治理可理解为三方的博弈行为，三方分别是上游区域、监管

---

① List J. A., Mason C. F., "Optimal Institutional Arrangements for Transboundary Pollutants in a Second—best World: Evidence from a Differential Game with Asymmetric Players", *Journal of Environmental Economics and Management*, Vol. 42, 2001.

② Jorgensen S., Zaccour G., "Time Consistent Side Payments in a Dynamic Game of Downstream Pollution", *Journal of Economic Dynamics & Control*, Vol. 25, 2001.

③ Yeung D. W. K., "Dynamically Consistent Cooperative Solution in a Differential Game of Transboundary Industrial Pollution", *Journal Optim Theory Appl.*, Vol. 134, 2007.

④ 屈宇飞、王慧敏：《南水北调供水区水污染治理策略选择的演化博弈分析》，《统计与决策》2012年第5期。

⑤ 吴瑞明、胡代平、沈惠璋：《流域污染治理中的演化博弈稳定性分析》，《系统管理学报》2013年第6期。

⑥ 常亮：《基于准市场的跨界流域生态补偿机制研究——以辽河流域为例》，大连理工大学，博士论文，2013年。

部门以及下游区域。针对新安江流域，从演化博弈的角度，采用动态复制方程，建立以上、下游区域群体及政府监管部门为主体的三方博弈模型，见图 14-5。

基于对新安江生态保护补偿决策和实施过程中，中央政府与安徽、浙江两省间的利益关系进行分析，对构建的政府间三方博弈模型作出以下假设：

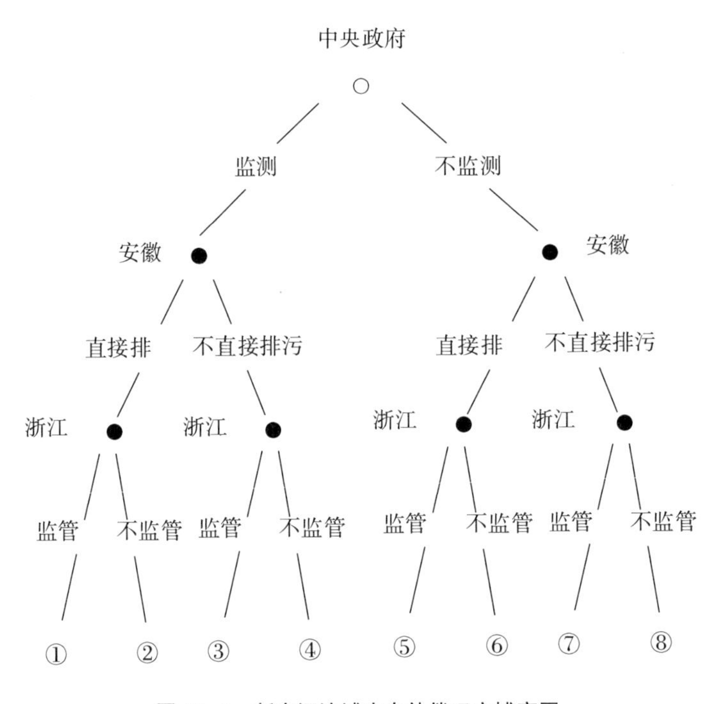

图 14-5 新安江流域生态补偿三方博弈图

1. 将新安江流域生态利益主体考虑为以安徽省为代表的上游地方政府群，和以浙江省为代表的下游地方政府群

安徽省作为新安江流域上游地方政府群的代表，基于新安江流域生态补偿政策的角度，可以选择保护河流、限制一些产业的发展，使流域下游地区得到更高质量的水资源；安徽省也可以选择不保护，充分利用流域水资源发展自己的经济，增加向新安江流域的排污，这将降低下游地区获得

水资源的质量，使下游地区的水资源使用成本上升。当安徽省做完决策后，浙江省作为流域下游地方政府群的代表，面对安徽省的不同行为作出不同反应。

2. 中央政府对于安徽、浙江两省的流域生态保护补偿行为的监管结果分别为监测和不监测

只要中央政府愿意增加监测成本就可以实现有效监测。监管有效是指在新安江流域生态补偿过程中，中央政府通过监管而发现安徽省的直接排污行为和浙江省的不监管行为，使中央政府避免遭受损失，这种损失可理解为生态环境恶化导致的流域整体效益的损失。如果不监管，中央政府最终也会发现安徽、浙江两省是否存在直接排污和不监管的行为，与监管有效的区别在于此时中央政府将蒙受巨大损失。

（二）流域污染治理中的三方博弈模型

在流域污染治理过程中，政府对排污企业监管的目标是达到社会总体利益的最大化，排污群体的目标是实现个体经济利益最大化，遭受污染下游区域的目标是损失最小化。在新安江流域污染治理模型中，博弈三方分别是新安江上游——安徽省、政府监测方——中央政府、新安江下游——浙江省。在流域污染治理的三方博弈中，经济利益和信息量是影响各主体行为的主要因素。

1. 新安江上游——安徽省

在无政府监管的外部环境下，排污群体会直接向流域排放污染物，对下游群体造成损害，因为排污群体不承担下游的损害成本，所以不会减少排污量。在有监管的外部环境下，排污群体要么增加消除污染的设备运行成本，要么承担违法排污的惩罚成本。可见，上游排污群体选择策略的主要影响因素是边际成本，通过对运行成本和惩罚成本之间的差额比较确定其行为策略。

2. 政府监测方——中央政府

面对排污群体，政府监管方的策略是“监测”或“不监测”。在不监测策略下，通过市场机制作用，由上游污染群体和下游受害群体双方协商

解决污染问题。由于水资源的公共属性，产权界定难度较大，涉及利益相关方众多，仅通过协商手段难以在流域上、下游间达成一致意见。因此，政府的“监测”策略是唯一选择，政府的管制往往是通过制定法规，约束排污群体，保护公众利益。

3. 新安江下游——浙江省

在流域污染问题中，下游群体的博弈往往是被动的。在政府监测缺失的情况下，上、下游群体间博弈的结果只有一种，即造成“公地的悲剧”，意味着无论是上游还是下游群体都会毫无顾忌地直接向共同流域排污。从被动的角度看，流域下游区域的策略只能是“监管”或“不监管”上游的污染程度。

综上所述，流域上游、政府监测方以及流域下游可选择的策略分别为是否直排；是否监测；是否监管，分别以 x，$1-x$，y，$1-y$，z，$1-z$ 表示相应策略的选择概率，且 x，y，$z \in [0, 1]$。

4. 博弈模型参数与支付矩阵

在流域污染治理的三方博弈策略中，流域上游涉及的参数为：收益 P_1、依法治污成本 C_1、违法排污罚金 K_2；政府监测方涉及的参数为：政府对下游所受损害的裁定额 B_2、监管成本 C_2、政府对排污群体的罚金收入 K_2、中央政府监测后对上游生态补偿金 M；流域下游所涉及的参数为：污染监测成本 C_3、污染损害额 B_3、下游遭受损害所获补偿 P_3。

根据利益最大化原则，可分别列出下游受害群采取监管策略（z）和采取不监管策略（$1-z$）情形下的三方博弈支付矩阵，结果如表 14-1、表 14-2 所示。

（三）新安江流域三方博弈的动态复制方程

在流域污染治理的三方博弈中，各方获取的信息是不对称的，因此，上述支付矩阵在纯策略意义下显然不存在均衡解。但通过对概率值 x、y、z 的调整，即可得到混合意义下的均衡解。

表 14-1　政府不监测策略（1-y）情境下的三方博弈支付矩阵

	下游采取监管策略（z）		
	上游的支付	政府的支付	下游的支付
上游直接排污（x）	P_1	$-B_3$	$-(B_3+C_3)$
上游不直接排污（1-x）	P_1-C_1	0	$-C_3$
	下游不采取监管策略（1-z）		
	上游的支付	政府的支付	下游的支付
上游直接排污（x）	P_1	$-B_3$	$-B_3$
上游不直接排污（1-x）	P_1-C_1	0	0

表 14-2　政府策略（y）情境下的三方博弈支付矩阵

	下游采取监管策略（z）		
	上游的支付	政府的支付	下游的支付
上游直接排污（x）	$P_1-(K_2+B_2)$	$B_2+K_2-C_2$	$P_3-(B_3+C_3)$
上游不直接排污（1-x）	P_1-C_1	$M-C_2$	$-C_3$
	下游不采取监管策略（1-z）		
	上游的支付	政府的支付	下游的支付
上游直接排污（x）	$P_1-(P_3+K_2)$	$B_2+K_2-C_2$	P_3-B_3
上游不直接排污（1-x）	P_1-C_1	$M-C_2$	0

信息的不对称性，决定了博弈三方会通过历史经验确定各自的行为策略，即动态调整 x、y、z。表现形态就是进化博弈理论所阐述的动态复制。在博弈过程中，当某一参与方特定策略的期望值高于混合策略的平均期望时，该策略将有更多机会被采用。为描述特定策略在博弈中的地位，假设特定策略被采用频率的相对变换速度与该策略所具期望值超过混合策略平均期望值的幅度成正比例关系，由此得到演化博弈过程中的微分方程即为动态复制方程，用以描述三方博弈中的策略演化过程。

为导出流域污染治理三方博弈中的动态复制方程，分别令 E_1、E_2、E_3 表示上游排污群、政府监测方以及下游受害群在混合策略意义下的平均期望收益，t 表示调整行为策略的时段。根据表 14-1、表 14-2 可得：

1. 流域上游

上游排污群的平均期望收益：$E_1=E_{11}x+E_{12}(1-x)$

其中，$E_{11}=(P_1-K_2-B_2)yz+P_1(1-y)z+(P_1-K_2-P_3)y(1-z)+P_1(1-y)(1-z)=(P_3-B_2)yz+P_1-(K_2+P_3)Y$

$E_{12}=(P_1-C_1)yz+(P_1-C_1)(1-y)z+(P_1-C_1)y(1-z)+(P_1-C_1)(1-y)(1-z)=P_1-C_1$

从而，上游排污群直排行为策略的动态复制方程为：

$$U_1(x)=dx/dt=(E_{11}-E_1)x=[(P_3-B_2)yz-(K_2+P_3)Y+C_1]x(1-x) \quad (14-2)$$

2. 政府监测方

政府监测方的平均期望收益：$E_2=E_{21}y+E_{22}(1-y)$

其中：

$E_{21}=(B_2+K_2-C_2)zx+(B_2+K_2-C_2)(1-z)x+(M-C_2)z(1-x)+(M-C_2)(1-z)(1-x)=x(B_2+K_2-M)+M-C_2$

$E_{22}=-zxB_3-(1-z)xB_3+z(1-x)\times 0-(1-z)(1-x)\times 0=-xB_3$

政府监测方监测行为策略的动态复制方程为：

$$U_2(y)=dy/dt=(E_{21}-E_2)y=[(B_2+K_2+B_3)x+M-C_2]y(1-y) \quad (14-3)$$

3. 流域下游

流域下游受害群的平均期望收益：$E_3=E_{31}z+E_{32}(1-z)$

其中：

$E_{31}=(P_3-C_3-B_3)xy-C_3(1-x)y-(B_3+C_3)x(1-y)-C_3(1-x)(1-y)=P_3xy-B_3x-C_3$

$E_{32}=(P_3-B_2)xy-0(1-x)y-B_3x(1-y)+0(1-x)(1-y)=(P_3-B_2)xy-B_3x(1-y)$

下游受害群监管行为策略的动态复制方程为：

$$U_3(z)=\mathrm{d}z/\mathrm{d}t=(E_{31}-E_3)z=[(B_2-B_3)xy-C_3]z(1-z) \tag{14-4}$$

第三节　实证分析：制度耦合可以带来显著的制度绩效

一、新安江流域上下游制度耦合下的演化博弈分析

在动态的博弈过程中，博弈三方选取策略的概率 x，y，z 与时刻 t 有关，因而表示为 $x(t)$，$y(t)$，$z(t)\in[0,1]$。

（一）演化博弈均衡点求解

为寻求演化博弈的均衡点，有：

$$\left.\begin{aligned}U_1(x)=0\\U_2(y)=0\\U_3(z)=0\end{aligned}\right\} \tag{14-5}$$

方程（14-5）存在8个特殊均衡点：$D_0(0, 0, 0)$，$D_1(1, 0, 0)$，$D_2(1, 1, 0)$，$D_3(0, 1, 0)$，$D_4(0, 1, 1)$，$D_5(1, 1, 1)$，$D_6(1, 0, 1)$，$D_7(0, 0, 1)$，它们构成了演化博弈解域的边界：

$\{(x, y, z)\mid 0<x<1; 0<y<1; 0<z<1\}$

由此围成的区域 Ω 可称为三方博弈的均衡解域，即：

$\Omega=\{(x, y, z)\mid 0<x<1; 0<y<1; 0<z<1\}$

一般情况下，域 Ω 内还存在一个满足方程式（14-6）的均衡解 $E=(x, y, z)$

$$\left.\begin{aligned}&(P_3-B_2)yz-(K_2+P_3)y+C_1=0\\&(B_2+K_2+B_3)x+M-C_2=0\\&(B_2-B_3)xy-C_3=0\end{aligned}\right\} \tag{14-6}$$

求解方程式（14-6），可得：

$$\left.\begin{aligned} x &= \frac{C_2 - M}{B_2 + K_2 + B_3} \\ y &= \frac{C_3(B_2 + K_2 + B_3)}{(C_2 - M)(B_2 - B_3)} \\ z &= \frac{P_3 + K_2}{P_3 + B_2} - \frac{C_1(C_2 - M)(B_2 - B_3)}{C_3(P_3 + B_2)(B_2 + K_2 + B_3)} \end{aligned}\right\} \quad (14-7)$$

即当点 $E \notin \Omega$ 时，则应舍去点 E。

显然，在三方污染治理博弈模型中，政府监测方处于关键位置，其监测成本及其对下游损害的估值影响所用的博弈局中人。下游群体从属于政府监测方，但决定于上游群体的决策行为。

现分别求方程（14-5）的导数，有：

$$\left.\begin{aligned} U_1'(x) &= [(P_3 - B_2)yz - (K_2 + P_3)y + C_1](1 - 2x) \\ U_2'(y) &= [(B_2 + K_2 + B_3)x - C_2 - M](1 - 2y) \\ U_3'(z) &= [(B_2 - B_3)xy - C_3](1 - 2z) \end{aligned}\right\} \quad (14-8)$$

根据演化博弈的性质，当 $U_1'(x)<0$，$U_2'(y)<0$，$U_3'(z)<0$，式（14-7）所示策略 x、y、z 分别代表了演化过程中上游排污群、政府监测方及下游受害群应采取的稳定策略。

（二）演化博弈的渐进稳定性分析

1. 流域上游的渐进稳定性分析

方程式（14-8）的第1式中，$(P_3-B_2)yz-(K_2+P_3)y+C_1=0$ 表示稳定状态分界线。

如果 $(P_3-B_2)yz-(K_2+P_3)y+C_1>0$，则有 $U_1'(0)>0$，$U_1'(1)<0$，表明上游治理污染是稳定状态，直接排污则为不稳定状态；

反之，如果 $(P_3-B_2)yz-(K_2+P_3)y+C_1<0$，则有 $U_1'(0)<0$，$U_1'(1)>0$，表明上游治理污染是不稳定状态，直接排污为稳定状态。

当 $x\in[0, 1]$ 时，$U_1(x)>0$，其稳定性的演化相位图取决于二次曲线 $(P_3-B_2)yz-(K_2+P_3)y+C_1<0$ 的形态。

2. 政府监测方的渐进稳定性分析

同理，在方程（14-8）的第 2 式中，$(B_2+K_2+B_3)\ y-C_2-M=0$ 表示稳定状态分界线。

如果 $(B_2+K_2+B_3)\ y-C_2-M>0$，则有 $U'_2(0)>0$，$U'_2(1)<0$ 表明政府实施监测是稳定状态，政府放弃监测则为不稳定状态。

反之，如果 $(B_2+K_2+B_3)\ y-C_2-M<0$，则有 $U'_2(0)<0$，$U'_2(1)>0$ 表明政府放弃监测是稳定状态，政府实施监测则为不稳定状态。

当 $y\in(0,1)$ 时，$U_2(y)>0$，其稳定性的演化相位图取决于二次曲线 $(B_2+K_2+B_3)\ y-C_2-M=0$ 的形态。

3. 流域下游的渐进稳定性分析

同理，在方程（14-8）的第 3 式中，$(B_2-B_3)\ xy-C_3=0$ 表示稳定状态的分界线。

如果 $(B_2-B_3)\ xy-C_3>0$，则有 $U'_3(0)>0$，$U'_3(1)<0$ 表明下游监测污染是稳定状态，不监测则为不稳定状态。

反之，如果 $(B_2-B_3)\ xy-C_3<0$，则有 $U'_3(0)<0$，$U'_3(1)>0$ 表明下游不监测污染是稳定状态，监测污染是不稳定状态。

当 $z\in(0,1)$ 时，$U'_3(z)>0$，其稳定性的演化相位图取决于二次曲线 $(B_2-B_3)\ xy-C_3=0$ 的形态。

（三）演化博弈的结论

从演化博弈的角度，采用动态复制方程，建立了新安江流域上、下游区域群体及政府监管部门为主体的三方博弈模型，并据此进行演化博弈稳定性分析，确定了各方合理的行为准则。研究表明：

1. 流域上游、政府监测方及流域下游三方博弈中，各方所选策略的稳定性取决于除自身之外其他博弈方的相关支付因素

新安江的上游是安徽黄山市，中游是杭州的淳安县和建德市，下游是杭州市。由于区域经济发展的不平衡，新安江流域区域在保护和发展中面临较大压力：一方面是保护和发展的压力。流域上游地区致力于生态与环境保护，生态建设和保护成本的不断增加，上下游地区的经济发展差距不

断拉大。实现保护与发展的平衡，维持流域上、下游居民福利和保护生态环境之间作出平衡。另一方面是治理环境的压力。经济发展水平滞后必然削弱上游地区对生态保护和建设的能力，使得现实状况与维持优良生态系统的需求差距较大。流域上游地区安徽省黄山市与下游地区浙江省杭州市处于不同的经济发展阶段，利益关切点不尽相同，使得新安江流域经济社会发展与流域生态保护的矛盾突出。

新安江流域上游的安徽为保护环境放弃发展机会，付出机会成本，由于流域生态治理的外部性作用，新安江流域下游的浙江会从中受益，享受上游生态保护的结果。因此，上游地区应和下游地区共享经济社会发展成果，下游地区应和上游地区共担生态环境保护责任。① 另外，安徽省认为上游地区仍需发展空间，交界断面水质目标需要为地区经济发展留出余地。浙江省认为新安江流域的下游千岛湖水质不能允许恶化，生态保护刻不容缓，而且试点实施后若水质恶化，无法为探索建立全国流域生态补偿机制提供示范。可见，双方的稳定性策略不仅取决于自身面临的收益和成本，更取决于对方的策略选择。

2. 三方博弈模型中，政府监测方处于主导地位，放弃或放松对上游排污监测的结局会造成“公地的悲剧”，应加强而不是削弱政府监测方的监管力度

一边是必须保护的千岛湖水质，一边黄山人民的富裕之路，单纯凭借浙皖两省之间谈判、磋商难以找到利益诉求的均衡点。随着长江三角洲地区区域一体化进程的推进，千岛湖以及新安江流域的水资源环境安全必然会更加重要，亟须探索上下游统筹协调、保护发展互促双赢的流域发展道路。在国家层面的组织协调下，2011 年 10 月颁布的《新安江流域水环境补偿试点实施方案》有效地促使新安江流域上游的安徽省开展水资源的保护和治理活动。2013 年 12 月，国务院正式批复实施《千岛湖及新安江上游流域水资源和生态环境保护综合规划》，标志着新安江流域水资源生态

① 朱磊、顾春：《关注：三问新安江生态补偿》，2012 年 3 月 1 日，见 http://finance.people.com.cn/GB/17259967.html。

保护已上升到国家战略层面。该规划是中国第一个统筹协调流域上下游发达地区和欠发达地区生态保护和经济发展问题的综合性规划，进一步推进了新安江跨界流域合作。

3. 三方博弈中，上游群体的策略行为主要取决于政府监测方的决策行为，下游群体处于从属地位

流域污染治理问题中，政府监测部门的作用最为关键。环境质量取决于政府的态度，更决定于其监测行为。在公式（14-7）中，上游是否排污不是取决于上游的收益和成本，而是取决于中央政府和下游的决策，中央政府的生态补偿策略 M 以及下游的损害赔偿 B_3 会共同作用，起到降低上游排污的作用。下游的策略选择会受到上游、中央政府的共同作用，具有明显的依从作用。因此，由生态保护补偿制度和生态环境损害赔偿制度耦合起来的制度设计可以起到降低上游排污的作用。

二、新安江流域制度创新后的绩效分析

新安江作为首个国家层面的跨省界生态补偿机制试点流域，截至2014年年底，首轮三年试点工作如期完成。2015年8月，财政部和环保部委托环保部环境规划院发布了《新安江生态补偿评估报告》，对三年试点工作从生态环境、经济、社会三方面进行了系统评估。[①] 截至2014年年底，新安江首轮三年试点工作如期完成，取得积极成效。新安江流域水环境治理稳中趋好，试点资金项目稳步推进，逐步建立了一批行之有效的工作机制，为建立完善我国跨省界流域生态补偿机制提供了典型示范。

跨界流域制度创新的确带来了明显的绩效，从生态效益、经济效益和社会效益三方面概括起来，新安江流域制度创新的绩效状况如表14-3所示。

① 吴江海：《新安江生态补偿评估报告出炉》，2015年8月25日，见 http://epaper.anhuinews.com/html/ahrb/20150825/article_3350073.shtml。

表 14-3 新安江流域制度创新的绩效状况

绩效类型	新安江流域的绩效水平
生态效益	跨省界街口断面水质达地表水环境质量标准Ⅱ类
	千岛湖水质为优，水体营养状态为贫营养
经济效益	淘汰污染企业
	优化产业导向
	完善省内水环境生态补偿和赔偿制度
社会效益	转变政绩考核从 GDP 为主到以生态和民生为主
	形成上下游互访协商机制
	美丽中国的先行示范区

（一）生态效益

新安江流域水质改善。2014 年年底，为期 3 年新安江生态补偿机制试点期满，安徽和浙江两省联合监测数据表明，新安江安徽出境断面水质稳中趋好，达到试点考核要求，千岛湖水质实现与上游来水同步改善，营养状态指数逐步下降，水质变化情况见表 14-4。国家环保部公布的监测数据显示，2011—2013 年新安江流域总体水质为优，跨省界街口断面水质达到地表水环境质量标准Ⅱ类。[①] 2014 年 6 月，环保部公布的《2013 年中国环境状况质量公报》显示，千岛湖的水质为优，水体营养状态为贫营养，在国家公布的 61 个重点湖泊（水库）中名列前茅。《中国环境年鉴》数据显示，千岛湖综合营养指数由 2010 年的 33.1 下降为 2013 年的 28.5，水质呈现好转趋势。

环境质量明显改善。自试点项目实施，新安江上游共治理水土流失面积达 1250 平方公里，完成 267 处地质灾害危险点治理；全面实施新安江干支流网箱养鱼退养，新安江主航道退养网箱 4213 只。新建的两个水质自动监测站分别在新安江出境断面和主要支流入境断面，流域监测点位由 8 个

① 黄山市财政局：《做好加减乘除，推进新安江流域综合治理再上新台阶——2014 年新安江流域综合治理和生态补偿试点工作综述》，2015 年 1 月 4 日，见 http://zw.huangshan.gov.cn/Index-City/TitleView.aspx?ClassCode=490100&UnitCode=JA011&Id=239573。

增加到44个，覆盖了新安江全流域；饮用水水源地监测项目由29项增加到109项，监测方式由手工监测转变为手工监测和自动监测相结合。

表14-4　新安江皖浙省界国控断面2008—2013年水质变化情况①

单位：毫克/升

年份	高锰酸盐指数（CODMn）	氨氮（NH3-N）	总磷（TP）	总氮（TN）
2008—2010年均值	1.990	0.085	0.029	1.260
2011	2.093	0.080	0.016	1.122
2012	1.805	0.097	0.030	1.086
2013	1.975	0.083	—	—

（二）经济效益

经济发展方式转变，淘汰污染企业。在全流域综合治理中，黄山市累计关停淘汰污染企业170多家，整体搬迁工业企业90多家，3年时间里拒绝进入的污染企业180多家。加快黄山市循环经济园区建设，实施循环经济重点建设项目33项，累计完成投资16.8亿元，实行园区内集中供热供水、集中治污，徽州区37家精细化工企业搬迁入园，歙县28家企业搬迁。与此同时，依托地区文化生态优势发展旅游等服务业。

生态经济发展稳步推进。优化产业导向，淳安县积极探索“生产、生活、生态”三省融合，产业结构呈现“三、二、一”格局。围绕打造环千岛湖休闲度假圈，加快湖区旅游向全县景区化拓展，已形成以农夫山泉、千岛湖啤酒为龙头的年产值40亿元的水饮料产业，引进了康盛股份等环保型企业，发展态势良好，生态农业产业扩规增效，茶、桑、果、竹等优势产业地位日益稳固，以旅游业为主的现代服务产业形势喜人，淳安县经济发展走上了“在保护中加快发展、在发展中有效保护”的生态发展之路。

生态补偿制度日益完善。依据试点方案浙江省和安徽省各自完善了省

① 马庆华、杜鹏飞：《新安江流域生态补偿政策效果评价研究》，《中国环境管理》2015年第3期。

内部水生态补偿制度。2012年浙江省印发了《浙江省生态环保财力转移支付试行办法》，在完善了浙江省对主要水系源头市、县生态环保财力转移支付的基础上，全面实施浙江省对所有市、县生态环保财力转移支付。水环境质量的考核是根据省环保厅监测确认的各市、县主要河流跨行政区域交接断面出境水质和省水利厅确认的各市、县多年平均地表水径流量，对出境水质达到Ⅲ类及以上标准的进行补助。针对出境水质达到Ⅰ类水标准的，设定系数为1；达到Ⅱ类水标准的，设定系数为0.8；达到Ⅲ类水标准的，设定系数为0.6。区域内有多条河流、多个交界断面的，按对应标准的系数加权平均。2014年10月，安徽省政府启动大别山生态补偿。根据跨市界考核断面监测水质情况，确定流域上、下游补偿责任主体，补偿资金由省级政府和六安市、合肥市政府共同出资设立，合计2亿元，专项用于水污染防治等方面。这一补偿模式正是借鉴了新安江补偿试点。

（三）社会效益

新安江流域生态补偿催生政绩考核转变。地方政绩考核不再唯GDP论。[①] 安徽省委、省政府围绕生态补偿试点，把新安江流域综合治理作为建设生态强省的"一号工程"。调整了政府考核体系，从2011年起不再考核黄山市及各区县的工业指标，侧重于生态保护、现代服务业等考核指标。2012年起，新安江流域综合治理列入黄山市政府年度目标管理考核，围绕保护、发展、惠民三大目标深入推进新安江流域综合治理。同时对村组这一级领导的生态意识加强和考核措施调整，新安江源头的鹤城乡生态保护项目一月一调度，每月在不同村召开一次项目进展调度会，实行"插旗制度"，根据优劣分别插红、蓝、黄旗，与基层干部的绩效工资挂钩。2014年杭州市对拥有千岛湖的淳安县，取消GDP和工业经济考核，取而代之的是以生态为先、民生为重的单列考核。根据这一导向，淳安县对乡镇综合考评做了重大改革，一般性工作不再列入综合考评，仅设置生态保护、生态经济、改善保障民生三类考核指标，其中两项生态指标占到发展

① 吴舜泽、杨文杰、赵越等：《新安江流域水环境补偿的创新与实践》，《环境保护》2014年第5期。

指标的70%。2013年，淳安县全面开展了乡镇交接断面水质考核，出台了《关于深化乡镇交接断面水质考核进一步推进千岛湖水环境保护的意见》，采取奖励、警告或环保工作一票否决等多种方式，对乡镇进行严格地奖惩，有效推进环境保护工作的全面开展。

创新系列保障机制。实施上、下游互访协商机制，安徽省与浙江省建立了新安江流域上、下游互访协商机制，统筹推进全流域联防联控、合力治污；黄山市和淳安县建立了联合监测、汛期联合打捞、联合执法、应急联动等机制，成立了地区联合环境执法小组，共同预防与处置跨界环境污染纠纷。建立环境形势专家会诊制度，与中国环科院、中科院南京地理与湖泊研究所等一流环境研究机构达成战略合作关系，建立环境保护院士工作站。每半年召开一次环境形势分析会，并有针对性地制订工作措施。责任落实机制，与区县和市直相关部门签订了试点工作目标责任书，层层细化任务，逐级落实责任，启动实施全面禁磷、采砂专项整治、区县断面水质考核等重点工作，把综合治理列入领导干部和区县、市直部门目标管理考核内容，严格考核奖惩，建立了“河长制”，明确湖区、河道的湖长及河长，建立“一河一策”的治理方案，形成水域（河）湖长和治理全覆盖。

建设美丽中国的先行示范区。为保护千岛湖水源地的生态环境，淳安县深入实施“清洁乡村”“三江两岸”“四边三化”“五水共治”等生态环境保护工程，有效防治面源污染。千岛湖于2012年被列为全国良好湖泊保护试点，2013年又被列为全国15个、全省唯一的国家重点支持湖泊。国家发展改革委和环保部把淳安列入国家主体功能区建设试点示范名单，浙江省政府把淳安县列为浙江省重点生态功能区示范区建设试点。淳安县先后被列为国家良好湖泊生态环境保护试点、全国生态文明建设试点、省级生态功能区试点、“美丽杭州”实验区淳安抓紧生态和经济共赢的发展机遇，在全国树立良好的示范作用。同时，2014年，黄山市被列为全国首批生态文明先行示范区建设和国家主体功能区建设试点示范区地区。黄山市在2015年提出以建成“美丽中国”生态文明建设先行区为目标，以巩固提升、完善机制、转型升级、提质增效、改善民生为主线，以延续生态补偿机制和落实综合规划为抓手，主动适应新安江水资源保护新常态，持续加大流域综合治理，健全完善治理工作机制，努力构筑“新安江水质保持优良，生态环境全面提升，生态经济高效推进，人和自然和谐共处”的现代化生态文明建设新局面。护美绿水青山、做大金山银山，安徽省和浙江省抓住了新安江流域试点的机遇，转变经济发展方式，不断丰富发展经济和保护生态间的辩证关系，新安江流域治理正在成为地方政府自觉自发的长效工程，为“绿水青山就是金山银山”写下了生动的实践，为“美丽中国”建设提供了先行示范。

第四节 规范分析：新安江流域生态补偿制度的理想模式与对策建议

2015 年 9 月，中共中央、国务院印发的《生态文明体制改革总体方案》提出“继续推进新安江水环境补偿试点”，标志着试点工作纳入中央顶层设计；2015 年 11 月，黄山市新安江生态补偿入选全国十大改革案例；2015 年 10 月，财政部、环保部明确中央财政 2015—2017 年继续对新安江流域上、下游横向生态补偿试点工作给予支持，生态补偿试点政策成功延续。新安江流域水资源的制度建设不仅事关新安江流域本身，还可能对其他跨界流域产生示范意义。新安江流域水制度的方向如何呢？新安江流域水资源的制度建设应该形成以市场机制导向为主的耦合制度。

一、进一步强化以市场机制为导向的激励与约束并举的耦合制度结构

水资源、水生态、水环境保护是一项长期任务。按照党的十八大报告提出“建立反映市场供求和资源稀缺程度、体现生态价值和代际补偿的资源有偿使用制度和生态补偿制度”的要求，建立生态补偿机制，是实现千岛湖及新安江上游流域生态环境有效保护、生态文明跨越发展的重大举

措。国务院办公厅于2016年5月印发了《关于健全生态保护补偿机制的意见》，在“推进横向生态保护补偿”部分中提出“继续推进新安江水环境生态补偿试点”。[①] 研究制订以地方补偿为主、中央财政给予支持的横向生态保护补偿机制办法。鼓励受益地区与保护生态地区、流域下游与上游通过资金补偿、对口协作、产业转移、人才培训、共建园区等方式建立横向补偿。

逐步形成以市场机制为主的跨界流域治理模式，继续健全流域生态补偿机制。继续加大政府财政一般性转移支付力度，不断提高流域上游地区公共服务发展水平，促进区域经济社会可持续发展和民生改善，以满足流域上游地区开展环境保护和生态建设工作需要。继续开展新安江流域上、下游区域间的水环境补偿试点，不断完善补偿办法，并及时总结经验，按照“谁污染、谁治理，谁受益、谁补偿”的原则，鼓励生态环境的受益者和生态环境的保护者通过自愿协商、互惠互利的方式开展生态补偿相关工作。合理测算保护方因生态保护和绿色发展而损失的发展机会以及增加的机会成本，研究明确补偿对象、内容、方式等，尤其在千岛湖引水工程推进实施的过程中，积极探索和实施水资源有偿使用制度。通过市场机制的不断完善，让用水户（水资源需求方）为主的资源有偿使用制度替代让中央政府为主的生态补偿制度，将中央政府主导的跨界流域治理模式慢慢转变为以市场机制主导的跨界流域治理模式，发挥市场在流域生态补偿资源配置中的决定性作用。因此，需加快并加大力度实施水资源有偿使用制度，加强跨省流域生态补偿制度；完善跨省生态环境损害赔偿制度，推进省内生态补偿制度；逐步减少中央政府的生态补偿投入。形成水资源生态补偿制度、水资源损害赔偿制度以及水资源有偿使用制度相耦合的理想制度模型如图14-6所示，其中，制度下面箭头的粗细代表制度使用力度的差异，箭头越粗，代表该制度使用的力度越大。以市场为导向的耦合制度要弱化中央政府的作用，强化市场导向的作用以及地方政府之间的作用。

① 国务院办公厅：《关于健全生态保护补偿机制的意见》，2016年5月13日，见 http://www.gov.cn/zhengce/content/2016-05/13/content_5073049.htm。

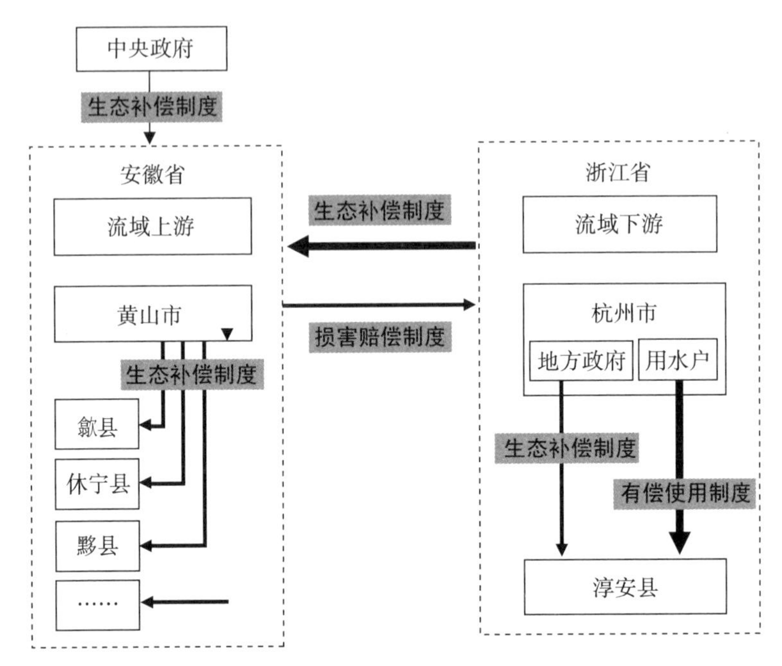

图 14-6 市场机制导向的新安江流域耦合制度模型

生态补偿制度是解决生态产品有效供给的重要途径。生态补偿是一系列消减生态保护正外部效应的经济手段的统称。按照补偿对象可分为对生态保护作出贡献者给予补偿、对生态破坏中的受损者进行补偿和对减少生态破坏者给予补偿三大类型。[①] 通过补贴那些提供公共物品的单个经济主体，激励其生态保护的积极性。按照一般的经济原则和伦理原则，生态破坏中的受损者应该得到适当的补偿。因为有些生态破坏是“贫穷污染”所致，通过对减少生态破坏者给予补偿就是从外部注入资金和制度来改善生态环境。新安江流域的生态补偿制度既包括跨省的浙江对安徽的生态补偿，又包括浙江省和安徽省内部各自区域的生态补偿。

环境损害赔偿制度是通过对环境不友好行为甚至是污染破坏行为的否定性评价来引导人们不从事该行为的制度。任何企业或个人，如果不依法履行环境保护义务，可能招致巨额赔偿。生态环境损害是指因污染环境、

① 沈满洪：《生态文明建设：思路与出路》，中国环境出版社 2014 年版，第 159—160 页。

破坏生态造成环境要素和生物要素的不利改变，及其生态系统功能的退化。2015 年 12 月国务院办公厅印发了《生态环境损害赔偿制度改革试点方案》，提出生态环境损害赔偿范围包括清除污染的费用、生态环境修复费用、生态环境修复期间服务功能的损失、生态环境功能永久性损害造成的损失以及生态环境损害赔偿调查、鉴定评估等合理费用。新安江流域是全国重要饮用水源及重要生态功能的区域，应遵循环境有价、损害担责的原则，率先实行生态环境损害赔偿制度改革试点，对发生较大及突发环境事件或者在国家和省级主体功能区规划中划定的重点生态功能区、禁止开发区发生环境污染、生态破坏事件应依法追究生态环境损害赔偿责任，进行生态损害赔偿。

生态资源有偿使用制度是指资源使用者在开发资源时必须支付一定费用的制度，有利于资源的合理开发利用和整治保护。水资源有偿使用是指水资源使用者向供水者支付一定的报酬取得水资源使用权的行为。国务院于 2012 年 2 月发布了《关于实行最严格水资源管理制度的意见》，意见提出严格水资源有偿使用制度。合理调整水资源费征收标准，扩大征收范围，严格水资源费征收、使用和管理，水资源费主要用于水资源节约、保护和管理。2013 年 11 月《中共中央关于全面深化改革若干重大问题的决定》中提出实行资源有偿使用制度，坚持使用资源付费的原则。新安江流域下游的千岛湖作为杭州市的重要饮水水源地，伴随着千岛湖引水工作的落实，可以通过水资源价格的调整有序地推动水资源有偿使用制度的完善，为淳安县持续推进水资源保护提供支撑。提取水费收益中的固定或浮动比例，将其纳入流域生态补偿资金；提取流域水电公司收取电费中的部分资金，用于上游水环境治理；提取旅游门票收入的部分比例用于对上游的生态补偿，注意要在流域环境承载范围内进行生态旅游开发；在明确水权的前提下，运用市场机制开展基于水量、水质的省际水权交易，补偿上游的发展机会成本。[①]

① 杨爱平、杨和焰:《国家治理视野下省际流域生态补偿新思路——以皖、浙两省的新安江流域为例》,《北京行政学院学报》2015 年第 3 期。

二、完善跨界流域水资源水环境耦合制度建设的对策建议

(一) 延长试点期限，确保出境水质

1. 延长试点期限

新安江流域作为全国首个跨省流域水环境补偿试点，在环境保护、经济建设、社会发展等方面取得了一定成效，为我国流域水资源补偿机制的建立和推广积累了宝贵经验。但由于补偿机制实施时间相对较短，以补偿试点为契机建立的制度、机制仍需进一步发展，尤其是从政府导向转变为市场导向为主的耦合制度仍需得到更多的探索和尝试。延长试点期限，有助于进一步完善试点方案，及时解决试点工作中细节设计，推动政府主导的耦合制度向市场主导的耦合制度的平稳过渡。

2. 确保出境水质

千岛湖引水工程是解决浙北地区饮用水安全和经济社会可持续发展的迫切需要，它能惠及杭州市及其下属有关县市、嘉兴市及其下属有关县市等浙北地区千万居民。由于千岛湖的水体功能已经从备用水源变成真实水源，应设计水质稳定向好的指标，确保出境水质。试点方案中的补偿指数采取了前三年的平均值做为基本限值，却设置了0.85的水质稳定系数，重复考虑水质稳定系数，降低了保护标准，不利于高标准、严要求进行跨流域水环境保护，应选用趋于转好的指标设计，促进流域生态环境的改善。可通过延长补偿时间、扩大补偿范围等方式有效地确保出境水质。作为水源保护区，引水工程实施后对包括淳安县在内的水源区的环境保护的要求会更高，环境保护的范围会更广，环境保护的投入会更大，以确保对饮用水源不存在威胁。在引水工程后，千岛湖的水质将受到更多关注，千岛湖污染排放限制将更加严格，千岛湖周边面源和点源污染的监测需要更加准确。每年用于新增水质预测预警及防控、监测和监管能力建设、农业面源和生活污染控制、流域生态保护等方面的投入需进一步加大。

3. 避免污染反弹

流域内农村生活污水集中处理率偏低，农业生产对农药化肥依赖性较

大，农村面源污染问题突出。伴随工业化、城镇化进程的推进，水体自净能力降低、水质变差和各种污染物增加的可能性增大。在极端天气和气象灾害的时节，水质难以控制。与此同时，由于环境污染具有累积效应。环境质量的优劣不是取决于当年污染物排放的“流量”，而是取决于历年累积在环境中的污染物“存量”。因此，即使控制住每年污染物流量的增加，更需要从总量上进行控制，避免污染反弹现象。

（二）提高补偿标准，扩大补偿范围

新安江流域虽然实施了生态补偿制度，但是实际补偿金额与理论补偿金额之间存在巨大差距。为全面提升新安江流域保护和发展水平，2011—2014年，黄山市共投入423亿元用于新安江水资源保护和流域综合治理。新安江流域下游支付的每年1亿元、三年3亿元的补偿基金，加上中央财政一年3亿元、三年9亿元的补偿标准仍与理想补偿金额差距巨大。早在2003年，沈满洪教授以淳安县在建设新安江水库、保护千岛湖生态环境所付出的机会成本为依据，以2000年作为时间节点，测算了淳安县年应获得的生态补偿金额为2.54亿元—3.6亿元/年。[①] 2013年，沈满洪教授领衔的课题组再次对淳安县应得生态补偿金额做了测算，以2010年作为时间节点，结果表明：按照机会成本法为13.53亿元，按照排污权价格法为11.11亿元。[②] 就整个新安江流域看，中上游的黄山市是一个地级市，淳安县则只是一个县。以全流域角度看，黄山市应得的生态补偿金额应该显著大于淳安县。如果以人口计算，那么，黄山市应得的生态补偿金额为淳安县的4倍左右。[③] 总体上看，水生态补偿金额的应补额与实补额之间的差距大于生态公益林补偿金额。有力的林业生态补偿投入，保障了“青山”重回大地；有力的水生态补偿投入，必将呈现“绿水”重现江河。

扩大补偿范围。补偿资金仅仅对水质进行补偿，没有完整反映出新安

① 沈满洪：《在千岛湖引水工程中试行生态补偿机制的建议》，《杭州科技》2004年第2期。

② 沈满洪、魏楚、谢慧明等：《完善生态补偿机制研究》，中国环境出版社2015年版，第224—253页。

③ 以大数测算，黄山市的人口大约是160万人，而淳安县的人口是45万人。

江的生态功能价值。新安江流域生态补偿机制试点工作的出发点是鼓励和支持上游地区保护环境，落脚点是确保下游地区利用环境、持续发展，最终目标是实现上下游地区的双赢。生态补偿试点中的对象为安徽省黄山市的7区县和宣城市的绩溪县，补偿资金主要用于黄山市7区县和宣城市绩溪县的生态保护和水环境治理项目，没有将补偿区内渔民、林农、山区居民等纳入补偿对象里面。应扩大补偿资金使用范围，在原来用于流域产业结构调整和产业布局优化、流域综合治理、水环境保护和水污染治理、生态保护等基础上的补偿，拓展增加对渔民、林农、生态移民等生态保护者直接补偿、逐步实现基本公共服务均等化。水源地生态环境保护的最终损失体现在两个方面：其一，水源保护区的地方政府财政收入；其二，水源保护区的居民生活水平，包括城镇居民和农村居民。因此，水源保护补偿资金应分配适当资金给蒙受生态环境保护损失的个体。创新资金使用方式，开展贫困地区生态综合补偿试点，利用生态保护补偿和生态保护工程资金将当地有劳动能力的一部分贫困人口转为生态保护人员，结合生态保护补偿推进精准脱贫。

（三）优化补偿结构，促进多元补偿

降低中央政府的补偿比重，提高地方政府的补偿比重，更好地体现市场补偿。新安江流域生态补偿试点成功延续，补偿方案已经经确定，从2015—2017年，中央政府、杭州市、黄山市各出资2亿元，三年累计补偿18亿元。政府的“强干预”补偿是指通过政府的转移支付实施生态保护补偿机制，政府的“弱干预”补偿是指在政府的引导下实现生态保护者与生态受益者之间自愿协商的补偿。政府可以提供补偿提高生态效益，也可以利用经济激励手段和市场手段促进生态效益的提高，竞争机制可以在生态效益补偿政策的实施过程中发挥重要作用。在流域生态补偿机制的建立初期，需要政府进行“强干预”式补偿的引导。随着市场化程度的提高，政府逐步转化为“弱干预”式的补偿。中国的大江大河较多，都面临着跨界流域治理的问题。新安江流域生态的长效治理不能一直依赖中央政府的生态补偿。在试点推进过程中，需要逐步弱化中央政府的干预作用，形成以市场为主导的生态补偿制度，推动新安江流域的长效治理。

改变单一型补偿结构。新安江流域生态补偿方式过于单一，采用的是财政资金补偿的方式，与新安江流域综合治理的要求不相适应。财政资金主导的补偿项目实施主体主要是地方政府，由于补偿标准偏低，大部分项目补偿资金不到项目投资额的50%，项目的推进实施需要地方财政的大量配套才能完成。因此，需要改变单一的补偿结构，推动多元化的补偿资金来源，建立纵向横向相结合的补偿机制。新安江上游地区可纳入国家重点生态功能区，享受中央一般转移支付补助，即纵向的资金支持。同时，通过合作共建推动全流域一体化，以“产业一体化发展”的方式实施横向补偿。流域下游与上游通过资金补偿、对口协作、产业转移、人才培训、共建园区等方式建立横向补偿关系。打破行政区划的界限，围绕流域的保护和利用，一体化地规划开发、布局产业、配置资源。引导鼓励流域下游地区向上游地区输出高新产业、高校、旅游等实体组织，将“输血式”生态补偿转变为“造血式”生态补偿，促进上游地区的良性发展，为下游地区可持续发展提供生态和水资源保障，最终实施共建共享、共同发展和互利共赢。

统筹各类补偿资金，探索综合性补偿办法。严守生态保护红线，研究制定新安江流域的相关生态保护补偿政策。多渠道筹措资金，加大生态保护补偿力度。中央财政考虑不同区域生态功能因素和支出成本差异，通过提高均衡性转移支付系数等方式，逐步增加对重点生态功能区的转移支付。完善省级及市级转移支付制度，建立省级生态保护补偿资金投入机制，加大对省级重点生态功能区域的支持力度。完善生态保护成效与资金分配挂钩的激励约束机制，加强对生态保护补偿资金使用的监督管理。

（四）落实有偿使用，拓展资金来源

拓展资金来源，推进水权交易和水资源有偿使用制度，由下游用水户承担新安江流域的一部分补偿资金，探索运用市场化方法解决生态保护资源来源。应积极引入市场机制，探索新安江流域水资源的有偿使用、水权交易和排污权交易等市场化机制，推动全流域一体化发展。尤其是千岛湖作为杭州市真实水源的供给源，高质量的饮用水应该收取高额的水资源使用费。应加快推进浙江省尤其是杭州市水资源有偿使用的制度改革，由用水户承担新安江流域水资源保护和修复的一部分资金来源，形成新安江流域生态补偿的稳定资金来源。

运用水价提取法落实水资源有偿使用。水价提取法是指千岛湖引水工程中受水区的水价中包含生态补偿资金，即自来水总公司直接从向用水户收取的水费中提取生态补偿金，由各地自来水公司向淳安县支付生态补偿资。在水价中提取生态补偿资金，既体现了高品质水资源的稀缺性，又能满足水资源生态补偿持续性的要求。按照这种方法，受水区政府如果考虑用水户的承受能力，可以直接对自来水公司进行政策性补贴，而这种补贴与水源保护区政府不发生关系。由于水价中包含了引水工程生态补偿的因素，因此水资源收益的一部分，将可以作为生态补偿资金由自来水公司直接缴纳给淳安县财政。[①] 杭州市财政、嘉兴市财政等对各地自来水公司的补贴是指，若水价偏高，各地（县）市区财政可以对各自的自来水公司进行政策性补贴，以减轻居民的用水负担。引水价格是指能够满足淳安县生态补偿利益诉求的水资源价格。杭州市和嘉兴市当地的实际水价应该高于这一价格，因为这个价格只能满足淳安县生态补偿诉求。水价中应该包括水资源费、自来水公司的经营成本以及一些工程成本。水价中包含水资源费，浙江省财政和杭州市财政不参与水资源费的分成，由上游地区收取水资源费，并将之纳入上游地区应得的补偿金额之中，由上游地区财政支配。此时，省市财政补助应在应补款项的基础上减去水资源费，因为水资源费在此情形下已由上游地区收取。同时，千岛湖引水工程生态补偿也只需嘉兴市、杭州市及其下属县市区的自来水公司对淳安县进行支付。按照引水工程的规划，计划到千岛湖金竹牌取水口引水，引水的数量为9.8亿立方米/年，大约是库容量的10%，基本可以保证库区及下游的生态功能。考虑到引水工程成本及水质因素，将来实施分质供水时，千岛湖引来的水

① 谢慧明、沈满洪：《千岛湖引水工程生态补偿探析》，2013年11月27日，见 http://www.hzsk.com/portal/n2542c50.shtml。

全部用作饮用水。如果每立方米引用水增加 0.1 元的生态补偿费，可以每年筹集 0.98 亿元的生态补偿资金；如果每立方米的饮用水增加 0.2 元的生态补偿费，每年可筹集 1.96 亿元的生态补偿资金。[①] 在水费中提取水生态保护补偿资金是一种十分便捷的方式，既有利于筹集生态补偿资金，又有利于用水户珍惜水资源而节约用水。

（五）完善环境法制，明确责任追究

面向新安江流域上下游企业推行环境损害赔偿制度。环境损害赔偿制度是一项环境民事责任制度。任何人或者企业，如果不依法履行环境保护义务，可能发生巨额赔偿。其意义在于告诫人们自觉选择合法行为，减少对环境的污染和破坏。环境损害赔偿制度包括两个方面：一是传统意义上的环境侵权制度，即某种行为已经造成或者可能造成环境污染或破坏的后果，特定受害人所要求的损害赔偿。二是现代意义上的环境损害赔偿制度，即某种行为尚未造成但有环境污染或破坏的高度危险，且没有特定受害人的生态环境本身所遭受损害的排除问题，即“环境公益诉讼”制度。中国已经建立的环境损害赔偿制度主要对因环境污染所造成的人身损害和直接财产损害、精神损害的赔偿，基本属于传统的民事损害赔偿制度的范围，注重对“个人”的赔偿。缺乏对环境公益损害、间接财产损害和环境健康损害等“人类”“后代人”的赔偿。新安江流域应基于污染物总量控制明确流域上下游的责任分摊，形成技术偏向的检测依据。基于流域主要污染源及企业的污染物排污总量，摸清污染物在流域中扩展、迁移和转移规律，计算环境容量，基于流域上下游地区发展需要核定总量控制目标，明确责任归属。

以终身追责制约束地方政府的环境损害赔偿行为。2015 年 8 月，国务院办公厅印发了《党政领导干部生态环境损害责任追究办法》，强调对在生态环境和资源方面造成严重破坏负有责任的官员不得提拔使用或者转任重要职务，明确“终身追责”制。强调党委及其组织部门在地方党政官员

① 沈满洪：《关于建立新安江流域跨界水环境保护长效机制的对策建议》，《公共政策内参》2014 年 10 月 7 日。

选拔任用工作中，应将资源消耗、环境保护、生态效益等情况作为考核评价的重要内容。由此，在新安江流域的环境治理过程中，应率先制订和推行面向流域上下游政府的环境损害赔偿制度，以此作为政绩考核的重要引导方向。根据试点方案，负责断面检测任务的分别是黄山市环境监测站和淳安县环境监测站，二者均属于相关利益方，在检测结果比对过程中，很难确保监测数据的客观性和公正性。应增加检测点，并选用技术偏向的检测方式和方法，确保监测数据的客观公正。

加快推进法制建设，研究制定生态保护补偿条例。鼓励各地出台相关法规或规范性文件，不断推进生态保护补偿制度化和法制化。加快推进环境保护税立法。健全环境损害赔偿制度的核心内容是通过专门环境立法解决对环境公共利益损害、间接财产损害和环境健康损害所需要的实体法和程序法规则。建立环境损害赔偿的基本制度，明确环境公益诉讼的主体及范围。制定专门的环境侵害责任法，明确规定环境损害赔偿的实体法规则与程序法规则。制定相应的司法解释，形成可操作的司法规则。环境损害赔偿的数额和标准可以通过科学方法加以确定。通过环境标准的法定化，建立合理的司法鉴定规则、证据规则、因果关系推定规则、举证责任分配规则及责任划分规则。

健全配套制度体系。加快建立流域生态保护补偿标准体系，根据不同类型地区的特点，以生态产品产出能力为基础，完善测算方法，分别制订补偿标准。根据重点生态功能区、重要江河湖泊水功能区、跨省流域断面水量水质等要求，在新安江流域建立国家重点监控点位布局和自动监测网络，制订并完善监测指标体系。研究建立生态保护补偿统计指标体系和信息发布制度，加强生态保护补偿效益评估，积极培育生态服务价值评估机构。

创新政策协同机制。研究建立流域生态环境损害赔偿、生态产品市场交易与生态保护补偿协同推进的生态环境保护新机制。稳妥有序开展水资源生态环境损害赔偿制度改革试点，加快形成损害生态者赔偿的运行机制。健全生态保护市场体系，完善生态产品价格形成机制，使保护者通过生态产品的交易获得收益，发挥市场机制促进生态保护的积极作用。完善有偿使用、预算管理、投融资机制，培育和发展交易平台。探索不同地区间、流域上下游之间的水资源有偿使用制度。赋予公众以请求权和监督权。公众可以对各种污染和破坏环境的行为给予否定性评价，促使水资源的排污者、破坏者慎重选择自己的行为，减少对环境的破坏和污染，减少对环境的损害。赋予公众以监督权，对生态环境造成不良影响的企业可要求其公开污染信息，要求企业承担社会责任，监督地方政府依法行政，严厉查处各类环境违法行为。

第十五章　环太湖流域水污染权交易制度的案例分析

太湖流域位于我国长三角地区，是全国经济最发达、河网最密布的流域之一，其中太湖流域总人口5971万人，占全国总人口的4.4%；2014年GDP总值为57957亿元，占全国GDP的10.2%；人均GDP为9.7万元，大约为全国人均GDP的2.3倍。[①] 但是，自改革开放以来，城市化进程的不断加快以及经济发展的转型，太湖流域的生态环境被不断破坏，水质恶化严重，水污染物排放总量已经超过太湖流域水环境可以容纳的范围。另外，太湖水质的富营养化程度加重，蓝藻事件频发，严重影响太湖流域水环境安全并制约着经济的可持续发展。因此，通过建立环太湖流域统一水污染权交易市场，使得水环境容量进行有偿使用，改善水资源短缺问题显得尤为重要。太湖流域作为全国经济最发达地区却面临严峻的环境资源危机，同时作为水污染权交易最早的流域，有着典型的借鉴意义。本章首先对太湖流域上的水污染权交易现状进行分析，基于现实情况提出理论假说，再运用地方实践经验进行定性求证；同时从制度设计、产权交易、信息披露、制度效率等四个方面进行比较，从制度经济学视角揭示制度实施绩效，从而指出在环太湖流域建立统一的水污染权交易市场的必要性以及相关的政策建议。

---

① 本章所指太湖流域包括：苏州、无锡、常州、湖州、嘉兴、上海青浦地区，由于安徽省占地域面积只占1%，故忽略不计。数据来源：《2013年度太湖流域及东南诸河水资源公报》。

第一节　案例描述：太湖流域经济发展加剧环境容量短缺

太湖流域地处长江三角洲的南部，总面积约 36895 平方公里，水域面积为 6134 平方公里。所涉及的行政区域主要为江苏、浙江和上海两省一市，地级市包括苏州、无锡、常州、嘉兴、湖州、上海市青浦区及安徽省一部分。其中江苏省占 53%，浙江省占 33.4%，上海市占 13.5%，安徽省占 0.1%，是我国经济最发达的区域之一。同时，太湖流域也是我国河网最密布的流域，其中 10 平方公里以上的大型湖泊有 9 个，河道总长度 12 万公里，平原地区河道密度达 3.2 公里/平方公里，呈现河网密度较高，分布范围广，湖泊较多的特点。

一、太湖流域经济演变

随着工业化进程的不断推进，上海为建设国际化大都市进行产业结构调整，将重工业及制造业的厂房迁移出中心城区；苏锡常地区的产业结构从 20 世纪 90 年代初期由以纺织等产业为主的轻工业，已逐步演变为重工业为主体。从图 15-1 中可以看出，2013 年环湖六市的产业结构主要以第二产业为主，太湖流域地区三大产业结构比 3.82：54.42：41.76，呈现“二、三、一”结构。其中苏锡常地区实现 GDP 20081.83 亿元，湖州和嘉兴二市实现 GDP 4693.72 亿元，上海青浦地区为 827.4 亿元。

根据图 15-2 至图 15-4 可以分析得出，自 2006 年起环湖六市的产业结构调整基本是第一产业和第二产业逐年递减，第三产业增加的态势。苏锡常地区三大产业结构比从 2006 年的 1.82：62.02：35.54 调整为 2014 年的 1.50：50.06：47.94。可以看出苏州、无锡、常州地区第一产业平均值下降近 0.3%，而第三产业上升较为明显，达 12.43%。湖州和嘉兴两市三大产业结构比从 2006 年的 7.65：58.42：33.93 调整为 2014 年 5.24：52.55：

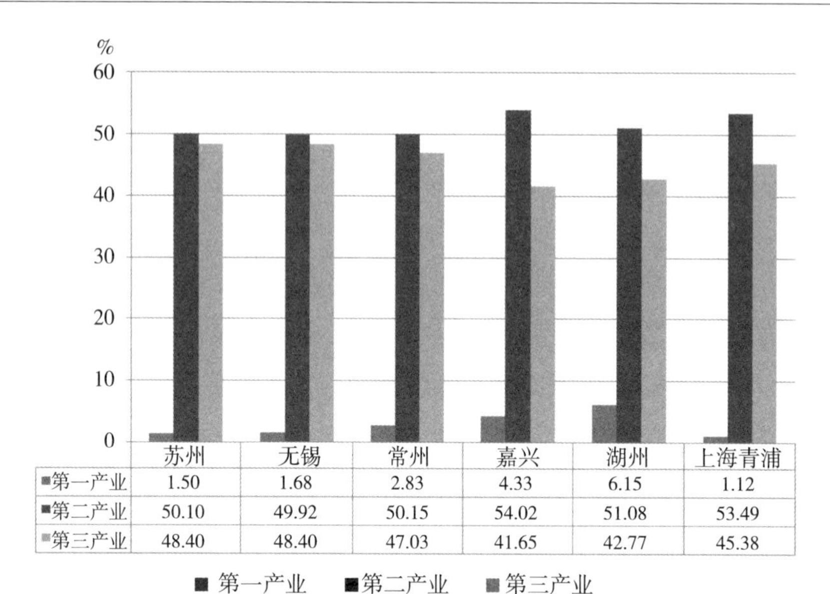

	苏州	无锡	常州	嘉兴	湖州	上海青浦
第一产业	1.50	1.68	2.83	4.33	6.15	1.12
第二产业	50.10	49.92	50.15	54.02	51.08	53.49
第三产业	48.40	48.40	47.03	41.65	42.77	45.38

图 15-1　2014 年环太湖六市三大产业结构比值①

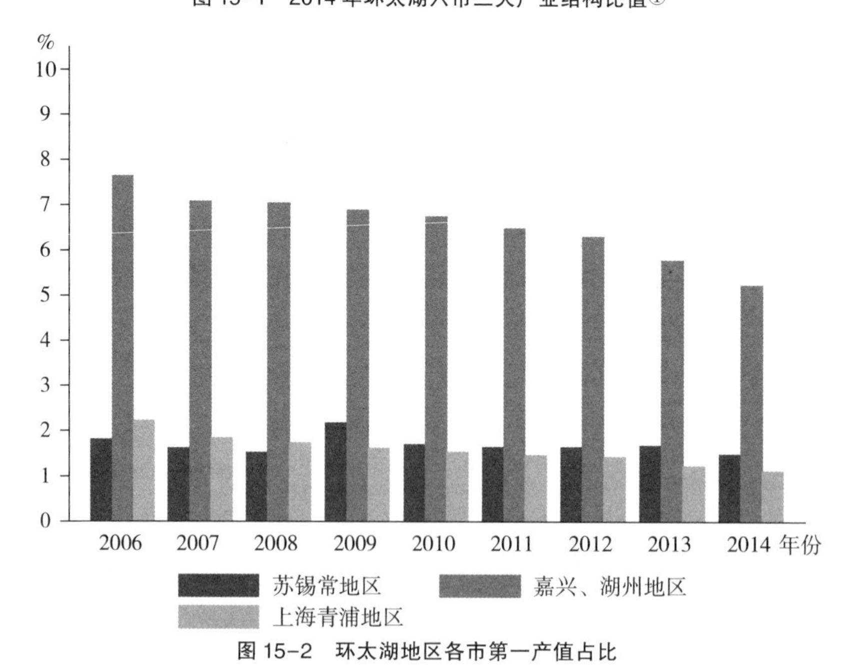

图 15-2　环太湖地区各市第一产值占比

① 资料来源：根据 2014 年各市统计年鉴整理所得。

42.21。在第一产业比重上，湖州和嘉兴地区的均值较2006年下降较为明显，达到了2.4%，下降幅度为苏锡常地区的8倍；与之相反，第二产业则下降速度较为缓慢，仅为苏锡常地区的一半；而第三产业较2006年上升约9%。

由此可知，在第三产业发展上，从2006年起苏锡常地区的比重领先于其他地区的同时保持较高的速度增长，其中2011年第三产业比重要比嘉兴湖州及上海地区高出大约5—6个百分点，而以“鱼米之乡”著称的湖州和嘉兴二市第一产业虽然逐年递减，但仍较其他城市保持着优势，值得注意的是，两地区的第二产业比重较为相似，但支柱产业却有所不同。苏锡常地区主要为重工业，包括化学制药、机械制造、传统制造加工业等，而湖州和嘉兴二市则以轻工业为主，主要是纺织、印染、制革等。

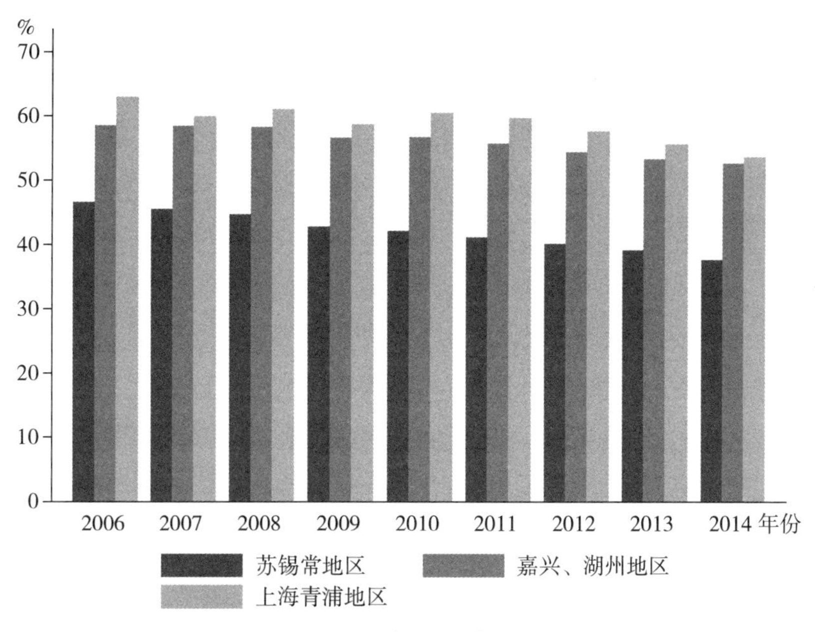

图15-3　环太湖地区各市第二产值占比

进一步分析第二产业和第三产业的结构变化，可以发现太湖流域环湖六市第二、第三产业之间的差距呈现逐步收敛态势。这表明在时间趋势上第三产业在太湖流域的比重大大提高。而从图15-5中可以看出，相邻地区产业结构发展相似，苏锡常地区结构变化迅速，至2014年年底两者之间差距缩小到2.1%，相对而言嘉兴湖州地区变化缓慢，在上海青浦区地区2009年第二产业和第三产业之间的差距缩小到19%，而后又逐渐拉大到22%，直到2014年年底，两者之间的差距才降低到8.1%。由此可以看出，对于太湖流域而言，主要产业已经由最开始的农业及工业渐渐转化为服务业。

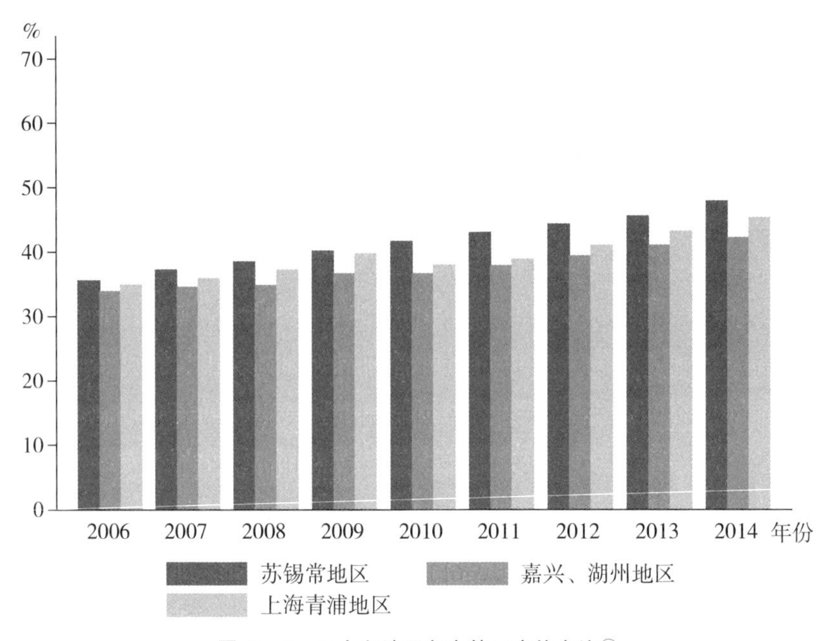

图15-4 环太湖地区各市第三产值占比①

二、太湖流域水环境变化

自1960年起，黄浦江河流水质逐渐受到污染，有时甚至会出现黑臭的现象。在1980年中期，由于受到江南运河部分城市污水管道黑臭的影响，太湖流域水面受到了百分之一的轻度污染。而到20世纪90年代末期，太湖流域水体的水质基本为V类水或劣于V类水。从水体类型来看，太湖属

① 资料来源：图15-2、图15-3、图15-4根据2006—2014年各市统计年鉴整理所得，其中苏锡常地区产值为各市产值平均值。

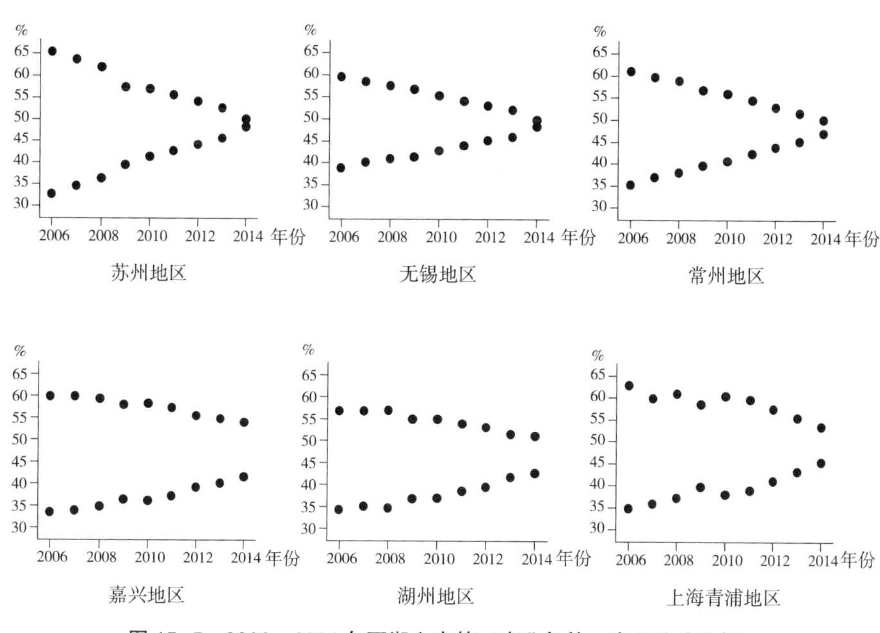

图 15-5　2006—2014 年环湖六市第二产业与第三产业差量趋势图

注：负斜率为第二产业；正斜率为第三产业。

于开放型水体，来自环湖六市的农业、工业和生活污水都会排入太湖，使其水质不断恶化。与此同时，地区人口和经济规模的不断扩张，太湖流域的优质水资源日益紧缺，污染愈发严重。

根据国家地面水环境质量的标准，20 世纪 60 年代太湖属于Ⅰ至Ⅱ类水质，而后到了 20 世纪 70 年代变为Ⅱ类水质，进入 80 年代后期，太湖流域已经发展至Ⅲ类水质，有些湖体甚至达到Ⅳ类水质和Ⅴ类水质，到了 90 年代，太湖流域近三分之一的湖体为Ⅴ类水质，平均水质为Ⅳ类水质。进入 21 世纪以来，太湖水面的水质不断恶化，污染物的质量浓度呈现上升趋势。根据《2007 年度太湖流域及东南诸河水资源公报》显示，由于总氮的超标排放，当年太湖流域的平均水质为劣Ⅴ类水质，化学需氧量质量浓度达到了Ⅲ 类水质标准，而总磷的质量浓度达Ⅴ类水质标准。因此，由于水质的富营养化导致的蓝藻爆发是太湖环境治理主要面对的问题之一。从图 15-6 中可以看出，从 2006 年起至“十二五”期间结束，高锰酸盐、氨氮、总氮、总磷的含量在逐渐下降；同时，氨氮和总氮含量基本达到 2020

年目标，但是化学需氧量以及总磷含量仍保持较高水平，并呈现波动趋势，这一现象的出现说明在太湖流域其污染主要是化学需氧量以及水质的富营养化，污染物主要来自工业污染以及农业污染。

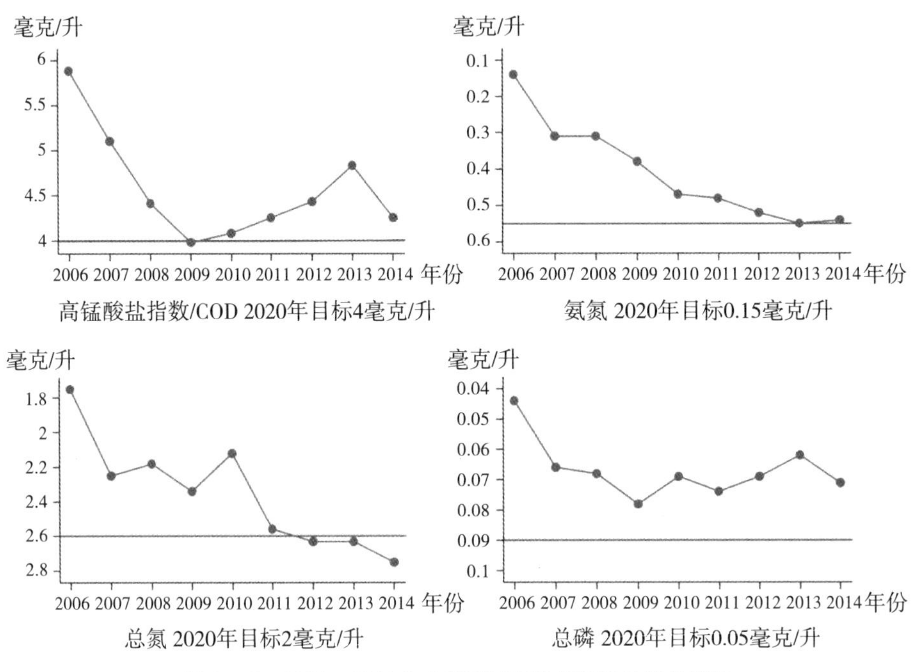

图 15-6 2006—2014 年太湖流域污染指标排放变化趋势

在 2006—2014 年（见图 15-7），2007 年由于无锡蓝藻事件爆发，太湖流域劣于Ⅴ类水质达到最高峰，占比为 64.2%。2008 年 5 月，国家发展改革委颁布《太湖流域水环境综合治理总体方案》，至此治理太湖水环境问题被正式提上议程，2013 年对其进行再次修订，至 2014 年年底，太湖流域水环境恶化状况有所放缓，Ⅱ类水质比重达 9 年来最高值 7%，Ⅲ类水质达到近 17%。

从《2014 年度太湖流域及东南诸河水资源公报》来看，在总磷参评、总氮不参评的情况下污染较为严重的地区为无锡市竺山湖，为Ⅴ类水质，最严重的是梅梁湖和贡湖，为Ⅳ类水质。而同样地处上游片区的湖州市水质则相对好些，南部片区普遍为Ⅳ类水质。实施引江济太后，上海和嘉兴

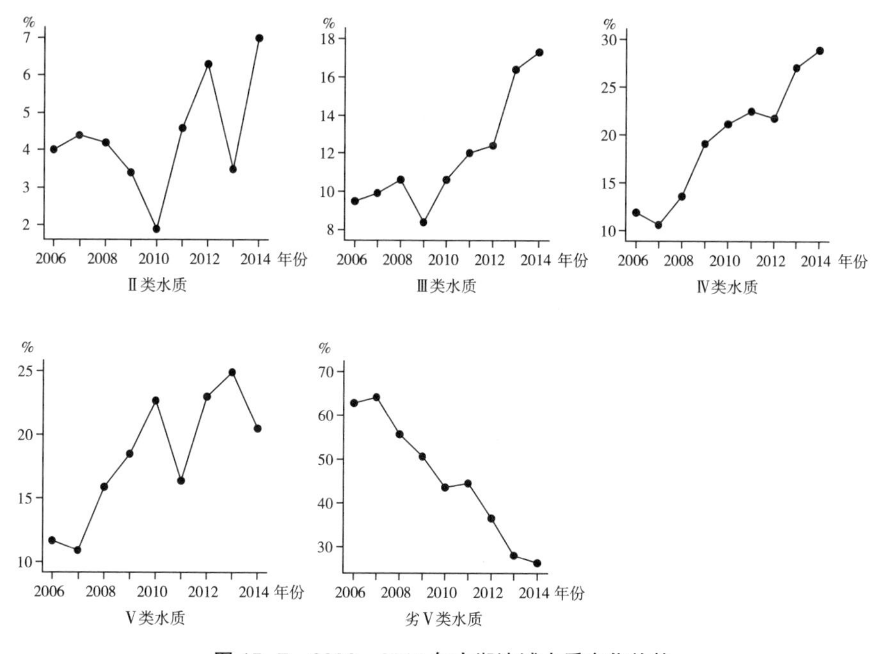

图 15-7　2006—2014 年太湖流域水质变化趋势

两市水质和水量明显改善，已达Ⅲ类水质标准。

太湖流域入湖河流一共有 22 条，其中浙江 7 条，江苏 15 条。随着环太湖流域内的两省一市经济飞速发展，流域的水质情况面临新的挑战。省际之间、地区之间的交界处成为污染重灾区，其主要原因在于整个太湖流域的环境体系并没有得到统一，使得政府责任不明确，跨界水污染以及事故频发。从太湖流域省界监测点的数据来看，2004 年水质超标率最高，达到了 86%，而后逐渐降低，截至 2014 年，省界水质超标率回落到 50%左右，河流水质已改善至轻度富营养化，但仍有少部分湖区为中度富营养。

根据表 15-1，从 2006—2014 年，太湖流域Ⅴ类水质、劣Ⅴ类水质的入湖河流大部分来自江苏南部以及浙江北部，2006—2008 年，劣Ⅴ类水质河流基本保持在 16 条。其中太滆运河和社渎港污染最为严重，2014 年前几乎每年都是以劣Ⅴ类水质流入太湖流域，整个太湖流域水质至 2014 年才有所改善，Ⅴ类水质河流增加，劣Ⅴ类水质河流仅剩 1 条。

表 15-1　2006—2014 年太湖流域入湖河流统计

省份	河流	2006	2007	2008	2009	2010	2011	2012	2013	2014
浙江	长兴港	•	•	•			•			
	夹浦港	•				•	•	•	•	○
江苏	蠡河	•	•				•			
	东氿	•	•							
	大浦港	•	•	•			•		•	
	城东港	•	•				•			
	官渎港	•	•	•	•	•	•		•	○
	社渎港	•	•	•	•	•	•	•	•	○
	烧香港		•				•			
	殷村港	•	•	•			•	•	•	○
	漕桥河	•	•	•			•	•	•	○
	太滆运河	•	•	•	•	•	•	•	•	•
	雅浦港	•	•	•						
	武进港	•	•	•	•	•		•	•	○
	直湖港	•	•	•	•	•		•	•	○
	骂蠡港	•	•							

注：○表示Ⅴ类水质，•表示劣Ⅴ类水质。

资料来源：根据 2006—2014 太湖流域水资源健康公报整理所得。

三、太湖流域水环境污染与产业结构关系

太湖流域农业用水比例呈现总体下降趋势，从 20 世纪 90 年代初期至 2000 年下降幅度约为 30%，然而农业面源的污染仍然是太湖流域水体的主要污染源，其主要原因在于随着农业产业结构的调整及灌溉方式的转变。自 2000 年以来，虽然太湖流域周边的水稻灌溉面积大幅减少，但是将现代化肥代替了传统的有机化肥使得大量的氨氮物质流入水体，从而导致水域的富营养化，加重水质污染。

在工业用水方面，由于太湖流域的工业产业特征主要是以重工业及制造加工业为主，因此工业用水比例与其他产业相比较高。根据《太湖流域

及东南诸河水资源公报》的数据（见图15-8），2006—2013年第二产业（未计火电直流冷却水）废污水排放量呈现一个逐步递减的态势，2006年排放36.3亿吨，但到2014年则只排放了29.7亿吨。从细分行业的角度来看，轻工业主要集中在纺织、印刷等行业，重工业的污水排放则主要集中在化工、印染、金属冶炼等行业。工业污染源可以分为两大原因，一是工业行业本身的结构特征，太湖流域支柱产业多为重工业等，工业废水排放较多，污染物化学需氧量浓度也相对较高；二是缺乏高效的污水处理体系，使得未经处理过或者处理不完全的废水直接排放进入太湖湖体内。

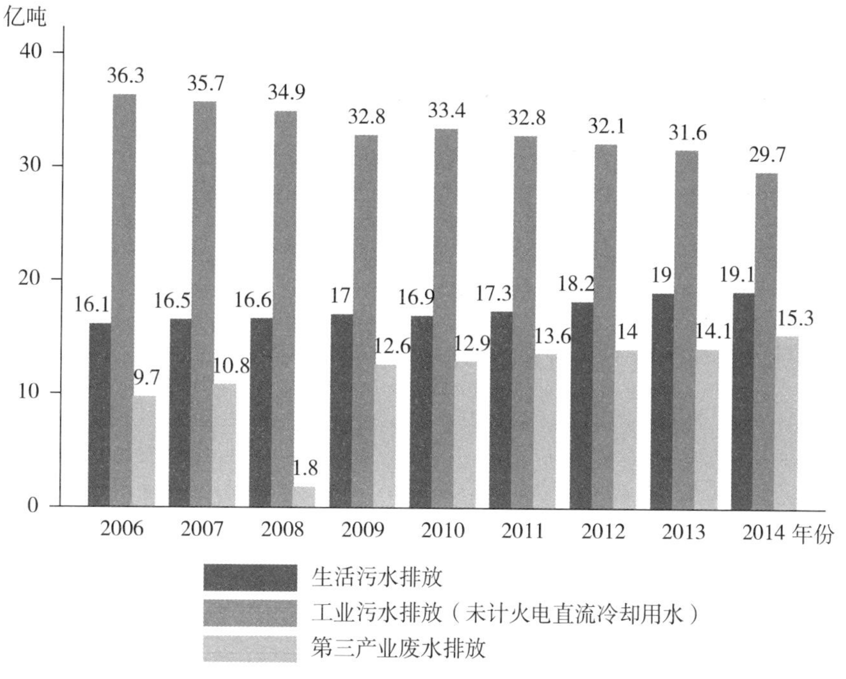

图15-8　2006—2014年太湖流域污水排放趋势①

同时，随着第三产业在经济结构中所占比重逐渐增强，其环境污染也不容忽视。如图15-8所示，虽然第三产业污水排放量不如第二产业的排放量大，但整体污水排放量呈现上升趋势，其中2008年最低仅为1.8亿

① 资料来源：根据2006—2014年度太湖流域及东南诸河水资源公报整理所得。

吨，但到了2009年后排放量急剧上升，到2010年为12.9亿吨，2014年则达到15.3亿吨。

尽管工业污水排放量逐渐下降，第三产业污水排放量逐年递增，但前者的绝对值仍然较大。另外，随着第三产业污水排放比例不断增加，其污染源应当予以重视。根据调研走访情况来看，可能存在的原因主是沿湖周边的第三产业大部分是传统的旅游服务业，如湖州太湖旅游景区，旅游餐饮业发展所产生的废水未经处理便沿河道进行排放，从一定程度上加重了太湖水质的污染。尽管沿湖的风景管理区是太湖流域治理水环境污染的重点区域，但是若想从根本上改善环境质量要从产业结构本身进行调整，调高现代化服务业比重，降低或改善传统的服务餐饮旅游业，这样才能有利于太湖流域的水环境发展。

而从总体废水数量排放上来看（图15-9至图15-11），虽然苏锡常地区排污总量依旧是太湖流域中最多的，但却呈现逐年递减趋势，相反湖州和嘉兴地区则逐渐上升。这一现象表明，在排污总量控制情况下，湖州和嘉兴两市达标水质的处理比率要低于苏锡常地区，也就是说只有提高其工业废水处理比率才是改善太湖流域水质的关键因素。

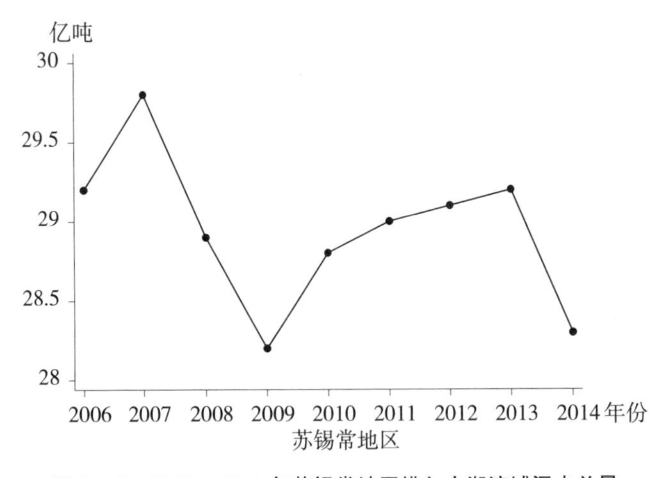

图15-9　2006—2014年苏锡常地区排入太湖流域污水总量

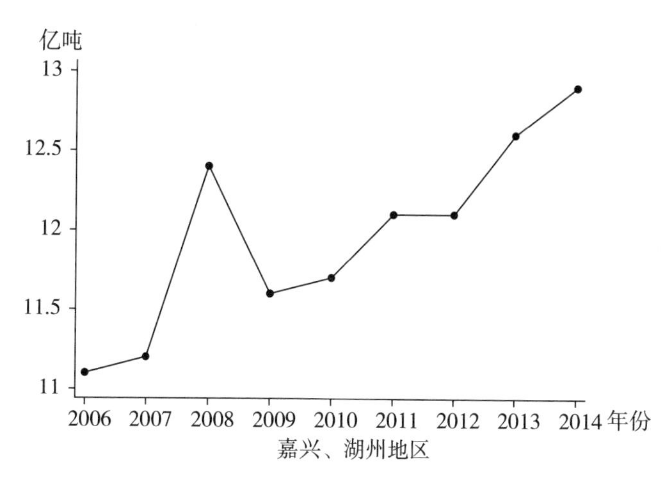

图 15-10　2006—2014 年嘉兴、湖州地区排入太湖流域污水总量

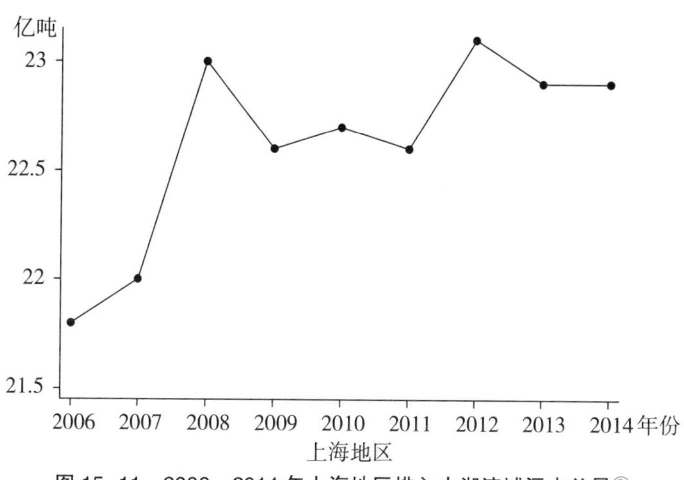

图 15-11　2006—2014 年上海地区排入太湖流域污水总量①

将太湖流域水污染排放量与城市产业结构结合可以看出，太湖北片区污染主要是苏锡常地区工业废水排放，而南部地区污染较多的则是湖州和嘉兴两市农业及部分传统工业废水排放。太湖流域环湖六市的产业结构也随着经济不断发展发生了深刻变化。从 20 世纪 70 年代初期的纺织轻工业，到 90 年代的重工业发展，再从初期工业化转变为工业化后期，这样的经济

① 资料来源：根据 2006—2014 年太湖流域及东南诸河水资源公报整理所得。

产业结构的调整也对太湖流域的水质变化有着重大影响。如何公平合理地治理太湖，全面施行可持续发展，建立有效的水资源有偿使用制度成为治理太湖的首要任务。

四、太湖流域排污权有偿使用和交易制度演变

（一）第一阶段——上海闵行、嘉兴秀洲区级层面试点

20 世纪 80 年代，上海黄浦江污染物排放量远远超于环境容量，使得新企业无法进入。1985 年，上海市人大颁布了《上海市黄浦江上游水源保护条例》，在黄浦江上游实行总量控制和许可证制度，并将水污染权指标无偿分配给 404 家企业，随后 1987 年在闵行发生了中国第一例水污染权交易。1991 年，国家环保总局在部分城市尝试排污权交易，上海闵行区率先成功进行了化学需氧量的排污权交易。

自“十五”以来，嘉兴市秀洲区作为经济发达地区，面临着经济跨越与环境容量资源紧缺的约束。在 2002 年 4 月，嘉兴市秀洲区出台了《秀洲区水污染排放总量控制和排污权有偿使用管理试行办法》。2002 年 10 月，嘉兴市开展水污染权有偿使用的启动仪式，并签订了秀洲区的 11 家企业参与水污染权的有偿使用。

（二）第二阶段——嘉兴市排污权市场市级层面试点

2007 年 9 月，嘉兴市颁布了《主要污染物排污权交易办法（试行）》方案，并于同年 11 月，成立了全国范围内的首个排污权交易中心，各县（市）设立分中心，并颁布了《关于进一步规范排污权交易工作的通知》。针对排污权的出售价格，嘉兴市物价以及环保局按照其所在的行业和企业对于污染物所需要的削减成本统一制订初始分配的价格。在水污染权交易上，嘉兴市是全国第一个全面推行排污权有偿使用制度的地级市、也是全国第一个建立排污权交易储备中心的城市。

（三）第三阶段——环太湖流域全面实行排污权交易

2008 年 5 月，国家发展改革委批复并公布了《太湖流域水环境综合治理总体方案》，方案指出要施行水资源有偿使用，其中列为太湖流域污染

物总量控制指标的有化学需氧量、氨氮、总磷和总氮。[①] 2008 年 11 月 20 日，江苏省省厅颁布相关文件，要求在太湖流域范围内开展污染物指标（COD）的有偿使用和交易试点工作。2009 年 3 月，浙江省正式开始进行排污权有偿使用，并进行全省范围的交易试点。随后，在 2011 年，浙江省物价局、浙江省环境保护局出台了《浙江省初始排污权有偿使用费征收标准管理办法（试行）》，试图通过对水污染权有偿使用的初始价格进行统一制订，在全省范围内规范排污权有偿使用。

至此，各地便陆续开展制订水污染权交易制度。太湖流域水污染物排放交易主要包括江苏省在太湖流域范围内的水污染物排放（苏、锡、常地区水污染权交易）、浙江省在太湖流域范围内水污染物排放（湖州、嘉兴水污染权交易）和上海市太湖流域水污染物排放交易（上海水污染权交易），交易的污染物大部分是化学需氧量。

从表 15-2 中的时间顺序可以看出嘉兴市的排污权有偿使用制度要早于浙江省，与之相反的江苏省则是在省级规划后各地陆续出台，因此“浙江交易”是一种“自下而上”的制度体系，而江苏省的排污权交易是一种“自上而下”的模式。和江浙两省不同的是，上海市由于施行交易年份较早，水污染权的初次分配为无偿使用，企业可以通过削减排污量指标进行有偿转让，达到综合平衡。

表 15-2　太湖流域六市排污权交易制度出台时间

地区	制度	时间	交易平台
上海市	《上海市黄浦江上游水源保护条例》	1985 年	2008 年（环境能源交易所）
江苏省	《关于江苏省太湖流域开展主要水污染物排放指标初始有偿使用和交易试点的申请》	2007 年 11 月 28 日申请 同年 12 月 13 日批复	

① 资料来源：《太湖流域水环境综合治理总体方案》。

续表

地区	制度	时间	交易平台
嘉兴市	《主要污染物排污权交易办法（试行）》 《关于进一步规范排污权交易工作的通知》	2007年9月 2007年11月	2007年11月10日成立首个排污权交易中心
太湖流域管理局	《太湖流域水环境综合治理总体方案》	2008年5月	
浙江省	《浙江省初始排污权有偿使用费征收标准管理办法（试行）》	2009年3月	2008年3月 浙江省排污权交易中心
湖州市	《湖州市主要污染物排污权有偿使用和交易暂行办法》 《湖州市主要污染物排污权交易实施细则（试行）》	2008年10月 2009年	
常州市	《常州市主要水污染物排污权有偿使用和交易试点工作方案通知》	2009年11月	2009年成立排污权交易中心
苏州市	《苏州市关停不达标企业、淘汰落后产能改善生态环境三年专项行动计划》	2010年	2012年12月成立环境能源交易中心
无锡市	《无锡市主要污染物排污权有偿使用和交易实施细则》	2011年5月	

第二节　理论假说：基于资源环境经济理论的排污权有偿使用制度

排污权有偿使用在各试点区域开展方式、进度以及程度都不同，但其本质含义是对资源的有价使用，太湖流域的排污权制度探索集中体现在水资源有偿使用上。环太湖流域经济的飞速发展导致环境资源的矛盾加剧，使得污染物排放权的有偿使用成为趋势。而排污权有偿使用制度是在科斯定理、庇古税等理论基础上，实施的一种资源有偿配置。

一、太湖流域环境容量的有限性决定总量控制是改善环境质量的重要制度

（一）总量控制制度能够有效缓解排污需求递增与环境容量约束矛盾

总量控制是指环境管理部门根据依据地区经济发展勘定环境容量，决定污染物排放总量。其中，水污染物的总量控制主要是根据流域或地区的经济发展水平，通过行政措施使得水污染物排放总量低于环境容量，并优化分配到污染源排放量。总量控制的核定分为两个部分——本年控制总量和本年可分配总量，具体方法是地方环保部门根据地区上年排放量与本年减排量的差计算得出本年控制总量；根据本年控制总量与折算的上年度排污余量的和确定本年可分配总量。2007 年起，太湖流域总用水量达到 372. 7 亿立方米，其中生产用水达到了 343. 6 亿立方米，然而流域在 2007 年的水资源总量仅为 172. 7 亿立方米。值得注意的是，太湖流域的水功能纳污能力并不理想，2014 年太湖流域废水排放总量近 65 亿吨，根据河流纳污能力，化学需氧量和氨氮量几乎超标 2—3 倍。[①] 由此可以看出，太湖流域水环境不仅面临水资源供给与需求的矛盾，同时优质水需求与供给的矛盾愈发严峻。

水环境容量的约束以及排污需求的增长导致太湖流域水环境质量的下降，其容量的有限性决定地区总量的控制制度是解决环境问题的重要手段。乔小南等通过递归模拟说明排污指标不同分配对于经济绩效的影响，证明了总量控制是我国进行污染减排的基本制度，从中央政府的减排专项支出可以解决公平性，提高社会总体福利。[②] 刘年磊等根据水污染总量控制目标分配的研究得出，地区间的合理总量分配机制可以提高减排效率，实现水环境质量的改善。[③] 因此，面对环境容量有限和排污需求递增的矛盾总量控制制度能够有效改善环境质量，提高地区社会福利。

---

① 叶建春:《太湖流域水资源需求分析及对策》,《水资源管理》2014 年第 9 期。

② 乔小楠、段小刚:《总量控制、区域排污指标分配与经济绩效》,《经济研究》2012 年第 10 期。

③ 刘年磊、蒋洪强、卢亚灵等:《总量控制目标分配研究》,《中国人口·资源与环境》2014 年第 5 期。

(二) 总量控制的“总量”的递减性能改善环境质量，为水污染权交易奠定基础

在面对资源短缺的情况下，提高减排效率是减少环境污染物排放的主要方式，而将目标减排率纳入总量核定方式决定着总量控制的“总量”的递减性。因此，只有通过逐渐递减的总量控制才能改善环境质量，而无节制地排污必然会导致环境质量的恶化。自2008年起，我国现行排污权交易制度的基本内容主要包含排污权初始分配内容以及在太湖流域试行的排污权交易制度，其中，本年度控制总量等于上年度实际排污量与本年度减排量的差额。水污染权交易则是在总量控制的基础上，根据该地区水资源的环境总容量进行资源配置，在促进企业利用自身治污能力技术进步的同时，鼓励企业之间运用市场经济手段相互调节富余的排污量，以此来提高减排效率，从而优化资源分配实现较高的环境治理效率。刘文琨等对水污染物总量控制在国内外发展历程进行梳理，提出水污染权交易制度使得资源得到了有效配置，从而产生了管理成本低、有效性高的特点，在缓解环境与经济发展的矛盾中有着较大作用。同时，这样的排污制度能够提高公众参与度，提升民主性，符合包容性增长理念，很有可能成为实现我国总量控制的主要手段。[①] 另外，王洁芳根据总量控制下流域内不同的初始分配方式得出逐步提高竞争性的排污权分配比例，而非简单分配能够实现排污权交易市场有效性这一目标。[②]

水污染权交易是以市场机制发挥主导作用的环境规制工具，其实质是将通过产权形式将资源和环境进行界定，对环境资源进行有偿使用，从而影响企业生产、管理、减排等决策。在总量控制的目标下，已经获得排污权指标的企业通过技术进步和改造治理污染物，成功使得排污量减少，将富余的排污指标通过有价方式转让给需要排污量的企业，实际上是把排污

---

① 刘文琨、肖伟华、黄介生等：《水污染物总量控制研究进展及问题分析》，《中国农村水利水电》2011年第8期。

② 王洁方：《总量控制下流域初始排污权分配的竞争性混合决策方法》，《中国人口·资源与环境》2014年第5期。

指标商品化与产权化进行企业之间的交易。

由此得出，在有限的水环境承载力下，只有通过总量控制才能改善环境的超负荷，只有实现逐渐递减的总量控制才能使得环境质量得以改善，也只有实现流域上的水污染权交易才能改善排污需求与供给之间的矛盾，若不施行总量控制必然会导致环境质量的退化。

二、有偿使用排污权可以激励企业减少排污并提高排污权配置效率

（一）水污染权有偿使用是改善环境容量使用方式的必要手段

沈满洪等以浙江省嘉兴市的排污权交易为例提出了生态经济化假说，并求证了排污权有偿使用这一生态经济化制度安排的均衡条件。[①] 周树勋通过对排污权交易的浙江模式，杭州、嘉兴、绍兴等地梳理，指出自实行排污权交易制度以来，2010 年全省水环境功能区达标率较 2005 年高 0.5%。[②] 毕军等通过初试分配定价模型揭示现行的排污费制度并没有完全反映真正的环境价值，排污权价格应为排污收费的 4—6 倍。[③]

除了制度本身以外，企业是微观经济运行的主体，在二级市场中，企业不仅是排污的需求方，也是水污染物的排放者，而生产技术效率较高又有富余排污量的企业扮演者供给方的角色，由此可见，污染排放与环境治理与企业生产密不可分。企业作为水污染权交易的主体，在获得合法的初始排污权之后，再通过市场调节的手段实现排污单位之间的二次分配，以此实现对污染物排放的控制，是总量控制思路下市场进行环境资源最优化配置的重要渠道，确保区域总体经济效益最大化。

根据卡门（Carmen，2012）水权制度设计思路，假设存在两类参与企业在既定初始排污权分配制度下进行生产，其中 A 企业在生产过程中会有

① 沈满洪、谢慧明：《生态经济化的实证与规范分析———以嘉兴市排污权有偿使用案为例》，《中国地质大学学报》（社会科学版）2010 年第 11 期。

② 周树勋：《排污权交易的浙江模式》，《环境经济》2012 年第 3 期。

③ 毕军、周国梅、张炳等：《排污权有偿使用的初始分配价格研究》，《经济政策》2007 年第 7A 期。

多余的排污量，B 企业在生产过程中因为规模扩大等原因会缺少排污量。[①]政府首先作为初始分配者，在这样的情况下，排污量的缺乏者可能会因为超标排污受到政府惩罚，支付惩罚成本。[②]

在不进行排污权交易时，企业 B 因为生产需要排放污染物的数量会超过核定排污量，假设 $\Delta q=q_t-q_i$，q_t 表示一共排放污染物的数量，q_i 为一开始的初始核定的数量，Δq 为超标量。同时企业 B 将有可能会面临处罚风险，假设政府惩罚金为 G，其定义为：

$G=\rho\times f(\Delta q)$ 其中 ρ 为被惩罚的概率，$f(\Delta q)$ 为被处罚的成本函数。p 表示价格。

假设所有的成本函数为二次型，则企业的最大利润可表示为：

$$\max\pi = p\times Q - C(q) - G$$
$$= p\times aq_t - bq_t^{\,2} - \rho(q_t - q_i)^2$$
$$(0\leqslant\rho\leqslant1 \quad 0\leqslant b\leqslant1)$$

求一阶导数 $\frac{d\pi}{dq_t}=0$ 可得：当 $q_i\leqslant\frac{pa}{2b}$ 时，$q_t=\frac{pa+2\rho q_i}{2b+2\rho}$；当 $q_i\geqslant\frac{pa}{2b}$ 时，$q_t=\frac{pa}{2b}$。

因此，当初始排污量 $q_i\leqslant\frac{pa}{2b}$ 时，企业会选择去超标排污；当 $q_i\geqslant\frac{pa}{2b}$ 时，则不会。

产生的社会总福利总效应是企业生产值和社会环境外部效应之和，即 $M=p\times(q_a+q_b)-g(\Delta q)$，$g(\Delta q)$ 为社会治理超标排污量的成本，远小于有偿使用下的社会总福利 $p\times(q_a+q_b)$。

---

① Marchiori, Carmon And Sayre, S. S., "On the Implementation Performance of Water Rights Buy-back Schemes", *Water Resources Managements*, Vol. 26, 2012.

② 假设单要素线性生产函数 $Q=aq$，其中 Q 为企业产量，q 为企业生产所需的排污量，产品的市场价格为 p，生产成本函数 $C(q)$，同时因为随着排污量 w 的上升，企业的生产成本和边际成本也不断上升，所以 $C(w)$ 满足以下条件：$C'(q)\geqslant0$，$C''(q)\geqslant0$ 并且满足 $\lim_{q\to a}C'(q)=0$，下文假设相同。

（二）市场主导型是水污染权交易制度的必然选择

吴琼等通过 2004—2014 年近十年的排污权交易政策梳理发现，虽然排污权交易的二级市场因为技术、法律等因素没有完全形成，但却实现了倒逼效应，促进地区环境监管能力。[①] 王金南等梳理和分析了排污权有偿使用和交易的实践探索指出，对水污染权进行有偿使用，然后通过市场交易的形式在不同的污染企业之间进行分配，是逐步形成水污染权有偿使用的二级市场有效方法。[②] 柳萍等根据浙江省排污权交易经验，揭示了排污权交易制度对于促进环境保护和节能减排起到重要作用；同时对美国排污权信用制度进行总结对比，得出市场主导及规范透明的交易体系是浙江省排污权交易的主要实现目标。[③]

1. 市场主导下的排污权交易

在市场交易的机制下，A 企业会将多余的排污量挂在排污权交易中心，B 企业可以通过市场竞价等方式获得所需排污量。设定 p_m 为市场交易平均价格，q_e 为出售的排污量，企业 A 在出售排污量的同时可以获得收益；同时因为排污权交易制度的演进，刷卡排污成为企业生产重要环节，超标排污会导致企业面临关停的风险，故企业将不会选择超标排污，而是进行排污权购买方式。

则 A 企业的利润可以表示为：

$$\max \pi_a = p \times Q - C(q_a) + p_m \times q_e$$

$$= p \times aq_a - bq_a{}^2 + p_m \times q_e$$

$$\text{s.t. } 0 \leqslant q_e \leqslant q_{ta}$$

其中，$q_{ta} = q_a + q_e$。

求一阶导数 $\dfrac{\mathrm{d}\pi_a}{\mathrm{d}q_a} = 0$，可得 $q_a = \dfrac{pa - p_m}{2b}$。

① 吴琼、董战峰、张炳等：《排污权交易渐呈蓬勃之势》，《环境经济》2014 年第 121—122 期。

② 王金南、张炳、吴悦颖等：《中国排污权有偿使用和交易实践与展望》，《环境保护》2014 年第 14 期。

③ 柳萍、王鑫勇、任益萍：《排污权交易制度与价格管理研究》，《价格理论与实践》2012 年第 3 期。

B 企业的利润函数可以表示为：

$\max\pi_b = p \times aq_b - bq_b{}^2 - p_m q_e$，同理利润最大化可得 $q_b = \frac{pa}{2b}$。

而此时产生的社会总福利效应 $M = p \times (q_a + q_b)$。

2. 政府主导下的排污权交易

在这样的交易模式下，企业 A 和企业 B 只能通过政府间接完成排污权交易，这样存在一个两阶段完全信息动态博弈，首先政府先以 p_g 的价格进行回购企业 A 的多余排污权 p_e，再出售给所需要的企业，以 βp_g 的价格出让给企业 B，因为存在信息的不对称性，B 企业需要通过搜寻信息等方式获得多余排污量的信息，所以我们可以认为 $\beta \geqslant 1$。

企业 A 的利润函数为：

$$\max\pi_a = p \times Q - C(q_a) + p_m \times q_e$$

$$= p \times aq_a - bq_a{}^2 + p_g \times q_e$$

s. t. $0 \leqslant q_e \leqslant q_{ta}$

企业 B 的利润函数为：

$$\max\pi_b = p \times aq_b - bq_b{}^2 - \beta p_g \times q_e$$

根据利润最大化一阶条件可知，$q_a = \frac{pa - p_g}{2b}$，$q_b = \frac{pa}{2b}$，此时产生的社会总福利效应 $M = p \times (q_a + q_b)$。

表 15-3 不同机制情况下的决策结果

变量	不进行交易（0）	市场机制（1）	政府主导（2）
q_a	$\frac{pa}{2b}$	$\frac{pa - p_m}{2b}$	$\frac{pa - p_g}{2b}$
q_b	$\frac{pa + 2\rho q_i}{2b + 2\rho}$	$\frac{pa}{2b}$	$\frac{pa}{2b}$
π_a	$\frac{(pa)^2}{4b}$	$\frac{(pa + p_m)(pa - p_m)}{4b} + p_m \times q_e$	$\frac{(pa + p_g)(pa - p_g)}{4b} + p_g \times q_e$

续表

变量	不进行交易（0）	市场机制（1）	政府主导（2）
π_b	$pa\dfrac{pa+2\rho q_i}{2b+2\rho}-$ $b\left(\dfrac{pa+2pq_i}{2b+2p}\right)^2-$ $p\left(\dfrac{pa+2qi}{2b+2P}-q_i\right)^2$	$\dfrac{(pa)^2}{4b}-p_m\times p_e$	$\dfrac{(pa)^2}{4b}-\beta p_g\times p_e$
$\pi=\pi_a+\pi_b$	$pa\dfrac{pa+2\rho q_i}{2b+2\rho}-$ $b\left(\dfrac{pa+2\rho q_i}{2b+2P}\right)^2-$ $\rho\left(\dfrac{pa+2q_i}{2b+2P}-q_i\right)^2+$ $\dfrac{(pa)^2}{4b}$	$\dfrac{2(pa)^2-p_m{}^2}{4b}$	$\dfrac{2(pa)^2-p_g{}^2}{4b}-$ $(\beta-1)p_g\times q_e$
M	$p\times(q_a+q_b)-g(\Delta q)$	$p\times(q_a+q_b)$	$p\times(q_a+q_b)$

注：0为不交易时的状态，1为市场机制交易，2为政府主导交易。

3. 结果分析

（1）社会总福利。由表15-3可知，对于社会的总体福利而言，实行排污权交易可以改善社会福利，环境的负外部性得到改进。同时，实现市场交易机制和政府主导机制其社会福利是相同的，均为$p\times(q_a+q_b)$。

（2）企业排污量。对于拥有富余排污权的企业A而言，在有排污权交易后，企业有更大的动力去较少排污量，$q_a{}^0\geqslant q_a{}^1(q_a{}^2)$，而在不同的情况下根据市场以及政府的价格决定其出售量。排污量的需求方企业B在不同交易机制的情况下排污量并不发生改变，另外，在未实现排污权交易机制时，企业B会根据被政府处罚的风险系数ρ和自身的边际收益p选择排污量，当所需排污量$q_i\geqslant(2b+1)pa$时，此时的污染物排放量是大于排污权交易存在时排放量。

（3）总体经济利润。通过π_0、π_1、π_2比较可以发现π_1、π_2明显优于π_0（$\pi_{12}-\pi_0\geqslant 0$），所以进行排污权交易制度是促进地方经济发展，并没有发生经济停滞和倒退。

而从市场交易机制和政府主导型交易比较可以发现：

$$\Delta\pi = \pi_1 - \pi_2 = \frac{p_g^{\ 2} - p_m^{\ 2}}{4b} + (\beta - 1)p_g \times q_e$$

$$\frac{\partial^2 \Delta\pi}{\partial p_g^{\ 2}} = \frac{1}{2b}, \frac{\partial^2 \Delta\pi}{\partial p_m^{\ 2}} = \frac{1}{2b}, \frac{\partial^2 \Delta\pi}{\partial p_m p_g} = \frac{\partial^2 \Delta\pi}{\partial p_g p_m} = 0$$

$D = \begin{bmatrix} \frac{1}{2b} & 0 \\ 0 & \frac{1}{2b} \end{bmatrix}$ 特征值均为正，为正定矩阵，所以存在最小值。当 $p_g = p_m = 0$ 时，$\Delta\pi_{\min} = 0$，故 $\pi_1 \geqslant \pi_2$。

因此在排污权交易的两大类型中，当达到社会总体福利相同时，市场机制主导的交易类型要比政府回购再分配更能达到资源配置的效率，使得企业获得更多的经济利润，相比之下的无偿分配模式会使得社会福利减少。

三、在总量控制下的排污权市场中政府只需确定排污总量

（一）面对总量控制条件下，政府这只“无形之手”的职能是合理地分配初始排污权

制度设计本身的用意并不是为了解决问题，而是通过事实特征的分析找出可能存在的问题并运用制度的传导机制来弱化解决矛盾冲突。① 排污权交易制度的设计亦是如此，其中，初始价格的分配并不影响交易市场出清时均衡价格。

生态环境经济化的转变过程其实不仅是说明环境资源的短缺，从另一方面也揭示了在政府主导下的排污权有偿使用制度的制度变迁过程。政府根据企业的自身情况以及企业和社会的利益诉求，对排污权有偿使用制度进行顶层设计，从试点到推广，最后达成覆盖流域的一体化政策。然而，

① 埃瑞克·G. 菲吕博顿、鲁道夫瑞切特：《新制度经济学》，上海财经大学出版社 1998 年版，第 2 页。

其中面临的较大问题则是企业的搜寻成本以及政府信息的不透明。王珂等通过政府与企业之间博弈模型的分析指出，政府主导的水资源有偿使用情况下，政府存在的寻租行为，并运用逆推归纳法得出环保局和企业的寻租期望值。[①] 何盼等将交易比率引入排污权交易，以无锡社渎港流域作为研究对象，通过模拟方式得出若将排污权的交易比率纳入模型中，可以有效减少企业对于政府寻租的行为，从而进一步解决排污权在交易过程中由于信息不对称引起的较高交易成本。[②]

虽然政府可能为了自己利益需求而存在设租和被寻租现象，但是从另一角度来看当面临跨流域的排污权交易时，较高的搜寻成本以及不对称的信息披露会使得企业对于排污权交易望而却步，"惜售"手中的排污权。这样的情况下并不能产生市场导向下的排污权交易，需要"政府的手"推动才是最有效的途径。

2007 年江苏省、2009 年浙江省开始试点，重点发展区域为浙江省嘉兴市以及江苏省无锡市，经过几年的试点推进工作，"嘉兴市秀洲区"以及"无锡市江阴县"成为两大排污权交易范例，2015 年 7 月国家环保部正式推广开展全国范围内的水污染物排污权交易。

良好有效的交易制度光靠政府与企业是远远不够的，政府在符合理性人假说追逐自己最大化利益时常常会出现"寻租"现象，违背了经济学供给平衡的规律，使得水污染权交易的价格并没有达到其应有的均衡点，在一定程度上干扰了排污权交易价格，因此社会公众参与监督必不可少，只有当政府、企业与社会联合才能将交易制度本身有效运行，达到最优状态。

（二）市场的经济环境因素决定着排污权交易价格的高低

然而，水污染权的初始价格的高低对其均衡价格的产生并没有显著的

① 王珂、毕军、张炳：《排污权有偿使用政策的寻租博弈分析》，《中国人口 · 资源与环境》2010 年第 9 期。

② 何盼、魏琦、张炳：《基于汇流单元的水污染物排污权交易比率研究》，《水资源环境保护》2013 年第 3 期。

影响。[①] 虽然排污权的初始价格制订方法各不相同，大致分为竞价拍卖、固定价格出售和无偿使用这三种。在市场机制下，水污染权价格出清如图 15-12 所示。企业对于排污权的需求主要取决于污染物边际治理成本。当 $MAC>P$（排污权价格），企业就选择购买排污量；当 $MAC<P$ 时，企业便会选择自行治理污水。当 $MEC=MAC=MR=S$ 时，此时 E 点所对应的 Q^* 为该污染物最优污染水平，也是整个社会最优的污染水平。$MR=MAC$ 表示企业获得利润最大化，$MER=MAC$ 表示此时企业增加一个单位排污量的治理成本与整个社会外部性治理成本相同，$MR=S$ 表示企业对于排污量的需求与政府供给相同，$MEC=S$ 表明整个社会处于一个合理的治污水平。所对应的排污权价格 $MAC=P^*$，在 E 点，水污染物排污权交易市场出清，此时企业、政府、社会环境都达到帕累托最优状态，实现以最小的环境代价换取最大的社会福利。[②] 实际上，环保部门发放的水污染物排污权数量一般是以地区环境容量为依据，所以往往偏离最优点。

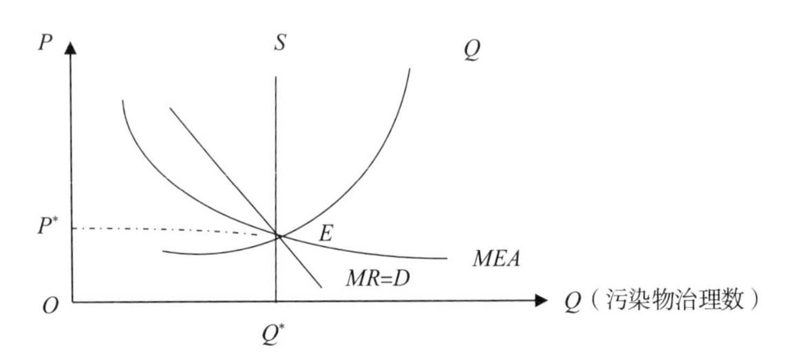

图 15-12 水污染权交易市场机制下价格出清

但由于政府管理者的理性有限，在信息完全的二级市场上，如果不存在

① 沈满洪：《水权交易制度研究——中国的案例分析》，浙江大学出版社 2006 年版，第102—103 页。

② MEC 代表某污染物外部边际成本，MAC 代表该污染物的边际治理成本，MR 为企业的边际收益（即企业每治理一单位的排污量投入市场交易可以带来的边际收益）也是企业的需求曲线，S 为政府供给曲线。横轴代表污染物治理量 Q，纵轴为排污权价格 P。随着污染物增加，社会外部性成本增加，MEC 向上倾斜；由于规模效应，企业治理成本随污染物增加而递减，故 MAC 向下倾斜；因为水污染权交易是以水环境容量的有限性为前提，所以政府的供给曲线 S 垂直于横轴。

政府干预，市场定价法是防止政府失灵有效方式。因此，在环境总量不变的前提下，影响水污染物排污权交易价格的重要因素并非政府，而是来自于外部的经济环境。当经济环境利好时，企业会扩大规模生产，使得排污权的需求增加，致使排污权价格上扬。同时，政府因企业增加盈利而获得了更多的财政收入，会出价将留在企业中多余的排污权进行回购，那么，在二级市场上流通的排污权将减少，使得排污权的价格上升抬高。另外，绿色金融信贷的出台以及宽松的货币政策，会促使企业将富余的排污权资产进行抵押获取资本，这也会导致可供交易的排污权数量减少。可见，在这样的传导机制下，影响排污权交易价格的主要因素来自于经济环境这一外生变量。

排污权交易制度的提出是基于日益恶化的生态环境，而运用经济手段将稀缺资源达到帕累托最优。从一开始的无偿使用到后来逐渐演变为有偿使用，从政府统一计划分配到后来全国全面实施排污权交易。可以看出，水污染物排污权交易既是一个理论问题，也是一个现实问题。生态环境的变化使得排污权交易从无偿变为有偿，经济环境的发展使其从计划分配走向市场。

第三节　实证分析：排污权交易制度地方经验为环境容量科学配置提供实证依据

水污染物排放权从无到有，从最开始的无偿使用到有偿使用是一种革命性的突破。环太湖流域的排污权交易试点工作自推行以来，各地政府尝试不断改进区域内交易制度体系，其丰富的实践经验论证了排污权交易制度的对环境容量配置的科学性。

一、总量控制下的水污权交易制度是改善环境质量的有效方式

据测算太湖流域的水资源的生态承载力从 2006 年的 0. 535 公顷/人下降到 2014 年 0. 43 公顷/人，下降比例在 8 年之间高达 20%，而流域水资源开发程度自 2006 年到 2014 年上升了 24%。[①] 由此可见，水污染排放的需

---

① 水资源承载力计算方法参见黄林楠、张伟新、姜翠玲等:《水资源生态足迹计算方法》,《生态学报》2008 年第 3 期。

求对于太湖流域而言与日俱增，有限的水资源环境容量使得总量控制制度成为缓解资源矛盾的基本方式，而水污染权交易则是基于总量控制上调节资源分配的可行方法。

（一）水污染权交易可以促进企业减排，调整经济规模

水污染权的初始分配分为有偿使用和无偿使用，全国第一起水污染权交易就是以无偿使用的初始分配方式，政府干预协调的交易模式实现的。上海市环保局在黄浦江水环境总容量的核定基础上，对于沿江企业污染物的排放进行核查，从技术可行性以及企业经营状况两个角度设置污染物指标的排放上限。然后将这些污染控制指标无偿分配给沿黄浦江的工业企业，获得排污指标的企业依据环保部相关规定提出污染物排放申请，通过环保部的考核审查后，合格的企业会获得由环保局统一颁发的排污许可证；对于审查不合格的单位，要求企业必须提出有关污染治理的计划，在一定的期限内削减污染排放量，最终实现污染物总量排放的控制。对于责令整改的企业，若在规定的时间内无法完成减排及污染治理任务要求的进行行政处罚，情况严重者更要关停并转。

1987 年，在上海市闵行区，上钢十厂的新建联营厂在政府的牵线下与塘湾电镀厂协商，完成了排污权转让，同时电镀厂决定关闭效益较差的车间，并每年从联营厂获得补偿 4 万元。这便是我国首例排污权交易实现了一条总量控制的新道路。随后，上海永新彩色显像管有限公司与宏文造纸厂之间的化学需氧量的排污权，这次排污权交易使得双方企业都得到了不同程度获利。宏文造纸厂调整了自身产业结构，与此同时永新彩色显像管公司在获得更多的排污指标后扩大了企业生产规模，在 1999 年实现总产值 33 亿元。

自 1987—2002 年，闵行区污染权交易共计 40 多例，涉及的企业有 80 多家，交易金额达到了 1403 万元。水污染权交易制度的产生使得企业从自身的减排成本以及经济效益的角度出发，迫使污染排放较大、经济产出较低，绩效较差的企业退出黄浦江水源保护区，腾出更多的排污指标以供经济效益较好的企业使用，使其能够形成规模经济。截至 2004 年，闵行区的工业废水处理率、废水排放达标率已达 100%，城区河流水质达标率也均达 100%，改善了其水体环境。

（二）排污权交易的消失，“排海工程”使得海洋污染加剧

虽然上海是环太湖流域中施行排污权交易最早城市，但由于无偿出让的初始分配以及缺乏统一完整的法规体系，使得水污染物排污权交易成本过高。同时，经济体制的改革，使得上海产业结构调整为以现代服务业为主，治理污水的模式转向“排海”的方式，到2005年后水污染物排污权交易在上海逐渐减少，到2013年年底，闵行区拥有排污权许可证的企业只有4家，其中拥有废水排污权的仅为2家。

然而，“排海工程”的实施虽然控制了上海地区内的环境总量，但是对于整体的环境并没有改善，反而会加剧了海洋水体的污染。从图15-13到图15-16可以看出，自2009年以来东海的Ⅱ类水质海域面积急速降低，2012年仅为2009年的二分之一，但仍为全国海域污染面积的四分之一。在Ⅲ类水质海域中，2012年比2011年降低了0.3万平方公里，与全国范围内情况相同，但劣Ⅳ类水质海域面积仍在加重，从图15-14中可以看出，2009—2012年间全国范围内的劣Ⅳ类水质海域面积中，东海就占近55%，其中2010年更达到75%。

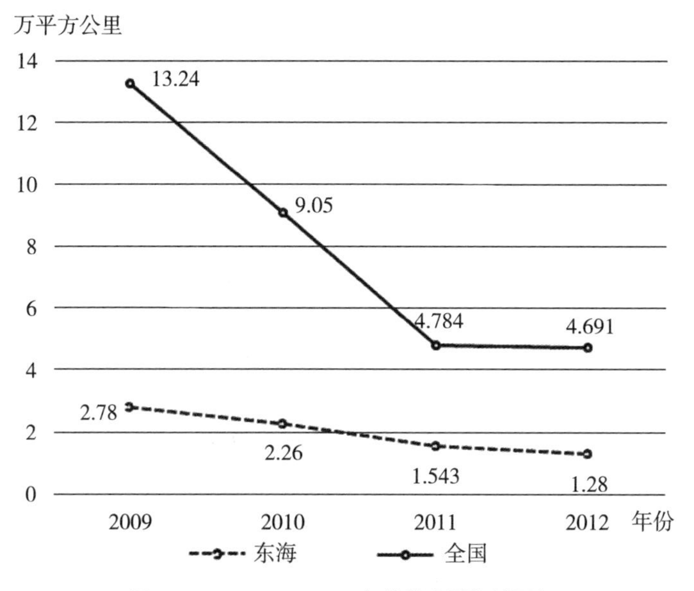

图15-13　2009—2012年Ⅱ类水质海域面积

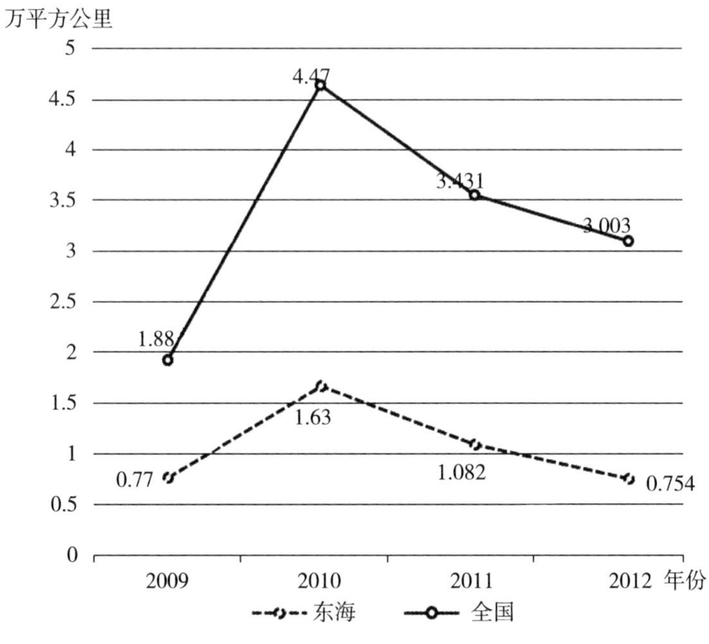

图 15-14 2009—2012 年Ⅲ类水水质海域面积

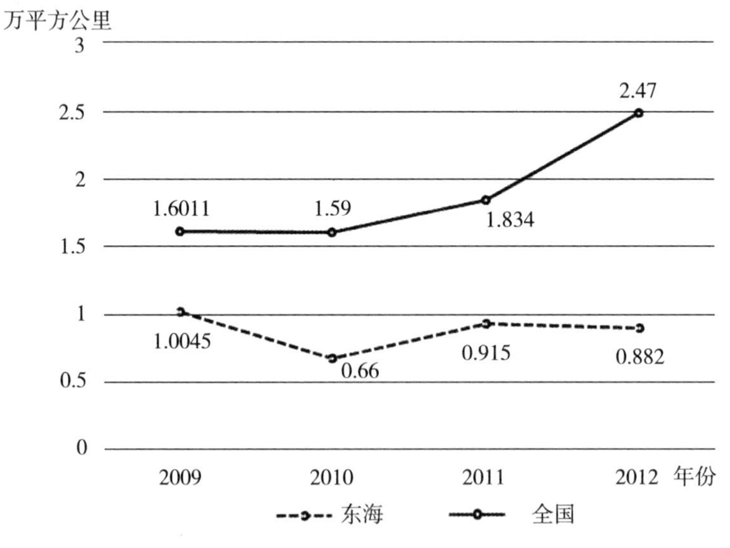

图 15-15 2009—2012 年Ⅳ类水水质海域面积

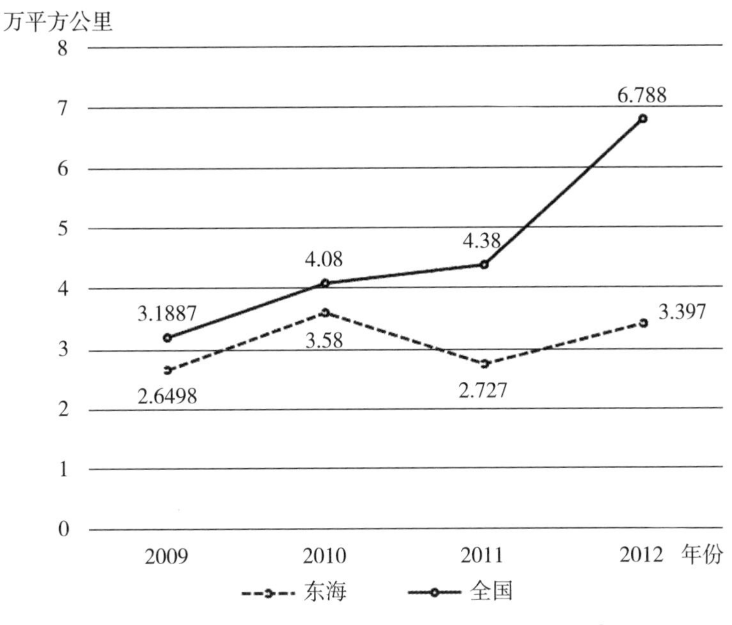

图 15-16　2009—2012 年劣Ⅳ类水水质海域面积①

由此可见，在上海排污权交易制度的取消虽然表面上使得上海环境总容量得到了控制，但并没有从根本上解决环境资源短缺的问题，反而加剧了东海海域的污染；因此，有理由相信排污权交易制度是解决环境污染状况，使得资源有效配置的方式，脱离了排污权交易制度达到表面生态平衡，并不能够从根本上解决环境污染问题，达到社会福利最大化。

二、市场机制下的水污染权交易可以激励企业技术革新

自 1985 年实现全国第一起排污权交易至今，水污染权从原先的无偿使用逐渐演化到有偿使用。而从各地实施情况来看，有偿使用的水污染权交易模式可分为政府主导型和市场主导型两大类。对于政府主导的交易而言，由于其交易价格并非按照供给与需求决定，虽然有良好的法律背景但过低的价格会失去对企业的激励。对于市场主导的交易，虽然水污染权价

① 资料来源：2009—2012 中国海洋统计年鉴整理所得。

格与交易运行机制更为符合帕累托最优理论，但由于我国市场化程度不够高，市场机制不够完善，使得有些地区的地方经验并不能被完全复制。

（一）政府主导制度体系较完善，但导致排污权低价，扭曲交易效率

根据地方实行经验来看，苏锡常地区排污权交易模式基本是以政府为主。自2008年太湖流域出台排污权有偿使用至今，苏锡常地区已相继出台地方法规近10例，包含从通知到有偿使用以及进一步定价。[①] 2010年，苏州市推进实施《苏州市关停不达标企业、淘汰落后产能改善生态环境三年专项行动计划》，全年淘汰、关停落后企业1255家，节约标煤521410吨，减排化学需氧量和二氧化硫5184吨，年度目标完成率209%。2014年，苏州市按照江苏省太湖办要求，全力推进流域水污染防治工作，为了进一步强化环保倒逼机制，从严把好环境审批的关口，全市审批建设项目8903个，投资金额8062.89亿元。在江苏常州市，排污权交易工作却在稳步推进。截至2014年年底，110家重点排污企业开展了水污染物排污权有偿使用；同时，成立了排污权有偿使用和交易的工作机构，在常州环保科技开发推广中心增挂常州排污权服务中心，专门从事该项工作；另外，环保局会同市财政、物价等部门共同讨论，并起草了《常州市排污权有偿使用交易管理暂行办法及实施细则》。

尽管排污权交易在江苏省稳步开展，减排效果逐步显现，但政府主导下的交易模式使得排污权交易价格过低，降低了交易效率。苏州市水资源有偿使用的交易主要是在环境能源交易中心平台上进行，在该交易中心上可以看到企业的减排指标、排污指标等指标，但是该平台上并没有开发竞价交易的功能，全市已达成的交易基本是协议交易。值得注意的是苏州市排污权交易仅仅是针对大气污染的，对于水污染的交易还没有实现，交易对象主要是二氧化氮和氮氧化物。到2014年年底交易中心已处理了近10宗交易，其中今年处理了2宗交易，二氧化氮交易金额为4480元每吨，交易全部为企业与政府之间进行交易，在水资源有偿使用方面，苏州市之前曾推行过水污染物排污权交易，该政策开始试点投入3000多万元人民币。

① 笔者根据苏州、无锡、常州三市环保局政策公开栏目统计所得。

然而已有的排污权交易的工作主要是在政府与企业之间进行推广，到2009—2010年后，排污权交易工作无实质性交易。由于金融危机，2011年后水资源有偿使用、排污权交易被暂停。由于排污权交易制度并没有在苏州、无锡等地全面开展，这样的经济环境也使得常州市没有开展排污权交易工作，建立排污权交易平台也是有价无市。

（二）政府过多干预使得企业丧失创新激励，典型示范区经验推广难度大

无锡市的江阴地区是江苏省排污权交易的示范区。2009年年初，无锡市江阴地区在政府指导下开展了排污权有偿使用的试点工作，其运行模式主要是以政府为中介引导企业相互之间进行污染指标的调节。另外，环保部等筹备搭建排污权的交易储备中心及交易平台。截至2014年年底，江阴地区共核定排污权有偿使用单位730家，征收排污指标有偿使用费用累计7700多万元，共363家新、改、扩建项目的企业参与交易，污染物有偿使用的累计交易额6081.2万元。[①] 江阴市排污权交易的主要特征是在总量控制的基础上对于地区内所有排污企业固定价格征收，针对业绩不景气的行业进行关停并转，将富余的排污权进行余量调剂，在江苏省境内开创了污染物排污权交易的示范效应。

与嘉兴模式不同的是，江阴市和湖州市一样，面对所有排污企业进行统一收费；同时，只要直接或者间接向大气或者水中排放化学需氧量、二氧化硫等污染物都必须进入排污权有偿使用的环境政策管理体系中。虽然统一收费对象能够使得核定对象明确，但整个无锡市由于支柱产业多为老企业，征收难度较大，仅经济较为发达的江阴城区采用此种方式。

根据无锡市江阴地区的水污染权有偿使用的实践经验来看，江阴市在排污储备方面主要方式有三种：第一种方式是将倒逼经济效益较差的企业换出多余排污指标或是让完成减排任务的企业出售富余排污量，排污权交易进行收购；第二种方式是政府无偿回收关停并转的企业；第三种方式是

① 丁纯洁、瞿建华：《江阴排污权交易试行5年730家企业告别“免费午餐”时代》，2014年5月4日，见http://www.ijiangyin.com/article-299808-1.html。

排查将排污权指标闲置5年以上的企业，同样进行无偿收回。可以看出尽管将减排的理念融入排污权交易中能够促进企业减排与技术创新，但政府仍然是二次买方，固定的回购价格机制对于企业的购买激励不大。

企业在进行排污指标购买时一般会确认一年所需排污总量，由于经济以及市场环境等不确定因素会导致有些企业购买排污指标过多，而有些企业会因为规模经济等因素购买的指标过少。为解决企业需求并将资源得到最优化配置，江阴市政府选择运用金融租赁的方式来解决供给需求矛盾。虽然排污权租赁的价格较高，例如化学需氧量的申购价格为一年4000元/吨，租赁价格则变为每月是8000元/吨，一年的价格相当于申购时的20倍，但是这样的方式能够从一定程度上缓解矛盾。因为租赁的方式是按月计算，所以即使价格高昂，考虑到周期短、使用快的特点，企业会从经济利益的目的出发，对急需的排污指标进行租赁。

排污权租赁机制能有效地将富余排污权进行再分配，但是，江阴的模式并没有实现真正的交易。试点区域的主要做法是主管部门事先确定回购价格和出让价格，通过排污权交易中心无偿从关停企业和迁出企业中收回排污权指标，以较低的回购价格（化学需氧量6万元/吨）从排污单位手中回购排污权指标，然后再以较高的出让价格（化学需氧量万元/吨）将排污权指标出让给新建、改建和扩建的企业，排污权交易中心直接作为交易的主体，并不利于其保持客观公正的监管地位。[①]

尽管江苏省开展排污权交易较早，政府已营造了良好的排污权交易基础，但除了无锡市的江阴地区，其他城市进程缓慢。2009年11月，常州市成立排污权交易中心至今尚未发生排污权交易；2012年12月成立的苏州环境能源交易中心直至2014年10月才真正运作第一起排污权交易。这一现象的主要原因在于政府干预过多，扮演太多角色使得水污染权交易制度本身失去了对于企业的激励，同时固定的回购价格促使价格机制失灵。

（三）市场主导型可以建立不同指标体系，激励企业参与

与苏锡常地区政府主导模式不同，嘉兴市一般主要以市场主导机制为

---

① 资料来源：2015年7月常州市环保局调研资料《江苏省排污权有偿使用和交易试点工作专题调研报告》。

主，这样的交易模式更有利于激励企业主动参与排污权交易。以嘉兴海宁市为例，其皮革产量约占全国的三分之一，成为中国最大的皮革及皮衣集散中心。随着传统产业快速发展，海宁市已然存在着粗放生产经营和发展模式以数量扩张为主等问题。然而，海宁市位于浙江省河网地带，属于典型的水质型缺水地区，2002 年引江济太工程虽使得嘉兴市水量有所保证，但出水口水质并无明显变化，全市水环境形势严峻。

和嘉兴"秀洲模式"利用水资源有偿使用置换环境容量的方法相比，海宁市则在总量控制的基础上，施行差别化分配，使得水环境资源这项生产要素得到了市场化。2013 年 9 月，海宁市政府基于原有的排污权有偿使用和交易模式，提出了环境资源要素综合配套改革方案，创新建立了"产量论英雄"的指标激励和分配机制，排污权指标分配采用"区域—行业—点源"的方式。首先，确定区域总量目标，其次建立"产量论英雄"的绩效评价体系，最后进行指标差别化分配。

表 15-4　海宁市排污权指标差别化分配流程

流程	具体方法
总量目标	根据以往排污总量，按排污消减制度核定目标总量
亩产效益绩效评价	核定企业亩产收入，排放每吨化学需氧量工业增加值等指标，计算绩效评分，最后根据"三三制"排序，筛选淘汰污染严重、未达减排任务的企业
指标差别化分配	排放量差别化 对新建、已有的项目进行减排考核，根据减排任务完成情况对企业进行等地排名（A、B、C 类）。对于超过额定总量排污的企业可以申请排污权租赁，其价格根据企业等地依次递减，即等地越高，价格越低 排污权价格差别化 根据企业不同等地，征收不同排污价格。其中 A 类企业排污权价格为基准价，B 类为基准价的 1.5—2.5 倍，C 类为基准价的 4 倍。交易对象为化学需氧量、氨氮、二氧化硫氮氧化物 刷卡排污 以排污许可证为依据，刷卡排污为手段，实现浓度、总量双控制，有效实施排污权指标使用的监管

通过要素市场化手段对水环境资源进行初始分配与有偿使用，使得地理资源劣势的嘉兴海宁市的水环境治理获得了显著成效。同时也有利于政府激励和引导排污权交易的二级市场。2014 年，海宁市应核减总量指标为 90 吨，实施差别化排污权配置后，核减总量为 141.93 吨，为经济发展置换出了更多的环境容量。另外，海宁市积极开放二级市场，形成了政府负责储备调节，市场作为流转主体的格局。通过企业与银行间富余排污权的抵押融资、出售拍卖、租赁等金融业务来盘活存量，使得排污权仅仅是一种排放污染物的许可，更具有了产权的鲜明特征。

（四）引入第三方核查机制可以增加监管力度，减少寻租概率

根据湖州市环保局 2012 年发布的《浙江省重点监控废水污染源企业名单》中显示，湖州市公有 50 家企业在重点监控水污染源企业名单中，吴兴区占 9 家（位于倒数第二位，安吉县 16 家，德清县 12 家，南浔区 11 家，长兴县 2 家），全部为传统印染业。因此，如何在保护传统支柱产业的情况下，达到节能减排，成为吴兴区政府的主要任务。

2009 年 6 月至 7 月，湖州市在研究决定排污量核定规则的同时，积极开展市区排污总量核算，并在吴兴区选择金能达、三友两家印染厂开展老污染源第三方总量核查工作试点。

与海宁市依靠政府法规进行差别化分配有所不同的是，吴兴区“第三方强化核查”是由有资质的中介机构出具主要污染物排污总量核查报告，确认现状排污情况，再组织局总量处和监察支队等技术人员，并邀请企业总量核查报告编制的中介机构有关技术人员共同参与，现场认真核对企业审批或验收确定的主要产污设备与现状的差异，最终确定企业主要产污设备和主要污染物排放总量。通过对老污染源第三方总量核查工作，强化了企业排污总量核查规范性，有效地促进了市区老污染源排污权有偿使用的全面推行。

2009 年，湖州市试点实行排污权有偿使用与交易制度以来，至 2014 年湖州市三县及市本级共受理 1021 家企业实施了排污权有偿使用和交易，排污权有偿使用金额已达 1.855 亿元。实施有偿使用和交易的主要污染物

化学需氧量4241.5吨、氨氮315吨、总磷2.8吨、二氧化硫12451吨。

然而尽管湖州和嘉兴两市不同的管理方式、市场机制可以激励企业参与加大监管力度，但是每个地区不同的确认方式以及执行标准和出台的不同政策使得排污权交易规模较小，交易成本较高，其可复制难度较大。

三、水污染权交易最终会演化为政府确定总量、市场主导价格、社会监督运行的制度

从已有的环太湖流域的交易中可以看出，环湖六市对于水污染物排污权的交易有着截然不同的模式和方法，从而达到了不同程度的减排效果。三个地区的对于排污权的制度类型不同，因此出台了不同的管理法规进行初始分配，同时各地区也在探索是否开放二级市场使得企业富余的排污权盘活，因此良好的水污染权交易模式应当基于整个流域市场上运行，政府分配总量，供给决定价格。

（一）制度设计决定初始分配的有效性

关于制度的产生有两种不同的情况：一种是制度是在决策者自利的基础上“自发”产生，换言之就是他们可以组织自己。另一种是制度完全是由一个中央机构组织的，威廉姆森（Williamson，1985）称之为“司法中心主义”。[①] 2015年7月23日，国家财政部、国家发展改革委、环境保护部推出了《排污权出让收入管理暂行办法》，对于如何开展进一步推进排污权有偿使用和交易的工作进行了明确指示。该办法第二章第九条指出，地方政府可以采用固定价格分配或市场机制的方式出让排污权，其主要形式有公开拍卖、竞价、挂牌、协议等。其中，对于已经取得排污权的排污企业采取固定价格的方式出让。对新建项目所需排污权和改建、扩建项目等新增的排污权使用和拥有排污权达标排放的企业仍需新增排污量的都需要通过市场公开出让方式。可以看出，水资源有偿使用的排污权交易主要是由政府进行主导推广，各地方因地制宜地有效开展水资源有偿使用费的征收。

---

① 埃瑞克·G. 菲吕博顿、鲁道夫瑞切特：《新制度经济学》，上海财经大学出版社1998年版，第3页。

1. 制度类型

从排污权交易试点的浙江、江苏、上海两省的情况来看，江苏省通过出台《太湖流域综合治理管理条例》《太湖地区城镇污水处理厂及重点工业行业主要水污染物排放限值》等条例，督促地方组织开展水资源有偿使用以及排污权交易，苏、锡、常地区已制定地方排污权交易办法，基本建立排污权交易中心，是一种“自上而下”的制度模式。但真正意义上的交易并没有完全铺开，虽然无锡和苏州先行，也只有江阴市实现了排污权租赁。通过这样的方式有利于在区域内全面推广，但政府对于排污权的产权界定较为模糊，价格不一定合理，可能存在寻租。

浙江省的排污权交易制度则是各地不同，政府监督。例如，嘉兴市开展排污权有偿使用和排污权储备机制；湖州市根据治太实际情况引入三方核查机制以及增加总磷、氨氮的交易指标；绍兴市则将排污权作为生产要素，进行排污权融资抵押等。可以看出，湖州和嘉兴两市是一种“自下而上”的制度模式，由省政府支持监管和提供平台。这样的制度模式，有利于经济市场的自行调节与发展，根据供需产生一个合理的价格水平，但跨市之间的交易存在一定的阻碍。

与江浙两省的水资源有偿使用的概念不同，上海市现有的交易基本为政府无偿配给企业，企业间通过协商价格方式转让出售。这种做法虽然能够在实践中易于推广，但难以实现公平有效，不利于环境资源有效配置。

2. 激励机制

《排污权出让收入管理暂行办法》第二章第十三条指出：“缴纳排污权使用费金额较大、一次性缴纳确实有困难的排污单位，可在排污权有效期内分次缴纳，首次缴款额不得低于应缴纳总额的40%。”这将有助于新建企业以及中小企业减轻资金流动问题；同时，排污权试点区域江苏和浙江两省也出台了一系列优惠政策。

2010年12月3日，江苏省环保厅下拨苏州市47.04万元的太湖流域排污权有偿使用和交易试点工作运行维护经费；2011年12月3日，江苏省财政厅又追加389万元作为排污权交易试点工作的补助。常州市在排污权价格体系的建设上采用新老企业区别对待的方式，政府对老企业予以一定的优惠，回购价格高于老企业的初始价格，低于新企业的有偿价格。

浙江省则出台相对规范的激励制度，先将排污范围内的企业进行“三三制”的排名，分为“先进企业”“一般企业”和“落后企业”，再根据各企业的完成情况采取不同的激励措施，主要有以下几种办法：差异化减排、排污权指标激励、超额减排激励、淘汰落后激励、先进地区激励，从企业到地区多层次鼓励开展排污权交易。对主要污染物总量控制激励制度实施、淘汰落后、产业提升、污染减排等方面成效明显的地区，在省级污染减排专项资金、污染整治专项资金等方面给予倾斜，优先安排省级政府储备排污权指标出让。对于初始的排污权申请也有激励政策，例如，在浙江省嘉兴市，如果企业对于排污指标愿意自愿进行申请与购买，环保部会按照出台相关申购时间的长短给予递减式的优惠政策，其中最高的优惠力度可以在原价的基础上打六折，同时对于没有申购排污指标的企业在其提出的新建项目报批上实施相关环境制约等措施。

综上所述，从水污染物排污权实施的激励举措来看，江苏省主要采用的是资金补偿优惠出让的政策，而浙江省则根据企业的不同情况制订不同的减排任务和方式，有利于整体环境污染治理的效率提高。

（二）排污权产权界定使得政府与企业职能清晰

产权实质上就是人们对某种资源拥有一定的权利，这种权利包括使用权、转让权以及以此资源为基础形成的收入。有些产品属于公共品，因为自身拥有非排他性和不可转让的特点；而有些则是属于私人所有，可以转让，也具有排他性。然而，要使得产权被充分界定必须有两个条件：一是必须是非公共品；二是交易成本为零。在不存在外部性的情况下，所有的未来价值都完全资本化到当期的转移价格中，但是在现实交易中并不存在交易成本为零的情况。

水污染物排污权属于企业的私人产权，由政府指导分配，由于在现实的交易过程中并不可能出现交易成本为零的情况，所以政府和企业会基于不同的市场情况，发挥不同的作用。

1. 排污权交易中政府与企业的作用

由于环湖六市开展的排污权交易进度不同，所以政府在初始分配的基础上其他的衍生职能并不相同。在一级市场上，江浙两省政府主要的职责是核定排污的总量，对排污权有偿使用制订基准价格以及对闲置排污权回购，是排污权的供给方，而企业则是购买方，即需求方；上海则是无偿配给。有所不同是，在核定排污指标方面，嘉兴市主要是针对新企业，鼓励老企业申购，但并不强制；而湖州市则是对新老企业统一实行标准，通过老企业的第三方机构的核查报告分配排污权。江苏省和嘉兴市类似，只将重点排污企业和新建项目企业纳入，对于参与水污染权交易的对象条件不明确，关于老企业是否能申请水资源有偿使用也并没有明确的条例。

在二级市场上，嘉兴市政府和上海市主要扮演的是调节、储蓄企业之间富余的排污权的第三方，而买卖双方都是企业。不同的是，嘉兴市是通过企业在排污权交易中心通过竞拍方式获得，而上海则是在政府指导价格下进行交易。在湖州，因为企业对于排污权的“惜售”，市政府正在积极探索二级市场的开放，希望以此来激励督促企业减排。而江苏省除了江阴市处于探索阶段，其他城市还没有开放二级市场的意向。

2. 交易成本

交易成本的含义是在经济活动中，不同的经济组织——企业、市场、政府或是三者混合形式，在作出经济决策、对某项资源进行配置时所需要花费的成本。这些成本并不完全由货币单位来计量，但是在经济组织内部是具有现实的经济意义。然而，在不同的交易以及交易过程中，由于行为本身的特殊性与差异性，使得交易组织也呈现多样性，从而产生了不同的交易成本。科斯提出“研究问题的直接方式”，意思是说将交易成本与相关交易行为就够对应起来，以此来实现成本最小化。[①] 其中涉及的交易差异性主要是指资产专用性、不确定性和交易次数。

① 埃瑞克·G. 菲吕博顿、鲁道夫瑞切特:《新制度经济学》，上海财经大学出版社 1998 年版，第 68 页。

在水污染物排污权交易中，交易成本包括信息搜寻成本和谈判成本。信息搜寻成本主要包含参与交易方为了了解交易对象、市场排污权供给数量以及价格信息所花费的各种时间及机会成本；谈判成本则是在确定完交易对象后，与对方就价格等其他条约讨价还价时产生的成本。从地方经验可以看出，浙江省每个地区的交易制度与办法都各有不同，数量众多。人们在完成交易时进行的合约履行以及信息搜索都不相同，没有统一的规范，达不到规模效应。因此，多番交易的成本就很大，也不利于省内跨区交易，全面推行面临阻碍。

（三）信息披露程度越高，市场运行越有效

在制度经济学的理论体系中，要实现帕累托最优的状态必须同时满足交易成本为零、决策者有着“完全的理性”，制度安排对确定的均衡解并没有影响。事实上，理论上能够达到的正统福利边界的经济体系，在现实生活中是永远也不可能实现的。而信息披露的程度也影响企业决策的行为，在水污染物排污权交易的过程中，企业的地方政府主要面临的还是不完全信息的动态博弈。

虽然浙江省搭建了交易平台和环境能源交易所，但是企业并不能完全从公开的信息中了解到自己所获得的收益，也不能确定自己的策略是否使得利润最大化。嘉兴市开展的排污权拍卖和竞价就是属于这一类型的动态博弈。假设企业的估计是相互独立的，每一个参与者对排污权估价的二分之一作为投标价，便能反映出投标方在拍卖过程中遇到的最基本的得失权衡，价格越高越有可能获得排污权，但是企业并不知道对方在下一轮是否弃权，也并没有完全了解对方企业的信息，所以浙江省的排污权交易虽然是动态博弈，但是还处于不完全信息状态。

同时就江苏省而言，政府在制定政策措施时，由于内在和外在的原因，所以政府主导的“自上而下”的制度基础信息是不完全的，政府无法真正了解企业排污和流域水质的情况，企业与政府之间存在不对称信息。而苏、锡、常三地由于恐惧现行排污权交易方会遭到经济投资环境的改变，故迟迟没有铺开推广。相比而言，在一级市场的初始分配上，浙江省的交易模式信息较为公开完全，而江苏省则相对较弱。

（四）政府主导型监管力度低，市场主导型减排效果强

尽管现实的经济体制中是无法达到理想的帕累托最优，而信息披露的完善程度也对制度的效率产生深远影响。里切尔（Richer）曾经提出这个观点：如果新制度安排的引入被认为主要是在经济中其他因素发生变化的过程，那么对于其社会的需要性是这样的：在制度创新的过程中，如果这样制度使得社会的总体福利增加，那么就发生了帕累托改善。[①] 虽然水污染权交易离意义上的“最优效率”还有一定的距离，但却在某一程度上将其反应出来。

1. 监管力度

不同的监管部门对于制度的实施情况所产生的效果是不尽相同的。江苏交易模式是依靠各市环保部门来监督实施，这种方式的监督是低效的，因为环保部完全有可能被排污企业操作，而且信息主要是排污企业自己提供的。

浙江交易模式依靠市场的力量来完成交易，没有监督者，也就不存在监督的效力问题，若存在交易纷争，政府主要出面进行协调工作。而湖州市提出的第三核查机制可以有效改善对企业监督问题，从而达到比较有效的状态。

2. 减排效果

制度的推广和实施为环湖六市的生态环境作出了不同的福利改进，而减排效果则是最明显的指标。通过不同的制度以及交易方式，各省市所达到的减排效果有显著不同。浙江交易和上海交易对于水资源的环境改善有着显著作用，在总磷参评总氮不参评的情况下达到了Ⅲ类水质状态。而苏、锡、常地区的减排速度明显比较缓慢，以无锡市为例，虽然在“十一五”期间13条主要出入湖河流中有12条河流水质达到或优于Ⅳ类水质，与“十五”末相比，Ⅱ—Ⅲ类水质河流增加了2条，劣Ⅴ类水质河流减少了5条，但是其工业废水排污量还是远高于其他环湖流域城市。

在制度类型、激励机制、产权界定、制度效果这四个角度比较可得

① 埃瑞克·G. 菲吕博顿、鲁道夫瑞切特：《新制度经济学》，上海财经大学出版社1998年版，第15—16页。

（如表 15-5 所示），在不同的制度设计下各省市在初始分配市场以及二级市场上有不同的优缺点。以政府主导的排污权交易（苏、锡、常地区）主要是以初始分配为主，虽然有典型示范区域，并且引入排污权租赁的交易模式，但政府主导的二级市场使得苏、锡、常地区并没有开展真正的交易，其租赁与回购制度设计对于企业的激励作用较小，无法完全落实到位，存在产权界定不清晰，交易成本高等问题；而市场主导的排污权交易（浙江嘉兴）虽然有良好的二级市场，但是交易规模较小，仅仅对新建企业开展水污染权有偿使用，交易主体并不统一；同时与邻近地区湖州市存在交易指标和价格不一，使得在价格较低的地区的企业存在惜售心理，无法复制到全国范围。由此可知，要使水污染权交易市场稳健的运行，需要以整个流域为单位，政府确定总量，市场决定价格，各司其职。

表 15-5　环湖流域水污染权交易制度比较

地区 比较内容	浙江省（嘉兴）	江苏省 （苏、锡、常地区）	上海
制度类型	市场机制	政府主导	政府主导
激励体制	根据减排效果， 制定差别化激励制度	资金补偿	无
产权界定	企业生产要素	政府所有	政府所有
交易成本	高	低	低
信息披露	完全	不完全	不完全
监管力度	无	差（环保部门监督）	差（环保部门监督）
减排效果	好	较差	无法比较（排海政策）

第四节　规范分析：环太湖流域水污染权交易理想结构与实现机制

从各国流域管理的经验来看，一个规范有效的市场经济体制包含以下几个方面：健全的企业体制、有序的市场环境、全面的法律体系、有效的政府干预和良好的社会监督。[①] 截至2014年年底施行的情况来看，嘉兴市已经有了前三项条件，而苏、锡、常地区和湖州市在独立的企业制度方面已经拥有条件，但是存在竞争市场不开放、政府职能不清晰等突出问题。环太湖流域排污权制度建设需要加强社会信用建设、增强公民参与度意识、出台有效的法律规范。

一、确定逐年递减的排污总量，改善环境质量

从“九五”计划开始，我国便从污染物的浓度控制转向污染物的总量控制，并逐渐递减污染物排放总量。从太湖流域水质情况来看，截至2014年年底，劣V水质所占比重虽然逐年下降，但是其水质标准远远达不到人们的用水需求，环境质量满意度较低。这其中可能存在两个原因：一是地级市上报数据不准确，存在偏差，缺乏准确性；二是选择指标不合理，存在此消彼长的情况。

总量控制制度与之前施行的浓度控制制度有所不同，总量控制缺乏与之对应的激励与惩罚体系。在这种情况下，应当严格以逐年递减的排污总量控制为目标，对环境影响较大的污染源加大控制力度，加强新增污染源的监督，对虚报数据的行为进行惩罚。而在监测指标选取方面，难以测量的污染物可以采用预期性指标，主要污染物（如化学需氧量和总氮总磷）应该坚持实施约束性的总量目标。

在核定总量方面，除了减排率和上年度折算系数这两项重要参数之外，还应从流域整体出发，根据六市以往允许排放污染物总量以及太湖水质情况，计算整体太湖流域环境总容量。不应只考虑排污量与取水基数，而应将人口、地区产值比、行业取水权重纳入影响总量因素，细分三大产业允许排放污染物的总量，这样的确定方式能更加公平有效地分配总量。行业的总量控制可以促进技术进步，这也要求企业根据自身的排污情况，制订相应的减排责任，政府部门以此基础上计算出可能实现的递减量。针

① 朱枚：《太湖流域试行水污染物排污权交易的几点思考》，《环境经济》2007年第4期。

对太湖流域水质情况，首先应当初步建立整个流域的区域性的总量控制指标；其次具体到行业，弱化地区总量概念，强调流域减排与总量递减。

由于涉及两省一市范围，因此加强跨区域污染监测与控制是实现逐年递减的排污总量控制的根本手段。只有从流域总量上逐渐递减，才能从根本上改善环境质量，更好地激励促进企业参与排污权交易，让有限环境容量资源得到最优配置。

二、政府环境管理部门要开放水污染权交易市场，提高排污权交易率

虽然太湖流域上的排污权交易制度在两省一市中有效的开展，但却存在着市场机制失灵的问题。“自上而下”的交易模式使得苏、锡、常地区尽管都相应开展了排污权交易，但由于主要以政府发放与回购为主，并没有真正意义上的排污权交易；“自下而上”的交易模式尽管使得湖州和嘉兴两市的企业之间能够进行排污权交易，但市场信息不明确以及不能跨流域甚至跨区域进行交易，使得拥有富余排污权的企业存在惜售的心理，并不愿意将自己多余的排污权出售拍卖，使得排污权交易市场有价无市。

从实施效果来看，政府的过多干预是排污权交易市场无法正常运转的主要原因。因此，应当明确地方政府所扮演的角色与职能，再适当干预之后将水污染权交易回归市场，由市场来调节平衡经济行为。政府作为总量控制的主体，不应同时充当价格制订者的角色，以避免市场锁定、排污权市场失灵。对监管部门而言，开放市场透明度，建立统一交易平台，及时披露信息能够使得市场机制有效运行，而鼓励企业参与到监管过程使得交易信息更加充分，加大市场活动透明度。

对于已经开展的排污权交易试点工作，政府应当在建立完善排污权交易中心的同时，逐步推进水污染权有偿使用制度。首先，在制定排污权交易管理办法的基础上建立完善排放权交易体系。其次，根据水污染权交易的特殊性搭建污染指标管理平台，该平台的主要功能在于搜集并公开各大监测点的污染数据、对于各项污染物排放浓度指标进行核定、管理维护水

污染权交易市场秩序情况等，以此全面有效地监管水污染权的有偿初始分配和后续污染物指标的交易。最后，法律体系的建设不容忽视，必须建立有效的市场运行规则，从法律、行政、市场三个维度规范水污染权交易的市场秩序，维护参与方的合法权益。

三、太湖流域管理局应当处于制度创新最高点，避免行政壁垒

从发达国家在流域综合管理方面近百年的发展演变来看，水资源管理主要是以自然流域为单位的。而国际上几大流域机构实践经验显示，对于水资源环境的管理必须从综合管理的角度出发，站在宏观调控的视角上以流域单位主体统一分配管理。地区的行政部门如水利、渔业、交通、环保等部门与流域机相互协调，实现合作共赢。由于流域地理位置不同，所以地貌特征也不同，而各国与地区之间有着不同的经济以及文化差异，但即使有着各种因素和条件的差异，人们对于水资源环境的管理有着共同的认识，那就是以整个流域作为行政单位，统筹规划。[①]

在太湖流域，水资源环境的建设与治理牵涉多个部门，主要有各地区的水利局、地方环保局、控污中心、太湖流域管理局等，因而环境治理所需产业转变所涉及的有关部门就有地区发展改革委、旅游、交通、农业等。多部门之间如何在自己的职责范围内对环境治理作出贡献，如何缓解彼此之间的矛盾与利益冲突成为太湖流域水环境治理与管理的重要障碍。这种分块、分地区的行政管理模式会使得地方政府与部门在追求各自的利益价值时忽略或推卸相关水环境管理及治理责任，从而阻碍了水资源的合理利用，达不到最优配置的状态。太湖流域管理局只是在三省之间发挥一定的调节关系，以行政管理为主，缺乏具有权威性的总体协调及管理能力，使得流域水污染防治管理十分薄弱，并不像密西西比委员会有着至高的法律地位。因此，流域的管理需要统一的设计与规划，而就流域管理现状来看，层级之间和有关部门之间缺乏协调合作，流域整体资源的综合利

---

① 杨德才：《制度创新、区域分工协作与长江经济带良性发展——基于国外流域经济带发展经验的思考》，《中国发展》2014 年第 6 期。

用难以形成。

从地方的实践经验可以看出，太湖流域的水环境由江苏、浙江、上海两省一市根据地理范围共同负责来治理水污染，责任机制的不明确使得现如今的流域规划没有达到预期目标。另外，由于市场经济的发展和追逐经济利益最大化，政府考核绩效指标对水环境保护关注不够、权重不足，流域内的地方政府会从利益与可持续发展的角度来考虑污染问题，使得治理污染的力度不强。

因此，太湖流域管理局应作为整个流域管理的最高点（如图 15-17 所示），拥有独立立法权以及根据各地区规划对整个流域设定总量目标，设立太湖流域排污权储备管理中心和交易场所，统一管理排污权储备与交易平台。同时对两省一市进行排污指标的初始分配，并建立整个环太湖流域的统一排污权交易二级市场，引导环湖企业和社会公众参与其中。

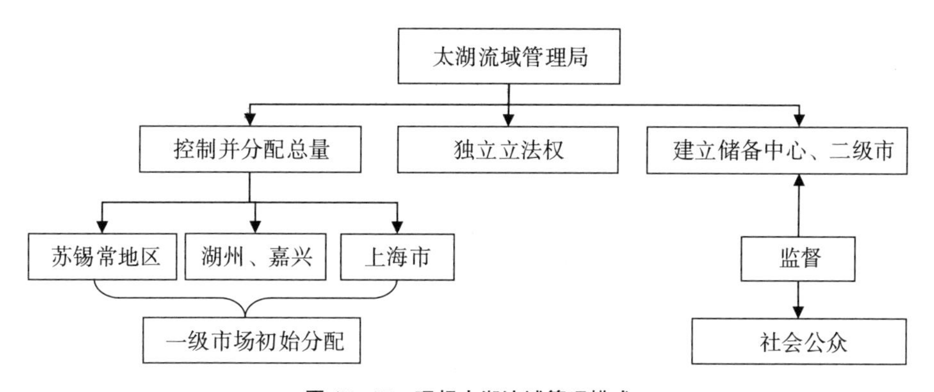

图 15-17　理想太湖流域管理模式

四、社会公众监督应当落实到位，增加公众参与度

地方政府是水环境保护的主要责任主体，但是从现有的水环境法律来看，地方政府的权力过大，对于其该履行的义务并没有明确规定，对责任制的追究机制虽有相关条例，但是对于水环境的问责机制相对较弱，致使地方政府对于保护太湖流域水资源环境意识较为薄弱。面对这样的困境，社会公众应当起到监管监督作用。

（一）监督政府，即监督水污染权配额的调配系统

就水污染权的初始分配而言，由于政府是政府分配而不是市场决定，因此排污量的分配与排污价格的高低是主要存在的风险因素。对于排污量的监督，政府应定期公开申请企业名单及获准排污权企业，交易储备中心应在每年年末公布排污权回购与当年分配流向。对于水污染权价格，从理论而言最优的水污染权价格应等于企业边际治理成本，但由于需求企业过多，核算与可操作难度较大，因此应当采取固定价格的统一定价方式。统一的初始价格不仅便于操作，同时也解决了各地自主定价导致价格较高地区的企业参与度不高这一问题。为了严格减少政府与企业之间的寻租行为，有关部门应当提供举报激励机制，让政府接受公众的监督，公开排污权收入明细，防止“政府失灵”现象产生。

（二）监督企业，即监督排污监测与交易系统

对于排污检测系统而言，企业刷卡排污制度的实行可以控制污染违法排放，但针对水污染权交易应纳入交易比率，可以通过交易信用体系对参与水污染权交易企业进行信用评估并评级，流域内的在线监测系统要及时公开监测数据以及流域内企业排污情况。另外，学习湖州市水污染权有偿使用经验，引入第三方核查制度，通过中介机构对企业排污总量进行核定，以此更有效地减少企业虚报减排量的可能性。而对于排污交易系统，应当公开交易双方排污权数量及交易账户，定期公开水污染权交易及资金流向。政府可以设立非盈利组织，定期对沿湖居民进行水环境质量调查，以此来核实排污企业是否存在违规排放现象。

水污染权交易市场的有效运行，仅凭政府与市场的明确职责划分远远不够，加强公众参与，履行社会监督职责才能使得水污染权交易市场公平有序地开展，才能使得环境质量改善这一目标落到实处。

五、建立环太湖流域统一的水污染权交易市场，扩大交易规模

现行的太湖流域水污染权交易的特点主要是交易量小、推广阻碍大，其根本原因在于两省一市的地域概念产生的行政壁垒，使得水污染权交易

市场的规模较小；各地不同的污染物核定方式与交易指标及价格使得水污染排放权的需求方存在着惜售心理。因此，建立以流域为单位的排污权交易市场显得十分重要。

（一）统一水污染权初始核定

水污染权初始核定属于一级市场体系的范畴，就已开展的地方经验来看，对于水污染权初始核定方式各不相同，苏、锡、常地区主要依靠企业上报数据的方式核定排污量，而湖州等地区则是依托第三方核查机构所出示的环境评估。因为第三方的核查机制具有社会监督性，应当将其成为环湖六市初始核定所需排污量的主要方式，地区可再根据每一企业减排任务达标完成率来分配排污指标。同时，形成流域协调意识也十分重要，排污技术较为发达的地区（如湖州、嘉兴）可以通过流域管理局将富余的排污权转让给工业比重较大的地区（如锡、常地区），在企业交易的同时，形成流域上跨地区交易。

（二）统一排污权交易平台

从案例分析中可以了解到，各地都有建设排污权交易中与储备中心，如上海、苏州增设的环境能源交易平台，嘉兴市排污权交易中心，常州与湖州市排污权储备中心。不同而分散的交易平台使得企业搜寻成本较高，且存在交易壁垒，因此统一排污权交易平台显得十分重要。太湖流域管理局应当设立下属交易所，建设整个环太湖流域上的水污染权交易平台，实现规范有序的排污权交易市场。通过这种方式不仅能够降低企业之间的搜寻交易成本，而且能进一步扩大水污染权交易规模，使得排污权的交易范围覆盖到整个流域，交易机制能够真正运行。

（三）统一排污权交易程序

在交易正常进行过程中，除了作为排污权供给方的政府和需求方的企业，中介机构的作用不可缺少（如图 15-18 所示）。在一个规范有序的金融市场中，中介机构承担着委托代理方，而对于水污染权交易体系也可以采用这样的思想体系，其主要目的是减少交易过程中的交易成本。因为在交易过程中存在各类交易成本，如企业搜寻成本、议价成本、机会成本等，假使这些成本不能有效地降低，直接会导致企业污染治理成本过高，对水污染权交易的积极性降低，并减少因环境和生产技术的进步所带来的经济利益，从而使得水污染权交易市场无法扩大，形成规模性。太湖流域工业污染的重要污染源是苏、锡、常地区重工业及浙江省部分传统印染造纸行业，流域内企业数量多，范围广，交易成本问题更加突出。因此，应效仿嘉兴市兴业银行对于排污许可的抵押贷款的经验，鼓励金融中介机构参与水污染权交易体系中，为企业提供交易信息，价格调整及竞价功能，等到市场完全成熟时，可以提供相关租赁、抵押、贷款等业务。

二级市场的价格主要市场机制所决定，但可以效仿国外流域管理经验，在环太湖流域建立“交易信用”机制，将交易比率纳入水污染物排污权初始定价模型中。企业可以根据交易信用评级来选择购买对象，同时对于需要出售排污权的企业，也可以因其良好的信用度获得更多的利益。而纳入交易比率的主要目的是根据湖体水质的不同情况在流域内进行比重分配，污染较为严重的地区应当给予较高的交易比重，而水质较好的地区则可以相应减少，这样不仅使得水环境有针对性地改善，也使得水污染权交易形成一项地方性质的任务，以此对各地区交易规模及情况进行考核。

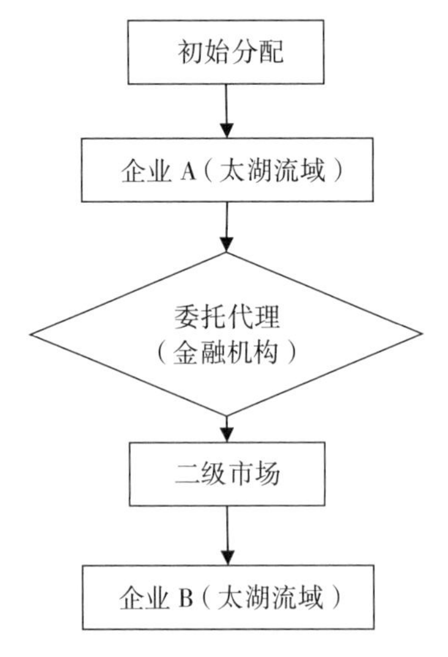

图 15-18　水污染权交易流程

（四）统一排污权交易对象

水污染权交易对象可以分为主体和客体，统一水污染权交易对象可以增加交易量，扩大规模。主体一般是指参与交易的企业，客体主要是排污指标。从现有实施情况来看，各地对于参与排污权有偿使用的企业划分不一，例如江阴和湖州地区新老企业都需进行排污权有偿使用，而在浙江嘉兴市只对新上企业征收排污权有偿使用费。由于水环境资源的短缺，凡是需要排污的企业都应进行水污染权有偿使用。而在交易客体方面，各地对于污染物指标划分也不同，例如湖州市将总磷、总氮、化学需氧量均纳入排污指标，而嘉兴市只对化学需氧量和二氧化硫进行排污权征收。由于太湖流域污染源中涵盖总磷及总氮，也是总量控制的指标。因此，对于整个太湖流域而言应将总磷和总氮纳入水污染权交易的对象，同时为了扩大交易规模，应该在不同的污染物之间形成交叉交易，在提高交易量的同时实现总量控制的目标，促进水污染权交易的发展，实现经济发展与环境治理的双赢。

（五）统一排污权政府管理

排污权交易制度运行的机理在于通过发挥市场机制，实现环境资源的优化配置，然而太湖流域管理局以及地方政府环保部门在水污染权交易的发展过程中起着至关重要的作用。首先，太湖流域管理局应当统一储备各地排污权，而地方政府必须基于太湖流域管理局给予的总量指标处理好排污指标的初始分配及发放。其次，在进行水污染权二级市场交易的过程中，政府环保部门应发挥重要的监督和引导作用，太湖流域管理局应当起到协调机制作用。就地方目前实施的经验来看，我国水污染权交易甚至排污权交易制度仍然处于雏形阶段，与交易相关的信息及数据库的建设还需要政府部门的支持。但是，政府应当明确自己的职责，加大社会公众监督，防止“寻租”现象产生，在完成各项基础设施建设，对排污权储备及初始分配的任务之后，应当及时退出排污权交易，由市场机制调节运行水污染权交易是将此制度规范化的必要途径。